高清教学视频版

U0861690

让您看得懂、学得会、用得好

中文版

AutoCAD 2012 从新手到高手

卢春洁　编著

130集1000分钟
多媒体教学

权威编著

本教程由多位业内权威专家和CAD资深工程师结合多年工作经验和设计技巧精心编著而成

灵活实用

所学内容和所选实例均从实际需求出发，使初学者可灵活运用到日常生活中

图文结合

对每一步操作均进行详细的图解步骤分析，确保初学者在实际操作中能够对得上，做得出

高手之路

以零基础读者的需求为切入点，包含近100余个课堂举例、200余个技巧提示以及超长的视频教学，使初学者快速成长为CAD制图高手

超值DVD多媒体教学光盘

- 130集总时长近1000分钟、与手册内容同步的多媒体教学录像，手把手教会您CAD制图操作
- 近100个所使用的实例源文件和最终效果文件，让您在实际操作中能够对得上，做得出
- 近80个图块文件和绘图样板文件，操作时直接调用即可，免去您重复绘制之苦
- 超值赠送的实用电脑小工具，为您提供更多、更好的增值体验

兵器工业出版社

北京希望电子出版社
Beijing Hope Electronic Press
www.bhp.com.cn

内 容 简 介

本书全面讲述了 AutoCAD 2012 的功能，其内容涉及机械设计、建筑制图、室内装饰设计等方面的应用技巧。

全书共 4 篇 15 章，包括 AutoCAD 2012 的基础操作，绘制各类点线图元和常用图元，创建文字、符号与表格，三维操作与面边细化，绘制室内装修立面投影图，图纸的后期打印与预览等内容都做了详细、全面的讲解。使读者通过学习本书，彻底掌握 Auto CAD2012 的基本操作技能与实际应用技能。

本书语言通俗易懂，内容讲解到位，书中操作实例具有很强的实用性、操作性和代表性。同时，本书配套光盘中包括近 1000 分钟的视频教学，对书中实例内容进行了全程的同步讲解，读者可以将两者结合使用，以达到事半功倍的学习效果。

本书不仅可以作为高等院校的专业教材，还可以作为各类 AutoCAD 培训班的教材，同时也适合从事 CAD 工作的技术人员学习参考书。

图书在版编目（CIP）数据

中文版 AutoCAD 2012 从新手到高手 / 卢春洁编著

. -- 北京 : 兵器工业出版社，2012.1

ISBN 978-7-80248-698-0

Ⅰ. ①中… Ⅱ. ①卢… Ⅲ. ①AutoCAD 软件 Ⅳ. ①TP391.72

中国版本图书馆 CIP 数据核字（2011）第 252725 号

出版发行：兵器工业出版社　北京希望电子出版社

邮编社址：100089　北京市海淀区车道沟 10 号

100085　北京市海淀区上地 3 街 9 号

金隅嘉华大厦 C 座 611

电　　话：010-62978181（总机）转发行部

010-82702675（邮购）010-82702698（传真）

经　　销：各地新华书店　软件连锁店

印　　刷：北京市密东印刷有限公司

版　　次：2012 年 1 月第 1 版第 1 次印刷

封面设计：深度文化

责任编辑：常小虹　赵书亚

责任校对：黄　刚

开　　本：787×1092　1/16

印　　张：33.5

印　　数：1-3500

字　　数：768 千字

定　　价：59.80 元（配 1 张 DVD 光盘）

前　言

AutoCAD是目前应用最广泛的辅助设计软件之一，由于具有简单的操作和强大的制图功能，因此一直以来是广大辅助设计人员和专业制图人员的首选软件。为了使广大用户快速掌握最新版AutoCAD 2012的操作技能，并将其应用到实际工作中去，我们编写了这本《中文版AutoCAD 2012从新手到高手》。

本书特点

本书内容丰富，实用性较强。内容几乎涵盖了AutoCAD在建筑制图、机械设计、室内装饰设计等方面的所有操作技能。在章节内容安排上，充分考虑到读者的学习习惯和接受能力，采用从易到难、循序渐进、同时穿插大量精彩实例操作的写作技巧进行讲解，深入浅出地教会读者如何使用AutoCAD 2012软件进行实际工作，自始至终都渗透了“实例导学”的思想模式。

本书内容

本书共4篇15章内容。

第1篇：新手入门——二维设计篇。这一篇通过第1～4章内容，重点讲解了最新版AutoCAD 2012的基本概念、系统配置、应用范围、界面基本操作、图形文件管理以及绘制各类点图元、线图元、绘制各类常用图元和图元的编辑细化等操作技能，使AutoCAD2012新手能快速掌握AutoCAD的基本操作既能。具体内容如下。

第1章：初识新伙伴——AutoCAD 2012。本章主要讲解了AutoCAD 2012的工作空间、用户界面、基本操作方法以及AutoCAD 2012新增功能。

第2章：绘制简单几何图形——点与线。本章主要讲解了绘制点、等分点、绘制多线、多段线、作图辅助线以及线对象的编辑方法等相关知识。

第3章：绘制常见几何图形——多边形、圆与圆弧。本章主要讲解了绘制圆、圆弧、圆环、矩形、多边形以及二维图形的基本编辑知识。

第4章：绘制复杂几何图形——边界、面域与图案填充。本章主要讲解了创建边界、面域、图案填充、加点编辑以及阵列等操作知识。

第2篇：基础进阶——高效绘图篇。本篇通过第5～8章内容，重点讲解了图块的创建、属性快的定义、工具选项和设计中心的应用，图元的组合、共享、图层规划和创建文字、表格、标注尺寸、公差等内容，使读者能快速掌握高效绘图技能。具体内容如下。

第5章：图形的重组共享功能——块、属性与设计中心。本章主要讲解了定义图块、应用图块、定义属性、设计中心以及工具选项板等知识。

第6章：图形的规划控制功能——图层与对象特性。本章主要讲解了设置图层、管理与控制图层、设置图层特性与参数化绘图等知识。

第7章：图形信息的传递功能——文字、符号与表格。本章主要讲解了设置文字样式、创建文字注释、编辑文字、创建引线文字、查询图形信息与绘制表格等相关知识。

第8章：图形参数的表达功能——尺寸标注与公差。本章主要讲解了设置标注样式、标注直线型、曲线型、符合型尺寸、标注圆心标记与公差以及编辑标注尺寸等相关知识。

第3篇：技能提高——三维设计篇。本篇通过第9～第11章内容，讲重点解了AutoCAD 2012在三维建模方面的相关知识，包括三维观察、三维着色、UCS坐标系、基本几何体建模、复杂几何体建模、网格几何体建模以及三维模型的编辑细化等知识，使读者能掌握AutoCAD在三维模型设计方面的相关技巧和知识。具体内容如下。

第9章：三维辅助功能——视点、着色与UCS。本章主要讲解了三维观察、三维着色以及UCS坐标等知识。

第10章：三维建模功能——实体、曲面与网格。本章主要讲解了基本几何体建模、复杂几何体建模、曲面及网格建模以及组合体建模等相关知识。

第11章：三维编辑功能——三维操作与面边细化。本章主要讲解了三维基本操作、编辑实体边与面、编辑曲面与网格等相关知识。

第4篇：高手速成——职业案例篇。这一篇通过第12～第15章内容，通过大量工程案例操作，详细讲解了AutoCAD 2012在各行业中的应用以及图形的输出等知识，包括绘制工程样板文件、绘制联排别墅平面施工图、绘制室内装修立面图以及CAD图纸的后期输出与打印。具体内容如下。

第12章：制作工程样板图文件。本章通过多个实例，主要讲解了样板图绘图环境的设置、样板图层及特性的设置、样板图绘图样式的设置以及填充样板图框和样板图的页面布局等相关知识。

第13章：绘制联体别墅平面施工图。本章通过绘制联体别墅平面施工图的实例，主要讲解了AutoCAD 2012在建筑制图中的应用方法和技巧。

第14章：绘制室内装修立面投影图。本章通过绘制室内装修立面投影图的实例，主要讲解了AutoCAD 2012在室内装饰装潢设计中的应用技巧和方法。

第15章：图纸的后期打印与预览。本章主要讲解了AutoCAD 2012图纸的后期输出等知识。

随书光盘内容及特点

为了使读者更好地学习、使用本书，本书附有1张DVD光盘，光盘中收录了本书所有范例的素材文件、范例结果文件以及多媒体视频文件，以便读者在使用本书时随时调用。

样板文件：该文件下存放的是本书各章所使用的绘图样板文件；

素材文件：目录下存放的是各章所调用的素材文件；

实例效果文件：目录下存放的是各章实例的最终效果文件；

图块文件：目录下存放的是各章所调用的图块文件；

视频文件：目录下存放的是各章知识讲解和实例操作的视频讲解文件。

读者对象

本书不仅可以作为高等院校的专业教材，还可以作为各类Auto CAD培训班的教材，同时也适合从事CAD工作的技术人员学习参考。

其他声明

本书由卢春洁执笔完成，此外，参加本书编写和光盘制作的还有史宇宏、张传记、史小虎、陈玉蓉、张伟、姜华华、张伟、车宇、林永、赵明富、王莹、张恒立、赵卉亓、夏小寒、白春英、唐美灵、宿晓辉、徐丽等人，在此感谢所有关心和支持我们的同行们。由于作者水平所限，书中难免有不妥之处，恳请广大读者批评指正。

若对本书有何意见和建议，请联系我们，我们的联系方式是：E－mail：bhpbangzhu◎163.com

编著者

目　录

第1篇　新手入门——二维设计篇

第1章　初识新伙伴——AutoCAD 2012

第2章　绘制简单几何图形——点与线

第3章 绘制常见几何图形——多边形、圆与圆弧

第4章 绘制复杂几何图形——边界、面域与图案填充

第2篇 基础进阶——高效绘图篇

第5章 图形的重组共享功能——块、属性与设计中心

第6章 图形的规划控制功能——图层与对象特性

第7章 图形信息的传递功能——文字、符号与表格

第8章 图形参数的表达功能——尺寸标注与公差

第3篇 技能提高——三维设计篇

第9章 三维辅助功能——视点、着色与UCS

第10章 三维建模功能——实体、曲面与网格

第11章 三维编辑功能——三维操作与面边细化

第4篇 高手速成——职业案例篇

第12章 制作工程样板图文件

第13章 绘制联体别墅平面施工图

第14章 绘制室内装修立面投影图

第15章 图纸的后期打印与预览

第1篇 新手入门——二维设计篇

本篇通过第1～4章内容，重点讲解了最新版AutoCAD 2012的基本概念、系统配置、应用范围、界面基本操作、图形文件管理以及绘制各类点图元、线图元、常用图元和图元的编辑细化等操作技能，使AutoCAD 2012新手能快速掌握AutoCAD的基本操作既能。

本篇内容如下：

第1章

初识新伙伴——AutoCAD 2012

AutoCAD的诞生与应用，推动了工程设计中各学科的新发展。它所提供的精确绘制功能、个性化造型设计功能以及开放性设计功能为机械设计、建筑设计、服装设计、广告设计、航空航天以及电子化工等各个学科的发展提供了一个广阔的大舞台，现已经成为国际上广为流行的绘图工具。

AutoCAD 2012是目前AutoCAD最新的一个版本，本章主要介绍AutoCAD 2012的功能概念、系统配置、启动与退出、工作空间与界面、文件设置与管理、视图调控、软件基本操作技能等基础知识，使读者对AutoCAD有一个快速的了解和认识。本章学习内容如下：

- ✓ AutoCAD 2012软件概述
- ✓ AutoCAD 2012启动与退出
- ✓ AutoCAD 2012用户界面及设置
- ✓ AutoCAD文件的设置与管理
- ✓ AutoCAD视图的调控技能
- ✓ AutoCAD的基本操作技能
- ✓ AutoCAD命令的执行方式
- ✓ 中文版AutoCAD 2012的新增功能

1.1 AutoCAD 2012软件概述

在学习AutoCAD 2012软件之前，首先简单介绍AutoCAD 2012的基本概念、应用范围以及系统配置等知识。

1.1.1 基本概念与应用范围

AutoCAD是由美国Autodesk公司为计算机上应用CAD技术而开发的绘图程序软件包，自1982年问世以来，一直深受世界各国专业设计人员的欢迎，现已经成为国际上广为流行的绘图工具。AutoCAD 2012是AutoCAD系列家族的最新成员，其中“Auto”是英语Automation单词的词头，意思是“自动化”；“CAD”是英语Computer-Aided-Design的缩写，意思是“计算机辅助设计”；而“2012”则表示AutoCAD软件的版本号，表示2012年的意思。

AutoCAD是一款集多种功能于一体的高精度计算机辅助设计软件，具有功能强大、易于掌握、使用方便、系统开发等特点，不仅在机械、建筑、服装和电子等领域得到了广泛的应用，而且在地理、气象、航天、造船等特殊图形的绘制，甚至在石油、乐谱、灯光和广告等领域也得到了多方面的应用，目前已成为计算机CAD系统中应用最为广泛的图形软件之一。此软件可使广大图形设计人员能够轻松高效地进行图形的设计与绘制工作，并且同传统的手工绘图相比，用AutoCAD绘图的速度更快、精确度更高。

1.1.2 32位操作系统配置需求

AutoCAD具有广泛的适用性，它可以在各种操作系统支持的微型计算机和工作站上运行，本节主要介绍AutoCAD 2012软件的配置需求。针对32 位的Windows 操作系统而言，其硬件和软件的最低配置需求如下：

- **操作系统**

（1）以下操作系统的 Service Pack 3 (SP3) 或更高版本：

- Microsoft® Windows® XP Professional
- Microsoft® Windows® XP Home

（2）以下操作系统的 Service Pack 2 (SP2) 或更高版本：

- Microsoft Windows Vista® Enterprise
- Microsoft Windows Vista Business
- Microsoft Windows Vista Ultimate
- Microsoft Windows Vista Home Premium

（3）其他操作系统：

- Microsoft Windows 7 Enterprise
- Microsoft Windows 7 Ultimate
- Microsoft Windows 7 Professional
- Microsoft Windows 7 Home Premium

- **浏览器**

Internet Explorer 7.0 或更高版本。

- **处理器**

对于Windows XP系统而言，需要使用Intel® Pentium® 4 或 AMD Athlon™ 双核处理器，1.6 GHz 或更高，采用 SSE2 技术；对于Windows Vista 或Windows7系统而言，需要使用Intel Pentium 4 或 AMD Athlon 双核处理器，3.0 GHz 或更高，采用 SSE2 技术。

- **其他**

（1）内存。无论是在哪种操系统下，至少需要2 GB内存（建议使用 4 GB）。

（2）显示器分辨率。1024 × 768 真彩色。

（3）磁盘空间。2.0GB的硬盘安装空间。不能在 64 位 Windows 操作系统上安装 32 位的AutoCAD，反之亦然。

（4）定点设备。MS-Mouse 兼容。

（5）.NET Framework。.NET Framework 版本 4.0。

- **3D建模其他要求**

（1）Intel Pentium 4 或 AMD Athlon 处理器，3.0 GHz 或更高；或者 Intel 或 AMD双核处理器，2.0 GHz 或更高 。

（2）2 GB RAM 或更大。

（3）2 GB 可用硬盘空间（不包括安装需要的空间）。

（4）1280×1024真彩色视频显示适配器，具有128 MB 或更大显存（建议：普通图像为256 MB，中等图像材质库图像为512 MB）、采用 Pixel Shader3.0 或更高版本、支持 Direct3D ®的工作站级图形卡。

1.1.3 64位操作系统的配置需求

安装AutoCAD 2012过程中，会自动检测 Windows 操作系统是32位还是 64 位版本，然后安装适当版本的 AutoCAD。而针对64 位的操系统而言，其硬件和软件的最低需求如下：

● 操作系统

（1）以下操作系统的 Service Pack 3 (SP3) 或更高版本：

- ◆ Microsoft® Windows® XP Professional

（2）以下操作系统的 Service Pack 2 (SP2) 或更高版本：

- ◆ Microsoft Windows Vista® Enterprise
- ◆ Microsoft Windows Vista Business
- ◆ Microsoft Windows Vista Ultimate
- ◆ Microsoft Windows Vista Home Premium

（3）其他操作系统：

- ◆ Microsoft Windows 7 Enterprise
- ◆ Microsoft Windows 7 Ultimate
- ◆ Microsoft Windows 7 Professional
- ◆ Microsoft Windows 7 Home Premium

● 浏览器

Internet Explorer 7.0 或更高版本。

● 处理器

（1）AMD Athlon 64，采用 SSE2 技术。

（2）AMD Opteron™，采用 SSE2 技术。

（3）Intel Xeon ®，具有 Intel EM64T 支持和并采用SSE2技术。

（4）Intel Pentium 4，具有 Intel EM 64T 支持并采用 SSE2 技术。

● 其他

（1）内存。2GB RAM（建议使用 8GB）。

（2）显示器分辨率。1024×768 真彩色。

（3）磁盘空间。2GB安装空间。

（4）定点设备。MS-Mouse 兼容。

（5）.NET Framework。.NET Framework 版本 4.0。

● 3D建模其他要求

（1）Intel Pentium 4 或 AMD Athlon 处理器，3.0 GHz 或更高；或者 Intel 或 AMD双核处理器，2.0 GHz 或更高。

（2）2 GB RAM 或更大。

（3）2 GB 可用硬盘空间（不包括安装需要的空间）。

（4）1280×1024真彩色视频显示适配器，具有 128 MB 或更大显存（建议：普通图像为 256 MB，中等图像材质库图像为 512 MB）、采用 Pixel Shader 3.0 或更高版本、支持 Direct3D ®的工作站级图形卡。

1.2 AutoCAD 2012启动与退出

在简单了解AutoCAD 2012绘图软件之后，本节主要学习AutoCAD 2012绘图软件的几种启动方式、软件退出方式以及空间切换等方式。

1.2.1 AutoCAD 2012的启动

当成功安装AutoCAD 2012绘图软件之后，通过以下几种方式可以启动AutoCAD 2012软件：

1. 双击桌面上的软件图标。
2. 单击桌面任务栏【开始】/【程序】/【Autodesk】/【AutoCAD 2012】中的 AutoCAD 2012 - Simplified Chinese 选项。
3. 单击“*.dwg”格式的文件。

启动AutoCAD 2012绘图软件之后，即可进入如图1-1所示的工作界面，同时自动打开一个名为“Drawing1.dwg”的默认绘图文件。

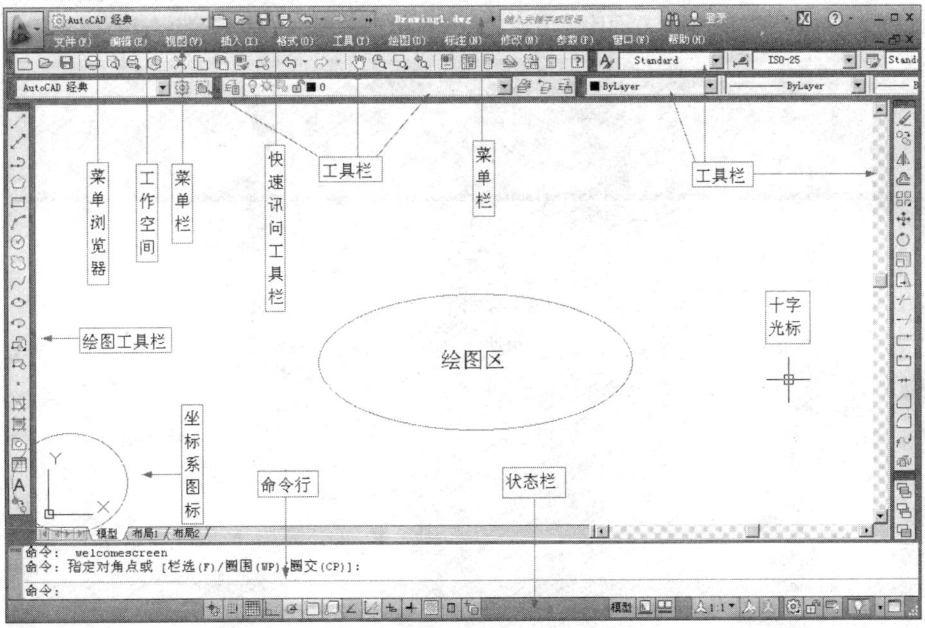

图1-1 “AutoCAD经典”工作空间

1.2.2 AutoCAD 2012的退出

当退出AutoCAD 2012绘图软件时，首先要退出当前的AutoCAD文件，如果当前文件已经存盘，那么用户可以使用以下几种方式退出软件：

（1）单击AutoCAD 2012标题栏控制按钮。

（2）按Alt+F4组合键。

（3）执行菜单栏中的【文件】/【退出】命令。

（4）在命令行中输入“Quit”或“Exit”后，按下Enter键。

（5）展开“应用程序菜单”，单击退出 AutoCAD按钮。

在退出AutoCAD 2012软件之前，如果没有将当前的绘图文件存盘，那么系统将会弹出如图1-2所示的提示对话框，单击是(Y)按钮，将弹出【图形另存为】对话框，用于对图形进行命名保存；单击否(N)按钮，系统将放弃存盘并退出AutoCAD 2012软件；单击取消按钮，系统将取消当前执行的退出命令。

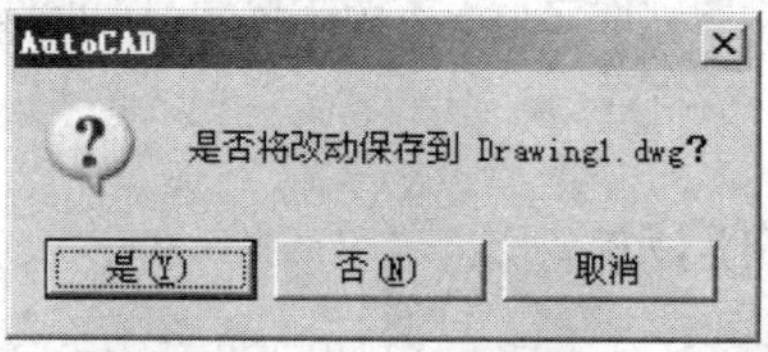

图1-2 AutoCAD提示对话框

1.2.3 AutoCAD 2012工作空间与切换

AutoCAD 2012绘图软件为用户提供了多种工作空间，为的是人性化地将不同类型的工作命令区分开来，这是一个非常好的功能。如图1-1所示的界面为“AutoCAD经典”工作空间，如果用户为AutoCAD初始用户，那么启动AutoCAD 2012软件后，则进入如图1-3所示的“初始设置工作空间”，此种工作空间在三维制图方面比较方便。

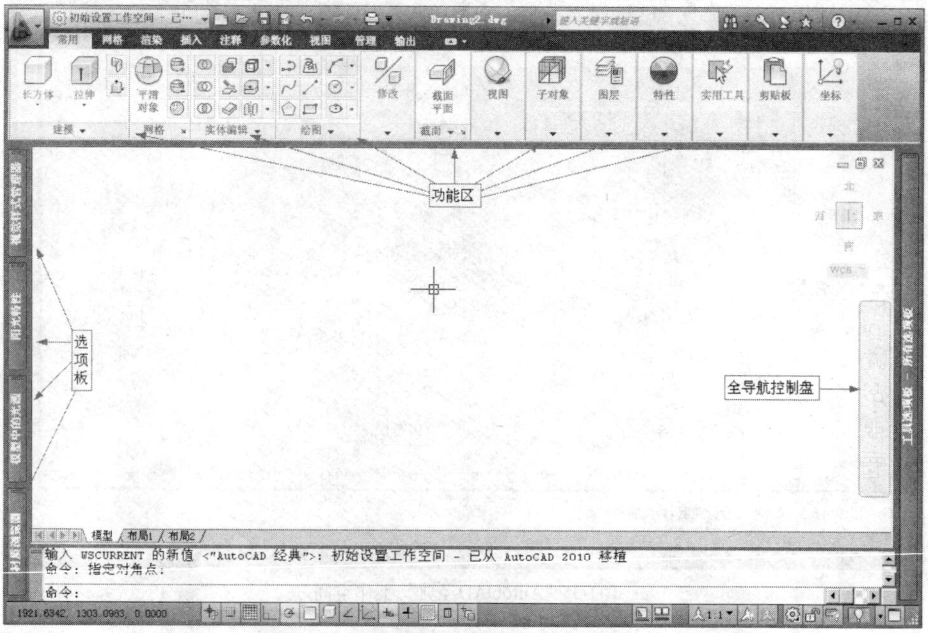

图1-3 “初始设置工作空间”工作空间

除了“AutoCAD经典”和“初始设置工作空间”两种工作空间外，AutoCAD 2012软件还为用户提供了“草图与注释”、“三维基础”和“三维建模”三种工作空间，其中“草图与注释”工作空间如图1-4所示，此种空间在二维制图方面比较方便。

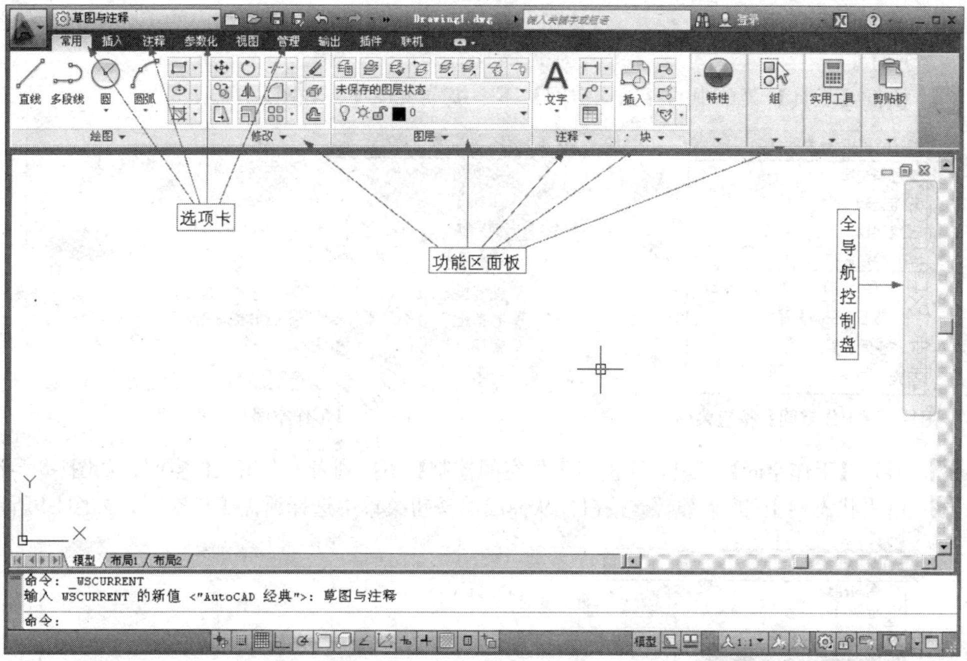

图1-4　“草图与注释”工作空间

“三维建模”工作空间如图1-5所示，在此工作空间内可以非常方便地访问新的三维功能，而且新窗口中的绘图区可以显示出渐变背景色、地平面或工作平面（UCS 的 XY 平面）以及新的矩形栅格，这将增强三维效果和三维模型的构造。

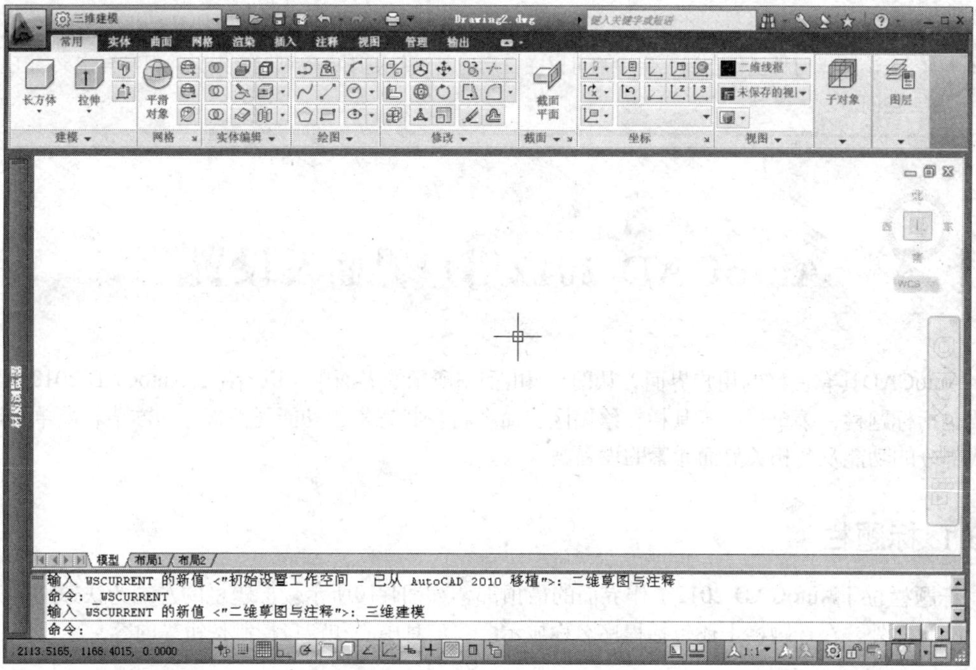

图1-5　“三维建模”工作空间

由于AutoCAD 2012软件为用户提供了多种工作空间，用户可以根据自己的绘图习惯和需要选择相应的工作空间，工作空间的相互切换具体有以下几种方式：

1 单击标题栏的 按钮，在展开的按钮菜单中选择相应的工作空间，如图1-6所示。

2 执行【工具】菜单中的【工作空间】下一级菜单选项，如图1-7所示。

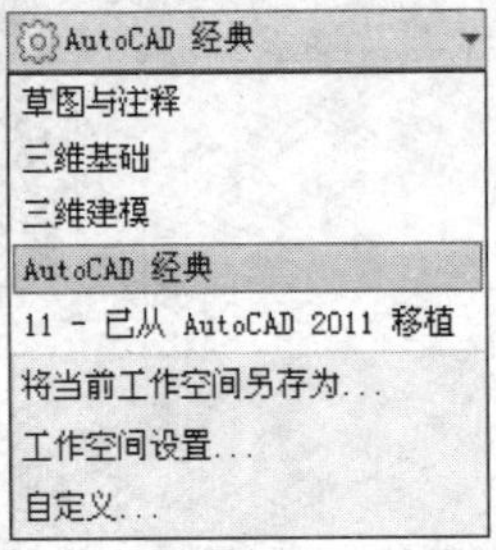

图1-6 【工作空间】按钮菜单

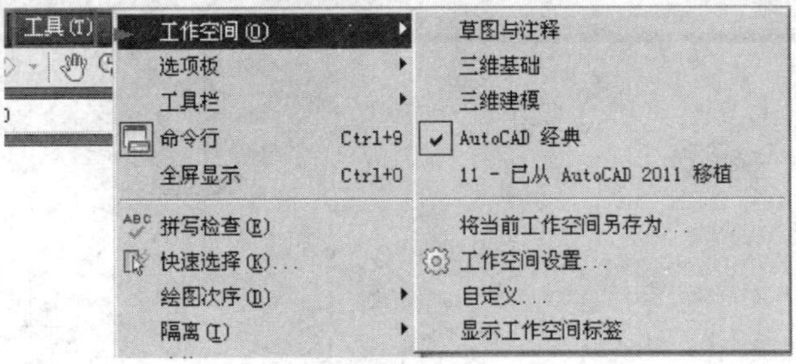

图1-7 【工作空间】级联菜单

3 展开【工作空间】工具栏中的【工作空间控制】下拉列表，选用工作空间，如图1-8所示。

4 单击状态栏上的 按钮，从弹出的按钮菜单中选择所需工作空间，如图1-9所示。

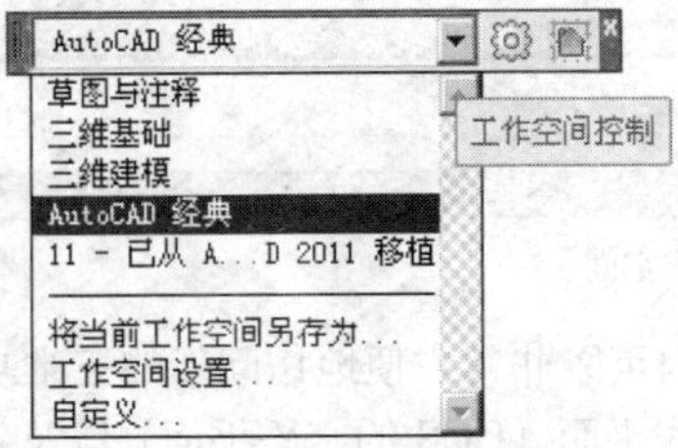

图1-8 【工作空间控制】列表

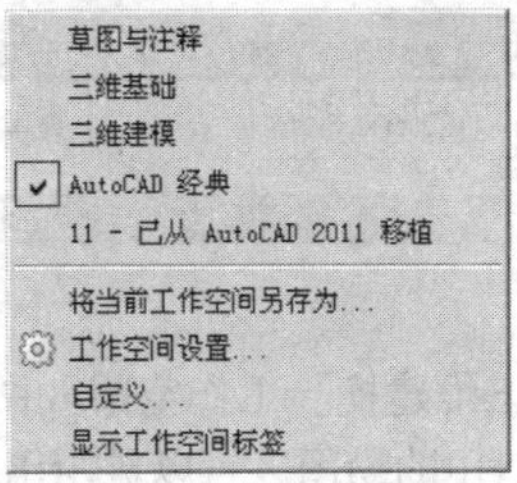

图1-9 按钮菜单

> **TIP** 无论选择何种工作空间，用户都可以在日后对其进行更改，也可以自定义并保存自定义的工作空间。

1.3 AutoCAD 2012用户界面及设置

AutoCAD具有良好的用户界面，从图1-1和图1-3所示的界面中可以看出，AutoCAD 2012的界面主要包括标题栏、菜单栏、工具栏、绘图区、命令行、状态栏、功能区面板等，本节将简单讲述各组成部分的功能及其相关界面元素的设置操作。

1.3.1 标题栏

标题栏位于AutoCAD 2012工作界面的最顶部，如图1-10所示。标题栏的左端为快速访问工具栏，除此之外，在标题栏上还包括程序名称显示区、信息中心和窗口控制按钮等内容。

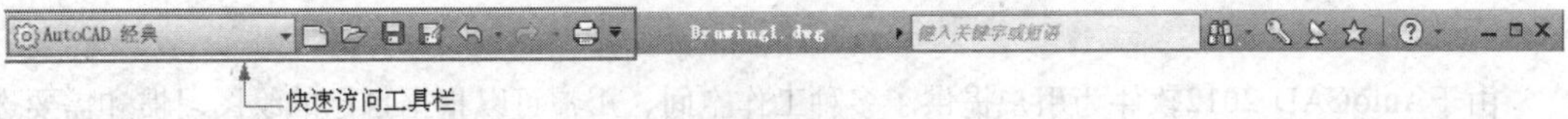

图1-10 标题栏

- 快速访问工具栏不但可以快速访问某些命令，还可以添加、删除常用命令按钮到工具栏中、控制菜单栏的显示以及各工具栏的开关状态等。在快速访问工具栏的左端是工作空间下拉菜单，单击AutoCAD 经典按钮，即可展开工作空间下拉菜单，用于在多种工作空间内进行切换等；单击快速访问工具栏右端的按钮，可展开如图1-11所示的下拉列表，用于自定义快速访问工具栏。

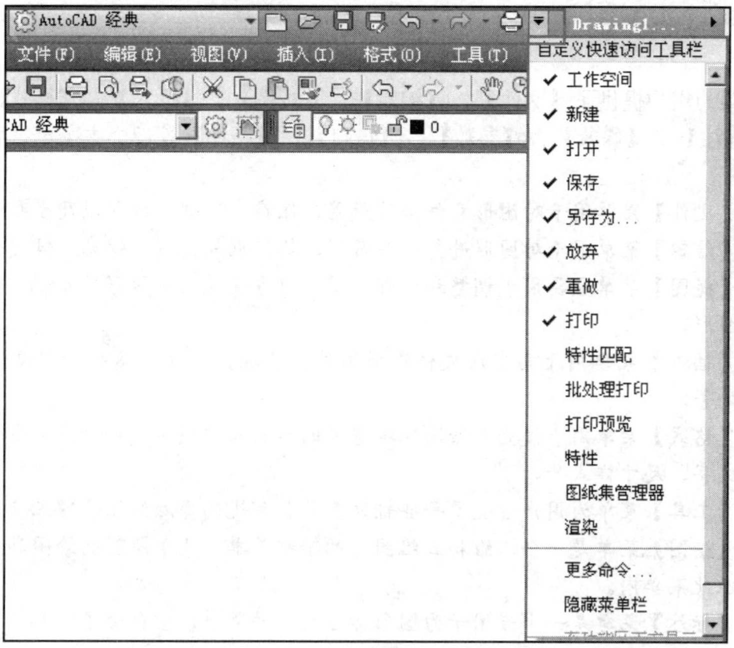

图1-11 下拉列表

- “程序名称显示区”主要用于显示当前正在运行的程序名和当前被激活的图形文件名称。
- “信息中心”可以快速获取所需信息、搜索所需资源等。
- “窗口控制按钮”位于标题栏最右端，主要有“最小化”、“恢复”/最大化”、“关闭”，分别用于控制AutoCAD窗口的大小和关闭。

1.3.2 应用程序菜单

单击软件界面左上角的按钮，可打开如图1-12所示的应用程序菜单，用户可以通过此菜单快速访问一些常用工具、搜索常用命令和浏览最近使用的文档等。

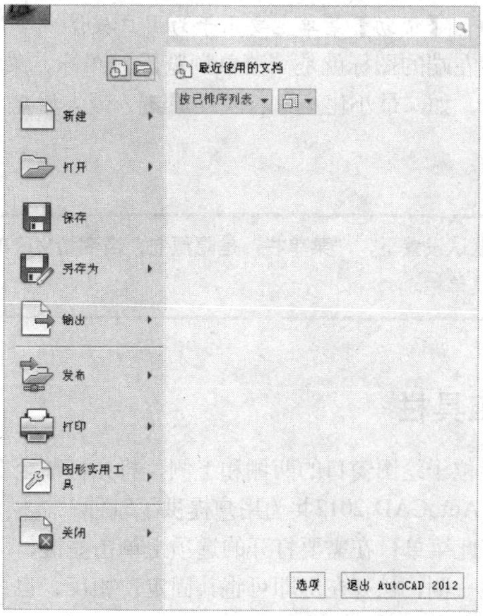

图1-12 应用程序菜单

1.3.3 菜单栏

菜单栏位于标题栏的下侧，如图1-13所示的，AutoCAD的常用制图工具和管理编辑等工具都分门别类地排列在这些菜单中，在主菜单项上单击左键，即可展开此主菜单，然后将光标移至所需命令选项上单击，即可激活该命令。

图1-13 菜单栏

AutoCAD共为用户提供了【文件】、【编辑】、【视图】、【插入】、【格式】、【工具】、【绘图】、【标注】、【修改】、【参数】、【窗口】、【帮助】等12个主菜单。各菜单的主要功能如下：

- 【文件】菜单用于对图形文件进行设置、保存、清理、打印以及发布等。
- 【编辑】菜单用于对图形进行一些常规编辑，包括复制、粘贴、链接等。
- 【视图】菜单主要用于调整和管理视图，以方便视图内图形的显示、便于查看和修改图形。
- 【插入】菜单用于向当前文件中引用外部资源，如块、参照、图像、布局以及超链接等。
- 【格式】菜单用于设置与绘图环境有关的参数和样式等，如绘图单位、颜色、线型及文字、尺寸样式等。
- 【工具】菜单为用户设置了一些辅助工具和常规的资源组织管理工具。
- 【绘图】菜单是一个二维和三维图元的绘制菜单，几乎所有的绘图和建模工具都组织在此菜单内。
- 【标注】菜单是一个专用于为图形标注尺寸的菜单，它包含了所有与尺寸标注相关的工具。
- 【修改】菜单主要用于对图形进行修整、编辑、细化和完善。
- 【参数】菜单主要用于为图形添加几何约束和标注约束等。
- 【窗口】菜单主要用于控制AutoCAD多文档的排列方式以及AutoCAD界面元素的锁定状态。
- 【帮助】菜单主要用于为用户提供一些帮助性的信息。

菜单栏左端的图标就是“菜单浏览器”图标，菜单栏最右边的图标按钮是AutoCAD文件的窗口控制按钮，如“最小化”、“还原 / 最大化”、“关闭”，用于控制图形文件窗口的显示。

TIP 默认设置下，“菜单栏”是隐藏的，当变量MENUBAR的值为1时，显示菜单栏；值为0时，隐藏菜单栏。

1.3.4 工具栏

工具栏位于绘图窗口的两侧和上侧，将光标移至工具栏按钮上单击，即可快速激活该命令。默认设置下，AutoCAD 2012共为用户提供了51种工具栏，如图1-14所示。在任何一个工具栏中单击右键，即可打此菜单；在需要打开的选项上单击左键，即可打开相应的工具栏；将打开的工具栏拖到绘图区任意一侧，松开左键即可将其固定；相反，也可将固定工具栏拖至绘图区，以灵活控制工具栏的开关状态。

在工具栏右键菜单上选择【锁定位置】/【固定的工具栏/面板】命令，可以将绘图区四侧的工具栏固定，如图1-15所示，工具栏一旦被固定后，是不可以被拖动的。另外，用户也可以单击状态栏中的按钮，从弹出的按钮菜单中控制工具栏和窗口的固定状态，如图1-16所示。

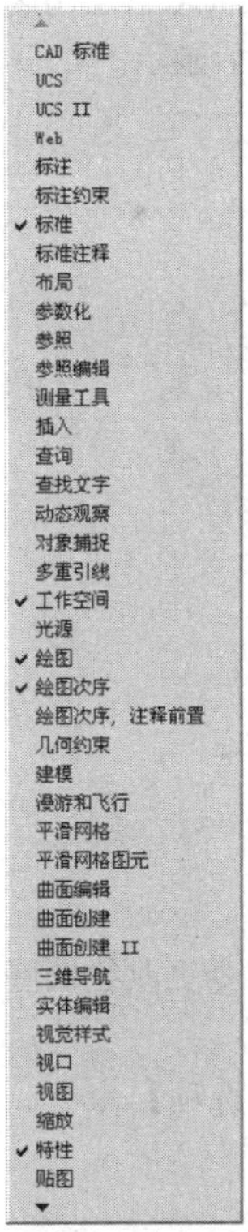

图1-14 工具栏菜单

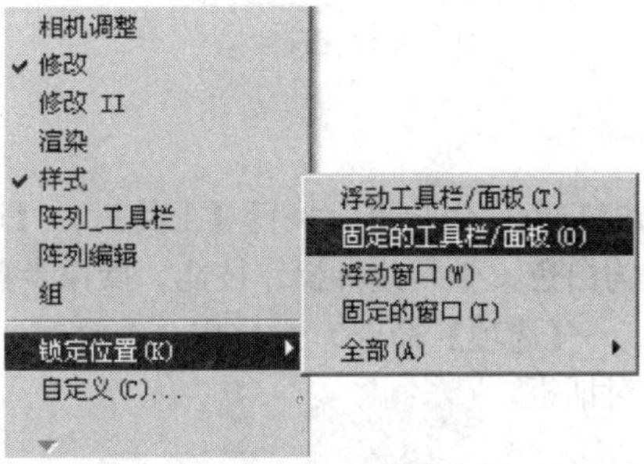

图1-15 固定工具栏

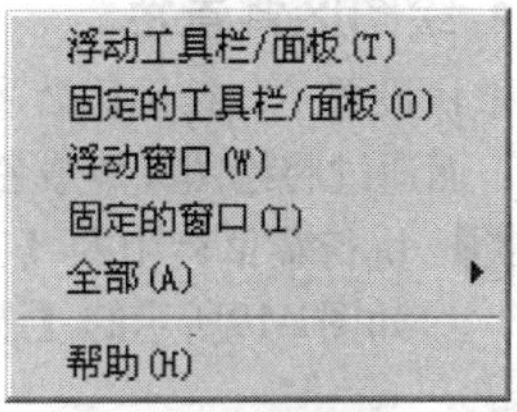

图1-16 按钮菜单

TIP

在工具栏菜单中，带有勾号的表示当前已经打开的工具栏，不带有勾号的表示没有打开的工具栏。为了增大绘图空间，通常只将几种常用的工具栏放在用户界面上，而将其他工具栏隐藏，需要时再调出。

1.3.5 功能区

“功能区”主要出现在“二维草图与注释”、“三维建模”、“三维基础”等工作空间内，它代替了AutoCAD众多的工具栏，以面板的形式，将各工具按钮分门别类地集合在选项卡内，如图1-17所示。

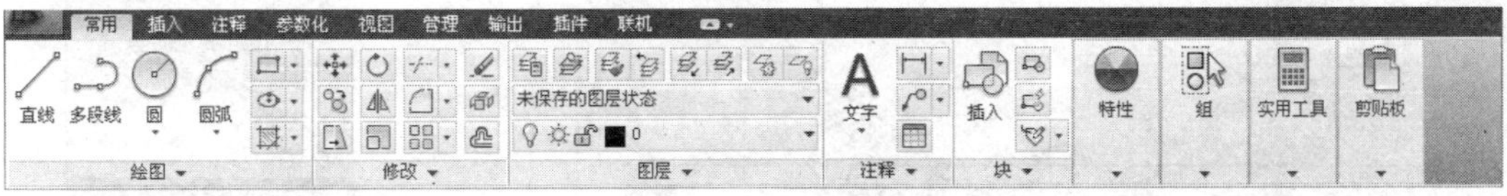

图1-17 功能区

用户在调用工具时，只需要在功能区中展开相应选项卡，然后在所需面板上单击相应按钮即可。由于在使用功能区时，不必再显示AutoCAD的工具栏，因此，使得应用程序窗口变得单一、简洁有序。通过这简洁的界面，功能区还可将可用的工作区域最大化。

1.3.6 绘图区

绘图区位于工作界面的正中央，即被工具栏和命令行所包围的整个区域，如图1-18所示。此区域是用户的工作区域，图形的设计与修改工作就是在此区域内进行操作的，默认状态下绘图区是一个无限大的电子屏幕，无论尺寸多大或多小的图形，都可以在绘图区中绘制并灵活显示。

图1-18 绘图区

• 绘图区背景色

默认设置下，绘图区背景色为深灰色，用户可以执行【工具】/【选项】命令更改绘图区背景色。下面通过将绘图区背景色更改为白色，学习此种操作技能，操作步骤如下：

1 执行菜单栏中的【工具】/【选项】命令，或使用命令简写OP激活【选项】命令，打开如图1-19所示的【选项】对话框。

> **TIP** 在绘图区单击右键，从打开的快捷菜单中也可以选择【选项】命令，如图1-20所示。

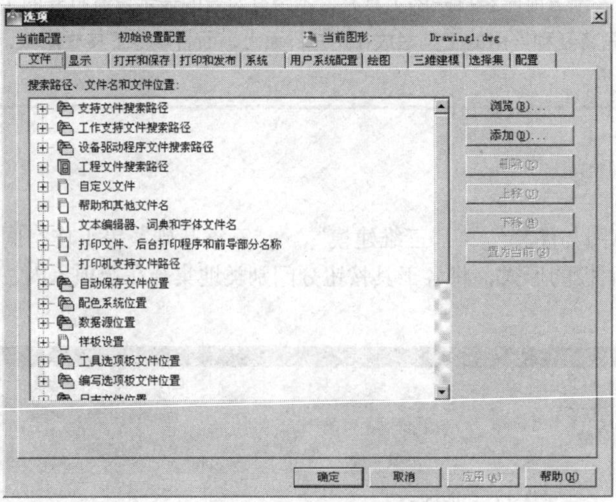

图1-19 【选项】对话框

图1-20 右键菜单

2 展开【显示】选项卡，然后在如图1-21所示的【窗口元素】选项组中单击 颜色(C)... 按钮，打开【图形窗口颜色】对话框。

3 在【图形窗口颜色】对话框中展开【颜色】下拉列表框，将窗口颜色设置为白色，如图1-22所示。

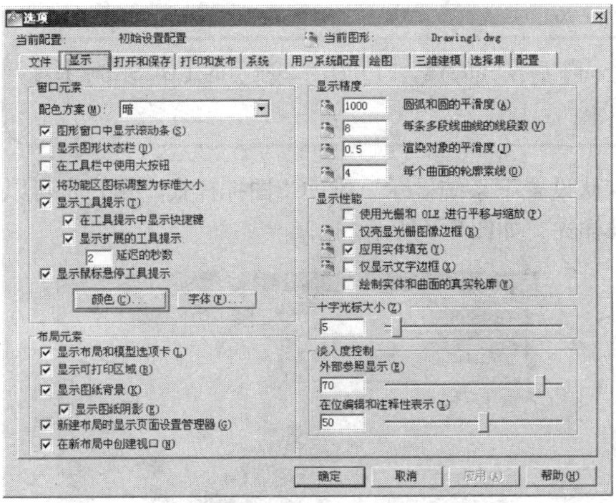

图1-21 【显示】选项卡

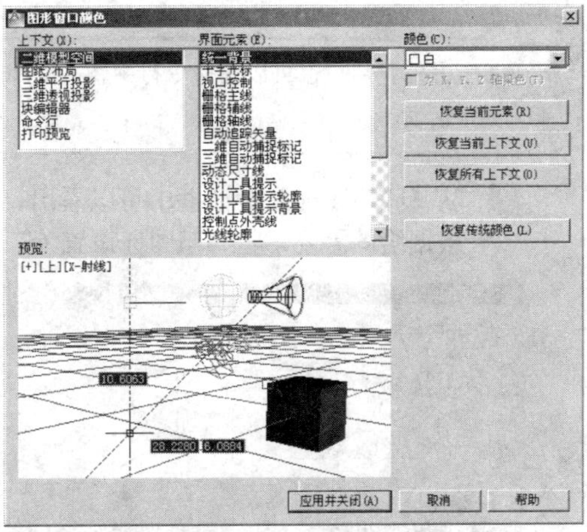

图1-22 【图形窗口颜色】对话框

4 单击 应用并关闭(A) 按钮，返回【选项】对话框。

5 单击 确定 按钮，结果绘图区的背景色显示为“白色”，设置结果如图1-23所示。

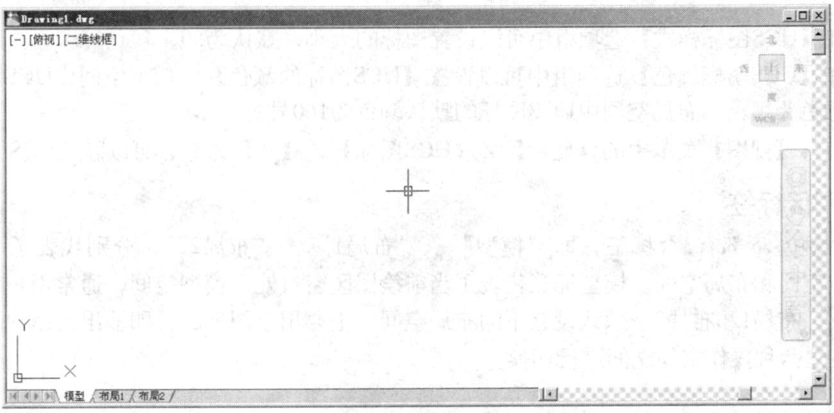

图1-23 设置结果

• 绘图区光标

当用户移动鼠标时，绘图区会出现一个随光标移动的十字符号，此符号被称为“十字光标”，它是由“拾取点光标”和“选择光标”叠加而成的，其中“拾取点光标”是点的坐标拾取器，当执行绘图命令时，显示为拾点光标；“选择光标”是对象拾取器，当选择对象时，显示为选择光标；当没有任何命令执行的前提下，显示为十字光标，如图1-24所示。

图1-24 光标的三种状态

在绘图过程中，有时需要设置坐标系图标的样式、大小，或隐藏坐标系图标，下面来学习坐标系图标的设置与隐藏技能。操作步骤如下：

1 执行菜单栏中的【显示】/【UCS图标】/【特性】命令，打开如图1-25所示的【UCS图标】对话框。

> **TIP** 另外，用户也可以在命令行中输入“Ucsicon”后按Enter键，打开图1-25所示的【UCS图标】对话框。

2 从【UCS图标】对话框中可以看出，默认设置下系统显示三维UCS图标样式，用户也可以根据绘图需要，将UCS图标设置为二维样式，如图1-26所示。

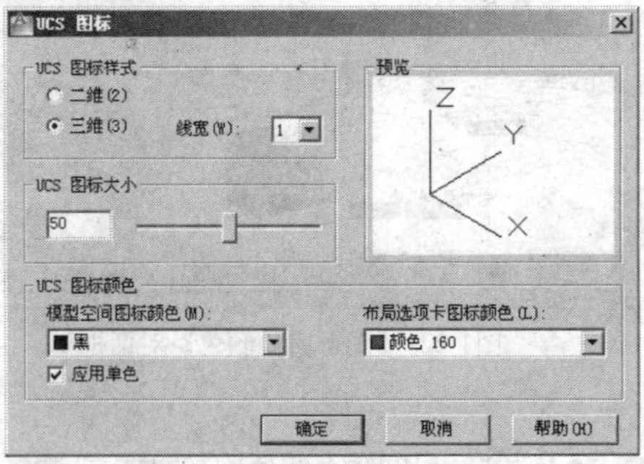

图1-25 【UCS图标】对话框

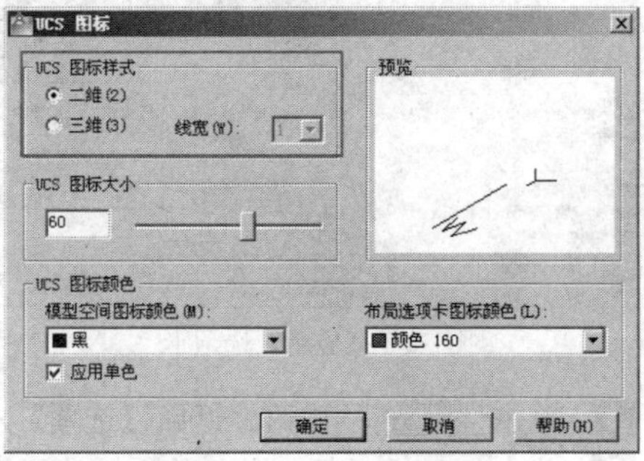

图1-26 设置二维样式

3 在【UCS图标样式】选项组中可以设置图标的大小，默认为50。

4 在【UCS图标颜色】选项组中可以设置【UCS图标的颜色】，模型空间中UCS图标的默认颜色为黑色，布局空间中UCS图标的默认颜色为160号色。

5 执行【视图】菜单中的【显示】/【UCS图标】/【开】命令，可以隐藏UCS图标。

- **绘图区标签**

在绘图区左下部有3个标签，即“模型”、“布局1”、“布局2”，分别代表了两种绘图空间，即模型空间和布局空间。模型标签代表了当前绘图区窗口处于模型空间，通常用户在模型空间内进行绘图。布局1和布局2是默认设置下的布局空间，主要用于图形的打印输出。用户可以通过单击标签，在这两种操作空间之间进行切换。

1.3.7 命令行及文本窗口

绘图区的下侧则是AutoCAD独有的窗口组成部分，即“命令行”，它是用户与AutoCAD软件进行数据交流的平台，主要功能就是用于提示和显示用户当前的操作步骤，如图1-27所示。

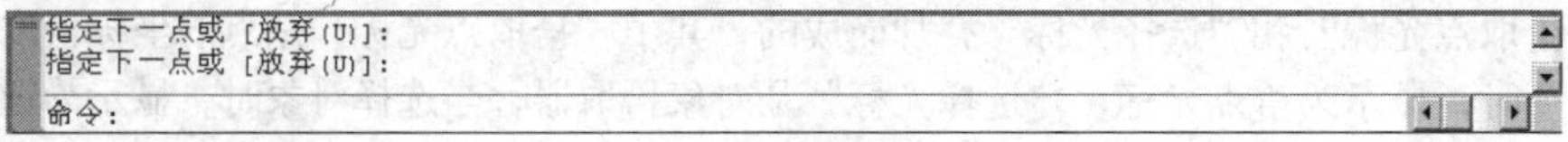

图1-27 命令行

“命令行”分为“命令输入窗口”和“命令历史窗口”两部分，上面两行则为“命令历史窗口”，用于记录执行过的操作信息；下面一行是“命令输入窗口”，用于提示用户输入命令或命令选项。

> **TIP** 由于“命令历史窗口”的显示有限，如果需要直观快速地查看更多的历史信息，可以通过按功能键F2，系统会以“文本窗口”的形式显示历史信息，如图1-28所示，再次按功能键F2，即可关闭文本窗口。

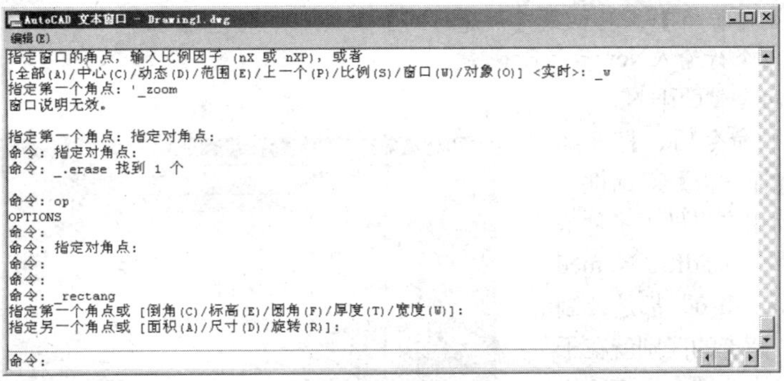

图1-28 文本窗口

1.3.8 状态栏与快捷按钮

如图1-29所示的状态栏，位于AutoCAD操作界面的最底部，它由坐标读数器、辅助功能区、状态栏菜单等三部分组成，具体如下：

图1-29 状态栏

状态栏左端为坐标读数器，用于显示十字光标所处位置的坐标值；坐标读数器右端为辅助功能区，辅助功能区左端的按钮主要用于控制点的精确定位和追踪；中间的按钮主要用于快速查看布局、查看图形、定位视点、注释比例等；右端的按钮主要用于对工具栏、窗口等固定、工作空间切换以及绘图区的全屏显示等，是一些辅助绘图功能。

单击状态栏右侧的小三角，将打开如图1-30所示的状态栏快捷菜单，菜单中的各选项与状态栏中的各按钮功能一致，用户也可以通过各菜单项以及菜单中的各功能键控制各辅助按钮的开关状态。

图1-30 状态栏菜单

1.4 AutoCAD文件的设置与管理

本节主要学习AutoCAD绘图文件的基本操作功能，具体有新建文件、保存文件、另存为文件、打开存盘文件与清理垃圾文件等。

1.4.1 新建绘图文件

当启动AutoCAD 2012软件之后，系统会自动打开一个名为“Drawing1.dwg”的绘图文件，如果用户需要重新创建一个绘图文件，则需要使用【新建】命令。

【新建】命令的执行方式

执行【新建】命令主要有以下几种方式：

- 执行菜单栏中的【文件】/【新建】命令。

- 单击【标准】工具栏或【快速访问】工具栏中的按钮。
- 在命令行输入New后按Enter键。
- 按组合键Ctrl+N。

激活【新建】命令后，打开如图1-31所示的【选择样板】对话框。在此对话框中，为用户提供了多种基本样板文件，其中“acadISo-Named Plot Styles”和“acadiso”都是公制单位的样板文件，两者的区别就在于前者使用的打印样式为“命名打印样式”，后一个样板文件的打印样式为“颜色相关打印样式”，读者可以根据需求进行取舍。

图1-31 【选择样板】对话框

选择“acadISo-Named Plot Styles”或“acadiso”样板文件后单击打开(O)按钮，即可创建一张新的空白文件，进入AutoCAD的默认设置的二维操作界面。

TIP 如果用户需要创建一张三维操作空间的公制单位绘图文件，则可以启动【新建】命令，在打开的【选择样板】对话框中，选择“acadISo-Named Plot Styles3D”或“acadiso3D”样板文件作为基础样板，即可创建三维绘图文件，进入如图1-32所示的三维工作空间。

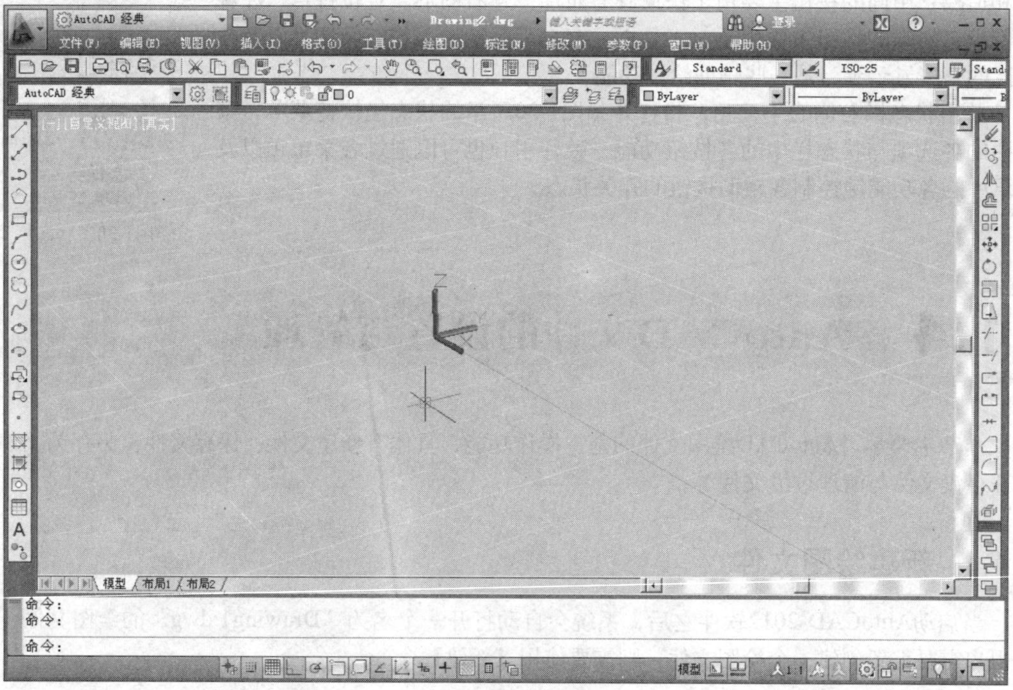

图1-32 选择3D样板

另外，AutoCAD为用户提供了“无样板”方式创建绘图文件的功能，具体操作就是在【选择样板】对话框中单击打开(O)按钮右侧的下三角按钮，打开如图1-33所示的按钮菜单，在按钮菜单上选择“无样板打开—公制”选项，即可快速新建一个公制单位的绘图文件。

图1-33 打开按钮菜单

1.4.2 将文件存盘

【保存】命令用于将绘制的图形以文件的形式进行存盘，存盘的目的就是为了方便以后查看、使用或修改编辑等。

执行【保存】命令主要有以下几种方法：

- 执行菜单栏中的【文件】/【保存】命令。
- 单击【标准】工具栏或【快速访问】工具栏中的▣按钮。
- 在命令行输入Save后按Enter键。
- 按组合键Ctrl+S。

执行【保存】命令后，可打开如图1-34所示的【图形另存为】对话框，在此对话框内，可以进行如下操作：

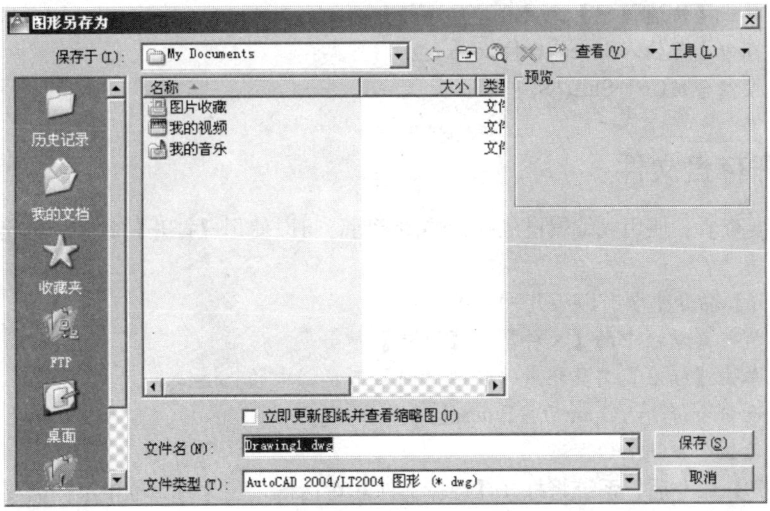

图1-34 【图形另存为】对话框

- 设置存盘路径。单击上侧的【保存于】列表，在展开的下拉列表内设置存盘路径。
- 设置文件名。在【文件名】文本框内输入文件的名称，如“我的文档”。
- 设置文件格式。单击对话框底部的【文件类型】下拉列表，在展开的下拉列表框内设置文件的格式类型，如图1-35所示。

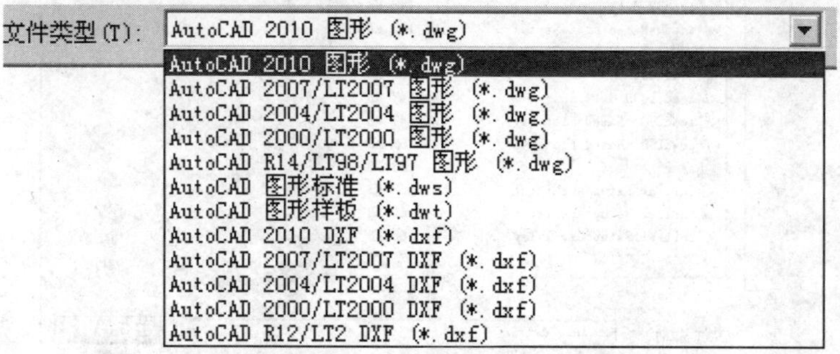

图1-35 设置文件格式

- 当设置好路径、文件名以及文件格式后，单击 保存(S) 按钮，即可将当前文件存盘。

TIP 默认的存储类型为“AutoCAD 2012图形（*.dwg）”，使用此种格式将文件存盘后，只能被AutoCAD 2012及其以后的版本打开，如果用户需要在AutoCAD早期版本中打开此文件，必须使用为低版本的文件格式进行存盘。

1.4.3 另存为文件

当用户在已存盘的图形的基础上进行了其他的修改工作，又不想将原来的图形覆盖，可以执行【另存为】命令，将修改后的图形以不同的路径或不同的文件名进行存盘。

执行【另存为】命令主要有以下几种方法：

- 执行菜单栏中的【文件】/【另存为】命令。
- 单击【快速访问】工具栏中的按钮。
- 在命令行输入Saveas后按Enter键。
- 按组合键Crtl+Shift+S。

1.4.4 打开存盘文件

当用户需要查看、使用或编辑已经存盘的图形时，可以使用【打开】命令，将此图形所在的文件打开。

执行【打开】命令主要有以下几种方式：

- 执行菜单栏中的【文件】/【打开】命令。
- 单击【标准】工具栏或【快速访问】工具栏中的按钮。
- 在命令行输入Open后按Enter键。
- 按组合键Ctrl+O。

激活【打开】命令后，系统将打开【选择文件】对话框，在此对话框中选择需要打开的图形文件，如图1-36所示。单击 打开(O) 按钮，即可将此文件打开。

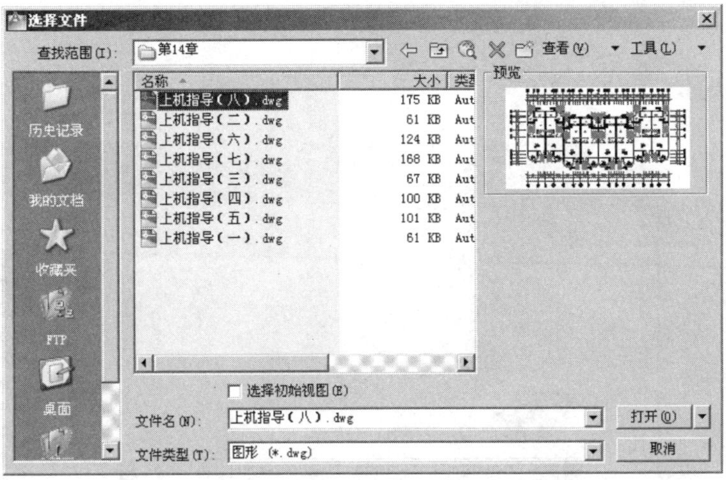

图1-36 【选择文件】对话框

1.4.5 清理垃圾文件

有时为了给图形文件进行“减肥”，以减小文件的存储空间，可以使用【清理】命令，将文件内部的一些无用的垃圾资源（如图层、样式、图块等）清理掉。

执行【清理】命令主要有以下种方法：

- 执行菜单栏中的【文件】/【图形实用程序】/【清理】命令。
- 在命令行输入Purge后按Enter键。
- 使用命令简写PU。

激活【清理】命令，系统可打开如图1-37所示的【清理】对话框，在此对话框中，带有“+”号的选项，表示该选项内含有未使用的垃圾项目，单击该选项将其展开，即可选择需要清理的项目，如果用户需要清理文件中的所有未使用的垃圾项目，可以单击对话框底部的全部清理(A)按钮。

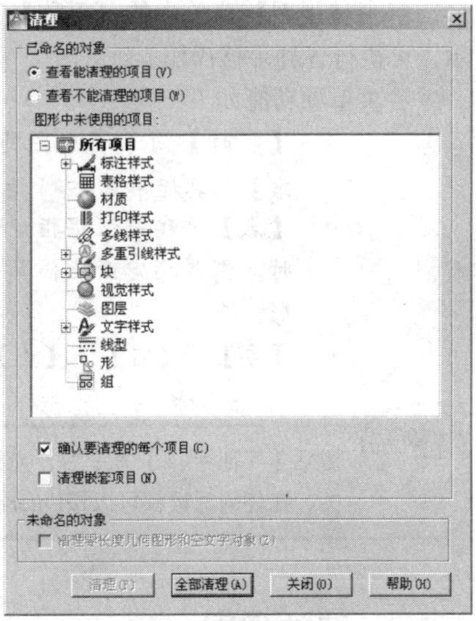

图1-37 【清理】对话框

1.5 AutoCAD视图的调控技能

AutoCAD为用户提供了众多的视图调控功能。使用视窗的调整功能，用户可以随意调整图形在当前视窗的显示，以方便用户观察、编辑视窗内的图形细节或图形全貌。视图调控功能菜单如图1-38所示，其工具栏如图1-39所示，导航栏及按钮菜单如图1-40所示。

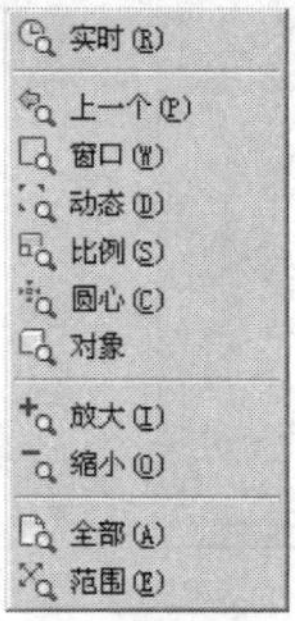

图1-38 缩放菜单

图1-39 【缩放】工具栏

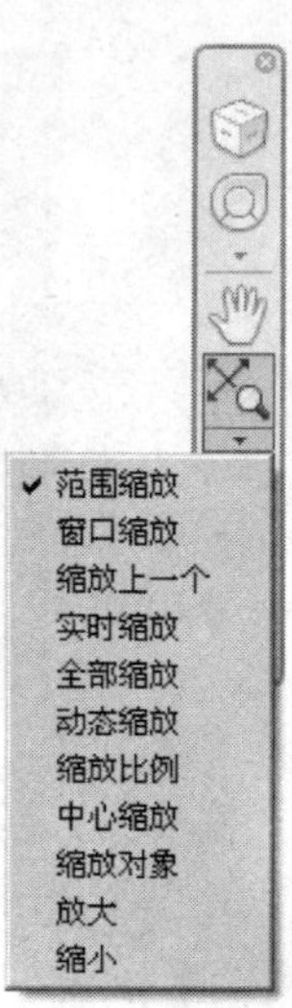

图1-40 导航控制盘

1.5.1 平移视图

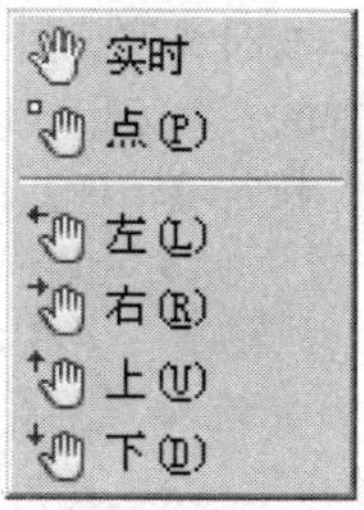

图1-41 平移菜单

使用视图的平移工具可以对视图进行平移，以方便观察视图内的图形。单击【视图】菜单中的【平移】下一级菜单中的各命令，如图1-41所示，可执行各种平移操作。

各菜单项功能如下：

- 【实时】用于将视图随着光标的移动而平移，也可在【标准】工具栏中单击按钮，以激活【实时平移】工具。
- 【点】平移是根据指定的基点和目标点平移视图。定点平移时，需要指定两点，第一点作为基点，第二点作为位移的目标点，平移视图内的图形。
- 【左】、【右】、【上】和【下】命令分别用于在X轴和Y轴方向上移动视图。

TIP 激活【实时平移】命令后，光标变为“”形状，此时可以按住鼠标左键向需要的方向平移视图，在任何时候都可以按Enter键或Esc键来停止平移。

1.5.2 缩放视图

单击【标准】工具栏中的按钮，或执行菜单栏中的【视图】/【缩放】/【实时】命令，都可激活【实时缩放】功能，此时屏幕上将出现一个放大镜形状的光标，此时便进入了实时缩放状态，按住鼠标左键向下拖动，则视图缩小显示；按住鼠标左键向上拖动，则视图放大显示。

• 窗口缩放

【窗口缩放】功能用于在需要缩放显示的区域内拉出一个矩形框，如图1-42所示，将位于框内的图形放大显示在视图内，如图1-43所示。当选择框的宽高比与绘图区的宽高比不同时，AutoCAD将使用选择框宽与高中相对当前视图放大倍数的较小者，以确保所选区域都能显示在视图中。

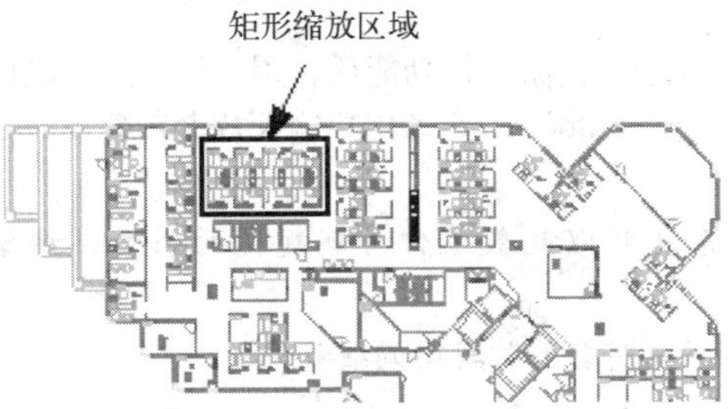

图1-42 窗口选择框

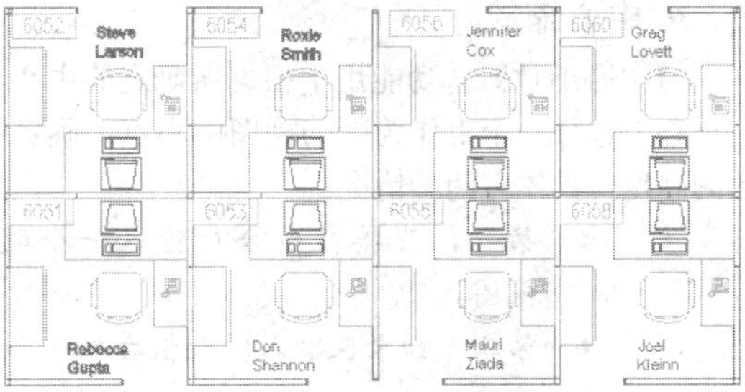

图1-43 窗口缩放结果

• 比例缩放

【比例缩放】功能用于按照输入的比例参数进行调整视图，视图被比例调整后，中心点保持不变。在输入比例参数时，有以下三种情况：

- 第一种情况就是直接在命令行内输入数字，表示相对于图形界限的倍数；
- 另一种情况就是在输入的数字后加字母X，表示相对于当前视图的缩放倍数；
- 第三种情况是在输入的数字后加字母XP，表示系统将根据图纸空间单位确定缩放比例。

通常情况下，相对于视图的缩放倍数比较直观，较为常用。

• 动态缩放

【动态缩放】功能用于动态地浏览和缩放视图，此功能常用于观察和缩放比例比较大的图形。激活该功能后，屏幕将临时切换到虚拟显示屏状态，此时屏幕上显示三个视图框，如图1-44所示。

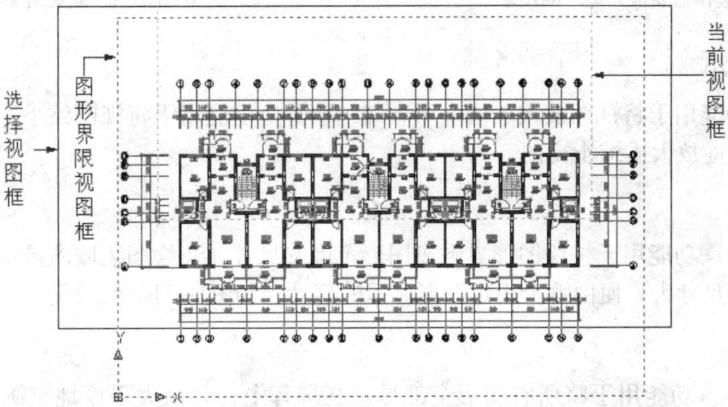

图1-44 动态缩放工具的应用

- "图形范围或图形界限"视图框是一个蓝色的虚线方框，该框显示图形界限和图形范围中较大的一个。
- "当前视图框"是一个绿色的线框，该框中的区域就是在使用这一选项之前的视图区域。
- 以实线显示的矩形框为"选择视图框"，该视图框有两种状态，一种是平移视图框，其大小不能改变，只可任意移动；一种是缩放视图框，它不能平移，但可调节大小。可用鼠标左键在两种视图框之间切换。

TIP 如果当前视图与图形界限或视图范围相同，蓝色虚线框便与绿色虚线框重合。平移视图框中有一个"×"号，它表示下一视图的中心点位置。

- **中心缩放**

【中心缩放】功能用于根据所确定的中心点调整视图。当激活该功能后，用户可直接用鼠标在屏幕上选择一个点作为新的视图中心点，确定中心点后，AutoCAD要求用户输入放大系数或新视图的高度，具体有两种情况：

◆ 第一，直接在命令行输入一个数值，系统将以此数值作为新视图的高度，调整视图。

◆ 第二，如果在输入的数值后加一个X，则系统将其看作视图的缩放倍数。

- **缩放对象**

【缩放对象】功能用于最大限度地显示当前视图内选择的图形，如图1-45和图1-46所示。使用此功能可以缩放单个对象，也可以缩放多个对象。

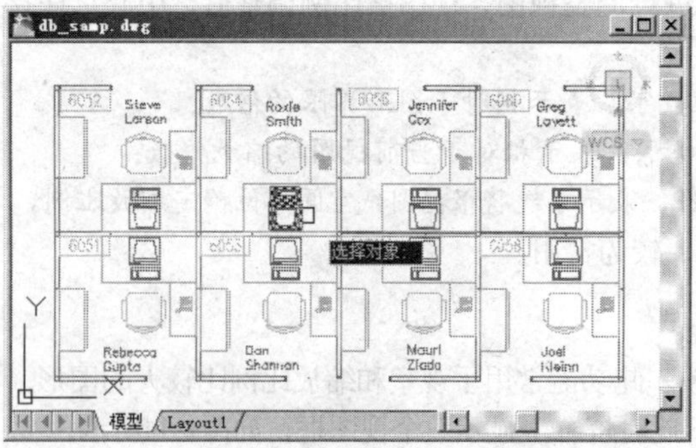

图1-45 选择需要放大显示的图形

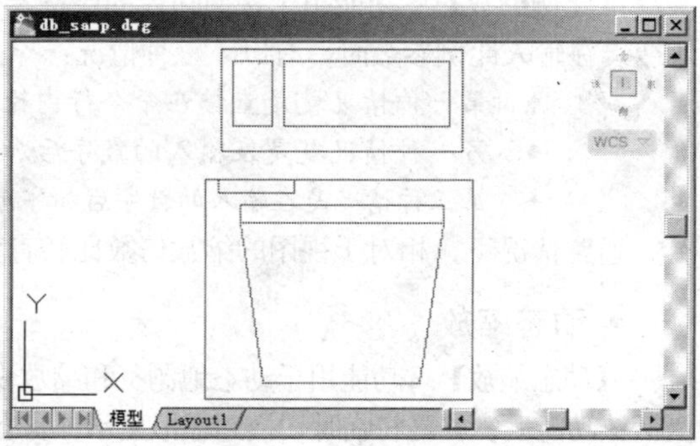

图1-46 缩放结果

- **放大和缩小**

【放大】功能用于将视图放大一倍显示，【缩小】功能用于将视图缩小一倍显示。连续单击按钮，可以成倍地放大或缩小视图。

- **全部缩放**

【全部缩放】功能用于按照图形界限或图形范围的尺寸，在绘图区域内显示图形。图形界限与图形范围中哪个尺寸大，便由哪个决定图形显示的尺寸，如图1-47所示。

- **范围缩放**

【范围缩放】功能用于将所有图形全部显示在屏幕上，并最大限度地充满整个屏幕，如图1-48所示。此种选择方式与图形界限无关。

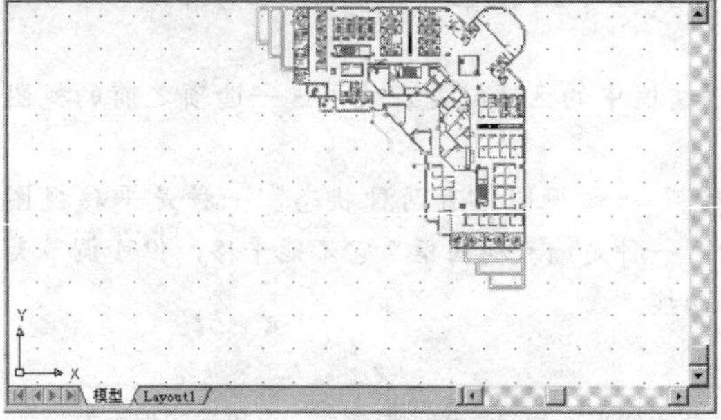

图1-47 全部缩放

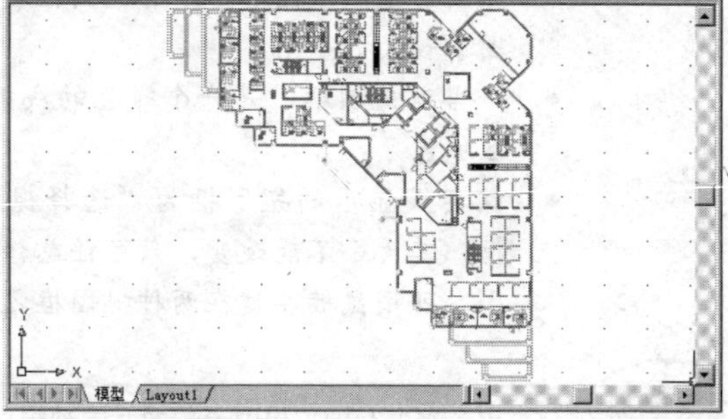

图1-48 范围缩放

1.5.3 恢复视图

当视图被缩放或平移后，以前视图的显示状态会被AutoCAD自动保存起来，使用软件中的【缩放上一个】功能可以恢复上一个视图的显示状态，如果用户连续单击该工具按钮，系统将连续地恢复视图，直至退回到前10个视图。

1.5.4 刷新视图

【重生成】命令用于刷新显示当前视图，并重新计算当前视窗中所有对象在屏幕上的坐标值，重新生成整个图形，同时还将重新建立图形数据库索引。

执行【重生成】命令主要有以下几种方式：

- 执行菜单栏中的【视图】/【重生成】命令。
- 在命令行输入Regen按Enter键。
- 使用命令简写RE。

如果系统变量"Regenauto"的模式为设置"开"状态，当用户执行了一个需要重新生成的操作时，AutoCAD系统将自动重新生成图形。

另外，用户在图形中定义图块或文本字型、重新设置线型比例或冻结/解冻图层时，系统都将自动进行"重生成"操作。

1.6 AutoCAD的基本操作技能

本节主要简单讲述AutoCAD的基本操作技能，包括绘图界限与单位的设置技能、坐标的输入技能、点的捕捉与追踪技能以及对象的选择技能。灵活掌握这些基本技能，是操作AutoCAD的关键。

1.6.1 绘图界限与单位

本节主要学习【图形界限】与【单位】两个命令，以方便用户设置绘图的区域、绘图的单位以及单位精度等。

• 设置【图形界限】

【图形界限】命令用于设置图形的界限，而"图形界限"指的就是绘图的范围，它相当于手工绘图时事先准备的图纸。

执行【图形界限】主要有以下几种方式：

- 执行菜单栏中的【格式】/【图形界限】命令。
- 在命令行输入Limits后按Enter键。

默认设置下，图形界限是一个矩形区域，长度为490、宽度为270，其左下角点位于坐标系原点上。下面通过将图形界限设置为300×150，学习图形界限的设置技能。操作步骤如下：

1. 执行菜单栏中的【格式】/【图形界限】命令，执行【图形界限】命令，
2. 在命令行"指定左下角点或 [开（ON）/关（OFF）] <0.0000,0.0000>："提示下，直接按Enter键，以默认原点作为图形界限的左下角点。

3 继续在命令行“指定右上角点<420.0000,297.0000>：”提示下，输入“200,150”，按Enter键，定位图形界限的右上角点。

4 执行菜单栏中的【视图】/【缩放】/【全部】命令，将图形界限最大化显示。

5 当设置了图形界限之后，可以开启状态栏中的【栅格】功能，通过栅格点，可以将图形界限直观地显示出来，如图1-49所示，也可以使用栅格线显示图形界限，如图1-50所示。

图1-49 图形界限的栅格点显示

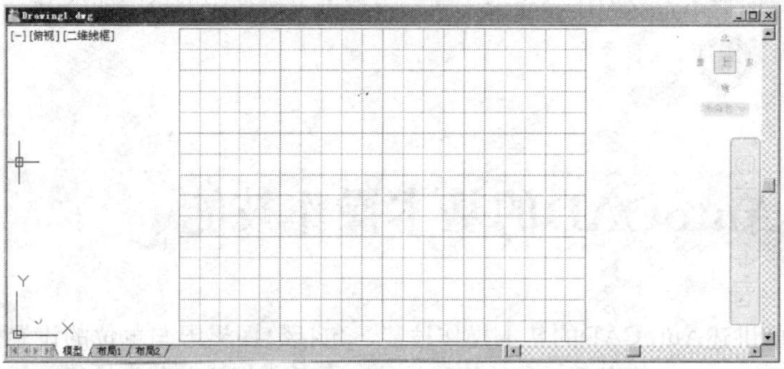

图1-50 图形界限的栅格线显示

TIP 设置“图形界限”最实用的一个目的，就是为了满足不同范围的图形在有限窗口中的恰当显示，以方便视窗的调整及用户的观察编辑等。

当用户设置了图形界限后，如果禁止绘制的图形超出所设置的图形界限，可以开启绘图界限的检测功能，系统会自动将坐标点限制在设置的图形界限区域内，拒绝图形界限之外的点，这样就不会使绘制的图形超出边界。

开启绘图区域检测功能的操作步骤如下：

6 在命令行输入Limits后按Enter键，激活【图形界限】命令。

7 在命令行“指定左下角点或[开（ON）/关（OFF）]<0.0000,0.0000>：”提示下，输入ON后按Enter键，即可打开图形界限的自动检测功能。

- **【单位】**

使用【单位】命令可以设置绘图的长度单位、角度单位、角度方向以及各自的精度等参数。

执行【单位】命令主要有以下几种方式：

- 执行菜单栏中的【格式】/【单位】命令。
- 在命令行输入Units后按Enter键。
- 使用命令简写 UN。

执行【单位】命令后，可打开如图1-51所示的【图形单位】对话框，此对话框主要用于设置如下内容：

- 设置长度单位。在【长度】选项组中展开【类型】下拉列表框，可设置长度的类型，默认为“小数”。

> **TIP** AutoCAD提供了“建筑”、“小数”、“工程”、“分数”和“科学”5种长度类型。单击该选框中的▾按钮，可以从中选择需要的长度类型。

- 设置长度精度。展开【精度】下拉列表框，设置单位的精度，默认为“0.000”，用户可以根据需要设置单位的精度。
- 设置角度单位。在【角度】选项组中展开【类型】下拉列表，设置角度的类型，默认为“十进制度数”。
- 设置角度精度。展开【精度】下拉列表，设置角度的精度，默认为“0”，用户可以根据需要进行设置。
- 【插入时的缩放单位】选项组用于确定拖放内容的单位，默认为“毫米”。
- 设置角度的基准方向。单击对话框底部的 方向(D)... 按钮，打开如图1-52所示的【方向控制】对话框，用来设置角度测量的起始位置。

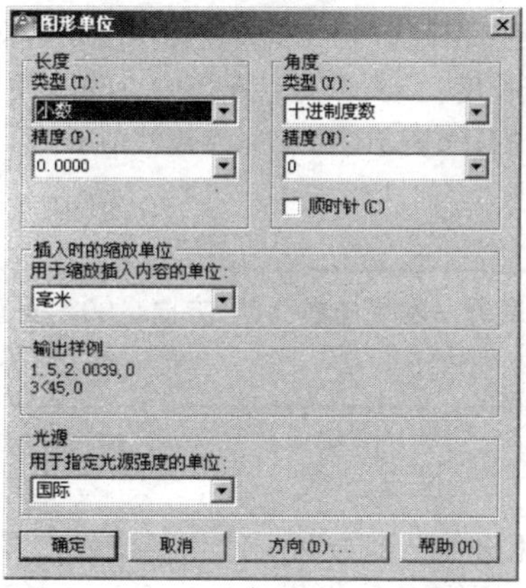

图1-51 【图形单位】对话框

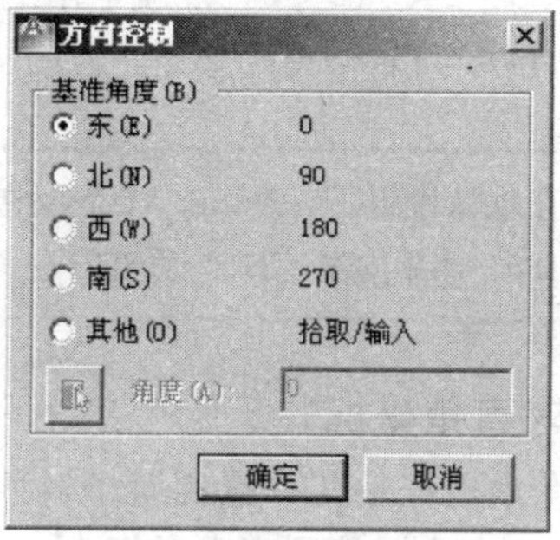

图1-52 【方向控制】对话框

> **TIP** 【顺时针】单选项是用于设置角度的方向的，如果勾选该选项，那么在绘图过程中就以顺时针为正角度方向，否则以逆时针为正角度方向。

1.6.2 坐标点的输入技能

AutoCAD设计软件支持点的精确输入和点的捕捉追踪功能，用户可以使用此功能，设置精确的定位点。在具体的绘图过程中，坐标点的精确输入主要包括“绝对坐标”、“绝对极坐标”、“相对直角坐标”和“相对极坐标”四种，具体内容如下。

● 绝对直角坐标

绝对直角坐标是以坐标系原点（0,0）作为参考点进行定位其他点的，其表达式为（x,y,z），用户可以直接输入该点的x、y、z绝对坐标值来表示点。在如图1-53所示的A点，其绝对直角坐标为

（4,7），其中4表示从*A*点向*X*轴引垂线，垂足与坐标系原点的距离为4个单位；7表示从*A*点向*Y*轴引垂线，垂足与原点的距离为7个单位。

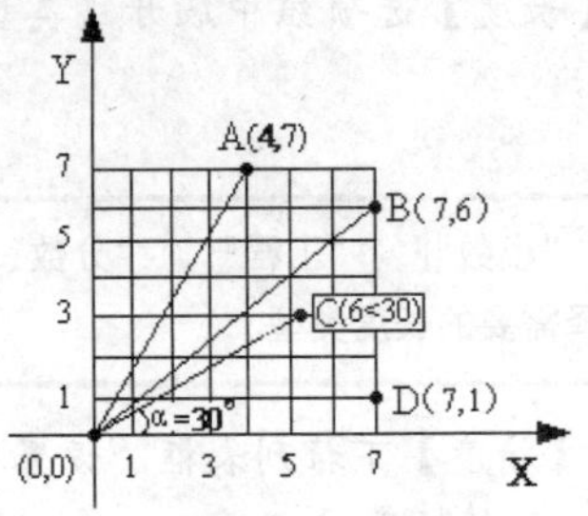

图1-53 坐标系示例

TIP 在默认设置下，当前视图为正交视图，用户在输入坐标点时，只需输入点的*X*坐标和*Y*坐标值即可。在输入点的坐标值时，其数字和逗号应在英文输入方式下进行，坐标中*X*和*Y*之间必须以逗号分割，且标点必须为英文标点。

- **绝对极坐标**

绝对极坐标也是以坐标系原点作为参考点，通过某点相对于原点的极长和角度来定义点的。其表达式为（*L*<α），*L*表示某点和原点之间的极长，即长度；*α*表示某点连接原点的边线与*X*轴的夹角。如图1-53中的*C*（6<30）点就是用绝对极坐标表示的，6表示*C*点和原点连线的长度，30°表示*C*点和原点连线与*X*轴的正向夹角。

TIP 在默认设置下，AutoCAD是以逆时针来测量角度的。水平向右为0°方向，90°垂直向上，180°水平向左，270°垂直向下。

- **相对直角坐标**

相对直角坐标是某一点相对于对照点*X*轴、*Y*轴和*Z*轴三个方向上的坐标变化。其表达式为（@*x*,*y*,*z*）。在实际绘图当中常把上一点看作参照点，后续绘图操作是相对于前一点而进行的。如图1-53所示的坐标系中，如果以*B*点作为参照点，使用相对直角坐标表示*A*点，那么表达式则为（@7-4,6-7）=（@3,-1）。

TIP AutoCAD为用户提供了一种变换相对坐标系的方法，只要在输入的坐标值前加“@”符号，就表示该坐标值是相对于前一点的相对坐标。

- **相对极坐标点**

相对极坐标是通过相对于参照点的极长距离和偏移角度来表示的，其表达式为（@*L*<α），*L*表示极长，*α*表示角度。在图1-53所示的坐标系中，如果以*D*点作为参照点，使用相对极坐标表示*B*点，那么表达式则为（@5<90），其中5表示*D*点和*B*点的极长距离为5个图形单位，偏移角度为90°。

TIP 默认设置下，AutoCAD是以*X*轴正方向作为0°的起始方向，并以逆时针方向计算的，如果在图1-53所示的坐标系中，以*B*点作为参照点，使用相对坐标表示*D*点，则为(@5<270)。

- **动态输入**

另外，在输入相对坐标点时，可配合状态栏中的【动态输入】功能，当激活该功能后，输入的坐标点被看作是相对坐标点，用户只需输入点的坐标值即可，不需要输入符号“@”，因系统会自动在坐标值前添加此符号。单击状态栏中的按钮，或按下键盘上的功能键F12，都可激活状态栏上的【动态输入】功能。

1.6.3 特征点的捕捉技能

除坐标点的输入功能外，AutoCAD还为用户提供了点的精确捕捉功能，如捕捉、对象捕捉、临时捕捉等，使用这些功能可以快速、准确地定位点，以高精度地绘制图形。

- **捕捉**

捕捉指的就是强制性地控制十字光标，使其按照事先定义的Z轴、Y轴方向的固定距离（即步长）进行跳动，从而精确定位点。

执行【捕捉】功能的主要有以下几种方式：

- 执行菜单栏中的【工具】/【草图设置】命令，在打开的【草图设置】对话框中展开【捕捉和栅格】选项卡，勾选【启用捕捉】复选框，如图1-54所示。
- 单击状态栏上按钮或捕捉按钮（或在此按钮上单击右键，选择右键菜单中的【启用】命令。
- 按下功能键F9。

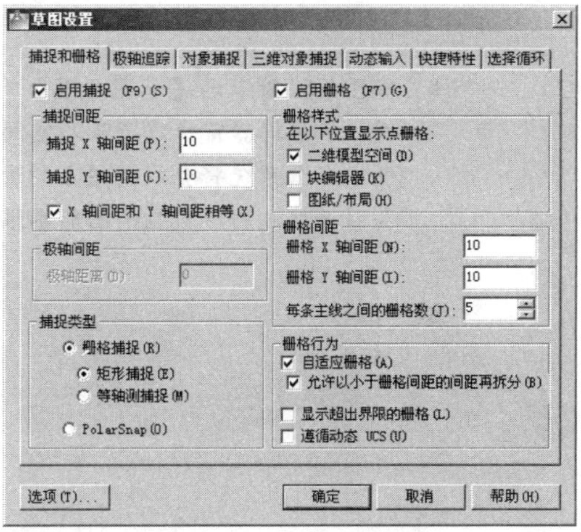

图1-54 【草图设置】对话框

下面通过将X轴方向上的步长设置为30、Y轴方向上的步长设置为40，学习【捕捉】功能的参数设置和启用操作。

1. 在状态栏的按钮或捕捉按钮上单击右键，选择【设置】选项，打开如图1-54所示的【草图设置】对话框。
2. 勾选【启用捕捉】复选项，即可打开【捕捉】功能。
3. 设置X轴步长。在【捕捉X轴间距】文本框内输入数值30，将X轴方向上的捕捉间距设置为30。
4. 取消【X轴和Y轴间距相等】复选项。
5. 设置Y轴步长。在【捕捉Y轴间距】文本框内输入数值，如40，将Y轴方向上的捕捉间距设置为40。
6. 单击确定按钮，完成捕捉参数的设置。

选项解析

- 【极轴间距】选项组：用于设置极轴追踪的距离，此选项需要在【PolarSnap】捕捉类型下使用。
- 【捕捉类型】选项组：用于设置捕捉的类型，其中【栅格捕捉】单选项用于将光标沿垂直栅格或水平栅格点捕捉点；【PolarSnap】单选项用于将光标沿当前极轴增量角方向追踪点，此选项需要配合【极轴追踪】功能使用。

- 启用栅格

所谓“栅格”，指的是由一些虚拟的栅格点或栅格线组成，以直观地显示出当前文件内的图形界限区域。这些栅格点和栅格线仅起到一种参照显示功能，它不是图形的一部分，也不会被打印输出。

执行【栅格】功能主要有以下几种方式：

- 执行菜单栏中的【工具】/【草图设置】命令，在打开的【草图设置】对话框中展开【捕捉和栅格】选项卡，然后勾选【启用栅格捉】复选项。
- 单击状态栏中的▦按钮或栅格按钮（或在此按钮上单击右键，选择命令简写菜单中的【启用】选项）。
- 按功能键F7。
- 按组合键Ctrl+G。

选项解析

- 如图1-54所示的【草图设置】对话框中，【栅格样式】选项组用于设置二维模型空间、块编辑器窗口以及布局空间的栅格显示样式，如果勾选了此选项组中的三个复选项，那么系统将会以栅格点的形式显示图形界限区域，如图1-55所示；反之，系统将会以栅格线的形式显示图形界限区域，如图1-56所示。

图1-55　栅格点显示

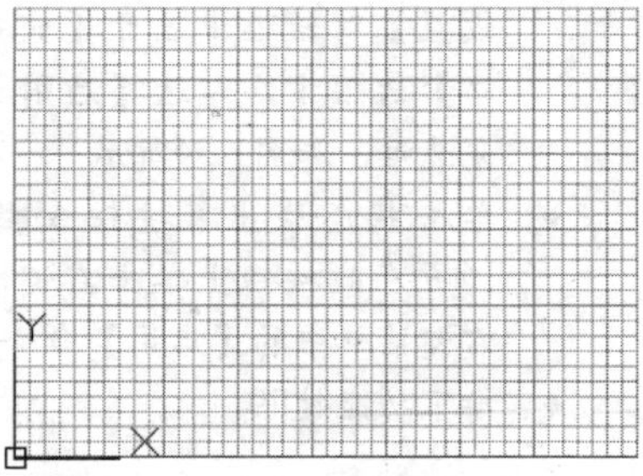

图1-56　栅格线显示

- 【栅格间距】选项组是用于设置X轴方向和Y轴方向的栅格间距的。两个栅格点之间或两条栅格线之间的默认间距为10。
- 在【栅格行为】选项组中，【自适应栅格】复选项用于设置栅格点或栅格线的显示密度的；【显示超出界限的栅格】复选项用于显示图形界限区域外的栅格点或栅格线；【遵循动态UCS】复选项用于更改栅格平面，以跟随动态UCS的XY平面。

- 对象捕捉

对象捕捉功能用于精确定位图形上的特征点，以方便进行图形的绘制和修改操作。AutoCAD共提供了13种对象捕捉功能，以对话框的形式出现的对象捕捉模式为“自动捕捉”，如图1-57所示。

使用【对象捕捉】功能主要有以下几种启动方式：

- 按功能键F3。
- 单击状态栏中的□按钮或对象捕捉按钮。
- 在图1-57所示的【草图设置】对话框中勾选【启用对象捕捉】复选项。

TIP

一旦设置了某种捕捉模式后，系统将一直保持着这种捕捉模式，直到用户取消为止，因此称此种捕捉为自动捕捉。

• 临时捕捉

如果用户按住Ctrl键或Shift键，单击鼠标右键，可以打开图1-58所示的捕捉菜单，此菜单中的各选项功能属于对象的临时捕捉功能。用户一旦激活了菜单栏中的某一捕捉功能之后，系统仅能捕捉一次；如果需要重复捕捉对象特征点时，则需要反复地执行临时捕捉功能。

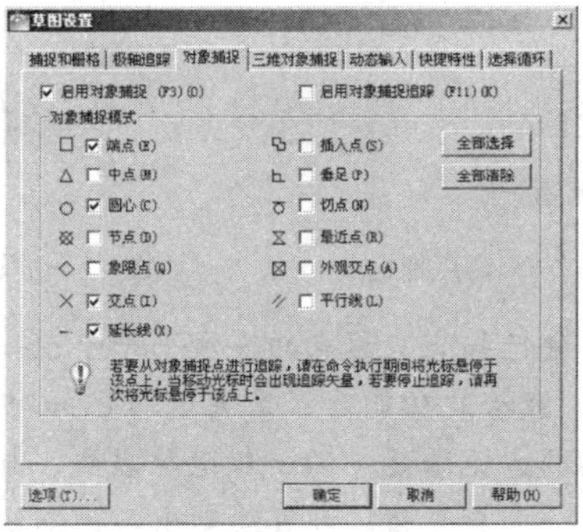

图1-57 【草图设置】对话框

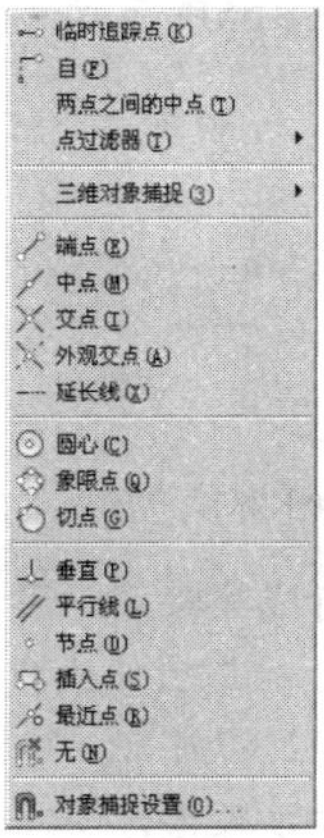

图1-58 临时捕捉菜单

13种对象捕捉功能的含义与功能如下：

- ◆ 端点捕捉：用于捕捉线、弧的两侧端点和矩形、多边形等角点。在命令行出现“指定点”的提示下激活此功能，然后将光标放在对象上，系统会在距离光标最近位置显示出矩形状的端点标记符号，如图1-59所示。此时单击即可捕捉到该端点。
- ◆ 中点捕捉：用于捕捉到线、弧等对象的中点。激活此功能后，将光标放在对象上，系统会在对象中点处显示出中点标记符号，如图1-60所示，此时单击即可捕捉到对象的中点。
- ◆ 交点捕捉：用于捕捉对象之间的交点。激活此功能后，只需将光标放到对象的交点处，系统会自动显示出交点标记符号，如图1-61所示，单击就可以捕捉到该交点。

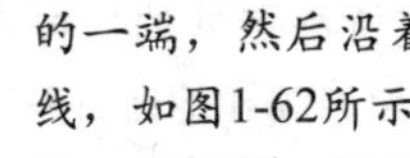

图1-59 端点捕捉

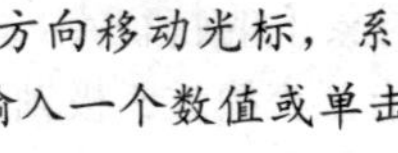

图1-60 中点捕捉

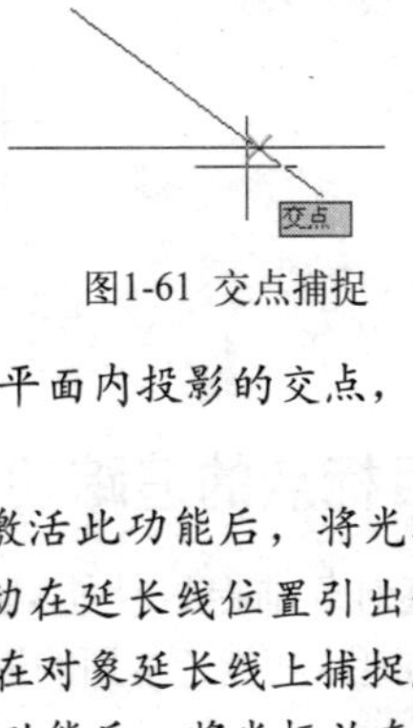

图1-61 交点捕捉

- ◆ 外观交点：用于捕捉三维空间内对象在当前坐标系平面内投影的交点，也可用于在二维制图中捕捉各对象的相交点或延伸交点。
- ◆ 延长线捕捉：用于捕捉线、弧等延长线上的点。激活此功能后，将光标放在对象的一端，然后沿着延长线方向移动光标，系统会自动在延长线位置引出一条追踪虚线，如图1-62所示，此时输入一个数值或单击，即可在对象延长线上捕捉点。
- ◆ 圆心捕捉：用于捕捉圆、弧等对象的圆心。激活此功能后，将光标放在圆、弧等的边缘上或圆心位置上，系统会自动在圆心处显示出圆心标记符号，如图1-63所示，此时单击即可捕捉到圆心。

图1-62 延长线捕捉

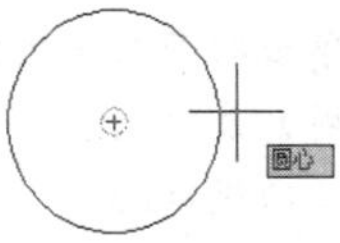

图1-63 圆心捕捉

- 象限点捕捉：用于捕捉圆、弧等的象限点，如图1-64所示。
- 切点捕捉：用于捕捉圆弧、圆、椭圆、椭圆弧或样条曲线的切点，以绘制对象的切线。如图1-65所示。
- 垂足捕捉：用于捕捉圆、弧直线、多段线等对象上的垂足点，以绘制对象的垂线，如图1-66所示。

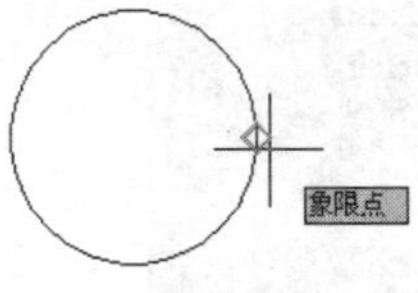

图1-64 象限点捕捉

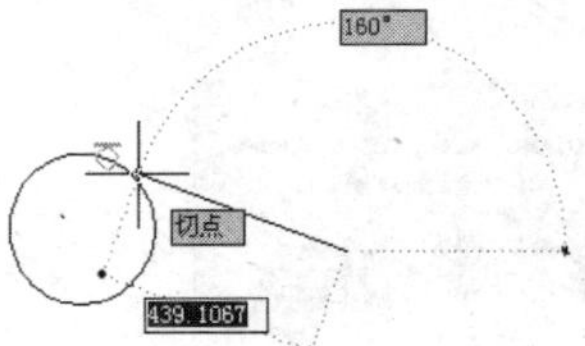

图1-65 切点捕捉

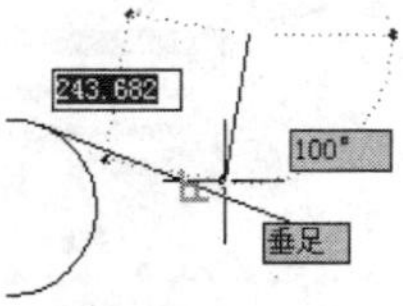

图1-66 垂足捕捉

- 平行线捕捉：用于捕捉一点，使已知点与该点的连线平行于已知直线。此功能常用于绘制与已知线段平行的线段。激活此功能后，需要选择已知对象作为平行对象，如图1-67所示，然后引出一条向两方无限延伸的平行追踪虚线，如图1-68所示。在此平行追踪虚线上选择一点或输入一个距离值，即可绘制出与已知线段平行的线，如图1-69所示。

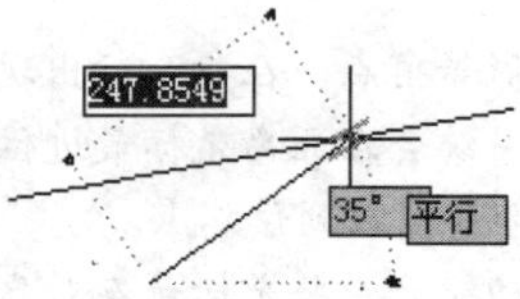

图1-67 拾取平行对象

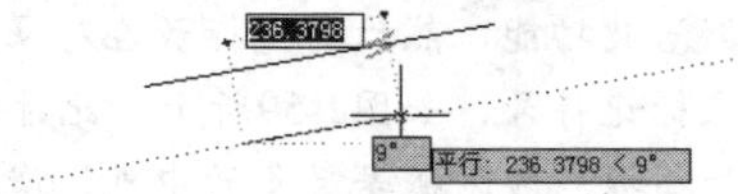

图1-68 引出平行追踪虚线

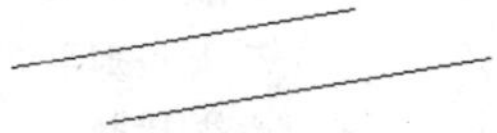

图1-69 绘制结果

- 节点捕捉：用于捕捉使用【点】命令绘制的对象，如图1-70所示。
- 插入点捕捉：用于捕捉图块、参照、文字、属性或属性定义等的插入点。
- 最近点捕捉：用于捕捉光标距离图形对象最近的点，如图1-71所示。

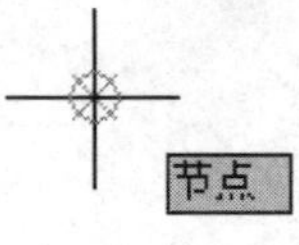

图1-70 节点捕捉

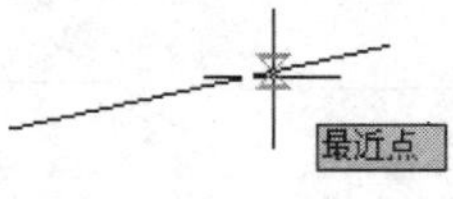

图1-71 最近点捕捉

1.6.4 目标点的追踪功能

使用【对象捕捉】功能只能捕捉对象上的特征点，如果捕捉特征点外的目标点，可以使用AutoCAD的追踪功能。常用的追踪功能有正交模式、极轴追踪、对象追踪和捕捉自4种。

• 正交模式

正交模式功能用于将光标强行地控制在水平或垂直方向上，以追踪并绘制水平和垂直的线段。使用【正交模式】功能主要有以下几种方式：

- 单击状态栏中的按钮或正交按钮（或在此按钮上单击右键，选择快捷菜单中的【启用】选项）。
- 按功能键F8。
- 在命令行输入表达式Ortho后按Enter键。

> **TIP** 正交模式功能可以追踪定位4个方向，向右引导光标，系统则定位0° 方向（如图1-72所示）；向上引导光标，系统则定位90° 方向（如图1-73所示）；向左引导光标，系统则定位180° 方向（如图1-74所示）；向下引导光标，系统则定位270° 方向（如图1-75所示）。

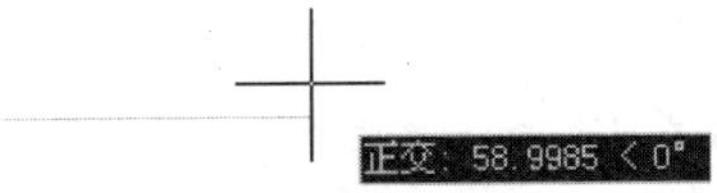

图1-72 0° 方向矢量

图1-73 90° 方向矢量

图1-74 180° 方向矢量

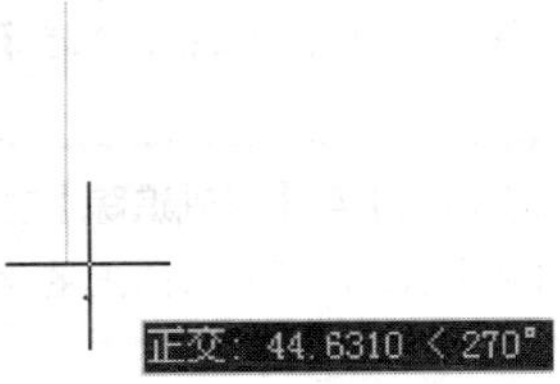

图1-75 270° 方向矢量

下面通过绘制如图1-76所示的台阶截面轮廓图，学习正交追踪功能的使用方法和技巧。操作步骤如下：

1. 新建一个公制单位空白文件。
2. 按功能键F8，打开状态栏中的【正交模式】功能。
3. 执行菜单栏中的【绘图】/【直线】命令，配合【正交模式】功能精确绘图。命令行操作如下。

```
命令: _line
    指定第一点:                          //在绘图区拾取一点作为起点
    指定下一点或 [放弃(U)]:               //向上引导光标，输入150并按 Enter键
    指定下一点或 [放弃(U)]:               //向右引导光标，输入300并按 Enter键
    指定下一点或 [闭合(C)/放弃(U)]:       //向上引导光标，输入150并按 Enter键
    指定下一点或 [闭合(C)/放弃(U)]:       //向右引导光标，输入300并按 Enter键
    指定下一点或 [放弃(U)]:               //向上引导光标，输入150并按 Enter键
    指定下一点或 [放弃(U)]:               //向右引导光标，输入300并按 Enter键
    指定下一点或 [闭合(C)/放弃(U)]:       //向上引导光标，输入150并按 Enter键
    指定下一点或 [闭合(C)/放弃(U)]:       //向右引导光标，输入300并按 Enter键
    指定下一点或 [闭合(C)/放弃(U)]:       //向下引导光标，输入600并按 Enter键
    指定下一点或 [闭合(C)/放弃(U)]:       // C Enter，闭合图形，并结束命令
```

4. 绘制结果如图1-76所示。

- **极轴追踪**

极轴追踪功能用于根据当前设置的追踪角度，引出相应的极轴追踪虚线，以追踪定位目标点，如图1-77所示。

使用【极轴追踪】功能有以下几种方式：

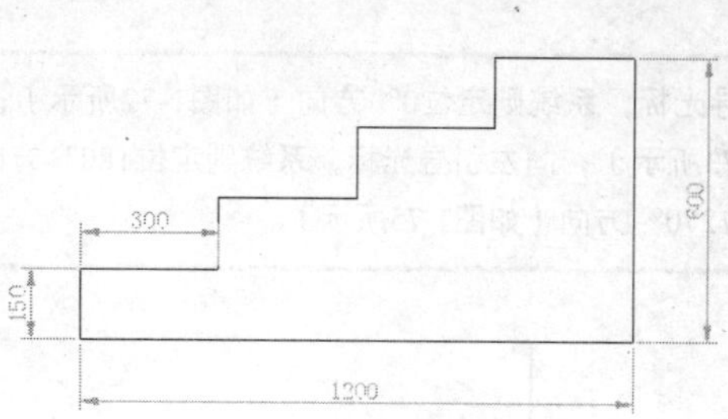

图1-76 绘制结果

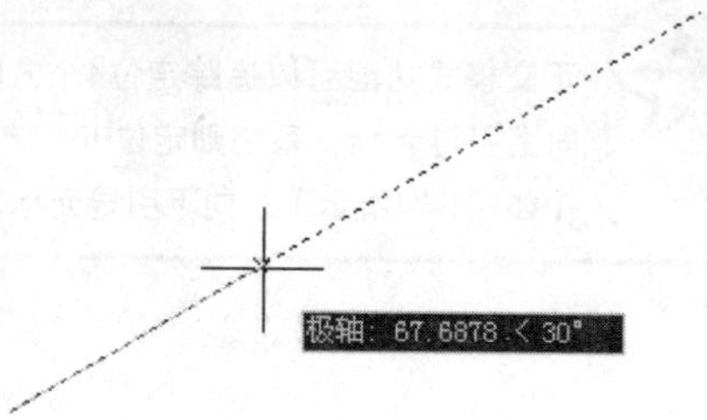

图1-77 极轴追踪示例

- 单击状态栏中的按钮或极轴按钮（或在此按钮上单击右键，选择快捷菜单中的【启用】选项）。
- 按功能键F10。
- 执行菜单栏中的【工具】/【草图设置】命令，在打开的对话框中展开【极轴追踪】选项卡，然后勾选【启用极轴追踪】复选项，如图1-78所示。

TIP 【正交追踪】与【极轴追踪】功能不能同时打开，因为前者是使光标限制在水平或垂直轴上，而后者则可以追踪任意方向矢量。

下面通过绘制长度为120、角度为45°的倾斜线段，学习使用极轴追踪功能。操作步骤如下：

1. 新建一个空白文件。
2. 在状态栏中的极轴按钮上单击右键，在弹出的上拉菜单中选择【设置】选项，打开图1-78所示的对话框。
3. 勾选对话框中的【启用极轴追踪】复选项，打开【极轴追踪】功能。
4. 单击【增量角】列表框，在展开的下拉列表框中选择45，如图1-79所示，将当前的追踪角设置为30°。

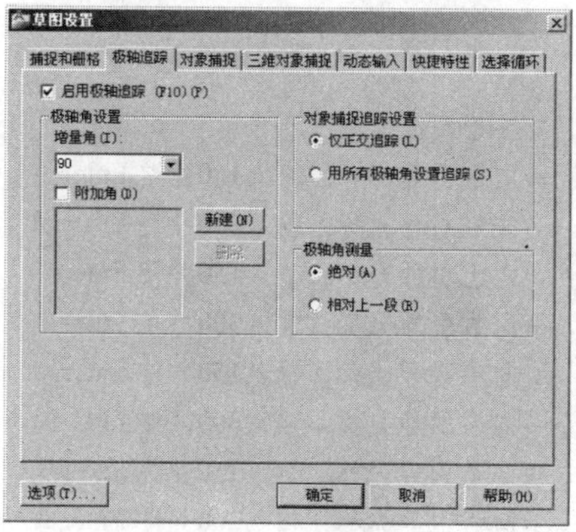

图1-78 【极轴追踪】选项卡

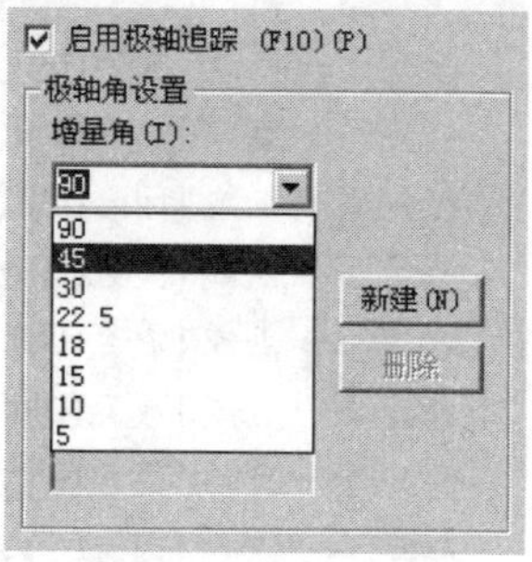

图1-79 设置追踪角

TIP 在【极轴角设置】组合框中的【增量角】下拉列表框内，系统提供了多种增量角，如90°、60°、45°、30°、22.5°、18°、15°、10°、5°等，用户可以从中选择一个角度值作为增量角。

5. 单击 确定 按钮关闭对话框，完成角度跟踪设置。
6. 执行菜单栏中的【绘图】/【直线】命令，配合极轴追踪功能绘制长度斜线段。命令行操作如下。

```
命令: _line
指定第一点:                    //在绘图区拾取一点作为起点
指定下一点或 [放弃(U)]:         //向右上方移动光标，在45°方向上引出如图1-80所示的
                                极轴追踪虚线，然后输入120 Enter
指定下一点或 [放弃(U)]:         // Enter，结束命令。
```

7 绘制结果如图1-81所示。

> **TIP**
> AutoCAD不但可以在增量角方向上出现极轴追踪虚线，还可以在增量角的倍数方向上出现极轴追踪虚线。

如果要选择预设值以外的角度增量值，需事先勾选【附加角】复选项，然后单击 新建(N) 按钮，创建一个附加角，如图1-82所示，系统就会对所设置的附加角进行追踪。另外，如果要删除一个角度值，在选取该角度值后单击 删除 按钮即可。另外，只能删除用户自定义的附加角，而系统预设的增量角不能被删除。

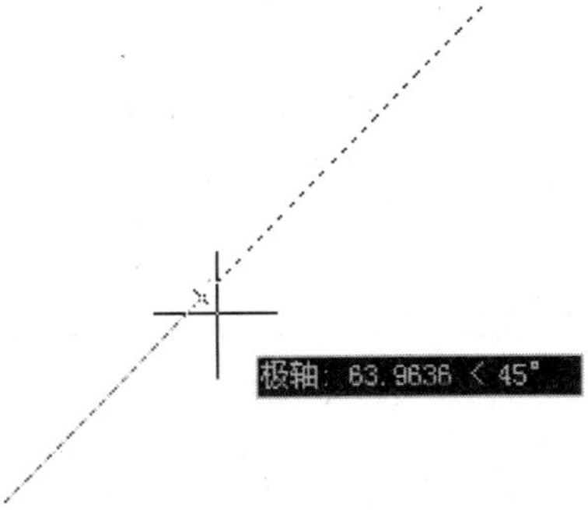

图1-80 引出30°极轴矢量

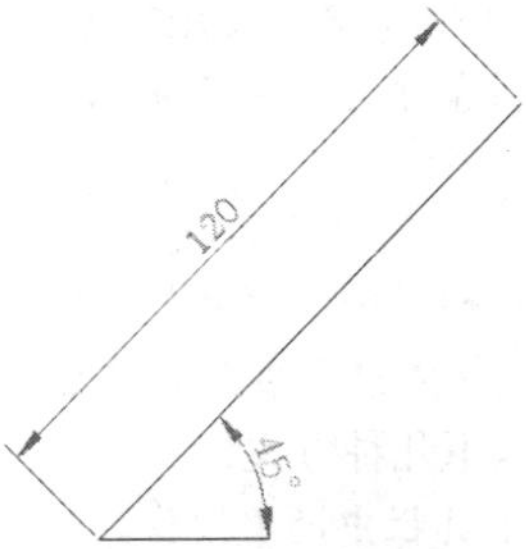

图1-81 绘制结果

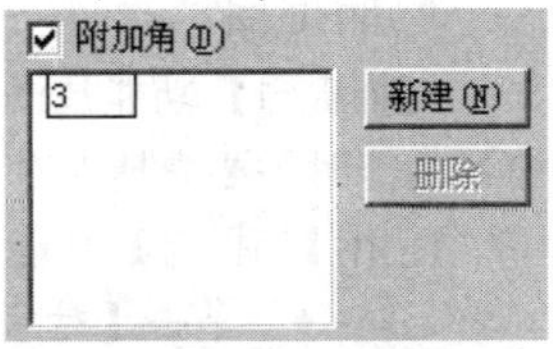

图1-82 创建3°的附加角

- **对象追踪**

【对象追踪】功能用于以对象上的某些特征点作为追踪点，引出向两端无限延伸的对象追踪虚线，如图1-83所示，在此追踪虚线上拾取点或输入距离值，即可精确定位到目标点。

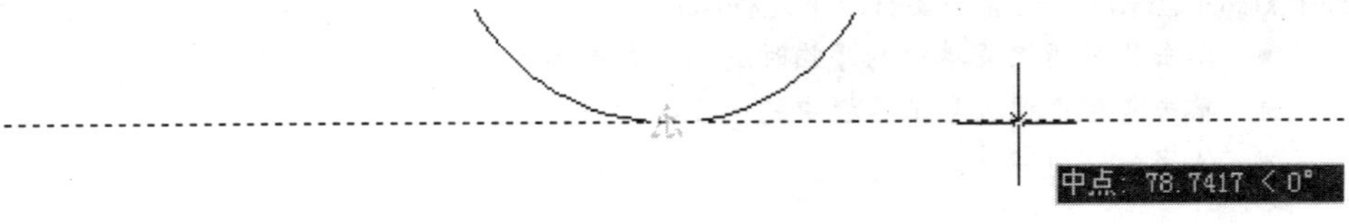

图1-83 对象追踪虚线

使用【对象追踪】功能主要有以下几种方式：

- 单击状态栏中的 ∠ 按钮或 对象追踪 按钮。
- 按功能键F11。
- 执行菜单栏中的【工具】/【草图设置】命令，在打开的对话框中展开【对象捕捉】选项卡，然后勾选【启用对象捕捉追踪】复选项。

在默认设置下，系统仅以水平或垂直的方向追踪点，如果用户需要按照某一角度追踪点，可以在【极轴追踪】选项卡中设置追踪的样式，如图1-84所示。

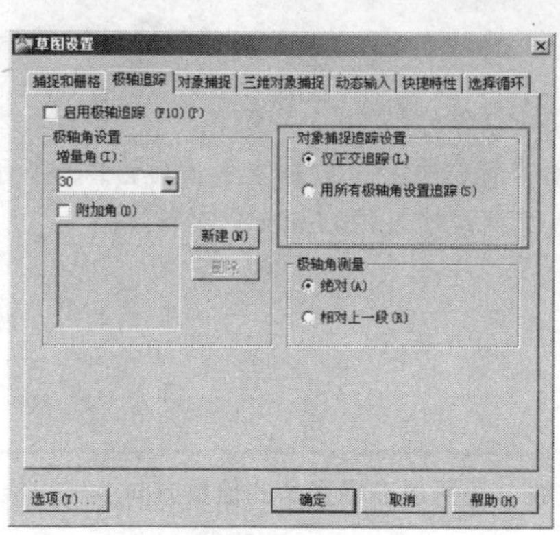

图1-84 设置对象追踪样式

> **TIP** 对象追踪功能只有在对象捕捉和对象追踪同时打开的情况下才可使用，而且只能追踪对象捕捉类型里设置的自动对象捕捉点。

选项解析

- 在【对象捕捉追踪设置】选项组中，【仅正交追踪】单选项与当前极轴角无关，它仅水平或垂直地追踪对象，即在水平或垂直方向上出现向两方无限延伸的对象追踪虚线。
- 【用所有极轴角设置追踪】单选项是根据当前所设置的极轴角及极轴角的倍数出现对象追踪虚线，用户可以根据需要进行取舍。
- 在【极轴角测量】选项组中，【绝对】单选项用于根据当前坐标系确定极轴追踪角度；而【相对上一段】单选项用于根据上一个绘制的线段确定极轴追踪的角度。

• 捕捉自

【捕捉自】功能是借助捕捉和相对坐标定义窗口中相对于某一捕捉点的另外一点。使用【捕捉自】功能时需要先捕捉对象特征点作为目标点的偏移基点，然后再输入目标点的坐标值。

使用【捕捉自】功能主要有以下几种方式：

- 单击【对象捕捉】工具栏中的按钮。
- 在命令行输入_from 后按Enter键。
- 按住Ctrl或Shift键右击，选择快捷菜单中的【自】选项。

• 临时追踪点

【临时追踪点】与【对象追踪】功能类似，不同的是前者需要事先精确定位出临时追踪点，然后才能通过此追踪点，引出向两端无限延伸的临时追踪虚线，以进行追踪定位目标点。

使用【临时追踪点】功能主要有以下几种法：

- 单击临时捕捉菜单中的【临时追踪点】选项。
- 单击【对象捕捉】工具栏中的按钮。
- 使用命令简写_tt。

1.6.5 对象的选择功能

对象的选择功能是AutoCAD的重要基本功能之一，它常用于对图形对象进行修改编辑之前，下面简单介绍几种常用的对象选择功能。

• 点选

“点选”是最简单的一种对象选择方式，此方式一次仅能选择一个对象。在命令行“选择对象：”的提示下，系统自动进入点选模式，此时光标指针切换为矩形选择框状，将选择框放在对象的边沿上单击，即可选择该图形，被选择的图形对象以虚线显示，如图1-85所示。

图1-85 点选示例

- **窗口选择**

“窗口选择”是一种常用的选择方式，使用此方式一次也可以选择多个对象。在命令行“选择对象：”的提示下从左向右拉出一个矩形选择框，此选择框即为窗口选择框，选择框以实线显示，内部用浅蓝色填充，如图1-86所示。当指定窗口选择框的对角点之后，结果是所有完全位于框内的对象都能被选择，如图1-87所示。

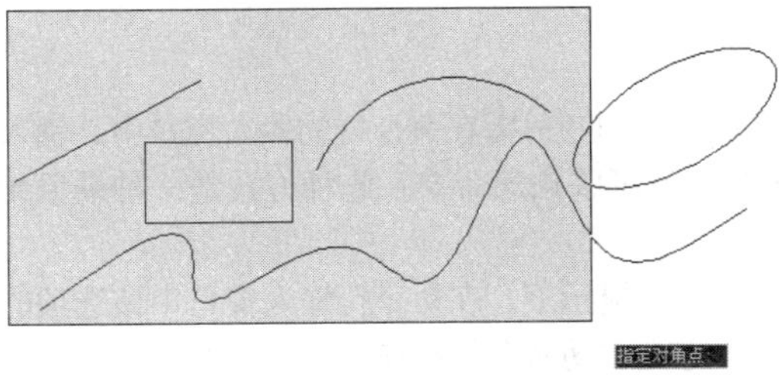

图1-86 窗口选择框

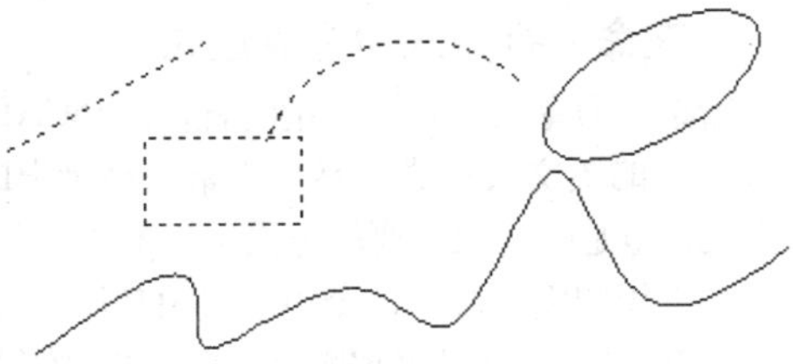

图1-87 选择结果

- **窗交选择**

“窗交选择”是使用频率非常高的选择方式，使用此方式一次也可以选择多个对象。在命令行“选择对象：”提示下从右向左拉出一矩形选择框，此选择框即为窗交选择框，选择框以虚线显示，内部用绿色填充，如图1-88所示。当指定选择框的对角点之后，结果所有与选择框相交和完全位于选择框内的对象才能被选择，如图1-89所示。

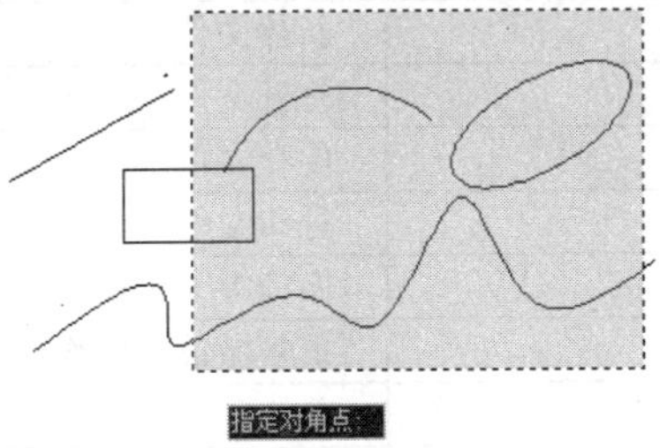

图1-88 窗交选择框

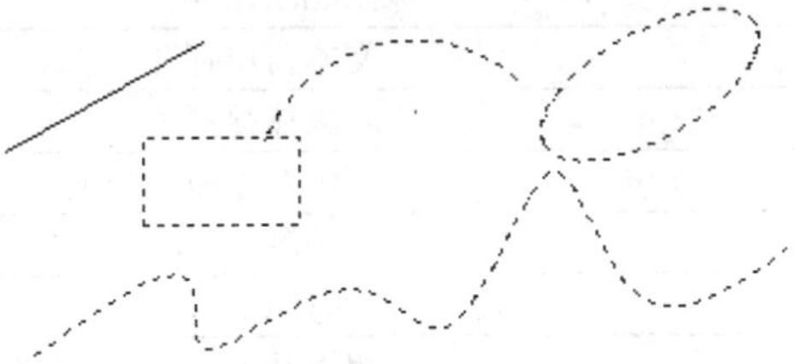

图1-89 选择结果

1.7 AutoCAD命令的执行方式

每种软件都有多种命令的执行特点，就AutoCAD绘图软件而言，其命令执行方式有以下几种：

- **通过菜单栏与右键菜单执行命令**

单击“菜单”中的命令选项，是一种比较传统、常用的命令启动方式。另外，为了更加方便启动某些命令或命令选项，AutoCAD为用户提供了右键菜单，所谓右键菜单，指的就是单击右键弹出的快捷菜单，用户只需单击右键菜单中的命令或选项，即可快速激活相应的功能。

根据操作过程的不同，右键菜单归纳起来共有三种：

- 默认模式菜单。此种菜单是在没有命令执行的前提下或没有对象被选择的情况下，单击右键显示的菜单。
- 编辑模式菜单。此种菜单是在有一个或多个对象被选择的情况下单击右键出现的快捷菜单。
- 模式菜单。此种菜单是在一个命令执行的过程中，单击右键后弹出的快捷菜单。

• 通过工具栏与功能区执行命令

与其他电脑软件一样，单击工具栏或功能区中的命令按钮，也是一种常用、快捷的命令启动方式。通过形象而又直观的图标按钮代替AutoCAD的一个个命令，远比那些复杂繁琐的英文命令及菜单更为方便直接，用户只需将光标放在命令按钮上，系统就会自动显示出该按钮所代表的命令，单击按钮即可激活该命令。

• 在命令行输入命令表达式

所谓“命令表达式”，指的就是AutoCAD的英文命令，用户只需在命令行的输入窗口中，输入CAD命令的英文表达式，然后再敲击键盘上的Enter键，就可以启动命令。此种方式是一种最原始的方式，也是一种很重要的方式。

如果用户需要激活命令中的选项功能，可以在相应步骤提示下，在命令行输入窗口中该选项的代表字母，然后敲击Enter键，也可以使用右键快捷菜单方式启动命令的选项功能。

• 使用功能键及命令简写

“功能键与命令简写”是最快捷的一种命令启动方式。每一种软件都配置了一些命令快捷组合键，如表1-1所示列出了AutoCAD自身设定的一些命令简写，在执行这些命令时只需要按下相应的键即可。

表1-1 AutoCAD功能键

功能键	功能	功能键	功能
F1	AutoCAD帮助	Ctrl+N	新建文件
F2	文本窗口打开	Ctrl+O	打开文件
F3	对象捕捉开关	Ctrl+S	保存文件
F4	三维对象捕捉开关	Ctrl+P	打印文件
F5	等轴测平面转换	Ctrl+Z	撤销上一步操作
F6	动态UCS	Ctrl+Y	重复撤销的操作
F7	栅格开关	Ctrl+X	剪切
F8	正交开关	Ctrl+C	复制
F9	捕捉开关	Ctrl+V	粘贴
F10	极轴开关	Ctrl+K	超级链接
F11	对象跟踪开关	Ctrl+0	全屏
F12	动态输入	Ctrl+1	特性管理器
Delete	删除	Ctrl+2	设计中心
Ctrl+A	全选	Ctrl+3	特性
Ctrl+4	图纸集管理器	Ctrl+5	信息选项板
Ctrl+6	数据库连接	Ctrl+7	标记集管理器
Ctrl+8	快速计算器	Ctrl+9	命令行
Ctrl+W	选择循环	Ctrl+Shift+P	快捷特性
Ctrl+Shift+I	推断约束	Ctrl+Shift+C	带基点复制
Ctrl+Shift+V	粘贴为块	Ctrl+Shift+S	另存为

另外，AutoCAD还有一种更为方便的“命令简写”，即命令表达式的缩写。严格说，它算不上是命令简写，但是使用命令简写的确能起到快速执行命令的作用，所以也称之为命令简写。不过使用此类命令简写时需要配合Enter键。比如【直线】命令的英文缩写为“L”，用户只需按下键盘上的L字母键后再按下Enter键，就能激活画线命令。

1.8 中文版Auto CAD 2012的新增功能

每一个版本的升级换代，都会有一些新增加或新增强的功能出现，就AutoCAD 2012版本而言，新功能主要体现在以下几个方面：

- **夹点编辑增加了更多的选项和菜单**

AutoCAD 2012控制夹点的新功能集成了命令选择、夹点修改，快速自弹出菜单、捕捉选择等诸多步骤和辅助命令，算是新版本的一次创新。在一个夹点上悬停即可查看相关命令和选项。

- **导入更多格式的外部数据**

AutoCAD 2012模型文件相对于以前的版本更加完美，其中三维模型支持UG，solidworks，IGES，CATIA，Rhino,Pro/E，STEP等多种文件的数据导入。

- **UCS坐标可以进行更多的操作**

在以前的AutoCAD版本中UCS坐标是不能被选取的，在AutoCAD2012中UCS坐标系是能被选取的，而且会出现多功能夹点，如图1-90所示。

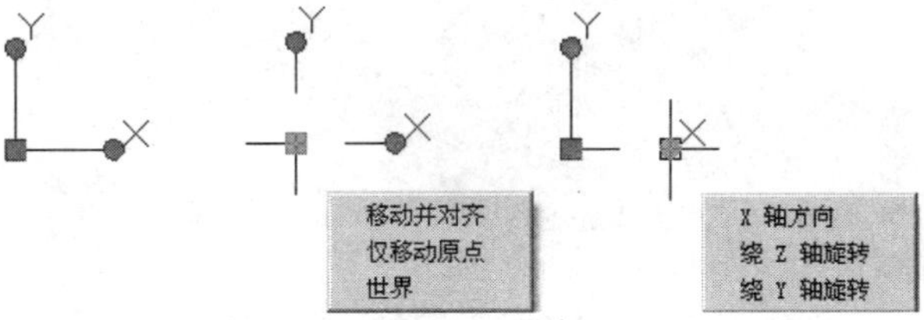

图1-90 坐标系多功能夹点效果

- **AutoCAD 2012的界面更加人性化**

AutoCAD 2012新的界面更加人性化，在快速访问工具栏中多了“切换工作空间”选项，另外，功能区选项板比以前的版本更加优化与规范了，并且在选项板上，新增加了【插件】、【联机】选项卡。

AutoCAD 2012命令行提供了自动完成功能，此功能可以帮助用户更有效地访问命令。当输入命令时，系统自动提供一份清单，列出匹配的命令名称、系统变量和命令别名，如图1-91所示。

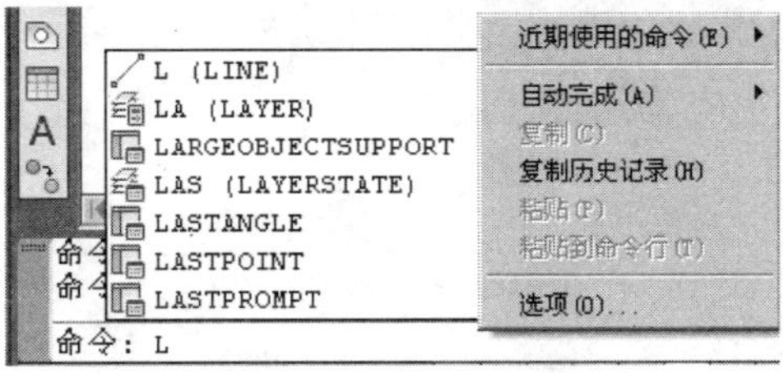

图1-91 命令行右键菜单与匹配命令列表

- **三维及其他功能的增强**

AutoCAD 2012还新增了更多强而有力的3D建模工具，提升曲面和概念设计功能。强化的设计和制图工具能协助使用者阅读并编辑各种文件格式、简化制图过程、提高设计精确度并缩短设计时间。自由形状设计功能几乎可以设计各种复杂形状的模型，添加平滑曲面等。

- **其他新增强功能**

使用AutoCAD 2012可直接存取AutoCAD WS网络和行动应用程序，并借助网络浏览器或行动设备随时随地查看、编辑和共享设计；参数化绘图工具能够自动定义对象之间的恒定关系，延伸关联数组功能可以支持用户利用同一路径建立一系列对象；强化PDF的发布和导入功能，则可帮助用户清楚明确地与客户进行沟通。。

其他的强化功能还加快了启动和命令速度、提升产品的整体性能，并展现了优良的图形和视觉体验。

总之，AutoCAD 2012系列产品提供多种全新的高效设计工具，帮助使用者显著提升草图绘制、详细设计和设计修订的速度。

第2章

绘制简单几何图形——点与线

复杂的图形一般是由点、线、面或一些闭合图元共同拼接组合构成的。因此，要学好AutoCAD绘图软件，就必须掌握这些基本图元的绘制方法和编辑技能，为以后更加方便灵活的组合复杂图形做好准备。本章主要学习点、线图元的绘制技能和修整技能。本章学习内容如下：

- ✓ 绘制点
- ✓ 绘制等分点
- ✓ 绘制直线
- ✓ 上机指导（一）——绘制包间吊顶灯具图
- ✓ 绘制多段线
- ✓ 上机指导（二）——绘制M形装饰幕墙
- ✓ 绘制多线
- ✓ 绘制辅助线
- ✓ 上机指导（三）——绘制石栏杆立面图
- ✓ 绘制曲线
- ✓ 图线的修整
- ✓ 上机指导（四）——绘制拱形桥俯视图
- ✓ 上机指导（五）——绘制拱形桥立面图

2.1 绘制点

本节主要学习【点样式】、【单点】、【多点】、【定数等分】和【定距等分】5个命令，以绘制点和设置点的样式及大小等。

2.1.1 绘制单个点

【单点】命令用于绘制单个的点对象，执行一次命令，仅可以绘制一个点。默认设置下，所绘制的点以一个小点显示，如图2-1所示。

图2-1 单个点

执行【单点】命令主要有以下几种方式：

- ◆ 执行菜单栏中的【绘图】/【点】/【单点】命令。

- 在命令行输入Point后按Enter键。
- 使用命令简写PO。

执行【单点】命令后AutoCAD系统提示如下：

```
命令: _point
    当前点模式: PDMODE=0  PDSIZE=0.0000
    指定点:                    //在绘图区拾取点或输入点的坐标，系统会自动结束命
                                 令，绘制的点如图2-1所示
```

2.1.2 设置点样式

由于默认模式下的点是以一个小点显示，如果该点处在某轮廓线上，那么用户将不会看到点，为此，AutoCAD为用户提供了【点样式】命令，用于设置点的显示样式和大小。具体操作步骤如下：

1. 执行菜单栏中的【格式】/【点样式】命令，或在命令行输入Ddptype并按Enter键，打开如图2-2所示的【点样式】对话框。
2. 设置点的样式。在【点样式】对话框中共20种点样式，在所需样式上单击，即可将此样式设置为当前点样式，在此设置"⊠"为当前点样式。
3. 设置点的尺寸。在【点大小】文本框内输入点的大小尺寸。其中，【相对于屏幕设置尺寸】选项表示按照屏幕尺寸的百分比进行显示点；【用绝对单位设置尺寸】选项表示按照点的实际尺寸来显示点。
4. 单击 确定 按钮，结果绘图区的点被更新，如图2-3所示。

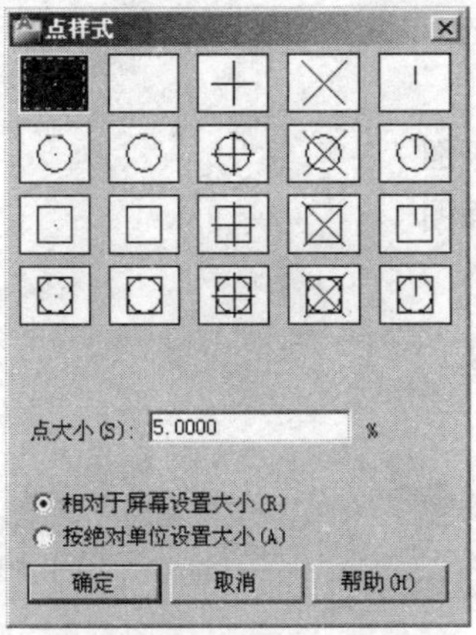

图2-2 【点样式】对话框

图2-3 更改点样式

2.1.3 绘制多个点

【多点】命令用于绘制多个点对象，执行一次命令，可以连续绘制多个点，如图2-4所示。

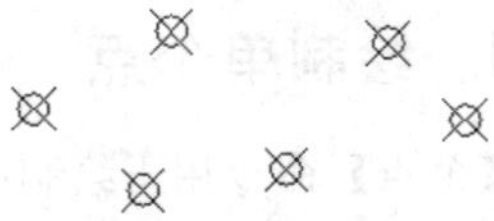

图2-4 绘制多个点

执行【多点】命令主要有以下几种方式：

- 执行菜单栏中的【绘图】/【点】/【多点】命令。
- 单击【绘图】工具栏或面板中的 按钮。

执行【多点】命令后AutoCAD系统提示如下：

```
命令：Point
    当前点模式：PDMODE=0  PDSIZE=0.0000 (Current point modes: PDMODE=0
  PDSIZE=0.0000)
    指定点：        //在绘图区给定点的位置
    命令：Point
    当前点模式：PDMODE=0  PDSIZE=0.0000 (Current point modes: PDMODE=0
  PDSIZE=0.0000)
    指定点：        //在绘图区给定点的位置
    … …
```

2.2 绘制等分点

所谓"等分点"，指的就是将图线等分后，在等分位置上所绘制的点。本节主要学习等分点的绘制工具，具体有【定数等分】和【定距等分】两个命令。

2.2.1 定数等分

【定数等分】命令用于按照指定的等分数目进行等分对象，对象被等分的结果仅仅是在等分点处放置了点的标记符号，而源对象并没有被等分为多个对象。

执行【定数等分】命令主要有以下几种方式：

- 执行菜单栏中的【绘图】/【点】/【定数等分】命令。
- 在命令行输入Divide后按Enter键。
- 单击功能区【常用】选项卡/【绘图】面板中的按钮
- 使用命令简写DVI。

下面通过将某线段进行5等分，学习【定数等分】命令的使用方法和操作技巧。操作步骤如下：

1. 新建空白文件。
2. 绘制一条长度100的水平线段作为等分对象。
3. 执行菜单栏中的【格式】/【点样式】命令，将当前点样式设置为"╳"。
4. 执行菜单栏中的【绘图】/【点】/【定数等分】命令，然后根据AutoCAD命令行提示进行定数等分线段，命令行操作如下。

```
命令: _divide
    选择要定数等分的对象:          //选择刚绘制的水平线段
    输入线段数目或 [块(B)]:        //5 Enter，设置等分数目，并结束命令
```

5. 等分结果如图2-5所示。

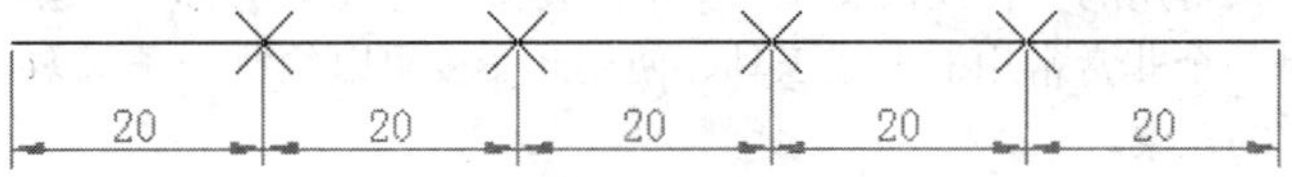

图2-5 等分结果

TIP 【块（B）】选项用于在对象等分点处放置内部图块，以代替点标记。在执行此选项时，必须确保当前文件中存在所需使用的内部图块。

2.2.2 定距等分

【定距等分】命令用于按照指定的等分距离进行等分对象。等分的结果仅仅是在等分点处放置了点的标记符号，而源对象并没有被等分为多个对象。

执行【定距等分】命令主要有以下几种方式：

- 执行菜单栏中的【绘图】/【点】/【定距等分】命令。
- 在命令行输入Measure后按Enter键。
- 单击功能区【常用】选项卡/【绘图】面板中的按钮。
- 使用命令简写ME。

下面通过将某线段每隔45个单位的距离进行等分，学习【定距等分】命令的使用方法和操作技巧。操作步骤如下：

1 新建空白文件。

2 使用【直线】命令绘制长度为200的水平线段。

3 执行菜单栏中的【格式】/【点样式】命令，设置点的样式为“⊠”。

4 执行菜单栏中的【绘图】/【点】/【定距等分】命令，对线段进行定距等分。命令行操作如下。

```
命令: _measure
    选择要定距等分的对象:                    //选择刚绘制的线段
    指定线段长度或 [块(B)]:                  //45 Enter，设置等分距离
```

5 定距等分的结果如图2-6所示。

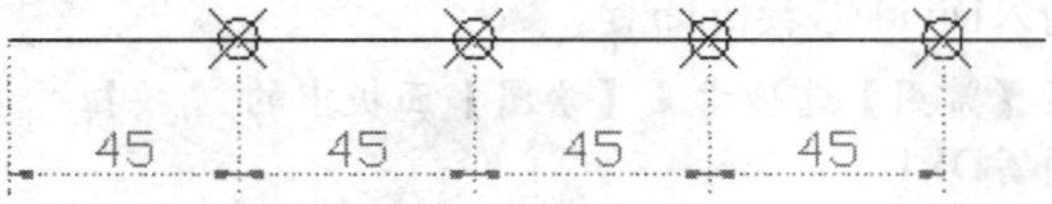

图2-6 等分结果

TIP 当在命令行输入某个命令表达式后，按下键盘上的Enter或空格键，可以激活该命令；在命令执行过程中，按下Enter或空格键可以激活命令中的选项功能，而按下Esc键则可以中止命令。

2.3 绘制直线

直线是最基本、最常用的一种几何图元，本节主要学习直线图元的具体绘制过程和绘制技巧。

【直线】命令是一个非常常用的画线工具，使用此命令可以绘制一条或多条直线段，每条直线都被看作是一个独立的对象。

执行【直线】命令有以下几种方式：

- 执行菜单栏中的【绘图】/【直线】命令。
- 单击【绘图】工具栏或面板中的按钮。
- 在命令行输入Line后按Enter键。
- 使用命令简写 L。

下面通过绘制边长为300的正三角形，学习使用【直线】命令和绝对坐标的输入功能，操作步骤如下：

1 执行【新建】命令，新建公制单位的空白文件。

2 执行菜单栏中的【格式】/【图形界限】命令，设置图形界限为320×320。命令行操作如下。

```
命令: '_limits
    重新设置模型空间界限:
    指定左下角点或 [开(ON)/关(OFF)] <0.0000,0.0000>:        // Enter
    指定右上角点 <420.0000,297.0000>:                       //320,320 Enter
```

3 单击【缩放】工具栏中的按钮，将图形界限最大化显示，结果如图2-7所示。

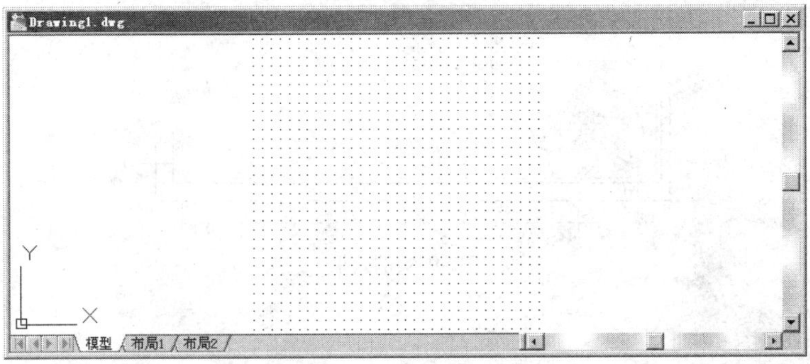

图2-7 最大化显示图形界限

4 单击【绘图】工具栏中的按钮，激活【直线】命令，根据AutoCAD命令行的步骤提示，配合绝对坐标精确画图。命令行操作如下。

```
命令: _line
    指定第一点:                           //0,0 Enter，以原点作为起点
    指定下一点或 [放弃(U)]:               // 300,0 Enter，定位第二点
    指定下一点或 [放弃(U)]:               //300<60Enter，定位第三点
    指定下一点或 [闭合(C)/放弃(U)]:       //C Enter，闭合图形，结果如图2-8所示
```

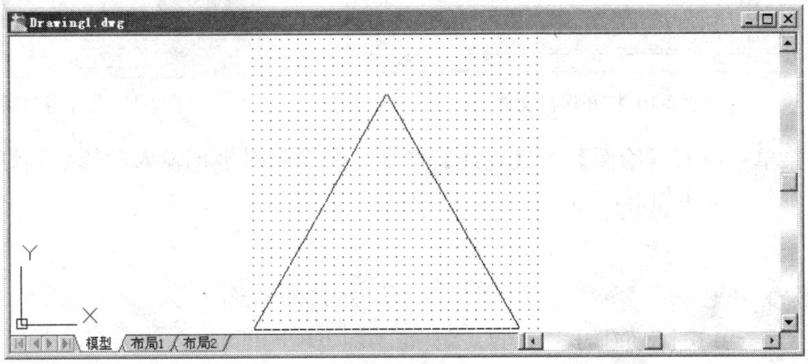

图2-8 绘制结果

TIP

使用【放弃】选项可以取消上一步操作；使用【闭合】选项可以绘制首尾相连的封闭图形。

2.4 上机指导（一）——绘制包间吊顶灯具图

本例通过为某酒店包间吊顶图布置灯具，对上述知识进行综合练习和巩固应用。包间吊顶灯具图的最终绘制效果，如图2-9所示。

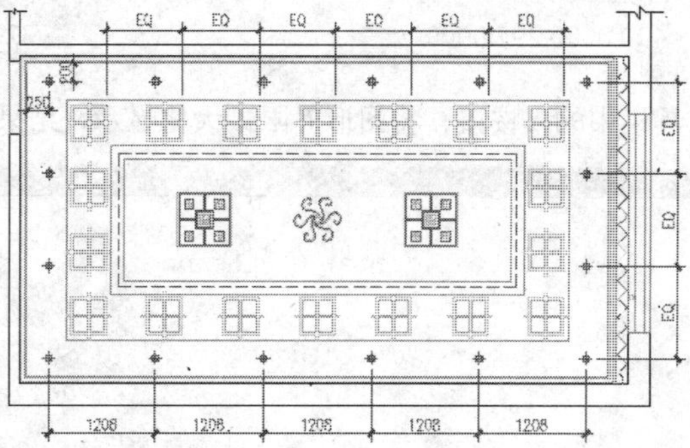

图2-9 实例效果

操作步骤

1. 执行【打开】命令，打开随书光盘“/酒店包间吊顶平面图.dwg”作为当前图形文件，如图2-10所示。
2. 执行菜单栏中的【格式】/【颜色】命令，设置当前颜色值为200，如图2-11所示。

图2-10 打开素材文件

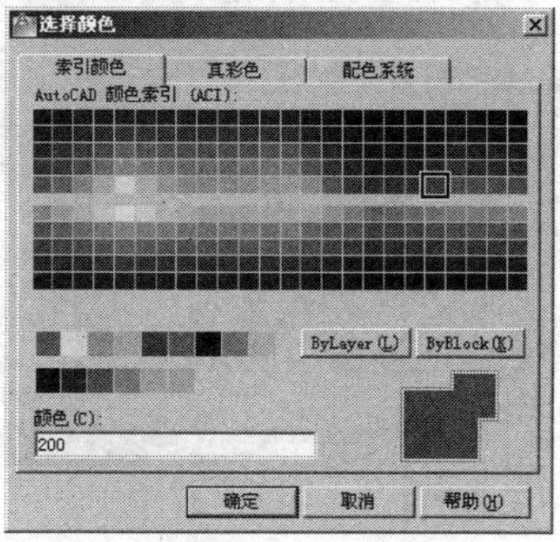

图2-11 设置当前颜色

3. 执行菜单栏中的【绘图】/【直线】命令，配合相对坐标输入功能绘制灯具的定位辅助线。命令行操作如下。

```
命令: _line
    指定第一点:                         //250,200 Enter
    指定下一点或 [放弃(U)]:             // @6040<0 Enter
    指定下一点或 [放弃(U)]:             // @3040<90 Enter
```

```
    指定下一点或 [闭合(C)/放弃(U)]:              //@-6040,0 Enter
    指定下一点或 [闭合(C)/放弃(U)]:              // C Enter，绘制结果如图2-12所示
```

4 重复执行【直线】命令，配合【捕捉自】功能继续绘制灯具的定位辅助线。命令行操作如下。

```
命令: _line
    指定第一点:                //按住Shift键单击右键，选择【捕捉自】功能，如图2-13所示
```

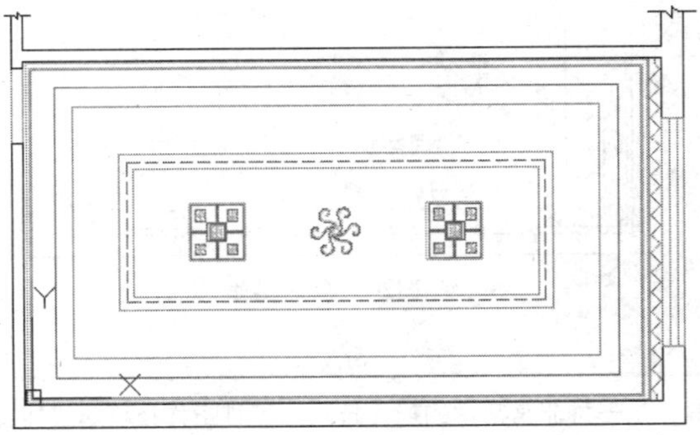

图2-12 绘制结果

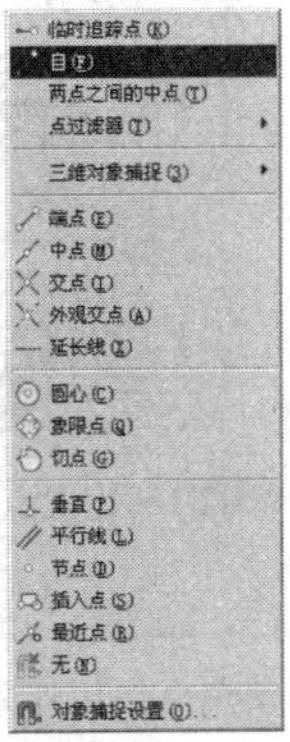

图2-13 临时捕捉菜单

```
    _from 基点:                              //捕捉如图2-14所示的端点
    <偏移>:                                  //@250,260 Enter
    指定下一点或 [放弃(U)]:                  //@5140,0 Enter
    指定下一点或 [放弃(U)]:                  //@0,2120 Enter
    指定下一点或 [闭合(C)/放弃(U)]:          //@-5140,0 Enter
    指定下一点或 [闭合(C)/放弃(U)]:          //C Enter，绘制结果如图2-15所示
```

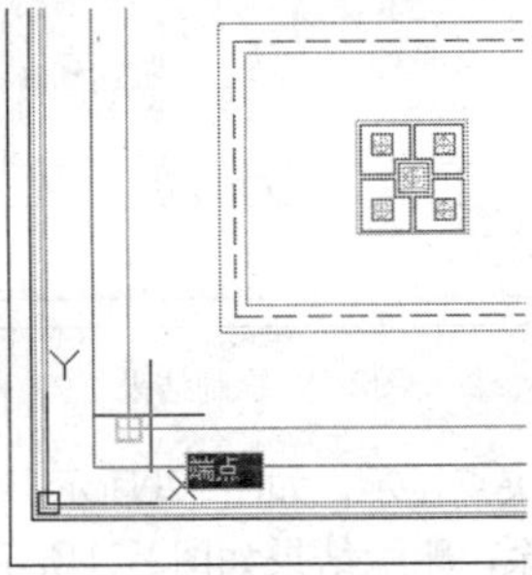

图2-14 捕捉端点

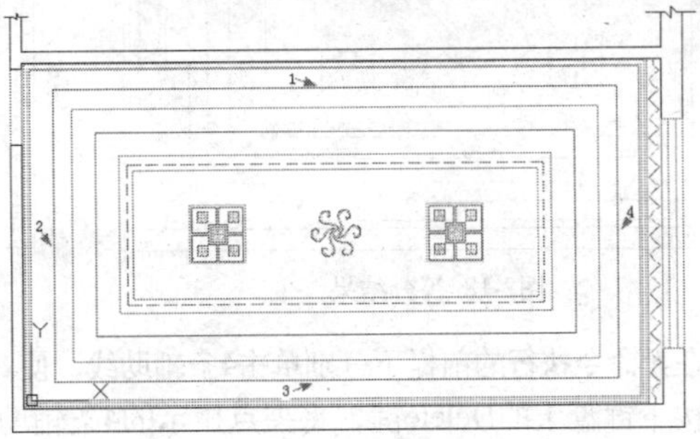

图2-15 绘制结果

5 执行菜单栏中的【格式】/【点样式】命令，在打开的【点样式】对话框中设置当前点的样式和点的大小，如图2-16所示。

6 执行菜单栏中的【绘图】/【点】/【定数等分】命令，为灯具定位线进行等分，在等分点处放置点标记，代表筒灯，命令行操作如下。

```
命令: _divide
    选择要定数等分的对象:                    //选择如图2-15所示的水平辅助线1
    输入线段数目或 [块(B)]:                  //4 Enter，设置等分数目
```

命令: //重复执行命令
DIVIDE
选择要定数等分的对象: //选择如图2-16所示的垂直辅助线2
输入线段数目或 [块(B)]: //3 Enter，设置等分数目，等分结果如图2-17所示

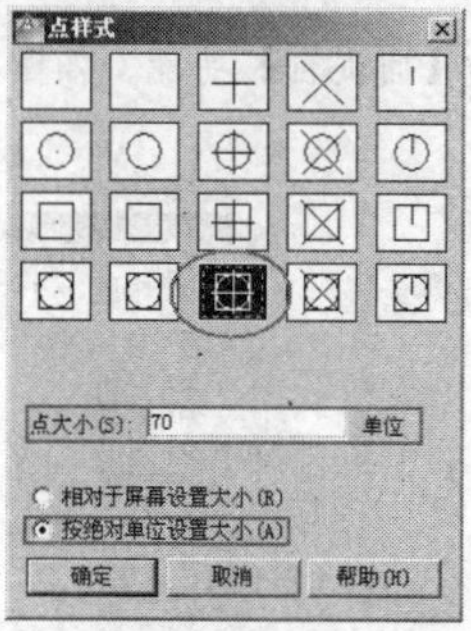

图2-16 设置点样式及点尺寸

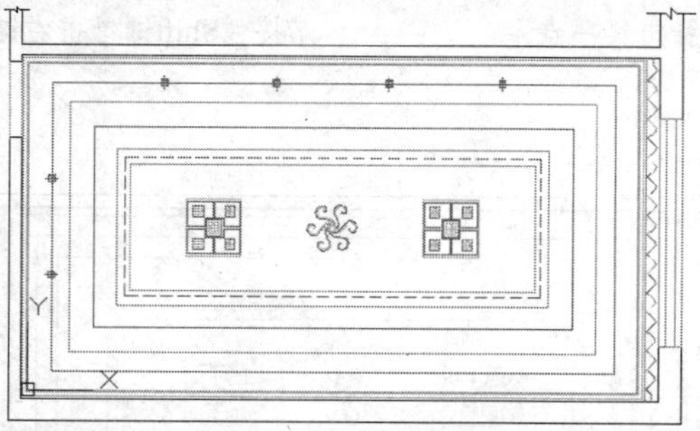

图2-17 等分结果

TIP 使用点标记作为吊顶的辅助灯具，是一种非常常用的操作技巧。这种操作技巧通过需要配合点的等分工具以及点的绘制工具等。

7 重复执行【定数等分】命令，将图2-15所示的辅助线3等分5份，将辅助线4等分3份，等分结果如图2-18所示。

8 执行菜单栏中的【绘图】/【点】/【多点】命令，配合端点捕捉、交点捕捉或坐标输入功能，在4条辅助线的交点处绘制4个点，作为灯具，结果如图2-19所示。

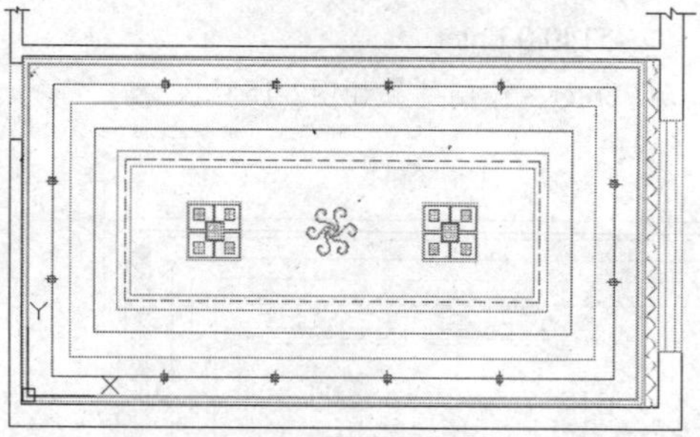

图2-18 等分结果

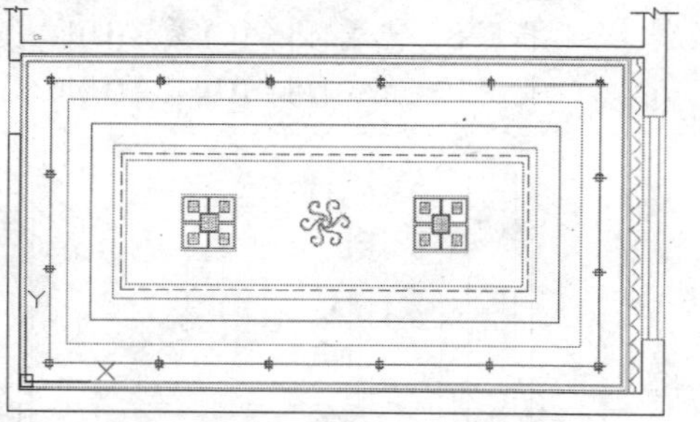

图2-19 绘制结果

9 在无命令执行的前提下分别单击4条辅助线，使其呈现夹点显示，如图2-20所示。

10 按下键盘上的Delete键，将夹点显示的4条辅助线删除，删除结果如图2-21所示。

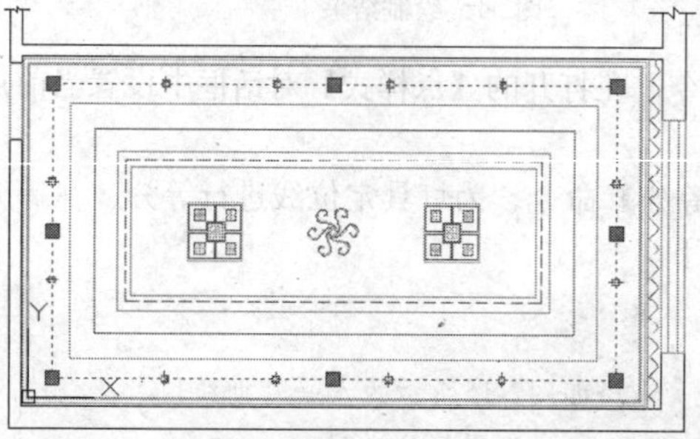

图2-20 夹点辅助线

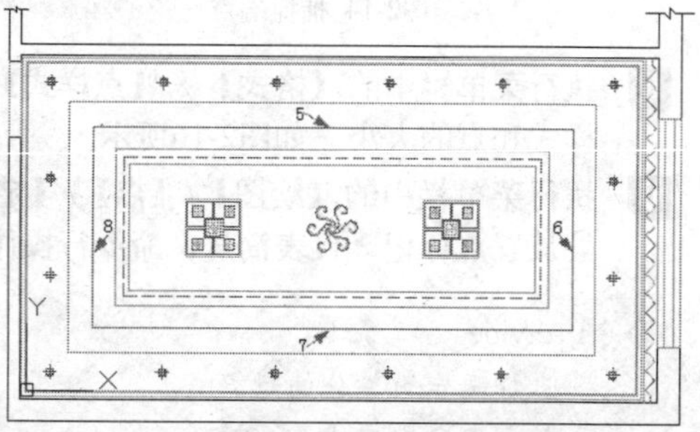

图2-21 删除辅助线

11 执行菜单栏中的【绘图】/【点】/【定距等分】命令，为右侧的垂直定位线进行等分。命令行操作如下。

```
命令: _measure
    选择要定距等分的对象:                        //在图2-21所示辅助线5的左端单单击
    指定线段长度或 [块(B)]:                      //B Enter
    输入要插入的块名:                            //工艺窗格
    是否对齐块和对象? [是(Y)/否(N)] <Y>:         // Enter
    指定线段长度:                                //5140/6 Enter，等分结果如图2-22所示
```

12 重复执行【定距等分】命令，将垂直辅助线6等分3份，在等分点处放置灯具图块。命令行操作如下。

```
命令: _measure
    选择要定距等分的对象:                        //在图2-21所示辅助线6的上端单单击
    指定线段长度或 [块(B)]:                      //B Enter
    输入要插入的块名:                            //工艺窗格
    是否对齐块和对象? [是(Y)/否(N)] <Y>:         // Enter
    指定线段长度:                                //2120/3 Enter，等分结果如图2-23所示
```

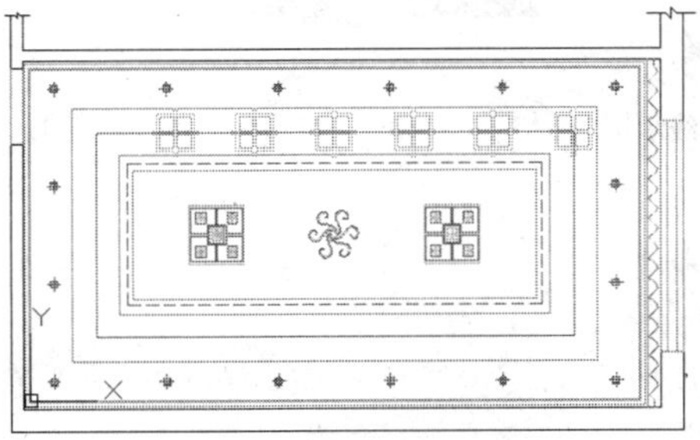

图2-22 等分水平辅助线

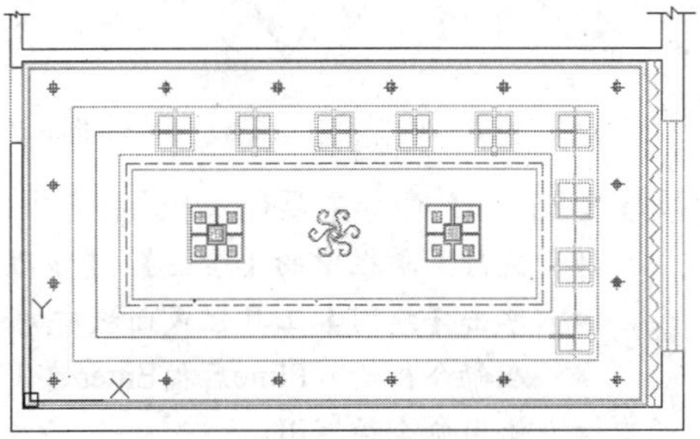

图2-23 等分垂直辅助线

TIP

在进行定距等分时，选取对象时，鼠标靠近哪一端单击，那么系统就从哪一端开始等距离等分。所以鼠标单击对象的位置，决定了等分点的放置次序。

13 参照11、12操作步骤，重复执行【定距等分】命令，分别对两条辅助线进行定距等分，等分结果如图2-24所示。

14 使用命令简写“E”激活【删除】命令，将辅助线5、6、7、8删除，结果如图2-25所示。

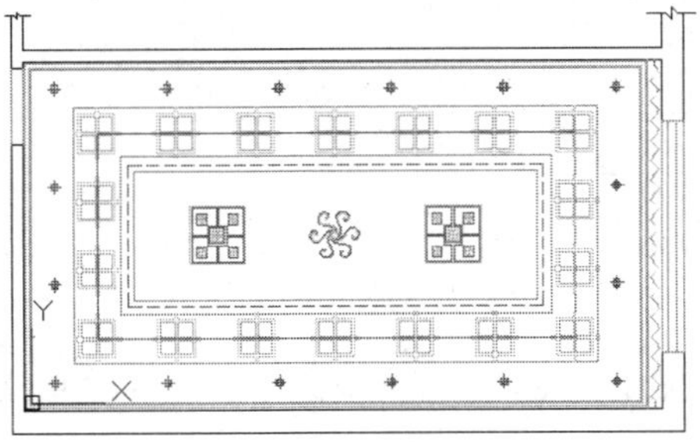

图2-24 等分结果

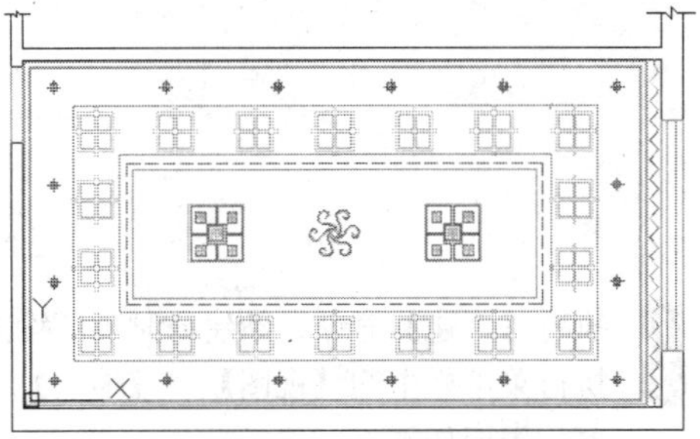

图2-25 删除结果

TIP

执行菜单栏中的【视图】/【显示】/【UCS图标】/【开】命令，可以隐藏坐标系图标。

15 最后单击【文件】/【另存为】命令，将图形另名存储为“上机指导（一）.dwg”。

2.5 绘制多段线

多段线是由一系列直线段或弧线段连接而成的一种特殊几何图元，此图元无论包括多少条直线元系或弧线元素，系统都将其看作单个对象。本节主要学习【多段线】命令，以绘制二维多段线。

2.5.1 绘制多段线

【多段线】命令用于二维多段线图元，所绘制的多段线可以具有宽度、可以闭合或不闭合的特点，可以为直线段，也可以为弧线段，如图2-26所示。

图2-26 多段线示例

执行【多段线】命令主要有以下几种方式：

- 执行菜单栏中的【绘图】/【多段线】命令。
- 单击【绘图】工具栏或面板中的按钮。
- 在命令行输入Pline后按Enter键。
- 使用命令简写PL。

2.5.2 应用多段线

下面配合坐标点的输入功能，通过绘制如图2-27所示的浴盘简易轮廓图，学习【多段线】命令的使用方法和技巧。具体操作步骤如下：

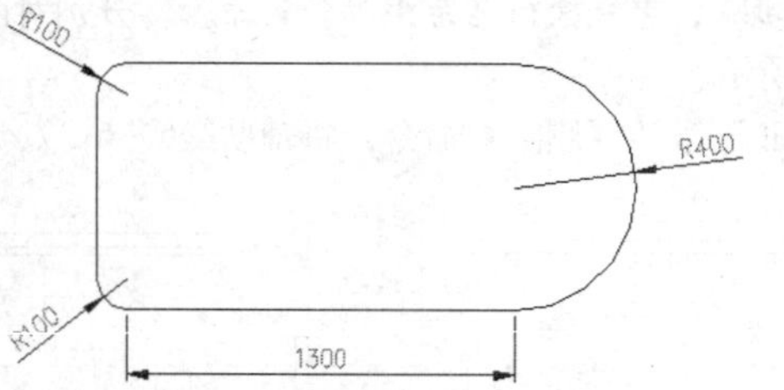

图2-27 实例效果

1 执行【新建】命令，新建公制单位绘图文件。

2 执行菜单栏中的【视图】/【缩放】/【中心】命令，将视图高度调整为1500个单位。命令行操作如下。

命令: '_zoom

指定窗口的角点，输入比例因子 (nX 或 nXP)，或者[全部(A)/中心(C)/动态(D)/范围(E)/上一个(P)/比例(S)/窗口(W)/对象(O)] <实时>: _c

指定中心点:　　　　//在绘图区拾取一点

输入比例或高度 <2114.7616>:　　　　//1500 Enter

3 单击【绘图】工具栏中的按钮，激活【多段线】命令，配合坐标输入功能绘制浴盘外轮廓线。命令行操作如下。

命令: _pline

指定起点:　　　　//在绘图区拾取一点作为起点

当前线宽为 0.0000

指定下一个点或 [圆弧(A)/半宽(H)/长度(L)/放弃(U)/宽度(W)]:　　　　//@1300,0 Enter

指定下一点或 [圆弧(A)/闭合(C)/半宽(H)/长度(L)/放弃(U)/宽度(W)]:　　　　//A Enter

> **TIP** 激活【圆弧】选项，可以将当前画线模式转化为画弧模式，以绘制弧线段。

指定圆弧的端点或[角度(A)/圆心(CE)/闭合(CL)/方向(D)/半宽(H)/直线(L)/半径(R)/第二个点(S)/放弃(U)/宽度(W)]:　　　　//@800<90 Enter

指定圆弧的端点或[角度(A)/圆心(CE)/闭合(CL)/方向(D)/半宽(H)/直线(L)/半径(R)/第二个点(S)/放弃(U)/宽度(W)]:　　　　//l Enter

> **TIP** 激活【直线】选项，可以将当前画弧模式转化为画线模式，以绘制直线段。

指定下一点或 [圆弧(A)/闭合(C)/半宽(H)/长度(L)/放弃(U)/宽度(W)]:　　　　//@1300<180 Enter

指定下一点或 [圆弧(A)/闭合(C)/半宽(H)/长度(L)/放弃(U)/宽度(W)]:　　　　//A Enter

指定圆弧的端点或[角度(A)/圆心(CE)/闭合(CL)/方向(D)/半宽(H)/直线(L)/半径(R)/第二个点(S)/放弃(U)/宽度(W)]:　　　　//@-100,-100 Enter

指定圆弧的端点或[角度(A)/圆心(CE)/闭合(CL)/方向(D)/半宽(H)/直线(L)/半径(R)/第二个点(S)/放弃(U)/宽度(W)]:　　　　//l Enter

指定下一点或 [圆弧(A)/闭合(C)/半宽(H)/长度(L)/放弃(U)/宽度(W)]:　　　　/@0,-600 Enter

指定下一点或 [圆弧(A)/闭合(C)/半宽(H)/长度(L)/放弃(U)/宽度(W)]:　　　　//A Enter

指定圆弧的端点或[角度(A)/圆心(CE)/闭合(CL)/方向(D)/半宽(H)/直线(L)/半径(R)/第二个点(S)/放弃(U)/宽度(W)]:　　　　//CL Enter，结束命令。

2.5.3　多段线选项

在激活【多段线】命令并指定起点后，命令行会出现“指定下一个点或 [圆弧(A)/半宽(H)/长度(L)/放弃(U)/宽度(W)]:”提示，提示用户指定下一点或选择一个选项，本节将学习这些选项功能。

- 【圆弧】选项

【圆弧】选项用于将当前多段线模式切换为画弧模式，以绘制由弧线组合而成的多段线。在命令行提示下输入“A”，或绘图区单击右键，在右键菜单中选择【圆弧】选项，都可激活此选项，系统自动切换到画弧状态，且命令行提示如下：

◆ “指定圆弧的端点或 [角度（A）/圆心（CE）/闭合（CL）/方向（D）/半宽（H）/直线（L）/半径（R）/第二个点（S）/放弃（U）/ 宽度（W）]：”

各次级选项功能如下：

◆ 【角度】选项用于指定要绘制的圆弧的圆心角。
◆ 【圆心】选项用于指定圆弧的圆心。
◆ 【闭合】选项用于用弧线封闭多段线。
◆ 【方向】选项用于取消直线与圆弧的相切关系，改变圆弧的起始方向。
◆ 【半宽】选项用于指定圆弧的半宽值。激活此选项功能后，AutoCAD将提示用户输入多段线的起点半宽值和终点半宽值。
◆ 【直线】选项用于切换直线模式。
◆ 【半径】选项用于指定圆弧的半径。
◆ 【第二个点】选项用于选择三点画弧方式中的第二个点。
◆ 【宽度】选项用于设置弧线的宽度值。

- 其他选项

◆ 【闭合】选项。激活此选项后，AutoCAD将使用直线段封闭多段线，并结束多段线命令。

TIP 当用户需要绘制一条闭合的多段线时，最后一定要使用此选项功能，才能保证绘制的多段线是完全封闭的。

◆ 【长度】选项。此选项用于定义下一段多段线的长度，AutoCAD按照上一线段的方向绘制这一段多段线。若上一段是圆弧，AutoCAD绘制的直线段与圆弧相切。
◆ 【半宽】/【宽度】选项。【半宽】选项用于设置多段线的半宽，【宽度】选项用于设置多段线的起始宽度值，起始点的宽度值可以相同也可以不同。

TIP 在绘制宽度的多段线时，变量Fillmode控制着多段线是否被填充，当变量值为1时，绘制的宽度多段线将被填充，如图2-28所示；变量为0时，宽度多段线将不会被填充，如图2-29所示。

图2-28 填充多段线

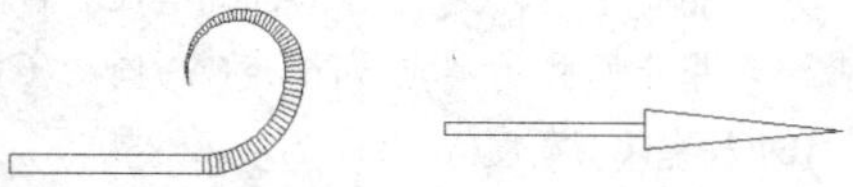

图2-29 非填充多段线

2.5.4 编辑多段线

【编辑多段线】命令用于编辑多段线或具有多段线性质的图形，如矩形、正多边形、圆环、三维多段线、三维多边形网格等。

TIP 使用【编辑多段线】命令可以闭合、打断、拉直、拟合多段线，还可以增加、移动、删除多段线顶点等。

执行【编辑多段线】命令主要有以下几种方式：

- 执行菜单栏中的【修改】/【对象】/【多段线】命令。
- 单击【修改II】工具栏或【修改】面板中的按钮。
- 在命令行输入Pedit按Enter键。
- 使用命令简写PE。

执行【编辑多段线】命令后AutoCAD提示如下：

```
命令：Pedit
    选择多段线或[多条（M）]：                //选择需要编辑的多段线。
```

如果用户选择了直线或圆弧，而不是多段线，系统出现如下提示：

```
    选定的对象不是多段线。
    是否将其转换为多段线？<Y>：              //输入“Y”，将选择的对象即直线或
                                             圆弧转换为多段线，再进行编辑。
```

如果选择的对象是多段线，系统出现如下提示：

```
    输入选项[闭合(C)/合并(J)/宽度(W)/编辑顶点(E)/拟合(F)/样条曲线(S)/非曲线化(D)/线型生成
(L) /反转(R)/放弃(U)]:
```

选项解析

- 【闭合】选项用于打开或闭合多段线。如果用户选择的多段线是非闭合的，使用该选项可使之封闭；如果用户选中的多段线是闭合的，该选项替换成“打开”，使用该选项可打开闭合的多段线。
- 【合并】选项用于将其他的多段线、直线或圆弧连接到正在编辑的多段线上，形成一条新的多段线。

TIP 要往多段线上连接实体，与原多段线必须有一个共同的端点，即需要连接的对象必须首尾相连。

- 【宽度】选项用于修改多段线的线宽，并将多段线的各段线宽统一变为新输入的线宽值。激活该选项后系统提示输入所有线段的新宽度。
- 【拟合】选项用于对多段线进行曲线拟合，将多段线变成通过每个顶点的光滑连续的圆弧曲线，曲线经过多段线的所有顶点并使用任意指定的切线方向，如图2-30所示。

图2-30 对多段线进行曲线拟合

- 【非曲线化】选项用于还原已被编辑的多段线。取消拟合、样条曲线以及【多段线】命令中“【弧】”选项所创建的圆弧段，将多段线中各段拉直，同时保留多段线顶点的所有切线信息。
- 【线型生成】选项用于控制多段线为非实线状态时的显示方式。当【线型生成】选项为ON状态时，虚线或中心线等非实线线型的多段线在角点处封闭；该项为OFF状态时，角点处是否封闭，取决于线型比例的大小。
- 【样条曲线】选项将用B样条曲线拟合多段线，生成由多段线顶点控制的样条曲线。

TIP

变量“Splinesegs”控制样条曲线的精度，值越大，曲线越光滑；变量“Splframe”决定是否显示原多段线，值设为1时，样条曲线与原多段线一同显示，值设为0时，不显示原多段线；变量“Splinetype”控制样条曲线的类型，值等于5时，为二次B样条曲线，值为6时，为三次B样条曲线，如图2-31所示。

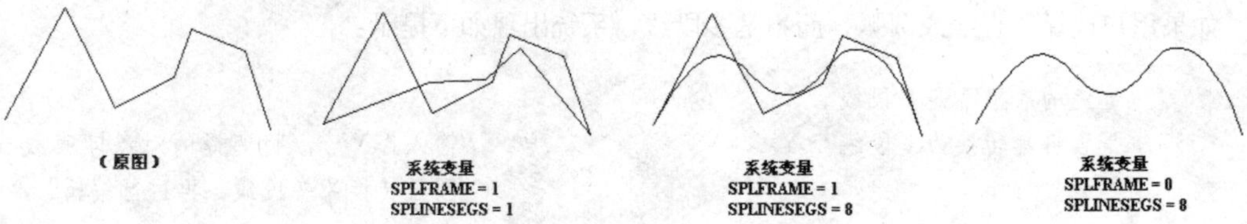

图2-31 选项示例

- **编辑顶点**

此选项用于对多段线的顶点进行移动、插入新顶点、改变顶点的线宽及切线方向等。执行该选项后，系统会在多段线的第一个顶点上出现“×”标记，且以该顶点作为当前的修改顶点，AutoCAD出现如下提示：

输入顶点编辑选项[下一个（N）/上一个（P）/打断（B）/插入（I）/移动（M）/重生成（R）/拉直（S）/切向（T）/宽度（W）/ 退出（X）] <N>：提示用户输入顶点编辑的选项。

部分选项功能如下：

- 【下一个】：用于移动顶点的位置标记。当执行“下一个”选项，此标记移动到多段线的下一个顶点，作为当前的修改顶点。
- 【上一个】选项用于将当前的编辑顶点记号移动到上一个顶点，与【下一个】选项相反。
- 【打断】选项用于删除多段线上两顶点之间的线段。执行该选项，AutoCAD把当前的编辑顶点作为第一个断点。
- 【插入】选项用于为多段线增加新的顶点。激活该选项后系统将在多段线的当前顶点的后面增加一个新顶点。
- 【移动】选项用于将当前的编辑顶点移动到新的位置。
- 【重生成】选项用于重新生成多段线，使其编辑的特性显示出来。
- 【拉直】选项用于将多段线两指定点之间的所有线段拉直。
- 【切向】选项用于改变当前所编辑顶点的切线方向，可用曲线拟合。执行该选项，系统提示：“指定顶点切向”，用于指定顶点的切线方向，可直接输入表示切线方向的角度值，也可以选取一点，该点与多段线上的当前点的连线方向为切线方向。
- 【宽度】选项为多段线的不同部分指定宽度，当起始和终止宽度不同时，起始宽度用于当前点，终止宽度用于下一顶点。

2.6 上机指导（二）——绘制M形装饰幕墙

本例通过绘制M形玻璃装饰幕墙立面图，主要对所学的点线图元的绘制功能以及坐标、捕捉和追踪等辅助功能进行综合练习和巩固应用。M形玻璃装饰幕墙的最终绘制效果，如图2-32所示。

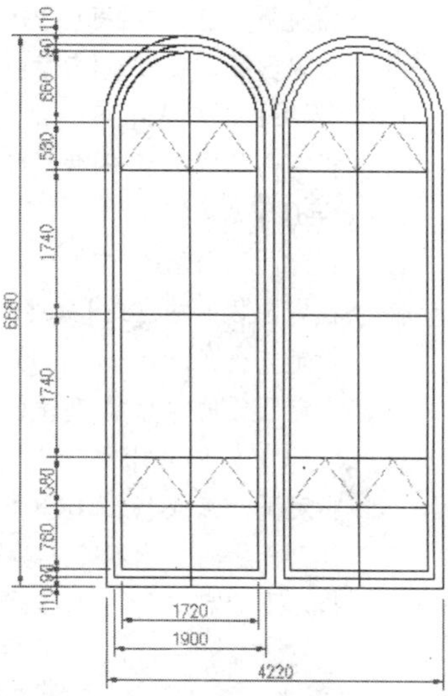

图2-32 实例效果

操作步骤

1 执行【新建】命令，以“acadISO-Named Plot Styles.dwt”作为基础样板，新建空白文件。

2 执行菜单栏中的【工具】/【绘图设置】命令，在打开的【草图设置】对话框中开启并设置对象捕捉模式如图2-33所示。

3 在【草图设置】对话框中展开【极轴追踪】选项卡，开启极轴追踪功能并设置追踪角度如图2-34所示。

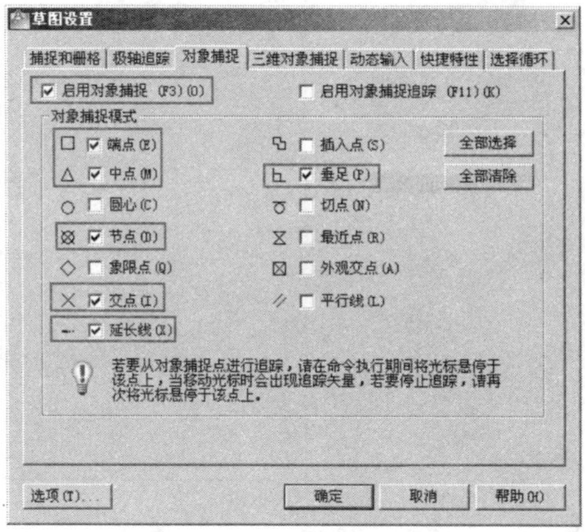

图2-33 设置捕捉模式

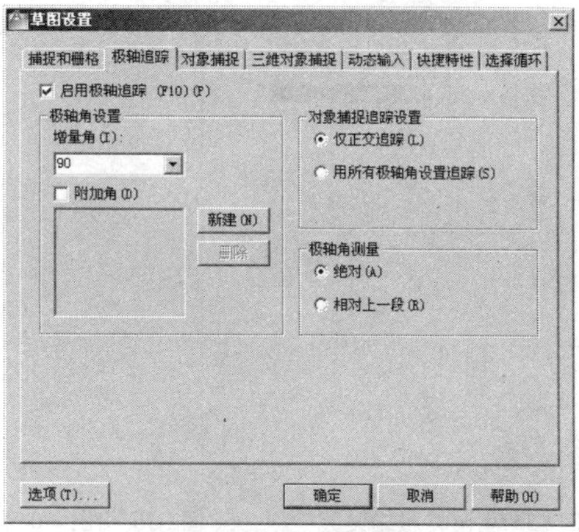

图2-34 设置极轴模式

4 执行菜单栏中的【视图】/【缩放】/【圆心】命令，将视图高度调整为8000个单位。命令行操作如下。

```
命令:'_zoom
    指定窗口的角点，输入比例因子 (nX 或 nXP)，或者[全部(A)/中心(C)/动态(D)/范围(E)/上一个(P)/比例(S)/窗口(W)/对象(O)] <实时>:_c
    指定中心点:                                  //在绘图区拾取一点
    输入比例或高度 <80.5404>:                    //8000 Enter
```

5 单击【绘图】工具栏或面板中的按钮，激活【多段线】命令，配合【极轴追踪】和坐标输入功能绘制幕墙外轮廓线。命令行操作如下。

命令: _pline
指定起点: //在绘图区拾取一点
当前线宽为 0.0000
指定下一个点或 [圆弧(A)/半宽(H)/长度(L)/放弃(U)/宽度(W)]: //@0,5620 Enter
指定下一点或 [圆弧(A)/闭合(C)/半宽(H)/长度(L)/放弃(U)/宽度(W)]: //A Enter
指定圆弧的端点或[角度(A)/圆心(CE)/闭合(CL)/方向(D)/半宽(H)/直线(L)/半径(R)/第二个点(S)/放弃(U)/宽度(W)]: //引出如图2-35所示的追踪矢量，然后输入2110 Enter
指定圆弧的端点或[角度(A)/圆心(CE)/闭合(CL)/方向(D)/半宽(H)/直线(L)/半径(R)/第二个点(S)/放弃(U)/宽度(W)]: //CE Enter
指定圆弧的圆心: //@1055,0 Enter
指定圆弧的端点或 [角度(A)/长度(L)]: //CE Enter
指定包含角: //–180 Enter
指定圆弧的端点或[角度(A)/圆心(CE)/闭合(CL)/方向(D)/半宽(H)/直线(L)/半径(R)/第二个点(S)/放弃(U)/宽度(W)]: //l Enter
指定下一点或 [圆弧(A)/闭合(C)/半宽(H)/长度(L)/放弃(U)/宽度(W)]:
//引出如图2-36所示的–90°极轴矢量，然后输入5620 Enter
指定下一点或 [圆弧(A)/闭合(C)/半宽(H)/长度(L)/放弃(U)/宽度(W)]:
//C Enter，绘制结果如图2-37所示

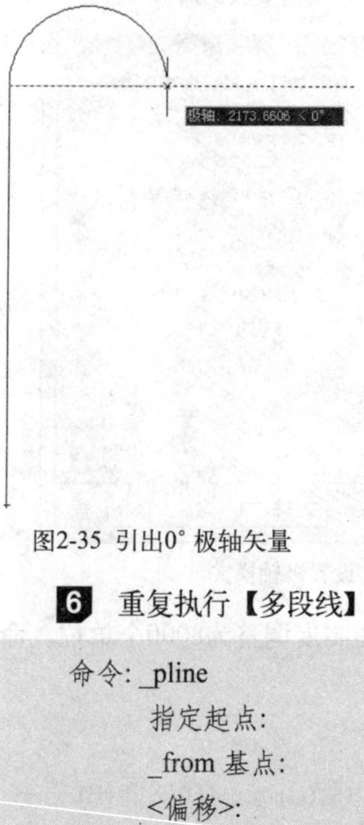

图2-35 引出0°极轴矢量

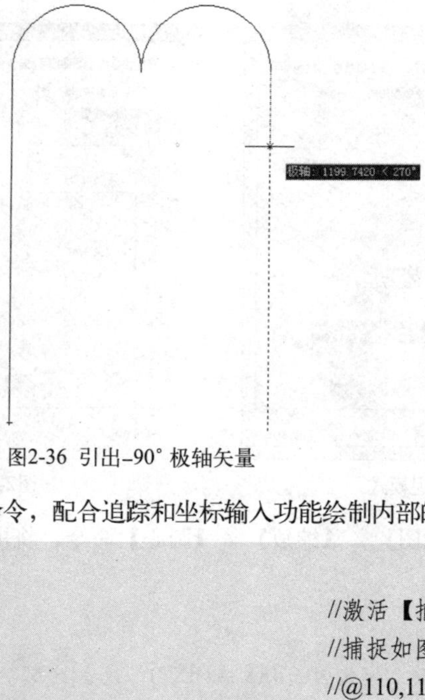

图2-36 引出–90°极轴矢量

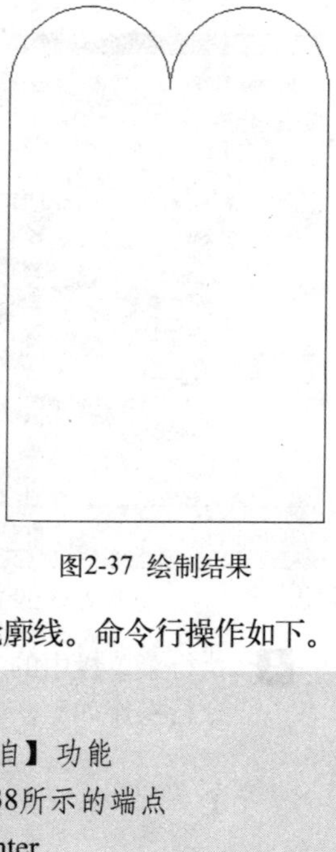

图2-37 绘制结果

6 重复执行【多段线】命令，配合追踪和坐标输入功能绘制内部的轮廓线。命令行操作如下。

命令: _pline
指定起点: //激活【捕捉自】功能
_from 基点: //捕捉如图2-38所示的端点
<偏移>: //@110,110 Enter
当前线宽为 0.0000
指定下一个点或 [圆弧(A)/半宽(H)/长度(L)/放弃(U)/宽度(W)]: //@0,5510 Enter
指定下一点或 [圆弧(A)/闭合(C)/半宽(H)/长度(L)/放弃(U)/宽度(W)]: //A Enter
指定圆弧的端点或[角度(A)/圆心(CE)/闭合(CL)/方向(D)/半宽(H)/直线(L)/半径(R)/第二个点(S)/放弃(U)/宽度(W)]: //引出0°的追踪矢量，然后输入1890 Enter

指定圆弧的端点或[角度(A)/圆心(CE)/闭合(CL)/方向(D)/半宽(H)/直线(L)/半径(R)/第二个点(S)/放弃(U)/宽度(W)]: //L Enter
指定下一点或 [圆弧(A)/闭合(C)/半宽(H)/长度(L)/放弃(U)/宽度(W)]:
//引出-90° 极轴矢量，然后输入5510 Enter
指定下一点或 [圆弧(A)/闭合(C)/半宽(H)/长度(L)/放弃(U)/宽度(W)]: //C Enter
命令: _pline
指定起点: //激活【捕捉自】功能
_from 基点: //捕捉如图2-39所示的端点
<偏移>: //@90,90 Enter
当前线宽为 0.0000
指定下一个点或 [圆弧(A)/半宽(H)/长度(L)/放弃(U)/宽度(W)]: //@0,5420 Enter
指定下一点或 [圆弧(A)/闭合(C)/半宽(H)/长度(L)/放弃(U)/宽度(W)]: //A Enter
指定圆弧的端点或[角度(A)/圆心(CE)/闭合(CL)/方向(D)/半宽(H)/直线(L)/半径(R)/第二个点(S)/放弃(U)/宽度(W)]: //引出0° 的追踪矢量，然后输入1710 Enter
指定圆弧的端点或[角度(A)/圆心(CE)/闭合(CL)/方向(D)/半宽(H)/直线(L)/半径(R)/第二个点(S)/放弃(U)/宽度(W)]: //L Enter
指定下一点或 [圆弧(A)/闭合(C)/半宽(H)/长度(L)/放弃(U)/宽度(W)]:
//引出-90° 极轴矢量，然后输入5420 Enter
指定下一点或 [圆弧(A)/闭合(C)/半宽(H)/长度(L)/放弃(U)/宽度(W)]:
//C Enter，绘制结果如图2-40所示

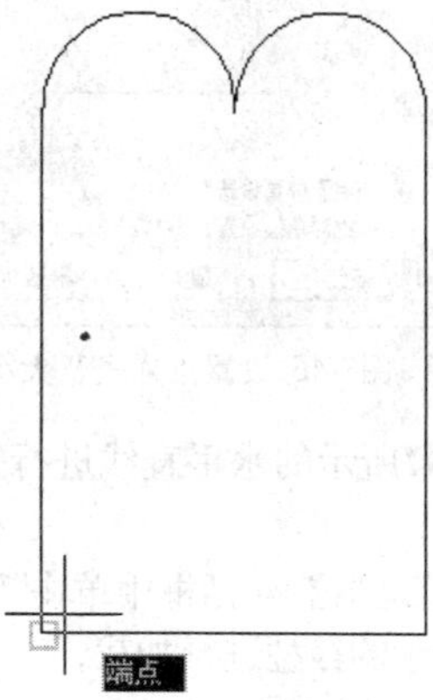

图2-38 捕捉端点

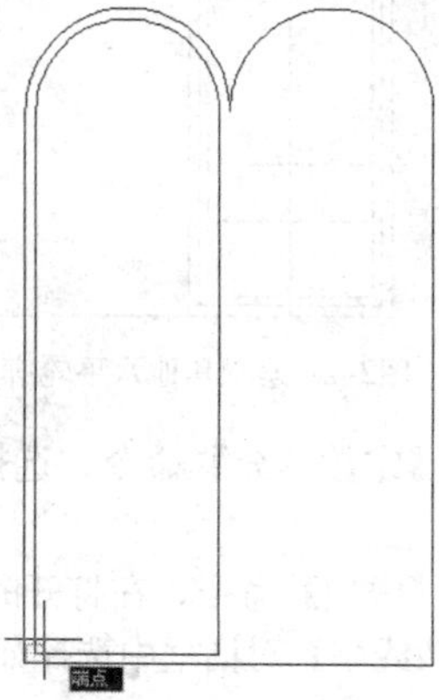

图2-39 捕捉端点

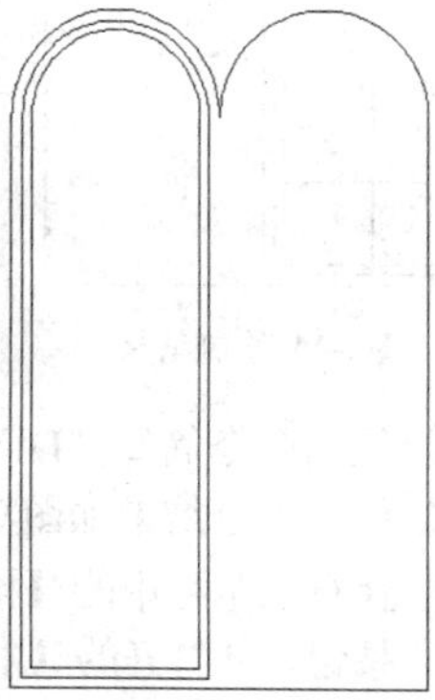
图2-40 绘制结果

7 使用命令简写“L”激活【直线】命令，配合端点捕捉、中点捕捉和垂直捕捉功能绘制如图2-41所示的三条轮廓线。

8 按下键盘上的功能键F11，打开【对象捕捉追踪】功能。

9 单击【绘图】工具栏或面板中的按钮，激活【直线】命令，配合【对象捕捉追踪】和【对象捕捉】功能绘制内部的水平轮廓线。命令行操作如下。

命令: _line
指定第一点: //垂直向上引出如图2-42所示的端点追踪虚线，然后输入780 Enter
指定下一点或 [放弃(U)]: //捕捉如图2-43所示的垂足点
指定下一点或 [放弃(U)]: // Enter，绘制结果如图2-44所示

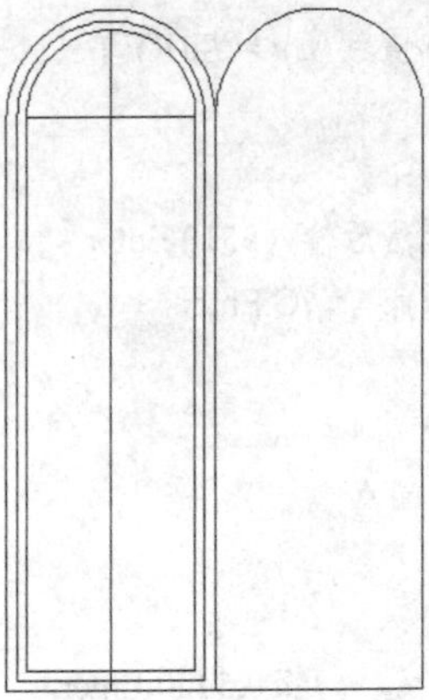

图2-41 绘制结果

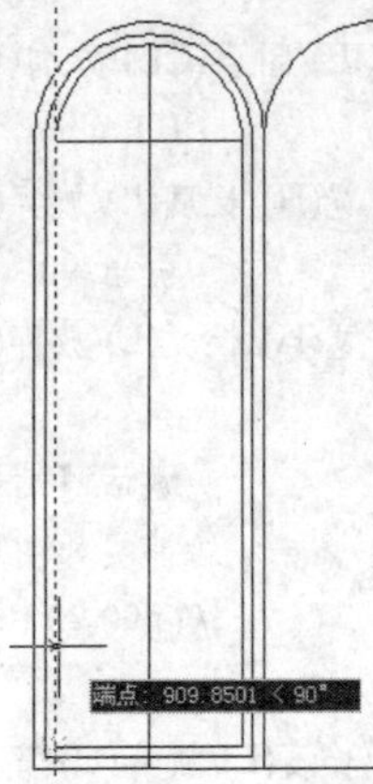

图2-42 引出端点追踪虚线

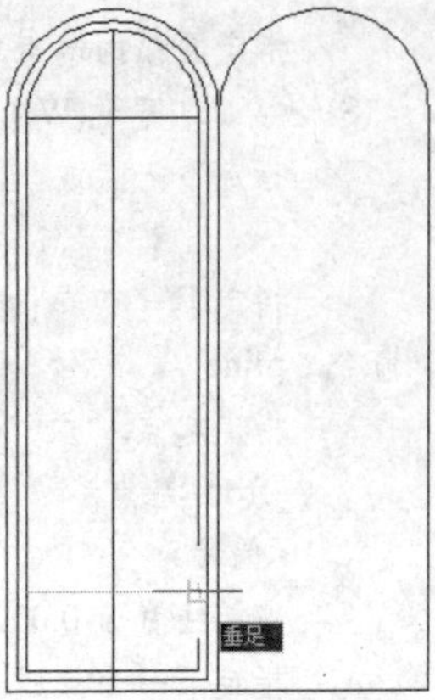

图2-43 捕捉垂足点

10 参照上一操作步骤，使用【直线】命令并配合【对象捕捉追踪】和【对象捕捉】功能继续绘制内部的水平轮廓线，绘制结果如图2-45所示。

11 执行菜单栏中的【格式】/【点样式】命令，设置点的样式及大小如图2-46所示。

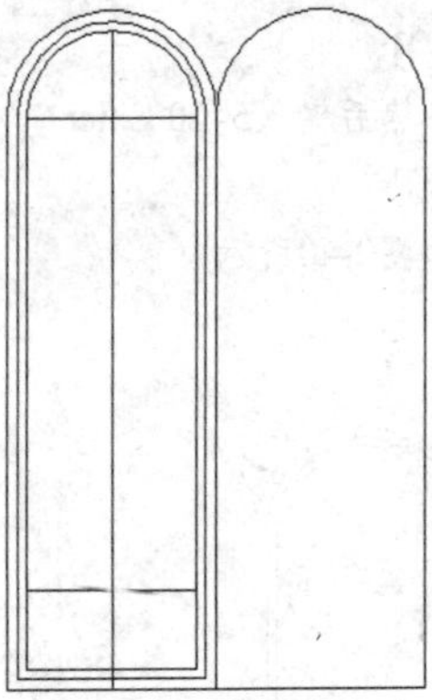

图2-44 绘制结果

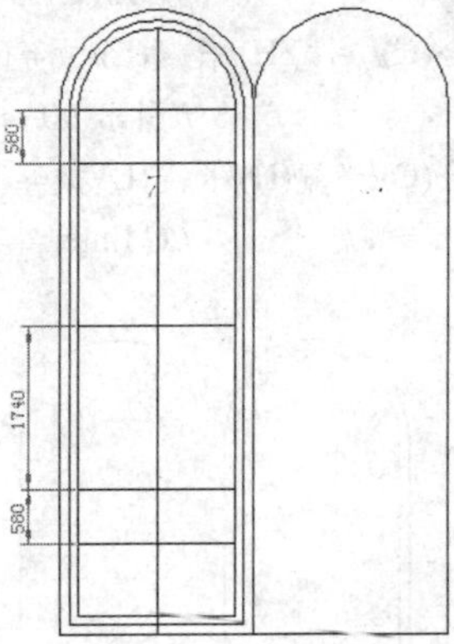

图2-45 绘制其他水平轮廓线

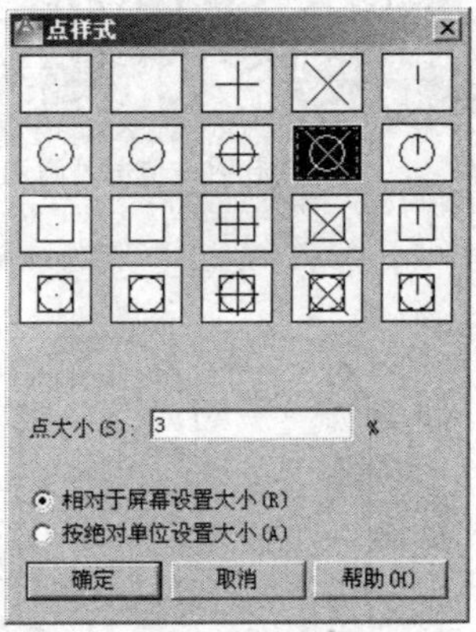

图2-46 设置点样式及大小

12 使用命令简写“DIV”激活【定数等分】命令，选择如图2-47所示的水平直线进行等分四份，等分结果如图2-48所示。

13 执行菜单栏中的【格式】/【线型】命令，在打开的【线型管理器】对话框中单击 加载(L)... 按钮，从打开的【加载或重载线型】对话框中选择如图2-49所示的线型进行加载。

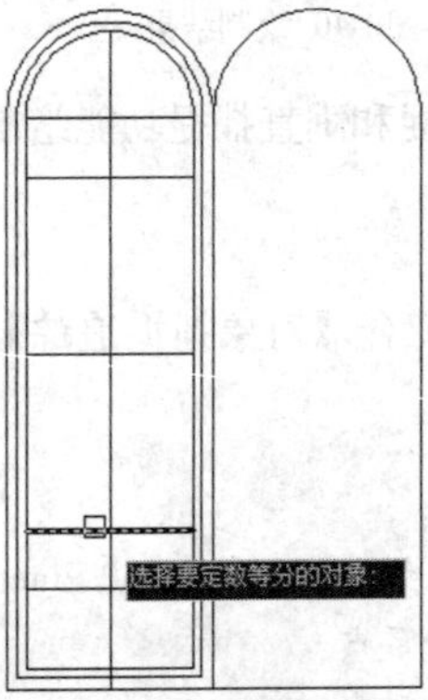

图2-47 选择等分对象

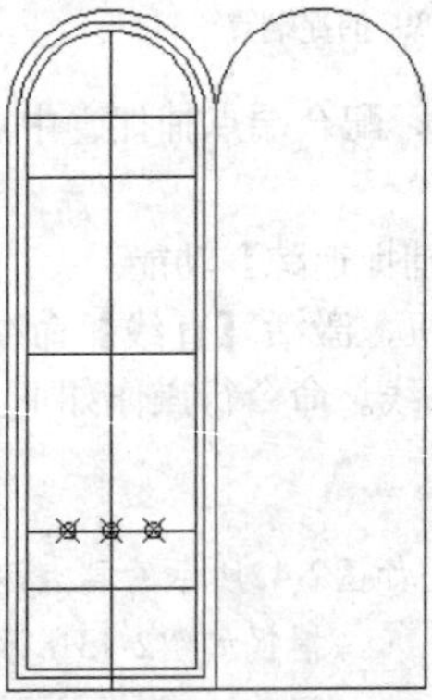

图2-48 等分结果

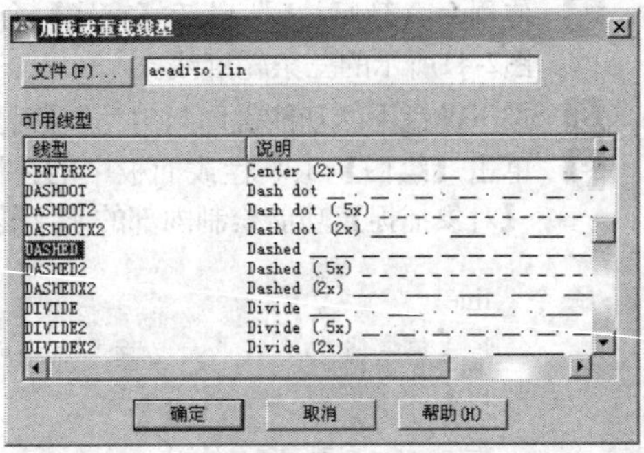

图2-49 选择线型

14 在【加载或重载线型】对话框中单击 确定 按钮，返回【线型管理器】对话框，将加载的线型设置为当前线型，并设置线型比例如图2-50所示。

15 执行菜单栏中的【格式】/【颜色】命令，在打开的【选择颜色】对话框中设置当前颜色，如图2-51所示。

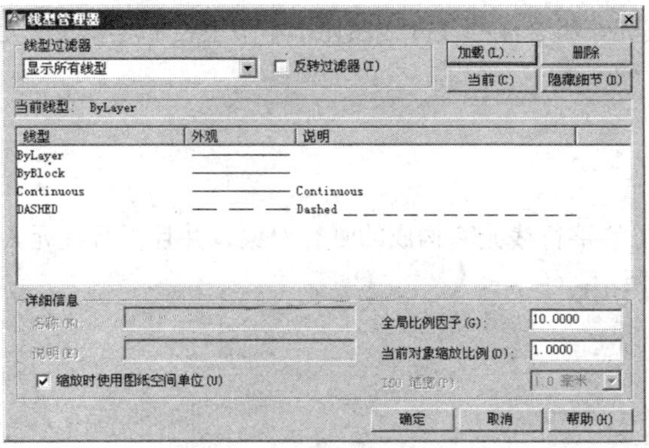

图2-50 加载线型并设置比例

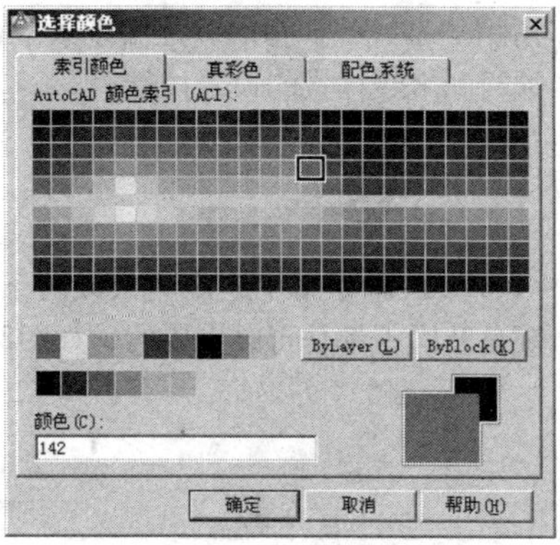

图2-51 设置颜色

16 使用命令简写“PL”激活【多段线】命令，配合端点捕捉、节点捕捉和中点捕捉功能绘制如图2-52所示的多段线作为方向示意线。

17 使用命令简写“E”激活【删除】命令，将3个点标记删除，结果如图2-53所示。

18 接下来综合使用【定数等分】和【多段线】命令，绘制上侧的方向示意线，结果如图2-54所示。

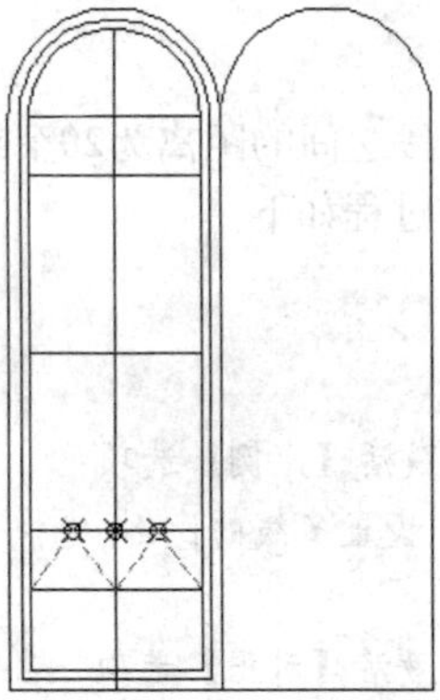

图2-52 绘制示意线

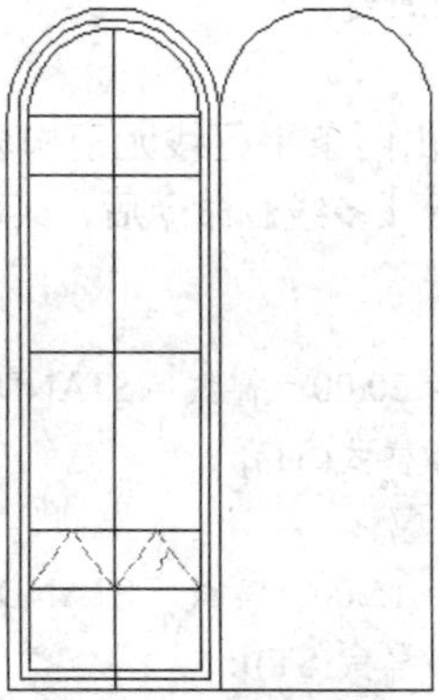

图2-53 删除结果

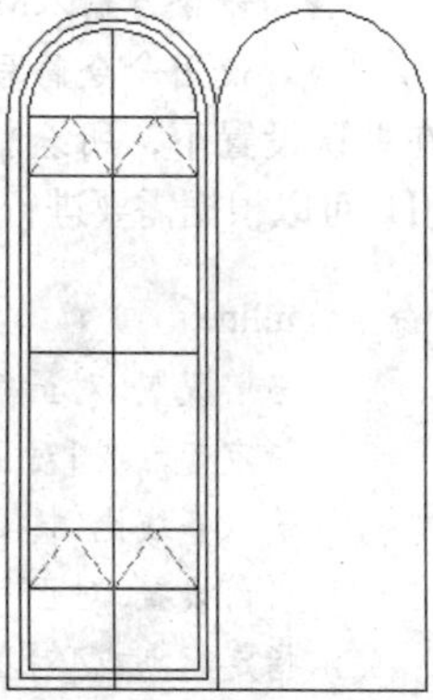

图2-54 绘制结果

19 参照操作步骤8～18，综合使用【直线】、【多段线】、【定数等分】等命令，绘制右侧的内部轮廓线，绘制结果如图2-55所示。

> **TIP** 执行菜单栏中的【修改】/【镜像】命令，可以快速将左侧的内部轮廓结构镜像到右侧位置上，此命令将在第4章讲述。

20 最后单击【文件】/【另存为】命令，将图形另名存储为“上机指导（二）.dwg”。

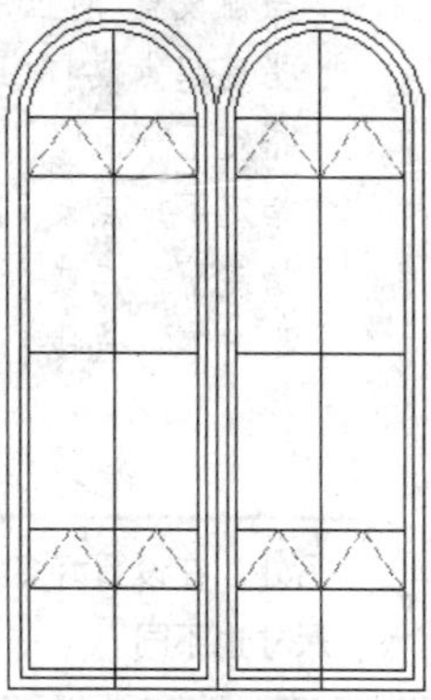

图2-55 绘制右侧结构

2.7 绘制多线

所谓“多线”，指的就是由多条平行线元素组合成的复合线图元，本节主要学习多线图元的绘制、编辑和多线样式的设置技能。

2.7.1 绘制多线

【多线】命令用于绘制两条或两条以上的平行线元素构成的复合对象，并且平行线元素的线型、颜色及间距都是可以设置的，如图2-56所示。

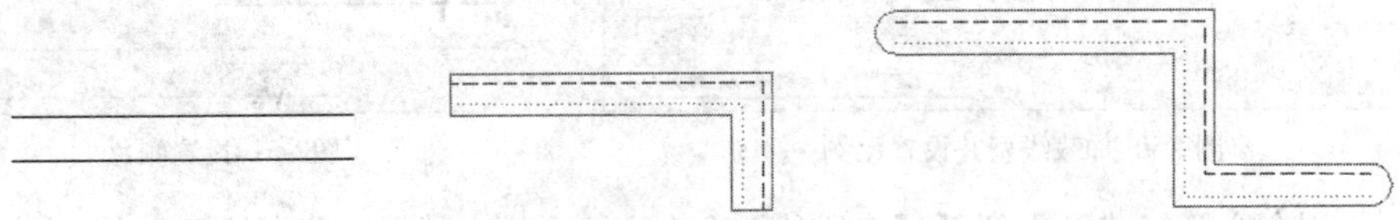

图2-56 多线示例

执行【多线】命令主要有以下几种方式：

- 执行菜单栏中的【绘图】/【多线】命令。
- 命令行输入Mline后按Enter键。
- 使用命令简写ML。

在默认设置下，所绘制的多线是由两条平行线元素构成的，平行线之间的距离为20个绘图单位，用户可以根据需要进行设置。执行【多线】命令后，其命令行操作过程如下。

```
命令: _mline
    当前设置: 对正 = 上，比例 = 20.00，样式 = STANDARD
    指定起点或 [对正(J)/比例(S)/样式(ST)]:          //S Enter，激活【比例】选项
    输入多线比例 <20.00>:                           //15 Enter，设置多线的比例
    当前设置: 对正 = 上，比例 = 15.00，样式 = STANDARD
    指定起点或 [对正(J)/比例(S)/样式(ST)]:          //J Enter ，激活【对正】选项
    输入对正类型 [上(T)/无(Z)/下(B)] <上>:           //B Enter，设置对正方式
    当前设置: 对正 = 下，比例 = 12.00，样式 = STANDARD
    指定起点或 [对正(J)/比例(S)/样式(ST)]:          //在适当位置拾取一点作为起点
    指定下一点:                                     //@250,0 Enter
    指定下一点或 [放弃(U)]:                         //@0,400 Enter
    指定下一点或 [闭合(C)/放弃(U)]:                 //@-250,0 Enter
    指定下一点或 [闭合(C)/放弃(U)]:           //C Enter，闭合图形，绘制结果如图2-57所示
```

TIP 另外，在设置好多线的对正方式之后，还要注意光标的引导方向，引导方向不同，绘制的图形的尺寸也不同。

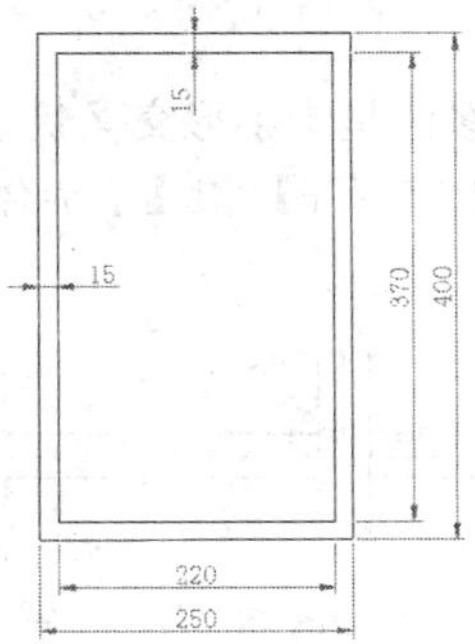

图2-57 实例效果

- **选项设置**
  - ◆ 【比例】选项用于设置多线的宽度，默认比例为20。
  - ◆ 【对正】选项于设置多线的对正方式，AutoCAD共提供了3种对正方式，即上对正、下对正和中心对正，如图2-58所示。如果当前多线的对正方式不符合用户要求的话，可在命令行中输入“J”，激活该选项，系统出现“输入对正类型[上（T）/无（Z）/下（B）]<上>：”提示，提示用户输入多线的对正方式。

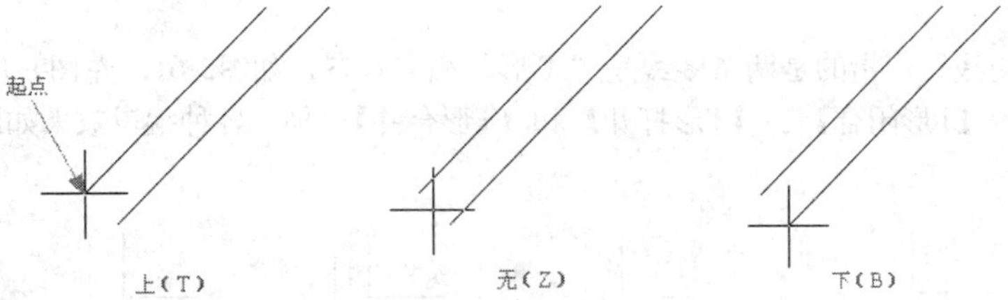

图2-58 三种对正方式

2.7.2 编辑多线

【多线编辑工具】命令用于控制和编辑多线的交叉点、断开多线和增加多线顶点等。执行菜单栏中的【修改】/【对象】/【多线】命令或在需要编辑的多线上双击即可打开如图2-59所示的【多线编辑工具】对话框，从此对话框中可以看出，AutoCAD共提供了4类12种编辑工具，具体如下。

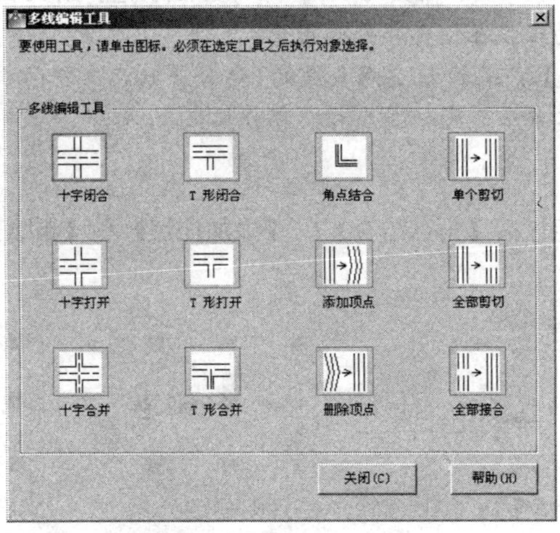

图2-59 【多线编辑工具】对话框

• **十字交线**

所谓“十字交线”，指的是两条多线呈十字形交叉状态，如图2-60（左图）所示。此种状态下的编辑功能包括【十字闭合】、【十字打开】和【十字合并】3种，各种编辑效果如图2-60（右图）所示。

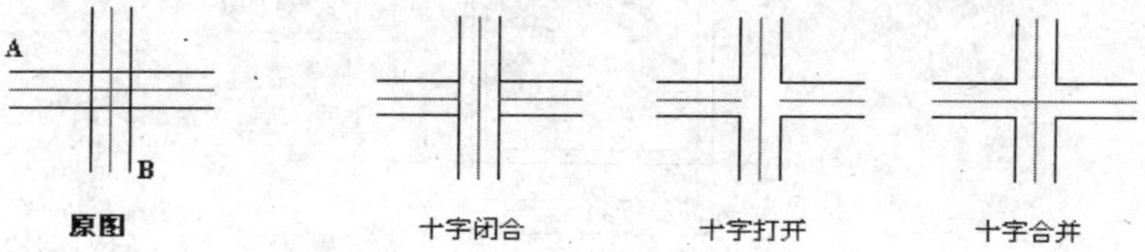

图2-60 十字编辑

- 【十字闭合】表示相交两多线的十字封闭状态，*AB*分别代表选择多线的次序，水平多线为*A*，垂直多线为*B*。
- 【十字打开】表示相交两多线的十字开放状态，将两线的相交部分全部断开，第一条多线的轴线在相交部分也要断开。
- 【十字合并】表示相交两多线的十字合并状态，将两线的相交部分全部断开，但两条多线的轴线在相交部分相交。

• **T形交线**

所谓“T形交线”，指的是两条多线呈“T形”相交状态，如图2-61（左图）所示。此种状态下的编辑功能包括【T形闭合】、【T形打开】和【T形合并】3种，各种编辑效果如图2-61（右图）所示。

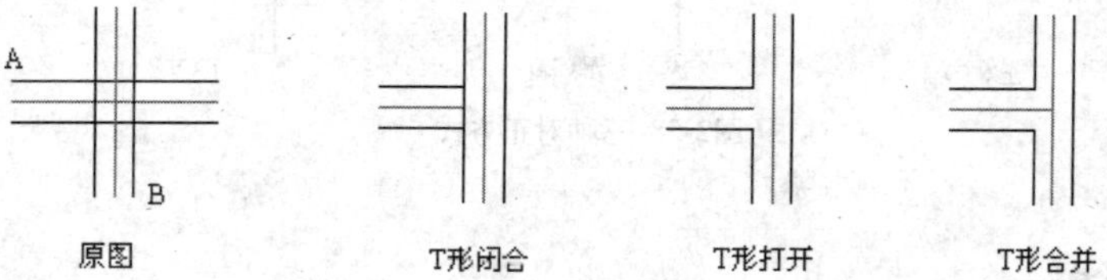

图2-61 T形编辑

- 【T形闭合】：表示相交两多线的T形封闭状态，将选择的第一条多线与第二条多线相交部分的修剪去掉，而第二条多线保持原样连通。
- 【T形打开】：表示相交两多线的T形开放状态，将两线的相交部分全部断开，但第一条多线的轴线在相交部分也断开。
- 【T形合并】：表示相交两多线的T形合并状态，将两线的相交部分全部断开，但第一条与第二条多线的轴线在相交部分相交。

• **角形交线**

“角形交线”编辑功能包括【角点结合】、【添加顶点】和【删除顶点】3种，其编辑的效果如图2-62所示。

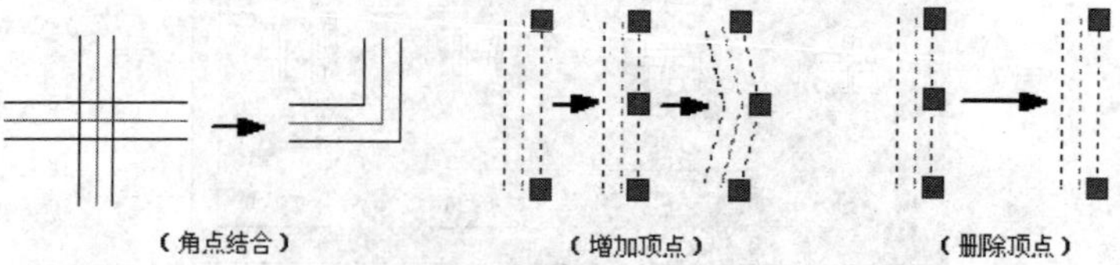

图2-62 角形编辑

- 【角点结合】：表示修剪或延长两条多线直到它们接触形成一相交角，将第一条和第二条多线的拾取部分保留，并将其相交部分全部断开剪去。
- 【添加顶点】：表示在多线上产生一个顶点并显示出来，相当于打开显示连接开关，显示交点一样。
- 【删除顶点】：表示删除多线转折处的交点，使其变为直线形多线。删除某顶点后，系统会将该顶点两边的另外两顶点连接成一条多线线段。

- **切断交线**

“切断交线”编辑功能包括【单个剪切】、【全部剪切】和【全部接合】3种，其编辑的效果如图2-63所示。

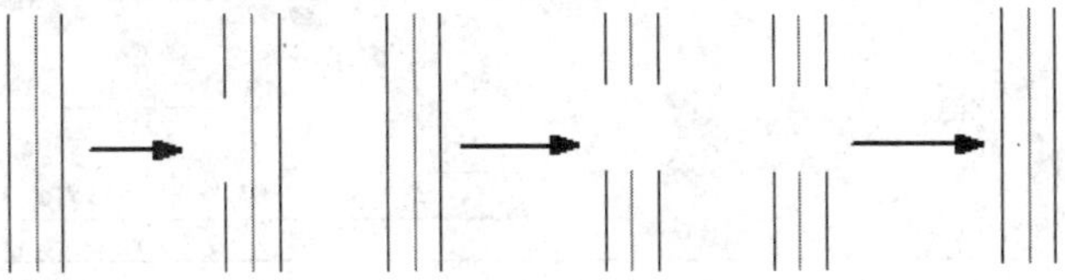

图2-63 多线的剪切与接合

- 【单个剪切】：表示在多线中的某条线上拾取两个点从而断开此线。
- 【全部剪切】：表示在多线上拾取两个点从而将此多线全部切断一截。
- 【全部接合】：表示连接多线中的所有可见间断，但不能用来连接两条单独的多线。

2.7.3 设置多线样式

默认多线样式只能绘制由两条平行元素构成的多线，如果需要绘制其他样式的多线时，可以使用【多线样式】命令进行设置。具体操作步骤如下：

1. 执行菜单栏中的【绘图】/【格式】/【多线样式】命令，或使用命令简写Mlstyle激活【多线样式】命令，打开如图2-64所示的【多线样式】对话框。
2. 单击【多线样式】对话框中的 新建(N)... 按钮，在打开的【创建新的多线样式】对话框中为新样式名称，如图2-65所示。

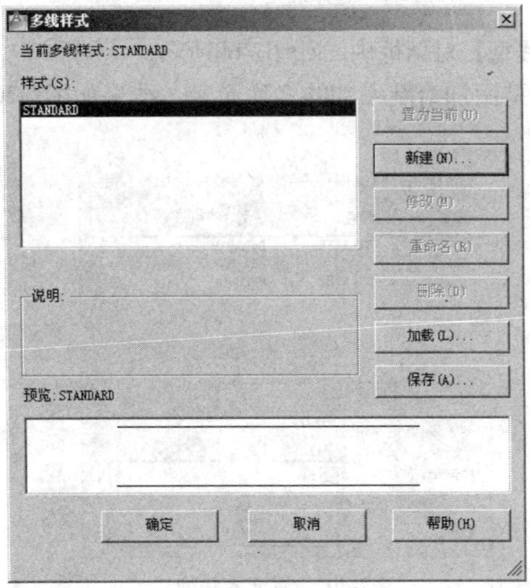

图2-64 【多线样式】对话框

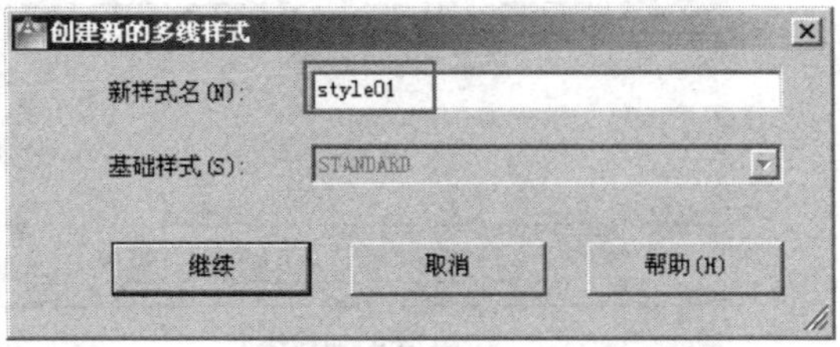

图2-65 【创建新的多线样式】对话框

3 在【创建新的多线样式】对话框中单击继续按钮，打开图2-66所示的【创建新的多线样式】对话框。

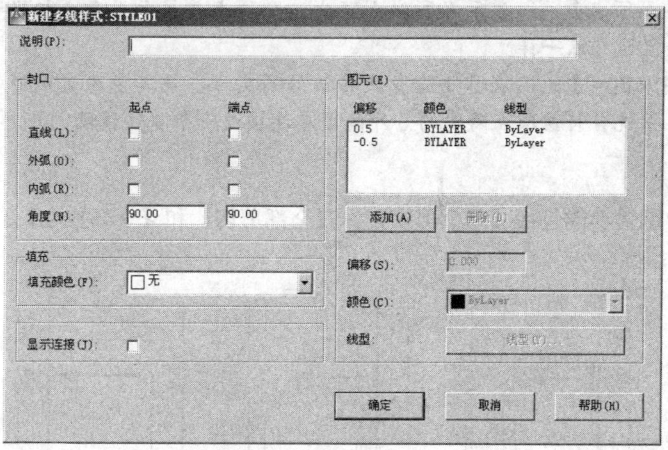

图2-66 【创建新的多线样式】对话框

4 单击添加(A)按钮，添加一个0号元素，并设置元素颜色为红色，如图2-67所示。

5 单击线型(Y)...按钮，在打开的【选择线型】对话框中单击加载(L)...按钮，在打开的【加载或重载线型】对话框中选择如图2-68所示的线型。

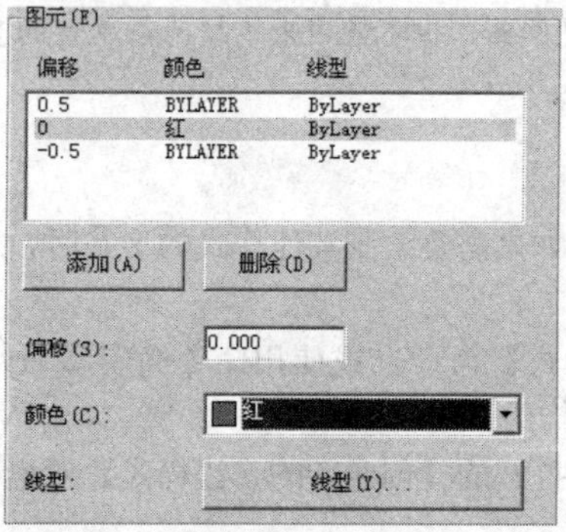

图2-67 添加多线元素

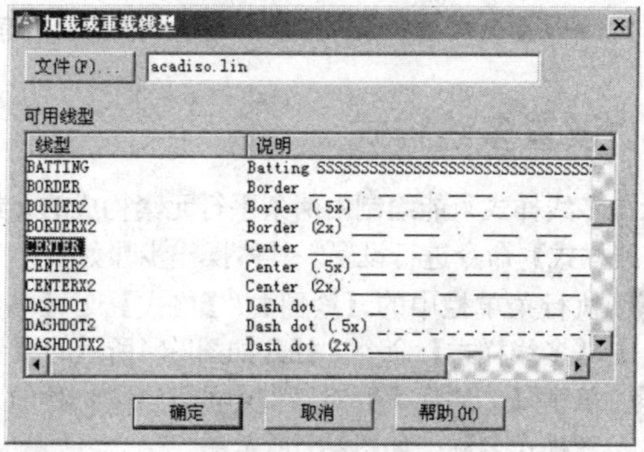

图2-68 选择线型

6 单击确定按钮，结果线型被加载到【选择线型】对话框内，如图2-69所示。

7 选择加载的线型，单击确定按钮，将此线型添加给刚添加的多线元素，结果如图2-70所示。

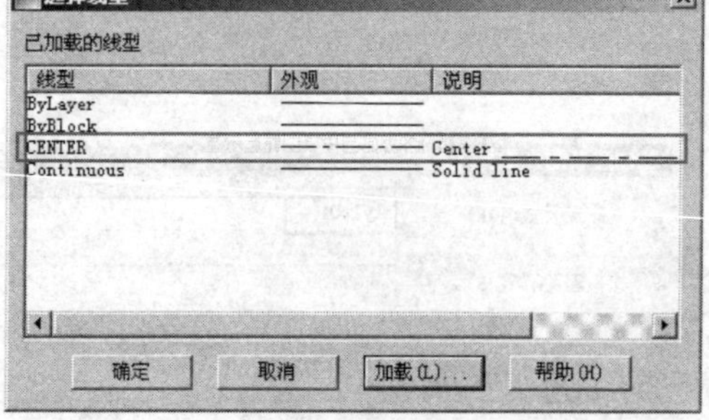

图2-69 加载线型

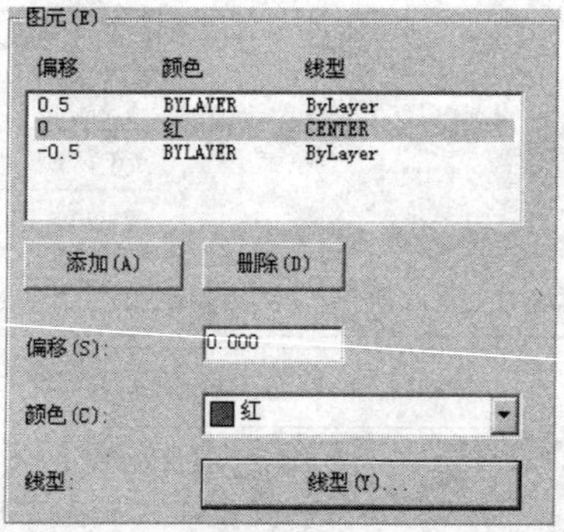

图2-70 设置元素线型

8 在左侧【封口】选项组中，设置多线两端的封口形式，如图2-71所示。

9 单击 确定 按钮返回【多线样式】对话框，结果新线样式出现在预览框中，如图2-72所示。

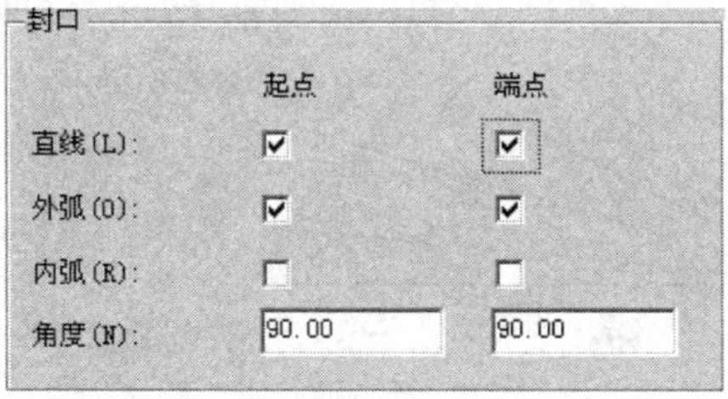

图2-71 设置多线封口

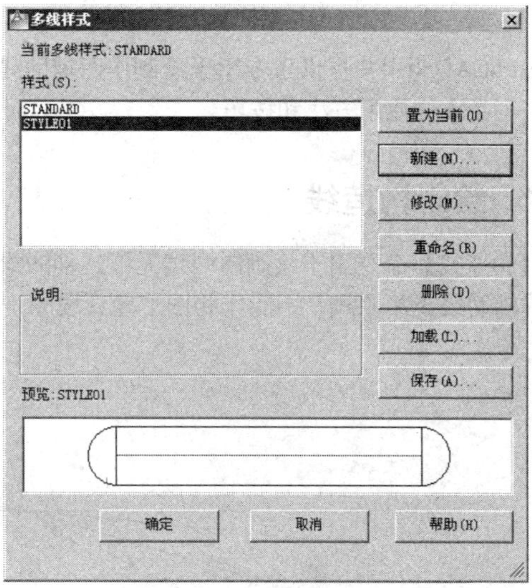

图2-72 样式效果

7 返回【多线样式】对话框，单击 保存(A)... 按钮，在打开的【保存多线样式】对话框中可以将样新式以“*mln”的格式进行保存，如图2-73所示，以方便在其他文件中进行使用。

图2-73 样式的设置效果

7 在【多线样式】对话框中选择设置的多线样式，单击 置为当前(U) 按钮，将其设置为当前样式。

7 使用命令简写“ML”激活【多线】命令，使用当前多线样式绘制一条水平多段，观看其效果，如图2-74所示。

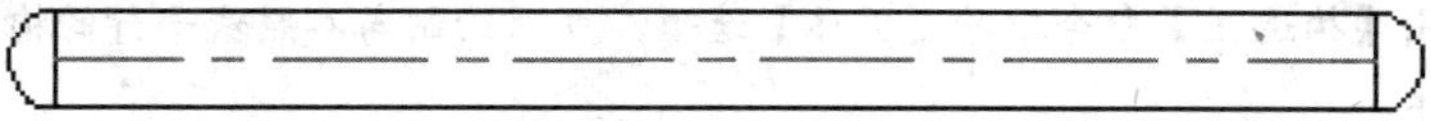

图2-74 多线样式示例

2.8 绘制辅助线

AutoCAD为用户提供了专用于绘制作图辅助线的工具，即【构造线】和【射线】，本节主要学习这两种命令的使用方法和技巧。

2.8.1 绘制构造线

【构造线】命令用于绘制向两端无限延伸的绘图辅助线，如图2-75所示。此种直线通常用作绘图时的辅助线或参照线，不能作为图形轮廓线的一部分，但是可以通过修改工具将其编辑为图形轮廓线。

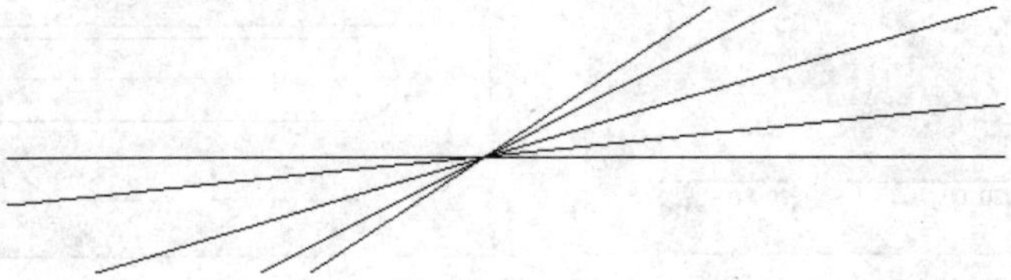

图2-75 构造线示例

执行【构造线】命令有以下几种方式：

- 执行菜单栏中的【绘图】/【构造线】命令。
- 单击【绘图】工具栏或面板中的按钮。
- 在命令行输入Xline后按Enter键。
- 使用命令简写XL。

执行一次【构造线】命令后，可以绘制多条构造线，直到结束命令为止。【构造线】命令的命令行操作提示如下。

```
命令: _xline
    指定点或 [水平(H)/垂直(V)/角度(A)/二等分(B)/偏移(O)]:    //定位构造线上的一点
    指定通过点:                                          //定位构造线上的通过点
    指定通过点:                                          //定位构造线上的通过点
    …….
    指定通过点:                                          // Enter，结束命令
```

- **构造线的选项设置**

使用【构造线】命令，不仅可以绘制水平构造线和垂直构造线，还可以绘制具有一定角度的辅助线以及绘制角的等分线，其选项功能如下：

- 使用【构造线】命令中的【水平】选项，可以绘制向两端无限延伸的水平构造线。
- 使用【构造线】命令中的【垂直】选项可以绘制向两端无限延伸的垂直构造线。
- 使用【构造线】命令中的【偏移】选项，可以绘制与参照线平行的构造线，如图2-76所示。
- 使用【构造线】命令中的【角度】选项可以绘制具有任意角度的绘图辅助线。其命令行操作如下。

```
命令:_xline
    指定点或 [水平(H)/垂直(V)/角度(A)/二等分(B)/偏移(O)]:    //A Enter，激活【角度】选项
    输入构造线的角度 (0) 或 [参照(R)]:                      //22.5 Enter
    指定通过点:                                            //拾取通过点
    指定通过点:                                            // Enter，结果如图2-77所示
```

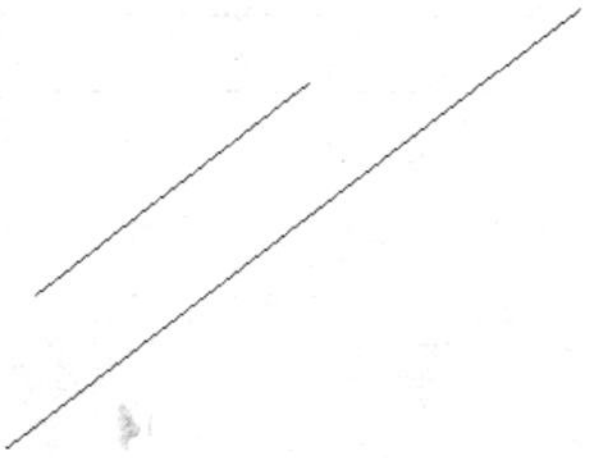

图2-76 【偏移】选项示例

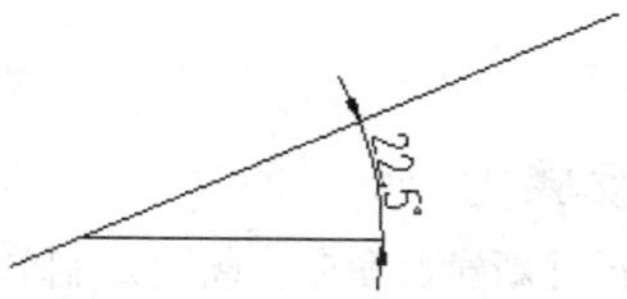

图2-77 绘制倾斜构造线

◆ 使用【构造线】命令中的【二等分】选项可以绘制任意角度的角平分线。

2.8.2 绘制射线

【射线】命令用于绘制向一端无限延伸的绘图辅助线，如图2-78所示。此类辅助线不能作为图形轮廓线，但是可以将其编辑成图形的轮廓线。

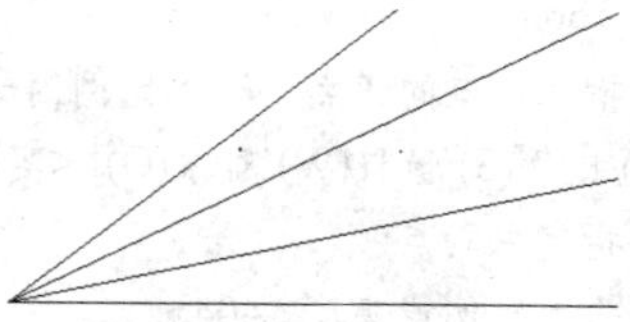

图2-78 射线示例

- 【射线】命令的执行方式：
  - ◆ 执行菜单栏中的【绘图】/【射线】命令。
  - ◆ 单击【绘图】面板中的按钮。
  - ◆ 在命令行输入Ray后按Enter键。

激活【射线】命令后，可以连续绘制无数条射线，只到结束命令为止。【射线】命令的命令行操作提示如下。

```
命令: _ray
    指定起点:               //指定射线的起点
    指定通过点:             //指定射线的通过点
    指定通过点:             //指定射线的通过点
    ……
    指定通过点:             //结束命令
```

2.9 上机指导（三）——绘制石栏杆立面图

本例通过绘制某石栏杆立面图，对所学知识进行综合练习和巩固应用。石栏杆立面图的最终绘制效果，如图2-79所示。

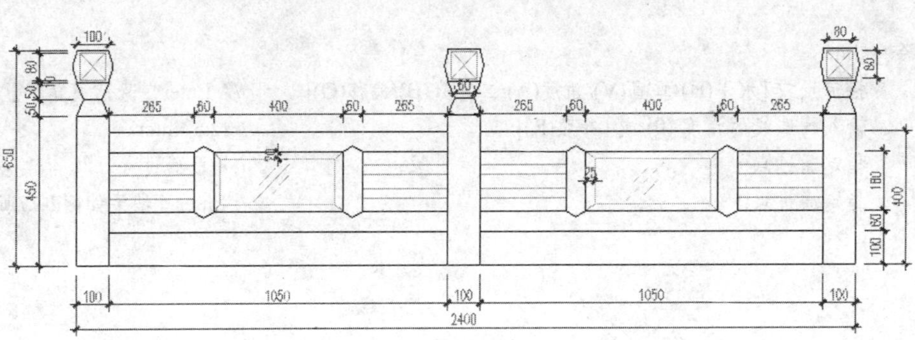

图2-79 实例效果

操作步骤

1 执行【新建】命令，新建公制单位的空白文件。

2 执行菜单栏中的【工具】/【绘图设置】命令，在打开的【草图设置】对话框中开启并设置对象捕捉及追踪模式如图2-80所示。

3 执行菜单栏中的【视图】/【缩放】/【圆心】命令，将视图高度调整为8000个单位。命令行操作如下。

命令: '_zoom
指定窗口的角点，输入比例因子 (nX 或 nXP)，或者[全部(A)/中心(C)/动态(D)/范围(E)/上一个(P)/比例(S)/窗口(W)/对象(O)] <实时>: _c
指定中心点: //在绘图区拾取一点
输入比例或高度 <404>: //2000 Enter

4 单击【绘图】工具栏或面板中的按钮，激活【多段线】命令，配合坐标输入功能绘制栏杆柱外轮廓线。命令行操作如下。

命令: _pline
指定起点: //在绘图区拾取一点
当前线宽为 0.0
指定下一个点或 [圆弧(A)/半宽(H)/长度(L)/放弃(U)/宽度(W)]: //@0,450 Enter
指定下一点或 [圆弧(A)/闭合(C)/半宽(H)/长度(L)/放弃(U)/宽度(W)]: //@20,50 Enter
指定下一点或 [圆弧(A)/闭合(C)/半宽(H)/长度(L)/放弃(U)/宽度(W)]: //@-20,50 Enter
指定下一点或 [圆弧(A)/闭合(C)/半宽(H)/长度(L)/放弃(U)/宽度(W)]: //@0,10 Enter
指定下一点或 [圆弧(A)/闭合(C)/半宽(H)/长度(L)/放弃(U)/宽度(W)]: //A Enter
指定圆弧的端点或[角度(A)/圆心(CE)/闭合(CL)/方向(D)/半宽(H)/直线(L)/半径(R)/第二个点(S)/放弃(U)/宽度(W)]: //S Enter
指定圆弧上的第二个点: //@-10,40 Enter
指定圆弧的端点: //@10,40 Enter
指定圆弧的端点或[角度(A)/圆心(CE)/闭合(CL)/方向(D)/半宽(H)/直线(L)/半径(R)/第二个点(S)/放弃(U)/宽度(W)]: //l Enter
指定下一点或 [圆弧(A)/闭合(C)/半宽(H)/长度(L)/放弃(U)/宽度(W)]: //@0,10 Enter
指定下一点或 [圆弧(A)/闭合(C)/半宽(H)/长度(L)/放弃(U)/宽度(W)]: //@100,0 Enter
指定下一点或 [圆弧(A)/闭合(C)/半宽(H)/长度(L)/放弃(U)/宽度(W)]: //@0,-10 Enter
指定下一点或 [圆弧(A)/闭合(C)/半宽(H)/长度(L)/放弃(U)/宽度(W)]: //A Enter

指定圆弧的端点或[角度(A)/圆心(CE)/闭合(CL)/方向(D)/半宽(H)/直线(L)/半径(R)/第二个点(S)/放弃(U)/宽度(W)]:　　//S Enter

指定圆弧上的第二个点:　　//@10,-40 Enter

指定圆弧的端点:　　//@-10,-40 Enter

指定圆弧的端点或[角度(A)/圆心(CE)/闭合(CL)/方向(D)/半宽(H)/直线(L)/半径(R)/第二个点(S)/放弃(U)/宽度(W)]:　　//l Enter

指定下一点或 [圆弧(A)/闭合(C)/半宽(H)/长度(L)/放弃(U)/宽度(W)]:　　//@0,-10 Enter

指定下一点或 [圆弧(A)/闭合(C)/半宽(H)/长度(L)/放弃(U)/宽度(W)]:　　//@-20,-50 Enter

指定下一点或 [圆弧(A)/闭合(C)/半宽(H)/长度(L)/放弃(U)/宽度(W)]:　　//@20,-50 Enter

指定下一点或 [圆弧(A)/闭合(C)/半宽(H)/长度(L)/放弃(U)/宽度(W)]:　　//@0,-450 Enter

指定下一点或 [圆弧(A)/闭合(C)/半宽(H)/长度(L)/放弃(U)/宽度(W)]:

//C Enter，结束命令，绘制结果如图2-81所示

5 使用命令简写“L”激活【直线】命令，配合端点捕捉功能绘制内部的水平轮廓线，结果如图2-82所示。

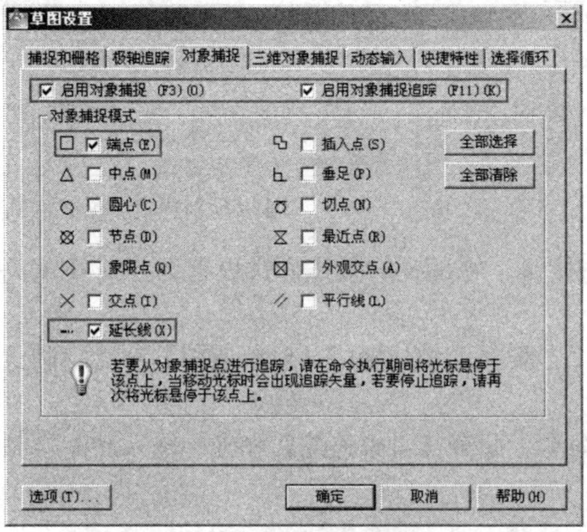

图2-80 设置捕捉追踪模式

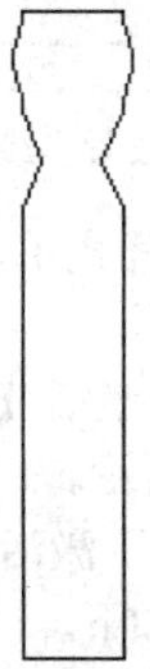

图2-81 绘制结果

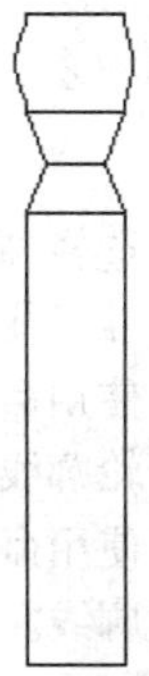

图2-82 绘制水平线

6 重复执行【直线】命令，配合【捕捉自】和端点捕捉功能继续绘制内部的轮廓线，结果如图2-83所示。

7 参照操作步骤4～6，综合使用【多段线】、【直线】命令绘制右侧的栏杆柱，结果如图2-84所示。

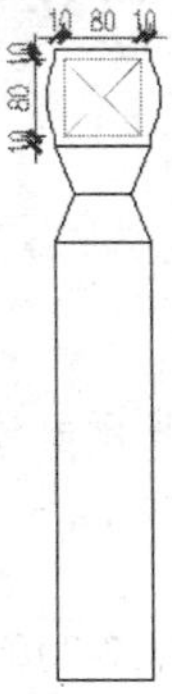

图2-83 绘制结果

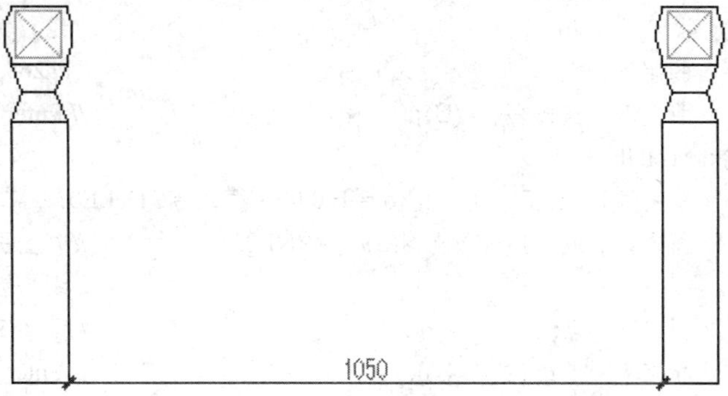

图2-84 绘制结果

TIP 用户也可以使用菜单栏中的【修改】/【复制】命令，快速创建右侧栏杆柱。有关此命令的用法请参见第4章。

8 执行菜单栏中的【格式】/【多线样式】命令，设置名为“style01”的新样式，新样式以直线形式封口，然后在原有图元的基础上再添加4条图元，如图2-85所示，新样式的预览效果如图2-86所示。

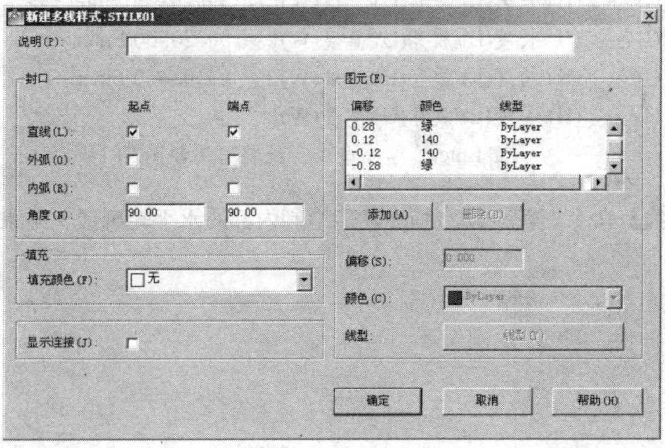

图2-85 设置多线样式

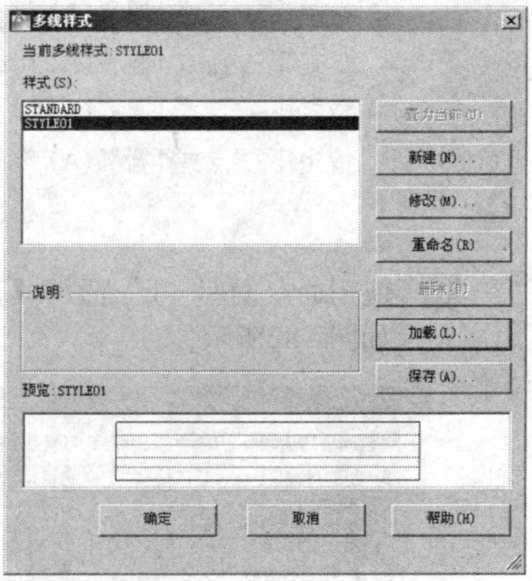

图2-86 新样式的预览效果

9 选择新设置的多线样式单击 置为当前(U) 按钮，将设置的多线样式设置为当前样式，并关闭【多线样式】对话框。

10 使用命令简写“L”激活【直线】命令，配合延伸捕捉或【对象追踪】功能绘制三条水平轮廓线，如图2-87所示。

11 使用命令简写“ML”激活【多线】命令，配合【对象追踪】和坐标输入功能绘制栏杆轮廓线。命令行操作如下。

命令: ml //Enter

MLINE当前设置: 对正 = 上，比例 = 20.00，样式 = STYLE01

指定起点或 [对正(J)/比例(S)/样式(ST)]: //S Enter

输入多线比例 <20.00>: //180 Enter

当前设置: 对正 = 上，比例 = 180.00，样式 = STYLE01

指定起点或 [对正(J)/比例(S)/样式(ST)]: //向下引出如图2-88所示的对象追踪虚线，输入60 Enter

指定下一点: //@265,0 Enter

指定下一点或 [放弃(U)]: // Enter

命令: MLINE

当前设置: 对正 = 上，比例 = 180.00，样式 = STYLE01

指定起点或 [对正(J)/比例(S)/样式(ST)]: //向上引出如图2-89所示的对象追踪虚线，然后输入60 Enter

指定下一点: //@-265,0 Enter

指定下一点或 [放弃(U)]: // Enter，绘制结果如图2-90所示

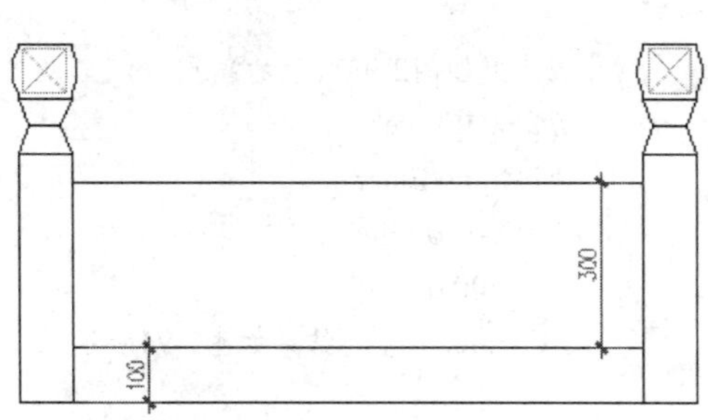

图2-87 绘制结果

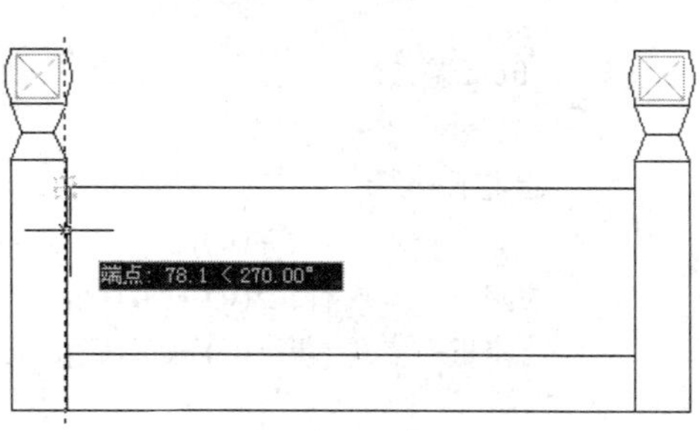

图2-88 引出对象追踪虚线

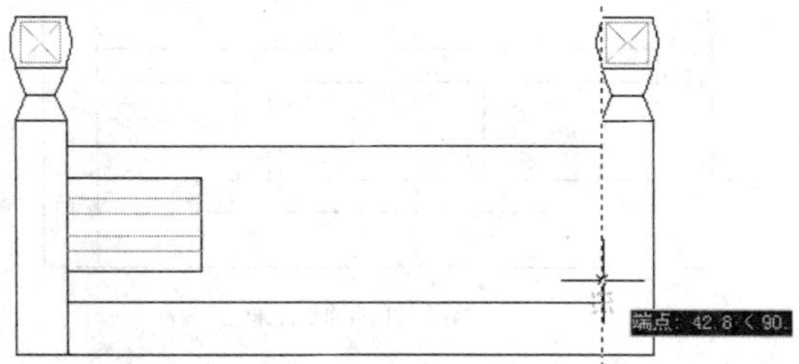

图2-89 引出对象追踪虚线

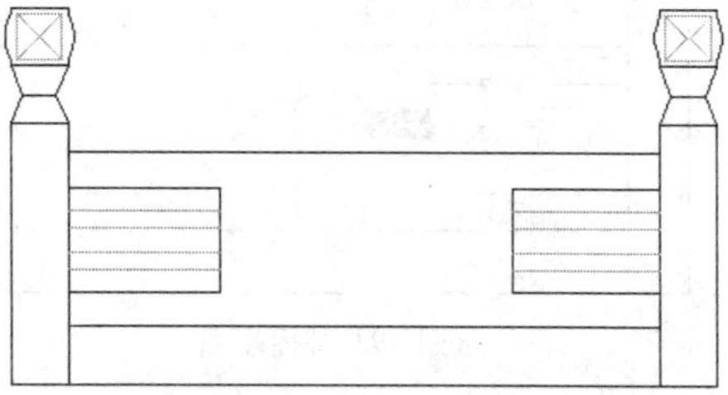

图2-90 绘制结果

12 执行菜单栏中的【格式】/【多线样式】命令，设置名为“style02”的新样式，新样式参数设置如图2-91所示，新样式的预览效果如图2-92所示。

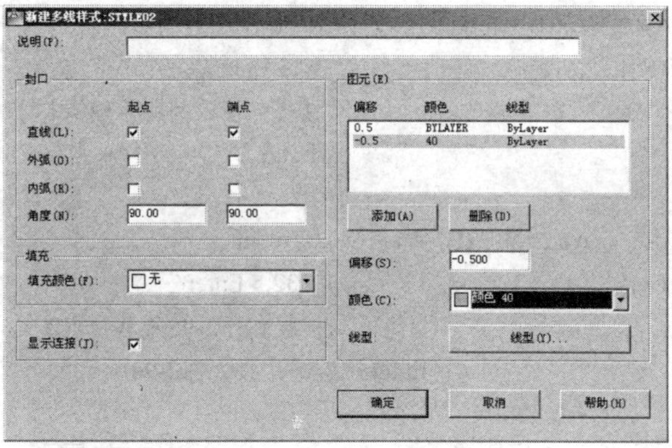

图2-91 设置多线样式

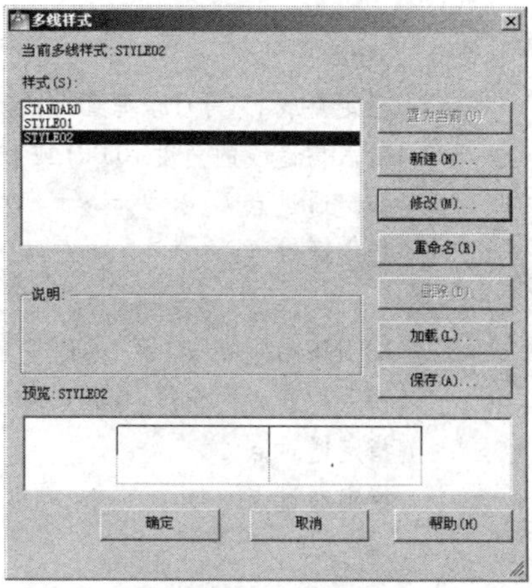

图2-92 新样式的预览效果

13 选择新设置的多线样式单击 置为当前(U) 按钮，将设置的多线样式设置为当前样式，并关闭【多线样式】对话框。

14 使用命令简写“ML”激活【多线】命令，配合【捕捉自】和坐标输入功能继续绘制栏杆轮廓线。命令行操作如下。

```
命令: ml                                             // Enter
    MLINE当前设置: 对正 = 上，比例 = 180.00，样式 = STYLE02
    指定起点或 [对正(J)/比例(S)/样式(ST)]:            //S Enter
    输入多线比例 <180.00>:                           //20 Enter
    当前设置: 对正 = 上，比例 = 20.00，样式 = STYLE02
    指定起点或 [对正(J)/比例(S)/样式(ST)]:            //激活【捕捉自】功能
```

```
_from 基点:                                   //捕捉如图2-93所示的端点
<偏移>:                                       //@60,0 Enter
指定下一点:                                   //@400,0 Enter
指定下一点或 [放弃(U)]:                       //@0,-180 Enter
指定下一点或 [闭合(C)/放弃(U)]:               //@-400,0
指定下一点或 [闭合(C)/放弃(U)]:               //C Enter，绘制结果如图2-94所示
```

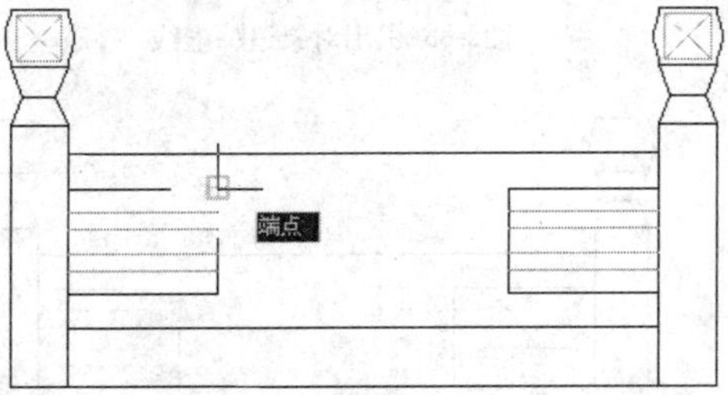

图2-93 捕捉端点

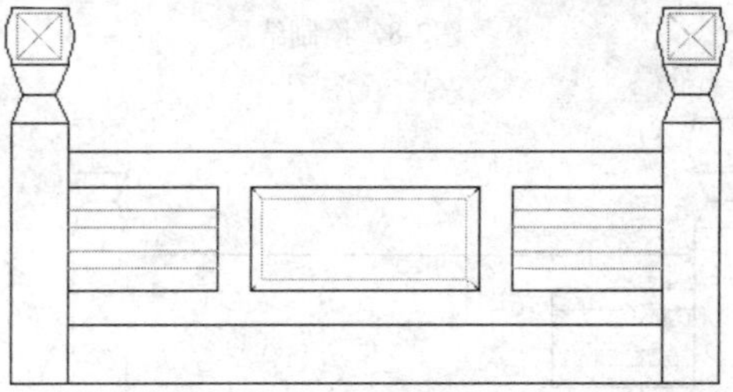

图2-94 绘制结果

15 使用命令简写“L”激活【直线】命令，配合平行线捕捉功能绘制如图2-95所示的三条平行线作为示意线。

16 执行菜单栏中的【绘图】/【构造线】命令，配合端点捕捉功能绘制两条倾斜构造线作为辅助线。命令行操作如下。

```
命令: _xline
    指定点或 [水平(H)/垂直(V)/角度(A)/二等分(B)/偏移(O)]:        //A Enter
    输入构造线的角度 (0.00) 或 [参照(R)]:                        //32.5 Enter
    指定通过点:                                                  //捕捉如图2-95所示端点1
    指定通过点:                                                  // Enter
命令:
    XLINE指定点或 [水平(H)/垂直(V)/角度(A)/二等分(B)/偏移(O)]: //A Enter
    输入构造线的角度 (0.00) 或 [参照(R)]:                        //－32.5 Enter
    指定通过点:                                                  //捕捉如图2-95所示端点2
    指定通过点:                                      // Enter，绘制结果如图2-96所示
```

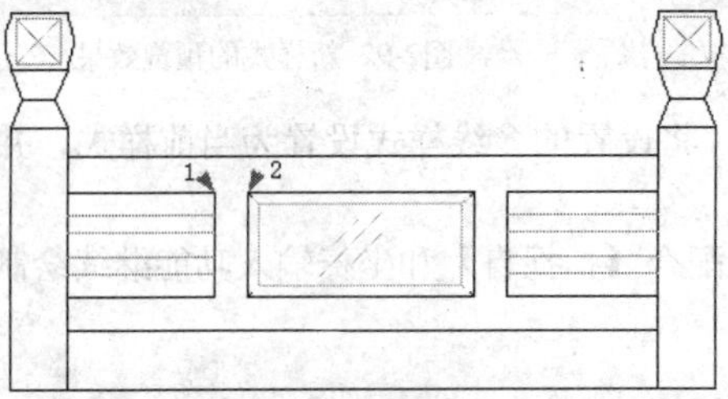

图2-95 绘制结果

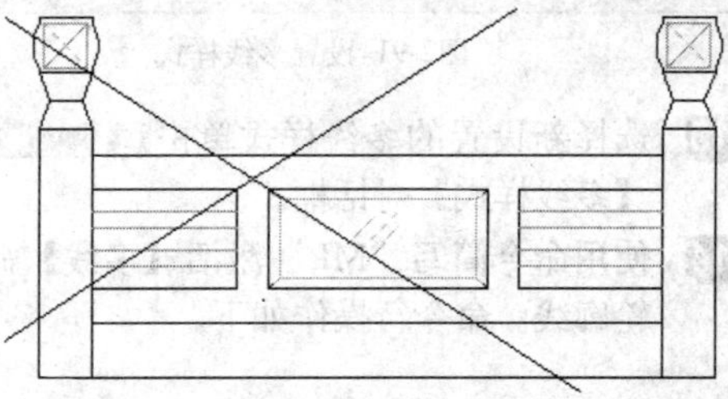

图2-96 绘制构造线

17 执行菜单栏中的【修改】/【修剪】命令，对构造线进行修剪，将其编辑为图形轮廓线。命令行操作如下。

```
命令: _trim
    当前设置:投影=UCS，边=无
```

选择剪切边...

选择对象或 <全部选择>:　　　　　　　　　　　　　　// Enter

选择要修剪的对象，或按住 Shift 键选择要延伸的对象，或[栏选(F)/窗交(C)/投影(P)/边(E)/删除(R)/放弃(U)]:　　　　　　　　　　　　　　//在如图2-97所示的位置1单击构造线

选择要修剪的对象，或按住 Shift 键选择要延伸的对象，或[栏选(F)/窗交(C)/投影(P)/边(E)/删除(R)/放弃(U)]:　　　　　　　　　　　　　　//在如图2-97所示的位置2单击构造线

选择要修剪的对象，或按住 Shift 键选择要延伸的对象，或[栏选(F)/窗交(C)/投影(P)/边(E)/删除(R)/放弃(U)]:　　　　　　　　　　　　　　//在如图2-97所示的位置3单击构造线

选择要修剪的对象，或按住 Shift 键选择要延伸的对象，或[栏选(F)/窗交(C)/投影(P)/边(E)/删除(R)/放弃(U)]:　　　　　　　　　　　　　　//在如图2-97所示的位置4单击构造线

选择要修剪的对象，或按住 Shift 键选择要延伸的对象，或[栏选(F)/窗交(C)/投影(P)/边(E)/删除(R)/放弃(U)]:　　　　　　　　　　　　　　// Enter，修剪结果如图2-98所示

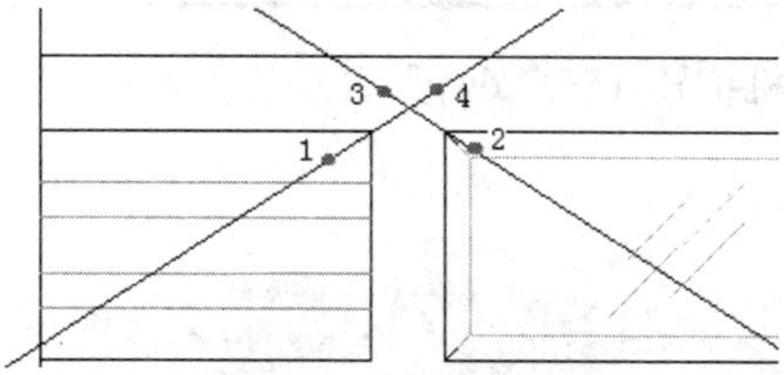

图2-97 指定修剪位置

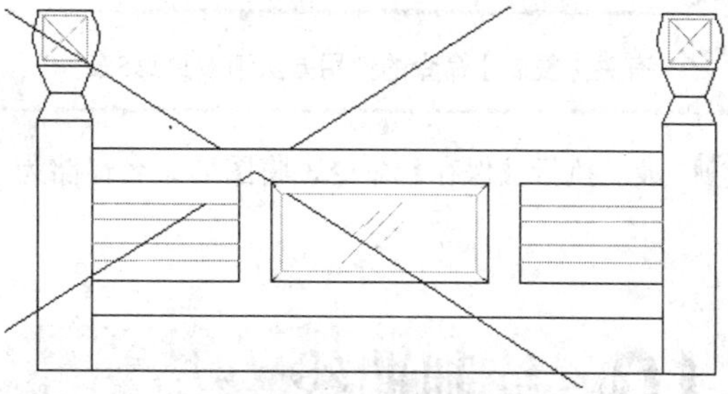

图2-98 修剪结果

TIP

有关【修剪】命令的具体使用方法，请参见本章的第2.11.1小节。

18 使用命令简写“E”激活【删除】命令，删除残余的构造线，结果如图2-99所示。

19 参照操作步骤16～18，综合使用【构造线】、【修剪】、【删除】等命令，绘制其他位置的轮廓线，结果如图2-100所示。

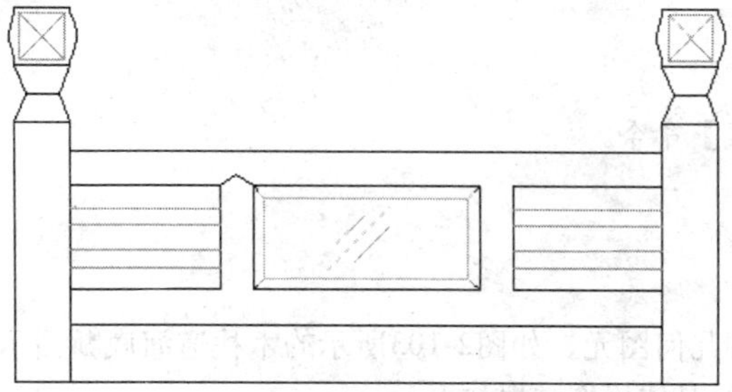

图2-99 删除结果

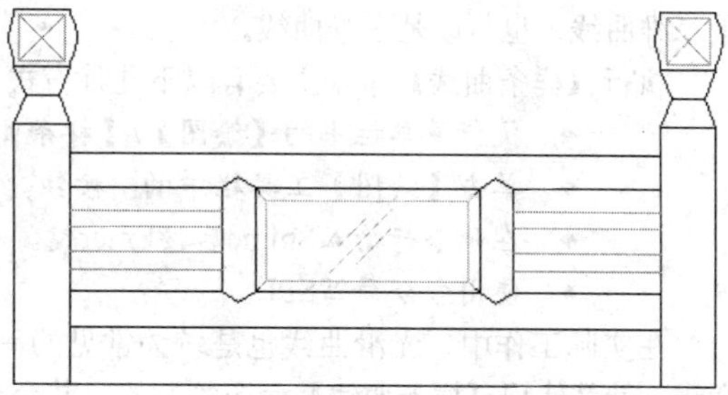

图2-100 绘制其他轮廓线

20 参照上述操作，综合使用【多段线】、【直线】、【构造线】、【修剪】等多种命令，绘制右侧的栏杆柱和栏杆，也可以使用【复制】命令快速绘制右侧的结构。命令行操作如下。

命令: _copy

选择对象:　　　　　　　　　　　　　　//窗口选择如图2-101所示的对象

选择对象:　　　　　　　　　　　　　　// Enter

当前设置：复制模式 = 多个
指定基点或 [位移(D)/模式(O)] <位移>:　　//拾取任一点作为基点
指定第二个点或 [阵列(A)] <使用第一个点作为位移>:　　//@1150,0 Enter
指定第二个点或 [阵列(A)/退出(E)/放弃(U)] <退出>:
　　// Enter，结束命令，复制结果如图2-102所示

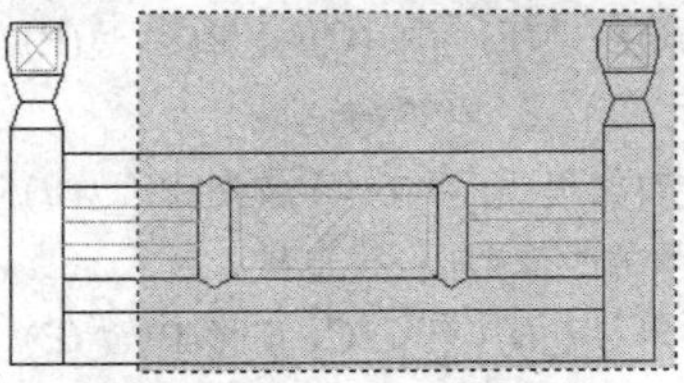

图2-101 窗口选择

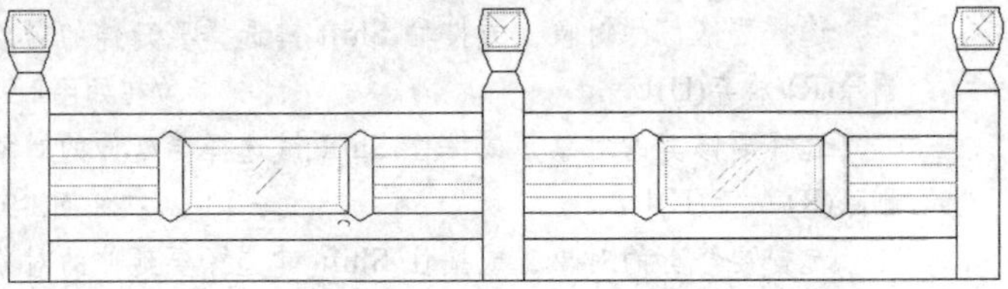

图2-102 复制结果

TIP 有关【复制】命令的使用方法请参见第5章。

21 最后执行【保存】命令，将图形命名存储为“上机指导（三）.dwg”。

2.10 绘制曲线

本节主要学习【样条曲线】、【修订云线】和【螺旋】三个命令，以绘制样条曲线、修订云线和螺旋线等几何图元。

2.10.1 绘制样条曲线

【样条曲线】命令用于绘制由通过某些拟合点（接近控制点）的光滑曲线，所绘制的曲线可以是二维曲线，也可以是三维曲线。

执行【样条曲线】命令主要有以下几种方式：

- 执行菜单栏中的【绘图】/【样条曲线】命令。
- 单击【绘图】工具栏中的~按钮。
- 在命令行输入Spline后按Enter键。
- 使用命令简写SPL。

在实际工作中，光滑曲线也是较为常见的一种几何图元，如图2-103所示的木栈道河底断面示意线，就是使用【样条曲线】命令绘制的，其命令行具体操作过程如下。

图2-103 木栈道示意图

```
命令: _spline
    当前设置: 方式=拟合　节点=弦
    指定第一个点或 [方式(M)/节点(K)/对象(O)]:                    //0,0 Enter
    输入下一个点或 [起点切向(T)/公差(L)]:                        //1726,-88 Enter
    输入下一个点或 [端点相切(T)/公差(L)/放弃(U)]:                //2955,-294 Enter
    输入下一个点或 [端点相切(T)/公差(L)/放弃(U)/闭合(C)]:        //4247,-775 Enter
    输入下一个点或 [端点相切(T)/公差(L)/放弃(U)/闭合(C)]:        //5054,-957 Enter
    输入下一个点或 [端点相切(T)/公差(L)/放弃(U)/闭合(C)]:        //6142,-1028 Enter
    输入下一个点或 [端点相切(T)/公差(L)/放弃(U)/闭合(C)]:        //7625,-1105 Enter
    输入下一个点或 [端点相切(T)/公差(L)/放弃(U)/闭合(C)]:        //10028,-1124 Enter
    输入下一个点或 [端点相切(T)/公差(L)/放弃(U)/闭合(C)]:        //12190,-888 Enter
    输入下一个点或 [端点相切(T)/公差(L)/放弃(U)/闭合(C)]:        //13754,-617 Enter
    输入下一个点或 [端点相切(T)/公差(L)/放弃(U)/闭合(C)]:        //15067,-340 Enter
    输入下一个点或 [端点相切(T)/公差(L)/放弃(U)/闭合(C)]:        //16361,-203 Enter
    输入下一个点或 [端点相切(T)/公差(L)/放弃(U)/闭合(C)]:        //18474,-98 Enter
    输入下一个点或 [端点相切(T)/公差(L)/放弃(U)/闭合(C)]:   //Enter，结果如图2-104所示
```

图2-104　绘制结果

相关选项解析

- 【方式】选项主要用于设置样条曲线的创建方式，即使用拟合点或使用控制点，两种方式下样条曲线的夹点示例如图2-105所示。

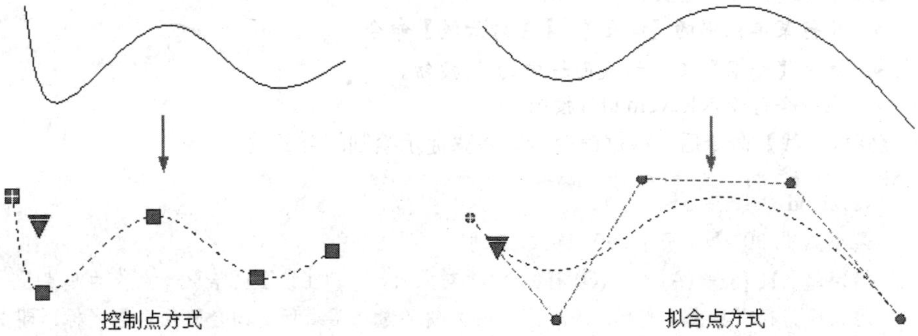

图2-105　两种方式示例

- 【节点】选项用于指定节点的参数化，它会影响曲线在通过拟合点时的形状。
- 【对象】选项用于把样条曲线拟合的多段线转变为样条曲线。激活此选项后，如果用户选择的是没有经过【编辑多段线】拟合的多段线，系统无法转换选定的对象。
- 【闭合】选项用于绘制闭合的样条曲线。激活此选项后，AutoCAD将使样条曲线的起点和终点重合，并且共享相同的顶点和切向，此时系统只提示一次让用户给定切向点。

- 【拟合公差】选项用来控制样条曲线对数据点的接近程度。拟合公差的大小直接影响到当前图形，公差越小，样条曲线越接近数据点。

TIP 如果公差为 0，则样条曲线通过拟合点；输入大于 0 的公差将使样条曲线在指定的公差范围内通过拟合点，如图2-106所示。

图2-106 拟合公差示例

2.10.2 绘制修订云线

【修订云线】命令用于绘制由连续圆弧构成的图线，所绘制的图线被看作是一条多段线，此种图线可以是闭合的，也可以是断开的，如图2-107所示。

图2-107 修订云线示例

执行【修订云线】命令主要有以下几种方式：

- 执行菜单栏中的【绘图】/【修订云线】命令。
- 单击【绘图】工具栏或面板中的按钮。
- 在命令行输入Revcloud后按Enter键。

执行【修订云线】命令后，根据命令行的步骤提示绘制闭合云线：

```
命令: _revcloud
    最小弧长: 30  最大弧长: 30  样式: 普通
    指定起点或 [弧长(A)/对象(O)/样式(S)] <对象>:      //在绘图区拾取一点作为起点
    沿云线路径引导十字光标...      //按住左键不放，沿着所需闭合路径引导光标，即
    可绘制闭合的云线图形，如图2-108所示，修订云线完成。
```

TIP 在绘制闭合的云线时，需要移动光标，将云线的端点放在起点处，系统会自动绘制闭合云线。

下面通过绘制最大弧长为25、最小弧长为10的非闭合云线为例，学习【弧长】选项功能的应用。命令行操作如下。

```
命令: _revcloud
        最小弧长: 30   最大弧长: 30   样式: 普通
        指定起点或 [弧长(A)/对象(O)/样式(S)] <对象>:        //A Enter，激活【弧长】选项
        指定最小弧长 <30>:                                  //15 Enter，设置最小弧长度
        指定最大弧长 <10>:                                  //30 Enter，设置最大弧长度
        指定起点或 [弧长(A)/对象(O)/样式(S)] <对象>:        //在绘图区拾取一点作为起点
        沿云线路径引导十字光标...                    //按住左键不放，沿着所需闭合路径引导光标
        反转方向 [是(Y)/否(N)] <否>:                 //N Enter，采用默认设置，结果如图2-109所示
        修订云线完成。
```

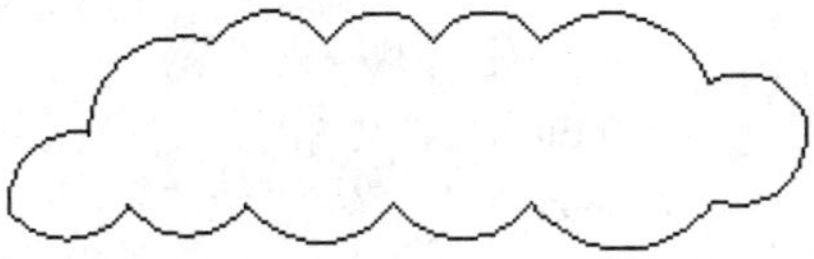

图2-108 绘制结果

图2-109 绘制结果

TIP▶▶ 使用命令中的【弧长】选项，可以设置云线的最小弧和最大弧的长度，所设置的最大弧长最大为最小弧长的三倍。

- **云线的选项设置**

◆ 【对象】选项用于对非云线图形，如直线、圆弧、矩形以及圆图形等，按照当前的样式和尺寸，将其转化为云线图形，如图2-110所示。另外，在编辑的过程中还可以修改弧线的方向，如图2-111所示。

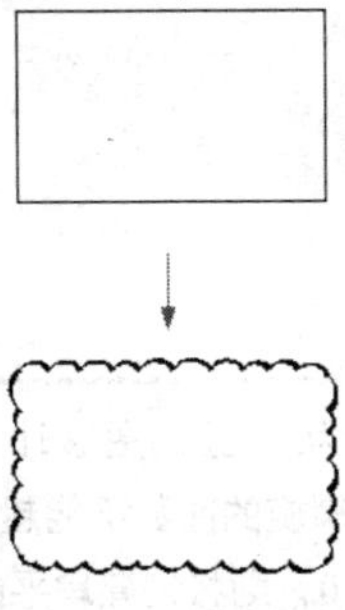

图2-110 【对象】选项示例

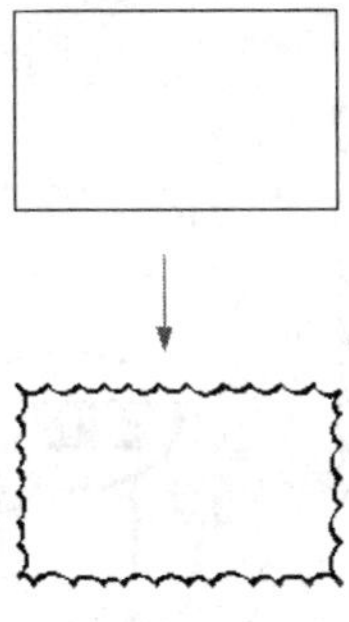

图2-111 反转方向

◆ 【样式】选项用于设置修订云线的样式，具体有"普通"和"手绘"两种样式，默认为"普通"样式。如图2-112所示的云线就是在"手绘"样式下绘制的。

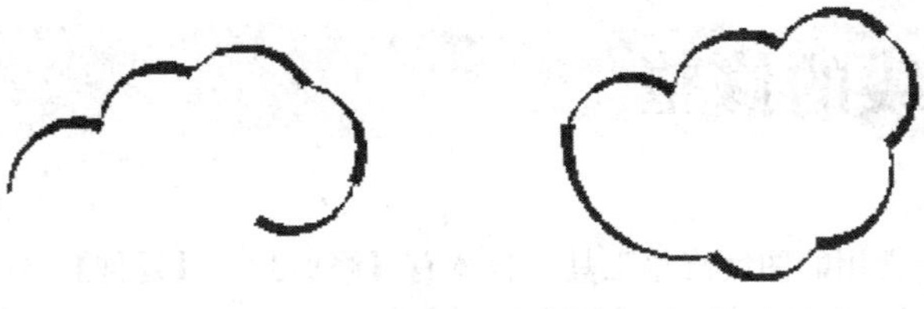

图2-112 手绘示例

2.10.3 绘制螺旋线

【螺旋】命令用于绘制二维螺旋线，将螺旋用作 SWEEP 命令的扫掠路径以创建弹簧、螺纹和环形楼梯等。

执行【螺旋】命令主要有以下几种方式：

- 执行菜单栏中的【绘图】/【建模】/【螺旋】命令。
- 单击【建模】工具栏或【绘图】面板中的按钮。
- 在命令行输入Helix后按Enter键。

下面通过绘制高度为120、圈数为7的螺旋线，学习【螺旋】命令，命令行操作如下。

```
命令: _Helix
    圈数 = 3.0000    扭曲=CCW
    指定底面的中心点:                          //在绘图区拾取一点
    指定底面半径或 [直径(D)] <27.9686>:         //50 Enter
    指定顶面半径或 [直径(D)] <50.0000>:         // Enter
```

TIP 如果指定一个值来同时作为底面半径和顶面半径，将创建圆柱形螺旋；如果指定不同值作为顶面半径和底面半径，将创建圆锥形螺旋；不能指定 0 来同时作为底面半径和顶面半径。

```
    指定螺旋高度或 [轴端点(A)/圈数(T)/圈高(H)/扭曲(W)] <923.5423>: //T Enter
    输入圈数 <3.0000>:                     //7 Enter
    指定螺旋高度或 [轴端点(A)/圈数(T)/圈高(H)/扭曲(W)] <23.5423>:
                                           //120 Enter，绘制结果如图2-113所示
```

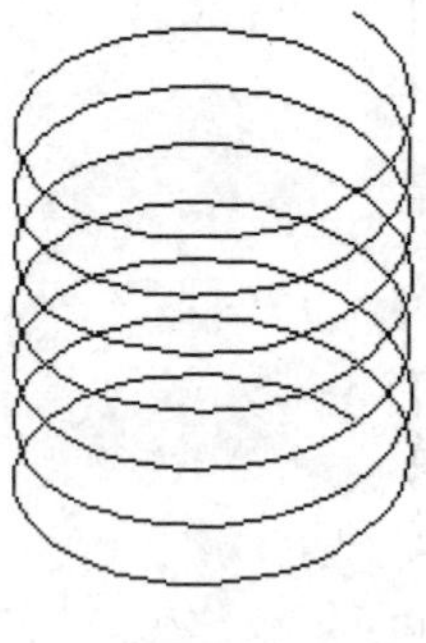

图2-113 绘制结果

TIP 默认设置下螺旋圈数为3。绘制图形时，圈数的默认值始终是先前输入的圈数值，螺旋的圈数不能超过 500。另外，如果将螺旋指定的高度值为 0，则将创建扁平的二维螺旋。

2.11 图线的修整

本节主要学习几个常用的图线修整工具，具体有【修剪】、【延伸】、【分解】、【打断】、【合并】、【光滑曲线】和【移动】和【删除】等命令。

2.11.1　修剪图线

【修剪】命令是使用频率非常高的一个编辑命令，此命令主要用于修剪掉对象上指定的部分，不过在修剪时，需要事先指定一个修剪边界，如图2-114所示。

图2-114　修剪示例

执行【修剪】命令主要有以下几种方式：

- 执行菜单栏中的【修改】/【修剪】命令。
- 单击【修改】工具栏或面板中的按钮。
- 在命令行输入Trim按Enter键。
- 使用命令简写TR。

• 【修剪】命令的应用

在修剪对象时，边界的选择是关键，而边界必须要与修剪对象相交，或与其延长线相交，才能成功修剪对象。因此，系统为用户设定了两种修剪模式，即“修剪模式”和“不修剪模式”，默认模式为“不修剪模式”。下面通过具体实例，学习默认模式下的修剪操作。具体操作步骤如下：

1 执行【打开】命令，打开随书光盘中的“素材文件／修剪图线.dwg”，如图2-115所示。

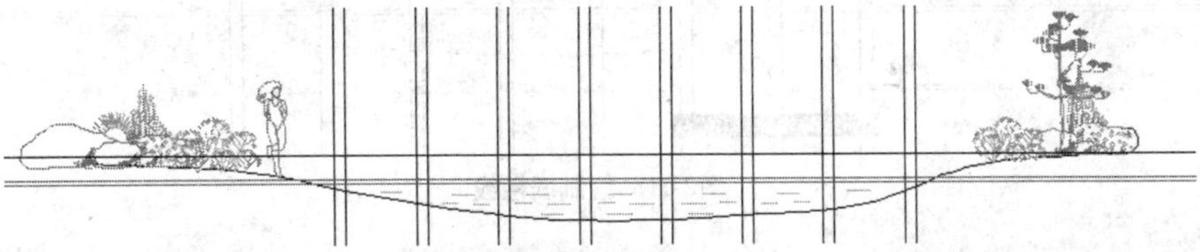

图2-115 打开结果

2 单击【修改】工具栏或面板中的按钮，激活【修剪】命令，对垂直的构造线修剪。命令行操作如下。

```
命令: _trim
    当前设置:投影=UCS，边=无
    选择剪切边...
    选择对象或<全部选择>:      //选择上侧的水平构造线作为第一条修剪边界
    选择对象:                  //选择下侧的样条曲线作为第二条修剪边界，边界的选择
                                 效果如图2-116所示
```

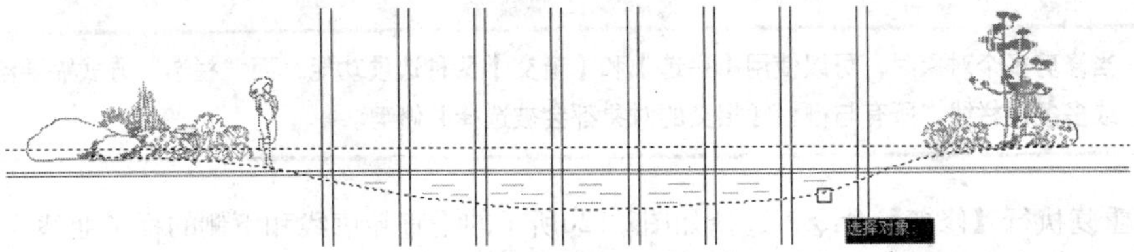

图2-116　选择修剪边界

选择对象: //Enter

选择要修剪的对象，或按住 Shift 键选择要延伸的对象，或[栏选(F)/窗交(C)/投影(P)/边(E)/删除(R)/放弃(U)]: //使用“窗交”方式，窗交选择如图2-117所示的构造线进行修剪

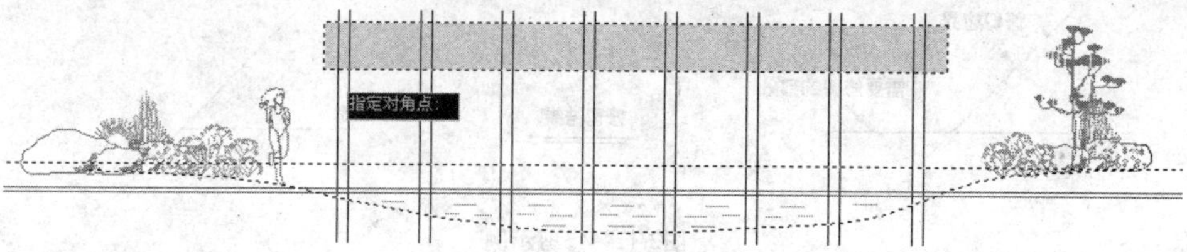

图2-117 窗交选择修剪对象

选择要修剪的对象，或按住 Shift 键选择要延伸的对象，或[栏选(F)/窗交(C)/投影(P)/边(E)/删除(R)/放弃(U)]: //F Enter

指定第一个栏选点: //在右下侧拾取第一个栏选点A

指定下一个栏选点或 [放弃(U)]: //在左下侧拾取第二个栏选点B，绘制一条栅栏线，如图2-118所示

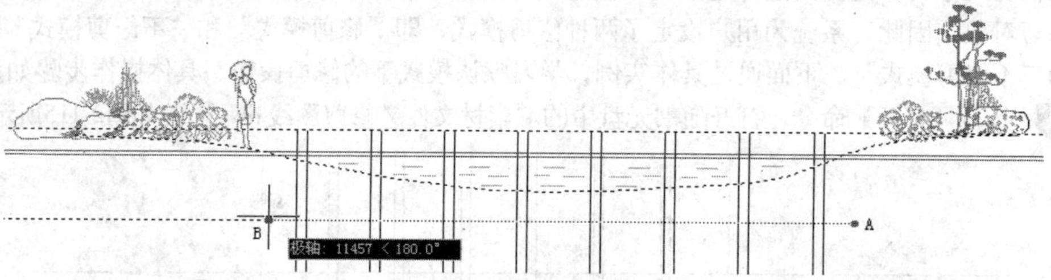

图2-118 绘制栅栏线

指定下一个栏选点或 [放弃(U)]: //Enter，结果与栅栏线相交的图线被修剪

选择要修剪的对象，或按住 Shift 键选择要延伸的对象，或[栏选(F)/窗交(C)/投影(P)/边(E)/删除(R)/放弃(U)]: //Enter，修剪结果如图2-119所示

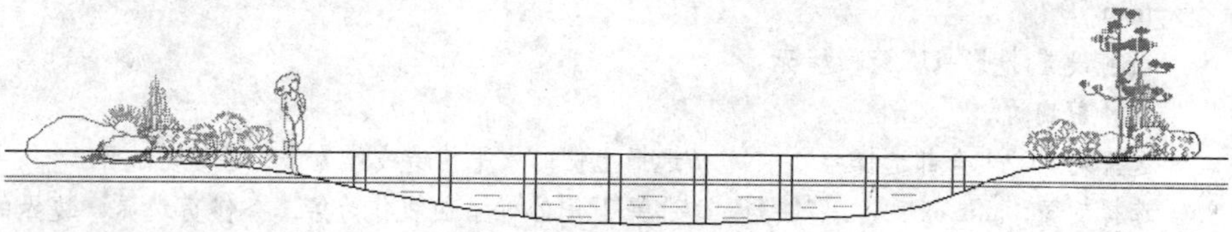

图2-119 修剪结果

TIP 当修剪多个对象时，可以使用【栏选】和【窗交】两种选项功能，而“栏选”方式需要绘制一条或多条栅栏线，所有与栅栏线相交的对象都会被选择并修剪。

3 重复执行【修剪】命令，选择如图2-120所示的垂直轮廓线和下侧的样条曲线作为边界，对三条水平的构造线进行修剪，修剪结果如图2-121所示。

4 最后执行【另存为】命令，将修剪后的图形另名存储。

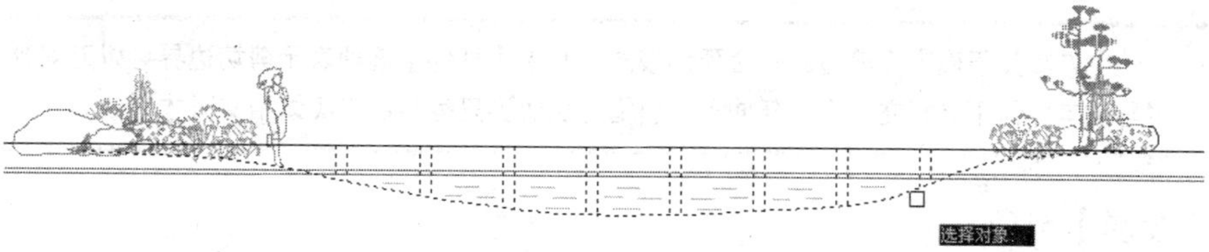

图2-120 选择修剪边界

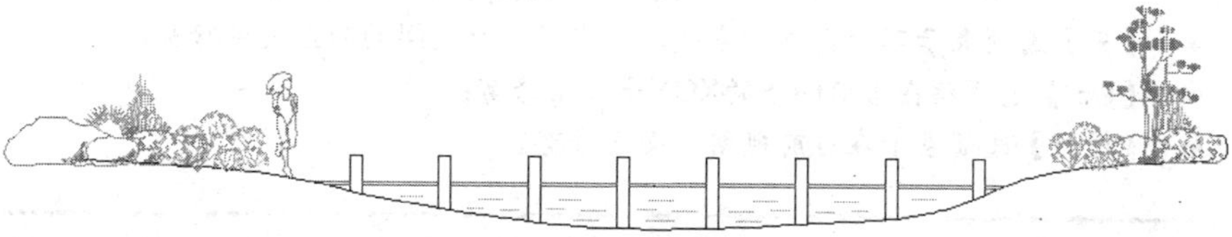

图2-121 修剪结果

• “隐含交点”下的修剪

所谓“隐含交点”，指的是边界与对象没有实际的交点，而是边界被延长后，与对象存在一个隐含交点。对“隐含交点”下的图线进行修剪时，需要更改默认的修剪模式，即将默认模式更改为“修剪模式”。下面通过实例学习此种操作。

1 使用画线命令绘制图2-122所示的两条图线。

2 单击【修改】工具栏中的按钮，执行【修剪】命令，对水平图线进行修剪，命令行操作如下。

```
命令: _trim
    当前设置:投影=UCS，边=无
    选择剪切边...
    选择对象或 <全部选择>:                    // Enter，选择刚绘制的倾斜图线
    选择对象:
    选择要修剪的对象，或按住 Shift 键选择要延伸的对象，或[栏选(F)/窗交(C)/投影(P)/边(E)/
删除(R)/放弃(U)]:                              //E Enter，激活【边】选项功能
    输入隐含边延伸模式 [延伸(E)/不延伸(N)] <不延伸>:
                                               //E Enter，设置修剪模式为延伸模式
    选择要修剪的对象，或按住 Shift 键选择要延伸的对象，或[栏选(F)/窗交(C)/投影(P)/边(E)/
删除(R)/放弃(U)]:                              //在水平图线的右端单击左键
    选择要修剪的对象，或按住 Shift 键选择要延伸的对象，或[栏选(F)/窗交(C)/投影(P)/边(E)/
删除(R)/放弃(U)]:                              // Enter，结束修剪命令
```

3 图线的修剪结果如图2-123所示。

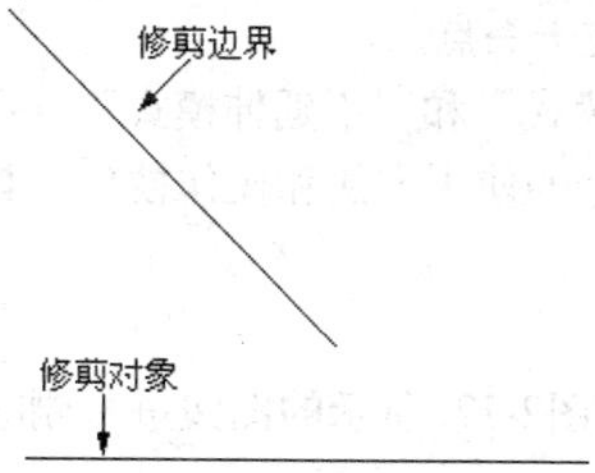

图2-122 绘制图线

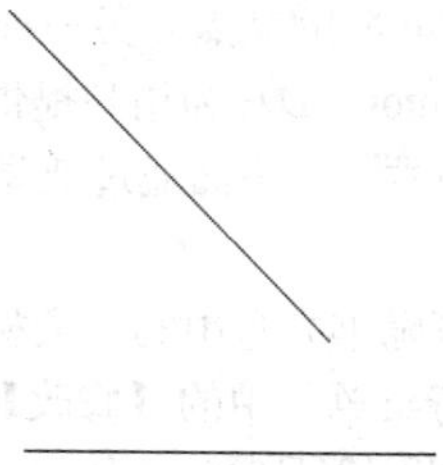

图2-123 修剪结果

TIP 【边】选项用于确定修剪边的隐含延伸模式，其中【延伸】选项表示剪切边界可以无限延长，边界与被剪实体不必相交；【不延伸】选项指剪切边界只有与被剪实体相交时才有效。

- **【投影】选项**

【投影】选项用于设置三维空间剪切实体的不同投影方法，选择该选项后，AutoCAD出现“输入投影选项[无（N）/UCS（U）/视图（V）]<无>：”的操作提示，其中：

- 【无】选项表示不考虑投影方式，按实际三维空间的相互关系修剪；
- 【Ucs】选项指在当前UCS的XOY平面上修剪；
- 【视图】选项表示在当前视图平面上修剪。

TIP 当系统提示“选择剪切边”时，直接按下Enter键即可选择待修剪的对象，系统在修剪对象时将使用最靠近的候选对象作为剪切边。

2.11.2 延伸图线

【延伸】命令用于将对象延伸至指定的边界上，如图2-124所示。用于延伸的对象有直线、圆弧、椭圆弧、非闭合的二维多段线和三维多段线以及射线等。

图2-124 修剪示例

执行【延伸】命令主要有以下几种方式：

- 执行菜单栏中的【修改】/【延伸】命令。
- 单击【修改】工具栏或面板中的按钮。
- 在命令行输入Extend按Enter键。
- 使用命令简写EX。

- **【延伸】命令的应用**

在延伸对象时，也需要为对象指定边界。指定边界时，有两种情况，一种是对象被延长后与边界存在有一个实际的交点，另一种就是与边界的延长线相交于一点。

为此，AutoCAD与为用户提供了两种模式，即“延伸模式”和“不延伸模式”，系统默认模式为“不延伸模式”，下面通过典型的实例学习【延伸】命令的使用方法和操作技巧。具体操作步骤如下：

1. 打开随书光盘中的“素材文件/延伸图线.dwg”。
2. 执行菜单栏中的【修改】/【删除】命令，选择如图2-125所示的图线进行删除，删除结果如图2-126所示。

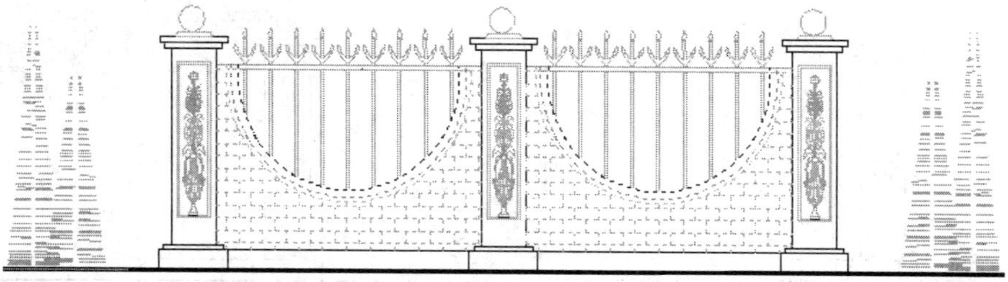

图2-125 选择结果

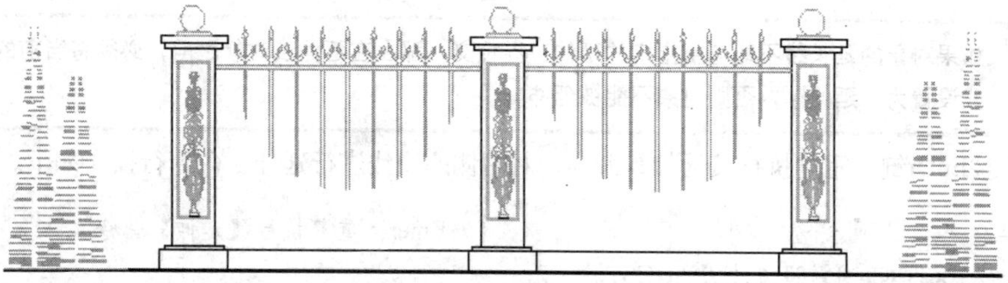

图2-126 删除结果

3 单击【修改】工具栏或面板中的按钮，激活【延伸】命令，以下侧的水平图线作为延伸边界，对栏杆轮廓线进行延伸。命令行操作如下。

命令: _extend
当前设置:投影=UCS，边=无
选择边界的边...
选择对象或 <全部选择>:　　//选择如图2-127所示的图线作为延伸边界
选择对象:　　//Enter，结束对象的选择
选择要延伸的对象，或按住 Shift 键选择要修剪的对象，或[栏选(F)/窗交(C)/投影(P)/边(E)/放弃(U)]:　　//在如图2-128所示的位置单击图线，结果此图线被延伸到边界上，如图2-129所示

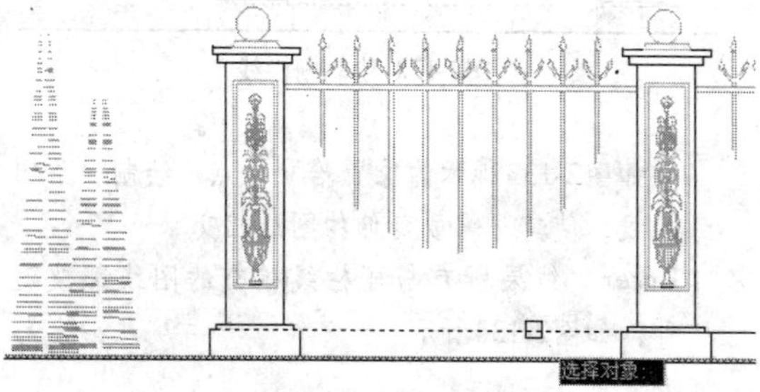

图2-127 选择边界

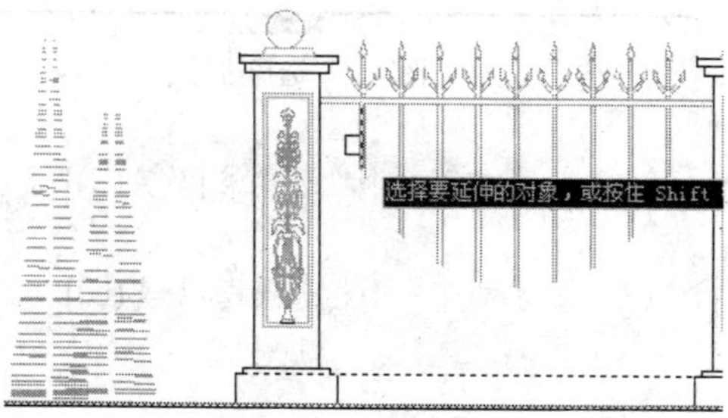

图2-128 指定延伸位置

………
选择要延伸的对象，或按住 Shift 键选择要修剪的对象，或[栏选(F)/窗交(C)/投影(P)/边(E)/放弃(U)]:　　//分别在其他图线的下侧单击
选择要延伸的对象，或按住 Shift 键选择要修剪的对象，或[栏选(F)/窗交(C)/投影(P)/边(E)/放弃(U)]:　　// Enter，结束命令，延伸效果如图2-130所示

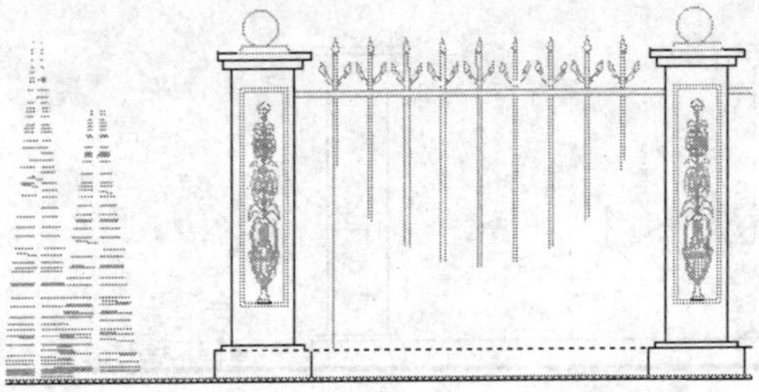

图2-129 延伸结果

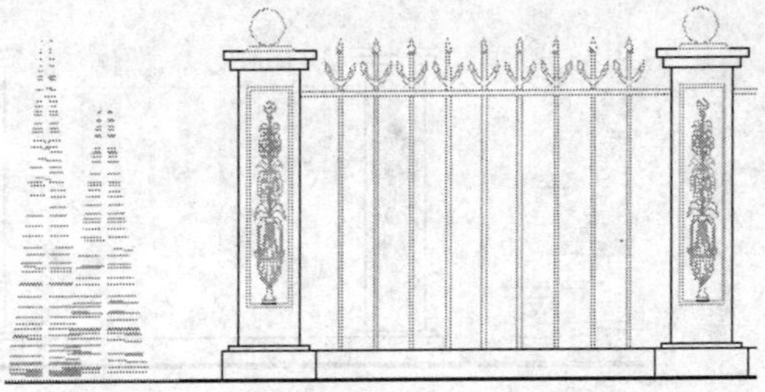

图2-130 延伸其他图线

TIP 如果对象的延长线不能与所指定的延伸边界相交，那么在延伸该对象之前，必须将当前的延伸模式设置为“延伸”，否则对象不能被延伸。

4 按Enter键，重复执行【延伸】命令，对右侧的图线进行延伸。命令行操作如下。

命令:　　　　　　　　　　　　　　　　//Enter，重复执行【延伸】命令

EXTEND当前设置:投影=UCS，边=无

选择边界的边...

选择对象或 <全部选择>:　　　　　　//选择如图2-131所示的图线作为边界

选择对象:　　　　　　　　　　　　　　// Enter，结束对象的选择

选择要延伸的对象，或按住 Shift 键选择要修剪的对象，或[栏选(F)/窗交(C)/投影(P)/边(E)/放弃(U)]:　　　　//FEnter，激活“栏选”选项

指定第一个栏选点:　　　　　　　　　　//在如图2-132所示的位置拾取一点

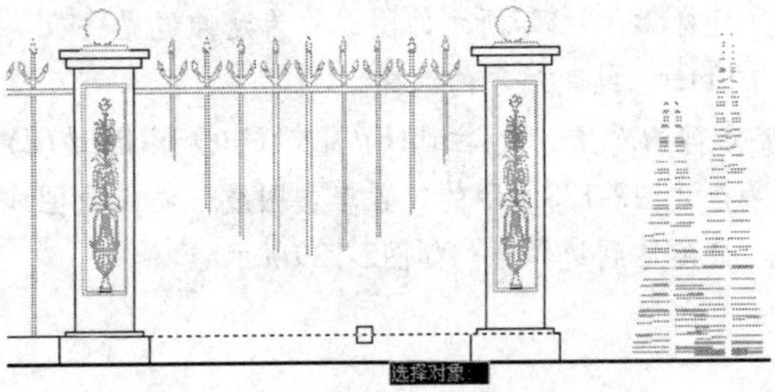

图2-131 选择边界

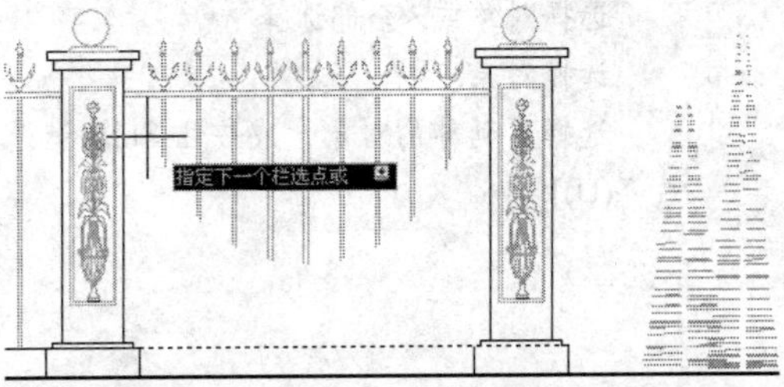

图2-132 绘制栅栏线

指定下一个栏选点或 [放弃(U)]:　　　　//在如图2-133所示的位置拾取一点，绘制一条栅栏线，使其与需要延伸的图线相交

指定下一个栏选点或 [放弃(U)]:　　　　//Enter，结果所有与栅栏线相交的图线都被延伸，如图2-134所示

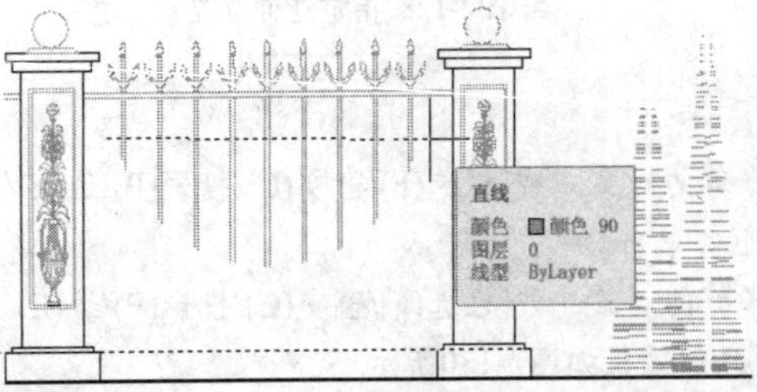

图2-133 绘制栅栏线

图2-134 延伸结果

选择要延伸的对象，或按住 Shift 键选择要修剪的对象，或[栏选(F)/窗交(C)/投影(P)/边(E)/放弃(U)]:　　　　　　　　//Enter，结束命令，延伸结果如图2-135所示

图2-135 实例效果

TIP 在使用“栏选”方式选择延伸图线时，有时并不能完全延伸栏选对象，这时可以重复使用“栏选”功能。

5 最后执行【另存为】命令，将延伸后的图形另名存储。

TIP 在选择延伸对象时，要在靠近延伸边界的一端选择需要延伸的对象，否则对象将不被延伸。

- **“隐含交点”下的延伸**

所谓“隐含交点”，指的是边界与对象延长线没有实际的交点，而是边界被延长后，与对象延长线存在一个隐含交点。对“隐含交点”下的图线进行延伸时，需要更改默认的延伸模式，即将默认模式更改为“延伸模式”。下面通过具体的实例，学习此种模式下的延伸操作。

1 使用画线命令绘制图2-136（左）所示的两条图线。

2 执行【延伸】命令，将垂直图线的下端延长，使之与水平图线的延长线相交。命令行操作如下。

命令: _extend
当前设置:投影=UCS，边=无
选择边界的边...
选择对象:　　　　　　　　//选择水平的图线作为延伸边界
选择对象:　　　　　　　　// Enter，结束边界的选择
选择要延伸的对象，或按住 Shift 键选择要修剪的对象，或[栏选(F)/窗交(C)/投影(P)/边(E)/放弃(U)]:　　　　　　　　//E Enter，激活【边】选项
输入隐含边延伸模式 [延伸(E)/不延伸(N)] <不延伸>:
　　　　　　　　//E Enter，设置模式为延伸模式
选择要延伸的对象，或按住 Shift 键选择要修剪的对象，或[栏选(F)/窗交(C)/投影(P)/边(E)/放弃(U)]:　　　　　　　　//在垂直图线的下端单击左键
选择要延伸的对象，或按住 Shift 键选择要修剪的对象，或[栏选(F)/窗交(C)/投影(P)/边(E)/放弃(U)]:　　　　　　　　// Enter，结束命令

3 延伸效果如图2-136（右）所示。

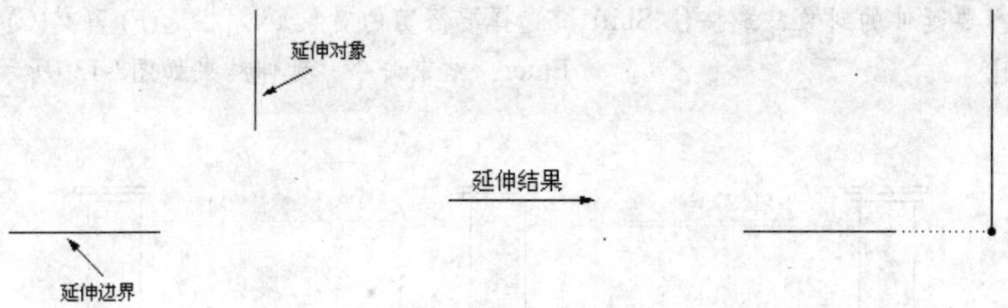

图2-136 两种隐含模式

TIP 【边】选项用来确定延伸边的方式。【延伸】选项将使用隐含的延伸边界来延伸对象，而实际上边界和延伸对象并没有真正相交，AutoCAD会假想将延伸边延长，然后再延伸；【不延伸】选项确定边界不延伸，而只有边界与延伸对象真正相交后才能完成延伸操作。

2.11.3 分解图线

【分解】命令用于将组合对象分解成各自独立的对象，以方便对分解后的各对象进行编辑。执行【分解】命令主要有以下几种方式：

- 执行菜单栏中的【修改】/【分解】命令。
- 单击【修改】工具栏或面板中的按钮。
- 在命令行输入Explode按Enter键。
- 使用命令简写X。

常用于分解的组合对象有矩形、正多边形、多段线、边界以及一些图块等。在激活【分解】命令后，只需选择需要分解的对象，按Enter键即可将对象分解。如果是对具有一定宽度的多段线分解，AutoCAD将忽略其宽度并沿多段线的中心放置分解多段线，如图2-137所示。

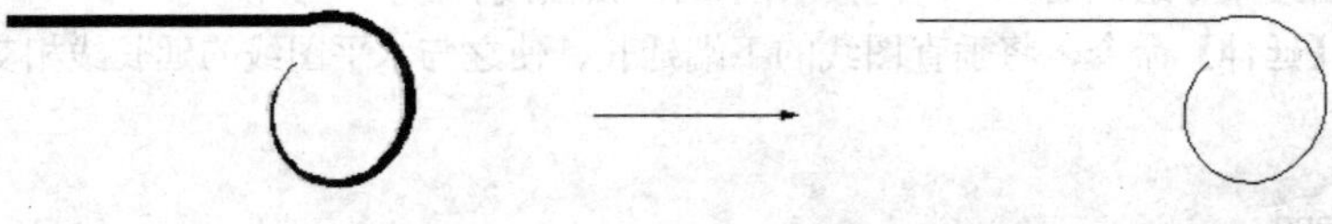

图2-137 分解宽度多段线

TIP AutoCAD一次只能删除一个编组级，如果一个块包含一个多段线或嵌套块，那么对该块的分解就首先分解出该多段线或嵌套块，然后再分别分解该块中的各个对象。

2.11.4 打断图线

所谓“打断图线”，指的是将图线打断为相连的两部分，或打断并删除图形对象上的一部分。执行【打断】命令主要有以下几种方式：

- 执行菜单栏中的【修改】/【打断】命令。
- 单击【修改】工具栏或面板中的按钮。
- 在命令行输入Break按Enter键。
- 使用命令简写BR。

- **【打断】命令的应用**

使用【打断】命令可以删除对象上任意两点之间的部分。下面通过实例学习【打断】命令的使用方法和操作技巧。具体操作步骤如下。

1. 新建空白文件。
2. 使用画线命令绘制长度为500的图线，如图2-138（上）所示。
3. 单击【修改】工具栏中的按钮，配合点的捕捉和输入功能，将在水平图线上删除40个单位的距离。命令行操作如下。

```
命令: _break
    选择对象:                              //选择刚绘制的线段
    指定第二个打断点 或 [第一点(F)]:          //F Enter，激活【第一点】选项
    指定第一个打断点:                        //捕捉线段的中点作为第一断点
    指定第二个打断点:                        //@40,0 Enter，定位第二断点
```

> **TIP** 【第一点】选项用于重新确定第一断点。由于在选择对象时不可能拾取到准确的第一点，所以需要激活该选项，以重新定位第一断点。

4. 打断结果如图2-138（下）所示。

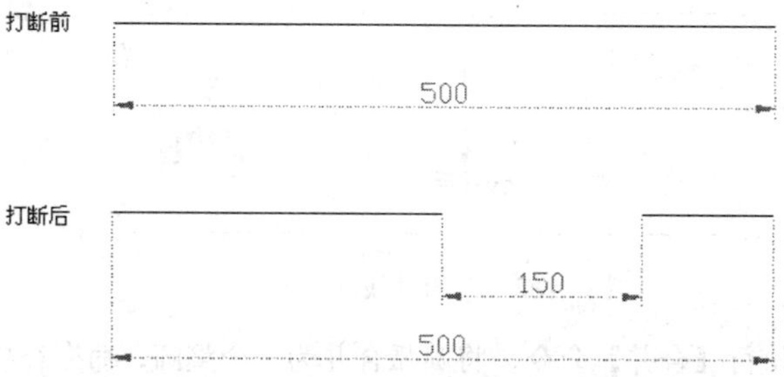

图2-138 打断示例

> **TIP** 要将一个对象拆分为二而不删除其中的任何部分，可以在指定第二断点时输入相对坐标符号@，也可以直接单击【修改】工具栏中的按钮。

2.11.5 合并图线

所谓“合并对象”，指的是将同角度的两条或多条线段合并为一条线段，还可以将圆弧或椭圆弧合并为一个整圆和椭圆，如图2-139所示。

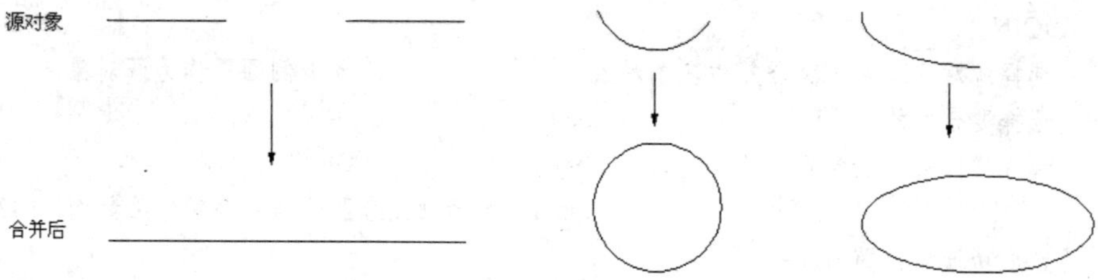

图2-139 合并对象示例

执行【合并】命令主要有以下几种方式：

- 执行菜单栏中的【修改】/【合并】命令。
- 单击【修改】工具栏或面板中的按钮。
- 在命令行输入Join按Enter键。
- 使用命令简写J。

●【合并】命令的应用

下面通过将两线段合并为一条线段、将圆弧合并为一个整圆、将椭圆弧合并为一个椭圆，学习使用【合并】命令的使用方法和操作技巧。具体操作步骤如下：

1 使用画线命令绘制图2-139（上）所示的两条线段、圆弧和椭圆弧。

2 执行菜单栏中的【修改】/【合并】命令，将两条线段合并为一条线段。命令行操作如下。

```
命令: _join
    选择源对象或要一次合并的多个对象:            //选择左侧的线段作为源对象
    选择要合并的对象:                            //选择右侧线段
    选择要合并的对象:                            // Enter，合并结果如图2-140所示
    2 条直线已合并为 1 条直线
```

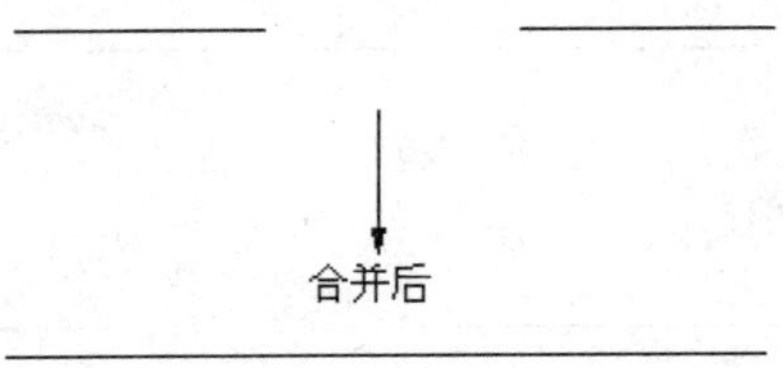

图2-140 合并线段

3 敲击Enter键重复执行【合并】命令，将圆弧合并为一个整圆，命令行操作如下。

```
命令:
    JOIN
    选择源对象或要一次合并的多个对象:            //选择下侧圆弧作为源对象
    选择要合并的对象:                            // Enter
    选择圆弧，以合并到源或进行 [闭合(L)]:
                              //L Enter，激活【闭合】选项，合并结果如图2-141所示
    已将圆弧转换为圆。
```

4 敲击Enter键重复执行【合并】命令，将圆弧合并为一个整圆，命令行操作如下。

```
命令:
    JOIN
    选择源对象或要一次合并的多个对象:            //选择下侧圆弧作为源对象
    选择要合并的对象:          // Enter
    选择椭圆弧，以合并到源或进行 [闭合(L)]:
                              //L Enter，激活【闭合】选项，合并结果如图2-142所示
    已成功地闭合椭圆。
```

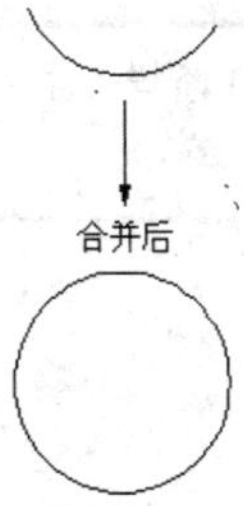

图2-141 合并圆弧

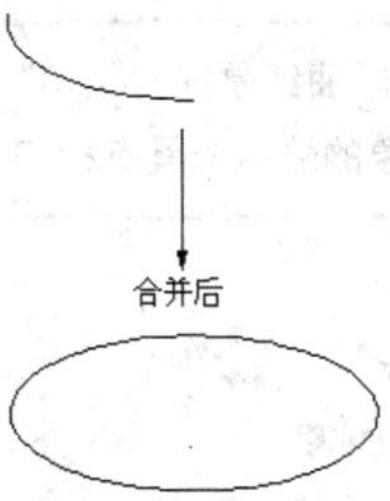

图2-142 合并椭圆弧

2.11.6 光顺曲线

【光顺曲线】命令用于在两条选定的直线或曲线之间的间隙中创建样条曲线，如图2-143所示。有效的对象具体包括直线、圆弧、椭圆弧、螺旋、开放的多段线和开放的样条曲线等。

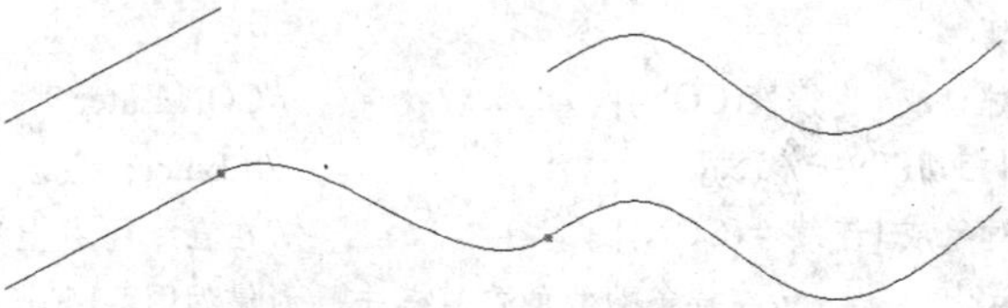

图2-143 光顺曲线示例

执行【光顺曲线】命令主要有以下几种方式：

- 执行菜单栏中的【修改】/【光顺曲线】命令。
- 单击【修改】工具栏或面板中的按钮。
- 在命令行输入BLEND按Enter键。
- 使用命令简写BL。

●【光顺曲线】命令的应用

使用【光顺曲线】命令在两图线之间创建样条曲时，具体有两个过渡类型，分别是“相切”和“平滑”。下面通过小实例学习使用【光顺曲线】命令。具体操作步骤如下：

1. 执行【新建】命令，快速创建空白文件。
2. 分别使用【直线】和【样条曲线】命令，绘制图2-143（上）所示的直线和样条曲线。
3. 单击【修改】工具栏或面板中的按钮，激活【光顺曲线】命令，在直线和样条曲线之间，创建一条过渡样条曲线。命令行操作如下。

```
命令: _BLEND
    连续性 = 相切
    选择第一个对象或 [连续性(CON)]:          //在直线的右上端点单击
    选择第二个点:          //在样条曲线的左端单击，创建如图2-144所示的光顺曲线
```

图2-144 创建光顺曲线

TIP

图2-144所示的光顺曲线是在“相切”模式下创建的一条 3 阶样条曲线（其夹点效果如图2-145所示），在选定对象的端点处具有相切 (G1) 连续性。

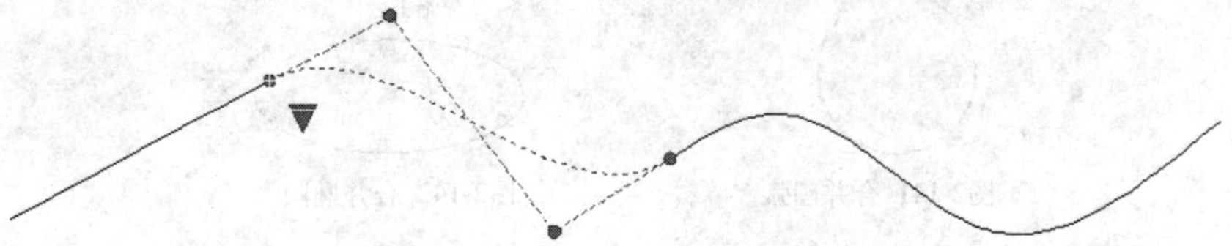

图2-145 “相切”模式下的3阶光顺曲线

4 重复执行【光顺曲线】命令，在“平滑”模式下创建一条5阶样条曲线。命令行操作如下。

```
命令: _BLEND
    连续性 = 相切
    选择第一个对象或 [连续性(CON)]:                //CON Enter
    输入连续性 [相切(T)/平滑(S)] <切线>:           //S Enter，激活【平滑】选项
    选择第一个对象或 [连续性(CON)]:                //在直线的右上端点单击
    选择第二个点:        //在样条曲线的左端单击，创建如图2-146所示的光顺曲线
```

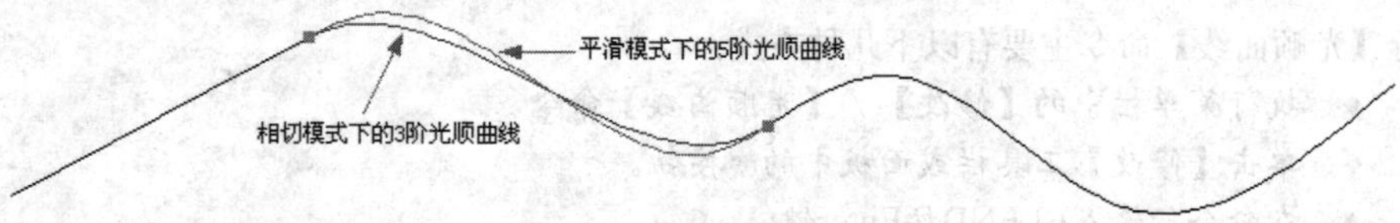

图2-146 创建结果

TIP

图2-143（上）所示的光顺曲线是在“平滑”模式下创建的一条 5阶样条曲线（其夹点效果如图2-147所示），在选定对象的端点处具有曲率 (G2) 连续性。

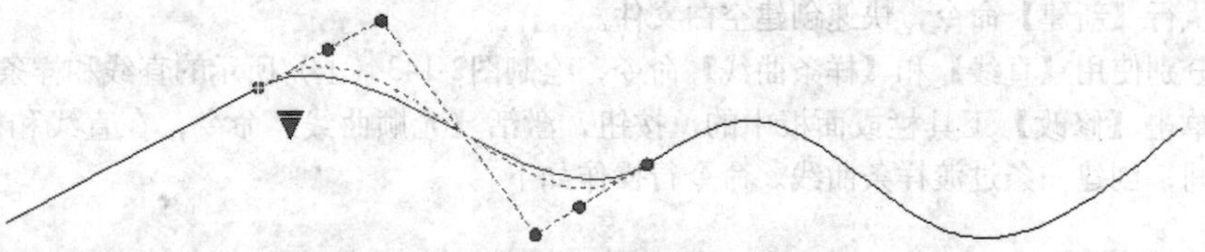

图2-147 “平滑”模式下的5阶光顺曲线

TIP

如果使用“平滑”选项，请勿将显示从控制点切换为拟合点。此操作将样条曲线更改为 3 阶，这会改变样条曲线的形状。

2.11.7 移动图形

【移动】命令用于将目标对象从一个位置移动到另一个位置，源对象的尺寸及形状均不发生变化，改变的仅仅是对象的位置。

执行【移动】命令主要有以下几种方法：

- 执行菜单栏中的【修改】/【移动】命令。
- 单击【修改】工具栏或面板中的按钮。
- 在命令行输入Move按Enter键
- 使用命令简写M。

●【移动】命令的应用

在移动对象时，一般需要配合点的捕捉功能或坐标的输入功能，进行精确的位移对象，下面学习使用【移动】命令，具体操作步骤如下：

1. 新建绘图文件。
2. 执行【多段线】和【直线】命令，配合坐标输入和极轴追踪功能，绘制如图2-148所示的平行四边形和倾斜直线。
3. 单击【修改】工具栏上的按钮，激活【移动】命令，对平行四边形进行位移。命令行操作如下。

```
命令: _move
    选择对象:                                       //单击如图2-149所示的矩形
    选择对象:                                       // Enter，结束对象的选择
    指定基点或 [位移(D)] <位移>:                      //0,0 Enter，定位基点
    指定第二个点或 <使用第一个点作为位移>:              //65<135 Enter，定位目标点
```

4. 位移结果如图2-150所示。

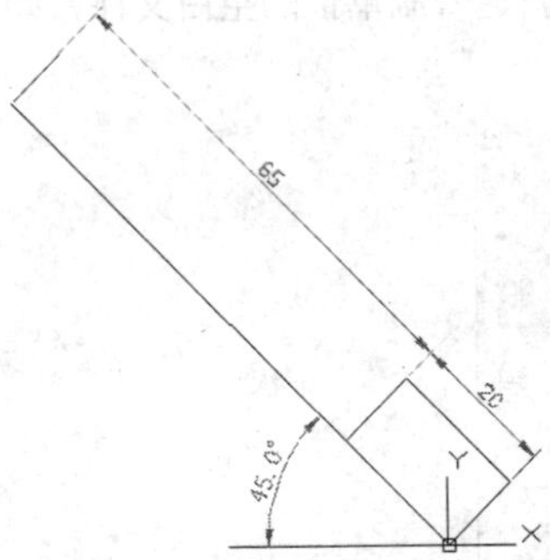

图2-148 绘制结果

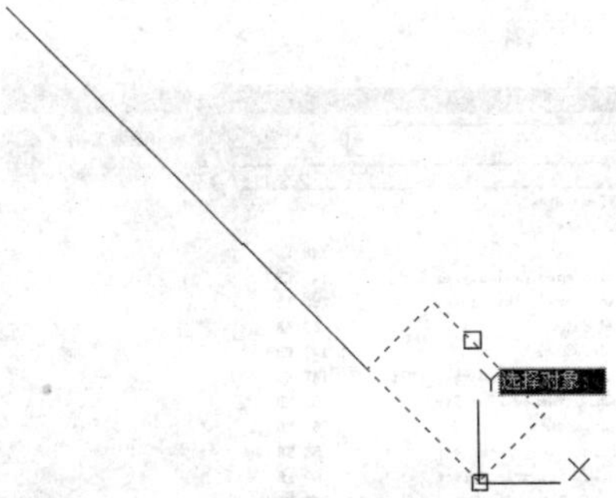

图2-149 选择结果

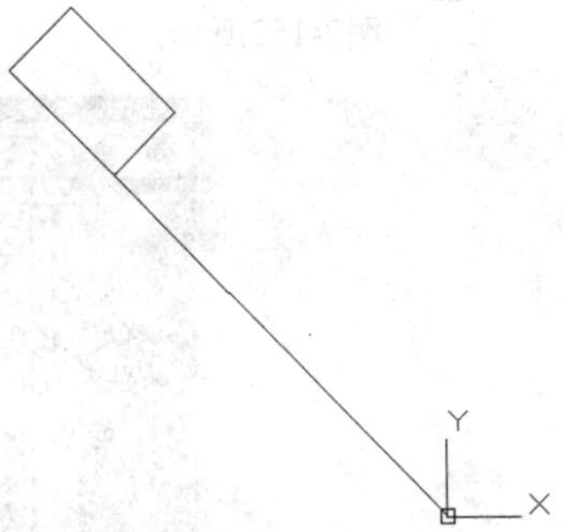

图2-150 移动结果

2.11.8 删除图形

【删除】命令用于删除选定的目标对象，此外，键盘上的Delete键与【删除】命令具有相同的功能，也可以删除需要的图形对象。

执行【删除】命令主要有以下几种方式：

- 执行菜单栏中的【修改】/【删除】命令。
- 单击【修改】工具栏或面板中的按钮。
- 在命令行输入Erase按Enter键。
- 使用命令简写E。

2.12 上机指导（四）——绘制拱形桥俯视图

本例通过绘制某拱形桥俯视图，主要对所学知识进行综合练习和巩固应用。拱形桥俯视图的最终绘制效果，如图2-151所示。

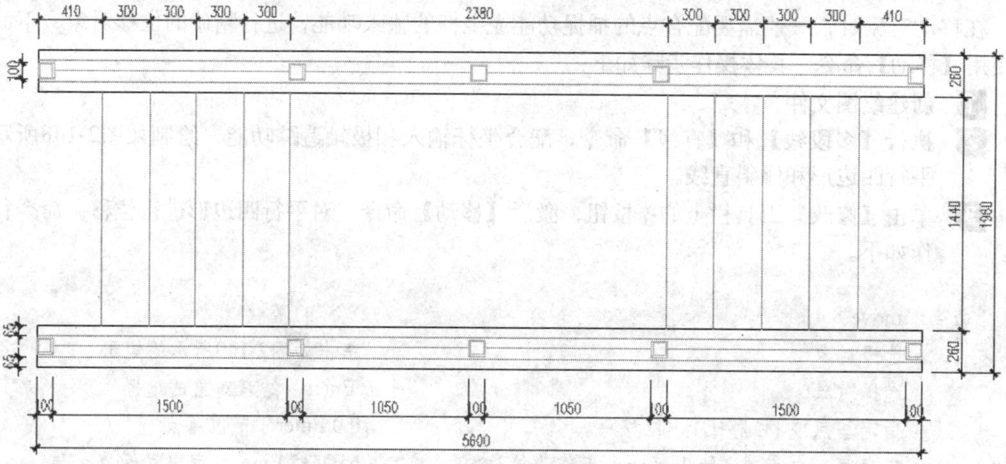

图2-151 实例效果

操作步骤

1 执行【新建】命令，以“无样板打开——公制”方式，快速新建公制单位的空白文件，如图2-152所示。

图2-152 创建公制文件

2 执行菜单栏中的【格式】/【图形界限】命令，将图形界限设置为1000×1000。命令行操作如下。

```
命令: '_limits
    重新设置模型空间界限:
    指定左下角点或 [开(ON)/关(OFF)] <0.0000,0.0000>:        // Enter
    指定右上角点 <420.0000,297.0000>:                      //7500,3500 Enter
```

3 执行菜单栏中的【视图】/【缩放】/【全部】命令，将图形界限全部最大化显示。

4 在状态栏中的□按钮上单击右键，从弹出的右键菜单上选择【设置】选项，启用并设置对象的捕捉模式如图2-153所示。

5 执行菜单栏中的【格式】/【点样式】命令，设置点的显示样式与大小如图2-154所示。

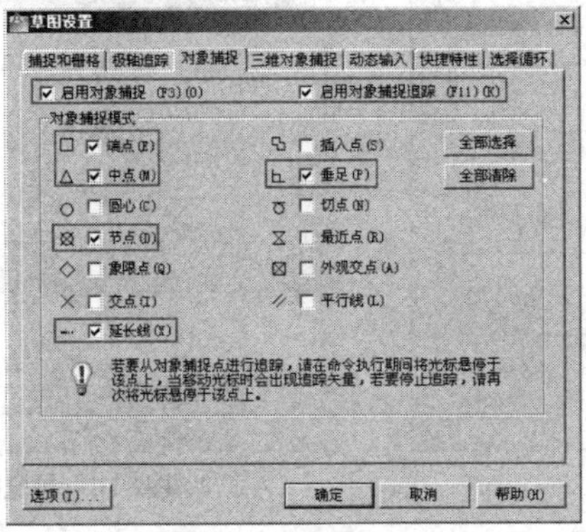

图2-153 设置对象捕捉

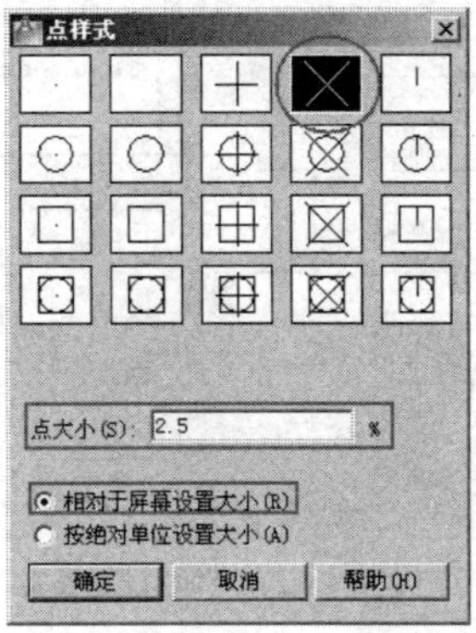

图2-154 设置点样式及大小

6 执行菜单栏中的【绘图】/【直线】命令，配合坐标输入功能绘制长度为5600、宽度为260的栏杆外轮廓，如图2-155所示。

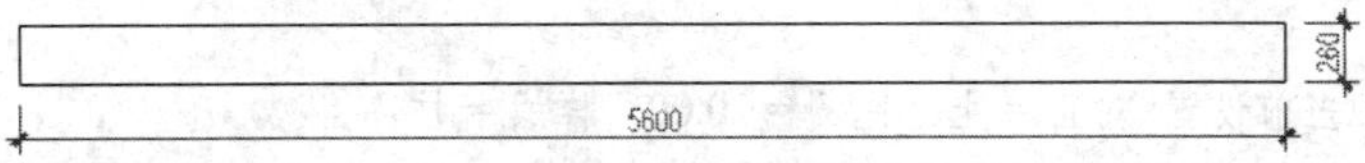

图2-155 绘制结果

7 使用命令简写“DIV”激活【定数等分】命令，对刚绘制的栏杆垂直轮廓线进行等分。命令行操作如下。

```
命令: div                                   // Enter
    DIVIDE选择要定数等分的对象:              //选择如图2-156所示的垂直轮廓线
    输入线段数目或 [块(B)]:                  //4 Enter，等分结果如图2-157所示
```

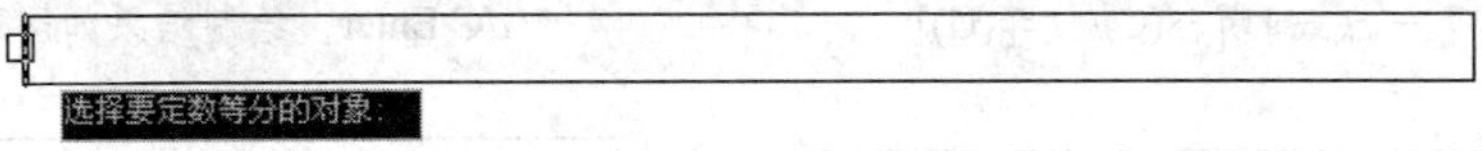

图2-156 选择等分对象

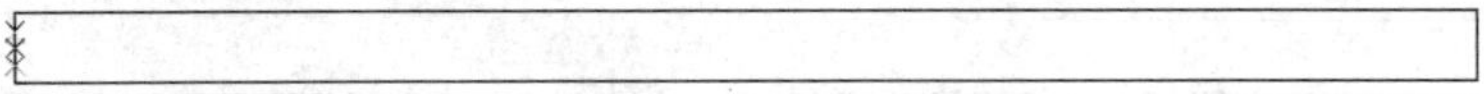

图2-157 等分结果

8 使用命令简写“PL”激活【多段线】命令，配合节点捕捉和垂直捕捉功能，绘制内部的水平轮廓线，绘制结果如图2-158所示。

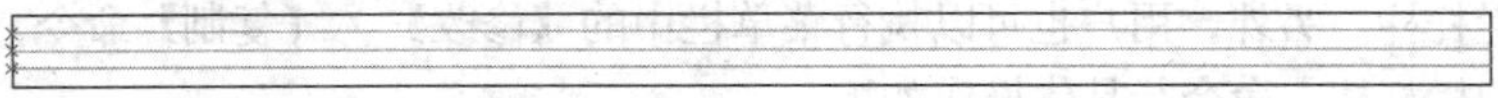

图2-158 绘制结果

9 使用命令简写“E”激活【删除】命令，将等分点删除，结果如图2-159所示。

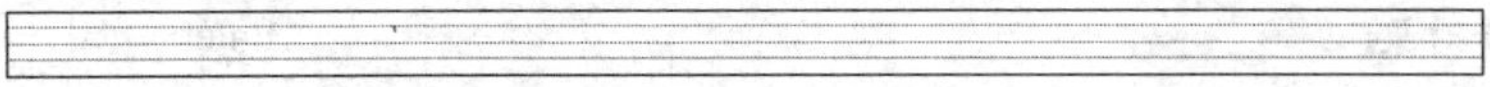

图2-159 删除点标记

10 执行菜单栏中的【格式】/【多线样式】命令，设置名为“柱”的多线样式，多线样式参数设置如图2-160所示，多线样式的预览效果如图2-161所示。

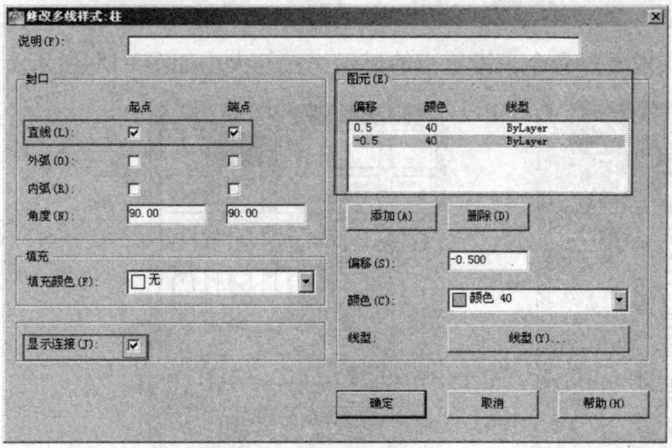

图2-160 设置参数

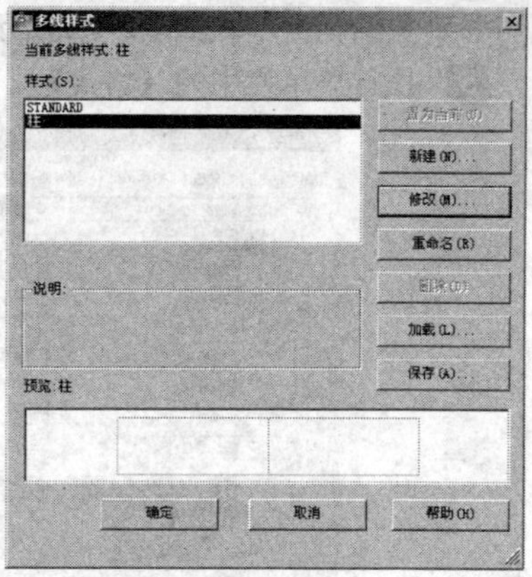

图2-161 预览效果

11 将新样式设置为当前多线样式，然后关闭【多线样式】对话框。

12 使用命令简写“ML”激活【多线】命令，配合坐标输入功能绘制栏杆柱轮廓线。命令行操作如下。

命令: ml
MLINE当前设置: 对正 = 上，比例 = 20.00，样式 = 柱
指定起点或 [对正(J)/比例(S)/样式(ST)]: //S Enter
输入多线比例 <20.00>: //10 Enter
当前设置: 对正 = 上，比例 = 10.00，样式 = 柱
指定起点或 [对正(J)/比例(S)/样式(ST)]:
//向下引出如图2-162所示的对象追踪虚线，然后输入50 Enter
指定下一点: //@0,100 Enter
指定下一点或 [放弃(U)]: //@100,0 Enter
指定下一点或 [闭合(C)/放弃(U)]: //@0,-100 Enter
指定下一点或 [闭合(C)/放弃(U)]: //C Enter，绘制结果如图2-163所示

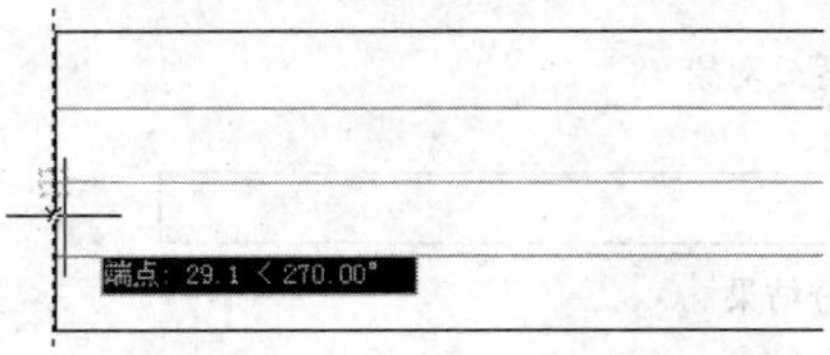

图2-162 引出对象追踪虚线

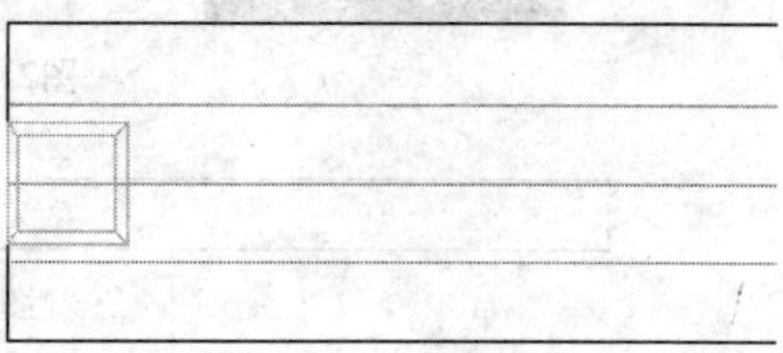

图2-163 绘制结果

13 重复执行【多线】命令，设置多线样式与比例不变，配合捕捉或追踪功能分别绘制其他位置的栏杆柱。另外，用户也可以执行菜单栏中的【修改】/【复制】命令，快速创建其他位置的栏杆柱。命令行具体操作如下。

命令: _copy
选择对象: //选择刚绘制栏杆柱
选择对象: // Enter
当前设置: 复制模式 = 多个

```
指定基点或 [位移(D)/模式(O)] <位移>:                      //拾取任一点
指定第二个点或 [阵列(A)] <使用第一个点作为位移>:            //@1600,0 Enter
指定第二个点或 [阵列(A)/退出(E)/放弃(U)] <退出>:            //@2750,0 Enter
指定第二个点或 [阵列(A)/退出(E)/放弃(U)] <退出>:            //@3900,0 Enter
指定第二个点或 [阵列(A)/退出(E)/放弃(U)] <退出>:            //@5500,0 Enter
指定第二个点或 [阵列(A)/退出(E)/放弃(U)] <退出>:        // Enter，复制结果如图2-164所示
```

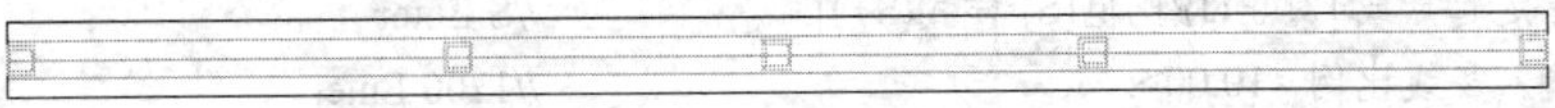

图2-164 绘制其他栏杆柱

TIP 有关【复制】命令的具体使用方法请参见第4章。

14 使用命令简写“TR”激活【修剪】命令，以栏杆柱外轮廓线作为边界，对内部的栏杆轮廓线进行修剪，结果如图2-165所示。

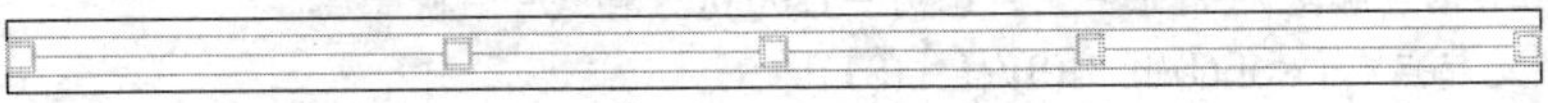

图2-165 修剪结果

15 参照上述操作，综合使用【直线】、【多线】、【定数等分】、【修剪】等多种命令，绘制上侧的栏杆及栏杆柱，绘制结果如图2-166所示。

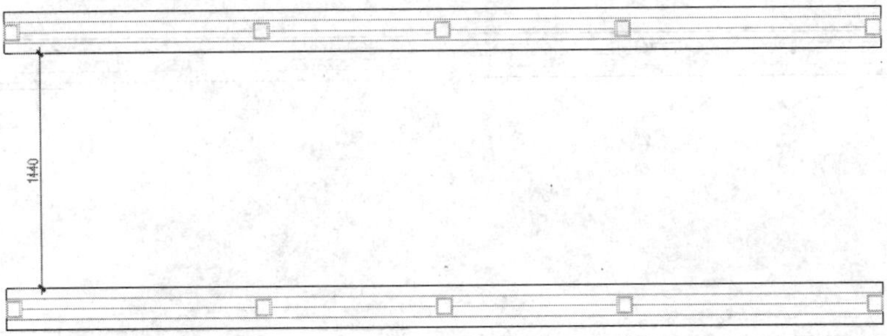

图2-166 绘制结果

16 执行菜单栏中的【格式】/【多线样式】命令，设置名为“台阶”的多线样式，多线样式的参数设置如图2-167所示，样式的预览效果如图2-168所示。

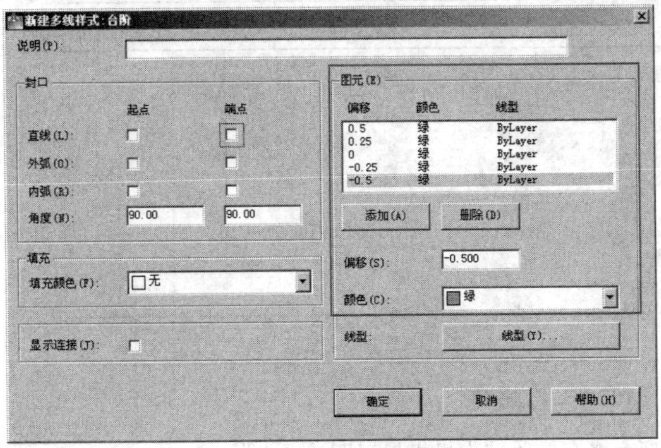

图2-167 设置参数

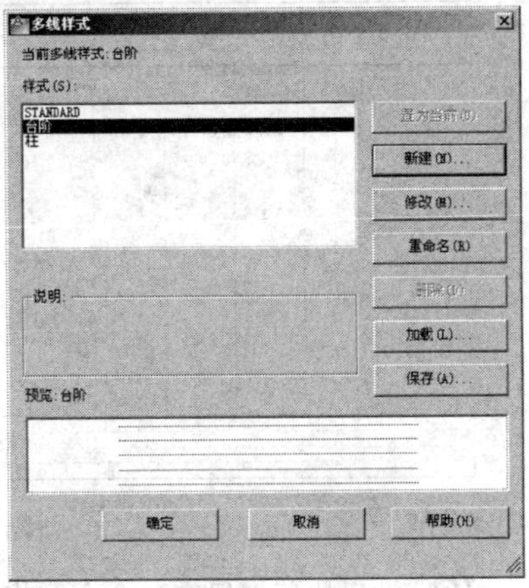

图2-168 预览效果

17 将新样式设置为当前多线样式，然后关闭【多线样式】对话框。

18 使用命令简写“ML”激活【多线】命令，配合坐标输入功能绘制台阶轮廓线。命令行操作如下。

```
命令: ml
    命令: ML
    MLINE当前设置: 对正 = 上，比例 = 10.00，样式 = 台阶
    指定起点或 [对正(J)/比例(S)/样式(ST)]:                //S Enter
    输入多线比例 <10.00>:                                //1200 Enter
    当前设置: 对正 = 上，比例 = 1200.00，样式 = 台阶
    指定起点或 [对正(J)/比例(S)/样式(ST)]:
                    //向右引出如图2-169所示的对象追踪虚线，然后输入410 Enter
    指定下一点:                                          //@0,1440 Enter
    指定下一点或 [放弃(U)]:                              // Enter
    命令:
    MLINE当前设置: 对正 = 上，比例 = 1200.00，样式 = 台阶
    指定起点或 [对正(J)/比例(S)/样式(ST)]:
                    //向左引出如图2-170所示的对象追踪虚线，然后输入410 Enter
    指定下一点:                                          //@0,-1440 Enter
    指定下一点或 [放弃(U)]:                              // Enter，绘制结果如图2-171所示
```

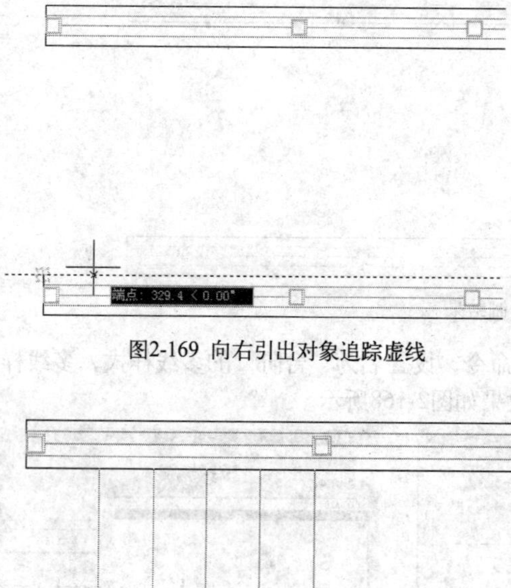

图2-169 向右引出对象追踪虚线

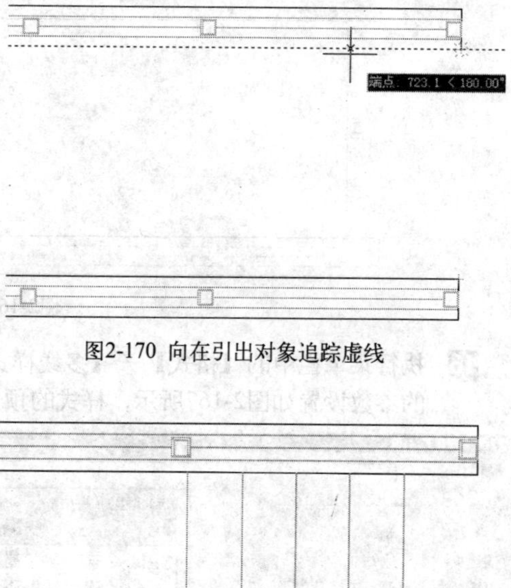

图2-170 向在引出对象追踪虚线

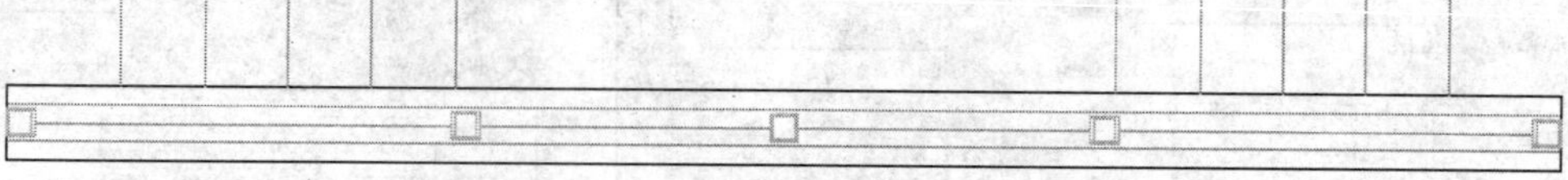

图2-171 绘制结果

19 最后执行【保存】命令，将图形命名存储为“上机指导（四）.dwg”。

2.13 上机指导（五）——绘制拱形桥立面图

本例通过绘制某拱形桥立面图，主要对所学知识进行综合练习和巩固应用。拱形桥立面图的最终绘制效果，如图2-172所示。

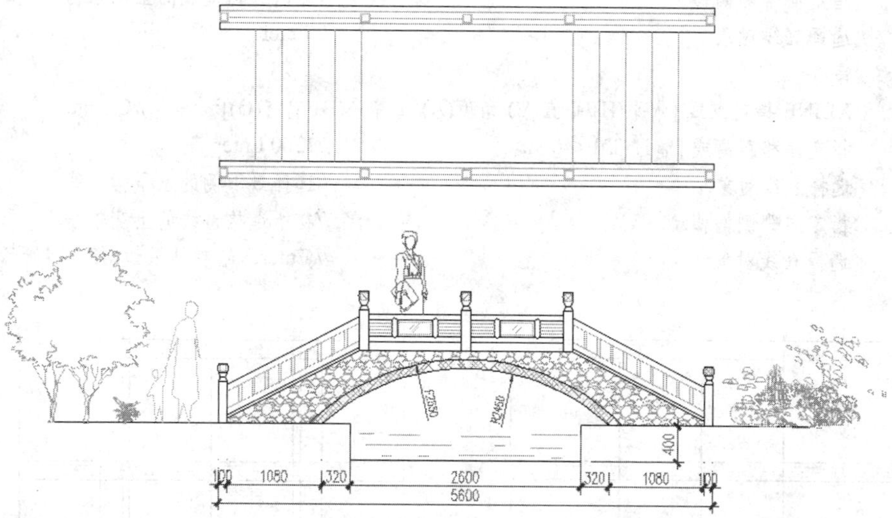

图2-172 实例效果

操作步骤

1. 执行【打开】命令，打形随书光盘中的“实例效果文件／第2章／上机指导（四）.dwg”。
2. 使用命令简写“XL”激活【构造线】命令，配合端点捕捉和中点捕捉功能，根据视图间的对正关系，绘制如图2-173所示的构造线，作为立面图定位辅助线。
3. 重复执行【构造线】命令，使用命令中的【偏移】选项，继续绘制立面图的定位辅助线。命令行操作如下。

```
命令: XL                                                            // Enter
    XLINE 指定点或 [水平(H)/垂直(V)/角度(A)/二等分(B)/偏移(O)]:      //O Enter
    指定偏移距离或 [通过(T)] <10.0>:                                 //1180 Enter
    选择直线对象:                                                   //选择最左侧的垂直构造线
    指定向哪侧偏移:                                                 //在所选构造线的右侧单击
    选择直线对象:                                                   //选择最右侧的垂直构造线
    指定向哪侧偏移:                                                 //在所选构造线的左侧单击
    选择直线对象:                                                   // Enter
    命令:                                                           // Enter
    XLINE 指定点或 [水平(H)/垂直(V)/角度(A)/二等分(B)/偏移(O)]:      //O Enter
    指定偏移距离或 [通过(T)] <1180.0>:                               //1500 Enter
    选择直线对象:                                                   //选择最左侧的垂直构造线
    指定向哪侧偏移:                                                 //在所选构造线的右侧单击
    选择直线对象:                                                   //选择最右侧的垂直构造线
```

```
指定向哪侧偏移:                                   //在所选构造线的左侧单击
选择直线对象:                                     // Enter
命令:                                             // Enter
XLINE 指定点或 [水平(H)/垂直(V)/角度(A)/二等分(B)/偏移(O)]:   //O Enter
指定偏移距离或 [通过(T)] <1500.0>:                //400 Enter
选择直线对象:                                     //选择最下侧的水平构造线
指定向哪侧偏移:                                   //在所选构造线的上侧单击
选择直线对象:                                     // Enter
命令:
XLINE 指定点或 [水平(H)/垂直(V)/角度(A)/二等分(B)/偏移(O)]:   //O Enter
指定偏移距离或 [通过(T)] <400.0>:                 //1200 Enter
选择直线对象:                                     //选择最下侧的水平构造线
指定向哪侧偏移:                                   //在所选构造线的上侧单击
选择直线对象:                                     // Enter，绘制结果如图2-174所示
```

图2-173 绘制结果

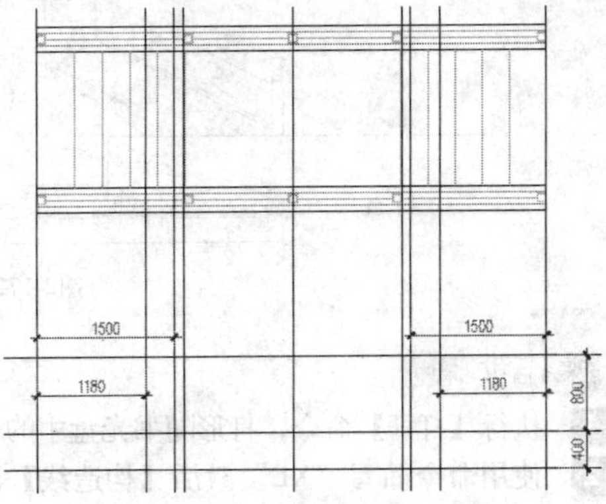

图2-174 绘制结果

4 使用命令简写“XL”再次激活【构造线】命令，配合交点捕捉功能绘制如图2-175所示的倾斜构造线。

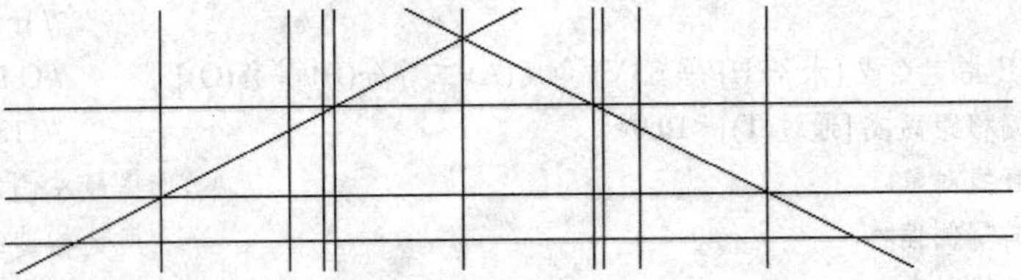

图2-175 绘制倾斜构造线

5 使用命令简写“TR”激活【修剪】命令，对构造线进行修剪，编辑出桥身轮廓结构，并删除多余图线，结果如图2-176所示。

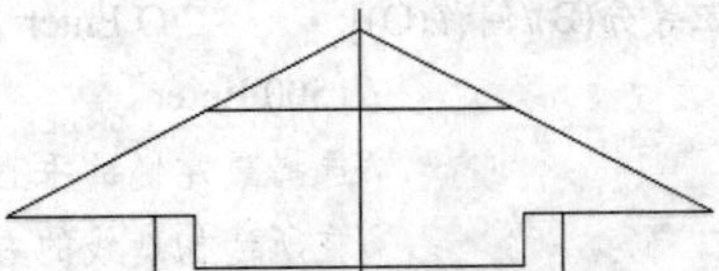

图2-176 编辑结果

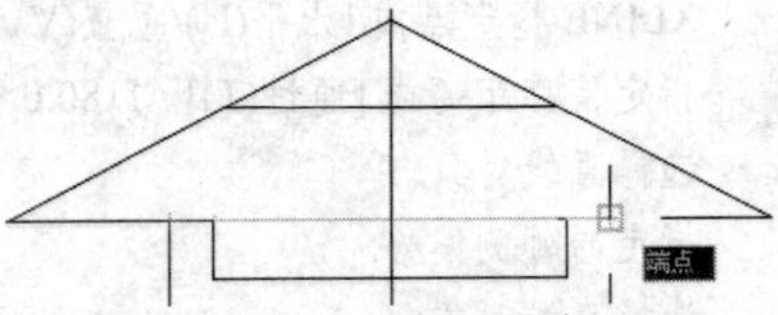

图2-177 捕捉端点

6 执行【多段线】命令中的“画弧”功能，或者执行菜单栏中的【绘图】/【圆弧】/【起点、端点、半径】命令，绘制半径为2450的弧形轮廓线。命令行操作如下。

```
命令: _arc
    指定圆弧的起点或 [圆心(C)]:                                  //捕捉如图2-177所示的端点
    指定圆弧的第二个点或 [圆心(C)/端点(E)]: _e
    指定圆弧的端点:                                              //捕捉如图2-178所示的端点
    指定圆弧的圆心或 [角度(A)/方向(D)/半径(R)]: _r 指定圆弧的半径:    //引导光标至绘图区
出现如图2-179所示的虚拟圆弧时，再输入2450，绘制结果如图2-180所示
```

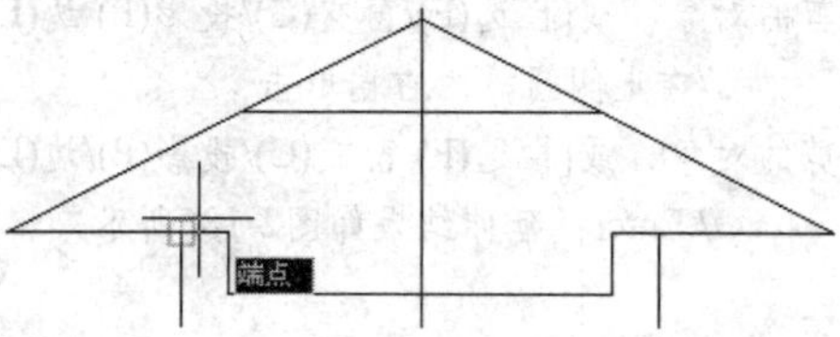

图2-178 捕捉端点

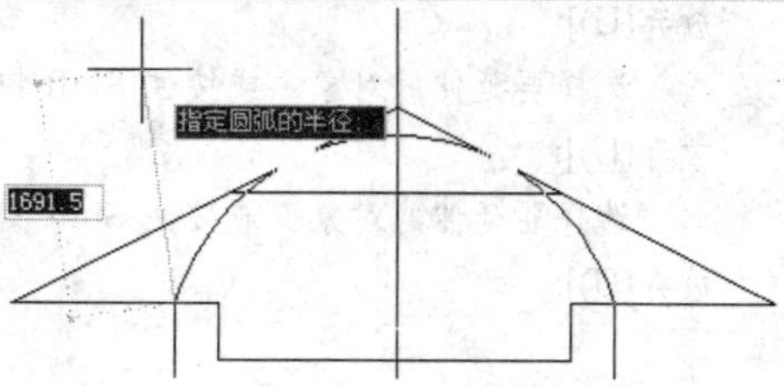

图2-179 引出虚拟弧

7 使用命令简写“E”激活【删除】命令，删除不需要定位辅助线，结果如图2-181所示。

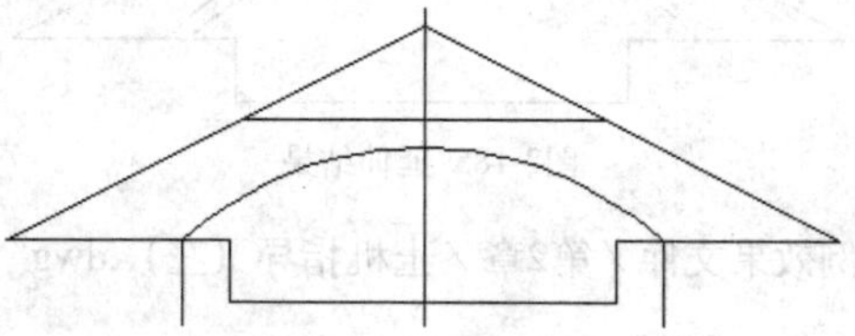

图2-180 绘制圆弧

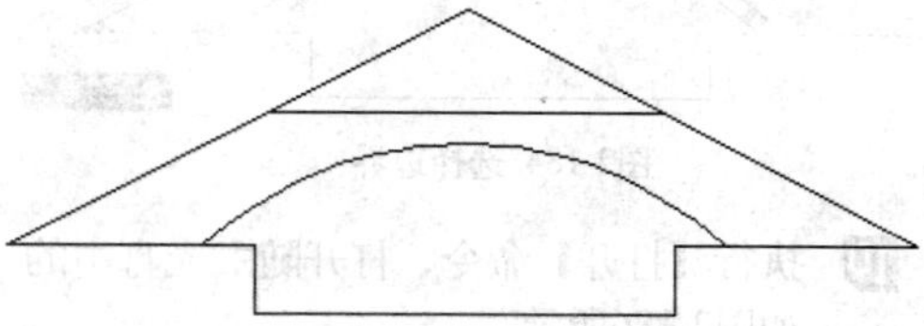

图2-181 删除结果

8 使用命令简写“O”激活【偏移】命令，将刚绘制的圆弧向上偏移100个单位，命令行操作如下。

```
命令: o                                                        // Enter
    OFFSET当前设置: 删除源=否  图层=源  OFFSETGAPTYPE=0
    指定偏移距离或 [通过(T)/删除(E)/图层(L)] <1200.0>:              //100 Enter
    选择要偏移的对象，或 [退出(E)/放弃(U)] <退出>:                    //选择刚绘制的圆弧
    指定要偏移的那一侧上的点，或 [退出(E)/多个(M)/放弃(U)] <退出>:
                                                                 //在所选圆弧的上侧拾取点
    选择要偏移的对象，或 [退出(E)/放弃(U)] <退出>:            //Enter，偏移结果如图2-182所示
```

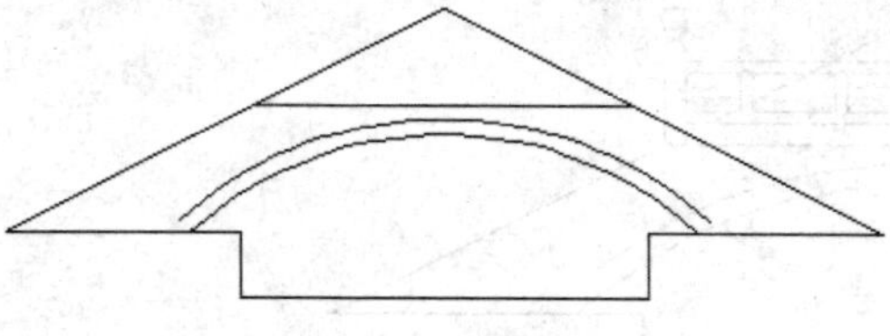

图2-182 偏移结果

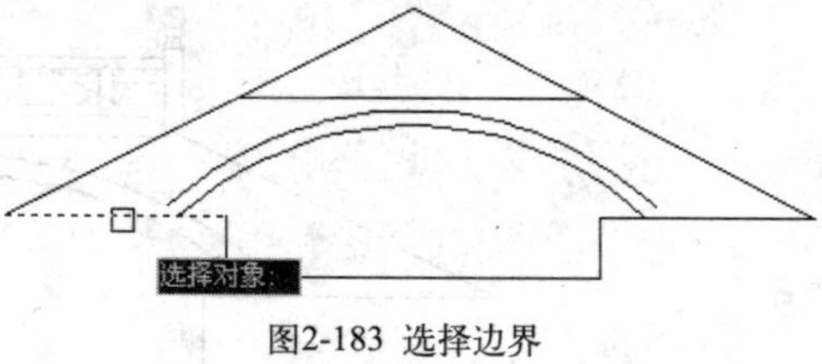

图2-183 选择边界

TIP 有关【偏移】命令的使用方法，请参见第4章。另外，在此也可以使用【多段线】命令中的画弧功能。

9 使用命令简写“EX”激活【延伸】命令，对偏移出的圆弧进行延伸。命令行操作如下。

```
命令: ex                                                    // Enter
    EXTEND当前设置:投影=UCS，边=延伸
    选择边界的边...
    选择对象或 <全部选择>:                                  //选择如图2-183所示的水平轮廓线
    选择对象:                                              //选择如图2-184所示的水平轮廓线
    选择对象:                                              // Enter
    选择要延伸的对象，或按住 Shift 键选择要修剪的对象，或[栏选(F)/窗交(C)/投影(P)/边(E)/
放弃(U)]:                                                  //在上侧圆弧的左端单击
    选择要延伸的对象，或按住 Shift 键选择要修剪的对象，或[栏选(F)/窗交(C)/投影(P)/边(E)/
放弃(U)]:                                                  //在上侧圆弧的右端单击
    选择要延伸的对象，或按住 Shift 键选择要修剪的对象，或[栏选(F)/窗交(C)/投影(P)/边(E)/
放弃(U)]:                                                  // Enter，延伸结果如图2-185所示
```

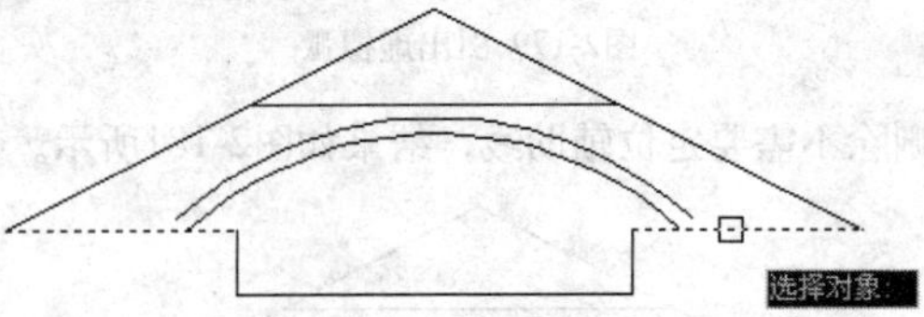

图2-184 选择边界

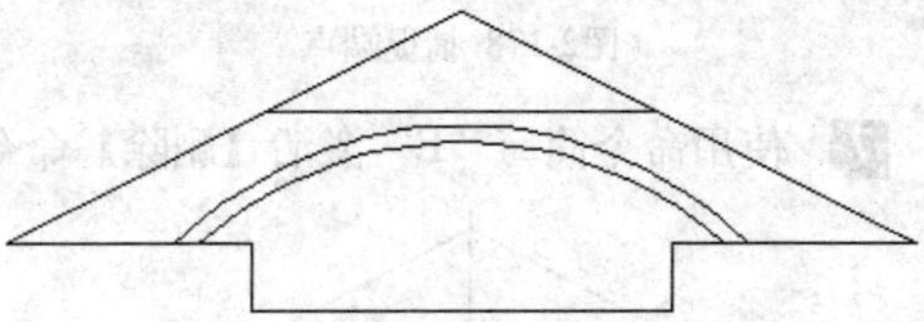

图2-185 延伸结果

10 执行【打开】命令，打开随书光盘中的“实例效果文件／第2章／上机指导（三）.dwg”，如图2-186所示。

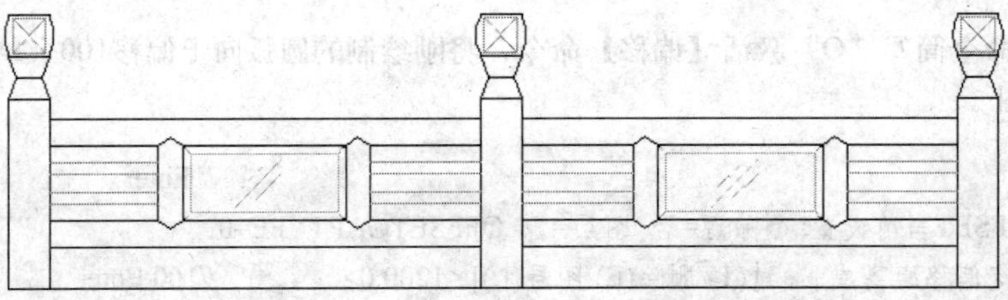

图2-186 打开结果

11 执行菜单栏中的【窗口】／【垂直平铺】命令，将两个文件垂直平铺，然后使用文档间的数据共享功能，选择图2-186所示的石栏杆拖曳至拱形桥文件内，将石栏杆共享到拱形桥文件内，并调整其位置，结果如图2-187所示。

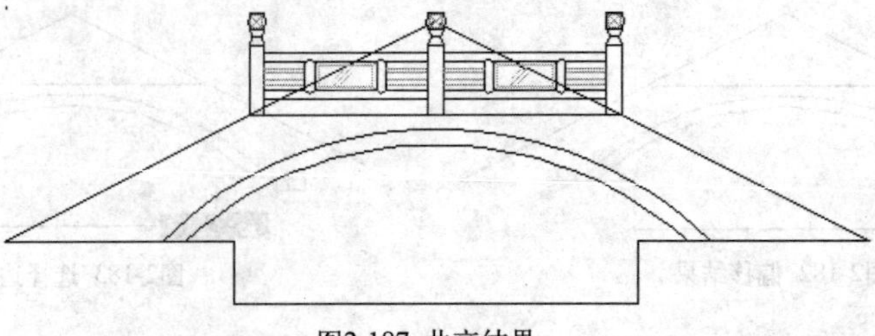

图2-187 共享结果

12 接下来参照本章“上机指导（三）.dwg”有关“栏杆柱”的绘制过程，在立面图两侧绘制两个栏杆柱，如图2-188所示。

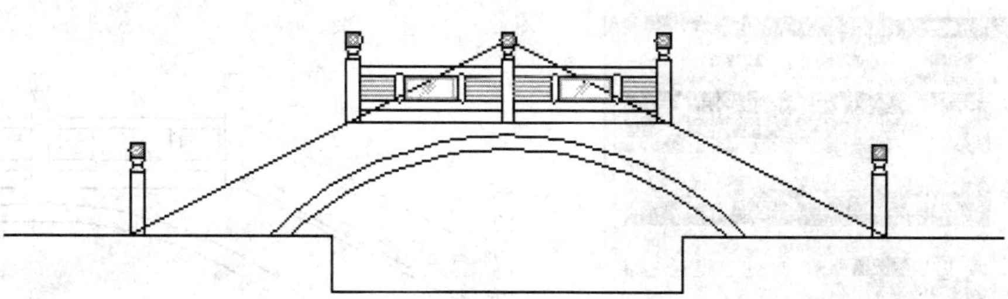

图2-188 绘制结果

13 使用命令简写“XL”激活【构造线】命令，使用命令中的【偏移】选项功能，在两侧分别绘制四条倾斜构造线，各构造线距离两侧的倾斜轮廓线35、95、270和330个单位，结果如图2-189所示。

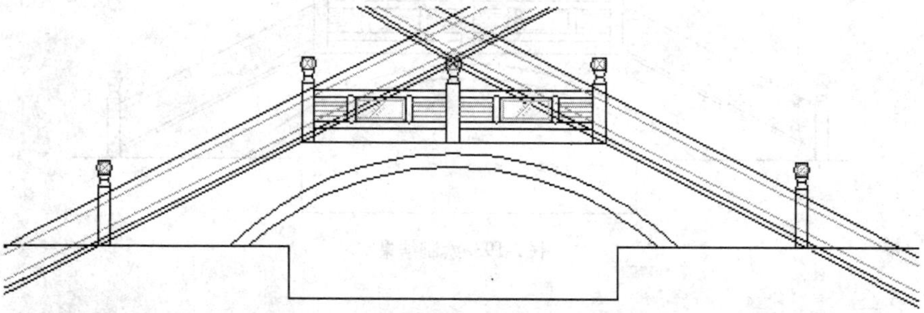

图2-189 绘制构造线

14 使用命令简写“TR”激活【修剪】命令，对倾斜轮构造线进行修剪，编辑出两侧的护栏结构，修剪结果如图2-190所示。

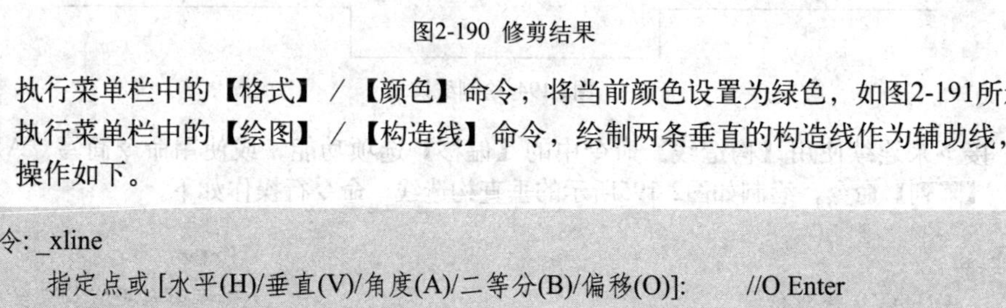

图2-190 修剪结果

15 执行菜单栏中的【格式】/【颜色】命令，将当前颜色设置为绿色，如图2-191所示。

16 执行菜单栏中的【绘图】/【构造线】命令，绘制两条垂直的构造线作为辅助线，命令行操作如下。

```
命令: _xline
    指定点或 [水平(H)/垂直(V)/角度(A)/二等分(B)/偏移(O)]:        //O Enter
    指定偏移距离或 [通过(T)] <35.0>:                              //135 Enter
    选择直线对象:                                                 //选择如图2-192所示的对象
    指定向哪侧偏移:                                               //在所选对象的右侧拾取点
    选择直线对象:                                                 // Enter，绘制结果如图2-193所示
```

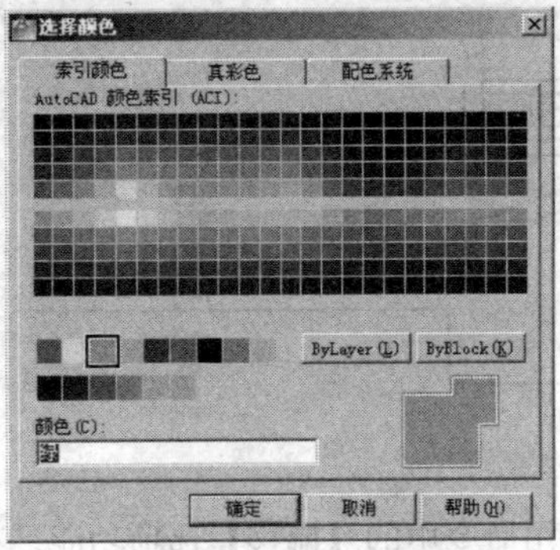

图2-191 设置当前颜色

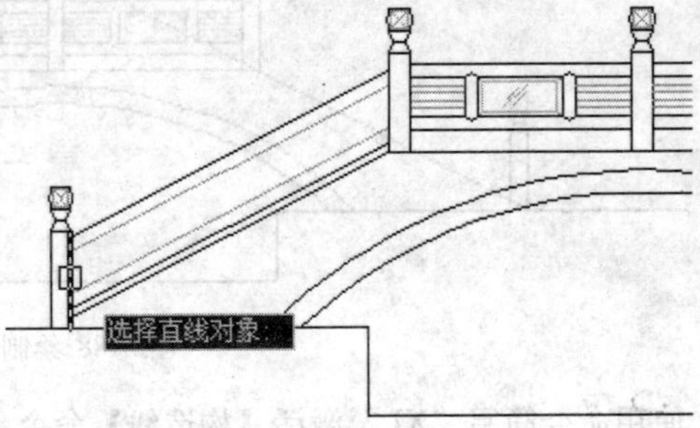

图2-192 选择对象

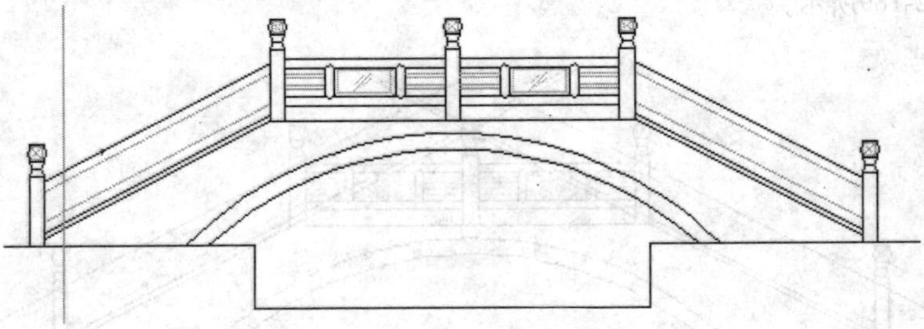

图2-193 绘制结果

命令:

XLINE 指定点或 [水平(H)/垂直(V)/角度(A)/二等分(B)/偏移(O)]: //o Enter

指定偏移距离或 [通过(T)] <135.0>: //30 Enter

选择直线对象: //选择刚绘制的垂直构造线

指定向哪侧偏移: //在所选构造线的右侧拾取点

选择直线对象: // Enter，绘制结果如图2-194所示

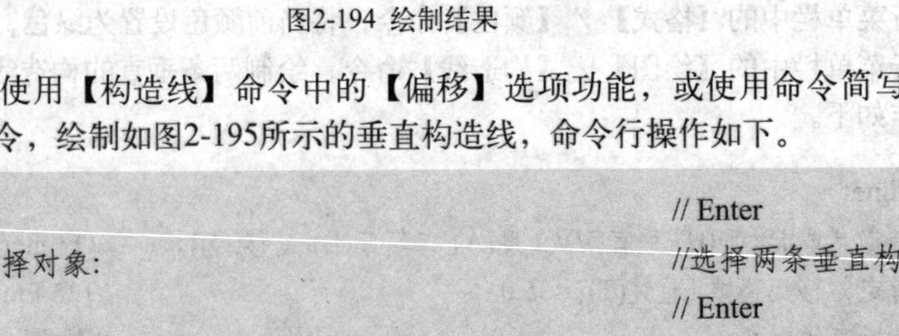

图2-194 绘制结果

17 接下来连续使用【构造线】命令中的【偏移】选项功能，或使用命令简写“AR”激活【阵列】命令，绘制如图2-195所示的垂直构造线，命令行操作如下。

命令: ar // Enter

ARRAY选择对象: //选择两条垂直构造线

选择对象: // Enter

输入阵列类型 [矩形(R)/路径(PA)/极轴(PO)] <矩形>: // R Enter

类型 = 矩形 关联 = 是

为项目数指定对角点或 [基点(B)/角度(A)/计数(C)] <计数>: //C Enter

输入行数或 [表达式(E)] <4>:　　//1 Enter
输入列数或 [表达式(E)] <4>:　　//9 Enter
指定对角点以间隔项目或 [间距(S)] <间距>:　　//S Enter
指定列之间的距离或 [表达式(E)] <1031.6399>:　　//150 Enter
按 Enter 键接受或 [关联(AS)/基点(B)/行(R)/列(C)/层(L)/退出(X)] <退出>:
// Enter，阵列结果如图2-195所示

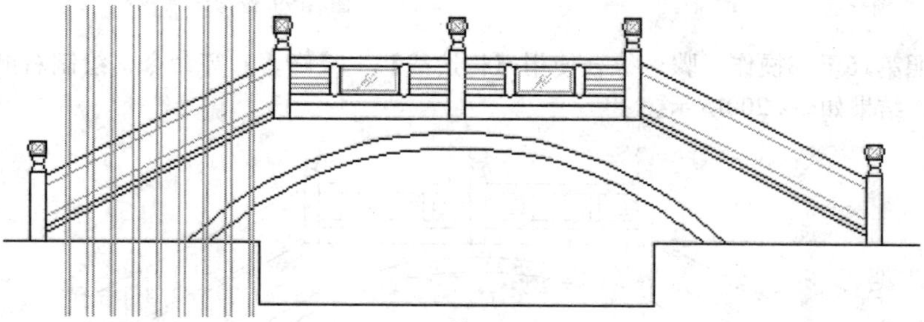

图2-195 阵列结果

TIP 有关【阵列】命令的使用方法请参见第4章。

18 执行菜单栏中的【修改】/【修剪】命令，选择如图2-196所示的两条倾斜轮廓边作为边界，对垂直构造线进行修剪，命令行操作如下。

命令: _trim
当前设置:投影=UCS，边=延伸
选择剪切边...
选择对象或 <全部选择>:　　//选择如图2-196所示的两条倾斜边作为边界
选择对象:　　// Enter
选择要修剪的对象，或按住 Shift 键选择要延伸的对象，或[栏选(F)/窗交(C)/投影(P)/边(E)/删除(R)/放弃(U)]:　　//展开如图2-197所示的窗交选择框

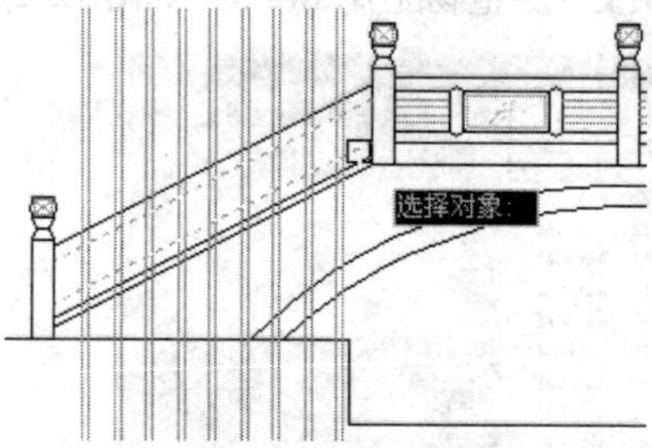

图2-196 选择边界

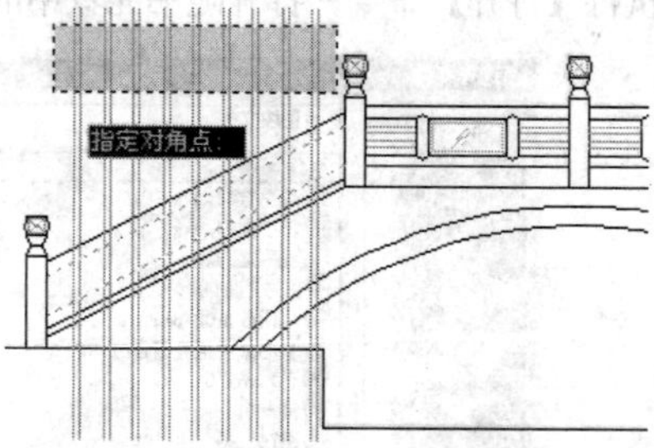

图2-197 窗交选择

选择要修剪的对象，或按住 Shift 键选择要延伸的对象，或[栏选(F)/窗交(C)/投影(P)/边(E)/删除(R)/放弃(U)]:　　//展开如图2-198所示的窗交选择框
选择要修剪的对象，或按住 Shift 键选择要延伸的对象，或[栏选(F)/窗交(C)/投影(P)/边(E)/删除(R)/放弃(U)]:　　// Enter，修剪结果如图2-199所示

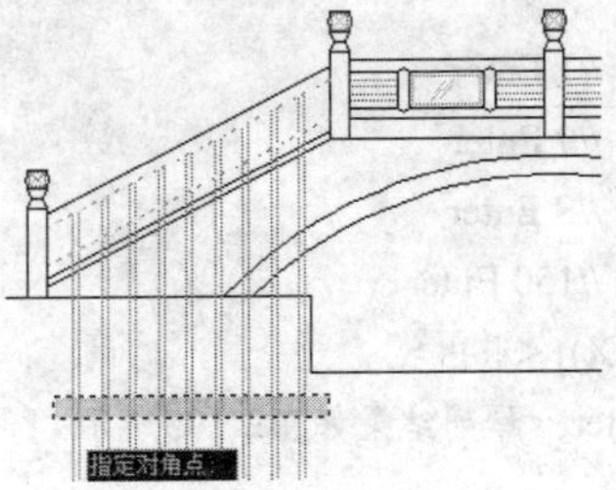

图2-198 窗交选择

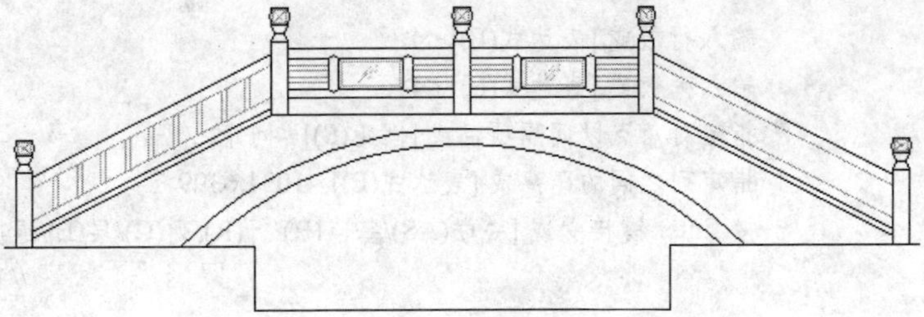

图2-199 修剪结果

19 参照第16至18操作步骤，综合使用【构造线】、【修剪】等命令，绘制右侧的护栏轮廓线，结果如图2-200所示。

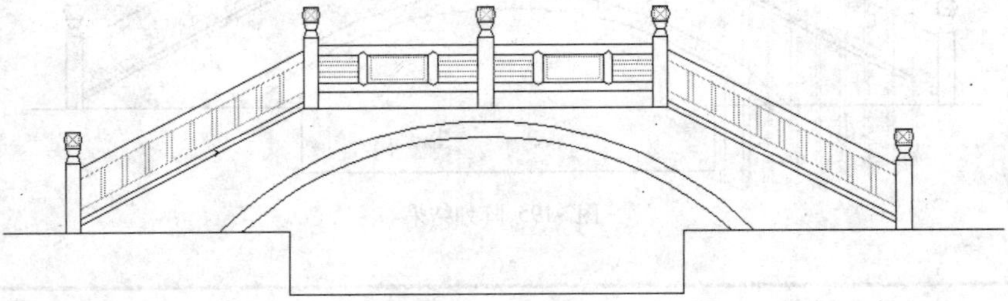

图2-200 绘制结果

20 使用命令简写“L”激活【直线】命令，配合捕捉与追踪功能绘制如图2-201所示的直线段作为河水示意线。

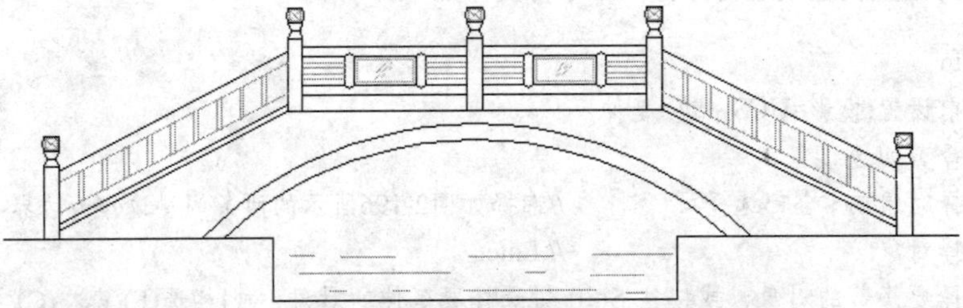

图2-201 绘制示意线

21 执行【打开】命令，打开随书光盘中的“图块文件／植物配景.dwg”，如图2-202所示。

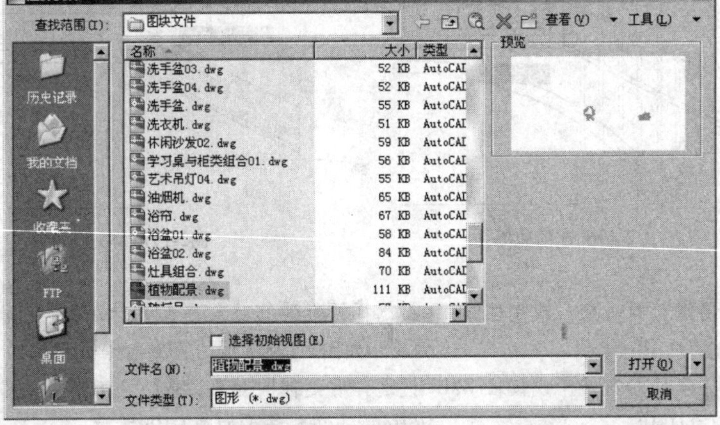

图2-202 选择打开文件

22 执行菜单栏中的【窗品】／【垂直平铺】命令，将当前两个文件进行垂直平铺，如图2-203所示。

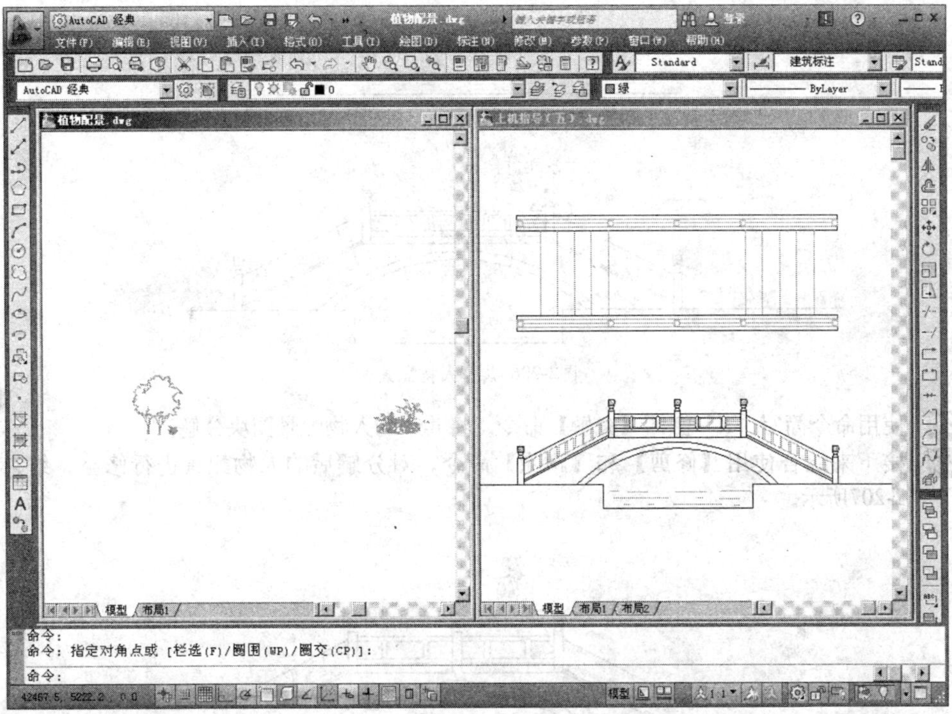

图2-203 垂直平铺

23 选择左侧文件中“植物配景”，按住右键不放，以拖曳的形式拖至右侧的文件中，然后松开右键，选择右键菜单中的【复制到此处】选项，如图2-204所示，将此文件共享到当前文件内。

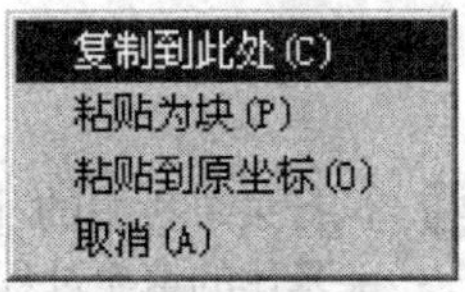

图2-204 右键菜单

24 使用命令简写“M”激活【移动】命令，适当调整植物配景的位置，结果如图2-205所示。

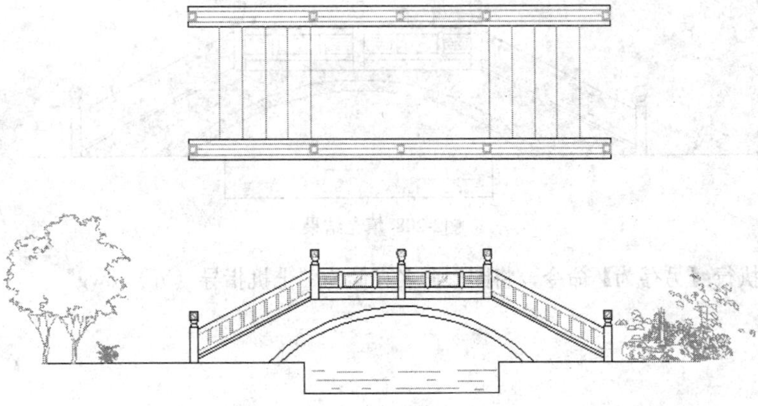

图2-205 调整位置

25 参照操作步骤第21～24，以块的形式分别共享随书光盘中的“图块文件／”目录下的“人物04.dwg”和“人物05.dwg”，并调整其位置，结果如图2-206所示。

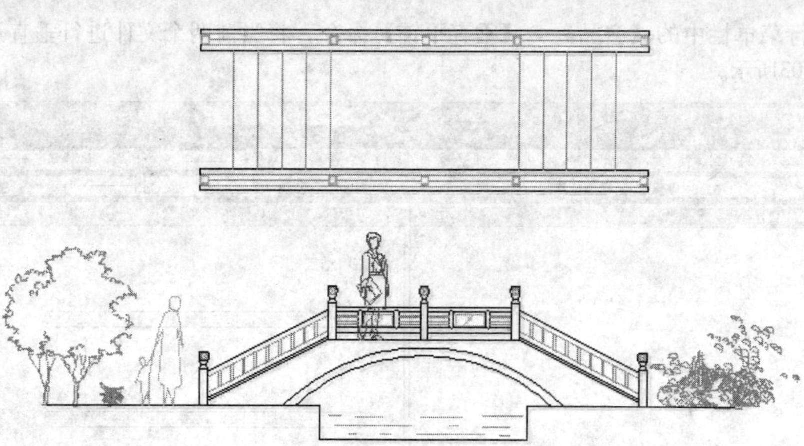

图2-206 共享人物配景

26 使用命令简写“X”激活【分解】命令。将共享的人物配景图块分解。

27 接下来综合使用【修剪】和【删除】命令，对分解后的人物配景进行修整，结果如图2-207所示。

图2-207 修整结果

28 执行菜单栏中的【绘图】/【图案填充】命令，为立面图填充如图2-208所示的图案，有关具体的填充过程，请参见第4章中的4.3节内容。

图2-208 填充结果

29 最后执行【另存为】命令，将图形命名存储为“上机指导（五）.dwg”。

第3章

绘制常见几何图形——多边形、圆与圆弧

除点线图元之外，常用的几何图元还有正多边形、圆、圆弧、椭圆、矩形等，本章则主要学习这些几何图元的基本绘制方法和常规编辑技巧，以方便日后组合较为复杂的图形。本章学习内容如下：

- ✓ 绘制正多边形
- ✓ 绘制圆
- ✓ 上机指导（一）——绘制液压板钳平面图
- ✓ 绘制圆弧
- ✓ 绘制椭圆
- ✓ 上机指导（二）——绘制拔叉零件平面图
- ✓ 绘制矩形
- ✓ 上机指导（三）——绘制箱体底垫平面图
- ✓ 闭合图元的常规编辑
- ✓ 上机指导（四）——绘制沙发与茶几平面图

3.1 绘制正多边形

正多边形是由多条直线元素首尾相连组合而成的一种复合图元，如图3-1所示，这种复合图元被看作是一条闭合的多段线，属于一个独立的对象。

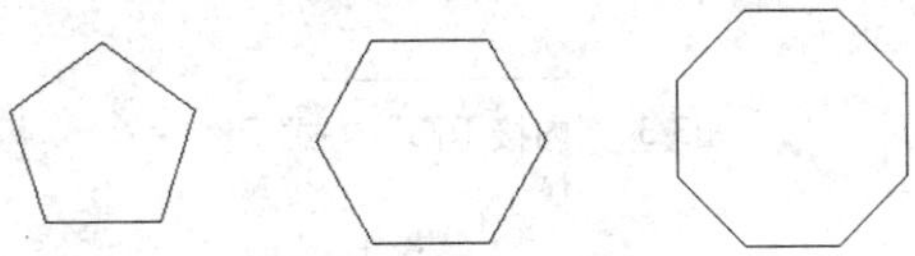

图3-1 正多边形

- **【正多边形】命令的执行方式**

执行此命令主要有以下几种方式

- ◆ 执行菜单栏中的【绘图】/【正多边形】命令。
- ◆ 单击【绘图】工具栏或面板中的按钮。
- ◆ 在命令行输入Polygon后按Enter键。
- ◆ 使用命令简写POL。

3.1.1 “边”方式

“边”方式是通过输入多边形一条边的边长，来精确绘制正多边形。在具体定位边长时，需要分别定位出边的两个端点。其命令行操作如下：

```
命令: _polygon
    输入边的数目 <4>:                    //6 Enter，设置边数
    指定正多边形的中心点或 [边(E)]:        //e Enter，激活【边】选项
    指定边的第一个端点:                   //拾取一点作为边的一个端点
    指定边的第二个端点:                   //@150,0 Enter，定位第二个端点，结果如图3-2所示
```

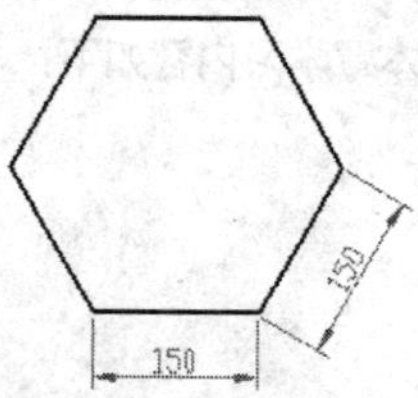

图3-2 “边”方式示例

TIP 使用按“边”方式绘制正多边形，在指定边的两个端点A、B时，系统按从A至B顺序以逆时针方向绘制正多边形。

3.1.2 内接于圆方式

“内接于圆”方式是系统默认方式，当确定边数和中心点之后，直接输入正多边形外接圆的半径，即可精确绘制正多边形，其命令行操作如下：

```
命令: _polygon
    输入边的数目 <4>:                             //5 Enter，设置边数
    指定正多边形的中心点或 [边(E)]:                 //在绘图区拾取一点作为中心点
    输入选项 [内接于圆(I)/外切于圆(C)] <I>:          //I Enter，激活【内接于圆】选项
    指定圆的半径:                                 //120 Enter，输入外接圆半径，结果如图3-3所示
```

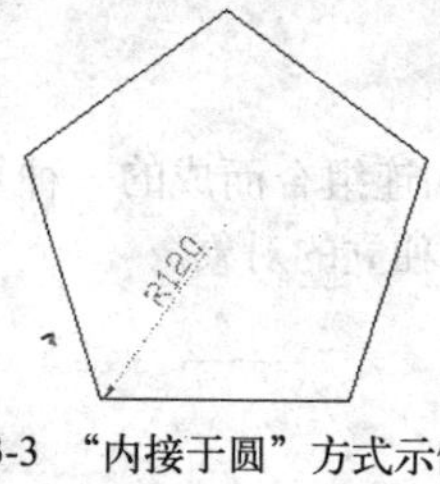

图3-3 “内接于圆”方式示例

3.1.3 外切于圆方式

“外切于圆”方式也是一种常用方式，当确定了正多边形的边数和中心点之后，使用此种方式输入正多边形外切圆的半径，就可精确绘制出正多边形，其命令行操作如下：

```
命令: _polygon
    输入边的数目 <4>:                       //5 Enter
    指定正多边形的中心点或 [边(E)]:           //在绘图区拾取一点
```

输入选项 [内接于圆(I)/外切于圆(C)] <C>: //C Enter，激活【内切于圆】选项
指定圆的半径: //120 Enter，输入外切圆的半径，结果如图3-4所示

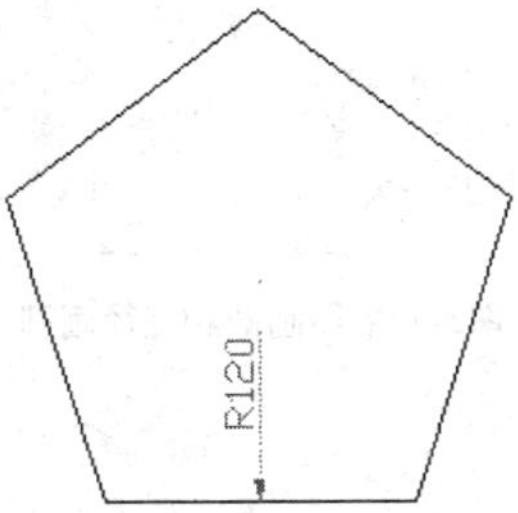

图3-4 “外切于圆”方式

3.2 绘制圆

AutoCAD共为用户提供了6种画圆方式，如图3-5所示。

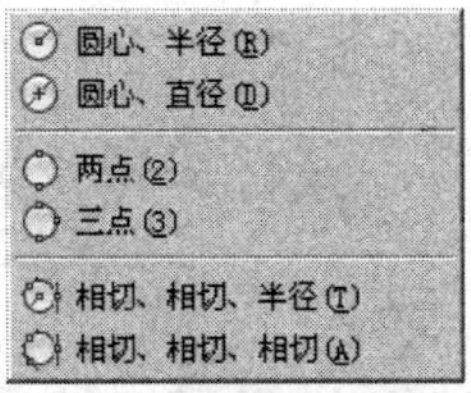

图3-5 圆弧子菜单

- **【圆】命令的执行方式：**
  - 执行菜单栏中的【绘图】/【圆】级联菜单中的各种命令，如图3-5所示。
  - 单击【绘图】工具栏或面板中的按钮。
  - 在命令行输入Circle后按Enter键。
  - 使用命令简写C。

3.2.1 半径和直径画圆

“半径画圆”和“直径画圆”是两种较为常用的画圆方式，默认方式为“半径画圆”。当定位出圆心之后，只需输入圆的半径或直径，即可精确画圆。其命令行操作如下：

命令: _circle
指定圆的圆心或 [三点(3P)/两点(2P)/切点、切点、半径(T)]:
//在绘图区拾取一点作为圆的圆心
指定圆的半径或 [直径(D)]: //112 Enter，输入半径
命令: _circle
指定圆的圆心或 [三点(3P)/两点(2P)/切点、切点、半径(T)]:
//激活【捕捉自】功能
_from 基点: //捕捉刚绘制的圆心
<偏移>: //@268,80 Enter
指定圆的半径或 [直径(D)]: //D Enter
指定圆的直径: //278 Enter，输入直径，绘制结果如图3-6所示

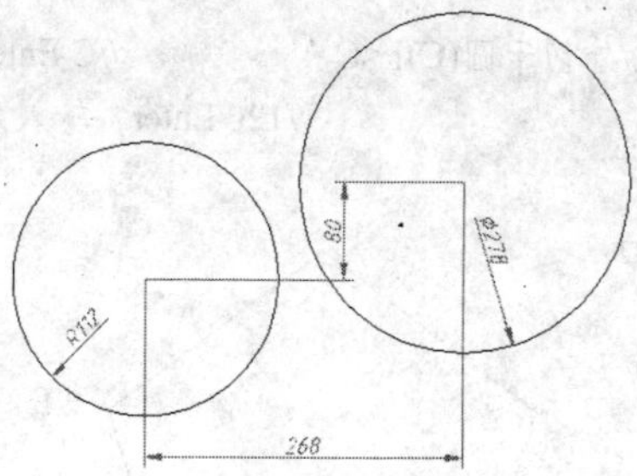

图3-6 半径画圆和直径画圆

3.2.2 两点和三点画圆

“两点画圆”和“三点画圆”两种方式需要分别定位出圆周上的两个点或三个点，其中“两点画圆”需要指定圆直径的两个端点，其命令行操作如下：

```
命令: _circle
    指定圆的圆心或 [三点(3P)/两点(2P)/切点、切点、半径(T)]: _2p 指定圆直径的第一个端点:
                                        //指定圆直径的一个端点A
    指定圆直径的第二个端点:              //指定圆直径的另一个端点B，绘制结果如图3-7所示
```

而“三点画圆”则需要指定圆周上的三个点，此种画圆方式的命令行操作过程如下：

```
命令: _circle
    指定圆的圆心或 [三点(3P)/两点(2P)/切点、切点、半径(T)]: _3p 指定圆上的第一个点:
                                        //指定圆上的第一个点1
    指定圆上的第二个点:                  //指定圆上的第二个点2
    指定圆上的第三个点:                  //指定圆上的第三个点3，绘制结果如图3-8所示
```

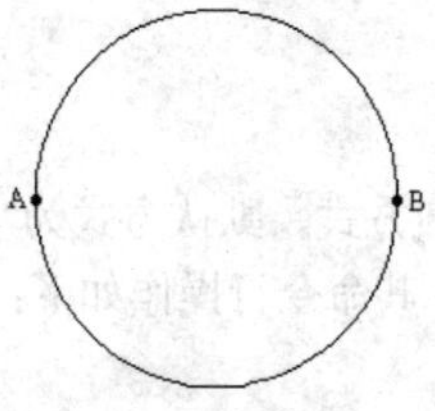

图3-7 定点画圆

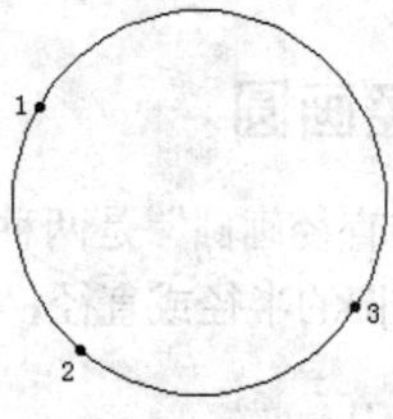

图3-8 三点画圆

3.2.3 绘制与两对象相切的圆

使用【相切、相切、半径】命令可以绘制与已知两个对象都相切的相切圆，此种相切圆需要事先拾取两个相切对象，然后再输入相切圆的半径，即可绘制相切圆。命令行操作过程如下：

```
命令: _circle
    指定圆的圆心或 [三点(3P)/两点(2P)/切点、切点、半径(T)]: _ttr
    指定对象与圆的第一个切点:            //在如图3-9所示的位置拾取第一个切点
    指定对象与圆的第二个切点:            //在如图3-10所示的位置拾取第二个切点
    指定圆的半径 <139.0>:                //475 Enter，绘制结果如图3-11所示
```

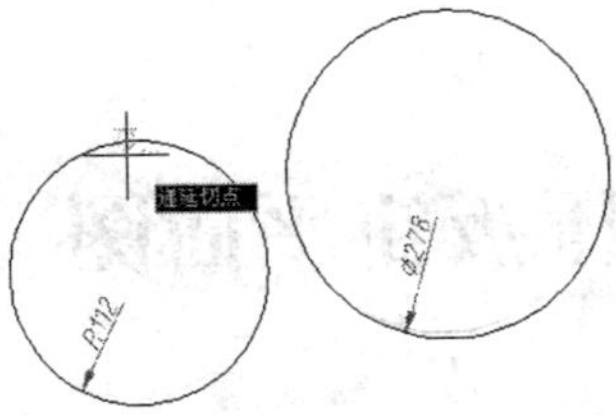

图3-9 拾取第一个切点

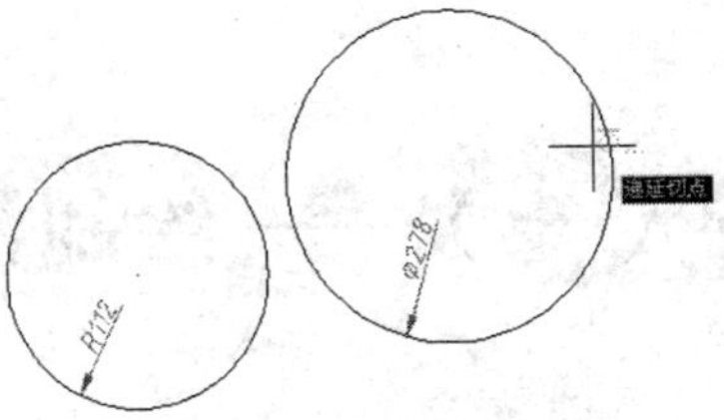

图3-10 拾取第二个切点

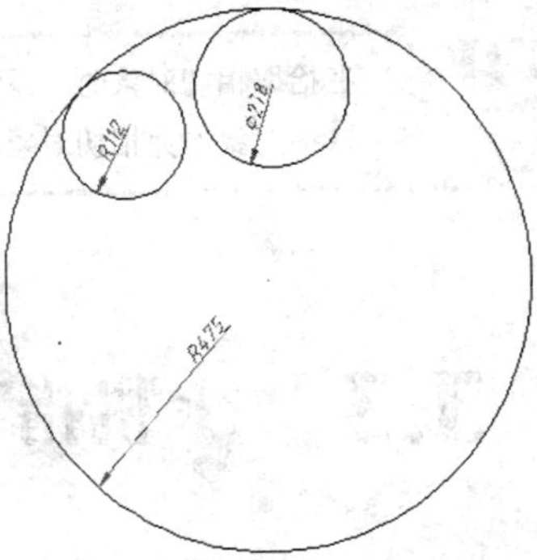

图3-11 “相切、相切、半径”画圆

3.2.4 绘制与三对象相切的圆

使用【相切、相切、相切】命令可以绘制与已知三个对象都相切的圆，在绘制此种相切圆时，只需分别拾取三个相切对象即可。命令行操作过程如下：

```
命令: _circle
    指定圆的圆心或 [三点(3P)/两点(2P)/切点、切点、半径(T)]: _3p 指定圆上的第一个点: _tan 到
                                              //在如图3-12所示的位置拾取第一个切点
    指定圆上的第二个点: _tan 到               //在如图3-13所示的位置拾取第二个切点
    指定圆上的第三个点: _tan 到
                          //在如图3-14所示的位置拾取第三个切点，绘制结果如图3-15所示
```

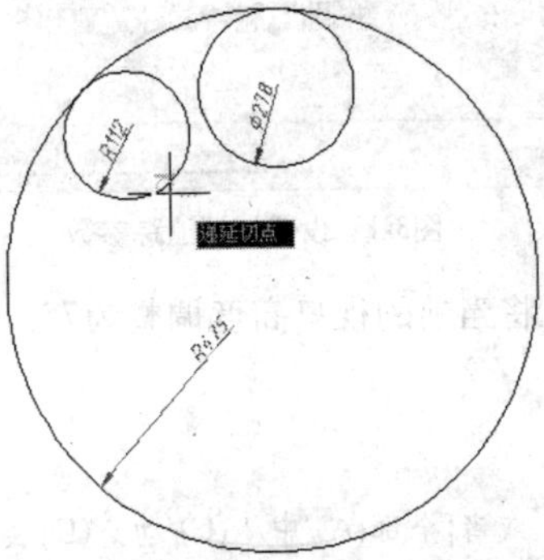

图3-12 拾取第一个切点

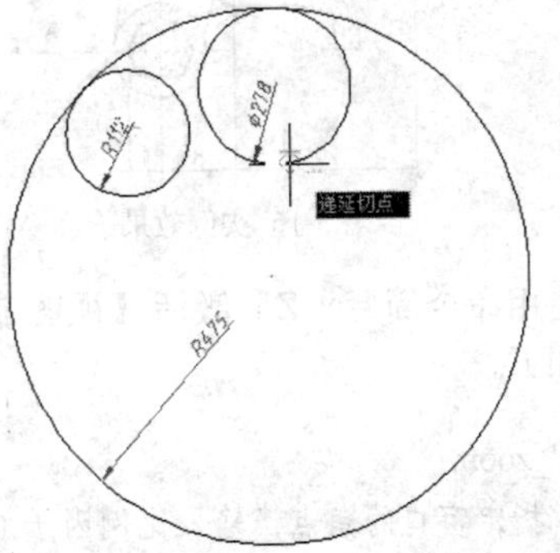

图3-13 拾取第二个切点

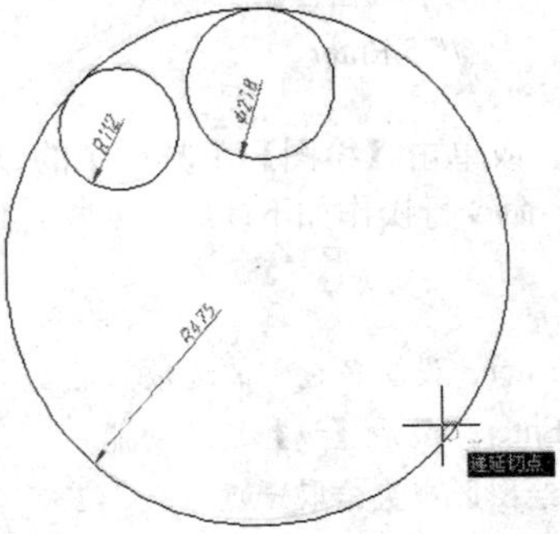

图3-14 拾取第三个切点

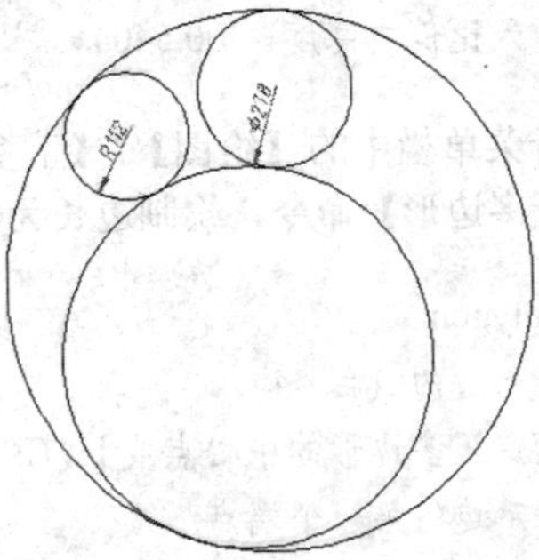

图3-15 绘制相切圆

TIP
在拾取相切对象时，系统会自动在距离光标最近的对象上显示出一个相切符号，此时单击即可拾取该对象作为相切对象。另外光标拾取的位置不同，所绘制的相切圆位置也不同。

3.3 上机指导（一）——绘制液压扳钳平面图

本例通过绘制液压扳钳零件的平面图，对所学知识进行综合练习和巩固应用。液压扳钳零件平面图的最终绘制效果，如图3-16所示。

操作步骤

1. 执行【新建】命令，快速创建一个公制单位的空白文件。
2. 执行菜单栏中的【工具】/【草图设置】命令，在打开的【草图设置】对话框中设置捕捉参数如图3-17所示。

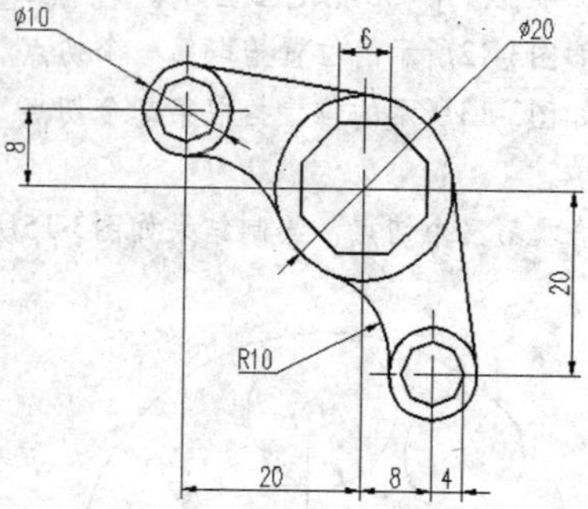

图3-16 实例效果

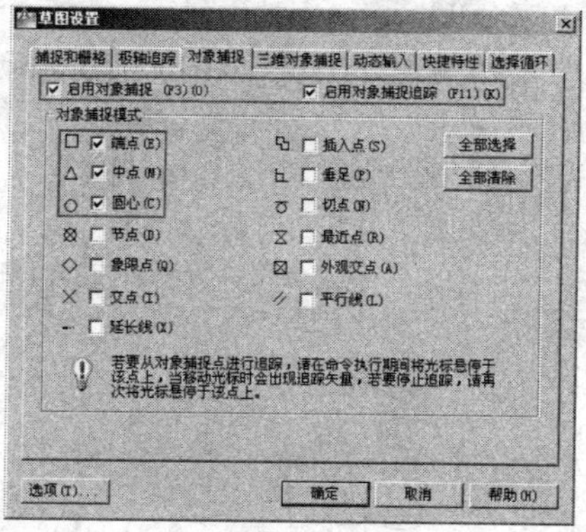

图3-17 设置捕捉追踪参数

3. 使用命令简写“Z”激活【视图缩放】功能，将当前的视口高度调整为75。命令行操作如下。

```
命令: '_zoom
    指定窗口的角点，输入比例因子 (nX 或 nXP)，或者[全部(A)/中心(C)/动态(D)/范围(E)/上一个(P)/比例(S)/窗口(W)/对象(O)] <实时>: _c
    指定中心点:                              //在绘图区拾取一点
    输入比例或高度 <300.5404>:               //75 Enter
```

4. 执行菜单栏中的【绘图】/【正多边形】命令，或单击【绘图】工具栏中的⬠按钮，激活【正多边形】命令，绘制边长为6的正八边形。命令行操作如下。

```
命令: _polygon
    输入边的数目 <4>:                 //8 Enter，设置多边形的边数
    指定正多边形的中心点或 [边(E)]:   //E Enter，激活【边】选项功能
    指定边的第一个端点:               //在绘图区中央拾取一点
    指定边的第二个端点:               //@6,0 Enter，绘制结果如图3-18所示
```

5 单击【绘图】工具栏或面板中的按钮，激活【圆】命令，以正八边形的中心点作为圆心，绘制直径为20的圆。命令行操作如下。

命令: _circle　　　　　　　　　　　// Enter，激活画圆命令
　　指定圆的圆心或 [三点(3P)/两点(2P)/切点、切点、半径(T)]:
　　　　　　　　　　　　　　　　　//分别以正八边形下侧边和右侧边中点作为追踪点，引出两条相互垂直的对象追踪虚线，然后捕捉追踪虚线的交点，如图3-19所示
　　指定圆的半径或 [直径(D)]:　　　　　　　　//D Enter
　　指定圆的直径:　　　　　　　　　　　　　　//20 Enter，绘制结果如图3-20所示

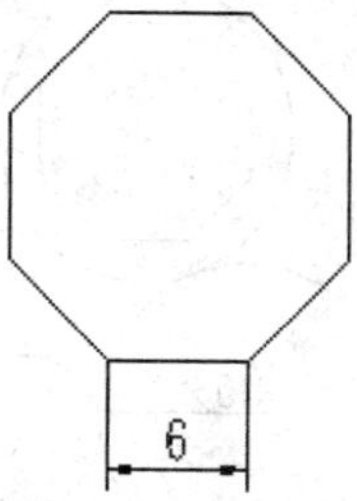

图3-18 绘制正多边形

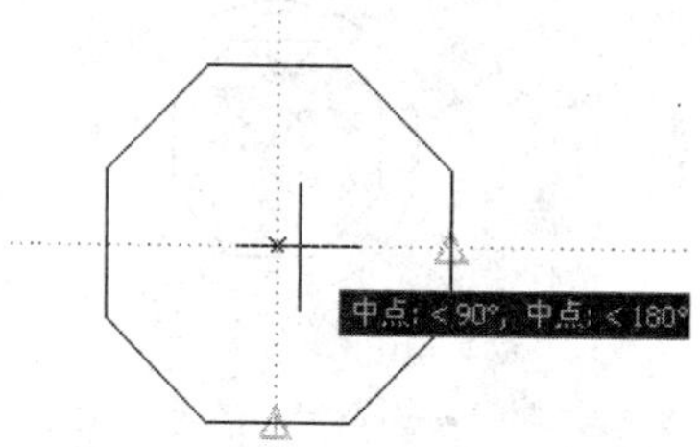

图3-19 引出追踪虚线

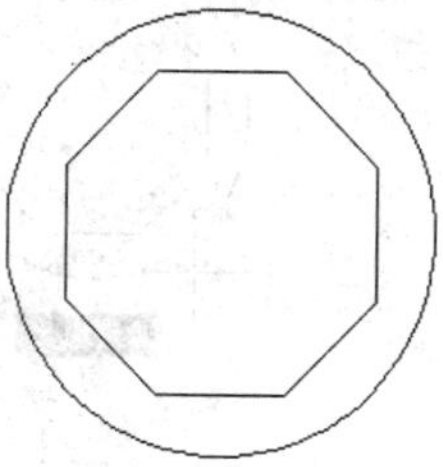

图3-20 绘制结果

6 按下Enter键，重复执行【圆】命令，配合【捕捉自】功能绘制两个直径为10的圆。命令行操作如下。

命令:　　　　　　　　　　　　　　　　// Enter，重复执行画圆命令
　　CIRCLE 指定圆的圆心或 [三点(3P)/两点(2P)/切点、切点、半径(T)]:
　　_from 基点:　　　　　　　　　　　//激活【捕捉自】功能，然后捕捉圆的圆心
　　<偏移>:　　　　　　　　　　　　//@8,-20 Enter
　　指定圆的半径或 [直径(D)] <10.0000>:　　//D Enter，激活【直径】选项
　　指定圆的直径 <20.0000>:　　　　　　//10 Enter，绘制结果如图3-21所示

命令:　　　　　　　　　　　　　　　　// Enter，重复执行画圆命令。
　　CIRCLE 指定圆的圆心或 [三点(3P)/两点(2P)/切点、切点、半径(T)]:
　　_from 基点:　　　　　　　　　　　//激活【捕捉自】功能，并捕捉大圆的圆心
　　<偏移>:　　　　　　　　　　　　//@-20,8 Enter
　　指定圆的半径或 [直径(D)] <5.0000>:　　//D Enter
　　指定圆的直径 <10.0000>:　　　　　　//10 Enter，绘制结果如图3-22所示

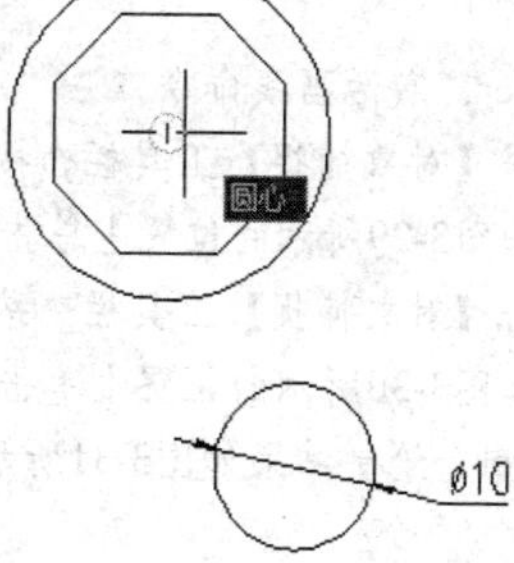

图3-21 “圆心、直径”画圆

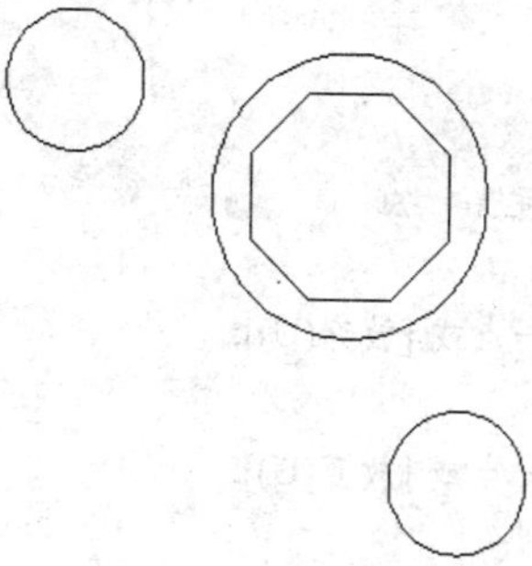

图3-22 绘制结果

7 执行菜单栏中的【绘图】/【圆】/【切点、切点、半径】命令，绘制与大圆和小圆都相切的圆，命令行操作如下。

```
命令: _circle
    指定圆的圆心或 [三点(3P)/两点(2P)/切点、切点、半径(T)]: _ttr
    指定对象与圆的第一个切点:            //在如图3-23所示的圆位置上拾取相切点
    指定对象与圆的第二个切点:            //在如图3-24所示的圆位置上拾取相切点
    指定圆的半径 <5.0000>:               //10 Enter，绘制如图3-25所示相切圆
```

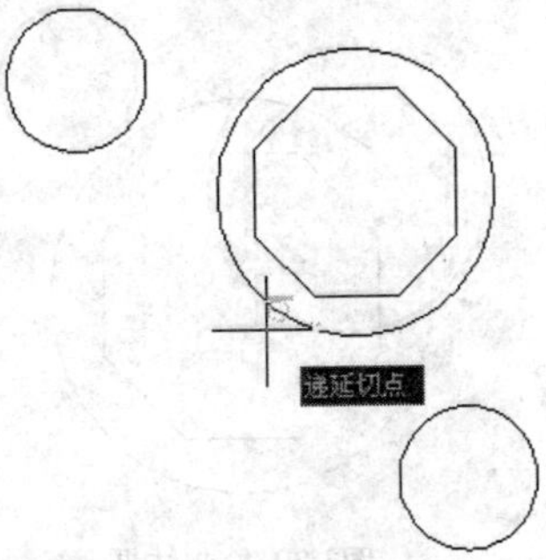

图3-23 拾取相切对象

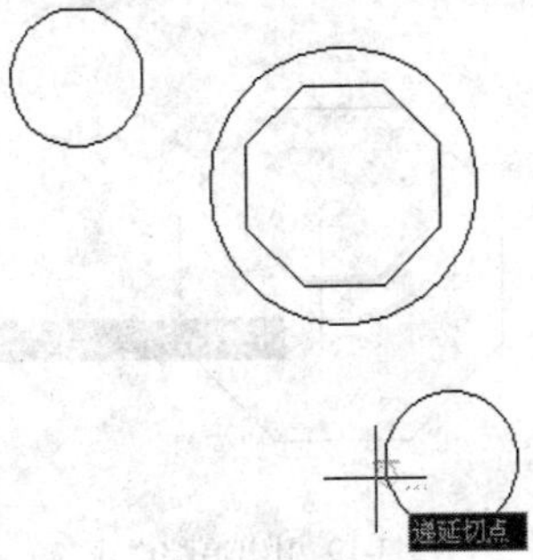

图3-24 拾取小圆

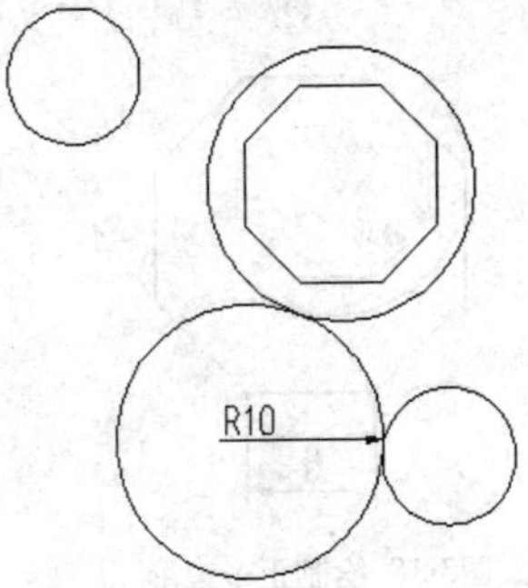

图3-25 绘制结果

8 重复执行【切点、切点、半径】命令，绘制上端的相切圆，相切圆半径为10，绘制结果如图3-26所示。

9 执行菜单栏中的【修改】/【修剪】命令，以如图3-27所示的三个圆作为边界，对相切圆进行修剪，结果如图3-28所示。

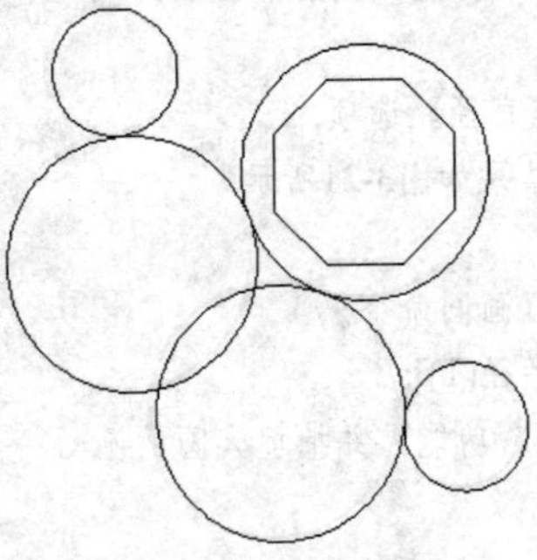

图3-26 绘制相切圆

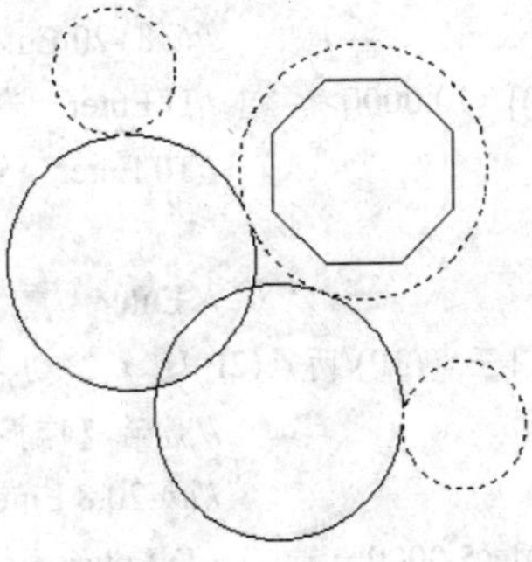

图3-27 选择边界

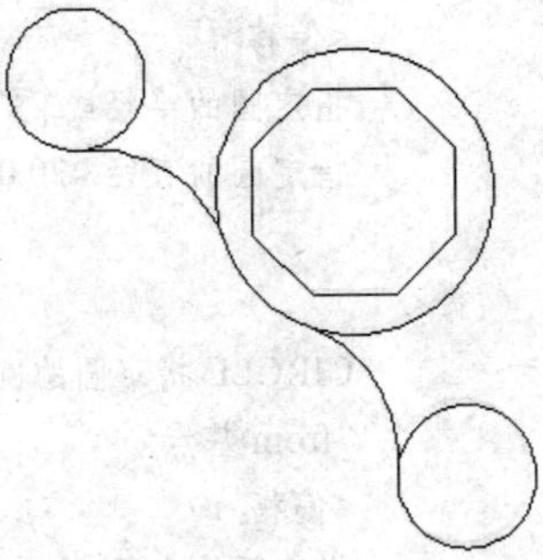

图3-28 修剪结果

10 使用命令简写“L”激活【直线】命令，配合切点捕捉功能绘制圆的公切线。命令行操作如下。

```
命令:L                                   // Enter，激活画线命令
    LINE指定第一点:                      //单击【对象捕捉】工具栏○按钮
    _tan 到                              //在如图3-29所示的位置上单击
    指定下一点或 [放弃(U)]:              //单击【对象捕捉】工具栏○按钮
    _tan 到                              //在如图3-30所示的位置上单击
    指定下一点或 [放弃(U)]:              // Enter，绘制结果如图3-31所示
```

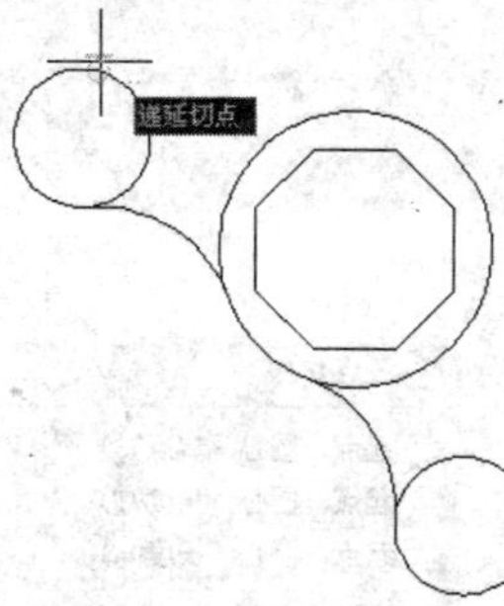

图3-29 捕捉切点

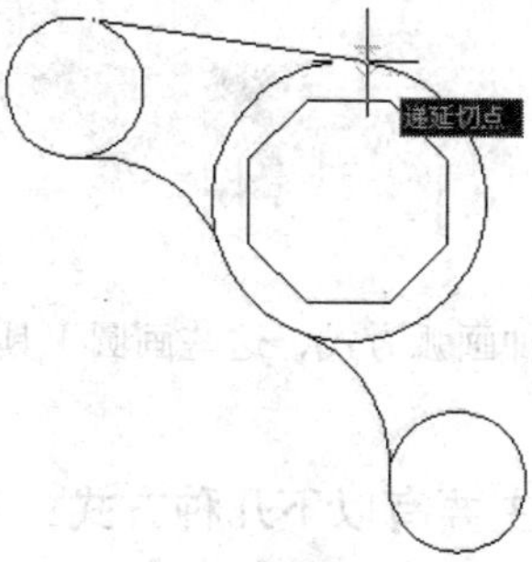

图3-30 捕捉切点

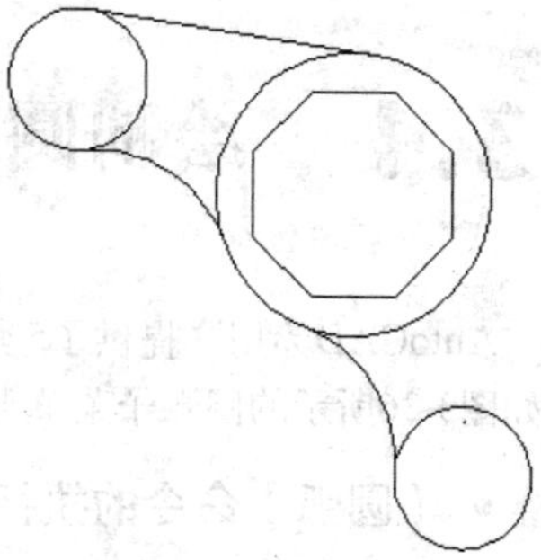

图3-31 绘制公切线

11 重复执行上一步骤，使用【直线】命令并配合切点捕捉功能，绘制另外两个圆的外公切线，结果如图3-32所示。

12 单击【绘图】工具栏按钮，激活【正多边形】命令，绘制外接圆半径为4的正八边形。命令行操作如下。

```
命令: _polygon
    输入边的数目 <8>:                              // Enter，采用当前参数设置
    指定正多边形的中心点或 [边(E)]:                //捕捉直径为10的圆的圆心
    输入选项 [内接于圆(I)/外切于圆(C)] <I>:        // Enter，采用默认参数设置
    指定圆的半径:                                  //@4,0 Enter，绘制结果如图3-33所示
```

13 重复执行上一步骤，以下方小圆的圆心作为中心点，绘制外接圆半径为4的正八边形，绘制结果如图3-34所示。

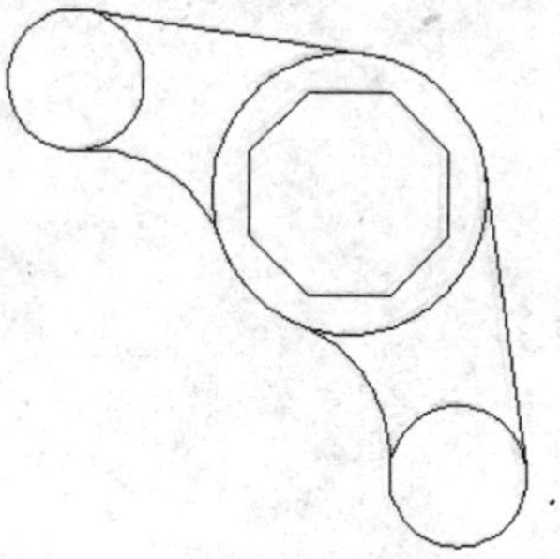

图3-32 绘制公切线

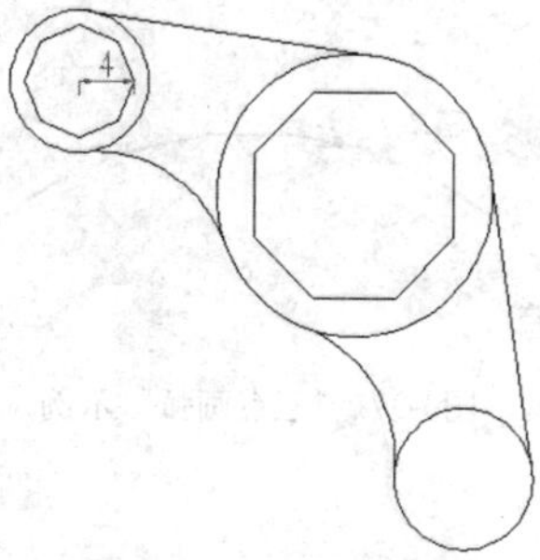

图3-33 绘制多边形

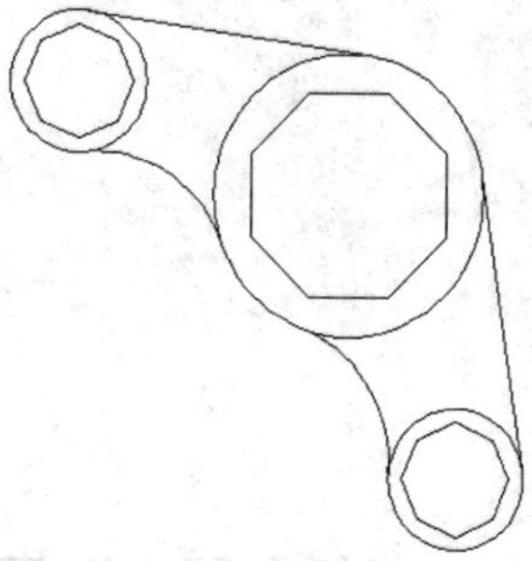

图3-34 绘制结果

14 使用命令简写“L”激活【直线】命令，配合延伸捕捉功能绘制如图3-35所示的中心线。

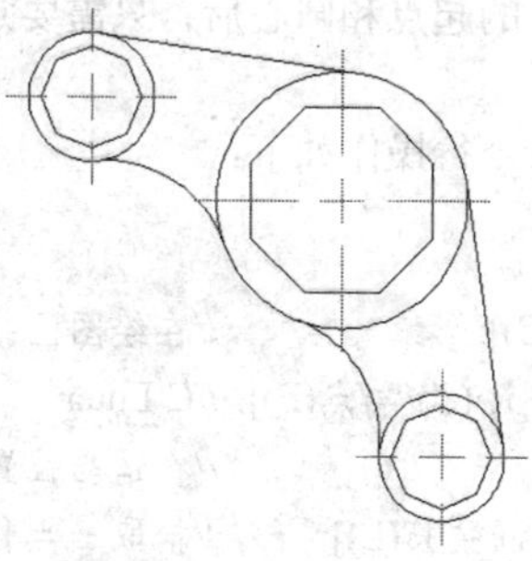

图3-35 绘制结果

15 最后执行【保存】命令，将图形命名存储为“上机指导（一）.dwg”。

3.4 绘制圆弧

AutoCAD为用户提供了5类共11种画弧方式，这些画圆工具都位于如图3-36所示的圆弧子菜单上。

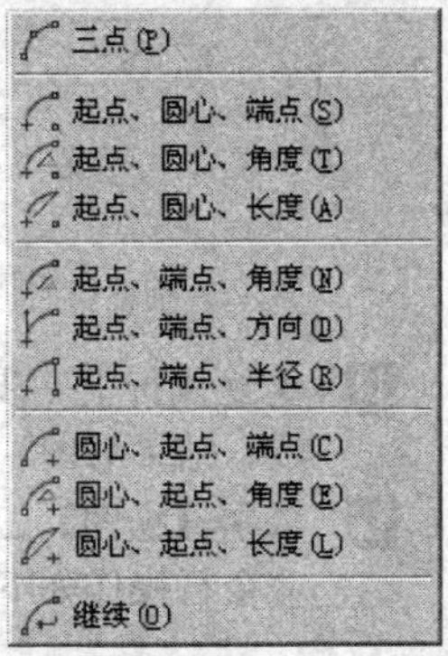

图3-36 圆弧子菜单

- **【圆弧】命令的执行方式主要有以下几种方式：**
  - 执行菜单栏中的【绘图】/【圆弧】子菜单中的各命令。
  - 单击【绘图】工具栏或面板中的按钮。
  - 在命令行输入Arc后按Enter键。
  - 使用命令简写A。

3.4.1 三点画弧

“三点画弧”方式需要定位出圆上的三个点，即可精确绘制圆弧，其中第一点和第三个点分别被作为圆弧的起点和端点，如图3-37所示。“三点画弧”的命令行操作如下：

```
命令: _arc
    指定圆弧的起点或 [圆心(C)]:                    //拾取一点作为圆弧的起点
    指定圆弧的第二个点或 [圆心(C)/端点(E)]: //在适当位置拾取圆弧上的第二点
    指定圆弧的端点:                                //拾取第三点作为圆弧的端点，结果如图3-37所示
```

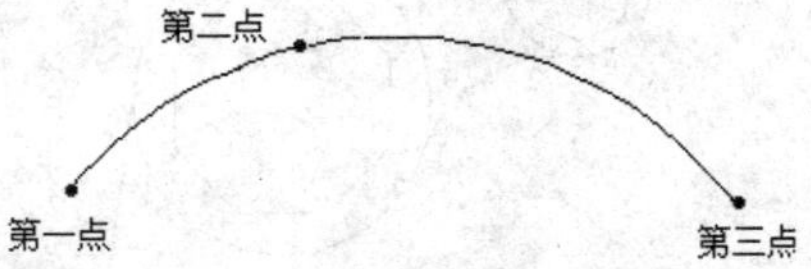

图3-37 “三点画弧”示例

3.4.2 “起点圆心”画弧

“起点圆心”画弧方式分为“起点、圆心、端点”、“起点、圆心、角度”和“起点、圆心、长度”三种方式。当用户确定出圆弧的起点和圆心后，只需要定位出圆弧的端点或角度、弧长等参数，即可精确画弧。

“起点、圆心、端点”画弧的命令行操作如下：

```
命令: _arc
    指定圆弧的起点或 [圆心(C)]:                    //在绘图区拾取一点作为圆弧的起点
    指定圆弧的第二个点或 [圆心(C)/端点(E)]: //C Enter
    指定圆弧的圆心:                                //在适当位置拾取一点作为圆弧的圆心
    指定圆弧的端点或 [角度(A)/弦长(L)]:        //拾取一点作为圆弧端点，结果如图3-38所示
```

另外，当指定了圆弧的起点和圆心后，直接输入圆弧的包含角或圆弧的弦长，也可精确绘制圆弧，如图3-39和图3-40所示。

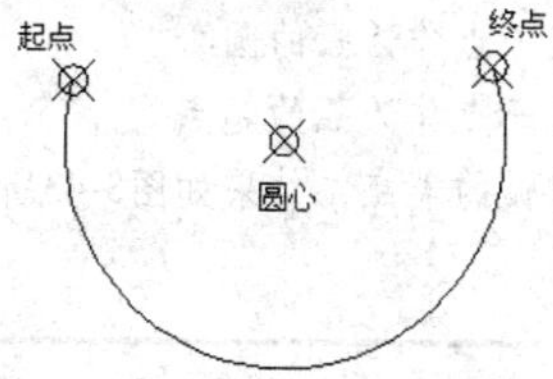

图3-38 绘制结果

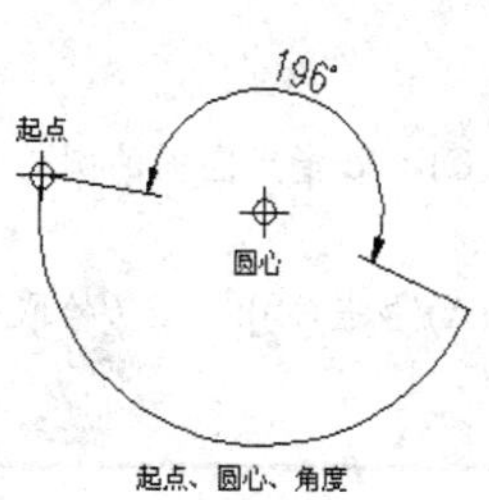

图3-39 “起点、圆心、角度”

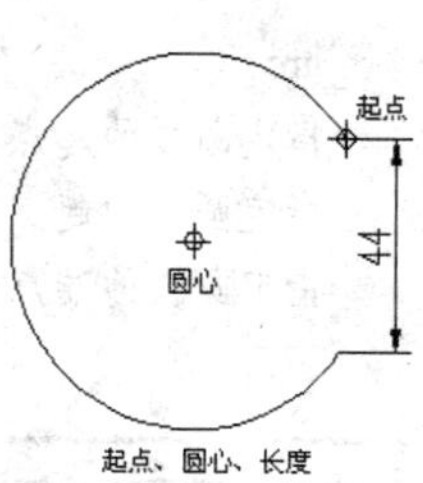

图3-40 “起点、圆心、长度”

3.4.3 “起点端点”画弧

“起点端点”画弧方式分为“起点、端点、角度”、“起点、端点、方向”和“起点、端点、半径”三种方式。当定位出圆弧的起点和端点后，只需再确定弧的角度、半径或方向，即可精确画弧。“起点、端点、角度”画弧的命令行操作如下。

```
命令: _arc
    指定圆弧的起点或 [圆心(C)]:                    //定位弧的起点
    指定圆弧的第二个点或 [圆心(C)/端点(E)]: _e
    指定圆弧的端点:                                //定位弧的端点
    指定圆弧的圆心或 [角度(A)/方向(D)/半径(R)]: _a 指定包含角:
                          //输入190 Enter，定位弧的角度，结果如图3-41所示
```

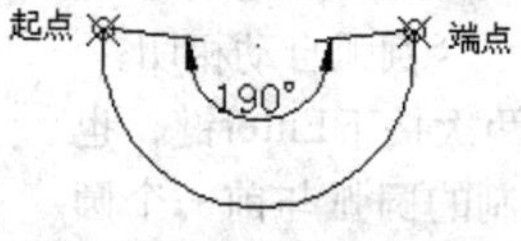

图3-41 绘制结果

TIP 如果输入的角度为正值，系统将按逆时针方向绘制圆弧；反之按顺时针方向绘制圆弧。另外，当指定圆弧起点和端点后，输入弧的半径或起点切向，也可精确画弧，如图3-42所示。

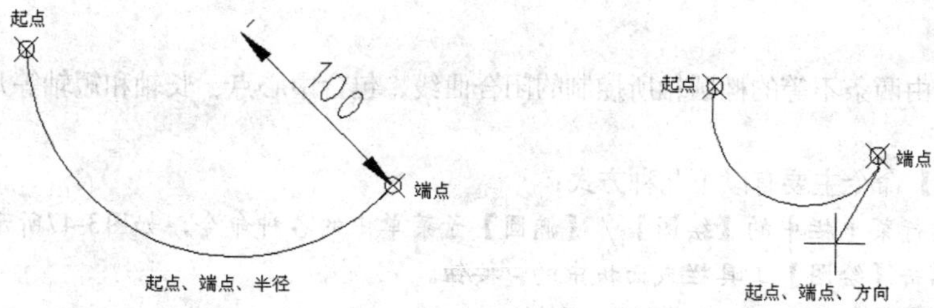

图3-42 另外两种画弧方式

3.4.4 “圆心起点”画弧

“圆心起点”画弧方式分为“圆心、起点、端点”、“圆心、起点、角度”和“圆心、起点、长度”三种。当确定了圆弧的圆心和起点后，只需再给出圆弧的端点，或角度、弧长等参数，即可精确绘制圆弧。“圆心、起点、端点”画弧的命令行操作如下：

```
命令: _arc
    指定圆弧的起点或 [圆心(C)]: _c 指定圆弧的圆心:  //拾取一点作为弧的圆心
    指定圆弧的起点:                                //拾取一点作为弧的起点
    指定圆弧的端点或 [角度(A)/弦长(L)]:      //拾取一点作为弧的端点，结果如图3-43所示
```

TIP 当给定了圆弧的圆心和起点后，输入圆心角或弦长，也可精确绘制圆弧，如图3-44所示。在配合【长度】绘制圆弧时，如果输入的弦长为正值，系统将绘制小于180° 的劣弧；如果输入的统将绘制大于180° 的优弧。

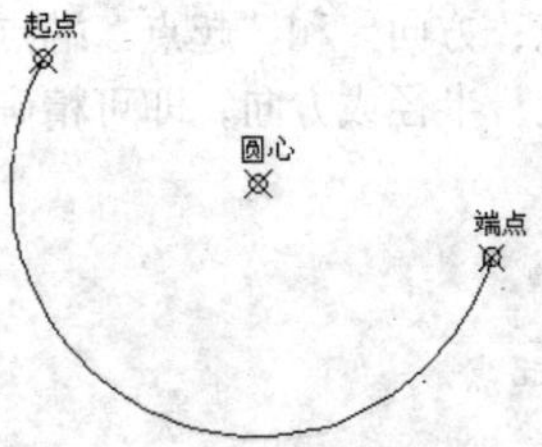

图3-43 绘制结果

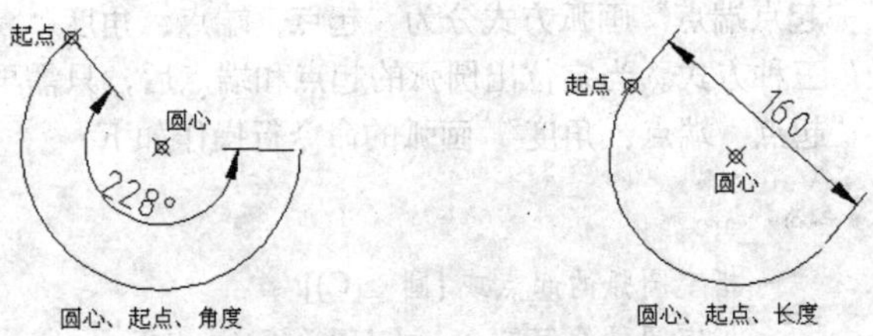

图3-44 “圆心、起点”方式画弧

3.4.5 绘制相切圆弧

执行菜单栏中的【绘图】/【圆弧】/【继续】命令，可进入连续画弧状态，所绘制的圆弧与上一个圆弧自动相切。

另外，在结束画弧命令后，连续两次按下Enter键，也可进入“相切圆弧”绘制模式，所绘制的圆弧与前一个圆弧的终点连接并与之相切，如图3-45所示。

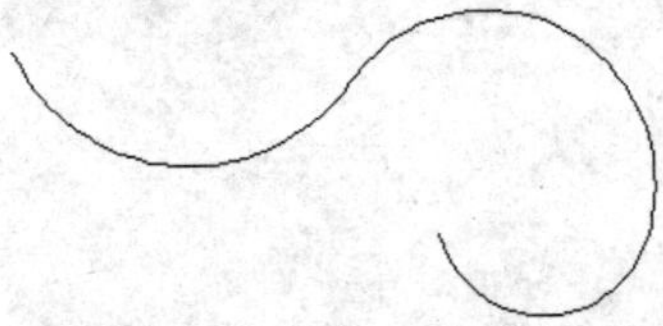

图3-45 连续画弧方式

3.5 绘制椭圆

“椭圆”是由两条不等的椭圆轴所控制的闭合曲线，包含中心点、长轴和短轴等几何特征，如图3-46所示。

执行【椭圆】命令主要有以下几种方式：

- 执行菜单栏中的【绘图】/【椭圆】子菜单中的各种命令，如图3-47所示。
- 单击【绘图】工具栏或面板中的按钮。
- 在命令行输入Ellipse后按Enter键。
- 使用命令简写EL。

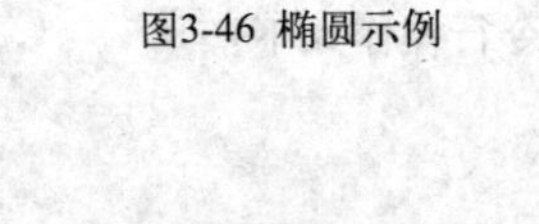

图3-46 椭圆示例

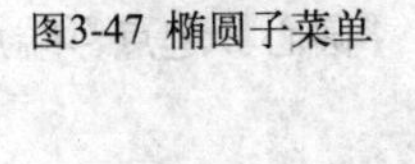

图3-47 椭圆子菜单

3.5.1　轴端点画椭圆

“轴端点”方式用于指定一条轴的两个端点和另一条轴的半长，以精确画椭圆，下面学习通过绘制长轴为200、短轴为80的椭圆，学习此种方式。

1 新建空白文件。

2 单击【绘图】工具栏中的按钮，激活【椭圆】命令，绘制水平长轴为200、短轴为120的椭圆。命令行操作如下。

```
命令: _ellipse
    指定椭圆轴的端点或 [圆弧(A)/中心点(C)]:          //拾取一点，定位椭圆轴的一个端点
    指定轴的另一个端点:                              //@200,0 Enter
    指定另一条半轴长度或 [旋转(R)]:                  //40 Enter
```

TIP 【旋转】选项是以椭圆的短轴和长轴的比值，把一个圆绕定义的第一轴旋转成椭圆。

3 绘制结果如图3-48所示。

TIP 如果在轴测图模式下启动了【椭圆】命令，那么在此操作步骤中将增加【等轴测圆】选项，用于绘制轴测圆，如图3-49所示。

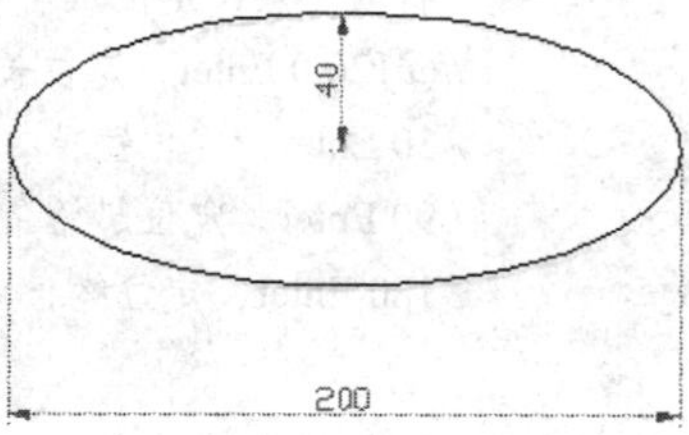

图3-48　“轴端点”示例

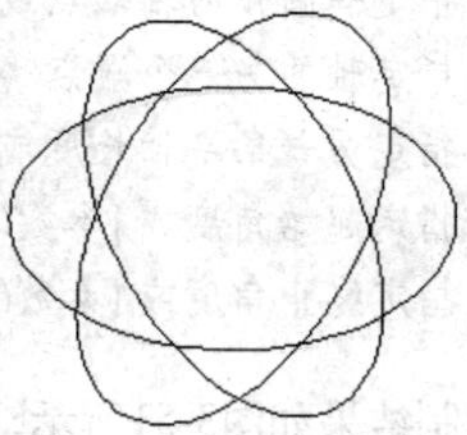

图3-49　等轴测圆示例

3.5.2　中心点画椭圆

“中心点”方式画椭圆需要首先确定出椭圆的中心点，然后再确定椭圆轴的一个端点和椭圆另一半轴的长度，下面学习此种方式。

1 继续上例操作。

2 执行菜单栏中的【绘图】/【椭圆】/【圆心】命令，使用“圆点”方式绘制椭圆。命令行操作如下。

```
命令: _ellipse
    指定椭圆的轴端点或 [圆弧(A)/中心点(C)]: _c
    指定椭圆的中心点:                                //捕捉刚绘制的椭圆的中心点
    指定轴的端点:                                    //@0,60 Enter
    指定另一条半轴长度或 [旋转(R)]:                  //35 Enter
```

3 绘制结果如图3-50所示。

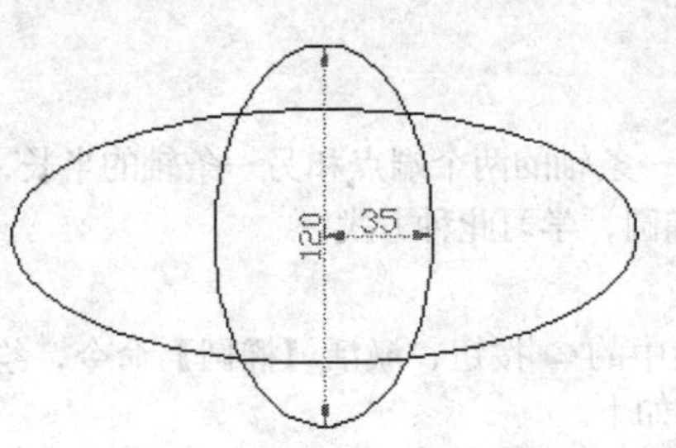

图3-50 “中心点”方式画椭圆

3.5.3 绘制椭圆弧

使用【椭圆】命令中的【圆弧】选项可以绘制椭圆弧，所绘制的椭圆弧除了包含中心点、长轴和短轴等几何特征外，还具有角度特征，如图3-51所示。

此外，用户也可以直接单击【绘图】工具栏或面板中的按钮，以绘制椭圆弧。下面以绘制长轴为120、短轴为60、角度为90的椭圆弧，学习使用【椭圆弧】命令。

1. 新建空白文件。
2. 单击【绘图】工具栏中的按钮，激活【椭圆弧】命令。
3. 根据AutoCAD命令行的操作提示进行绘制椭圆弧，命令行操作如下。

```
命令: _ellipse
    指定椭圆的轴端点或 [圆弧(A)/中心点(C)]:          //A Enter
    指定椭圆弧的轴端点或 [中心点(C)]:                //拾取一点，定位弧端点
    指定轴的另一个端点:                              //@120,0 Enter，定位长轴
    指定另一条半轴长度或 [旋转(R)]:                  //30 Enter，定位短轴
    指定起始角度或 [参数(P)]:                        //90 Enter，定位起始角度
    指定终止角度或 [参数(P)/包含角度(I)]:            //180 Enter，定位终止角度
```

4. 绘制结果如图3-51所示。

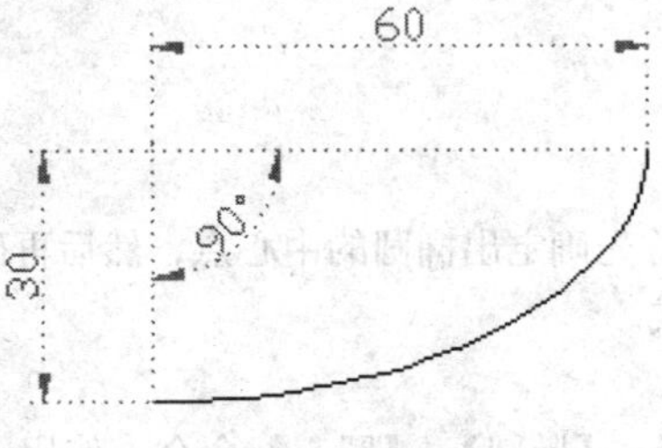

图3-51 椭圆弧示例

3.6 上机指导（二）——绘制拔叉零件平面图

本例通过绘制拔叉零件的平面图，对所学知识进行综合练习和巩固应用。拔叉零件平面图的最终绘制效果，图3-52所示。

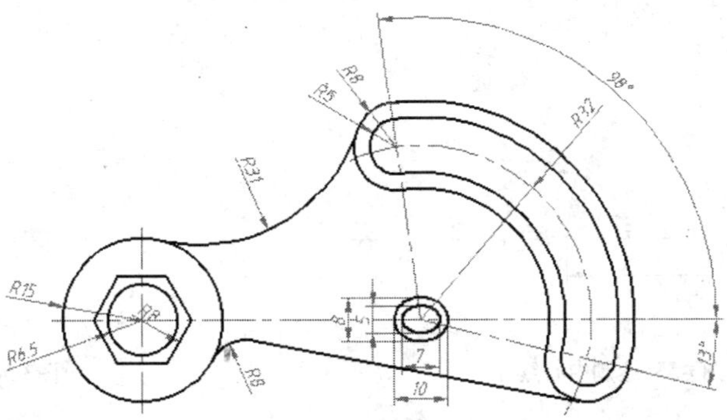

图3-52 实例效果

操作步骤

1. 执行【新建】命令，快速创建公制单位的空白文件。
2. 使用命令简写“Z”激活【视图缩放】功能，将当前的视口高度调整为100。命令行操作如下。

命令: '_zoom

指定窗口的角点，输入比例因子 (nX 或 nXP)，或者[全部(A)/中心(C)/动态(D)/范围(E)/上一个(P)/比例(S)/窗口(W)/对象(O)] <实时>: _c

指定中心点: //在绘图区拾取一点

输入比例或高度 <200.5404>: //100 Enter

3. 使用命令简写“LT”激活【线型】命令，选择如图3-53所示的线型进行加载，并设置当前线型与比例，如图3-54所示。

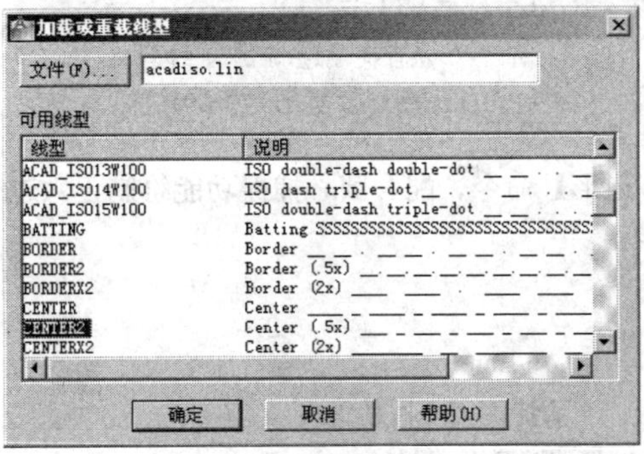

图3-53 选择线型

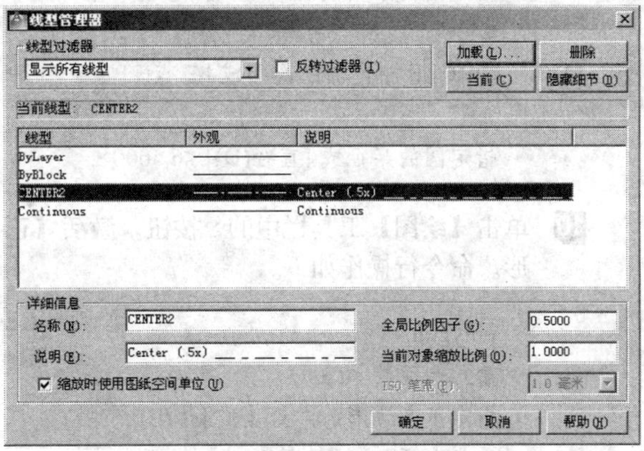

图3-54 设置当前线型与比例

4. 将当前颜色设置为红色，然后使用命令简写“L”激活【直线】命令，绘制如图3-55所示的直线作为中心线。
5. 使用命令简写“C”激活【圆】命令，配合交点捕捉功能绘制半径为32的圆，如图3-56所示。
6. 使用命令简写“BR”激活【打断】命令，配合最近点捕捉功能对圆图形进行打断，结果如图3-57所示。
7. 在【特性】工具栏中设置当前线宽、当前颜色以及当前线型等，如图3-58所示。

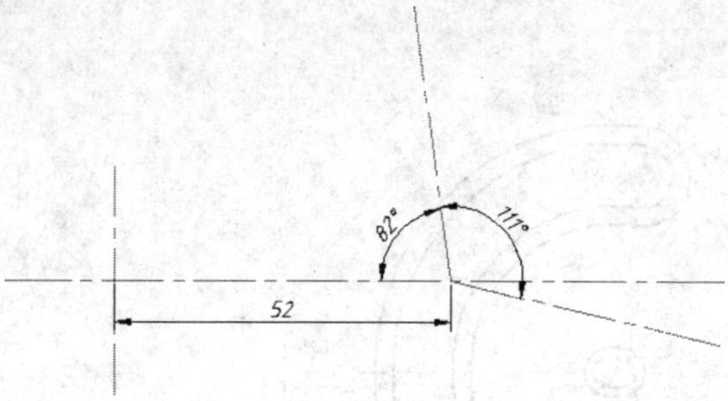

图3-55 绘制中心线

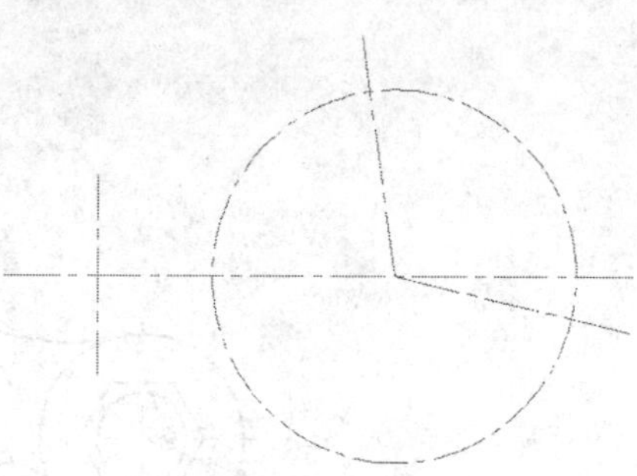
图3-56 绘制圆

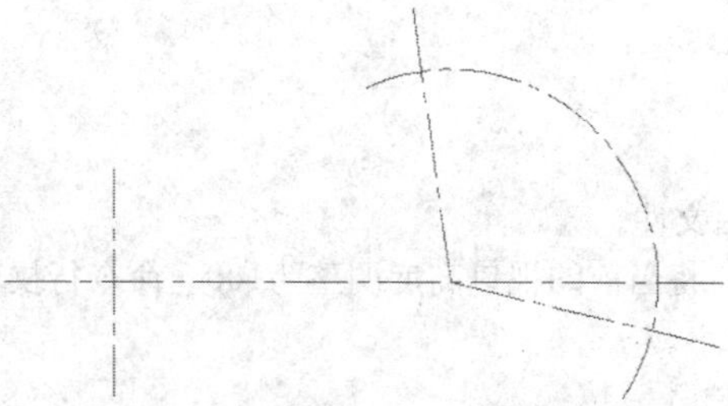
图3-57 打断结果

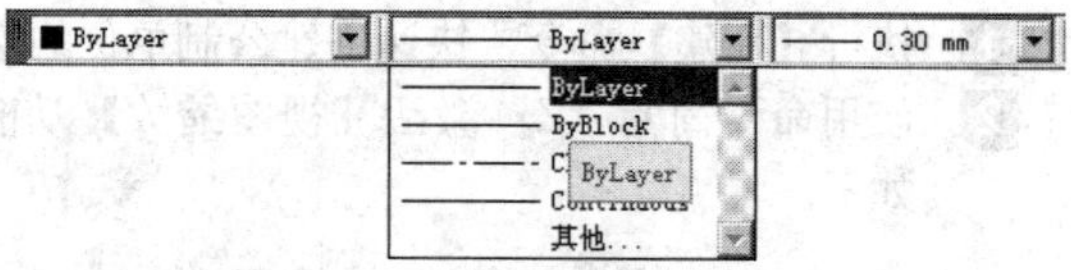

图3-58 设置当前线型、颜色与线宽

8 打开状态栏上的线宽显示功能。

9 单击【绘图】工具栏中的⊙按钮，激活【圆】命令，配合交点捕捉功能绘制同心圆。命令行操作如下。

```
命令: _circle
    指定圆的圆心或 [三点(3P)/两点(2P)/切点、切点、半径(T)]:   //捕捉左侧中心线的交点
    指定圆的半径或 [直径(D)] <0.5000>:                        //6.5 Enter
    命令:                                                     // Enter
    CIRCLE 指定圆的圆心或 [三点(3P)/两点(2P)/切点、切点、半径(T)]:
                                                              //捕捉刚绘制的圆的圆心
    指定圆的半径或 [直径(D)] <6.5000>:                  //15 Enter，绘制结果如图3-59所示
```

10 单击【绘图】工具栏中的⬡按钮，激活【正多边形】命令，配合圆心捕捉功能绘制正六边形。命令行操作如下。

```
命令: _polygon
    输入侧面数 <4>:                               //6 Enter
    指定正多边形的中心点或 [边(E)]:               //捕捉同心圆的圆心
    输入选项 [内接于圆(I)/外切于圆(C)] <I>:       //C Enter
    指定圆的半径:                                 //8 Enter，绘制结果如图3-60所示
```

11 执行菜单栏中的【绘图】/【圆弧】/【圆心、起点、角度】命令，配合交点捕捉和极坐标功能绘制圆弧。命令行操作如下。

```
命令: _arc
    指定圆弧的起点或 [圆心(C)]: _c 指定圆弧的圆心:   //捕捉如图3-61所示的圆心
    指定圆弧的起点:                                  //@8<98 Enter
```

```
指定圆弧的端点或 [角度(A)/弦长(L)]: _a 指定包含角:
                                        //180 Enter，绘制结果如图3-62所示
```

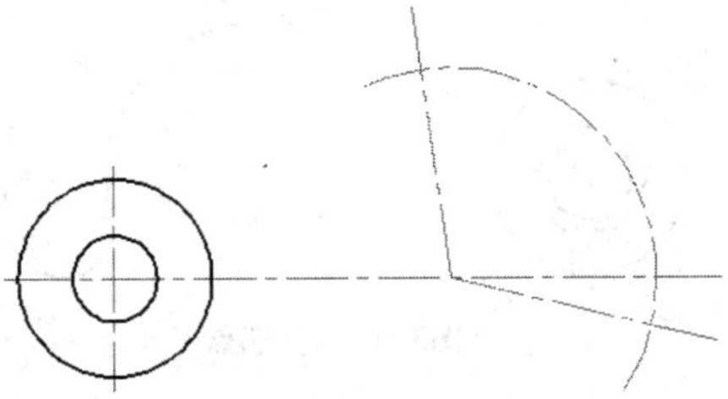
图3-59 绘制同心圆

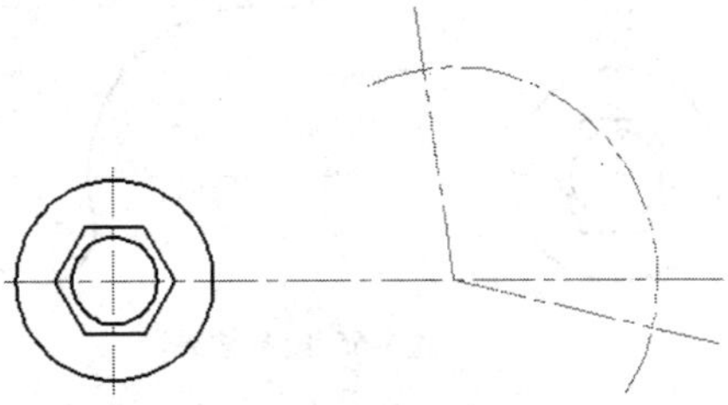
图3-60 绘制正六边形

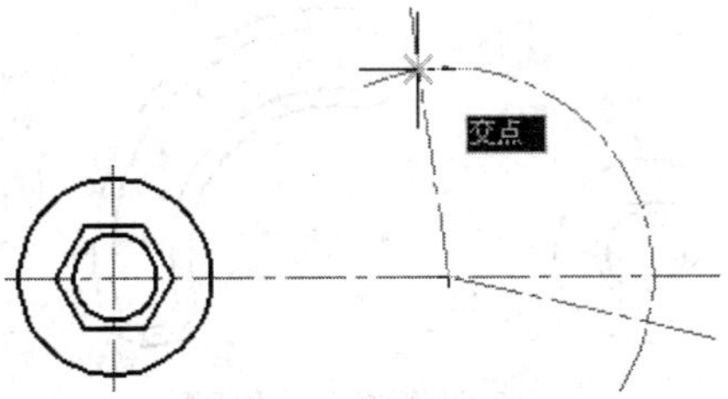

图3-61 捕捉交点

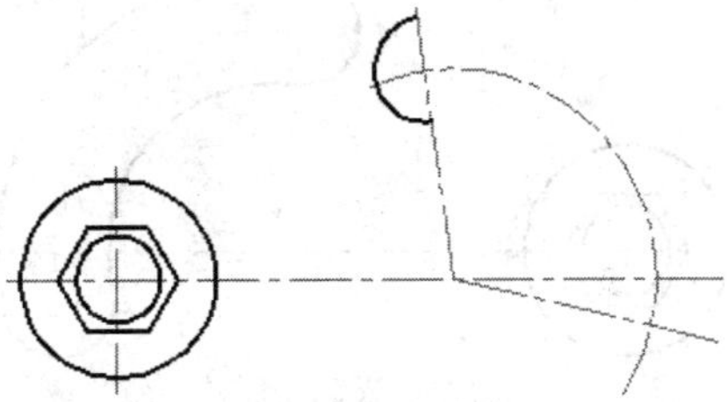
图3-62 绘制结果

12 执行菜单栏中的【绘图】/【圆弧】/【继续】命令，配合【捕捉自】和极坐标功能绘制相切弧轮廓线。命令行操作如下。

```
命令: _arc
    指定圆弧的起点或 [圆心(C)]:
    指定圆弧的端点:                     //激活【捕捉自】功能
    _from 基点:                         //捕捉如图3-63所示的交点
    <偏移>:                             //@24<-13 Enter，绘制结果如图3-64所示
```

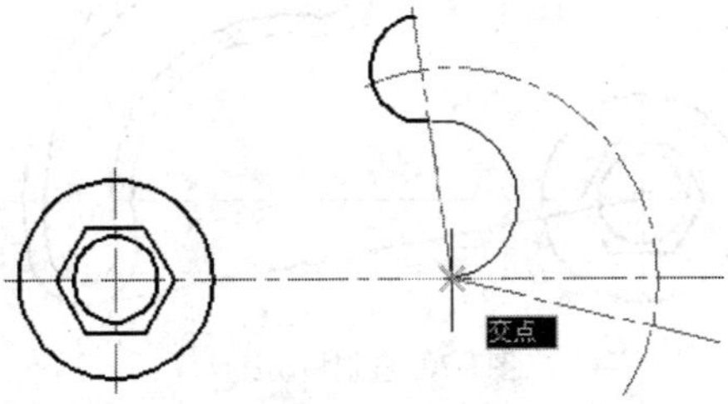

图3-63 捕捉交点

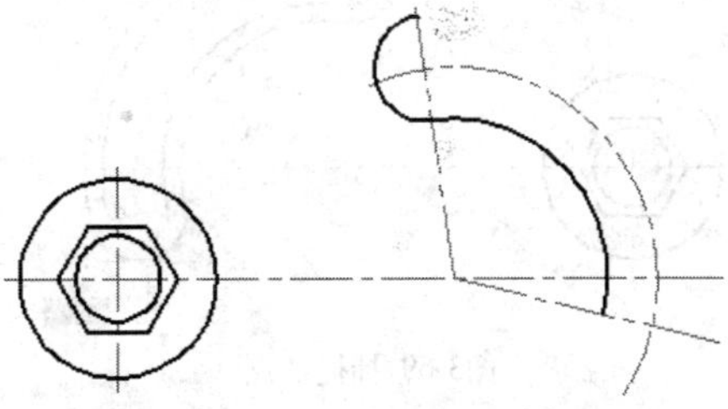
图3-64 绘制结果

13 重复执行【继续画弧】命令，配合极坐标输入功能，继续绘制圆弧轮廓线。命令行操作如下。

```
命令:                                   // Enter
    ARC 指定圆弧的起点或 [圆心(C)]:     // Enter
    指定圆弧的端点:                     //@16<-13 Enter，绘制结果如图3-65所示
    命令:                               // Enter
    ARC 指定圆弧的起点或 [圆心(C)]:     // Enter
    指定圆弧的端点:                 //捕捉如图3-66所示的端点，绘制结果如图3-67所示
```

14 参照步骤11～13的操作，使用【圆弧】命令绘制内侧的相切弧轮廓线，结果如图3-68所示。

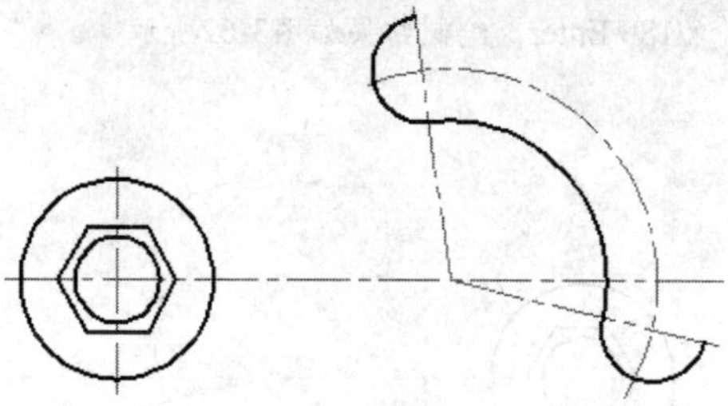

图3-65 绘制结果

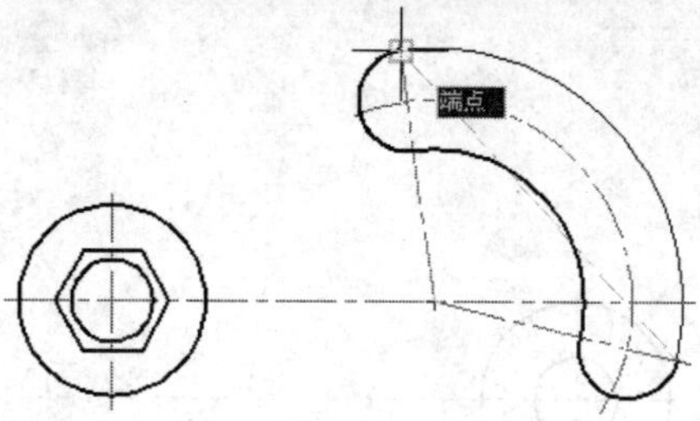

图3-66 捕捉端点

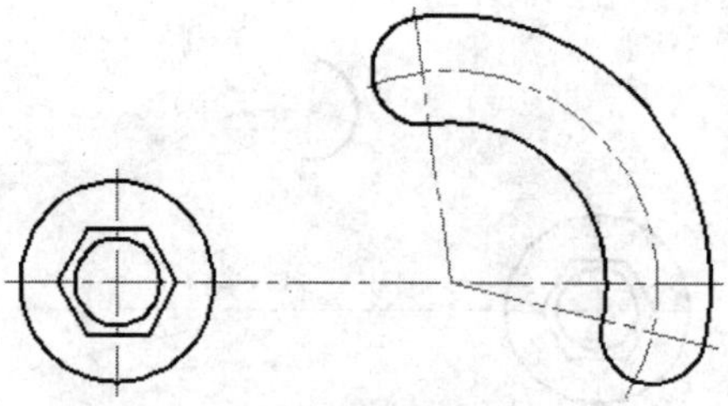

图3-67 绘制结果

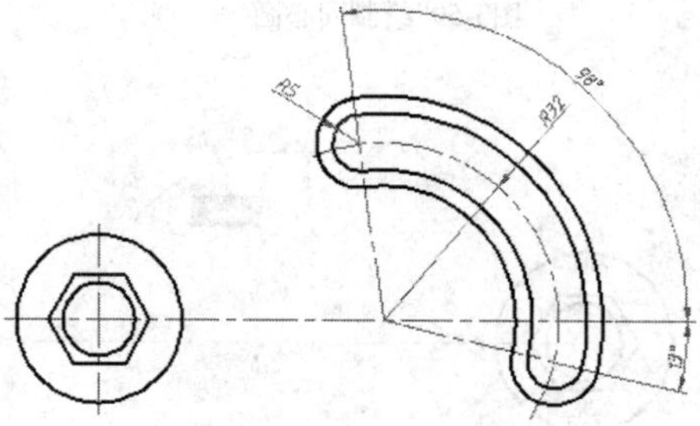

图3-68 绘制内侧相切弧

15 执行菜单栏中的【绘图】/【直线】命令，配合切点捕捉功能绘制相切线。命令行操作如下。

```
命令: _line
    指定第一点:                              //捕捉左侧同心圆的圆心
    指定下一点或 [放弃(U)]: _tan 到           //捕捉如图3-69所示的切点
    指定下一点或 [放弃(U)]:                   // Enter，绘制结果如图3-70所示
```

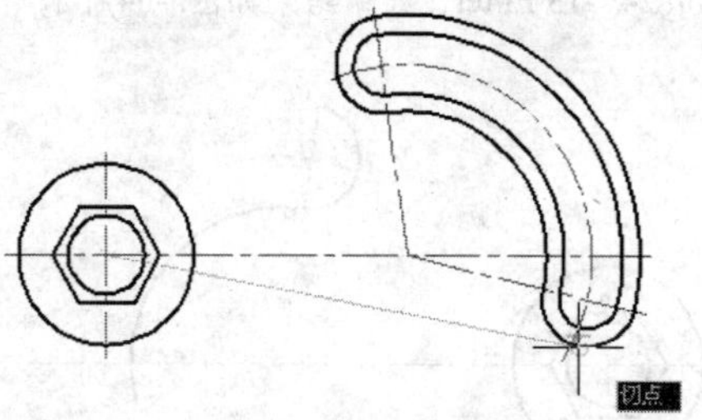

图3-69 捕捉切点

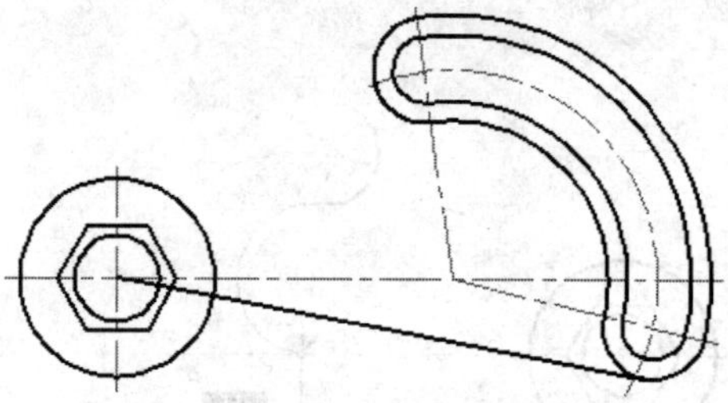

图3-70 绘制相切线

16 执行菜单栏中的【绘图】/【圆】/【相切、相切、半径】命令，绘制相切圆。命令行操作如下。

```
命令: _circle
    指定圆的圆心或 [三点(3P)/两点(2P)/切点、切点、半径(T)]: _ttr
    指定对象与圆的第一个切点:                 //在如图3-71所示的位置单击
    指定对象与圆的第二个切点:                 //在如图3-72所示的位置单击
    指定圆的半径 <1.0000>:                    //8 Enter，绘制结果如图3-73所示
```

17 重复上一步骤，执行【圆】命令，绘制如图3-74所示的相切圆，相切圆的半径为31。

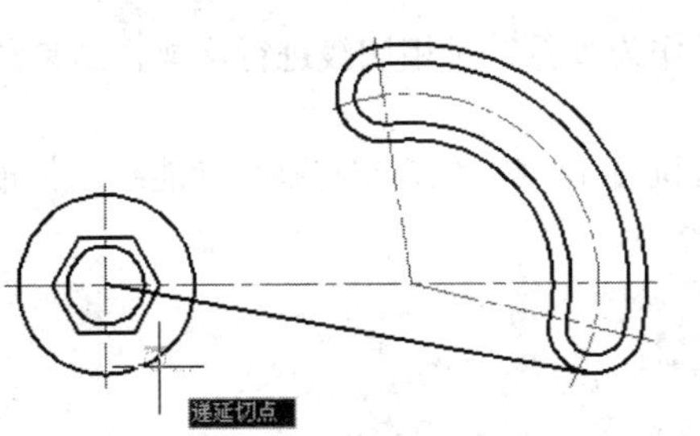

图3-71 指定单击位置

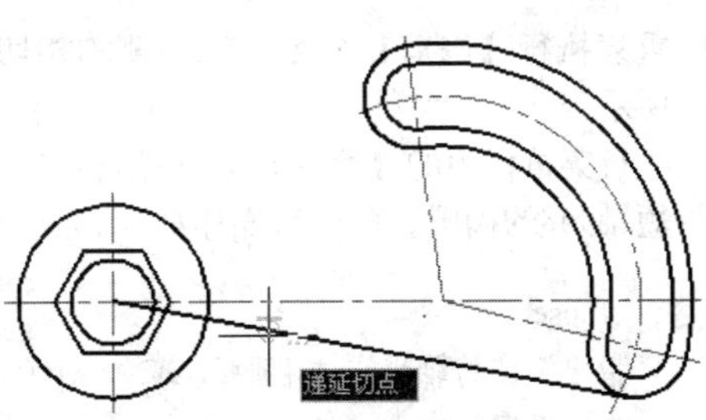

图3-72 指定单击位置

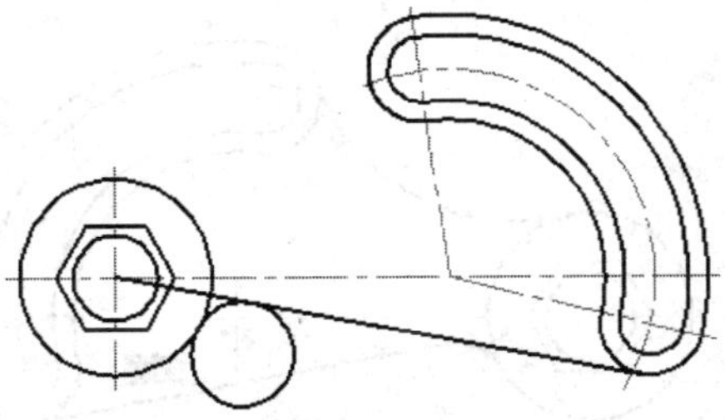

图3-73 绘制结果

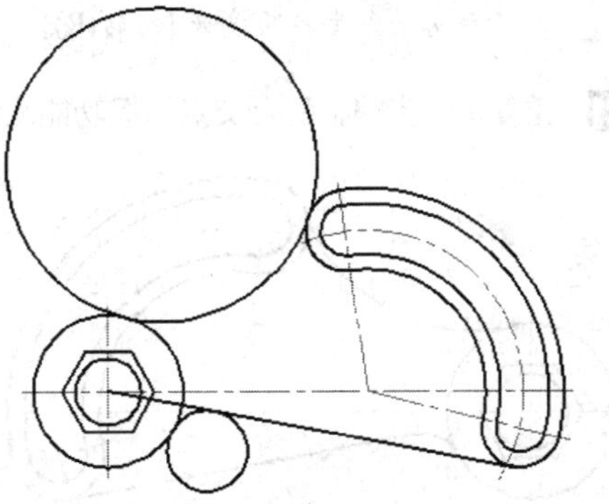

图3-74 绘制上侧的相切圆

18 执行菜单栏中的【修改】/【修剪】命令，对两个相切圆进行修剪。命令行操作如下。

命令: _trim

当前设置:投影=UCS，边=延伸

选择剪切边...

选择对象或 <全部选择>: //分别选择如图3-75所示的圆、直线和圆弧三个对象

选择对象: // Enter

选择要修剪的对象，或按住 Shift 键选择要延伸的对象，或[栏选(F)/窗交(C)/投影(P)/边(E)/删除(R)/放弃(U)]: //在上侧相切圆的上侧单击

选择要修剪的对象，或按住 Shift 键选择要延伸的对象，或[栏选(F)/窗交(C)/投影(P)/边(E)/删除(R)/放弃(U)]: //在下侧相切圆的下侧单击

选择要修剪的对象，或按住 Shift 键选择要延伸的对象，或[栏选(F)/窗交(C)/投影(P)/边(E)/删除(R)/放弃(U)]: // Enter，修剪结果如图3-76所示

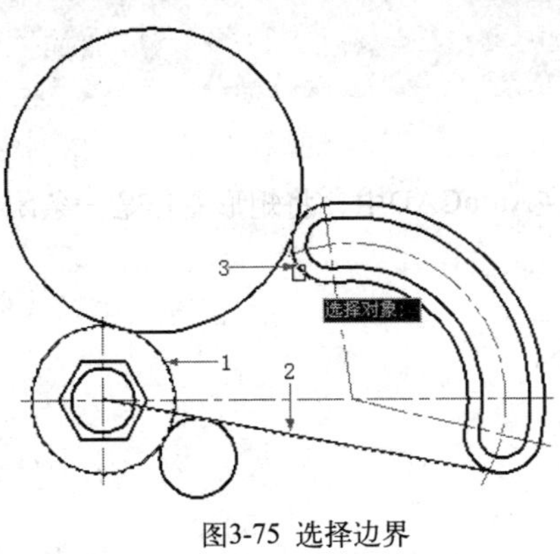

图3-75 选择边界

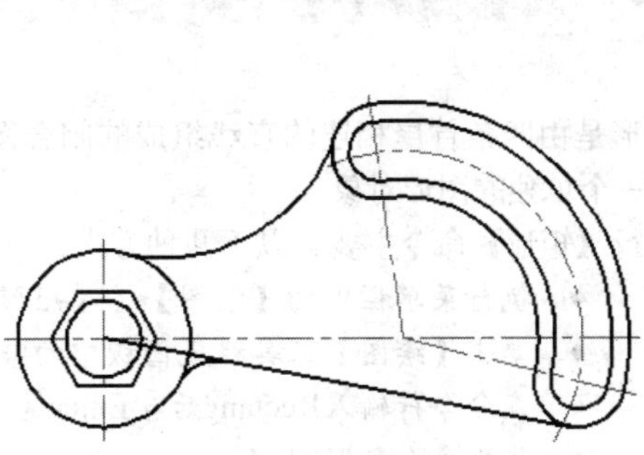

图3-76 修剪结果

19 重复执行【修剪】命令，以下侧的相切弧作为边界，对相切线进行修剪，结果如图3-77所示。

20 执行菜单栏中的【绘图】/【椭圆】/【圆心】命令，配合交点捕捉功能绘制长轴为10、短轴为8的椭圆。命令行操作如下。

```
命令: _ellipse
    指定椭圆的轴端点或 [圆弧(A)/中心点(C)]: _c
    指定椭圆的中心点:                    //捕捉如图3-78所示的交点
    指定轴的端点:                        //@5,0 Enter
    指定另一条半轴长度或 [旋转(R)]:      // 4 Enter，绘制结果如图3-79所示
```

21 重复上一步骤，配合交点捕捉功能绘制长轴为7、短轴为5的同心椭圆，结果如图3-80所示。

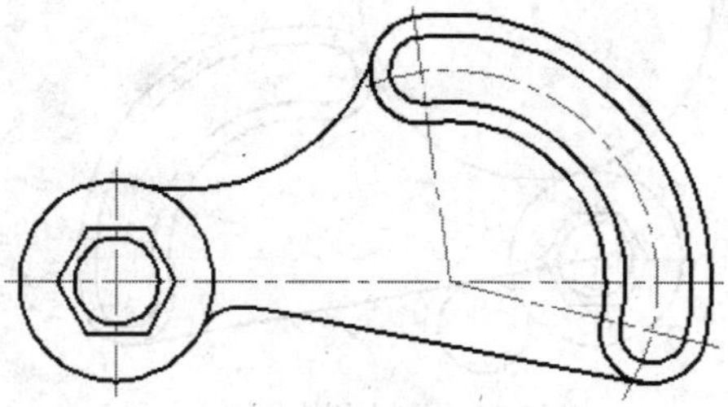

图3-77 修剪结果

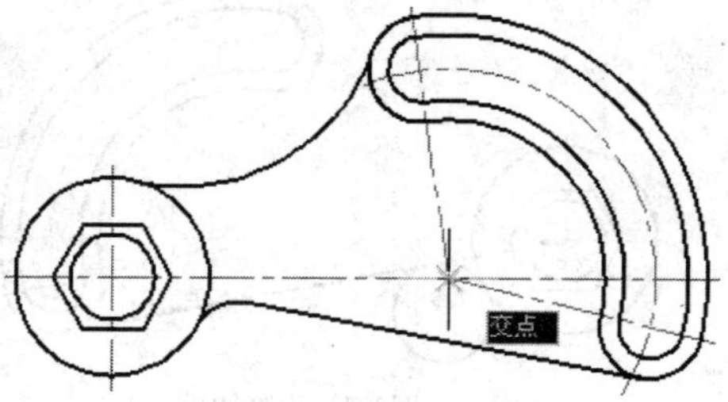

图3-78 捕捉交点

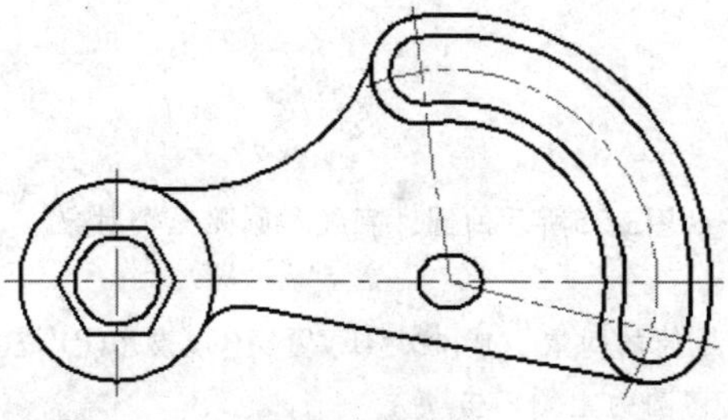

图3-79 绘制椭圆

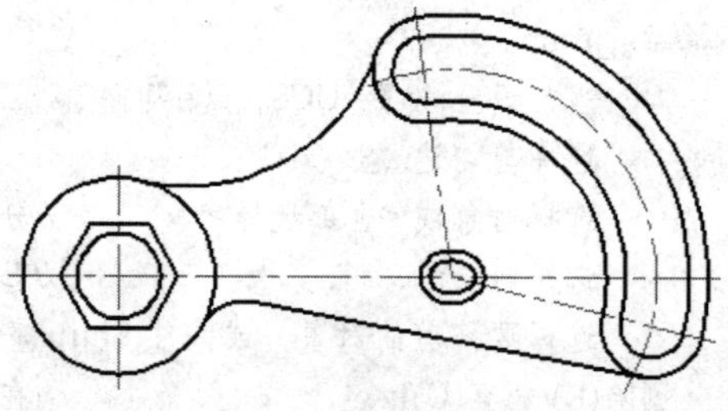

图3-80 绘制同心椭圆

22 最后执行【保存】命令，将图形另名存储为“上机指导（二）.dwg”。

3.7 绘制矩形

矩形是由四条首尾相连的直线组成的闭合图形，在AutoCAD中，将矩形看作是一条闭合多段线，是一个单独的图形对象。

执行【矩形】命令主要有以下几种方式：

- 执行菜单栏中的【绘图】/【矩形】命令。
- 单击【绘图】工具栏或面板中的□按钮。
- 在命令行输入Rectang后按Enter键。
- 使用命令简写REC。

3.7.1 绘制标准矩形

所谓“标准矩形”，指的是四个角都为直角的矩形，如图3-81所示。常用的绘制方式为“对角点”方式，使用此方式，只需要定位矩形的两个对角点，即可精确绘制矩形。其命令行操作如下。

```
命令: _rectang
    指定第一个角点或 [倒角(C)/标高(E)/圆角(F)/厚度(T)/宽度(W)]: //在绘图区拾取一点作为角点
    指定另一个角点或 [面积(A)/尺寸(D)/旋转(R)]:        //@58,14 Enter，结果如图3-81所示
```

TIP 【面积】选项用于根据已知的面积和矩形一条边的尺寸，进行精确绘制矩形；而【旋转】选项则用于绘制具有一定倾斜角度的矩形，如图3-82所示。

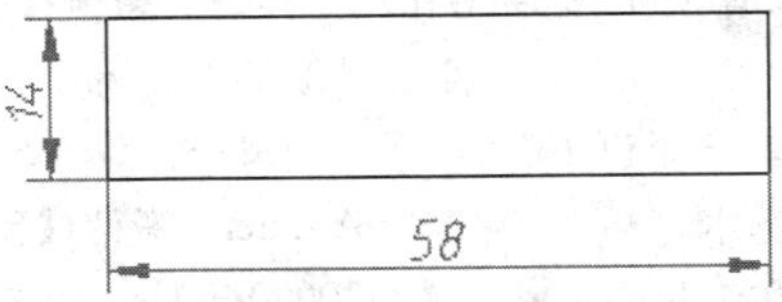

图3-81 “对角点”方式绘制矩形

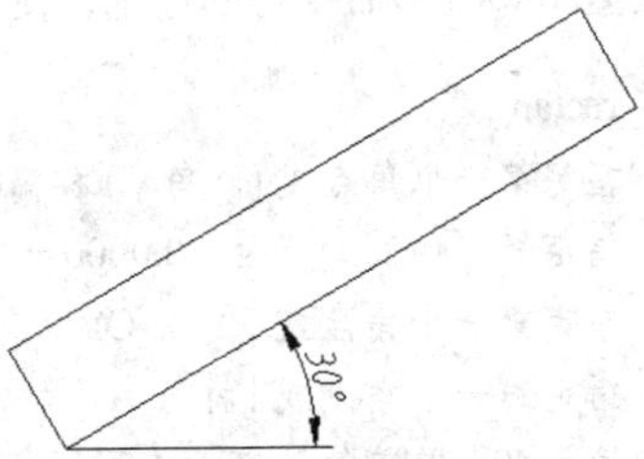

图3-82 【旋转】选项示例

TIP 由于矩形被看作是一条多段线，当用户编辑某一条边时，需要事先使用【分解】命令将其分解。

3.7.2 绘制倒角矩形

使用【矩形】命令中的【倒角】选项，可以绘制具有一定倒角的特征矩形，如图3-83所示。下面学习倒角矩形的绘制方法。

1 新建空白文件。

2 单击【绘图】工具栏中的□按钮，激活【矩形】命令。

3 根据AutoCAD命令行的提示，使用“尺寸”方式绘制倒角矩形，命令行操作如下。

```
命令: _rectang
    指定第一个角点或 [倒角(C)/标高(E)/圆角(F)/厚度(T)/宽度(W)]:
                                            //C Enter，激活【倒角】选项
    指定矩形的第一个倒角距离 <0.0000>:        //25 Enter，设置第一倒角距离
    指定矩形的第二个倒角距离 <25.0000>:       //10 Enter，设置第二倒角距离
    指定第一个角点或 [倒角(C)/标高(E)/圆角(F)/厚度(T)/宽度(W)]:
                                            //在适当位置拾取一点
    指定另一个角点或 [面积(A)/尺寸(D)/旋转(R)]: //D Enter，激活【尺寸】选项
    指定矩形的长度 <10.0000>:                 //200 Enter
    指定矩形的宽度 <10.0000>:                 //100 Enter
    指定另一个角点或 [面积(A)/尺寸(D)/旋转(R)]: //在绘图区拾取一点
```

4 倒角矩形的绘制效果如图3-83所示。

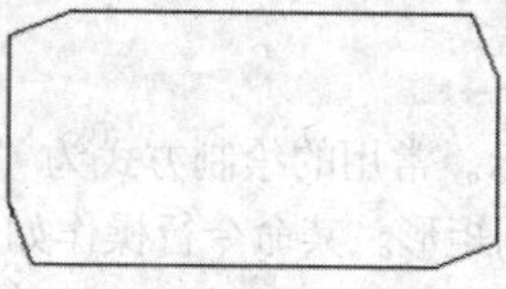

图3-83 倒角矩形示例

TIP 【标高】选项用于设置矩形在三维空间内的基面高度，即距离当前坐标系的XOY坐标平面的高度。

3.7.3 绘制圆角矩形

使用【矩形】命令中的【圆角】选项，可以绘制具有一定圆角的特征矩形，如图3-84所示。下面学习圆角矩形的绘制方法。

1 新建空白文件。

2 单击【绘图】工具栏中的□按钮，激活【矩形】命令。

3 根据AutoCAD命令行的提示，使用“面积”方式绘制圆角矩形，命令行操作如下。

```
命令: _rectang
    指定第一个角点或 [倒角(C)/标高(E)/圆角(F)/厚度(T)/宽度(W)]:  //F Enter，激活【圆角】选项
    指定矩形的圆角半径 <0.0000>:                                //20 Enter，设置圆角半径
    指定第一个角点或 [倒角(C)/标高(E)/圆角(F)/厚度(T)/宽度(W)]: //拾取一点作为起点
    指定另一个角点或 [面积(A)/尺寸(D)/旋转(R)]:                  //A Enter，激活【面积】选项
    输入以当前单位计算的矩形面积 <100.0000>:                     //20000 Enter，指定矩形面积
    计算矩形标注时依据 [长度(L)/宽度(W)] <长度>:                 //L Enter，激活【长度】选项
    输入矩形长度 <200.0000>:                                     // Enter，结束命令。
```

4 圆角矩形的绘制效果如图3-84所示。

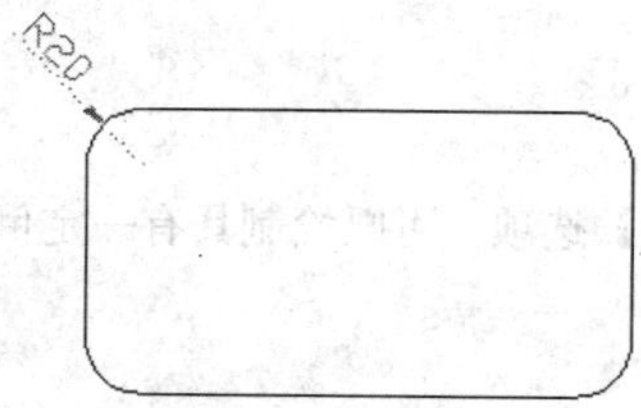

图3-84 圆角矩形

3.7.4 绘制其他矩形

使用【矩形】命令中的【宽度】选项，可以绘制具有一定宽度的矩形，如图3-85所示。宽度矩形的命令行操作过程如下。

```
命令: _rectang
    指定第一个角点或 [倒角(C)/标高(E)/圆角(F)/厚度(T)/宽度(W)]:
                                                      //W Enter，激活【宽度】选项
    指定矩形的线宽 <0.0000>:                           //10 Enter
    指定第一个角点或 [倒角(C)/标高(E)/圆角(F)/厚度(T)/宽度(W)]:   //@125,60 Enter
    指定另一个角点或 [面积(A)/尺寸(D)/旋转(R)]:        // Enter，结束命令
```

另外，使用【矩形】命令中的【厚度】选项，可以绘制具有一定厚度的矩形，如图3-86所示。矩形的厚度指的是Z轴方向的高度。矩形的厚度和宽度也可以通过【特性】命令进行修改和设置。

图3-85　宽度矩形

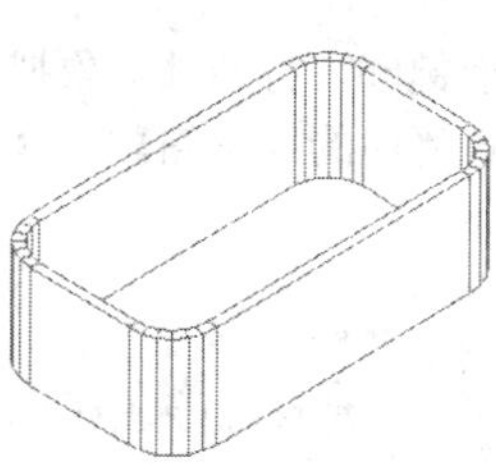

图3-86　厚度矩形

TIP 如果用户绘制一定厚度和标高的矩形时，要把当前视图转变为等轴测视图，才能显示出矩形的厚度和标高，否则在俯视图中看不出什么变化。

3.8 上机指导（三）——绘制箱体底垫平面图

本例通过箱体底垫零件的平面图，对所学知识进行综合练习和巩固应用。箱体底垫零件平面图的最终绘制效果，如图3-87所示。

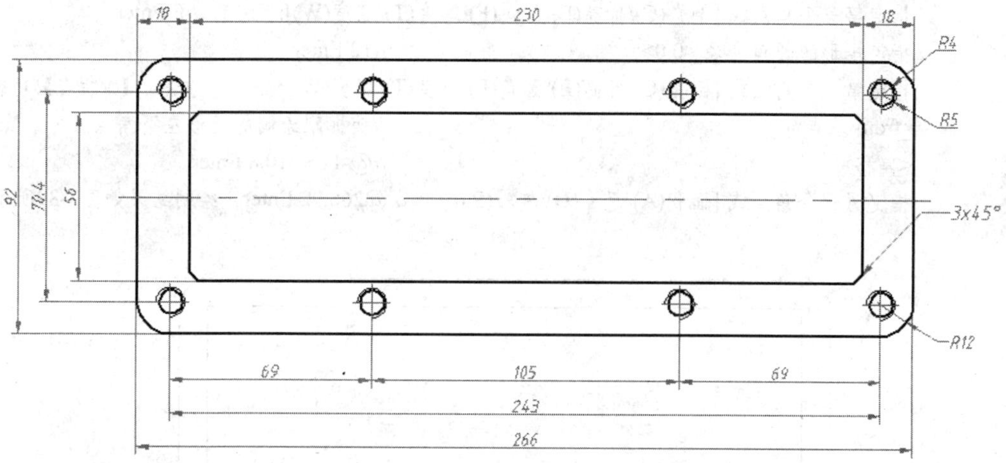

图3-87　实例效果

操作步骤

1. 执行【新建】命令，快速创建公制单位的空白文件。
2. 使用命令简写“Z”激活【视图缩放】功能，将当前的视口高度调整为200。命令行操作如下。

```
命令: '_zoom
    指定窗口的角点，输入比例因子 (nX 或 nXP)，或者[全部(A)/中心(C)/动态(D)/范围(E)/上一个(P)/比例(S)/窗口(W)/对象(O)] <实时>: _c
    指定中心点:                                   //在绘图区拾取一点
    输入比例或高度 <200.5404>:                    //200 Enter
```

3 按下功能键F3，打开【对象捕捉】功能，并设置捕捉模式为中点和象限点捕捉。

4 执行菜单栏中的【绘图】/【矩形】命令，配合坐标输入功能绘制底垫外轮廓线。命令行操作如下。

```
命令: _rectang
    指定第一个角点或 [倒角(C)/标高(E)/圆角(F)/厚度(T)/宽度(W)]:
                                                    //在绘图区拾取一点作为角点
    指定另一个角点或 [面积(A)/尺寸(D)/旋转(R)]: //@243,70.4Enter，绘制结果如图3-88所示
```

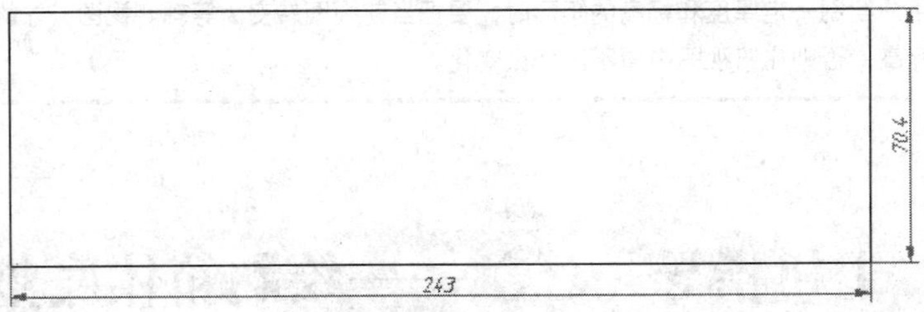

图3-88 绘制结果

5 重复执行【矩形】命令，配合【捕捉自】功能绘制外部的圆角矩形。命令行操作如下。

```
命令: _rectang
    指定第一个角点或 [倒角(C)/标高(E)/圆角(F)/厚度(T)/宽度(W)]:      //F Enter
    指定矩形的圆角半径 <0.0>:                        //12 Enter
    指定第一个角点或 [倒角(C)/标高(E)/圆角(F)/厚度(T)/宽度(W)]:      //激活【捕捉自】功能
    _from 基点:                                      //捕捉刚绘制的矩形左下角点
    <偏移>:                                          //@-11.8,-10.8 Enter
    指定另一个角点或 [面积(A)/尺寸(D)/旋转(R)]:     //@266,92 Enter，绘制结果如图3-89所示
```

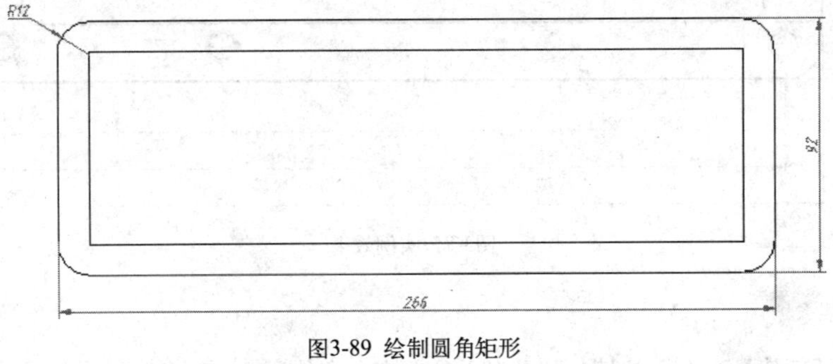

图3-89 绘制圆角矩形

6 再次执行【矩形】命令，配合【捕捉自】功能绘制内部的倒角矩形。命令行操作如下。

```
命令: _rectang
    当前矩形模式: 圆角=12.0
    指定第一个角点或 [倒角(C)/标高(E)/圆角(F)/厚度(T)/宽度(W)]:      //F Enter
    指定矩形的圆角半径 <12.0>:                        //0 Enter
    指定第一个角点或 [倒角(C)/标高(E)/圆角(F)/厚度(T)/宽度(W)]:      //C Enter
    指定矩形的第一个倒角距离 <0.0>:                   //3 Enter
```

指定矩形的第二个倒角距离 <3.0>:　　　　　　　　　　　　//3 Enter
指定第一个角点或 [倒角(C)/标高(E)/圆角(F)/厚度(T)/宽度(W)]:　　//激活【捕捉自】功能
_from 基点:　　　　　　　　　　　　　　　　　　//捕捉内侧矩形的左下角点
<偏移>:　　　　　　　　　　　　　　　　　　　//@6.2,7.2 Enter
指定另一个角点或 [面积(A)/尺寸(D)/旋转(R)]:　　　//@230,56 Enter，绘制结果如图3-90所示

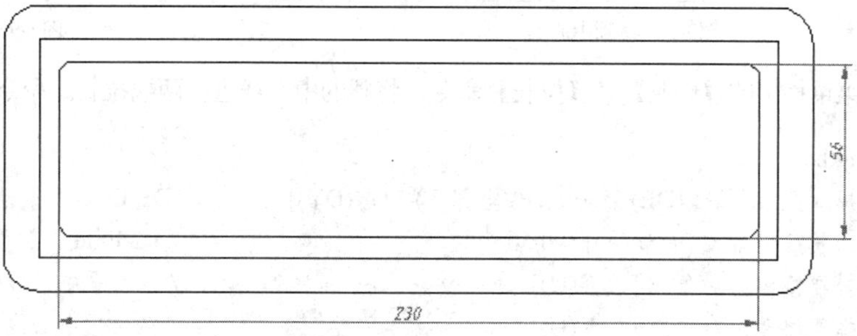

图3-90 绘制倒角矩形

7 单击【绘图】工具栏中的⊙按钮，以中间矩形的左下角点为圆心，绘制半径分别为5和4的同心圆，结果如图3-91所示。

8 使用命令简写“E”激活【删除】命令，删除中间的辅助矩形，结果如图3-92所示。

图3-91 绘制同心圆

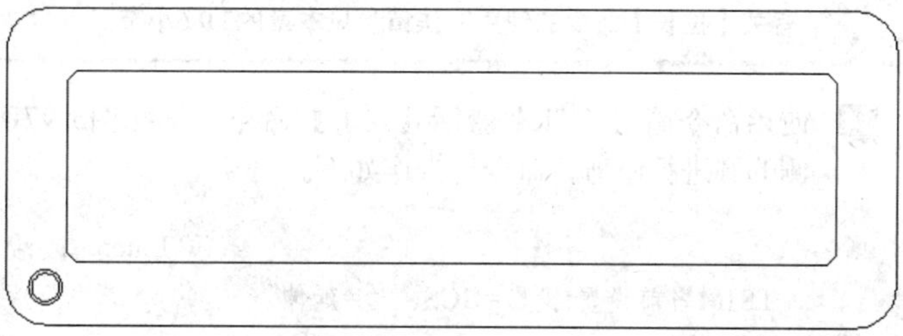

图3-92 删除结果

9 执行菜单栏中的【格式】/【线型】命令，加载“CENTER”线型，并将此线型设置为当前线型。

10 展开【特性】工具栏中的【颜色控制】下拉列表，设置当前颜色为红色，如图3-93所示。

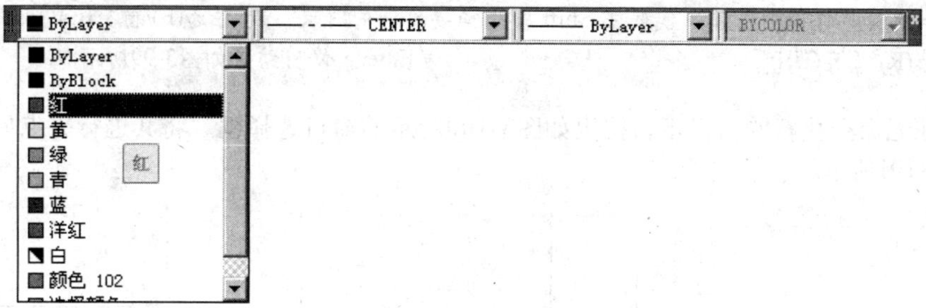

图3-93 设置当前颜色

11 单击【绘图】工具栏中的╱按钮，激活【直线】命令，配合中点捕捉功能绘制图形的中心线，结果如图3-94所示。

12 重复执行【直线】命令，配合象限点捕捉功能同心圆的中心线，结果如图3-95所示。

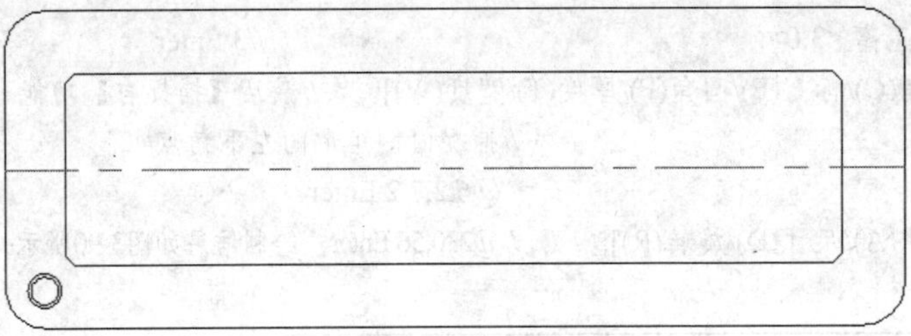

图3-94 绘制中心线

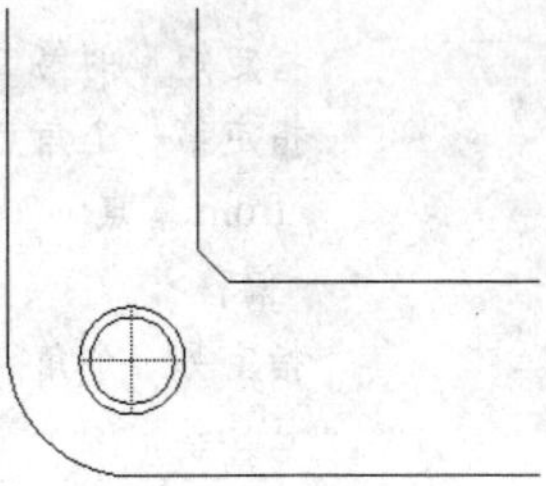

图3-95 绘制结果

13 执行菜单栏中的【修改】/【拉长】命令，将圆的中心线进行两端拉长。命令行操作如下。

```
命令: _lengthen
    选择对象或 [增量(DE)/百分数(P)/全部(T)/动态(DY)]:        //DE Enter，激活【增量】选项
    输入长度增量或 [角度(A)] <-0.50>:                        //1.2 Enter，设置长度增量
    选择要修改的对象或 [放弃(U)]:                            //在水平中心线的左端单击
    选择要修改的对象或 [放弃(U)]:                            //在水平中心线的左端单击
    选择要修改的对象或 [放弃(U)]:                            //在水平中心线的右端单击
    选择要修改的对象或 [放弃(U)]:                            //在垂直中心线的上端单击
    选择要修改的对象或 [放弃(U)]:          //在垂直中心线的下端单击，结果如图3-96所示
```

TIP 有关【拉长】命令的使用方法请参见本章的3.9.6小节。

14 使用命令简写“TR”激活【修剪】命令，选择图3-97所示的两条中心线作为边界，对外侧的圆进行修剪，命令行操作如下。

```
命令: tr                                        // Enter，激活【修剪】命令
    TRIM当前设置:投影=UCS，边=延伸
    选择剪切边...
    选择对象或 <全部选择>:                      //选择如图3-97所示的两条中心线
    选择对象:                                   // Enter
    选择要修剪的对象，或按住 Shift 键选择要延伸的对象，或[栏选(F)/窗交(C)/投影(P)/边(E)/
删除(R)/放弃(U)]:                               //在如图3-98所示的位置单击
    选择要修剪的对象，或按住 Shift 键选择要延伸的对象，或[栏选(F)/窗交(C)/投影(P)/边(E)/
删除(R)/放弃(U)]:                               // Enter，修剪结果如图3-99所示
```

15 在无命令执行的前提下，拉出如图3-100所示的窗口选择框，将其进行夹点显示，如图3-101所示。

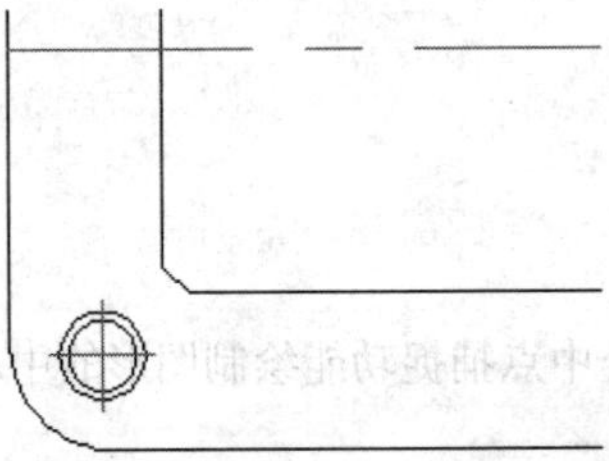

图3-96 拉长结果

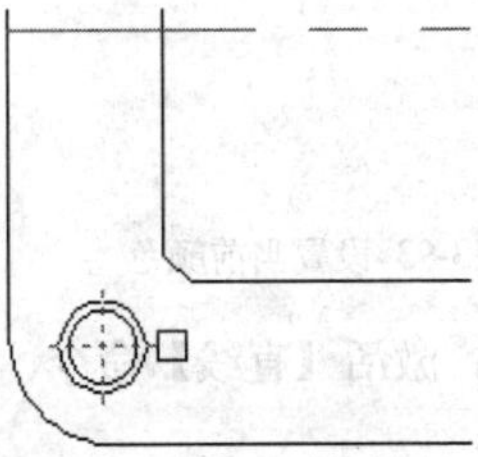

图3-97 选择结果

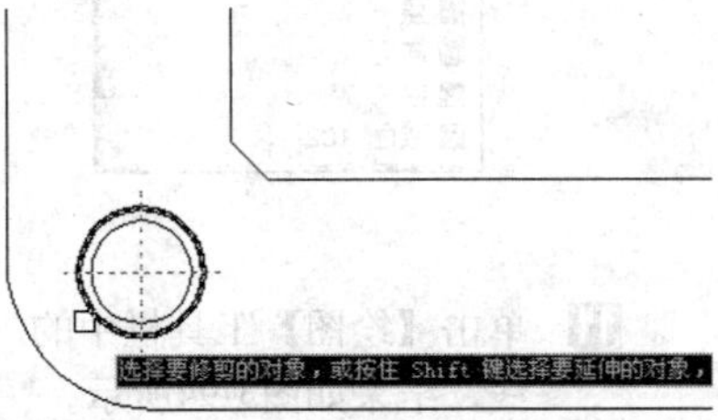

图3-98 指定修剪位置

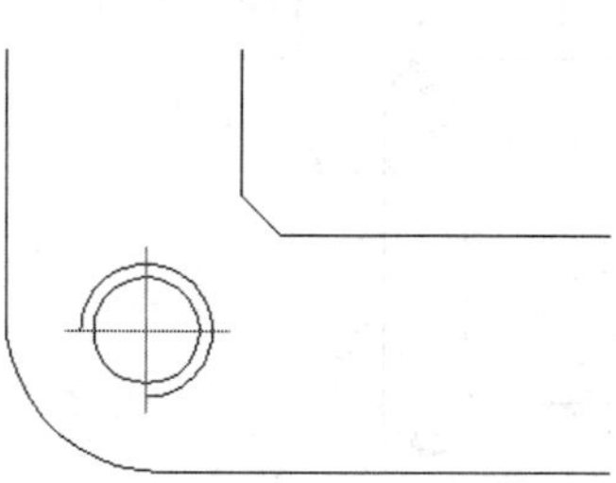

图3-99 修剪结果

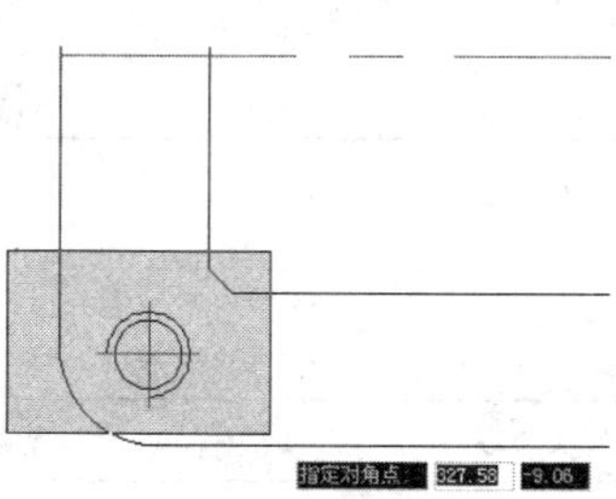

图3-100 窗口选择

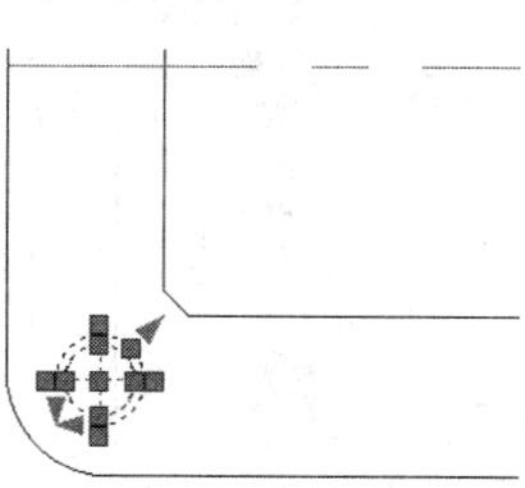

图3-101 夹点显示

16 单击中间的一个夹点，进入夹点编辑模式，对夹点显示的所有对象进行移动并复制。命令行操作如下。

```
命令: ** 拉伸 **
    指定拉伸点或 [基点(B)/复制(C)/放弃(U)/退出(X)]:          // Enter
    ** 移动 **
    指定移动点或 [基点(B)/复制(C)/放弃(U)/退出(X)]:          //C Enter
    ** 移动 (多重) **
    指定移动点或 [基点(B)/复制(C)/放弃(U)/退出(X)]:          //@69,0 Enter
    ** 移动 (多重) **
    指定移动点或 [基点(B)/复制(C)/放弃(U)/退出(X)]:          //@174,0 Enter
    ** 移动 (多重) **
    指定移动点或 [基点(B)/复制(C)/放弃(U)/退出(X)]:          //@243,0 Enter
    ** 移动 (多重) **
    指定移动点或 [基点(B)/复制(C)/放弃(U)/退出(X)]:          //@0,70.4 Enter
    ** 移动 (多重) **
    指定移动点或 [基点(B)/复制(C)/放弃(U)/退出(X)]:          // @69,70.4 Enter
    ** 移动 (多重) **
    指定移动点或 [基点(B)/复制(C)/放弃(U)/退出(X)]:          // @174,70.4 Enter
    ** 移动 (多重) **
    指定移动点或 [基点(B)/复制(C)/放弃(U)/退出(X)]:          //@243,70.4 Enter
    ** 移动 (多重) **
    指定移动点或 [基点(B)/复制(C)/放弃(U)/退出(X)]:
                        // Enter，退出夹点模式，编辑结果如图3-102所示
```

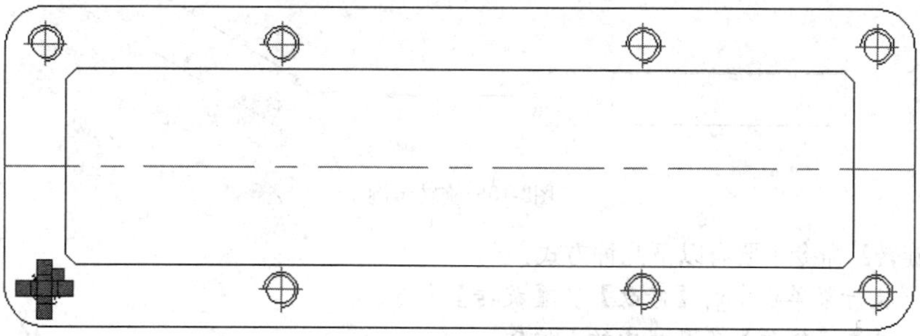

图3-102 夹点编辑结果

17 按下Esc键取消对象的夹点显示，结果如图3-103所示。

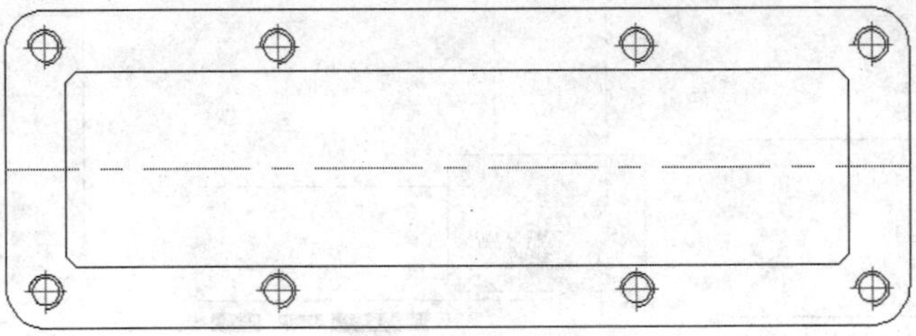

图3-103 编辑结果

18 执行菜单栏中的【修改】/【拉长】命令，将水平的中心线两端拉长6个单位，结果如图3-104所示。

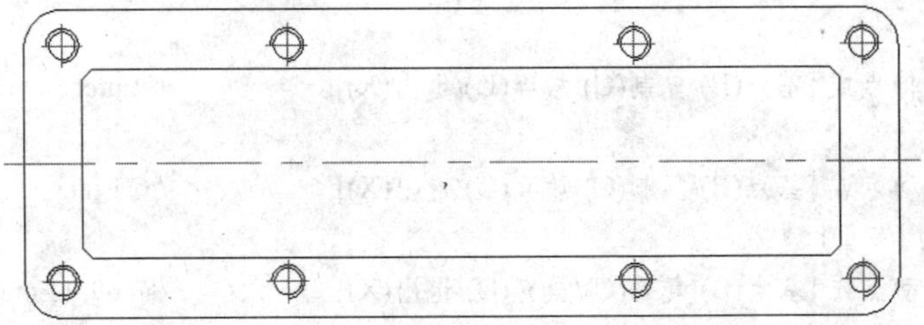

图3-104 偏移结果

19 最后执行【保存】命令，将图形命名存储为“上机指导（三）.dwg”。

3.9 闭合图元的常规编辑

本节主要学习图形的常规编辑与细化功能，具体有【旋转】、【缩放】、【倒角】、【圆角】、【拉伸】、【拉长】和【对齐】命令。

3.9.1 旋转对象

【旋转】命令用于将选择的图形对象围绕指定的基点旋转一定的角度，如图3-105所示。

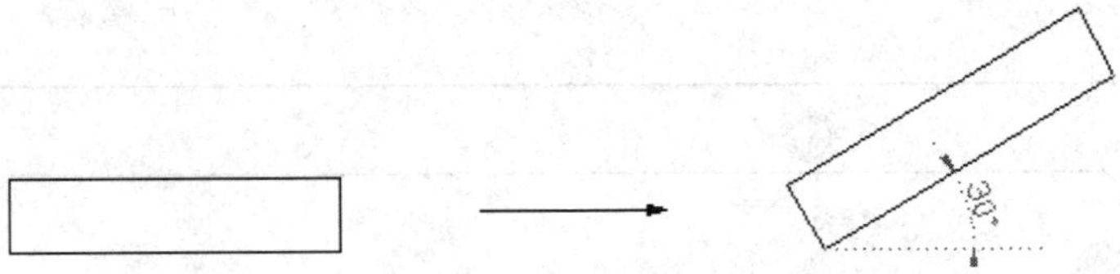

图3-105 旋转示例

执行【旋转】命令主要有以下几种方式：

- 执行菜单栏中的【修改】/【旋转】命令。
- 单击【修改】工具栏中的按钮。
- 在命令行输入Rotate按Enter键。
- 使用命令简写RO。

- **【旋转】命令的应用**

在旋转对象时，如果输入的角度为正值，系统将按逆时针方向旋转；输入的角度为负值，系统按顺时针方向旋转。下面通过典型的小实例，学习使用【旋转】命令。具体操作步骤如下：

1. 打开随书光盘中的“素材文件／旋转图形.dwg”文件，如图3-106所示。
2. 单击【绘图】工具栏按钮，配合“圆心捕捉”功能，分别捕捉同心椭圆的圆心，绘制如图3-107所示的直线作为辅助线。
3. 执行菜单栏中的【修改】/【旋转】命令，或单击【修改】工具栏按钮，激活【旋转】命令，将两组椭圆旋转复制52°。命令行操作如下。

```
命令: _rotate
    UCS 当前的正角方向: ANGDIR=逆时针  ANGBASE=0
    选择对象:                              //选择上侧的同心椭圆组
    选择对象:                              //选择下侧的同心椭圆，结果如图3-108所示
```

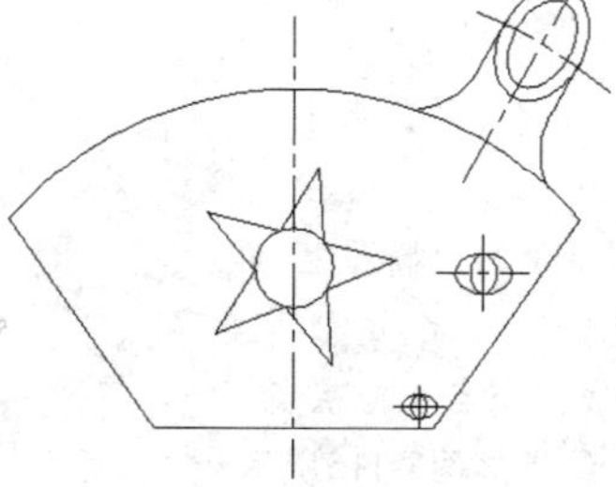

图3-106 打开结果

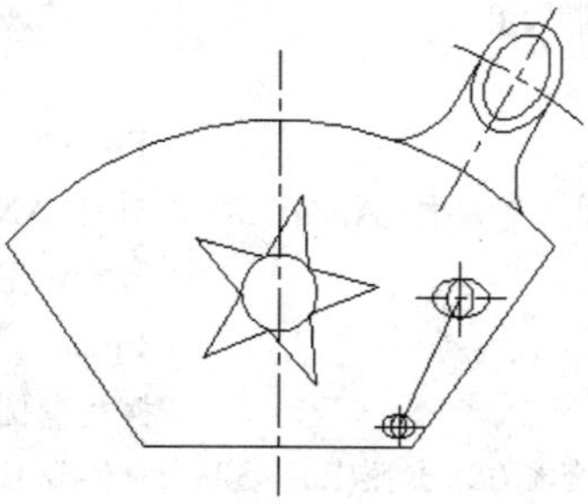

图3-107 绘制辅助线

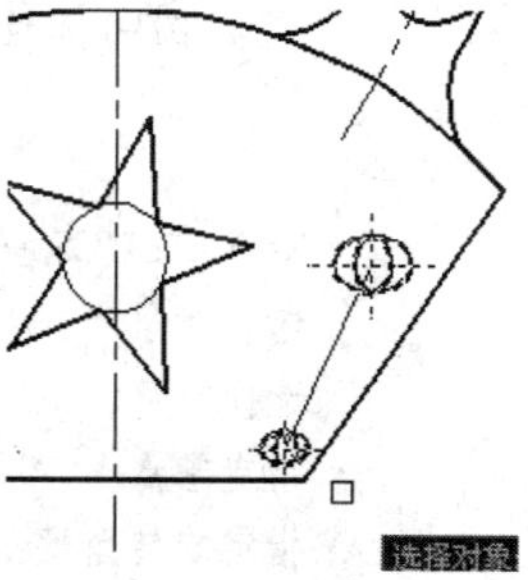

图3-108 选择对象

```
    选择对象:                              // Enter，结束对象的选择
    指定基点:                              //引出如图3-109所示的垂直虚线，再从辅助线下端引出倾斜
                                             的延伸虚线，然后捕捉两条虚线的交点，如图3-110所示
    指定旋转角度，或 [复制(C)/参照(R)] <0>:          //C Enter，激活【复制】选项
    旋转一组选定对象。
    指定旋转角度，或 [复制(C)/参照(R)] <0>:          //52 Enter，结果如图3-111所示
```

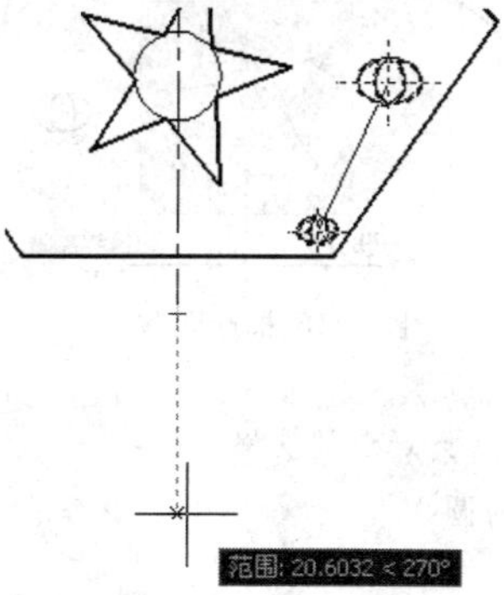

图3-109 引出延伸虚线

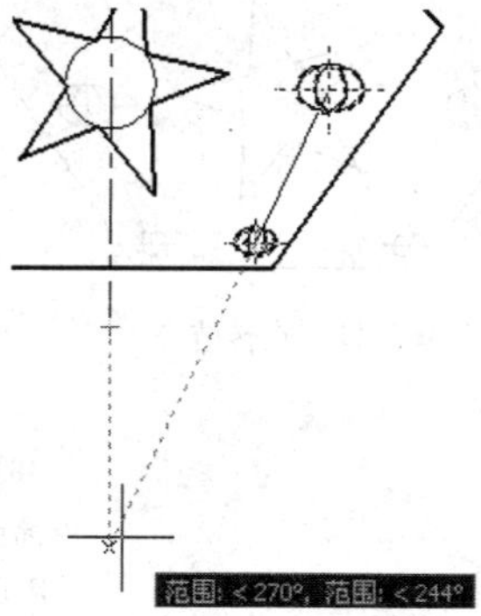

图3-110 捕捉交点

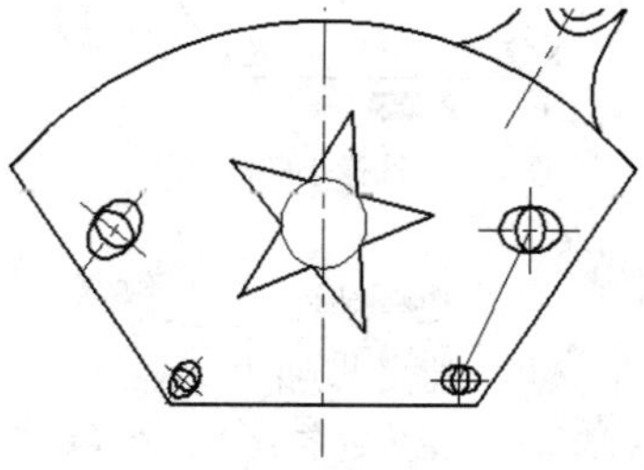

图3-111 旋转结果

4. 单击【修改】工具栏按钮，重复执行【旋转】命令，分别将旋转出的两组椭圆顺时针旋转52°。命令行操作如下。

```
命令: _rotate
    UCS 当前的正角方向: ANGDIR=逆时针 ANGBASE=0
    选择对象:                                    //选择如图3-112所示的大椭圆组
    选择对象:                                    // Enter, 结束对象的选择
    指定基点:                                    //捕捉椭圆中心线的交点作为基点
    指定旋转角度, 或 [复制(C)/参照(R)] <52>:      //-52 Enter, 旋转结果如图3-113所示
```

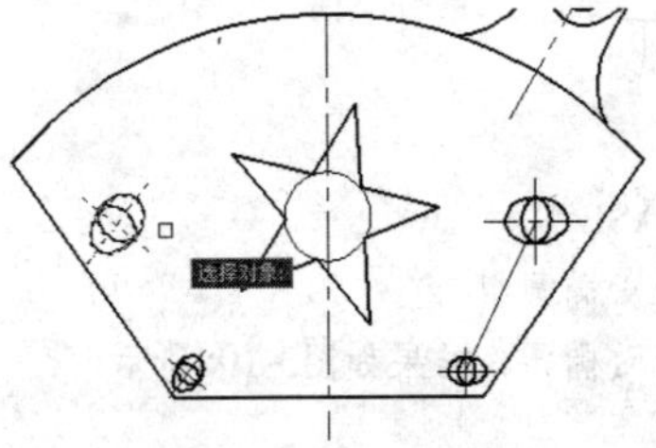

图3-112 选择大椭圆组

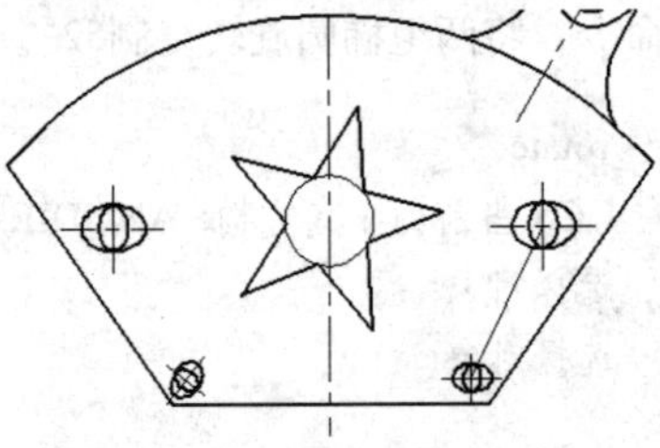

图3-113 旋转结果

```
命令:                                            // Enter, 重复执行【旋转】命令
    ROTATEUCS 当前的正角方向: ANGDIR=逆时针 ANGBASE=0
    选择对象:                                    //选择如图3-114所示的大椭圆组
    选择对象:                                    // Enter, 结束选择
    指定基点:                                    //捕捉椭圆中心线的交点作为基点
    指定旋转角度, 或 [复制(C)/参照(R)] <308>:     //-52 Enter, 结果如图3-115所示
```

5 单击【修改】工具栏按钮，使用“参照”旋转功能，将内部的五角形和圆进行参照旋转。命令行操作如下。

```
命令: _rotate
    UCS 当前的正角方向: ANGDIR=逆时针 ANGBASE=0
    选择对象:                                    //从左向右拉出如图3-116所示的选择框
```

图3-114 选择小椭圆组

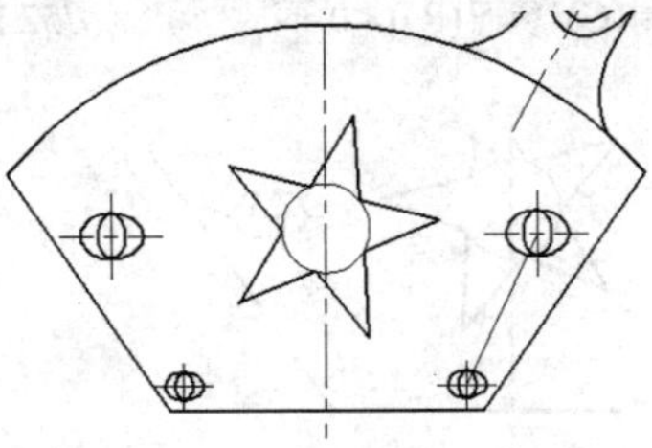

图3-115 旋转结果

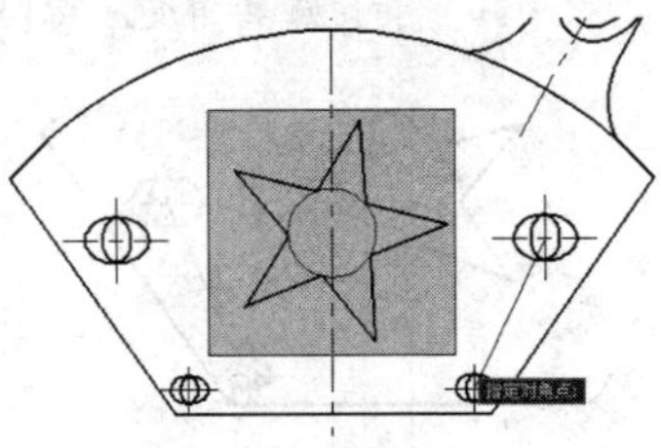

图3-116 框选图形

```
    选择对象:                                    // Enter, 结束对象的选择
    指定基点:                                    //捕捉圆的圆心
    指定旋转角度, 或 [复制(C)/参照(R)] <308>:     //R Enter
    指定参照角 <0>:                              //捕捉圆的圆心
    指定第二点:                                  //捕捉如图3-117所示的五角形顶点
    指定新角度或 [点(P)] <0>:    //捕捉如图3-118所示的端点, 旋转结果如图3-119所示
```

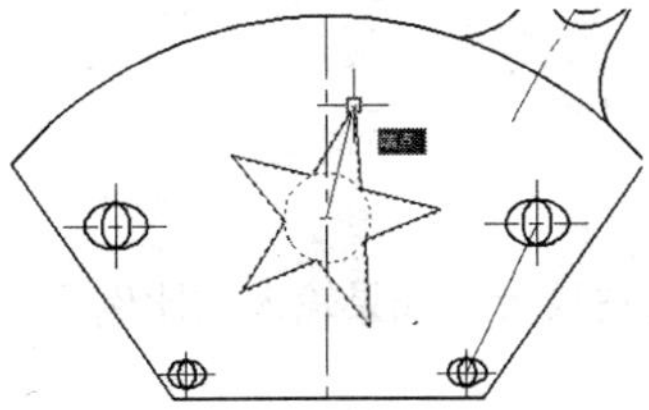

图3-117 捕捉顶点

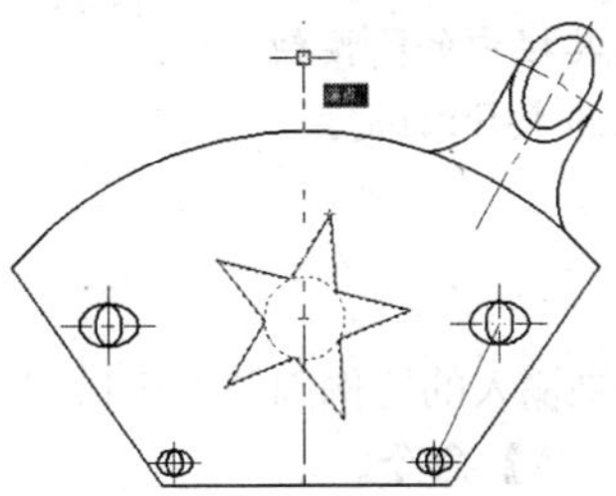

图3-118 捕捉端点

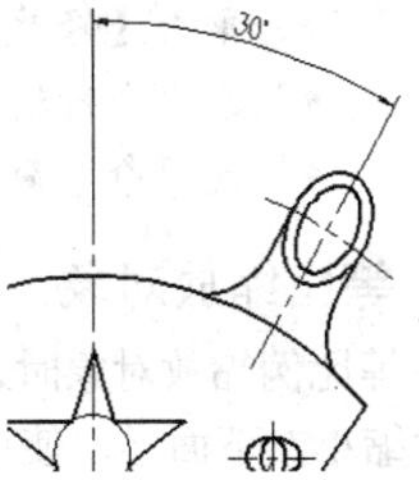

图3-119 参照旋转结果

TIP

【参照】选项用于将选择的图形对象根据所指定的参照角和新角度进行旋转，而不必知道对象的实际旋转角度。

6 使用命令简写“RO”再次激活【旋转】命令，将上侧的图形旋转复制50°。命令行操作如下。

```
命令: ro                                          // Enter, 激活【旋转】命令
    ROTATEUCS 当前的正角方向: ANGDIR=逆时针 ANGBASE=0
    选择对象:                                     //使用窗口选择方式选择如图3-120所示的图形
    选择对象:                                     // Enter, 结束选择
    指定基点:                                     //捕捉如图3-121所示的弧的圆心
    指定旋转角度, 或 [复制(C)/参照(R)] <308>:              //C Enter
    旋转一组选定对象。
    指定旋转角度, 或 [复制(C)/参照(R)] <308>:              //50 Enter, 结果如图3-122所示
```

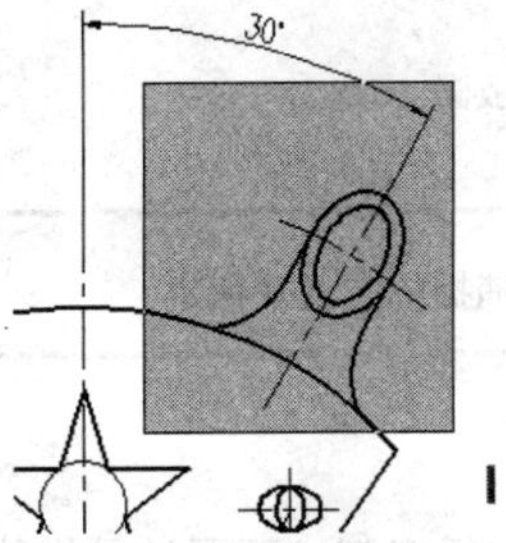

图3-120 框选图形

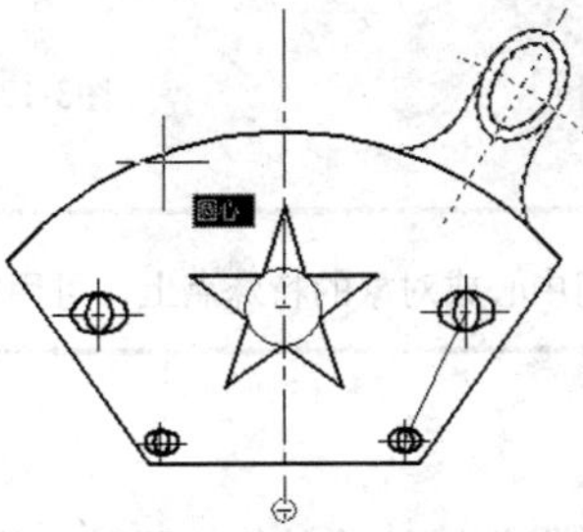

图3-121 捕捉圆心

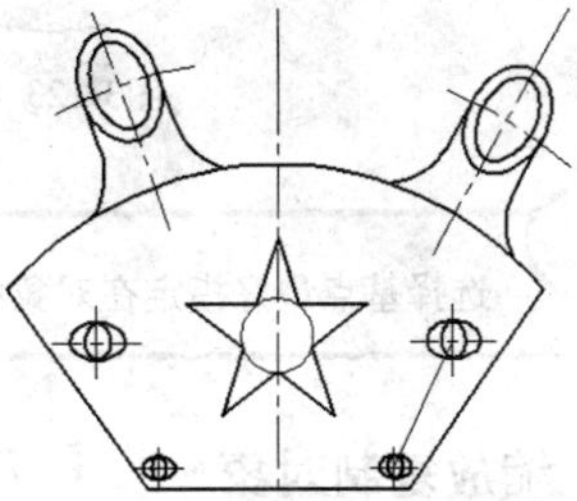

图3-122 旋转结果

TIP

使用命令中的【复制】选项，可以在旋转图形对象的同时将其复制，而源对象保持不变。

3.9.2 缩放对象

【缩放】命令用于将对象进行等比例放大或缩小，使用此命令可以创建形状相同、大小不同的图形结构。

• 【缩放】命令的执行方式

执行【缩放】命令主要有以下几种方式：

- ◆ 执行菜单栏中的【修改】/【缩放】命令。

- 单击【修改】工具栏中的按钮。
- 在命令行输入Scale按Enter键。
- 使用命令简写SC。

• 等比缩放对象

在等比例缩放对象时，如果输入的比例因子大于1，对象将被放大；如果输入的比例小于1，对象将被缩小。下面学习使用【缩放】命令。

1. 新建空白文件。
2. 使用命令简写“C”激活【圆】命令，绘制直径为100的圆图形，如图3-123所示。
3. 单击【修改】工具栏中的按钮，激活【缩放】命令，将圆图形等比缩放0.5倍。命令行操作如下。

```
命令: _scale
    选择对象:                                        //选择刚绘制的圆
    选择对象:                                        // Enter，结束对象的选择
    指定基点:                                        //捕捉圆的圆心
    指定比例因子或 [复制(C)/参照(R)] <1.0000>:        //0.5 Enter，输入缩放比例
```

4. 缩放结果如图3-124所示。

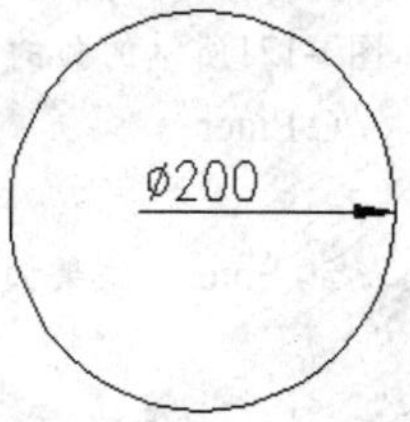

图3-123 绘制圆

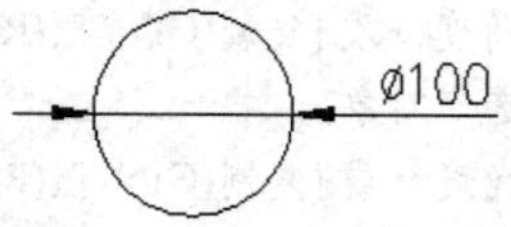

图3-124 缩放圆

TIP 选择基点最好指定在对象的几何中心或对象的特殊点上，可用目标捕捉的方式来指定。

• 缩放复制对象

所谓“缩放复制对象”，指的就是在等比缩放对象的同时，将其进行复制。下面学习此种缩放功能。

1. 绘制直径为200的圆。
2. 单击【修改】工具栏中的按钮，激活【缩放】命令，将图形缩放复制。命令行操作如下。

```
命令: _scale
    选择对象:                                        //选择圆
    选择对象:                                        // Enter，结束对象的选择
    指定基点:                                        //捕捉圆心
    指定比例因子或 [复制(C)/参照(R)] <1.0000>:        //C Enter
    缩放一组选定对象。
    指定比例因子或 [复制(C)/参照(R)] <0.6000>:        //1.5 Enter，输入缩放比例
```

3. 缩放复制的结果如图3-125所示。

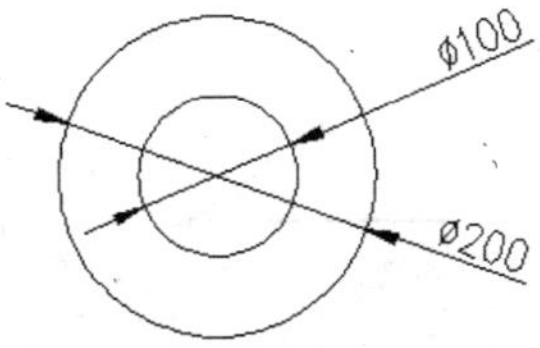

图3-125 缩放复制示例

TIP：【参照】选项是选择参考值作为比例因子缩放对象，此选项需要用户分别指定一个参照长度和一个新长度，AutoCAD将以参考长度和新长度的比值决定缩放的比例因子。

3.9.3 倒角对象

【倒角】命令指的就是使用一条线段连接两个非平行的图线，用于倒角的图线一般有直线、多段线、矩形、多边形等，不能倒角的图线有圆、圆弧、椭圆和椭圆弧等。

执行【倒角】命令主要有以下几种方式：

- 执行菜单栏中的【修改】/【倒角】命令。
- 单击【修改】工具栏中的□按钮。
- 在命令行输入Chamfer按Enter键。
- 使用命令简写CHA。

● 距离倒角

所谓“距离倒角”，指的就是直接输入两条图线上的倒角距离，进行倒角图线。下面学习此种倒角功能。

1 新建空白文件。

2 使用命令简写“L”激活【直线】命令，绘制图3-126（左）所示的两条图线。

3 单击【修改】工具栏中的□按钮，激活【倒角】命令，对两条图线进行距离倒角。命令行操作如下。

```
命令: _chamfer
    (“修剪”模式) 当前倒角距离 1 = 0.0000，距离 2 = 0.0000
    选择第一条直线或 [放弃(U)/多段线(P)/距离(D)/角度(A)/修剪(T)/方式(E)/多个(M)]:
                                        //D Enter，激活【距离】选项
    指定第一个倒角距离 <0.0000>:          //150 Enter，设置第一倒角长度
    指定第二个倒角距离 <25.0000>:         //100 Enter，设置第二倒角长度
    选择第一条直线或 [放弃(U)/多段线(P)/距离(D)/角度(A)/修剪(T)/方式(E)/多个(M)]:
                                        //选择水平线段
    选择第二条直线，或按住 Shift 键选择要应用角点的直线：   //选择倾斜线段
```

TIP：在此操作提示中，【放弃】选项是用于在不中止命令的前提下，撤消上一步操作；【多个】选项是用于在执行一次命令时，可以对多个图线进行倒角操作。

4 距离倒角的结果如图3-126（右）所示。

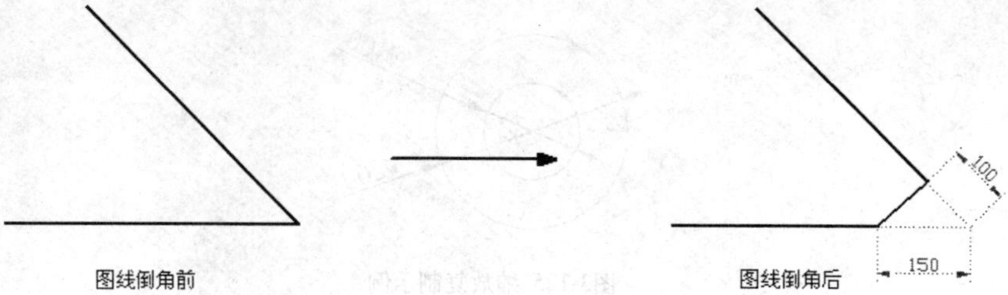

图3-126 距离倒角

TIP 用于倒角的两个倒角距离值不能为负值，如果将两个倒角距离设置为零，那么倒角的结果就是两条图线被修剪或延长，直至相交于一点。

- **角度倒角**

所谓“角度倒角”，指的是通过设置一条图线的倒角长度和倒角角度，为图线倒角。下面学习此种倒角功能。

1 绘制图3-127（左）所示的两条垂直图线。

2 单击【修改】工具栏中的按钮，激活【倒角】命令，对两条图形进行角度倒角。命令行操作如下。

```
命令: _chamfer
    ("修剪" 模式) 当前倒角距离 1 = 25.0000, 距离 2 = 15.0000
    选择第一条直线或 [放弃(U)/多段线(P)/距离(D)/角度(A)/修剪(T)/方式(E)/多个(M)]:
                                         //A Enter, 激活【角度】选项
    指定第一条直线的倒角长度 <0.0000>:      //100 Enter, 设置倒角长度
    指定第一条直线的倒角角度 <0>:          //30 Enter, 设置倒角距离
    选择第一条直线或 [放弃(U)/多段线(P)/距离(D)/角度(A)/修剪(T)/方式(E)/多个(M)]:
                                         //选择水平的线段
    选择第二条直线, 或按住Shift键选择要应用角点的直线:
                                         //选择倾斜线段作为第二倒角对象
```

3 角度倒角的结果如图3-127（右）所示。

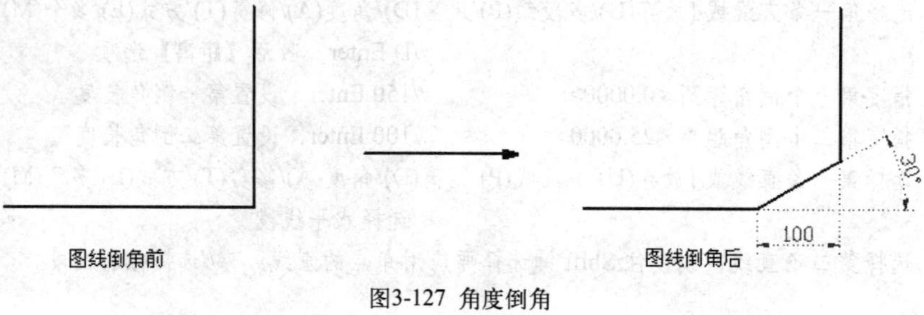

图3-127 角度倒角

TIP 在此操作提示中，【方式】选项用于确定倒角的方式，需要选择“距离倒角”或“角度倒角”。另外，系统变量“”控制着倒角的方式：当“Chammode=0”，系统支持“距离倒角”；当“Chammode=1”，系统支持“角度倒角”模式。

- **多段线倒角**

【多段线】选项是用于为整条多段线的所有相邻元素边进行的倒角操作。在为多段线进行倒角操作时，可以使用相同的倒角距离值，也可以使用不同的倒角距离值。下面学习此种倒角功能。

1 首先使用【多段线】命令绘制如图3-128（左）所示的多段线。

2 单击【修改】工具栏中的按钮，激活【倒角】命令，对多段线进行倒角。命令行操作如下。

```
命令: _chamfer
    ("修剪" 模式) 当前倒角距离 1 = 0.0000，距离 2 = 0.0000
    选择第一条直线或 [放弃(U)/多段线(P)/距离(D)/角度(A)/修剪(T)/方式(E)/多个(M)]:
                                                    // D Enter，激活【距离】选项
    指定第一个倒角距离 <0.0000>:                    //50 Enter，设置第一倒角长度
    指定第二个倒角距离 <50.0000>:                   //30 Enter，设置第二倒角长度
    选择第一条直线或 [放弃(U)/多段线(P)/距离(D)/角度(A)/修剪(T)/方式(E)/多个(M)]:
                                                    //P Enter，激活【多段线】选项
    选择二维多段线:                     //选择刚绘制的多段线，6条直线已被倒角
```

3 多段线倒角的结果如图3-128（右）所示

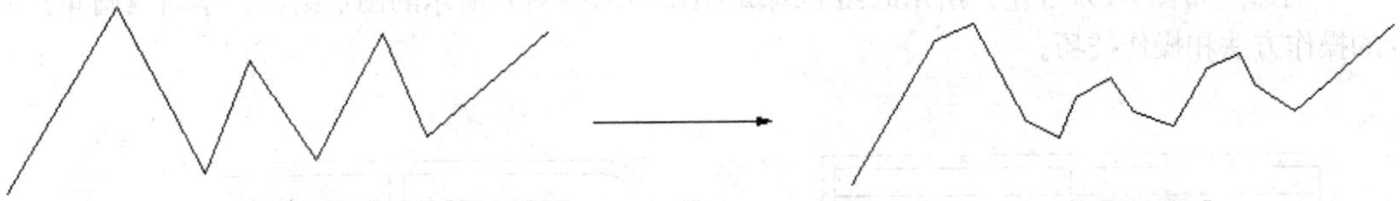

图3-128 多段线倒角

- **设置倒角模式**

【修剪】选项用于设置倒角的修剪状态。系统提供了两种倒角边的修剪模式，即“修剪”和“不修剪”。当将倒角模式设置为“修剪”时，被倒角的两条直线被修剪到倒角的端点，系统默认的模式为“修剪模式”；当倒角模式设置为“不修剪”时，那么用于倒角的图线将不被修剪，如图3-129所示。

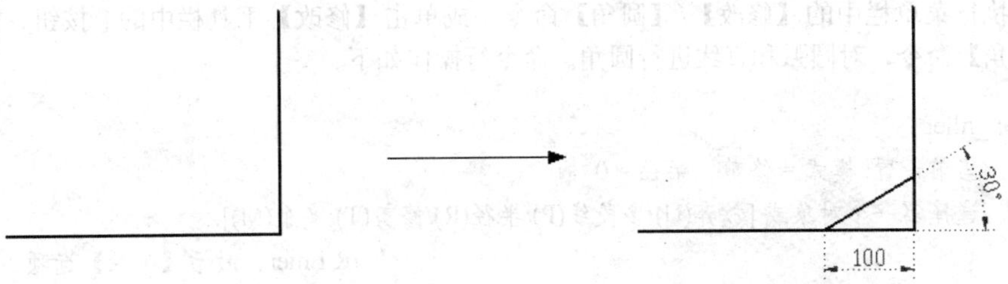

图3-129 非修剪模式下的倒角

TIP ▸▸ 系统变量“Trimmode”控制倒角的修剪状态。当“Trimmode=0”时，系统保持对象不被修剪；当“Trimmode=1”时，系统支持倒角的修剪模式。

3.9.4 圆角对象

所谓“圆角对象”，指的就是使用一段给定半径的圆弧光滑连接两条图线，如图3-130所示。一般情况下，用于圆角的图线有直线、多段线、样条曲线、构造线、射线、圆弧和椭圆弧等。

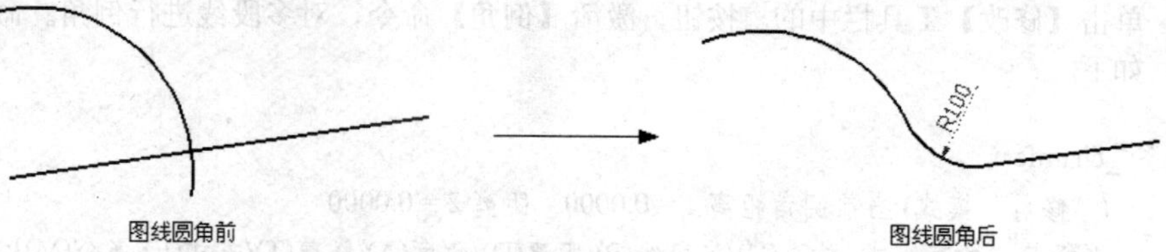

图3-130 圆角示例

执行【圆角】命令主要有以下几种方式：

- 执行菜单栏中的【修改】/【圆角】命令。
- 单击【修改】工具栏中的□按钮。
- 在命令行输入Fillet按Enter键。
- 使用命令简写F。

• 【圆角】命令的应用

下面通过将图3-131（左）所示的图形编辑为图3-131（右）所示的图形结构，学习【圆角】命令的操作方法和操作技巧。

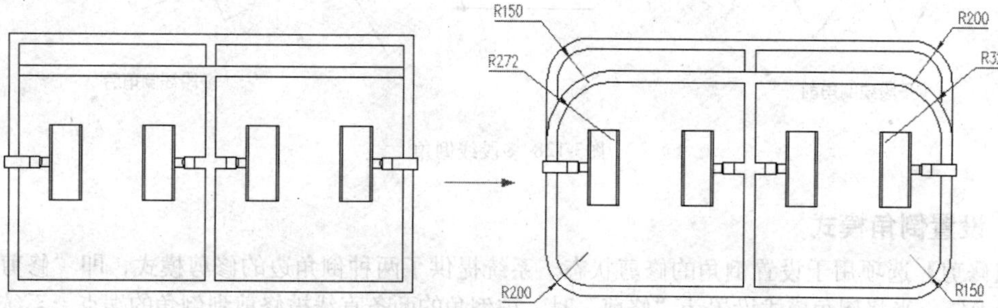

图3-131 实例效果

1 打开随书光盘“素材文件/圆角图形.dwg”，如图3-131（左）所示。

2 执行菜单栏中的【修改】/【圆角】命令，或单击【修改】工具栏中的□按钮，激活【圆角】命令，对圆弧和直线进行圆角。命令行操作如下。

```
命令: _fillet
    当前设置: 模式 = 修剪, 半径 = 0
    选择第一个对象或 [放弃(U)/多段线(P)/半径(R)/修剪(T)/多个(M)]:
                                        //R Enter, 激活【半径】选项
    指定圆角半径 <0>:                   //200Enter, 设置圆角半径
    选择第一个对象或 [放弃(U)/多段线(P)/半径(R)/修剪(T)/多个(M)]:
                                        //在如图3-132所示的位置单击
    选择第二个对象, 或按住 Shift 键选择要应用角点的对象:
                          //在如图3-133所示的位置单击, 圆角结果如图3-134所示
```

3 重复执行【圆角】命令，圆角半径不变，分别对其他位置的外轮廓线进行圆角，结果如图3-135所示。

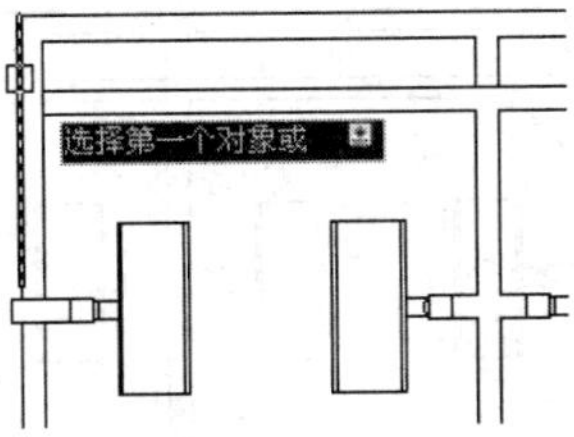

图3-132　选择圆角对象

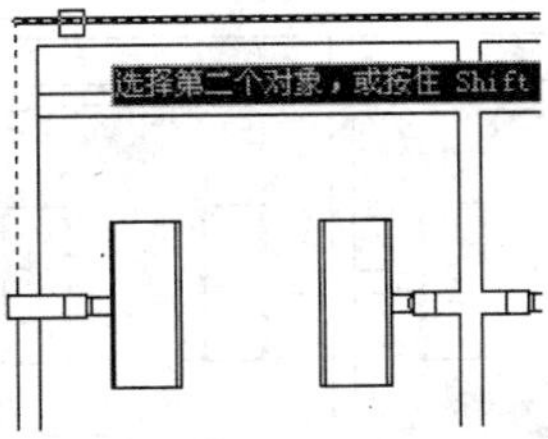

图3-133　选择圆角对象

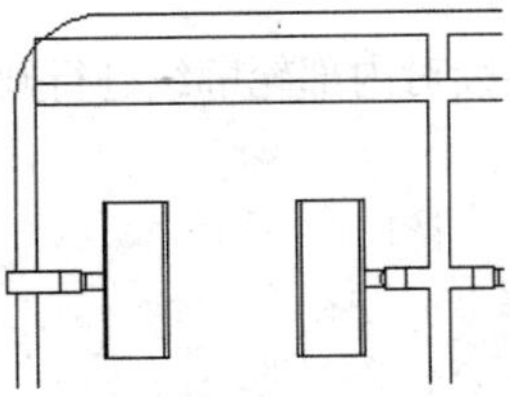

图3-134　圆角结果

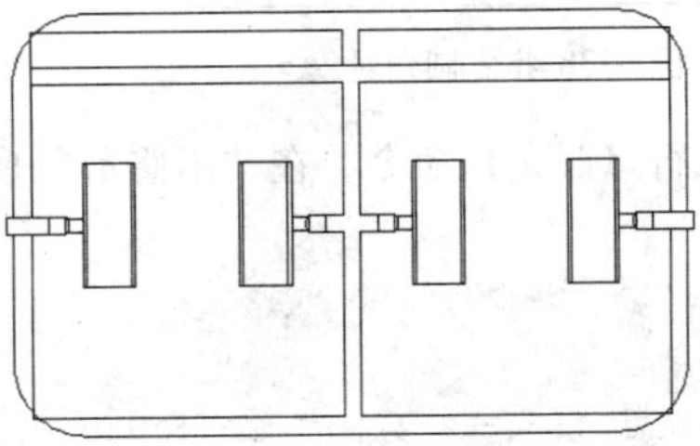

图3-135　圆角外轮廓线

4 重复执行【圆角】命令，设置圆角半径为272，对内部图线进行圆角。命令行操作如下。

```
命令: _fillet
    当前设置: 模式 = 修剪, 半径 = 200
    选择第一个对象或 [放弃(U)/多段线(P)/半径(R)/修剪(T)/多个(M)]:        //R Enter
    指定圆角半径 <200>:                                              //200Enter, 设置圆角半径
    选择第一个对象或 [放弃(U)/多段线(P)/半径(R)/修剪(T)/多个(M)]:        //M Enter
```

TIP 【多个】选项用于为多个对象进行圆角处理，不需要重复执行命令。如果用于圆角的图线处于同一图层中，那么圆角也处于同一图层上；如果两圆角对象不在同一图层中，那么圆角将处于当前图层上。同样，圆角的颜色、线型和线宽也都遵循这一规则。

```
    选择第一个对象或 [放弃(U)/多段线(P)/半径(R)/修剪(T)/多个(M)]: //单击图3-136所示的轮廓线1
    选择第二个对象, 或按住 Shift 键选择要应用角点的对象:          //单击轮廓线2
    选择第一个对象或 [放弃(U)/多段线(P)/半径(R)/修剪(T)/多个(M)]:  //单击轮廓线3
    选择第二个对象, 或按住 Shift 键选择要应用角点的对象:
                                             //单击轮廓线4, 圆角结果如图3-137所示
```

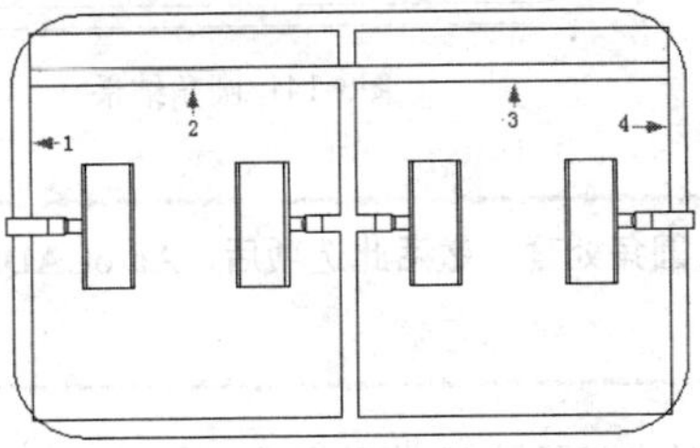

图3-136　定位圆角对象

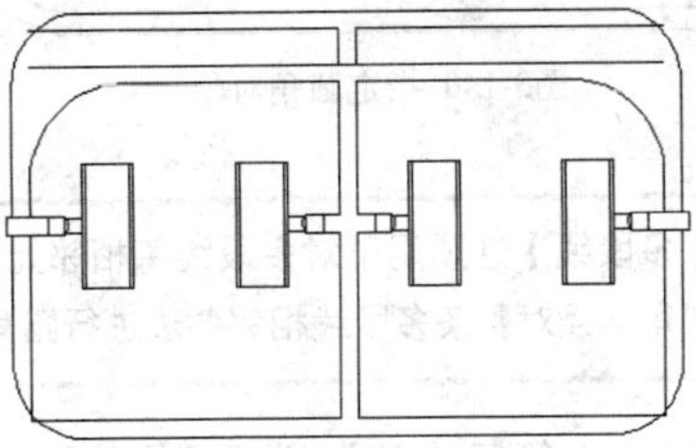

图3-137　圆角结果

5 重复执行【圆角】命令，设置圆角半径为150，分别对图3-138所示的轮廓线1至8进行圆角，结果如图3-139所示。

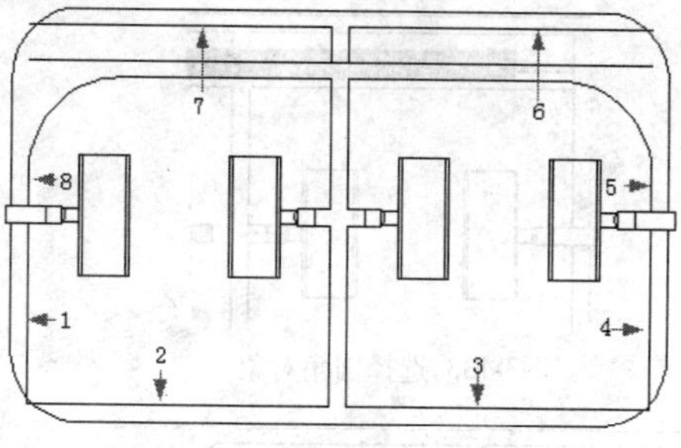

图3-138 指定圆角对象

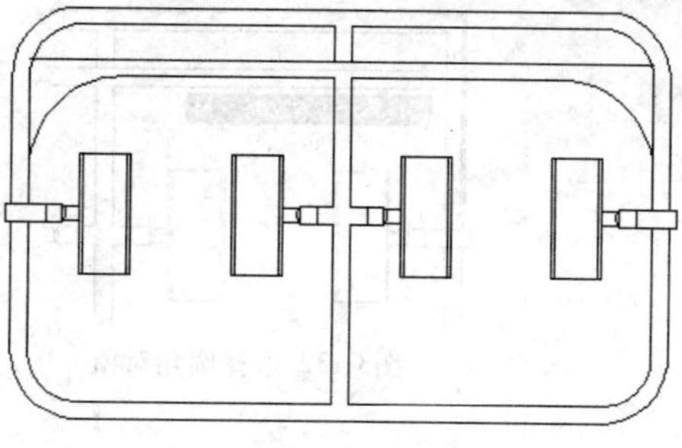
图3-139 圆角结果

6 重复执行【圆角】命令，在“不修剪”模式下继续对内部轮廓线进行圆角。命令行操作如下。

命令: _fillet
当前设置: 模式 = 修剪，半径 = 150
选择第一个对象或 [放弃(U)/多段线(P)/半径(R)/修剪(T)/多个(M)]: //T Enter
输入修剪模式选项 [修剪(T)/不修剪(N)] <修剪>: //N Enter
选择第一个对象或 [放弃(U)/多段线(P)/半径(R)/修剪(T)/多个(M)]: //M Enter
选择第一个对象或 [放弃(U)/多段线(P)/半径(R)/修剪(T)/多个(M)]: //R Enter
指定圆角半径 <150>: //322 Enter
选择第一个对象或 [放弃(U)/多段线(P)/半径(R)/修剪(T)/多个(M)]:
//单击图3-140所示的轮廓线1
选择第二个对象，或按住 Shift 键选择要应用角点的对象: //单击轮廓线2
选择第一个对象或 [放弃(U)/多段线(P)/半径(R)/修剪(T)/多个(M)]: //单击轮廓线3
选择第二个对象，或按住 Shift 键选择要应用角点的对象: //单击轮廓线4
选择第一个对象或 [放弃(U)/多段线(P)/半径(R)/修剪(T)/多个(M)]:
// Enter，结束命令，圆角结果如图3-141所示

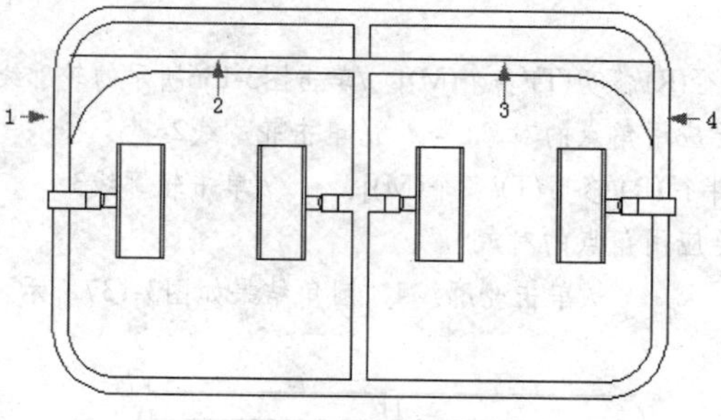

图3-140 指定圆角对象

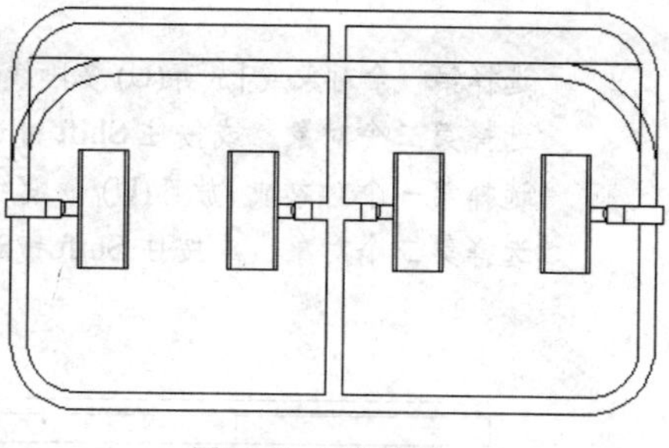
图3-141 圆角结果

TIP

【多段线】选项用于对多段线每相邻元素进行圆角处理，激活此选项后，AutoCAD将以默认的圆角半径对整条多段线相邻各边进行圆角操作。

7 使用命令简写“TR”激活【修剪】命令，对内部轮廓线进行修剪，结果如图3-142所示。

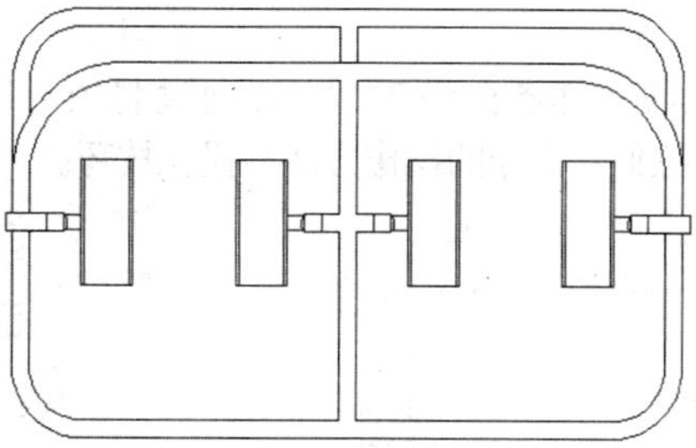

图3-142 修剪结果

TIP 当对平行线进行圆角操作时，与当前的圆角半径无关，圆角的结果就是使用一条半圆弧光滑连接平行线，半圆弧的直径为平行线之间的间距。

- **设置圆角模式**

与【倒角】命令一样，【圆角】命令也存在两种圆角模式，即“修剪”和“不修剪”，以上各例都是在“修剪”模式下进行圆角的，而“非修剪”模式下的圆角效果如图3-143所示。

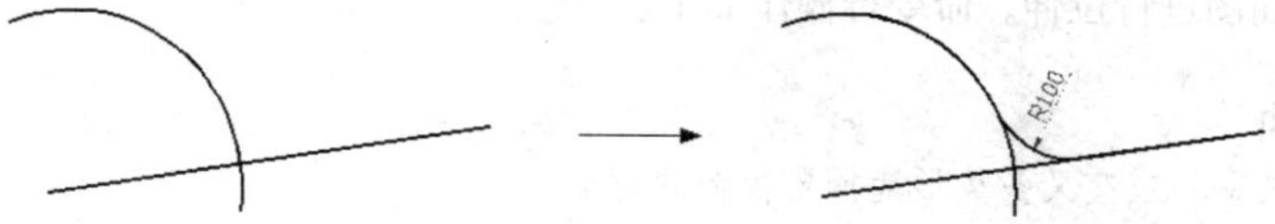

图3-143 非修剪模式下的圆角

TIP 用户也可通过系统变量Trimmode设置圆角的修剪模式，当系统变量的值设为0时，保持对象不被修剪；当变量为1时，表示圆角后进行修剪对象。

3.9.5 拉伸对象

【拉伸】命令用于通过窗交选择或多边形框选的方式选择拉伸对象，进行不等比缩放，进而改变对象的尺寸或形状，如图3-144所示。另外，圆、椭圆、图块、参照等对象不能被拉伸。

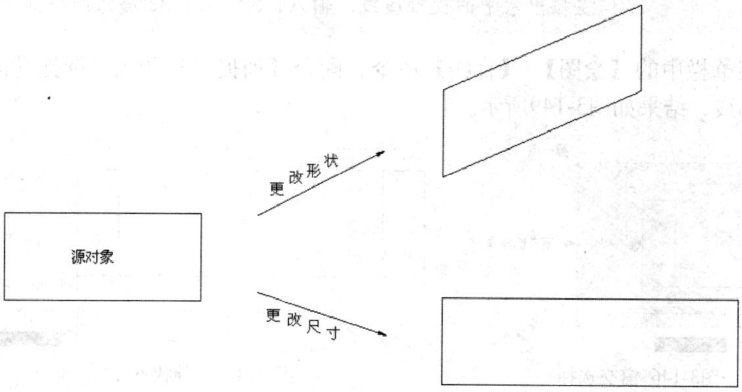

图3-144 拉伸示例

执行【拉伸】命令主要有以下几种方式：

- 执行菜单栏中的【修改】/【拉伸】命令。
- 单击【修改】工具栏中的按钮。
- 在命令行输入Stretch按Enter键。
- 使用命令简写S。

- 【拉伸】命令的应用

通常用于拉伸的对象有直线、圆弧、椭圆弧、多段线、样条曲线等。下面通过将图3-145（左）所示图形编辑成图3-145（右）所示的结构，学习【拉伸】命令的操作方法与操作技巧。

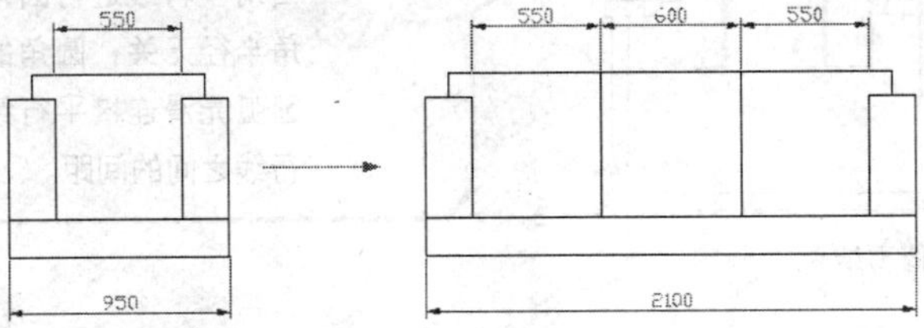

图3-145 实例效果

1 打开随书光盘“素材文件/拉伸图形.dwg”，如图3-145（左）所示。

2 执行菜单栏中的【修改】/【拉伸】命令，或单击【修改】工具栏按钮，对打开的单人沙发平面图进行拉伸。命令行操作如下。

命令: _stretch
以交叉窗口或交叉多边形选择要拉伸的对象...
选择对象: //从图3-146所示第一点向左下拉出矩形选择框，然后在第二点位置单击，选择拉伸对象

TIP 在窗交选择时，需要拉长的图形必须与选择框相交，需要平移的图线只需位于在选择框内即可。

选择对象: // Enter，结束对象的选择
指定基点或 [位移(D)] <位移>: //在任意位置单击左键，拾取一点作为拉伸基点，此时系统进入拉伸状态，如图3-147所示
指定第二个点或 <使用第一个点作为位移>:
//向左拉出水平的极轴虚线，输入1150并按Enter键，结果如图3-148所示

3 执行菜单栏中的【绘图】/【直线】命令，配合【捕捉自】和端点捕捉功能绘制内部的垂直轮廓线，结果如图3-149所示。

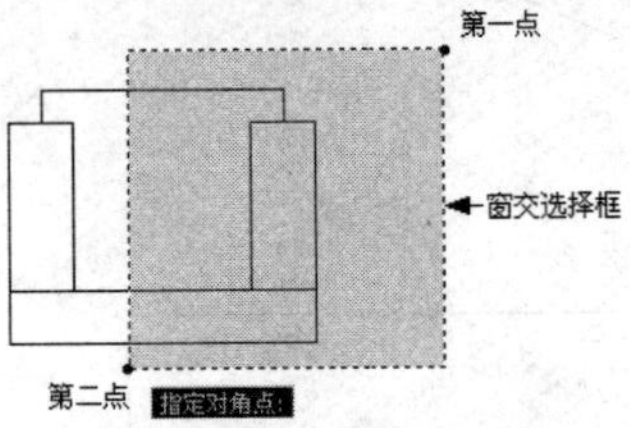

图3-146 窗交选择

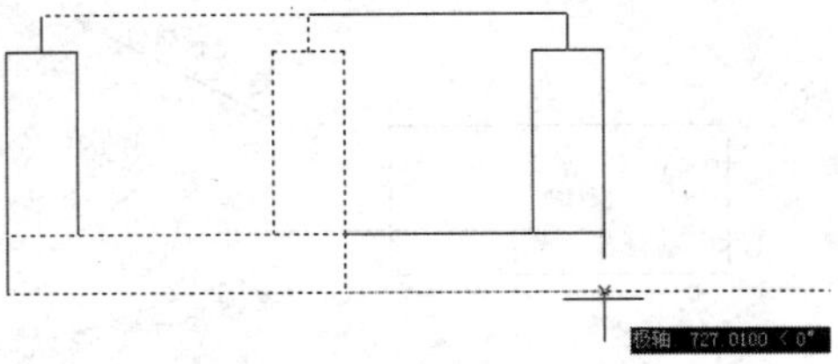

图3-147 拉伸状态

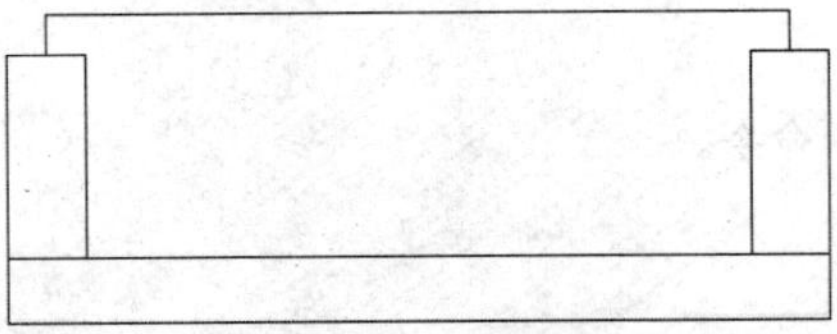

图3-148 拉伸结果

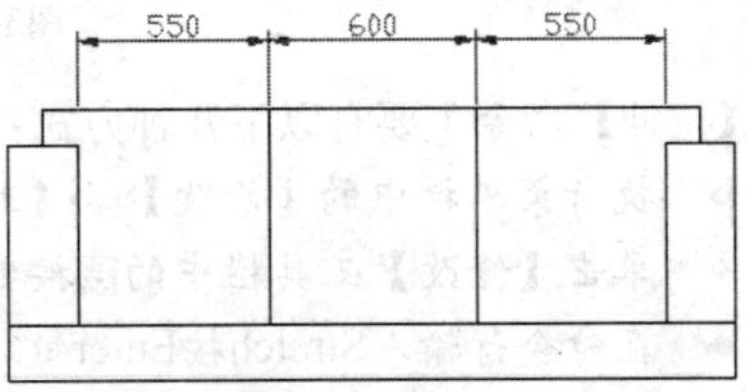

图3-149 绘制结果

3.9.6 拉长对象

【拉长】命令用于将对象进行拉长或缩短，在拉长的过程中，不仅可以改变线对象的长度，还可以更改弧对象的角度。

执行【拉长】命令主要有以下几种方式：

- 执行菜单栏中的【修改】/【拉长】命令。
- 在命令行输入Lengthen按Enter键。
- 使用命令简写LEN。

● 增量拉长

所谓增量拉长，指的是按照事先指定的长度增量或角度增量，拉长或缩短对象，下面学习此种拉长方式。

1 首先使用“画线”命令绘制长度为200的水平直线，如图3-150（上）所示。

2 执行菜单栏中的【修改】/【拉长】命令，将水平直线水平向右拉长50个单位。命令行操作如下。

```
命令: _lengthen
    选择对象或 [增量(DE)/百分数(P)/全部(T)/动态(DY)]:     //DE Enter，激活【增量】选项
    输入长度增量或 [角度(A)] <0.0000>:                   //50 Enter，设置长度增量
    选择要修改的对象或 [放弃(U)]:                         //在直线的右端单击
    选择要修改的对象或 [放弃(U)]:                         // Enter，退出命令
```

3 拉长结果如图3-150（下）所示。

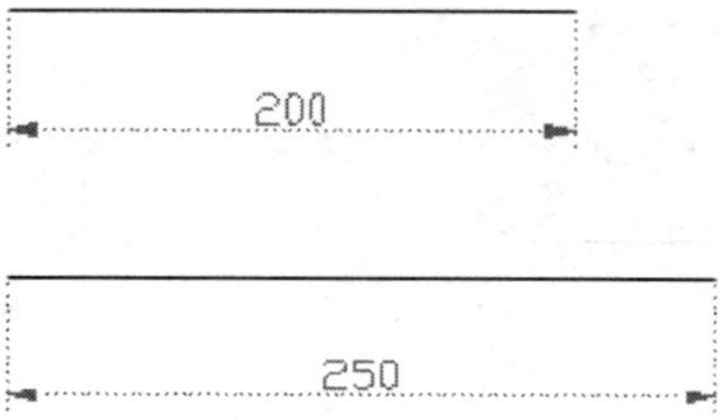

图3-150 增量拉长示例

TIP 如果把增量值设置为正值，系统将拉长对象；反之则缩短对象。

● 百分数拉长

所谓百分数拉长，指的是以总长的百分比值进行拉长或缩短对象，长度的百分数值必须为正且非零，下面学习此种拉长方式。

1 使用画线命令绘制任意长度的水平图线，如图3-151（上）所示。

2 执行菜单栏中的【修改】/【拉长】命令，将水平图线拉长200%。命令行操作如下。

```
命令: _lengthen
    选择对象或 [增量(DE)/百分数(P)/全部(T)/动态(DY)]:     //P Enter，激活【百分比】选项
    输入长度百分数 <100.0000>:                            //200 Enter，设置拉长的百分比值
    选择要修改的对象或 [放弃(U)]:                         //在线段的一端单击
    选择要修改的对象或 [放弃(U)]:                         // Enter，结束命令
```

3 拉长结果如图3-151（下）所示。

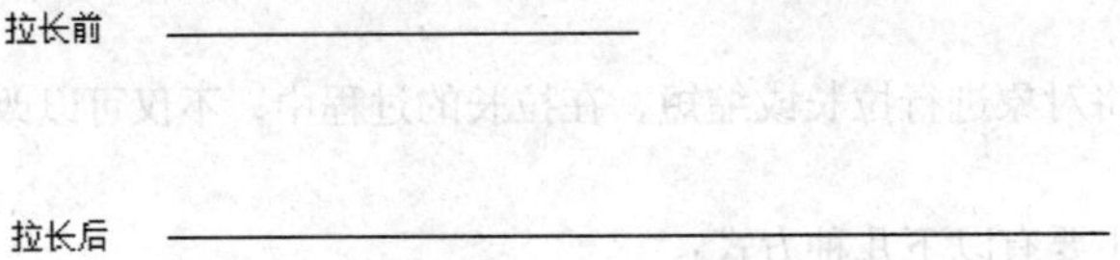

图3-151 百分比拉长示例

TIP 当长度百分比值小于100时，将缩短对象；输入长度的百分比值大于100时，将拉伸对象。

- **全部拉长**

所谓全部拉长，指的是根据指定一个总长度或者总角度进行拉长或缩短对象，下面学习此种拉长方式。

1 使用画线命令绘制任意长度的水平图线，如图3-152（上）所示。

2 执行菜单栏中的【修改】/【拉长】命令，将水平图线拉长为500个单位。命令行操作如下。

```
命令: _lengthen
    选择对象或 [增量(DE)/百分数(P)/全部(T)/动态(DY)]:        //T Enter，激活【全部】选项
    指定总长度或 [角度(A)] <1.0000)>:                       //500 Enter，设置总长度
    选择要修改的对象或 [放弃(U)]:                           //在线段的一端单击左键
    选择要修改的对象或 [放弃(U)]:                           // Enter，退出命令
```

3 结果源对象的长度被拉长为500，如图3-152（下）所示。

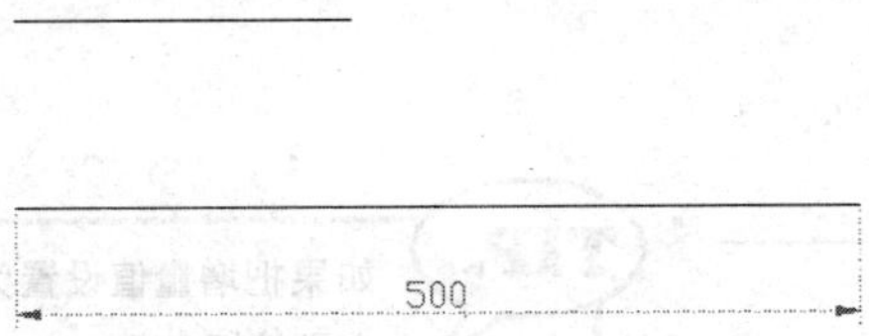

图3-152 全部拉长示例

TIP 如果原对象的总长度或总角度大于所指定的总长度或总角度，结果原对象将被缩短；反之，将被拉长。

- **动态拉长**

所谓动态拉长，指的是根据图形对象的端点位置动态改变图形对象的长度。激活【动态】选项功能之后，AutoCAD将端点移动到所需的长度或角度，另一端固定不变，如图3-153所示。

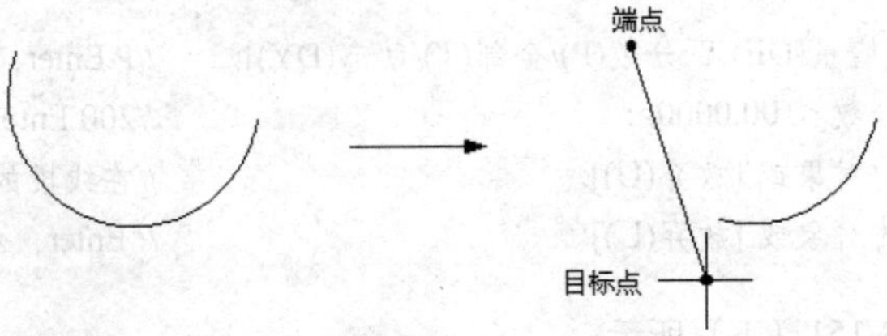

图3-153 动态拉长

3.9.7 对齐图形

【对齐】命令用于将选择的图形对象，在二维空间或三维空间中与其他图形对象对齐。在对齐图形时，需要指定三个源点和三个目标点，这些点不能处在同一水平或垂直位置上。

执行【对齐】命令主要有以下几种方式：

- 执行菜单栏中的【修改】/【三维操作】/【对齐】命令。
- 单击【修改】面板中的按钮。
- 在命令行输入Align按Enter键。
- 使用命令简写AL。

• 【对齐】命令应用

本例通过将如图3-154所示的各散装零件图，组装成图3-155所示的零件图，来学习【对齐】命令的操作方法和操作技巧。

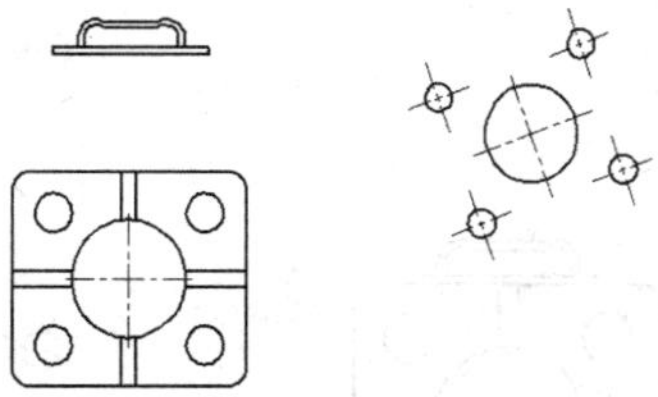

图3-154 素材文件

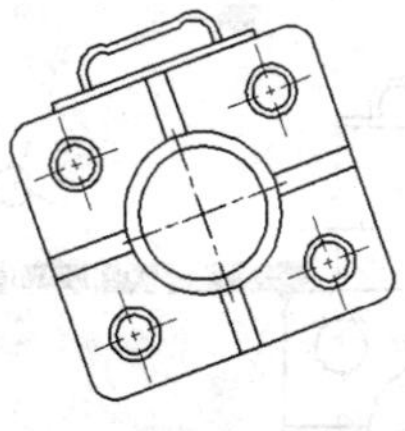

图3-155 实例效果

1 打开随书光盘中的“素材文件/对齐图形.dwg”，如图3-154所示。

2 在命令行输入命令简写Align并按下Enter键，激活【对齐】命令，将左侧的两个图形对齐。命令行操作如下。

命令: align	// Enter，激活【对齐】命令
选择对象:	//拉出如图3-156所示选择框
选择对象:	// Enter，结束选择
指定第一个源点:	//捕捉如图3-157所示的中点作为对齐的第一个源点
指定第一个目标点:	//捕捉图3-158所示的中点作为对齐的第一个目标点

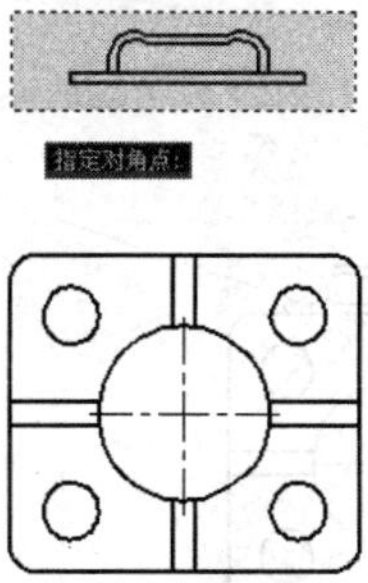

图3-156 框选对象

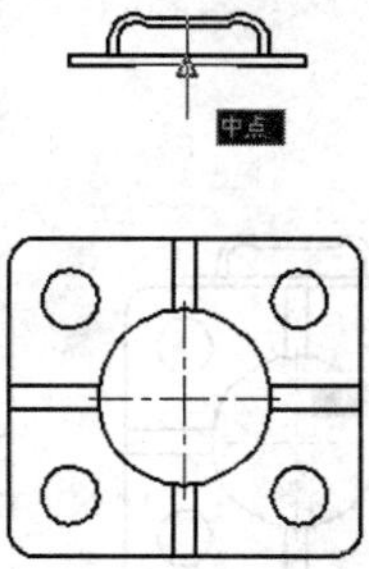

图3-157 定位第一源点

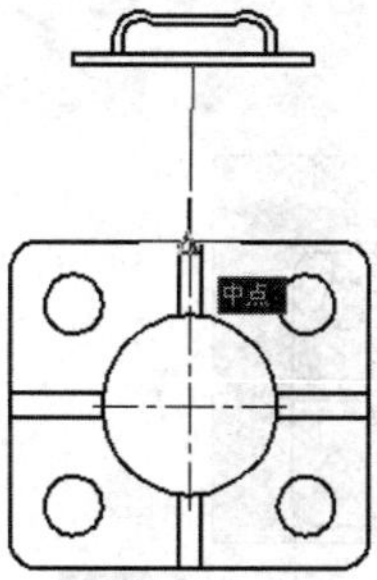

图3-158 定位第一目标点

指定第二个源点:	//捕捉如图3-159所示的端点作为对齐的第二个源点
指定第二个目标点:	//捕捉图3-160所示的端点作为对齐的第二个目标点
指定第三个源点或 <继续>:	//捕捉图3-161所示的端点作为对齐的第三个源点

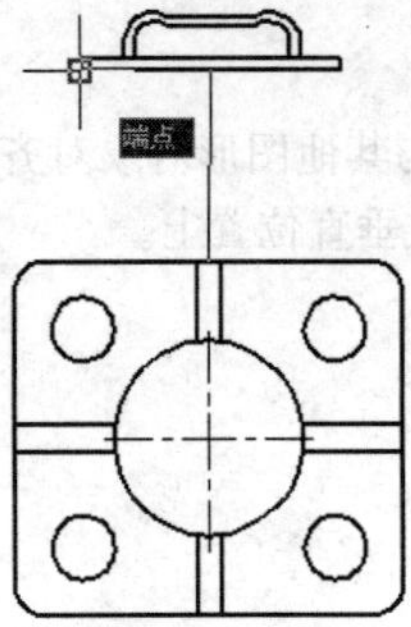

图3-159 第二源点

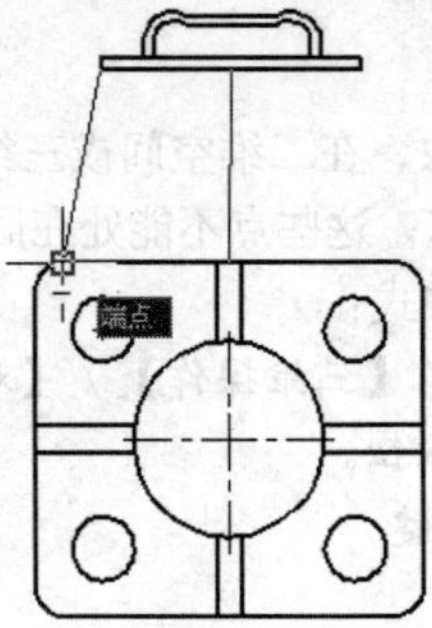

图3-160 第二目标点

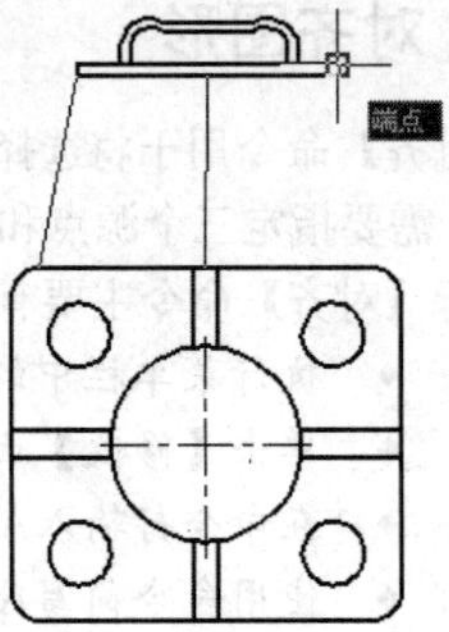

图3-161 第三源点

指定第三个目标点: //在图3-162所示的光标位置拾取一点，作为对齐的第三个目标点，对齐结果如图3-163所示

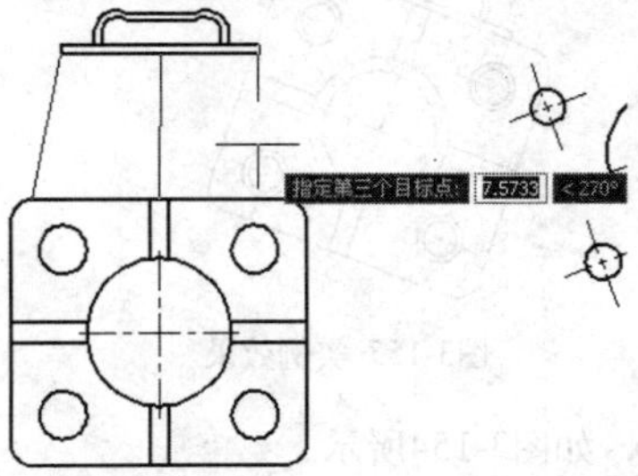

图3-162 第三目标点

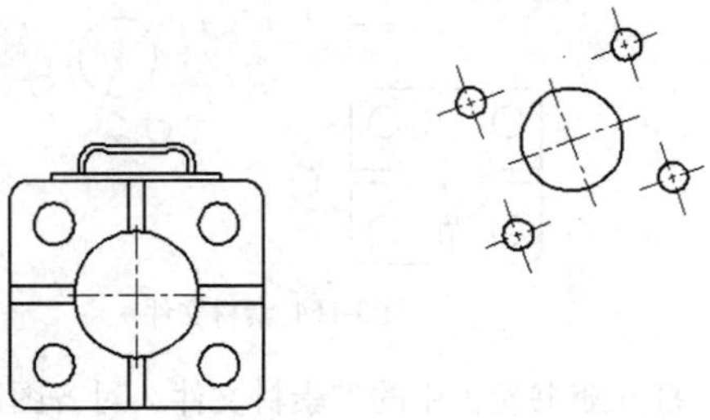

图3-163 对齐结果

3 使用命令简写“AL”激活【对齐】命令，继续对当前图形进行对齐操作。命令行操作如下。

命令: al //Enter，激活【对齐】命令
ALIGN选择对象: //窗口选择如图3-164所示的图形对为对齐的源对象
选择对象: // Enter，结束选择
指定第一个源点: //捕捉如图3-165所示的圆心作为对齐的第一个源点
指定第一个目标点: //捕捉如图3-166所示的圆心作为对齐的第一个目标点

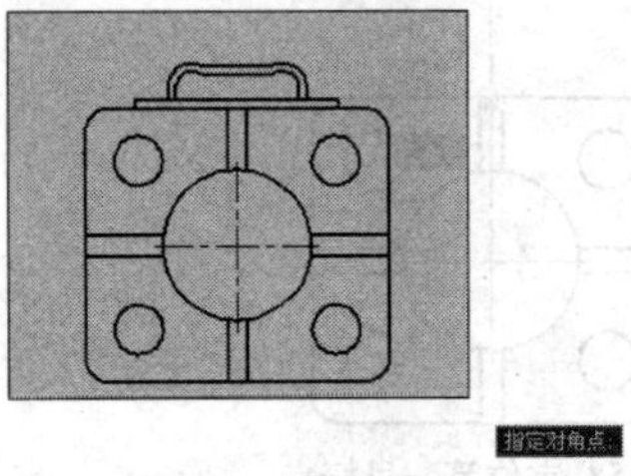

图3-164 窗口选择框

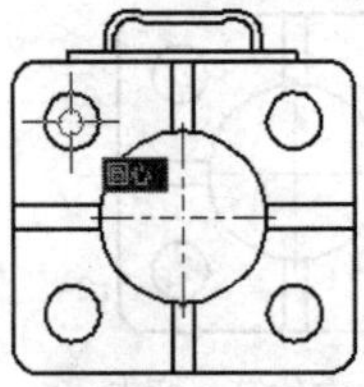

图3-165 定位第一源点

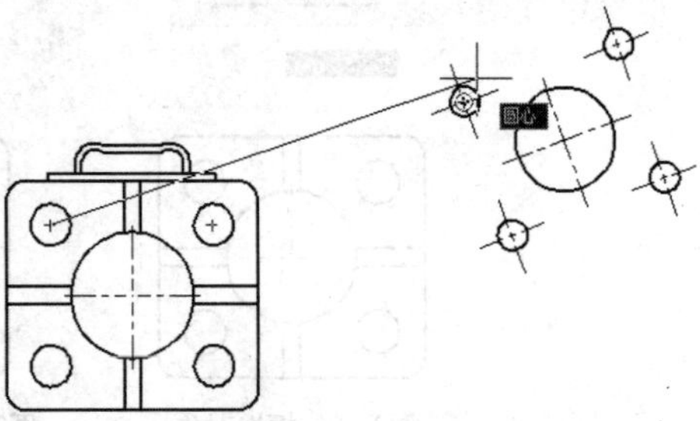

图3-166 定位第一目标点

指定第二个源点: //捕捉如图3-167所示的圆心作为对齐的第二个源点
指定第二个目标点: //捕捉如图3-168所示的圆心作为对齐的第二个目标点
指定第三个源点或 <继续>: //捕捉如图3-169所示的圆心作为对齐的第三个源点

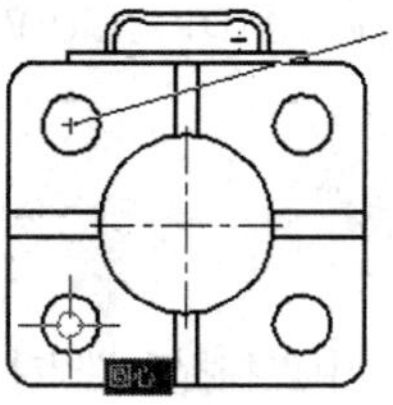

图3-167 定位第二源点

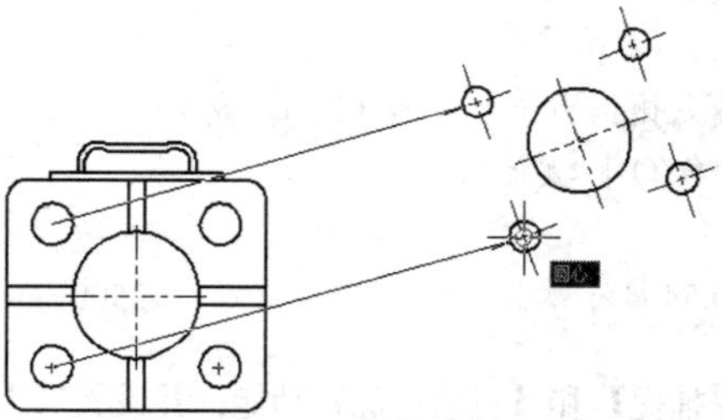

图3-168 定位第二目标点

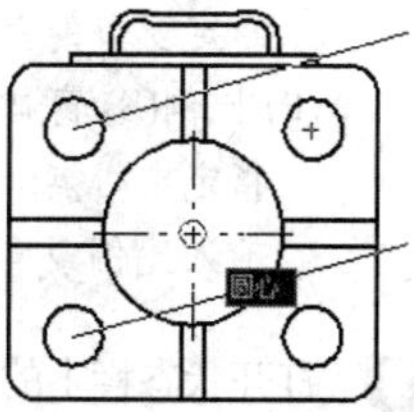

图3-169 定位第三源点

指定第三个目标点： //捕捉如图3-170所示的圆心作为对齐的第三个目标点，将选择的源对象与目标对象对齐，最终的效果如上图3-155所示

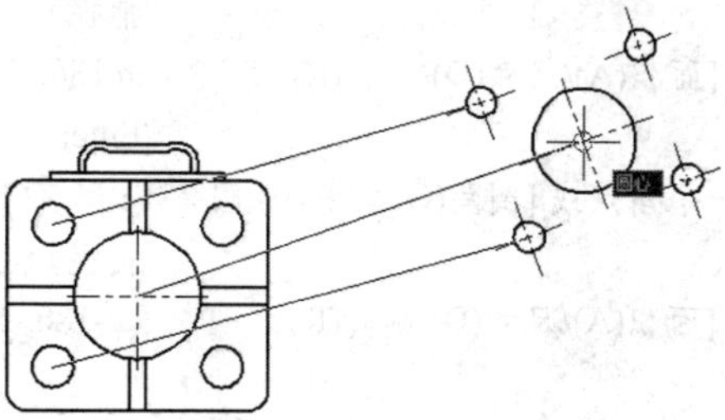

图3-170 定位第三目标点

3.10 上机指导（四）——绘制沙发与茶几平面图

本例通过绘制沙发与茶几的组合平面图，对所学知识进行综合练习和巩固应用。沙发与茶几组合平面图的最终绘制效果，如图3-171所示。

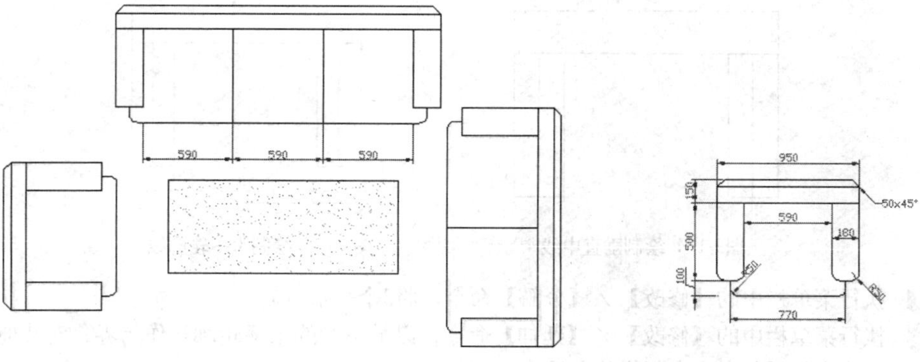

图3-171 实例效果

操作步骤

1 执行【新建】命令，快速创建公制单位的空白文件。

2 使用命令简写“Z”激活【视图缩放】功能，将当前的视口高度调整为100。命令行操作如下。

命令: '_zoom

指定窗口的角点，输入比例因子 (nX 或 nXP)，或者[全部(A)/中心(C)/动态(D)/范围(E)/上一个(P)/比例(S)/窗口(W)/对象(O)] <实时>: _c

指定中心点: //在绘图区拾取一点

输入比例或高度 <30.5404>: //2500Enter

3 打开状态栏上的【对象捕捉】和【对象追踪】功能，并设置捕捉模式为中点捕捉和端点捕捉。

4 使用命令简写“REC”激活【矩形】命令，绘制长度为950、宽度为150的矩形作为靠背。

5 重复执行【矩形】命令，配合【捕捉自】功能绘制扶手轮廓线。命令行操作如下。

命令: _rectang

指定第一个角点或 [倒角(C)/标高(E)/圆角(F)/厚度(T)/宽度(W)]:

//捕捉刚绘制的矩形左下角点

指定另一个角点或 [面积(A)/尺寸(D)/旋转(R)]: //@180,-500 Enter

命令: //Enter

RECTANG指定第一个角点或 [倒角(C)/标高(E)/圆角(F)/厚度(T)/宽度(W)]:

//捕捉如图3-172所示的端点

指定另一个角点或 [面积(A)/尺寸(D)/旋转(R)]: //@-180,-500Enter，结果如图3-173所示

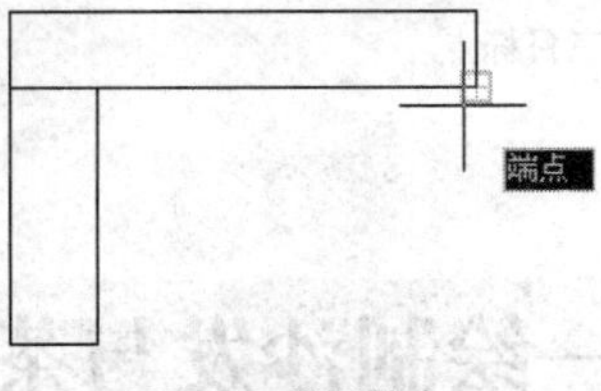

图3-172 捕捉端点

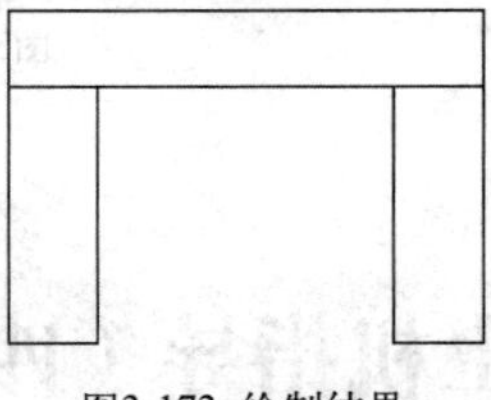

图3-173 绘制结果

6 使用命令简写“L”激活【直线】命令，配合中点捕捉功能绘制两条垂直的中线，结果如图3-174所示。

7 重复执行【直线】命令，配合延伸捕捉功能绘制如图3-175所示的水平轮廓线。

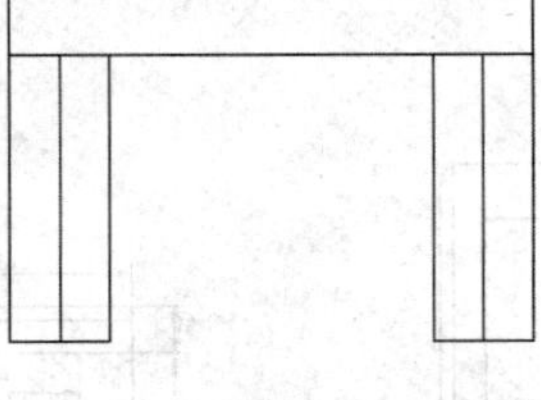

图3-174 绘制垂直中线

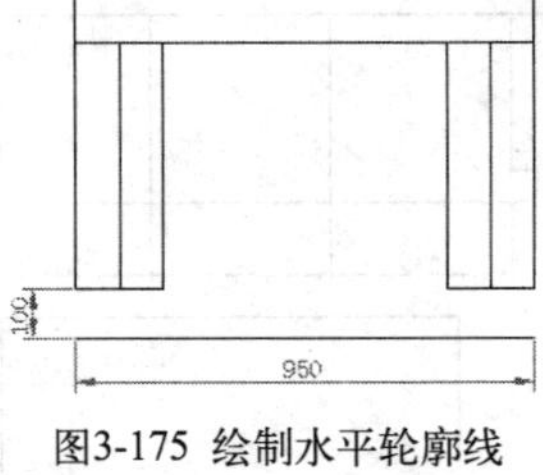

图3-175 绘制水平轮廓线

8 执行菜单栏中的【修改】/【分解】命令，将3个矩形分解。

9 执行菜单栏中的【修改】/【延伸】命令，以最下侧的水平轮廓线作为界，对其他两条垂直边进行延伸。命令行操作如下。

命令: _extend

当前设置:投影=UCS，边=延伸

选择边界的边...

选择对象或 <全部选择>: //选择如图3-176所示的水平边作为边界

选择对象: // Enter

选择要延伸的对象，或按住 Shift 键选择要修剪的对象，或[栏选(F)/窗交(C)/投影(P)/边(E)/放弃(U)]: //在垂直轮廓边1的下端单击

选择要延伸的对象，或按住 Shift 键选择要修剪的对象，或[栏选(F)/窗交(C)/投影(P)/边(E)/放弃(U)]: //在垂直轮廓边2的下端单击

选择要延伸的对象，或按住 Shift 键选择要修剪的对象，或[栏选(F)/窗交(C)/投影(P)/边(E)/放弃(U)]: // Enter，延伸结果如图3-177所示

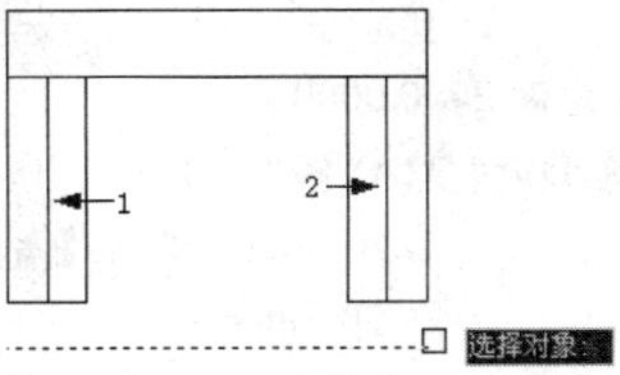

图3-176 选择边界

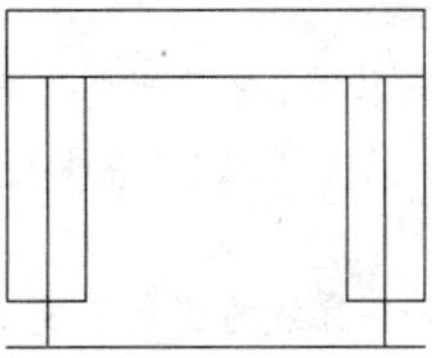

图3-177 延伸结果

10 执行菜单栏中的【修改】/【修剪】命令，对下侧的水平边进行修剪。命令行操作如下。

命令: _trim

当前设置:投影=UCS，边=延伸

选择剪切边...

选择对象或 <全部选择>: //选择如图3-178所示的两条垂直边作为边界

选择对象: // Enter

选择要修剪的对象，或按住 Shift 键选择要延伸的对象，或[栏选(F)/窗交(C)/投影(P)/边(E)/删除(R)/放弃(U)]: //在水平边L的左端单击

选择要修剪的对象，或按住 Shift 键选择要延伸的对象，或[栏选(F)/窗交(C)/投影(P)/边(E)/删除(R)/放弃(U)]: //在水平边L的右端单击

选择要修剪的对象，或按住 Shift 键选择要延伸的对象，或[栏选(F)/窗交(C)/投影(P)/边(E)/删除(R)/放弃(U)]: // Enter，修剪结果如图3-179所示

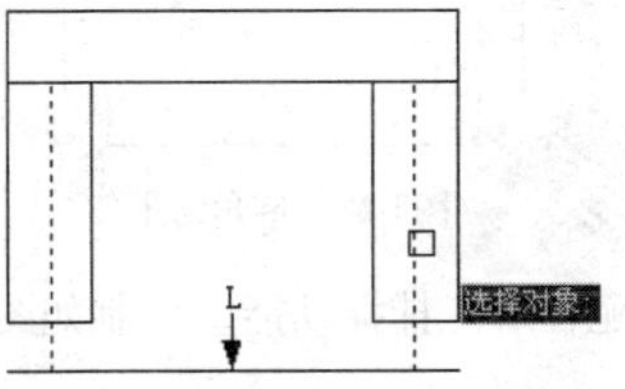

图3-178 选择边界

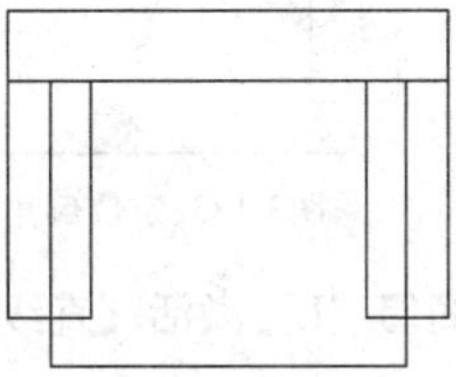

图3-179 修剪结果

11 执行菜单栏中的【修改】/【拉长】命令，对内部的两条垂直轮廓边进行编辑。命令行操作如下。

命令: _lengthen

选择对象或 [增量(DE)/百分数(P)/全部(T)/动态(DY)]: //DE Enter

输入长度增量或 [角度(A)] <10.0000>: //-500 Enter

选择要修改的对象或 [放弃(U)]: //在如图3-180所示的位置单击

选择要修改的对象或 [放弃(U)]: //在如图3-181所示的位置单击

选择要修改的对象或 [放弃(U)]: // Enter，结果如图3-182所示

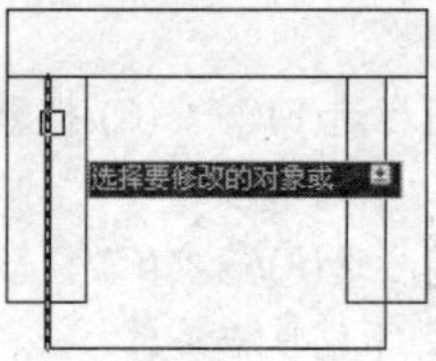

图3-180 指定单击位置

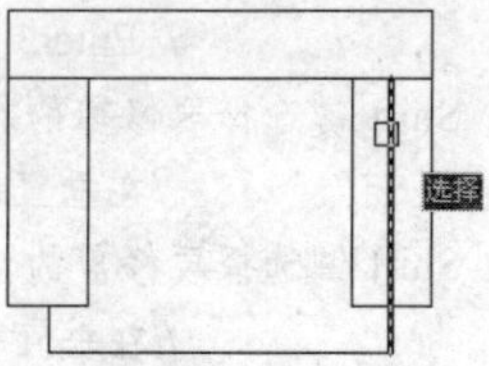

图3-181 指定单击位置

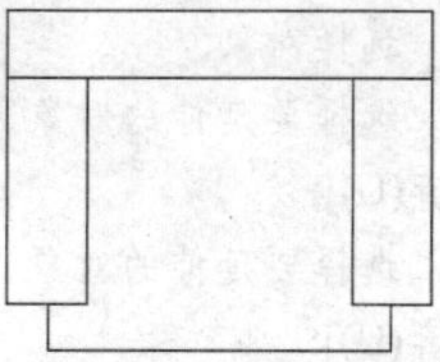

图3-182 操作结果

12 执行菜单栏中的【修改】/【倒角】命令，对靠背轮廓边进行倒角编辑。命令行操作如下。

```
命令: _chamfer
    ("修剪"模式) 当前倒角距离 1 = 0.0000，距离 2 = 0.0000
    选择第一条直线或 [放弃(U)/多段线(P)/距离(D)/角度(A)/修剪(T)/方式(E)/多个(M)]:
                                                //A Enter，激活【角度】选项
    指定第一条直线的倒角长度 <0.0000>:          //50 Enter
    指定第一条直线的倒角角度 <45>:              //45 Enter
    选择第一条直线或 [放弃(U)/多段线(P)/距离(D)/角度(A)/修剪(T)/方式(E)/多个(M)]:
                                                //m Enter，激活【多个】选项
    选择第一条直线或 [放弃(U)/多段线(P)/距离(D)/角度(A)/修剪(T)/方式(E)/多个(M)]:
                                                //在图3-183所示轮廓边1的上端单击
    选择第二条直线，或按住 Shift 键选择要应用角点的直线:   //在轮廓边2的左端单击
    选择第一条直线或 [放弃(U)/多段线(P)/距离(D)/角度(A)/修剪(T)/方式(E)/多个(M)]:
                                                //在轮廓边2的右端单击
    选择第二条直线，或按住 Shift 键选择要应用角点的直线:   //在轮廓边3的上端单击
    选择第一条直线或 [放弃(U)/多段线(P)/距离(D)/角度(A)/修剪(T)/方式(E)/多个(M)]:
                                                // Enter，倒角结果如图3-184所示
```

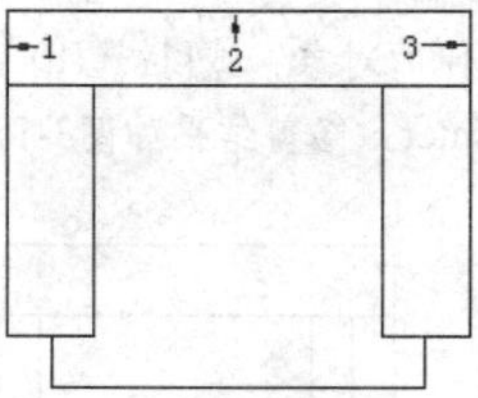

图3-183 定位倒角边

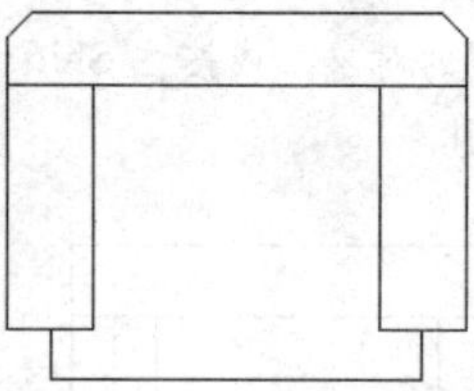

图3-184 倒角结果

13 使用命令简写“L”激活【直线】命令，配合端点捕捉功能，绘制如图3-185所示的水平轮廓边。

14 单击【修改】工具栏中的□按钮，激活【圆角】命令，对下侧的轮廓边进行圆角。命令行操作如下。

```
命令: _fillet
    当前设置: 模式 = 修剪，半径 = 0.0000
    选择第一个对象或 [放弃(U)/多段线(P)/半径(R)/修剪(T)/多个(M)]: //R Enter，激活【半径】选项
    指定圆角半径 <0.0000>:                      //50 Enter
    选择第一个对象或 [放弃(U)/多段线(P)/半径(R)/修剪(T)/多个(M)]:     //M Enter
    选择第一个对象或 [放弃(U)/多段线(P)/半径(R)/修剪(T)/多个(M)]:
                                                //在如图3-186所示轮廓边1的下端单击
```

选择第二个对象，或按住 Shift 键选择要应用角点的对象：　//在轮廓边2的左端单击
选择第一个对象或 [放弃(U)/多段线(P)/半径(R)/修剪(T)/多个(M)]:
　　　　//在轮廓边2的右端单击
选择第二个对象，或按住 Shift 键选择要应用角点的对象：　//在轮廓边3的下端单击
选择第一个对象或 [放弃(U)/多段线(P)/半径(R)/修剪(T)/多个(M)]:
　　　　// Enter，圆角结果如图3-187所示

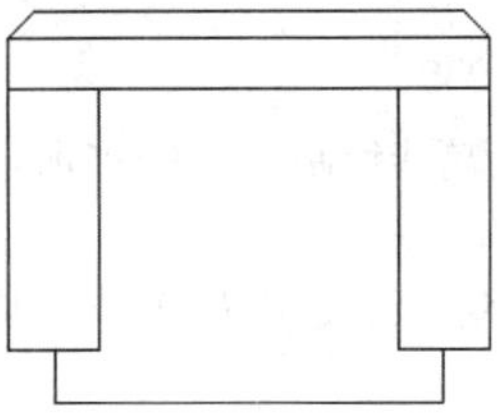
图3-185 绘制结果

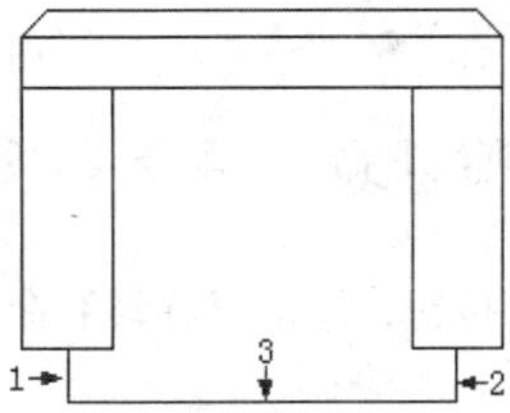

图3-186 定位圆角边

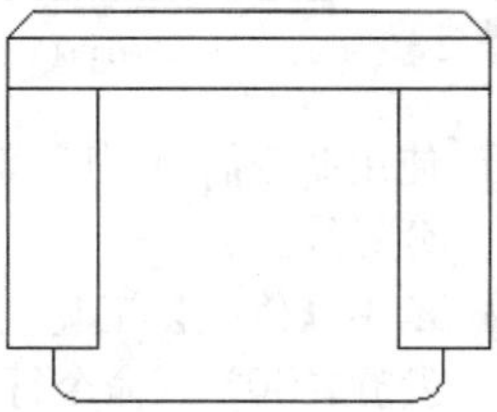
图3-187 圆角结果

15 在无命令执行的前提下拉出如图3-188所示的窗交选择框，然后按住鼠标右键进行拖曳，当松开右键时，从弹出的菜单中选择【复制到此处】选项，如图3-189所示，对其进行复制。

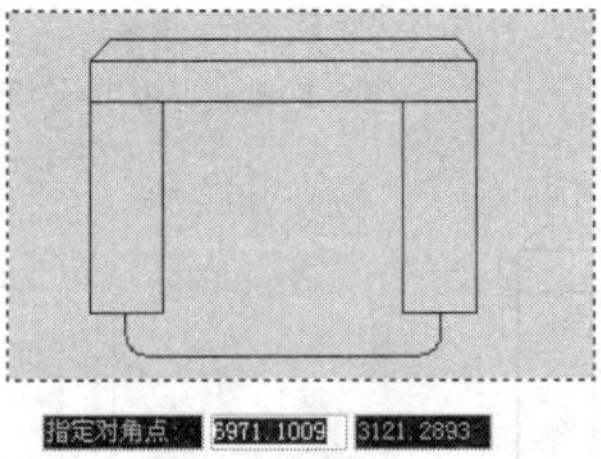

图3-188 窗交选择

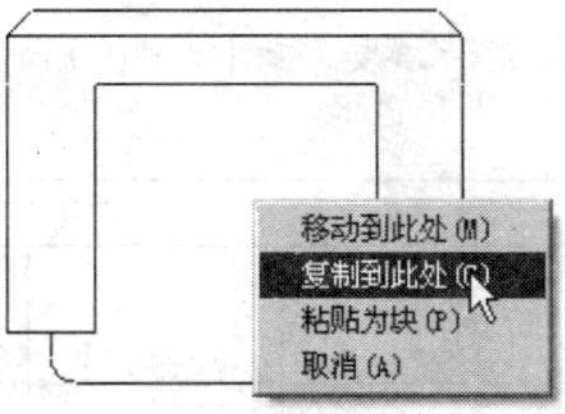

图3-189 右键菜单

16 重复上一步操作，将沙发图形再复制一份。

17 单击【修改】工具栏中的按钮，激活【拉伸】命令，配合【极轴追踪】功能，将复制出的沙发拉伸为双人沙发。命令行操作如下。

命令: _stretch
以交叉窗口或交叉多边形选择要拉伸的对象...
选择对象:　//拉出如图3-190所示的窗交选择框
选择对象:　// Enter
指定基点或 [位移(D)] <位移>:　//在绘图区拾取一点
指定第二个点或 <使用第一个点作为位移>:　//水平向右引出如图3-191所示的极轴矢量，
　　　　输入590Enter，拉伸结果如图3-192所示

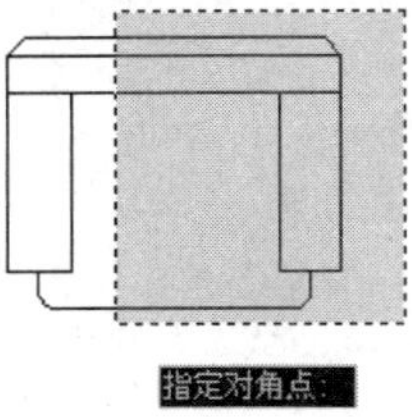

图3-190 窗交选择

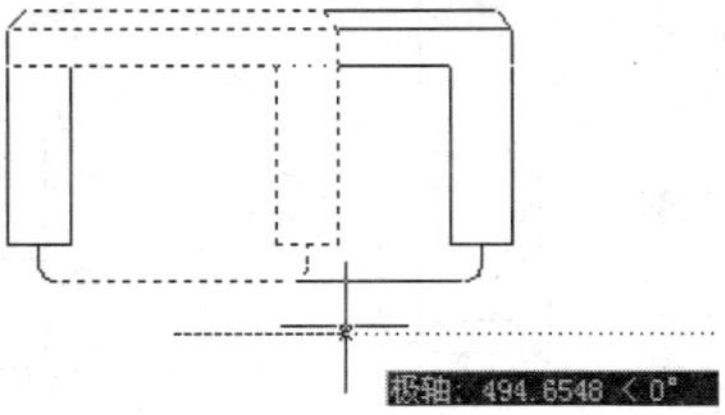

图3-191 引出极轴矢量

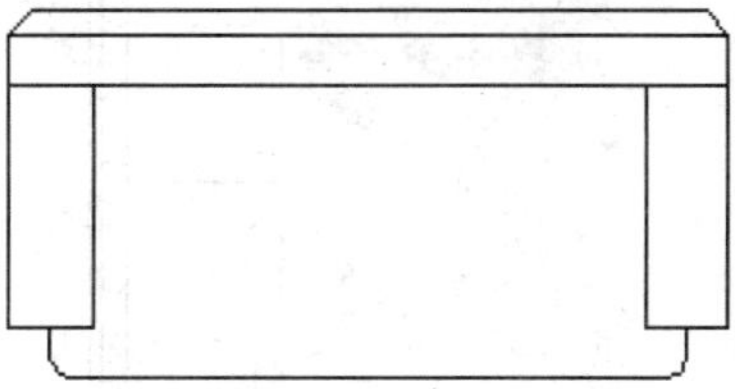
图3-192 拉伸结果

18 使用命令简写“L”激活【直线】命令，配合中点捕捉功能绘制如图3-193所示的分界线。

19 重复执行【拉伸】命令，配合【极轴追踪】功能将另一个沙发水平向右拉伸1180个单位，编辑成为三人沙发，如图3-194所示。

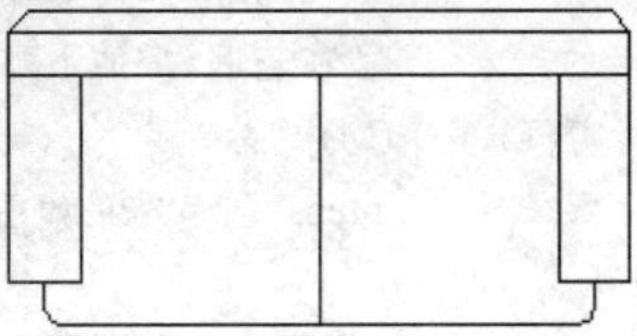

图3-193 绘制结果

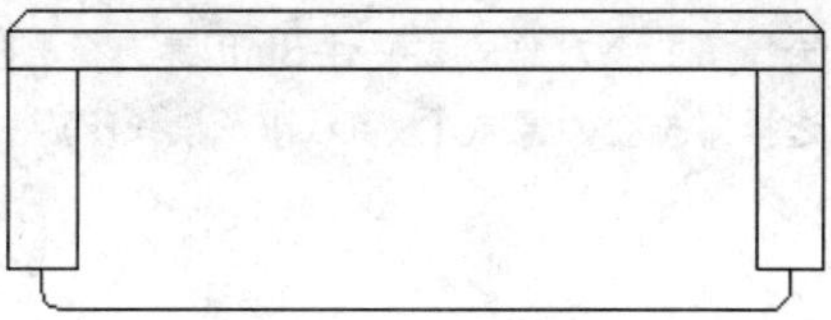

图3-194 拉伸结果

20 使用命令简写“L”激活【直线】命令，配合【对象捕捉】功能绘制如图3-195所示的两条分界线。

21 单击【修改】工具栏中的按钮，激活【旋转】命令，将双人沙发旋转-90°，将单人沙发旋转90°。命令行操作如下。

```
命令: _rotate
    UCS 当前的正角方向: ANGDIR=逆时针  ANGBASE=0
    选择对象:                                    //选择单人沙发
    选择对象:                                    // Enter
    指定基点:                                    //拾取任一点
    指定旋转角度, 或 [复制(C)/参照(R)] <0>:       //90 Enter, 旋转结果如图3-196所示
```

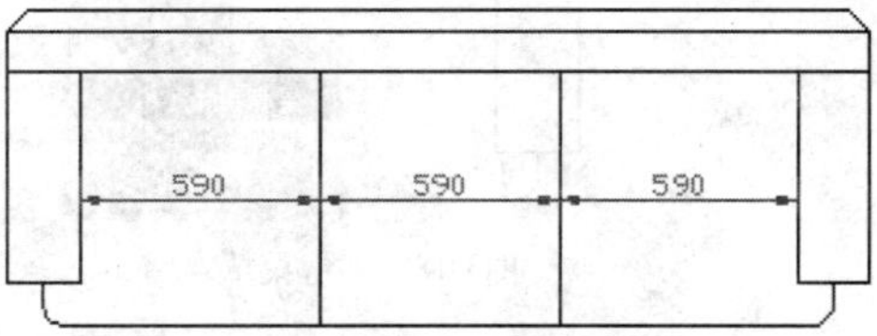

图3-195 绘制结果

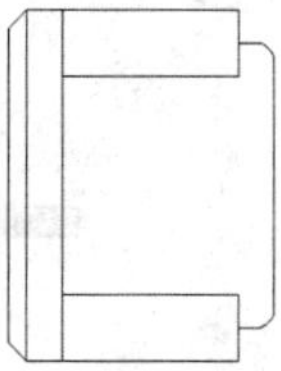

图3-196 旋转单人沙发

```
命令: _rotate
    UCS 当前的正角方向: ANGDIR=逆时针  ANGBASE=0
    选择对象:                                    //选择双人沙发
    选择对象:                                    // Enter
    指定基点:                                    //拾取任一点
    指定旋转角度, 或 [复制(C)/参照(R)] <0>:       //-90 Enter, 旋转结果如图3-197所示
```

22 使用命令简写“M”激活【移动】命令，将单人沙发、双人沙发和三人沙发进行位移，组合成沙发组，结果如图3-198所示。

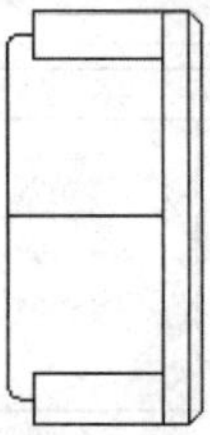

图3-197 旋转双人沙发

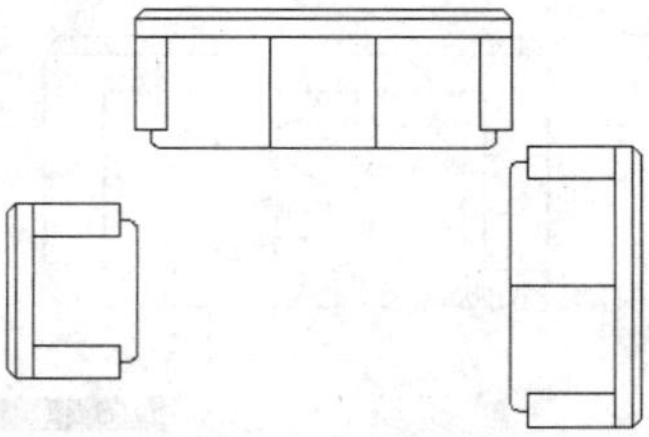

图3-198 组合结果

23 使用命令简写“REC”激活【矩形】命令，绘制长度为1500、宽度为600的矩形作为茶几，如图3-199所示。

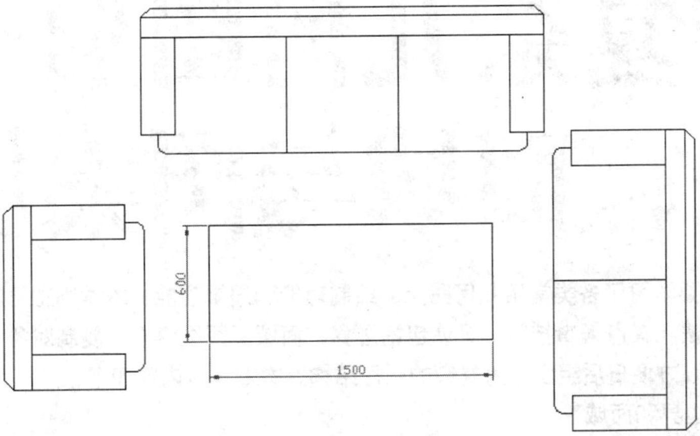

图3-199 绘制结果

24 使用命令简写“H”激活【图案填充】命令，设置填充图案和填充参数如图3-200所示，为茶几填充如图3-201所示的图案。

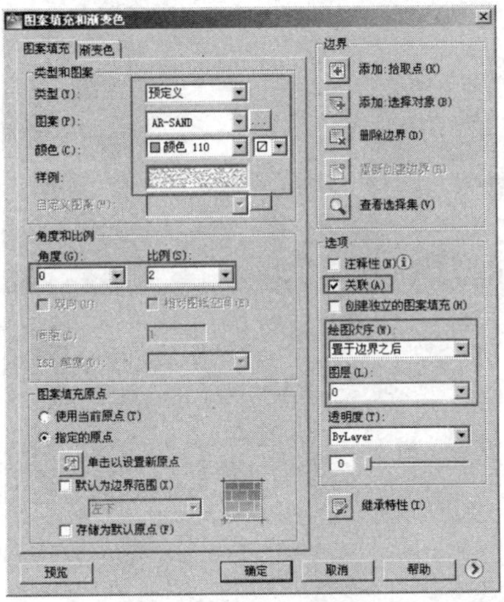

图3-200 设置填充图案及参数

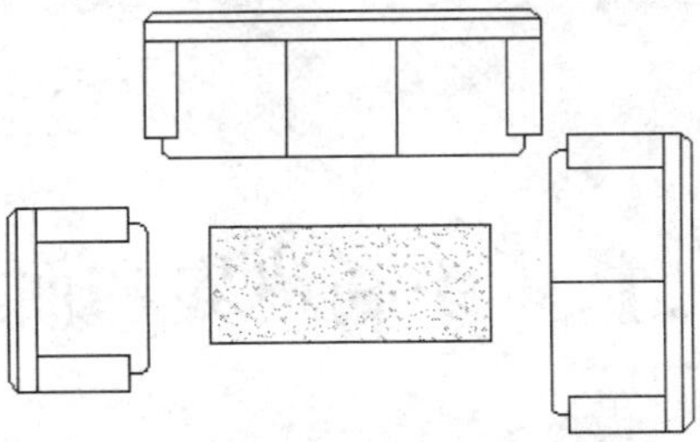

图3-201 填充结果

25 执行【保存】命令，将图形命名存储为“上机指导（四）.dwg”。

第4章

绘制复杂几何图形——边界、面域与图案填充

前几章主要学习了各类常用几何图元的绘制功能和编辑功能，本章则主要学习一些特殊图元的绘制方法和夹点编辑技巧，具体包括边界、面域、图案填充、复制对象、阵列对象和夹点编辑等，以方便日后组合较为复杂的图形结构。本章学习内容如下：

4.1 绘制边界和面域

本节主要了解和学习【边界】和【面域】两个命令的使用方式和技巧，以创建闭合的多段线边界和面域。

4.1.1 了解并绘制边界

所谓“边界”，实际上就是一条闭合的多段线，此种多段线不能直接绘制，而需要使用【边界】命令，从多个相交对象中进行提取或将多个首尾相连的对象转化成边界。

执行【边界】命令主要有以下几种方式：

- 执行菜单栏中的【绘图】/【边界】命令。
- 单击【绘图】工具栏或面板中的□按钮。
- 在命令行输入Boundary后按Enter键。
- 使用命令简写BO。

4.1.2 从对象中提取边界

下面通过从多个对象中提取边界，学习【边界】命令的使用方法和创建技能。操作步骤如下：

1 执行【新建】命令，创建空白文件。

2 根据图示尺寸，配合端点捕捉和中点捕捉功能，绘制如图4-1所示的矩形和圆。

3 执行菜单栏中的【绘图】/【边界】命令，打开如图4-2所示的【边界创建】对话框。

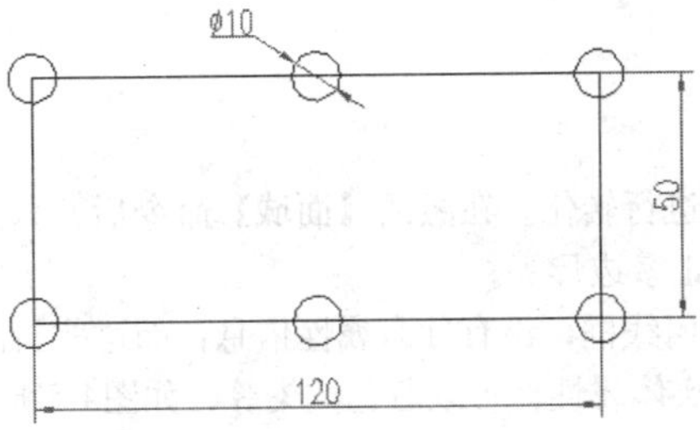

图4-1 绘制结果

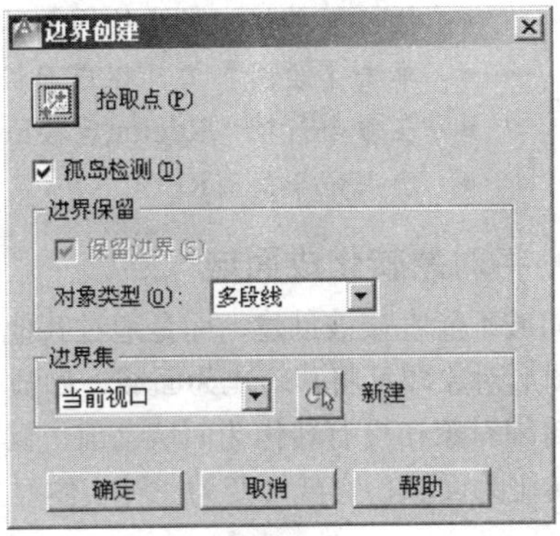

图4-2 【边界创建】对话框

TIP ▸▸ 【对象类型】列表框用于设置导出的是边界还是面域，默认为多段线边界。如果需要导出面域，即可将面域设置为当前。

4 采用默认设置，单击左上角的【拾取点】按钮，返回绘图区，在命令行"拾取内部点："的提示下，在矩形内部拾取一点，此时系统自动分析出一个闭合的虚线边界，如图4-3所示。

5 继续在命令行"拾取内部点："的提示下，按下Enter键，结束命令后，创建出一个闭合的多段线边界。

6 使用命令简写"M"激活【移动】命令，使用"点选"的方式选择刚创建的闭合边界，将其外移，结果如图4-4所示。

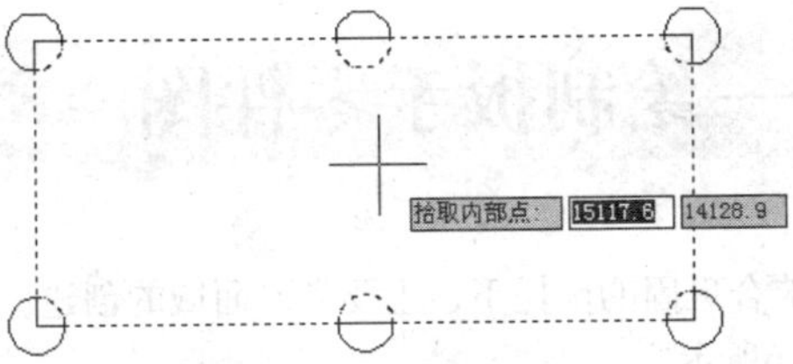

图4-3 创建虚线边界

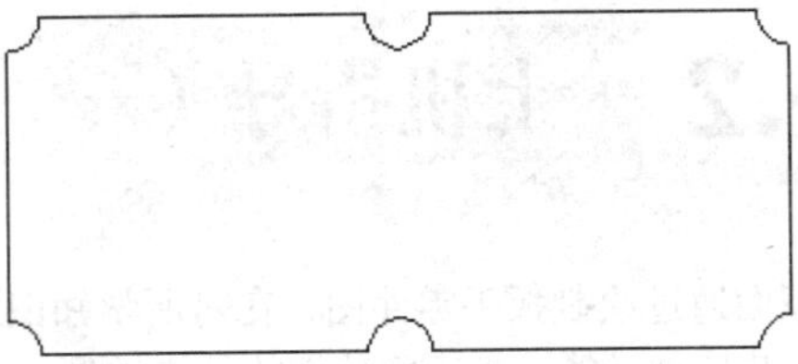

图4-4 移出边界

- **对话框选项解析**
  - 【边界集】选项组用于定义从指定点定义边界时AutoCAD导出来的对象集合，主要包括"当前视口"和"现有集合"两种类型，其中前者主要用于从当前视口中可见的对象中定义边界集，后者是从选择的所有对象中定义边界集。
  - 单击【新建】按钮，在绘图区选择对象后，系统返回【边界创建】对话框，在【边界集】组合框中显示【现有集合】类型，用户可以从选择的现有对象集合中定义边界集。

4.1.3 了解并绘制面域

“面域”的概述比较抽象，用户可以将其看作实体的表面，它是一个没有厚度的二维实心区域，具备实体模型的一切特性，不但含有边的信息，还有边界内的信息，可以利用这些信息计算工程属性，如面积、重心和惯性矩等。

执行【面域】命令主要有以下几种方式：

- 执行菜单栏中的【绘图】/【面域】命令。
- 单击【绘图】工具栏或面板中的◎按钮。
- 在命令行输入Region后按Enter键。
- 使用命令简写REG。

• 将对象转化成面域

面域不能直接被创建，而是通过其他闭合图形进行转化。在激活【面域】命令后，只需选择封闭的图形对象即可将其转化为面域，如圆、矩形、正多边形等。

封闭对象在没有转化为面域之前，仅是一种几何线框，没有什么属性信息；而这些封闭图形一旦被转化为面域，它就转变为一种实体对象，具备实体属性，可以着色渲染等，如图4-5所示。

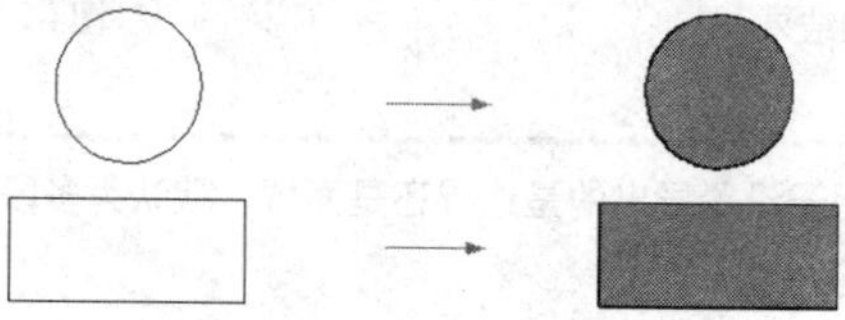

图4-5 几何线框转化为面域

> **TIP** 使用【面域】命令只能将单个闭合对象或由多个首尾相连的闭合区域转化成面域，如果用户需要从多个相交对象中提取面域，则可以使用【边界】命令，在【边界创建】对话框中，将【对象类型】设置为“面域”。

4.2 上机指导（一）——绘制扳手零件图

下面通过绘制扳手零件图，在对所学知识进行综合巩固的前提下，主要学习面域的创建、面域的差集及拉伸功能。扳手零件图的最终效果，如图4-6所示。

操作步骤

1 执行【打开】命令，打开随书光盘中的“素材文件／扳手.dwg”文件，如图4-7所示。

图4-6 扳手零件图

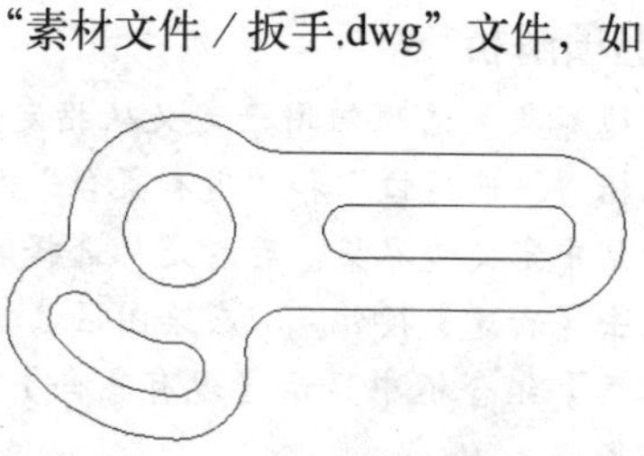

图4-7 打开结果

2 执行菜单栏中的【绘图】/【边界】命令，或使用命令简写“BO”打开【边界创建】对话框。

3 在【边界创建】对话框中展开【对象类型】下拉列表，将对象类型设置为“面域”，如图4-8所示。

4 单击对话框上侧的【拾取点】按钮，返回绘图区，在如图4-9所示的空白区域拾取点，系统自动分析出面域，如图4-10所示。

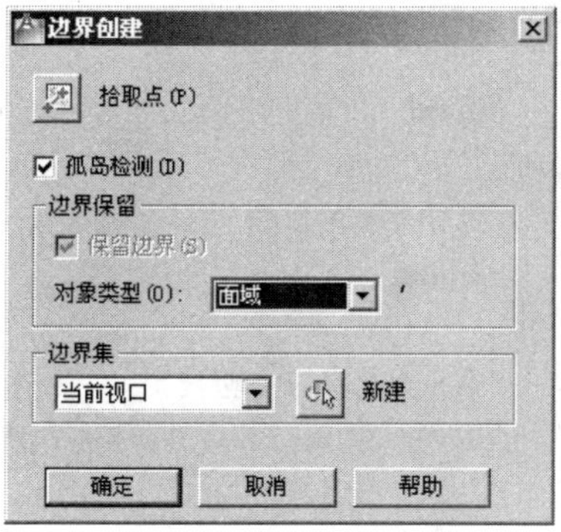

图4-8 【边界创建】对话框

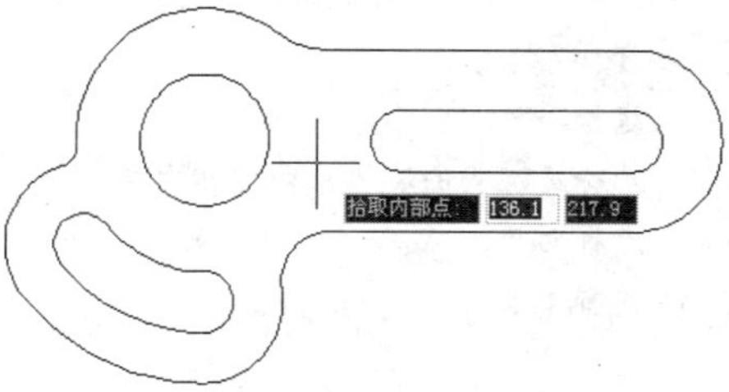

图4-9 指定点

TIP 另外，也可以直接使用【面域】命令，根据命令行的提示，窗交选择如图4-11所示的对象，将其转化为面域。

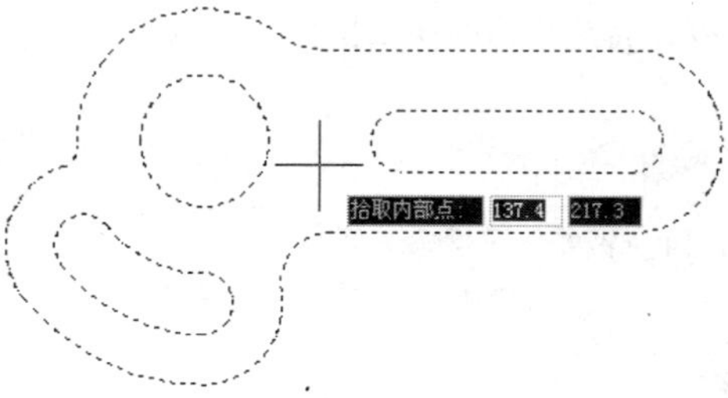

图4-10 分析面域

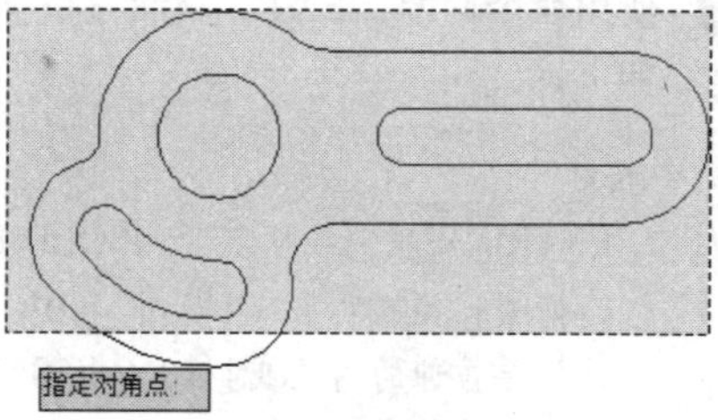

图4-11 窗交选择

5 按Enter键结束命令，结果创建了四个面域，所创建的面域与原图线重合。

6 使用命令简写“M”激活【移动】命令，将创建的四个面域进行外移，结果如图4-12所示。

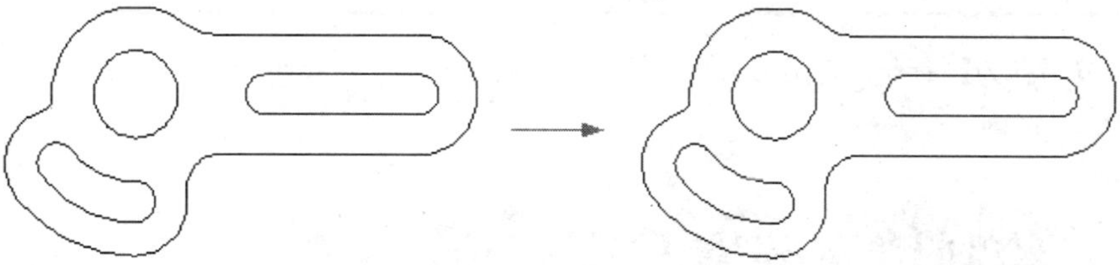

图4-12 移出面域

7 执行菜单栏中的【视图】/【视觉样式】/【灰度】命令，对面域进行着色，结果如图4-13所示。

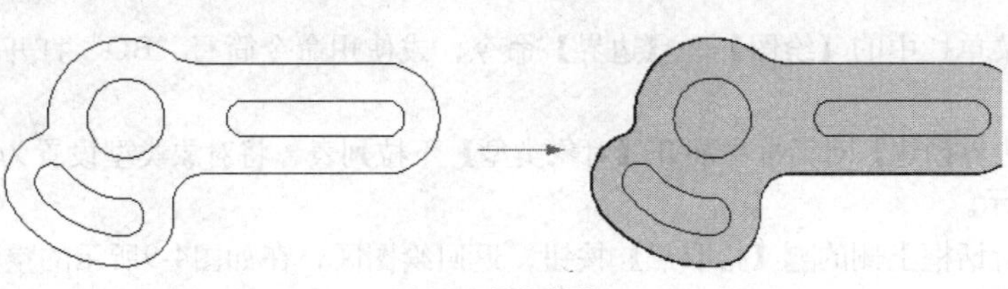

图4-13 着色效果

8 使用命令简写“SU”激活【差集】命令，将内侧的三个面域减去。命令行操作如下。

```
命令: su                                              // Enter
    SUBTRACT 选择要从中减去的实体、曲面和面域...
    选择对象:                                         //选择外侧的面域
    选择对象:                                         // Enter
    选择要减去的实体、曲面和面域...
    选择对象:                                         //选择内侧的三个面域
    选择对象:                                         // Enter，差集后的效果如图4-14所示
```

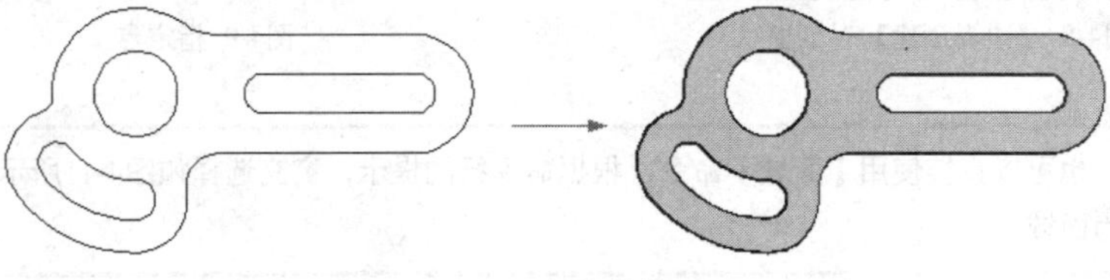

图4-14 操作结果

9 使用命令简写“EXT”激活【拉伸】命令，将差集后的面域拉伸15个单位。命令行操作如下。

```
命令: Ext
    EXTRUDE当前线框密度: ISOLINES=4，闭合轮廓创建模式 = 实体
    选择要拉伸的对象或 [模式(MO)]:                     //选择图4-14所示的差集面域
    选择要拉伸的对象或 [模式(MO)]:                     // Enter
    指定拉伸的高度或 [方向(D)/路径(P)/倾斜角(T)/表达式(E)]:
                                                      //15 Enter，拉伸结果如图4-6所示
```

> **TIP** 有关【差集】、【拉伸】等命令的使用方法，请参见第三篇中的相关内容。

10 执行【另存为】命令，将图形另名存储为“上机指导（一）.dwg”。

4.3 绘制填充图案与渐变色

“图案”是由各种图线进行不同的排列组合而构成的一种图形元素，此类图形元素作为一个独立的整体，被填充到各种封闭的区域内，以表达各自图形的信息，如图4-15所示。

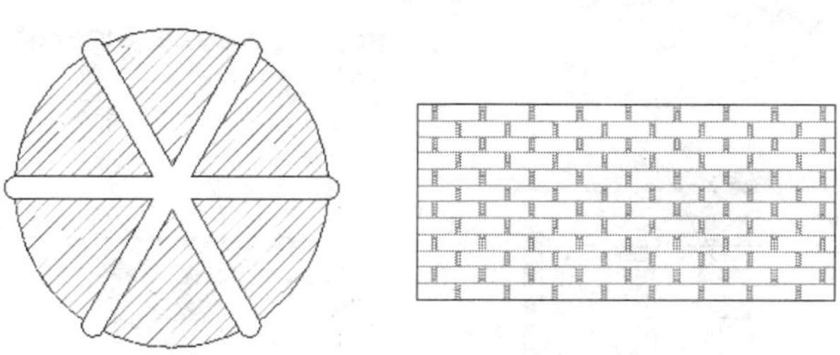

图4-15 图案填充示例

执行【图案填充】命令主要有以下几种方式：

- 执行菜单栏中的【绘图】/【图案填充】命令。
- 单击【绘图】工具栏或面板中的按钮。
- 在命令行输入Bhatch后按Enter键。
- 使用命令简写H或BH。

4.3.1 绘制预定义图案

AutoCAD为用户提供了“预定义图案”和“用户定义图案”两种现有图案，下面学习预定义图案的填充过程。具体操作步骤如下：

1. 打开随书光盘中的“素材文件／图案填充示例.dwg”文件，如图4-16所示。
2. 执行菜单栏中的【绘图】／【图案填充】命令，打开如图4-17所示的【图案填充和渐变色】对话框。

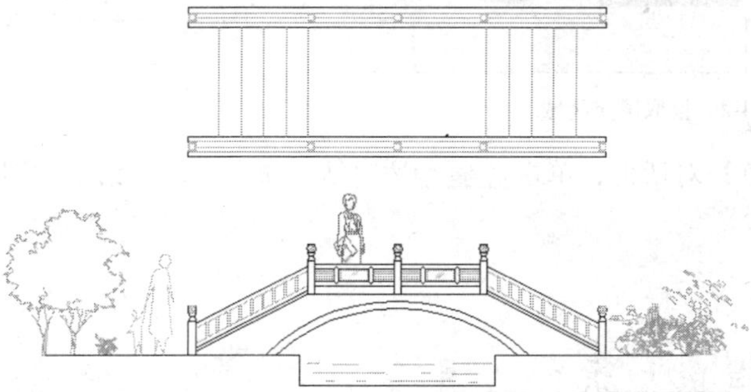

图4-16 打开结果

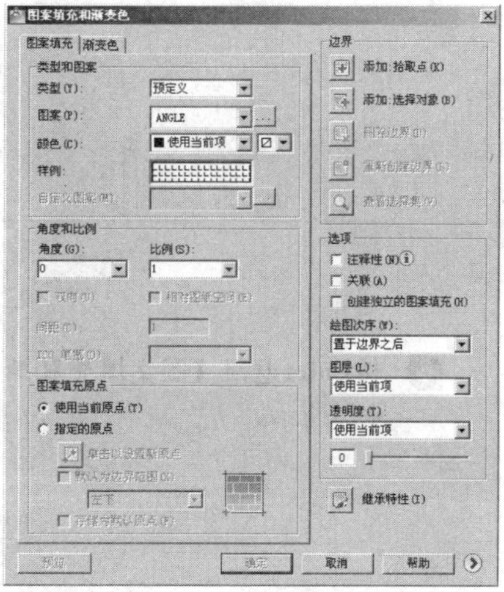

图4-17 【图案填充和渐变色】对话框

3. 单击【样列】文本框中的图案，或单击【图案】列表右端的按钮，打开【填充图案选项板】对话框，然后选择如图4-18所示的填充图案。

> **TIP**
> 【样例】文本框用于显示当前图案的预览图像，在样例图案上直接单击，也可快速打开【填充图案选项板】对话框，以选择所需图案。

4. 单击确定按钮，返回【图案填充和渐变色】对话框，设置填充角度和填充比例，如图4-19所示。

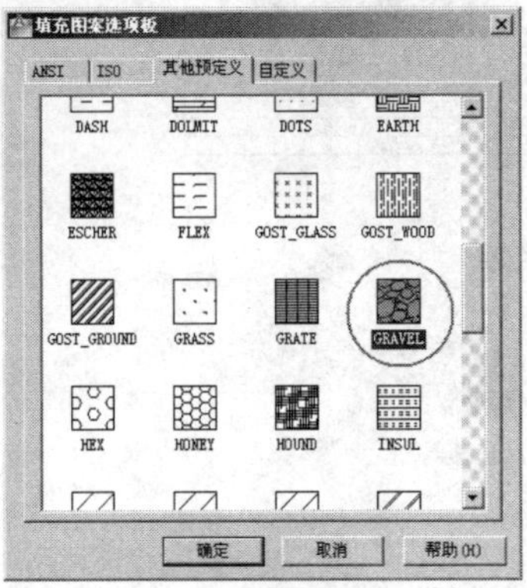

图4-18 选择填充图案

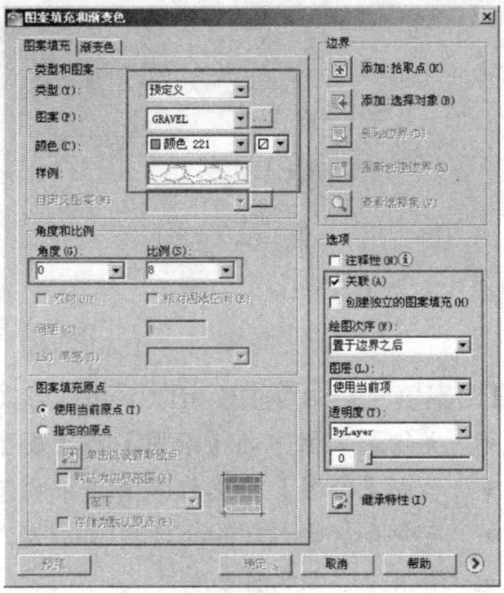

图4-19 设置填充参数

> **TIP**
> 【角度】下拉文本框用于设置图案的倾斜角度；【比例】下拉文本框用于设置图案的填充比例。

5 在【边界】选项组中单击【添加:选择对象】按钮，返回绘图区选择如图4-20所示的区域作为填充边界。

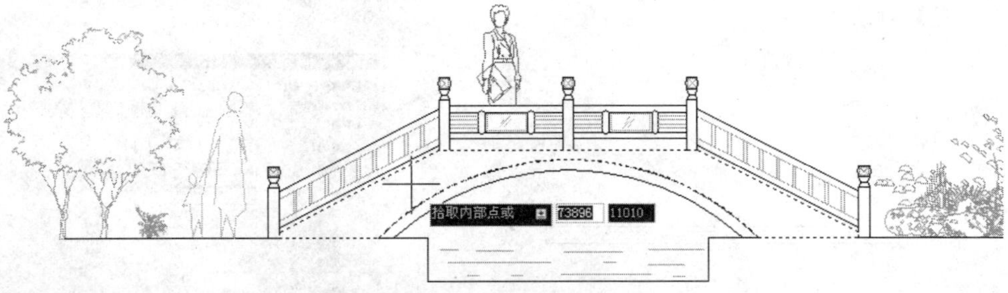

图4-20 拾取填充区域

6 按Enter返回【图案填充和渐变色】对话框，单击 确定 按钮结束命令，填充结果如图4-21所示。

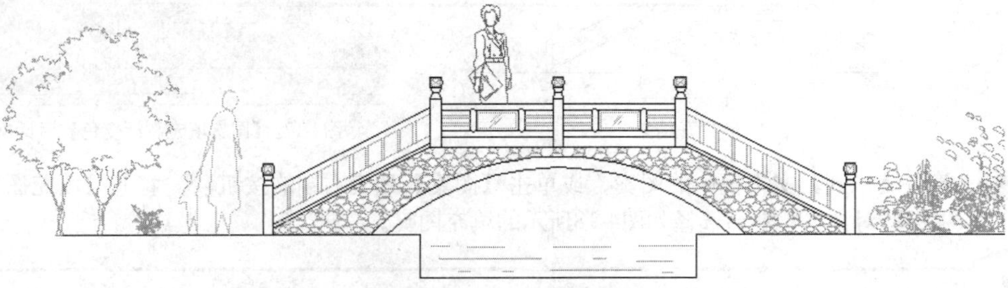

图4-21 填充结果

> **TIP**
> 如果填充效果不理想，或者不符合需要，要按下Esc键返回【图案填充和渐变色】对话框重新调整参数。

选项解析

- 【添加:拾取点】按钮用于在填充区域内部拾取任意一点，AutoCAD将自动搜索到包含该内点的区域边界，并用虚线显示边界。

TIP 用户可以连续地拾取多个要填充的目标区域，如果选择了不需要的区域，此时可单击鼠标右键，从弹出的快捷菜单中选择“放弃上次选择/拾取”或“全部清除”命令。

- 【添加:选择对象】按钮用于直接选择需要填充的单个闭合图形，作为填充边界。
- 【删除边界】按钮用于删除位于选定填充区内但不填充的区域。
- 【查看选择集】按钮用于查看所确定的边界。
- 【继承特性】按钮用于在当前图形中选择一个已填充的图案，系统将继承该图案类型的一切属性并将其设置为当前图案。
- 【关联】复选项与【创建独立的图案填充】复选项用于确定填充图形与边界的关系，分别用于创建关联和不关联的填充图案。
- 【注释性】复选项用于为图案添加注释特性。
- 【绘图次序】下拉列表用于设置填充图案和填充边界的绘图次序。、
- 【图层】下拉列表用于设置填充图案的所在层。
- 【透明度】列表用于设置填充图案的透明度，拖曳下侧的滑块，可以调整透明度值。设置透明度后的图案显示效果，如图4-22所示。

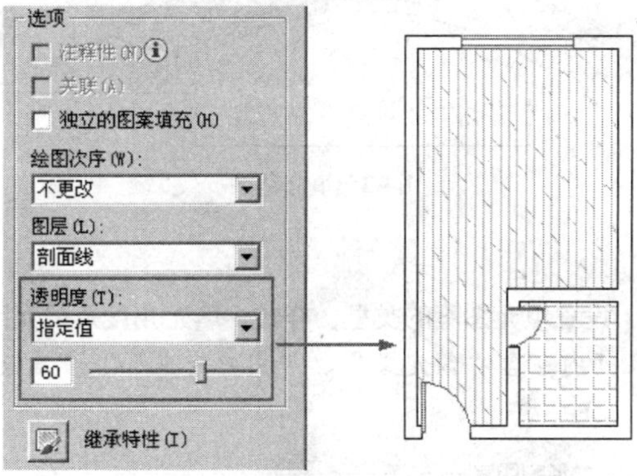

图4-22 设置透明度后的图案

TIP 当为图案指定透明度后，还需要打开状态栏上的按钮，以显示透明度效果。

4.3.2 绘制用户定义图案

下面通过为拱型桥立面图填充用户定义图案，主要学习用户定义图案的具体填充过程。操作步骤如下：

1. 继续上节4.3.1的操作。
2. 使用命令简写“H”激活【图案填充】命令，打开【图案填充和渐变色】对话框。
3. 在打开的【图案填充和渐变色】对话框中设置图案类型及参数如图4-23所示。
4. 单击【添加:选择对象】按钮，返回绘图区拾取如图4-24所示的区域进行填充，填充如图4-25所示的图案。

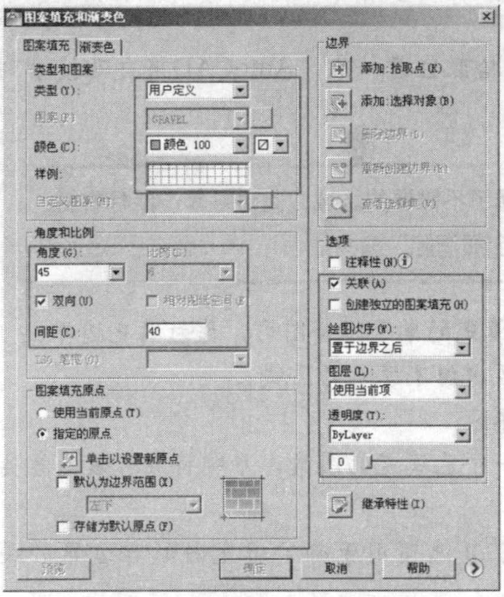

图4-23 设置填充图案和填充参数

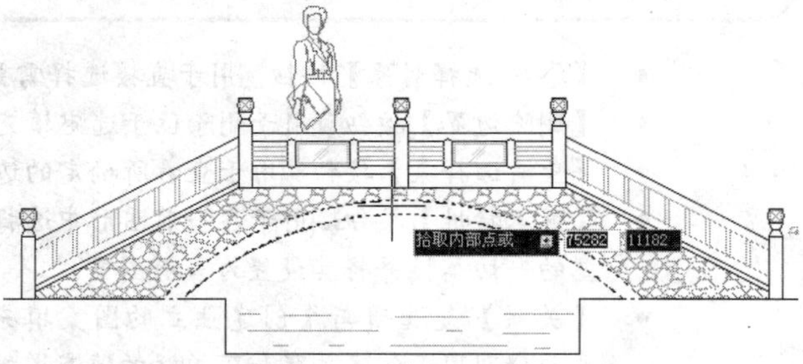

图4-24 拾取填充区域

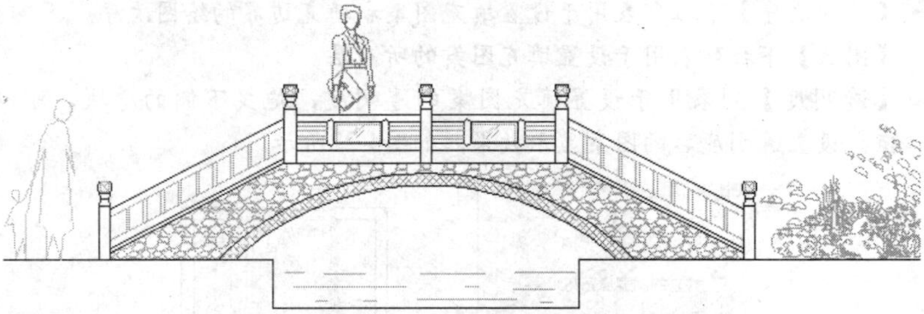

图4-25 填充结果

选项解析

【图案填充】选项卡用于设置填充图案的类型、样式、填充角度及填充比例等，常用选项如下：

- 【类型】列表框内包含“预定义”、“用户定义”、“自定义”三种图样类型，如图4-26所示。

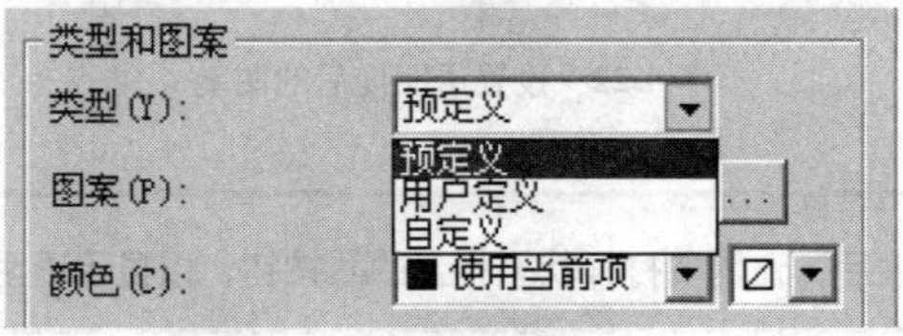

图4-26 【类型】下拉列表框

> **TIP**
> “预定义”图样只适用于封闭的填充边界；“用户定义”图样可以使用图形的当前线型创建填充图样；“自定义”图样就是使用自定义的PAT文件中的图样进行填充。

- 【图案】列表框用于显示预定义类型的填充图案名称。用户可从下拉列表框中选择所需的图案。
- 【相对于图纸空间】选项仅用于布局选项卡，它是相对图纸空间单位进行图案的填充。运用此选项，可以根据适合于布局的比例显示填充图案。
- 【间距】文本框可设置用户定义填充图案的直线间距，只有激活了【类型】列表框中的【用户自定义】选项，此选项才可用。

- 【双向】复选框仅适用于用户定义图案，勾选该复选框，将增加一组与原图线垂直的线。
- 【ISO笔宽】选项决定运用ISO剖面线图案的线与线之间的间隔，它只在选择ISO线型图案时才可用。

4.3.3 绘制渐变色

下面通过为台灯灯罩和灯座填充渐变色，主要学习渐变色图案的填充过程。具体操作步骤如下：

1 打开随书光盘中的“素材文件／床头柜与台灯.dwg”，如图4-27所示。

2 使用命令简写“H”激活【图案填充】命令，打开【图案填充和渐变色】对话框。

3 展开【渐变色】选项卡，然后勾选【双色】单选项，如图4-28所示。

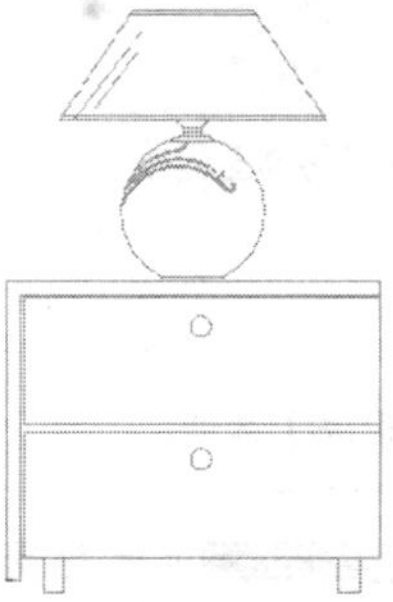

图4-27 打开结果

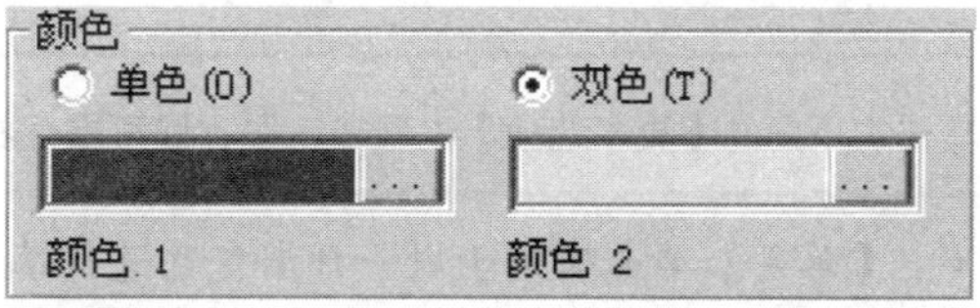

图4-28 【颜色】选项组

4 将颜色1的颜色设置为211号色；将颜色2的颜色设置为黄色，然后设置渐变方式，如图4-29所示。

5 单击【添加:选择对象】按钮，返回绘图区指定填充边界，填充如图4-30所示的渐变色。

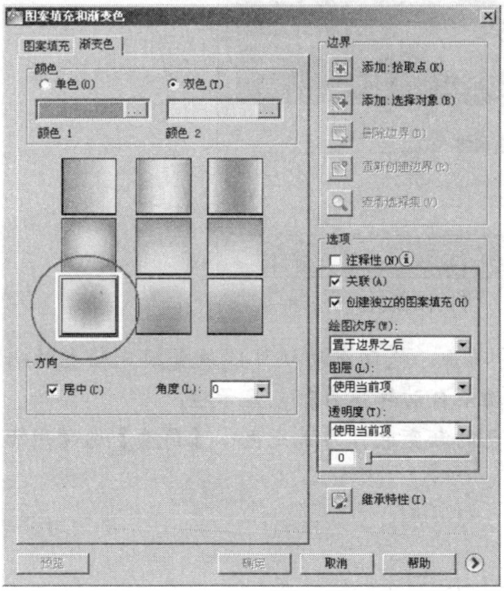

图4-29 设置渐变色

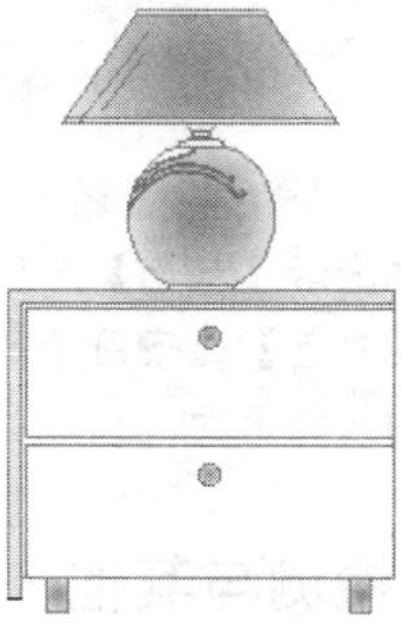

图4-30 填充渐变色

选项解析

在【图案填充和渐变色】对话框中单击渐变色选项卡，打开如图4-31所示的【渐变色】选项卡，用于为指定的边界填充渐变色。

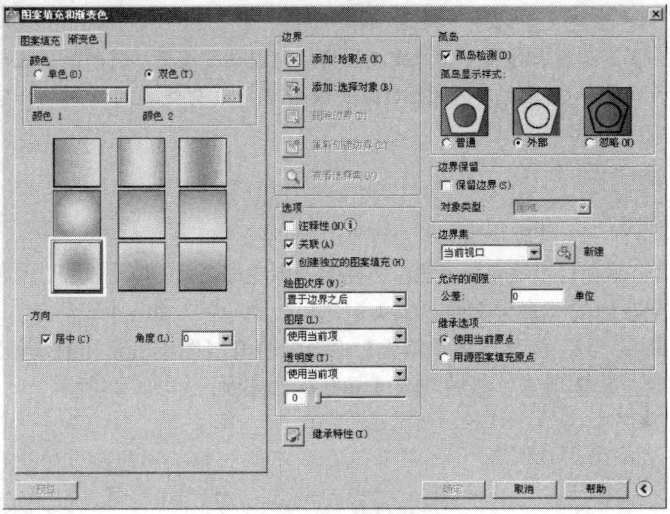

图4-31 【渐变色】选项卡

TIP 单击右下角的【更多选项】扩展按钮，即可展开右侧的【孤岛】选项。

- 【单色】单选项用于以一种渐变色进行填充；显示框用于显示当前的填充颜色，双击该颜色框或单击其右侧的按钮，可以弹出如图4-32所示的【选择颜色】对话框，用户可根据需要选择所需的颜色。

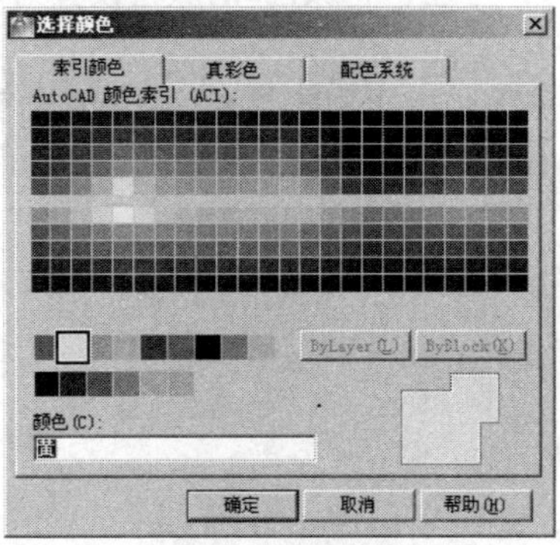

图4-32 【选择颜色】对话框

- 【暗——明】滑动条：拖动滑动块可以调整填充颜色的明暗度，如果用户激活【双色】选项，此滑动条自动转换为颜色显示框。
- 【双色】选项用于以两种颜色的渐变色作为填充色；【角度】选项用于设置渐变填充的倾斜角度。

4.3.4 孤岛检测与其他

【孤岛显示样式】选项组提供了“普通”、“外部”和“忽略”三种方式，如图4-33所示，其中“普通”方式是从最外层的外边界向内边界填充，第一层填充，第二层不填充，如此交替进行；“外部”方式只填充从最外边界向内第一边界之间的区域；“忽略”方式忽略最外层边界以内的其他任何边界，以最外层边界向内填充全部图形。

图4-33 孤岛填充样式

TIP 孤岛是指在一个边界包围的区域内又定义了另外一个边界，它可以对两个边界之间的区域进行填充，而内边界包围的内区域不填充。

- **其他选项**
  - 【边界保留】选项用于设置是否保留填充边界。系统默认设置为不保留填充边界。
  - 【允许间隙】选项用于设置填充边界的允许间隙值，处在间隙值范围内的非封闭区域也可填充图案。
  - 【继承选项】选项组用于设置图案填充的原点，即使用当前原点还是使用源图案填充的原点。

4.4 上机指导（二）——绘制墙面装饰图案

本例通过为某建筑物立面图填充墙面装饰图案，主要对所学知识进行综合练习和巩固。建筑物立面图填充墙面装饰图案的最终绘制效果，如图4-34所示。

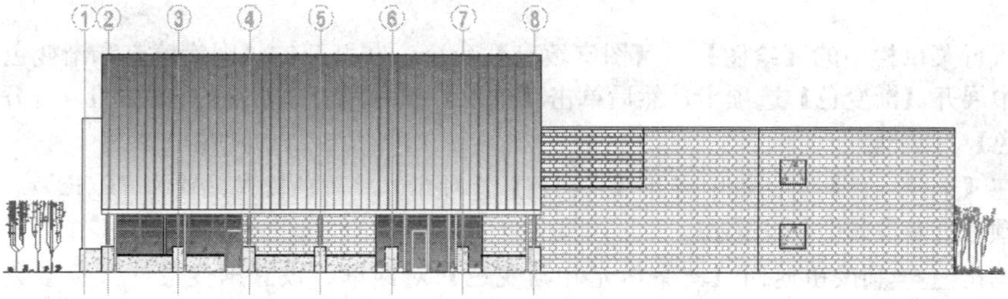

图4-34 实例效果

操作步骤

1 执行【打开】命令，打开随书光盘“素材文件/建筑物外墙立面图.dwg”，如图4-35所示。

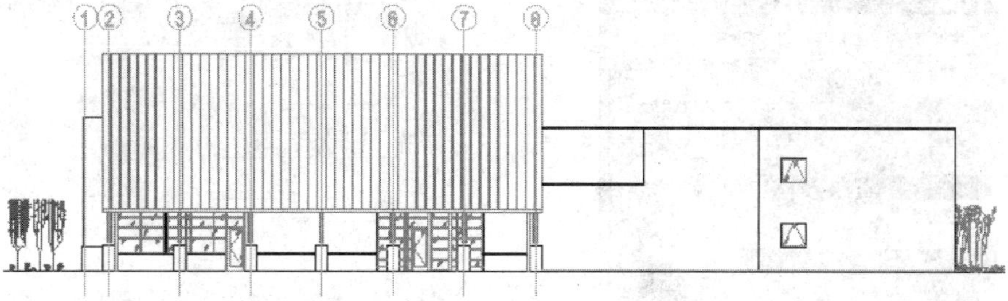

图4-35 打开结果

2 执行菜单栏中的【绘图】/【矩形】命令，配合端点捕捉功能绘制填充边界。命令行操作如下。

```
命令: _rectang
    指定第一个角点或[倒角(C)/标高(E)/圆角(F)/厚度(T)/宽度(W)]:  //捕捉如图4-36所示的端点
    指定另一个角点或[面积(A)/尺寸(D)/旋转(R)]:                 //捕捉如图4-37所示的端点
```

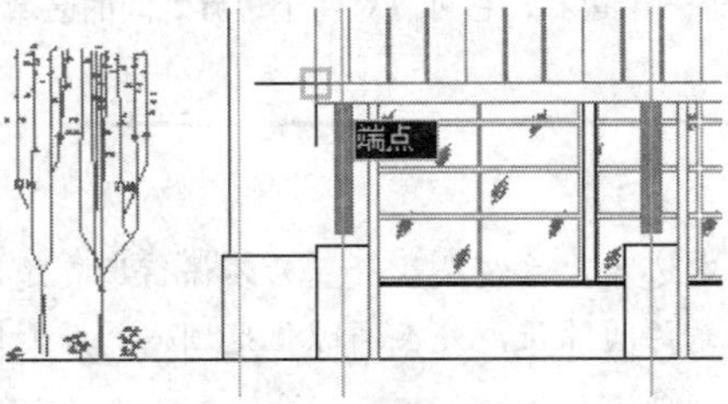

图4-36 捕捉端点

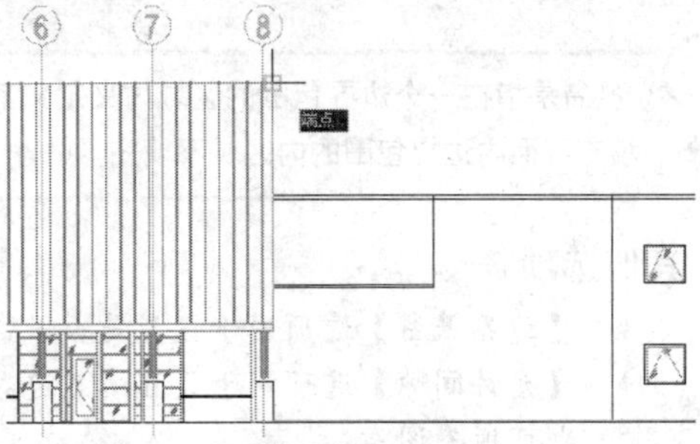

图4-37 捕捉端点

3 展开【图层控制】下拉列表，关闭“ROOF”和“ColcnterLin100”两个图层，同时将“-fill-shade”设置为当前图层，此时图形的显示效果如图4-38所示。

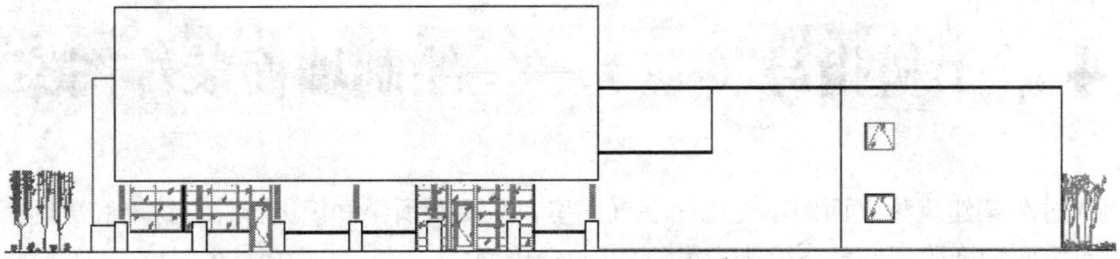

图4-38 关闭图层后的显示

4 执行菜单栏中的【绘图】/【图案填充】命令，在打开的【图案填充和渐变色】对话框中展开【渐变色】选项卡，然后单击【单色】颜色列表框右端的 ... 按钮，打开【选择颜色】对话框。

5 在【选择颜色】对话框中展开【真彩色】选项卡，将颜色模式设置为“RGB”，并设置各颜色值参数如图4-39所示。

6 单击 确定 按钮返回【图案填充和渐变色】对话框，设置渐变色样式及参数如图4-40所示。

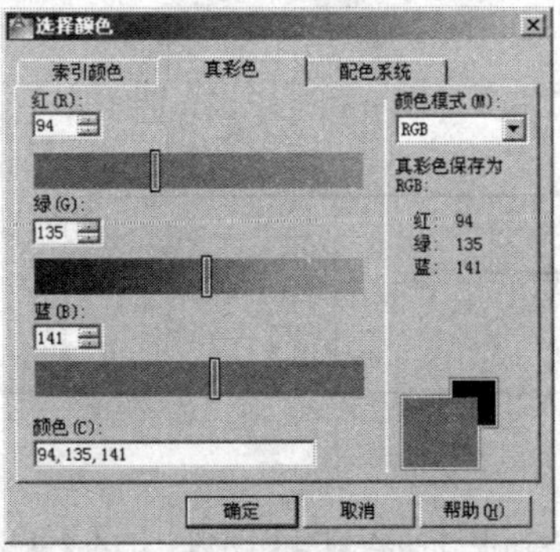

图4-39 设置填充色

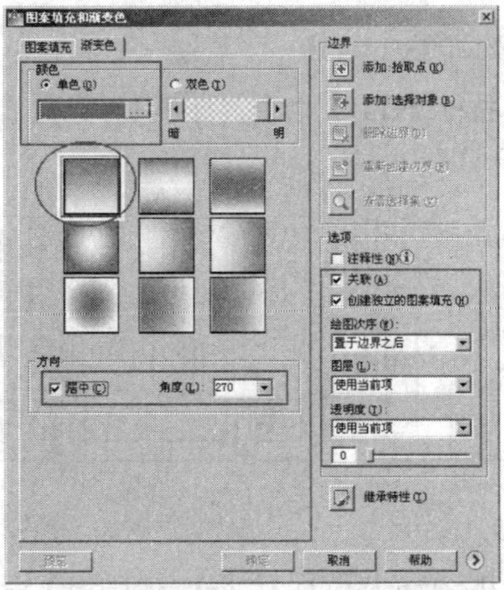

图4-40 设置填充参数

7 单击右上侧的【添加:选择对象】按钮，返回绘图区选择矩形作为填充边界，为其填充渐变色，填充结果如图4-41所示。

8 选择刚填充的渐变色图案，然后单击【工具】菜单中的【绘图顺序】/【后置】命令，将渐变色后置。

9 展开【图层控制】下拉列表，将“-fill-shade2”设为当前图层，同时打开被关闭的“ROOF”图层，结果如图4-42所示。

图4-41 填充渐变色

图4-42 图形的显示

10 使用命令简写“H”激活【图案填充】命令，在打开的【图案填充和渐变色】对话框中展开【渐变色】选项卡，同时勾选【双色】单选项。

11 双击【颜色1】颜色框，在打开的【选择颜色】对话框中设置颜色值参数如图4-43所示。

12 双击【颜色2】颜色框，在弹出的【选择颜色】对话框中设置颜色值参数如图4-44所示。

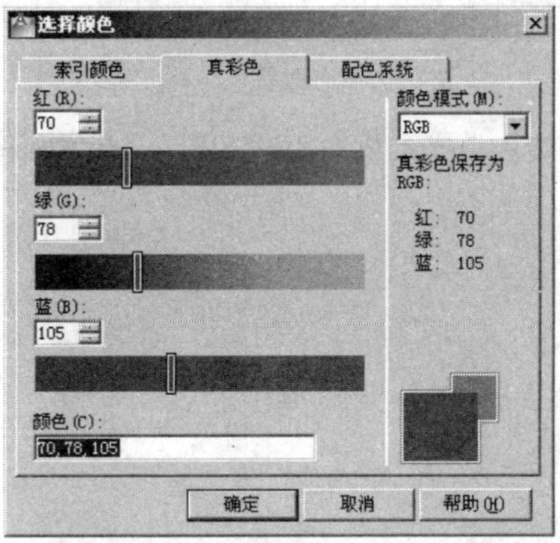

图4-43 设置第一种颜色

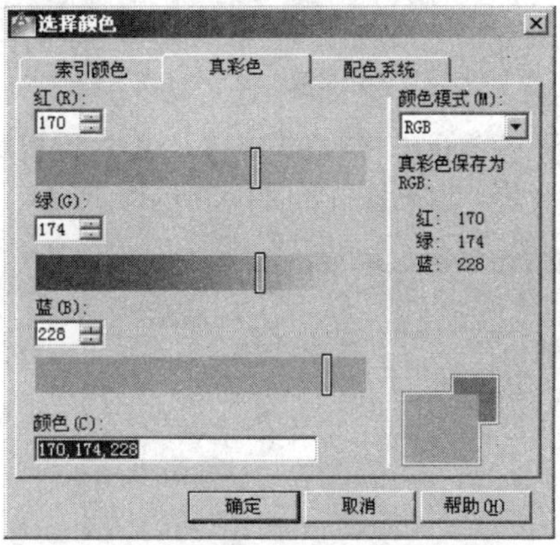

图4-44 设置第二种颜色

13 单击 确定 按钮返回【图案填充和渐变色】对话框，设置渐变色样式及参数如图4-45所示，为立面图填充渐变色，填充结果如图4-46所示。

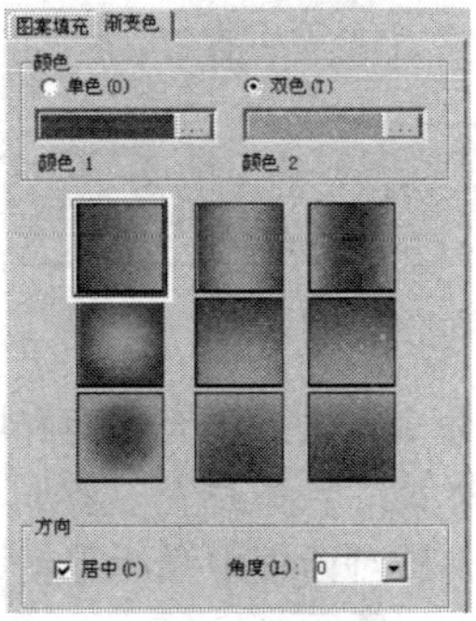

图4-55 设置填充样式及参数

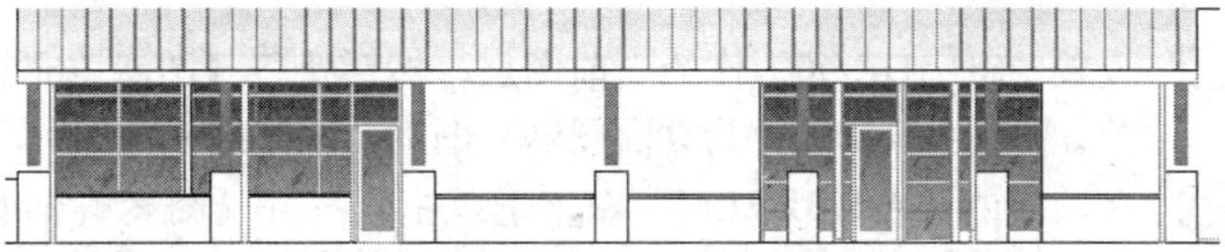

图4-46 填充结果

14 设置“fill-shade-4”为当前图层，然后使用命令简写“H”激活【图案填充命令，设置填充图案如图4-47所示，为立面图填充实体图案，填充结果如图4-48所示。

图4-47 设置填充图案

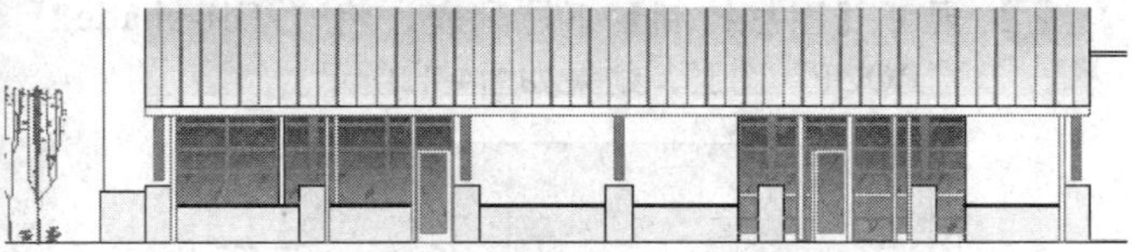

图4-48 填充结果

15 设置“SHADE-40”作为当前图层，然后执行【图案填充】命令，在弹出的对话框中设置填充图案和填充参数如图4-49所示，为立面图填充图案，填充结果如图4-50所示。

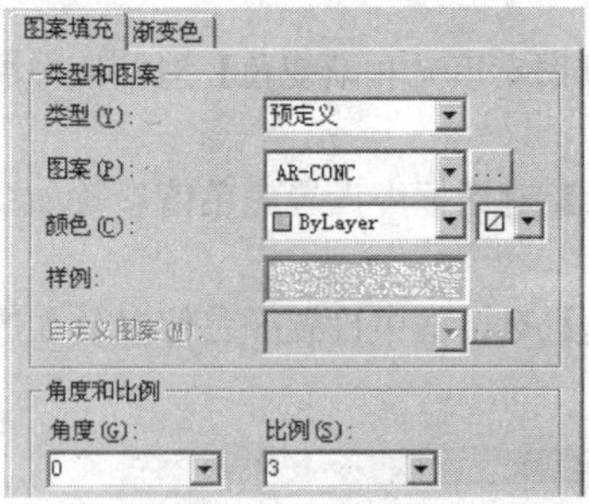

图4-49 设置填充参数

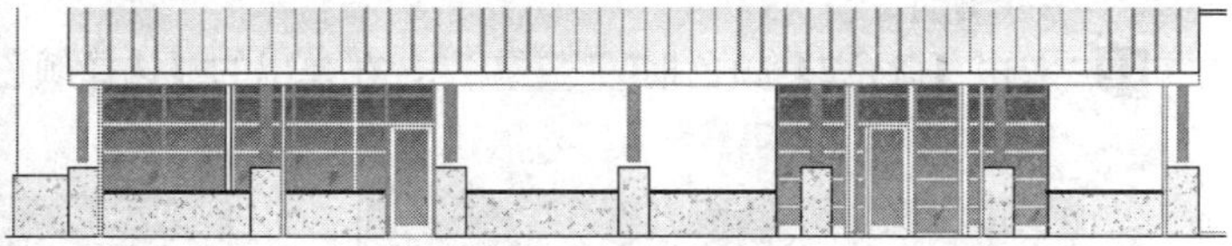

图4-50 填充结果

16 重复执行【图案填充】命令，设置填充图案和填充参数如图4-51所示，为立面图填充图案，填充结果如图4-52所示。

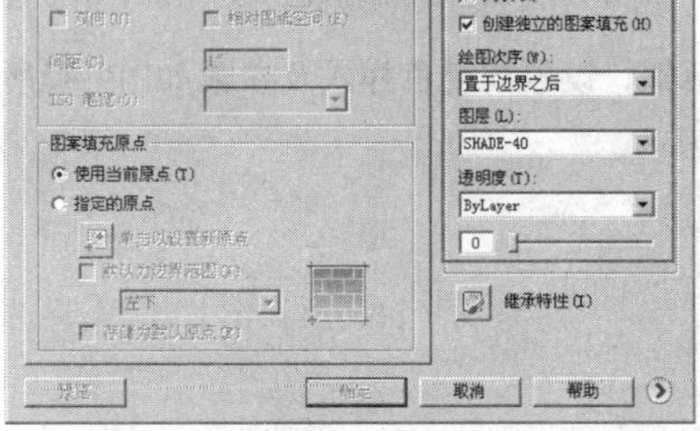

图4-51 设置填充参数

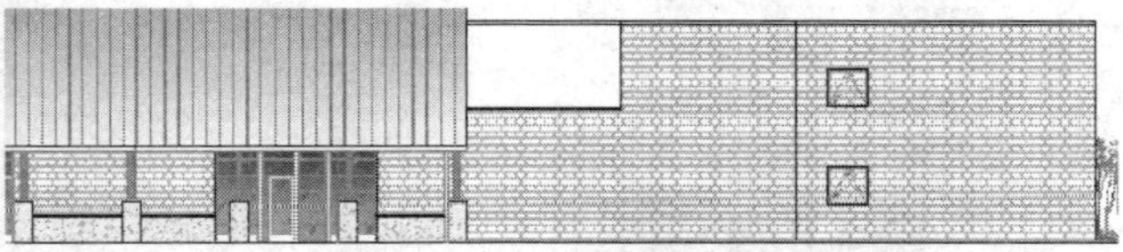

图4-52 填充结果

17 设置“SHADE-50”作为当前图层，然后执行【图案填充】命令，设置填充图案和填充参数如上图4-51所示，为立面图填充图案，填充结果如图4-53所示。

18 在填充的“AR-BRELM”图案上双击，打开【图案填充编辑】对话框中激活重新设置填充原点功能，分别调整图案的填充原点，填充后的效果如图4-54所示。

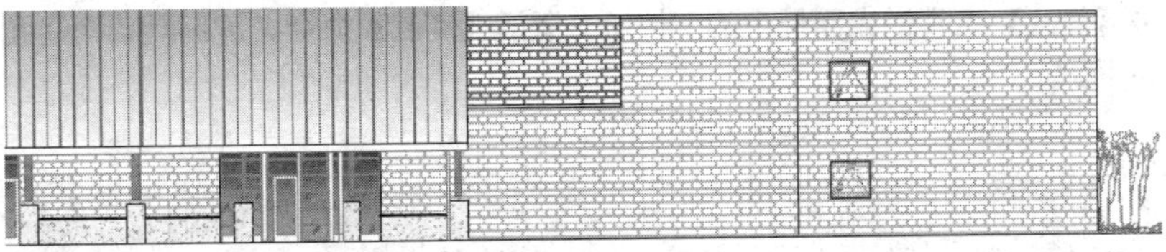

图4-53 填充结果

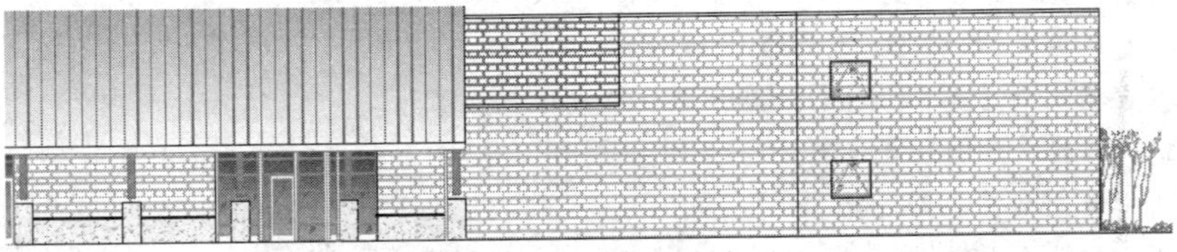

图4-54 调整填充原点

19 打开被关闭的“ColcnterLin100”图层，然后调整视图，使图形完全显示，最终效果如图4-34所示。

20 执行【另存为】命令，将图形另名存储为“上机指导（二）.dwg”。

4.5 复制对象

本节主要学习【复制】、【偏移】和【镜像】命令，以便于快速创建较为复杂的图形结构。

4.5.1 复制对象

【复制】命令用于复制图形，通常使用【复制】命令创建结构相同，位置不同的复合图形。此命令只能在当前文件中使用。

执行【复制】命令主要有以下几种方式：

- 执行菜单栏中的【修改】/【复制】命令。
- 单击【修改】工具栏或面板中的按钮。
- 在命令行输入Copy按Enter键。
- 使用命令简写CO。

• 【复制】命令的应用

下面通过绘制拱形桥两侧的立面护栏，学习【复制】命令的使用方法和操作技巧，具体操作步骤如下：

1 执行【打开】命令，打开随书光盘中的“素材文件/复制图形.dwg”文件，如图4-55所示。

图4-55 打开结果

2 单击【修改】工具栏或面板中的按钮，激活【复制】命令，复制两条构造线。命令行操作如下。

```
命令: _copy
    选择对象:                                          //选择图4-55所示的两条垂直构造线
    选择对象:                                          // Enter
    当前设置: 复制模式 = 多个
    指定基点或 [位移(D)/模式(O)] <位移>:                //拾取任一点作为基点
    指定第二个点或 [阵列(A)] <使用第一个点作为位移>:    //A Enter
    输入要进行阵列的项目数:                             //9 Enter
    指定第二个点或 [布满(F)]:                          //@150,0 Enter
    指定第二个点或 [阵列(A)/退出(E)/放弃(U)] <退出>:    // Enter，复制结果如图4-56所示
```

图4-56 复制结果

TIP 使用命令中的【阵列】选项功能，可以在复制图形的过程中，将选择的对象进行有规则的快速复制。

3 重复执行【复制】命令，复制所有垂直构造线。命令行操作如下。

```
命令: _copy
    选择对象:                                          //窗交选择如图4-57所示的构造线
    选择对象:                                          // Enter
    当前设置: 复制模式 = 多个
    指定基点或 [位移(D)/模式(O)] <位移>:                //拾取任一点
    指定第二个点或 [阵列(A)] <使用第一个点作为位移>:    //@3900,0 Enter
    指定第二个点或 [阵列(A)/退出(E)/放弃(U)] <退出>: // Enter，复制结果如图4-58所示
```

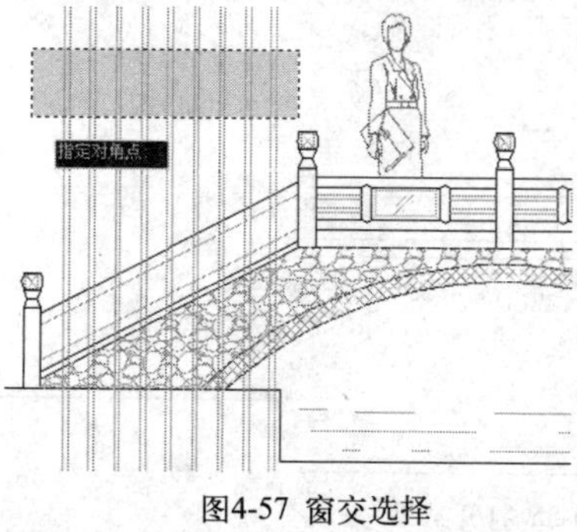

图4-57 窗交选择

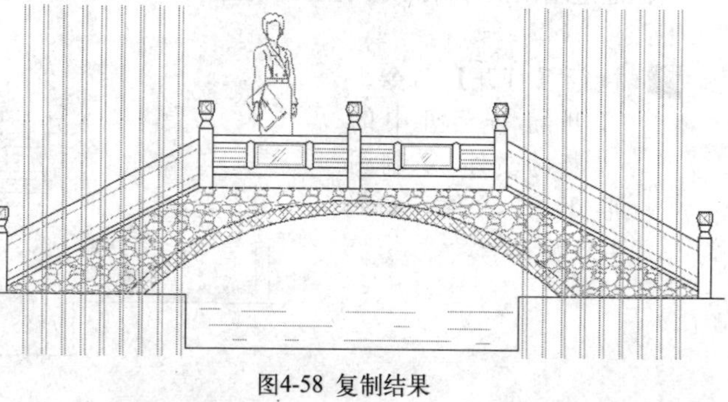

图4-58 复制结果

4 使用命令简写“TR”激活【修剪】命令，对所有构造线进行修剪，命令行操作如下。

```
命令: TR                                        // Enter
    TRIM当前设置:投影=UCS，边=无
    选择剪切边...
    选择对象或 <全部选择>:                       //选择如图4-59所示的倾斜轮廓线1
    选择对象:                                    //选择如图4-59所示的倾斜轮廓线2
    选择对象:                                    //选择如图4-59所示的倾斜轮廓线3
    选择对象:                                    //选择如图4-59所示的倾斜轮廓线4
```

图4-59 选择边界

```
    选择对象:                                    // Enter
    选择要修剪的对象，或按住 Shift 键选择要延伸的对象，或[栏选(F)/窗交(C)/投影(P)/边(E)/
删除(R)/放弃(U)]:                                //F Enter
    指定第一个栏选点:                            //定位栏选点1
    指定下一个栏选点或 [放弃(U)]:                //定位栏选点2
    指定下一个栏选点或 [放弃(U)]:                //定位栏选点3
    指定下一个栏选点或 [放弃(U)]:                //定位栏选点4，如图4-60所示
```

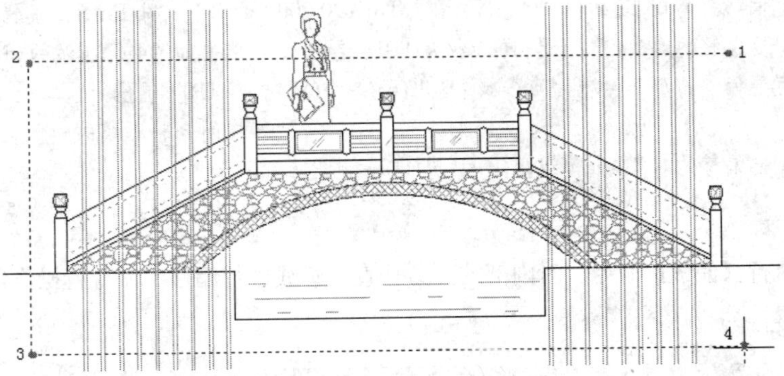

图4-60 绘制栅栏线

```
    指定下一个栏选点或 [放弃(U)]:                // Enter
    选择要修剪的对象，或按住 Shift 键选择要延伸的对象，或[栏选(F)/窗交(C)/投影(P)/边(E)/
删除(R)/放弃(U)]:                                // Enter，修剪结果如图4-61所示
```

图4-61 修剪结果

4.5.2 偏移对象

【偏移】命令用于将选择的图线按照一定的距离或指定的通过点，进行偏移复制，以创建同尺寸或同形状的复合对象。

执行【偏移】命令主要有以下几种方式：

- 执行菜单栏中的【修改】/【偏移】命令。
- 单击【修改】工具栏或面板中的按钮。
- 在命令行输入Offset后按Enter键。
- 使用命令简写O。

•【偏移】命令的应用

不同结构的对象，其偏移结果也会不同。比如在对圆、椭圆等对象偏移后，对象的尺寸发生了变化，而对直线偏移后，尺寸则保持不变。下面通过典型的实例，学习【偏移】命令的使用方法和操作技巧。具体操作步骤如下：

1 打开随书光盘中的“素材文件／偏移图形.dwg”文件。

2 单击【修改】工具栏中的按钮，激活【偏移】命令，对各图形进行距离偏移。命令行操作如下。

```
命令: _offset
    当前设置: 删除源=否  图层=源  OFFSETGAPTYPE=0
    指定偏移距离或 [通过(T)/删除(E)/图层(L)] <10.0000>:          //6 Enter，设置偏移距离
    选择要偏移的对象，或 [退出(E)/放弃(U)] <退出>:  //单击如图4-62所示的闭合轮廓线
    指定要偏移的那一侧上的点，或 [退出(E)/多个(M)/放弃(U)] <退出>:
                                                   //在闭合轮廓线的外侧拾取一点
    选择要偏移的对象，或 [退出(E)/放弃(U)] <退出>:
                                       // Enter，结束命令，偏移结果如图4-63所示
```

3 重复执行【偏移】命令，对内部的两条垂直轮廓线进行偏移。命令行操作如下。

```
命令: _offset
    当前设置: 删除源=否  图层=源  OFFSETGAPTYPE=0
    指定偏移距离或 [通过(T)/删除(E)/图层(L)] <6.0>:                //4 Enter
    选择要偏移的对象，或 [退出(E)/放弃(U)] <退出>:                 //选择图4-63所示的轮廓线1
    指定要偏移的那一侧上的点，或 [退出(E)/多个(M)/放弃(U)] <退出>: //在所选图线的右侧拾取点
    选择要偏移的对象，或 [退出(E)/放弃(U)] <退出>:                 //选择轮廓线2
    指定要偏移的那一侧上的点，或 [退出(E)/多个(M)/放弃(U)] <退出>: //在所选图线的左侧拾取点
```

```
选择要偏移的对象，或 [退出(E)/放弃(U)] <退出>:          // Enter，结果如图4-64所示
```

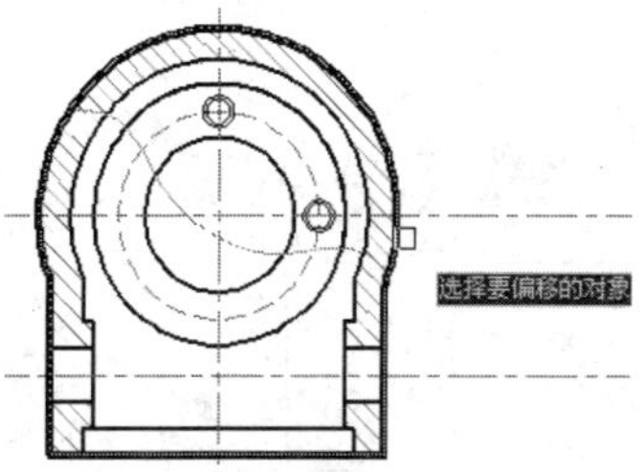

图4-62 选择偏移对象

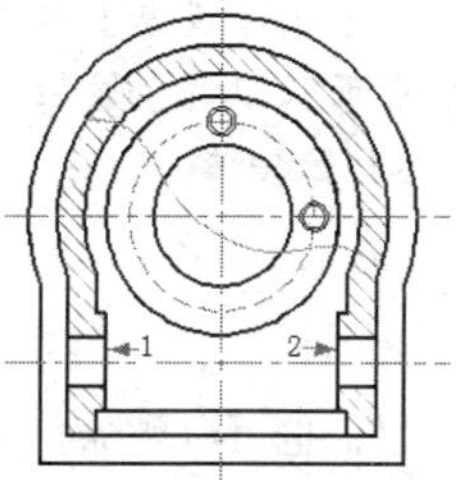

图4-63 偏移结果

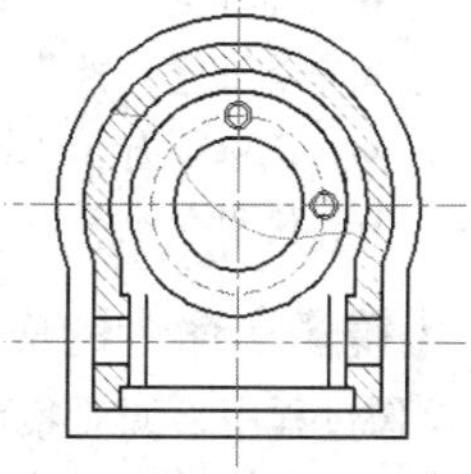

图4-64　偏移结果

TIP 在选择偏移对象时，只能以点选的方式选择对象，且每次只能偏移一个对象。

4 重复执行【偏移】命令，使用“通过点”方式对最外侧的闭合轮廓线进行偏移。命令行操作如下。

```
命令: _offset
    当前设置: 删除源=否  图层=源  OFFSETGAPTYPE=0
    指定偏移距离或 [通过(T)/删除(E)/图层(L)] <4.0>:          //T Enter
    选择要偏移的对象，或 [退出(E)/放弃(U)] <退出>:          //选择最外侧的闭合轮廓线
    指定通过点或 [退出(E)/多个(M)/放弃(U)] <退出>:          //激活【捕捉自】功能
    _from 基点:                                              //捕捉如图4-65所示的交点
    <偏移>:                                                  //@2,0 Enter
    选择要偏移的对象，或 [退出(E)/放弃(U)] <退出>:          //偏移结果如图4-66所示
```

5 以偏移出的轮廓线作为边界，对构造线进行修剪，将其转化为图形中心线，并删除偏移出的图线，结果如图4-67所示。

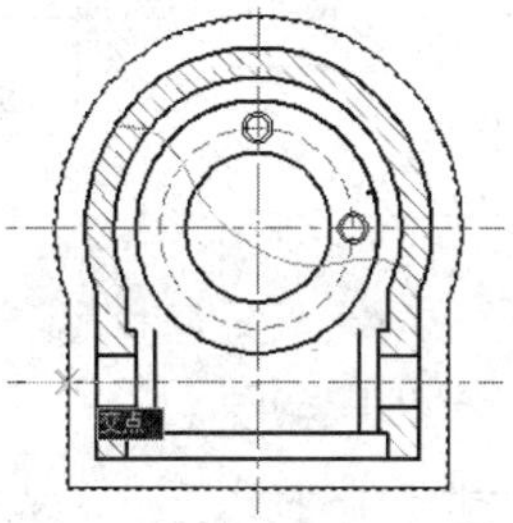

图4-65　捕捉交点

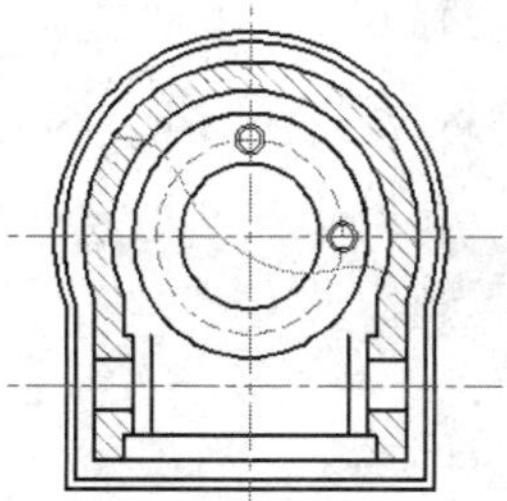

图4-66　定点偏移结果

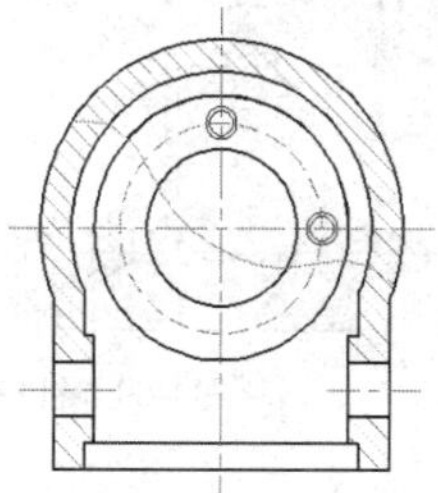

图4-67 操作结果

- **选项设置**
  - 使用【偏移】命令中的【删除】选项，可以在偏移图线的过程中将源图线删除。
  - 使用【偏移】命令中的【图层】选项，可以设置偏移后的图线所在图层。
  - 使用【偏移】命令中的【通过】选项，可以按照指定的通过点偏移对象，所偏移出的对象将通过事先指定的目标点。

4.5.3 镜像对象

【镜像】命令用于将选择的对象沿着指定的两点进行对称复制。此命令通常用于创建一些结构

对称的图形。

执行【镜像】命令主要有以下几种方式：

- 执行菜单栏中的【修改】/【镜像】命令。
- 单击【修改】工具栏或面板中的按钮。
- 在命令行输入Mirror后按Enter键。
- 使用命令简写MI。

• 【镜像】命令的应用

在镜像过程中，源对象可以保留，也可以删除。下面通过典型的实例学习【镜像】命令的使用方法和操作技巧。具体操作步骤如下：

1 执行【打开】命令，打开随书光盘中的“素材文件/镜像图形.dwg”，如图4-68所示。

2 单击【修改】工具栏中的按钮，激活【镜像】命令，对平面图进行镜像。命令行操作如下。

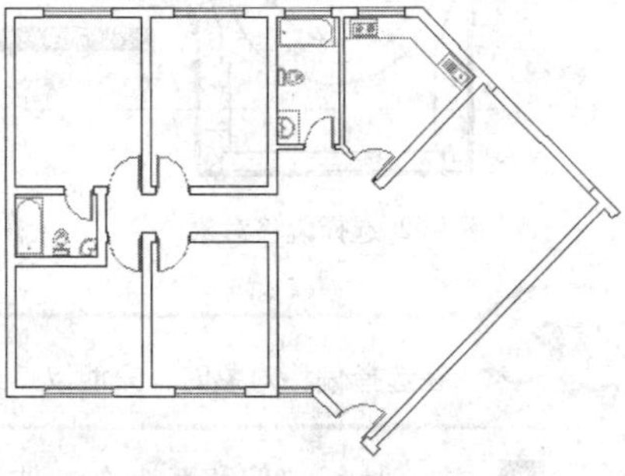

图4-68 打开结果

```
命令: _mirror
    选择对象:                                   //框选如图4-69所示的图形
    选择对象:                                   // Enter，结束选择
    指定镜像线的第一点:                          //捕捉如图4-70所示的中点
    指定镜像线的第二点:                          //捕捉如图4-71所示的中点
    要删除源对象吗？[是(Y)/否(N)] <N>:           // Enter
```

3 镜像结果如图4-72所示。

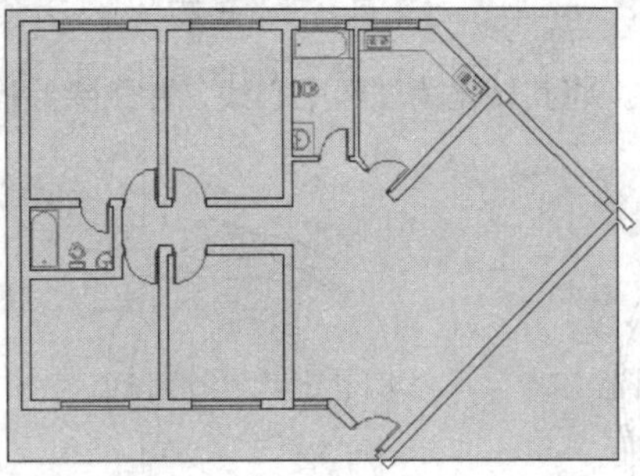

图4-69 窗口选择

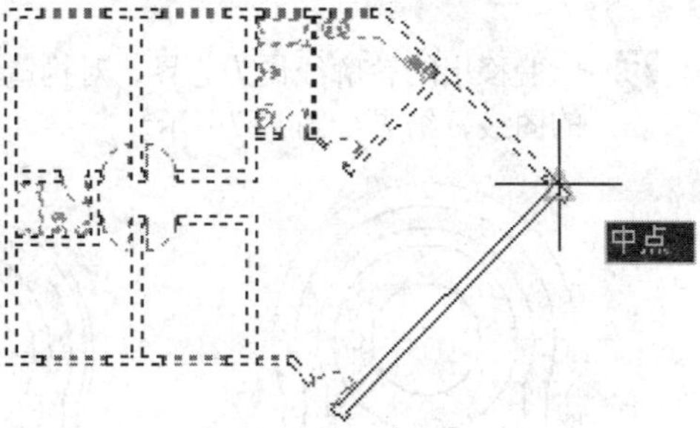

图4-70 捕捉中点

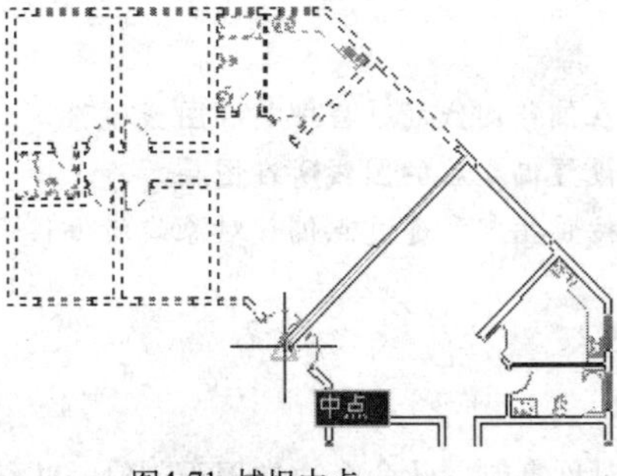

图4-71 捕捉中点

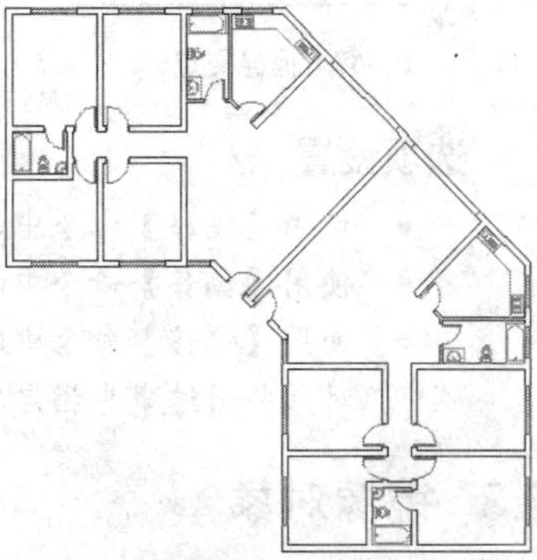

图4-72 镜像结果

TIP 如果对文字进行镜像时，镜像后文字的可读性取决于系统变量“MIRRTEX”的值，当变量值为1时，镜像文字不具有可读性；当变量值为0时，镜像后的文字具有可读性。

4.6 上机指导（三）——绘制备餐组合柜

本例通过绘制备餐组合柜立面图，主要对所学知识进行综合练习和巩固应用。备餐组合柜立面图的最终绘制效果，如图4-73所示。

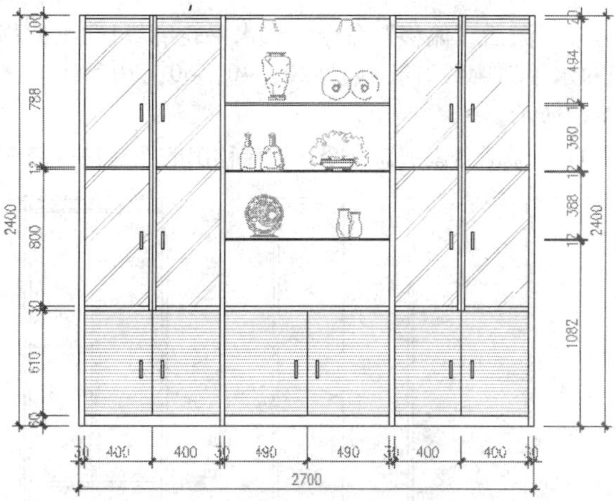

图4-73 实例效果

操作步骤

1 执行【新建】命令，快速创建公制单位的空白文件。

2 按下功能键F3，打开【对象捕捉】功能，并设置捕捉模式为中点、端点捕捉和交点捕捉。

3 使用命令简写“Z”激活【视图缩放】功能，将当前的视口高度调整为3000。命令行操作如下。

```
命令: '_zoom
    指定窗口的角点，输入比例因子 (nX 或 nXP)，或者[全部(A)/中心(C)/动态(D)/范围(E)/上一个(P)/比例(S)/窗口(W)/对象(O)] <实时>: _c
    指定中心点:                              //在绘图区拾取一点
    输入比例或高度 <200.5404>:               //3000 Enter
```

4 执行菜单栏中的【绘图】/【矩形】命令，配合坐标输入功能绘制左侧的外柜矩形结构。命令行操作如下。

```
命令: _rectang
    指定第一个角点或 [倒角(C)/标高(E)/圆角(F)/厚度(T)/宽度(W)]: //在绘图区拾取一点作为角点
    指定另一个角点或 [面积(A)/尺寸(D)/旋转(R)]:   //@30,2400Enter，绘制结果如图4-74所示
```

5 单击【修改】工具栏或面板中的按钮，激活【复制】命令，对矩形进行复制。命令行操作如下。

```
命令: _copy
    选择对象:                                              //选择刚绘制的矩形
    选择对象:                                              // Enter
    当前设置: 复制模式 = 多个
    指定基点或 [位移(D)/模式(O)] <位移>:                    //拾取任一点
    指定第二个点或 [阵列(A)] <使用第一个点作为位移>:          //@830,0 Enter
    指定第二个点或 [阵列(A)/退出(E)/放弃(U)] <退出>: // Enter，复制结果如图4-75所示
```

6 使用命令简写“L”激活【直线】命令，配合对象捕捉功能绘制如图4-76所示的内部轮廓线。

7 使用命令简写“O”激活【偏移】命令，将水平轮廓线1向上偏移60、670、700、1500和1512；将上侧的水平轮廓线2向下偏移20、40、60、80和100；将垂直轮廓线3对称偏移20，结果如图4-77所示。

8 使用命令简写“TR”激活【修剪】命令，对偏移出的图线进行修剪，结果如图4-78所示。

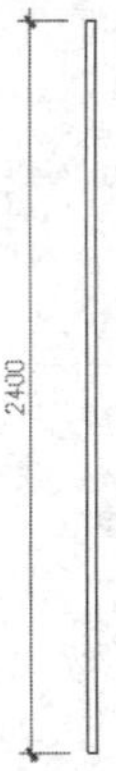

图4-74 绘制矩形

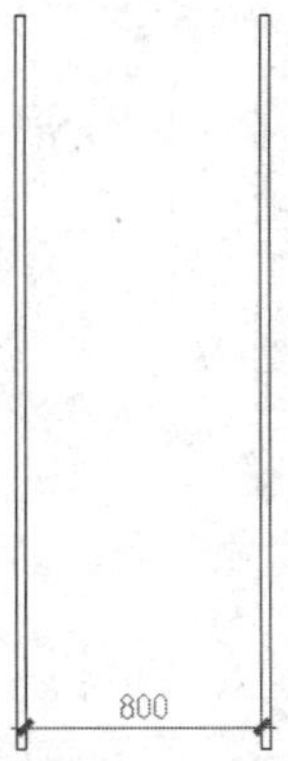

图4-75 复制矩形

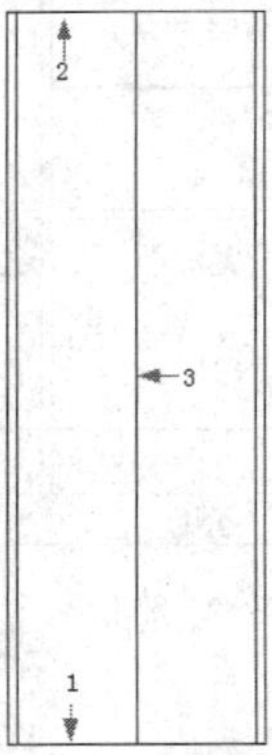

图4-76 绘制结果

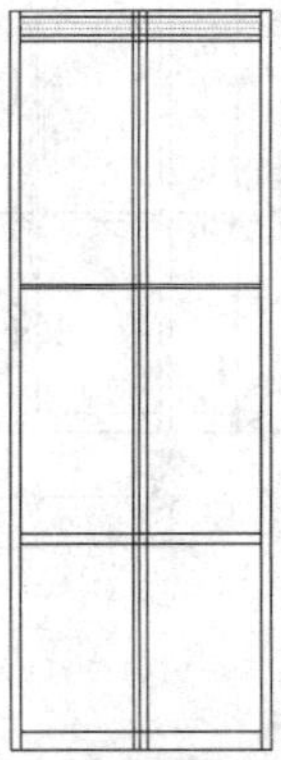

图4-77 偏移结果

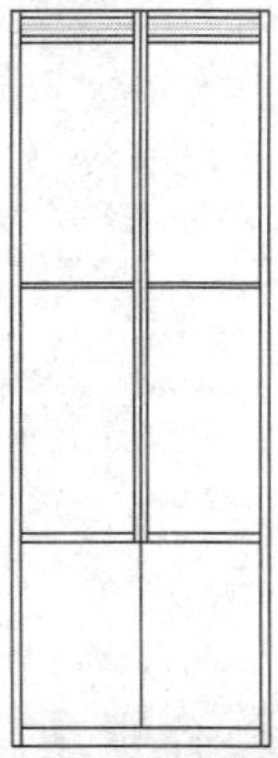

图4-78 修剪结果

9 执行菜单栏中的【绘图】/【矩形】命令，配合【捕捉自】功能绘制矩形把手。命令行操作如下。

```
命令: _rectang
    指定第一个角点或 [倒角(C)/标高(E)/圆角(F)/厚度(T)/宽度(W)]:  //激活【捕捉自】功能
    _from 基点:                                        //捕捉如图4-79所示的中点
    <偏移>:                                            //@-55,220 Enter
    指定另一个角点或 [面积(A)/尺寸(D)/旋转(R)]:  //@-15,100 Enter，复制结果如图4-80所示
```

10 使用命令简写“MI”激活【镜像】命令，配合中点捕捉和端点捕捉功能对矩形把手进行镜像，结果如图4-81所示。

11 执行菜单栏中的【修改】/【复制】命令，对矩形把手进行复制。命令行操作如下。

```
命令: _copy
    选择对象:                                          //窗口选择如图4-82所示的图形
    选择对象:                                          // Enter
```

当前设置：复制模式 = 多个
指定基点或 [位移(D)/模式(O)] <位移>: //拾取任一点作为基点
指定第二个点或 [阵列(A)] <使用第一个点作为位移>: //@0,750 Enter
指定第二个点或 [阵列(A)/退出(E)/放弃(U)] <退出>: //@0,1500 Enter
指定第二个点或 [阵列(A)/退出(E)/放弃(U)] <退出>: // Enter，复制结果如图4-83所示

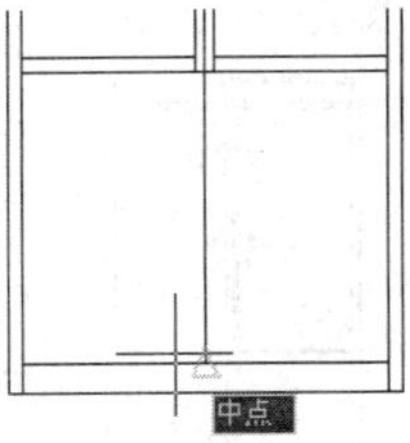

图4-79 捕捉中点

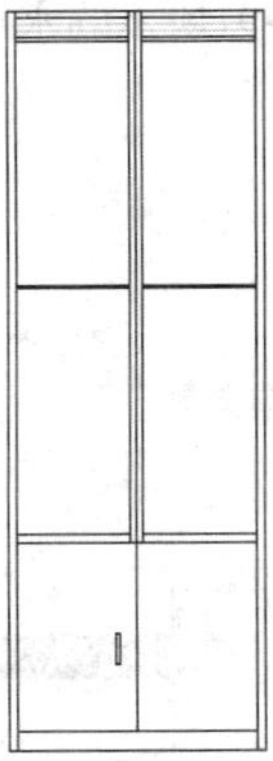
图4-80 绘制结果

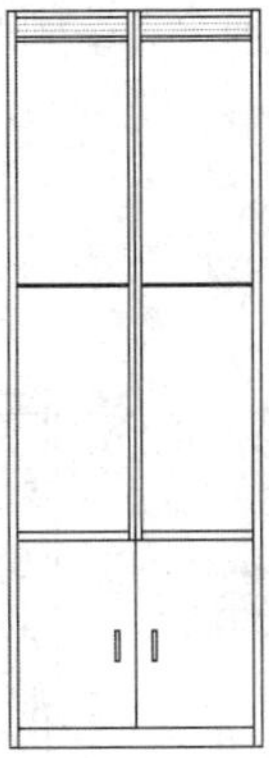
图4-81 镜像结果

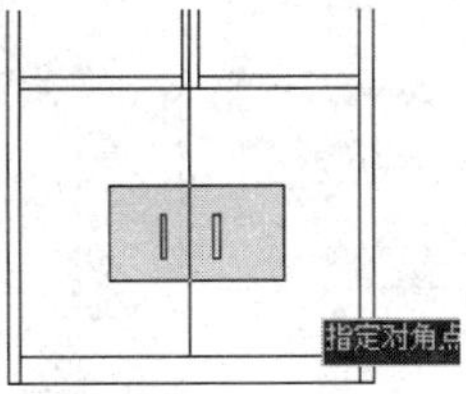

图4-82 窗口选择

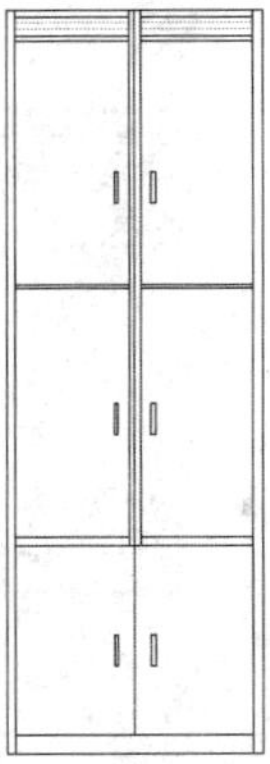
图4-83 复制结果

12 使用命令简写“H”激活【图案填充】命令，设置填充图案与参数如图4-84所示，返回绘图区拾取如图4-85所示的区域进行填充，填充结果如图4-86所示。

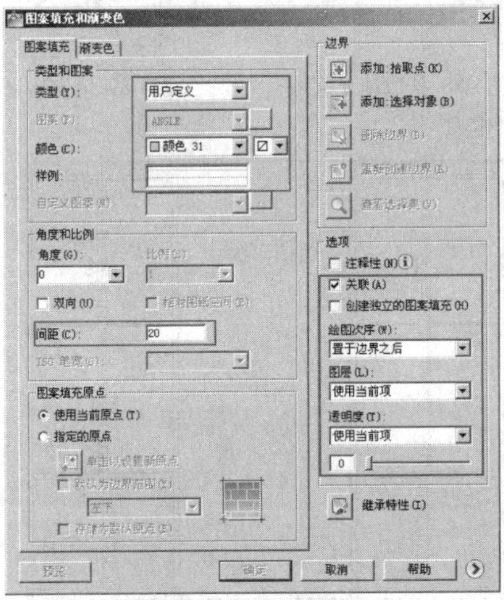

图4-84 设置填充图案与参数

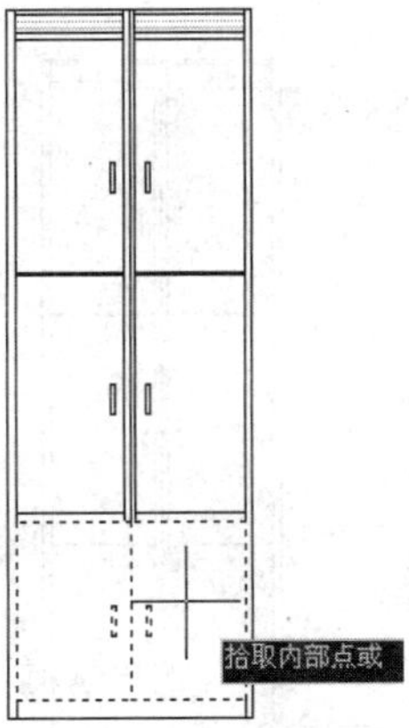

图4-85 拾取填充区域

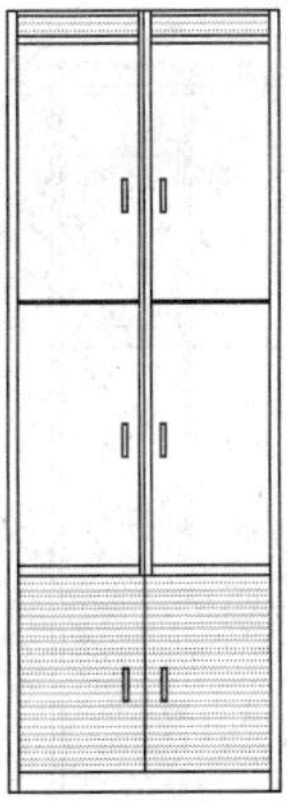
图4-86 填充结果

13 重复执行【图案填充】命令，设置填充图案与参数如图4-87所示，返回绘图区拾取如图4-88所示的区域进行填充，填充结果如图4-89所示。

14 执行菜单栏中的【修改】/【复制】命令，配合坐标输入功能对图形进行复制。命令行操作如下。

命令: _copy
选择对象: //选择图4-89所示的图形
选择对象: // Enter

第1章
第2章
第3章
第4章
第5章

当前设置：复制模式 = 多个

指定基点或 [位移(D)/模式(O)] <位移>:　　//拾取任一点作为基点

指定第二个点或 [阵列(A)] <使用第一个点作为位移>:　　//@1840,0 Enter

指定第二个点或 [阵列(A)/退出(E)/放弃(U)] <退出>:

// Enter，复制结果如图4-90所示

15 使用命令简写“L”激活【直线】命令，绘制如图4-91所示的水平轮廓线。

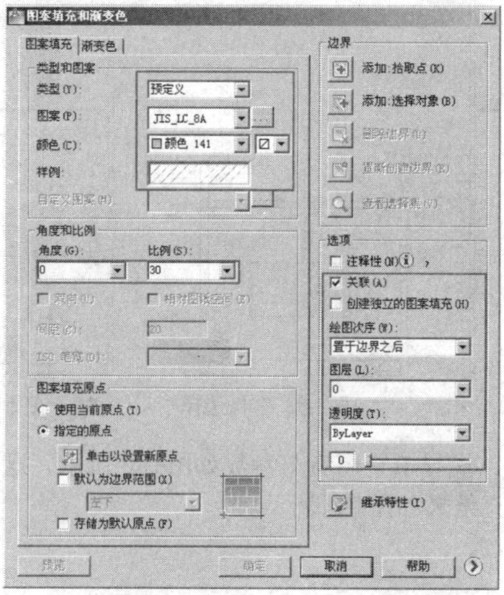

图4-87 设置填充图案与参数

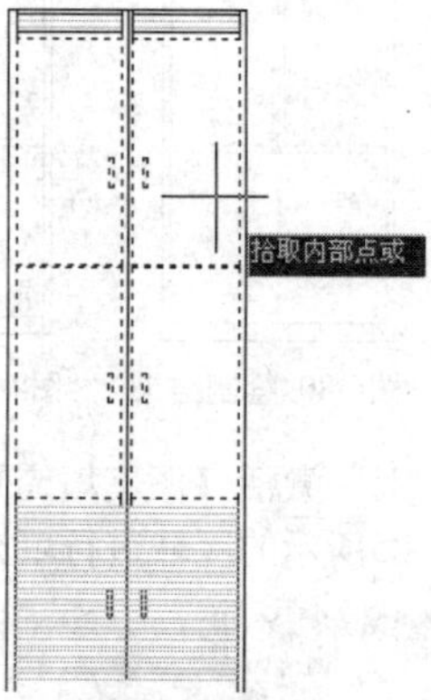

图4-88 拾取填充区域

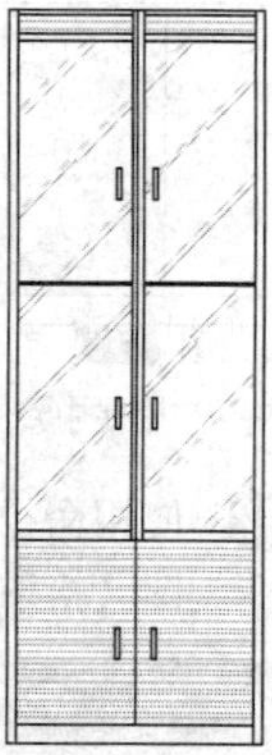

图4-89 填充结果

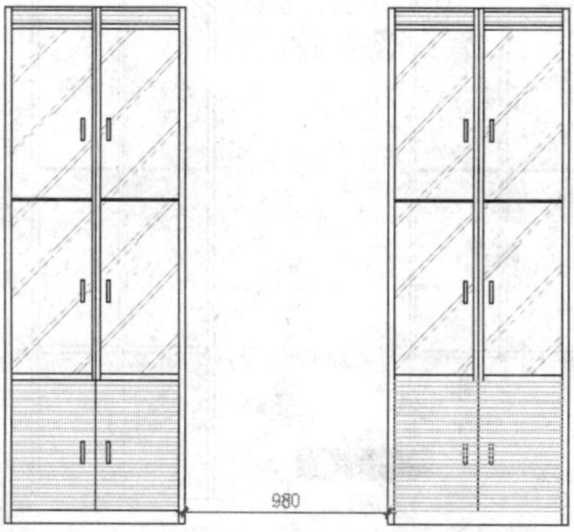

图4-90 复制结果

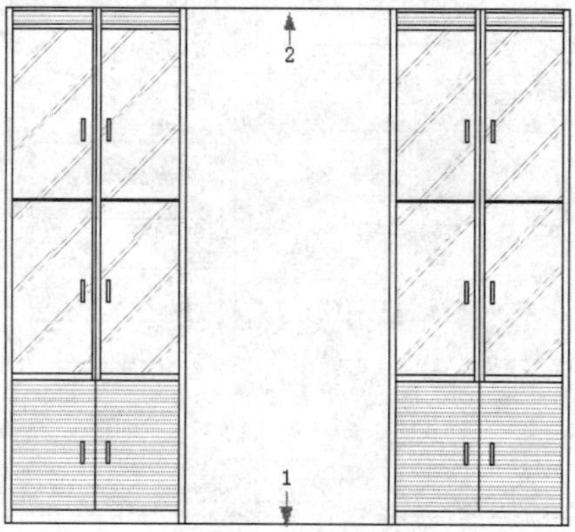

图4-91 绘制结果

16 使用命令简写“O”激活【偏移】命令，将上侧的水平轮廓线1向下偏移20、494、506、906和918；将下侧的水平轮廓线2向上偏移60、670、700、1082和1094个单位，结果如图4-92所示。

17 参照上述操作，综合使用【直线】和【矩形】命令，绘制如图4-93所示的中线和把手。

18 使用命令简写“H”激活【图案填充】命令，设置填充图案与参数如图4-84所示，为立面图填充如图4-94所示的图案。

19 打开随书光盘中的“图块文件 / block01.dwg”，然后以“复制粘贴”的方式，将打开的图形共享到立面图中，并适当调整其位置，结果如图4-95所示。

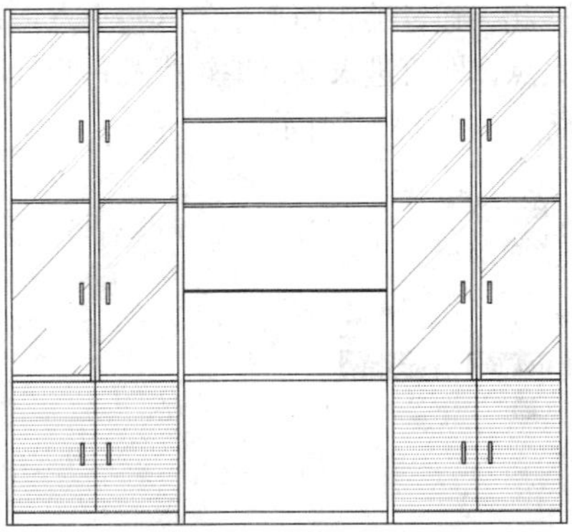

图4-92 偏移结果

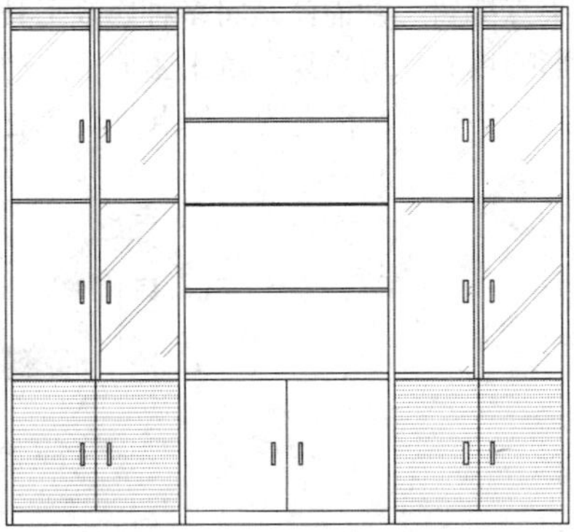

图4-93 绘制结果

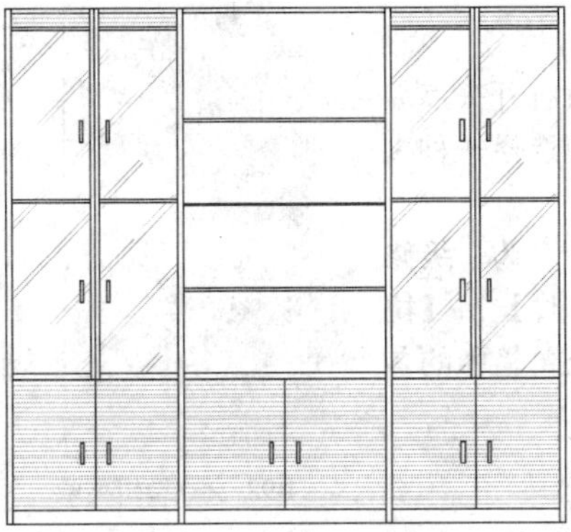

图4-94 填充结果

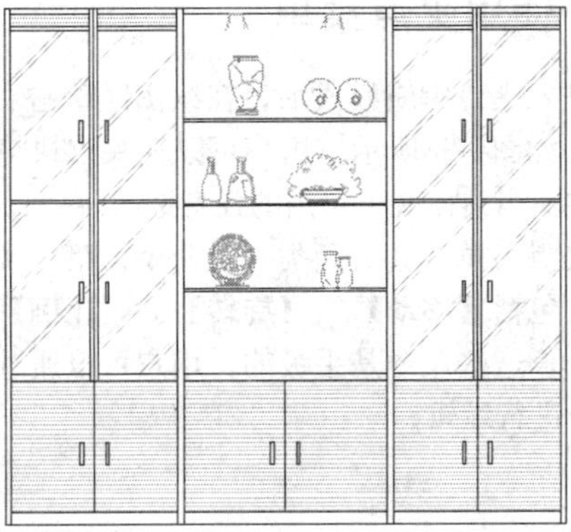

图4-95 共享结果

20 执行【保存】命令，将图形命名存储为“上机指导（三）.dwg”。

4.7 夹点编辑

夹点编辑功能是一种比较特殊而且方便实用的编辑功能，使用此功能，可以非常方便地进行编辑图形。本节主要学习夹点编辑功能的概念及使用方法。

4.7.1 关于夹点编辑

在学习此功能之前，首先了解两个概念，即“夹点”和“夹点编辑”。在没有命令执行的前提下选择图形，那么这些图形上会显示出一些蓝色实心的小方框，如图4-96所示，而这些蓝色小方框即为图形的夹点，不同的图形结构，其夹点个数及位置也会不同。

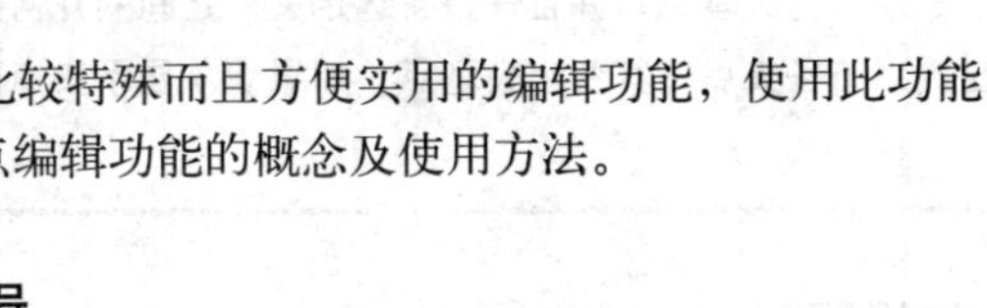

图4-96 图形的夹点

而“夹点编辑”功能就是将多种修改工具组合在一起，通过编辑图形上的这些夹点，来达到快速编辑图形的目的。用户只需单击图形上的任何一个夹点，即可进入夹点编辑模式，此时所单击的夹点以“红色”亮显，称之为“热点”或者是“夹基点”，如图4-97所示。

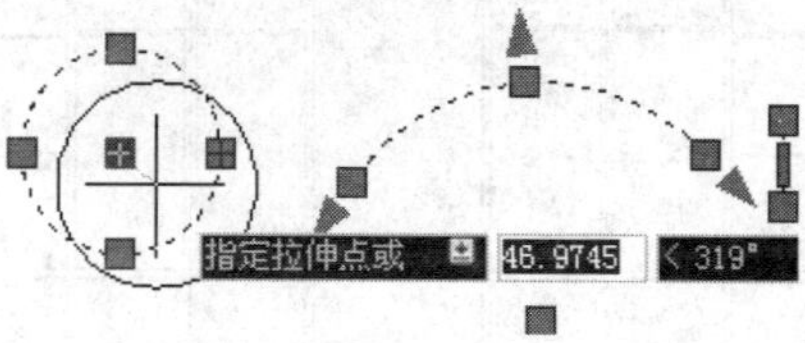

图4-97 热点

4.7.2 使用夹点菜单

当进入夹点编辑模式后，在绘图区单击右键，可打开夹点编辑菜单，如图4-98所示。用户可以在夹点快捷菜单中选择一种夹点模式或在当前模式下可用的任意选项。

此夹点菜单中共有两类夹点命令，第一类夹点命令为一级修改菜单，包括【移动】、【旋转】、【比例】、【镜像】、【拉伸】命令，这些命令是平级的，用户可以通过执行菜单栏中的各修改命令进行编辑。

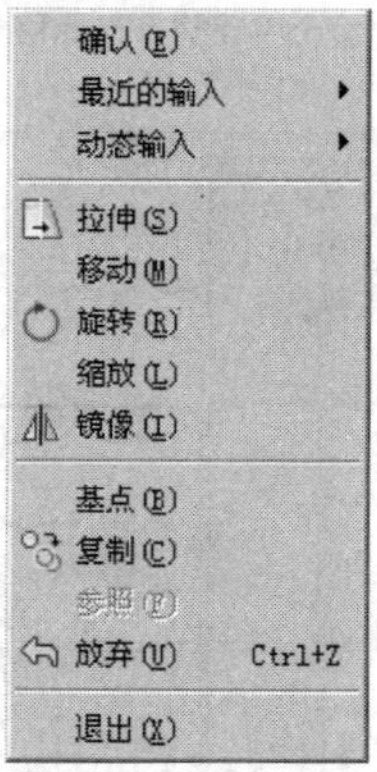

图4-98 夹点编辑菜单

TIP 夹点编辑菜单中的【移动】、【旋转】等功能与【修改】(Modify)工具栏中的【移动】、【旋转】等功能是一样的，在此不再细述。

第二类夹点命令为二级选项菜单，如【基点】、【复制】、【参照】、【放弃】等，不过这些选项菜单在一级修改命令的前提下才能使用。

TIP 如果用户要将多个夹点作为夹基点，并且保持各选定夹点之间的几何图形完好如初，需要在选择夹点时按住Shift键再点击各夹点使其变为夹基点；如果要从显示夹点的选择集中删除特定对象也要按住Shift键。

- **通过命令行夹点编辑图形**

当进入夹点编辑模式后，在命令行输入各夹点命令及各命令选项，进行夹点编辑图形。另外，用户也可以通过连续敲击Enter键，系统即可在【移动】、【旋转】、【比例】、【镜像】、【拉伸】这5种命令及各命令选项中循环执行，也可以通过命令简写“MI”、“MO”、“RO”、“ST”、“SC”循环选取这些模式。

4.7.3 应用夹点编辑

下面以绘制边长为100、角度为40°的菱形为例，学习夹点编辑工具的操作方法和操作技巧。具体操作步骤如下：

1 绘制一条长度为100的直线段。
2 在无命令执行的前提下选择刚绘制的线段，使其夹点显示，如图4-99所示。
3 单击左侧的夹点，使其变为夹基点，进入夹点编辑模式。
4 单击右键，从弹出的夹点编辑菜单中选择【旋转】命令，激活夹点旋转功能，如图4-100所示。
5 再次单击右键，从夹点菜单中选择【复制】选项，然后根据命令行的提示进行旋转和复制线段。命令行操作如下。

```
命令:
    ** 拉伸 **
    指定拉伸点或 [基点(B)/复制(C)/放弃(U)/退出(X)]: _rotate
    ** 旋转 **
    指定旋转角度或 [基点(B)/复制(C)/放弃(U)/参照(R)/退出(X)]: _copy
    ** 旋转 (多重) **
    指定旋转角度或 [基点(B)/复制(C)/放弃(U)/参照(R)/退出(X)]:            //20 Enter
    ** 旋转 (多重) **
    指定旋转角度或 [基点(B)/复制(C)/放弃(U)/参照(R)/退出(X)]:            //-20 Enter
    ** 旋转 (多重) **
    指定旋转角度或 [基点(B)/复制(C)/放弃(U)/参照(R)/退出(X)]:
                                   // Enter，退出夹点编辑模式，编辑结果如图4-101所示
```

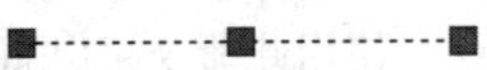
图4-99 夹点显示

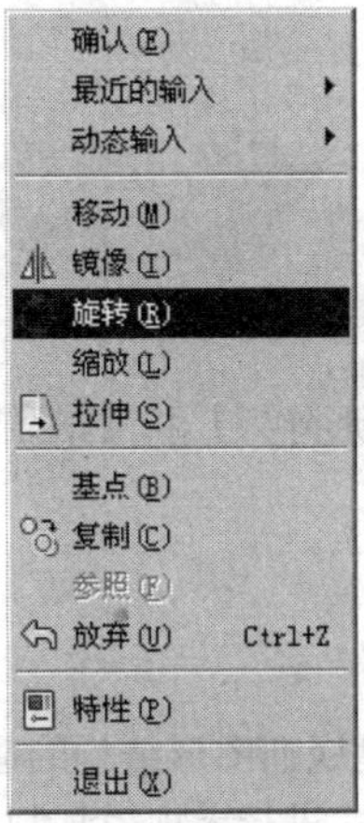

图4-100 激活夹点旋转功能

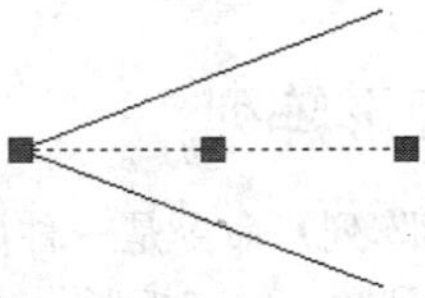
图4-101 编辑结果

6 按下Delete键，删除夹点显示的水平线段，结果如图4-102所示。
7 选择夹点编辑出的两条线段，使其呈现夹点显示，如图4-103所示。
8 按住Shift键，依次单击线段右侧的两个夹点，将其转变为夹基点，如图4-104所示。
9 单击其中的一个夹基点，进入夹点编辑模式，然后根据命令行的提示，对夹点图线进行镜像复制。命令行操作如下。

```
命令:
    ** 拉伸 **
    指定拉伸点或 [基点(B)/复制(C)/放弃(U)/退出(X)]:                     // Enter
    ** 移动 **
```

```
指定移动点或 [基点(B)/复制(C)/放弃(U)/退出(X)]:                    // Enter
** 旋转 **
指定旋转角度或 [基点(B)/复制(C)/放弃(U)/参照(R)/退出(X)]:            // Enter
** 比例缩放 **
指定比例因子或 [基点(B)/复制(C)/放弃(U)/参照(R)/退出(X)]:            // Enter
** 镜像 **
指定第二点或 [基点(B)/复制(C)/放弃(U)/退出(X)]:            //C Enter，激活【复制】选项
** 镜像 (多重) **
指定第二点或 [基点(B)/复制(C)/放弃(U)/退出(X)]:            //@0,1 Enter
** 镜像 (多重) **
指定第二点或 [基点(B)/复制(C)/放弃(U)/退出(X)]:
                          // Enter，退出夹点编辑模式，编辑结果如图4-105所示
```

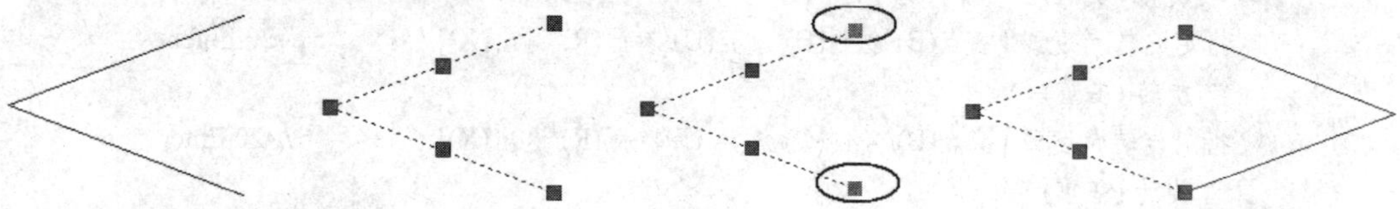

图4-102 删除水平线段　图4-103 夹点线段　图4-104 设置夹基点　图4-105 镜像结果

10 按下Esc键取消对象的夹点显示。

4.8 阵列对象

本节主要学习【矩形阵列】、【环形阵列】和【路径阵列】三个命令，以快速创建规则的多重图形结构。

4.8.1 矩形阵列

【矩形阵列】命令是一种用于创建规则图形结构的复合命令，使用此命令可以将图形按照指定的行数和列数，成“矩形”的排列方式进行大规模复制，以创建均布结构的图形，这些矩形结构的图形具有关联性，如图4-106所示，跟图块的性质类似，可以使用【分解】命令将取消这种关联特性。

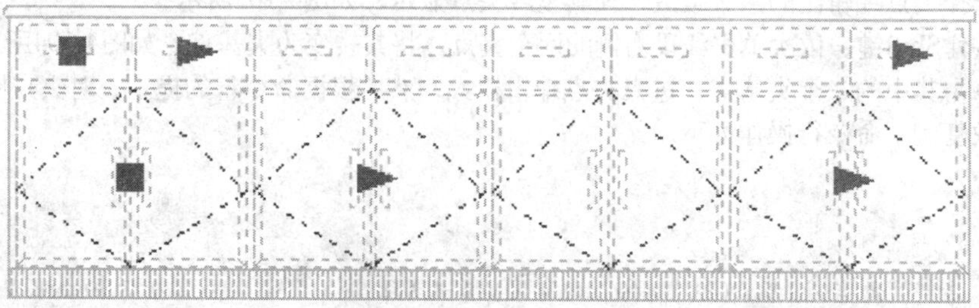

图4-106 矩形阵列

执行【矩形阵列】命令主要有以下几种方式：

- 执行菜单栏中的【修改】/【阵列】/【矩形阵列】命令。
- 单击【修改】工具栏或面板中的按钮。
- 在命令行输入Arrayrect后按Enter键。
- 使用命令简写AR。

● 【矩形阵列】命令的应用

下面通过创建如图4-106所示的橱柜立面图，主要学习【矩形阵列】命令的操作方法和操作技巧。操作步骤如下：

1 执行【打开】命令，打开随书光盘“素材文件/矩形阵列.dwg”，如图4-107所示。

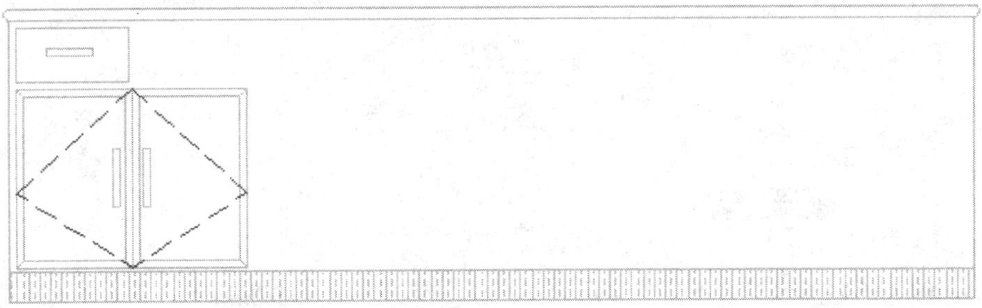

图4-107 打开结果

2 单击【修改】工具栏或面板中的按钮，激活【矩形阵列】命令，对橱柜进行阵列。命令行操作如下。

```
命令: _arrayrect
    选择对象:                                           //选择如图4-108所示对象
    选择对象:                                           // Enter
    类型 = 矩形  关联 = 是
    为项目数指定对角点或 [基点(B)/角度(A)/计数(C)] <计数>:   //C Enter
    输入行数或 [表达式(E)] <4>:                           //1 Enter
    输入列数或 [表达式(E)] <4>:                           //8Enter
    指定对角点以间隔项目或 [间距(S)] <间距>:                //S Enter
    指定列之间的距离或 [表达式(E)] <60>:                   //339 Enter
    按 Enter 键接受或 [关联(AS)/基点(B)/行(R)/列(C)/层(L)/退出(X)] <退出>:
                                        // Enter，阵列结果如图4-109所示
```

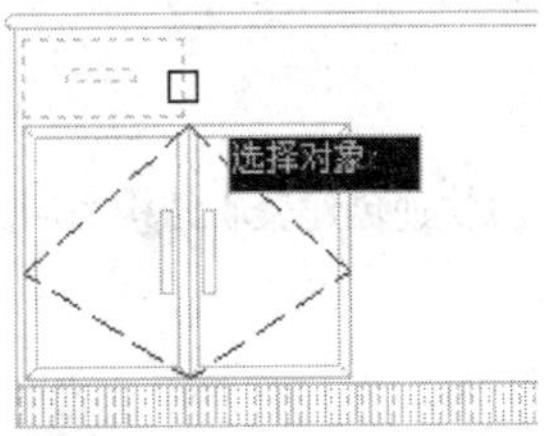

图4-108 选择阵列对象

图4-109 阵列结果

3 重复执行【矩形阵列】命令，继续对橱柜立面图进行阵列。命令行操作如下。

```
命令: _arrayrect
    选择对象:                                                    //选择如图4-110所示的对象
    选择对象:                                                    // Enter
    类型 = 矩形  关联 = 是
    为项目数指定对角点或 [基点(B)/角度(A)/计数(C)] <计数>:          //C Enter
    输入行数或 [表达式(E)] <4>:                                   //1 Enter
    输入列数或 [表达式(E)] <4>:                                   //4Enter
    指定对角点以间隔项目或 [间距(S)] <间距>:                        //S Enter
    指定列之间的距离或 [表达式(E)] <60>:                           //679 Enter
    按 Enter 键接受或 [关联(AS)/基点(B)/行(R)/列(C)/层(L)/退出(X)] <退出>:
                                                    // Enter，阵列结果如图4-111所示
```

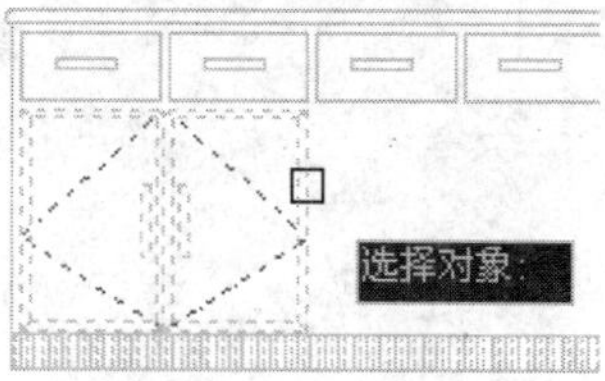

图4-110 选择对象

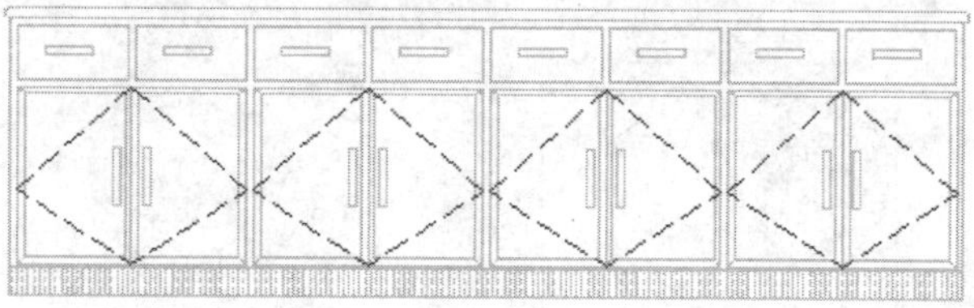

图4-111 阵列结果

- **部分选项设置**

◆ 【基点】选项用于设置阵列的基点；【角度】选项用于设置阵列对象的放置角度，使阵列后的图形对象沿着某一角度进行倾斜，如图4-112所示，不设置倾斜角度下的阵列效果，如图4-113所示。

◆ 【行】选项用于设置阵列的行数；【列】选项用于输入阵列的列数。

◆ 【间距】选项框用于设置对象的行偏移或阵列偏距离。

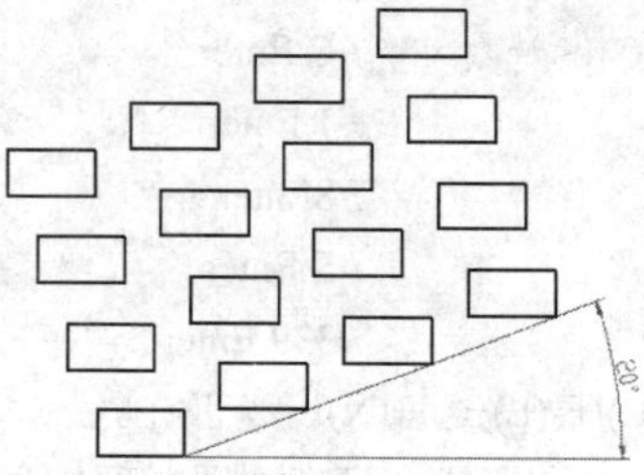

图4-112 角度阵列示例

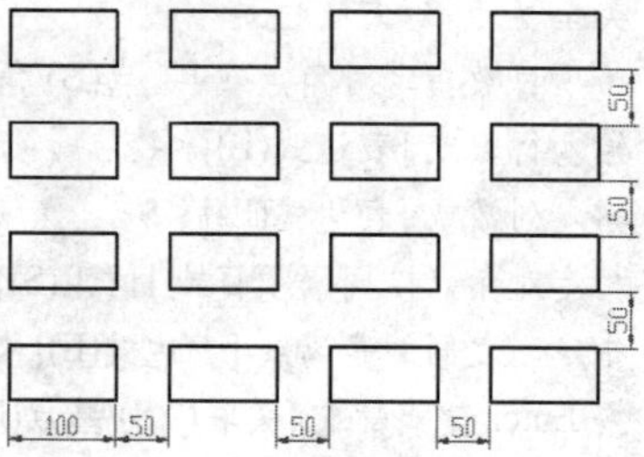

图4-113 不设置角度下的阵列效果

4.8.2 环形阵列

【环形阵列】指的是将图形按照阵列中心点和数目，成“圆形”排列，以快速创建聚心结构图形。执行【环形阵列】命令主要有以下几种方式：

◆ 执行菜单栏中的【修改】/【阵列】/【环形阵列】命令。

◆ 单击【修改】工具栏或面板中的按钮。

◆ 在命令行输入Arraypolar后按Enter键。

◆ 使用命令简写AR。

- **【环形阵列】命令的应用**

下面通过典型实例学习【环形阵列】命令的使用方法和操作技巧。具体操作步骤如下：

1 执行【打开】命令，打开随书光盘中的“素材文件/环形阵列.dwg”，如图4-114所示。

2 单击【修改】工具栏中的按钮，激活【环形阵列】命令，窗口选择如图4-115所示的对象进行阵列。命令行操作如下。

命令: _arraypolar
　　选择对象:　　　　　　　　　　　　　　　　　　//拉出如图4-115所示的窗口选择框
　　选择对象:　　　　　　　　　　　　　　　　　　// Enter
　　类型 = 极轴 关联 = 是
　　指定阵列的中心点或 [基点(B)/旋转轴(A)]:　　　//捕捉同心圆的圆心
　　输入项目数或 [项目间角度(A)/表达式(E)] <3>:　// 8 Enter
　　指定填充角度(+=逆时针、-=顺时针)或 [表达式(EX)] <360>:　// Enter
　　按 Enter 键接受或 [关联(AS)/基点(B)/项目(I)/项目间角度(A)/填充角度(F)/行(ROW)/层(L)/旋转项目(ROT)/退出(X)] <退出>:　　// Enter，阵列结果如图4-116所示

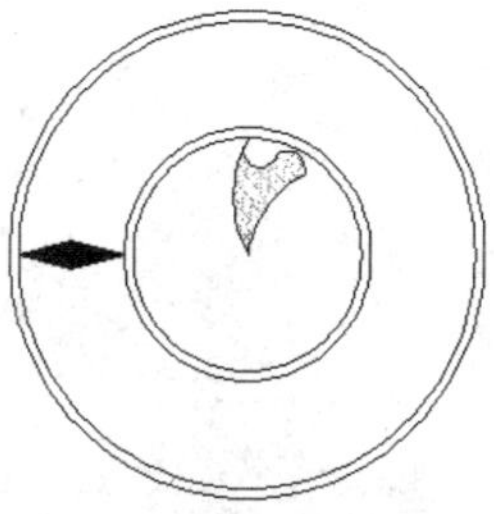

图4-114 打开结果

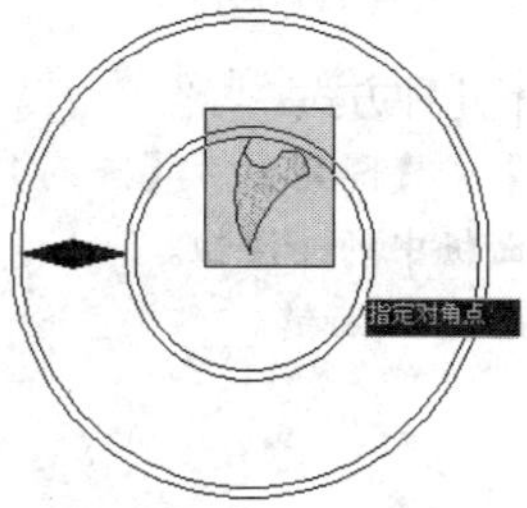

图4-115 窗口选择

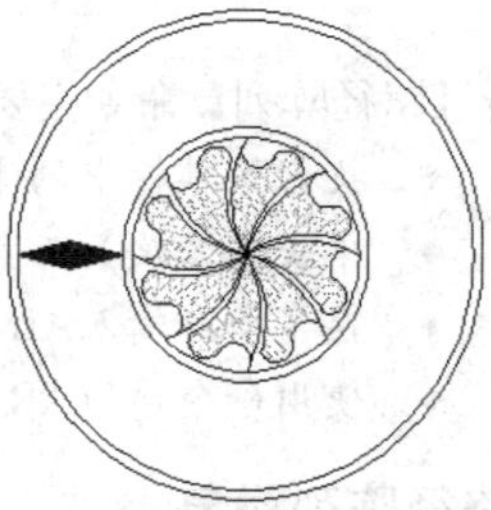

图4-116 阵列结果

3 重复执行【环形阵列】命令，对外侧的菱形单元进行环形阵列。命令行操作如下。

命令: _arraypolar
　　选择对象:　　　　　　　　　　　　　　　　　　//拉出如图4-117所示的窗口选择框
　　选择对象:　　　　　　　　　　　　　　　　　　// Enter
　　类型 = 极轴 关联 = 是
　　指定阵列的中心点或 [基点(B)/旋转轴(A)]:　　　//捕捉同心圆的圆心
　　输入项目数或 [项目间角度(A)/表达式(E)] <3>:　// 36 Enter
　　指定填充角度(+=逆时针、-=顺时针)或 [表达式(EX)] <360>: // Enter
　　按 Enter 键接受或 [关联(AS)/基点(B)/项目(I)/项目间角度(A)/填充角度(F)/行(ROW)/层(L)/旋转项目(ROT)/退出(X)] <退出>:　　// Enter，阵列结果如图4-118所示

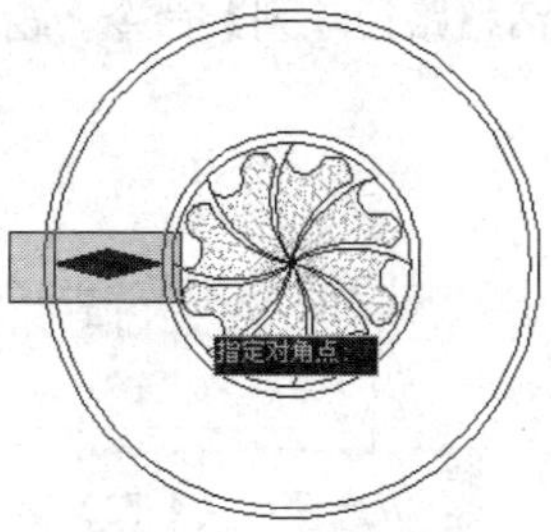

图4-117 窗口选择

图4-118 阵列结果

- **部分选项解析**
  - 【基点】选项用于设置阵列对象的基点。
  - 【旋转轴】选项用于指定阵列对象的旋转轴。
  - 【总项目数】文本框用于输入环形阵列的数量。
  - 【填充角度】文本框用于输入环形阵列的角度，正值为逆时针阵列，负值为顺时针阵列。

4.8.3 路径阵列

【路径阵列】命令用于将对象沿指定的路径或路径的某部分进行等距阵列，如图4-119所示。

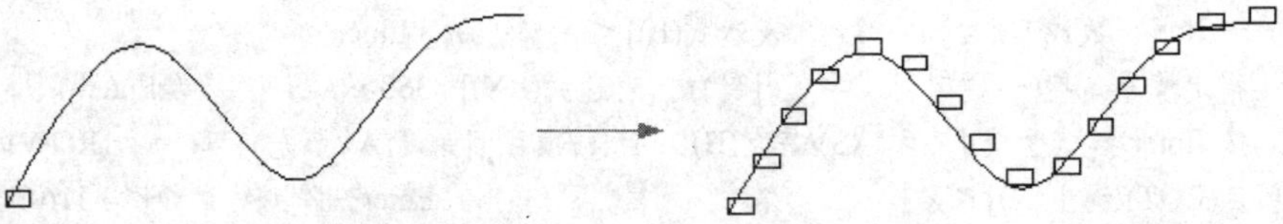

图4-119 路径阵列

执行【路径阵列】命令主要有以下几种方式：

- 执行菜单栏中的【修改】/【阵列】/【阵列】命令。
- 单击【修改】工具栏或面板中的按钮。
- 在命令行输入Arraypath后按Enter键。
- 使用命令简写AR。

- **路径阵列对象**

下面通过典型实例学习【路径阵列】命令的使用方法和操作技巧。具体操作步骤如下：

1 执行【打开】命令，打开随书光盘中的“素材文件/路径阵列.dwg”，如图4-120所示。

图4-120 打开结果

2 单击【修改】工具栏或面板中的按钮，激活【路径阵列】命令，窗口选择如图4-121所示的对象进行阵列。命令行操作如下。

```
命令: _arraypath
    选择对象:                                  //窗口选择如图4-121所示的栏杆柱
    选择对象:                                  // Enter
    类型 = 路径  关联 = 是
    选择路径曲线:                              //选择如图4-122所示的样条曲线
```

输入沿路径的项数或 [方向(O)/表达式(E)] <方向>: //9 Enter

指定沿路径的项目之间的距离或 [定数等分(D)/总距离(T)/表达式(E)] <沿路径平均定数等分(D)>: //T Enter

输入起点和端点 项目 之间的总距离 <2391>: //捕捉如图4-123所示的端点

按 Enter 键接受或 [关联(AS)/基点(B)/项目(I)/行(R)/层(L)/对齐项目(A)/Z 方向(Z)/退出(X)] <退出>: //AS Enter

创建关联阵列 [是(Y)/否(N)] <是>: //N Enter

按 Enter 键接受或 [关联(AS)/基点(B)/项目(I)/行(R)/层(L)/对齐项目(A)/Z 方向(Z)/退出(X)] <退出>: // Enter，阵列结果如图4-124所示

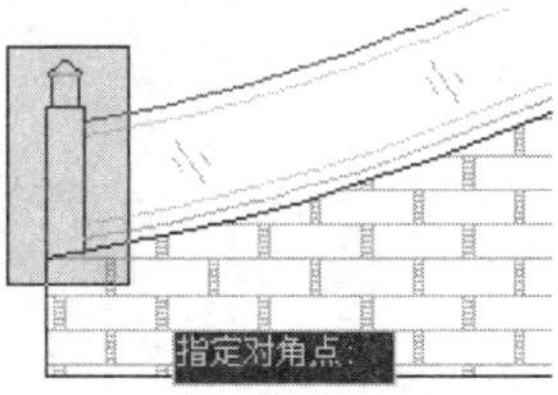

图4-121 窗口选择

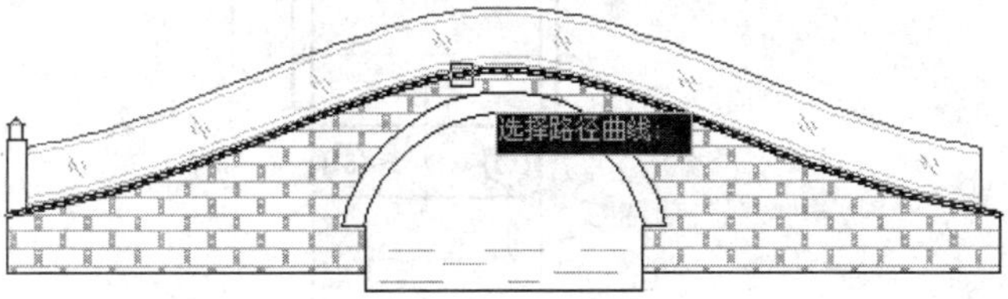

图4-122 选择路径曲线

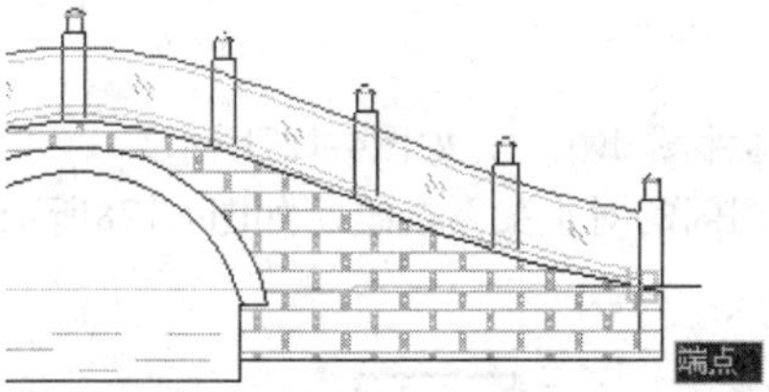

图4-123 捕捉端点

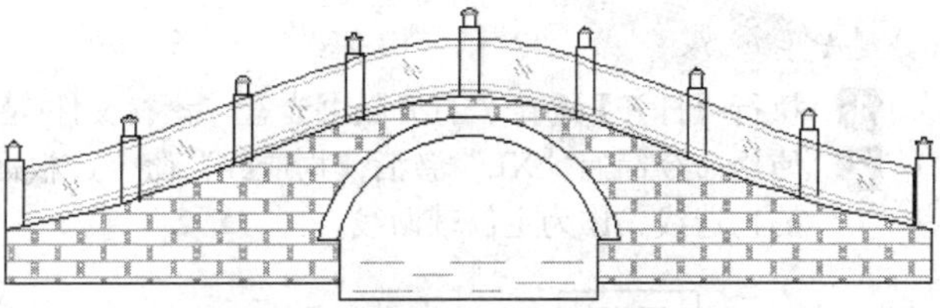

图4-124 阵列结果

3 接下来使用【修剪】和【延伸】命令，对轮廓线进行修剪和完善，结果如图4-125所示。

图4-125 完善结果

4.9 上机指导（四）——绘制箱体零件三视图

本例通过绘制某箱体零件的三视图，主要对所学知识进行综合练习和巩固应用。箱体零件三视图的最终绘制效果，如图4-126所示。

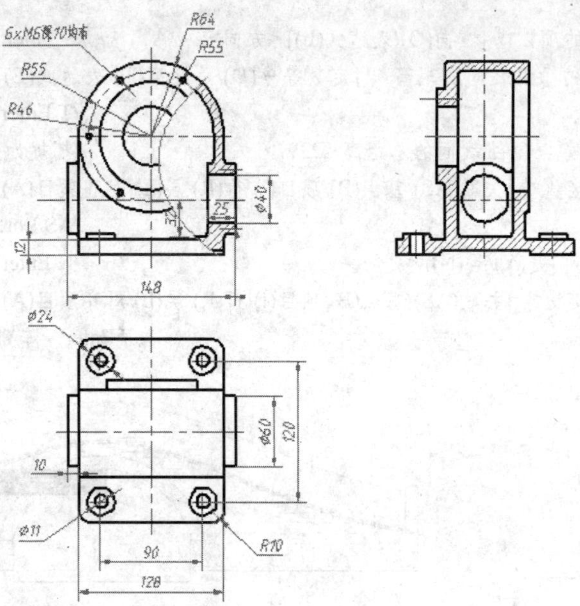

图4-126 实例效果

操作步骤

1 执行【打开】命令，打开随书光盘“素材文件/箱体零件图.dwg”，如图4-127所示。

2 使用命令简写“XL”激活【构造线】命令，根据视图间的对正关系，绘制如图4-128所示的构造线，作为定位辅助线。

图4-127 打开结果

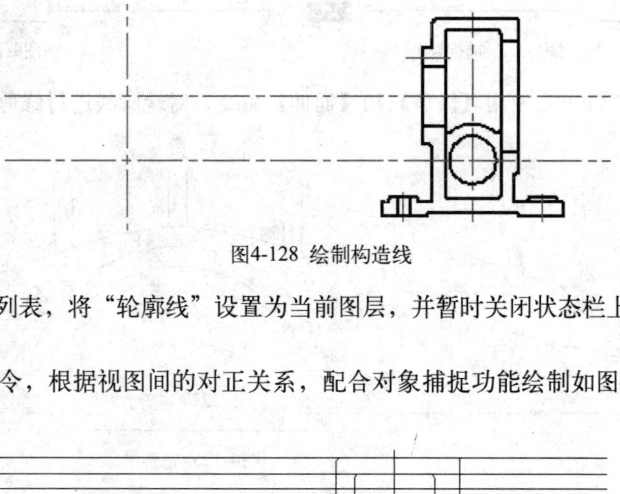

图4-128 绘制构造线

3 展开【图层控制】下拉列表，将“轮廓线”设置为当前图层，并暂时关闭状态栏上的【线宽】功能。

4 再次执行【构造线】命令，根据视图间的对正关系，配合对象捕捉功能绘制如图4-129所示的构造线。

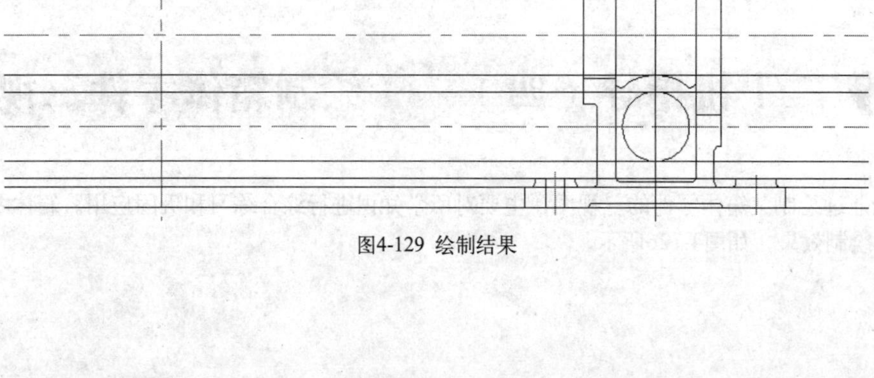

图4-129 绘制结果

5 使用命令简写“C”激活【圆】命令，配合交点捕捉功能绘制如图4-130所示的两组同心圆，其中小同心圆的直径分别为6和4.2。

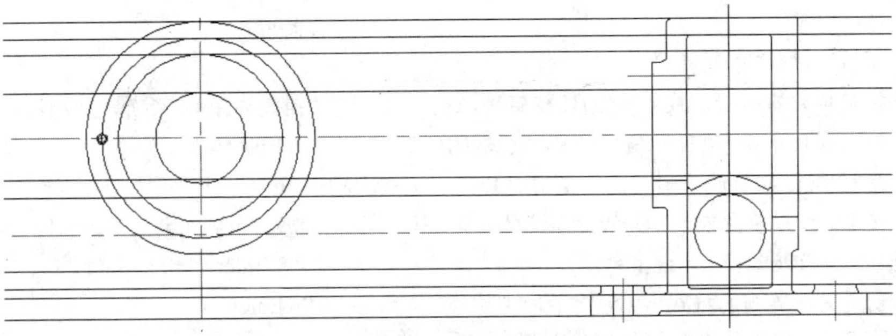

图4-130 绘制同心圆

6 使用命令简写“TR”激活【修剪】命令，对直径为6的圆进行修剪，并将修剪后产生的圆弧放到“细实线”图层上，结果如图4-131所示。

7 使用命令简写“E”激活【删除】命令，删除不需要的构造线，结果如图4-132所示。

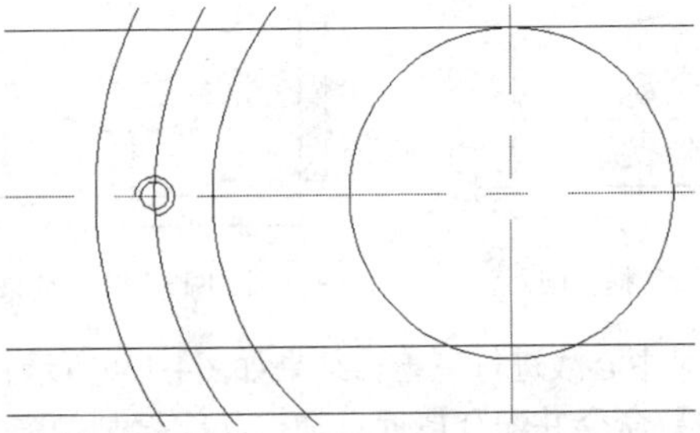

图4-131 修剪结果

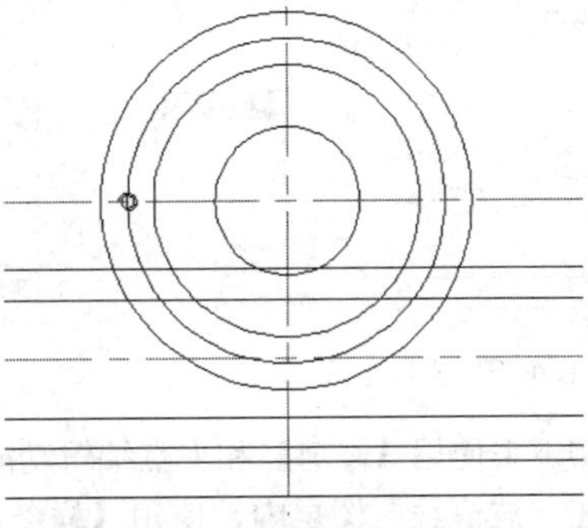

图4-132 删除结果

8 使用命令简写“O”激活【偏移】命令，将垂直的构造线向左偏移33、45、57、64和74；向右偏移49、64和74，并更改偏移图线的所在层为“轮廓线”，结果如图4-133所示。

9 使用命令简写“TR”激活【修剪】命令，对构造线进行修剪，将其转化为图形的轮廓线和中心线，结果如图4-134所示。

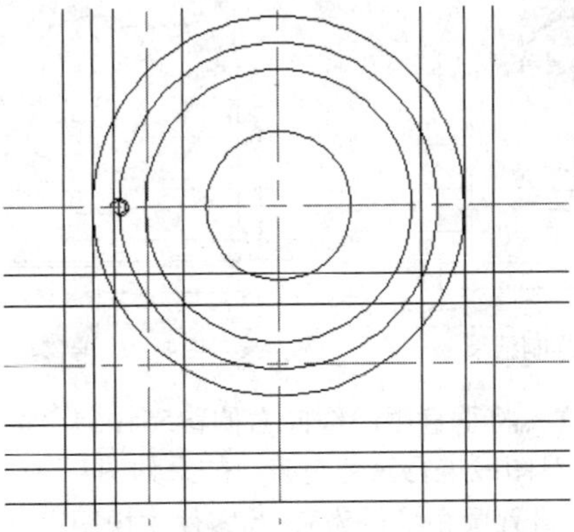

图4-133 偏移结果

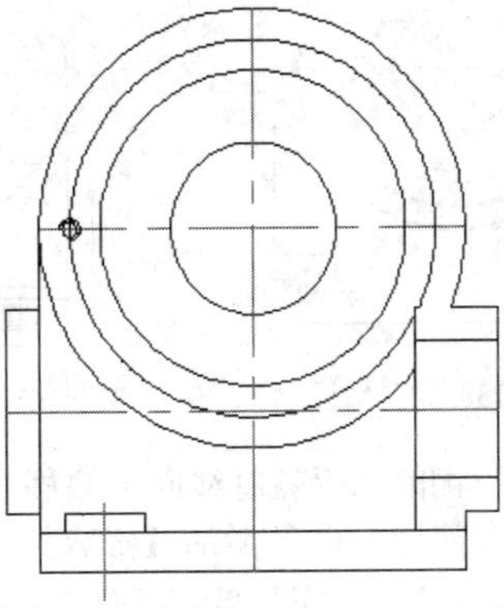

图4-134 修剪结果

10 单击【修改】工具栏中的按钮，激活【环形阵列】命令，窗口选择如图4-135所示的对象进行阵列。命令行操作如下。

第1章 第2章 第3章 第4章 第5章

```
命令: _arraypolar
    选择对象:                                          //拉出如图4-135所示的窗口选择框
    选择对象:                                          // Enter
    类型 = 极轴  关联 = 是
    指定阵列的中心点或 [基点(B)/旋转轴(A)]:              //捕捉如图4-136所示的圆心
    输入项目数或 [项目间角度(A)/表达式(E)] <3>:          // 6 Enter
    指定填充角度(+=逆时针、-=顺时针)或 [表达式(EX)] <360>:           // Enter
    按 Enter 键接受或 [关联(AS)/基点(B)/项目(I)/项目间角度(A)/填充角度(F)/行(ROW)/层(L)/旋
转项目(ROT)/退出(X)] <退出>:                           //AS Enter
    创建关联阵列 [是(Y)/否(N)] <否>:                    //N Enter
    按 Enter 键接受或 [关联(AS)/基点(B)/项目(I)/项目间角度(A)/填充角度(F)/行(ROW)/层(L)/旋
转项目(ROT)/退出(X)] <退出>:                           // Enter，阵列结果如图4-137所示
```

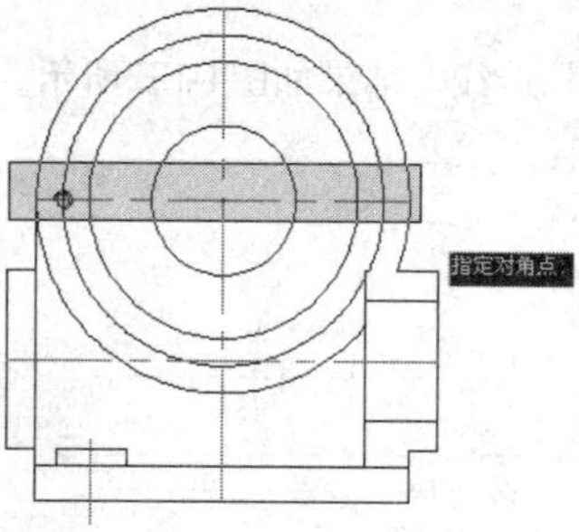

图4-135 窗口选择

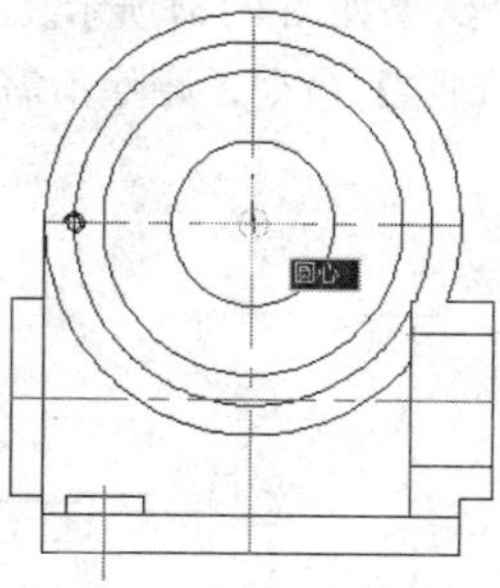

图4-136 捕捉圆心

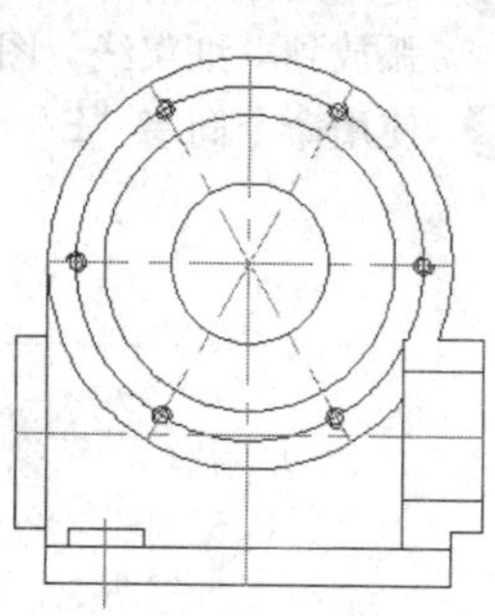

图4-137 阵列结果

11 接下来使用【修剪】和夹点编辑功能，对中心线进行完善，结果如图4-138所示。

12 在“波浪线”图层内，使用【样条曲线】命令并配合最近点捕捉功能绘制如图4-139所示的样条曲线，作为剖切边界线。

13 使用命令简写“O”激活【偏移】命令，将下侧的水平中心线向下偏移32个单位，并将偏移出的图线放到“轮廓线”层上，结果如图4-140所示。

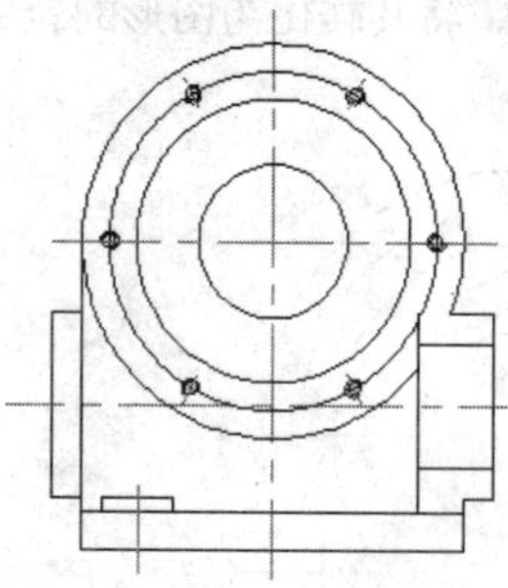

图4-138 完善结果

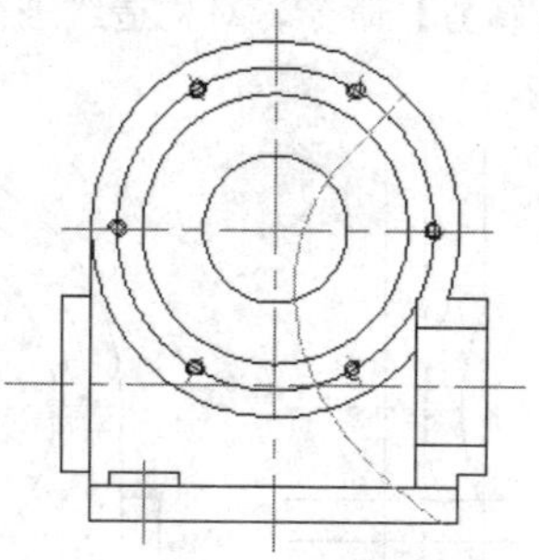

图4-139 绘制结果

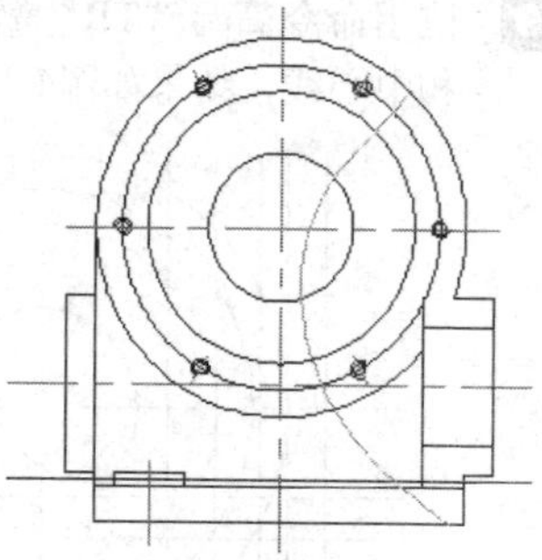

图4-140 偏移结果

14 将最下侧的水平轮廓线向上偏移3个单位，将垂直中心线向右偏移55和64个单位，然后使用命令简写“TR”激活【修剪】命令，对图线进行修剪完善，结果如图4-141所示。

15 使用命令简写“F”激活【圆角】命令，设置圆角半径为3，为零件主视图进行圆角，结果如图4-142所示。

16 重复执行【圆角】命令，设置圆角半径不变，设置圆角的修剪模式为“不修剪”，继续对零件图进行圆角，结果如图4-143所示。

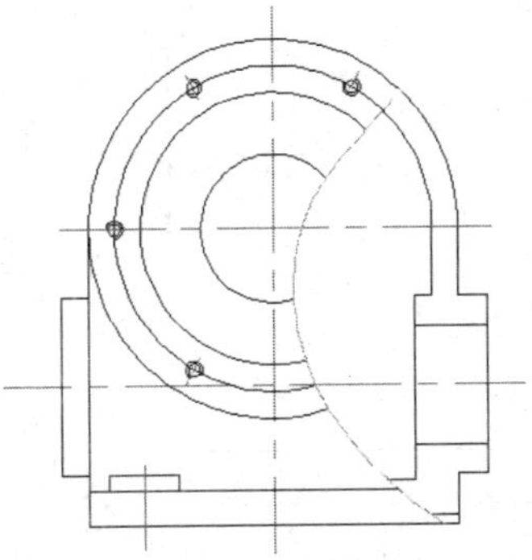

图4-141 修剪结果

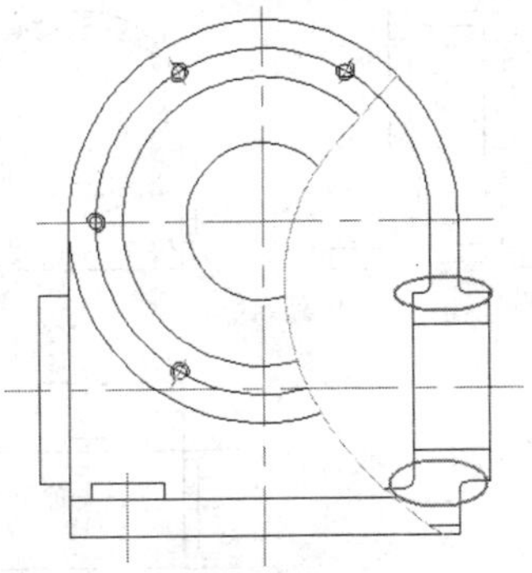

图4-142 圆角结果

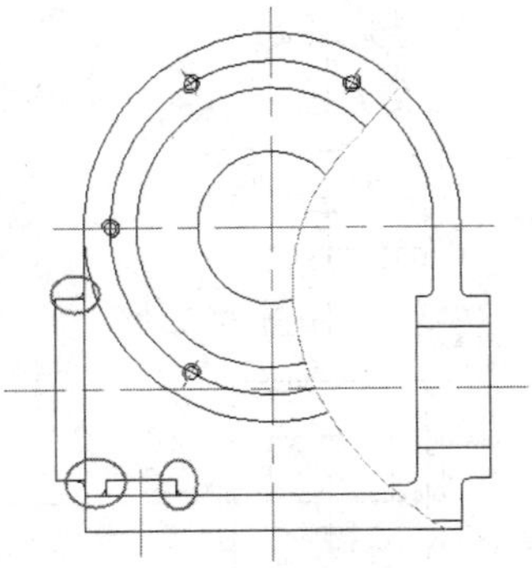

图4-143 圆角结果

17 使用命令简写“TR”激活【修剪】命令，对圆角后产生的圆弧作为边界，对圆角位置的图线进行修剪，结果如图4-144所示。

18 使用命令简写“XL”激活【构造线】命令，在“中心线”图层内绘制如图4-145所示的构造线。

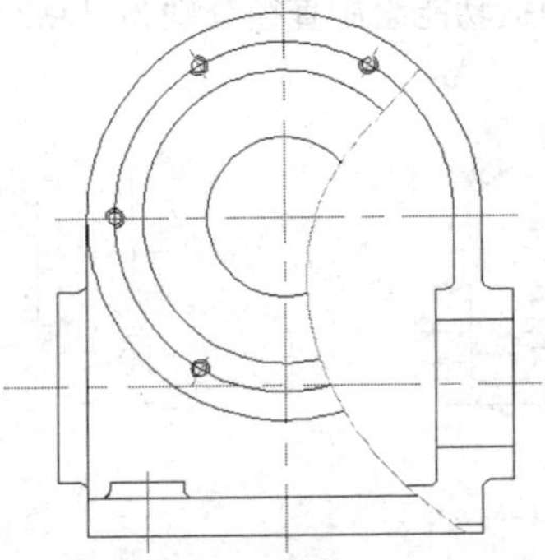

图4-144 圆角结果

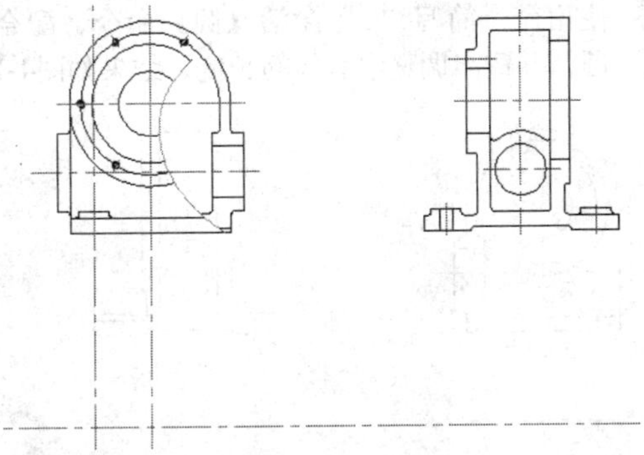

图4-145 绘制构造线

19 重复执行【构造线】命令，在“轮廓线”图层内绘制如图4-146所示的垂直构造线。

20 使用命令简写“O”激活【偏移】命令，将水平构造线向上偏移30、43和78，向下偏移30和78，将垂直构造线对称偏移40，结果如图4-147所示。

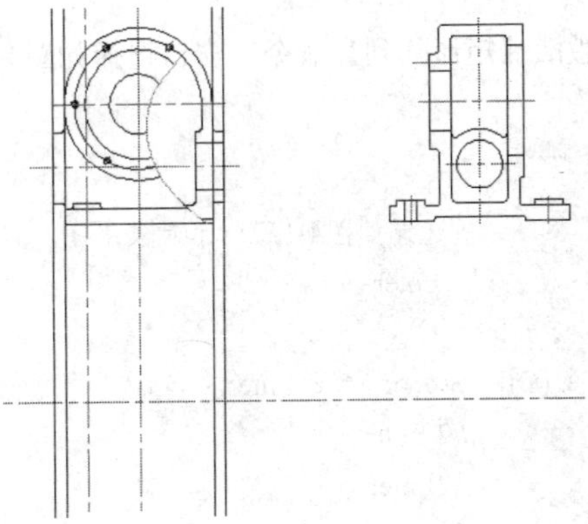

图4-146 绘制垂直构造线

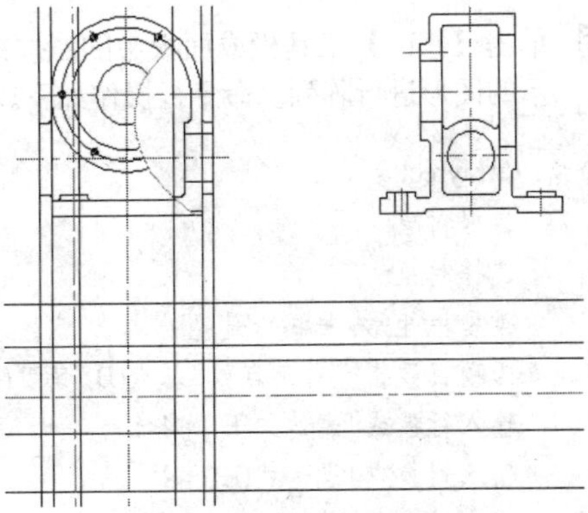

图4-147 偏移结果

21 使用命令简写“TR”激活【修剪】命令，对构造线进行修剪，编辑出箱体零件的俯视图，结果如图4-148所示。

22 使用命令简写“O”激活【偏移】命令，将水平构造线向上偏移35和60，向下偏移39，结果如图4-149所示。

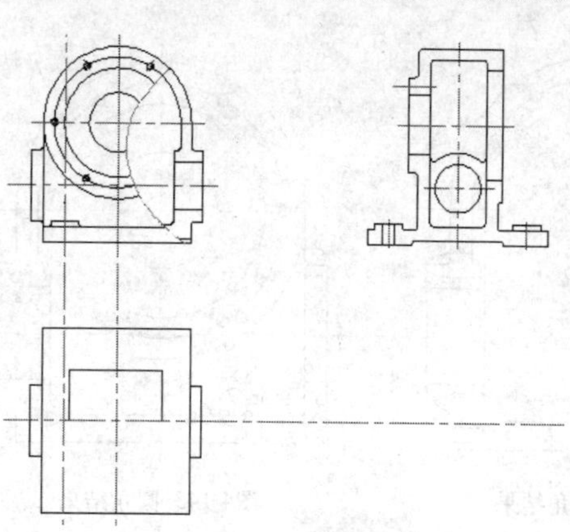

图4-148 编辑结果

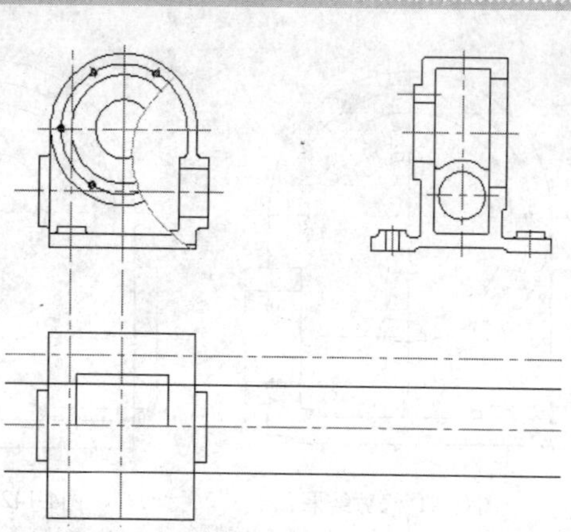

图4-149 偏移结果

23 使用命令简写“TR”激活【修剪】命令，对构造线进行修剪，编辑出箱体零件的俯视图，结果如图4-150所示。

24 使用命令简写“C”激活【圆】命令，配合交点捕捉功能绘制直径分别为11和24的同心圆，并适当调整中心线的长度，结果如图4-151所示。

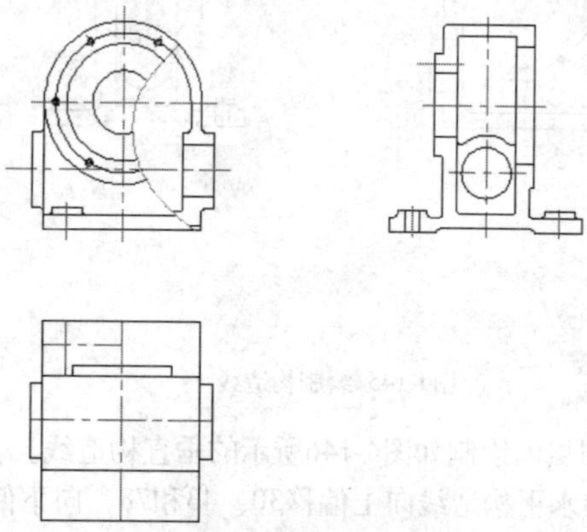

图4-150 编辑结果

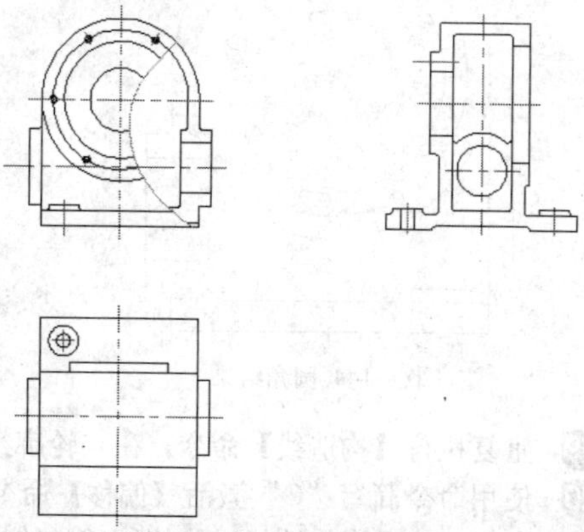

图4-151 绘制结果

25 单击【修改】工具栏或面板中的按钮，激活【矩形阵列】命令，窗口选择如图4-152所示的图形进行阵列。命令行操作如下。

```
命令: _arrayrect
    选择对象:                                          //选择如图4-152所示对象
    选择对象:                                          // Enter
    类型 = 矩形  关联 = 是
    为项目数指定对角点或 [基点(B)/角度(A)/计数(C)] <计数>:   //C Enter
    输入行数或 [表达式(E)] <4>:                          //2 Enter
    输入列数或 [表达式(E)] <4>:                          //2Enter
    指定对角点以间隔项目或 [间距(S)] <间距>:               //S Enter
    指定行之间的距离或 [表达式(E)] <36>:                  //-120
    指定列之间的距离或 [表达式(E)] <60>:                  //90 Enter
    按 Enter 键接受或 [关联(AS)/基点(B)/行(R)/列(C)/层(L)/退出(X)] <退出>:
                                                       // Enter，阵列结果如图4-153所示
```

26 使用命令简写“F”激活【圆角】命令，对俯视图外轮廓线进行圆角，圆角半径为10，结果如图4-154所示。

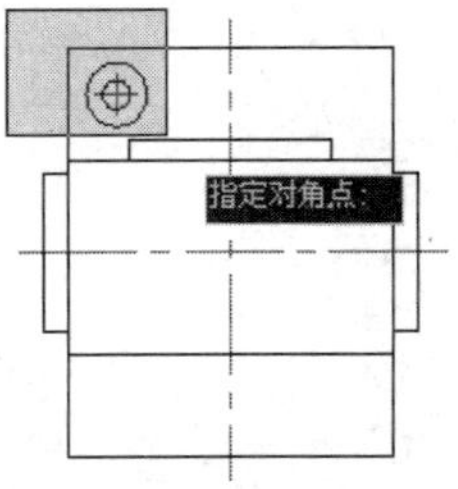

图4-152 窗口选择

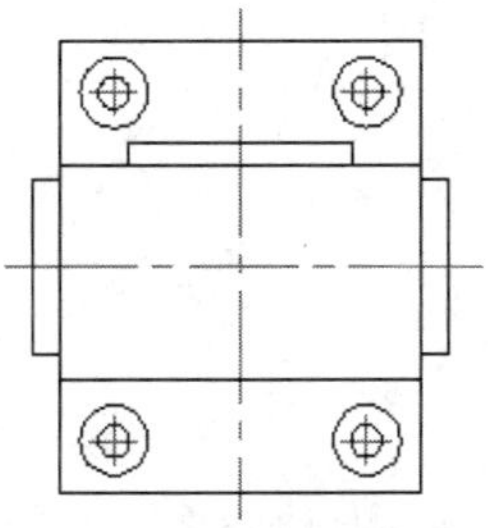

图4-153 阵列结果

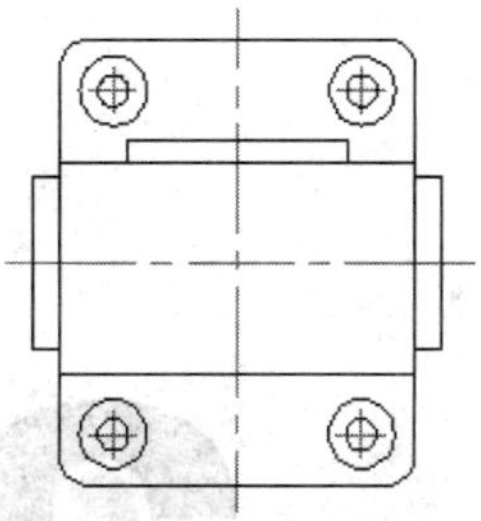

图4-154 圆角结果

27 将“剖面线”设置为当前图层，同时打开线宽的显示功能，结果如图4-155所示。

28 单击【修改】工具栏中的□按钮，激活【打断于点】命令，将内侧的圆弧打断，断点为交点A，然后将打断后的圆弧放到“中心线”图层上，结果如图4-156所示。

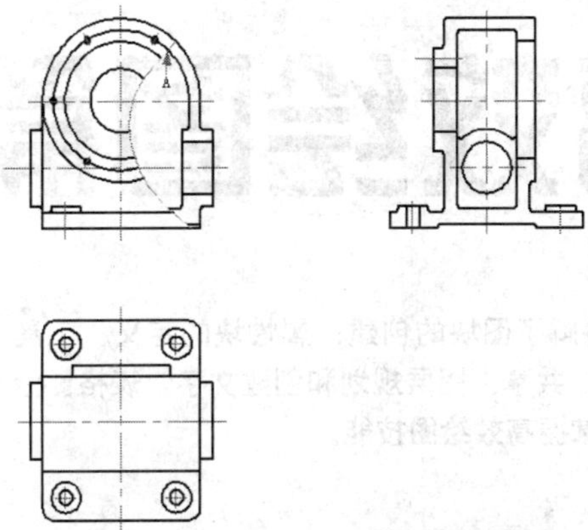

图4-155 图形的显示效果

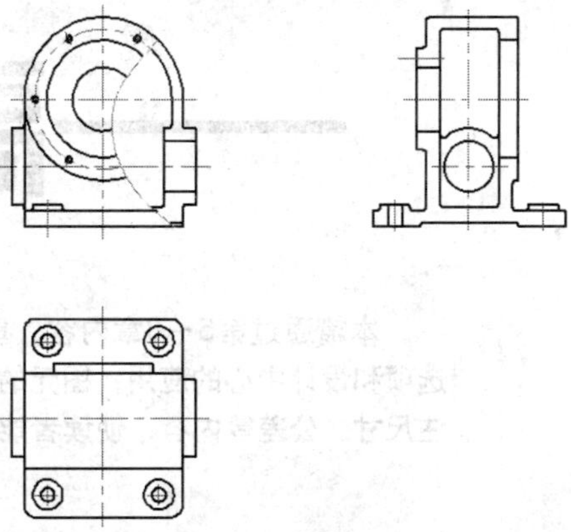

图4-156 打断于点

29 使用命令简写“H”激活【图案填充】命令，设置填充图案与参数如图4-157所示，为零件图填充如图4-158所示的剖面线。

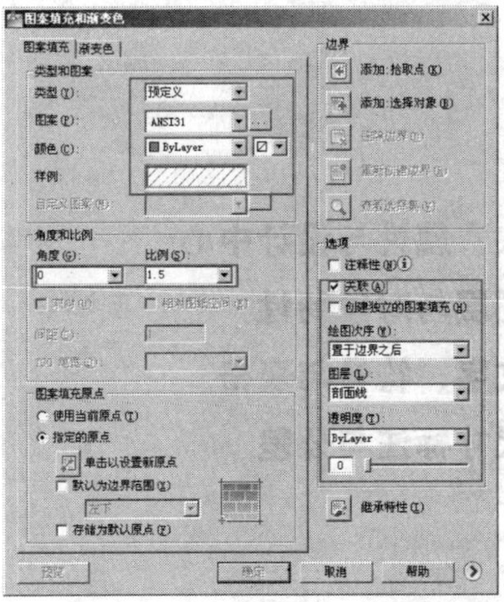

图4-157 设置填充图案与参数

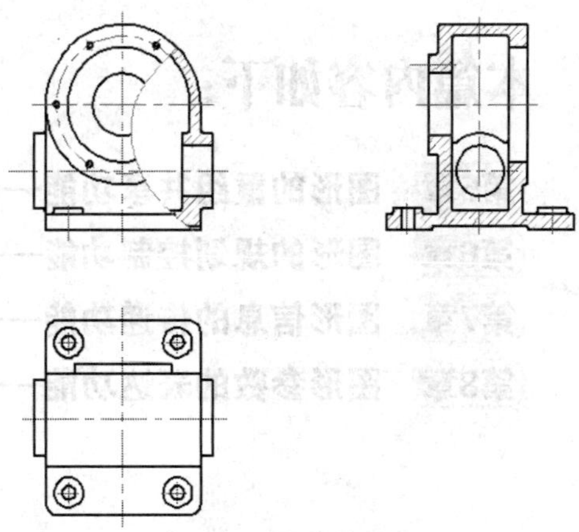

图4-158 填充结果

30 执行【另存为】命令，将图形另名存储为“上机指导（四）.dwg”。

第2篇 基础进阶——高效绘图篇

本篇通过第5～8章内容，重点讲解了图块的创建、属性块的定义、工具选项和设计中心的应用，图元的组合、共享、图层规划和创建文字、表格、标注尺寸、公差等内容，使读者能快速掌握高效绘图技能。

本篇内容如下：

第5章

图形的重组共享功能——块、属性与设计中心

为了方便读者快速、高效地绘制设计图样，还需要了解和掌握一些高级制图功能，灵活掌握这些高级制图功能，能使读者更加方便地对图形进行综合组织、管理、共享和完善等。本章学习内容如下：

- ✓ 定义图块
- ✓ 应用图块
- ✓ 上机指导（一）——快速布置户型图门构件
- ✓ 定义属性
- ✓ DWG参照
- ✓ 上机指导（二）——标注别墅立面图室外标高
- ✓ 设计中心
- ✓ 工具选项板
- ✓ 上机指导（三）——绘制多居室户型装修布置图

5.1 定义图块

图块是一个综合性的概念，也是一种重要的制图功能，它通过将多个图形或文字组合起来、形成单个对象的集合，以方便用户对其进行选择、应用和编辑等。在文件中引用了块后，不仅可以很大程度地提高绘图速度、节省存储空间，还可以使绘制的图形更标准化和规范化。图形被定义成块前后的夹点效果，如图5-1所示。

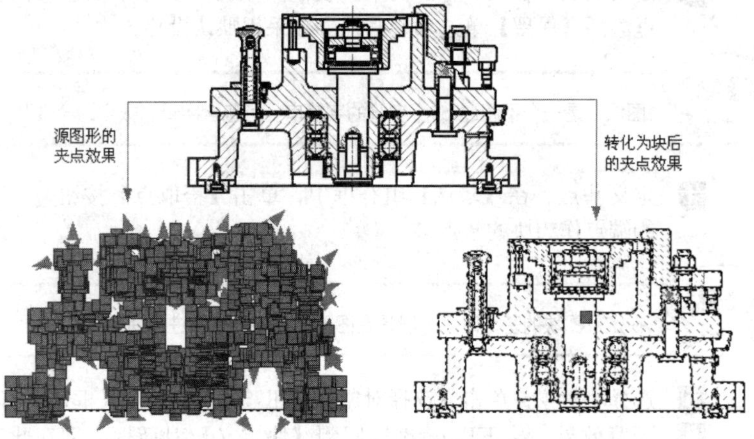

图5-1 图形与图块的夹点效果

5.1.1 定义内部块

【创建块】命令用于将单个或多个图形集合成为一个整体图形单元，保存于当前图形文件内，以供当前文件重复使用。使用此命令创建的图块被称之为“内部块”，此种图块只能被当前文件内引用，不能用于其他文件。

执行【创建块】命令主要有以下几种方式：

- 执行菜单栏中的【绘图】/【块】/【创建】命令。
- 单击【绘图】工具栏或【块】面板中的按钮。
- 在命令行输入Block或Bmake后按Enter键。
- 使用命令简写 B。

•【创建块】命令的应用

下面通过将图5-2所示的“沙发与茶几”定义成内部块，学习【创建块】命令的使用方法和操作技巧。具体操作步骤如下：

1 打开随书光盘“素材文件 / 沙发与茶几.dwg”，如图5-2所示。

2 单击【绘图】工具栏或【块】面板中的按钮，激活【创建块】命令，打开如图5-3所示的【块定义】对话框。

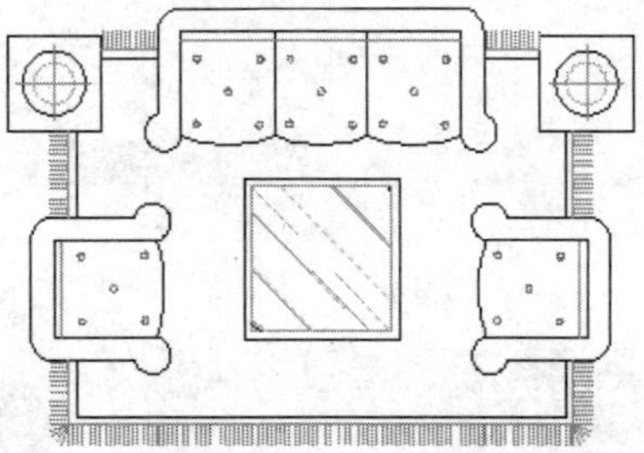

图5-2 打开结果

图5-3 【块定义】对话框

3 定义块名。在【名称】文本列表框内输入“沙发与茶几”作为块的名称，在【对象】组合框激活【保留】单选项，其他参数采用默认设置。

TIP 图块名是一个不超过255个字符的字符串，可包含字母、数字、“$”、“-”及“_”等符号。

4 定义基点。在【基点】组合框中，单击【拾取点】按钮，返回绘图区捕捉如图5-4所示的端点作为块的基点。

TIP 在定位图块的基点时，一般是在图形上的特征点中进行捕捉。

5 选择块对象。单击【选择对象】按钮，返回绘图区框选所有的图形对象。

6 预览效果。按下Enter键返回到【块定义】对话框，则在此对话框内出现图块的预览图标，如图5-5所示。

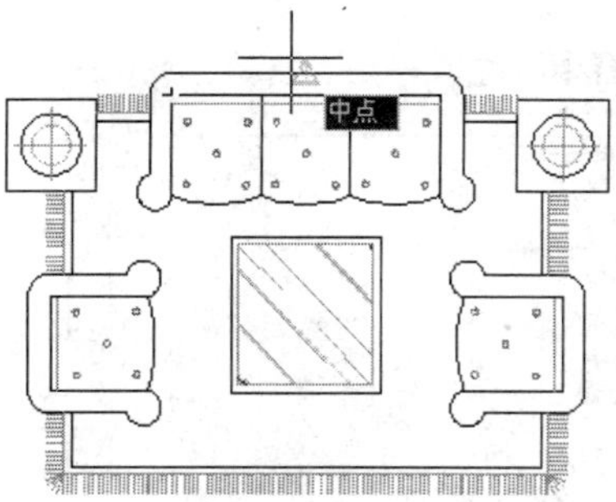

图5-4 捕捉端点

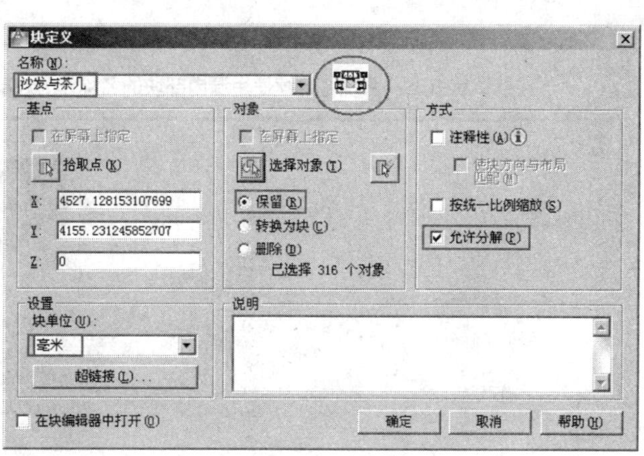

图5-5 参数设置

TIP 如果在定义块时，勾选了【按照统一比例缩放】复选项，那么在插入块时，仅可以对块进行等比缩放。

7 单击 确定 按钮关闭【块定义】对话框，结果所创建的图块保存在当前文件内，此块将会与文件一起存盘。

5.1.2 对话框选项

- 【名称】下拉列表框用于为新块赋名。
- 【基点】选项组主要用于确定图块的插入基点。在定义基点时，用户可以直接在【X】、【Y】、【Z】文本框中键入基点坐标值，也可以在绘图区直接捕捉图形上的特征点。AutoCAD默认基点为原点。
- 单击按钮【快速选择】，将弹出【快速选择】对话框，用户可以按照一定的条件定义一个选择集。
- 【转换为块】单选项用于将创建块的源图形转化为图块。
- 【删除】单选项用于将组成图块的图形对象从当前绘图区中删除。
- 【在块编辑器中打开】复选项用于定义完块后自动进入块编辑器窗口，以便对图块进行编辑管理。

5.1.3 定义外部块

“内部块”仅供当前文件所引用，为了弥补内部块的这一缺陷，AutoCAD为用户提供了【写块】命令，使用此命令可以定义外部块，所定义的外部块不但可以被当前文件所使用，还可以供其他文件进行重复引用。下面学习外部块的具体定义过程。

1 继续上例操作。

2 在命令行输入Wblock或W后按下Enter键，激活【写块】命令，打开【写块】对话框。

3 在【源】选项组内激活【块】选项，然后展开【块】下拉列表框，选择“沙发与茶几”内部块，如图5-6所示。

4 在【文件名或路径】文本列表框内，设置外部块的存盘路径、名称和单位，如图5-7所示。

5 单击 确定 按钮，结果“沙发与茶几”内部块被转化为外部图块，以独立文件形式存盘。

TIP ▸▸ 在默认状态下，系统将继续使用源内部块的名称作为外部图块的新名称进行存盘。

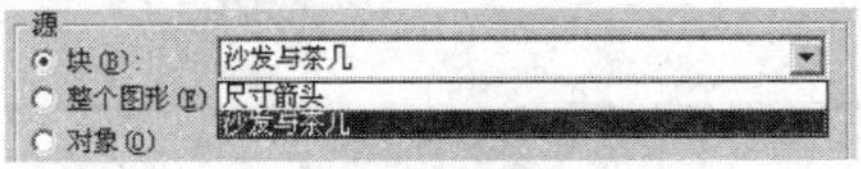

图5-6 选择块

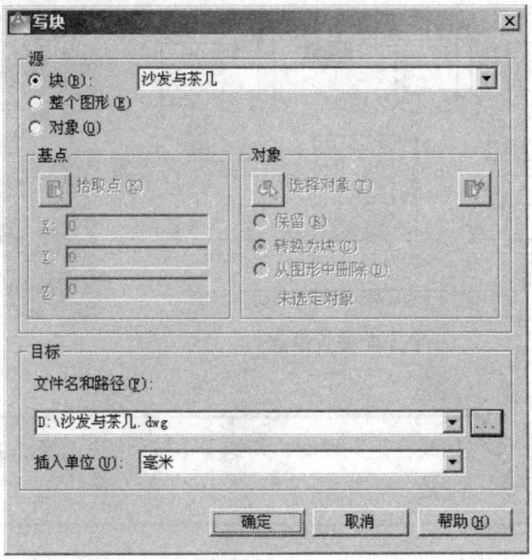

图5-7 创建外部块

5.1.4 外部块选项

- 【块】单选项用于将当前文件中的内部图块转换为外部块，进行存盘。当激活该选项时，其右侧的下拉文框被激活，可从中选择需要被写入块文件的内部图块。
- 【整个图形】单选项用于将当前文件中的所有图形对象，创建为一个整体图块进行存盘。
- 【对象】单选项是系统默认选项，用于有选择性的，将当前文件中的部分图形或全部图形创建为一个独立的外部图块。具体操作与创建内部块相同。

5.2 应用图块

本节主要学习图块的引用、块的编辑更新、块的嵌套与分解等技能，以便更有效地组织、使用和管理图块。

5.2.1 插入块

【插入块】命令用于将内部块、外部块和以已存盘的DWG文件，引用到当前图形文件中，以组合更为复杂的图形结构。

执行【插入块】命令主要有以下几种方式：

- 执行菜单栏中的【插入】/【块】命令。
- 单击【绘图】工具栏或【块】面板中的按钮。
- 在命令行输入Insert后按Enter键。
- 使用命令简写I。

- 【插入块】命令的应用

下面以不同的缩放比例和旋转角度，插入刚定义的“沙发与茶几”图块，学习【插入块】命令的使用方法和操作技巧。具体操作步骤如下：

1 继续上例操作。

2 单击【绘图】工具栏中的按钮，激活【插入块】命令，打开【插入】对话框。

3 展开【名称】下拉列表，选择“沙发与茶几”内部块作为需要插入块的图块。

4 在【缩放比例】选项组中勾选下侧的【统一比例】复选项，同时设置图块的缩放比例为0.6，如图5-8所示。

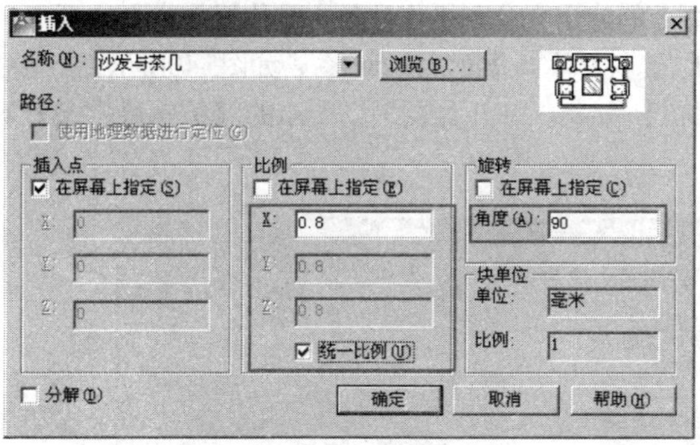

图5-8 设置插入参数

> **TIP** 如果勾选了【分解】选项，那么插入的图块则不是一个独立的对象，而是被还原成一个个单独的图形对象。

5 其他参数采用默认设置，单击确定按钮返回绘图区，在命令行“指定插入点或 [基点(B)/比例(S)/旋转(R)]：”提示下，拾取一点作为块的插入点，结果如图5-9所示。

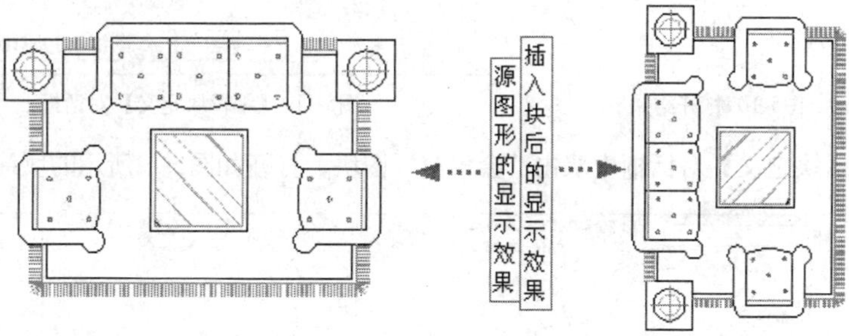

图5-9 插入结果

选项解析

- 【名称】下拉文本框用于设置需要插入的内部块。

> **TIP** 如果需要插入外部块或已存盘的图形文件，可以单击浏览(B)...按钮，从打开的【选择图形文件】对话框中选择相应外部块或文件。

- 【插入点】选项组用于确定图块插入点的坐标。用户可以勾选【在屏幕上指定】选项，直接在屏幕绘图区拾取一点，也可以在【X】、【Y】、【Z】三个文本框中输入插入点的坐标值。
- 【比例】选项组是用于确定图块的插入比例。
- 【旋转】选项组用于确定图块插入时的旋转角度。用户可以勾选【在屏幕上指定】选项，直接在绘图区指定旋转的角度，也可以在【角度】文本框中输入图块的旋转角度。

5.2.2 编辑块

使用【块编辑器】命令，可以对当前文件中的图块进行修改编辑，以更新先前块的定义。

执行【块编辑器】命令主要有以下几种方式：

- 执行菜单栏中的【工具】/【块编辑器】命令。
- 在命令行输入Bedit后按Enter键。
- 使用命令简写BE。

•【块编辑器】命令的应用

下面通过典型的实例，学习【块编辑器】命令的使用方法和操作技巧。具体操作步骤如下：

1 执行【打开】命令，打开随书光盘中的“素材文件 / 会议桌椅.dwg”，如图5-10所示。

2 执行菜单栏中的【工具】/【块编辑器】命令，打开如图5-11所示的【编辑块定义】对话框。

图5-10 打开结果

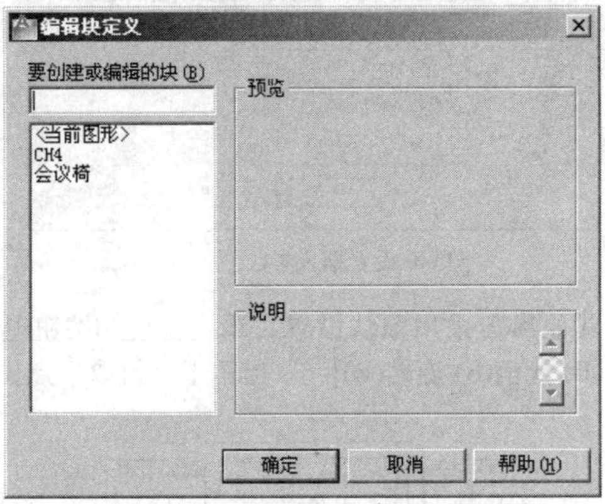

图5-11 【编辑块定义】对话框

3 在【编辑块定义】对话框中双击“会议椅”图块，打开如图5-12所示的块编辑窗口。

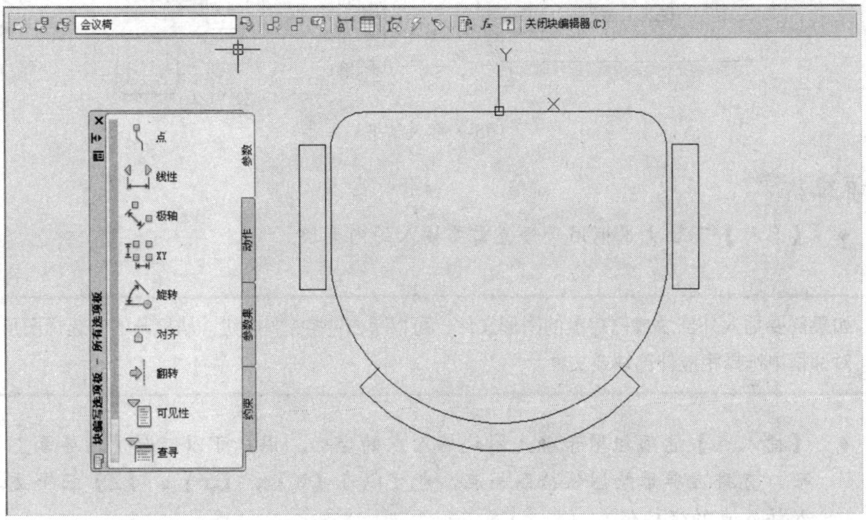

图5-12 块编辑窗口

4 执行菜单栏中的【绘图】/【图案填充】命令，设置填充图案及填充参数如图5-13所示，为椅子平面图填充如图5-14所示的图案。

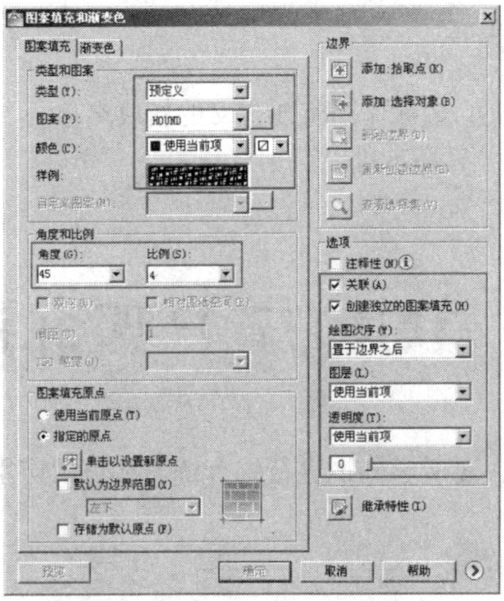

图5-13 设置填充图案及填充参数

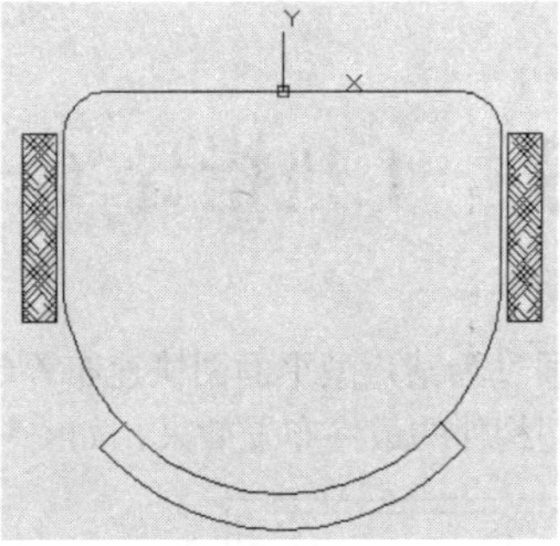

图5-14 填充结果

TIP

在块编辑器窗口中还可以为块添加约束、参数及动作特征，还可以对块进行命名存储。

5 重复执行【图案填充】命令，设置填充图案及填充参数如图5-15所示，为椅子平面图填充如图5-16所示的图案。

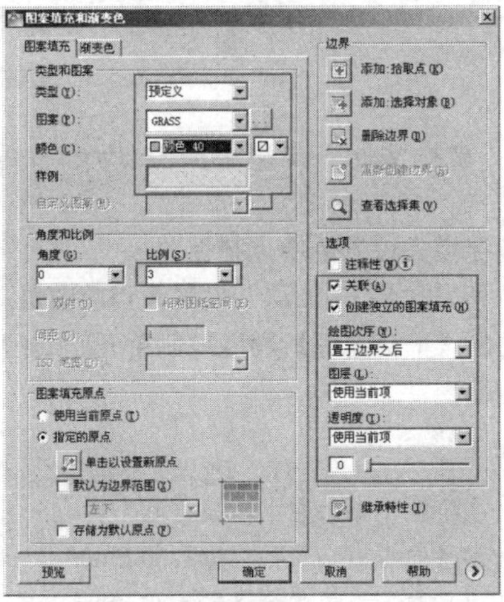

图5-15 设置填充图案及填充参数

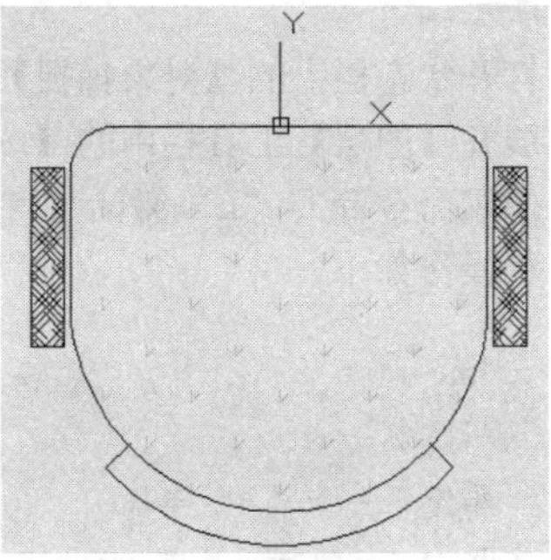

图5-16 填充结果

6 单击上侧的【保存块定义】按钮，将上述操作进行保存。

7 单击关闭块编辑器(C)按钮，返回绘图区，结果所有会议椅图块被更新，如图5-17所示。

图5-17　操作结果

5.2.3　嵌套块

用户可以在一个图块中引用其他图块，称之为“嵌套块”，如：可以将厨房作为插入到每一个房间的图块，而在厨房块中，又包含水池、冰箱、炉具等其他图块。

使用嵌套块需要注意以下两点：

第一，块的嵌套深度没有限制。

第二，块定义不能嵌套自身，即不能使用嵌套块的名称作为将要定义的新块名称。

总之，AutoCAD对嵌套块的复杂程度没有限制，只是不可以引用自身。

5.3 上机指导（一）——快速布置户型图门构件

本例通过为某户型平面图快速布置单开门构件，对所学知识进行综合练习和巩固应用。户型平面图单开门构件的最终布置效果，如图5-18所示。

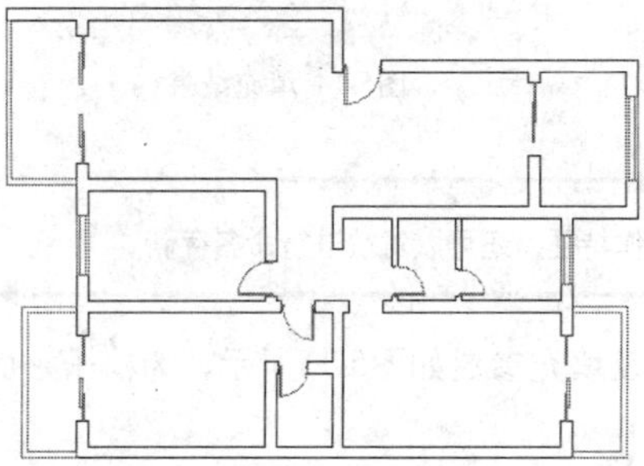

图5-18 实例效果

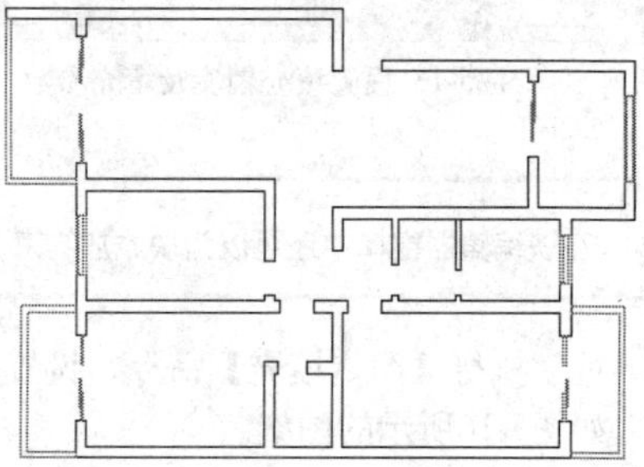

图5-19 打开结果

操作步骤

1 执行【打开】命令，打开随书光盘中的“素材文件／户型平面图.dwg”，如图5-19所示。

2 打开状态栏上的【对象捕捉】功能，并将捕捉模式设置为中点捕捉。

3 展开【图层】工具栏中的【图层控制】下拉列表，将“0图层”设置为当前图层。

4 使用命令简写“L”激活【直线】命令，配合【正交追踪】功能绘制单开门的门垛。命令行操作如下。

```
命令: _line
    指定第一点:                              //在绘图窗口的左下区域拾取一点
    指定下一点或 [放弃(U)]:                  //水平向右引导光标，输入60 Enter
    指定下一点或 [放弃(U)]:                  //水平向上引导光标，输入80 Enter
    指定下一点或 [闭合(C)/放弃(U)]:          //水平向左引导光标，输入40 Enter
    指定下一点或 [闭合(C)/放弃(U)]:          //水平向下引导光标，输入40 Enter
    指定下一点或 [闭合(C)/放弃(U)]:          //水平向左引导光标，输入 20 Enter
    指定下一点或 [闭合(C)/放弃(U)]:          //C Enter，闭合图形，结果如图5-20所示
```

5 使用命令简写“MI”激活【镜像】命令，配合【捕捉自】功能，将刚绘制的门垛镜像复制。命令行操作如下。

```
命令: _mirror
    选择对象:                                //选择刚绘制的门垛
    选择对象:                                // Enter
```

```
指定镜像线的第一点:                         //激活【捕捉自】功能
_from 基点:                                 //捕捉门垛的右下角点
<偏移>:                                     //@-450,0 Enter
指定镜像线的第二点:                         //@0,1 Enter
要删除源对象吗？[是(Y)/否(N)] <N>:          //Enter，镜像结果如图5-21所示
```

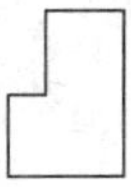

图5-20 绘制门垛

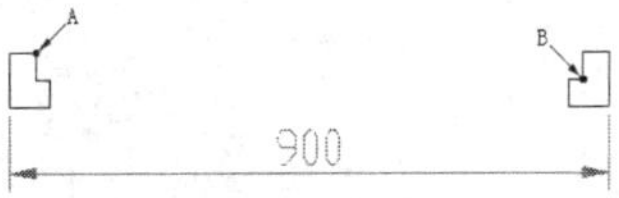

图5-21 镜像结果

6 使用命令简写“REC”激活【矩形】命令，以图5-21所示点*A*、*B*作为对角点，绘制如图5-22所示的矩形作为门的轮廓线。

7 使用命令简写“RO”激活【旋转】命令，对刚绘制的矩形进行旋转，命令行操作如下。

```
命令: _rotate
    UCS 当前的正角方向: ANGDIR=逆时针 ANGBASE=0.00
    选择对象:                               //选择刚绘制的矩形
    选择对象:                               // Enter
    指定基点:                               //捕捉矩形的右上角点
    指定旋转角度，或 [复制(C)/参照(R)] <0.00>: //-90 Enter，结束命令，旋转结果如图5-23所示
```

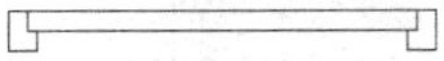

图5-22 绘制结果

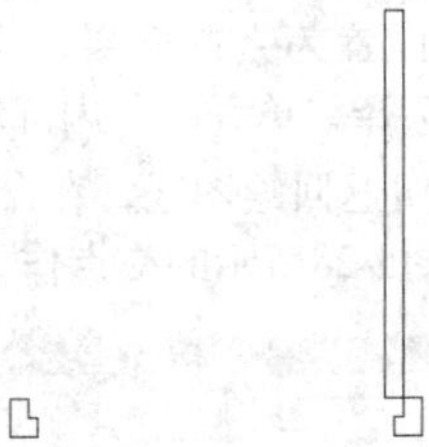

图5-23 旋转结果

8 执行菜单栏中的【绘图】/【圆弧】/【起点、圆心、端点】命令，绘制圆弧作为门的开启方向，命令行操作如下。

```
命令: _arc
    指定圆弧的起点或 [圆心(C)]:                          //捕捉矩形右上角点
    指定圆弧的第二个点或 [圆心(C)/端点(E)]: _c 指定圆弧的圆心:  //捕捉矩形右下角点
    指定圆弧的端点或 [角度(A)/弦长(L)]: //捕捉如图5-24所示的端点，绘制结果如图5-25所示
```

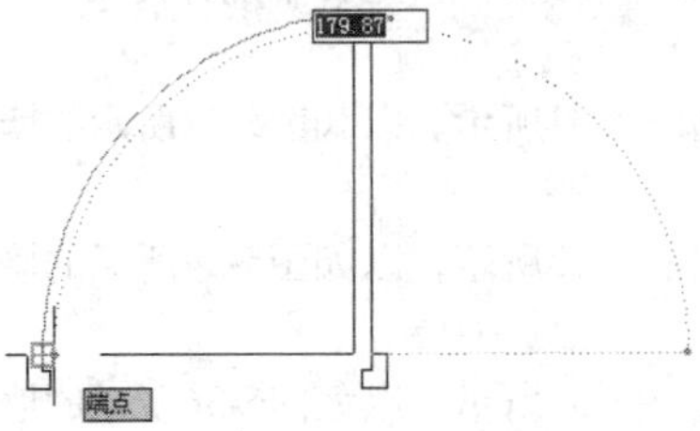

图5-24 捕捉端点

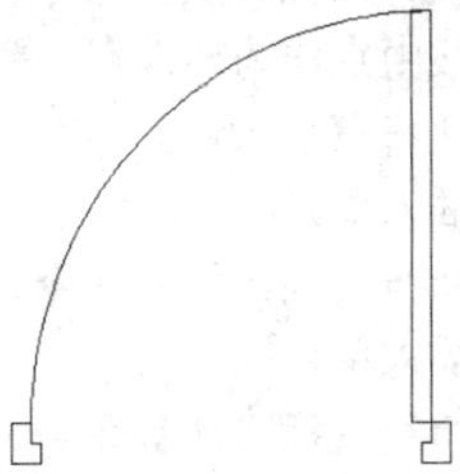

图5-25 绘制结果

9 执行菜单栏中的【绘图】/【块】/【创建】命令，打开【块定义】对话框，在此对话框内设置块名及创建方式等参数，如图5-26所示。

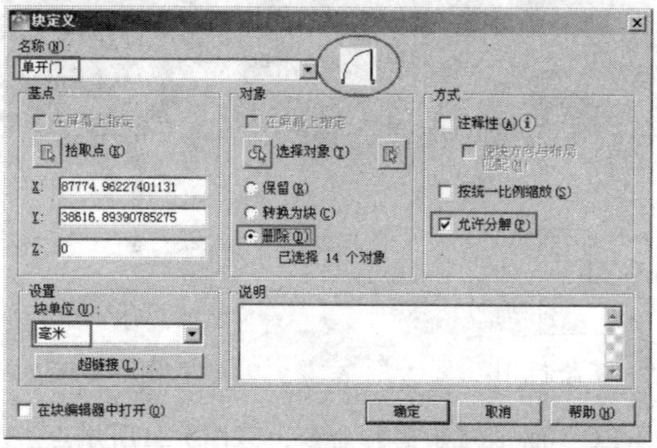

图5-26 【块定义】对话框

10 单击【拾取点】按扭，返回绘图区拾取单开门右侧门垛的中心点作为基点。

11 按下Enter键返回【块定义】对话框，单击【选择对象】按扭，框选刚绘制的单开门图形。

12 按下Enter键返回【块定义】对话框，单击 确定 按钮结束命令。

> **TIP** 如果需要在其他文件中引用此单开门图块，可以使用【写块】命令，将单开门内部块转化为外部块。

13 将“门窗层”设置为当前图层，然后单击【绘图】工具栏中的按钮，在打开的【插入】对话框内选择“单开门”内部块，同时设置参数如图5-27所示。

14 单击 确定 按钮返回绘图区，在命令行“指定插入点或 [基点(B)/比例(S)/旋转(R)]：”提示下，捕捉如图5-28所示的交点作为插入点。

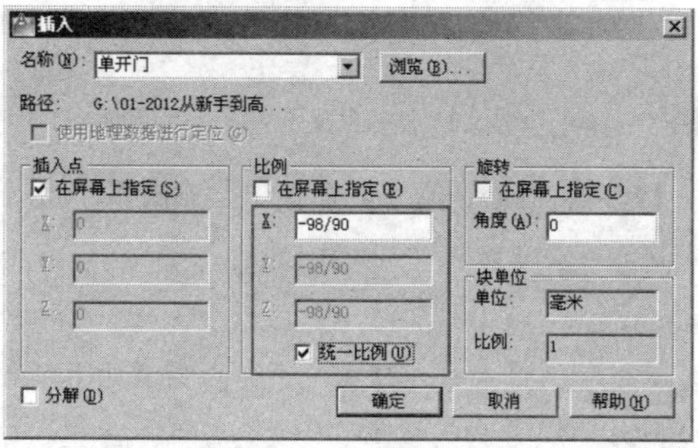

图5-27 设置块参数

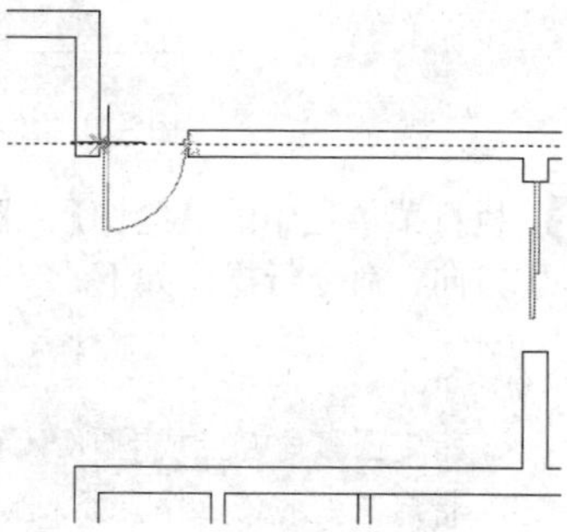

图5-28 定位插入点

15 重复执行【插入块】命令，设置参数如图5-29所示，配合中点捕捉功能，以如图5-30所示的墙线中点作为插入点，插入单开门。

16 重复执行【插入块】命令，设置参数如图5-31所示，以如图5-32所示的墙线中点作为插入点，插入单开门。

17 重复执行【插入块】命令，设置参数如图5-33所示，以如图5-34所示的墙线中点作为插入点，插入单开门。

18 重复执行【插入块】命令，设置参数如图5-35所示，以如图5-36所示的墙线中点作为插入点，插入单开门。

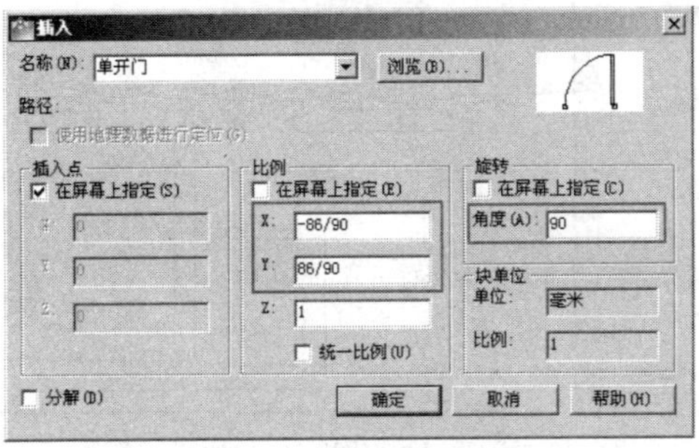

图5-29 设置参数

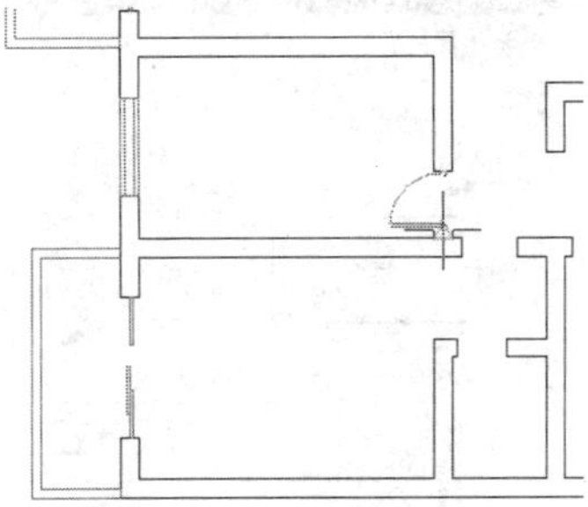

图5-30 定位插入点

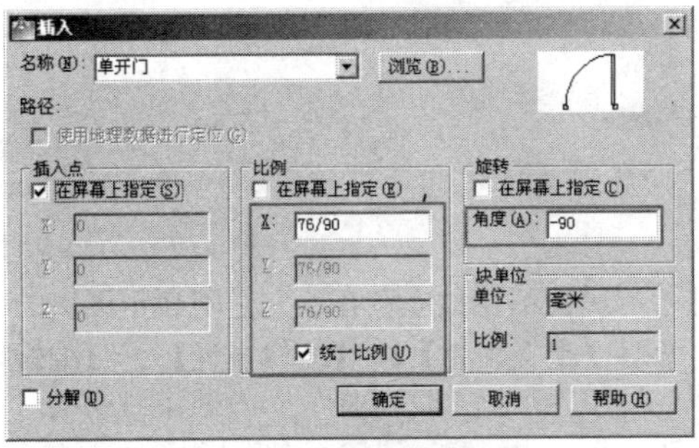

图5-31 设置参数

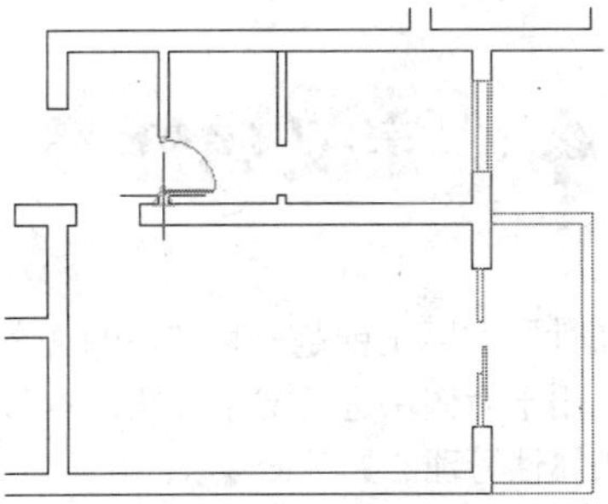

图5-32 定位插入点

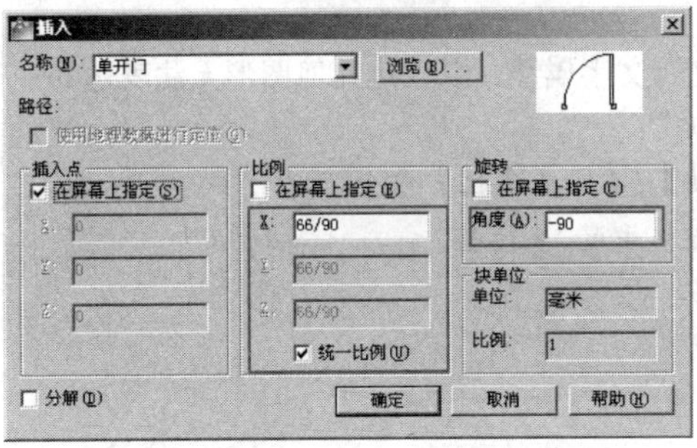

图5-33 设置参数

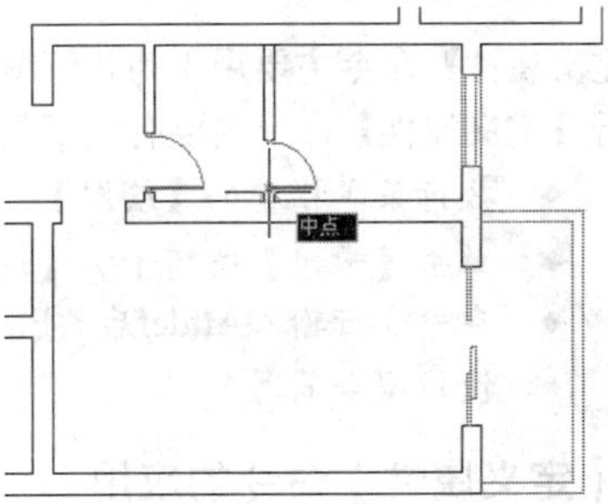

图5-34 定位插入点

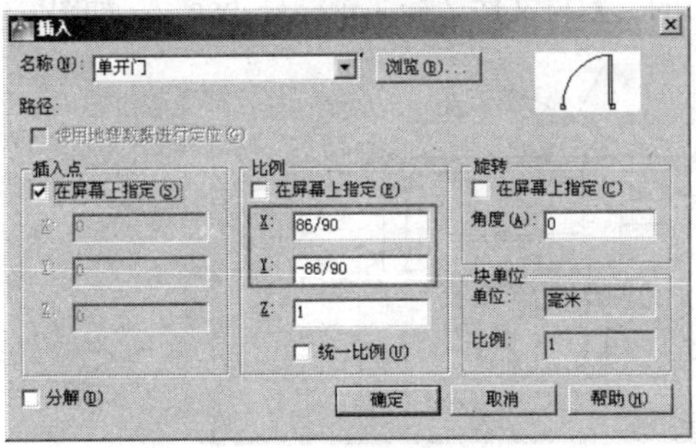

图5-35 设置参数

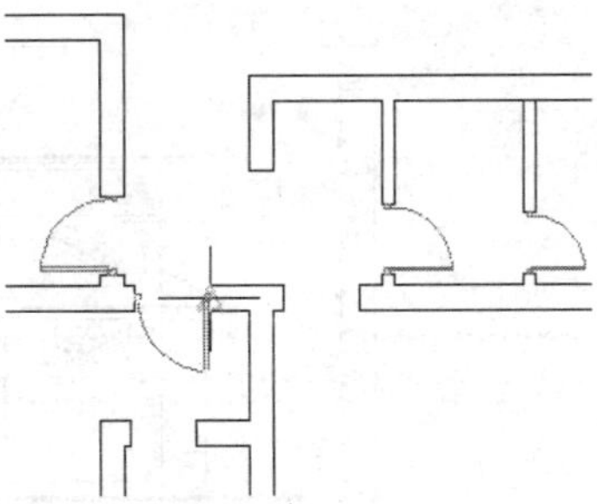

图5-36 定位插入点

19 重复执行【插入块】命令，设置参数如图5-37所示，以如图5-38所示的墙线中点作为插入点，插入单开门。

20 调整视图，使平面图完全显示，最终结果如图5-18所示。

21 执行【另存为】命令，将图形另名存储为“上机指导（一）.dwg”。

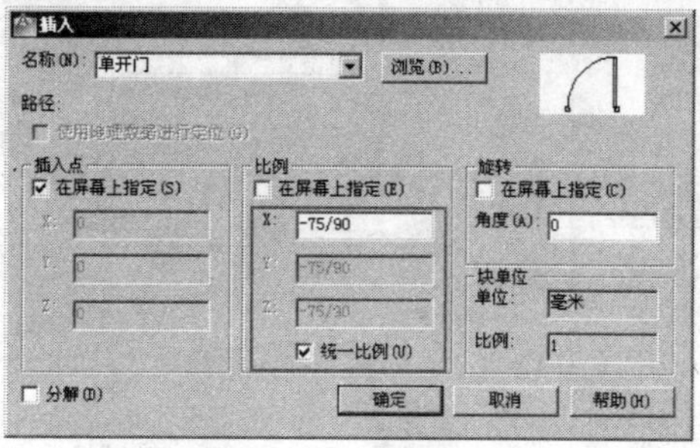

图5-37 设置参数

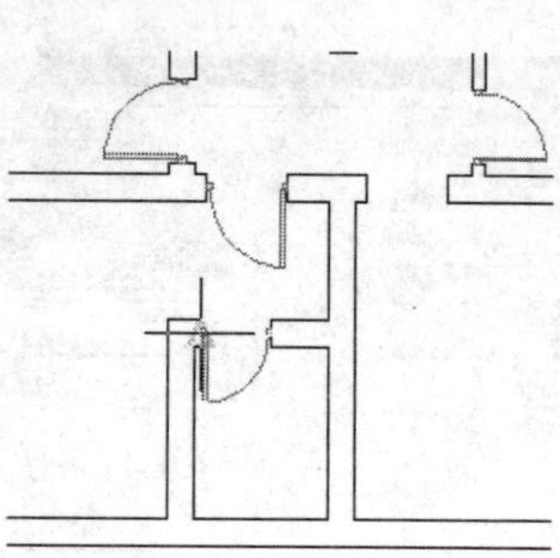

图5-38 定位插入点

5.4 定义属性

"属性"实际上就是一种"块的文字信息"，属性不能独立存在，它是附属于图块的一种非图形信息，用于对图块进行文字说明。本节主要学习【定义属性】、【编辑属性】、【编辑块属性】以及【块属性管理器】等命令。

5.4.1 定义属性

【定义属性】命令主要用于为几何图形定制文字属性，以表达几何图形无法表达的一些内容。执行【定义属性】命令主要有以下几种方式：

- 执行菜单栏中的【绘图】/【块】/【定义属性】命令。
- 单击【常用】选项卡/【块】面板中的按钮。
- 在命令行输入Attdef后按Enter键。
- 使用命令简写ATT。

•【定义属性】命令的应用

下面通过典型实例，学习【定义属性】命令的使用方法和操作技巧。具体操作步骤如下：

1 执行【打开】命令，打开随书光盘中的"素材文件/标注轴标号.dwg"，如图5-39所示。

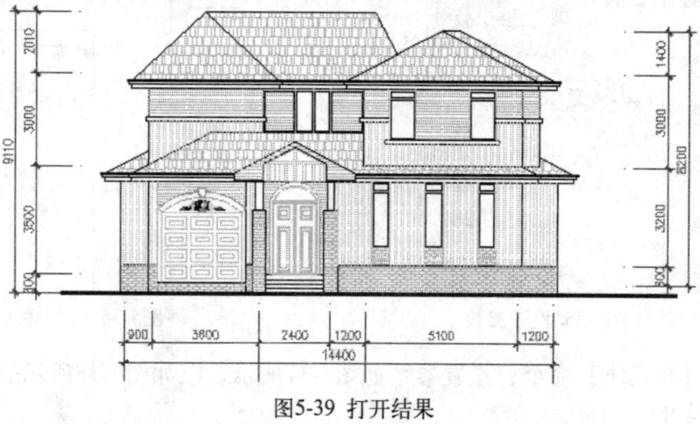

图5-39 打开结果

2 使用命令简写"C"激活【圆】命令，绘制直径为800的轴标号圆，如图5-40所示。

3 打开状态栏上的【对象捕捉】功能，并将捕捉模式设为圆心捕捉。

4 执行菜单栏中的【绘图】/【块】/【定义属性】命令，打开【属性定义】对话框，然后设置属性的标记名、提示说明、默认值、对正方式以及属性高度等参数，如图5-41所示。

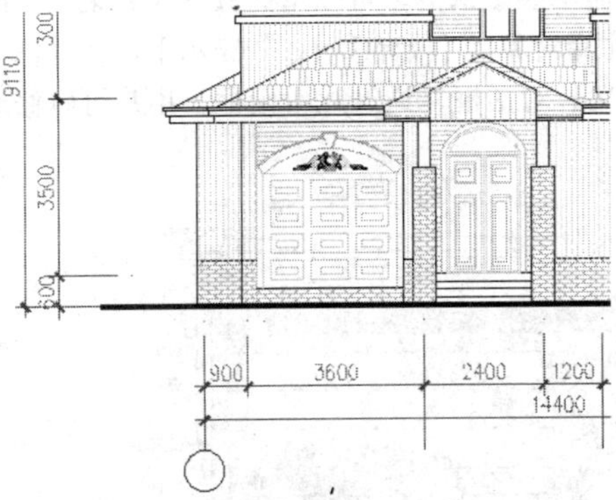

图5-40　绘制结果

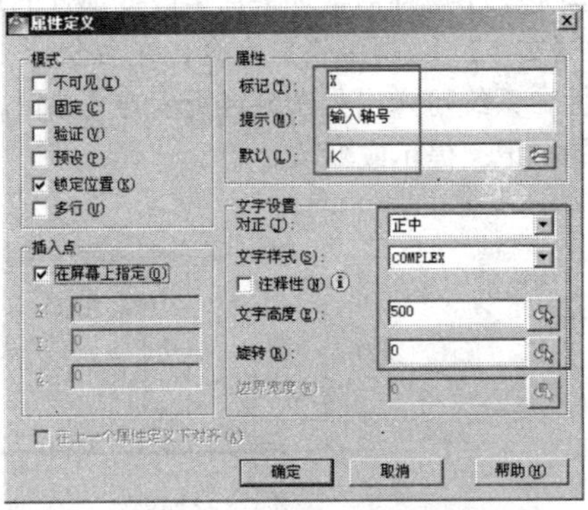

图5-41　【属性定义】对话框

TIP 当用户需要重复定义对象的属性时，可以勾选【在上一个属性定义下对齐】选项，系统将自动沿用上次设置的各属性的文字样式、对正方式以及高度等参数的设置。

5 单击 确定 按钮返回绘图区，在命令行“指定起点：”提示下捕捉如图5-42所示的圆心作为属性插入点，插入结果如图5-43所示。

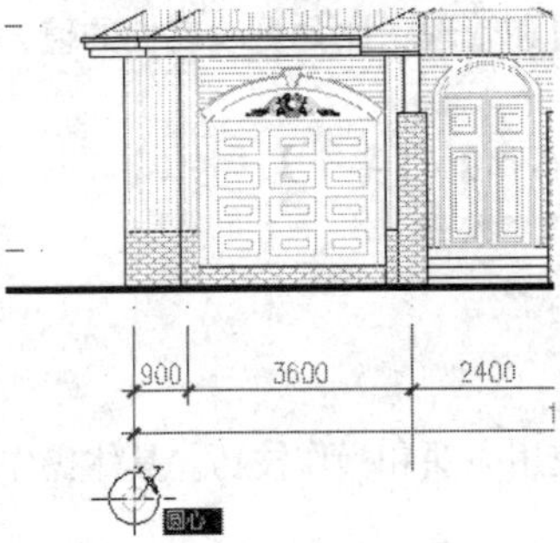

图5-42　捕捉圆心

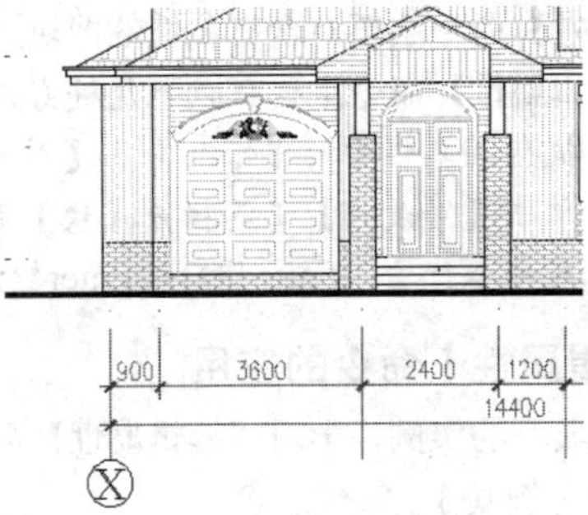

图5-43　插入属性

TIP 当用户为几何图形定义了文字属性后，所定义的文字属性暂时以属性标记名显示。

- **属性的显示模式**

【模式】选项组主要用于控制属性的显示模式，具体功能如下：

- 【不可见】复选项用于设置插入属性块后是否显示属性值。
- 【固定】复选项用于设置属性是否为固定值。
- 【验证】选项用于设置在插入块时提示确认属性值是否正确。
- 【预置】复选项用于将属性值定为默认值。
- 【锁定位置】复选项用于将属性位置进行固定。
- 【多行】复选项用于设置多行的属性文本。

TIP 用户可以运用系统变量“Attdisp”直接在命令行中进行设置或修改属性的显示状态。

5.4.2 编辑属性

当定义了属性后，如果需要改变属性的标记、提示或默认值，可以单击【修改】菜单中的【对象】/【文字】）/【编辑】命令，在命令行“选择注释对象或 [放弃(U)]：”提示下，选择需要编辑的属性，系统可弹出如图5-44所示的【编辑属性定义】对话框，通过此对话框，用户可以修改属性定义的标记、提示或默认。

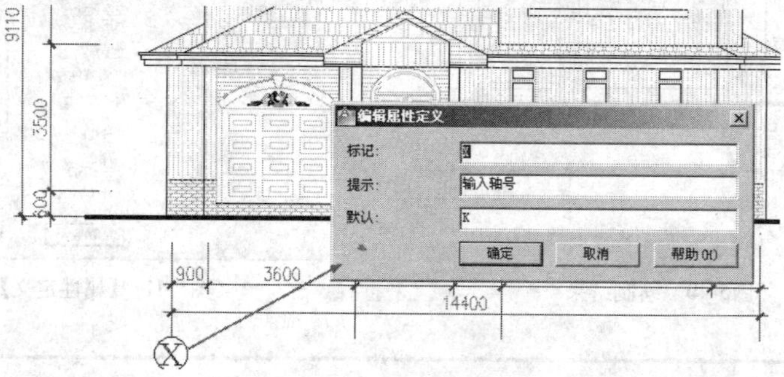

图5-44 【编辑属性定义】对话框

最后单击对话框中的 确定 按钮，属性将按照修改后的标记、提示或默认值进行显示。

5.4.3 编辑块属性

【编辑属性】命令主要对含有属性的图块进行编辑和管理，比如更改属性的值、特性等。

执行【编辑属性】命令主要有以下几种方式：

- 执行菜单栏中的【修改】/【对象】/【属性】/【单个】命令。
- 单击【修改Ⅱ】工具栏或【块】面板中的按钮。
- 在命令行输入Eattedit后按Enter键。

•【编辑属性】命令的应用

下面通过典型的实例，学习【编辑属性】命令的使用方法和操作技巧。具体操作步骤如下：

1. 继续上例操作。
2. 使用命令简写“B”激活【创建块】命令，将上例绘制圆及其属性一起创建为属性块，基点为如图5-45所示的端点，其他参数设置如图5-46所示。

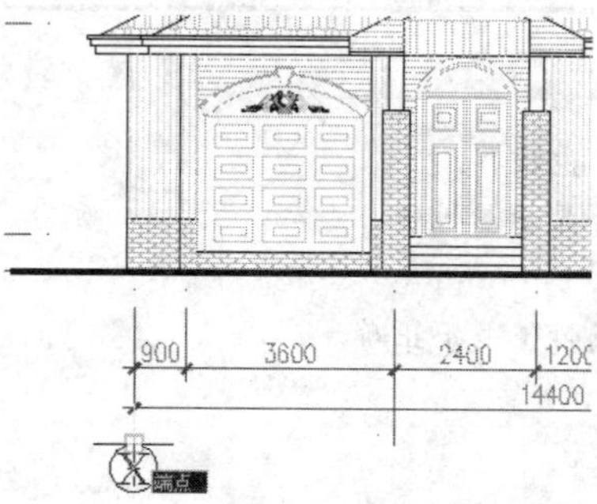

图5-45 捕捉圆心

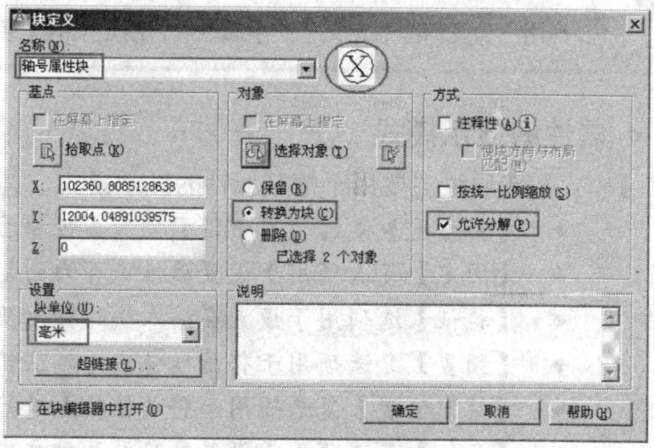

图5-46 设置块参数

3. 单击 确定 按钮，打开如图5-47所示的【编辑属性】对话框，在此对话框中即可定义正确的文字属性值。

4 属性值在此采用默认设置，然后单击 确定 按钮，结果创建了一个属性值为K的属性块，如图5-48所示。

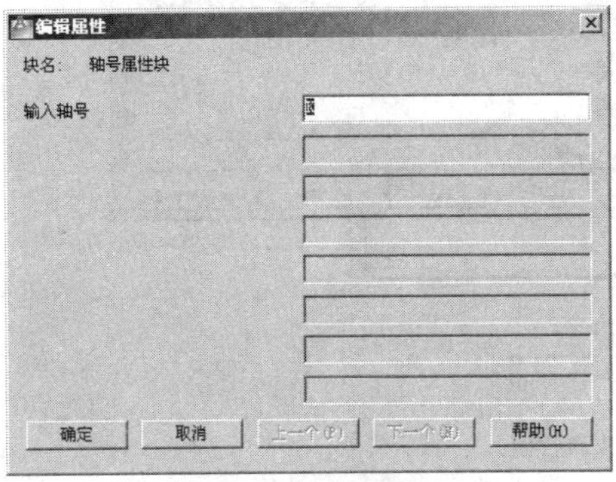

图5-47　【编辑属性】对话框

图5-48　定义属性块

5 使用命令简写“CO”激活【复制】命令，将轴号属性块分别复制到其他位置，结果如图5-49所示。

图5-49　复制结果

6 执行菜单栏中的【修改】/【对象】/【属性】/【单个】命令，在命令行“选择块：”提示下，选择复制出的属性块，打开【增强属性编辑器】对话框，然后修改属性值为G，如图5-50所示。

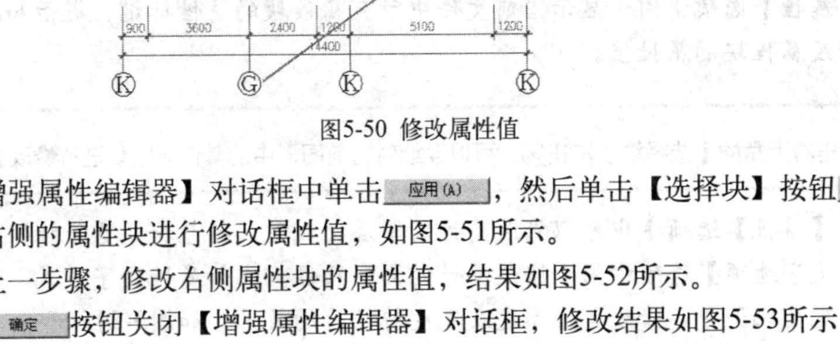

图5-50　修改属性值

7 在【增强属性编辑器】对话框中单击 应用(A) ，然后单击【选择块】按钮，返回绘图区选择右侧的属性块进行修改属性值，如图5-51所示。

8 重复上一步骤，修改右侧属性块的属性值，结果如图5-52所示。

9 单击 确定 按钮关闭【增强属性编辑器】对话框，修改结果如图5-53所示。

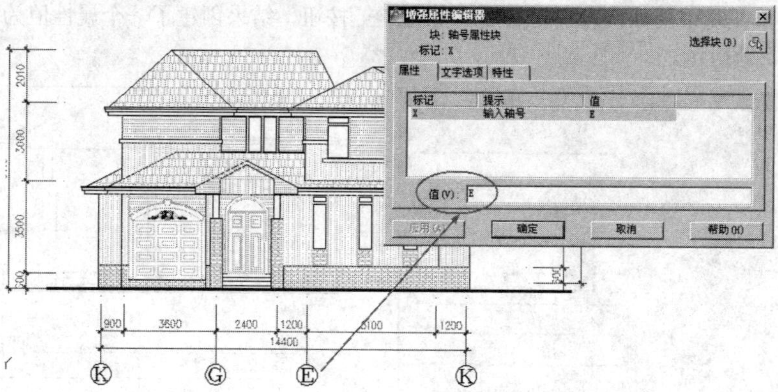

图5-51 修改属性值

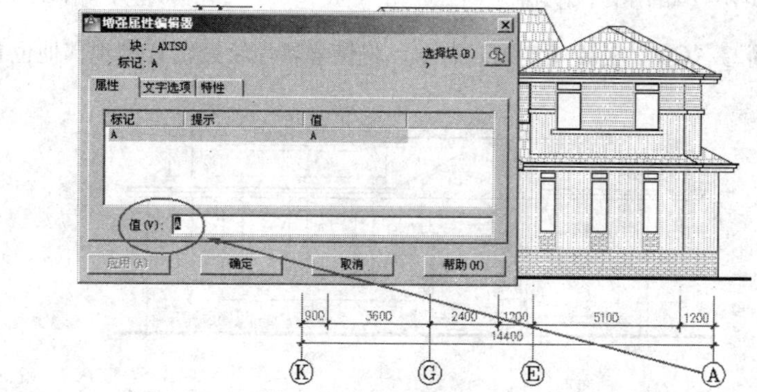

图5-52 修改属性值

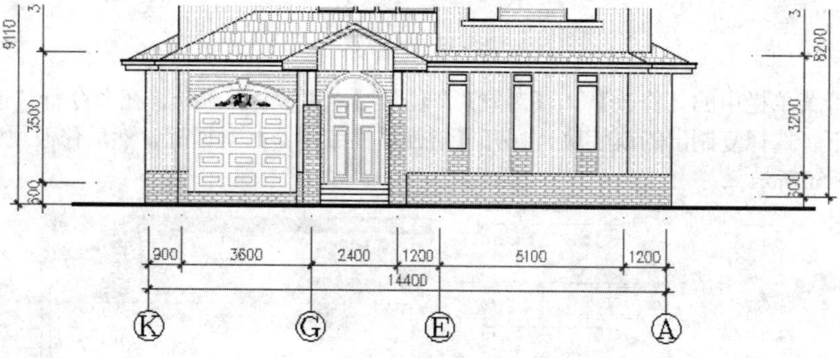

图5-53 修改结果

选项解析

- 【属性】选项卡用于显示当前文件中所有属性块的属性标记、提示和默认值，还可以修改属性块的属性值。

TIP 通过单击右上角的【选择块】按钮，可以连续对当前图形中的其他属性块进行修改。

- 在【特性】选项卡中可以修改属性的图层、线型、颜色和线宽等特性。
- 【文字选项】选项卡用于修改属性的文字特性，比如属性文字样式、对正方式、高度和宽度比例等。修改属性高度及宽度特性后的效果，如图5-54所示。

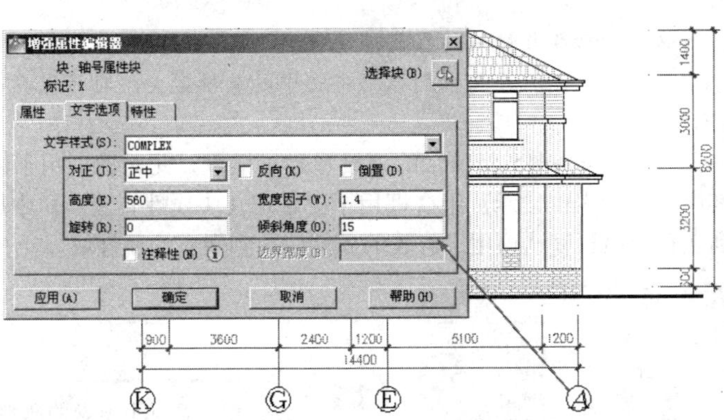

图5-54 修改属性的文字特性

5.4.4 块属性管理器

【块属性管理器】命令用于对当前文件中的众多属性块进行编辑管理，是一个综合性的属性块管理工具。使用此工具，不但可以修改属性的标记、提示以及属性默认值等属性的定义，还可以修改属性所在的图层、颜色、宽度及重新定义属性文字如何在图形中的显示；另外，它还可以用来修改属性块各属性值的显示顺序以及从当前属性块中删除不需要的属性内容。

执行【块属性管理器】命令主要有以下几种方式：

- 执行菜单栏中的【修改】/【对象】/【属性】/【块属性管理器】命令。
- 单击【修改 II】工具栏中的按钮。
- 在命令行输入Battman后按Enter键。

激活【块属性管理器】命令后，系统将弹出如图5-55所示的【块属性管理器】对话框，用于对当前图形文件中的所有属性块进行管理。

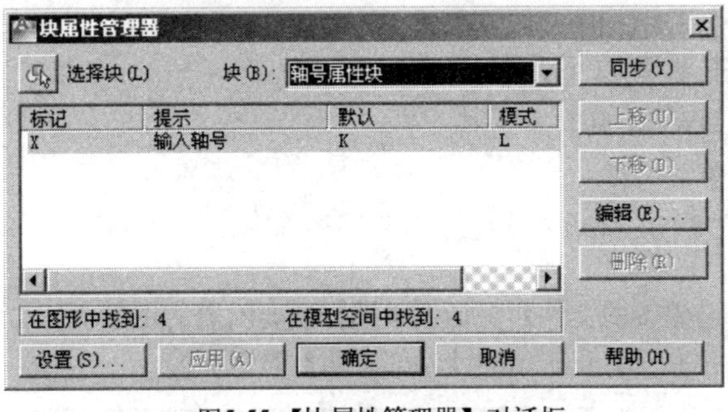

图5-55 【块属性管理器】对话框

TIP 在执行【块属性管理器】命令时，必须在当前图形文件中含有带有属性的图块。

选项解析

(1)【块】下拉文本框 双开门 ：此文本列表框用于显示当前正在编辑属性块的名称，单击此文本框使其展开，在此下拉文本框中列出了当前图形中所有带有属性的图块的名称，用户可以选择其中的一个属性块将其设置为当前需要编辑的属性块。

(2)在属性列表框列出了当前选择块的所有属性定义，包括属性的标记、提示、默认和模式等。在属性列表框下侧的组合框中，都标有选择的属性块在当前图形和在当前布局中相应块的总数目。

(3) 同步(Y) 按钮用于更新已修改的属性特性，它不会影响在每个块中指定给属性的任何值。

(4) 上移(U) 和 下移(D) 按钮用于修改属性值的显示顺序。

(5) 编辑(E)... 按钮用于修改属性块的各属性的特性。

(6) 删除(R) 此按钮用于删除在属性列表框中选中的属性定义。对于仅具有一个属性的块，此按钮不可使用。

单击 设置(S)... 按钮，可打开如图5-56所示的【设置】对话框，此对话框用于控制属性列表框中具体显示的内容。其中【在列表中显示】组合框用于设置在【块属性管理器】中属性的具体显示内容；【将修改应用到现有参照】复选项用于修改的属性应用到现有的属性块。

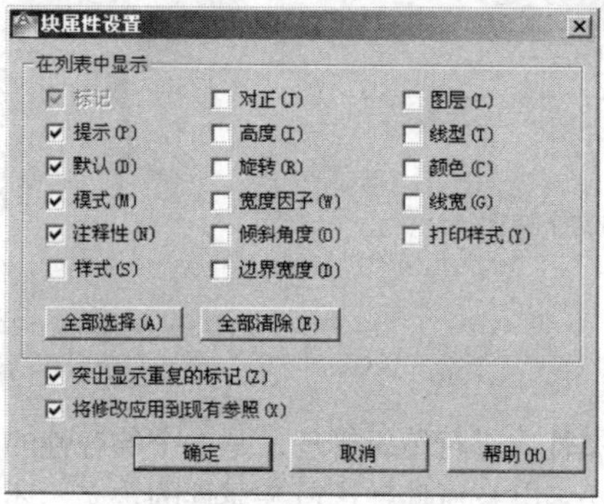

图5-56 【设置】对话框

> **TIP** 默认情况下所做的属性更改将应用到当前图形中现有的所有块参照。如果在对属性块进行编辑修改时，当前文件中的固定属性或嵌套属性块受到一定影响，此时可使用【重生成】命令更新这些块的显示。

5.5 DWG参照

【DWG参照】命令用于为当前文件中的图形附着外部参照，使附着的对象与当前图形文件存在一种参照关系。

- 【DWG参照】命令的执行方式主要有以下几种方式：
  - 执行菜单栏中的【插入】/【DWG参照】命令。
  - 单击【参照】工具栏中的按钮。
  - 在命令行输入Xattach后按Enter键。
  - 使用命令简写XA。

激活【外部参照】命令后，从打开的【选择参照文件】对话框中选择所要附着的图形文件，如图5-57所示，然后单击 打开(O) 按钮，系统将弹出如图5-58所示的【外部参照】对话框。

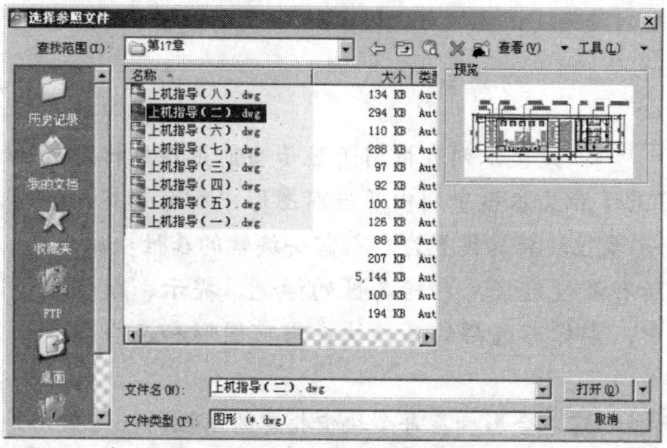

图5-57 【选择参照文件】对话框

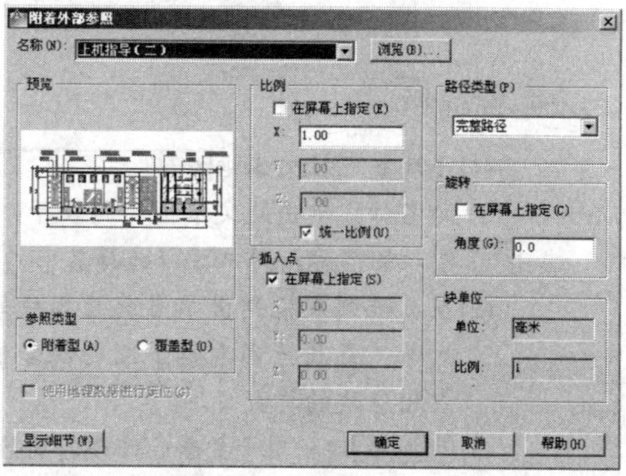

图5-58 【外部参照】对话框

选项解析

- 【名称】文本框

当用户附着了一个外部参照后，该外部参照的名称将出现在此文本框内，并且此外部参照文件所在的位置及路径都显示在文本框的下部。如果当前图形文件中含有多个参照时，这些参照的文件名都排列在此下拉文本框中。单击【名称】文本框右侧的 浏览(B)... 按钮，可以打开【选择参照文件】对话框，用户可以从中为当前图形选择新的外部参照。

- 【参照类型】选项组

【参照类型】选项组用于指定外部参照图形文件的引用类型。引用的类型主要影响嵌套参照图形的显示。系统提供了【附着型】和【覆盖型】两种参照类型。如果在一个图形文件中以“附着型”的方式引用了外部参照图形，当这个图形文件又被参照在另一个图形文件中时，AutoCAD仍显示这个图形文件中嵌套的参照图形；如果在一个图形文件中以“覆盖型”的方式引用了外部参照图形，当这个图形文件又被参照在另一个图形文件中时，AutoCAD将不再显示这个图形文件中嵌套的参照图形。

如图5-59（左）所示的图形中，平面门图形都是以“附着型”的方式参照在图形文件中，所有家具图形都是以“覆盖型”的方式参照在图形中，当含有这两种参照类型的图形作为外部参照被引用到其他的图形文件中时，“附着型”的平面门嵌套参照图形仍然被显示，而“覆盖型”的家具嵌套参照图形不被显示，如图5-59（右）所示。

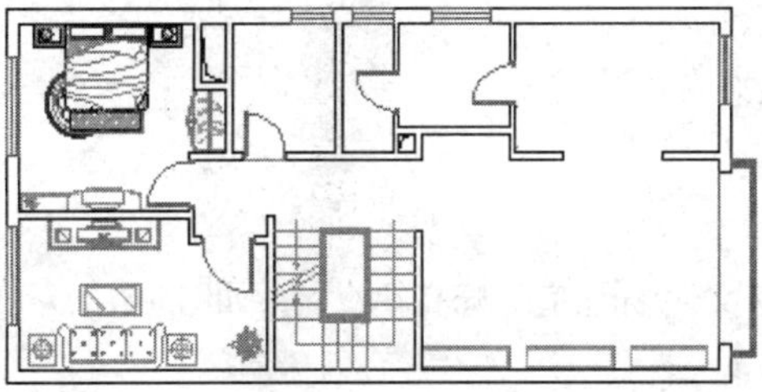

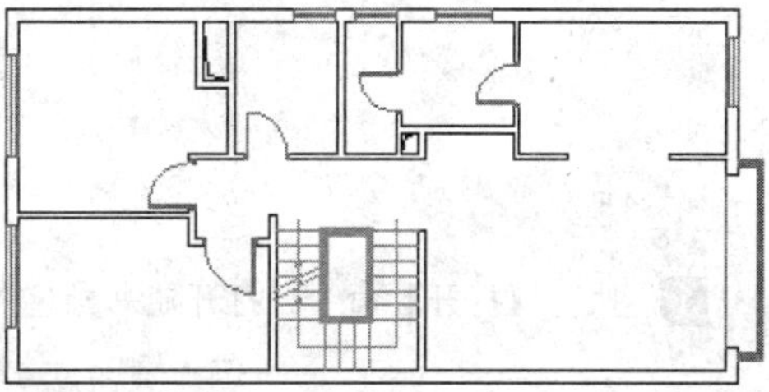

图5-59 参照类型示例

> **TIP** 当A图形以外部参照的形式被引用到B图形，而B图形又以外部参照的形式被引用到C图形，则相对C图形来说，A图形就是一个嵌套参照图形，它在C图形中的显示与否，取决于它被引用到B图形时的参照类型。

- 【路径类型】下拉列表

【路径类型】下拉列表用于指定外部参照的保存路径的，AutoCAD提供了【完整路径】、【相对路径】和【无路径】三种路径类型。将路径类型设置为【相对路径】之前，必须保存当前图形。

对于嵌套的外部参照，相对路径通常是指其直接宿主的位置，而不一定是当前打开的图形的位置。如果参照的图形位于另一个本地磁盘驱动器或网络服务器上，【相对路径】选项不可用。

> **TIP** 一个图形可以作为外部参照同时附着到多个图形中。同样，也可以将多个图形作为外部参照附着到单个图形中。如果一个被定义属性的图形以外部参照的形式引用到另一个图形中，那么AutoCAD将把参照的属性忽略掉，仅显示参照图形，不显示图形的属性。

5.6 上机指导（二）——标注别墅立面图室外标高

本例通过为某别墅立面图标注室外标高，在综合巩固所学知识的前提下，主要对图块、属性、参照等命令进行综合练习和应用。别墅立面图室外标高的最终标注效果，如图5-60所示。

图5-60 实例效果

操作步骤

1 执行【打开】命令，打开随书光盘中的“素材文件/标注室外标高.dwg”，如图5-61所示。

图5-61 打开结果

2 展开【图层控制】下的列表，将“0图层”设置为当前图层。

3 激活状态栏上的【极轴追踪】功能，并设置极轴角为45°，然后使用【多段线】命令绘制如图5-62所示的室外标高符号。

4 执行菜单栏中的栏【绘图】/【块】/【定义属性】命令，打开【属性定义】对话框，为标高符号定义文字属性，如图5-63所示。

5 单击 确定 按钮，在命令行“指定起点：”提示下捕捉如图5-64所示的端点，为标高符号定义属性，结果如图5-65所示。

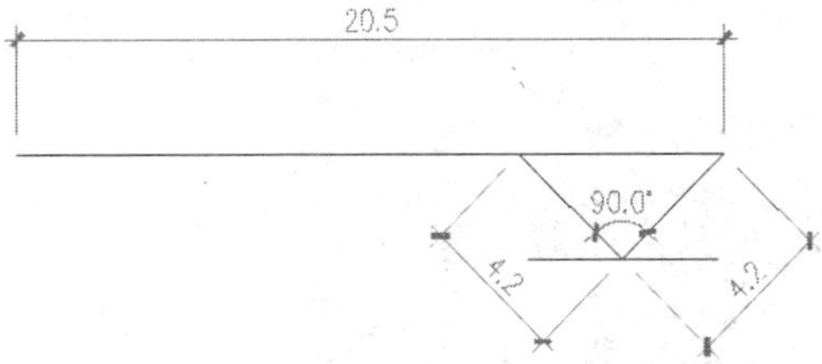

图5-62 标高符号

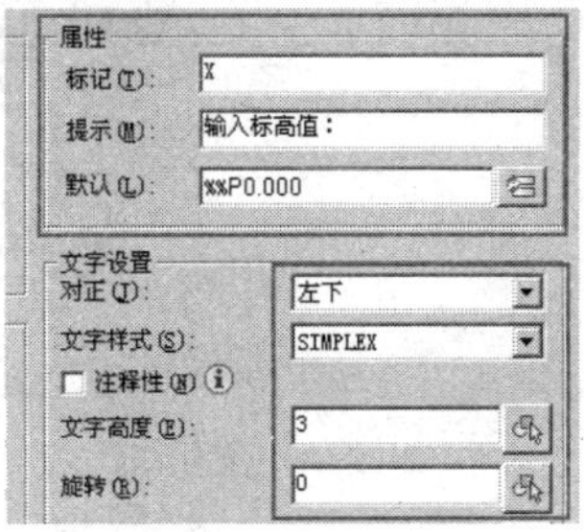

图5-63 设置属性参数

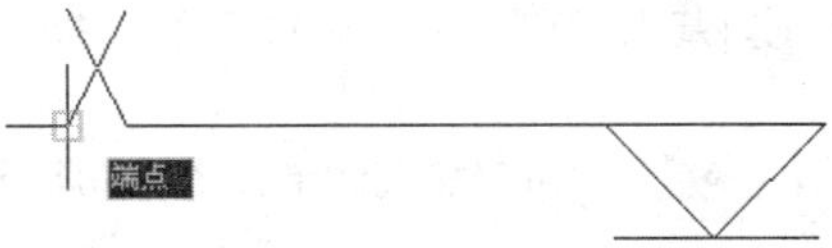

图5-64 捕捉端点

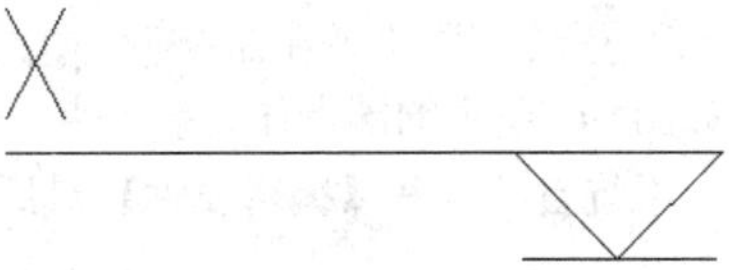

图5-65 定义属性

5 使用命令简写“B”激活【创建块】命令，设置参数如图5-66所示，将标高符号和属性一起创建为内部块，基点为标高符号的最下侧端点。

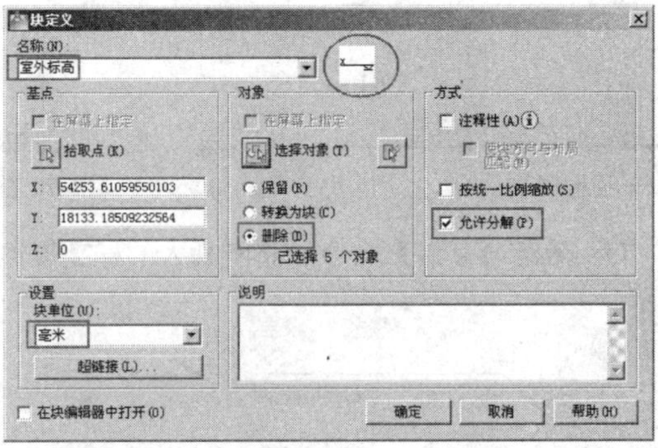

图5-66 【块定义】对话框

7 展开【图层控制】下拉列表，设置“尺寸层”作为当前图层。

8 使用命令简写“L”激活【直线】命令，配合捕捉或追踪功能绘制如图5-67所示的标高指示线。

图5-67 绘制指示线

9 将“其他层”设置为当前图层，然后单击【绘图】工具栏中的按钮，激活【插入块】命令，插入刚定义的“室外标高”属性块，块参数设置如图5-68所示。

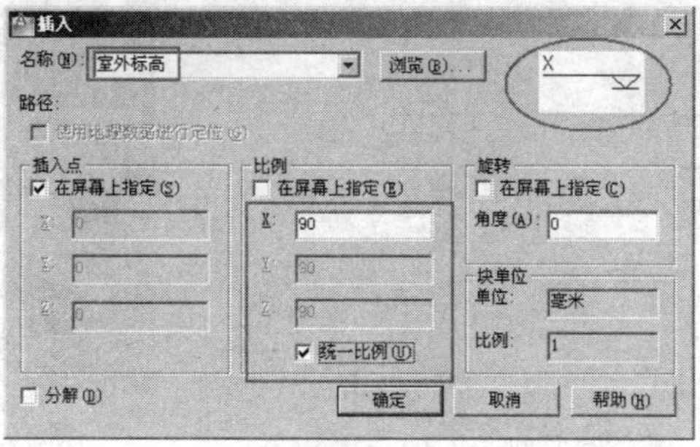

图5-68 设置参数

10 单击 确定 按钮，在命令行“指定插入点或 [基点(B)/比例(S)/旋转(R)]: ”提示下，捕捉如图5-69所示的端点作为插入点。

11 在系统自动打开【编辑属性】对话框中单击 确定 按钮，插入结果如图5-70所示。

图5-69 捕捉端点

图5-70 插入结果

12 使用命令简写“CO”激活【复制】命令，将刚插入的标高属性块分别复制到其他位置，结果如图5-71所示。

图5-71 复制结果

13 使用命令简写“MI”激活【镜像】命令，窗交选择如图5-72所示的属性块进行镜像，命令行操作如下。

命令: mi	// Enter
MIRROR选择对象:	//窗交选择如图5-72所示的属性块
选择对象:	// Enter
指定镜像线的第一点:	//捕捉如图5-73所示的中点
指定镜像线的第二点:	//@0,1 Enter
要删除源对象吗？[是(Y)/否(N)] <N>:	// Y Enter，镜像结果如图5-74所示

图5-72 窗交选择

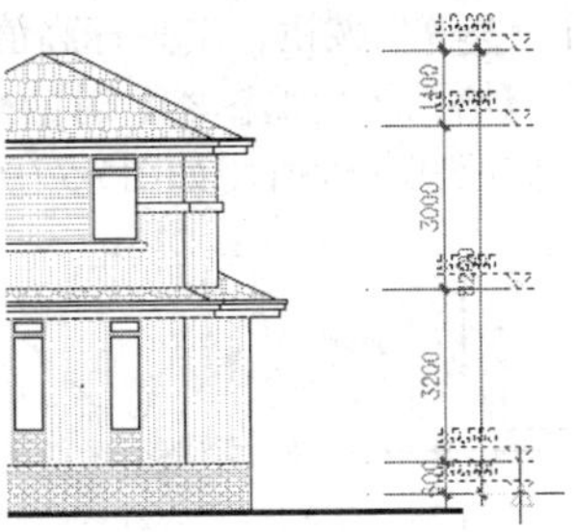

图5-73 捕捉中点

图5-74 镜像结果

14 重复执行【镜像】命令，对最下侧的两个标高属性块进行镜像，并删除源对象，结果如图5-75所示。

图5-75 镜像结果

15 执行菜单栏中的【修改】/【对象】/【属性】/【单个】命令，在“选择块：”提示下选择最下侧的标高符号，修改属性值如图5-76所示。

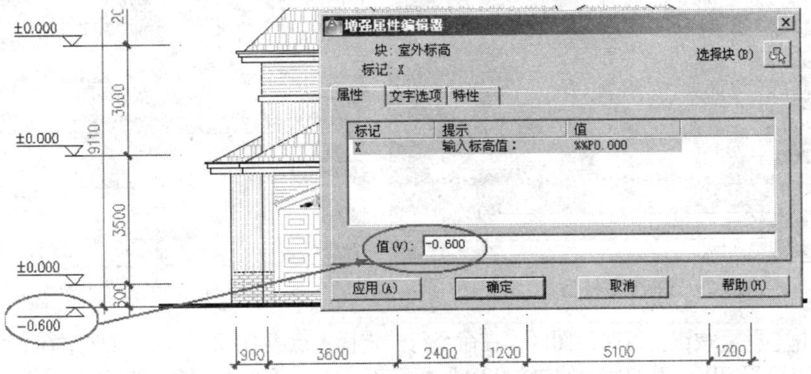

图5-76 修改属性值

16 单击 应用(A) 按钮，结果标高值被修改。

17 单击【增强属性编辑器】对话框中的【选择块】按钮，返回绘图区，选择上侧的标高符号，修改其属性值，如图5-77所示。

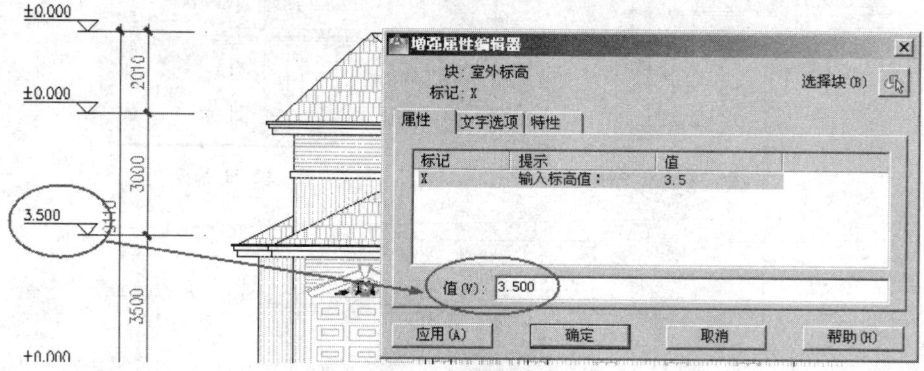

图5-77 修改属性值

18 重复执行上一步操作，分别修改其他位置的标高值，修改结果如图5-78所示。

图5-78 修改其他标高值

19 单击【参照】工具栏中的按钮，激活【DWG参照】命令，在打开的【选择参照文件】对话框中，选择随书光盘中的“图块文件／植物.dwg”，如图5-79所示。

20 单击 打开(O) 按钮，打开【附着外部参照】对话框，在此对话框内设置参数如图5-80所示。

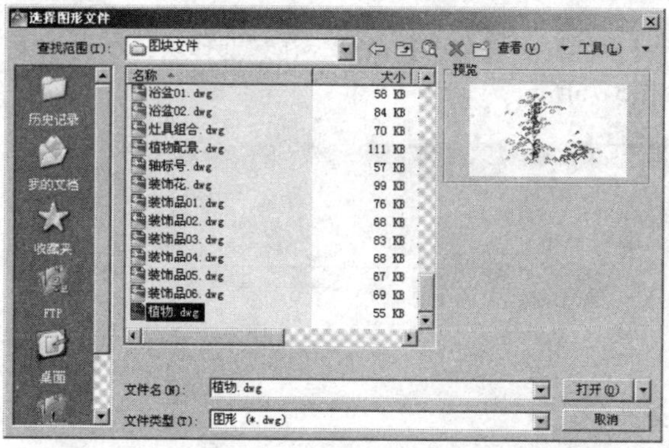

图5-79 选择参照植物

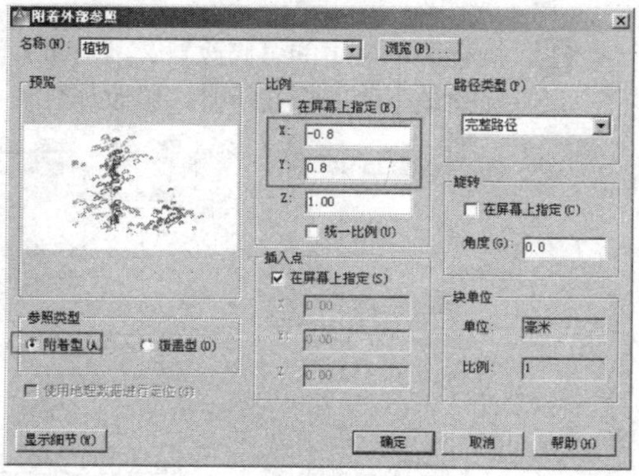

图5-80 设置参数

21 单击 确定 按钮，返回绘图区，在命令行“定插入点或 [比例(S)/X/Y/Z/旋转(R)/预览比例(PS)/PX(PX)/PY(PY)/PZ(PZ)/预览旋转(PR)]:”提示下，定位插入点，插入结果如图5-81所示。

图5-81 附着参照

22 调整视图，使立面图完全显示，最终结果如图5-60所示。

23 执行【另存为】命令，将图形另名存储为“上机指导（二）.dwg”。

5.7 设计中心

【设计中心】命令主要用于对AutoCAD的图形资源进行管理、查看与共享等，是一个直观、高效的制图工具。设计中心窗口与Windows的资源管理器界面功能相似，其窗口如图5-82所示。

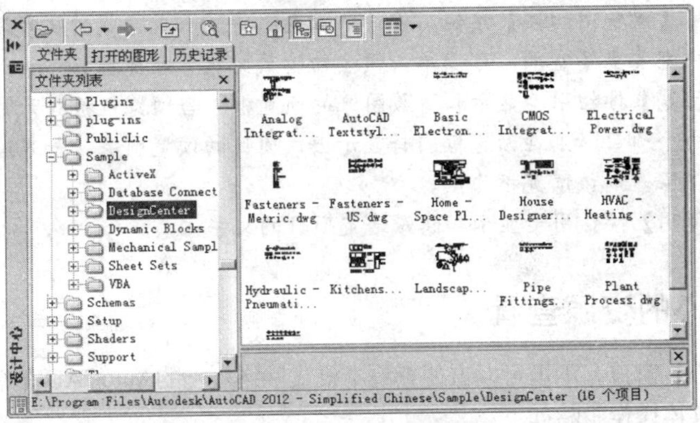

图5-82 【设计中心】窗口

执行【设计中心】命令主要有以下几种方式：

- 执行菜单栏中的【工具】/【选项板】/【设计中心】命令。
- 单击【标准】工具栏或【选项板】面板中的按钮。
- 在命令行输入Adcenter后按Enter键。
- 使用命令简写ADC。
- 按组合键Ctrl+2。

5.7.1 设计中心内容概述

如图5-82所示的【设计中心】窗口，共包括【文件夹】、【打开的图形】、【历史记录】三个选项卡，分别用于显示计算机和网络驱动器上的文件与文件夹的层次结构、打开图形的列表、自定义内容等，具体如下。

◆ 在【文件夹】选项卡中，左侧为“树状管理视窗”，用于显示计算机或网络驱动器中文件和文件夹的层次关系；右侧为“控制面板”，用于显示在左侧树状视窗中选定文件的内容。

◆ 【打开的图形】选项卡用于显示AutoCAD任务中当前所有打开的图形，包括最小化的图形。

◆ 【历史记录】选项卡用于显示最近在设计中心打开的文件的列表。它可以显示【浏览Web】对话框最近连接过的20条地址的记录。

选项解析

◆ 单击【加载】按钮，将弹出【加载】对话框，以方便浏览本地和网络驱动器或Web上的文件，然后选择内容加载到内容区域。

◆ 单击【上一级】按钮，将显示活动容器的上一级容器的内容。容器可以是文件夹也可以是一个图形文件。

◆ 单击【搜索】按钮，可弹出【搜索】对话框，用于指定搜索条件，查找图形、块以及图形中的非图形对象，如线型、图层等等，还可以将搜索到的对象添加到当前文件中，为当前图形文件所使用。

◆ 单击【收藏夹】按钮，将在设计中心右侧窗口中显示“Autodesk Favorites”文件夹内容。

◆ 单击【主页】按钮，系统将设计中心返回到默认文件夹。安装时，默认文件夹被设置为 ...\Sample\DesignCenter。

◆ 单击【树状图切换】按钮，设计中心左侧将显示或隐藏树状管理视窗。如果在绘图区域中需要更多空间，可以单击该按钮隐藏树状管理视窗。

◆ 【预览】按钮用于显示和隐藏图像的预览框。当预览框被打开时，在上部的面板中选择一个项目，则在预览框内将显示出该项目的预览图像。如果选定项目没有保存的预览图像，则该预览框为空。

◆ 【说明】按钮用于显示和隐藏选定项目的文字信息。

5.7.2 设计中心的资源查看

通过【设计中心】窗口，不但可以方便查看本机或网络机上的AutoCAD资源，还可以单独打开选择的CAD文件。具体操作步骤如下：

1 执行【设计中心】命令，打开【设计中心】窗口。

2 查看文件夹资源。在左侧树状窗口中定位并展开需要查看的文件夹，那么在右侧窗口中，即可查看该文件夹中的所有图形资源，如图5-83所示。

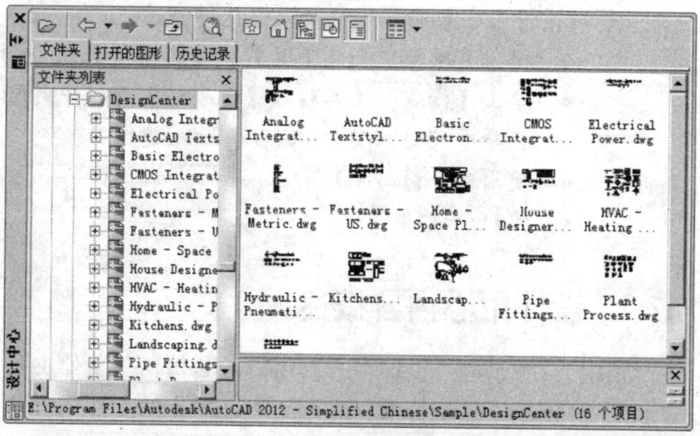

图5-83 查看文件夹资源

3 查看文件内部资源。在左侧树状窗口中定位需要查看的文件，在右侧窗口中即可显示出文件内部的所有资源，如图5-84所示。

图5-84 查看文件内部资源

4 如果用户需要进一步查看某一类内部资源，如文件内部的所有图块，可以在右侧窗口中双击块的图标，即可显示出所有的图块，如图5-85所示。

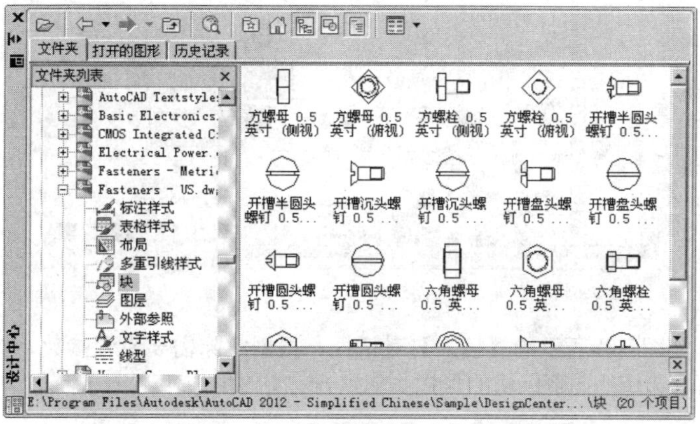

图5-85 查看块资源

5 打开CAD文件。如果用户需要打开某CAD文件，可以在该文件图标上单击右键，然后选择右键菜单上的【在应用程序窗口中打开】选项，即可打开此文件，如图5-86所示。

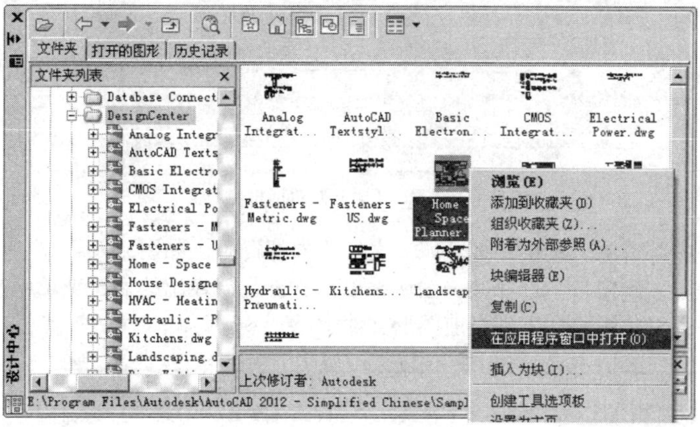

图5-86 图标右键菜单

TIP

在窗口中按住Ctrl键定位文件，按住左键不动将其拖动到绘图区域，即可打开此图形文件；另外，将图形图标从设计中心直接拖曳到应用程序窗口，或绘图区域以外的任何位置，即可打开此图形文件。

5.7.3 设计中心的资源共享

在【设计中心】窗口中不但可以查看本机上的所有设计资源，还可以将有用的图形资源以及图形的一些内部资源应用到自己的图纸中。具体操作步骤如下：

1 共享文件资源。在左侧树状窗口中查找并定位所需文件的上一级文件夹，然后在右侧窗口中定位所需文件。

2 此时在此文件图标上单击右键，从弹出的右键菜单中选择【插入为块】选项，如图5-87所示。

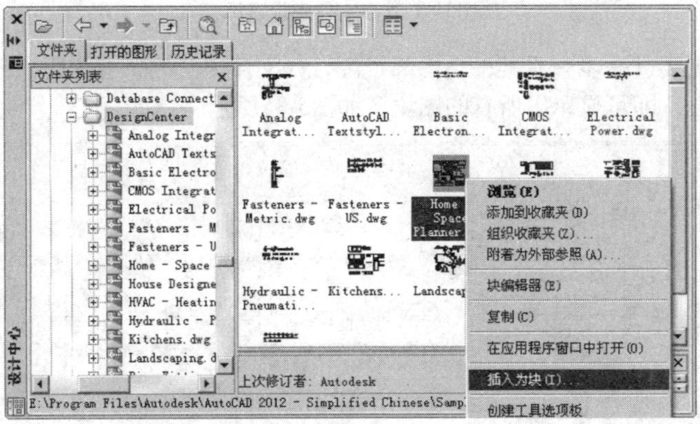

图5-87 共享文件

3 此时打开如图5-88所示的【插入】对话框，根据实际需要设置参数，然后单击 确定 按钮，即可将选择的图形以块的形式共享到当前文件中。

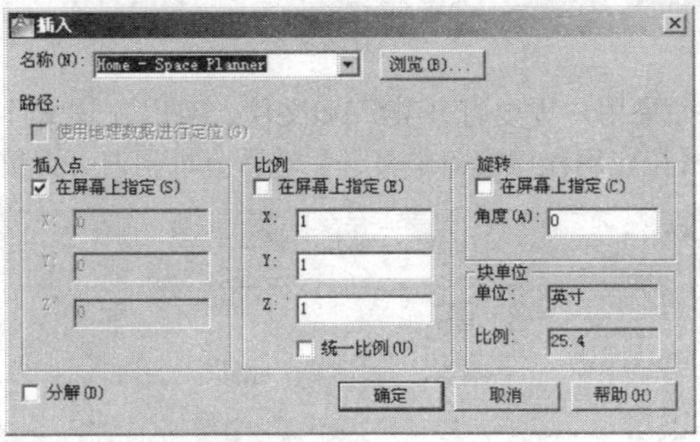

图5-88 【插入】对话框

4 共享文件内部资源。定位并打开所需文件的内部资源，如图5-89所示。

5 在设计中心右侧窗口中选择某一图块，单击右键，从弹出的右键菜单中选择【插入块】选项，就可以将此图块插入到当前图形文件中。

TIP

用户也可以共享图形文件内部的文字样式、尺寸样式、图层以及线型等资源。

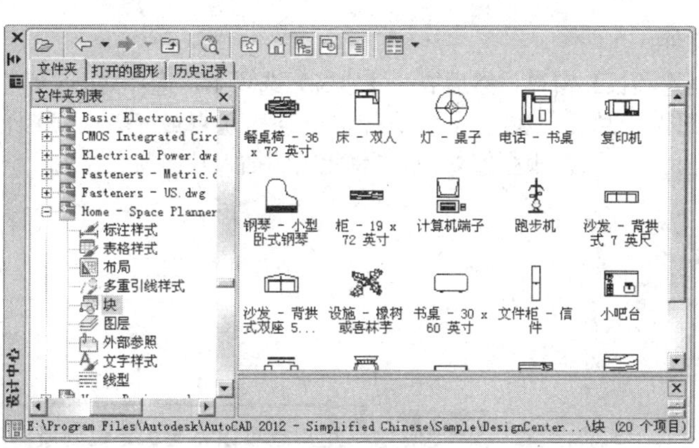

图5-89 浏览图块资源

5.8 工具选项板

【工具选项板】命令主要用于组织、共享图形资源和高效执行命令等，其窗口包含一系列选项板，这些选项板以选项卡的形式分布在【工具选项板】窗口中。

执行【工具选项板】命令主要有以下几种方式：

- 执行菜单栏中的【工具】/【选项板】/【工具选项板】命令。
- 单击【标准】工具栏或【选项板】面板中的按钮。
- 在命令行输入Toolpalettes后按Enter键。
- 按组合键Ctrl+3。

5.8.1 工具选项板概述

执行【工具选项板】命令后，可打开图5-90所示的【工具选项板】窗口，该窗口主要由各选项卡和标题栏两部分组成，在窗口标题栏上单击右键，可打开标题栏菜单以控制窗口及工具选项卡的显示状态等。

在选项板中单击右键，可打开如图5-91所示的右键菜单，通过此右键菜单，也可以控制工具面板的显示状态、透明度，还可以很方便地创建、删除和重命名工具面板等。

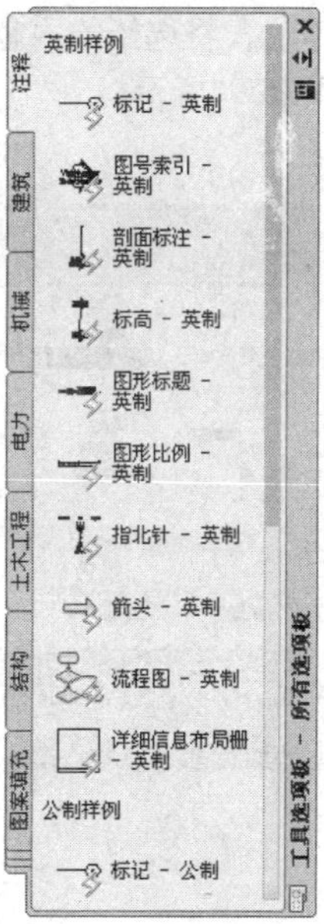

图5-90 【工具选项板】窗口

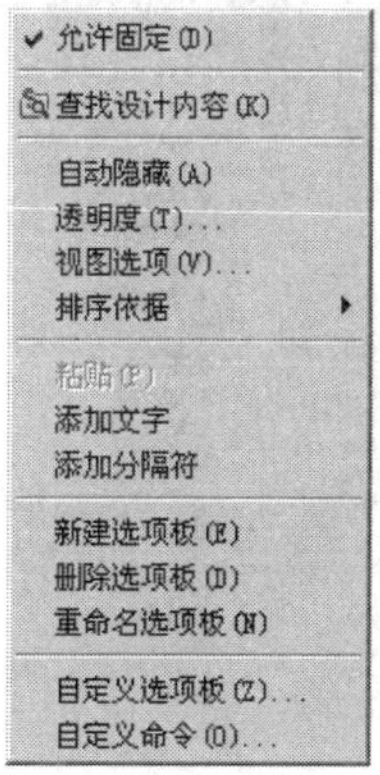

图5-91 面板右键菜单

5.8.2 工具选项板的应用

下面通过向图形文件中插入图块及填充图案为例，学习【工具选项板】命令的使用方法和技巧。

1 新建空白文件。
2 打开【工具选项板】窗口，然后展开【建筑】选项卡，选择如图5-92所示图例。
3 在选择的图例上单击，然后在命令行“指定插入点或 [基点(B)/比例(S)/X/Y/Z/旋转(R)]：”提示下，在绘图区拾取一点，将此图例插入到当前文件内，结果如图5-93所示。

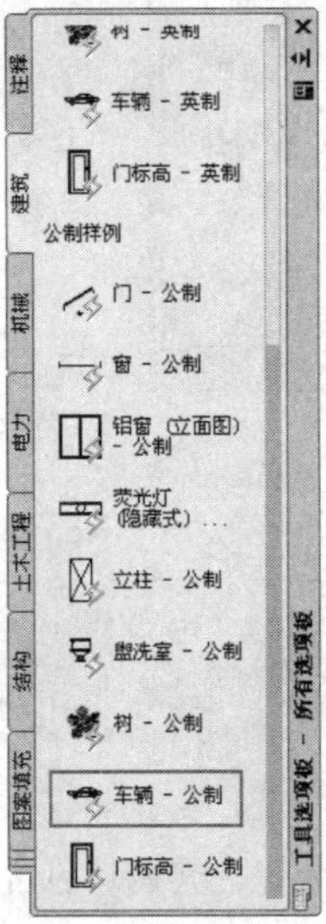

图5-92 【建筑】选项卡

TIP 用户也可以将光标定位到所需图例上，然后按住左键不放，将其拖入到当前图形中。

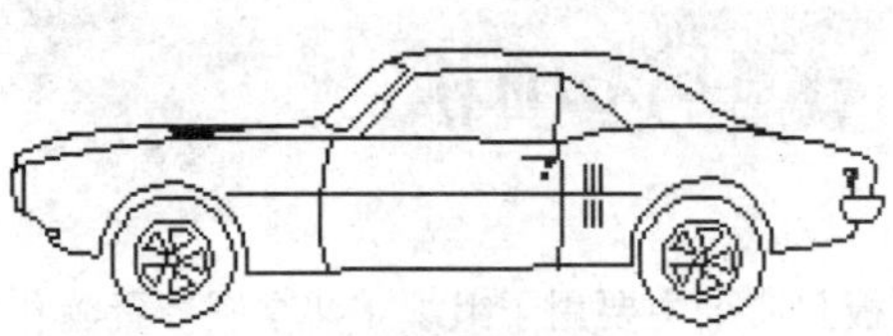

图5-93 插入结果

5.8.3 工具选项板的定义

用户可以根据需要自定义选项板中的内容以及创建新的工具选项板，下面将通过具体实例学习此功能。具体操作步骤如下：

1 打开【设计中心】窗口和【工具选项板】窗口。
2 定义选项板内容。在设计中心窗口中定位需要添加到选项板中的图形、图块或图案填充等内容，然后按住左键不放，将选择的内容直接拖到选项板中，即可添加这些项目，如图5-94所示，添加结果如图5-95所示。

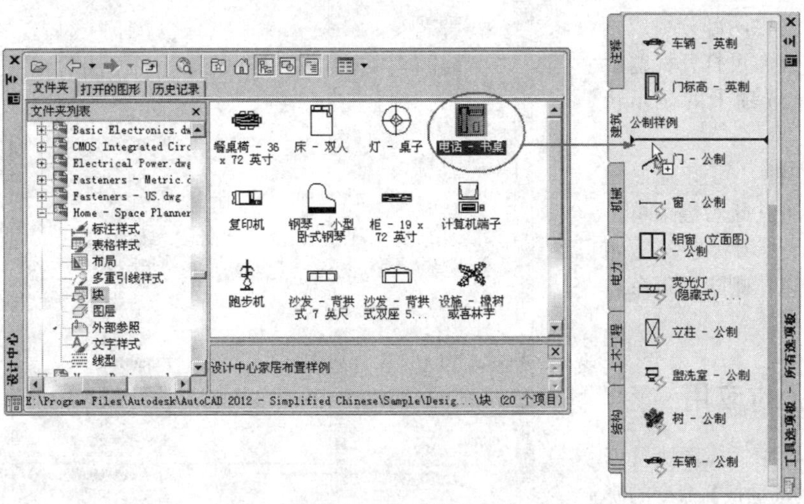

图5-94 向工具选项板中添加内容

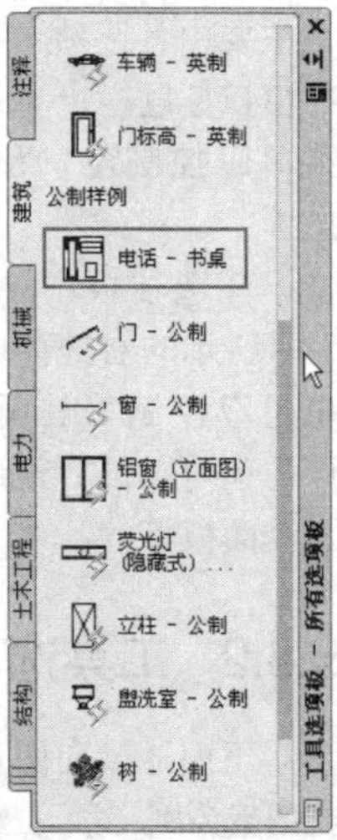

图5-95 添加结果

3 定义选项板。在【设计中心】左侧窗口中选择文件夹，然后单击右键，选择如图5-96所示的【创建块的工具选项板】选项。

4 系统将此文件夹中的所有图形文件创建为新的工具选项板，选项板名称为文件的名称，如图5-97所示。

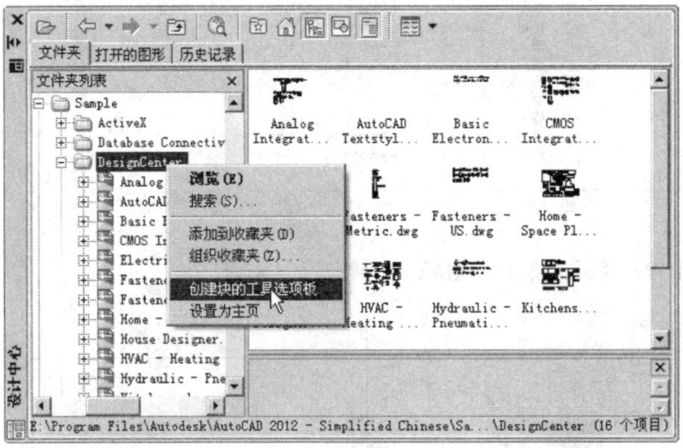

图5-96 定位文件

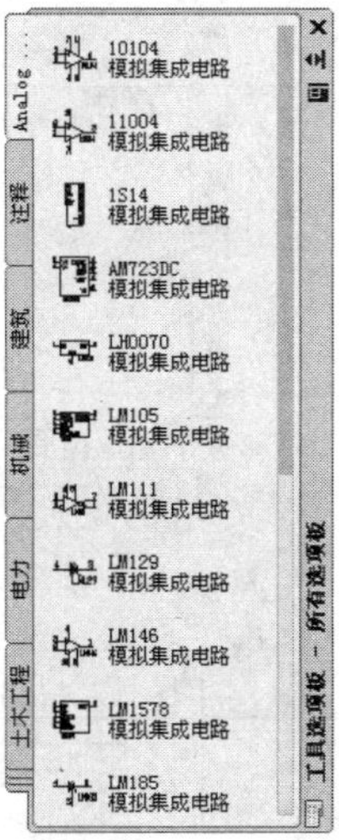

图5-97 定义选项板

5.9 上机指导（三）——绘制多居室户型装修布置图

本例通过绘制如图5-98所示的多居室户型装修平面布置图，主要对【插入块】、【设计中心】、【工具选项板】等资源的共享功能进行综合练习和巩固应用。

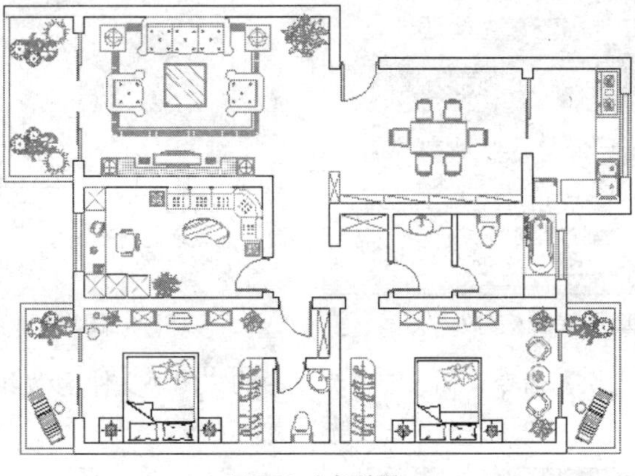

图5-98 实例效果

操作步骤

1 执行【打开】命令，打开随书光盘中的“实例效果文件/第5章/上机指导（一）.dwg”。

2 执行菜单栏中的【格式】/【图层】命令，在打开的【图层特性管理器】对话框中双击“图块层”，将此图层设置为当前图层，如图5-99所示。

3 单击【绘图】工具栏中的按钮，激活【插入块】命令，按照默认参数，插入随书光盘中的“图块文件/拐角沙发组合.dwg”，插入点如图5-100所示的端点，插入结果如图5-101所示。

第1章
第2章
第3章
第4章
第5章

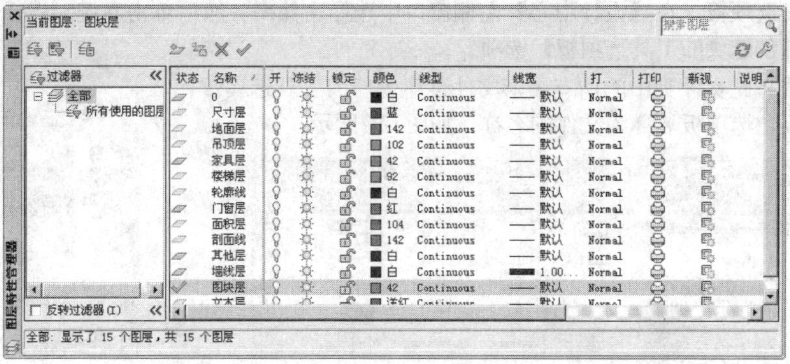

图5-99 【图层特性管理器】对话框

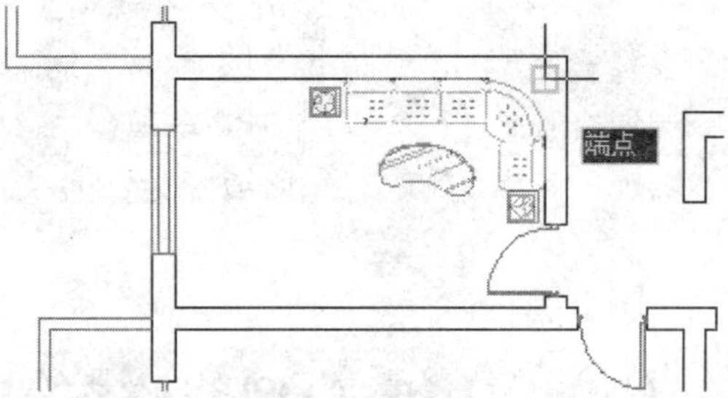

图5-100 捕捉端点

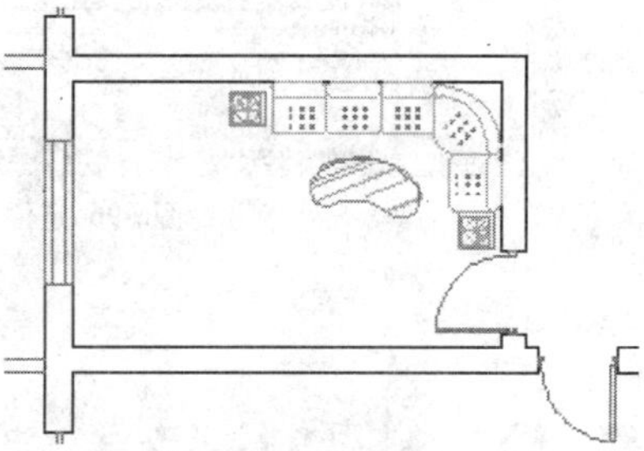

图5-101 插入结果

4 重复执行【插入块】命令，插入随书光盘中的“图块文件/电视与电视柜.dwg”文件，设置参数如图5-102所示，插入点如图5-103所示的中点。

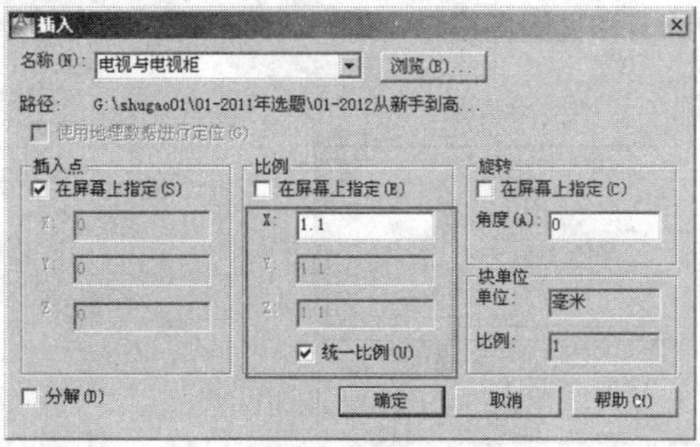

图5-102 设置插入参数

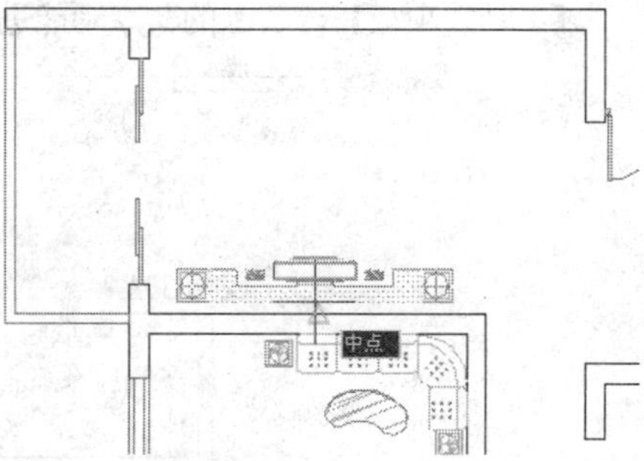

图5-103 捕捉中点

5 重复执行【插入块】命令，插入随书光盘中的“图块文件/沙发组合.dwg”，参数设置如图5-104所示。

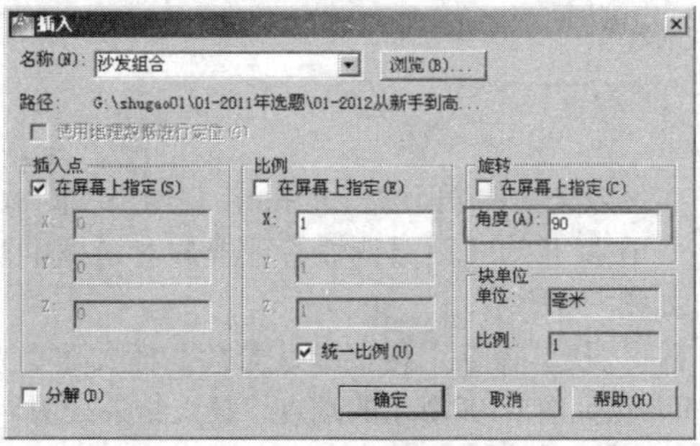

图5-104 设置参数

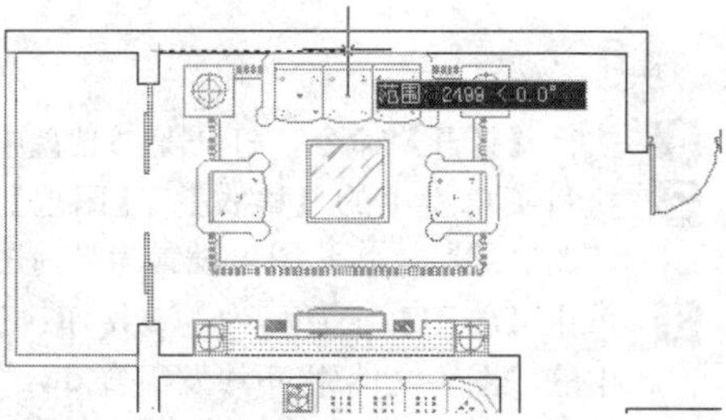

图5-105 引出延伸矢量

6 在命令行“指定插入点或 [基点(B)/比例(S)/旋转(R)]:”提示下，引出如图5-105所示的延伸矢量，输入2570按Enter键，插入结果如图5-106所示。

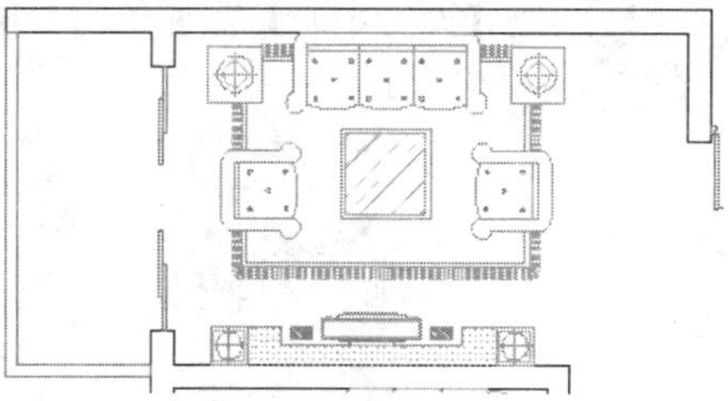

图5-106　插入结果

7 单击【标准】工具栏中的▦按扭，激活【设计中心】命令，打开设计中心窗口，定位随书光盘中的“图块文件”文件夹，如图5-107所示。

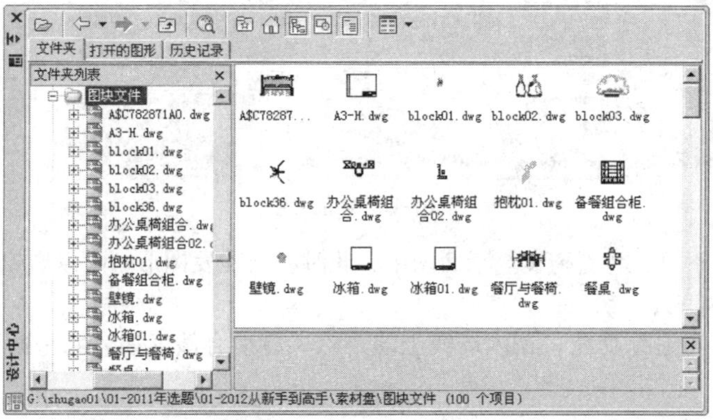

图5-107　定位目标文件夹

8 在右侧的窗口中选择“办公桌椅组合02.dwg”文件，然后单击右键，单击【插入为块】选项，如图5-108所示，将此图形以块的形式共享到平面图中。

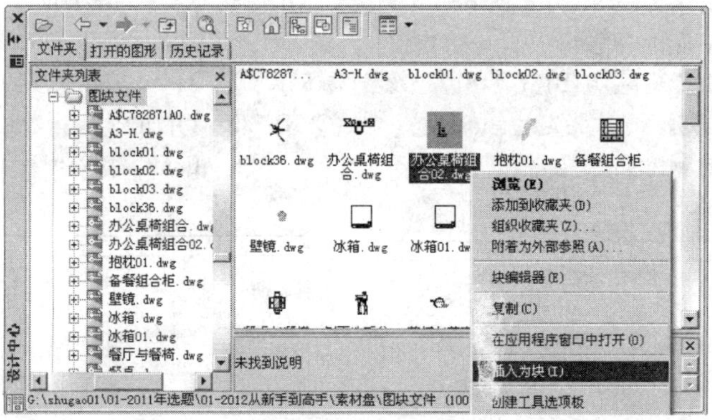

图5-108　选择文件

9 此时打开【插入】对话框，采用默认设置，配合捕捉与追踪功能，将图块插入到平面图中，结果如图5-109所示。

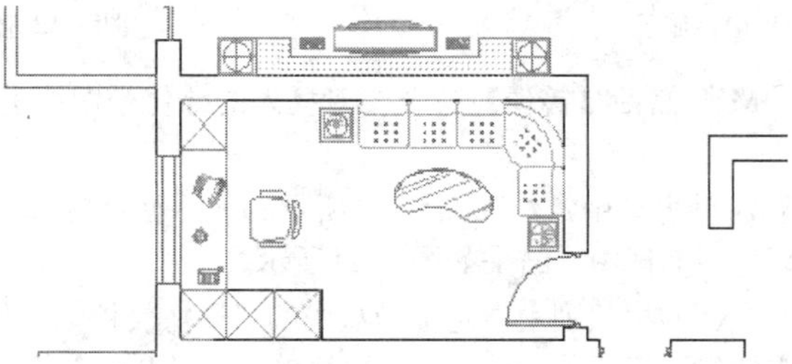

图5-109　插入结果

10 在【设计中心】右侧的窗口中向下移动滑块，找到“绿化带.dwg”文件并选择，如图5-110所示。

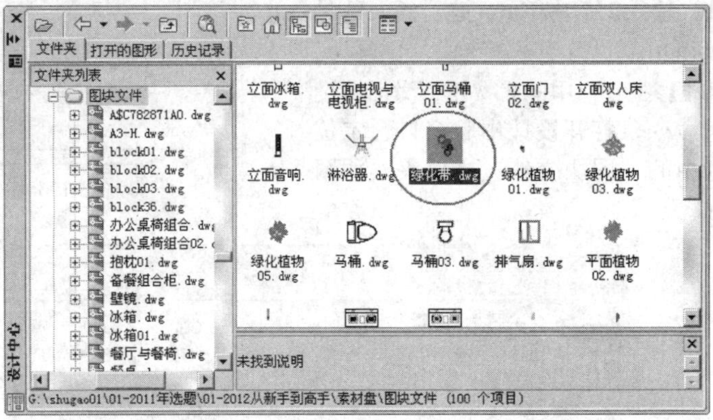

图5-110 定位文件

11 按住左键不放，将其拖曳至平面图中，此时组合沙发图形暂时以虚拟的形式显示，如图5-111所示。

12 配合捕捉与追踪功能，在内墙线上的一点，将组合沙发插入到平面图中。命令行操作如下。

```
命令: _-INSERT 输入块名或 [?] <沙发组合>:
    "G:\ 2012从新手到高手\素材盘\图块文件\绿化带.dwg"
    单位: 毫米   转换:     1
    指定插入点或 [基点(B)/比例(S)/X/Y/Z/旋转(R)]:              //R Enter
    指定旋转角度 <0.0>:                                         //-90 Enter
    指定插入点或 [基点(B)/比例(S)/X/Y/Z/旋转(R)]:              //在适当位置拾取点
    输入 X 比例因子，指定对角点，或 [角点(C)/XYZ(XYZ)] <1>:     // Enter
    输入 Y 比例因子或 <使用 X 比例因子>:            // Enter，插入结果如图5-112所示
```

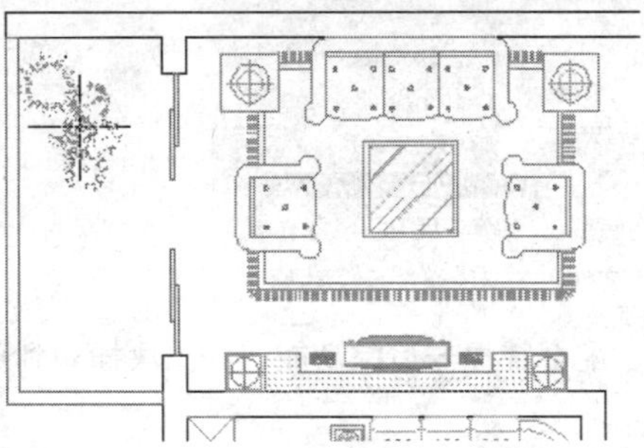

图5-111 虚拟显示

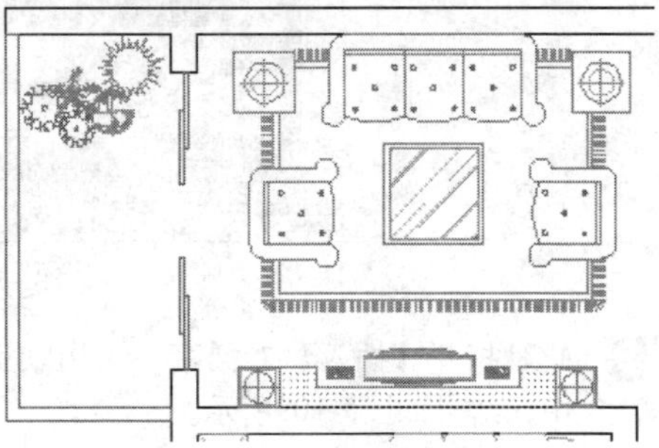

图5-112 插入结果

13 使用命令简写“MI”激活【镜像】命令，对插入的绿化带图块进行镜像，结果如图5-113所示。

14 在【设计中心】右侧窗口中定位如图5-114所示的“平面植物02.dwg”文件，然后将其以图块的方式共享到平面图中，结果如图5-115所示。

15 在【设计中心】左侧的树状列表中定位光盘中的“图块文件”文件夹，然后在文件夹上单击右键，打开文件夹快捷菜单，单击【创建块的工具选项板】选项，如图5-116所示。

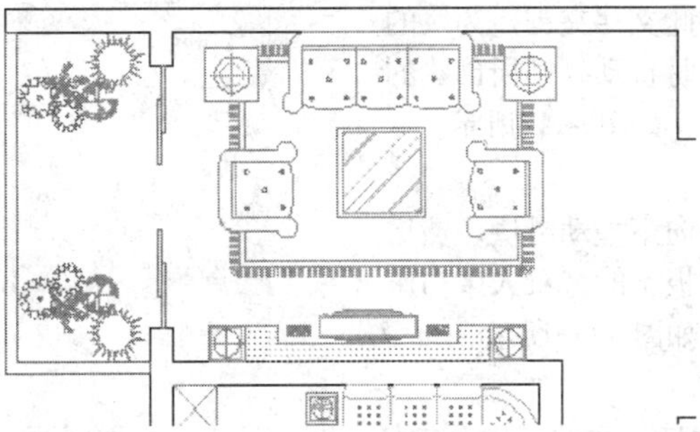

图5-113 镜像结果

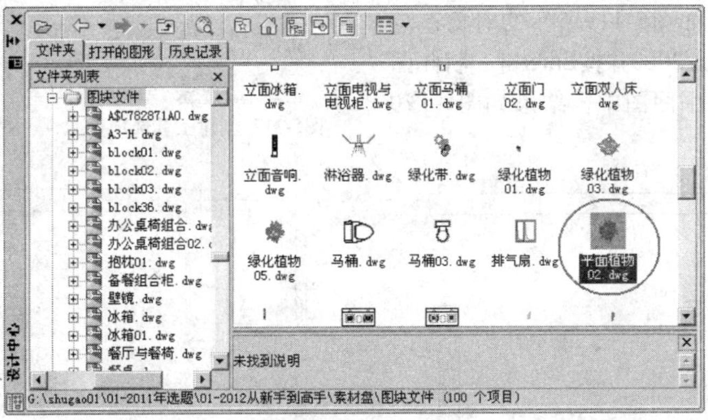

图5-114 定位共享文件

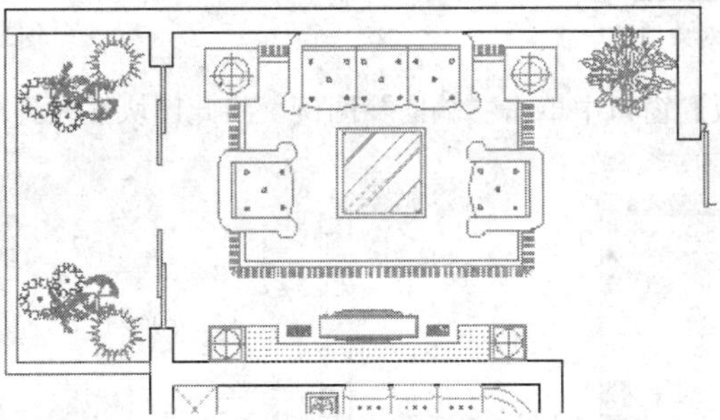

图5-115 插入结果

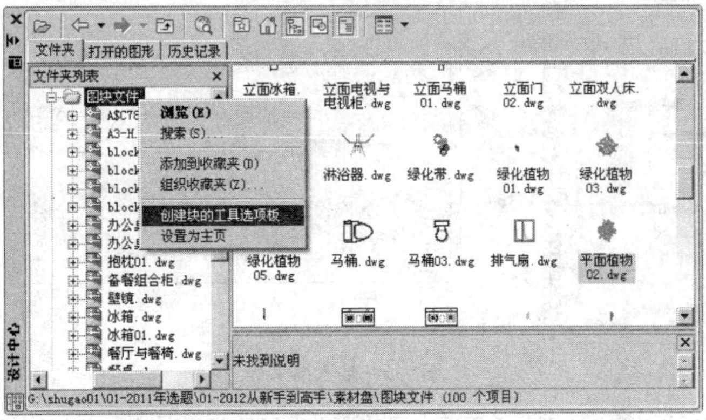

图5-116 打开文件夹快捷菜单

16 此时系统自动将此文件夹创建为块的工具选项板，同时自动打开所创建的块的工具选项板，如图5-117所示。

17 在工具选项板中向下拖动滑块，然后定位并单击选项板上的“双人床与床头柜01”图块，如图5-118所示。

18 在命令行“指定插入点或 [基点(B)/比例(S)/X/Y/Z/旋转(R)]：”提示下，向右引出如图5-119所示的对象追踪虚线，输入2000并按Enter键，将此图块插入到平面图中，结果如图5-120所示。

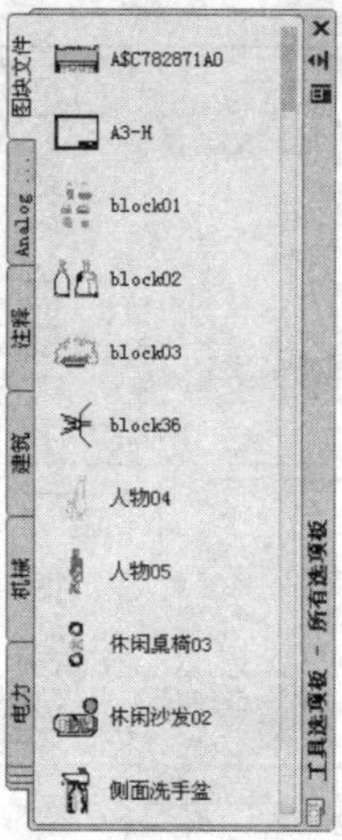

图5-117 创建工具选项板

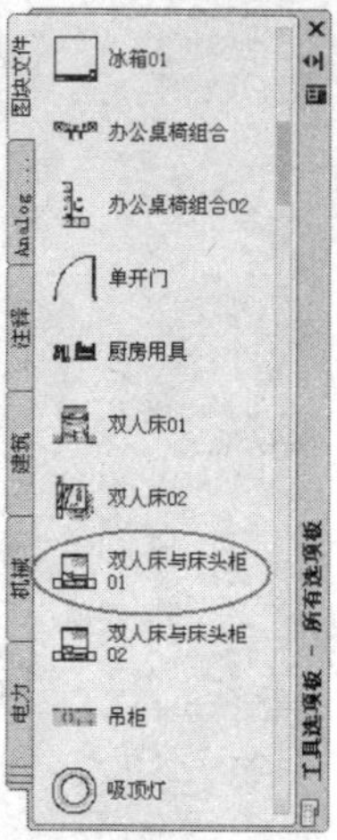

图5-118 定位共享文件

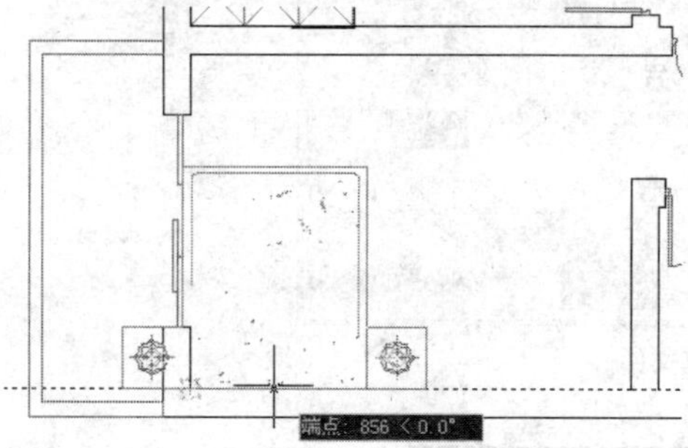

图5-119 引出对象追踪虚线

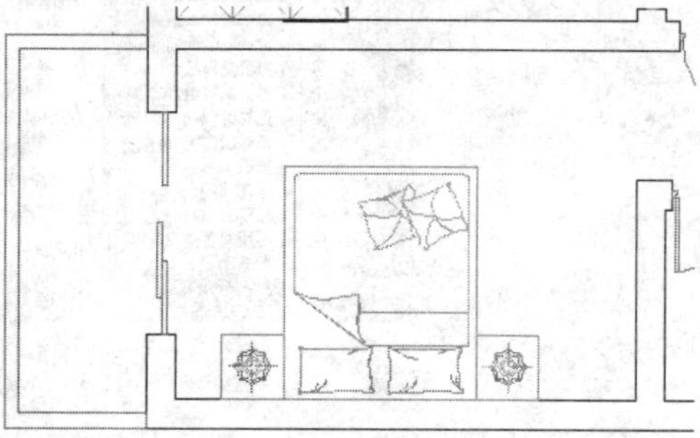

图5-120 插入结果

19 在【工具选项板】窗口中单击“躺椅”图例，将此图块插入到平面图中，结果如图5-121所示。

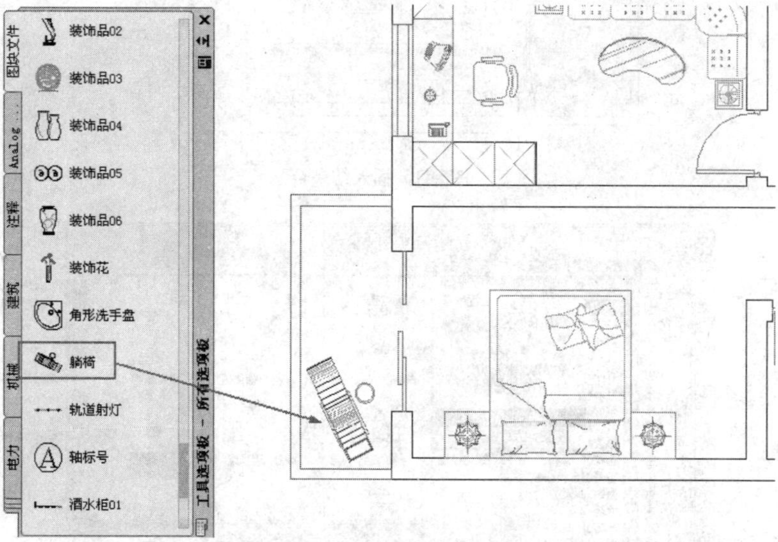

图5-121 插入结果

20 参照上述各种方式，分别为平面图布置其他室内用具图例和绿化植物，结果如图5-122所示。

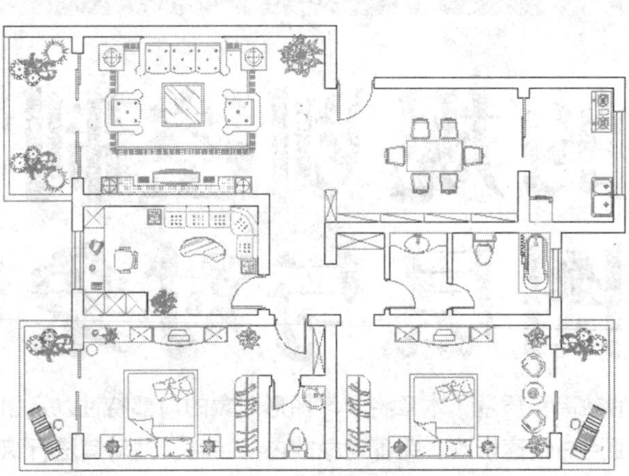

图5-122 布置其他图块

21 使用【直线】命令配合捕捉与追踪功能，绘制如图5-123所示的厨房操作台轮廓线。

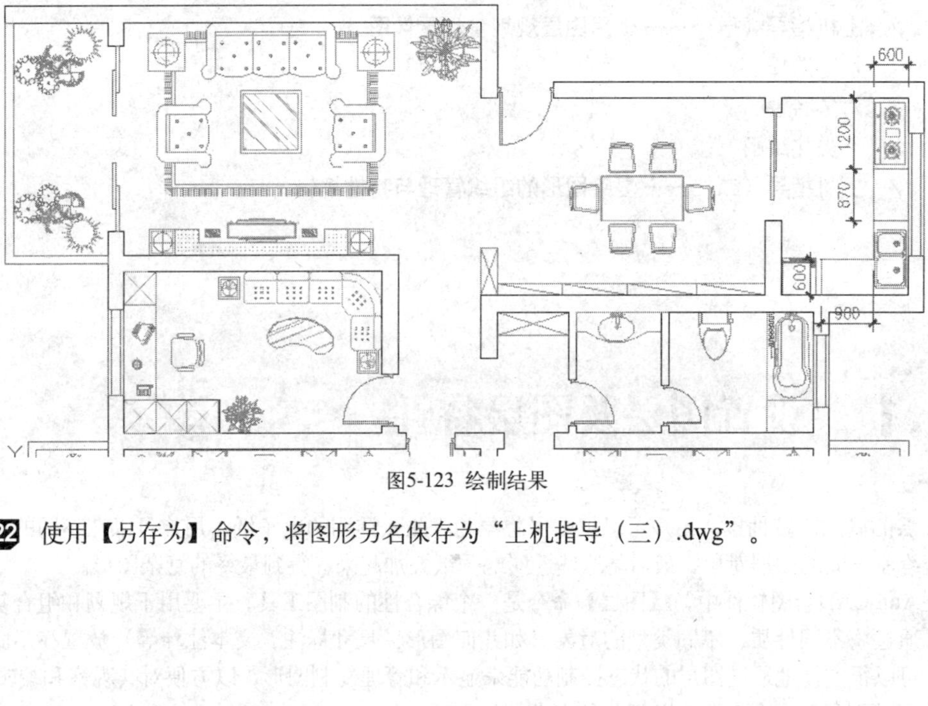

图5-123 绘制结果

22 使用【另存为】命令，将图形另名保存为“上机指导（三）.dwg”。

第6章

图形的规划控制功能——图层与对象特性

为了提高绘图的效率和质量，本章将学习图形对象的内部特性以及图形资源的规划管理和控制技能，以方便用户快速修改、完善对象的内部特性，并对其进行综合组织、管理和完善等。本章学习内容如下：

✓ 设置图层及图层特性
✓ 管理与控制图层
✓ 上机指导（一）—— 使用图层规划管理零件图
✓ 快速选择
✓ 对象特性
✓ 参数化绘图
✓ 上机指导（二）—— 复杂图形的组织管理与特性编辑

6.1 设置图层及图层特性

图层的概念比较抽象，用户可以把图层想象为一张张透明的电子纸，用户可以在不同的透明电子纸上绘制不同的图形对象，最后将这些透明电子纸叠加起来，得到最终的复杂图形。

在AutoCAD绘图软件中，【图层】命令是一个综合性的制图工具，主要用于规划和组合复杂的图形。通过将不同性质、不同类型的对象（如几何图形、尺寸标注、文本注释等）放置在不同的图层上，可以很方便地通过图层的状态控制功能来显示和管理复制图形，以方便对其观察和编辑。

执行【图层】命令主要有以下几种方式：

- 执行菜单栏中的【格式】/【图层】命令。
- 单击【图层】工具栏或面板中的按钮。
- 在命令行输入Layer后按Enter键。
- 使用命令简写LA。

6.1.1 设置新图层

在默认状态下，AutoCAD仅为用户提供了“0图层”，以前所绘制的图形都位于这个“0图层”。在开始绘图之前，一般需要根据图形的表达内容等因素设置不同的类型图层，并且为各图层进行命名。下面学习图层的具体设置过程：

1 新建绘图文件。

2 单击【图层】工具栏中的按钮，激活【图层】命令，打开图6-1所示的【图层特性管理器】对话框。

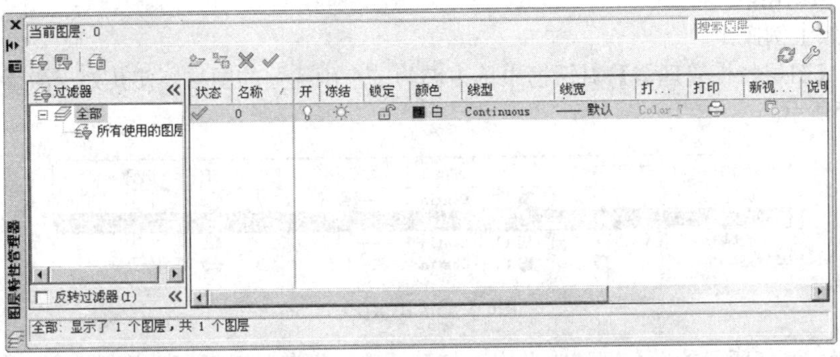

图6-1　【图层特性管理器】对话框

3 单击【图层特性管理器】对话框中的按钮，新图层将以临时名称“图层1”显示在列表中，如图6-2所示。

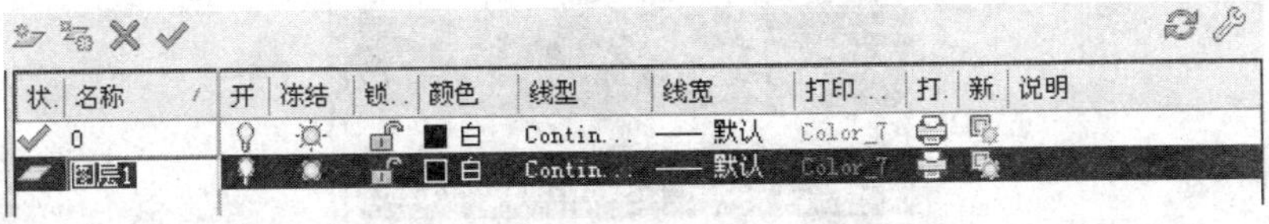

图6-2　新建图层

4 用户在反白显示的“图层1”区域输入新图层的名称，如图6-3所示，创建第一个新图层。

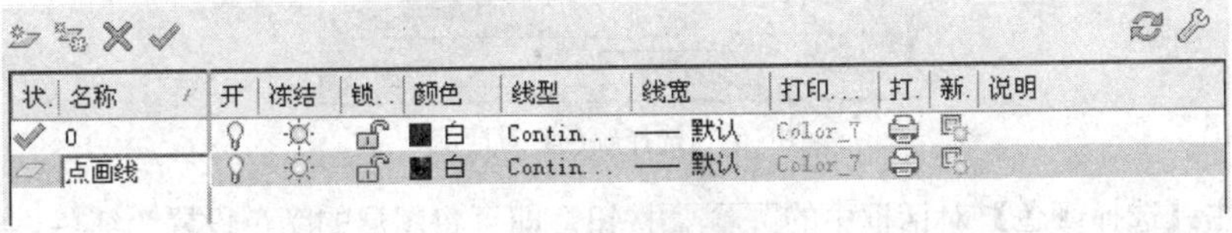

图6-3　输入图层名称

TIP▸▸ 图层名最长可达255个字符，可以是数字、字母或其他字符；图层名中不允许含有大于号（>）、小于号（<）、斜杠（/）、反斜杠（\）以及标点等符号；另外，为图层命名时，必须确保图层名的唯一性。

5 按组合键Alt+N，或再次单击按钮，创建另外两个图层，结果如图6-4所示。

TIP▸▸ 如果在创建新图层时选择了一个现有图层，或为新建图层指定了图层特性，那么以下创建的新图层将继承先前图层的一切特性（如颜色、线型等）。

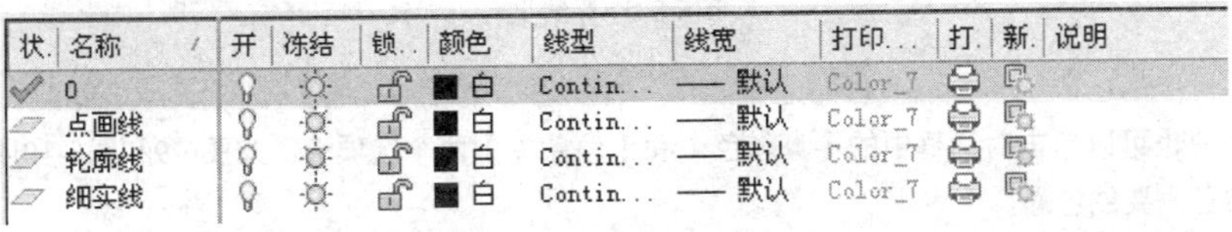

图6-4　创建新图层

6.1.2 设置图层颜色

在创建图层后，一般还需要为图层指定不同的图层特性，本节主要学习图层颜色特性的具体设置过程。具体操作步骤如下：

1. 继续上例操作。
2. 在【图层特性管理器】对话框中单击名为“点画线”的图层，使其处于激活状态，如图6-5所示。

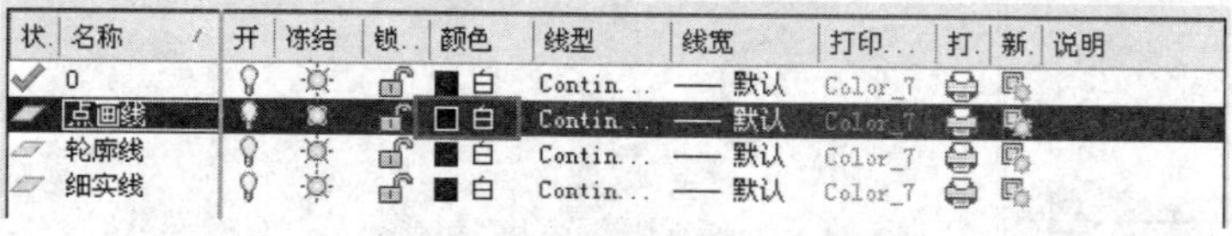

状.	名称	开	冻结	锁..	颜色	线型	线宽	打印...	打.	新.	说明
	0				白	Contin...	—— 默认	Color_7			
	点画线				白	Contin...	—— 默认	Color_7			
	轮廓线				白	Contin...	—— 默认	Color_7			
	细实线				白	Contin...	—— 默认	Color_7			

图6-5 修改图层颜色

3. 在如图6-5所示的颜色区域上单击，打开【选择颜色】对话框，然后选择如图6-6所示的颜色。

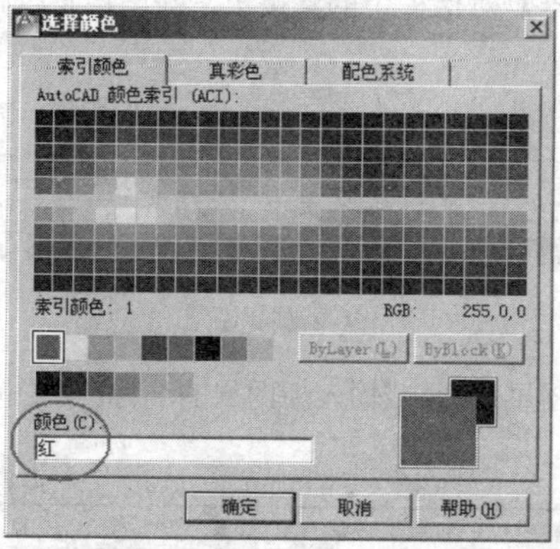

图6-6 【选择颜色】对话框

4. 单击【选择颜色】对话框中的确定按钮，即可将图层的颜色设置为红色，结果如图6-7所示。

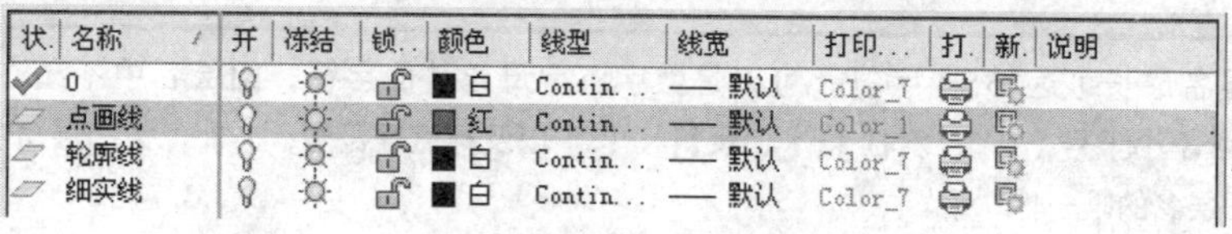

状.	名称	开	冻结	锁..	颜色	线型	线宽	打印...	打.	新.	说明
	0				白	Contin...	—— 默认	Color_7			
	点画线				红	Contin...	—— 默认	Color_1			
	轮廓线				白	Contin...	—— 默认	Color_7			
	细实线				白	Contin...	—— 默认	Color_7			

图6-7 设置颜色后的图层

5. 参照上述操作，将“细实线”图层的颜色设置为102号色，结果如图6-8所示。

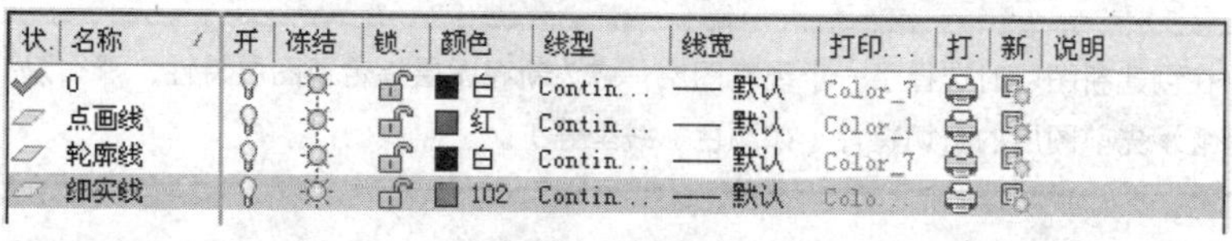

状.	名称	开	冻结	锁..	颜色	线型	线宽	打印...	打.	新.	说明
	0				白	Contin...	—— 默认	Color_7			
	点画线				红	Contin...	—— 默认	Color_1			
	轮廓线				白	Contin...	—— 默认	Color_7			
	细实线				102	Contin...	—— 默认	Colo...			

图6-8 设置结果

TIP
用户也可以单击对话框中的【真彩色】和【颜色库】两个选项卡，如图6-9和图6-10所示，定义自己需要的色彩。

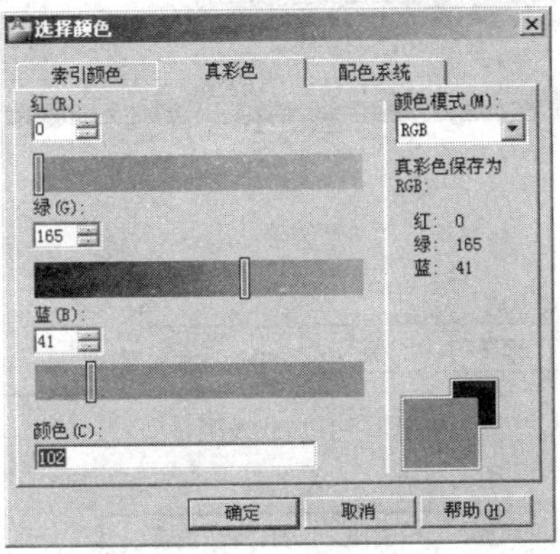

图6-9 【真彩色】选项卡

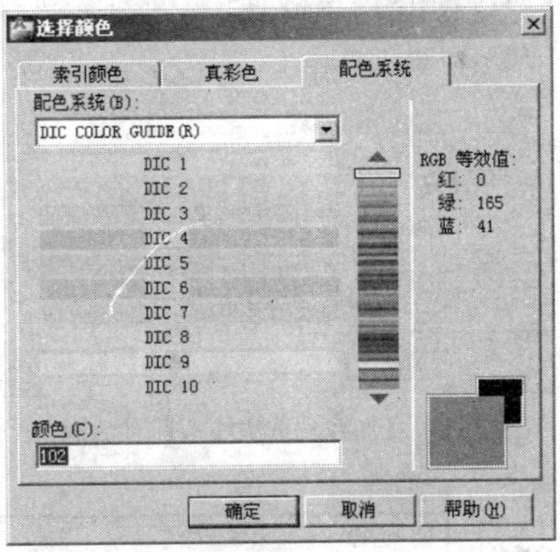

图6-10 【颜色库】选项卡

6.1.3 设置图层线型

在默认设置时，系统为用户提供一种“Continuous”线型，用户如果需要使用其他的线型，必须进行加载。本节主要学习线型的加载和图层线型的具体设置过程，具体操作步骤如下：

1 继续上例操作。

2 在【图层特性管理器】对话框中单击名为“点画线”的图层，使其处于激活状态，如图6-11所示。

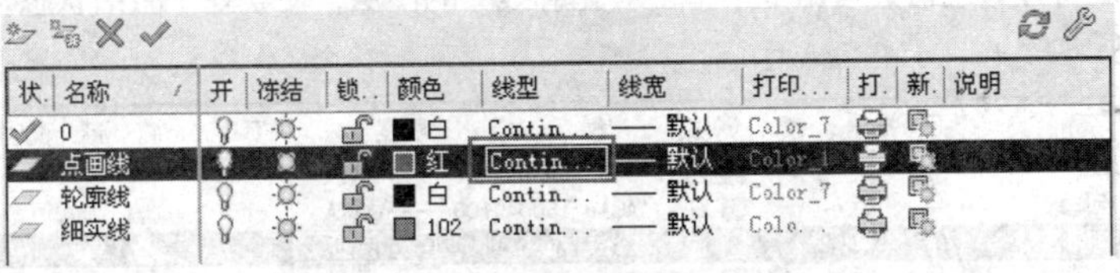

图6-11 指定单击位置

3 在如图6-11所示的图层位置上单击，打开如图6-12所示的【选择线型】对话框。

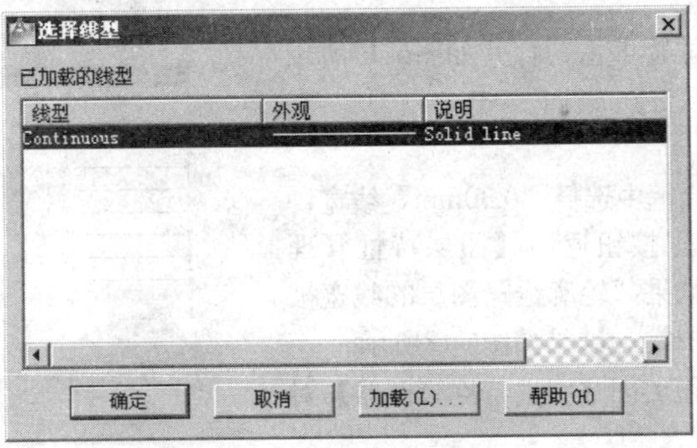

图6-12 【选择线型】对话框

4 在【选择线型】对话框单击 加载(L)... 按钮，打开【加载或重载线型】对话框，选择“ACAD ISO04W100”线型，如图6-13所示。

5 单击 确定 按钮，结果选择的线型被加载到【选择线型】对话框内，如图6-14所示。

6 选择刚加载的线型单击 确定 按钮，即将此线型附加给当前被选择的图层，结果如图6-15所示。

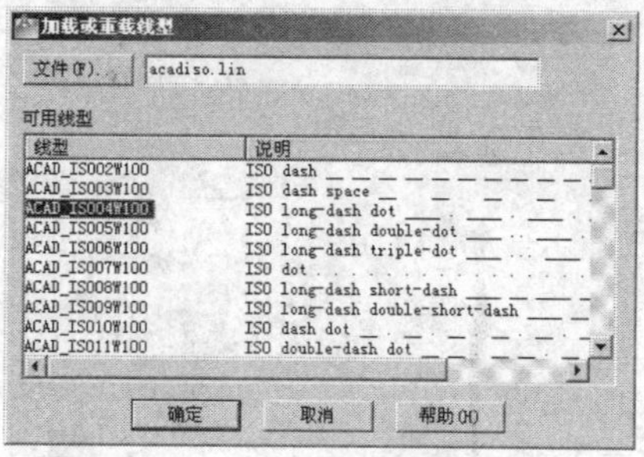

图6-13 【加载或重载线型】对话框

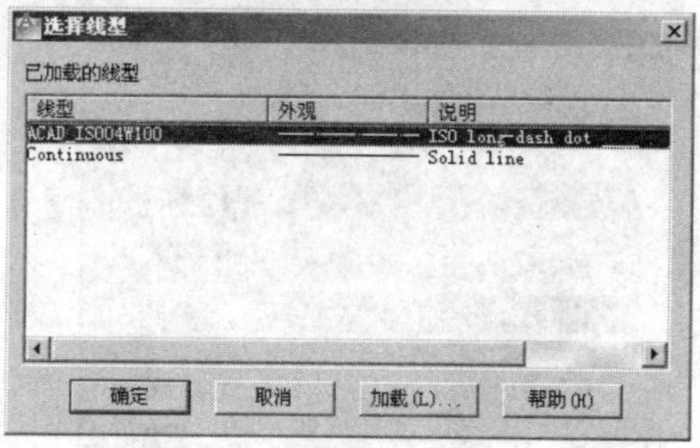

图6-14 加载线型

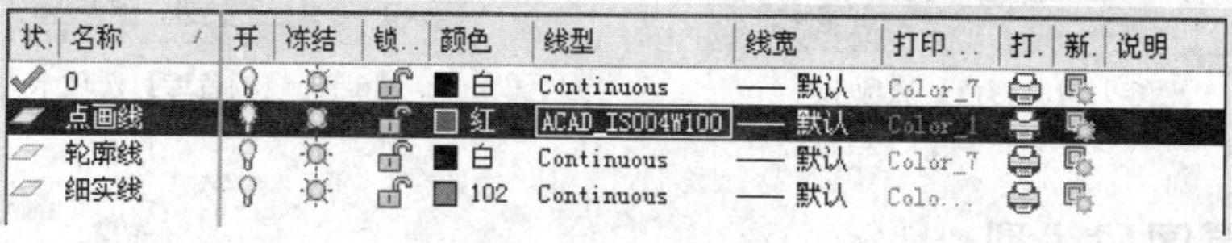

图6-15 设置线型

6.1.4 设置图层线宽

本节主要学习图层线宽的具体设置过程，具体操作步骤如下：

1 继续上例操作。

2 在【图层特性管理器】对话框中单击“轮廓线”的图层，使其处于激活状态，如图6-16所示。

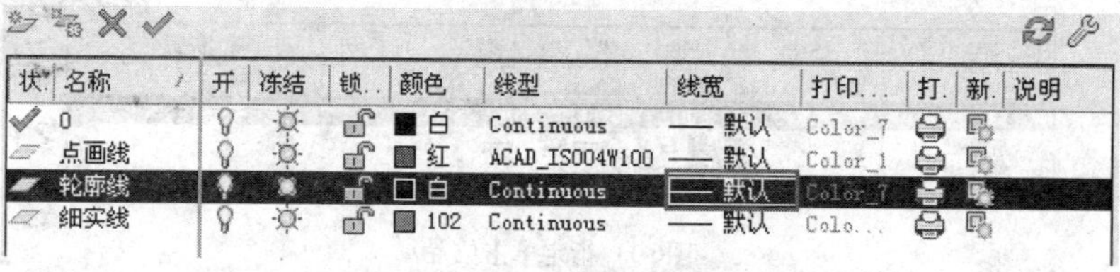

图6-16 修改层的线宽

3 在图6-16所示位置单击，打开如图6-17所示的【线宽】对话框。

4 在【线宽】对话框中选择“0.30mm”线宽，然后单击 确定 按钮返回【图层特性管理器】对话框，结果“轮廓线”图层的线宽被设置为“0.30mm”，结果如图6-18所示。

5 单击 确定 按钮关闭【图层特性管理器】对话框。

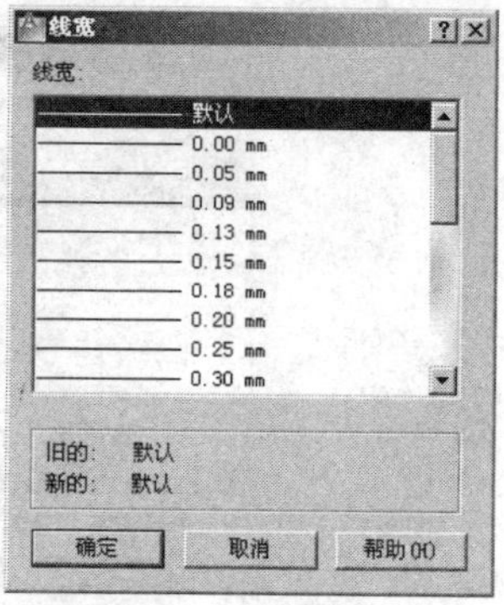

图6-17 【线宽】对话框

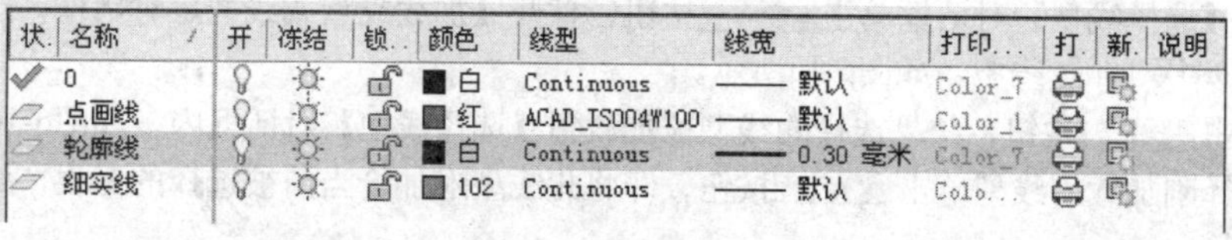

图6-18 设置结果

6.2 管理与控制图层

本节主要学习图层的匹配、图层的隔离、图层的漫游以及图层的切换功能，以方便对图层进行管理、控制和切换。

6.2.1 图层的控制

为了方便对图形进行规划和状态控制，AutoCAD为用户提供了几种状态控制功能，包括开关、冻结与解冻、锁定与解锁等，如图6-19所示。

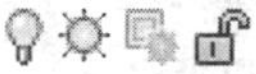

图6-19 状态控制图标

• 开关控制功能

按钮用于控制图层的开关状态。默认状态下的图层都为打开的图层，按钮显示为。当按钮显示为时，位于图层上的对象都是可见的，并且可在该层上进行绘图和修改操作；在按钮上单击，即可关闭该图层，按钮显示为（按钮变暗）。

TIP 图层被关闭后，位于图层上的所有图形对象被隐藏，该层上的图形也不能被打印或由绘图仪输出，但重新生成图形时，图层上的实体仍将重新生成。

• 冻结与解冻

按钮用于在所有视图窗口中冻结或解冻图层。默认状态下图层是被解冻的，按钮显示为；在该按钮上单击，按钮显示为，位于该层上的内容不能在屏幕上显示或由绘图仪输出，不能进行重生成、消隐、渲染和打印等操作。

TIP 关闭与冻结的图层都是不可见和不可以输出的。但被冻结图层不参加运算处理，可以加快视窗缩放、视窗平移和许多其他操作的处理速度，增强对象选择的性能并减少复杂图形的重生成时间。建议冻结长时间不用看到的图层。

• 在视口中冻结

按钮用于冻结或解冻当前视口中的图形对象，不过它在模型空间内是不可用的，只能在图纸空间内使用此功能。

• 锁定与解锁

按钮用于锁定图层或解锁图层。默认状态下图层是解锁的，按钮显示为，在此按钮上单击，图层被锁定，按钮显示为，用户只能观察该层上的图形，不能对其编辑和修改，但该层上的图形仍可以显示和输出。

TIP 当前图层不能被冻结，但可以被关闭和锁定。

- **状态控制功能的启动**

状态控制功能的启动，主要有以下两种方式：

- ◆ 展开【图层控制】列表，然后单击各图层左端的状态控制按钮；
- ◆ 在【图层特性管理器】对话框中选择要操作的图层，然后单击相应控制按钮。

6.2.2 图层的匹配

【图层匹配】命令用于将选定对象的图层更改为目标图层上。

执行此命令主要有以下几种方式：

- ◆ 执行菜单栏中的【格式】/【图层工具】/【图层匹配】命令。
- ◆ 单击【图层II】工具栏中的按钮。
- ◆ 在命令行输入Laymch后按Enter键。

下面通过学习【图层匹配】命令的使用方法和技巧，具体操作步骤如下：

1. 继续上例操作。
2. 在0图层上绘制一个矩形，如图6-20所示。

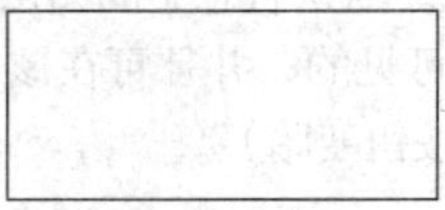

图6-20 绘制矩形

3. 单击【图层II】工具栏中的按钮，激活【图层匹配】命令，将矩形所在层更改为“点画线”。命令行操作如下。

命令: _laymch

选择要更改的对象: //选择矩形

选择对象: // Enter，结束选择

选择目标图层上的对象或 [名称(N)]: //N Enter，打开如图6-21所示的【更改到图层】对话框，然后双击“点画线”，一个对象已更改到图层“点画线”上

4. 图层更改后的显示效果如图6-22所示。

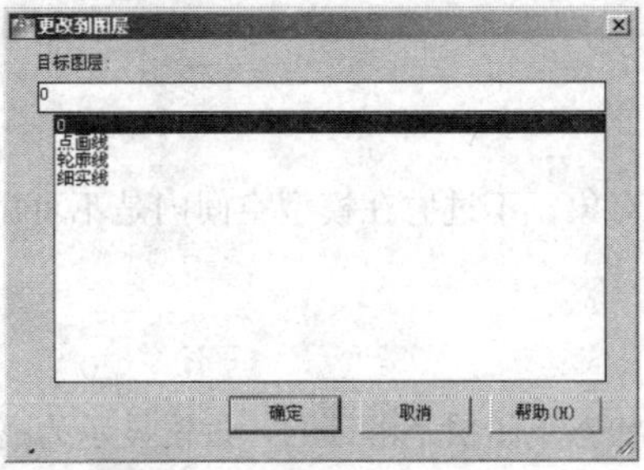

图6-21 【更改到图层】对话框

图6-22 图层更改后的效果

TIP 如果单击【更改为当前图层】按钮，可以将选定对象的图层更改为当前图层；如果单击【将对象复制到新图层】按钮，可以将选定的对象复制到其他图层。

6.2.3　图层的隔离

【图层隔离】命令用于将选定对象图层之外的所有图层都锁定，达到隔离图层的目的，如图6-23所示。

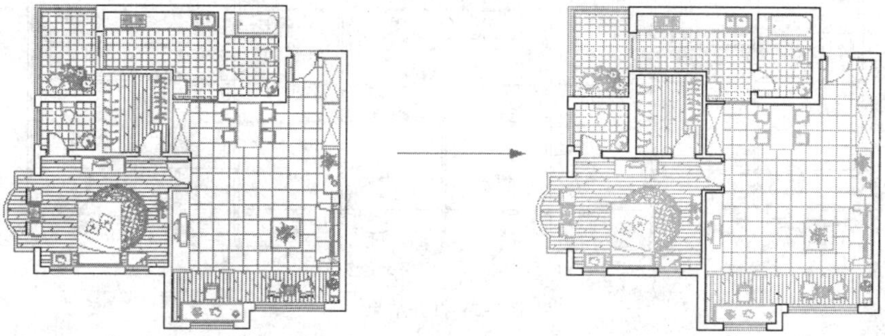

图6-23　隔离墙线所在的图层

- **【图层隔离】命令的执行方式**

执行此命令主要有以下几种方式：

◆ 执行菜单栏中的【格式】/【图层工具】/【图层隔离】命令。
◆ 单击【图层Ⅱ】工具栏中的按钮。
◆ 在命令行输入Layiso后按Enter键。

激活【图层隔离】命令后，其命令行操作如下。

```
命令: _layiso
    当前设置: 锁定图层, Fade=50
    选择要隔离的图层上的对象或 [设置(S)]:
                                  //选择任一位置的墙线，将墙线所在的图层进行隔离
    选择要隔离的图层上的对象或 [设置(S)]:
                          //Enter，结果除墙线层外的所有图层均被锁定，如图6-23（右）所示
```

TIP 单击【取消图层隔离】按钮，或在命令行输入Layuniso，都可以取消图层的隔离，将被锁定的图层解锁。

6.2.4　图层的漫游

【图层漫游……】命令用于将选定对象的图层之外的所有图层都关闭。

- **【图层漫游……】命令的执行方式**

执行此命令主要有以下几种方式：

◆ 执行菜单栏中的【格式】/【图层工具】/【图层漫游……】命令。
◆ 单击【图层Ⅱ】工具栏中的按钮。
◆ 在命令行输入Laywalk后按Enter键。

- **【图层漫游……】命令的应用**

下面通过典型实例学习【图层漫游……】命令的使用方法和技巧。具体操作步骤如下：

1 执行【打开】命令，打开随书光盘中的“素材文件／图层漫游.dwg”，如图6-24所示。

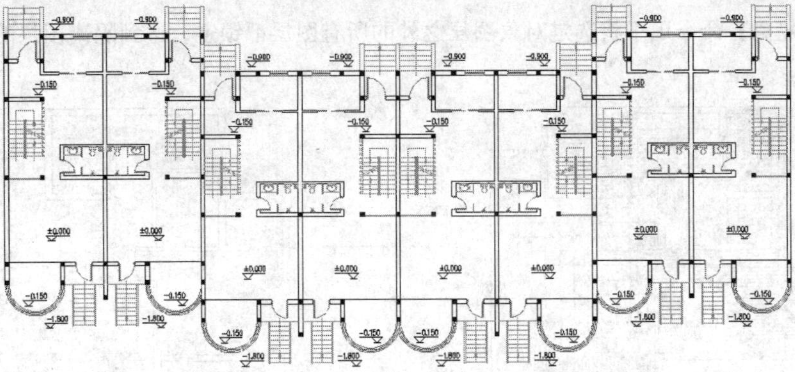

图6-24 打开结果

2 单击【图层Ⅱ】工具栏中的按钮，打开如图6-25所示的【图层漫游】对话框。

图6-25 【图层漫游】对话框

> **TIP**
> 对话框列表中反白显示的图层，表示当前被打开的图层；反之，则表示当前被关闭的图层。

3 在【图层漫游】对话框中单击“墙线层”，结果除“墙线层”外的所有图层都被关闭，如图6-26所示。

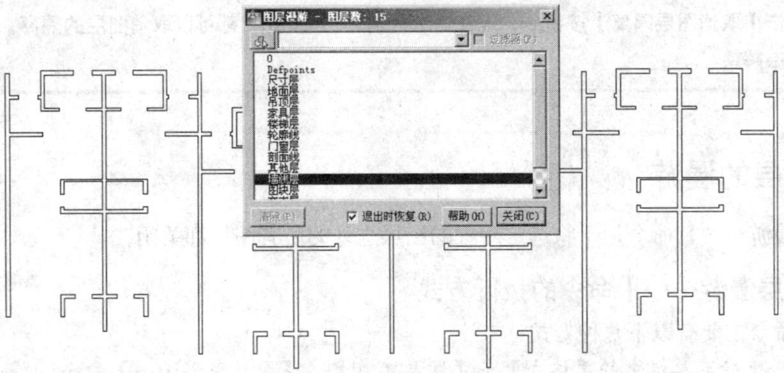

图6-26 图层漫游的预览效果

> **TIP**
> 在对话框列表中的图层上双击后，结果此图层被视为“总图层”，左图层前端自动添加一个星号。

4 在“墙线层”和“门窗层”上双击，然后单击“楼梯层”，结果除这三个图层之外的所有图层都被关闭，如图6-27所示。

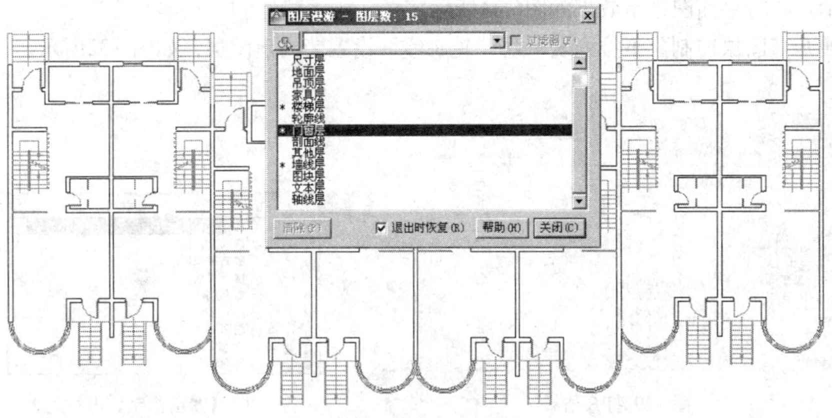

图6-27 图层漫游的预览效果

5 在“楼梯层”上双击，然后单击“文本层”，结果除这四个图层之外的所有图层都被关闭，如图6-28所示。

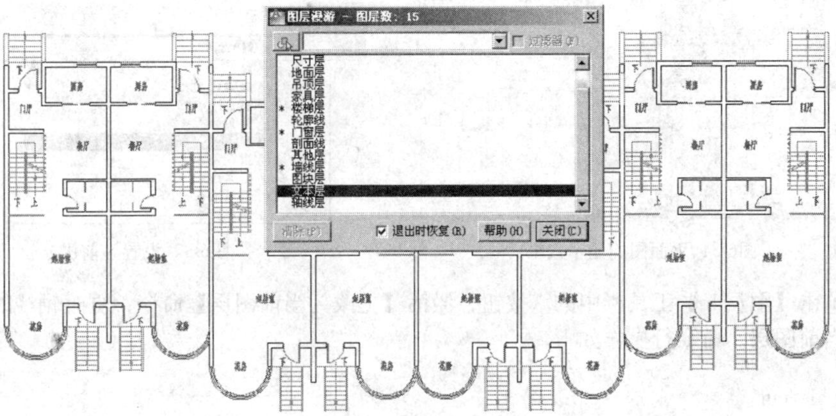

图6-28 图层漫游的预览效果

TIP 在【图层漫游】对话框中的图层列表内单击右键，从快捷键菜单中可以进行更多的操作。

6 单击关闭(C)按钮，结果图形将恢复原来的显示状态；如果将【退出时恢复】复选项关闭，那么图形将显示漫游时的显示状态。

6.2.5 更改为当前层

【更改为当前图层】命令用于将选定对象的图层特性更改为当前图层。

执行此命令主要有以下几种方式：

- 执行菜单栏中的【格式】/【图层工具】/【更改为当前图层】命令。
- 单击【图层Ⅱ】工具栏中的按钮。
- 在命令行输入Laycur后按Enter键。

下面通过典型实例，学习【更改为当前图层】命令的使用方法和技巧。具体操作步骤如下：

1 执行【打开】命令，打开随书光盘中的“素材文件 / 别墅立面图.dwg”，如图6-29所示。

2 展开【图层控制】下拉列表，关闭“门窗层”、“填充层”和 “0图层”，如图6-30所示。此时平面图显示效果如图6-31所示。

3 展开【图层控制】下拉列表，将“轮廓线”设置为当前图层，如图6-32所示。

图6-29 打开结果

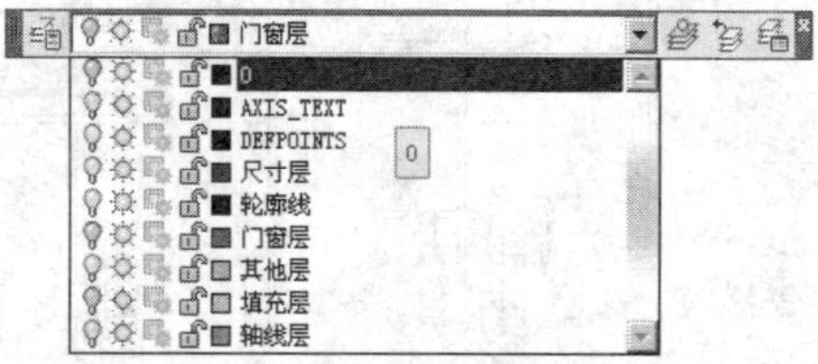

图6-30 【图层控制】下拉列表

图6-31 平面图的显示效果

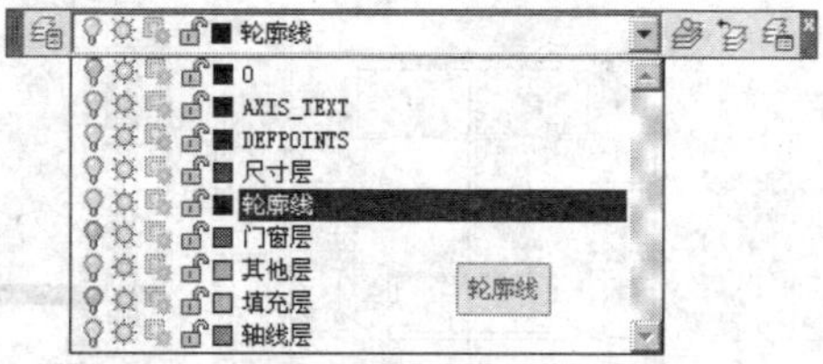

图6-32 设置当前层

4 单击【图层Ⅱ】工具栏中的按钮，激活【更改为当前图层】命令，更改轴线的所在层为当前图层。命令行操作如下。

```
命令: _laycur
    选择要更改到当前图层的对象:          //选择所有的对象，如图6-33所示
    选择要更改到当前图层的对象:          //结果所有图线被更改到当前图层上，并继续当
                                          前图层上的特性，如图6-34所示
    129个对象已更改到图层“轮廓线”(当前图层)
```

图6-33 选择结果

图6-34 更改图层后的效果

5 展开【图层控制】下拉列表，打开所有被关闭的图层，结果如图6-35所示。

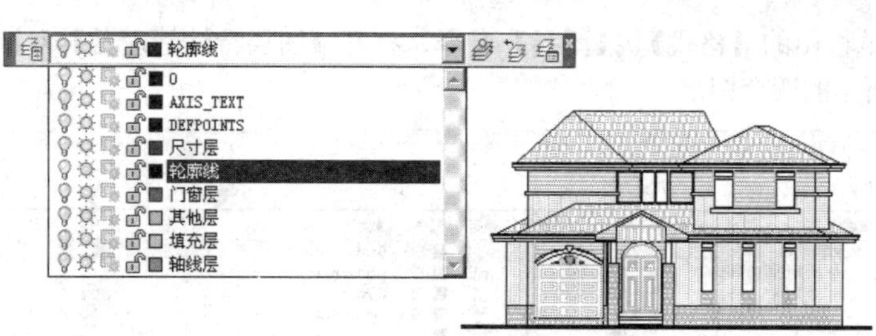

图6-35 打开图层

6.3 上机指导（一）——使用图层规划管理零件图

本例通过规划管理如图6-36所示的零件组装图，主要对图层及特性的设置管理与规划功能进行综合练习和巩固应用 。

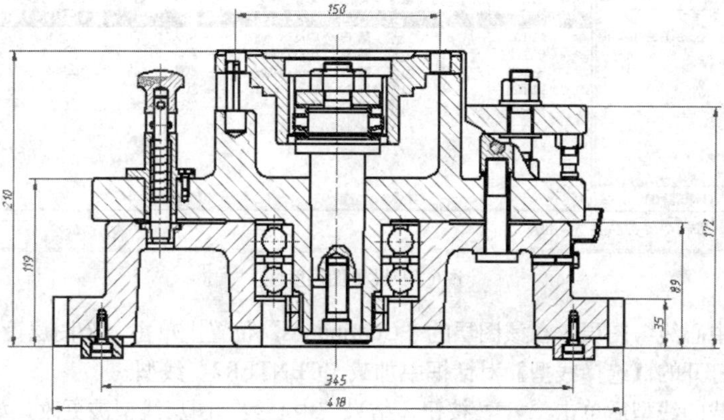

图6-36 实例效果

操作步骤

1 执行【打开】命令，打开随书光盘中的“素材文件/零件组装图.dwg”，如图6-37所示。

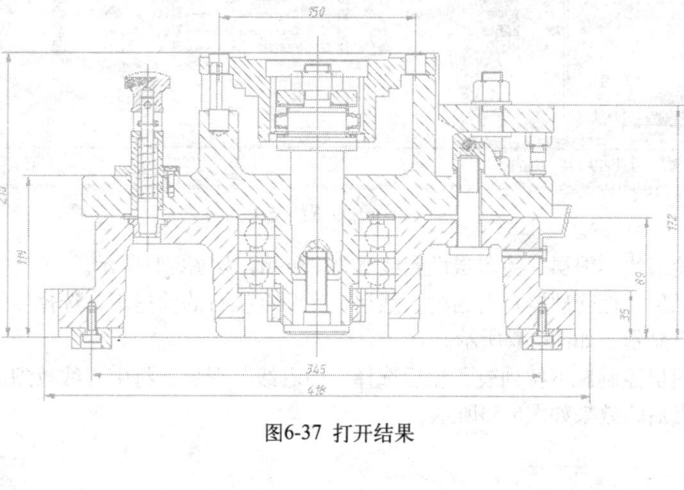

图6-37 打开结果

2 执行菜单栏中的【格式】/【图层】命令，打开【图层特性管理器】对话框，快速创建如图6-38所示的四个图层。

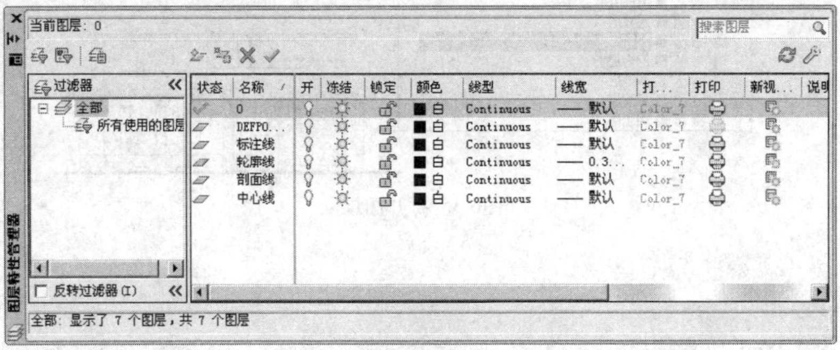

图6-38 新建图层

3 分别在下面三个图层的颜色图标上单击，从打开的【选择颜色】对话框中设置各个图层的颜色，结果如图6-39所示。

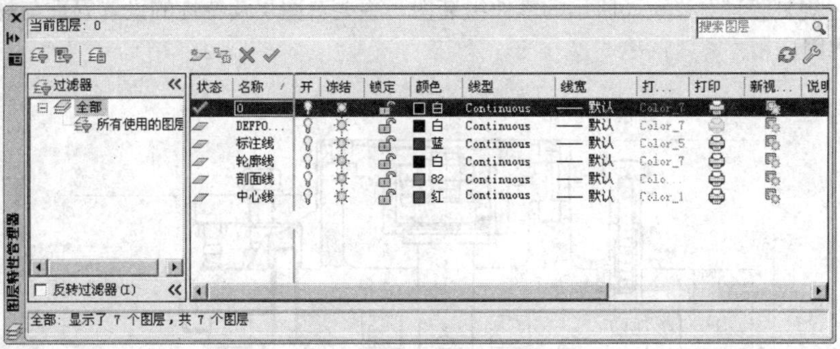

图6-39 设置图层颜色

4 选择“中心线”图层，在该图层的“Continuous”位置上单击，为图层设置线型。

5 此时在打开的【选择线型】对话框中加载“CENTER2”线型。

6 选择加载的线型后单击 确定 按钮，结果“中心线”图层线型被更改，如图6-40所示。

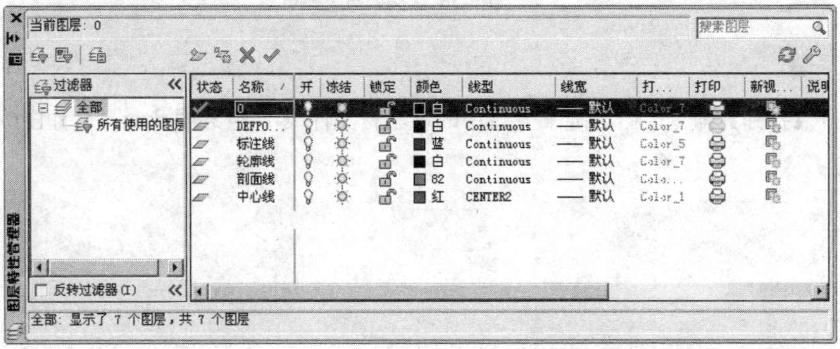

图6-40 设置线型

7 选择“轮廓线”图层，为图层设置线宽为0.3mm，如图6-41所示。

8 关闭【图层特性管理器】对话框，然后在无命令执行的前提下，选择零件图中的中心线，使其夹点显示，如图6-42所示。

9 展开【图层控制】下拉列表，然后选择“中心线”图层，将中心线放到“中心线”层上，取消夹点后的效果如图6-43所示。

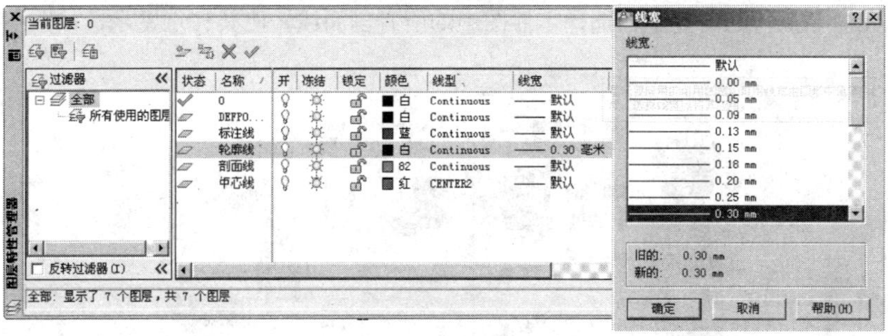

图6-41 设置线宽

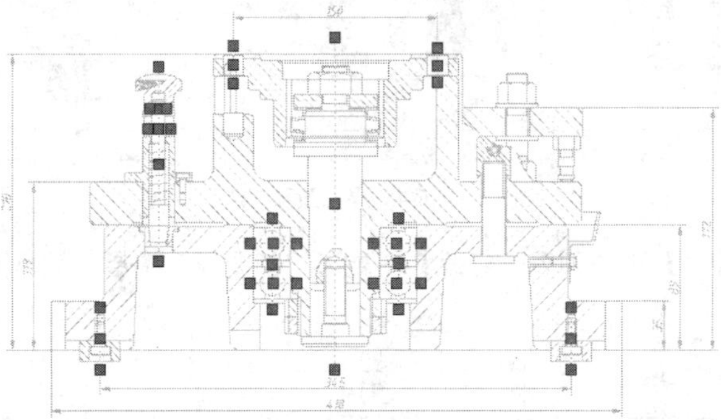

图6-42 夹点显示中心线

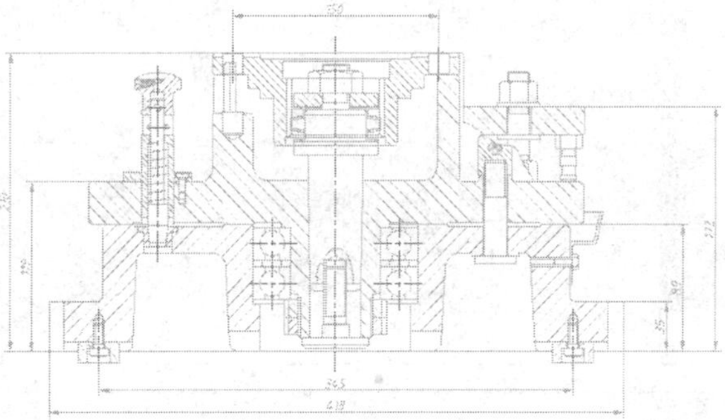

图6-43 更改层后的效果

10 在无命令执行的前提下，选择零件图中的尺寸对象，使其夹点显示，然后展开【图层控制】下拉列表，修改其图层为“标注线”图层，颜色设置为随层，如图6-44所示。

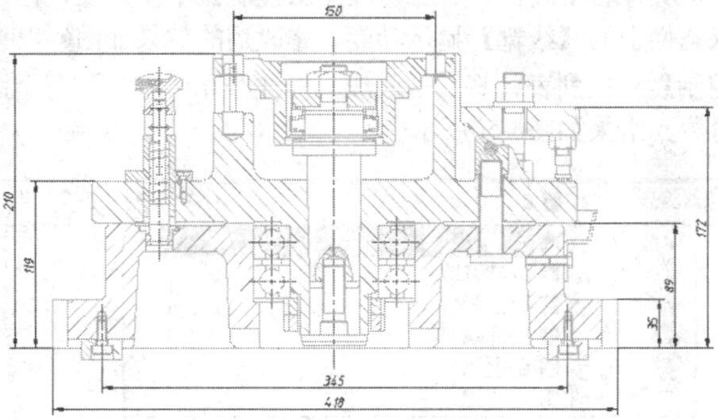

图6-44 更改尺寸的图层

11 在无命令执行的前提下，选择零件图中的所有剖面线，使其夹点显示，如图6-45所示。

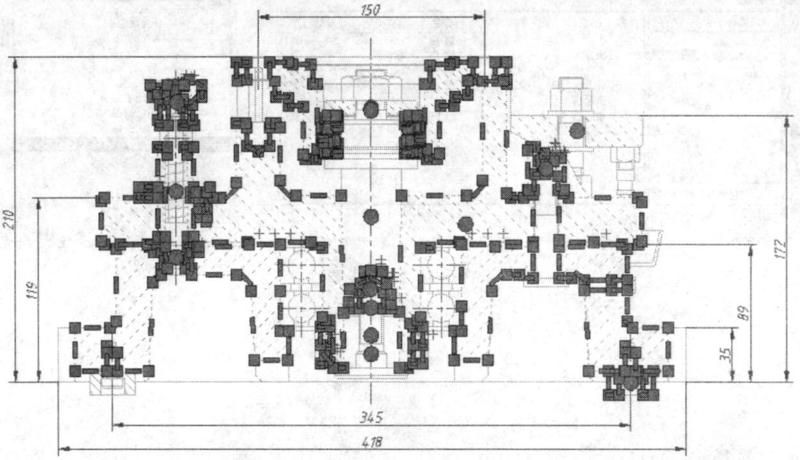

图6-45 夹点效果

12 展开【图层控制】下拉列表，修改其图层为“剖面线”图层，颜色设置为随层，结果如图6-46所示。

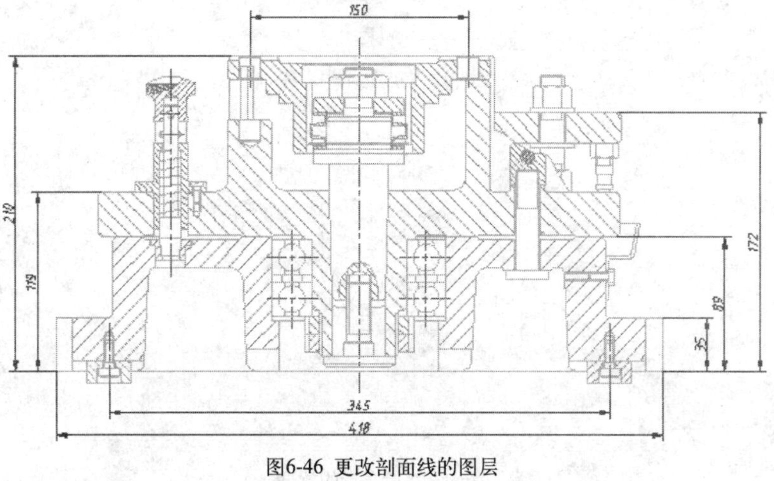

图6-46 更改剖面线的图层

13 展开【图层控制】下拉列表，暂时关闭“标注线、剖面线和中心线”三个图层，如图6-47所示，此时平面图的显示效果如图6-48所示。

14 夹点显示图6-48所有的图线，然后展开【图层控制】下拉列表，修改其图层为“轮廓线”层，并打开状态栏上的【线宽】显示功能，修改后的效果如图6-49所示。

15 展开【图层控制】下拉列表，将“剖面线、标注线和中心线”三个图层打开，以显示出被隐藏的所有对象，结果如图6-50所示。

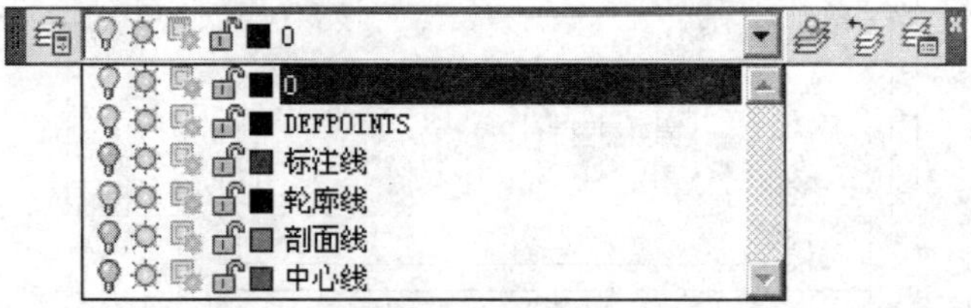

图6-47 关闭图层

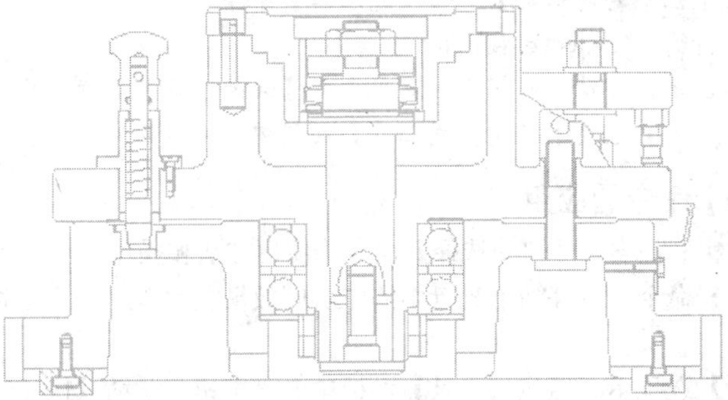

图6-48 图形的显示效果

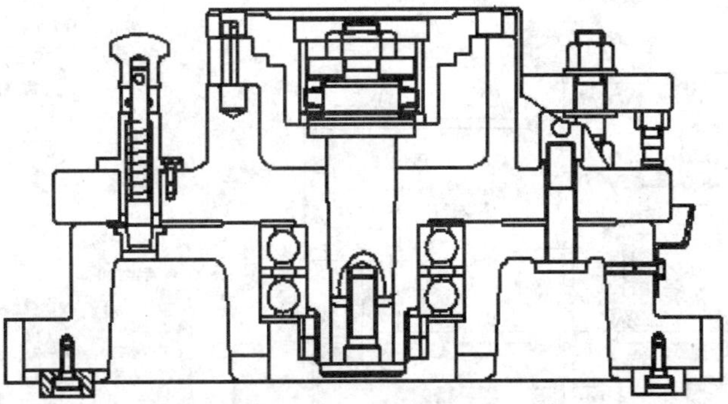

图6-49 修改轮廓线的图层

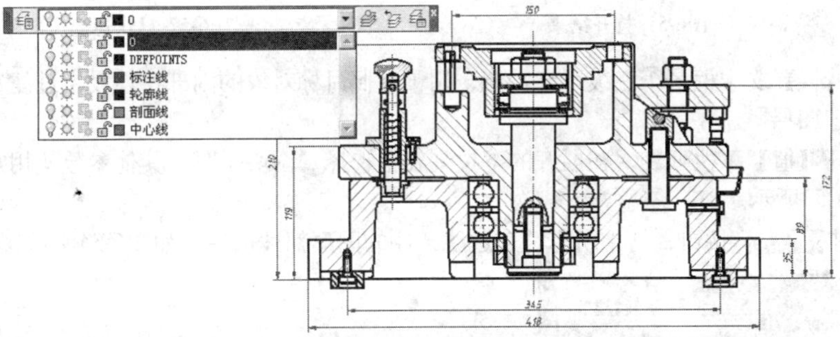

图6-50 打开被隐藏的对象

16 执行【另存为】命令，将图形另名存储为“上机指导（一）.dwg”。

6.4 快速选择

【快速选择】命令是一个快速构造选择集的高效制图工具，此工具用于根据图形的类型、图层、颜色、线型、线宽等属性设定过滤条件，AutoCAD将自动进行筛选，最终过滤出符合设定条件的所有图形对象。

执行【快速选择】命令主要有以下几种方式：

- ◆ 执行菜单栏中的【工具】/【快速选择】命令。
- ◆ 在命令行输入Qselect后按Enter键。
- ◆ 在绘图区单击右键，选择右键菜单中的【快速选择】选项。
- ◆ 单击【常用】选项卡/【实用工具】面板中的按钮。

• 【快速选择】命令的应用

下面通过典型的实例，学习【快速选择】命令的使用方法和操作技巧。具体操作步骤如下：

1 执行【打开】命令，打开随书光盘中的“实例效果文件/第5章/上机指导（三）.dwg”，如图6-51所示。

2 单击【常用】选项卡/【实用工具】面板中的按钮，激活【快速选择】命令，打开如图6-52所示的【快速选择】对话框。

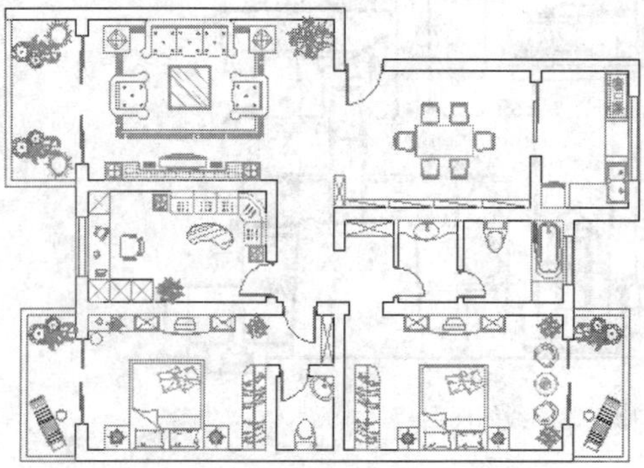

图6-51 打开结果

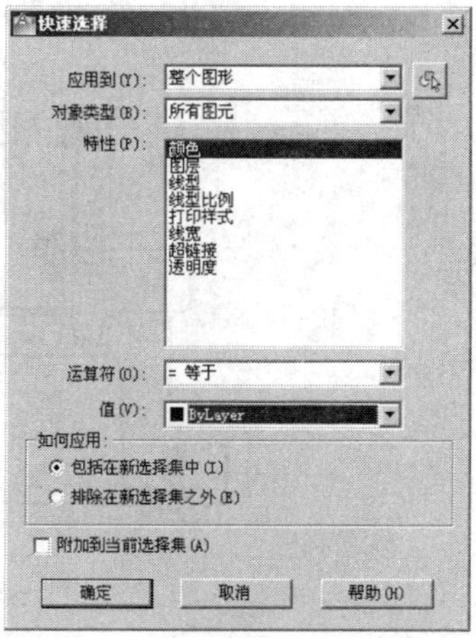

图6-52 【快速选择】对话框

3 【特性】文本框属于三级过滤功能，用于按照目标对象的内部特性设定过滤参数，在此选择“图层”。

4 展开【值】下拉列表，在展开的下拉列表中选择“图块层”，其他参数使用默认设置，如图6-53所示。

5 单击 确定 按钮，结果所有符合过滤条件的图形都被选择，如图6-54所示。

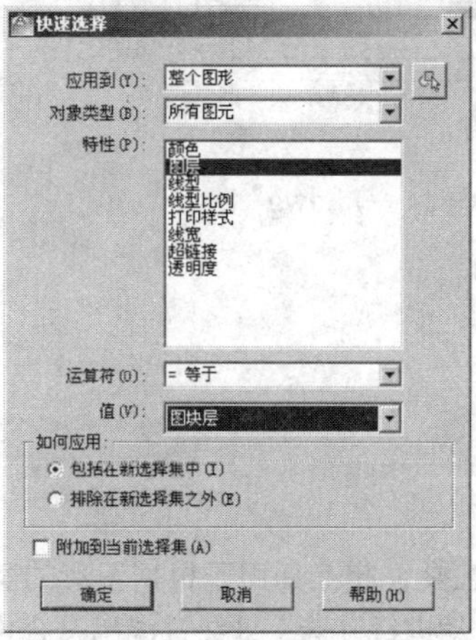

图6-53 设置过滤条件

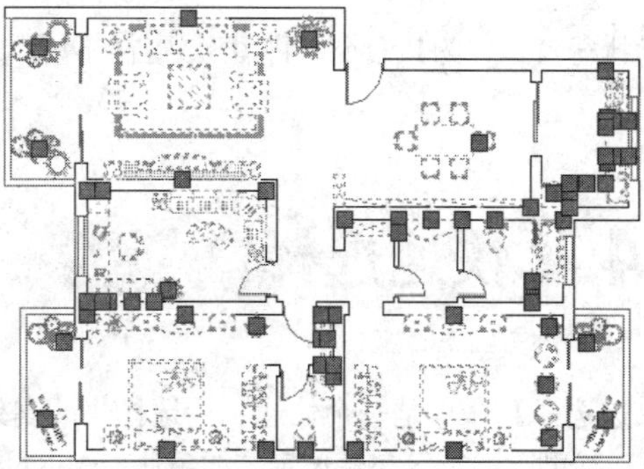

图6-54 选择结果

6 按下Delete键，将选择的对象删除，结果如图6-55所示。

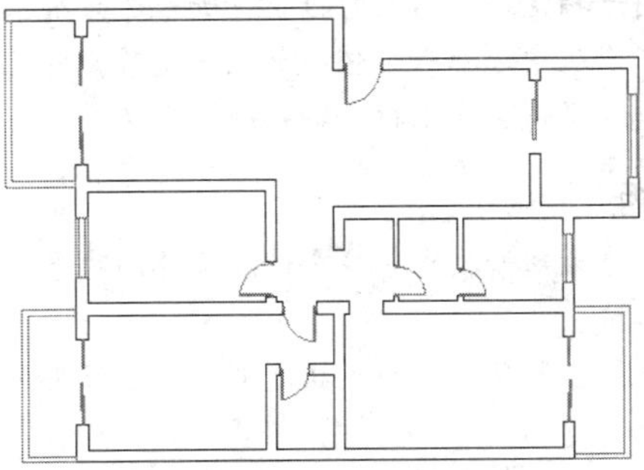

图6-55 删除结果

选项解析

• 一级过滤功能

在【快速选择】对话框中，【应用到】列表框属于一级过滤功能，用于指定是否将过滤条件应用到整个图形或当前选择集（如果存在的话），此时使用【选择对象】按钮完成对象选择后，按下Enter键重新显示该对话框。AutoCAD 将【应用到】设置为【当前选择】，对当前已有的选择集进行过滤，只有当前选择集中符合过滤条件的对象才能被选择。

> **TIP** 如果已选定对话框下方的【附加到当前选择集】，那么AutoCAD将该过滤条件应用到整个图形，并将符合过滤条件的对象添加到当前选择集中。

• 二级过滤功能

【对象类型】列表框属于快速选择的二级过滤功能，用于指定要包含在过滤条件中的对象类型。如果过滤条件正应用于整个图形，那么【对象类型】列表包含全部的对象类型，包括自定义；否则，该列表只包含选定对象的对象类型。

> **TIP** 默认的状态是指整个图形或当前选择集的“所有图元”，用户也可以选择某一特定的对象类型，如“直线”或“圆”等，系统将根据选择的对象类型来确定选择集。

• 三级过滤功能

【特性】文本框属于快速选择的三级过滤功能，三级过滤功能包括【特性】、【运算符】和【值】三个选项，分别如下：

- 【特性】选项用于指定过滤器的对象特性。在此文本框内包括选定对象类型的所有可搜索特性，选定的特性确定【运算符】和【值】中的可用选项。例如在【对象类型】下拉文本框中选择圆，【特性】窗口的列表框中就列出了圆的所有特性，从中选择一种用户需要的对象的共同特性。
- 【运算符】下拉列表用于控制过滤器值的范围。根据选定的对象属性，其过滤值的范围分别是“=等于”、“<>不等于”、“>大于”、“<小于”和“*通配符匹配”。对于某些特性，“大于”和“小于”选项不可用。

> **TIP** “*通配符匹配”只能用于可编辑的文字字段。

- ◆ 【值】列表框用于指定过滤器的特性值。如果选定对象的已知值可用，那么“值”成为一个列表，可以从中选择一个值；如果选定对象的已知值不存在或者没有达到绘图的要求，就可以在【值】文本框中输入一个数值。

- 【如何应用】选项组
  - ◆ 【如何应用】复选项用于指定将符合过滤条件的对象包括在新选择集内或是排除在新选择集之外。
  - ◆ 【附加到当前选择集】复选项用于指定创建的选择集是替换当前选择集还是附加到当前选择集。

6.5 对象特性

本节学习【特性】和【特性匹配】两个命令，以方便用户查看和修改图形对象的内部特性，达到快速修整和完善图形的目的。

如图6-56所示的窗口为特性窗口，此窗口可以显示出每一种CAD图元的基本特性、几何特性以及其他特性，用户可以通过此窗口，查看和修改图形对象的内部特性。

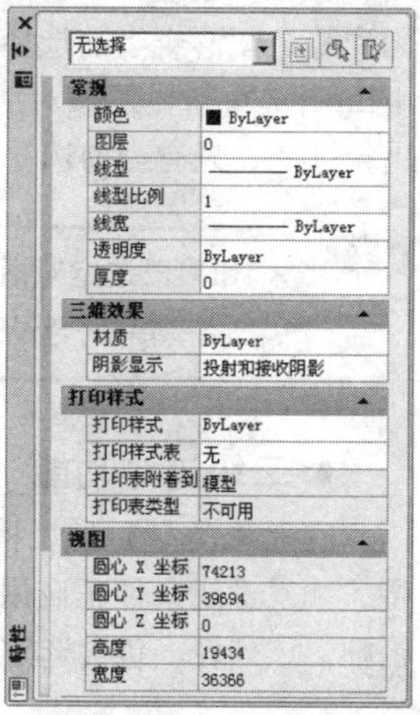

图6-56 【特性】窗口

- 【特性】命令的执行方式

执行此命令主要有以下几种方式：

- ◆ 执行菜单栏中的【工具】/【选项板】/【特性】命令。
- ◆ 执行菜单栏中的【修改】/【特性】命令。
- ◆ 单击【标准】工具栏中的按钮。
- ◆ 在命令行输入Properties后按Enter键。
- ◆ 使用命令简写PR。
- ◆ 按组合键Ctrl+1。

6.5.1 特性面板

- 标题栏

标题栏位于窗口的一侧，其中按钮用于控制特性窗口的显示与隐藏状态；单击标题栏底端的按钮，可弹出一个按钮菜单，它可以修改特性窗口的尺寸大小、位置以及窗口的显示与否等。

TIP 在标题栏上按住左键不放，可以将特性窗口拖至绘图区的任意位置；双击左键，可以将此窗口固定在绘图区的一端。

- 工具栏

为特性窗口工具栏，用于显示被选择的图形名称，以及用于构建新的选择集。其中：

- ◆ 下拉列表框用于显示当前绘图窗口中所有被选择的图形名称。
- ◆ 此按钮用于切换系统变量PICKADD的参数值。

- 【快速选择】按钮用于快速构造选择集。
- 【选择对象】按钮用于在绘图区选择一个或多个对象，按下Enter键，选择的图形对象名称及所包含的实体特性都显示在特性窗口内，便于编辑。

- **特性窗口**

系统默认的特性窗口共包括【常规】、【三维效果】、【打印样式】、【视图】和【其他】五个组合框，分别用于控制和修改所选对象的各种特性。

6.5.2　编辑特性

下面通过典型的实例学习【特性】命令的使用方法的编辑技巧。具体操作步骤如下：

1. 新建绘图文件，并绘制长度为200、宽度为120的矩形。
2. 执行菜单栏中的【视图】/【三维视图】/【东南等轴测】命令，将视图切换为东南视图，如图6-57所示。
3. 在无命令执行的前提下单击刚绘制的矩形，使其夹点显示，如图6-58所示。
4. 打开【特性】窗口，然后在【厚度】选项上单击左键，此时该选项以输入框形式显示，然后输入厚度值为100，如图6-59所示。

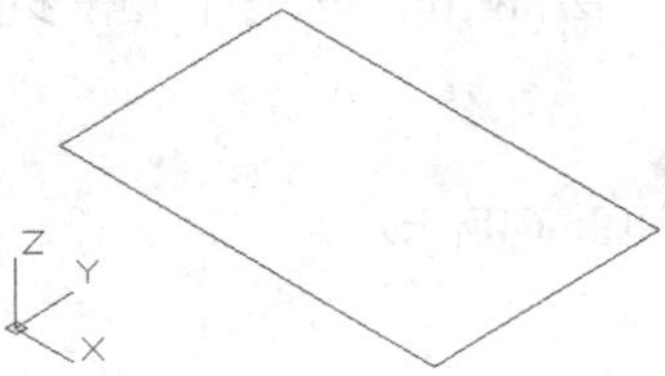

图6-57　切换视图

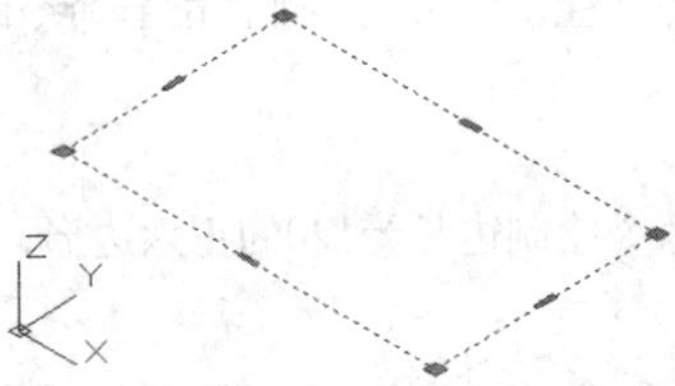

图6-58　夹点效果

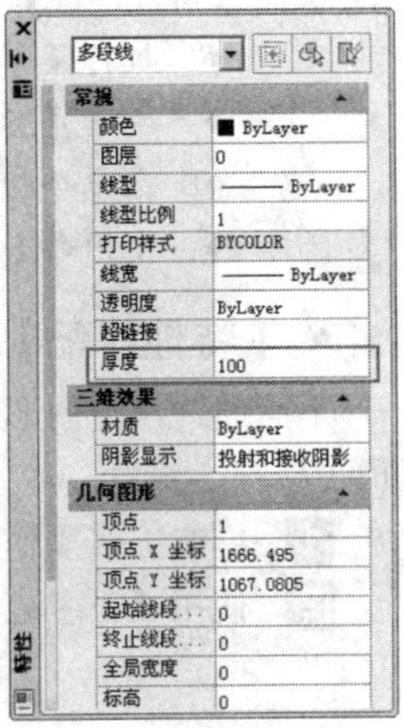

图6-59 修改厚度特性

5. 按下Enter键，结果矩形的厚度被修改变为100，如图6-60所示。
6. 在【全局宽度】选项框内单击左键，输入数值25，修改边的宽度参数，如图6-61所示。

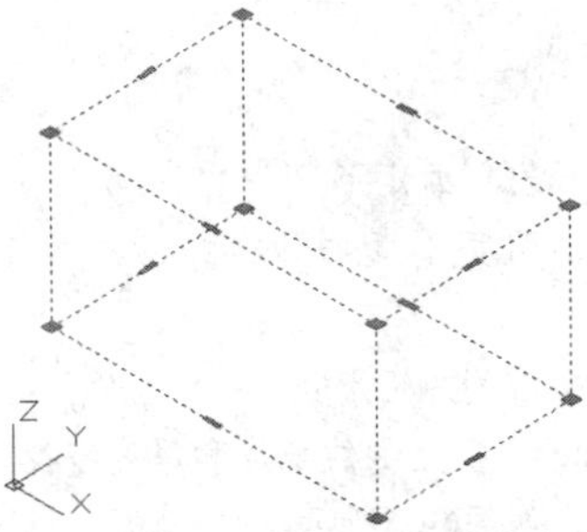

图6-60 修改后的效果

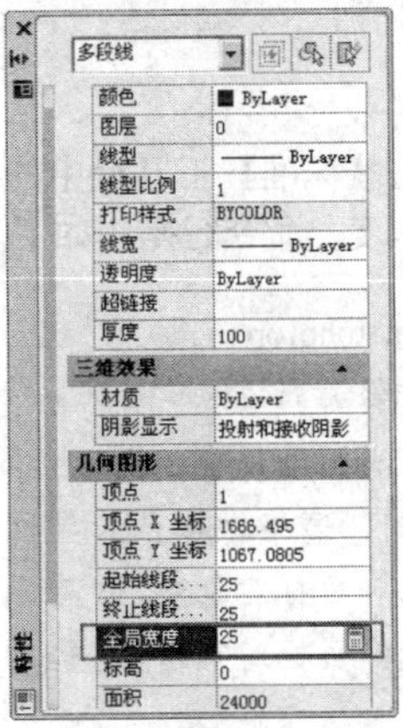

图6-61 修改宽度特性

7 关闭【特性】窗口，取消图形夹点，修改结果如图6-62所示。

8 执行菜单栏中的【视图】/【消隐】命令，结果如图6-63所示。

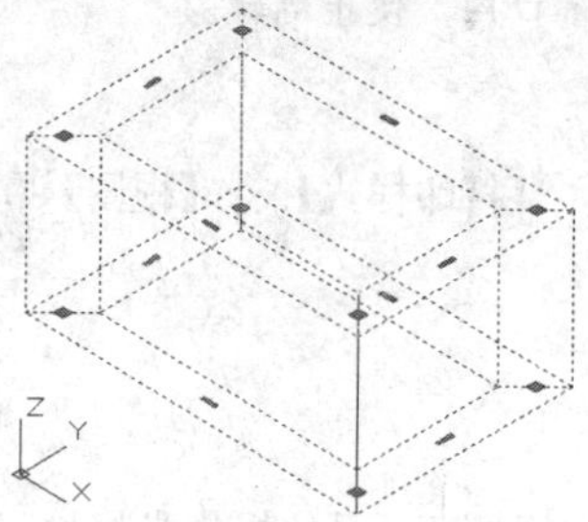

图6-62 消隐效果

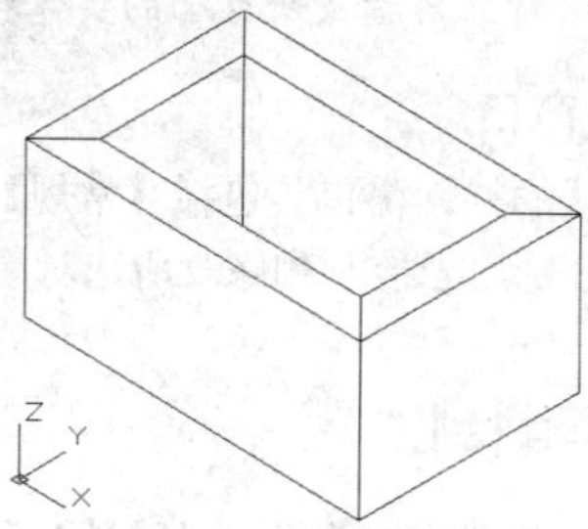

图6-63 消隐效果

6.5.3 特性匹配

【特性匹配】命令主要用于将图形对象的某些内部特性匹配给其他图形，使这些图形拥有相同的内部特性。

执行【特性匹配】命令主要有以下几种方式：

- 执行菜单栏中的【修改】/【特性匹配】命令。
- 单击【标准】工具栏或【特性】面板中的按钮。
- 在命令行输入Matchpropr后按Enter键。
- 使用命令简写MA。

• 【特性匹配】命令的应用

下面通过匹配图形的内部特性，学习【特性匹配】命令的使用方法和操作技巧。具体操作步骤如下：

1 继续上节操作。

2 使用【正多边形】命令绘制边长为120的正六边形，结果如图6-64所示。

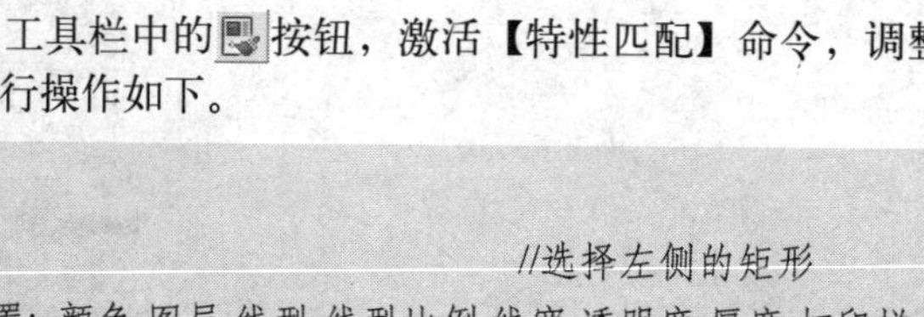

图6-64 绘制结果

3 单击【标准】工具栏中的按钮，激活【特性匹配】命令，调整需要匹配的图形的宽度和厚度。命令行操作如下。

命令: '_matchprop

选择源对象: //选择左侧的矩形

当前活动设置: 颜色 图层 线型 线型比例 线宽 透明度 厚度 打印样式 标注 文字 填充图案 多段线 视口 表格材质 阴影显示 多重引线

选择目标对象或 [设置(S)]: //选择右侧的矩形

选择目标对象或 [设置(S)]: //Enter，把矩形的宽度和厚度特性复制给正六边形，如图6-65所示

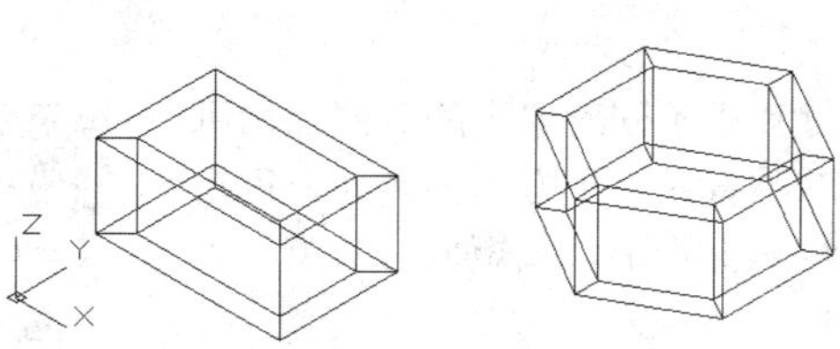

图6-65 匹配结果

4 执行菜单栏中的【视图】/【消隐】命令，图形的显示效果如图6-66所示。

选项解析

【设置】选项用于设置需要匹配的对象特性。在命令行“选择目标对象或 [设置（S）]：”提示下，输入“S”并按下Enter键，可打开如图6-67所示的【特性设置】对话框，用户可以根据自己的需要选择匹配的基本条件和特殊属性。在默认设置下，AutoCAD将匹配此对话框中的所有特性，如果用户需要有选择性地匹配某些特性，可以在此对话框内设置。

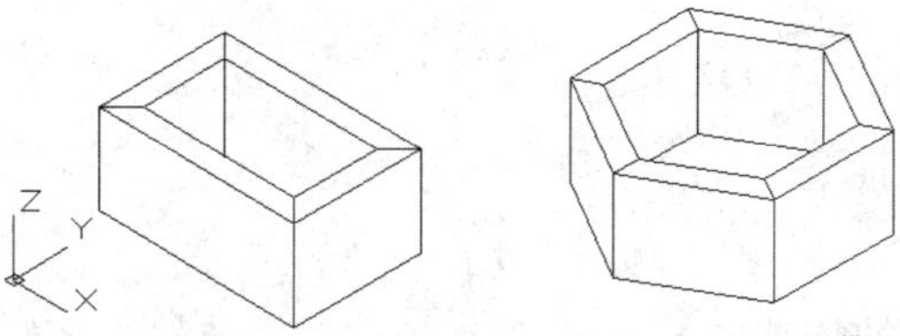

图6-66　消隐效果

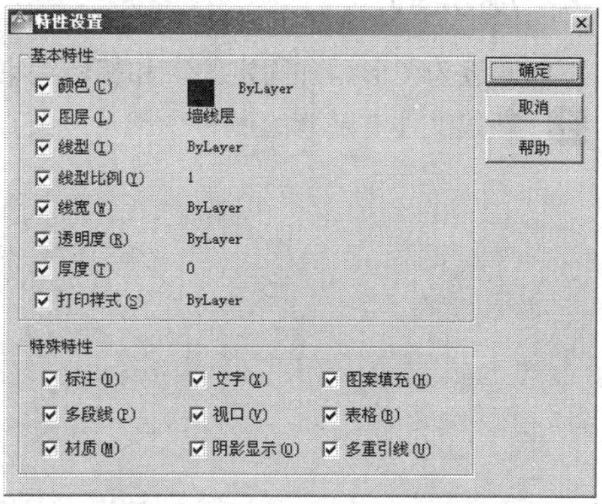

图6-67　【特性设置】对话框

【颜色】和【图层】选项适用于除OLE（对象链接嵌入）对象之外的所有对象；【线型】选项适用于除了属性、图案填充、多行文字、OLE对象、点和视口之外的所有对象；【线型比例】选项适用于除了属性、图案填充、多行文字、OLE对象、点和视口之外的所有对象。

6.6 参数化绘图

参数化绘图功能位于【参数】菜单栏中，使用这种参数化绘图功能，可以让用户通过基于设计意图的几何图形进行添加约束，从而能高效率地对设计进行修改，以大大提高生产力。

约束是一种规则，它可以决定图形对象彼此间的放置位置及标注，对一个对象所做的更改可能会影响其他对象，通常在工程的设计阶段使用约束。

为几何图形添加约束，具体有几何约束和标注约束两种，下面将学习这两种约束功能。

6.6.1 几何约束

几何约束可以确定对象之间或对象上的点之间的几何关系，创建后，它们可以限制可能会违反约束的所有更改。例如，如果一条直线被约束为与圆弧相切，当更改该圆弧的位置时，它将自动保留切线，这称为几何约束。

另外，同一对象上的关键点或不同对象上的关键点均可约束为相对于当前坐标系统的垂直或水平方向。例如，可指定两个圆一直同心、两条直线一直水平，或矩形的一边一直水平等。

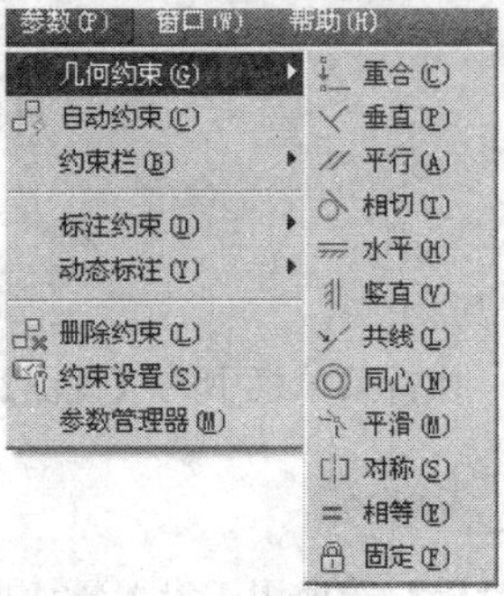

图6-68 几何约束菜单

执行【几何约束】命令主要有以下几种方式：

- 执行菜单栏中的【参数】/【几何约束】下一级菜单命令，如图6-68所示。
- 单击【参数化】工具栏中的嵌套按钮。
- 在命令行输入GeomConstraint后按Enter键。
- 单击功能区【参数化】选项卡/【几何】面板中的按钮。

6.6.2 添加约束

下面通过为图形添加固定约束和相切约束，学习使用【几何约束】功能。具体操作如下：

1 新建文件并随意绘制一个圆及一条直线，如图6-69所示。

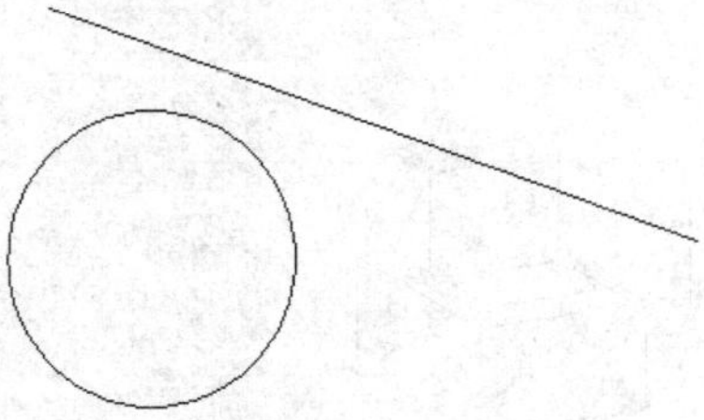

图6-69 绘制结果

2 执行菜单栏中的【参数】/【几何约束】/【固定】命令，为圆图形添加固定约束。命令行操作如下。

命令: _GeomConstraint

输入约束类型 [水平(H)/竖直(V)/垂直(P)/平行(PA)/相切(T)/平滑(SM)/重合(C)/同心(CON)/共线(COL)/对称(S)/相等(E)/固定(F)] <相切>:_Fix

选择点或 [对象(O)] <对象>: //在如图6-70所示的圆轮廓线上单击，为其添加固定约束，约束后的效果如图6-71所示

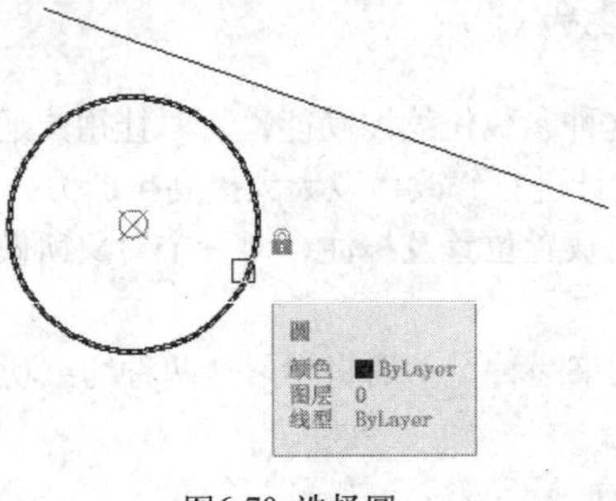

图6-70 选择圆

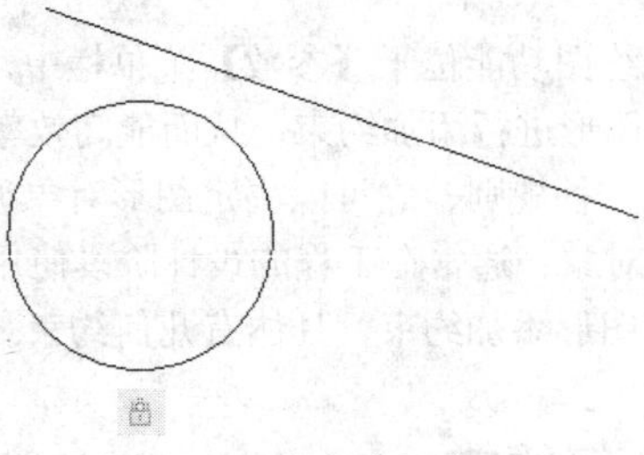

图6-71 添加固定约束

3 执行菜单栏中的【参数】/【几何约束】/【相切】命令，为圆和直线添加相切约束，使直线与圆图形相切。命令行操作如下。

命令: _GeomConstraint

输入约束类型[水平(H)/竖直(V)/垂直(P)/平行(PA)/相切(T)/平滑(SM)/重合(C)/同心(CON)/共线(COL)/对称(S)/相等(E)/固定(F)] <固定>:_Tangent

选择第一个对象:　　　　　　　　　　//选择如图6-72所示的圆

选择第二个对象:　　　　　　　　　　//选择如图6-73所示的直线，添加约束后，两对象被约束为相切，结果如图6-74所示

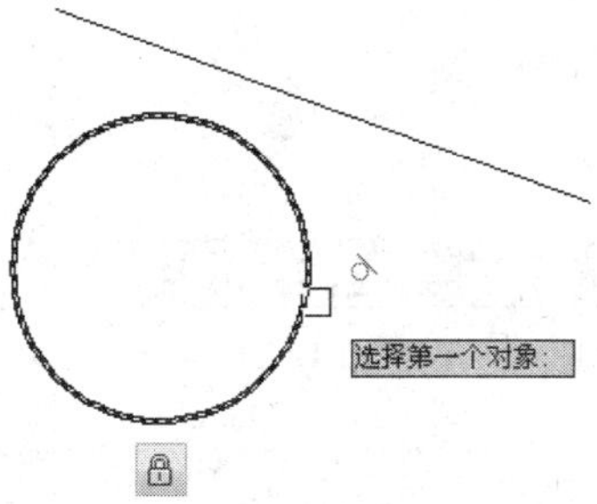

图6-72　拾取相切对象

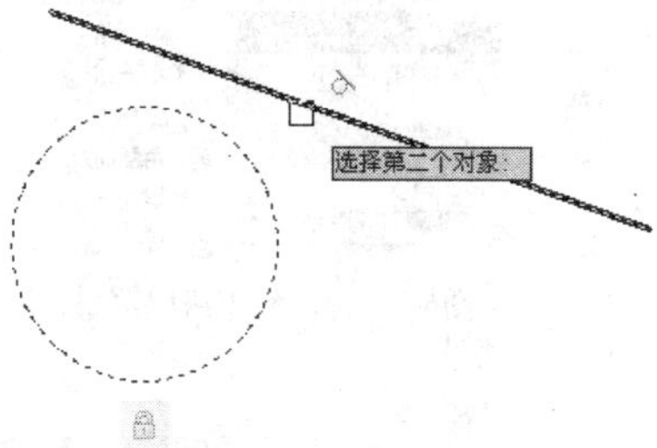

图6-73　拾取相切对象

4 执行菜单栏中的【参数】/【约束栏】/【全部隐藏】命令，可以将约束标记进行隐藏，结果如图6-75所示。

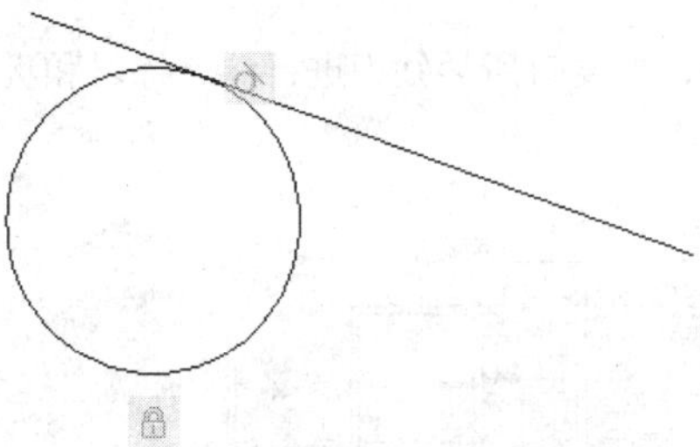

图6-74　相切约束结果

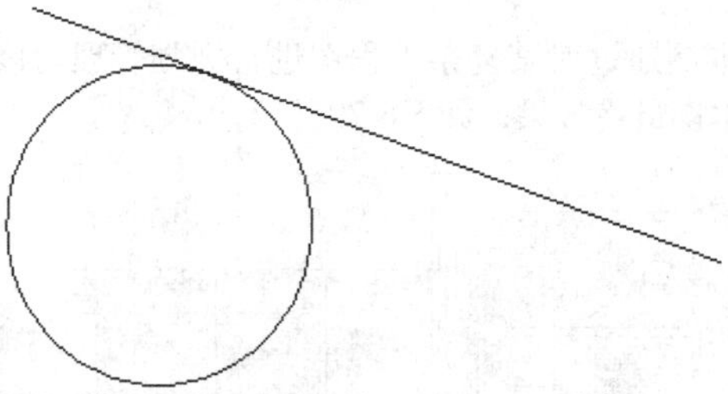

图6-75　隐藏标记后的效果

5 执行菜单栏中的【参数】/【约束栏】/【全部显示】命令，可以将隐藏的约束标记全部显示。

6.6.3　标注约束

标注约束可以确定对象、对象上的点之间的距离或角度，也可以确定对象的大小。共有“对齐、水平、竖直、角度、半径和直径”等六种类型的标注约束。标注约束包括名称和值，如图6-76所示，编辑标注约束中的值时，关联的几何图形会自动调整大小。默认情况下，标注约束是动态的，具体有以下特点：

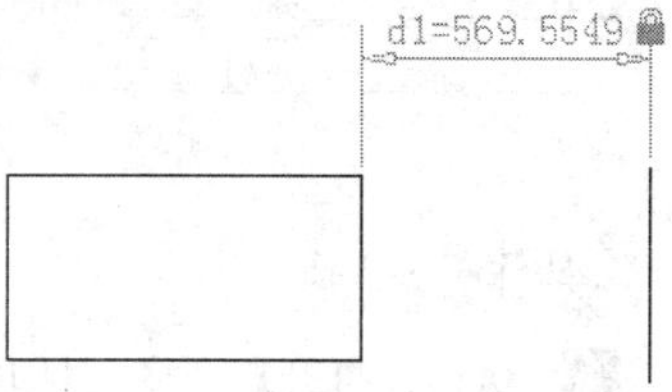

图6-76　标注约束

- 缩小或放大视图时，标注约束大小不变。
- 可以轻松控制标注约束的显示或隐藏状态。
- 以固定的标注样式显示。
- 提供有限的夹点功能。
- 打印时不显示标注约束。

执行【标注约束】命令主要有以下几种方式：

- 执行菜单栏中的【参数】/【标注约束】下一级菜单命令，如图6-77所示。
- 单击【标注约束】工具栏中的按钮，如图6-78所示。
- 在命令行输入GeomConstraint后按Enter键。
- 单击功能区【参数化】选项卡/【标注】面板中的按钮。

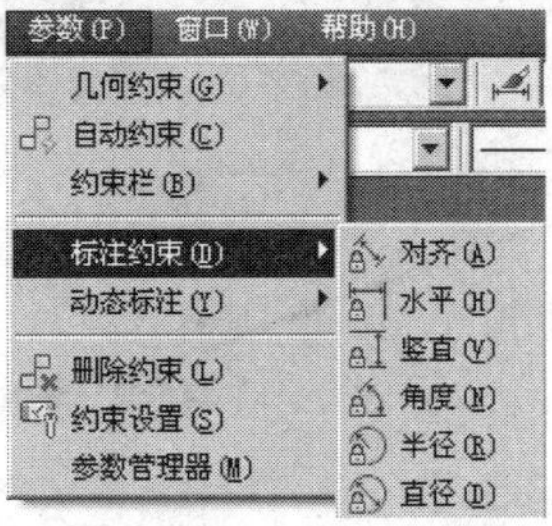

图6-77 标注约束级联菜单

图6-78 【参数化】工具栏

6.7 上机指导（二）——复杂图形的组织管理与特性编辑

本例通过对某复杂工程图进行规划管理与修改完善，主要对所学知识进行综合练习和巩固应用。本例最终效果，如图6-79所示。

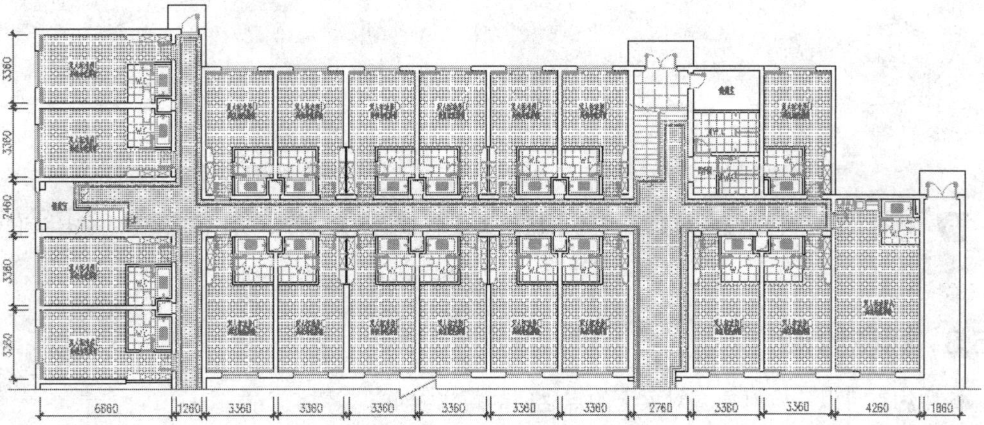

图6-79 实例效果

操作步骤

1. 执行【打开】命令，打开随书光盘中的“素材文件/酒店布置图.dwg”，如图6-80所示。
2. 使用命令简写“LA”激活【图层】命令，在打开的【图层特性管理器】对话框内创建如图6-81所示的新图层，以分别对各类图形资源进行规划。
3. 接下来在【图层特性管理器】对话框中分别为各图层指定颜色特性，结果如图6-82所示。
4. 执行【设计中心】命令，在打开的【设计中心】窗口内定位光盘中的“样板文件”文件夹，在左侧窗口中单击“建筑样板.dwt”文件，展开此文件的内部资源，如图6-83所示。

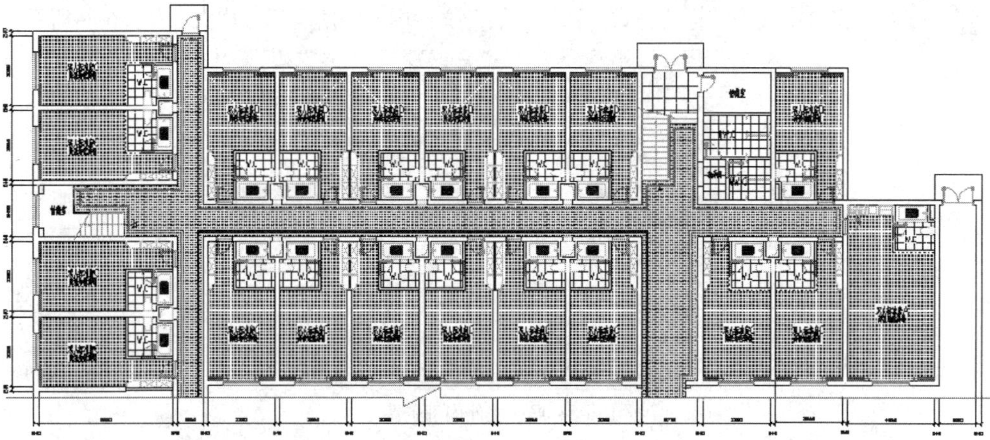

图6-80 打开结果

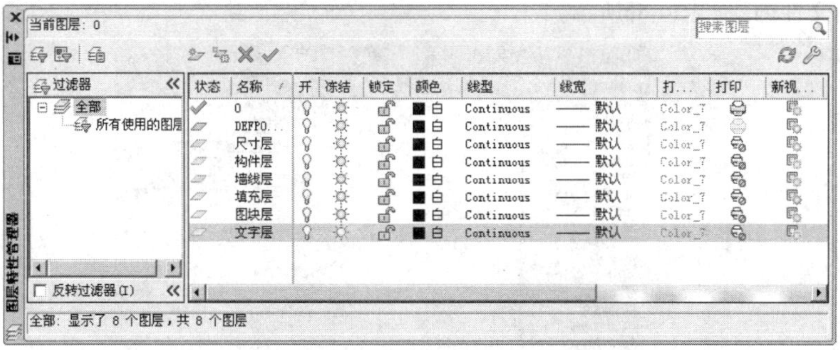

图6-81 创建新图层

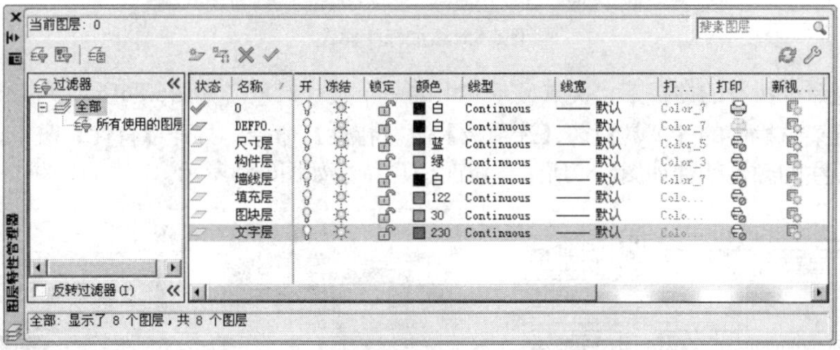

图6-82 设置图层特性

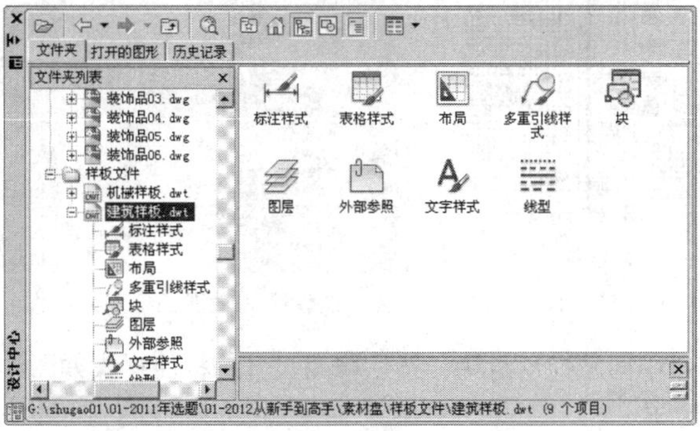

图6-83 定位文件夹

5 在右侧窗口中双击“标注样式”图标，展开文件内部的所有标注样式，如图6-84所示。

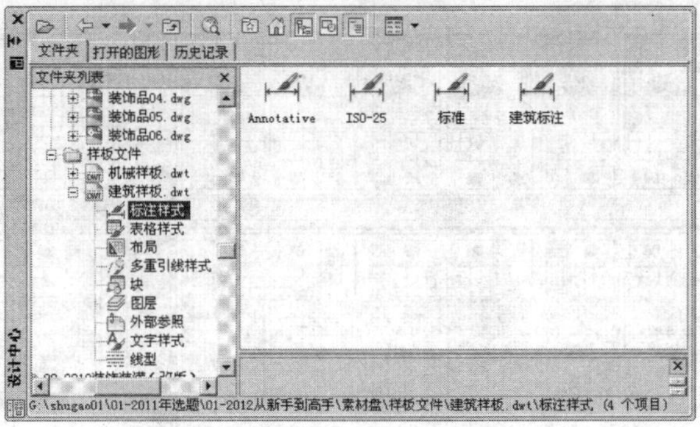

图6-84 展开文件内部资源

6 在“建筑标注”样式图标上单击右键，选择“添加标注样式”选项，将此标注样式添加到当前文件内，如图6-85所示。

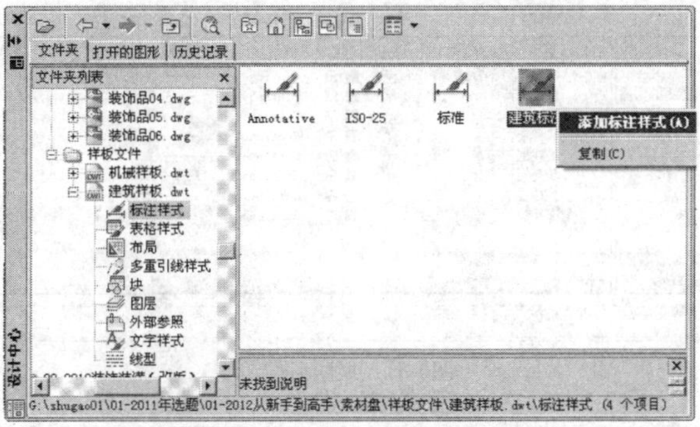

图6-85 添加标注样式

7 在无命令执行的前提下，夹点显示其中的一个尺寸对象，如图6-86所示。

8 执行菜单栏中的【工具】/【选项板】/【特性】命令，打开【特性】窗口，然后修改尺寸标注的颜色特性如图6-87所示，修改图层特性如图6-88所示。

图6-86 尺寸的夹点显示

图6-87 修改颜色

图6-88 修改尺寸所在层

9 在【特性】窗口中向下拖动滑块，然后修改尺寸的标注样式如图6-89所示，修改标注全局比例如图6-90所示。

10 返回绘图区，取消尺寸的夹点显示，观看修改后的结果，如图6-91所示。

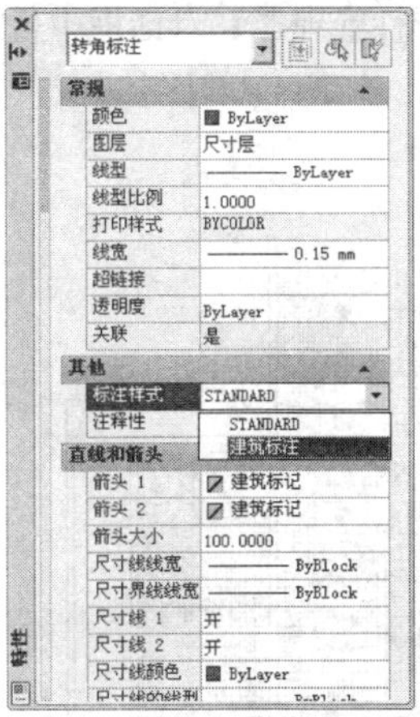

图6-89 修改标注样式

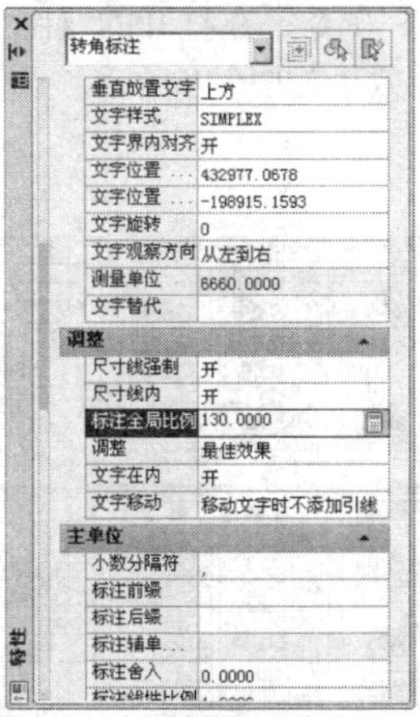

图6-90 修改标注比例

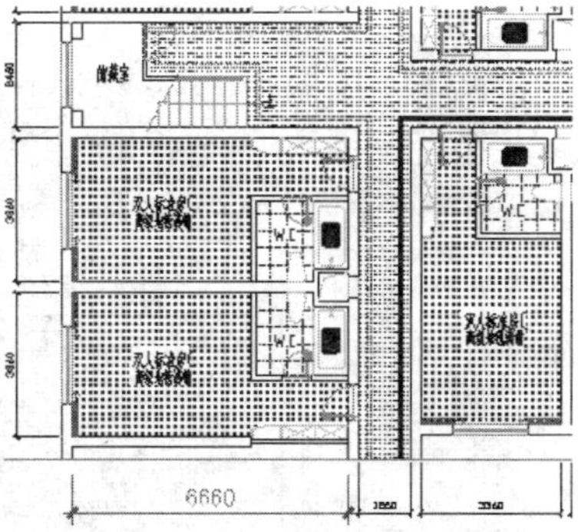

图6-91 修改结果

11 使用命令简写“MA”激活【特性匹配】命令，将尺寸的内部特性分别匹配给其他位置的尺寸。命令行操作如下。

命令: ma
MATCHPROP选择源对象: //选择如图6-92所示的尺寸
选择目标对象或 [设置(S)]: //窗交选择如图6-93所示的尺寸

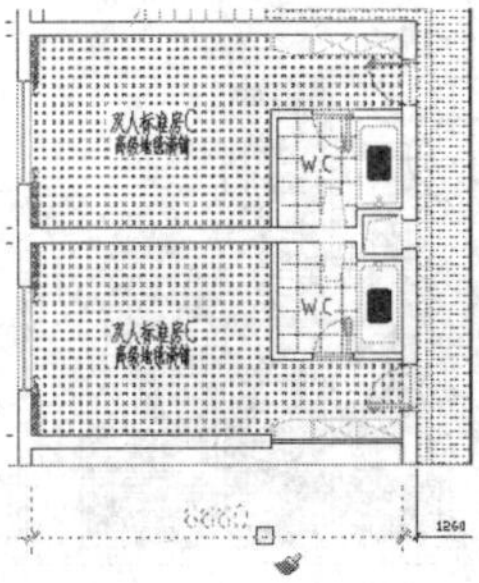

图6-92 选择源对象

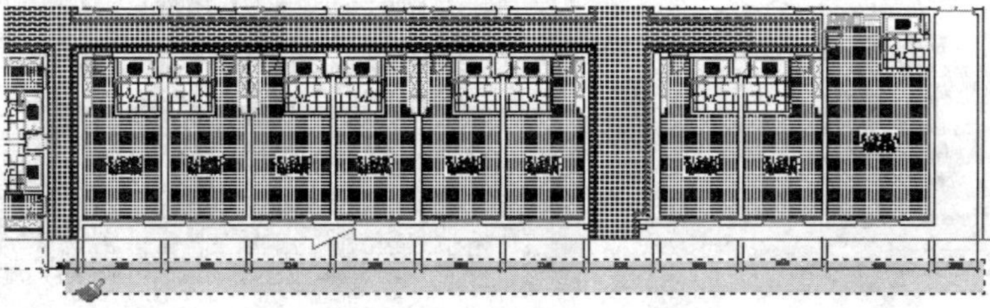

图6-93 选择目标对象

选择目标对象或 [设置(S)]: //窗交选择如图6-94所示的尺寸
选择目标对象或 [设置(S)]: // Enter，匹配结果如图6-95所示

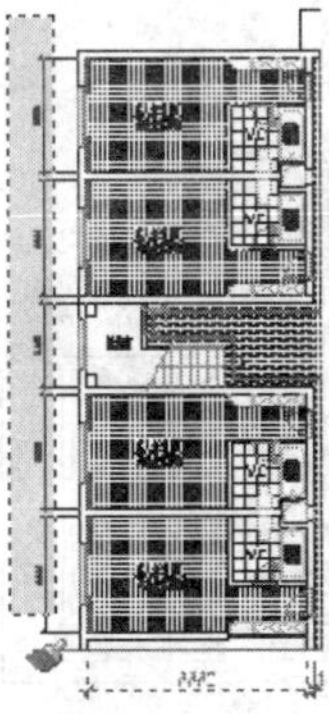

图6-94 窗交选择

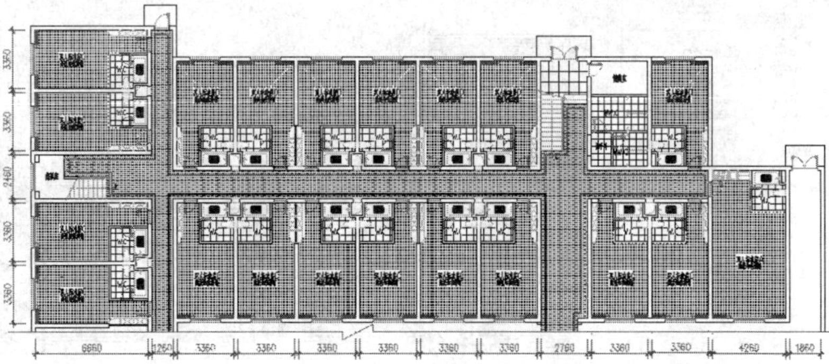

图6-95 匹配结果

12 使用命令简写“LA”激活【图层】命令，在打开的【图层特性管理器】对话框中暂时关闭“尺寸层”，此时平面图的显示效果如图6-96所示。

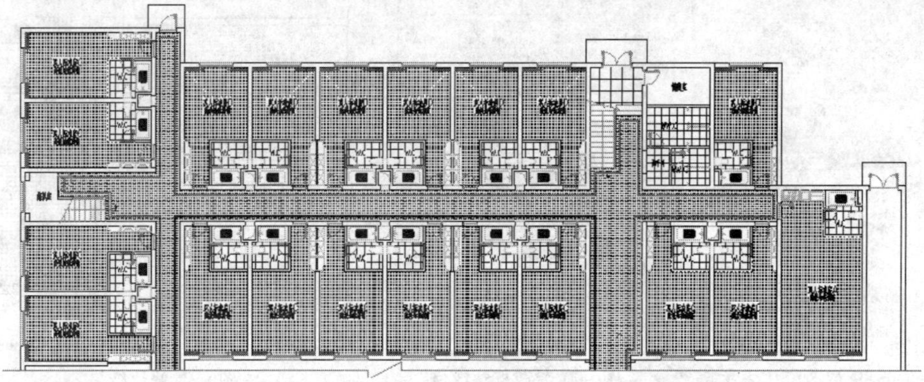

图6-96 平面图的显示效果

13 执行菜单栏中的【工具】/【快速选择】命令，在打开的【快速选择】对话框中设置过滤参数如图6-97所示，选择所有的文字对象，选择结果如图6-98所示。

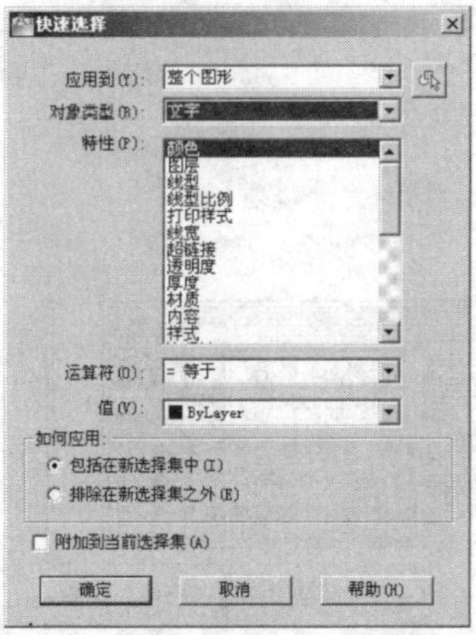

图6-97 【快速选择】对话框

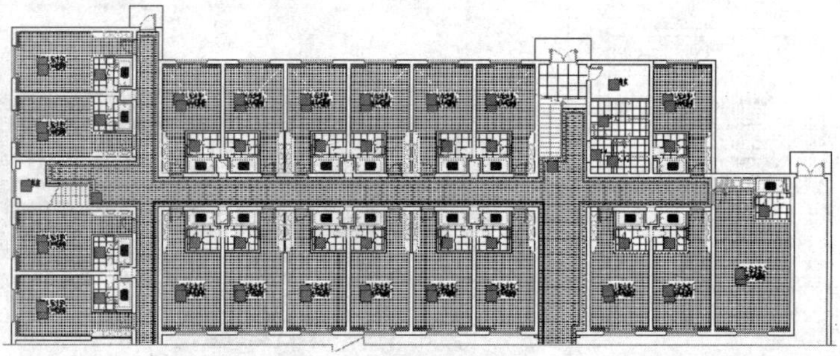

图6-98 选择结果

14 展开【特性】窗口，修改夹点对象的图层如图6-99所示，此时平面图的显示效果如图6-100所示。

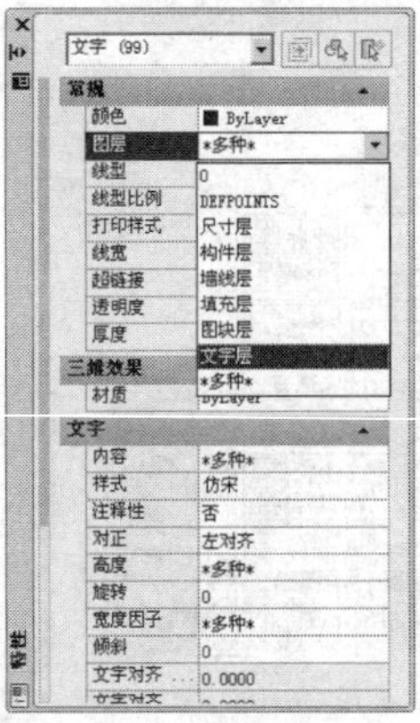

图6-99 更改图层

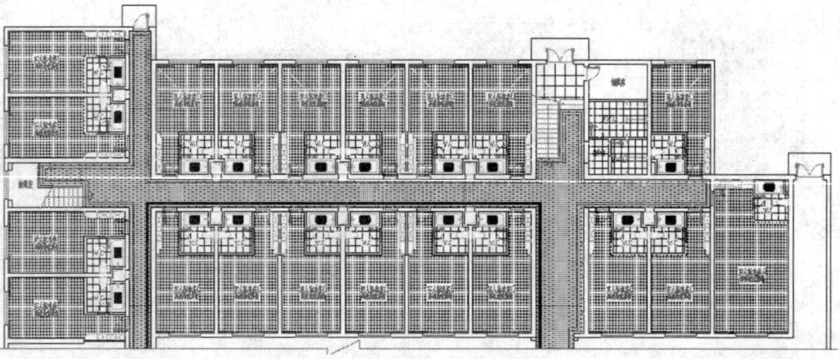

图6-100 图形的显示

15 展开【图层控制】下拉列表，将“文字层”关闭，此时平面图的显示效果如图6-101所示。

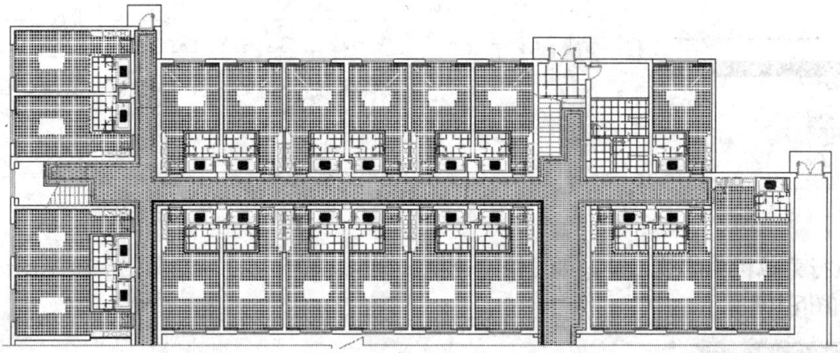

图6-101 关闭后的显示效果

16 执行菜单栏中的【工具】/【快速选择】命令，设置过滤参数如图6-102所示，选择结果如图6-103所示。

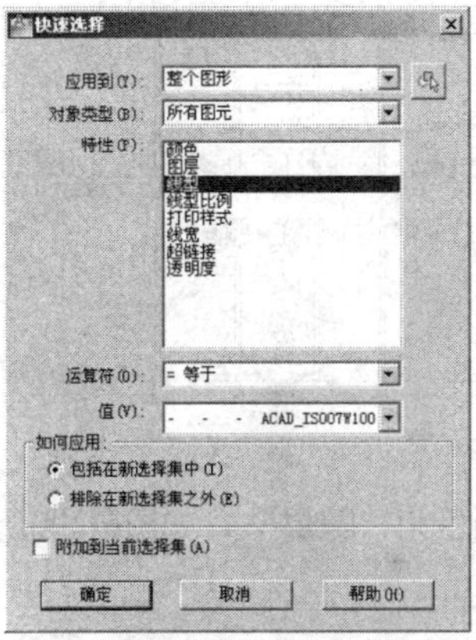

图6-102 【快速选择】对话框

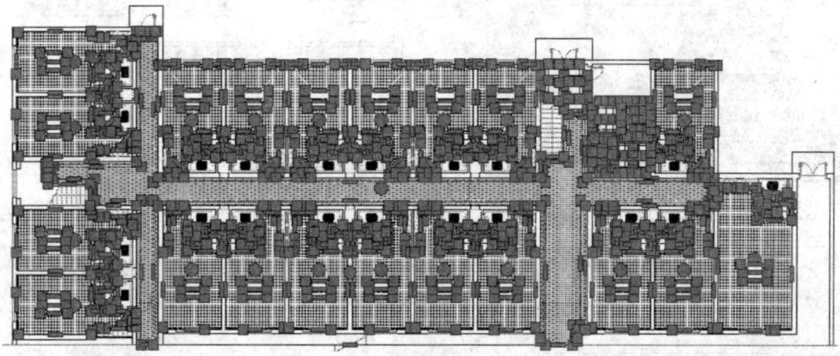

图6-103 选择结果

17 展开【特性】窗口，修改夹点对象的图层为“填充层”，此时平面图的显示效果如图6-104所示。

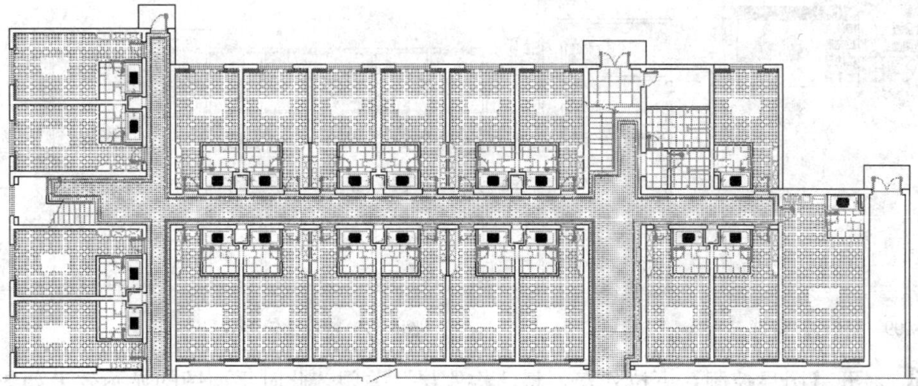

图6-104 更改图层后的效果

18 展开【图层控制】下拉列表，将“填充层”冻结，如图6-105所示，此时平面图的显示效果如图6-106所示。

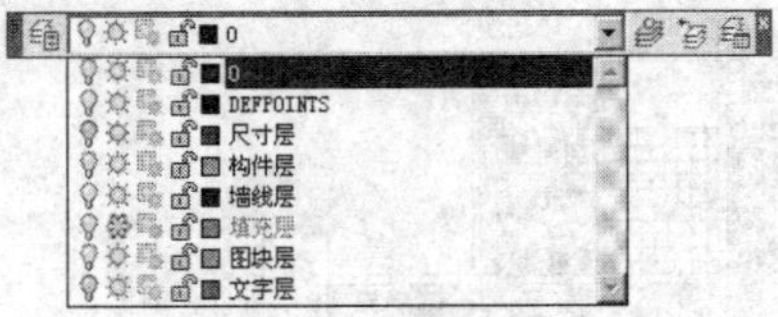

图6-105 【图层控制】下拉列表

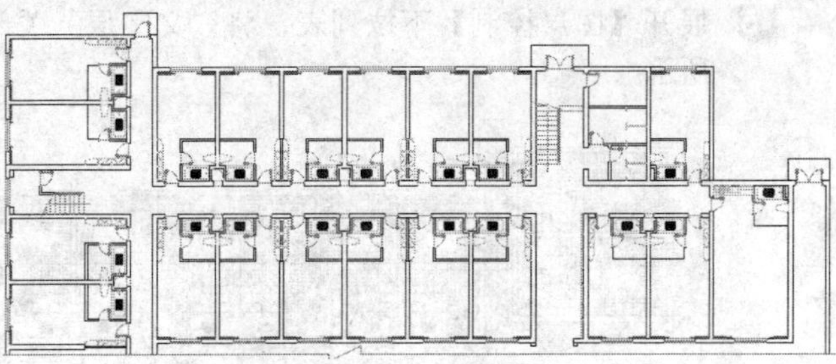

图6-106 冻结后的显示效果

19 执行菜单栏中的【工具】/【快速选择】命令，设置过滤参数如图6-107所示，选择结果如图6-108所示。

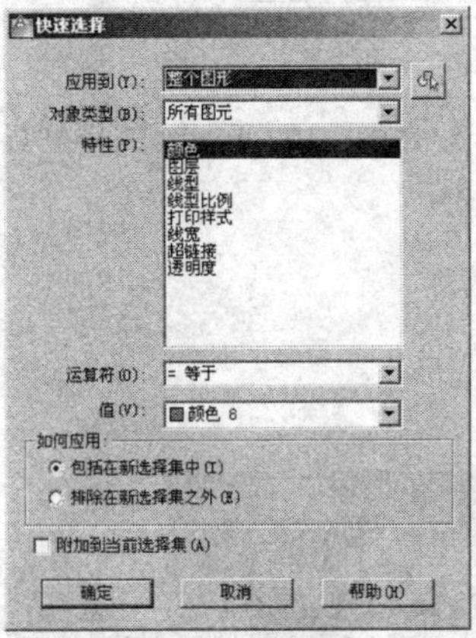

图6-107 【快速选择】对话框

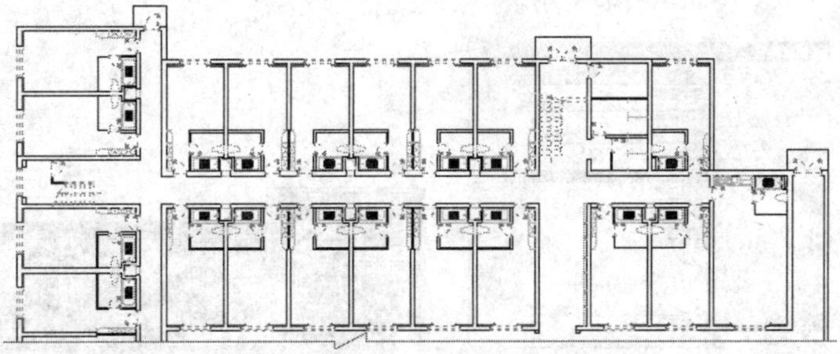

图6-108 选择结果

20 展开【特性】窗口，修改夹点对象的图层为“构件层”，颜色为“随层”，如图6-109所示，平面图的显示效果如图6-110所示。

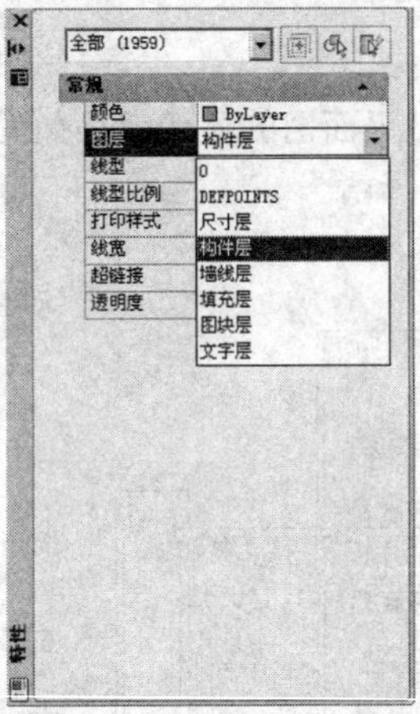

图6-109 【特性】窗口

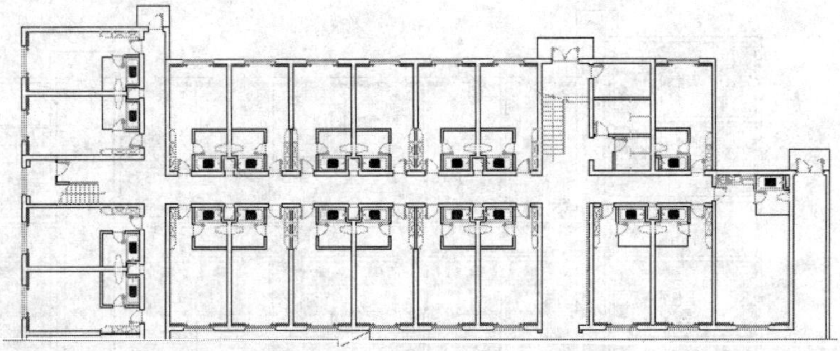

图6-110 特性编辑的效果

21 展开【图层控制】下拉列表，将“构件层”关闭，此时平面图的显示效果如图6-111所示。

22 执行菜单栏中的【工具】/【快速选择】命令，设置过滤参数如图6-112所示，选择结果如图6-113所示。

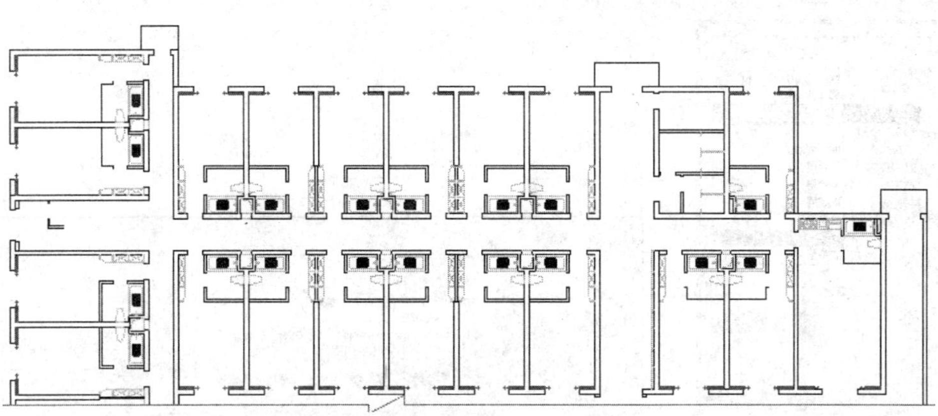

图6-111 关闭后的显示效果

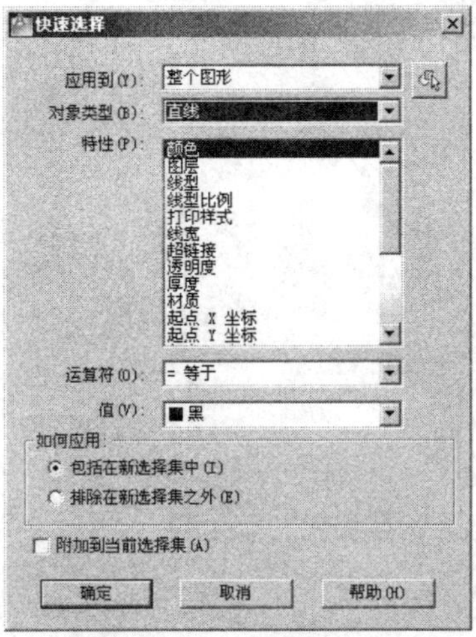

图6-112 【快速选择】对话框

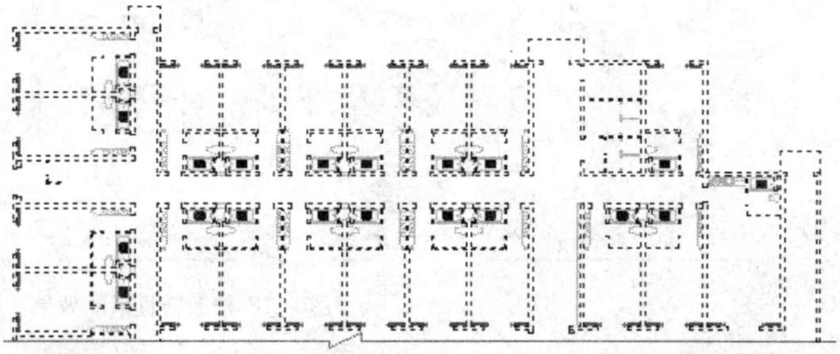

图6-113 选择结果

23 展开【图层控制】下拉列表，将选择的对象放到“墙线层”上，同时冻结“墙线层”，如图6-114所示，此时平面图的显示效果如图6-115所示。

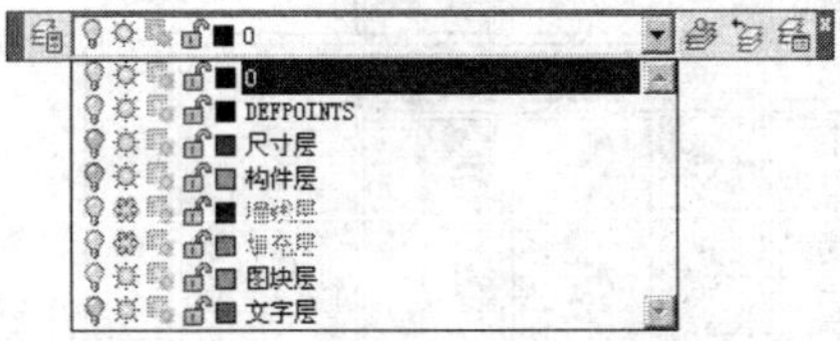

图6-114 【图层控制】下拉列表

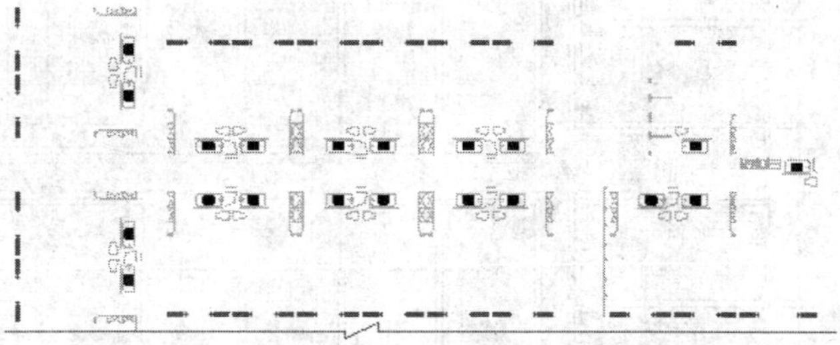

图6-115 冻结图层后的效果

24 窗口选择如图6-116所示的对象，然后在【特性】窗口中修改其颜色和图层特性，如图6-117所示，修改后的平面图效果如图6-118所示。

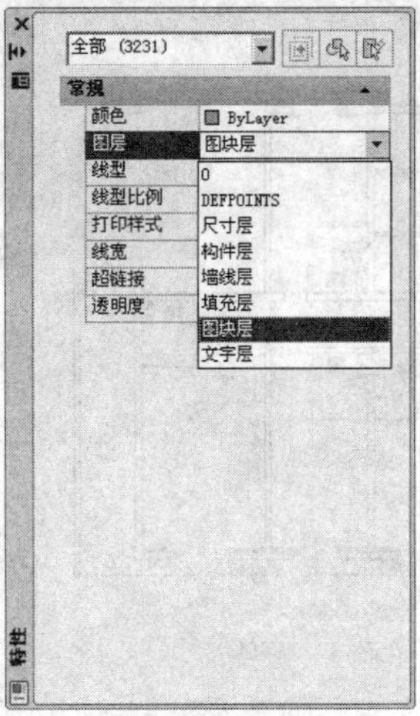

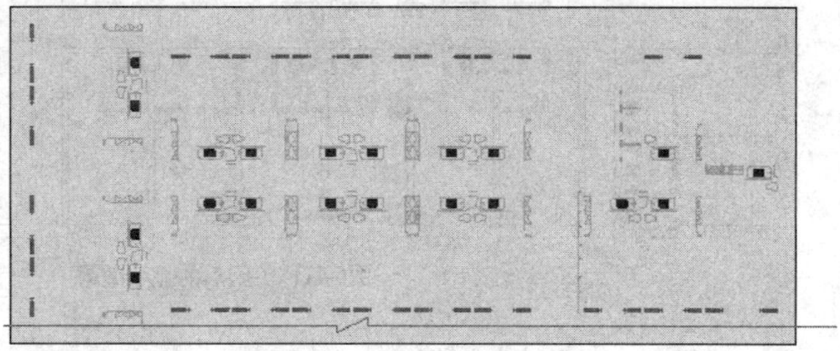

图6-116 窗口选择　　　　图6-117 【特性】窗口

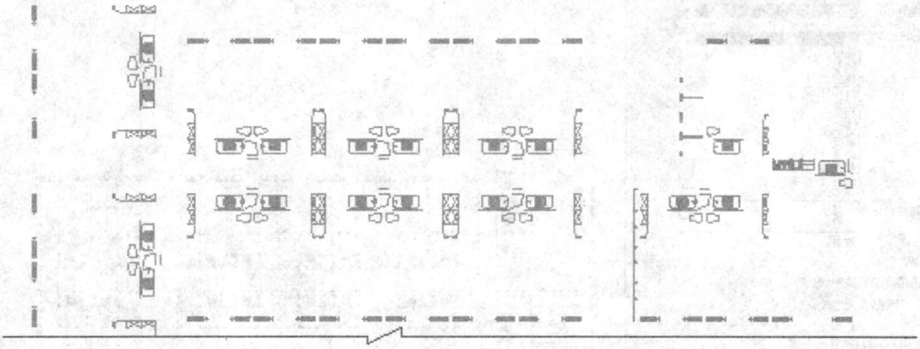

图6-118 修改特性后的效果

25 展开【图层控制】下拉列表，打开和解冻所有的图层，平面图的显示效果如图6-119所示。

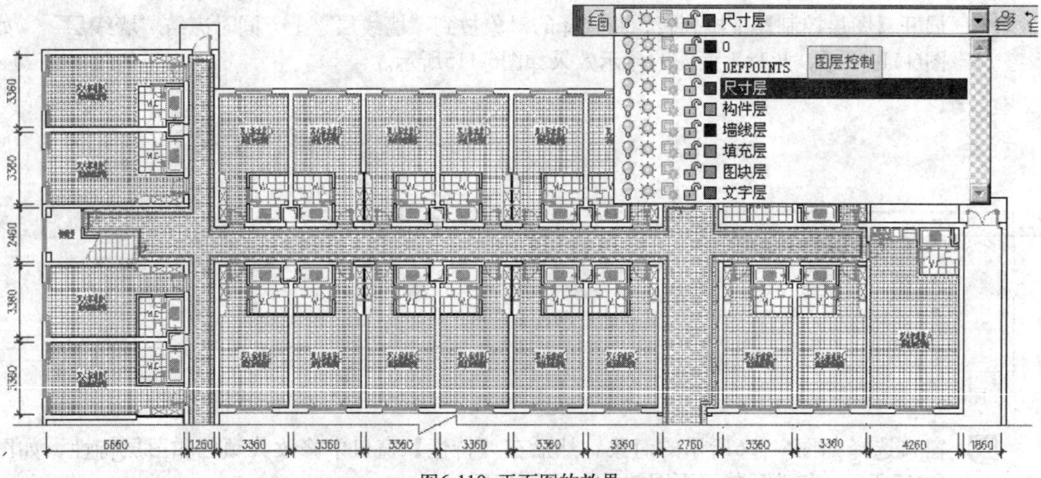

图6-119 平面图的效果

26 执行【另存为】命令，将图形另名存储为“上机指导（二）.dwg”。

第7章

图形信息的传递功能——文字、符号与表格

在AutoCAD制图中，文字是另外一种表达施工图纸信息的方式，用于表达图形无法传递的一些信息，是图纸中不可缺少的一项内容。本章主要学习与文字相关的知识，具体学习内容如下：

- ✓ 设置文字样式
- ✓ 创建文字注释
- ✓ 创建特殊字符
- ✓ 编辑文字注释
- ✓ 上机指导（一）——标注零件图技术要求
- ✓ 信息查询
- ✓ 上机指导（二）——标注多居室房间功能与面积
- ✓ 表格与表格样式
- ✓ 上机指导（三）——明细表格的快速创建与填充
- ✓ 创建引线文字
- ✓ 上机指导（四）——标注别墅立面图墙面材质

7.1 设置文字样式

【文字样式】命令用于控制文字的外观效果，如字体、字号、倾斜角度、旋转角度以及其他的特殊效果等。相同内容的文字，如果使用不同的文字样式，其外观效果也不相同，如图7-1所示。

AutoCAD 培训中心	AutoCAD 培训中心	AutoCAD 培训中心

图7-1 文字示例

执行【文字样式】命令主要有以下几种方式：

- ◆ 执行菜单栏中的【格式】/【文字样式】命令。
- ◆ 单击【样式】工具栏或【文字】面板中的按钮。
- ◆ 在命令行输入Style后按Enter键。
- ◆ 使用命令简写ST。

7.1.1 设置文字样式

下面通过设置名为“仿宋体”的文字样式，学习【文字样式】命令的使用方法和技巧。具体操作步骤如下：

1 设置新样式。单击【样式】工具栏中的按钮，激活【文字样式】命令，打开【文字样式】对话框，如图7-2所示。

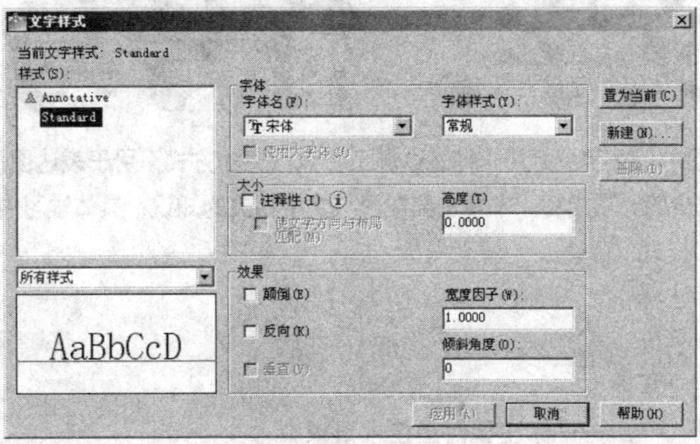

图7-2 【文字样式】对话框

2 单击新建(N)...按钮，在打开的【新建文字样式】对话框中为新样式命名，如图7-3所示。

3 设置字体。在【字体】选项组中展开【字体名】下拉列表框，选择所需的字体，如图7-4所示。

图7-3 【新建文字样式】对话框

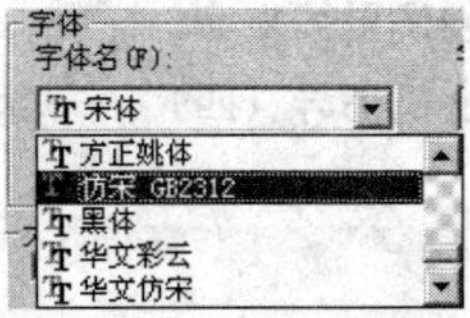

图7-4 【字体名】下拉列表框

TIP 如果取消【使用大字体】复选项，所有（.SHX）和TrueType字体都会显示在列表框内以供选择；若选择TrueType字体，那么在右侧【字体样式】列表框中可以设置当前字体样式，如图7-5所示；若选择了编译型（.SHX）字体，且勾选了【使用大字体】复选项后，右端的列表框则变为如图7-6所示的状态，此时可选择所需的大字体。

图7-5 选择TrueType字体

图7-6 选择编译型（.SHX）字体

4 设置字体高度。在【高度】文本框中设置文字的高度。

TIP 如果设置了高度，那么当创建文字时，命令行就不会再提示输入文字的高度。建议在此不设置字体的高度；【注释】复选项用于为文字添加注释特性。

7.1.2 设置文字效果

当设置了文字样式的字体、字高等特性后，有时还需要设置某些字体效果，具体如下：

1 在【颠倒】复选项中可以设置文字为倒置状态，如图7-7所示。

2 在【反向】复选项中可以设置文字为反向状态，如图7-7所示。

3 在【垂直】复选项中可以控制文字呈垂直排列状态，如图7-7所示。

4 在【倾斜角度】文本框用于控制文字的倾斜角度，如图7-7所示。

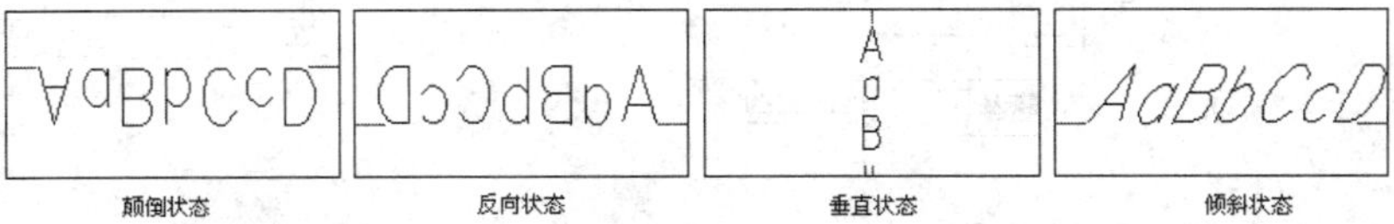

图7-7 设置字体效果

5 设置宽度比例。在【宽度比例】文本框内设置字体的宽高比值。

> **TIP** 国标规定工程图样中的汉字应采用长仿宋体，宽高比为0.7，当该比值大于1时，文字宽度放大，否则将缩小。

6 单击 预览(P) 按钮，在【预览】选项组中可以直观地预览文字的效果。

7 单击 删除(D) 按钮，可以将多余的文字样式删除。

> **TIP** 默认的Standard样式、当前文字样式以及在当前文件中已使过的文字样式，都不能被删除。

8 单击 应用(A) 按钮，结果设置的文字样式被看做当前样式。

9 单击 关闭(C) 按钮，关闭【文字样式】对话框。

7.2 创建文字注释

本节主要学习【单行文字】和【多行文字】两个命令，以创建单行文字注释、多行文字注释和段落性文字注释。

7.2.1 创建单行文字

【单行文字】命令用于通过命令行创建单行或多行的文字对象，所创建的每一行文字，都被看做是一个独立的对象，如图7-8所示。

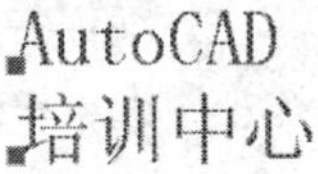

图7-8 单行文字示例

执行【单行文字】命令主要有以下几种方式：

- 执行菜单栏中的【绘图】/【文字】/【单行文字】命令。
- 单击【文字】工具栏或【文字】面板中的A按钮。
- 在命令行输入Dtext后按Enter键。
- 使用命令简写DT。

- **创建单行文字**

下面通过标注如图7-9所示的石阶剖面图文字注释，主要学习【单行文字】命令的操作方法和操作技巧。

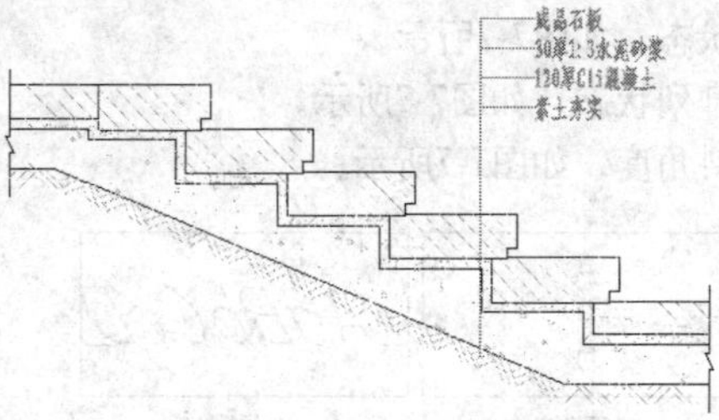

图7-9 实例效果

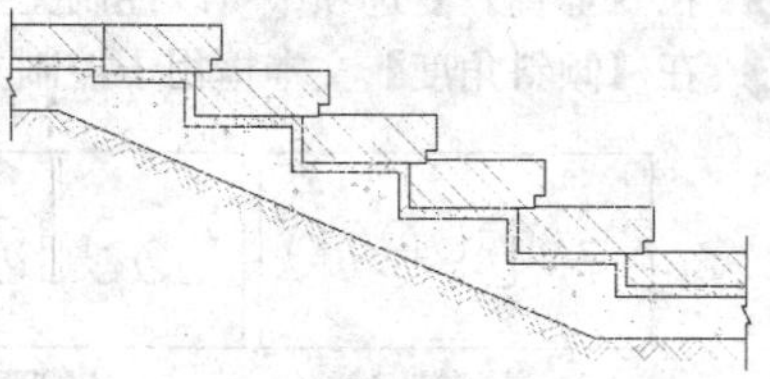

图7-10 打开结果

1 执行【打开】命令，打开随书光盘“素材文件/石阶剖面图.dwg”，如图7-10所示。

2 使用命令简写“L”激活【直线】命令，配合捕捉或追踪功能绘制如图7-11所示的指示线。

3 执行菜单栏中的【绘图】/【圆环】命令，配合最近点捕捉功能绘制外径为100的实心圆环，如图7-12所示。

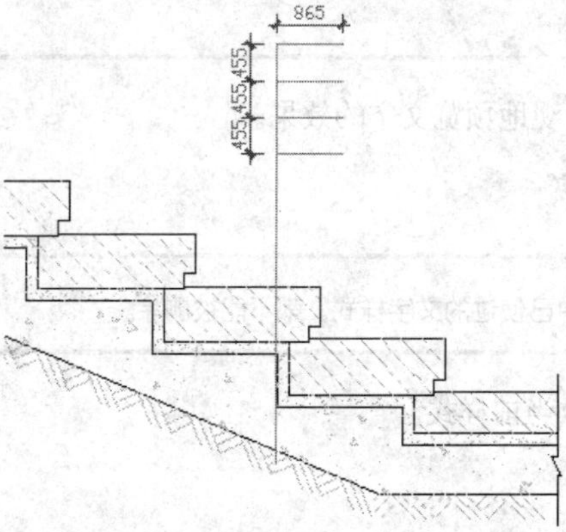

图7-11 绘制指示线

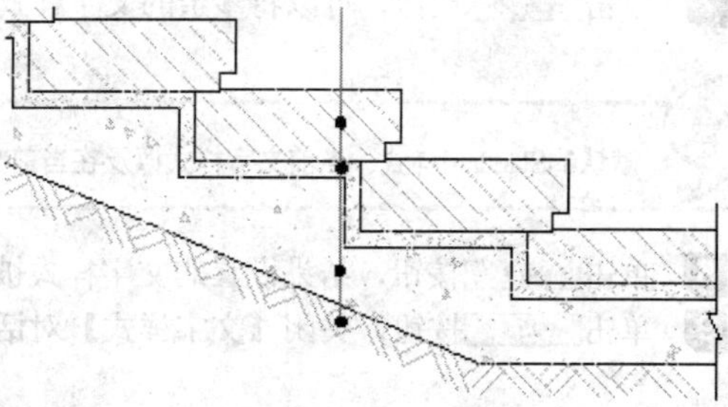

图7-12 绘制圆环

4 单击【文字】工具栏中的A按钮，激活【单行文字】命令，根据AutoCAD命令行的操作提示标注文字注释。命令行操作如下。

```
命令: _dtext
    当前文字样式: 仿宋体 当前文字高度: 0
    指定文字的起点或 [对正(J)/样式(S)]:                //J Enter
    输入选项 [对齐(A)/布满(F)/居中(C)/中间(M)/右对齐(R)/左上(TL)/中上(TC)/右上(TR)/左中
(ML)/正中(MC)/右中(MR)/左下(BL)/中下(BC)/右下(BR)]:      //ML Enter
    指定文字的左中点:            //捕捉最上端水平指示线的右端点，如图7-13所示
    指定高度 <0>:                //285 Enter，结束对象的选择
    指定文字的旋转角度 <0>:      // Enter，采用当前参数设置
```

> **TIP** 文字旋转角度是指一行文字相对于水平方向的角度，文字本身并没有倾斜，而文字倾斜角是指文字本身的倾斜角度。

5 此时系统在指定的起点处出现一单行文字输入框，如图7-14所示，然后在此文字输入框内输入文字内容，如图7-15所示。

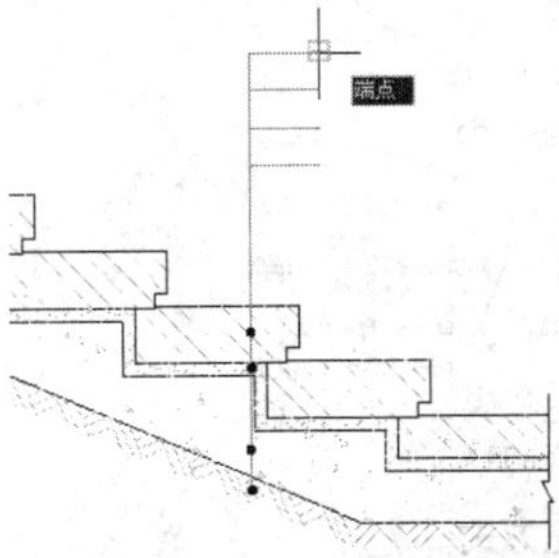

图7-13　捕捉端点

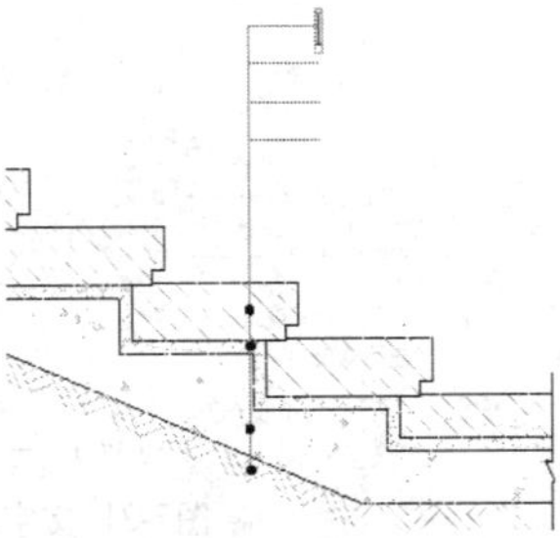

图7-14　文字输入框

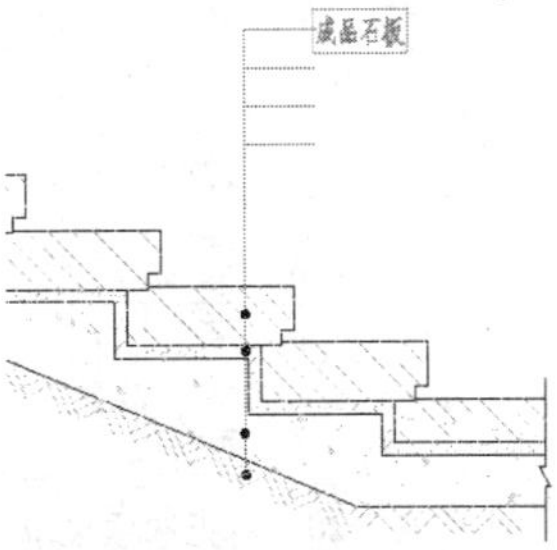

图7-15　输入文字

6 通过按Enter键进行换行，然后输入第二行文字内容，如图7-16所示

7 通过按键盘上的Enter键进行换行，然后分别输入第三行和第四行文字内容，如图7-17所示。

8 连续两次按Enter键，结束【单行文字】命令，结果如图7-18所示。

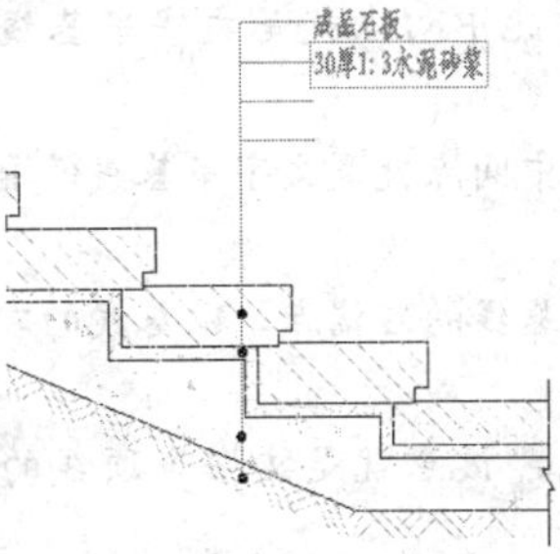

图7-16　输入第二行文字

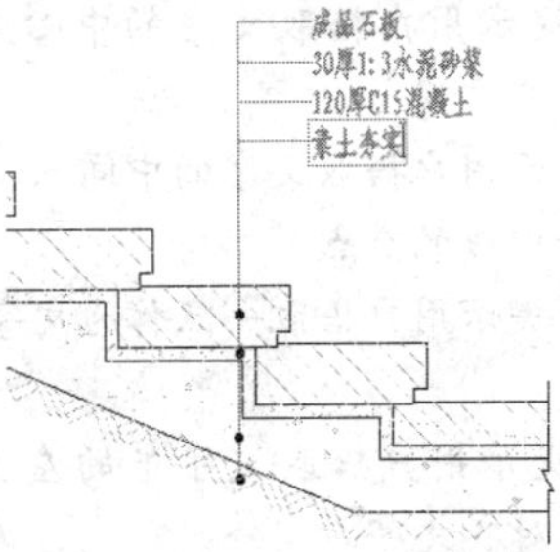

图7-17　输入其他行文字

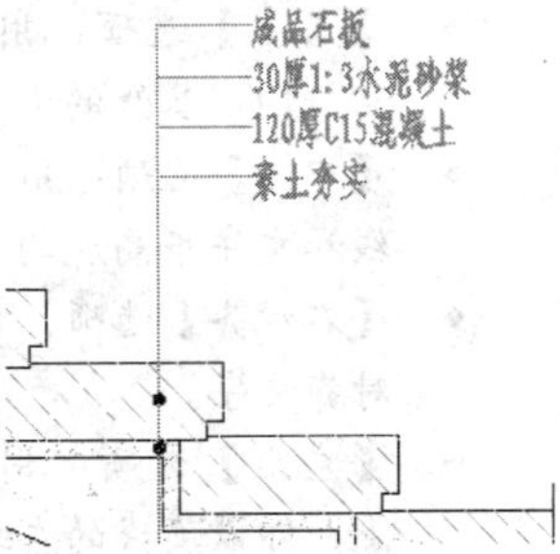

图7-18　标注结果

TIP 如果在文字样式中定义了字体高度，那么在此就不会出现“指定高度<2.5>：”提示，AutoCAD会按照定义的字高来创建文字。

- **文字的对正**

“文字的对正”指的是文字的哪一位置与插入点对齐，它是基于如图7-19所示的四条参考线而言的，这四条参考线分别为顶线、中线、基线、底线，其中“中线”是大写字符高度的水平中心线（即顶线至基线的中间），不是小写字符高度的水平中心线。

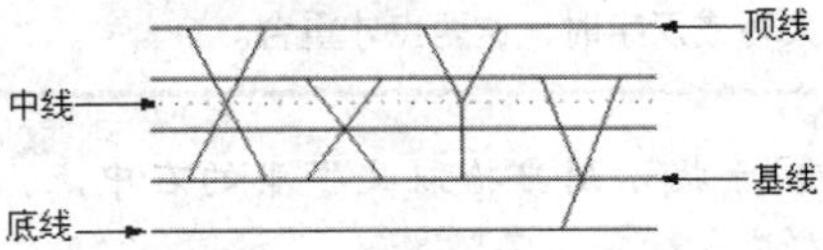

图7-19　文字对正参考线

执行【单行文字】命令后，在命令行“指定文字的起点或 [对正(J)/样式(S)]:”提示下激活【对正】选项，可打开如图7-20所示的选项菜单，同时命令行将显示如下操作提示：

“输入选项[对齐(A)/布满(F)/居中(C)/中间(M)/右对齐(R)/左上(TL)/中上(TC)/右上(TR)/左中(ML)/正中(MC)/右中(MR)/左下(BL)/中下(BC)/右下(BR)]:”另外，文字的各种对正方式也可参见图7-21所示。

图7-20　对正选项菜单

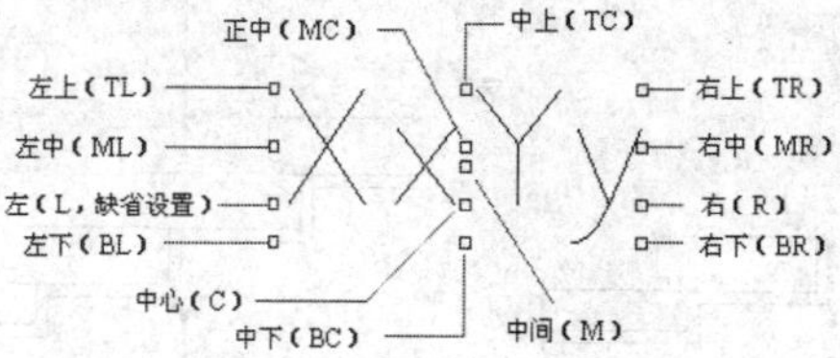

图7-21　文字的对正方式

各种对正方式如下：

- 【对齐】选项：用于提示拾取文字基线的起点和终点，系统会根据起点和终点的距离自动调整字高。
- 【布满】选项：用于提示用户拾取文字基线的起点和终点，系统会以拾取的两点之间的距离自动调整宽度系数，但不改变字高。
- 【居中】选项：用于提示用户拾取文字的中心点，此中心点就是文字串基线的中点，即以基线的中点对齐文字。
- 【中间】选项：用于提示用户拾取文字的中间点，此中间点就是文字串基线的垂直中线和文字串高度的水平中线的交点。
- 【右对齐】选项：用于提示用户拾取一点作为文字串基线的右端点，以基线的右端点对齐文字。
- 【左上】选项：用于提示用户拾取文字串的左上点，该点就是文字串顶线的左端点，即以顶线的左端点对齐文字。
- 【中上】选项：用于提示用户拾取文字串的中上点，该点就是文字串顶线的中点，即以顶线的中点对齐文字。
- 【右上】选项：用于提示用户拾取文字串的右上点，该点就是文字串顶线的右端点，即以顶线的右端点对齐文字。
- 【左中】选项：用于提示用户拾取文字串的左中点，该点就是文字串中线的左端点，即以中线的左端点对齐文字。
- 【正中】选项：用于提示用户拾取文字串的中间点，该点就是文字串中线的中点，即以中线的中点对齐文字。

TIP

【正中】和【中间】两种对正方式拾取的都是中间点，但这两个中间点的位置并不一定完全重合，只有输入的字符为大写或汉字时，这两点才重合。

- 【右中】选项：用于提示用户拾取文字串的右中点，该点就是文字串中线的右端点，即以中线的右端点对齐文字。
- 【左下】选项：用于提示用户拾取文字串的左下点，该点就是文字串底线的左端点，即以底线的左端点对齐文字。
- 【中下】选项：用于提示用户拾取文字串的中下点，该点就是文字串底线的中点，即以底线的中点对齐文字。
- 【右下】选项：用于提示用户拾取文字串的右下点，该点就是文字串底线的右端点，即以底线的右端点对齐文字。

7.2.2 创建多行文字

【多行文字】命令也是一种较为常用的文字创建工具，比较适合于创建较为复杂的文字，比如单行文字、多行文字以及段落性文字。无论创建的文字包含多少行、多少段，AutoCAD都将其作为一个独立的对象。

执行【多行文字】命令主要有以下几种方式：

- 执行菜单栏中的【绘图】/【文字】/【多行文字】命令。
- 单击【绘图】工具栏或【文字】面板中的A按钮。
- 在命令行输入Mtext后按Enter键。
- 使用命令简写T。

• 创建多行文字

下面通过简单的实例，主要学习【多行文字】命令的使用方法和技巧。具体操作步骤如下：

1 使用命令简写“T“激活【多行文字】命令，在“指定第一角点:”提示下，在绘图区拾取一点。

2 在“指定对角点或 [高度(H)/对正(J)/行距(L)/旋转(R)/样式(S)/宽度(W)/栏(C)]:”提示下，在绘图区拾取对角点，打开【文字格式】编辑器，然后设置文字高度为5，如图7-22所示。

图7-22 【文字格式】编辑器

3 在下侧文字输入框内单击左键，指定文字的输入位置，然后输入如图7-23所示文字。

图7-23 输入文字

4 按下Enter键，在下侧的多行文字输入框内分别输入其他两行文字对象，如图7-24所示。

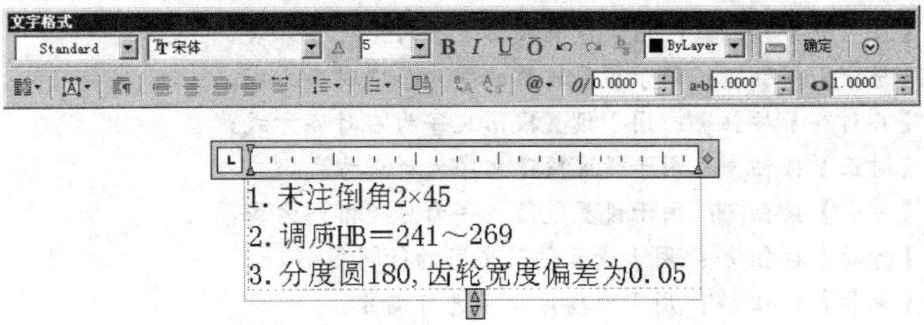

图7-24 输入其他行文字

5 单击确定按钮，关闭【文字格式】编辑器，结果如图7-25所示。

1. 未注倒角2×45
2. 调质HB=241～269HB
3. 分度圆180，齿轮宽度偏差为0.05

图7-25 标注结果

7.2.3 编辑器选项设置

【文字格式】编辑器是由工具栏、顶部带标尺的文本输入框两部分组成的，各组成部分重要功能如下：

- 工具栏

工具栏主要用于控制多行文字对象的文字样式和选定文字的各种字符格式、对正方式、项目编号等，其中：

- Standard 下拉列表：用于设置当前的文字样式。
- 宋体 下拉列表：用于设置或修改文字的字体。
- 2.5 下拉列表：用于设置新字符高度或更改选定文字的高度。
- ByLayer 下拉列表：用于为文字指定颜色或修改选定文字的颜色。
- 【粗体】按钮B：用于为输入的文字对象或所选定文字对象设置粗体格式。【斜体】按钮I；用于为新输入文字对象或所选定文字对象设置斜体格式。此两个选项仅适用于使用 TrueType 字体的字符。
- 【下划线】按钮U：用于文字或所选定的文字对象设置下划线格式。
- 【上划线】按钮O：用于为文字或所选定的文字对象设置上划线格式。
- 【堆叠】按钮用于为输入的文字或选定的文字设置堆叠格式。要使文字堆叠，文字中须包含插入符（^）、正向斜杠（/）或磅符号（#），堆叠字符左侧的文字将堆叠在字符右侧的文字上面。

TIP 默认情况下，包含插入符（^）的文字转换为左对正的公差值；包含正斜杠（/）的文字转换为置中对正的分数值，斜杠被转换为一条同较长的字符串长度相同的水平线；包含磅符号（#）的文字转换为被斜线（高度与两个字符串高度相同）分开的分数。

- 【标尺】按钮：用于控制文字输入框顶端标心的开关状态。
- 【栏数】按钮：用于为段落文字进行分栏排版。
- 【多行文字对正】按钮：用于设置文字的对正方式。
- 【段落】按钮：用于设置段落文字的制表位、缩进量、对齐、间距等。
- 【左对齐】按钮：用于设置段落文字为左对齐方式。
- 【居中】按钮：用于设置段落文字为居中对齐方式。
- 【右对齐】按钮：用于设置段落文字为右对齐方式。
- 【对正】按钮：用于设置段落文字为对正方式。
- 【分布】按钮：用于设置段落文字为分布排列方式。
- 【行距】按钮：用于设置段落文字的行间距。
- 【编号】按钮：用于为段落文字进行编号。
- 【插入字段】按钮：用于为段落文字插入一些特殊字段。
- 【全部大写】按钮Aa：用于修改英文字符为大写。
- 【全部小写】按钮aA：用于修改英文字符为小写。

- 【符号】按钮@·：用于添加一些特殊符号。
- 【倾斜角度】按钮：用于修改文字的倾斜角度。
- 【追踪】微调按钮：用于修改文字间的距离。
- 【宽度因子】按钮：用于修改文字的宽度比例。

● 多行文字输入框

如图7-26所示的文本输入框，位于工具栏下侧，主要用于输入和编辑文字对象，它是由标尺和文本框两部分组成。在文本输入框内单击右键，可弹出如图7-27所示的快捷菜单，个别选项功能如下：

图7-26　文字输入框

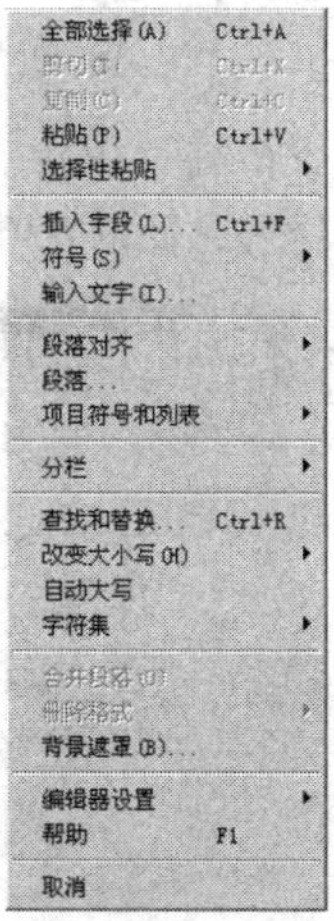

图7-27　快捷菜单

- 【全部选择】选项：用于选择多行文字输入框中的所有文字。
- 【改变大小写】选项：用于改变选定文字对象的大小写。
- 【查找和替换】选项：用于搜索指定的文字串并使用新的文字将其替换。
- 【自动大写】选项：用于将新输入的文字或当前选择的文字转换成大写。
- 【删除格式】选项：用于删除选定文字的粗体、斜体或下划线等格式。
- 【合并段落】选项：用于将选定的段落合并为一段并用空格替换每段的回车。
- 【符号】选项：用于在光标所在的位置插入一些特殊符号或不间断空格。
- 【输入文字】选项：用于向多行文本编辑器中插入TXT格式的文本、样板等文件或插入RTF格式的文件。

7.3 创建特殊字符

由于在工程图中用到的许多特殊符号不能通过标准键盘直接输入，如文字的下划线、直径代号、角度符号、正负号、平方、立方等。使用【多行文字】命令中的字符功能，可以非常方便地创建一些特殊符号，下面通过实例学习特殊字符的创建技巧。

1. 继续上例操作。
2. 在段落文字对象上双击，打开【文字格式】编辑器。
3. 将光标定位到“2×45”后，然后单击【符号】按钮@·，在打开的符号菜单中选择【度数】选项，如图7-28所示。

4 结果度数的代码选项被自动转化为度数符号，如图7-29所示。

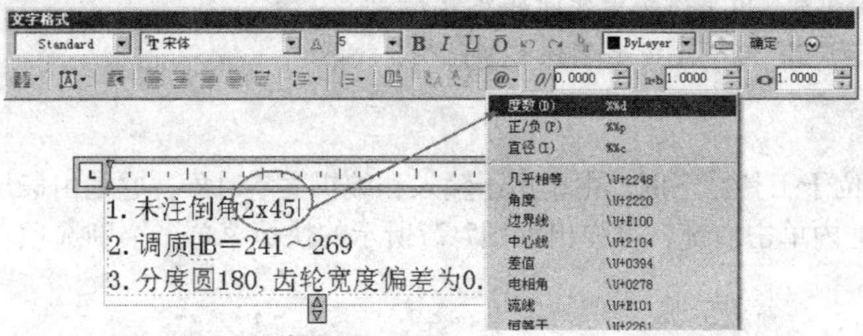

图7-28 添加度数符号

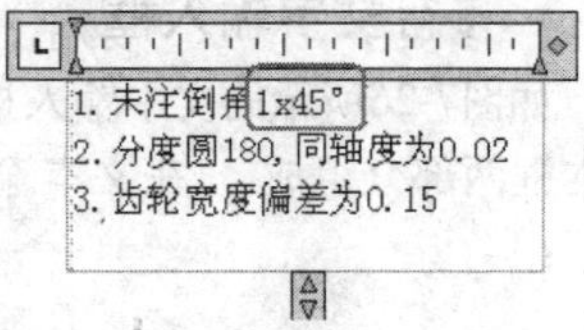

图7-29 添加度数符号

5 将光标定位到“180”文字前，然后单击@按钮打开符号菜单，选择【直径】选项，为其添加直径号，如图7-30所示，添加后的效果如图7-31所示。

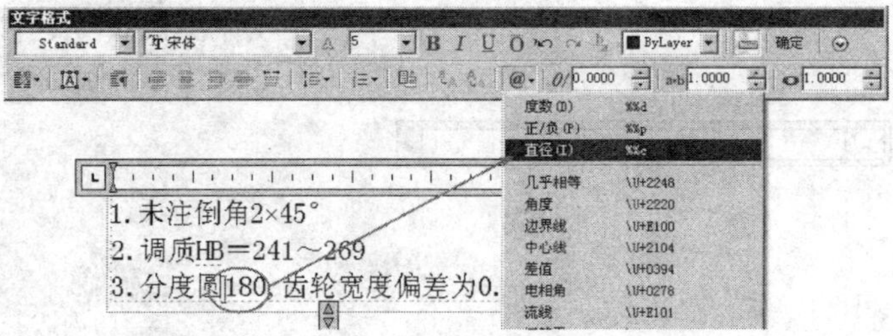

图7-30 添加直径符号

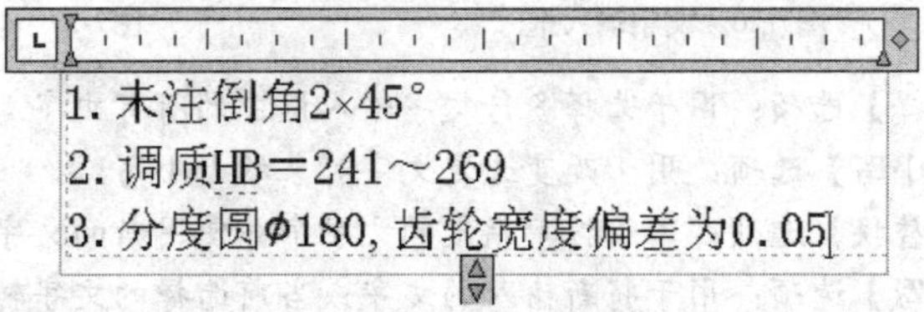

图7-31 符号的添加效果

6 单击@按钮打开符号菜单，选择【正/负】选项，在“0.05”的前面添加直径正负符号，如图7-32所示。

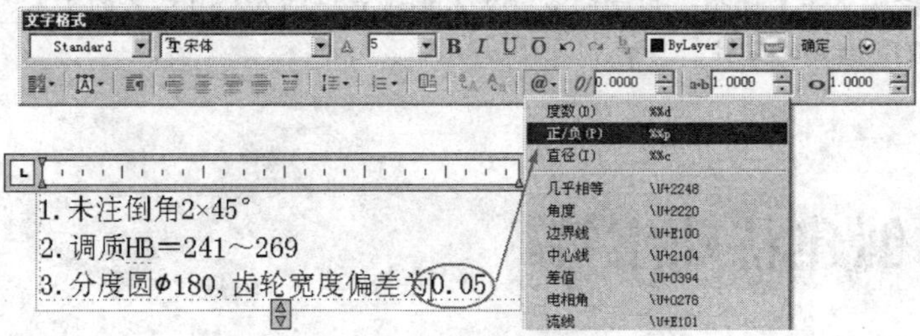

图7-32 添加直径符号

7 单击 确定 按钮关闭【文字格式】编辑器，完成特殊符号的添加过程，结果如图7-33所示。

1. 未注倒角2×45°
2. 调质HB=241～269HB
3. 分度圆ϕ180, 齿轮宽度偏差为±0.05

图7-33 添加符号后的效果

7.4 编辑文字注释

【编辑文字】命令主要用于修改编辑现有的文字对象内容，或者为文字对象添加前缀或后缀等内容。

执行【编辑文字】命令主要有以下几种方式：

- 执行菜单栏中的【修改】/【对象】/【文字】/【编辑】命令。
- 单击【文字】工具栏或面板中的按钮。
- 在命令行输入Ddedit后按Enter键。
- 使用命令简写ED。

● 编辑单行文字

如果需要编辑的文字是使用【单行文字】命令创建的，那么在执行【编辑文字】命令后，命令行会出现“选择注释对象或 [放弃（U）]”的操作提示，此时用户只需要单击需要编辑的单行文字，系统即可弹出如图7-34所示的单行文字编辑框，在此编辑框中输入正确的文字内容即可。

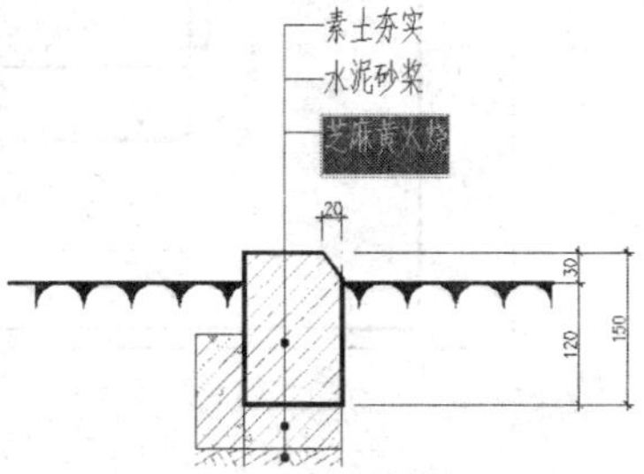

图7-34 单行文字编辑框

● 编辑多行文字

如果编辑的文字是使用【多行文字】命令创建的，那么在执行【编辑文字】命令后，命令行出现“选择注释对象或 [放弃（U）]”的操作提示，此时用户单击需要编辑的文字对象，将会打开如图7-35所示的【文字格式】编辑器，在此编辑器内不但可以修改文字的内容，而且还可以修改文字的样式、字体、字高以及对正方式等特性。

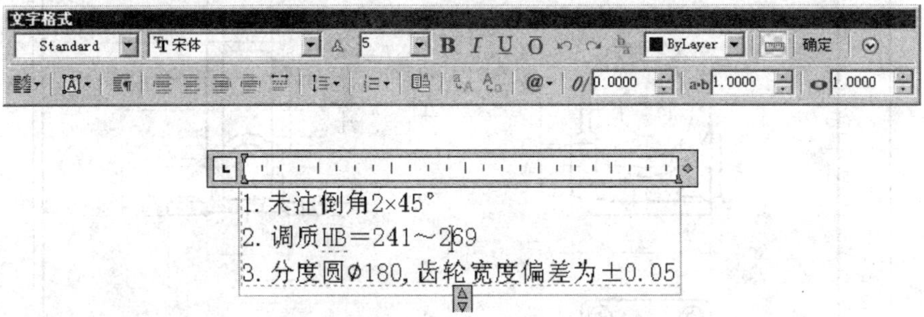

图7-35 【文字格式】编辑器

7.5 上机指导（一）——标注零件图技术要求

本例通过为某箱体零件图标注技术要求并填充标题栏等内容，对本章所讲知识进行综合应用和巩固。箱体零件图标注技术要求的最终标注效果，如图7-36所示。

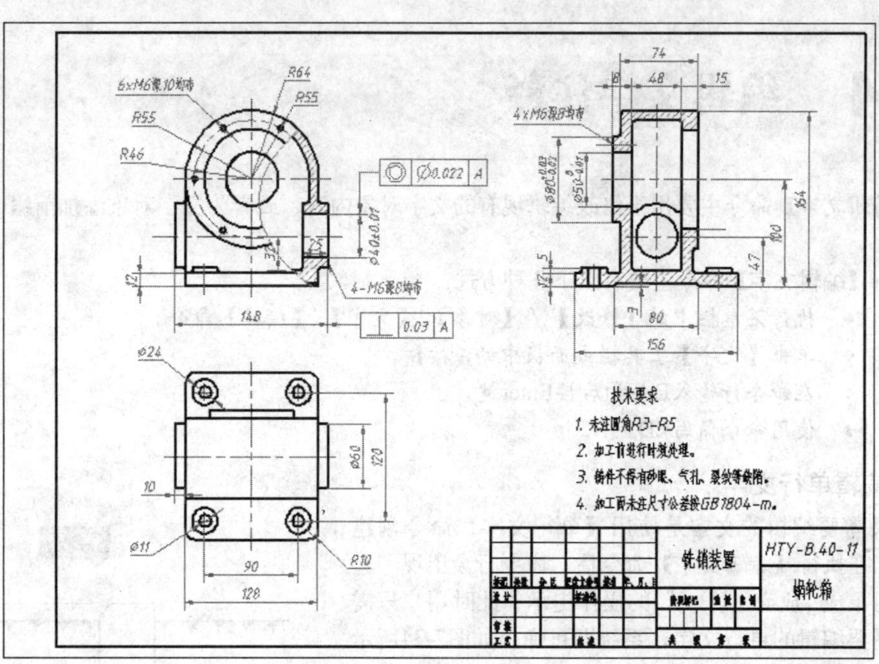

图7-36 实例效果

操作步骤

1 打开随书光盘中的“实例效果文件／第8章／上机指导（三）.dwg”，如图7-37所示。

2 执行菜单栏中的【插入】／【块】命令，以两倍的缩放比例插入随书光盘中的“图块文件／A3-H.dwg”图框，并调整其位置，结果如图7-37所示。

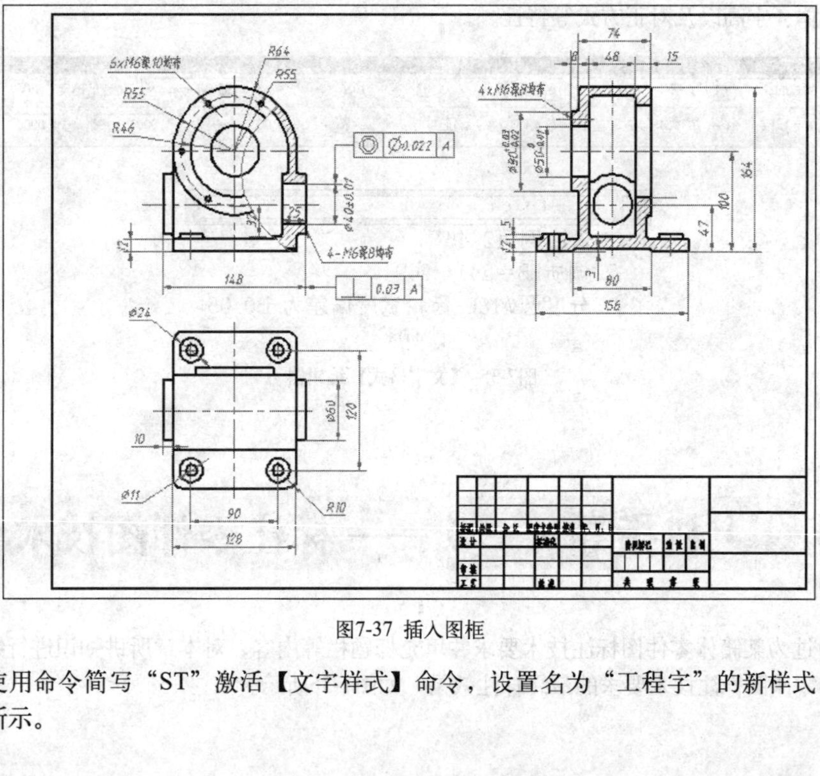

图7-37 插入图框

3 使用命令简写“ST”激活【文字样式】命令，设置名为“工程字”的新样式，如图7-38所示。

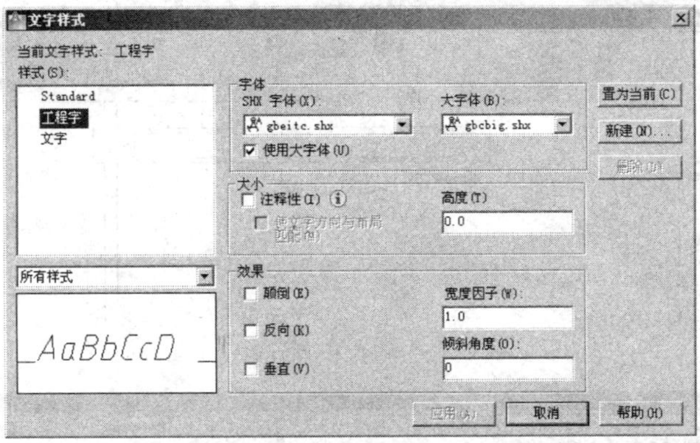

图7-38 设置文字样式

4 展开【图层控制】下拉列表，将“细实线”设置为当前图层。

5 使用命令简写“T”激活【多行文字】命令，在零件图左侧分别指定两个对角点，打开【文字格式】编辑器。

6 在打开的【文字格式】编辑器中设置当前文字样式、字体高度等参数，如图7-39所示。

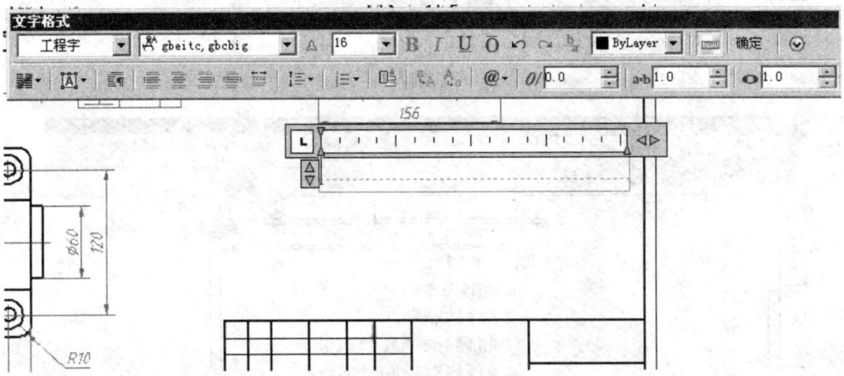

图7-39 设置样式与高度

7 在下侧的多行文字输入框内单击左键，然后输入技术要求的标题，如图7-40所示。

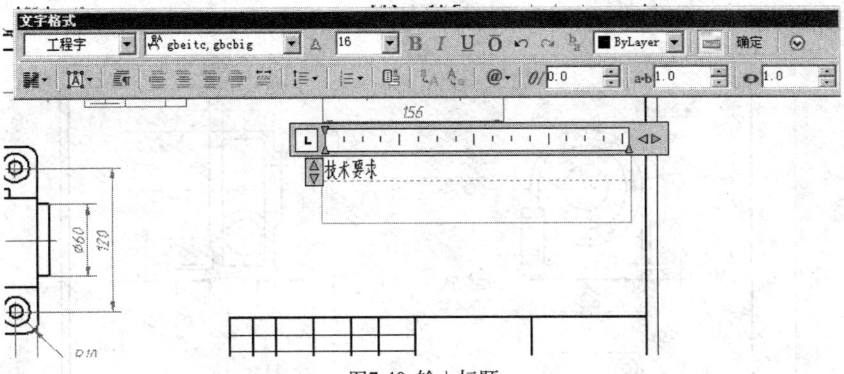

图7-40 输入标题

8 按下键盘上的Enter键，设置文字高度为14，然后输入如图7-40所示的技术要求内容，结果如图7-41所示。

9 通过按下键盘上的Enter键，分别输入其他三行技术要求内容，结果如图7-42所示。

10 将光标放在“技术要求”标题的前面，添加六个空格，结果如图7-43所示。

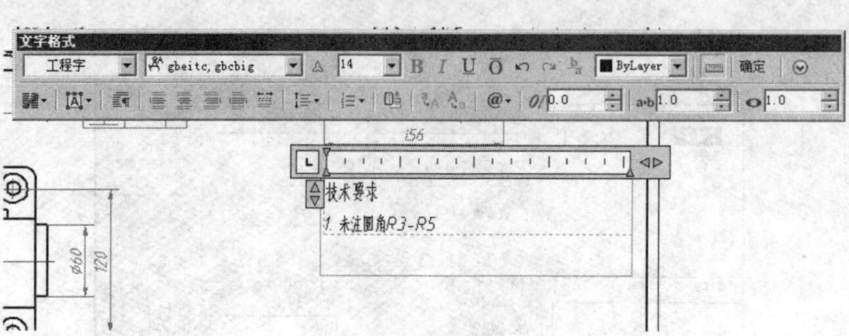

图7-41 输入第一行内容

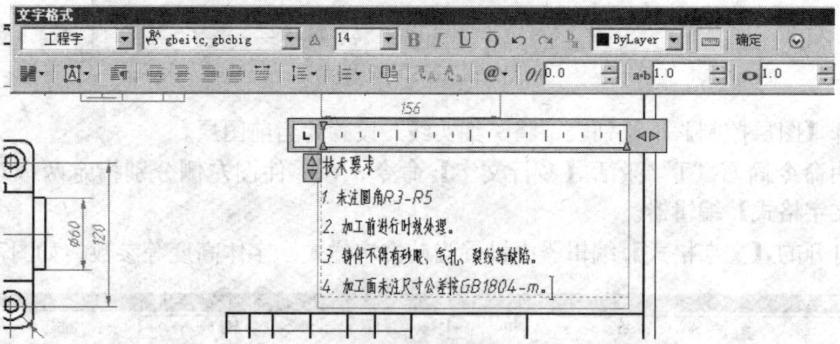

图7-42 输入内容

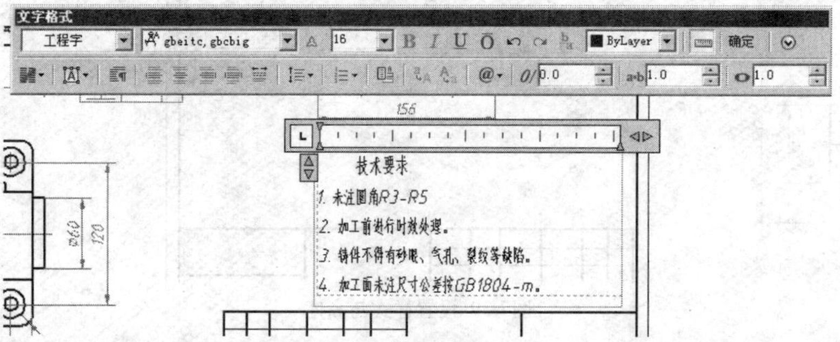

图7-43 添加空格

11 单击确定按钮，结束【多行文字】命令，技术要求的标注效果，如图7-44所示。

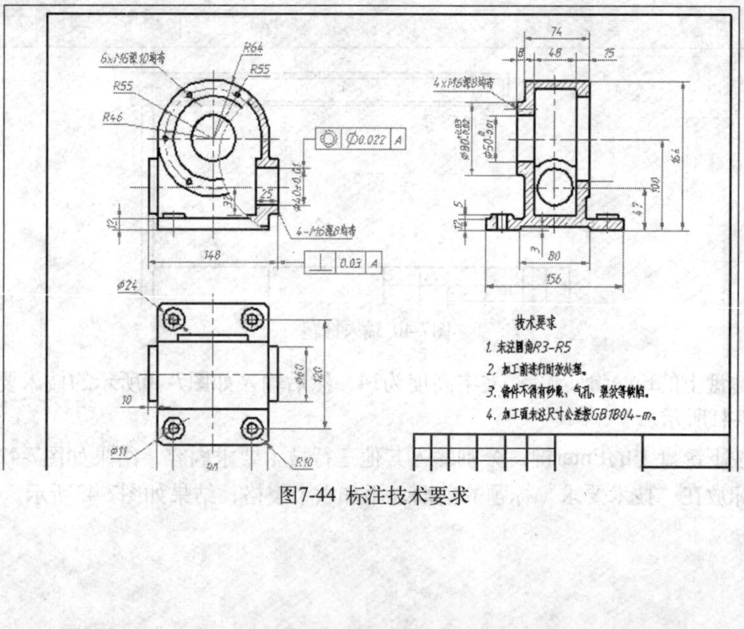

图7-44 标注技术要求

12 使用命令简写“PL”激活【多段线】命令，配合交点捕捉功能绘制如图7-45所示的方格对角线，作为辅助线。

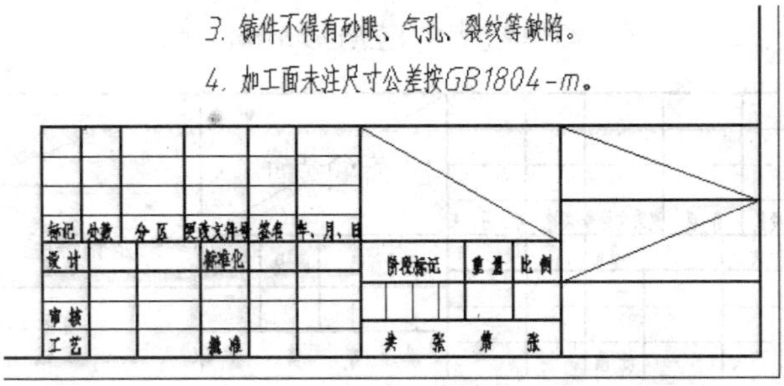

图7-45 绘制结果

13 使用命令简写“DT”激活【单行文字】命令，为标题栏进行填充表格文字。命令行操作如下。

```
命令: DT                                                    // Enter
    TEXT当前文字样式: “工程字” 文字高度: 4.1 注释性: 否
    指定文字的起点或 [对正(J)/样式(S)]:                      //J Enter
    输入选项 [对齐(A)/布满(F)/居中(C)/中间(M)/右对齐(R)/左上(TL)/中上(TC)/右上(TR)/左中(ML)/正中(MC)/右中(MR)/左下(BL)/中下(BC)/右下(BR)]:   //MC Enter
    指定文字的中间点:                                        //捕捉如图7-46所示的中点
    指定高度 <4.1>:                                          //18 Enter
    指定文字的旋转角度 <0>:       //按 Enter键，然后输入“铣销装置”，结果如图7-47所示
```

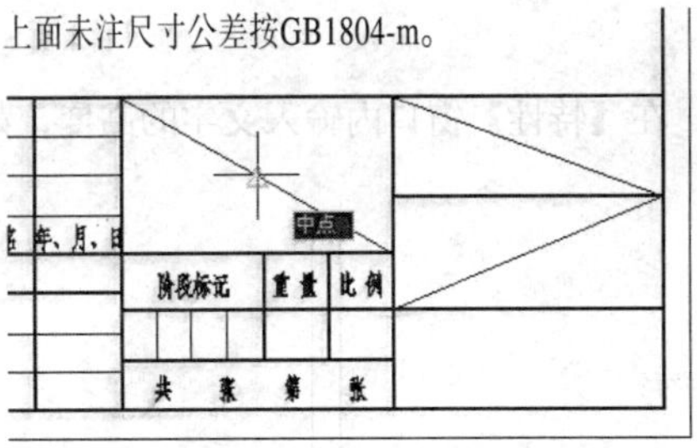

图7-46 捕捉中点

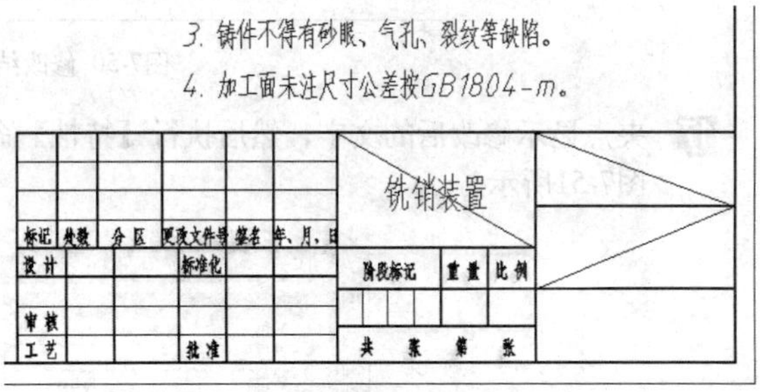

图7-47 标注结果

14 使用命令简写“CO”激活【复制】命令，配合中点捕捉功能，将刚标注的文字分别复制到其他方格对角线的中点处，结果如图7-48所示。

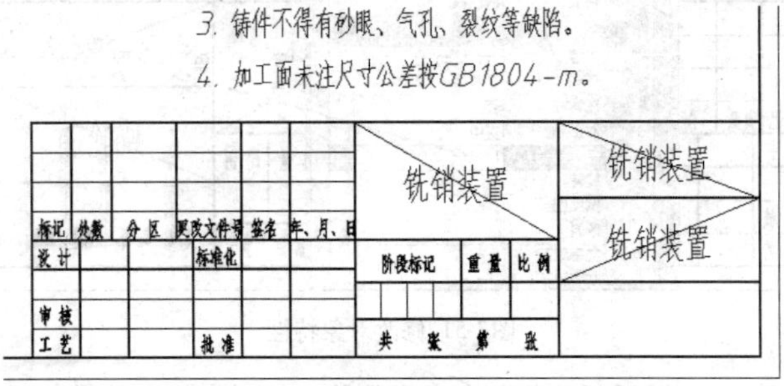

图7-48 复制结果

15 在复制后的方格文字上双击，反白显示方格内的文字，然后输入正确的文字内容，如图7-49。

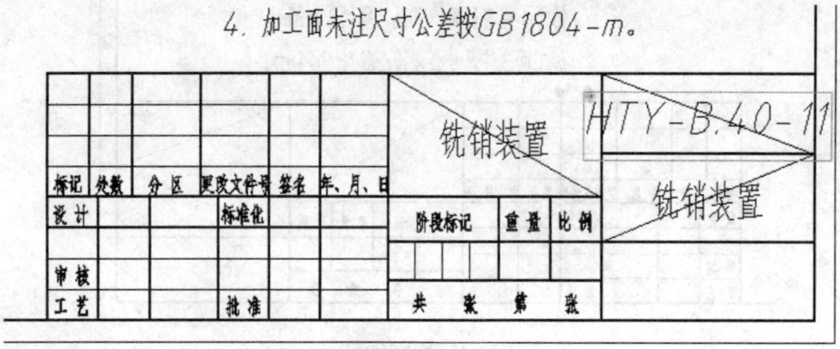

图7-49 输入正确内容

16 继续在“选择注释对象或 [放弃(U)]:”提示下，选择下侧的文字进行修改，结果如图7-50所示。

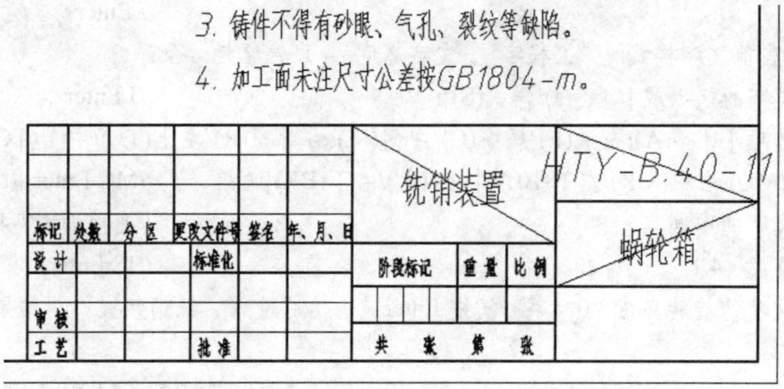

图7-50 修改结果

17 夹点显示修改后的文字，然后执行【特性】命令，在【特性】窗口内输入文字的高度，如图7-51所示。

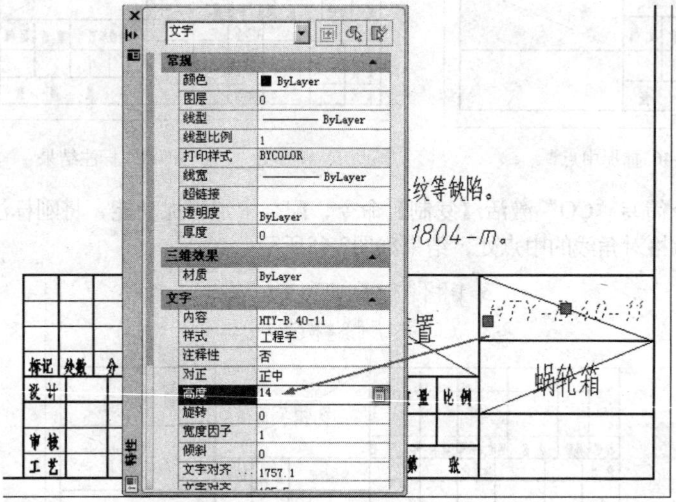

图7-51 修改对象特性

18 使用命令简写“E”激活【删除】命令，删除方格对角线，结果如图7-52所示。

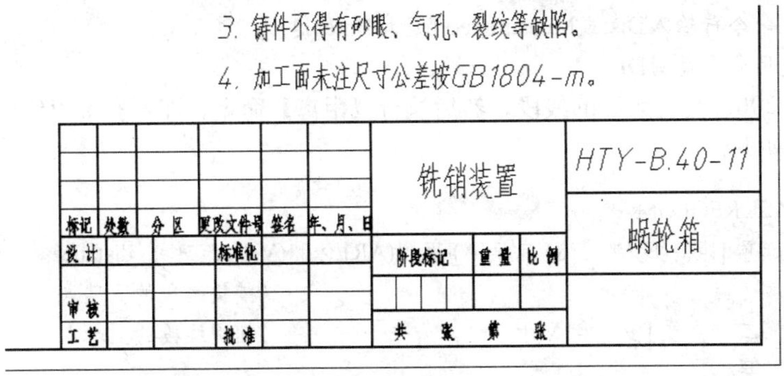

图7-52 删除结果

19 调整视图，使图形全部显示，最终结果如图7-36所示。

20 最后执行【另存为】命令，将图形另名存储为“上机指导（一）.dwg”。

7.6 信息查询

本节主要学习图形信息的查询工具，具体有【点坐标】、【距离】、【面积】和【列表】四个命令。

7.6.1 坐标

【点坐标】命令用于查询点的*X*轴向坐标值和*Y*轴向坐标值，所查询出的坐标值为点的绝对坐标值。

执行【点坐标】命令主要有以下几种方式：

- 执行菜单栏中的【工具】/【查询】/【点坐标】命令。
- 单击【查询】工具栏或【实用工具】面板中的按钮。
- 在命令行输入Id后按Enter键。

【点坐标】命令的命令行提示如下：

```
命令：'_Id
    指定点：                                  //捕捉需要查询的坐标点。
    AutoCAD报告如下信息：
    X = <X坐标值>    Y =<Y坐标值>    Z = <Z坐标值>
```

7.6.2 距离

【距离】用于查询任意两点之间的距离，还可以查询两点的连线与*X*轴或*XY*平面的夹角等参数信息。

执行【距离】命令主要有以下几种方式。

- 执行菜单栏中的【工具】/【查询】/【距离】命令。
- 单击【查询】工具栏或【实用工具】面板中的按钮。

- 在命令行输入Dist或Measuregeom后按Enter键。
- 使用命令简写DI。

绘制长度为200、角度为30的线段，然后执行【距离】命令，即可查询出线段的相关几何信息。命令行操作如下。

```
命令: _MEASUREGEOM
    输入选项 [距离(D)/半径(R)/角度(A)/面积(AR)/体积(V)] <距离>: _distance
    指定第一点:                                    //捕捉线段的下端点
    指定第二个点或 [多个点(M)]:                     //捕捉线段的上端点
    查询结果:
    距离 = 200.0000，XY 平面中的倾角 = 30，与 XY 平面的夹角 = 0
    X 增量 = 173.2051，  Y 增量 = 100.0000，  Z 增量 = 0.0000
    输入选项 [距离(D)/半径(R)/角度(A)/面积(AR)/体积(V)/退出(X)] <距离>:
                                                   //X Enter，退出命令
```

其中：

- “距离”表示所拾取的两点之间的实际长度。
- “*XY*平面中的倾角”表示所拾取的两点连线*X*轴正方向的夹角。
- “与*XY*平面的夹角”表示所拾取的两点连线与当前坐标系*XY*平面的夹角。
- “*X*增量”表示所拾取的两点在*X*轴方向上的坐标差。
- “*Y*增量”表示所拾取的两点在*Y*轴方向上的坐标差。

选项解析

- 【半径】选项：用于查询圆弧或圆的半径、直径等。
- 【角度】选项：用于圆弧、圆或直线等对象的角度。
- 【面积】选项：用于查询单个封闭对象或由若干点围成区域的面积及周长等。
- 【体积】选项：用于查询对象的体积大小。

7.6.3 面积

【面积】命令主要用于查询单个对象或由多个对象所围成的闭合区域的面积及周长。

执行【面积】命令主要有以下几种方式：

- 执行菜单栏中的【工具】/【查询】/【面积】命令。
- 单击【查询】工具栏或【实用工具】面板中的按钮。
- 在命令行输入Measuregeom或Area后按Enter键。

下面通过查询正六边形的面积和周长，学习【面积】命令的使用方法和操作技巧。具体操作步骤如下：

1 新建文件，并绘制边长为150的正六边形。

2 单击【查询】工具栏按钮，激活【面积】命令，查询正六边形的面积和周长。操作过程如下。

```
命令: _MEASUREGEOM
    输入选项 [距离(D)/半径(R)/角度(A)/面积(AR)/体积(V)] <距离>: _area
    指定第一个角点或 [对象(O)/增加面积(A)/减少面积(S)/退出(X)] <对象(O)>:
                                                   //捕捉正六边形左上角点
```

```
指定下一个点或 [圆弧(A)/长度(L)/放弃(U)]:                          //捕捉正六边形左角点
指定下一个点或 [圆弧(A)/长度(L)/放弃(U)]:                          //捕捉正六边形左下角点
指定下一个点或 [圆弧(A)/长度(L)/放弃(U)/总计(T)] <总计>: //捕捉正六边形右下角点
指定下一个点或 [圆弧(A)/长度(L)/放弃(U)/总计(T)] <总计>: //捕捉正六边形右角点
指定下一个点或 [圆弧(A)/长度(L)/放弃(U)/总计(T)] <总计>: //捕捉正六边形右上角点
指定下一个点或 [圆弧(A)/长度(L)/放弃(U)/总计(T)] <总计>: // Enter，结束面积的查询过程
查询结果：
面积 = 58456.7148，周长 = 900.0000
```

3 最后在命令行“输入选项 [距离(D)/半径(R)/角度(A)/面积(AR)/体积(V)/退出(X)] <面积>:提示下，输入X并按Enter键，结束命令。

选项解析

- 【对象】选项：用于查询单个闭合图形的面积和周长，如圆、椭圆、矩形、多边形、面域等。另外，使用此选项也可以查询由多段线或样条曲线所围成的区域的面积和周长。
- 【增加面积】选项：主要用于将新选图形实体的面积加入总面积中，此功能属于“面积的加法运算”。另外，如果用户需要执行面积的加法运算，必须先要将当前的操作模式转换为加法运算模式。
- 【减少面积】选项：用于将所选实体的面积从总面积中减去，此功能属于“面积的减法运算”。另外，如果用户需要执行面积的减法运算，必须先要将当前的操作模式转换为减法运算模式。

TIP 对于具有宽度的多段线或样条曲线，AutoCAD将按其中心线计算面积和周长；对于非封闭的多段线或样条曲线，AutoCAD将假想已有一条直线连接多段线或样条曲线的首尾，然后计算该封闭框架的面积，但周长并不包括那条假想的连线，即周长是多段线的实际长度。

7.6.4 列表查询

【列表】命令用于查询图形所包含的众多的内部信息，如图层、面积、点坐标以及其他的空间等特性参数。

执行【列表】命令主要有以下几种方式：

- 执行菜单栏中的【工具】/【查询】/【列表】命令。
- 单击【查询】工具栏或【实用工具】面板中的按钮。
- 在命令行输入List后按Enter键。
- 使用命令简写LI或LS。

当执行【列表】命令后，选择需要查询信息的图形对象，AutoCAD会自动切换到文本窗口，并滚动显示所有选择对象的有关特性参数。下面学习使用【列表】命令。

1 新建文件并绘制半径为100的圆。

2 单击【查询】工具栏中的按钮，激活【列表】命令。

3 在命令行“选择对象:”提示下，选择刚绘制的圆。

4 继续在命令行“选择对象：”提示下，按下Enter键，系统将以文本窗口的形式直观显示所查询出的信息，如图7-53所示。

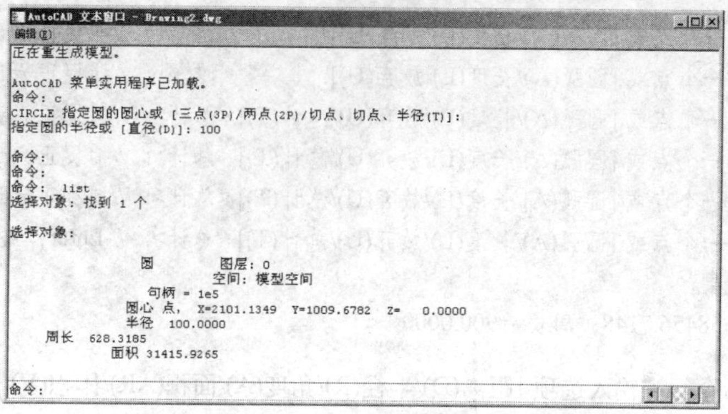

图7-53 列表查询结果

7.7 上机指导（二）——标注多居室房间功能与面积

本例通过为多居室装修布置图标注房间功能和使用面积，对本章知识进行综合练习和巩固应用。本例最终标注效果，如图7-54所示。

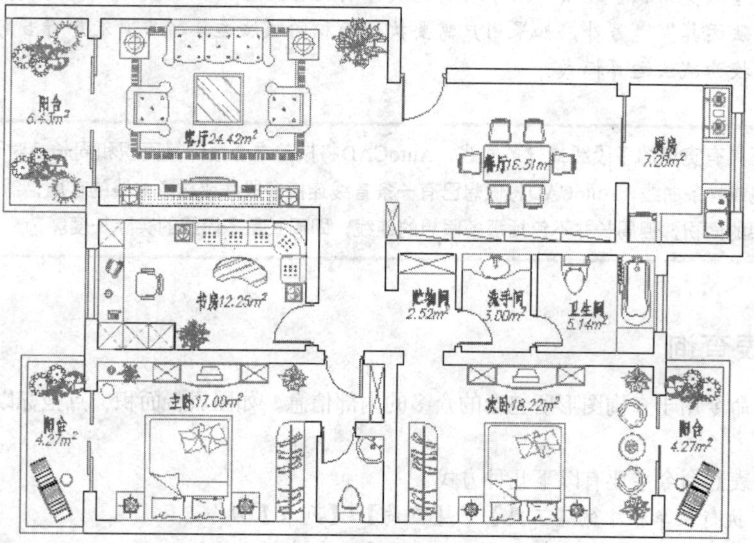

图7-54 实例效果

操作步骤

1. 打开随书光盘中的“实例效果文件／第5章／上机指导（三）.dwg”，如图7-55所示。
2. 展开【图层】工具栏中的【图层控制】列表，将“文本层”设置为当前图层，如图7-56所示。
3. 单击【样式】工具栏中的A按钮，打开【文字样式】对话框，创建名为SIMPLEX的文字样式，参数设置如图7-57所示。
4. 单击 应用(A) 按钮，将新样式保存，然后在【文字样式】对话框中新建一种名为“仿宋体”的新样式，参数设置如图7-58所示。

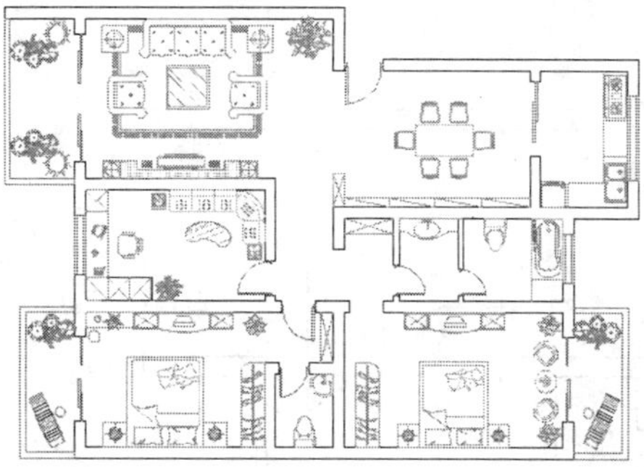

图7-55 打开结果

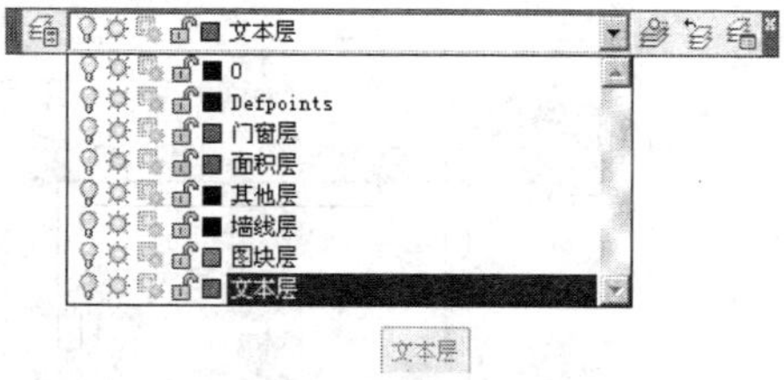

图7-56 设置当前图层

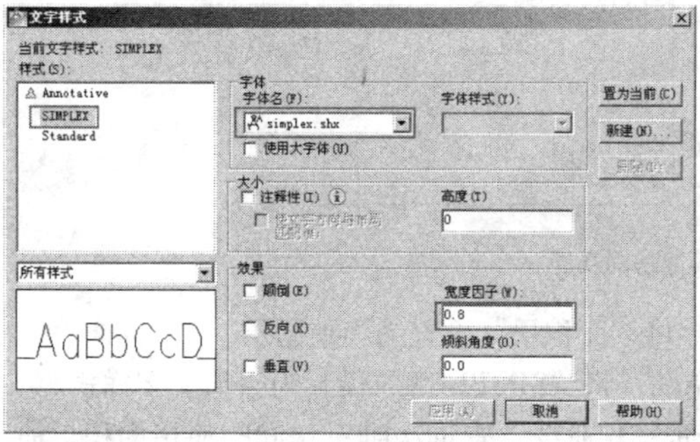

图7-57 新建“SIMPLEX”样式

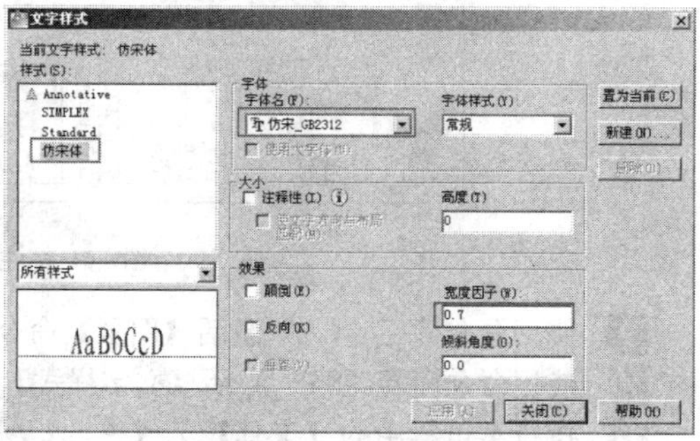

图7-58 设置“仿宋体”样式

5 单击 应用(A) 按钮后，关闭【文字样式】对话框，系统将以最后创建的样式作为当前文字样式。

6 执行菜单栏中的【绘图】／【文字】/【单行文字】命令，为户型图标注房间功能，命令行操作如下。

命令: _dtext
　　当前文字样式: 仿宋体 当前文字高度: 2.500
　　指定文字的起点或 [对正(J)/样式(S)]: 　　//平面图左下侧房间内拾取一点
　　指定高度 <2.500>: 　　//280 Enter，设置文字高度
　　指定文字的旋转角度 <0.000>: 　　// Enter，设置文字的旋转角度

7 此时系统显示出如图7-59所示的单行文字输入框，然后输入如图7-60所示的文字注释。

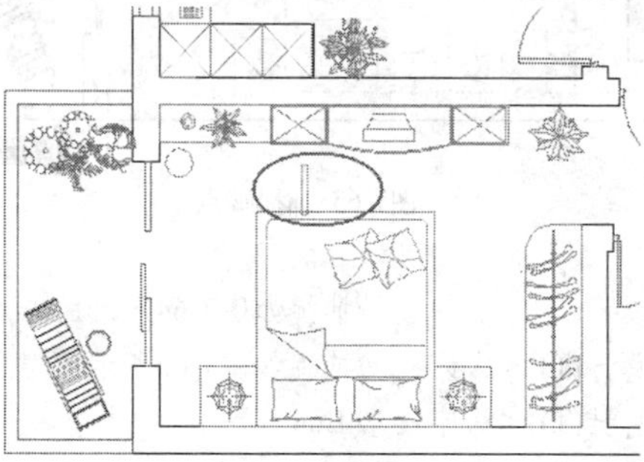

图7-59 单行文字输入框

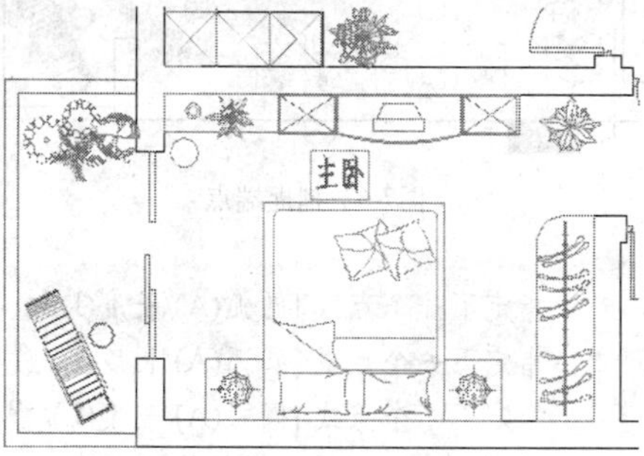

图7-60 标注房间功能

8 分别在每个房间内部拾取文字插入点，标注各房间功能，然后连续两次按Enter键结束命令，结果如图7-61所示。

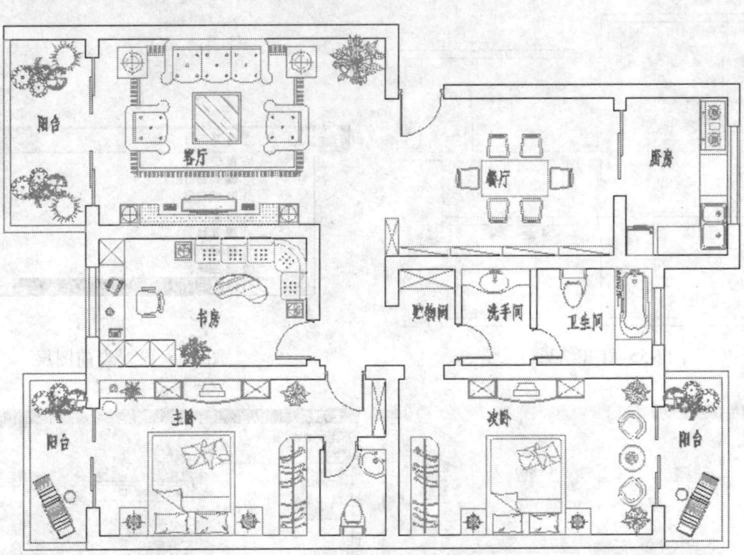

图7-61 标注其他房间功能

9 使用命令简写“LA”激活【图层】命令，将“面积层”设置为当前图层。

10 使用命令简写“ST”激活【文字样式】命令，将“SIMPLEX”设置为当前文字样式。

11 执行菜单栏中的【工具】/【查询】/【面积】命令，查询次卧室房间的使用面积，命令行操作如下。

```
命令: _MEASUREGEOM
    输入选项 [距离(D)/半径(R)/角度(A)/面积(AR)/体积(V)] <距离>: _area
    指定第一个角点或 [对象(O)/增加面积(A)/减少面积(S)/退出(X)] <对象(O)>:
                                                    //捕捉如图7-62所示的端点
    指定下一个点或 [圆弧(A)/长度(L)/放弃(U)]:          //捕捉如图7-63所示的端点
```

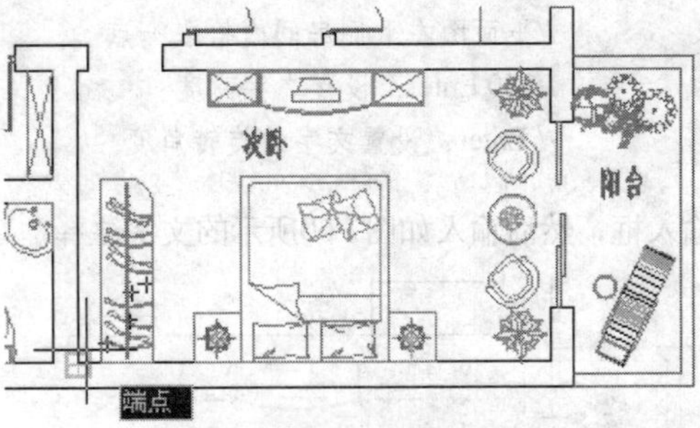

图7-62 捕捉端点

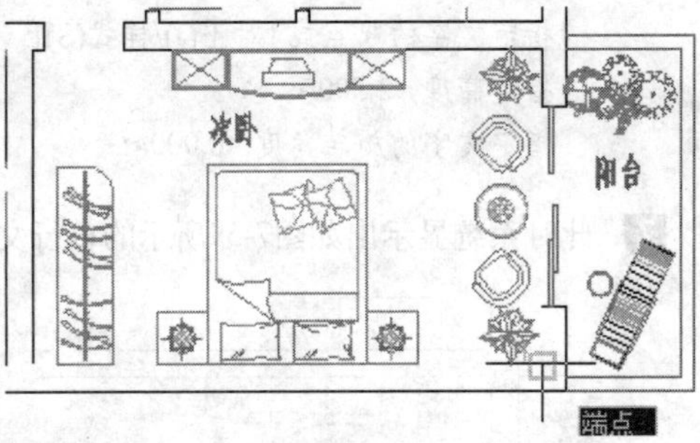

图7-63 捕捉端点

```
    指定下一个点或 [圆弧(A)/长度(L)/放弃(U)]:                    //捕捉如图7-64所示的端点
    指定下一个点或 [圆弧(A)/长度(L)/放弃(U)/总计(T)] <总计>:  //捕捉如图7-65所示的端点
    指定下一个点或 [圆弧(A)/长度(L)/放弃(U)/总计(T)] <总计>:  // Enter
    区域 = 18216000，周长 = 17640
    输入选项 [距离(D)/半径(R)/角度(A)/面积(AR)/体积(V)/退出(X)] <面积>:        //X Enter
```

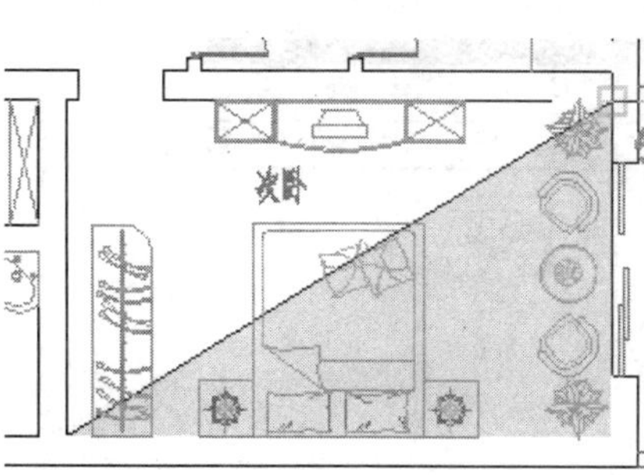

图7-64 捕捉端点

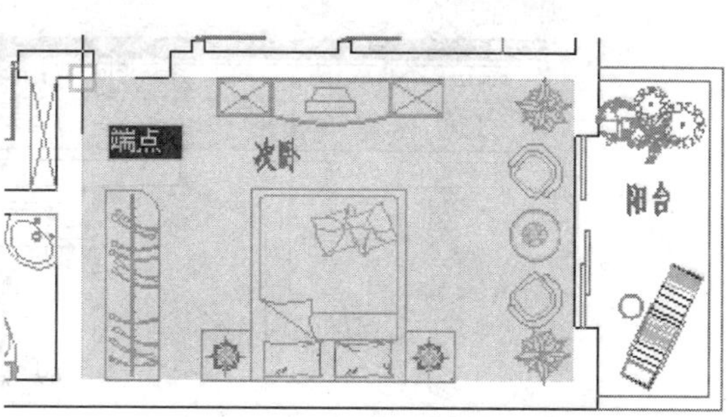

图7-65 捕捉端点

12 重复执行【面积】命令，配合捕捉和追踪功能分别查询其他房间的使用面积。

13 单击【绘图】工具栏中的A按钮，激活【多行文字】命令，在【文字格式】编辑器中设置当前的文字样式、字体高度、对正方式等参数，如图7-66所示。

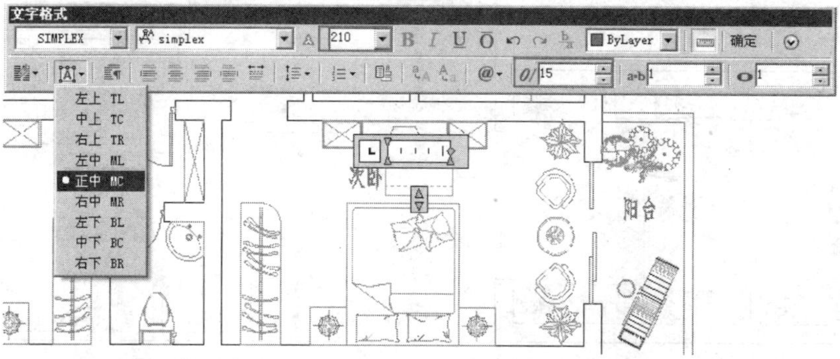

图7-66 【文字格式】编辑器

14 设置倾斜角度为15，然后在下侧的文字输入框内输入“（18.22m^2）”，如图7-67示。

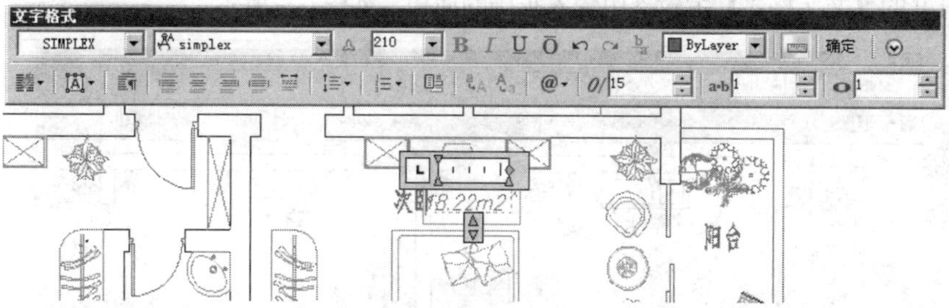

图7-67 输入文字

15 在多行文字输入框内选择“2^”后，使其呈现反白显示，如图7-68所示。

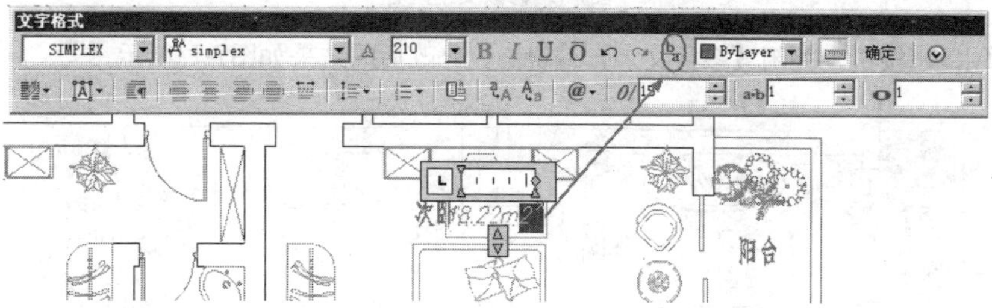

图7-68 反白显示

16 单击【文字格式】编辑器工具栏中的 按钮，对数字2进行堆叠，堆叠结果如图7-69所示。

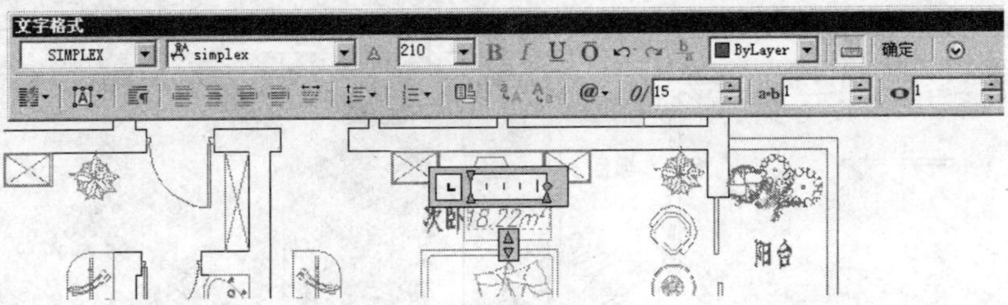

图7-69 堆叠结果

17 单击【文字格式】编辑器中的 确定 按钮，结束【多行文字】命令，面积的标注结果如图7-70所示。

18 执行菜单栏中的【修改】/【复制】命令，将标注的面积分别复制到其他房间内，结果如图7-71所示。

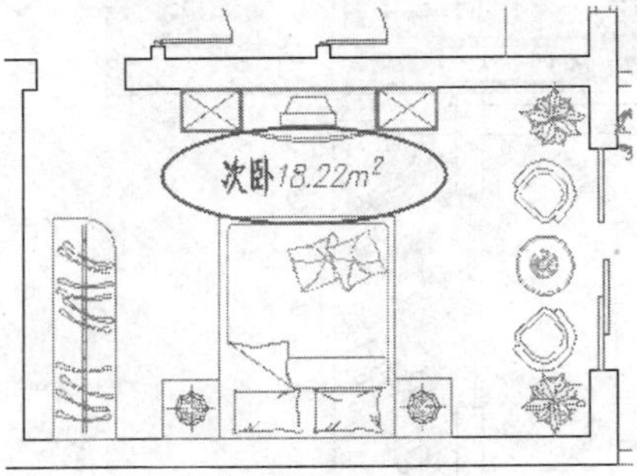

图7-70 标注结果

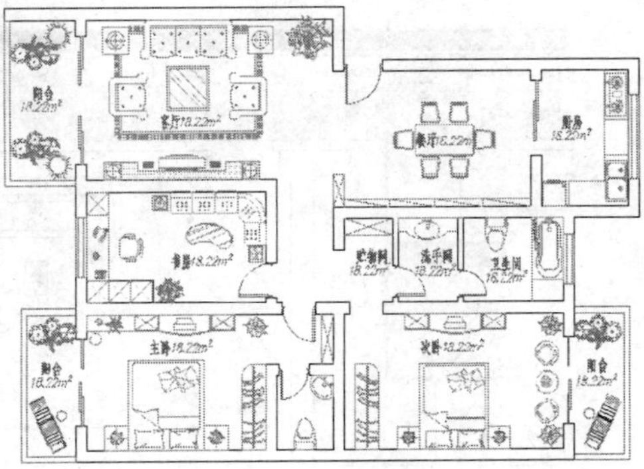

图7-71 复制结果

19 执行菜单栏中的【修改】/【对象】/【文字】/【编辑】命令，选择复制后的面积对象，在打开的【文字格式】编辑器中输入正确的面积，如图7-72所示。

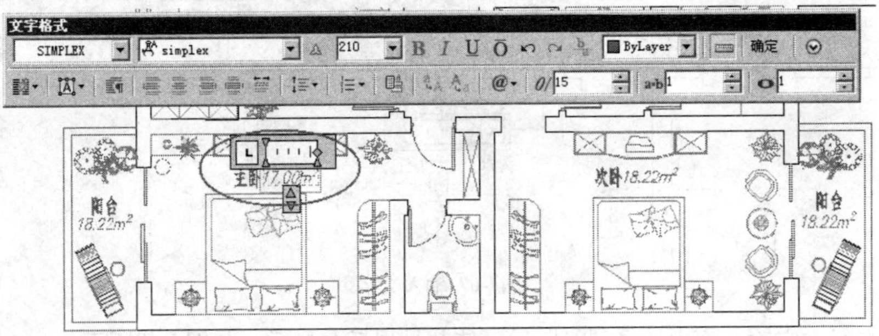

图7-72 修改文字内容

20 单击 确定 按钮，关闭【多行文字】编辑器，修改后的结果如图7-73所示。

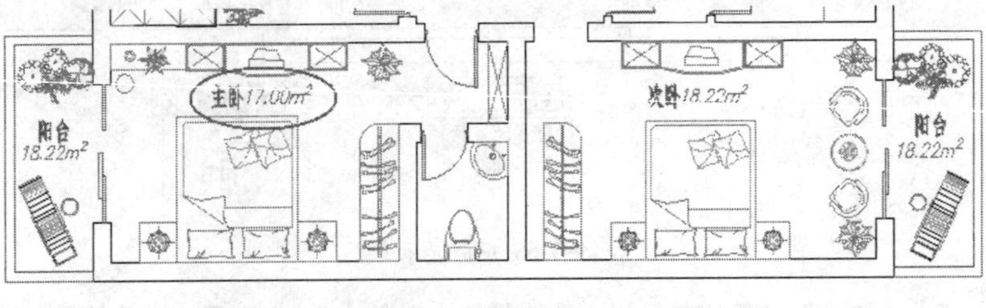

图7-73 修改结果

21 继续在命令行“选择注释对象或 [放弃(U)]：”提示下，修改阳台位置的面积对象，如图7-74所示。

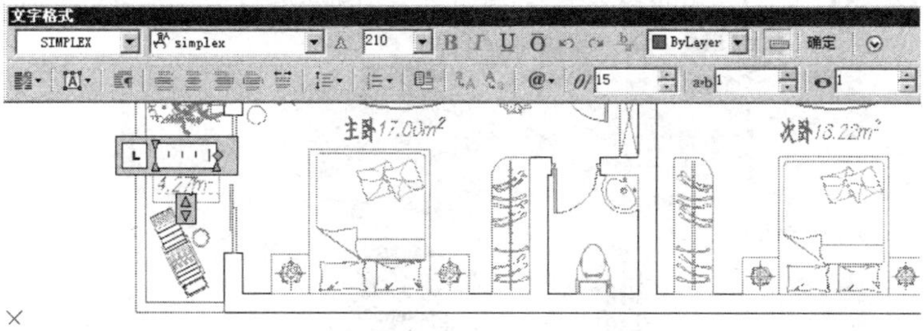

图7-74 输入正确内容

22 继续在命令行“选择注释对象或 [放弃(U)]：”提示下，分别选择其他位置的面积对象进行修改，输入正确的使用面积，最终结果如图7-75所示。

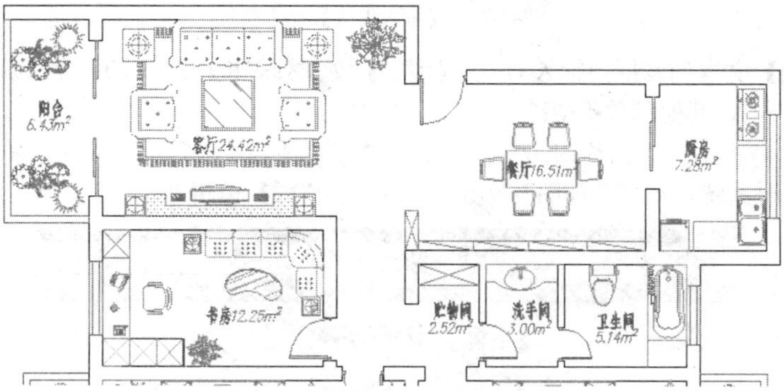

图7-75 修改其他文字内容

23 最后执行【另存为】命令，将户型图另名存储为“上机指导（二）.dwg”。

7.8 表格与表格样式

为了方便、快速地创建表格、填充表格文字等，AutoCAD为用户提供了【表格】命令，此命令将“创建表格”和“填充表格文字”两种功能结合在一起，使用户在创建表格后，不需要再执行文字命令，就可以为其填充所需要的文字内容。本节主要学习【表格】命令。

7.8.1 创建表格

【表格】命令不但可以创建表格，填充表格，还可以将表格链接至Microsoft Excel电子表格中的数据。

执行【表格】命令主要有以下几种方式：

- 执行菜单栏中的【绘图】/【表格】命令。
- 单击【绘图】工具栏或【表格】面板中的▦按钮。
- 在命令行输入Table后按Enter键。
- 使用命令简写TB。

下面创建创建一个简易表格，学习【表格】命令的使用方法和操作技巧。具体操作步骤如下：

1 新建公制单位的绘图文件。

2 单击【绘图】工具栏中的按钮，打开如图7-76所示的【插入表格】对话框。

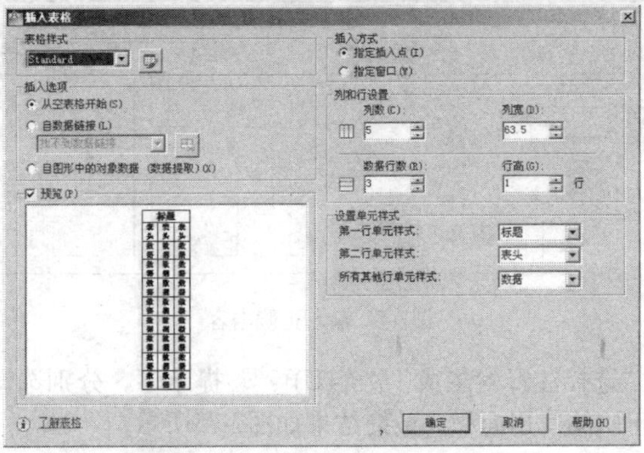

图7-76 【插入表格】对话框

3 在【列】文本列表框中输入3；在【列宽】文本列表框中输入20；在【数据行】文本列表框中输入3，其他参数不变。

4 单击 确定 按钮返回绘图区，在命令行“指定插入点：”的提示下，拾取一点作为插入点，此时系统自动打开如图7-77所示的【文字格式】编辑器。

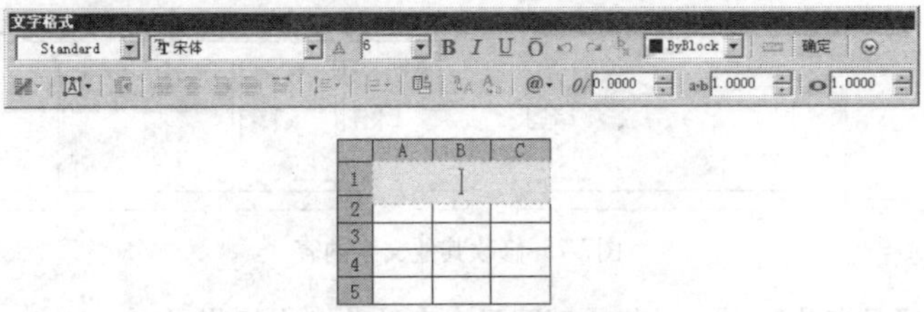

图7-77 【文字格式】编辑器

5 在反白显示的表格框内输入“标题”，对表格进行文字填充，如图7-78所示。

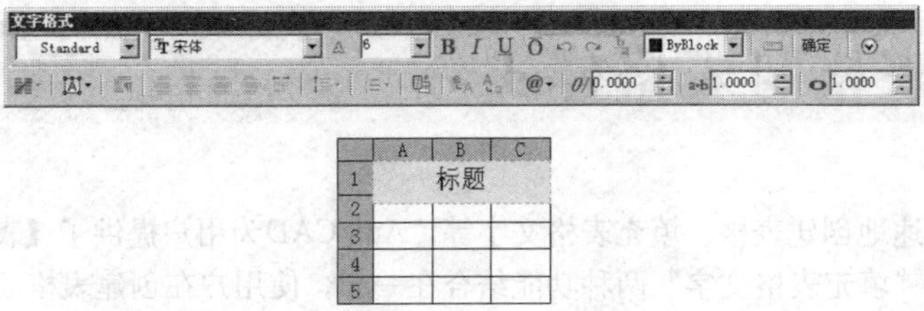

图7-78 输入标题文字

6 按右方向键或Tab键，此时光标跳至左下侧的列标题栏中，然后在反白显示的列标题栏中填充文字，如图7-79所示。

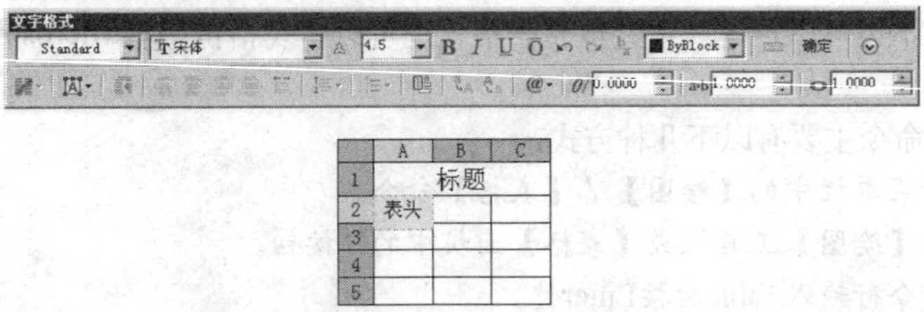

图7-79 输入文字

7 继续按右方向键，或Tab键，分别在其他列标题栏中输入表格文字，如图7-80所示。

8 单击 确定 按钮，关闭【文字格式】编辑器，创建结果如图7-81所示。

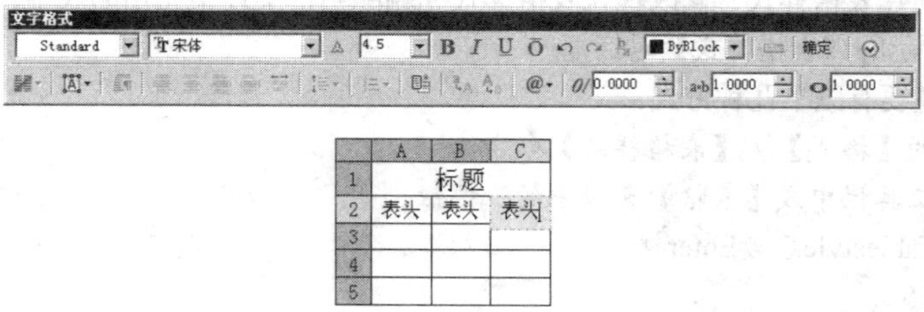

图7-80 输入其他文字

图7-81 创建表格

TIP 默认设置创建的表格，不仅包含有标题行，还包含有表头行、数据行，用户可以根据实际情况进行取舍。

● 选项解析

- 【表格样式设置】选项组：用于设置、新建或修改当前表格样式，还可以对样式进行预览。
- 【插入选项】选项组：用于设置表格的填充方式，具体有“从空表格开始”、“自动数据链接”和“自图形中的对象数据提取”三种方式。
- 【插入方式】选项组：用于设置表格的插入方式。共提供了“指定插入点”和“指定窗口”两种方式，默认方式为“指定插入点”方式。

TIP 如果使用“指定窗口”方式，系统将表格的行数设为自动，即按照指定的窗口区域自动生成表格的数据行，而表格的其他参数仍使用当前的设置。

- 【列和行设置】选项组：用于设置表格的列参数、行参数以及列宽和行宽参数。系统默认的列参数为5、行参数为1。
- 【设置单元数据】选项组：用于设置第一行、第二行或其他行的单元样式。
- 单击 Standard 右侧的按钮，打开如图7-82所示的【表格样式】对话框，此对话框用于设置、修改表格样式或设置当前格样式。

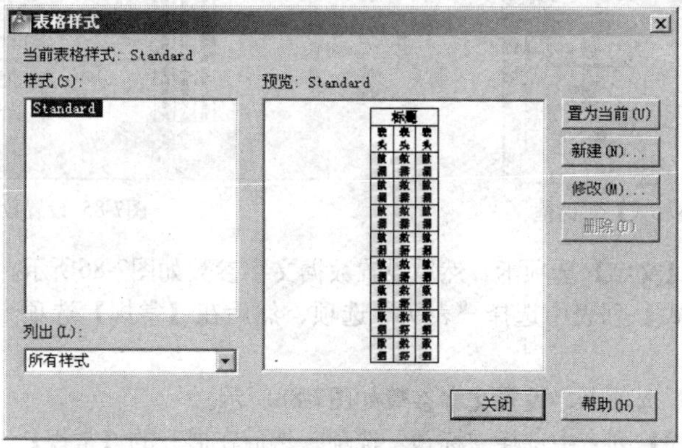

图7-82 【表格样式】对话框

7.8.2 表格样式

【表格样式】命令用于新建表格样式、修改现在表格样式和删除当前文件中无用的表格样式，激活命令后可打开如图7-82所示的【表格样式】对话框。

执行【表格样式】命令主要有以下几种方式：

- 执行菜单栏中的【格式】/【表格样式】命令。
- 单击【样式】工具栏中或【表格】面板中的按钮。
- 在命令行输入Tablestyle后按Enter键。
- 使用命令简写TS。

7.9 上机指导（三）——明细表格的快速创建与填充

本例通过创建如图7-83所示的明细表格及表格文字，主要对【表格样式】和【表格】两个命令进行综合应用和巩固。

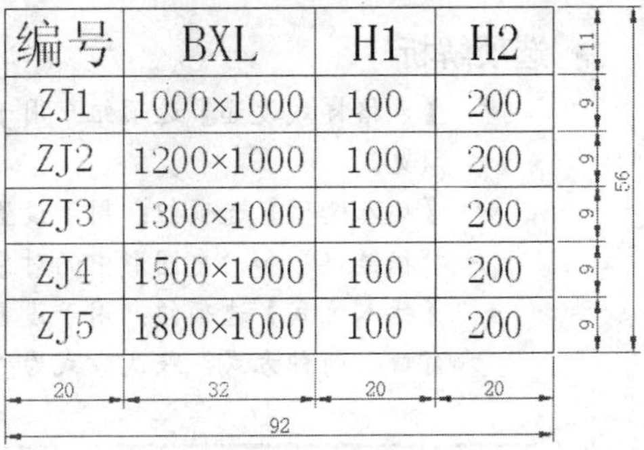

图7-83 实例效果

操作步骤

1. 新建空白文件。
2. 执行菜单栏中的【格式】/【表格样式】命令，在打开的【表格样式】对话框中单击新建(N)...按钮，为新样式命名如图7-84所示。
3. 单击继续按钮，打开【新建表格样式：明细表】对话框，展开【单元样式】下拉列表，然后设置数据常规参数如图7-85所示。

图7-84 【创建新的表格样式】对话框

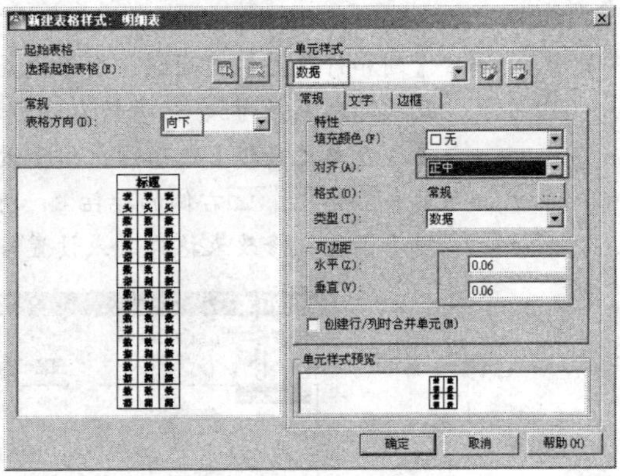

图7-85 设置数据常规参数

4. 接下来展开【文字】选项卡，然后设置数据文字参数如图7-86所示。
5. 在【单元样式】列表中选择“表头”选项，然后在【常规】选项卡中设置参数如图7-87所示。
6. 展开【文字】选项卡，设置文字参数如图7-88所示。
7. 在【单元样式】列表中选择“标题”选项，然后在展开的【常规】选项卡中设置参数如图7-89所示。

图7-86 设置数据文字参数

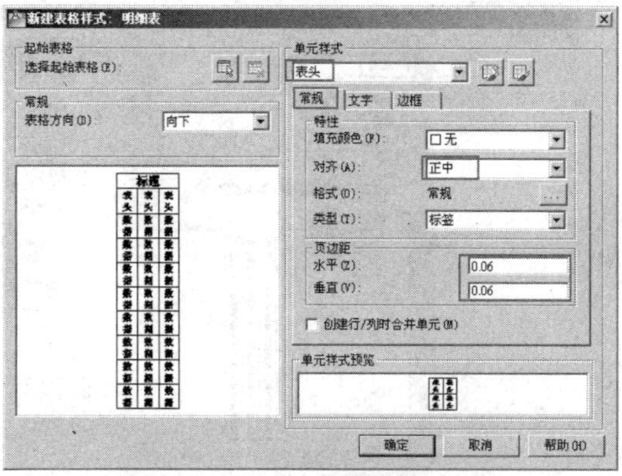

图7-87 设置表头常规参数

图7-88 设置表头文字参数

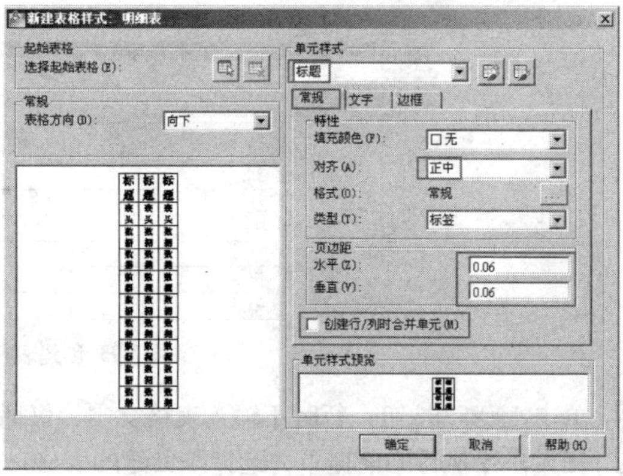

图7-89 设置标题常规参数

8 展开【文字】选项卡，设置文字参数如图7-90所示。

9 单击 确定 按钮返回【表格样式】对话框，确保刚设置的“明细表”样式处于选择状态，单击 置为当前(U) 按钮，将此样式设置为当前样式，如图7-91所示。

图7-90 设置标题文字参数

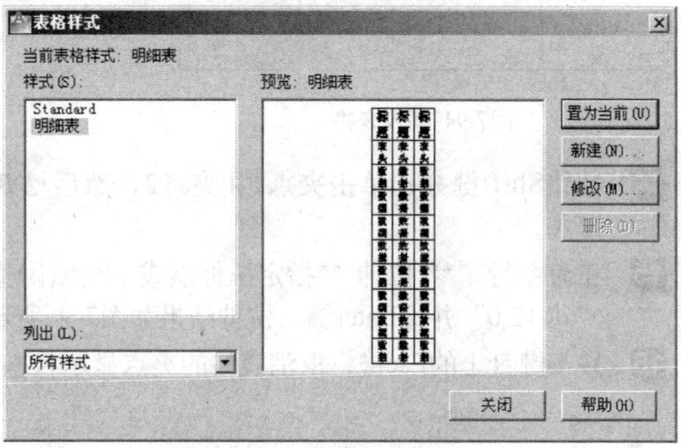

图7-91 设置当前样式

10 执行菜单栏中的【绘图】/【表格】命令，在打开的【插入表格】对话框中设置参数如图7-92所示。

11 单击 确定 按钮，在命令行“指定插入点：”提示下，在绘图区拾取一点，插入表格，如图7-93所示。

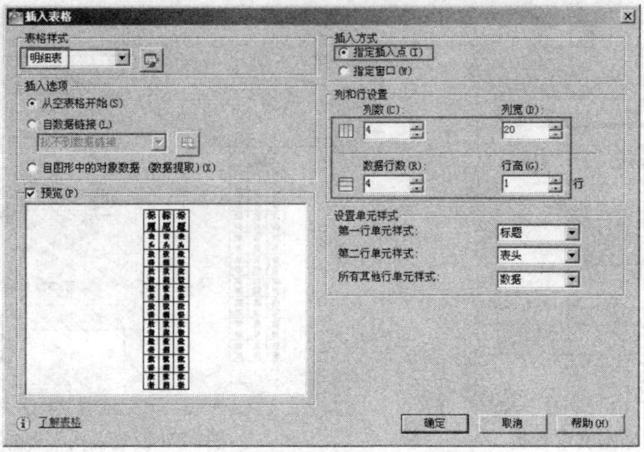

图7-92 设置表格参数

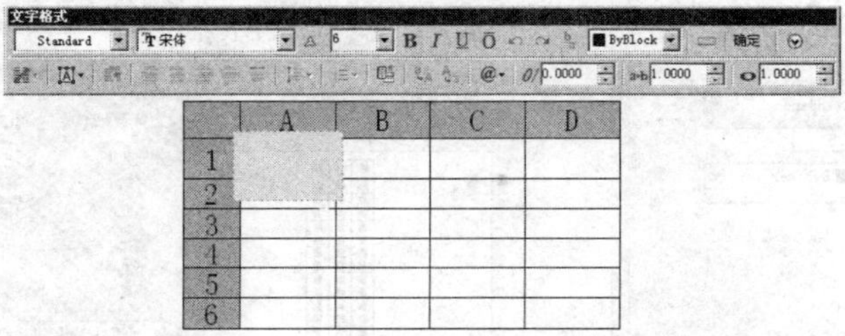

图7-93 创建表格

12 单击 确定 按钮，暂时不输入表格文字，仅插入表格，结果如图7-94所示。

13 在无命令执行的前提下，选择刚创建的表格，使其夹点显示，如图7-95所示。

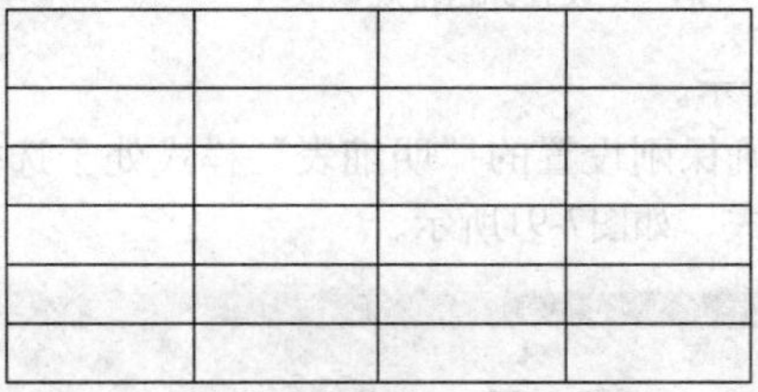

图7-94 插入表格

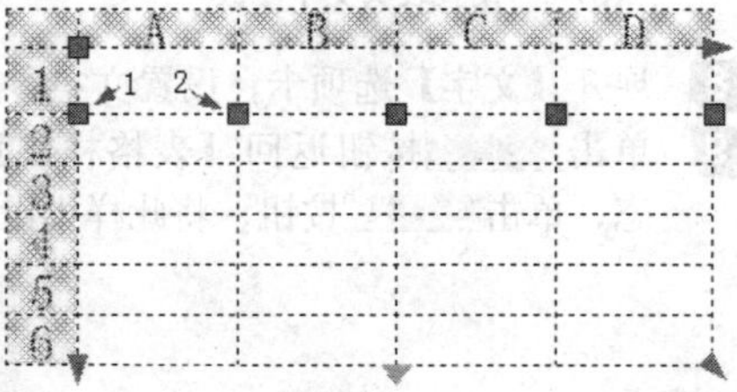

图7-95 夹点显示

14 按住Shift键分别单击夹点1和夹点2，然后松开Shift键，再次单击夹点2，进入夹点编辑模式。

15 在命令行“** 拉伸 **指定拉伸点或 [基点(B)/复制(C)/放弃(U)/退出(X)]: ”提示下，输入“@-12,0”并按Enter键，拉伸结果如图7-96所示。

16 按下键盘上的Esc键，取消表格的夹点显示状态，编辑结果如图7-97所示。

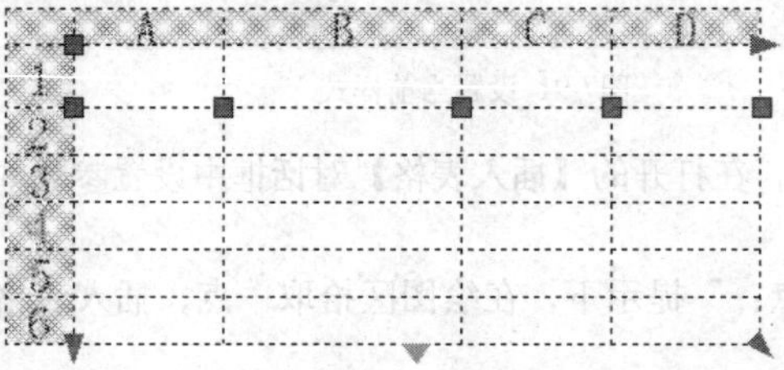

图7-96 拉伸结果

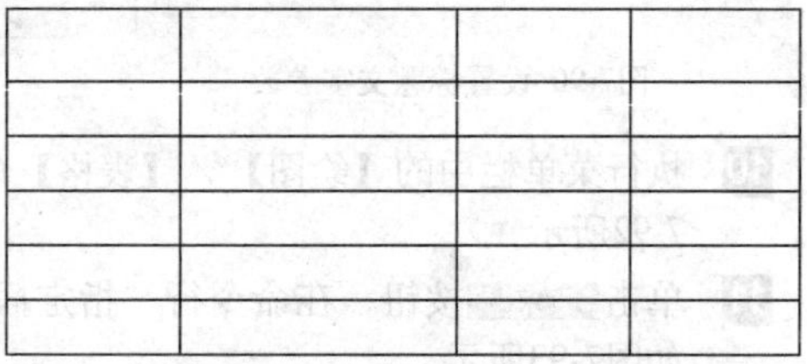

图7-97 编辑结果

17 在左侧第一列标题方格内单击左键，打开如图7-98所示的【表格】编辑器。

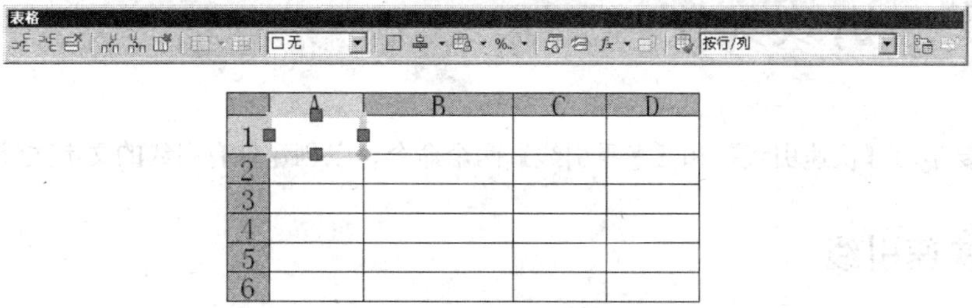

图7-98 打开【表格】编辑器

18 在左下角的方格内输入如图7-99所示的文字。

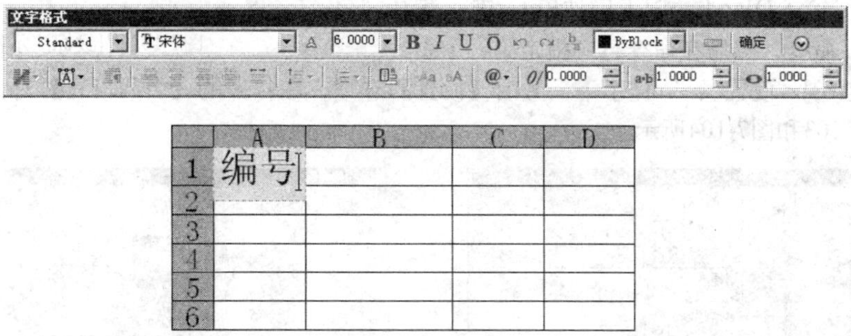

图7-99 输入文字

19 按下键盘上的Tab键，在第二个列标题方格内填写表格内容，并设置文字样式等，如图7-100所示。

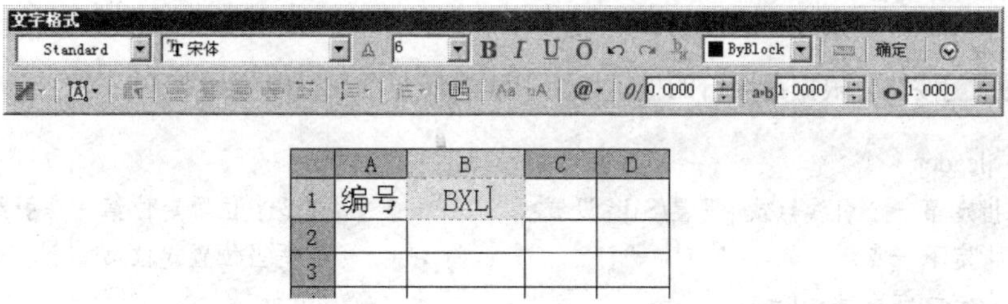

图7-100 输入表格文字

20 通过按下Tab键，分别输入其他列标题内容，如图7-101所示。

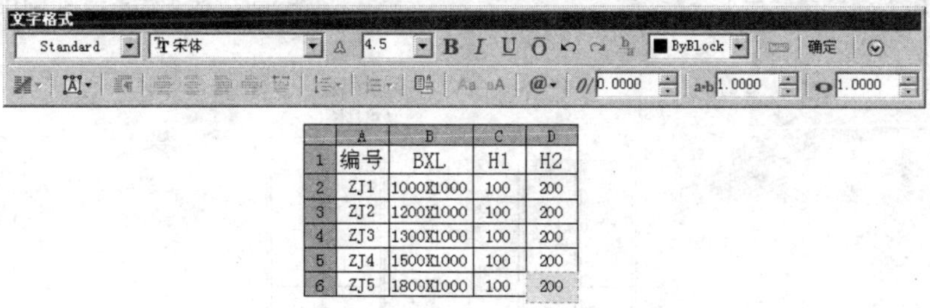

图7-101 填充结果

21 在【文字格式】编辑器中单击确定按钮，关闭【文字格式】编辑器。

22 最后执行【保存】命令，将图形命名存储为“上机指导（三）.dwg”。

7.10 引线文字

本节主要学习【快速引线】和【多重引线】两个命令，以创建带有引线的文字注释。

7.10.1 快速引线

【快速引线】命令用于创建一端带有箭头、另一端带有文字注释的引线尺寸，其中，引线可以为直线段，也可以为平滑的样条曲线，如图7-102所示。

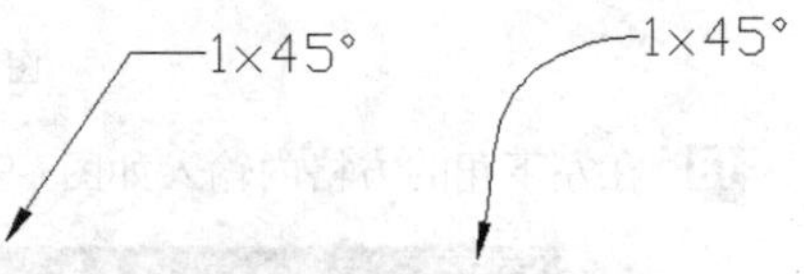

图7-102 引线标注示例

在命令行输入Qleader或LE后按Enter键，激活【快速引线】命令，然后在命令行“指定第一个引线点或在 [设置(S)] <设置>：”提示下，激活【设置】选项，在打开的【引线设置】对话框中设置引线参数如图7-103和图7-104所示。

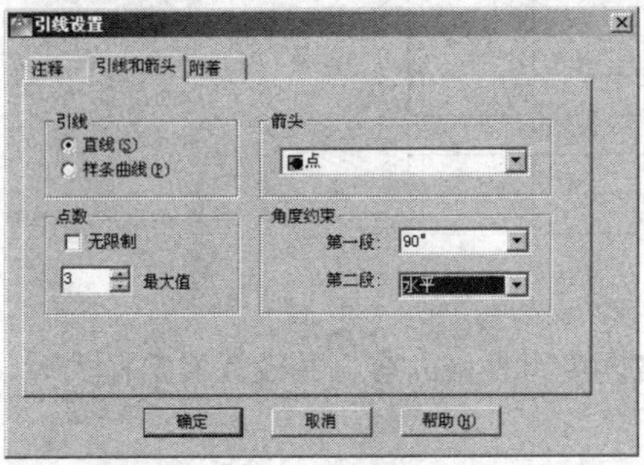

图7-103 设置线线和箭头

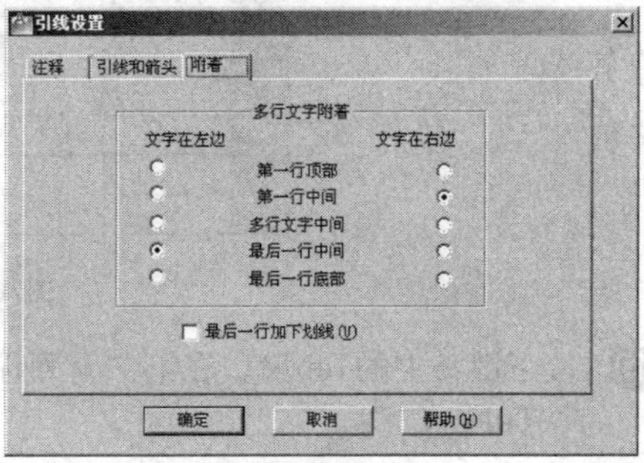

图7-104 设置附着位置

单击确定按钮，根据命令行的提示标注引线注释。命令行操作如下。

```
命令: _qleader
    指定第一个引线点或 [设置(S)] <设置>:        //在适当位置定位第一个引线点
    指定下一点:                                 //在适当位置定位第二个引线点
    指定文字宽度 <0>:                           // Enter
    输入注释文字的第一行 <多行文字(M)>:         // 12厘清玻Enter
    输入注释文字的下一行:                       //玻璃层板Enter
    输入注释文字的下一行:                       // Enter，标注结果如图7-105所示
```

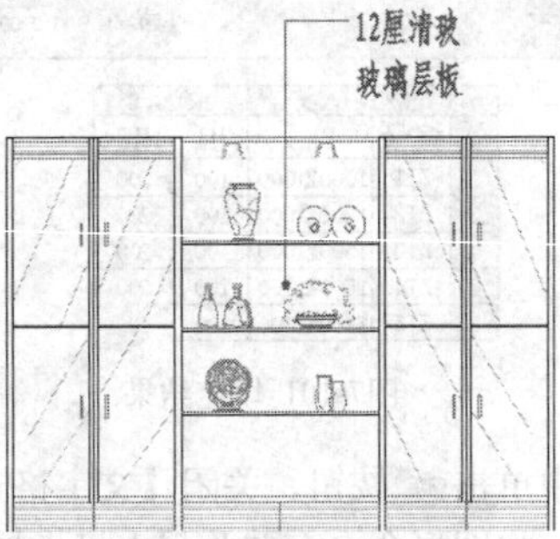

图7-105 标注结果

7.10.2 引线选项

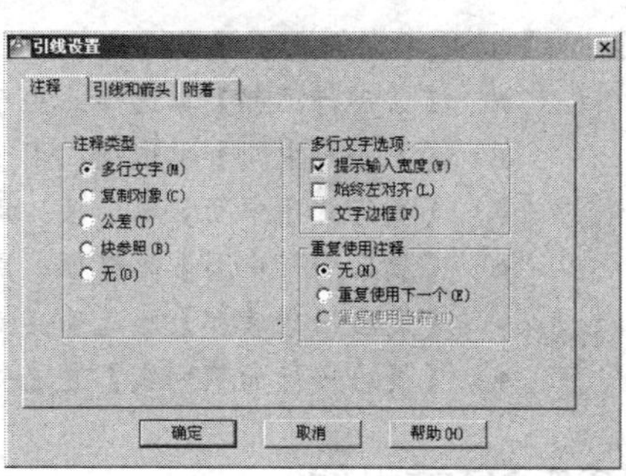

图7-106　【注释】选项卡

- 【注释】选项卡

在【引线设置】对话框中展开【注释】选项卡，如图7-106示，此选项卡主要用于设置引线文字的注释类型及其相关的一些选项功能。

【注释类型】选项组

◆ 【多行文字】选项：用于在引线末端创建多行文字注释。

◆ 【复制对象】选项：用于复制已有引线注释作为需要创建的引线注释。

◆ 【公差】选项：用于在引线末端创建公差注释。

◆ 【块参照】选项：用于以内部块作为注释对象；而【无】选项表示创建无注释的引线。

【多行文字选项】选项组

◆ 【提示输入宽度】复选项：用于提示用户，指定多行文字注释的宽度。

◆ 【始终左对齐】复选项：用于自动设置多行文字使用左对齐方式。

◆ 【文字边框】复选项：主要用于为引线注释添加边框。

【重复使用注释】选项组

◆ 【无】选项：表示不对当前所设置的引线注释进行重复使用。

◆ 【重复使用下一个】选项：用于重复使用下一个引线注释。

◆ 【重复使用当前】选项：用于重复使用当前的引线注释。

- 【引线和箭头】选项卡

如图7-107所示的【引线和箭头】选项卡，主要用于设置引线的类型、点数、箭头以及引线段的角度约束等参数。

◆ 【直线】选项：用于在指定的引线点之间创建直线段。

◆ 【样条曲线】选项：用于在引线点之间创建样条曲线，即引线为样条曲线。

◆ 【箭头】选项组：用于设置引线箭头的形式。单击 实心闭合 列表，在下拉式列表框中选择一种箭头形式。

◆ 【无限制】复选框：表示系统不限制引线点的数量，用户可以通过按下Enter键，手动结束引线点的设置过程。

◆ 【最大值】选项：用于设置引线点数的最多数量。

◆ 【角度约束】选项组：用于设置第一条引线与第二条引线的角度约束。

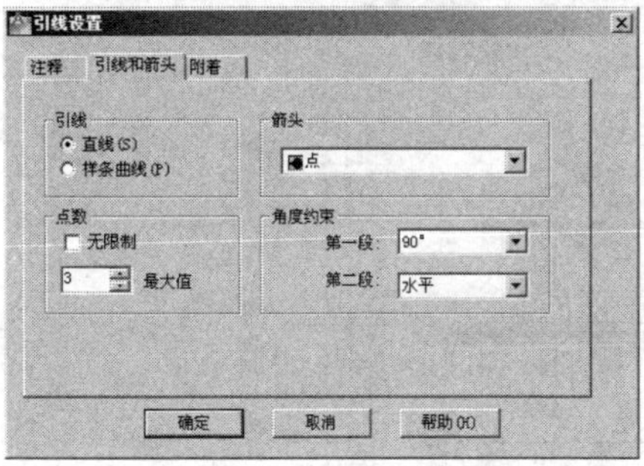

图7-107　【引线和箭头】选项卡

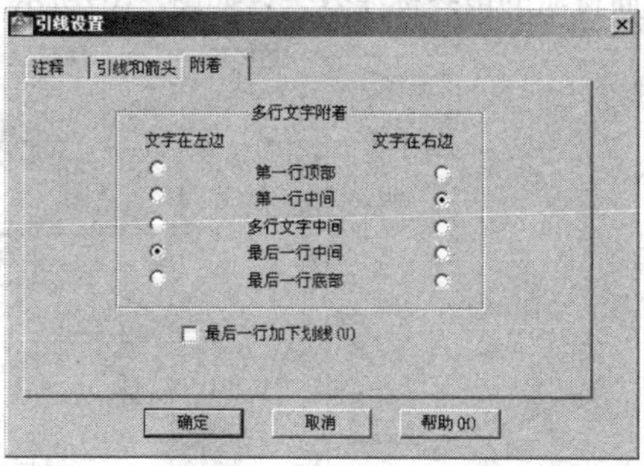

图7-108　【附着】选项卡

- 【附着】选项卡

如图7-108所示的【附着】选项卡，主要用于设置引线和多行文字注释之间的附着位置，只有在【注释】选项卡内勾选了【多行文字】选项时，此选项卡才可用。

- 【第一行顶部】单选项：用于将引线放置在多行文字第一行的顶部。
- 【第一行中间】单选项：用于将引线放置在多行文字第一行的中间。
- 【多行文字中间】单选项：用于将引线放置在多行文字的中部。
- 【最后一行中间】单选项：用于将引线放置在多行文字最后一行的中间。
- 【最后一行底部】单选项：用于将引线放置在多行文字最后一行的底部。
- 【最后一行加下划线】复选项：用于为最后一行文字添加下划线。

7.10.3 多重引线

另外，使用【多重引线】命令也可以创建具有多个选项的引线对象，只不过，这些选项功能都是通过命令行进行设置的，没有对话框较为直观。

- **【多重引线】命令的执行方式**
  - 单击【标注】菜单中的【多重引线】命令。
  - 单击【多重引线】工具栏中的按钮。
  - 在命令行输入Mleader后按Enter键。
  - 使用命令简写MLE。

激活【多重引线】命令后，其命令行操作如下。

```
命令: _mleader
    指定引线基线的位置或 [引线箭头优先(H)/内容优先(C)/选项(O)] <选项>:  //Enter
    输入选项 [引线类型(L)/引线基线(A)/内容类型(C)/最大节点数(M)/第一个角度(F)/第二个角
度(S)/退出选项(X)] <退出选项>:                                          //输入一个选项
    指定引线基线的位置或 [引线箭头优先(H)/内容优先(C)/选项(O)] <选项>:  //指定基线位置
    指定引线箭头的位置: //指定箭头位置，此时系统打开【文字格式】编辑器，用于输入注释内容
```

7.11 上机指导（四）——标注别墅立面图墙面材质

本例通过为某别墅立面图标注墙面材质，主要对所学知识进行综合练习和巩固应用。别墅立面图墙面材质的最终标注效果，如图7-109所示。

图7-109 实例效果

操作步骤

1 打开随书光盘中的“实例效果文件／第7章／上机指导（二）.dwg”，如图7-110所示。

图7-110　打开结果

2 使用命令简写“LA”激活【图层】命令，创建名为“文本层”的新图层，图层颜色为红色，并将此图层设置为当前图层。

3 单击【样式】工具栏中的按钮，打开【文字样式】对话框，创建名为“仿宋体”的文字样式，字体宽度比例为0.7。

4 使用命令简写“D”激活【标注样式】命令，在打开的【标注样式管理器】中单击 替代(O)... 按钮，打开【替代当前样式：建筑标注】对话框。

5 在【替代当前样式：建筑标注】对话框中分别展开【文字】选项卡和【调整】选项卡，设置参数如图7-111和图7-112所示。

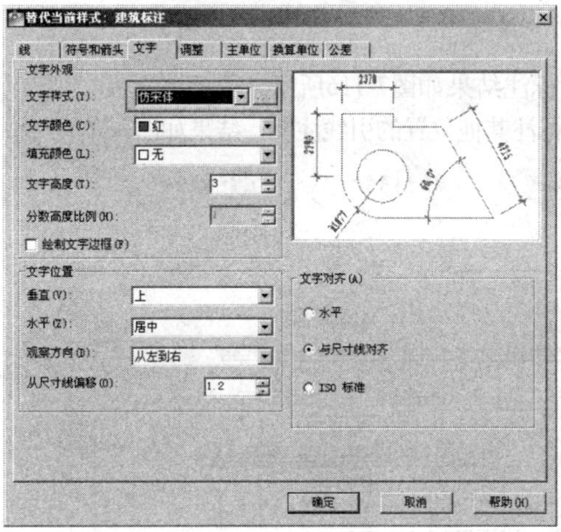

图7-111　替代文字参数

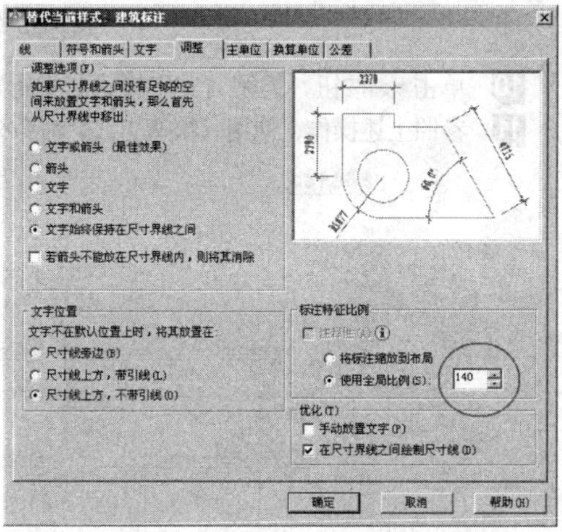

图7-112　替代标注比例

6 使用命令简写“LE”激活【快速引线】命令，在命令行“指定第一个引线点或 [设置(S)] <设置>:”提示下，激活【设置】选项，打开【引线设置】对话框。

7 在【引线设置】对话框中展开【引线和箭头】选项卡，然后设置引线与箭头，如图7-113所示。

8 在【引线设置】对话框中展开【附着】选项卡，然后设置引线注释的附着位置，如图7-114所示。

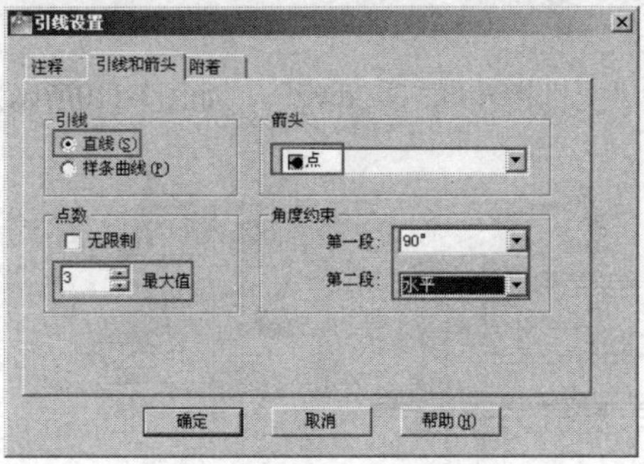

图7-113 设置引线和箭头

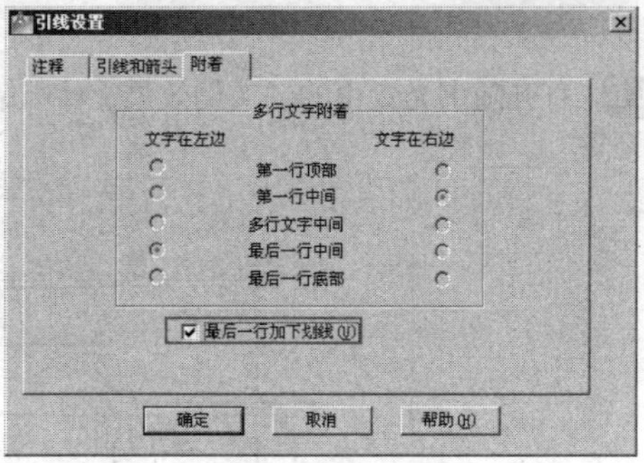

图7-114 设置附着位置

9 在【引线设置】对话框中单击 确定 按钮，返回绘图区，在所需位置指定引线点，绘制引线并输入引线注释，如图7-115所示。

图7-115 输入引线注释

10 单击 确定 按钮，关闭【文字格式】编辑器，标注结果如图7-116所示。

11 参照上述操作，使用【快速引线】命令分别标注其他位置的引线注释，结果如图7-117所示。

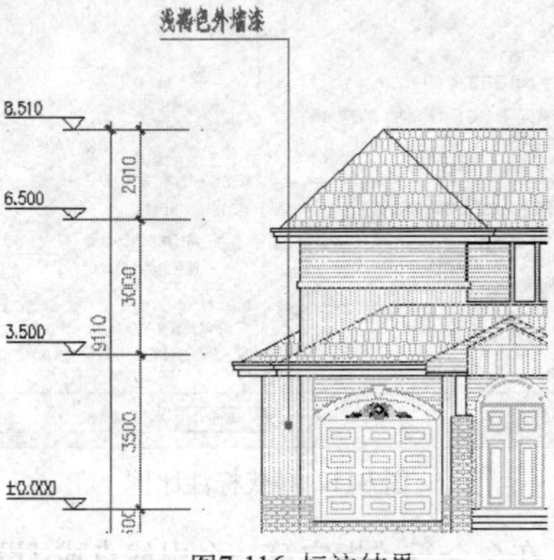

图7-116 标注结果

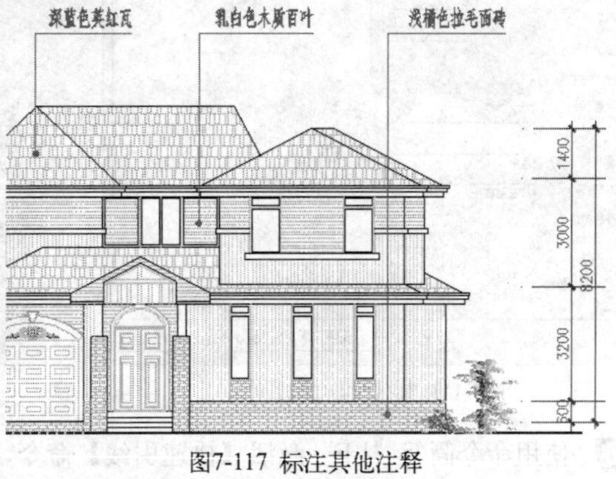

图7-117 标注其他注释

12 调整视图，使立面图完全显示，最终结果如图7-109所示。

13 最后执行【另存为】命令，将户型图另名存储为“上机指导（四）.dwg”。

第8章

图形参数的表达功能——尺寸标注与公差

尺寸是施工图参数化的最直接表现，也是图纸的重要组成部分，它能将图形间的相互位置关系及形状进行数字化、参数化，是施工人员现场施工的主要依据。本章主要讲述各类尺寸的标注与协调技能。本章学习内容如下：

- ✓ 设置标注样式
- ✓ 标注直线型尺寸
- ✓ 标注曲线型尺寸
- ✓ 上机指导（一）——标注箱体零件三视图尺寸
- ✓ 标注复合型尺寸
- ✓ 上机指导（二）——标注别墅立面图施工尺寸
- ✓ 标注圆心标记与公差
- ✓ 编辑尺寸标注
- ✓ 上机指导（三）——标注零件尺寸公差与形位公差

8.1 设置标注样式

一般情况下，尺寸由标注文字、尺寸线、尺寸界线和箭头四部分组成，如图8-1所示。【标注样式】命令则用于控制尺寸元素的外观形式，它是所有尺寸变量的集合，这些变量决定了尺寸中各元素的外观，只要用户调整尺寸样式中某些尺寸变量，就能灵活修改尺寸标注的外观。

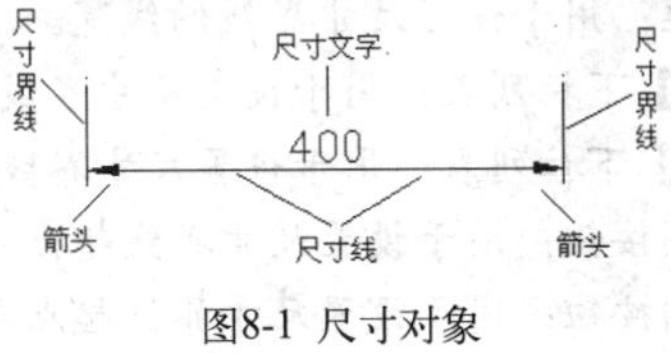

图8-1 尺寸对象

执行【标注样式】命令主要有以下几种方式：

- ◆ 执行菜单栏中的【标注】或【格式】/【标注样式】命令。
- ◆ 单击【标注】工具栏或面板中的按钮。
- ◆ 在命令行输入Dimstyle后按Enter键。
- ◆ 使用命令简写D。

8.1.1 设置标注样式

执行【标注样式】命令后，可打开如图8-2所示的【标注样式管理器】对话框，在此对话框中不仅可以设置标注样式，还可以修改、替代和比较标注样式。

单击 新建(N)... 按钮后可打开如图8-3所示的【创建新标注样式】对话框，其中【新样式名】文本框用来为新样式命名；【基础样式】下拉列表框用于设置新样式的基础样式；【注释】复选项用于为新样式添加注释。

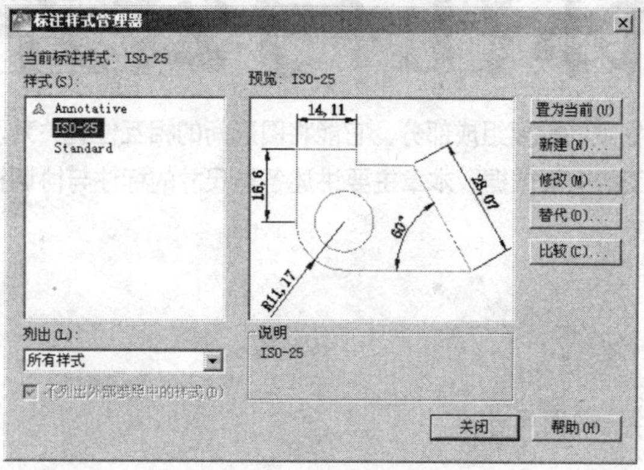

图8-2 【标注样式管理器】对话框

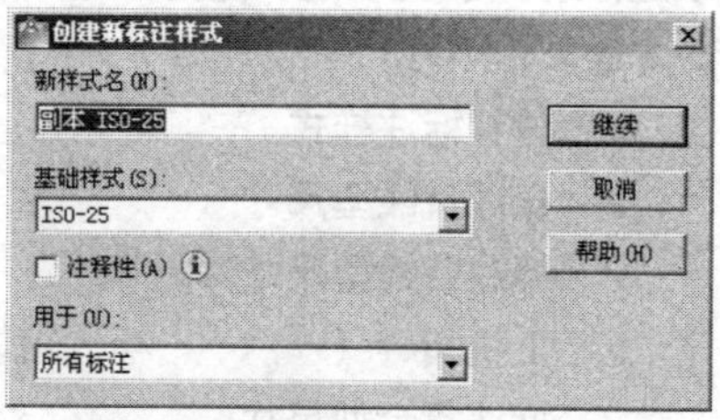

图8-3 【创建新标注样式】对话框

单击 继续 按钮后打开如图8-4所示的【新建标注样式：副本ISO-25】对话框，此对话框包括【线】、【符号和箭头】、【文字】、【调整】、【主单位】、【换算单位】和【公差】七个选项卡。

- **设置“线”参数**

如图8-4所示【线】选项卡，主要用于设置尺寸线、尺寸界线的格式和特性等变量，具体如下：

(1) 【尺寸线】选项组

◆ 【颜色】下拉列表框：用于设置尺寸线的颜色。

◆ 【线型】下拉列表：用于设置尺寸线的线型。

◆ 【线宽】下拉列表框：用于设置尺寸线的线宽。

◆ 【超出标记】微调按钮：用于设置尺寸线超出尺寸界线的长度。在默认状态下，该选项处于不可用状态，当用户只有在选择建筑标记箭头时，此微调按钮才处于可用状态。

◆ 【基线间距】微调按钮：用于设置在基线标注时两条尺寸线之间的距离。

(2) 【尺寸界线】选项组

◆ 【颜色】下拉列表框：用于设置尺寸界线的颜色。

◆ 【线宽】下拉列表框：用于设置尺寸界线的线宽。

◆ 【尺寸界线1的线型】下拉列表：用于设置尺寸界线1的线型。

◆ 【尺寸界线2的线型】下拉列表：用于设置尺寸界线2的线型。

◆ 【超出尺寸线】微调按钮：用于设置尺寸界线超出尺寸线的长度。

◆ 【起点偏移量】微调按钮：用于设置尺寸界线起点与被标注对象间的距离。

◆ 勾选【固定长度的尺寸界线】复选项后，可在下侧的【长度】文本框内设置尺寸界线的固定长度。

- **设置“符号和箭头”**

如图8-5所示的【符号和箭头】选项卡，主要用于设置箭头、圆心标记、弧长符号和半径标注等参数。

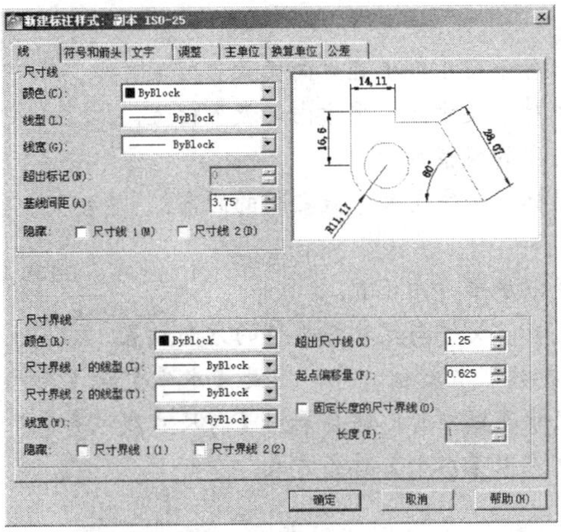

图8-4 【新建标注样式】对话框

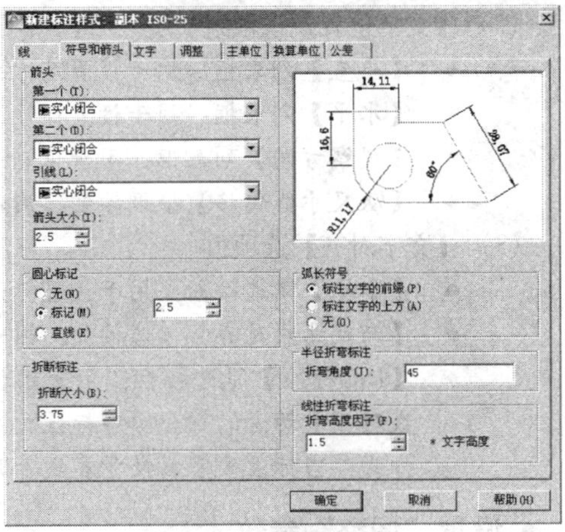

图8-5 【符号和箭头】选项卡

(1) 【箭头】选项组

◆ 【第一个/第二个】下拉列表框：用于设置箭头的形状。
◆ 【引线】下拉列表框：用于设置引线箭头的形状。
◆ 【箭头大小】微调按钮：用于设置箭头的大小。

(2) 【圆心标记】选项组

◆ 【无】单选项：表示不添加圆心标记。
◆ 【标记】单选项：用于为圆添加十字形标记。
◆ 【直线】单选项：用于为圆添加直线型标记。
◆ 

微调按钮：用于设置圆心标记的大小。

(3) 【折断标注】选项组

◆ 用于设置打断标注的大小。

(4) 【弧长符号】选项组

◆ 【标注文字的前缀】单选项：用于为弧长标注添加前缀。
◆ 【标注文字的上方】单选项：用于设置标注文字的位置。
◆ 【无】单选项：若表示在弧长标注上不出现弧长符号。

(5) 【半径折弯标注】选项组

◆ 【半径折弯标注】选项组：用于设置半径折弯的角度。

(6) 【线性折弯标注】选项组

◆ 【线性折弯标注】选项组：用于设置线性折弯的高度因子。

• 设置“文字”参数

如图8-6所示的【文字】选项卡，主要用于设置尺寸文字的样式、颜色、位置及对齐方式等变量。

(1) 【文字外观】选项组

◆ 【文字样式】列表框：用于设置尺寸文字的样式。单击列表框右端的...按钮，将弹出【文字样式】对话框，用于新建或修改文字样式。
◆ 【文字颜色】下拉列表框用于设置标注文字的颜色。
◆ 【填充颜色】下拉列表框：用于设置尺寸文本的背景色。
◆ 【文字高度】微调按钮：用于设置标注文字的高度。
◆ 【分数高度比例】微调按钮：用于设置标注分数的高度比例。只有在选择分数标注单位时，此选项才可用。
◆ 【绘制文字边框】复选框：用于设置是否为标注文字加上边框。

(2) 【文字位置】选项组

- 【垂直】列表框：用于设置尺寸文字相对于尺寸线垂直方向的放置位置。
- 【水平】列表框：用于设置标注文字相对于尺寸线水平方向的放置位置。
- 【观察方向】列表框：用于设置尺寸文字的观察方向。
- 【从尺寸线偏移】微调按钮：用于设置标注文字与尺寸线之间的距离。

(3) 【文字对齐】选项组

- 【水平】单选按钮：用于设置标注文字以水平方向放置。
- 【与尺寸线对齐】单选按钮：用于设置标注文字与尺寸线平行的方向放置。
- 【ISO标准】单选按钮：用于根据ISO标准设置标注文字。它是【水平】与【与尺寸线对齐】两者的综合。当标注文字在尺寸界线中时，就会采用【与尺寸线对齐】对齐方式；当标注文字在尺寸界线外时，则采用【水平】对齐方式。

• 设置“调整”参数

如图8-7所示的【调整】选项卡，主要用于设置尺寸文字与尺寸线、尺寸界线之间的位置。

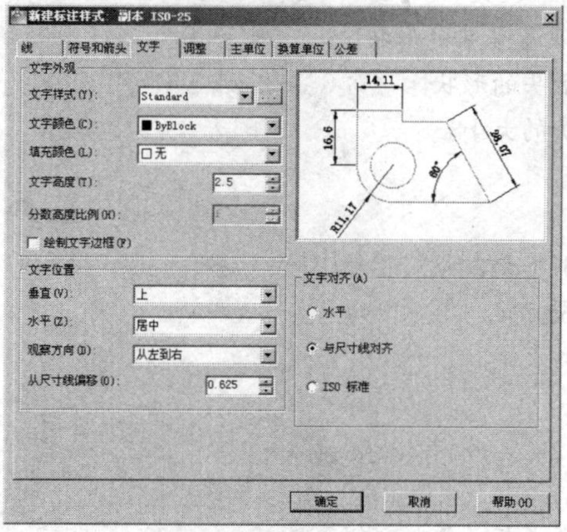

图8-6 【文字】选项卡

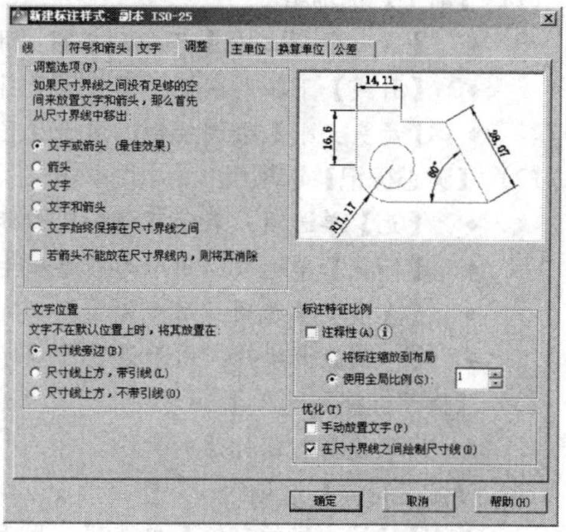

图8-7 【调整】选项卡

(1) 【调整选项】选项组

- 【文字或箭头，最佳效果】选项：用于自动调整文字与箭头的位置，使二者达到最佳效果。
- 【箭头】单选项：用于将箭头移到尺寸界线外。
- 【文字】单选项：用于将文字移到尺寸界线外。
- 【文字和箭头】单选项：用于将文字与箭头都移到尺寸界线外。
- 【文字始终保持在尺寸界线之间】选项：用于将文字始终放置在尺寸界线之间。

(2) 【文字位置】选项组

- 【尺寸线旁边】单选项：用于将文字放置在尺寸线旁边。
- 【尺寸线上方，加引线】选项：用于将文字放置在尺寸线上方，并加引线。
- 【尺寸线上方，不加引线】单选项：用于将文字放置在尺寸线上方，但不加引线引导。

(3) 【标注注释比例】选项组

- 【注释性】复选项：用于设置标注为注释性标注。
- 【使用全局比例】单选项：用于设置标注的比例因子。
- 【将标注缩放到布局】单选项：用于根据当前模型空间的视口与布局空间的大小来确定比例因子。

(4) 【优化】选项组

- 【手动放置文字】复选框：用于手动放置标注文字。
- 【在尺寸界线之间绘制尺寸线】复选框：在标注圆弧或圆时，尺寸线始终在尺寸界线之间。

• 设置“主单位”

如图8-8所示的选项卡为【主单位】选项卡，主要用于设置线性标注和角度标注的单位格式以及精确度等参数变量。

（1）【线性标注】选项组

- 【单位格式】下拉列表框：用于设置线性标注的单位格式，默认值为小数。
- 【精度】下拉列表框：用于设置尺寸的精度。
- 【分数格式】下拉列表框：用于设置分数的格式。只有当【单位格式】为“分数”时，此下拉列表框图才能激活。
- 【小数分隔符】下拉列表框：用于设置小数的分隔符号。
- 【舍入】微调按钮：用于设置除了角度之外的标注测量值的四舍五入规则。
- 【前缀】文本框：用于设置尺寸文字的前缀，可以为数字、文字、符号。
- 【后缀】文本框：用于设置尺寸文字的后缀，可以为数字、文字、符号。
- 【比例因子】微调按钮：用于设置除了角度之外的标注比例因子。
- 【仅应用到布局标注】复选框：仅对在布局里创建的标注应用线性比例值。
- 【前导】复选框：用于消除小数点前面的零。当尺寸文字小于1时，比如为“0.5”，勾选此复选框后，此“0.5”将变为“.5”，前面的零已消除。
- 【后续】复选框：用于消除小数点后面的零。
- 【0英尺】复选框：用于消除零英尺前的零。如：“0′ -1/2″”表示为“1/2″”。只有当【单位格式】设为“工程”或“建筑”时，此复选框才可被激活。
- 【0英寸】复选框：用于消除英寸后的零。如：“2′ -1.400″”表示为“2′ -1.4″”。

（2）【角度标注】选项组

- 【单位格式】下拉列表：用于设置角度标注的单位格式。
- 【精度】下拉列表：用于设置角度的小数位数。
- 【前导消零】复选框：消除角度标注前面的零。
- 【后续消零】复选框：消除角度标注后面的零。

• 设置“换算单位”

如图8-9所示的【换算单位】选项卡，主要用于显示和设置尺寸文字的换算单位、精度等变量。只有勾选了【显示换算单位】复选框，才可激活【换算单位】选项卡中所有的选项组。

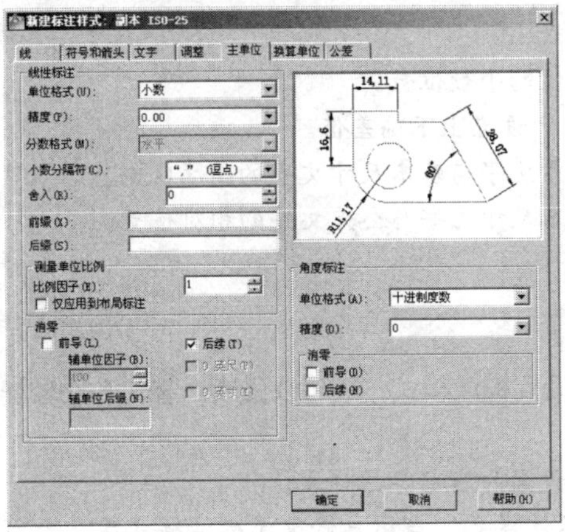

图8-8 【主单位】选项卡

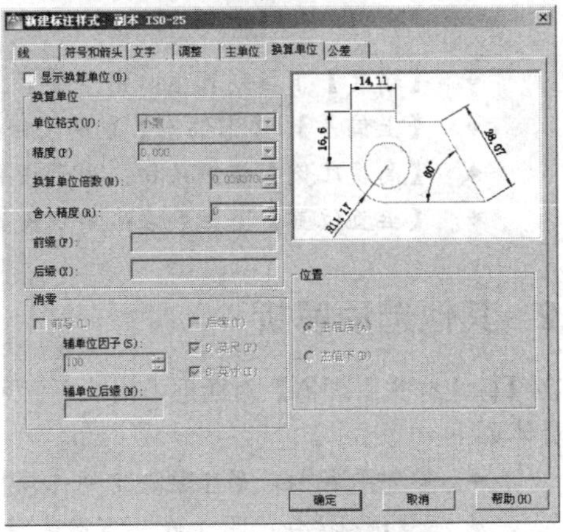

图8-9 【换算单位】选项卡

(1)【换算单位】选项组

- ◆【单位格式】下拉列表：用于设置换算单位格式。
- ◆【精度】下拉列表：用于设置换算单位的小数位数。
- ◆【换算单位倍数】按钮：用于设置主单位与换算单位间的换算因子的倍数。
- ◆【舍入精度】按钮：用于设置换算单位的四舍五入规则。
- ◆【前缀】文本框：输入的值将显示在换算单位的前面。
- ◆【后缀】文本框：输入的值将显示在换算单位的后面。

(2)【消零】选项组

- ◆ 该选项组用于消除换算单位的前导和后继零以及英尺、英寸前后的零。其作用与【主单位】选项卡中的【消零】选项组相同。

(3)【位置】选项组

- ◆【主值后】单选项将换算单位放在主单位之后。
- ◆【主值下】单选项将换算单位放在主单位之下。

• 设置“公差”参数

如图8-10所示【公差】选项卡，主要用于设置尺寸的公差的格式和换算单位。具体内容如下：

- ◆【方式】下拉列表框：用于设置公差的形式。在此列表框内共有“无、对称、极限偏差、极限尺寸和基本尺寸”五个选项，如图8-11所示。

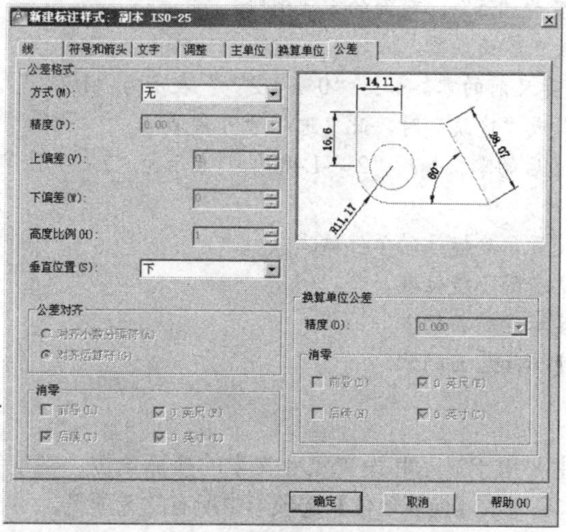

图8-10 【公差】选项卡

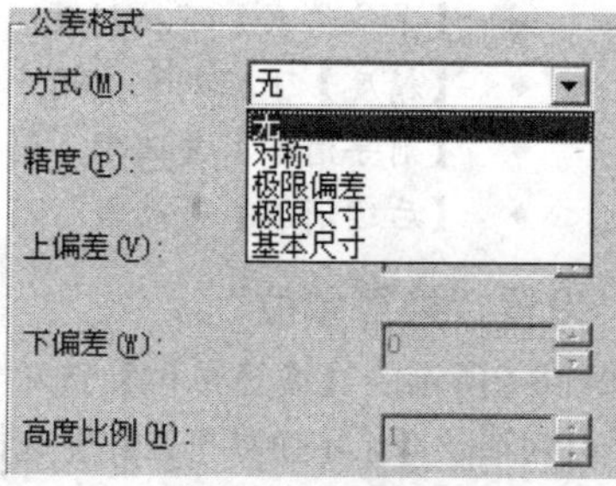

图8-11 公差格式列表框

- ◆【精度】下拉列表框：用于设置公差值的小数位数。
- ◆【上偏差】/【下偏差】微调按钮：用于设置上下偏差值。
- ◆【高度比例】微调按钮：用于设置公差文字与基本尺寸文字的高度比例。
- ◆【垂直位置】下拉列表：用于设置基本尺寸文字与公差文字的相对位置。

8.1.2 其他选项解析

在【标注样式管理器】对话框中用户不仅可以设置标注样式，还可以修改、替代和比较标注样式，具体如下：

- ◆ 置为当前(U) 按钮：用于把选定的标注样式设置为当前标注样式。
- ◆ 修改(M)... 按钮：用于修改当前选择的标注样式。当用户修改了标注样式后，当前图形中的所有标注都会自动更新为当前样式。

◆ 替代(O)...按钮：用于设置当前使用的标注样式的临时替代值。

TIP 当用户创建了替代样式后，当前标注样式将被应用到以后所有尺寸标注中，直到用户删除替代样式为止，而不会改变替代样式之前的标注样式。

◆ 比较(C)...按钮：用于比较两种标注样式的特性或浏览一种标注样式的全部特性，并将比较结果输出到Windows剪贴板上，然后再粘贴到其他Windows应用程序中。

◆ 新建(N)...按钮：用于设置新的尺寸样式。

8.2 标注直线型尺寸

AutoCAD为用户提供了多种标注工具，这些工具位于【标注】菜单栏上，其工具按钮位于【标注】工具栏或【标注】面板中。本节主要学习各类直线型尺寸的标注工具。

8.2.1 线性尺寸

【线性】命令是一个非常常用的标注工具，主要用于标注两点之间或图线的水平尺寸或垂直尺寸，如图8-12所示。

执行【线性】命令主要有以下几种方式：

◆ 执行菜单栏中的【标注】/【线性】命令。

◆ 单击【标注】工具栏或面板中的按钮。

◆ 在命令行输入Dimlinear或Dimlin后按Enter键。

• 【线性】命令的应用

下面通过标注如图8-12所示的水平尺寸和垂直尺寸，主要学习【线性】命令的使用方法和技巧。操作步骤如下：

1 打开随书光盘中的“素材文件／线性标注示例.dwg”文件，如图8-13所示。

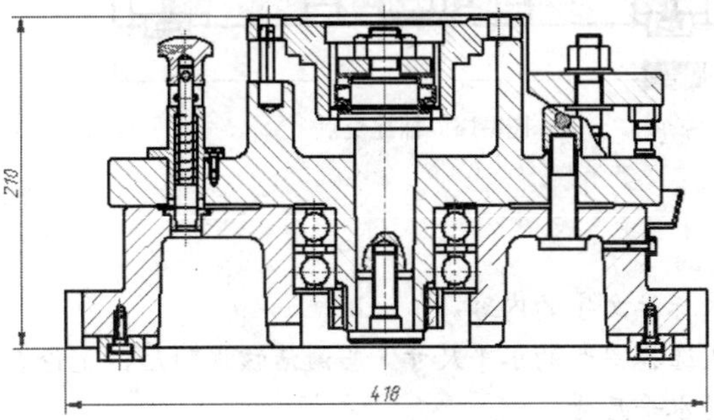

图8-12 线性标注示例

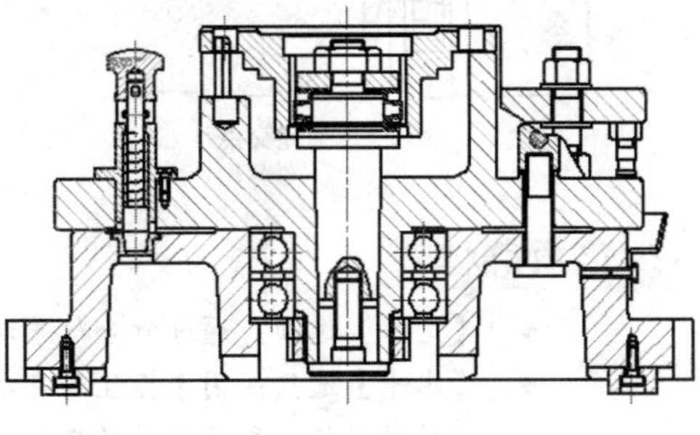

图8-13 打开结果

2 单击【标注】工具栏中的按钮，激活【线性】命令，配合端点捕捉功能标注零件图下侧的总长尺寸。命令行操作如下。

命令: _dimlinear

指定第一条尺寸界线原点或 <选择对象>: //捕捉如图8-14所示的端点

指定第二条尺寸界线原点: //捕捉如图8-15所示的端点

指定尺寸线位置或[多行文字(M)/文字(T)/角度(A)/水平(H)/垂直(V)/旋转(R)]:

//向下移动光标，在适当位置拾取点，标注结果如图8-16所示

标注文字 = 418

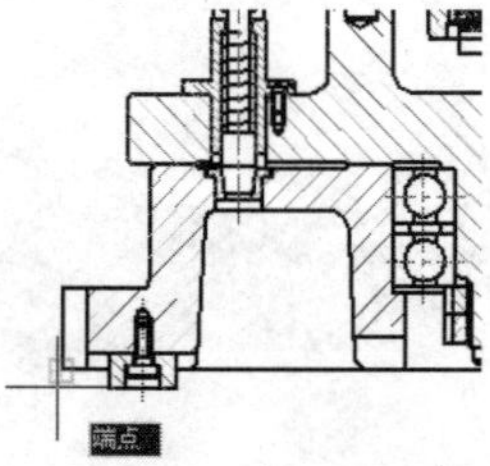

图8-14 捕捉端点

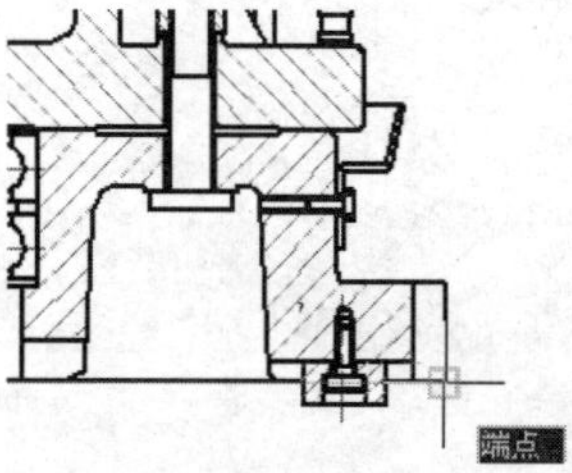

图8-15 捕捉端点

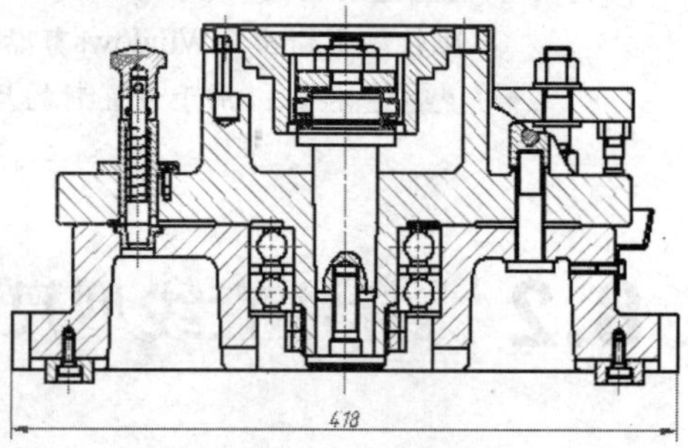

图8-16 标注结果

3 重复执行【线性】命令，配合交点捕捉功能标注零件图的宽度尺寸。命令行操作如下。

命令: _dimlinear

指定第一条尺寸界线原点或 <选择对象>: //捕捉如图8-17所示的交点

指定第二条尺寸界线原点: //捕捉如图8-18所示的交点

指定尺寸线位置或[多行文字(M)/文字(T)/角度(A)/水平(H)/垂直(V)/旋转(R)]:

//向左移动光标，在适当位置拾取点，标注结果如图8-12所示

标注文字 = 210

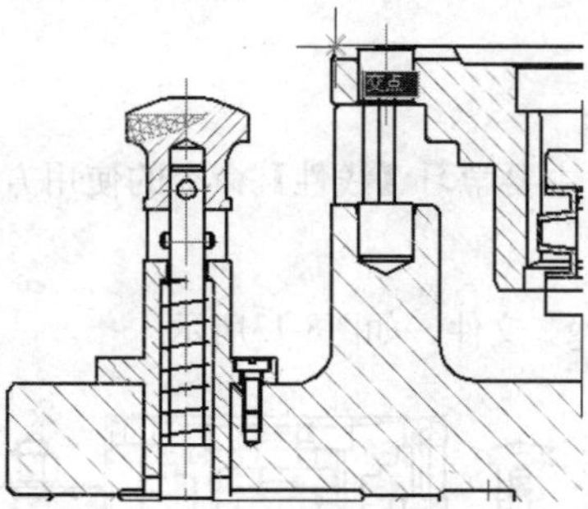

图8-17 捕捉交点

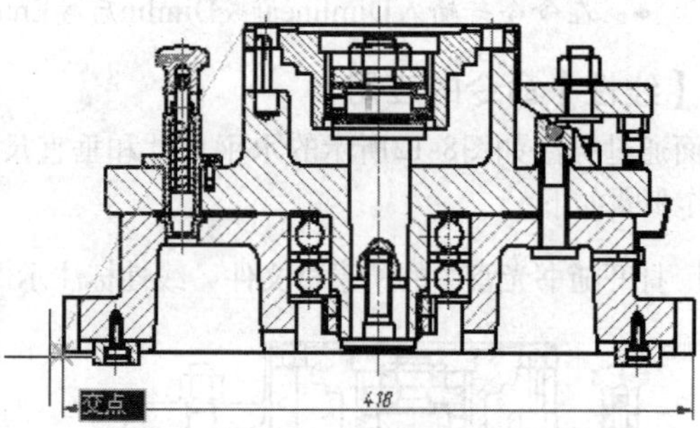

图8-18 捕捉交点

选项解析

- 【文字】选项：通过命令行手动输入标注文字的内容。
- 【水平】选项：用于标注两点之间或选择图线的水平尺寸，当激活该选项后，无论怎样移动光标，所标注的始终是对象的水平尺寸。
- 【垂直】选项：用于标注两点之间的垂直尺寸。
- 【多行文字】选项：用于手动输入尺寸的文字内容，或为标注文字添加前后缀等。选择该选项后，系统将打开如图8-19所示的【文字格式】编辑器。

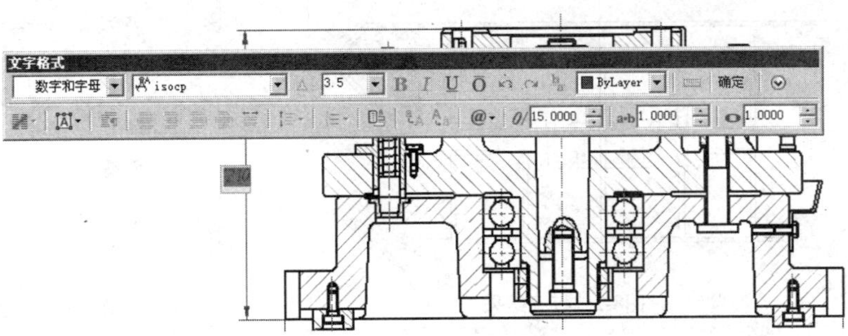

图8-19　【文字格式】编辑器

- 【角度】选项：用于设置标注文字的旋转角度，如图8-20所示
- 【旋转】选项：用于设置尺寸线的旋转角度，如图8-21所示。

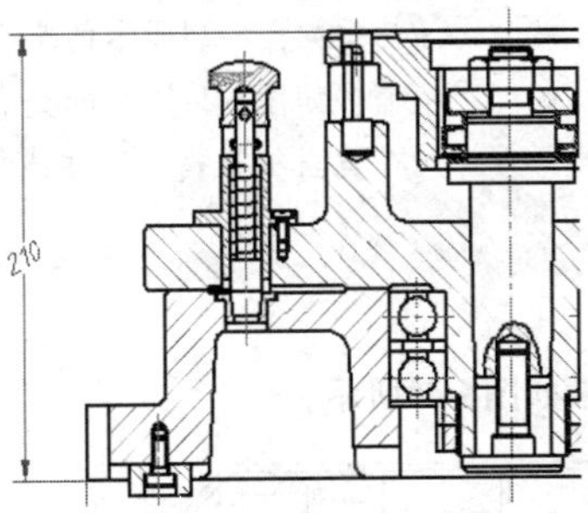

图8-20 角度示例

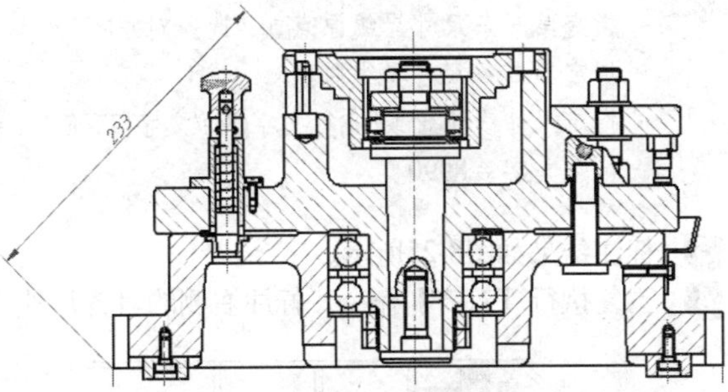

图8-21 旋转示例

8.2.2 对齐尺寸

【对齐】命令用于标注平行于所选对象或平行于两尺寸界线原点连线的对齐尺寸，如图8-22所示。此命令比较适合于标注倾斜图线的尺寸。

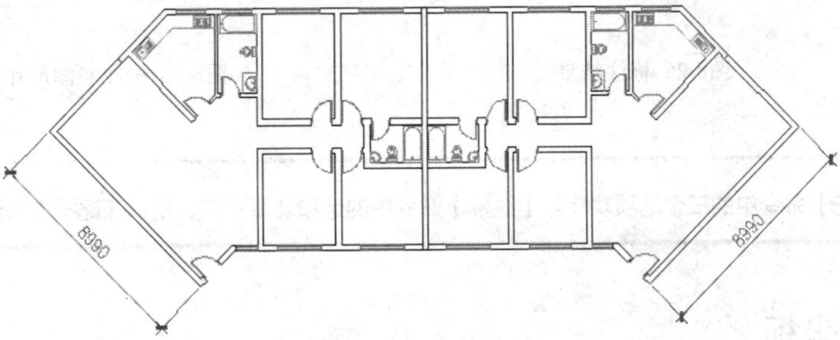

图8-22　对齐标注示例

执行【对齐】命令主要有以下几种方式：

- 执行菜单栏中的【标注】/【对齐】命令。
- 单击【标注】工具栏或面板中按钮。
- 在命令行输入Dimaligned或Dimali后按Enter键。

● 【对齐】命令的应用

下面通过标注如图8-22所示的对齐尺寸，主要学习【对齐】命令的使用方法和技巧。操作步骤如下：

1 打开随书光盘中的“素材文件／对齐标注示例.dwg”，如图8-23所示。

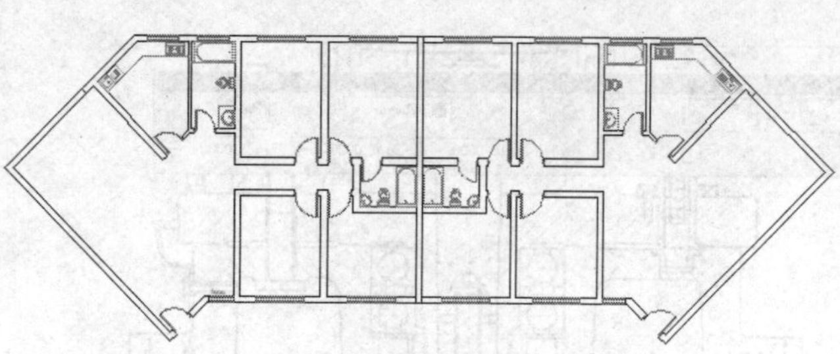

图8-23 打开结果

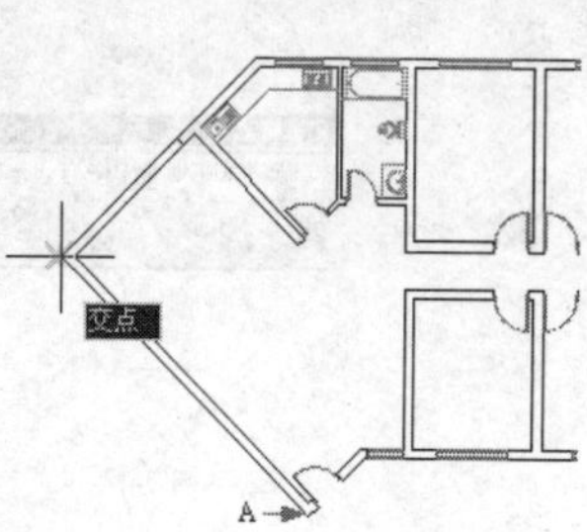

图8-24 捕捉交点

2 单击【标注】工具栏按钮，执行【对齐】命令，配合交点捕捉功能标注对齐线尺寸。命令行操作如下。

```
命令: _dimaligned
    指定第一条尺寸界线原点或 <选择对象>:                    //捕捉如图8-24所示的交点
    指定第二条尺寸界线原点:                                 //捕捉如图8-24所示的交点A
    指定尺寸线位置或[多行文字(M)/文字(T)/角度(A)]:           //在适当位置指定尺寸线位置
    标注文字 = 8990
```

3 标注结果如图8-25所示。

4 重复执行【对齐】命令，标注右侧的对齐尺寸，结果如图8-26所示。

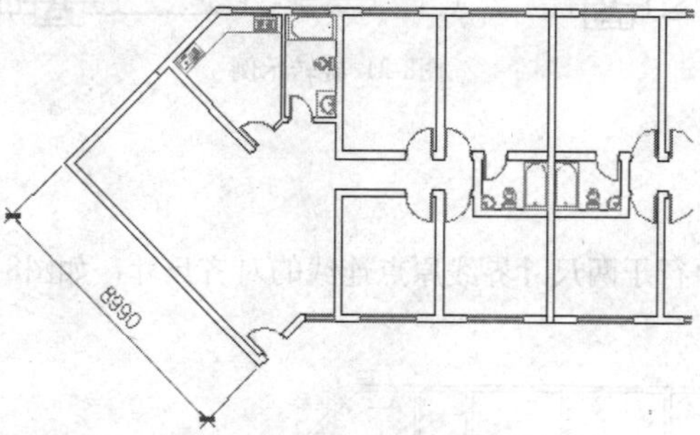

图8-25 标注结果

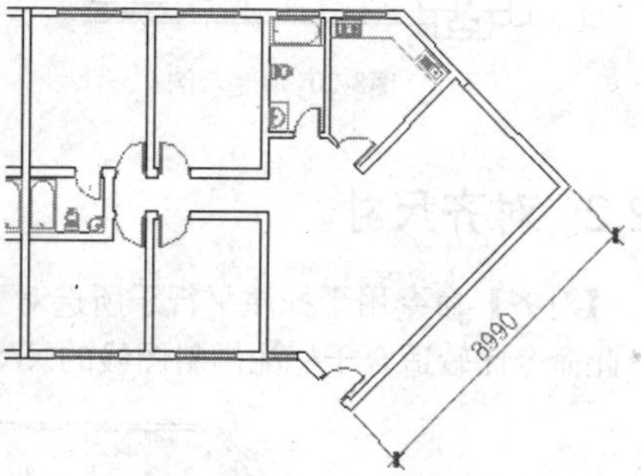

图8-26 标注右侧尺寸

TIP

【对齐】命令中的三个选项功能与【线性】命令中的选项功能相同，所以在此不再讲述。

8.2.3 点的坐标

【坐标】命令用于标注点的*X*坐标值和*Y*坐标值，所标注的坐标为点的绝对坐标，如图8-27所示。

执行【坐标】命令主要有以下几种方式：

- 执行菜单栏中的【标注】/【坐标】命令。
- 单击【标注】工具栏或面板中的按钮。
- 在命令行输入Dimordinate或Dimord后按Enter键。

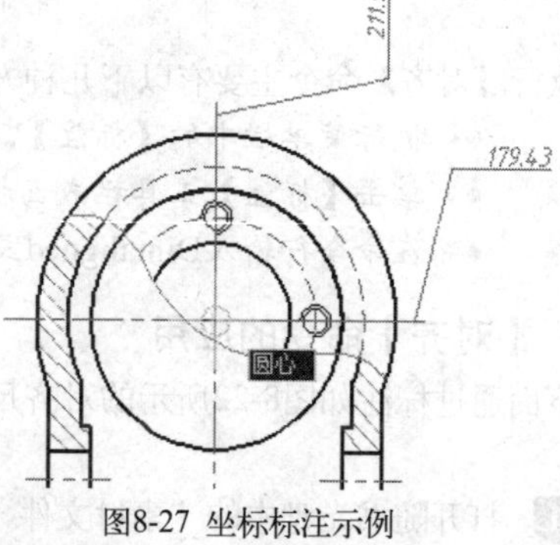

图8-27 坐标标注示例

激活【坐标】命令后，命令行出现如下操作提示。

```
命令: _dimordinate
    指定点坐标:                                          //捕捉图8-27所示的圆心
    指定引线端点或 [X 基准(X)/Y 基准(Y)/多行文字(M)/文字(T)/角度(A)]:  //定位引线端点
```

TIP 上下移动光标，则可以标注点的X坐标值；左右移动光标，则可以标注点的Y坐标值。另外，使用【X 基准】选项，可以强制性的标注点的X坐标，不受光标引导方向的限制；使用【Y 基准】选项可以标注点的Y坐标。

8.3 标注曲线型尺寸

本节主要学习曲线型尺寸标注工具，具体有【弧长】、【角度】、【半径】、【直径】和【折弯】五个命令。

8.3.1 弧长尺寸

【弧长】命令用于标注圆弧或多段线弧的长度尺寸，默认设置下，会在尺寸数字的一端添加弧长符号，如图8-28所示。

执行【弧长】命令主要有以下几种方式：

- 执行菜单栏中的【标注】/【弧长】命令。
- 单击【标注】工具栏或面板中的按钮。
- 在命令行输入Dimarc后按Enter键。

激活【弧长】命令后，AutoCAD命令行会出现如下操作提示。

```
命令: _dimarc
    选择弧线段或多段线弧线段:                    //选择需要标注的弧线段
    指定弧长标注位置或 [多行文字(M)/文字(T)/角度(A)/部分(P)/引线(L)]:
                                                //指定弧长尺寸的位置，结果如图8-28所示
    标注文字 = 81.8
```

使用【部分】选项可以标注圆弧或多段线弧上的部分弧长，命令行操作如下。

```
命令: _dimarc
    选择弧线段或多段线弧线段:                    //选择圆弧
    指定弧长标注位置或 [多行文字(M)/文字(T)/角度(A)/部分(P)/引线(L)]: // PEnter,
    指定圆弧长度标注的第一个点:                  //捕捉圆弧的中点
    指定圆弧长度标注的第二个点:                  //捕捉圆弧端点
    指定弧长标注位置或 [多行文字(M)/文字(T)/角度(A)/部分(P)/]:
                                                //指定尺寸位置，结果如图8-29所示
```

TIP 【引线】选项用于为圆弧的弧长尺寸添加指示线，如图8-30所示。指示线的一端指向所选择的圆弧对象，另一端连接弧长尺寸。

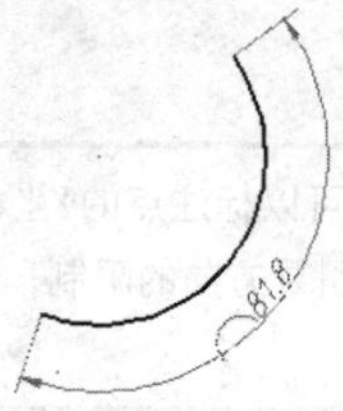

图8-28　弧长标注

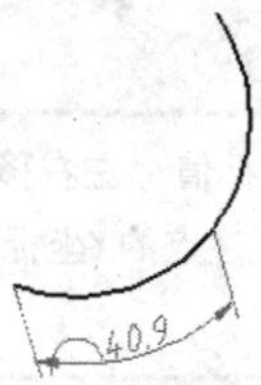

图8-29 部分弧长标注

图8-30 引线选项示例

8.3.2 角度尺寸

【角度】命令用于标注两条图线间的角度尺寸或者是圆弧的圆心角，如图8-31所示。

执行【角度】命令主要有以下几种方式：

- 执行菜单栏中的【标注】/【角度】命令。
- 单击【标注】工具栏或面板中的按钮。
- 在命令行输入Dimangular或Angular后按Enter键。

【角度】命令的命令行操作如下。

```
命令: _dimangular
    选择圆弧、圆、直线或 <指定顶点>:                //选择如图8-32所示的轮廓线
    选择第二条直线:                                  //选择如图8-33所示的轮廓线
    指定标注弧线位置或 [多行文字(M)/文字(T)/角度(A) /象限点(Q)]:
                                                     //在适当位置拾取一点，定位尺寸线位置
    标注文字 = 27
```

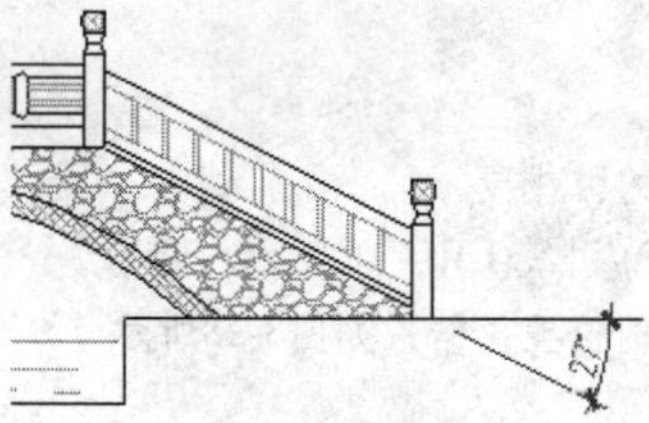

图8-31　角度示例

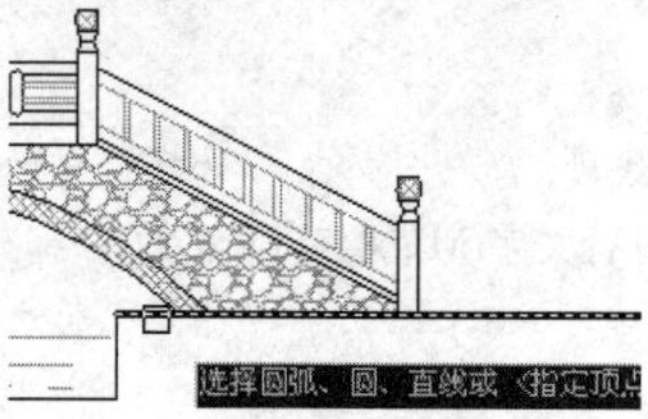

图8-32　选择轮廓线

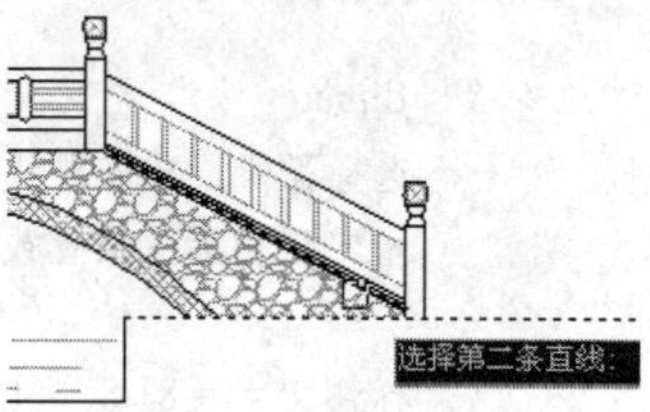

图8-33　选择轮廓线

8.3.3 半径尺寸

【半径】命令用于标注圆、圆弧的半径尺寸，当用户采用系统的实际测量值标注文字时，系统会在测量数值前自动添加“R”，如图8-34所示。

执行【半径】命令主要有以下几种方式：

- 执行菜单栏中的栏【标注】/【半径】命令。
- 单击【标注】工具栏或面板中的按钮。
- 在命令行输入Dimradius或Dimrad后按Enter键。

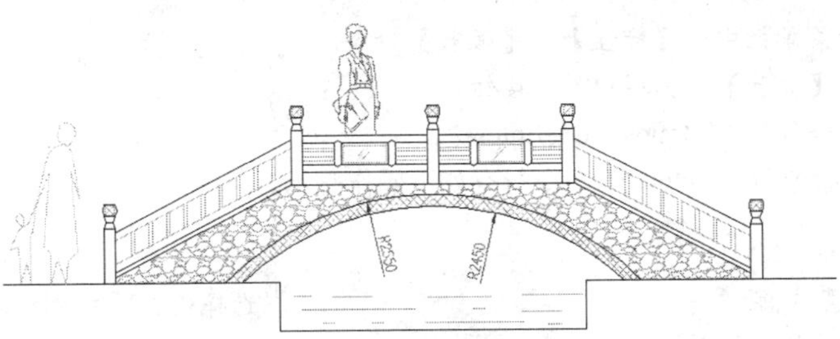

图8-34 半径标注示例

激活【半径】命令后，AutoCAD命令行会出现如下操作提示。

```
命令: _dimradius
    选择圆弧或圆:                                    //选择需要标注的圆或弧对象
    标注文字 = 2450
    指定尺寸线位置或 [多行文字(M)/文字(T)/角度(A)]:    //指定尺寸的位置
```

8.3.4 直径尺寸

【直径】命令用于标注圆或圆弧的直径尺寸，当用户采用系统的实际测量值标注文字时，系统会在测量数值前自动添加“ø”，如图8-35所示。

执行【直径】命令主要有以下几种方式：

- 执行菜单栏中的【标注】/【直径】命令。
- 单击【标注】工具栏或面板中的⊘按钮。
- 在命令行输入Dimdiameter或Dimdia后按Enter键。

激活【直径】命令后，AutoCAD命令行会出现如下操作提示。

```
命令: _dimdiameter
    选择圆弧或圆:                                    //选择需要标注的圆或圆弧
    标注文字 = 13
    指定尺寸线位置或 [多行文字(M)/文字(T)/角度(A)]:    //指定尺寸的位置
```

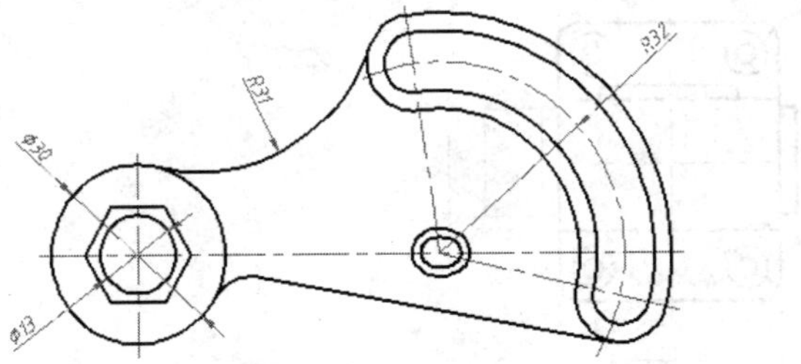

图8-35 直径标注示例

8.3.5 折弯尺寸

【折弯】命令主要用于标注含有折弯的半径尺寸，其中，引线的折弯角度可以根据需要进行设置，如图8-36所示。

执行【折弯】命令主要有以下几种方式：

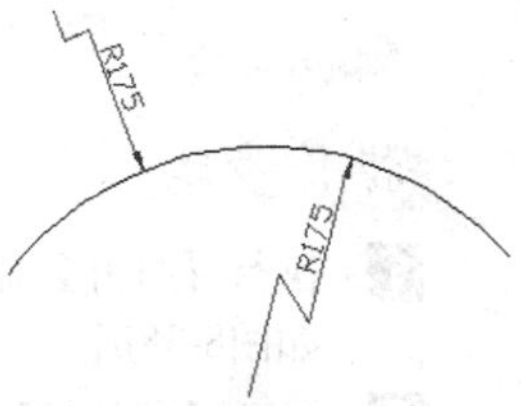

图8-36 折弯尺寸

- 执行菜单栏中的【标注】/【弧长】命令。
- 单击【标注】工具栏中的按钮。
- 在命令行输入Dimjogged按Enter键。

激活【折弯】命令后，AutoCAD命令行有如下操作提示。

```
命令: _dimjogged
    选择圆弧或圆:                                          //选择弧或圆作为标注对象
    指定图示中心位置:                                      //指定中心线位置
    标注文字 = 175
    指定尺寸线位置或 [多行文字(M)/文字(T)/角度(A)]:         //指定尺寸线位置
    指定折弯位置:                                          //定位折弯位置
```

8.4 上机指导（一）——标注箱体零件三视图尺寸

本例通过为某箱体零件三视图标注各类基本尺寸，主要对本章所学知识进行综合练习和巩固应用。箱体零件三视图尺寸的最终标注效果，如图8-37所示。

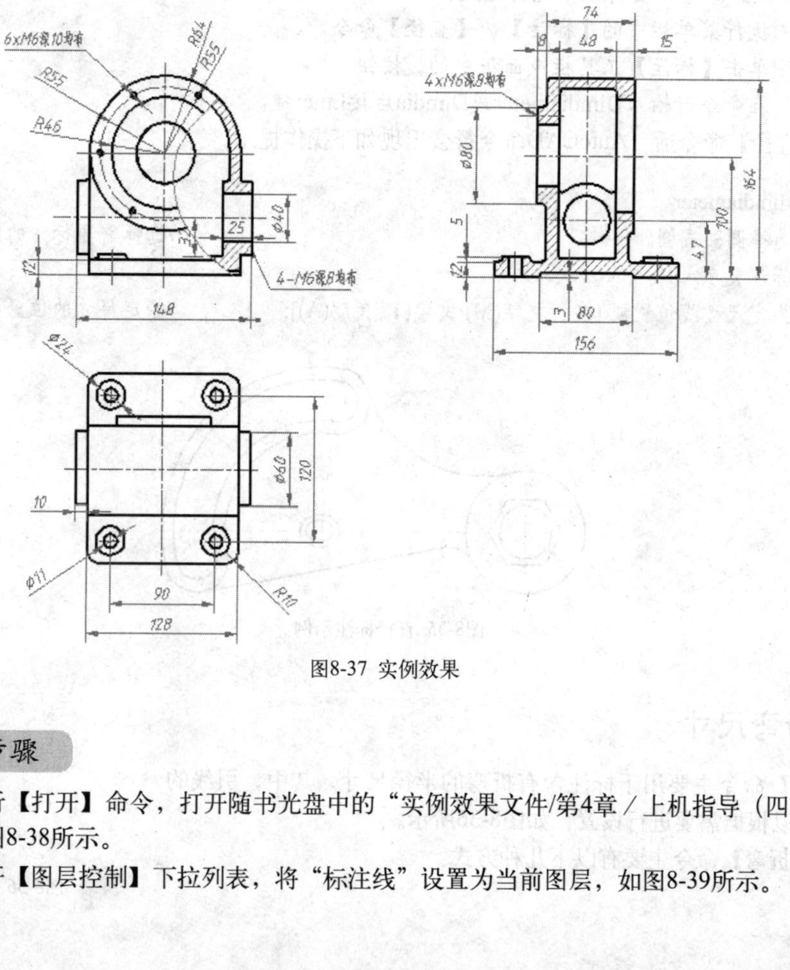

图8-37 实例效果

操作步骤

1. 执行【打开】命令，打开随书光盘中的“实例效果文件/第4章/上机指导（四）.dwg”，如图8-38所示。
2. 展开【图层控制】下拉列表，将“标注线”设置为当前图层，如图8-39所示。

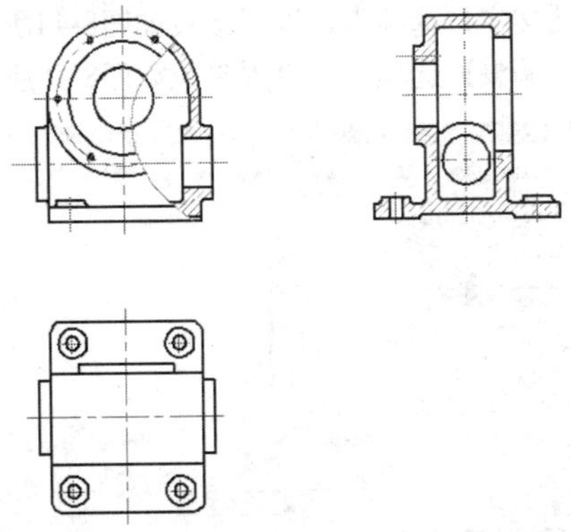

图8-38 打开结果

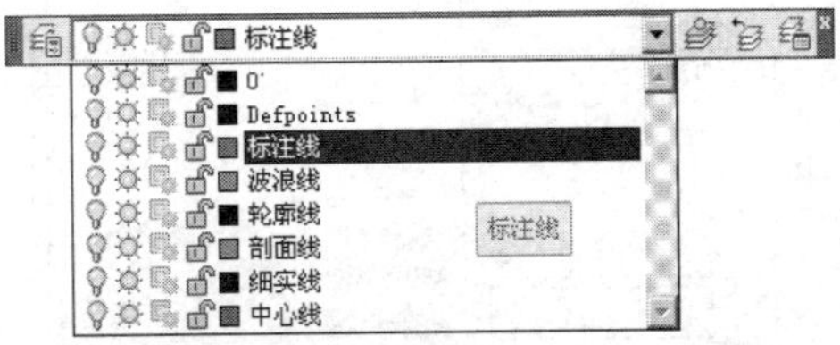

图8-39 设置当前图层

3 使用命令简写“ST”激活【文字样式】命令，设置名为“数字与字母”的新样式，参数设置如图8-40所示。

4 使用命令简写“D”激活【标注样式】命令，在打开的【标注样式管理器】对话框中单击 新建(N)... 按钮，为新样式命名，如图8-41所示。

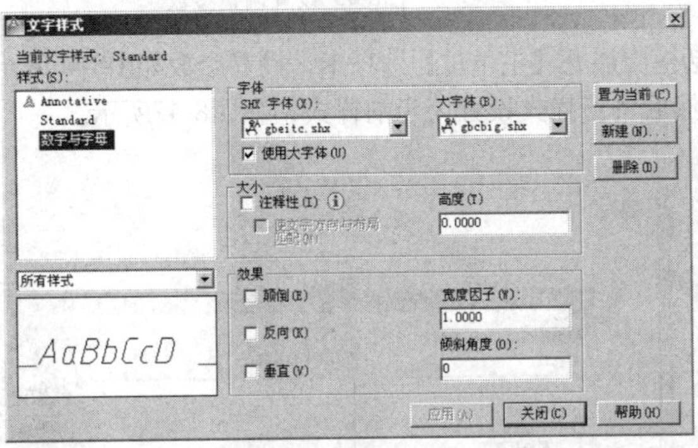

图8-40 设置文字样式

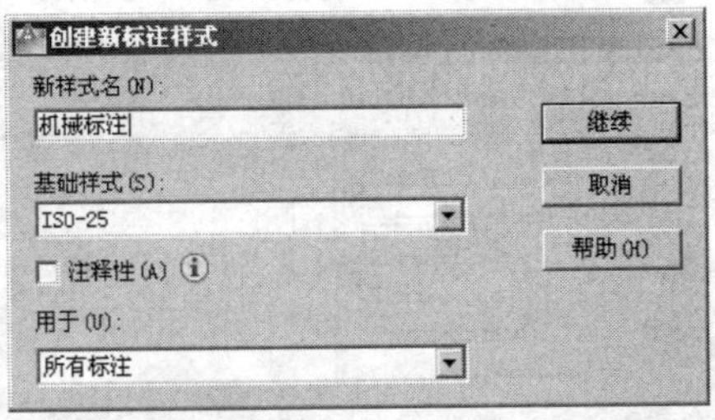

图8-41 为新样式命名

5 在【创建新标注样式】对话框中单击 继续 按钮，打开【新建标注样式：机械标注】对话框，然后在【线】选项卡内设置参数如图8-42所示。

6 在【新建标注样式：机械标注】对话框中展开【符号和箭头】选项卡，设置参数如图8-43所示。

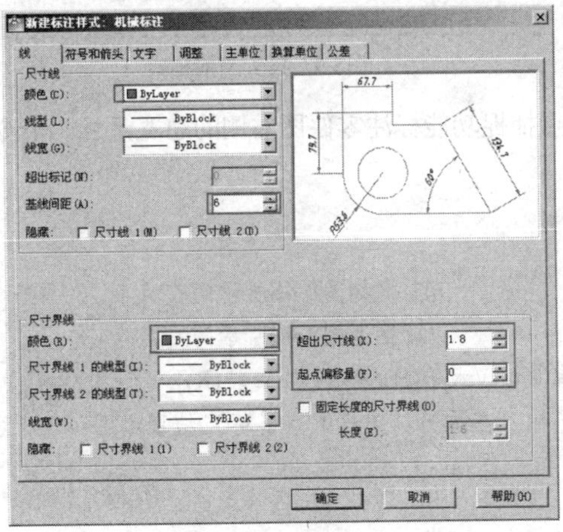

图8-42 设置线参数

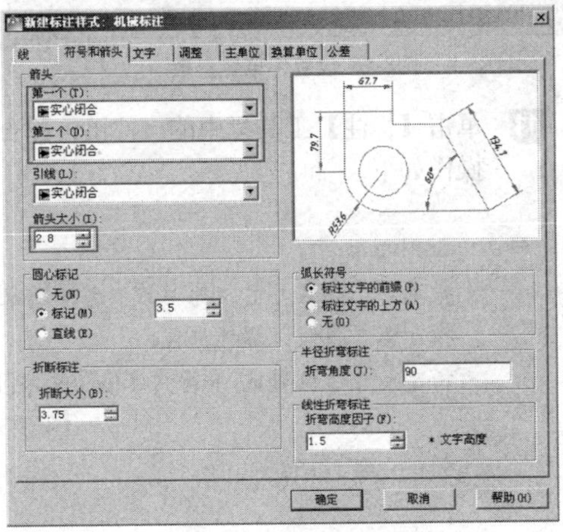

图8-43 设置符号和箭头

7 在【新建标注样式：机械标注】对话框中展开【文字】选项卡，设置参数如图8-44所示。

8 在【新建标注样式：机械标注】对话框中展开【调整】选项卡，设置参数如图8-45所示。

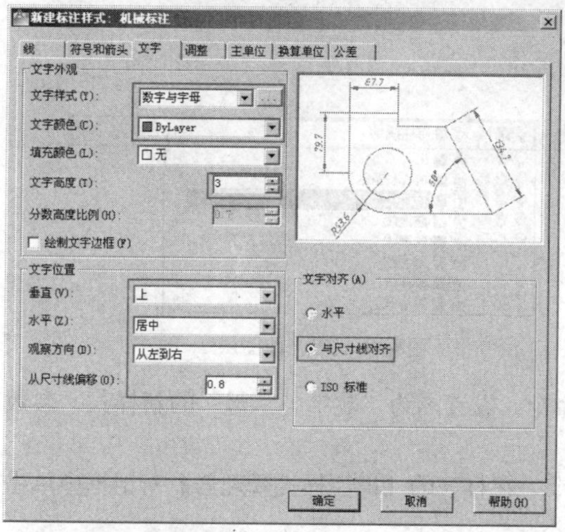

图8-44 设置文字参数

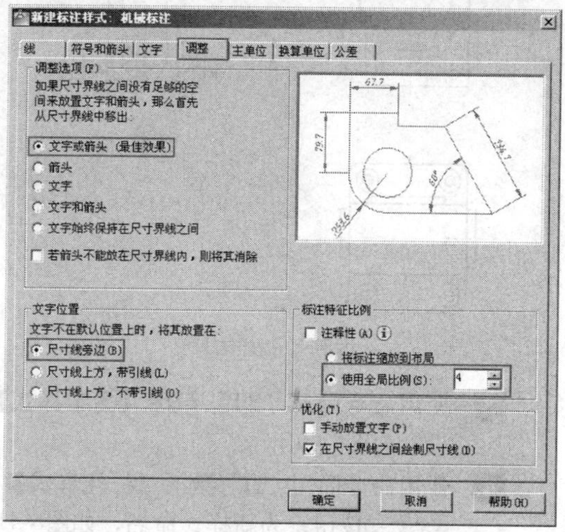

图8-45 设置调整参数

9 在【新建标注样式：机械标注】对话框中展开【主单位】选项卡，设置参数如图8-46所示。

10 返回【标注样式管理器】对话框，然后将新样式设置为当前样式，如图8-47所示。

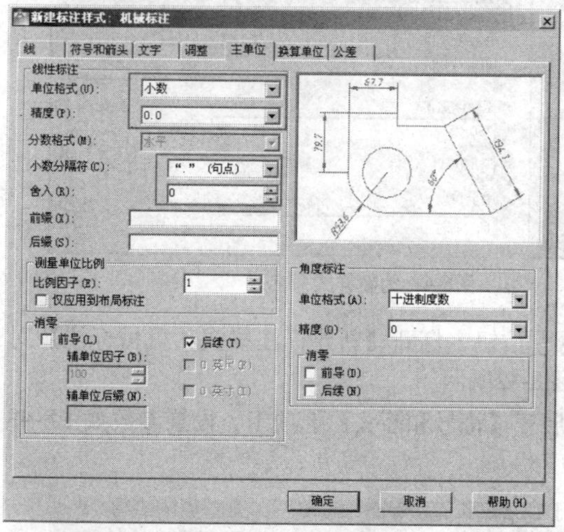

图8-46 设置主单位参数

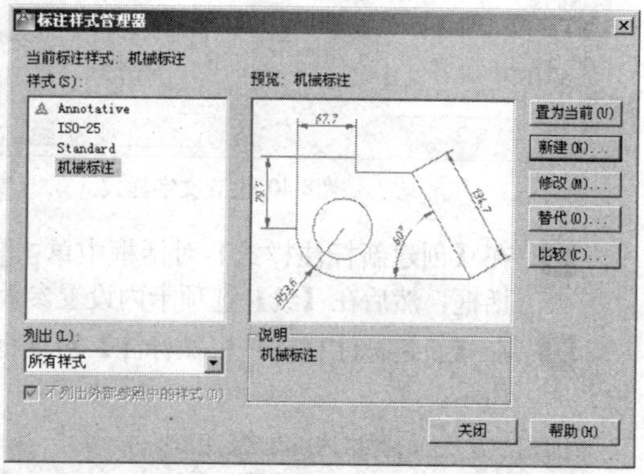

图8-47 设置当前样式

11 单击【标注】工具栏中的按钮，配合交点捕捉功能标注零件图右侧的总宽尺寸。命令行操作如下。

命令: _dimlinear

指定第一条尺寸界线原点或 <选择对象>: //捕捉如图8-48所示的交点

指定第二条尺寸界线原点: //捕捉如图8-49所示的交点

指定尺寸线位置或[多行文字(M)/文字(T)/角度(A)/水平(H)/垂直(V)/旋转(R)]:

//向下移动光标，在适当位置拾取点，标注结果如图8-50所示

标注文字 = 164

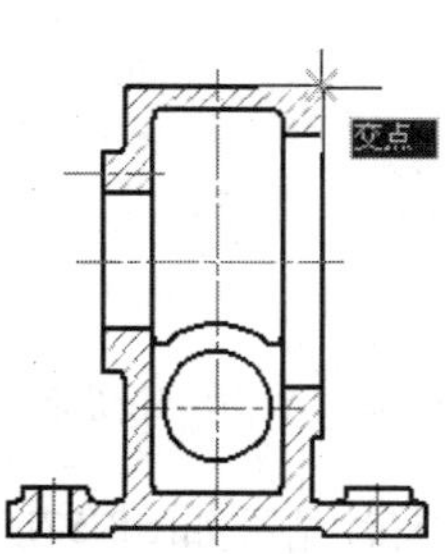

图8-48 捕捉交点

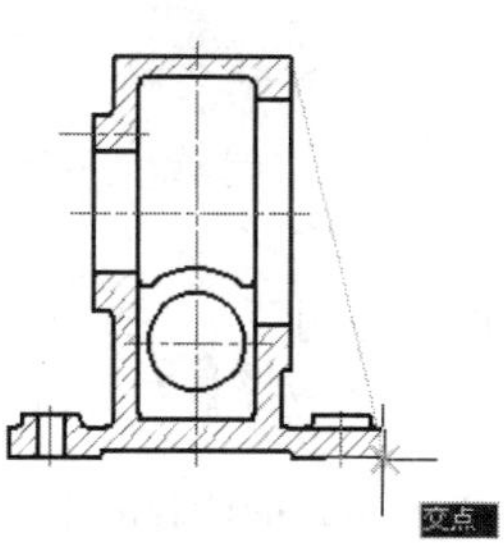

图8-49　捕捉交点

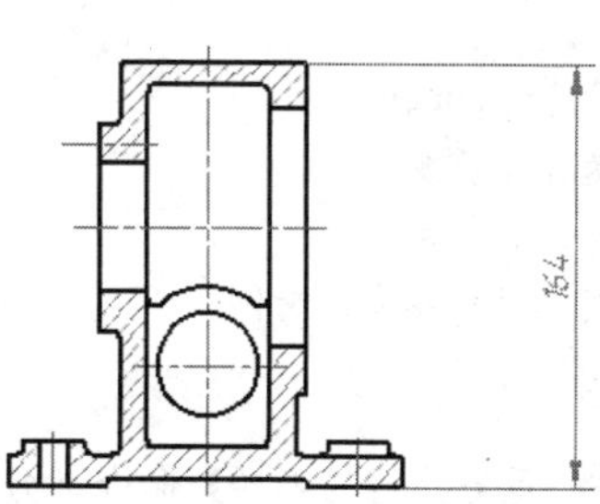

图8-50 标注结果

12 单击【标注】工具栏按钮，执行【对齐】命令，配合交点捕捉功能标注零件图下侧的总长尺寸。命令行操作如下。

```
命令: _dimaligned
    指定第一条尺寸界线原点或 <选择对象>:              //捕捉如图8-51所示的交点
    指定第二条尺寸界线原点:                          //捕捉如图8-52所示的交点
    指定尺寸线位置或[多行文字(M)/文字(T)/角度(A)]:
                                  //在适当位置指定尺寸线位置，标注结果如图8-53所示
    标注文字 =156
```

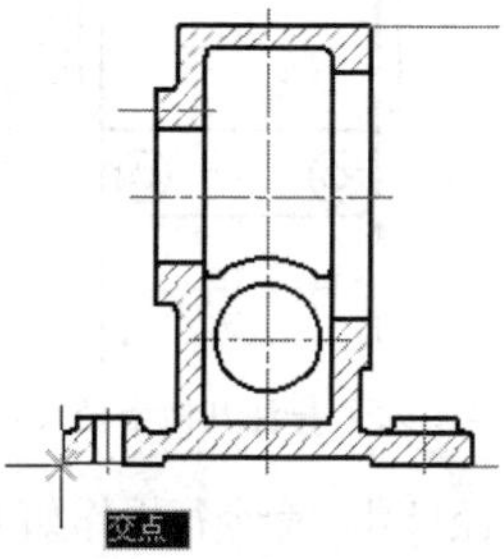

图8-51 捕捉交点

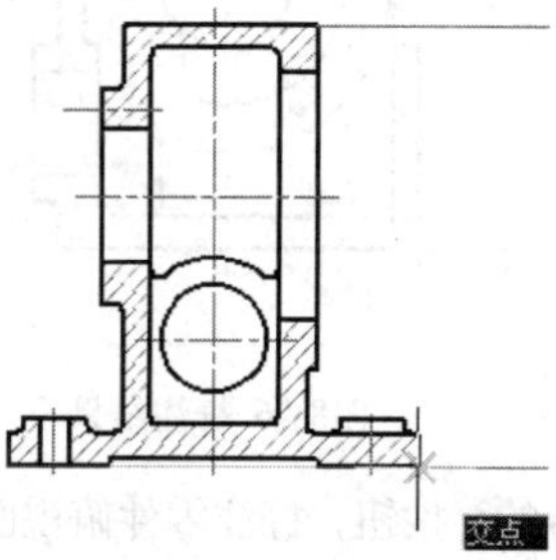

图8-52　捕捉交点

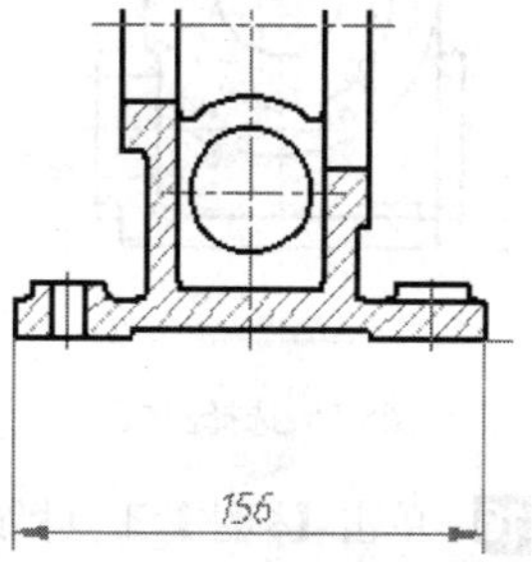

图8-53 标注结果

13 重复执行【线性】或【对齐】命令，配合交点捕捉或端点捕捉功能，分别标注零件图其他位置的尺寸，标注结果如图8-54所示。

14 单击【标注】工具栏或面板中的按钮，激活【半径】命令，标注主视图中的半径尺寸。命令行操作如下。

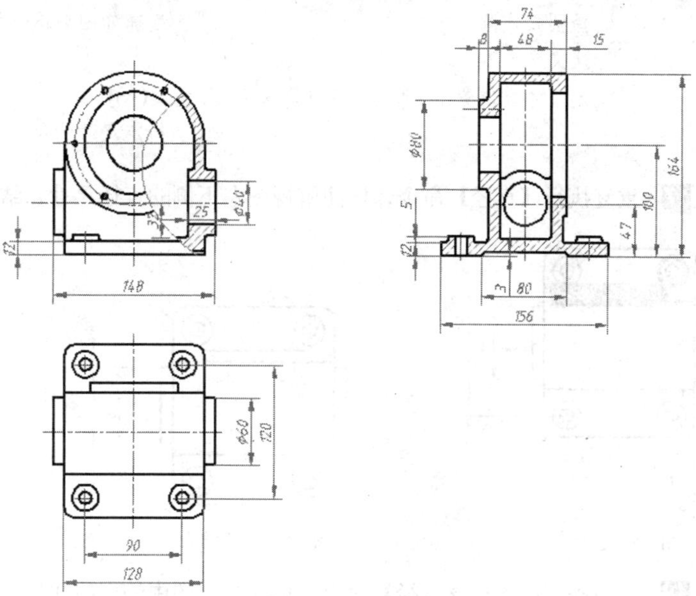

图8-54 标注其他尺寸

```
命令: _dimradius
选择圆弧或圆:                                  //选择如图8-55所示的圆弧
标注文字 = 64
指定尺寸线位置或 [多行文字(M)/文字(T)/角度(A)]:
                                               //指定尺寸的位置，标注结果如图8-56所示
```

15 重复执行【半径】命令，分别标注零件图其他位置的半径尺寸，标注结果如图8-57所示。

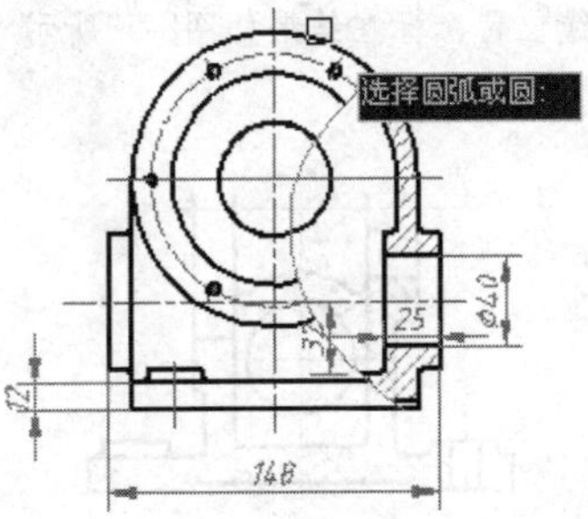

图8-55 选择圆弧

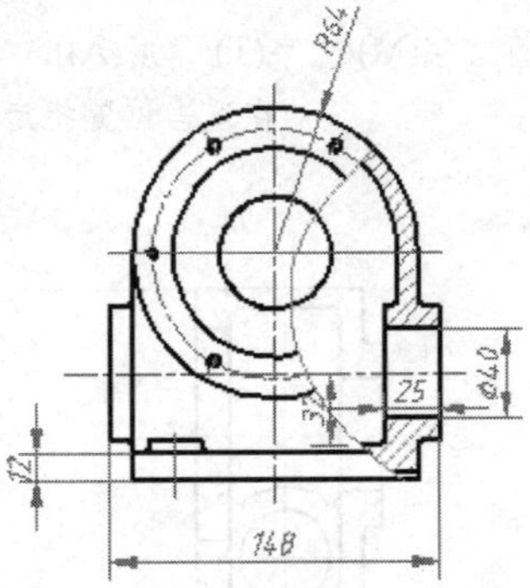

图8-56 标注结果

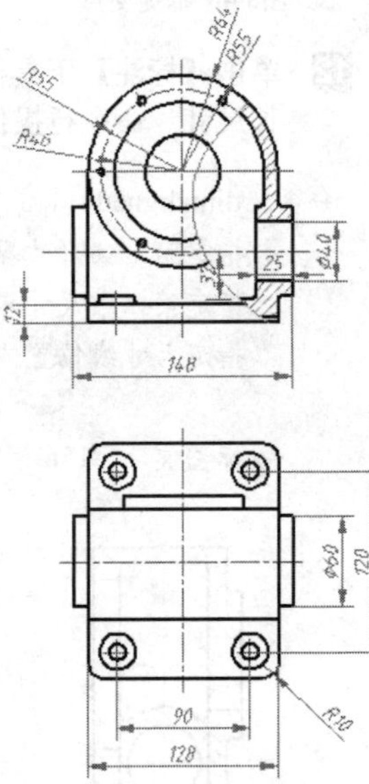

图8-57 标注其他半径尺寸

16 单击【标注】工具栏或面板中的⊘按钮，标注零件俯视图中的直径尺寸。命令行操作如下。

```
命令: _dimdiameter
    选择圆弧或圆:                              //选择如图8-58所示的圆
    标注文字 = 24
    指定尺寸线位置或 [多行文字(M)/文字(T)/角度(A)]:
                                               //指定尺寸的位置，标注结果如图8-59所示
```

17 重复执行【直径】命令，标注俯视图左下侧的直径尺寸，结果如图8-60所示。

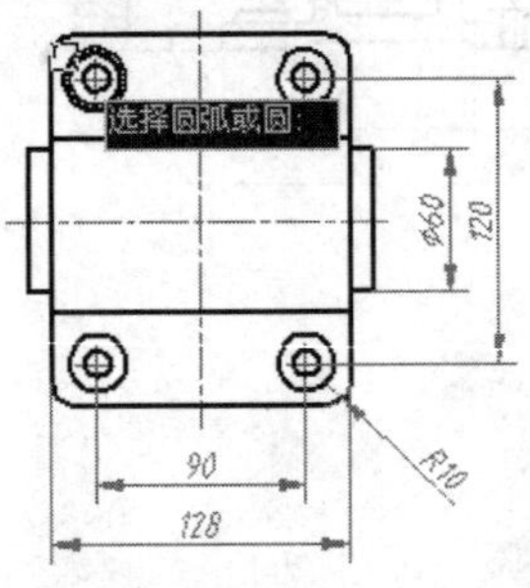

图8-58 选择圆

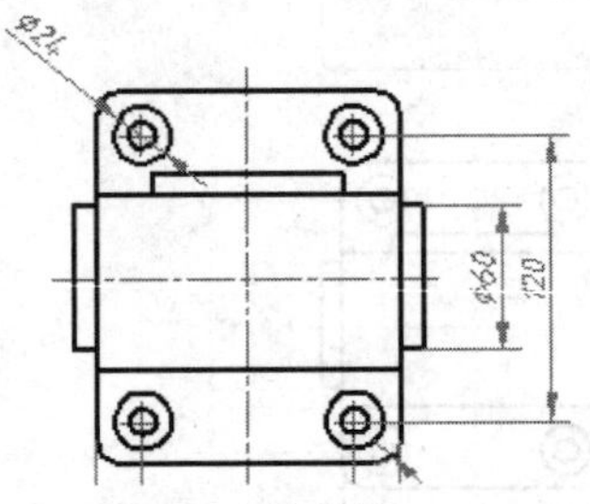

图8-59 标注结果

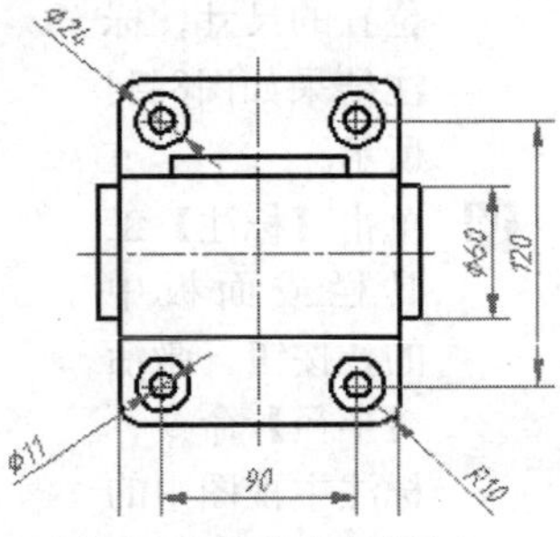

图8-60 标注其他直径尺寸

18 接下来再次执行【直径】命令，标注主视图中的引线注释。命令行操作如下。

```
命令: _dimdiameter
    选择圆弧或圆:                                        //选择如图8-61所示的圆
    标注文字 = 4.2
    指定尺寸线位置或 [多行文字(M)/文字(T)/角度(A)]:         //T Enter
    输入标注文字 <4.2>:                                  //6xM6深10均布Enter
    指定尺寸线位置或 [多行文字(M)/文字(T)/角度(A)]: //指定尺寸线位置，标注结果如图8-62所示
```

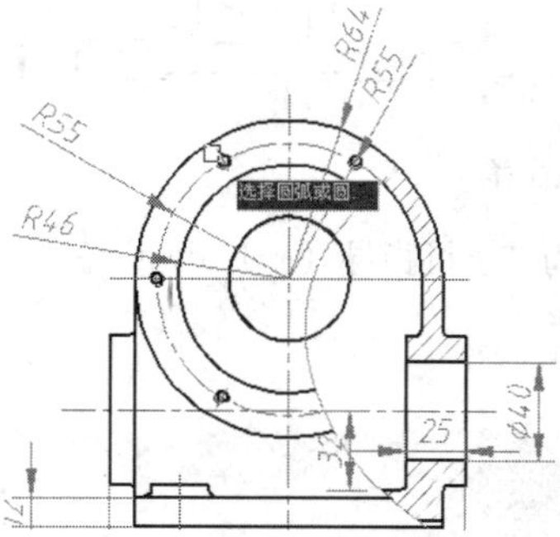

图8-61 选择圆

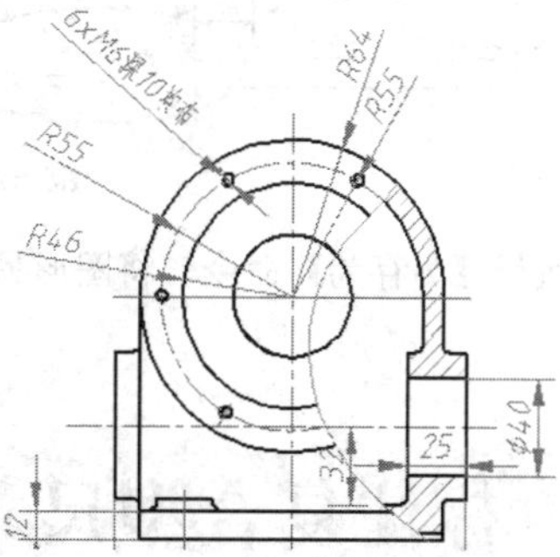

图8-62 标注结果

19 夹点显示刚标注的尺寸，然后执行【特性】命令，在打开的【特性】窗口中将文字界外对齐模式关闭，如图8-63所示，特性编辑后的效果如图8-64所示。

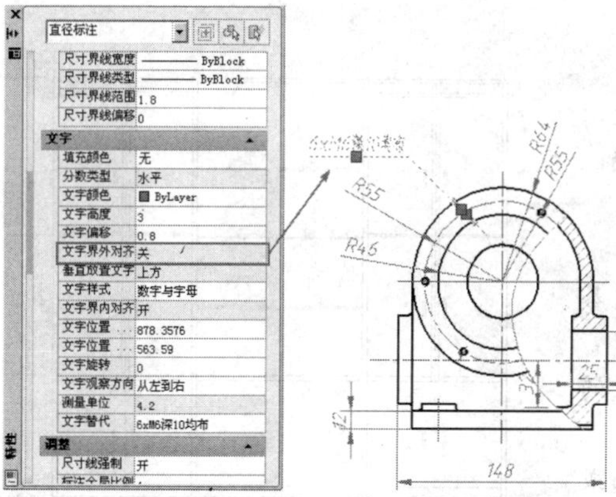

图8-63 修改尺寸内部特性

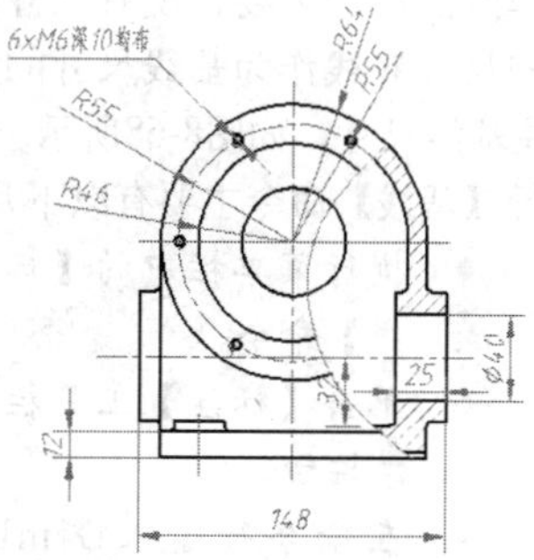

图8-64 编辑后的效果

20 使用命令简写“LE”激活【快速引线】命令，设置引线参数如图8-65和图8-66所示，为主视图标注如图8-67所示的引线注释。

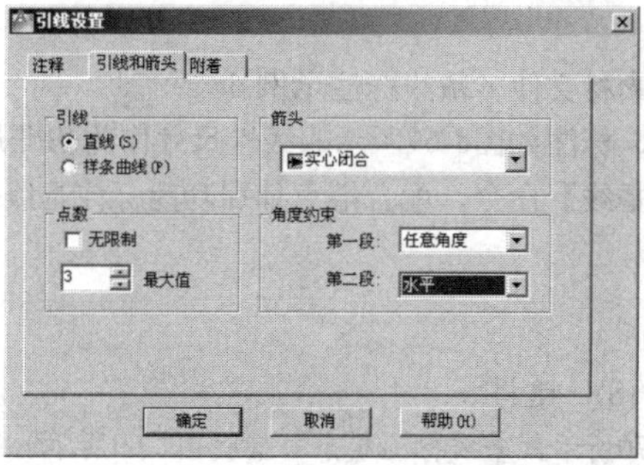

图8-65 设置引线参数

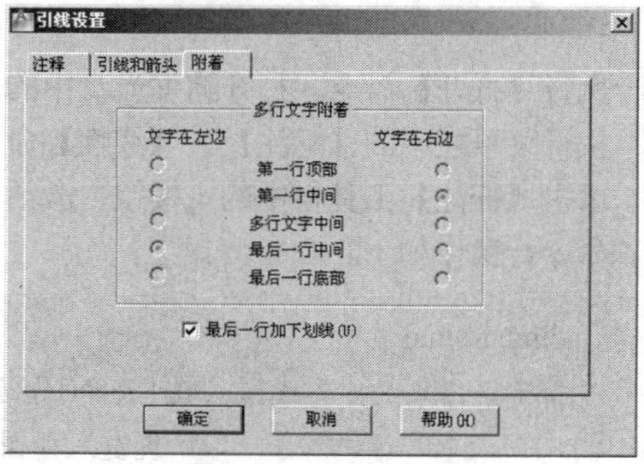

图8-66 设置附着位置

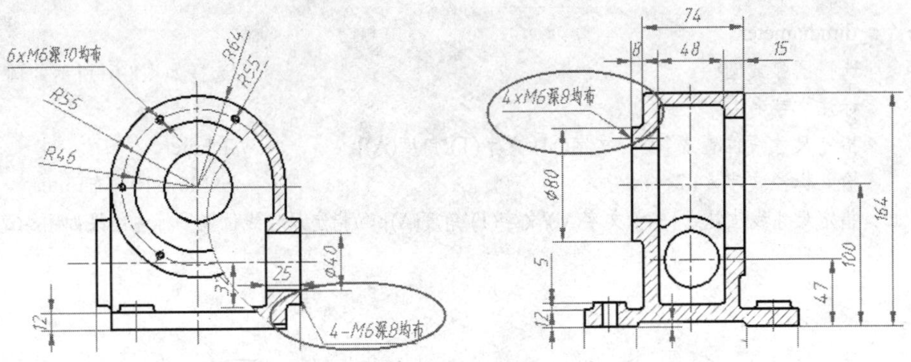

图8-67 标注引线注释

21 最后执行【另存为】命令，将图形另名存储为“上机指导（一）.dwg”。

8.5 标注复合型尺寸

本节学习几个比较常用的复合标注工具，具体有【基线】和【连续】、【快速标注】三个命令。

8.5.1 基线尺寸

【基线】命令需要在现有尺寸的基础上，以选择的尺寸界线作为基线尺寸的尺寸界线，进行标注基线尺寸，如图8-68所示。

执行【基线】命令主要有以下几种方式：

- 执行菜单栏中的【标注】/【基线】命令。
- 单击【标注】工具栏或面板中的按钮。
- 在命令行输入Dimbaseline或Dimbase后按Enter键。

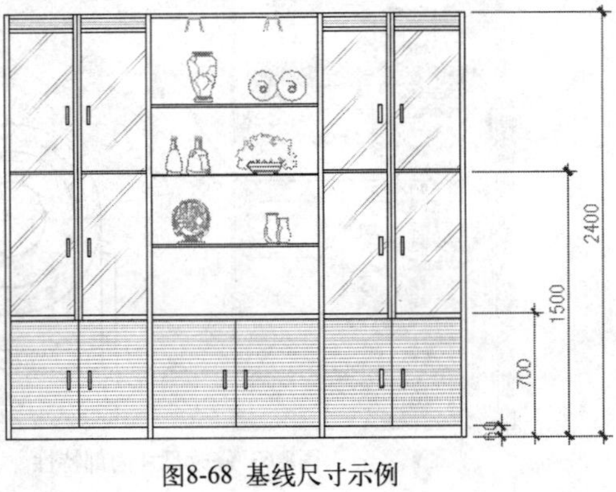

图8-68 基线尺寸示例

• 【基线】命令的应用

下面通过标注如图8-68所示的基线尺寸，学习【基线】命令的使用方法和技巧。具体操作步骤如下：

1 执行【打开】命令，打开随书光盘中的“素材文件/基线标注示例.dwg”。

2 执行菜单栏中的【标注】/【线性】命令，标注如图8-69所示的线性尺寸作为基准尺寸。

3 单击【标注】工具栏中的按钮，激活【基线】命令，配合端点捕捉功能标注基线尺寸。命令行操作如下。

```
命令: _dimbaseline
    指定第二条尺寸界线原点或 [放弃(U)/选择(S)] <选择>:
                          //系统进入如图8-70所示的基线标注状态，捕捉图8-69所示的端点1
```

TIP 当激活【基线】命令后，AutoCAD会自动以刚创建的线性尺寸作为基准尺寸，进入基线尺寸的标注状态。

标注文字 = 700
指定第二条尺寸界线原点或 [放弃(U)/选择(S)] <选择>: //捕捉图8-69所示的端点2
标注文字 = 1500
指定第二条尺寸界线原点或 [放弃(U)/选择(S)] <选择>: //捕捉图8-69所示的端点3
标注文字 = 2400
指定第二条尺寸界线原点或 [放弃(U)/选择(S)] <选择>: // Enter，退出基线标注状态
选择基准标注: // Enter，结束命令，标注结果如图8-68所示

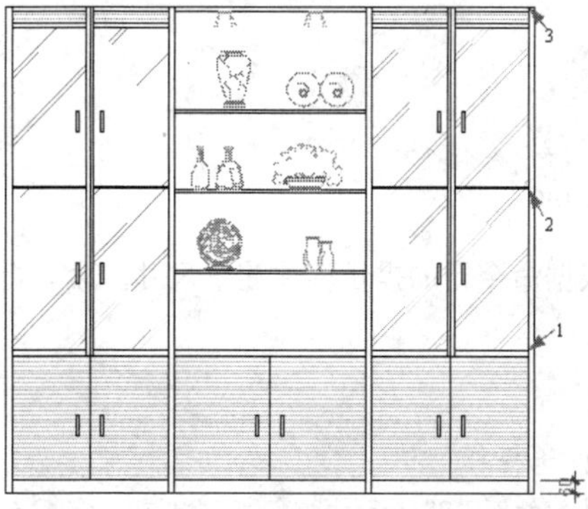

图8-69 标注结果

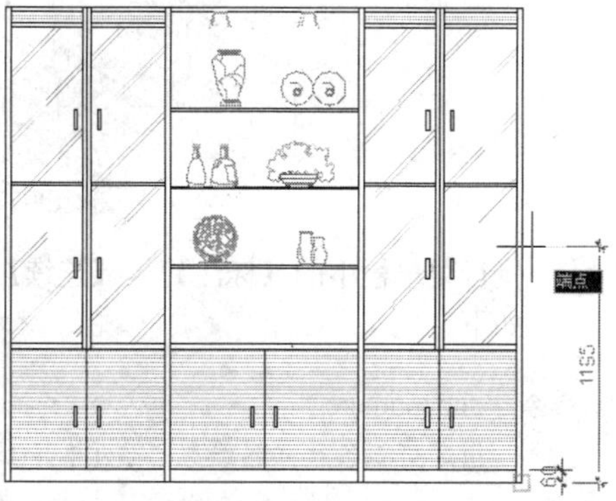

图8-70 基线标注状态

TIP 命令中的【选择】选项用于提示选择一个线性、坐标或角度标注作为基线标注的基准，【放弃】选项用于放弃所标注的最后一个基线标注。

8.5.2 连续尺寸

【连续】命令也需要在现有的尺寸基础创建连续的尺寸对象，所创建的连续尺寸位于同一个方向矢量上，如图8-71所示。

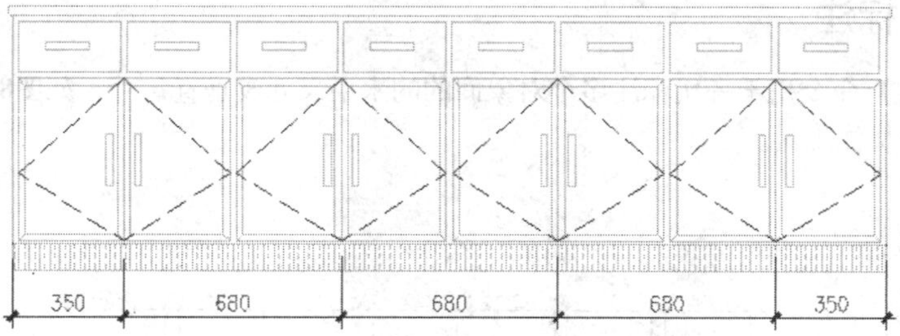

图8-71 连续标注示例

执行【连续】命令主要有以下几种方式：

- 执行菜单栏中的【标注】/【连续】命令。

- 单击【标注】工具栏或面板中的按钮。
- 在命令行输入Dimcontinue或Dimcont后按Enter键。

●【连续】命令的应用

下面通过标注如图8-71所示的连续尺寸，主要学习【连续】命令的使用方法和技巧。具体操作步骤如下：

1 执行【打开】命令，打开随书光盘中的“素材文件／连续标注示例.dwg”。

2 执行菜单栏中的【标注】／【线性】命令，配合端点捕捉功能标注如图8-72所示的线性尺寸，作为基准尺寸。

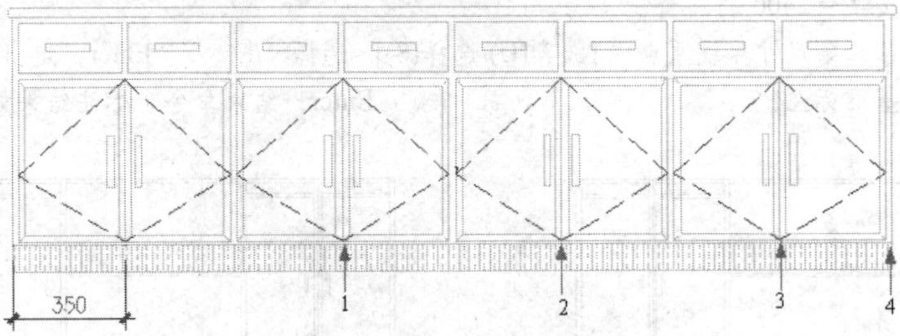

图8-72 标注线性尺寸

3 执行菜单栏中的【标注】／【连续】命令，根据命令行的提示标注连续尺寸。命令行操作如下。

```
命令: _dimcontinue
    指定第二条尺寸界线原点或 [放弃(U)/选择(S)] <选择>:
                          //系统自动进入如图8-72所示的连续标注状态，捕捉点1
    标注文字 = 680
    指定第二条尺寸界线原点或 [放弃(U)/选择(S)] <选择>:      //捕捉点2
    标注文字 = 680
    指定第二条尺寸界线原点或 [放弃(U)/选择(S)] <选择>:      //捕捉点3
    标注文字 =680
    指定第二条尺寸界线原点或 [放弃(U)/选择(S)] <选择>:      //捕捉点4
    标注文字 =350
    指定第二条尺寸界线原点或 [放弃(U)/选择(S)] <选择>:      // Enter，退出连续尺寸状态
    选择连续标注:                 // Enter，结束命令，标注结果如图8-71所示
```

8.5.3 快速标注

【快速标注】命令用于一次标注多个对象间的的水平尺寸或垂直尺寸，如图8-73所示，是一种比较常用的复合标注工具。

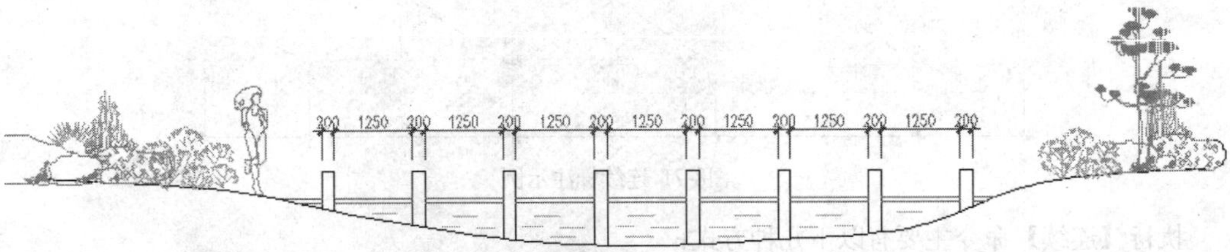

图8-73 快速标注示例

执行【快速标注】命令主要有以下几种方式：

- 执行菜单栏中的【标注】/【快速标注】命令。
- 单击【标注】工具栏或面板中按钮。
- 在命令行输入Qdim后按Enter键。

● 【快速标注】命令应用

下面通过标注如图8-73所示的尺寸，学习【快速标注】命令的使用方法和技巧。具体操作步骤如下：

1 打开随书光盘中的“素材文件／快速标注示例.dwg”，如图8-74所示。

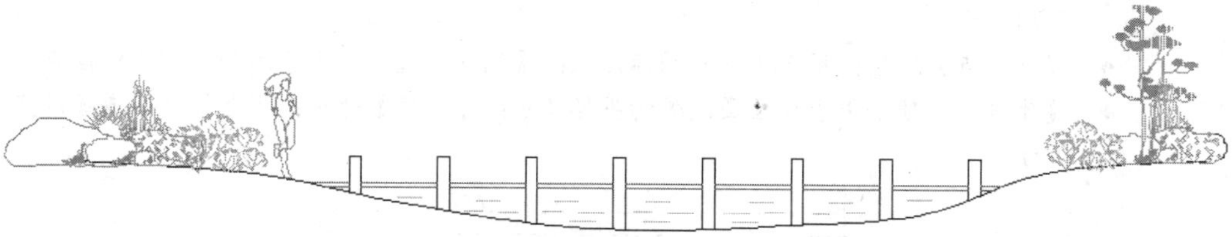

图8-74 打开结果

2 单击【标注】工具栏或面板中按钮，激活【快速标注】命令后，根据命令行的提示快速标注尺寸。命令行操作如下。

命令: _qdim

选择要标注的几何图形: //拉出图8-75所示的窗交选择框

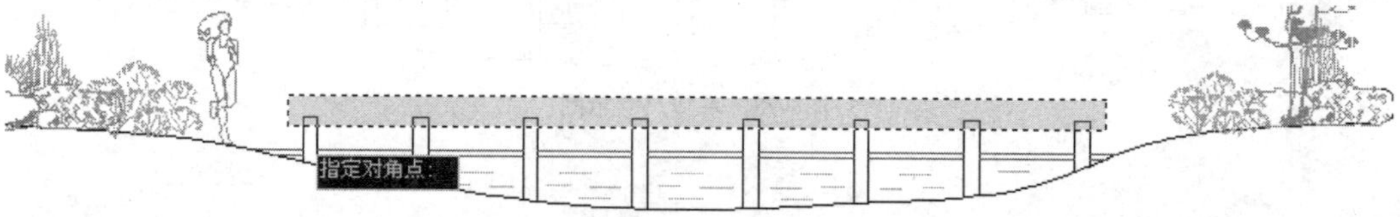

图8-75 窗交选择框

选择要标注的几何图形: //Enter

指定尺寸线位置或 [连续(C)/并列(S)/基线(B)/坐标(O)/半径(R)/直径(D)/基准点(P)/编辑(E)/设置(T)] <连续>: //向上引导光标，此时系统进入如图8-76所示的快速标注状态，然后在适当位置单击，标注结果如图8-73所示

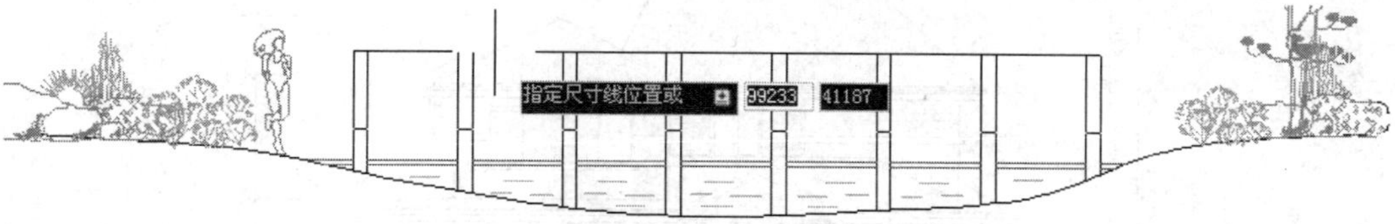

图8-76 快速标注状态

选项解析

- 【连续】选项：用于标注对象间的连续尺寸；【并列】选项：用于标注并列尺寸，如图8-77所示。

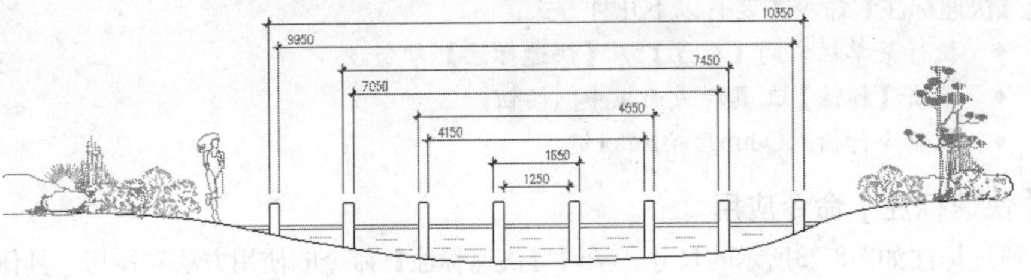

图8-77　并列尺寸示例

- 【坐标】选项：用于标注对象的绝对坐标；【基线】选项：用于标注基线尺寸，如图8-78所示。
- 【基准点】选项：用于设置新的标注点；【编辑】选项：用于添加或删除标注点。
- 【半径】选项：用于标注圆或弧的半径尺寸；【直径】选项：用于标注圆或弧的直径尺寸。

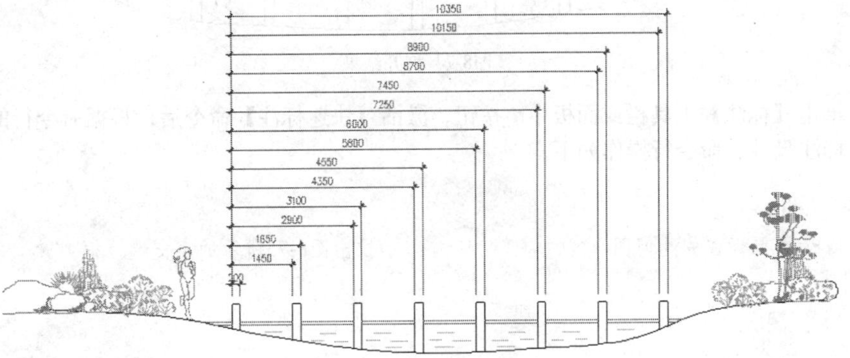

图8-78　基线尺寸示例

8.6 上机指导（二）——标注别墅立面图施工尺寸

本例通过为别墅立面图标注施工尺寸，对本章所学知识进行综合练习和巩固应用。别墅立面图施工尺寸的最终标注效果，如图8-79所示。

图8-79 实例效果

操作步骤

1 执行【打开】命令，打开随书光盘中的“素材文件/标注室外标高.dwg”，如图8-80所示。

图8-80 打开结果

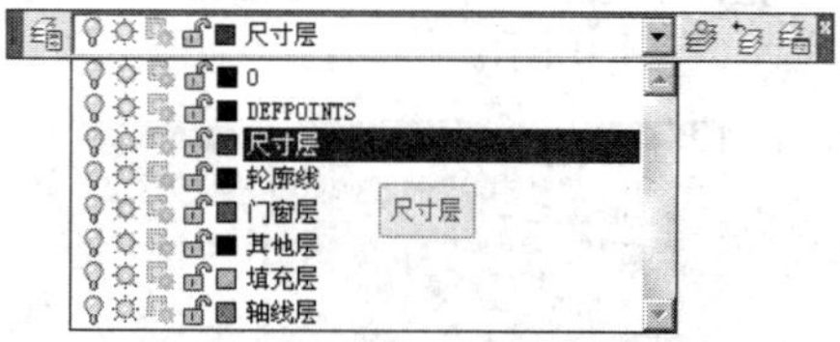

图8-81 【图层控制】下拉列表

2 展开【图层控制】下拉列表，打开被关闭的“轴线层”，然后将“尺寸层”设置为当前图层，如图8-81所示，此时立面图的显示结果如图8-82所示。

图8-82 图形的显示效果

3 执行菜单栏中的【标注】/【标注样式】命令，将“建筑标注”设置为当前标注样式，并修改标注比例为100，如图8-83所示。

4 执行菜单栏中的【标注】/【线性】命令，配合端点捕捉功能标注立面图右侧的细部尺寸。命令行操作如下。

```
命令: _dimlinear
    指定第一条尺寸界线原点或 <选择对象>:                //捕捉如图8-84所示的端点
    指定第二条尺寸界线原点:                              //捕捉如图8-85所示的端点
    指定尺寸线位置或[多行文字(M)/文字(T)/角度(A)/水平(H)/垂直(V)/旋转(R)]:
                        //向下引导光标，在适当位置指定尺寸线位置，结果如图8-86所示
    标注文字 = 600
```

5 执行菜单栏中的【标注】/【连续】命令，配合捕捉与追踪功能，标注左侧的细部尺寸，命令行操作如下。

```
命令: _dimcontinue
    指定第二条尺寸界线原点或 [放弃(U)/选择(S)] <选择>: //捕捉如图8-86所示水平轴线1的在端点
    标注文字 = 4100
    指定第二条尺寸界线原点或 [放弃(U)/选择(S)] <选择>: //捕捉如图8-86所示水平轴线2的在端点
```

标注文字 = 3000
指定第二条尺寸界线原点或 [放弃(U)/选择(S)] <选择>: //捕捉如图8-86所示水平轴线3的在端点
标注文字 =2010
指定第二条尺寸界线原点或 [放弃(U)/选择(S)] <选择>: // Enter，退出连续标注过程
选择连续标注: // Enter，结束命令，标注结果如图8-87所示

6 执行菜单栏中的【线性】命令，配合端点捕捉功能标注立面图左侧的总尺寸，结果如图8-88所示。

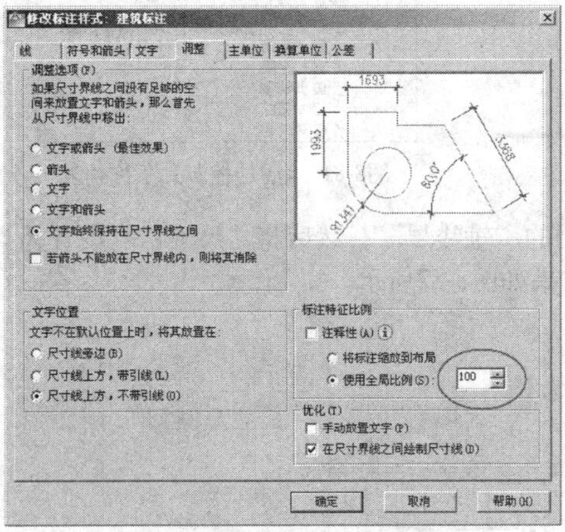

图8-83 设置当前样式与比例

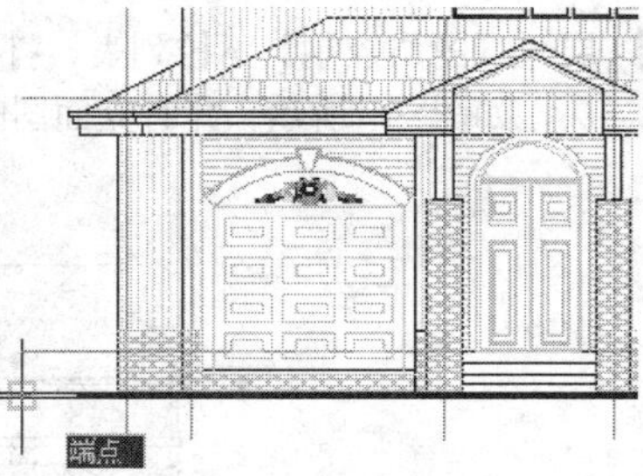

图8-84 捕捉端点

图8-85 定位第二原点

图8-86 标注结果

图8-87 标注细部尺寸

图8-88 标注总尺寸

7 执行菜单栏中的【标注】/【对齐】命令，配合端点捕捉功能标注立面图右侧的细部尺寸。命令行操作如下。

命令: _dimaligned
　　指定第一个尺寸界线原点或 <选择对象>:　　　　//捕捉如图8-89所示的端点
　　指定第二条尺寸界线原点:　　　　//捕捉如图8-90所示的端点
　　指定尺寸线位置或[多行文字(M)/文字(T)/角度(A)]: //指定尺寸线位置，标注结果如图8-91所示
　　标注文字 = 600

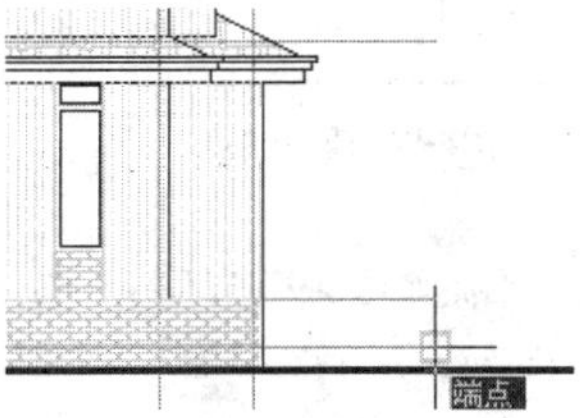

图8-89 捕捉端点

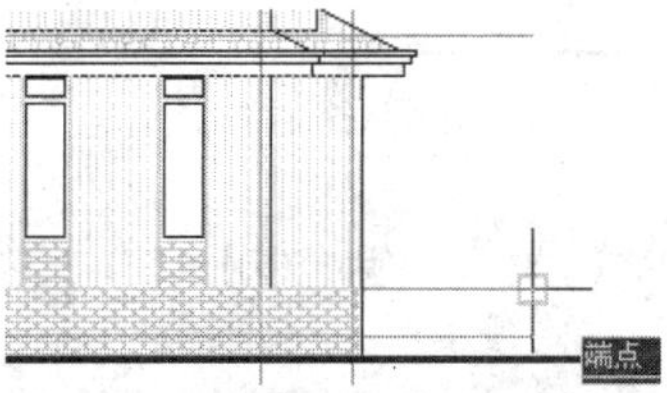

图8-90 捕捉端点

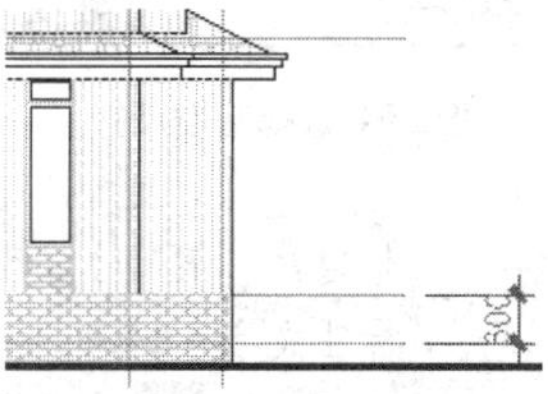

图8-91 标注结果

8 单击【标注】工具栏中的按钮，激活【基线】命令，配合端点捕捉功能标注立面图右侧的总高尺寸。命令行操作如下。

命令: _dimbaseline
　　指定第二条尺寸界线原点或 [放弃(U)/选择(S)] <选择>:　　　　//捕捉如图8-92所示的端点
　　标注文字 = 8200
　　指定第二条尺寸界线原点或 [放弃(U)/选择(S)] <选择>:　　　　// Enter
　　选择基准标注:　　　　// Enter，标注结果如图8-93所示

图8-92 捕捉端点

图8-93 标注结果

9 执行菜单栏中的【标注】/【连续】命令，配合捕捉与追踪功能，标注右侧的细部尺寸，命令行操作如下。

命令: _dimcontinue
　　指定第二条尺寸界线原点或 [放弃(U)/选择(S)] <选择>:　　　　// Enter
　　选择连续标注:　　　　//在如图8-94所示的位置单击尺寸
　　指定第二条尺寸界线原点或 [放弃(U)/选择(S)] <选择>: //捕捉如图8-95所示的端点
　　标注文字 = 3200
　　指定第二条尺寸界线原点或 [放弃(U)/选择(S)] <选择>: //捕捉如图8-96所示的端点
　　标注文字 = 3000

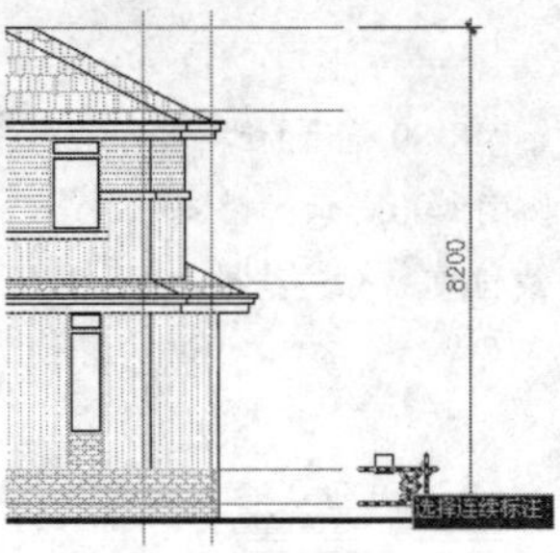

图8-94 选择基准尺寸

图8-95 捕捉端点

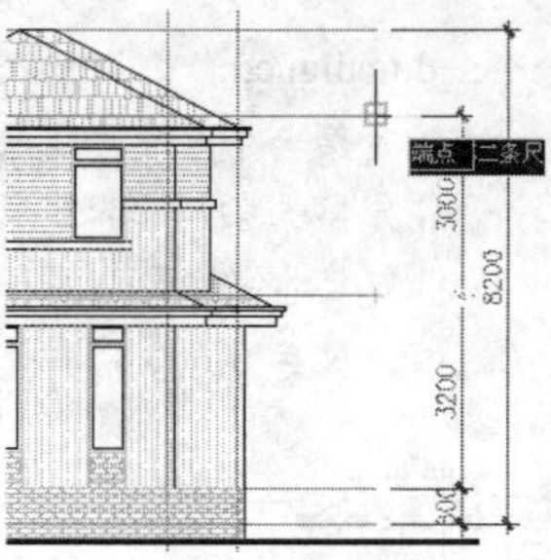

图8-96 捕捉端点

指定第二条尺寸界线原点或 [放弃(U)/选择(S)] <选择>: //捕捉如图8-97所示的端点
标注文字 = 1400
指定第二条尺寸界线原点或 [放弃(U)/选择(S)] <选择>: // Enter
选择连续标注: // Enter，标注结果如图8-98所示

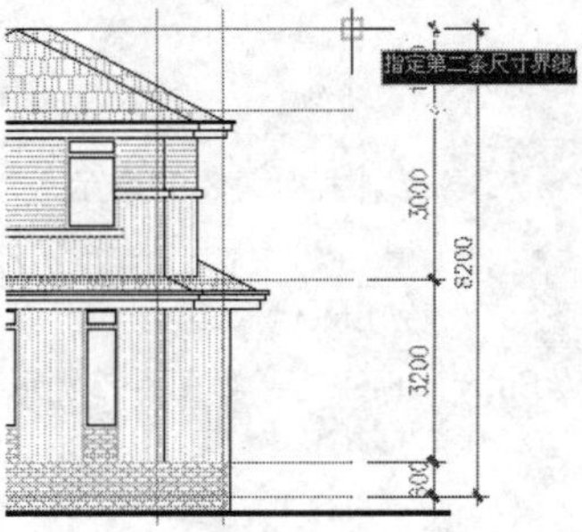

图8-97 捕捉端点

图8-98 标注结果

10 执行菜单栏中的【标注】/【快速标注】命令，标注别墅立面图下侧的细部尺寸。命令行操作如下。

命令: _qdim
关联标注优先级 = 端点
选择要标注的几何图形: //拉出如图8-99所示的窗交选择框

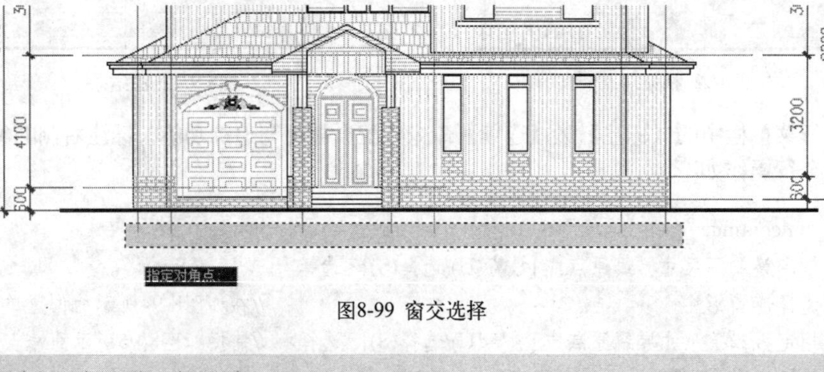

图8-99 窗交选择

选择要标注的几何图形: // Enter
指定尺寸线位置或 [连续(C)/并列(S)/基线(B)/坐标(O)/半径(R)/直径(D)/基准点(P)/编辑(E)/设置(T)] <连续>: //向下引导光标，系统进入如图8-100所示的快速标注状态

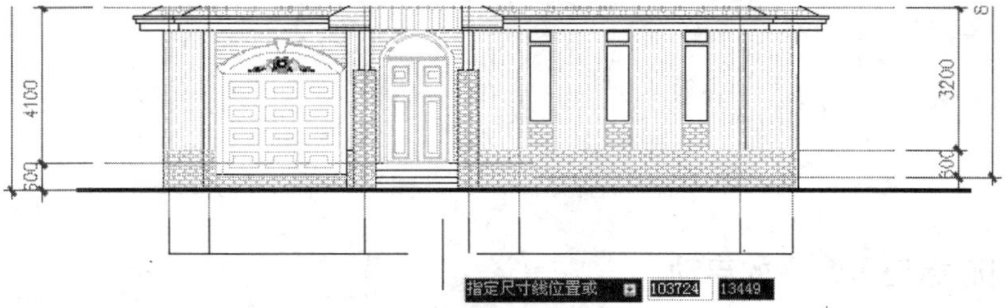

图8-100 连续标注状态

11 在适当的位置拾取点，指定尺寸线的位置，标注结果如图8-101所示。

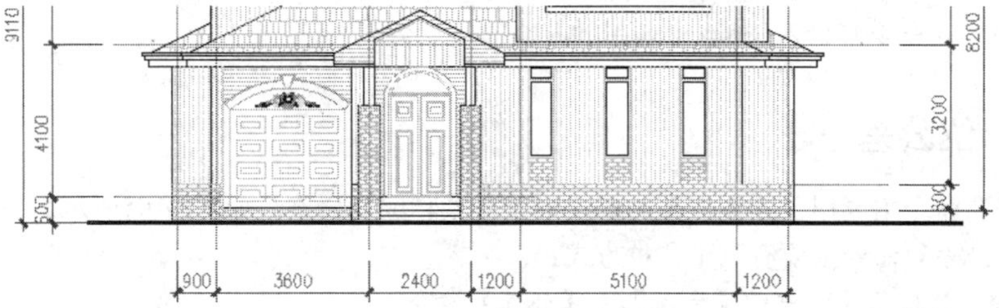

图8-101　标注结果

12 执行【线性】命令，配合交点捕捉功能标注下侧的总长尺寸，结果如图8-102所示。

图8-102 标注总尺寸

13 展开【图层控制】下拉列表，关闭“轴线层”，立面图的最终显示效果如图8-79所示。

14 最后执行【另存为】命令，将图形另名存储为“上机指导（二）.dwg”。

8.7 标注圆心标记与公差

本节主要学习【圆心标记】和【公差】两个命令，以标注圆心标记、尺寸公差和形位公差等。

8.7.1 圆心标记

【圆心标记】命令主要用于标注圆或圆弧的圆心标记，也可以标注其中心线，如图8-103和图8-104所示。

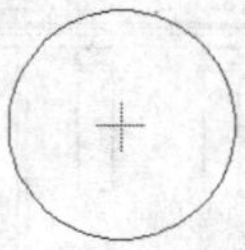

图8-103 标注圆心标记

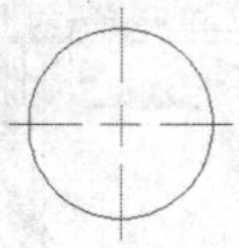

图8-104 标注中心线

- 【圆心标记】命令的启动

执行【圆心标记】命令主要有以下几种方式：

- ◆ 单击【标注】菜单栏的【圆心标记】命令。
- ◆ 单击【标注】工具栏中的按钮。
- ◆ 在命令行输入Dimcenter按Enter键。

8.7.2 形位公差

【公差】命令主要用于为零件图的标注形状公差和位置公差，如图8-105所示。

执行【公差】命令主要有以下几种方式：

- ◆ 执行菜单栏中的【标注】/【公差】命令。
- ◆ 单击【标注】工具栏或面板中的按钮。
- ◆ 在命令行输入Tolerance后按Enter键。
- ◆ 使用命令简写TOL。

激活【公差】命令后，可打开如图8-106所示的【形位公差】对话框，单击【符号】选项组中的颜色块，可以打开如图8-107所示的【特征符号】对话框，用户可以选择相应的形位公差符号。

在【公差1】或【公差2】选项组中单击右侧的颜色块，打开如图8-108所示的【附加符号】对话框，以设置公差的包容条件。

- ◆ 符号Ⓜ表示最大包容条件，规定零件在极限尺寸内的最大包容量。
- ◆ 符号Ⓛ表示最小包容条件，规定零件在极限尺寸内的最小包容量。
- ◆ 符号Ⓢ表示不考虑特征条件，不规定零件在极限尺寸内的任意几何大小。

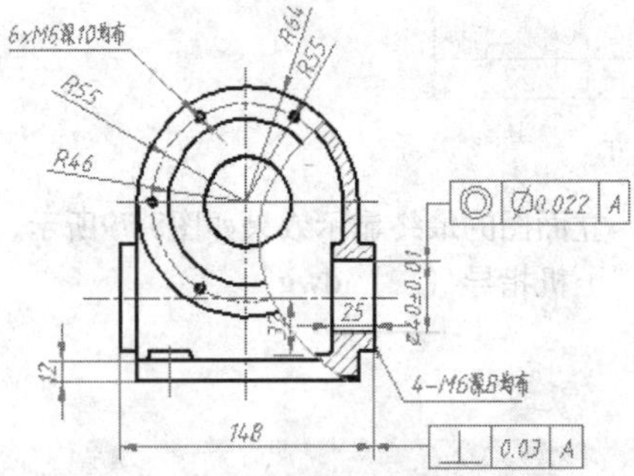

图8-105 公差标注示例

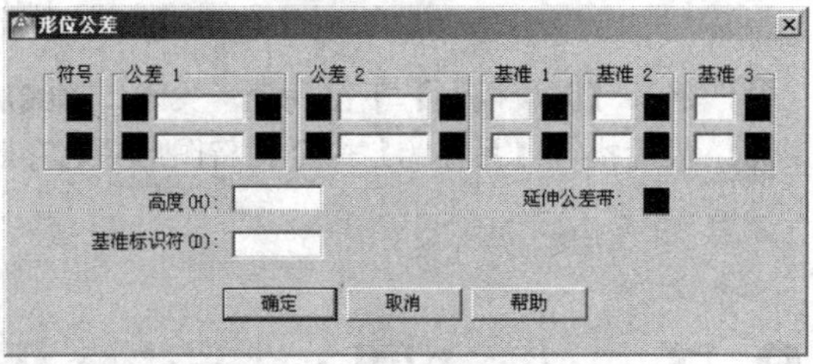

图8-106 【形位公差】对话框

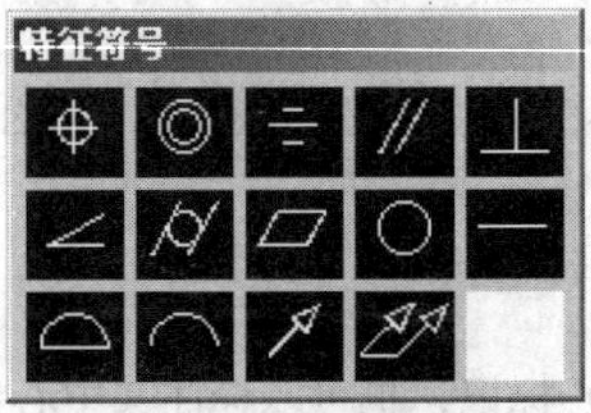

图8-107 【特征符号】对话框

图8-108 【符加符号】对话框

8.7.3 尺寸公差

如图8-109所示【公差】选项卡主要用于设置尺寸的公差的格式和换算单位。

- 【方式】下拉列表框用于设置公差的形式。在此列表框内共有“无、对称、极限偏差、极限尺寸和基本尺寸”五个选项，如图8-110所示。
- 【精度】下拉列表框：用于设置公差值的小数位数。
- 【上偏差】/【下偏差】微调按钮：用于设置上下偏差值。
- 【高度比例】微调按钮：用于设置公差文字与基本标注文字的高度比例。
- 【垂直位置】下拉列表：用于设置基本标注文字与公差文字的相对位置。

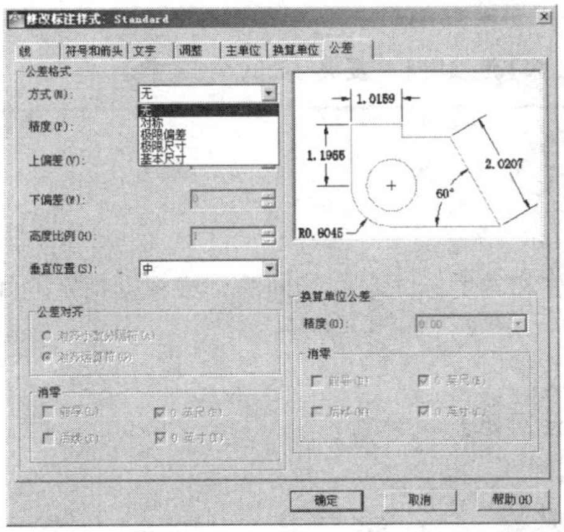

图8-109 【公差】选项卡

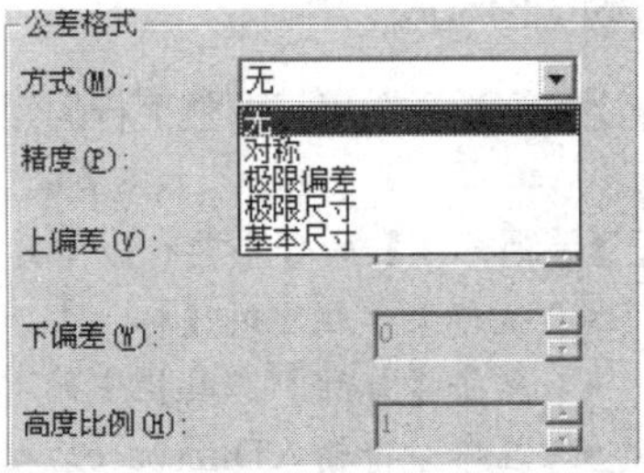

图8-110 公差格式列表框

8.8 编辑尺寸标注

本节主要学习【标注打断】、【标注间距】、【折弯线性】、【编辑标注】、【标注更新】和【编辑标注文字】六个命令，以对标注进行编辑和更新。

8.8.1 打断标注

【标注打断】命令主要用于打断在尺寸线、尺寸界线与几何对象或其他标注相交的位置。

执行【标注打断】命令主要有以下几种方式：

- 执行菜单栏中的【标注】/【标注打断】命令。
- 单击【标注】工具栏或面板中的按钮。
- 在命令行输入Dimbreak后按Enter键。

执行【标注打断】命令后，命令行操作如下。

```
命令: _DIMBREAK
    选择要添加/删除折断的标注或 [多个(M)]:            //选择尺寸文字为100的尺寸
    选择要折断标注的对象或 [自动(A)/手动(M)/删除(R)] <自动>://选择与尺寸线相交的垂直轮廓线
    选择要折断标注的对象:                    //Enter，结束命令，打断结果如图8-111所示
    1 个对象已修改
```

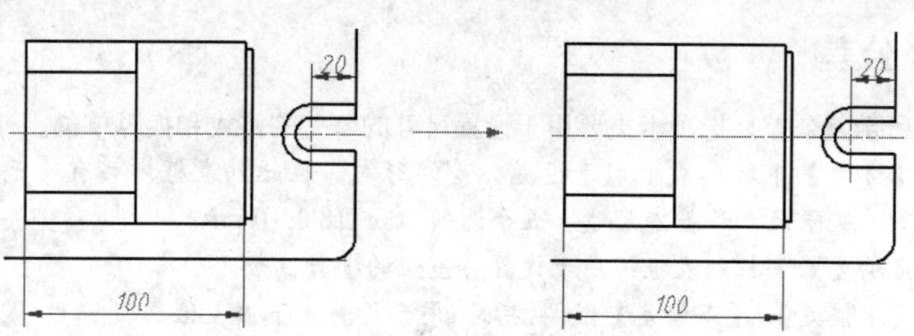

图8-111 标注打断

TIP

【手动】选项用于手动定位打断位置；【删除】选项用于恢复被打断的尺寸对象。

8.8.2 标注间距

【标注间距】命令用于调整平行的线性标注和角度标注之间的间距，或根据指定的间距值进行调整。

执行【等距标注】命令主要有以下几种方式：

- 执行菜单栏中的【标注】/【标注间距】命令。
- 单击【标注】工具栏中的按钮。
- 在命令行输入Dimspace后按Enter键。

执行【等距标注】命令后，命令行操作如下：

```
命令: _DIMSPACE
    选择基准标注:                    //选择尺寸文字为16.0的尺寸对象
    选择要产生间距的标注::            //选择其他三个尺寸对象
    选择要产生间距的标注:             // Enter，结束对象的选择
    输入值或 [自动(A)] <自动>:         // 10 Enter，结果如图8-112所示
```

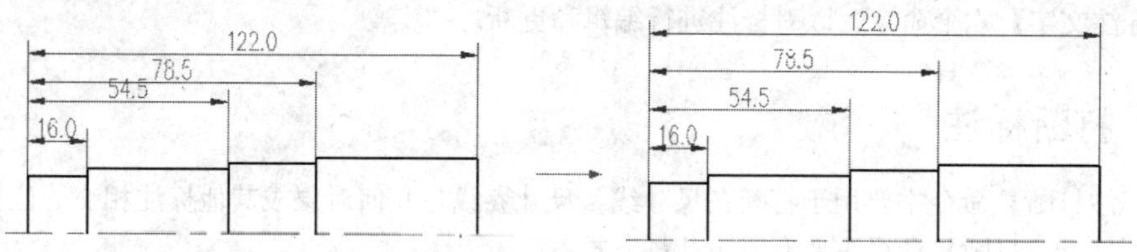

图8-112 调整标注间距

TIP

【自动】选项用于根据现有的尺寸位置，自动调整各尺寸对象的位置，使之间隔相等。

8.8.3 折弯线性

【折弯线性】命令用于在线性标注或对齐标注上添加或删除拆弯线，如图8-113所示。“折弯线”指的是所标注对象中的折断；标注值代表实际距离，而不是图形中测量的距离。

图8-113 折弯线性

执行【折弯线性】命令主要有以下几种方式：

- 执行菜单栏中的【标注】/【折弯线性】命令。
- 单击【标注】工具栏中的按钮。
- 在命令行输入DIMJOGLINE后按Enter键。

执行【折弯线性】命令后，命令行操作如下。

```
命令: _DIMJOGLINE
    选择要添加折弯的标注或 [删除(R)]:              //选择需要添加折弯的标注
    指定折弯位置 (或按 ENTER 键):                 //指定折弯线的位置
```

TIP

【删除】选项主要用于删除标注中的折弯线。

8.8.4 编辑标注

【编辑标注】命令主要用于修改标注文字的内容、旋转角度以及尺寸界线的倾斜角度等。

执行【编辑标注】命令主要有以下几种方式：

- 执行菜单栏中的【标注】/【倾斜】命令。
- 单击【标注】工具栏或面板中的按钮。
- 在命令行输入Dimedit后按Enter键。

下面通过简单实例，学习【编辑标注】命令的使用方法和使用技巧。具体操作步骤如下：

1 执行【线性】命令，随意标注一个尺寸，如图8-114所示。

图8-114 创建线性尺寸

2 单击【标注】工具栏中的按钮，激活【编辑标注】命令，根据命令行提示进行编辑标注。命令行操作如下。

```
命令: _dimedit
    输入标注编辑类型 [默认(H)/新建(N)/旋转(R)/倾斜(O)] <默认>:      //N Enter，打开【文字格
  式】编辑器，然后修改标注文字如图8-115所示，并关闭此编辑器
```

图8-115 修改标注文字内容

```
选择对象:                        //选择刚标注的尺寸
选择对象:                        // Enter，标注结果如图8-116所示
```

3 重复执行【编辑标注】命令，对标注文字进行倾斜。命令行操作如下。

```
命令:                            // Enter，重复执行命令
    DIMEDIT
    输入标注编辑类型 [默认(H)/新建(N)/旋转(R)/倾斜(O)] <默认>: //R Enter，激活【旋转】选项
    指定标注文字的角度:            //30 Enter
    选择对象:                    //选择图8-116所示的尺寸
    选择对象:                    // Enter，结果如图8-117所示
```

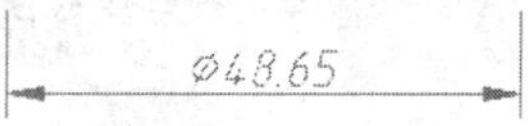

图8-116 修改内容

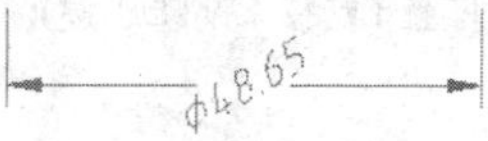

图8-117 旋转文字

> **TIP** 【倾斜】选项用于对尺寸界线进行倾斜，激活该选项后，系统将按指定的角度调整标注尺寸界线的倾斜角度，如图8-118所示。

图8-118 倾斜选项示例

8.8.5 标注更新

【更新】命令用于将尺寸对象的样式更新为当前尺寸标注样式，还可以将当前的标注样式保存起来，以供随时调用。

执行【更新】命令主要有以下几种方式：

- 执行菜单栏中的【标注】/【更新】命令。
- 单击【标注】工具栏或面板中的按钮。
- 在命令行输入-Dimstyle后按Enter键。

激活该命令后，仅选择需要更新的尺寸对象即可，命令行操作如下。

```
命令: _-dimstyle
    当前标注样式:NEWSTYLE 注释性: 否
    输入标注样式选项[注释性(AN)/保存(S)/恢复(R)/状态(ST)/变量(V)/应用(A)/?] <恢复>:
    选择对象:                    //选择需要更新的尺寸
    选择对象:                    // Enter，结束命令
```

选项解析

- 【状态】选项：用于以文本窗口的形式显示当前标注样式的数据。
- 【应用】选项：将选择的标注对象自动更换为当前标注样式。
- 【保存】选项：用于将当前标注样式存储为用户定义的样式。
- 【恢复】选项：用于恢复已定义过的标注样式。

8.8.6 编辑标注文字

【编辑标注文字】命令用于重新调整标注文字的位置以及标注文字的旋转角度。

执行【编辑标注文字】命令主要有以下几种方式：

- 执行菜单栏中的【标注】/【对齐文字】级联菜单中的各命令。
- 单击【标注】工具栏或面板中的按钮。
- 在命令行输入Dimtedit后按Enter键。

下面通过简单实例，学习【编辑标注文字】命令的使用方法和使用技巧。具体操作步骤如下：

1 执行【线性】命令，随意标注如图8-119所示的尺寸。

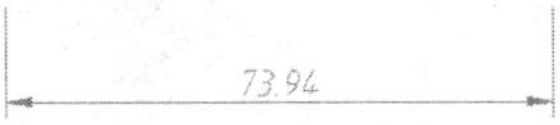

图8-119 标注尺寸

2 单击【标注】工具栏中的按钮，激活【编辑标注文字】命令，调整尺寸方位的角度。命令行操作如下。

```
命令: _dimtedit
    选择标注:                                    //选择刚标注的尺寸对象
    为标注文字指定新位置或 [左对齐(L)/右对齐(R)/居中(C)/默认(H)/角度(A)]:
                                                 //A Enter，激活【角度】选项
    指定标注文字的角度:                          //45 Enter，编辑结果如图8-120所示
```

3 重复执行【编辑标注文字】命令，调整标注文字的位置。命令行操作如下。

```
命令: _dimtedit
    选择标注:                                    //选择图8-120所示的尺寸
    为标注文字指定新位置或 [左对齐(L)/右对齐(R)/居中(C)/默认(H)/角度(A)]:
                                                 // R Enter，修改结果如图8-121所示
```

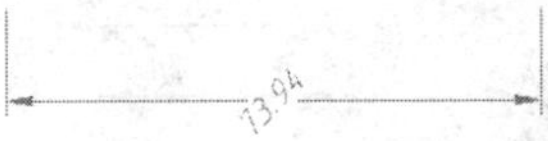

图8-120 更改标注文字的角度

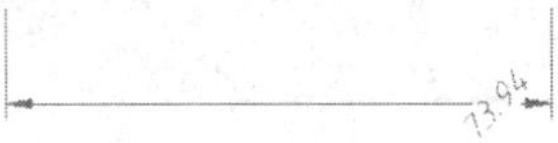

图8-121 修改标注文字位置

选项解析

- 【左对齐】选项：用于沿尺寸线左端放置标注文字。
- 【右对齐】选项：用于沿尺寸线右端放置标注文字。
- 【居中】选项：用于把标注文字放在尺寸线的中心。
- 【默认】选项：用于将标注文字移回默认位置。
- 【角度】选项：用于旋转标注文字。

8.9 上机指导（三）——标注零件尺寸公差与形位公差

本例通过为某箱体零件图标注尺寸公差与形位公差，对本章重点知识进行综合练习和巩固。箱体零件图公差的最终标注结果，如图8-122所示。

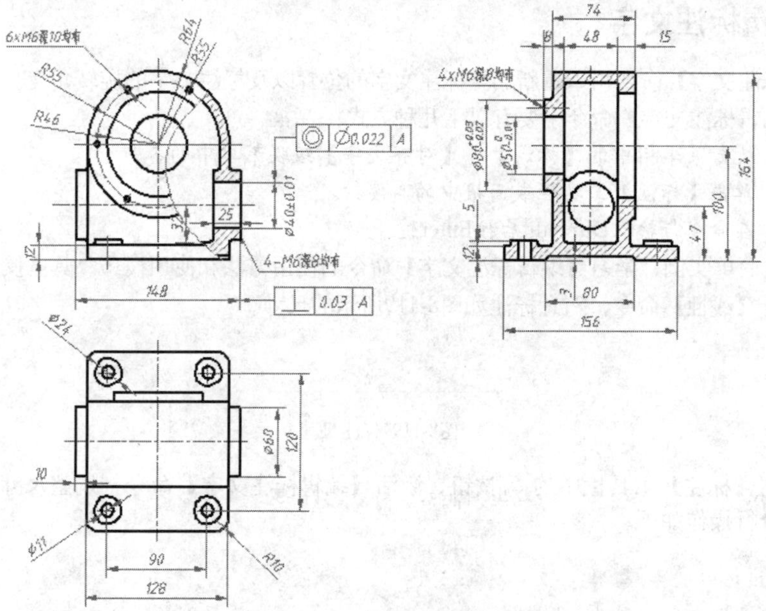

图8-122 实例效果

操作步骤

1 执行【打开】命令，打开随书光盘中的“实例效果文件/第8章／上机指导（一）.dwg”。

2 执行菜单栏中的【标注】／【线性】命令，配合端点捕捉功能标注左视图上侧的尺寸公差。命令行操作如下。

```
命令: _dimlinear
    指定第一个尺寸界线原点或 <选择对象>:        //捕捉如图8-123所示的交点
    指定第二条尺寸界线原点:                     //捕捉如图8-124所示的端点
```

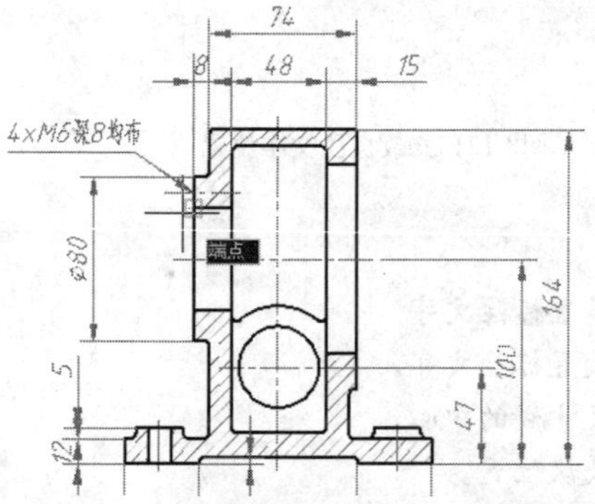

图8-123 捕捉交点

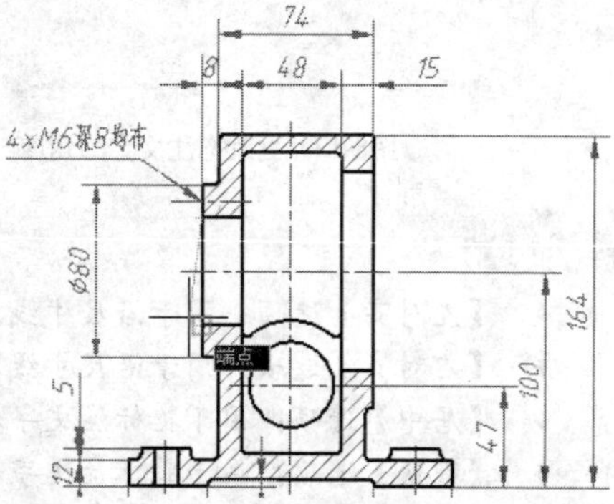

图8-124 捕捉端点

指定尺寸线位置或[多行文字(M)/文字(T)/角度(A)/水平(H)/垂直(V)/旋转(R)]:
//M Enter，打开如图8-125所示的【文字格式】编辑器

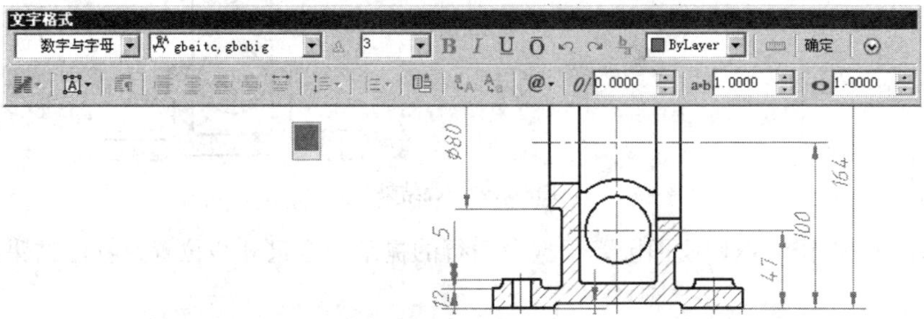

图8-125 打开【文字格式】编辑器

3 将光标移至标注文字前，然后为标注文字添加直径前缀，如图8-126所示。

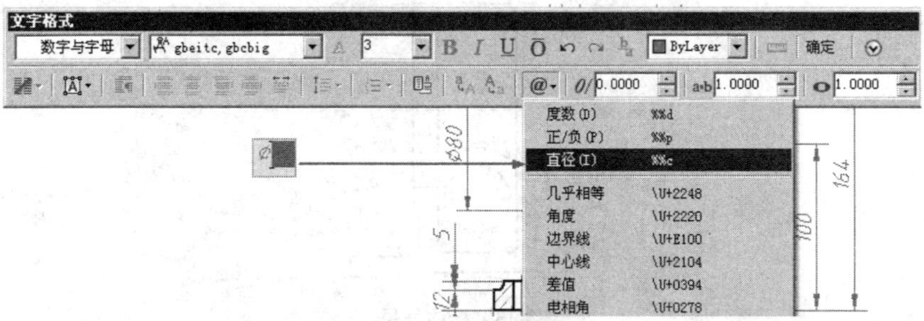

图8-126 添加尺寸前后缀

4 接下来将光标移至标注文字后，然后为标注文字添加公差后缀，如图8-127所示。

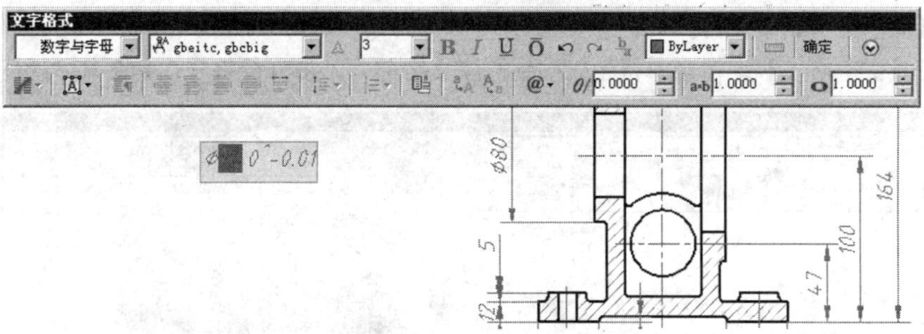

图8-127 添加公差后缀

5 在多行文字输入框内选择如图8-128所示的公差后缀单击按钮，进行堆叠，堆叠结果如图8-129所示。

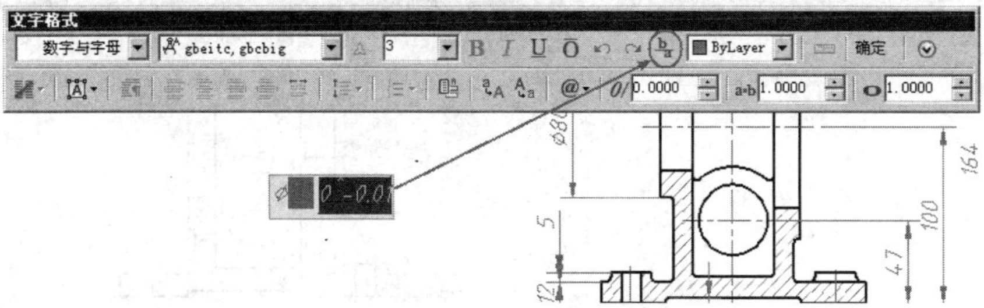

图8-128 选择后缀

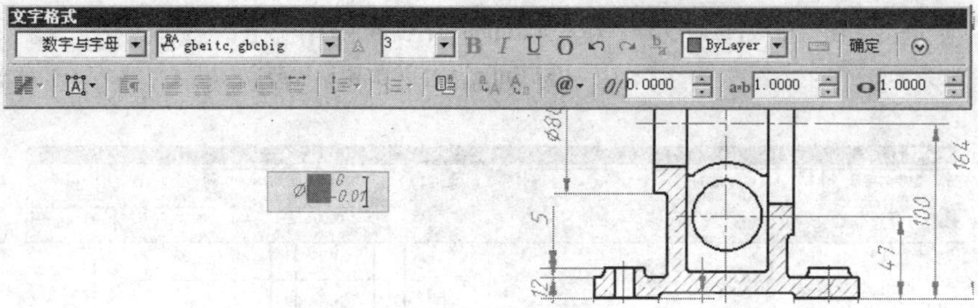

图8-129 堆叠结果

6 单击确定按钮，返回绘图区，根据命令行的提示指定尺寸线位置，标注结果如图8-130所示。

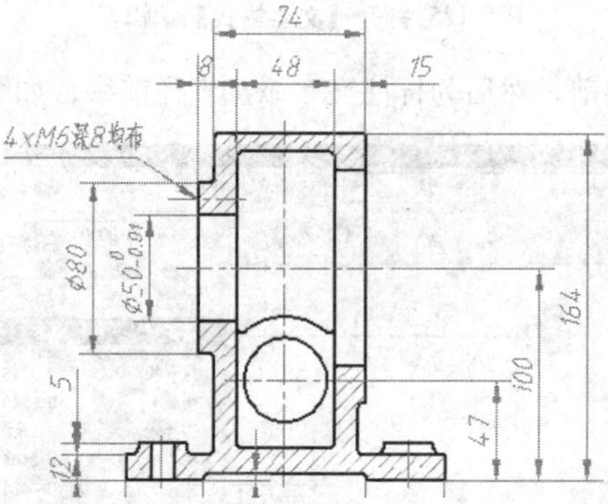

图8-130 标注结果

7 单击【标注】工具栏中的按钮，激活【编辑标注】命令，在命令行“输入标注编辑类型 [默认(H)/新建(N)/旋转(R)/倾斜(O)] <默认>: ”提示下，激活【新建】选项功能，打开【文字格式】编辑器。

8 在【文字格式】编辑器中将光标移到标注文字前，添加直径符号，如图8-131所示。

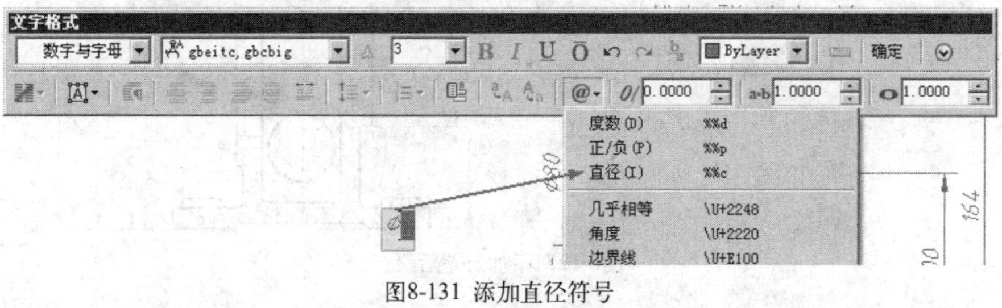

图8-131 添加直径符号

9 在【文字格式】编辑器中将光标移至标注文字后，添加尺寸后缀，如图8-132所示。

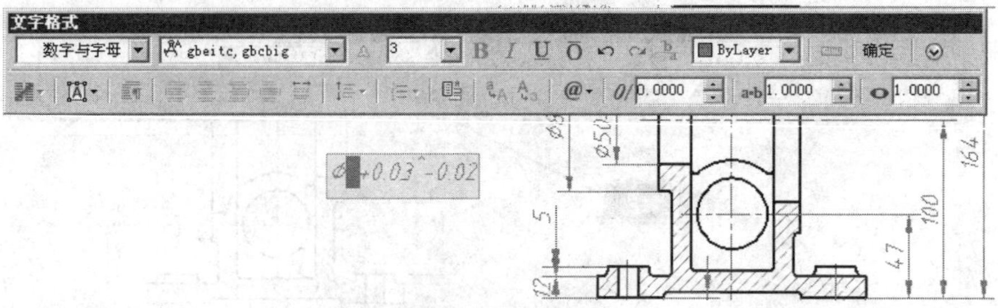

图8-132 添加尺寸后缀

10 在【文字格式】编辑器中选择输入的尺寸公缀进行堆叠，如图8-133所示，堆叠结果如图8-134所示。

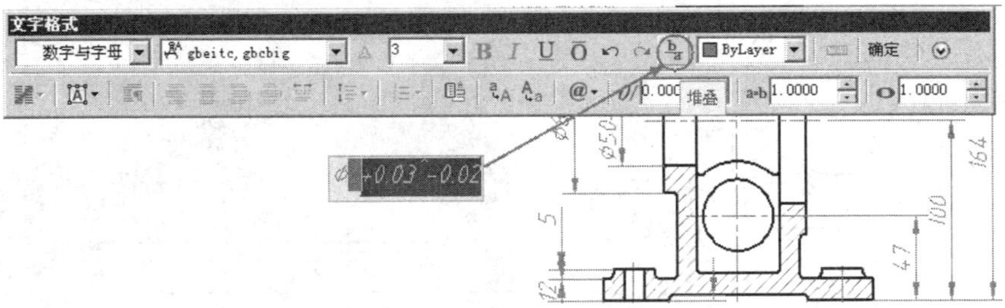

图8-133 选择尺寸后缀

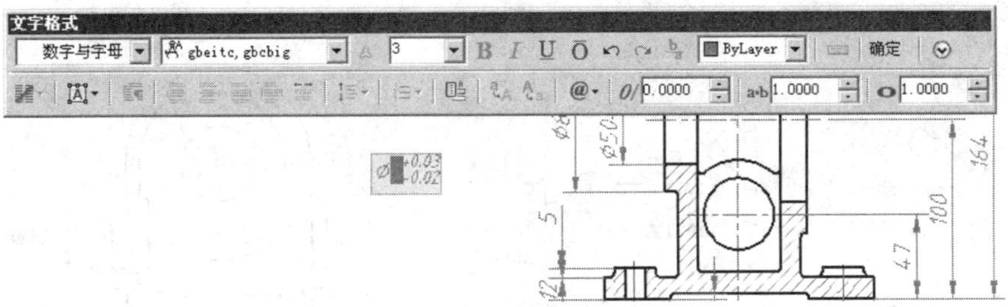

图8-134 堆叠结果

11 在【文字格式】编辑器中单击确定按钮，返回绘图区，在命令行“选择对象：”提示下，选择如图8-135所示的尺寸标注，为其添加尺寸前缀和公并后缀，结果如图8-136所示。

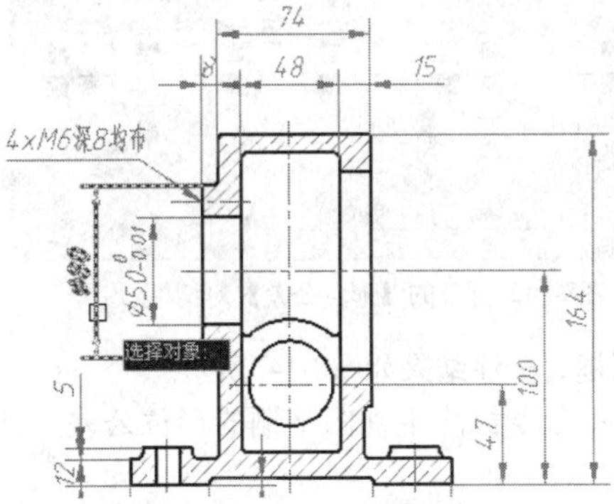

图8-135 选择标注对象

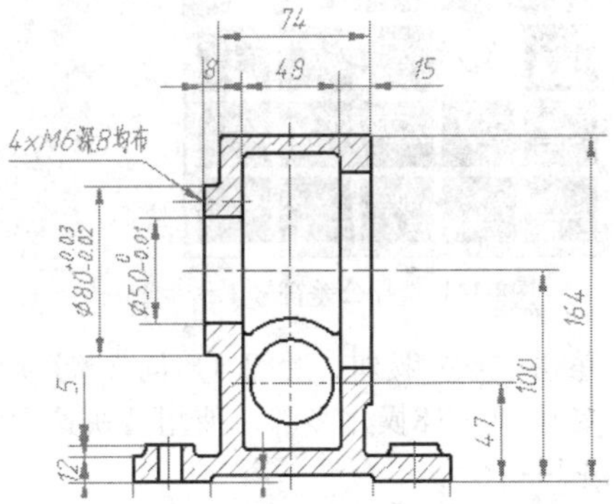

图8-136 编辑结果

12 参照操作步骤7～11，使用【编辑标注】命令为零件主视图添加尺寸公差，结果如图8-137所示。

13 使用命令简写“LE”激活【快速引线】命令，使用命令中的【设置】选项功能，设置引线注释类型为“公差”如图8-138所示，设置其他参数如图8-139所示。

14 单击确定按钮，返回绘图区，根据命令行的提示，配合端点捕捉功能，在图8-140所示的位置指定第一个引线点。

15 继续根据命令行的提示，分别在适当位置指定另外两个引线点，打开【形位公差】对话框。

16 在打开的【形位公差】对话框中的【符号】颜色块上单击左键，打开【特征符号】对话框，然后选择如图8-141所示的公差符号单击左键。

17 返回【形位公差】对话框，在【公差1】选项组内的颜色块上单击左键，添加直径符号、然后输入公差值等，如图8-142所示。

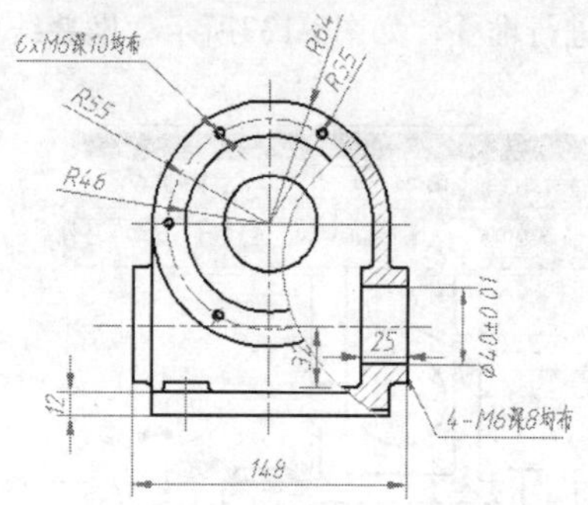

图8-137 创建尺寸公差

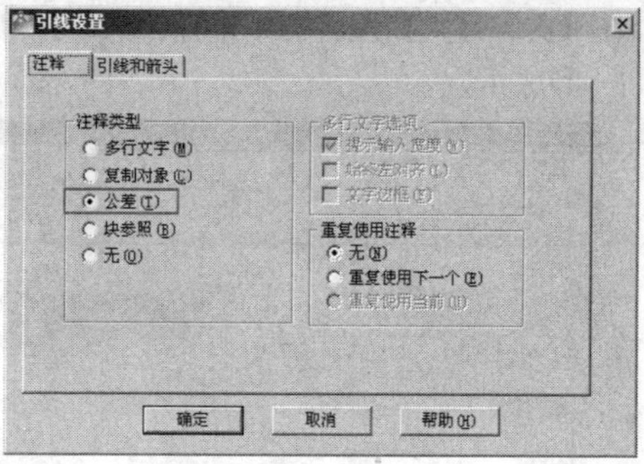

图8-138 设置注释类型

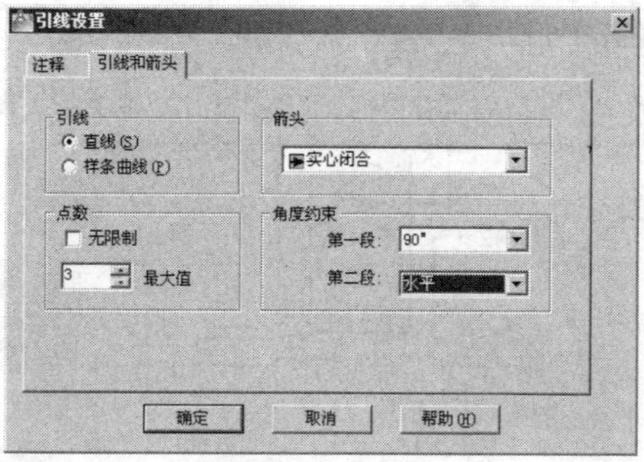

图8-139 设置引线和箭头

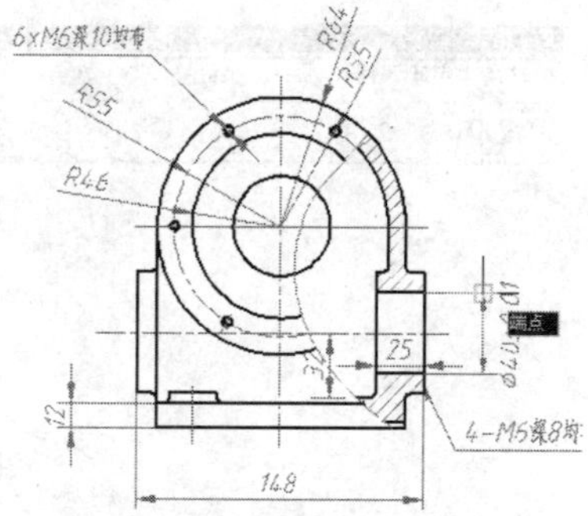

图8-140 捕捉端点

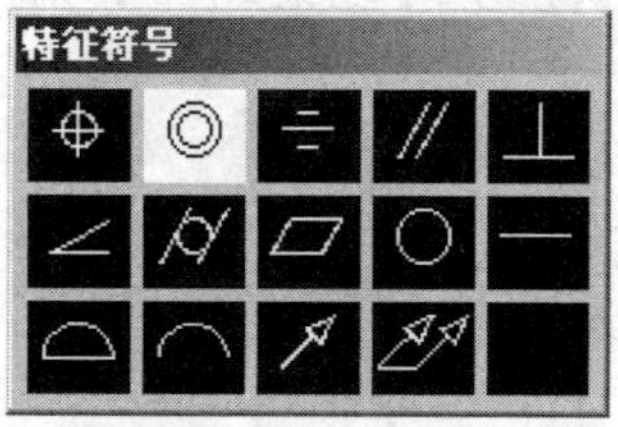

图8-141 选择公差符号

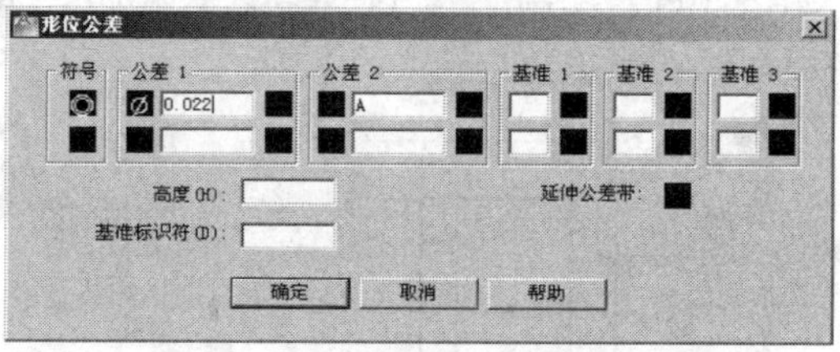

图8-142 打开的【形位公差】对话框

18 单击 确定 按钮，关闭【形位公差】对话框，标注结果如图8-143所示。

19 参照13～18操作步骤，使用【快速引线】命令标注主视图下侧的形位公差，结果如图8-144所示。

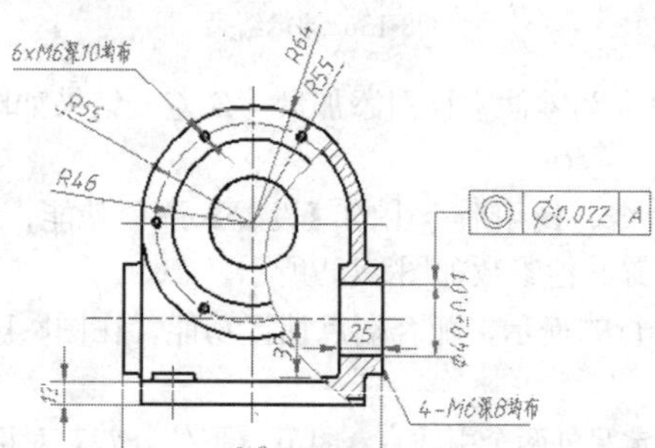

图8-143 标注结果

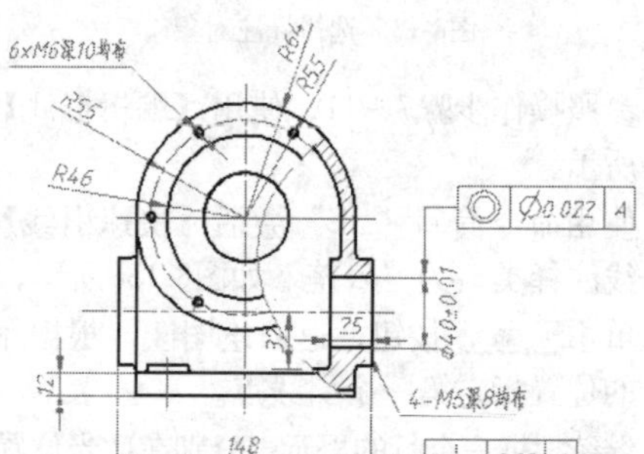

图8-144 标注其他形位公差

20 调整视图，使用零件图完全显示，最终效果如图8-122所示。

21 最后执行【另存为】命令，将图形另名存储为“上机指导（三）.dwg”。

第3篇 技能提高——三维设计篇

本篇通过第9～第11章内容，讲重点解了AutoCAD 2012在三维建模方面的相关知识，包括三维观察、三维着色、UCS坐标系、基本几何体建模、复杂几何体建模、网格几何体建模以及三维模型的编辑细化等知识，使读者能掌握AutoCAD在三维模型设计方面的相关知识和技巧。

本篇内容如下：

第9章

三维辅助功能——视点、着色与UCS

AutoCAD为用户提供了比较完善的三维制图功能，使用三维制图功能可以创建出物体的三维模型，此种模型包含的信息更多、更完整，也更利于与计算机辅助工程、制造等系统相结合。本章首先讲述AutoCAD的三维辅助功能，为后面章节的学习打下基础。本章学习内容如下：

- ✓ 三维观察功能
- ✓ 三维着色功能
- ✓ UCS坐标系
- ✓ 上机指导（一）——三维观察与着色功能综合练习
- ✓ 上机指导（二）——UCS与三维辅助功能综合练习

9.1 三维观察功能

本节学习三维模型的观察功能，具体有视点、视图、视口、动态观察器、导航控制盘等内容，以便于用多种方式观察三维物体。

9.1.1 设置视点

在AutoCAD绘图空间中可以在不同的位置进行观察图形，这些位置就称为视点。视点的设置主要有两种方式。

- **使用【视点】命令设置视点**

【视点】命令用于输入观察点的坐标或角度来确定视点。执行【视点】命令主要有以下两种方式：

- ◆ 执行菜单栏中的【视图】/【三维视图】/【视点】命令。
- ◆ 在命令行输入Vpoint后按Enter键。

【视点】命令的命令行会出现如下提示。

```
命令：Vpoint
    当前视图方向：VIEWDIR=0.0000,0.0000,1.0000
    指定视点或 [旋转(R)] <显示指南针和三轴架>：       //直接输入观察点的坐标来确定视点
```

如果用户没有输入视点坐标，而是直接按Enter键，那么绘图区会显示如图9-1所示的指南针和三轴架，其中三轴架代表*X*、*Y*、*Z*轴的方向，当用户相对于指南针移动十字线时，三轴架会自动进行调整，以显示*X*、*Y*、*Z*轴对应的方向。

TIP 【旋转】选项主要用于通过指定与X轴的夹角以及与XY平面的夹角来确定视点。

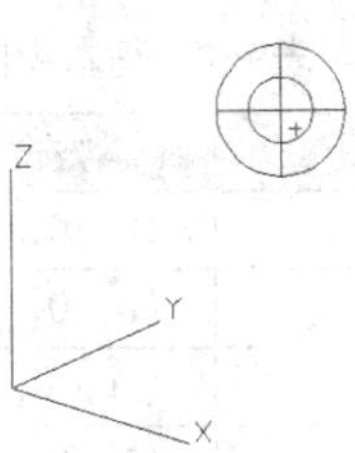

图9-1 指南针和三轴架

- 通过【视点预置】设置视点

【视点预置】命令是通过对话框的形式进行设置视点的，如图9-2所示。执行【视点预置】命令主要有以下几种方式：

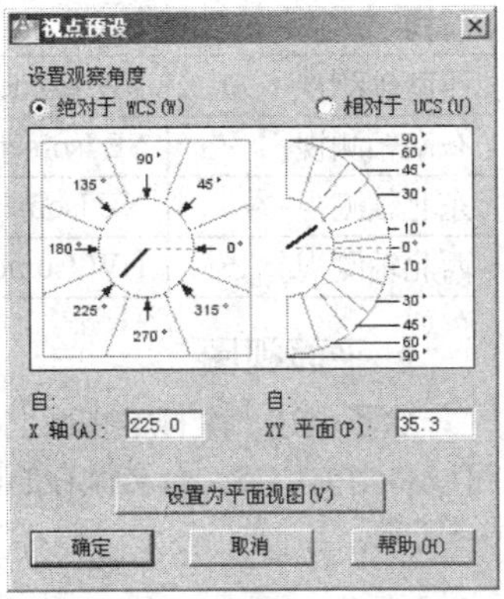

图9-2 【视点预置】对话框

- 执行菜单栏中的【视图】/【三维视图】/【视点预置】命令。
- 在命令行输入DDVpoint后按Enter键。
- 使用命令简写VP。

在如图9-2所示的【视点预置】对话框中，具体可以进行如下内容的设置：

1. 设置视点、原点的连线与XY平面的夹角。具体操作就是在右侧半圆图形上选择相应的点，或直接在【XY平面】文本框内输入角度值。
2. 设置视点、原点的连线在XOY面上的投影与X轴的夹角。具体操作就是在左侧图形上选择相应点，或在【X轴】文本框内输入角度值。
3. 设置观察角度。系统将设置的角度默认为是相对于当前WCS，如果选择了【相对于UCS】单选项，设置的角度值就是相对于UCS的。
4. 设置为平面视图。单击 设置为平面视图(V) 按钮，系统将重新设置为平面视图。平面视图的观察方向是与X轴的夹角为270°，与XY平面的夹角是90°。

9.1.2 切换视图

为了便于观察和编辑三维模型，AutoCAD为用户提供了一些标准视图，具体有6个正交视图和4个等轴测图，如图9-3所示，其工具按钮都排列在如图9-4所示的【视图】工具栏上。视图的切换主要有以下几种方式：

图9-3 标准视图菜单

- 执行菜单栏中的【视图】/【三维视图】下一级菜单中和各视图命令。
- 单击【视图】工具栏或【面板】上的相应按钮。

图9-4 【视图】工具栏

上述六个正交视图和四个等轴测视图用于显示三维模型的主要特征视图，其中每种视图的视点、与X轴夹角和与XY平面夹角等内容如表9-1所示。

表9-1 基本视图及其参数设置

视图	菜单选项	方向矢量	与X轴夹角	与XY平面夹角
俯视	Tom	(0, 0, 1)	270°	90°
仰视	Bottom	(0, 0, -1)	270°	90°
左视	Left	(-1, 0, 0)	180°	0°
右视	Right	(1, 0, 0)	0°	0°
前视	Front	(0, -1, 0)	270°	0°
后视	Back	(0, 1, 0)	90°	0°
西南轴测视	SW Isometric	(-1, -1, 1)	225°	45°
东南轴测视	SE Isometric	(1, -1, 1)	315°	45°
东北轴测视	NE Isometric	(1, 1, 1)	45°	45°
西北轴测视	NW Isometric	(-1, 1, 1)	135°	45°

- **平面视图**

除了上述十个标准视图之外，AutoCAD还为用户提供了一个【平面视图】工具，使用此命令，可以将当前UCS、命名保存的UCS或WCS，切换为各坐标系的平面视图，以方便观察和操作，如图9-5所示。

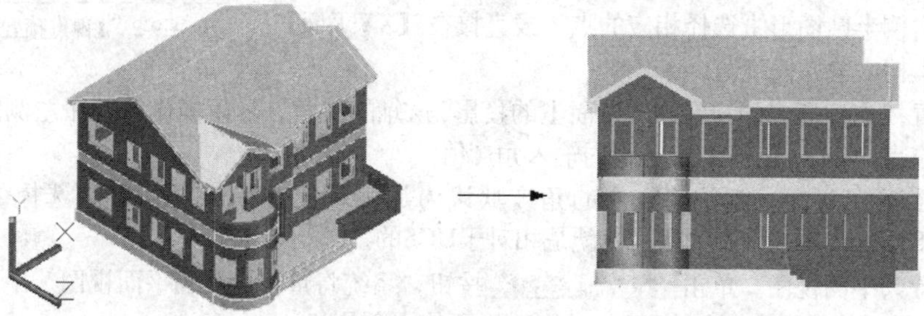

图9-5 平面视图切换

执行菜单栏中的【视图】/【三维视图】/【平面视图】命令，或在命令行输入命令简写Plan后按Enter键，都可激活【平面视图】命令。

9.1.3 导航立方体

如图9-6所示的3D导航立方体（即ViewCube），不但可以快速帮助用户调整模型的视点，还可以更改模型的视图投影、定义和恢复模型的主视图，以及恢复随模型一起保存的已命名UCS。

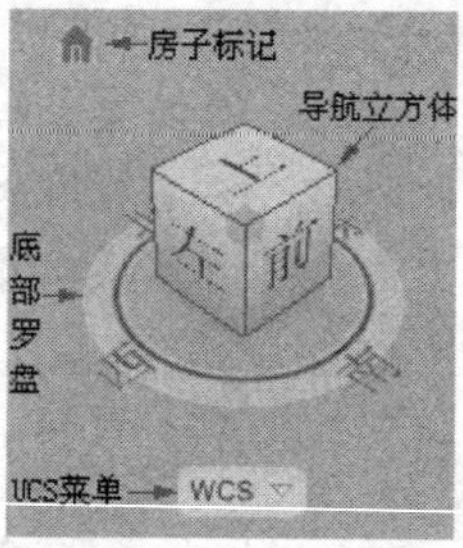

图9-6 ViewCube显示图

此导航立方体主要有顶部的房子标记、中间的导航立方体、底部的罗盘和最下侧的UCS菜单四部分组成，当沿着立方体移动鼠标时，分布在导航立体棱、边、面等位置上的热点会亮显。点击一个热点，就可以切换到相关的视图。

- 视图投影。当查看模型时，它可以在平行模式、透视模式和带平行视图面的透视模式之间进行切换。
- 主视图指的是定义和恢复模型的主视图。主视图是用户在模型中定义的视图，用于返回熟悉的模型视图。
- 通过单击 ViewCube下方的 UCS 按钮菜单，可以恢复已命名的 UCS。

TIP

将当前视觉样式设为3D显示样式后，导航立方体显示图才可以显示出来。在命令行输入Cube后按Enter键，可以控制导航立方体图的显示和关闭状态。

9.1.4 导航控制盘

如图9-7所示的SteeringWheels导航控制盘分为若干个按钮，每个按钮包含一个导航工具。可以通过单击按钮或单击并拖动悬停在按钮上的光标来启动各种导航工具。

单击导航栏上的◎按钮或【视图】菜单下的【SteeringWheels】命令，可打开此控制盘，在控制盘上单击右键，可打开如图9-8所示的快捷菜单。

图9-7 SteeringWheels导航控制盘

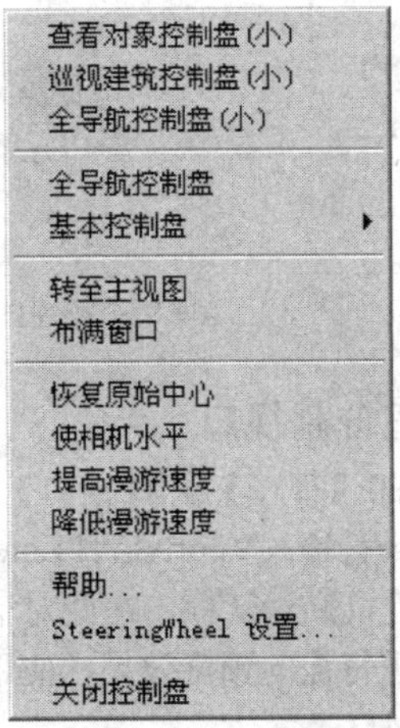

图9-8 控制盘快捷菜单

在SteeringWheels导航控制盘中，共有四个不同的控制盘可供使用，每个控制盘均拥有其独有的导航方式，具体如下：

- 二维导航控制盘：平移和缩放导航模型。
- 查看对象控制盘：将模型置于中心位置，并定义轴心点以使用【动态观察】工具。缩放和动态观察模型。
- 巡视建筑控制盘：通过将模型视图移近、移远、环视以及更改模型视图的标高来导航模型。
- 导航控制盘：将模型置于中心位置并定义轴心点以使用【动态观察】工具、漫游和环视来更改视图标高、动态观察、平移和缩放模型。

TIP

使用控制盘上的工具导航模型时，先前的视图将保存到模型的导航历史中，要从导航历史恢复视图，可以使用回放工具。单击控制盘上的【回放】按钮或单击【回放】按钮并在上面拖动，即可以显示回放历史。

9.1.5 创建与分割视口

视口是用于绘制图形、显示图形的区域，默认设置下AutoCAD将整个绘图区作为一个视口，在实际建模过程中，有时需要从各个不同视点上观察模型的不同部分，为此AutoCAD为用户提供了视口的分割功能，可以将默认的一个视口分割成多个视口，如图9-9所示，这样，用户可以从不同的方向观察三维模型的不同部分。

视口的分割与合并具体有以下几种方式：

- **通过菜单分割视口**
  - ◆ 执行菜单栏中的【视图】/【视口】级联菜单中的相关命令，即可以将当前视口分割为两个、三个或多个视口，如图9-10所示。
  - ◆ 单击【视口】工具栏或面板中的各按钮。

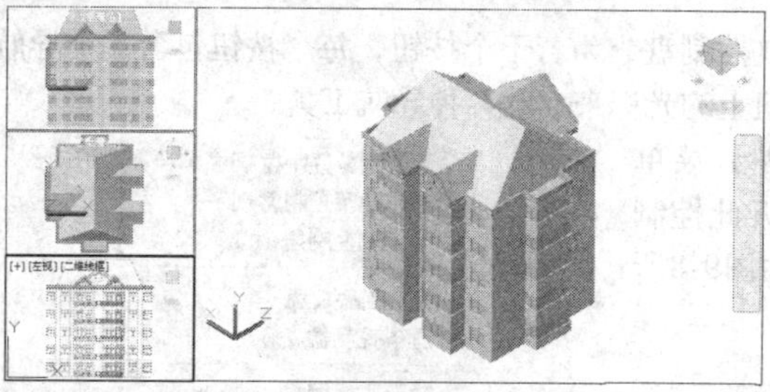

图9-9 分割视口

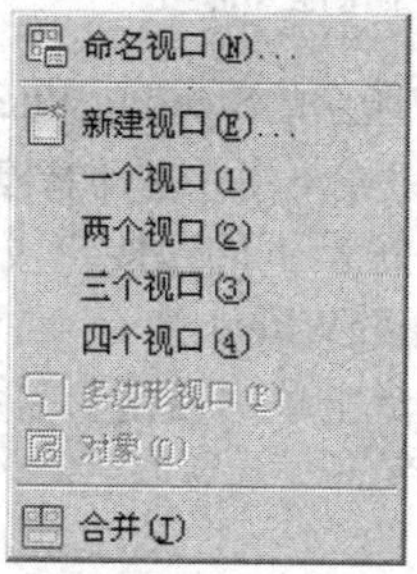

图9-10 视口级联菜单

- **通过对话框分割视口**

执行菜单栏中的【视图】/【视口】/【新建视口】命令，或在命令行输入Vports后按Enter键，打开如图9-11所示的【视口】对话框，在此对话框中，用户可以对分割视口进行提前预览效果，使用户能够方便直接地进行分割视口。

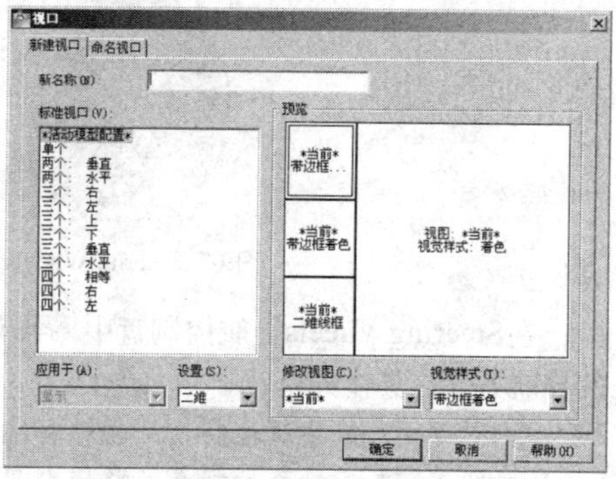

图9-11 【视口】对话框

9.1.6 三维动态观察器

AutoCAD为用户提供了三种动态观察功能，使用此功能可以从不同角度观察三维物体的任意部分。

- **受约束的动态观察**

当执行【受约束的动态观察】命令后，绘图区会出现如图9-12所示的光标显示状态，此时按住左键不放，可以手动地调整观察点，以观察模型的不同侧面。执行【受约束的动态观察】命令主要有以下几种方式：

- ◆ 执行菜单栏中的【视图】/【动态观察】/【受约束的动态观察】命令。
- ◆ 单击【动态观察】工具栏或【导航】面板中的按钮。
- ◆ 在命令行输入3dorbit后按Enter键。

图9-12 受约束的动态观察

TIP 当激活【受约束的动态观察】命令后，如果按鼠标中间进行拖曳，可以将视图进行平移。

- **自由动态观察**

【自由动态观察】命令用于在三维空间中不受滚动约束的旋转视图，当激活此功能后，绘图区会出现如图9-13所示的圆形辅助框架，用户可以从多个方向自由地观察三维物体。执行【自由动态观察】命令主要有以下几种方式：

- 执行菜单栏中的【视图】/【动态观察】/【自由动态观察】命令，
- 单击【动态观察】工具栏或【导航】面板中的按钮。
- 在命令行输入3dforbit后按Enter键。

- **连续动态观察**

【连续动态观察】命令用于以连续运动的方式在三维空间中旋转视图，以持续观察三维物体的不同侧面，而不需要进行手动设置视点。当激活此命令后，光标变为如图9-14所示的状态，此时按住左键进行拖曳，即可连续地旋转视图。执行【连续动态观察】命令主要有以下几种方式：

- 执行菜单栏中的【视图】/【动态观察】/【连续动态观察】命令。
- 单击【动态观察】工具栏或【导航】面板中的按钮。
- 在命令行输入3dcorbit后按Enter键。

图9-13 自由动态观察

图9-14 连续动态观察

9.2 三维着色功能

AutoCAD为三维提供了几种控制模型外观显示效果的工具，巧妙运用这些着色功能，能快速显示出三维物体的逼真形态，对三维模型的效果显示有很大帮助。这些着色工具位于如图9-15所示的菜单栏、图9-16所示的【视觉样式】工具栏和图9-17所示的【视觉样式】面板中。

图9-15 菜单栏

图9-16 工具栏

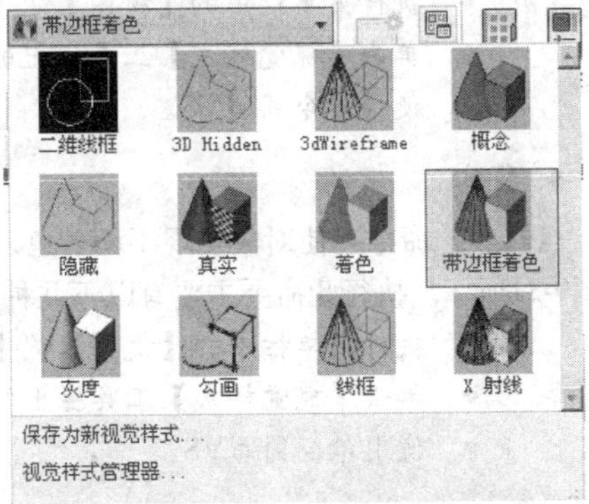

图9-17 【视觉样式】面板

9.2.1 常用着色功能

本小节主要讲述一些常用的着色功能，具体有二维线框、三维线框、三维隐藏、真实着色和概念着色功能。

- 二维线框

【二维线框】命令是用直线和曲线显示对象的边缘，此对象的线型和线宽都是可见的，如图9-18所示。

执行该命令主要有以下几种方式：

◆ 执行菜单栏中的【视图】/【视觉样式】/【三维隐藏】命令。
◆ 单击【视觉样式】工具栏上的按钮。
◆ 使用命令简写VS。

- 三维线框

【三维线框】命令也是用直线和曲线显示对象的边缘轮廓，如图9-19所示。与二维线框显示方式不同的是，表示坐标系的按钮会显示成三维着色形式，并且对象的线型及线宽都是不可见的。执行该命令主要有以下几种方式：

◆ 执行菜单栏中的【视图】/【视觉样式】/【三维线框】命令。
◆ 单击【视觉样式】工具栏上的按钮。
◆ 使用命令简写VS。

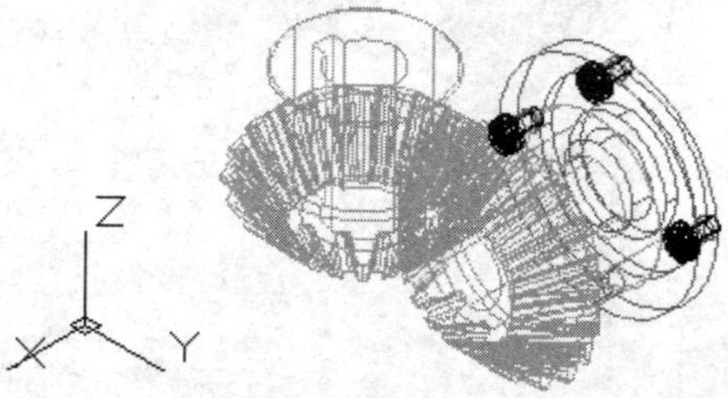

图9-18 二维线框着色

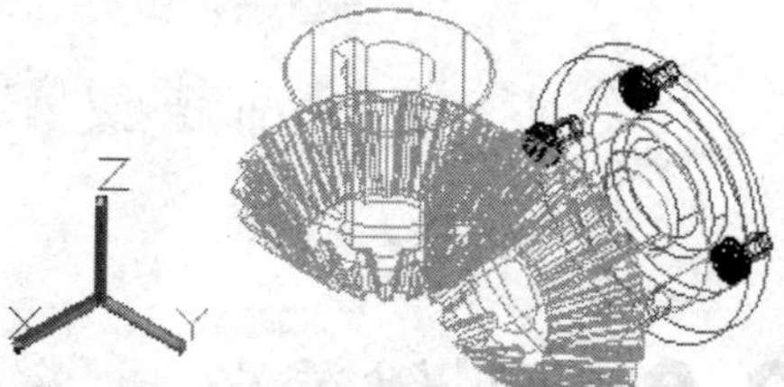

图9-19 三维线框着色效果

- 三维隐藏

【三维隐藏】命令用于将三维对象中观察不到的线隐藏起来，而只显示那些位于前面无遮挡的对象，如图9-20所示。执行该命令主要有以下几种方式：

◆ 执行菜单栏中的【视图】/【视觉样式】/【三维隐藏】命令。
◆ 单击【视觉样式】工具栏上的按钮。
◆ 使用命令简写VS。

- 真实

【真实】命令可使对象实现平面着色，它只对各多边形的面着色，不对面边界进行光滑处理，如图9-21所示。执行此命令主要有以下几种方式：

◆ 执行菜单栏中的【视图】/【视觉样式】/【真实】命令。
◆ 单击【视觉样式】工具栏上的按钮。
◆ 使用命令简写VS。

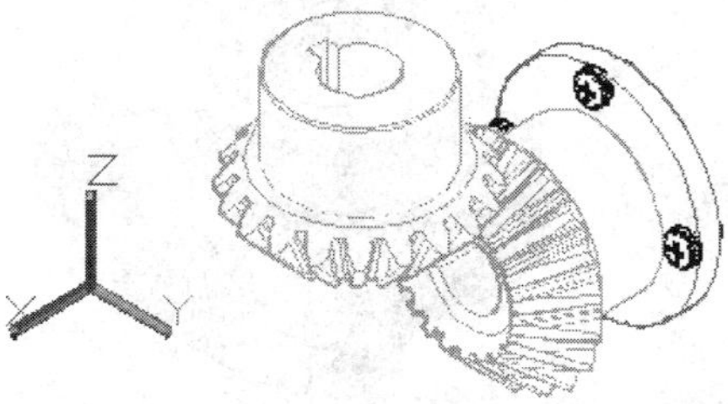

图9-20 三维隐藏

图9-21 真实着色

- **概念**

【概念】命令也可使对象实现平面着色，它不仅可以对各多边形的面着色，还可以对面边界作光滑处理，如图9-22所示。执行此命令主要有以下几种方式：

◆ 执行菜单栏中的【视图】/【视觉样式】/【概念】命令。

◆ 单击【视觉样式】工具栏上的按钮。

◆ 使用命令简写VS。

9.2.2 其他着色功能

本小节主要学习【着色】、【带边缘着色】、【灰度】、【勾画】和【X射线】五种着色功能。具体内容如下。

- **着色**

【着色】命令用于将对象平滑着色，如图9-23所示。执行菜单栏中的【视图】/【视觉样式】/【着色】命令或使用命令简写VS，都可激活该命令。

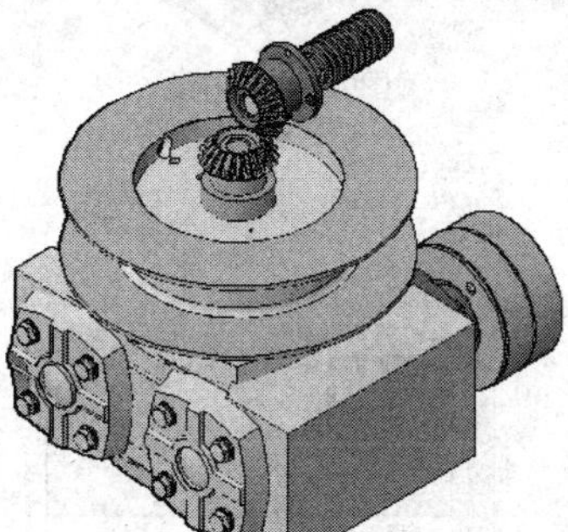

图9-22 概念着色

图9-23 平滑着色

- **带边缘着色**

【带边缘着色】命令用于将对象带有可见边的平滑着色，如图9-24所示。执行菜单栏中的【视图】/【视觉样式】/【带边缘着色】命令或使用命令简写VS，都可激活该命令。

- **灰度**

【灰度】命令用于将对象以单色面颜色模式着色，以产生灰色效果，如图9-25所示。执行菜单栏中的【视图】/【视觉样式】/【灰度】命令或使用命令简写VS都可激活命令。

图9-24 带边缘着色

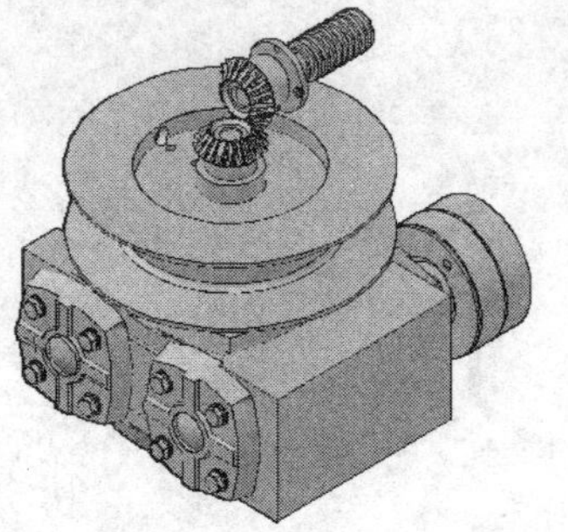

图9-25 灰度着色

- **勾画**

【勾画】命令用于将对象使用外伸和抖动方式产生手绘效果，如图9-26所示。执行菜单栏中的【视图】/【视觉样式】/【勾画】命令或使用命令简写VS，都可激活该命令。

- **X射线**

【X射线】命令用于更改面的不透明度，以使整个场景变成部分透明，如图9-27所示。执行菜单栏中的【视图】/【视觉样式】/【X射线】命令或使用命令简写VS，都可激活该命令。

图9-26 勾画着色

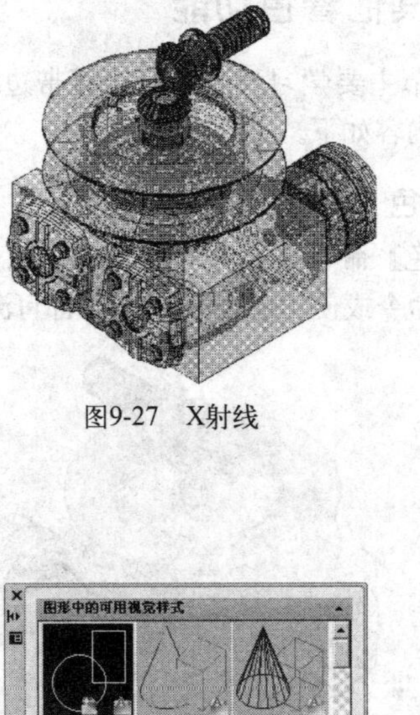

图9-27 X射线

9.2.3 管理视觉样式

【管理视觉样式】命令用于控制模型的外观显示效果、创建或更改视觉样式等，其窗口如图9-28所示，其中面设置选项用于控制面上颜色和着色的外观，环境设置用于打开和关闭阴影和背景，边设置指定显示哪些边以及是否应用边修改器。

执行【管理视觉样式】命令主要有以下几种方式：

- 执行菜单栏中的【视图】/【视觉样式】/【视觉样式管理器…】命令。
- 单击【视觉样式】工具栏或面板中的按钮。
- 在命令行输入Visualstyles后按Enter键。

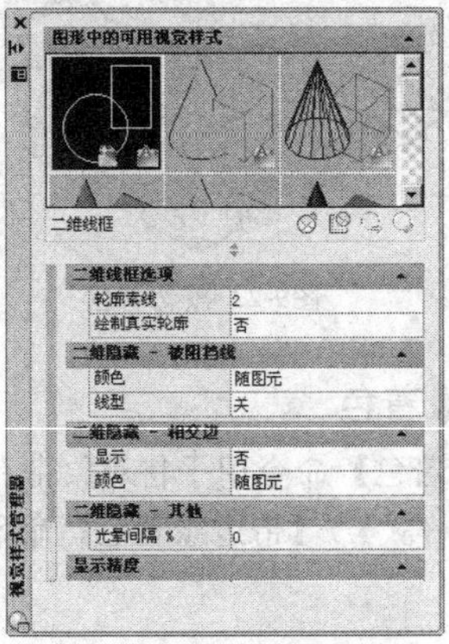

图9-28 【视觉样式管理器】对话框

9.2.4　附着材质

AutoCAD为用户提供了【材质浏览器】命令，使用此命令可以直观方便地为模型附着材质，以更加真实地表达实物造型。

执行【材质游览器】命令主要有以下几种方式：

- 执行菜单栏中的【视图】/【渲染】/【材质游览器】命令。
- 单击【渲染】工具栏或【材质】面板中的按钮。
- 在命令行输入表达式Matbrowseropen后按Enter键。

下面通过为长方体快速附着砖墙材质，主要学习【材质游览器】的命令方法和技巧。具体操作步骤如下：

1. 新建绘图文件。
2. 执行菜单栏中的【绘图】/【建模】/【长方体】命令，创建长度为20、宽度为600、高度为300的长方体。命令行操作如下。

```
命令: box
    指定第一个角点或 [中心(C)]:                  //在绘图区拾取一点
    指定其他角点或 [立方体(C)/长度(L)]:          //@20,600,300 Enter，结果如图9-29所示
```

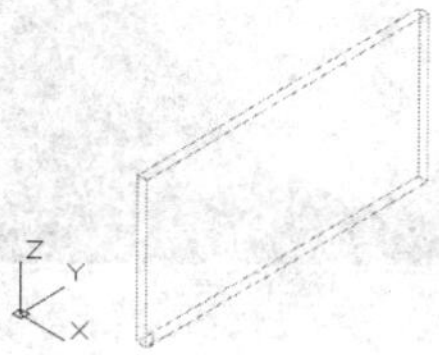

图9-29　创建长方体

3. 单击【渲染】工具栏上的按钮，打开如图9-30所示的【材质浏览器】窗口。
4. 在【材质浏览器】窗口中选择所需材质后，按住鼠标左键不放，将选择的材质拖曳至方体上，为方体附着材质，如图9-31所示。

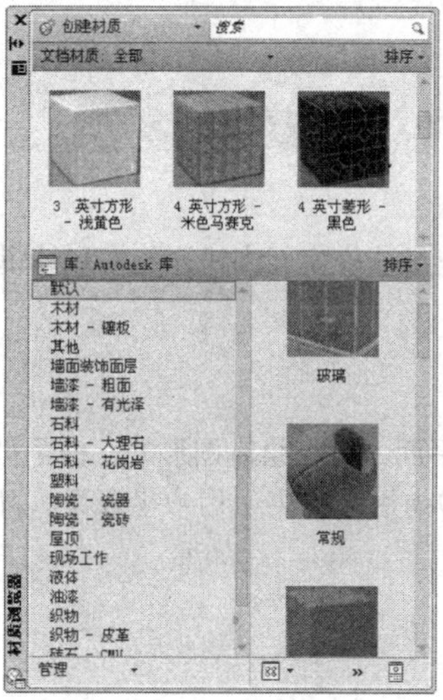

图9-30　【材质游览器】窗口

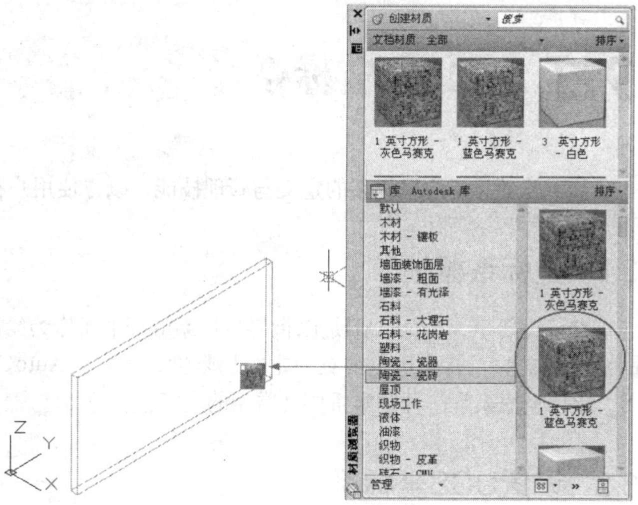

图9-31　附着材质

5. 执行菜单栏中的【视图】/【视觉样式】/【真实】命令，对附着材质后的方体进行真实着色，结果如图9-32所示。

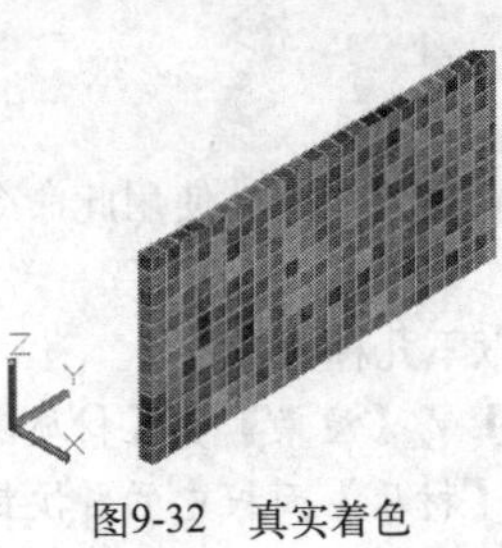

图9-32　真实着色

9.2.5　三维渲染

AutoCAD为用户提供了简单的渲染功能，执行菜单栏中的【视图／【渲染】/【渲染】命令，或单击【渲染】工具栏上的按钮，即可激活此命令，AutoCAD将安默认设置，对当前视口内的模型，以独立的窗口进行渲染，如图9-33所示。

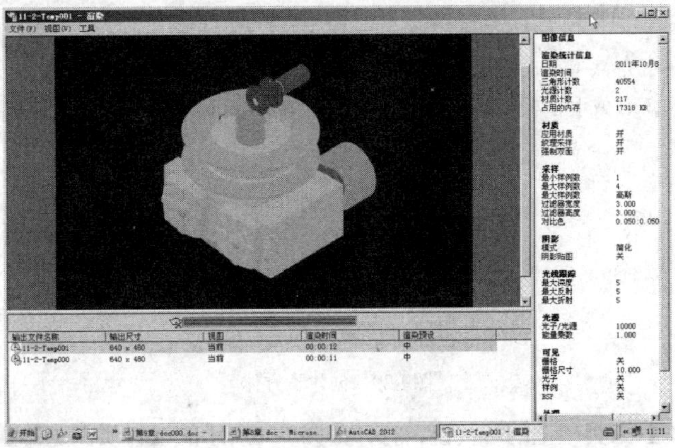

图9-33 渲染窗口

9.3　UCS坐标系

本节主要学习用户坐标系的定义与管理技能，以方便用户在三维操作空间内快速建模和编辑。

9.3.1　坐标系概述

在默认设置下，AtuoCAD是以世界坐标系的*xy*平面作为绘图平面，进行绘制图形的，由于世界坐标系是固定的，其应用范围有一定的局限性，为此，AutoCAD为用户提供了用户坐标系，简称UCS，此种坐标系是一种非常重要且常用的坐标系。

9.3.2　设置UCS坐标系

为了更好地辅助绘图，AutoCAD为用户提供了一种非常灵活的坐标系——用户坐标系（UCS），此坐标系弥补了世界坐标系（WCS）的不足，用户可以随意定制符合绘图需要的UCS，应用范围比较广。

执行【UCS】命令主要有以下几种方式：

- 执行菜单栏中的【工具】/【新建UCS】级联菜单命令，如图9-34所示。
- 单击【UCS】工具栏上的各按钮，如图9-35所示。
- 在命令行输入UCS后按Enter键。
- 单击【视图】选项卡/【坐标】面板中的各按钮。

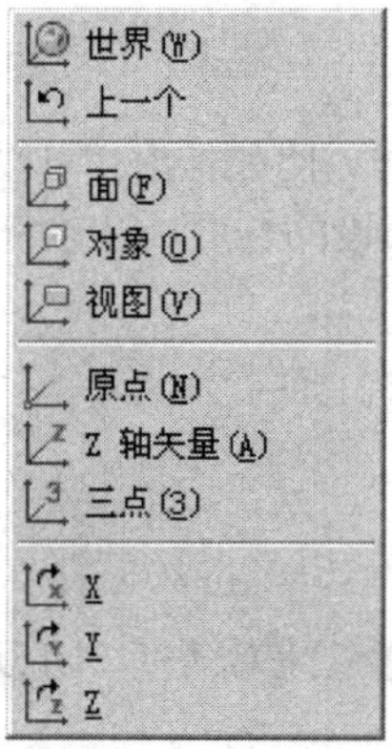

图9-34　【UCS】菜单

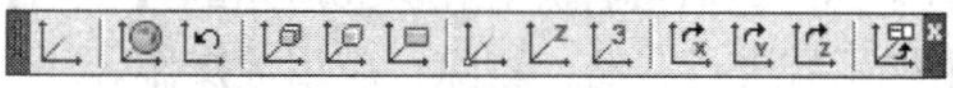

图9-35　【UCS】工具栏

执行【UCS】命令后，命令行出现如下提示与选项：

"指定 UCS 的原点或 [面(F)/命名(NA)/对象(OB)/上一个(P)/视图(V)/世界(W)/X/Y/Z/Z 轴(ZA)] <世界>："

各种选项功能内容如下：

- 【指定 UCS 的原点】选项用于指定三点，以分别定位出新坐标系的原点、*X*轴正方向和*Y*轴正方向。

TIP

坐标系原点为离选择点最近的实体平面顶点，*X*轴正向由此顶点指向离选择点最近的实体平面边界线的另一端点。用户选择的面必须为实体面域。

- 【面（F）】选项：用于选择一个实体的平面作为新坐标系的*XOY*面。用户必须使用点选法选择实体。
- 【命名（NA）】选项：主要用于恢复其他坐标系为当前坐标系、为当前坐标系命名保存以及删除不需要的坐标系。
- 【对象（OB）】选项：表示通过选择定的对象创建UCS坐标系。用户只能使用点选法来选择对象，否则无法执行此命令。
- 【上一个（P）】选项：用于将当前坐标系恢复到前一次所设置的坐标系位置，直到将坐标系恢复为WCS坐标系。
- 【视图（V）】选项：表示将新建的用户坐标系的*X*、*Y*轴所在的面设置成与屏幕平行，原点保持不变，*Z*轴与*XY*平面正交。
- 【世界（W）】选项：选择世界坐标系作为当前坐标系，用户可以从任何一种UCS坐标系下返回到世界坐标系。
- 【X】/【Y】/【Z】选项：原坐标系坐标平面分别围绕*X*、*Y*、*Z*轴旋转而形成新的用户坐标系。

TIP

如果在已定义的UCS坐标系中进行旋转，那么新的UCS是以前面的UCS系统旋转而成。

- 【Z轴】选项用于指定Z轴方向以确定新的UCS坐标系。

9.3.3 UCS坐标系的管理

【命名UCS】命令用于对命名UCS以及正交UCS进行管理和操作，比如，用户可以使用该命令删除、重命名或恢复已命名的UCS坐标系，也可以选择AutoCAD预设的标准UCS坐标系以及控制UCS图标的显示等。

执行【命名UCS】命令主要有以下几种方式：

- 执行菜单栏中的【工具】/【命名UCS】命令。
- 单击【UCS II】工具栏或【坐标】面板中的按钮。
- 在命令行输入Ucsman后按Enter键。

执行【命名UCS】后可打开如图9-36所示的【UCS】对话框，通过此对话框，可以很方便地对自己定义的坐标系统进行存储、删除、应用等操作。

• 【命名UCS】选项卡

如图9-36所示的【命名UCS】选项卡用于显示当前文件中的所有坐标系，还可以设置当前坐标系。

- 【当前UCS】：显示当前的UCS名称。如果UCS设置没有保存和命名，那么【当前UCS】读取“未命名”。在【当前UCS】下的空白栏中有UCS名称的列表，列出当前视图中已定义的坐标系。
- 置为当前(C)按钮:用于设置当前坐标系。
- 单击详细信息(T)按钮:可打开如图9-37所示的【UCS 详细信息】对话框，用来查看坐标系的详细信息。

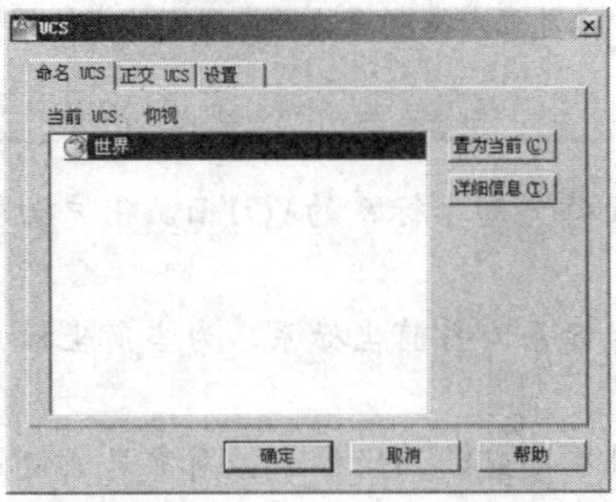

图9-36 【UCS】对话框

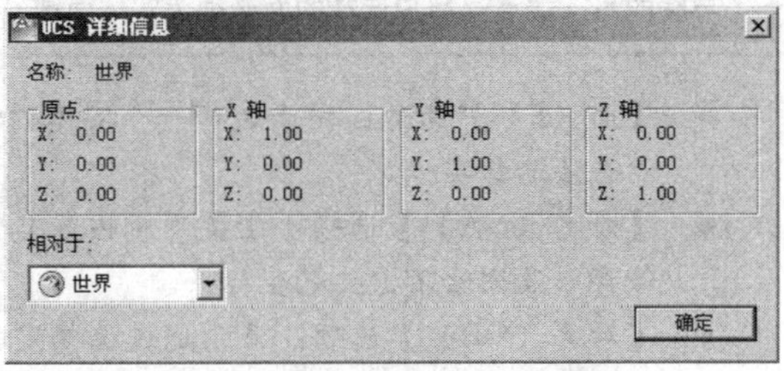

图9-37 【UCS 详细信息】对话框

• 【正交UCS】选项卡

在【UCS】对话框中展开如图9-38所示的选项卡，此选项卡主要用于显示和设置AutoCAD的预设标准坐标系作为当前坐标系。具体内容如下：

- 【正交UCS】列表框中列出当前视图中的6个正交坐标系。正交坐标系是相对【相对于】列表框中指定的UCS进行定义的。
- 置为当前(C)按钮：用于设置当前的正交坐标系。用户可以在列表中双击某个选项，将其设为当前；也可以选择需要设为当前的选项后单击右键，从弹出的快捷菜单中选择设为非当前的选项。

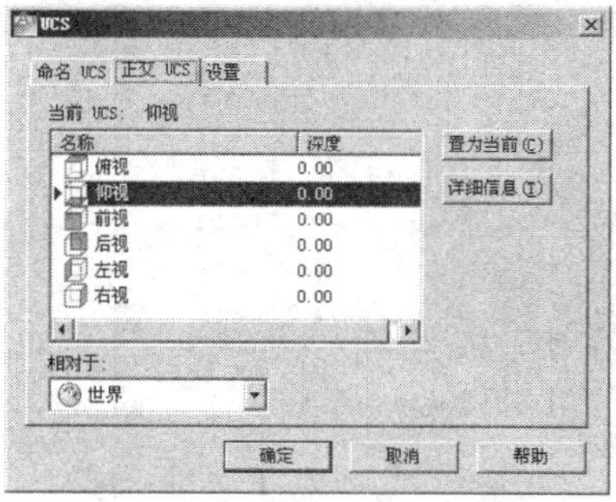

图9-38 【正交UCS】选项卡

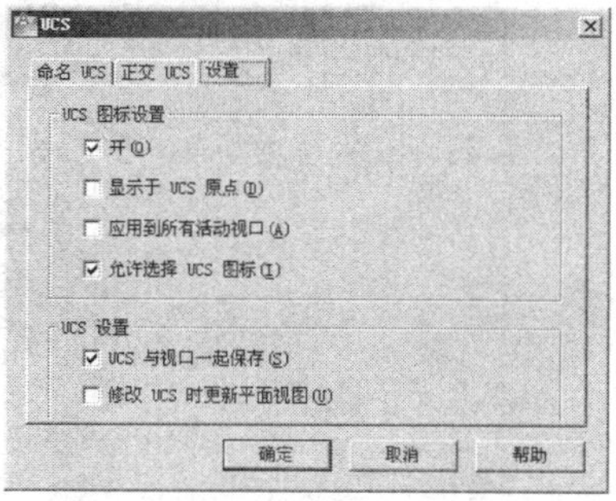

图9-39 【设置】选项卡

- 【设置】选项卡

在【UCS】对话框中展开如图9-39所示的选项卡，此选项卡主要用于设置UCS图标的显示及其他的一些操作设置。

- 【开】复选项：用于显示当前视口中的UCS图标。
- 【显示于UCS原点】复选项：用于在当前视口中当前坐标系的原点显示UCS图标。
- 【应用到所有活动视口】复选项：用于将UCS图标设置应用到当前图形中的所有活动视口。
- 【UCS与视口一起保存】复选项：用于将坐标系设置与视口一起保存。如果清除此选项，视口将反映当前视口的UCS。
- 【修改UCS时更新平面视图】复选项：用于在修改视口中的坐标系时恢复平面视图。当对话框关闭时，平面视图和选定的UCS设置被恢复。

9.4 上机指导（一）——三维观察与着色功能综合练习

本例通过对某住宅楼的立体模型进行不同方式的着色，对本章所讲述的三维观察、三维显示等辅助功能进行综合练习和巩固应用。本例最终效果，如图9-40所示。

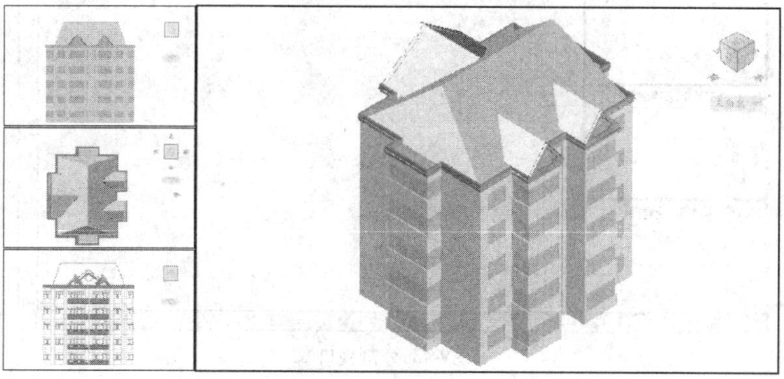

图9-40 实例效果

操作步骤

1 打开【打开】命令，打开随书光盘中的“素材文件/住宅楼立体模型.dwg”，如图9-41所示。

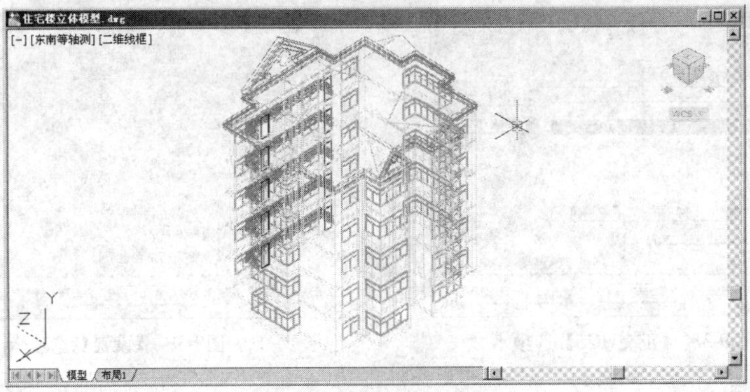

图9-41 打开结果

2 执行菜单栏中的【视图】/【视口】/【新建视口】命令，打开【视口】对话框，选择如图9-42所示的视口模式。

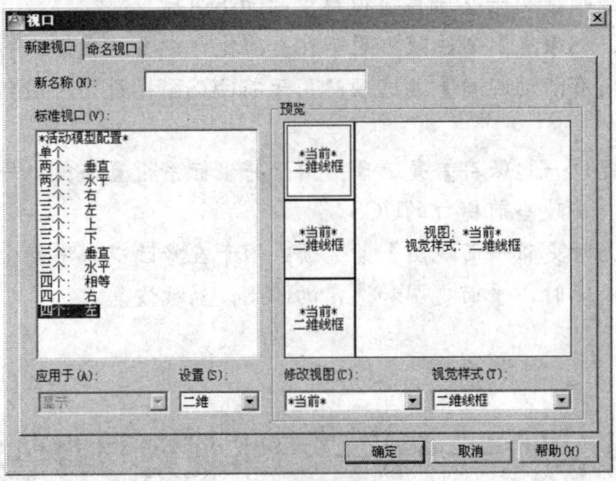

图9-42 【视口】对话框

3 单击 确定 按钮，结果系统将当前单个视口分割为四个视口，如图9-43所示。

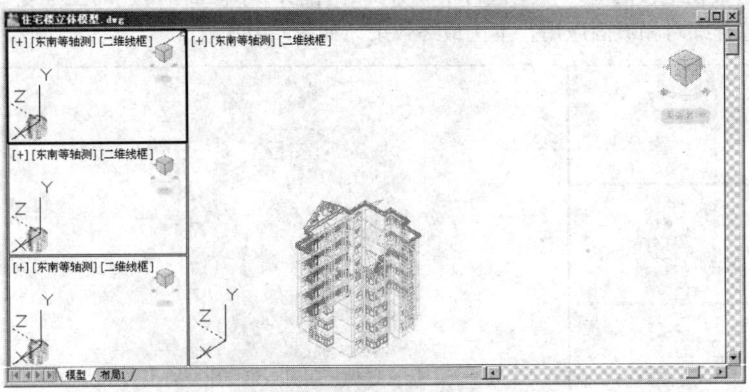

图9-43 分割视口

4 将光标放在右侧的视口内单击左键，将此视口激活选为当前视口，此时该视口边框变粗，然后使用实时缩放工具调整视图，结果如图9-44所示。

5 使用命令简写“VS”激活【视觉样式】命令，对模型进行真实着色显示，结果如图9-45所示。

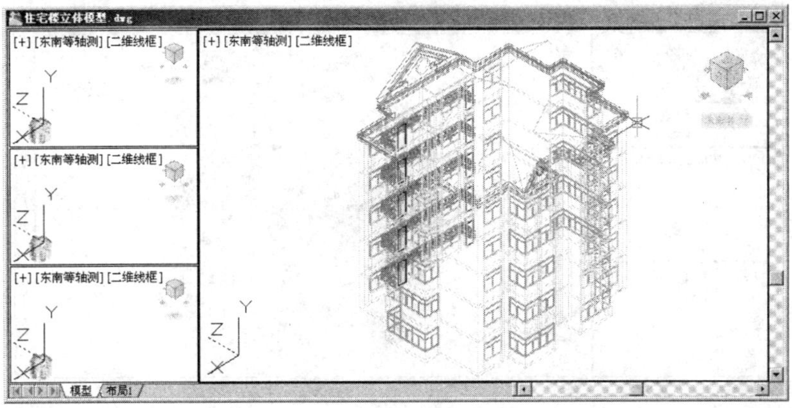

图9-44　调整视图

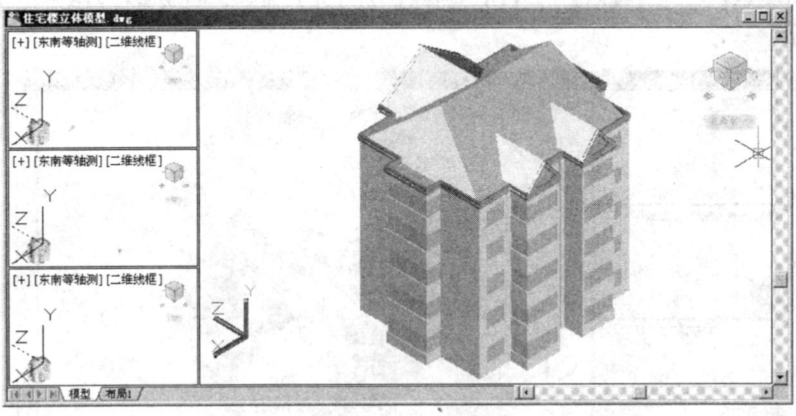

图9-45　真实着色

6 在左上侧的矩形视口内单击左键，将此矩形视口激活。

7 执行菜单栏中的【视图】/【三维视图】/【右视】命令，将当前视图切换为右视图，然后使用视图调整功能调整视图，结果如图9-46所示。

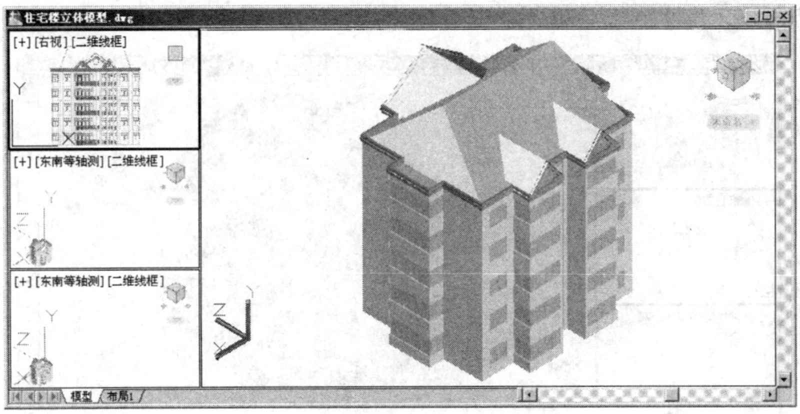

图9-46 切换右视图

8 执行菜单栏中的【视图】/【视觉样式】/【着色】命令，对模型进行着色，结果如图9-47所示。

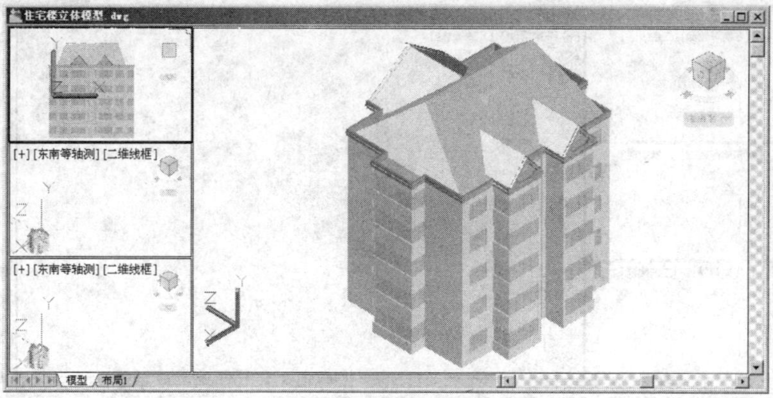

图9-47 着色效果

9 执行菜单栏中的【视图】/【UCS图标】/【开】命令，隐藏坐标系图标，效果如图9-48所示。

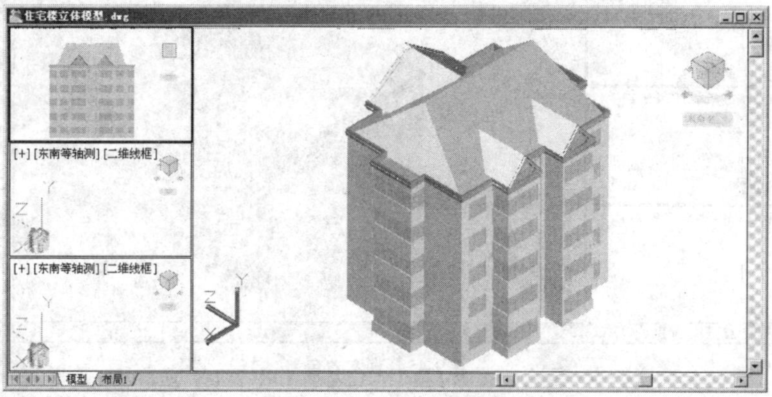

图9-48 隐藏坐标系图标

10 将光标放在下侧的视口内单击左键，将此视口激活为当前视口。

11 执行菜单栏中的【视图】/【三维视图】/【俯视】命令，将当前视口切换为俯视图，并调整视图，结果如图9-49所示。

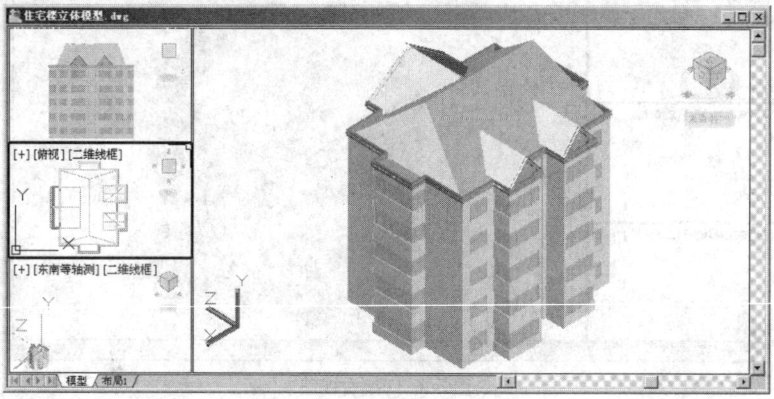

图9-49 切换俯视图

12 使用命令简写“VS”激活【视觉样式】命令，对模型进行带边缘着色，效果如图9-50所示。

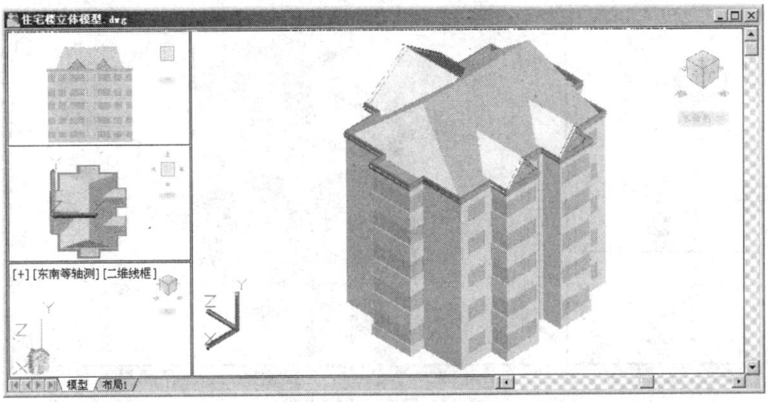

图9-50 带边缘着色

13 激活左下侧的视口，然后执行菜单栏中的【视图】/【三维视图】/【左视】命令，将当前视口切换为左视图，并调整视图，结果如图9-51所示。

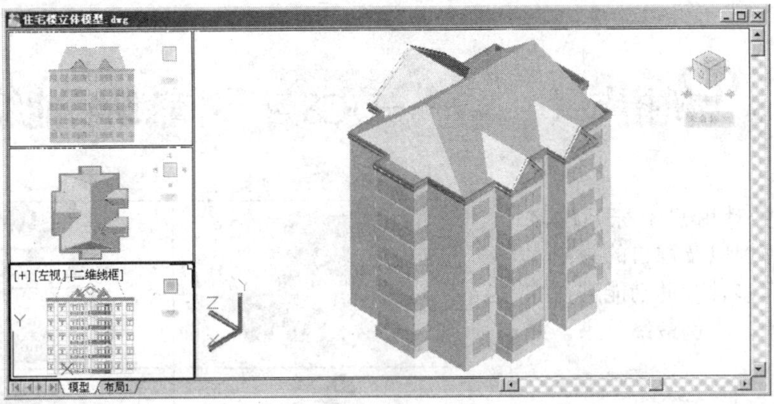

图9-51 切换左视图

14 使用命令简写“VS”激活【视觉样式】命令，对模型进行三维隐藏着色，效果如图9-52所示。

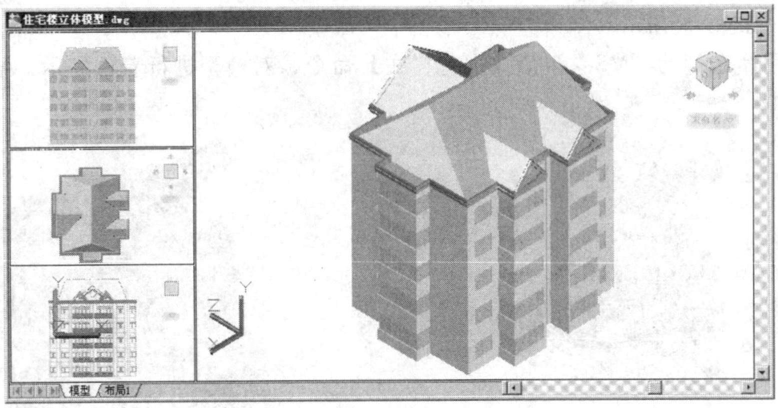

图9-52 三维隐藏

15 执行菜单栏中的【视图】/【UCS图标】/【开】命令，隐藏坐标系图标，效果如图9-53所示。

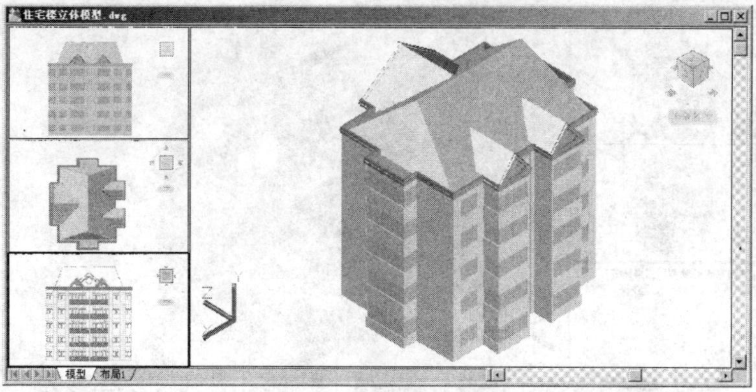

图9-53 隐藏坐标系图标

16 激活右侧的视口，然后隐藏坐标系图标，最终结果如图9-47所示。

17 最后执行【另存为】命令，将图形另名存储为“上机指导（一）.dwg”。

9.5 上机指导（二）——UCS与三维辅助功能综合练习

本例主要对用户坐标系的定义、存储、管理以及视口的分割、视图的切换等多种辅助功能进行综合练习和巩固。本例最终效果，如图9-54所示。

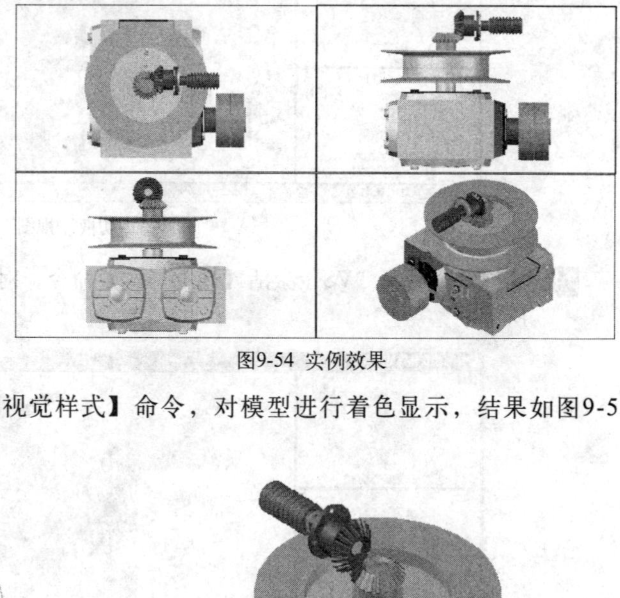

图9-54 实例效果

操作步骤

1 打开随书光盘中的“素材文件／UCS示例.dwg”文件，如图9-55所示。

2 使用命令简写“VS”激活【视觉样式】命令，对模型进行着色显示，结果如图9-56所示。

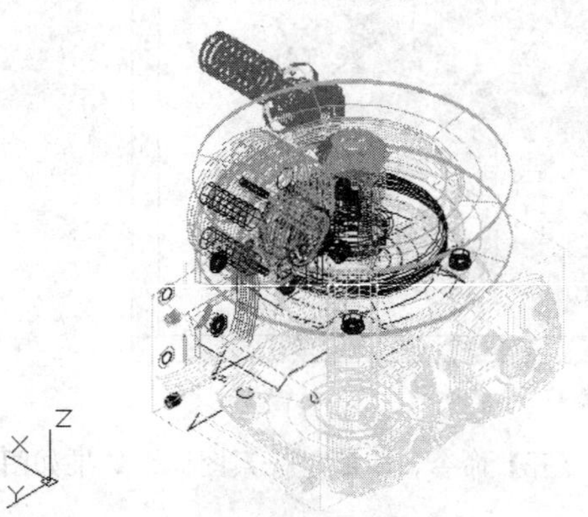

图9-55　打开结果

图9-56　定义坐标系原点

3 执行【UCS】命令，配合端点捕捉功能进行三点定义坐标系。命令行操作如下。

命令:UCS
　　当前 UCS 名称: *俯视*
　　指定 UCS 的原点或 [面(F)/命名(NA)/对象(OB)/上一个(P)/视图(V)/世界(W)/X/Y/Z/Z 轴(ZA)]
<世界>:　　　　　　　　　　　　　　//捕捉如图9-57所示的端点
　　指定X轴上的点或 <接受>:　　　　　　//捕捉如图9-57所示的端点A
　　指定 XY 平面上的点或 <接受>:　　　　//捕捉如图9-58所示的端点，结果如图9-59所示

图9-57　定位*X*轴正方向

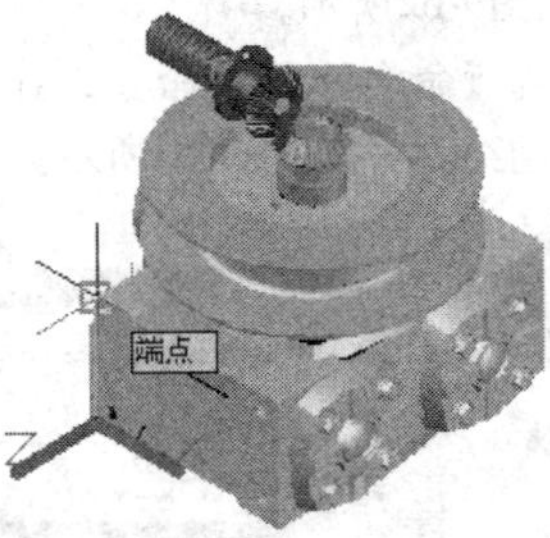

图9-58　定位*Y*轴正方向

图9-59　定义结果

4 重复执行【UCS】命令，将当前定义的坐标系命名存储。命令行操作如下。

命令: UCS
　　当前 UCS 名称: *没有名称*
　　指定 UCS 的原点或 [面(F)/命名(NA)/对象(OB)/上一个(P)/视图(V)/世界(W)/X/Y/Z/Z 轴(ZA)]
<世界>:　　　　　　　　　　　　　　//S Enter
　　输入保存当前 UCS 的名称或 [?]:　　　//UCSL Enter

5 重复执行【UCS】命令，使用【面】选项功能重新定义坐标系。命令行操作如下。

命令: UCS
　　当前 UCS 名称: UCSL
　　指定 UCS 的原点或 [面(F)/命名(NA)/对象(OB)/上一个(P)/视图(V)/世界(W)/X/Y/Z/Z 轴(ZA)]
<世界>:　　　　　　　　　　　　　　//F Enter，激活【面】选项
　　选择实体面、曲面或网格:　　　　　　//选择如图9-60所示的面
　　输入选项 [X 轴反向(X)/*Y* 轴反向(Y)] <接受>:　　// Enter，定义结果如图9-61所示

图9-60　选择表面

图9-61　定义结果

6 重复执行【UCS】命令，将刚定义的坐标系进行存储。命令行操作如下。

```
命令: UCS
    当前 UCS 名称: *没有名称*
    指定 UCS 的原点或 [面(F)/命名(NA)/对象(OB)/上一个(P)/视图(V)/世界(W)/X/Y/Z/Z 轴(ZA)]
  <世界>:                                       //S Enter
    输入保存当前 UCS 的名称或 [?]:              //UCS2 Enter
```

7 执行菜单栏中的【视图】/【三维视图】/【平面视图】/【当前UCS】命令，将当前视图切换为平面视图，结果如图9-62所示。

8 执行菜单栏中的【工具】/【命名UCS】命令，在打开的对话框中选择“UCS1”坐标系，将此坐标系设置为当前坐标系，如图9-63所示。

图9-62 设置平面视图

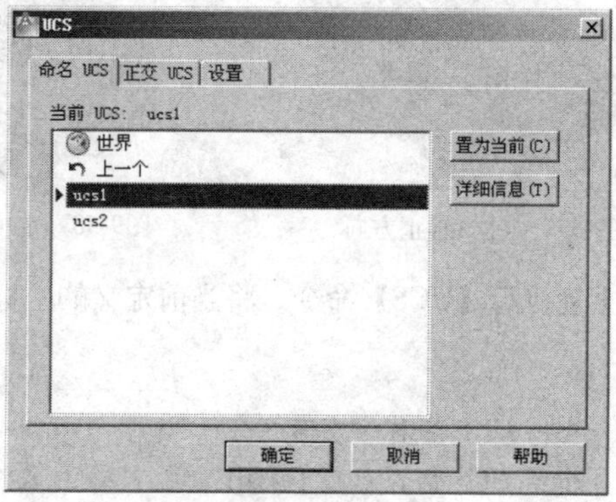

图9-63 设置当前坐标系

9 执行菜单栏中的【视图】/【视口】/【四个视口】命令，将当前视口分割为四个相等视口，如图9-64所示。

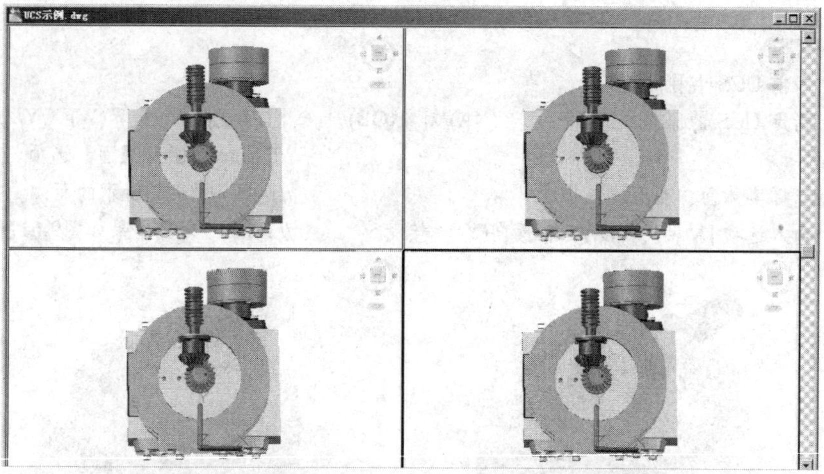

图9-64 分割视口

10 激活右下角的视口，然后将视口内的视图切换到东北视图，并调整视图，结果如图9-65所示。

11 激活左上侧的视口，然后将视图切换到俯视图，并调整视口内的视图，结果如图9-66所示。

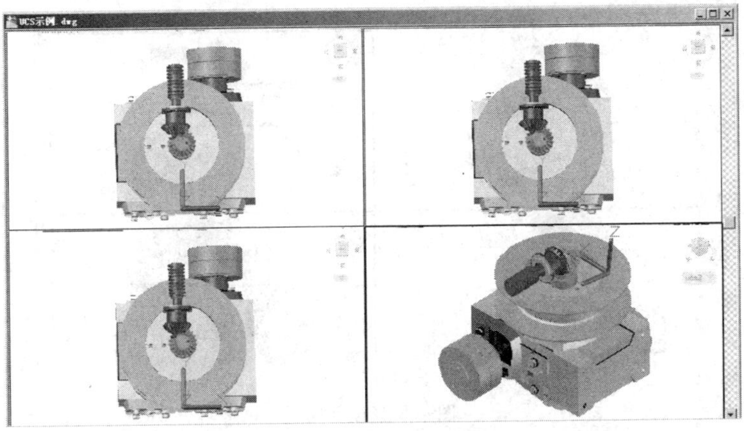

图9-65 切换东北视图

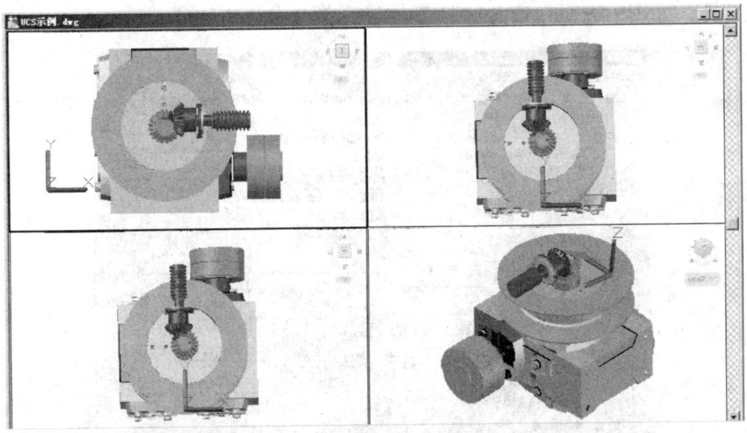

图9-66 切换俯视图

12 激活左下侧的视口，然后将视图切换到左视图，并调整视口内的视图，结果如图9-67所示。

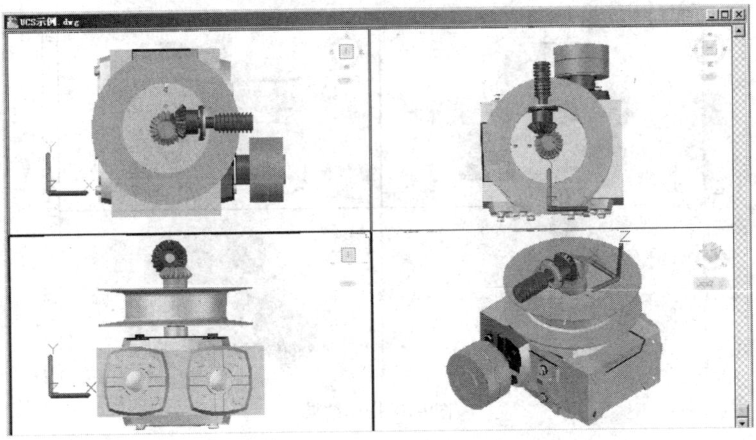

图9-67 切换左视图

13 激活右上侧的视口，然后将视图切换到前视图，并调整视口内的视图，结果如图9-68所示。

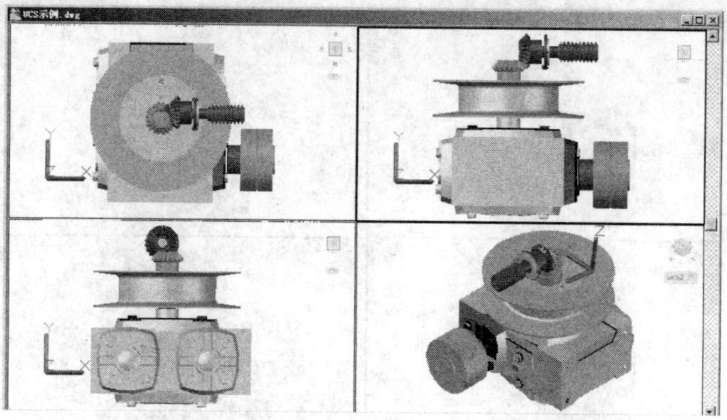

图9-68 切换前视图

14 使用命令简写“OP”激活【选项】命令，展开【三维建模】选项卡，关闭视口中的各种显示工具，如图9-69所示，此时模型的显示效果如图9-70所示。

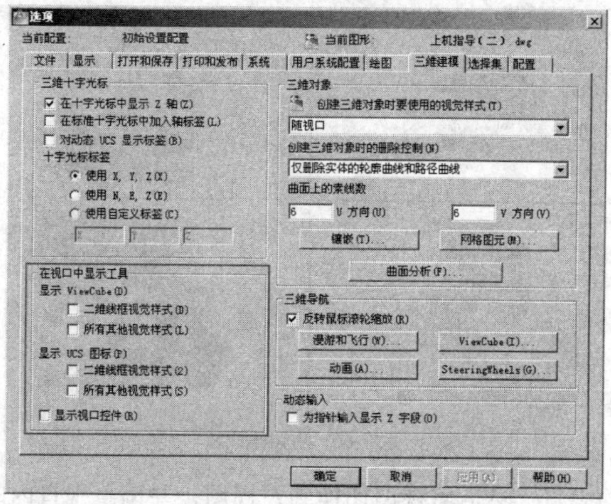

图9-69 【选项】对话框

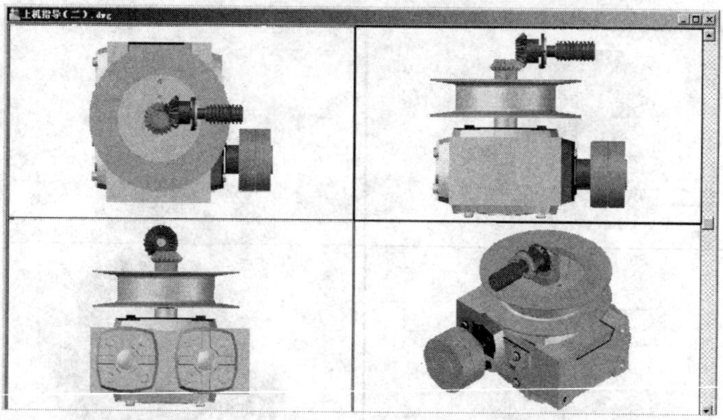

图9-70 操作结果

15 最后执行【另存为】命令，将图形另名存储为“上机指导（二）.dwg”。

第10章

三维建模功能——实体、曲面与网格

随着版本的升级换代，AutoCAD的三维建模功能也日趋完善，这些功能主要体现在实体建模、曲面建模和网格建模三个方面，本章主要学习这三种模型的建模方法和相关技巧，以快速构建物体的三维模型。本章学习内容如下：

- ✓ 了解三维模型
- ✓ 基本几何实体建模
- ✓ 复杂几何体及曲面建模
- ✓ 网格几何体建模基础
- ✓ 组合体建模基础
- ✓ 上机指导（一）——制作齿轮立体造型
- ✓ 综合实例（二）——制作职员桌椅立体造型

10.1 了解三维模型

AutoCAD共为用户提供了三种模型， 来表达物体的三维形态。分别是实体模型、曲面模型和网格模型。这三类模型，不仅能让非专业人员对物体的外形有一个感性的认识，还能帮助专业人员降低绘制复杂图形的难度，使一些在二维平面图中无法表达的东西清晰而形象地显示在屏幕上。

- **实体模型**

如图10-1所示的模型为实体模型，它是实实在在的物体，它不仅包含面边信息，而且还具备实物的一切特性，用户不仅可以对其进行着色和渲染，还可以对其进行打孔、切槽、倒角等布尔运算，还可以检测和分析实体内部的质心、体积和惯性矩等。

图10-1 实体模型

- **曲面模型**

曲面的概念比较抽象，在此我们可以将其理解为实体的面，此种面模型不仅能着色渲染等，对其修剪、延伸、圆角、偏移等编辑。如图10-2所示的模型为曲面模型。

图10-2 曲面模型

• 网格模型

网格模型由一系列规则的格子线围绕而成的网状表面。它再由网状表面的集合来定义三维物体。此种模型仅含有面边信息，能着色和渲染，但是不能表达出真实实物的属性。图10-3所示的模型为网格模型。

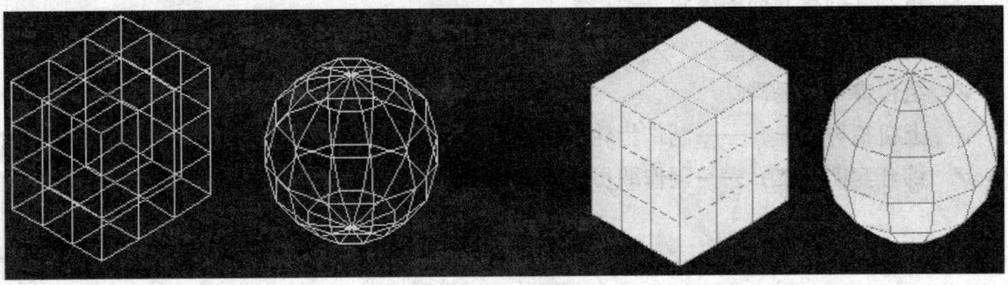

图10-3 网格模型

10.2 基本几何实体建模

本节主要学习各类基本几何实体的创建功能，包括【多段体】、【长方体】、【楔体】、【球体】、【圆柱体】、【圆环体】、【圆锥体】、【棱锥体】等命令，这些实体建模工具按钮位于【建模】工具格和【建模】面板上，其菜单位于【绘图】/【建模】子菜单上。

10.2.1 多段体

【多段体】命令用于创建三维多段体，在创建多段体时，不仅可以设置多段体的截面宽度，还可以设置多段体的高度，如图10-4所示。

执行【多段体】命令主要有以下几种方式：

- 执行菜单栏中的【绘图】/【建模】/【多段体】命令。
- 单击【建模】工具栏或面板上的按钮。
- 在命令行输入Polysolid后按Enter键。

下面通过创建高度为80、宽度为4的多段体，学习【多段体】命令的使用方法和技巧。具体操作步骤如下：

1 新建文件。
2 将视图切换为西南视图。
3 单击【建模】工具栏中的按钮，根据命令行提示进行创建多段体。命令行操作如下。

命令: _Polysolid高度 = 80.0000, 宽度 = 5.0000, 对正 = 居中
指定起点或 [对象(O)/高度(H)/宽度(W)/对正(J)] <对象>:
指定下一个点或 [圆弧(A)/放弃(U)]: //@100,0 Enter
指定下一个点或 [圆弧(A)/放弃(U)]: //@0,-60 Enter
指定下一个点或 [圆弧(A)/闭合(C)/放弃(U)]: //@100,0 Enter
指定下一个点或 [圆弧(A)/闭合(C)/放弃(U)]: //A Enter
指定圆弧的端点或 [闭合(C)/方向(D)/直线(L)/第二个点(S)/放弃(U)]: //@0,-150 Enter
指定下一个点或 [圆弧(A)/闭合(C)/放弃(U)]: //在绘图区拾取一点
指定圆弧的端点或 [闭合(C)/方向(D)/直线(L)/第二个点(S)/放弃(U)]:
// Enter，结束命令，绘制结果如图10-5所示

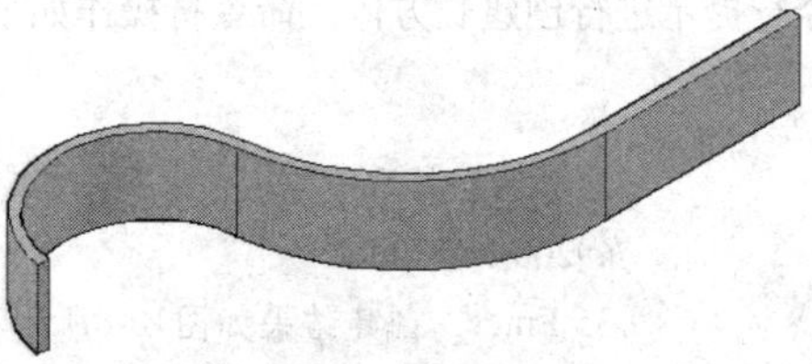

图10-4 多段体示例

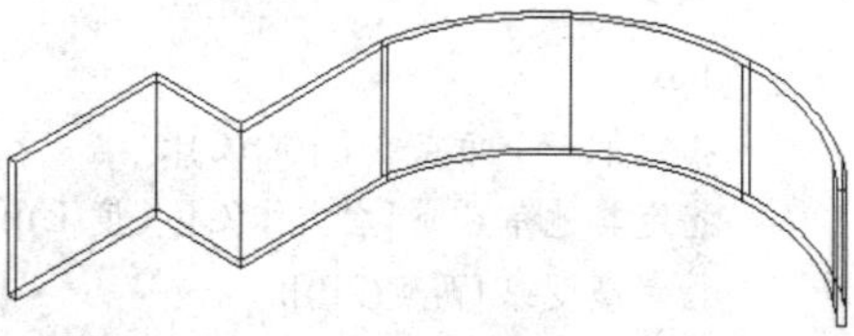

图10-5 绘制结果

选项解析

- 【对象】选项：可以将现有的直线、圆弧、圆、矩形以及样条曲线等二维对象，转化为具有一定宽度和高度的三维实心体，如图10-6所示。
- 【高度】选项：用于设置多段体的高度。
- 【宽度】选项：用于设置多段体的宽度。
- 【对正】选项：用于设置多段体的对正方式，具体有“左对正”、“居中”和“右对正”三种方式。

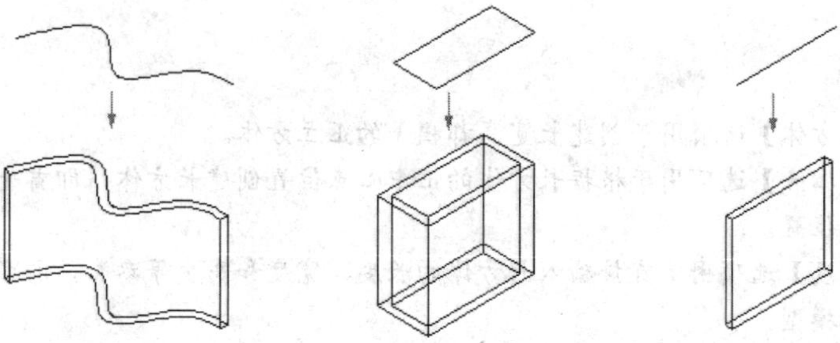

图10-6 选项示例

10.2.2 长方体

【长方体】命令是一个非常常用的实体建模工具，此命令主要用于创建长方体模型或立方体模型，如图10-7所示。

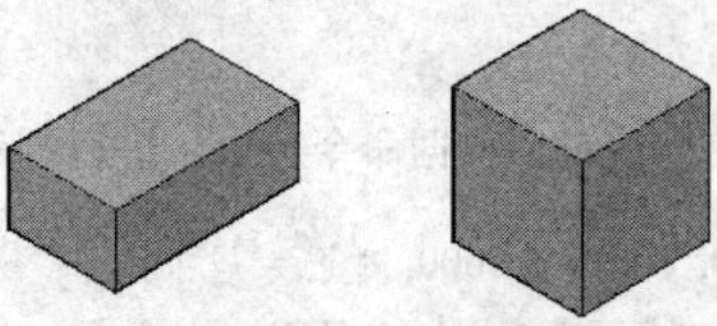

图10-7 长方体示例

- **【长方体】命令的执行方式主要有以下几种方式：**
  - ◆ 执行菜单栏中的【绘图】/【建模】/【长方体】命令。
  - ◆ 单击【建模】工具栏或面板上的□按钮。
  - ◆ 在命令行输入Box后按Enter键。

下面通过创建长度为200、宽度为150、高度为35的长方体模型，学习【长方体】命令的使用方法和技巧。操作步骤如下：

1 新建文件并将视图切换为西南视图。

2 单击【建模】工具栏中的□按钮，根据命令行提示进行创建长方体。命令行操作如下。

```
命令: _box
    指定第一个角点或 [中心(C)]:                 //在绘图区拾取一点
    指定其他角点或 [立方体(C)/长度(L)]:         //@200,150 Enter
    指定高度或 [两点(2P)]:                      //35 Enter，创建结果如图10-8所示
```

3 使用命令简写“HI”激活【消隐】命令，效果如图10-9所示。

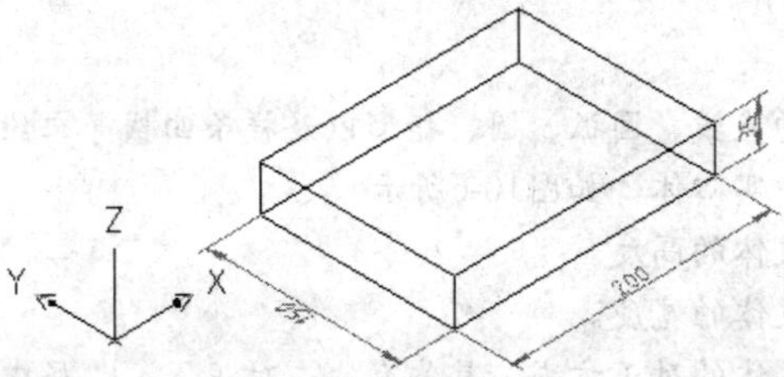

图10-8 创建结果

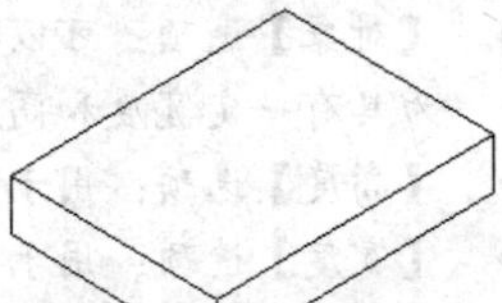

图10-9 消隐效果

选项解析

- ◆ 【立方体】选项用于创建长宽高都相等的正立方体。
- ◆ 【中心点】选项用于根据长方体的正中心点位置创建长方体，即首先定位长方体的中心点位置。
- ◆ 【长度】选项用于直接输入长方体的长度、宽度和高度等参数，即可生成相应尺寸的方体模型。

10.2.3 楔体

【楔体】命令主要用于创建三维楔体模型，如图10-10所示。

执行【楔体】命令主要有以下几种方式：

- ◆ 执行菜单栏中的【绘图】/【建模】/【楔体】命令。

- 单击【建模】工具栏或面板上的按钮。
- 在命令行输入Wedge后按Enter键。

下面通过创建长度为120、宽度为20、高度为150的楔体模型，学习【楔体】命令的使用方法和技巧。具体操作步骤如下：

1 新建文件并将当前视图切换为东南视图。

2 单击【建模】工具栏中的按钮，根据命令行提示创建楔体。命令行操作如下。

```
命令: _wedge
    指定第一个角点或 [中心(C)]:                    //在绘图区拾取一点
    指定其他角点或 [立方体(C)/长度(L)]:            //@120,20 Enter
    指定高度或 [两点(2P)] <10.52>:                 //150 Enter，创建结果如图10-10所示
```

3 使用命令简写“HI”激活【消隐】命令，效果如图10-11所示。

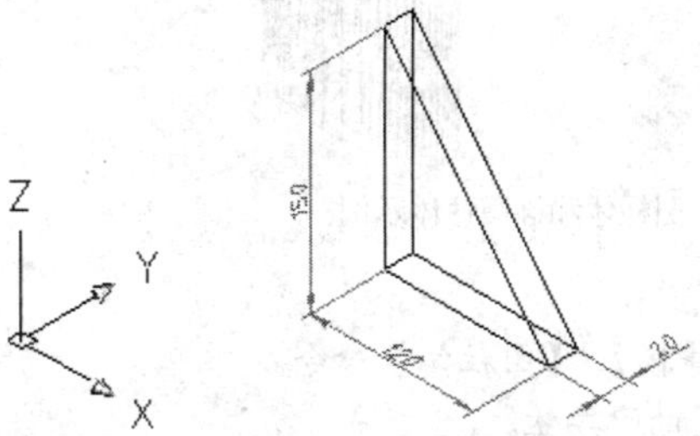

图10-10 创建楔体

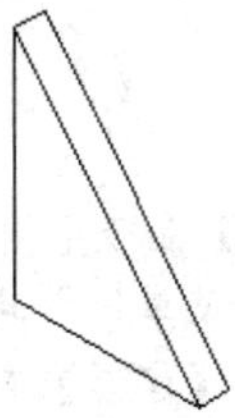
图10-11 消隐效果

选项解析

- 【中心点】选项用于定位楔体的中心点，其中心点为斜面正中心点。
- 【立方体】选项用于创建长、宽、高都相等的楔体。

10.2.4 球体

【球体】命令主要用于创建三维球体模型，如图10-12所示。

执行【球体】命令主要有以下几种方式：

- 执行菜单栏中的【绘图】/【实体】/【球体】命令。
- 单击【建模】工具栏或面板上的按钮。
- 在命令行输入Sphere后按Enter键。

下面通过创建半径为120的球体模型，主要学习【球体】命令的使用方法和技巧。具体操作步骤如下：

1 新建文件并将当前视图切换为西南视图。

2 单击【建模】工具栏中的按钮，创建半径为120的球体模型。命令行操作如下。

```
命令: _sphere
    指定中心点或 [三点(3P)/两点(2P)/切点、切点、半径(T)]:
                                                   //拾取一点作为球体的中心点
    指定半径或 [直径(D)] <10.36>:                  //120Enter，创建结果如图10-12所示
```

3 执行【视觉样式】命令，对球体进行概念着色，效果如图10-13所示。

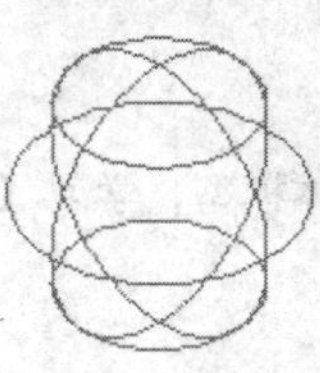

图10-12 创建球体

图10-13 概念着色

10.2.5 圆柱体

【圆柱体】命令主要用于创建圆柱实心体或椭圆柱实心体模型，如图10-14所示。

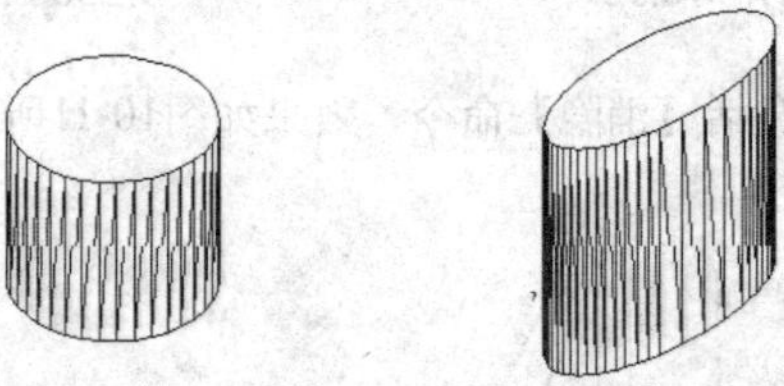

图10-14 圆柱体和椭圆柱体示例

执行【圆柱体】命令主要有以下几种方式：

- 执行菜单栏中的【绘图】/【建模】/【圆柱体】命令。
- 单击【建模】工具栏或面板上的□按钮。
- 在命令行输入Cylinder后按Enter键。

下面通过创建底面半径为120、高度为250的圆柱体模型，学习【圆柱体】命令的使用方法和技巧。操作步骤如下：

1 新建文件并将当前视图切换为西南视图。

2 单击【建模】工具栏中的□按钮，根据命令行提示创建圆柱体。命令行操作如下。

```
命令: _cylinder
    指定底面的中心点或 [三点(3P)/两点(2P)/ 切点、切点、半径(T)/椭圆(E)]
                                              //在绘图区拾取一点
    指定底面半径或 [直径(D)]>:                  //120 Enter，输入底面半径
    指定高度或 [两点(2P)/轴端点(A)] <100.0000>:   //260 Enter，结果如图10-15所示
```

3 使用命令简写“HI”激活【消隐】命令，效果如图10-16所示。

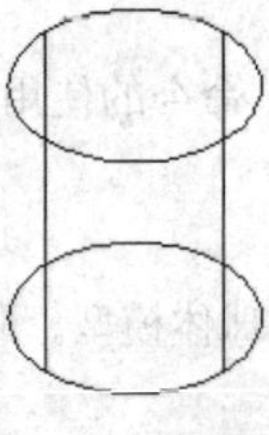

图10-15 创建结果

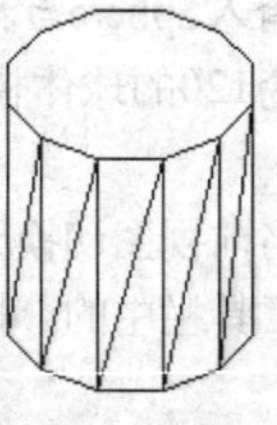

图10-16 消隐效果

TIP 变量FACETRES用于设置实体消隐或渲染后表面的光滑度，安生值越大，表面越光滑，如图10-17所示；变量ISOLINES用于设置实体线框的表面密度，数值越大，网格线就越密集，如图10-18所示。

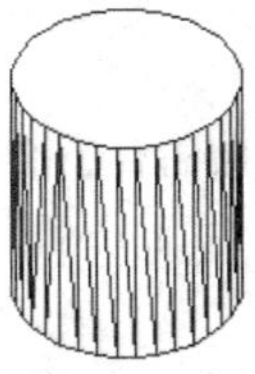

图10-17　FACETRES＝5的消隐效果

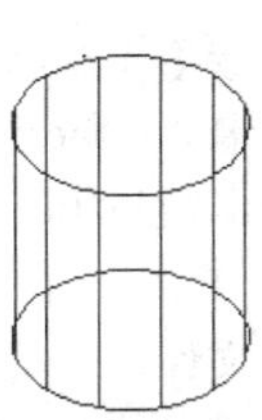

图10-18　ISOLIENS＝12的线框效果

选项解析

- 【三点】选项：用于指定圆上的三个点来定位圆柱体的底面。
- 【两点】选项：用于指定圆直径的两个端点来定位圆柱体的底面。
- 【切点、切点、半径】选项：用于绘制与已知两对象相切的圆柱体。
- 【椭圆】选项：用于绘制底面为椭圆的椭圆柱体。

10.2.6　圆环体

【圆环体】命令用于创建圆环实心体模型，如图10-19所示。

执行【圆环体】命令主要有以下几种方式：

- 执行菜单栏中的【绘图】/【建模】/【圆环体】命令。
- 单击【建模】工具栏或面板上的按钮。
- 在命令行输入Torus后按Enter键。

下面通过创建圆环体半径为200、圆管半径为20的圆环体，学习【圆环体】命令的使用方法和技巧。操作步骤如下：

1 新建文件并将当前视图切换为西南视图。

2 单击【建模】工具栏中的按钮，根据命令行提示创建圆环体。命令行操作如下。

```
命令: _torus
    指定中心点或 [三点(3P)/两点(2P)/切点、切点、半径(T)]:      //定位环体的中心点
    指定半径或 [直径(D)] <120.0000>:                          //200 Enter
    指定圆管半径或 [两点(2P)/直径(D)]:         //20 Enter，输入圆管半径，结果如图10-20所示
```

3 使用命令简写“HI”激活【消隐】命令，效果如图10-21所示。

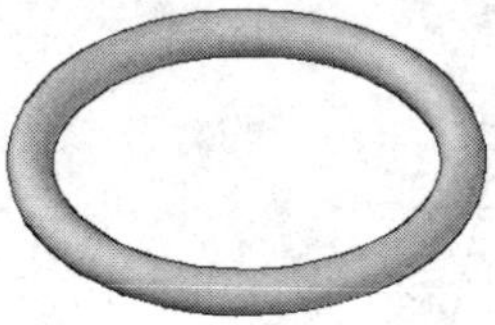

图10-19　圆环体示例

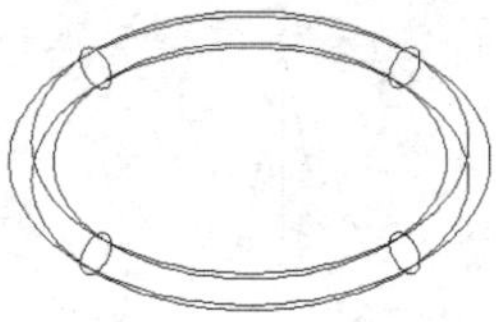

图10-20 创建圆环体

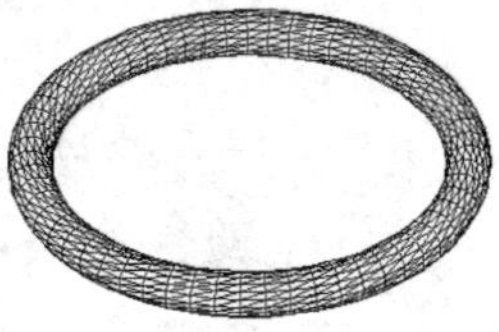

图10-21 消隐效果

10.2.7　圆锥体

【圆锥体】命令用于创建圆锥体或椭圆锥体模型，如图10-22所示。

执行【圆锥体】命令主要有以下几种方式：

- 执行菜单栏中的【绘图】/【建模】/【圆锥体】命令。

- 单击【建模】工具栏或面板上的按钮。
- 在命令行输入Cone后按Enter键。

下面通过创建底面半径为100、高度为150的圆锥体，学习【圆锥体】命令的使用方法和技巧。操作步骤如下：

1. 首先新建空白文件。
2. 单击【视图】菜单中的【三维视图】/【西南等轴测】命令，将当前视图切换为西南视图。
3. 单击【建模】工具栏中的按钮，执行【圆锥体】命令，根据命令行提示进行创建锥体。具体操作如下。

```
命令: _cone
    指定底面的中心点或 [三点(3P)/两点(2P)/切点、切点、半径(T)/椭圆(E)]:
                                                    //拾取一点作为底面中心点
    指定底面半径或 [直径(D)] <261.0244>:             //100 Enter，输入底面半径
    指定高度或 [两点(2P)/轴端点(A)/顶面半径(T)] <120.0000>:
                              //150 Enter，输入锥体的高度，结果如图10-23所示
```

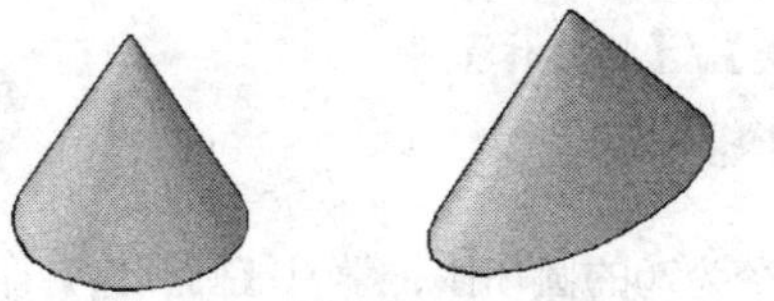
图10-22　圆锥体与椭圆锥体

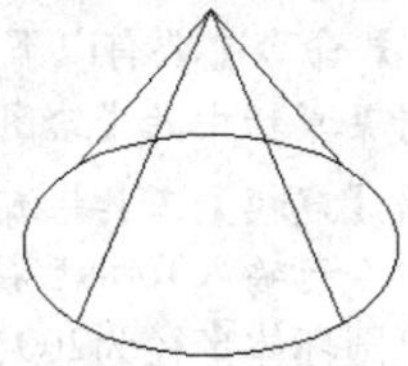
图10-23　创建圆锥体

> **TIP** 【椭圆】选项用于创建底面为椭圆的椭圆锥体，如图10-22（右）所示。

10.2.8　棱锥体

【棱锥面】命令用于创建三维实体棱锥，如底面为四边形、五边形、六边形等的多面棱锥，如图10-24所示。

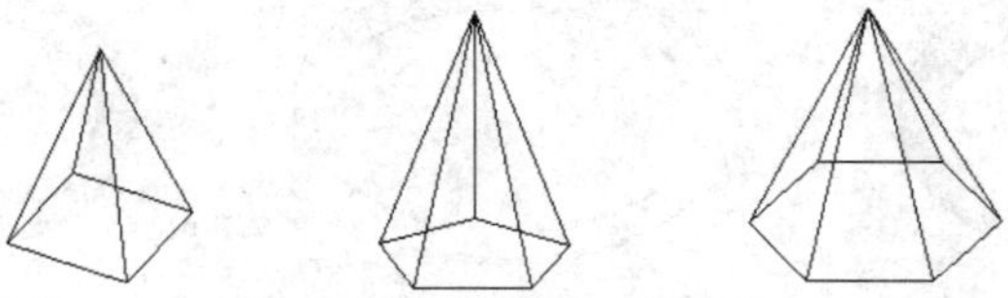
图10-24　棱锥体

执行【棱锥体】命令主要有以下几种方式：

- 执行菜单栏中的【绘图】/【建模】/【棱锥体】命令。
- 单击【建模】工具栏或面板上的按钮。
- 在命令行输入Pyramid后按Enter键。

下面通过创建底面半径为120的六面棱锥体，学习【棱锥体】命令的使用方法和技巧。操作步骤如下：

1 新建文件并将视图切换为西南视图。

2 单击【建模】工具栏中的按钮，根据命令行提示创建六面棱锥体，命令行操作如下。

```
命令: _pyramid
    4 个侧面 外切
    指定底面的中心点或 [边(E)/侧面(S)]:                    //S Enter，激活【侧面】选项
    输入侧面数 <4>:                                         //6 Enter，设置侧面数
    指定底面的中心点或 [边(E)/侧面(S)]:                    //在绘图区拾取一点
    指定底面半径或 [内接(I)] <72.0000>:                     //120 Enter
    指定高度或 [两点(2P)/轴端点(A)/顶面半径(T)] <10.0000>:
                                                            //500 Enter，结果如图10-25所示
```

3 使用命令简写“VS”激活【视觉样式】命令，对模型进行灰度着色，效果如图10-26所示。

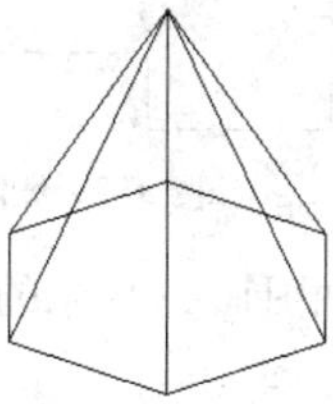

图10-25 创建结果

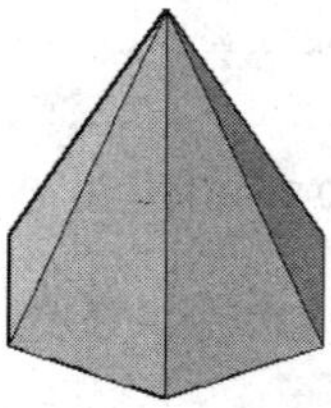

图10-26 概念着色

10.3 复杂几何体及曲面建模

本节主要学习【拉伸】、【旋转】、【扫掠】、【剖切】、【抽壳】、【干涉】六个命令，以创建较为复杂的几何体及曲面。

10.3.1 拉伸

【拉伸】命令用于将闭合的二维图形按照指定的高度拉伸成三维实心体或曲面，将非闭合的二维图线拉伸为曲面，如图10-27所示。

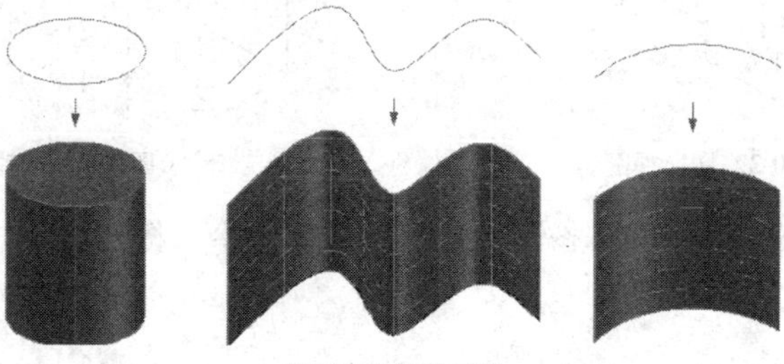

图10-27 拉伸示体

执行【拉伸】命令主要有以下几种方式：

- 执行菜单栏中的【绘图】/【建模】/【拉伸】命令。
- 单击【建模】工具栏或面板上的按钮。

- 在命令行输入Extrude后按Enter键。
- 使用命令简写EXT。

- **【拉伸】命令的应用**

下面通过典型的实例，主要学习【拉伸】命令的使用方法和技巧。具体操作步骤如下：

1. 打开随书光盘中的“素材文件 / 拉伸实体.dwg”，如图10-28所示。
2. 使用命令简写“E”激活【删除】命令，删除尺寸及中心线，结果如图10-29所示。

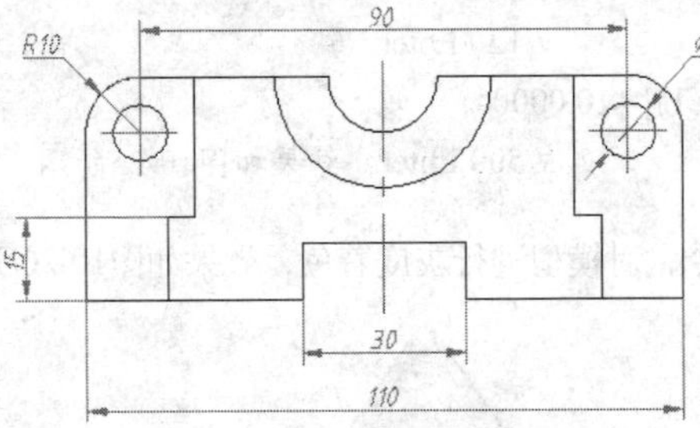

图10-28 打开结果

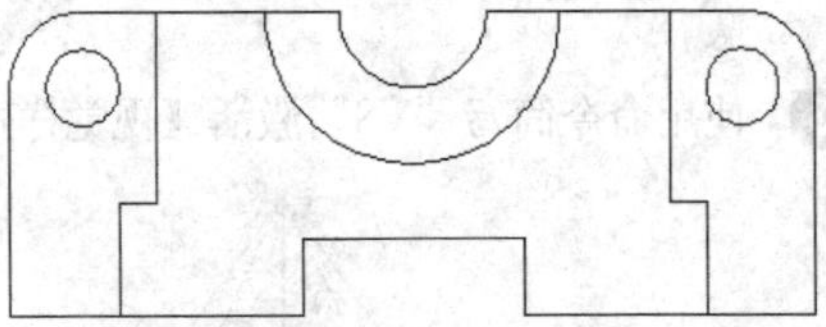
图10-29 删除结果

3. 使用命令简写“REG”激活【面域】命令，选择如图10-30所示的图形，将其转化为三个面域。
4. 使用命令简写“BO”激活【边界】命令，在如图10-31所示的虚线区域拾取点，提取一条多段线边界。

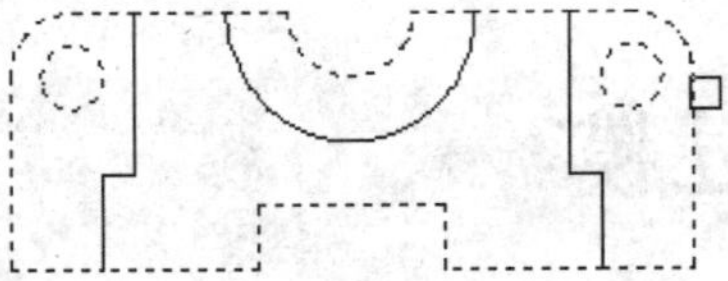
图10-30 创建面域

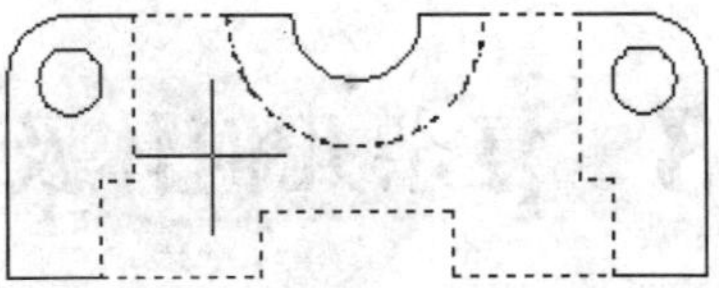
图10-31 提取边界

5. 执行【西南等轴测】命令，将当前视图切换为西南视图，并调整边界的位置，如图10-32所示。

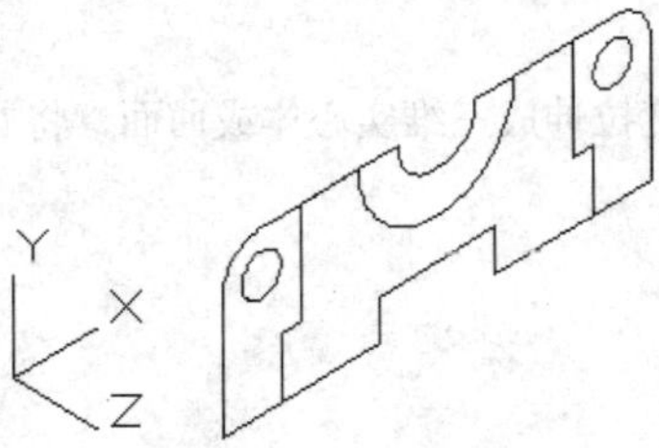

图10-32 切换视图

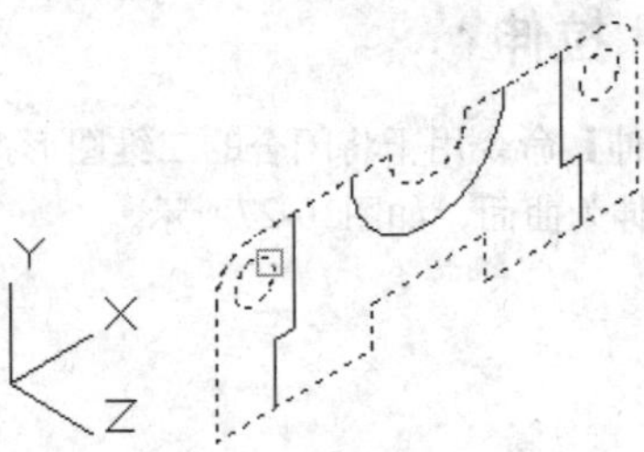

图10-33 选择面域

6. 单击【建模】工具栏中的按钮，激活【拉伸】命令，将提取的多段线边界和面域拉伸为三维实体。命令行操作如下。

```
命令: _extrude
    当前线框密度: ISOLINES=4，闭合轮廓创建模式 = 实体
    选择要拉伸的对象或 [模式(MO)]: _MO 闭合轮廓创建模式 [实体(SO)/曲面(SU)] <实体>: _SO
    选择要拉伸的对象或 [模式(MO)]:            //选择如图10-33所示的三个面域
```

```
    选择要拉伸的对象或 [模式(MO)]:                      //Enter
    指定拉伸的高度或 [方向(D)/路径(P)/倾斜角(T)/表达式(E)] <0.0>: //@0,0,-15 Enter
命令: _extrude
    当前线框密度: ISOLINES=4, 闭合轮廓创建模式 = 实体
    选择要拉伸的对象或 [模式(MO)]: _MO 闭合轮廓创建模式 [实体(SO)/曲面(SU)] <实体>: _SO
    选择要拉伸的对象或 [模式(MO)]:                          //选择如图10-34所示的边界
    选择要拉伸的对象或 [模式(MO)]:                          //Enter
    指定拉伸的高度或 [方向(D)/路径(P)/倾斜角(T)/表达式(E)] <-15.0>:
                                           //@0,0,35 Enter, 拉伸结果如图10-35所示
```

7 使用命令简写"VS"激活【视觉样式】命令，对拉伸实体进行灰度着色，效果如图10-36所示。

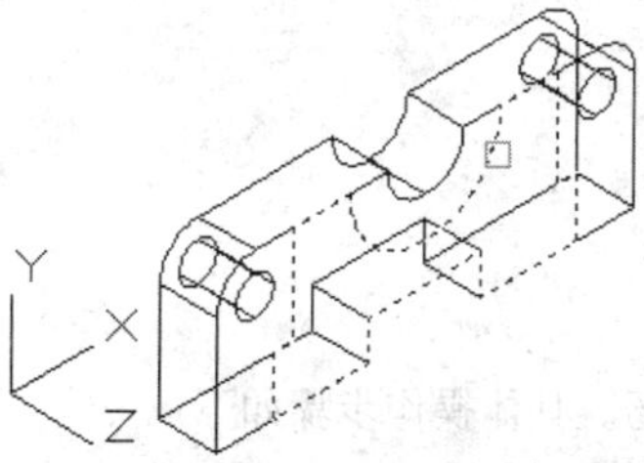

图10-34 选择边界

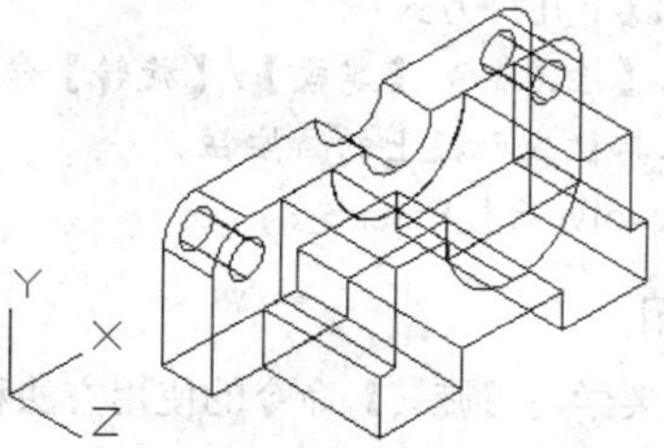

图10-35 拉伸结果

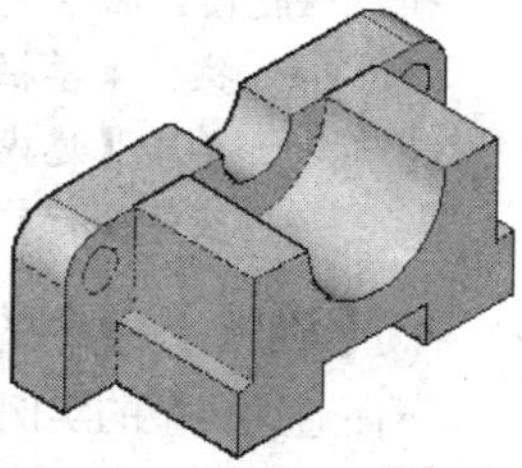
图10-36 着色效果

- **选项解析**

◆ 【模式】选项用于设置拉伸对象是生成实体还是曲面。如图10-37所示，是在曲面模式下拉伸而成的。

◆ 【倾斜角】选项用于将闭合或非闭合对象按照一定的角度进行拉伸，如图10-38所示。

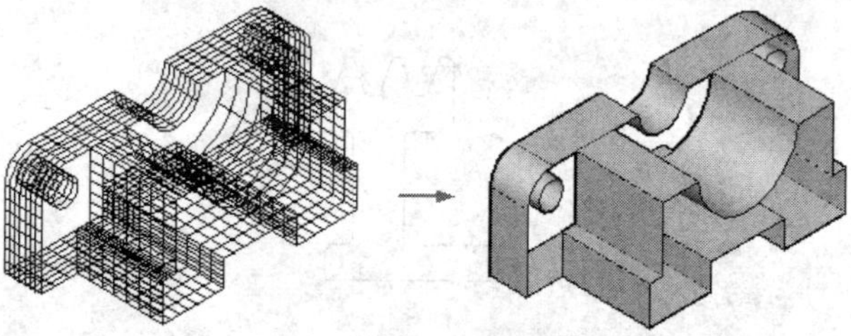
图10-37 拉伸曲面效果

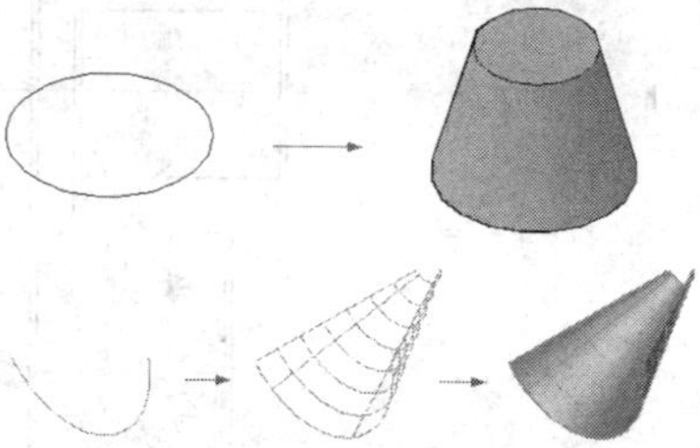
图10-38 角度拉伸示例

◆ 【方向】选项用于将闭合或非闭合对象按照光标指引的方向进行拉伸，如图10-39所示。

◆ 【路径】选项用于将闭合或非闭合对象按照指定的直线或曲线路径进行拉伸，如图10-40所示。

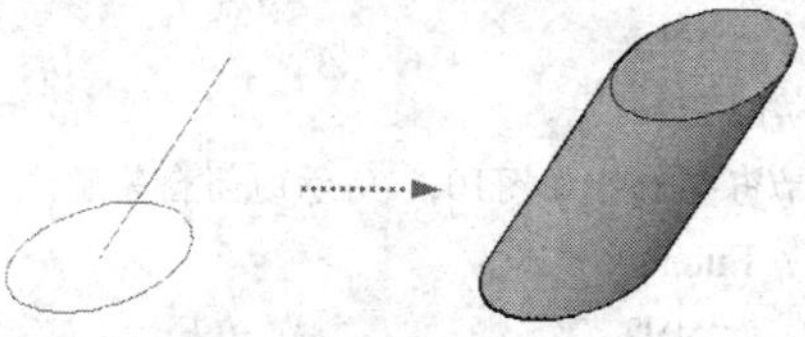
图10-39 方向拉伸示例

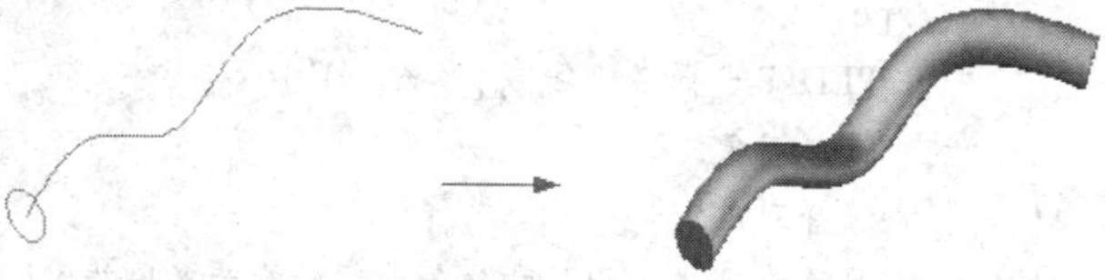
图10-40 路径拉伸

◆ 【表达式】选项用于输入公式或方程式以指定拉伸高度。

10.3.2 旋转

【旋转】命令用于将闭合二维图形绕坐标轴旋转为三维实心体或曲面，将非闭合图形绕轴旋转为曲面。此命令常用于创建一些回转体结构的模型，如图10-41所示。

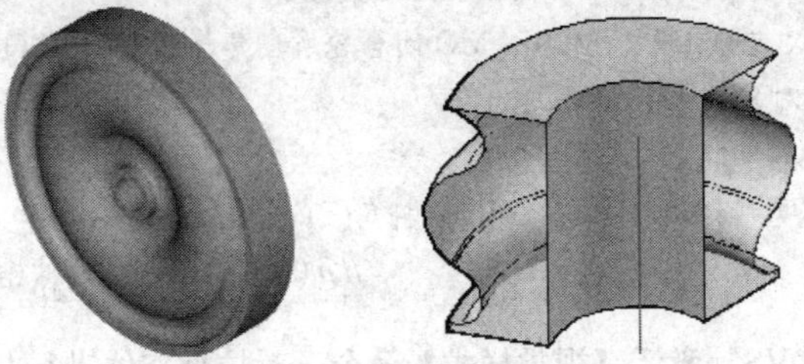

图10-41 回转体示例

执行【旋转】命令主要有以下几种方式：

- 执行菜单栏中的【绘图】/【建模】/【旋转】命令。
- 单击【建模】工具栏或面板上的按钮。
- 在命令行输入Revolve后按Enter键。

●【旋转】命令的应用

下面通过典型的实例，主要学习【旋转】命令的使用方法和技巧。具体操作步骤如下：

1 打开随快书光盘中的“素材文件/旋转实体.dwg”，如图10-42所示。

2 综合使用【修剪】和【删除】命令，将图形编辑成图10-43所示的结构。

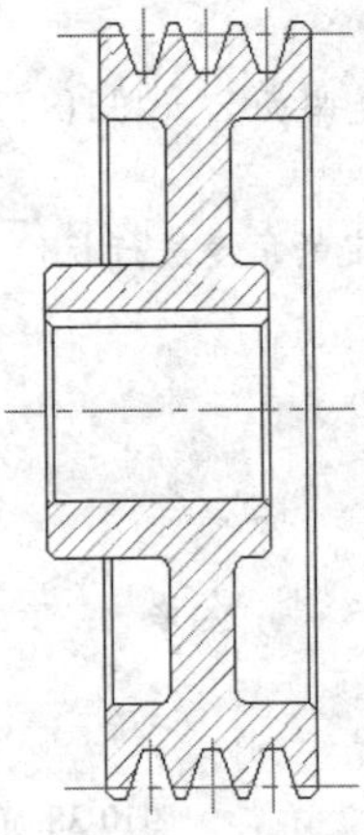

图10-42 打开结果

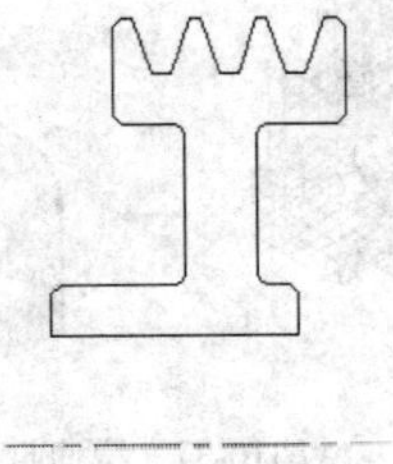

图10-43 编辑结果

3 使用命令简写“PE”激活【编辑多段线】命令，将闭合轮廓线编辑为一条闭合边界，命令行操作如下。

```
命令: pe                                                    // Enter
    PEDIT 选择多段线或 [多条(M)]:                              //M Enter
    选择对象:                                                //窗交选择如图10-44所示的闭合轮廓线
    选择对象:                                                // Enter
    是否将直线、圆弧和样条曲线转换为多段线? [是(Y)/否(N)]? <Y>        // Enter
    输入选项 [闭合(C)/打开(O)/合并(J)/宽度(W)/拟合(F)/样条曲线(S)/非曲线化(D)/线型生成(L)/
反转(R)/放弃(U)]:                                             //J Enter
```

合并类型 = 延伸
输入模糊距离或 [合并类型(J)] <0.0>:　　　　　　　　// Enter
多段线已增加 33 条线段
输入选项 [闭合(C)/打开(O)/合并(J)/宽度(W)/拟合(F)/样条曲线(S)/非曲线化(D)/线型生成(L)/反转(R)/放弃(U)]:　　　　　　　　// Enter，结束命令

4 执行【西南等轴测】命令，将当前视图切换为西南视图，并取消线宽的显示，结果如图10-45所示。

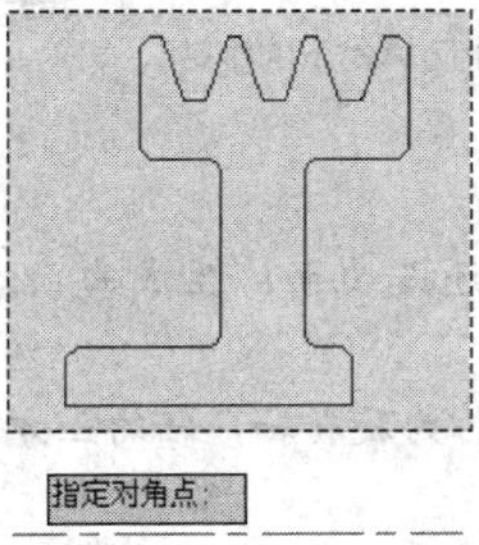

图10-44 窗交选择

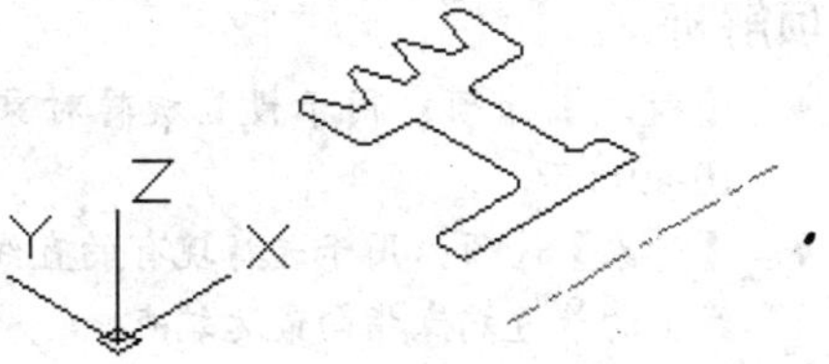

图10-45 切换视图

5 单击【建模】工具栏中的按钮，激活【旋转】命令，将闭合边界旋转为三维实心体。命令行操作如下。

命令: _revolve
当前线框密度: ISOLINES=12，闭合轮廓创建模式 = 实体
选择要旋转的对象或 [模式(MO)]: _MO 闭合轮廓创建模式 [实体(SO)/曲面(SU)] <实体>: _SO选择要旋转的对象或 [模式(MO)]:　　　　//选择闭合边界
选择要旋转的对象或 [模式(MO)]:　　　　//Enter
指定轴起点或根据以下选项之一定义轴 [对象(O)/X/Y/Z] <对象>:
//捕捉中心线的左端点
指定轴端点:　　　　//捕捉中心线另一端端点
指定旋转角度或 [起点角度(ST)/反转(R)/表达式(EX)] <360>:
// Enter，结束命令，旋转结果如图10-46所示

6 使用命令简写“HI”激活【消隐】命令，对模型进行消隐，效果如图10-47所示。

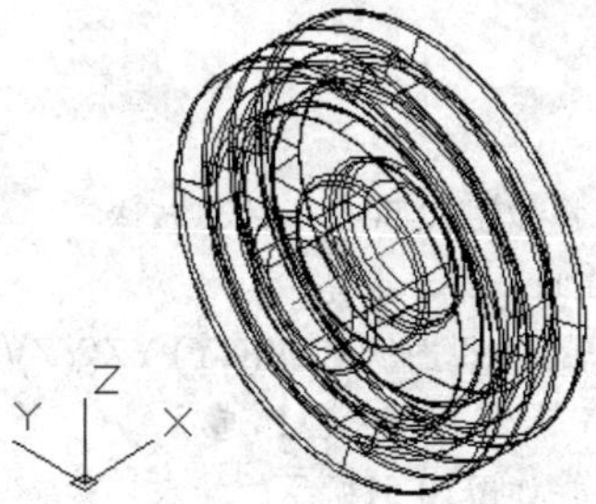

图10-46 旋转结果

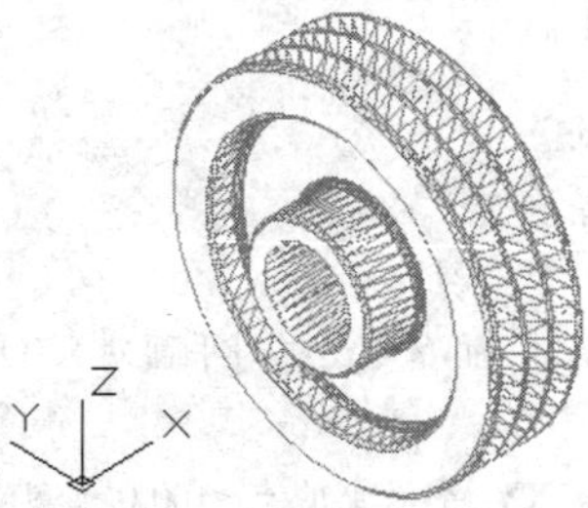

图10-47 消隐效果

7 删除不需要的图线，然后将旋转实体的颜色变为青色。
8 使用命令简写“VS”激活【视觉样式】命令，对模型进行着色，结果如图10-48所示。
9 最后单击【保存】命令，将当前图形命名存储为“旋转实体.dwg”。

图10-48 着色效果

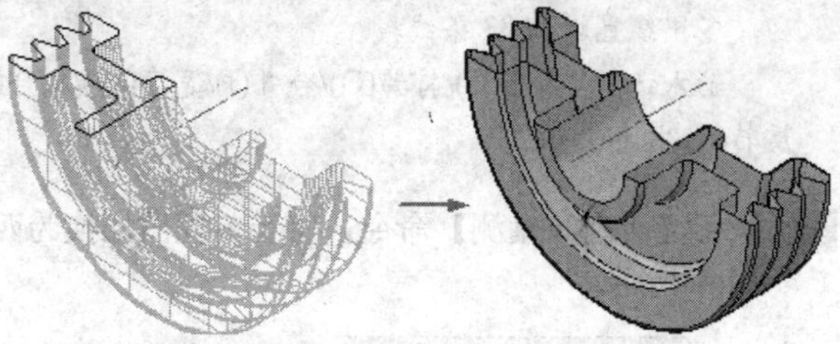

图10-49 曲面模式下的旋转

- **选项解析**
  - ◆ 【模式】选项：用于设置旋转对象是生成实体还是曲面。生成曲面后的效果如图10-49所示。
  - ◆ 【对象】选项：用于选择现有的直线或多段线等作为旋转轴，轴的正方向是从这条直线上的最近端点指向最远端点。
  - ◆ 【X轴】选项：主要使用当前坐标系的x轴正方向作为旋转轴的正方向。
  - ◆ 【Y轴】选项：使用当前坐标系的y轴正方向作为旋转轴的正方向。

10.3.3 剖切

【剖切】命令用于切开现有实体或曲面，然后移去不需要的部分，保留指定的部分。使用此命令也可以将剖切后的两部分都保留。

执行【剖切】命令主要有以下几种方式：

- ◆ 执行菜单栏中的【修改】/【三维操作】/【剖切】命令。
- ◆ 单击【常用】选项卡/【实体编辑】面板上的按钮。
- ◆ 在命令行中输入Slice后按Enter键。
- ◆ 使用命令简写SL。

- **【剖切】命令的应用**

下面通过典型的实例，主要学习【剖切】命令的使用方法和操作技巧。具体操作步骤如下：

1 打开随书光盘中的“实例效果文件/第10章/旋转实体.dwg”。

2 单击【常用】选项卡/【实体编辑】面板上的按钮，对旋转实心体进行剖切。命令行操作如下。

```
命令: _slice
    选择要剖切的对象:                                //选择如图10-50所示的回转体
    选择要剖切的对象:                                // Enter，结束选择
    指定 切面 的起点或 [平面对象(O)/曲面(S)/Z 轴(Z)/视图(V)/XY(XY)/YZ(YZ)/ZX(ZX)/三点
 (3)] <三点>:                                        //XY激活【XY平面】选项
    指定 XY 平面上的点 <0,0,0>:                       //捕捉如图10-51所示的端点
    在所需的侧面上指定点或 [保留两个侧面()] <保留两个侧面>:
                                                    //捕捉如图10-52所示的象限点
```

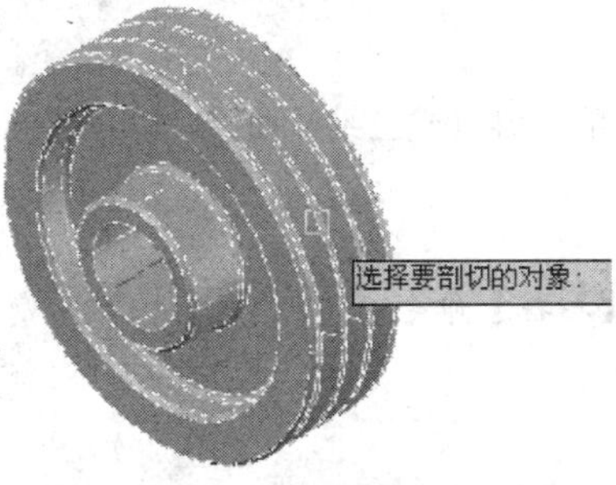

图10-50 选择回转体

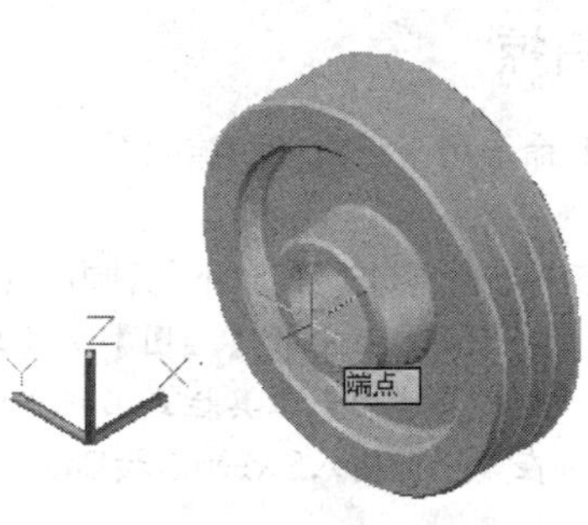

图10-51 捕捉端点

3 剖切后的结果如图10-53所示。

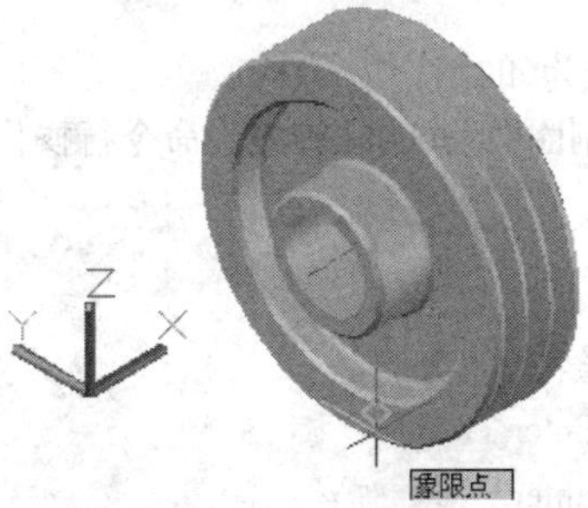

图10-52 剖切结果

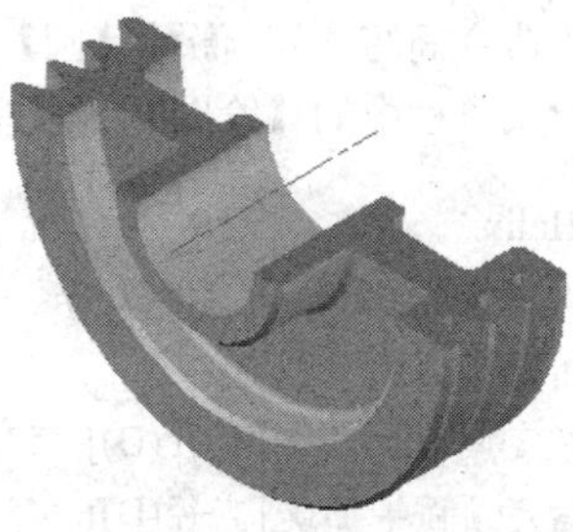

图10-53 位移结果

选项解析

- 【三点】选项是系统默认的一种剖切方式，用于通过指定三个点来确定剖切平面。
- 【平面对象】选项用于选择一个目标对象，如以圆、椭圆、圆弧、样条曲线或多段线等，作为实体的剖切面，进行剖切实体，如图10-54所示。

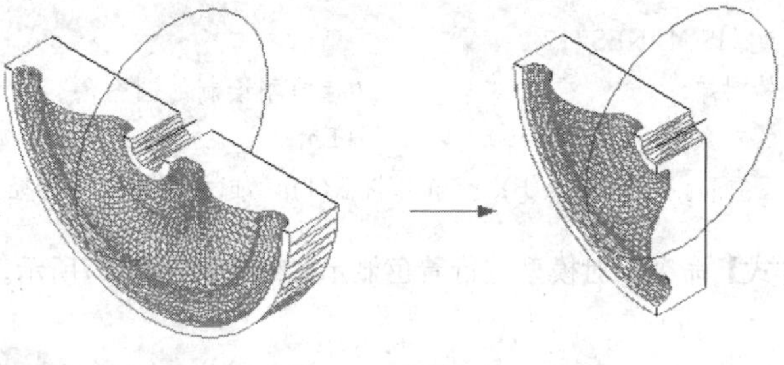

图10-54 选项示例

- 【曲面】选项：用于选择现在的曲面进行剖切对象。
- 【Z轴】选项：用于通过指定剖切平面的法线方向来确定剖切平面，即XY平面上Z轴（法线）上指定的点定义剖切面。
- 【视图】选项：也是一种剖切方式，该选项所确定的剖切面与当前视口的视图平面平行，用户只需指定一点，即可确定剖切平面的位置。
- 【XY】/【YZ】/【ZX】三个选项分别代表三种剖切方式，分别用于将剖切平面与当前用户坐标系的XY平面/YZ平面/ZX平面对齐，用户只需指定点即可定义剖切面的位置。XY平面、YZ平面、ZX平面位置，是根据屏幕当前的UCS坐标系情况而定的。

10.3.4 扫掠

【扫掠】命令用于沿路径扫掠闭合（或非闭合）的二维（或三维）曲线，以创建新的实体（或曲面）。

执行【扫掠】命令主要有以下几种方式：

- 执行菜单栏中的【绘图】/【建模】/【扫掠】命令。
- 单击【建模】工具栏或面板上的按钮。
- 在命令行输入Sweep后按Enter键。

•【扫掠】命令的应用

下面通过典型的实例，主要学习【扫掠】命令的使用方法和技巧。具体操作步骤如下：

1 新建文件并，将当前视图切换为西南视图。

2 使用命令简写“C”激活【圆】命令，绘制半径为6的圆。

3 执行菜单栏中的【绘图】/【螺旋】命令，绘制圈数为6的螺旋线。命令行操作如下。

```
命令: _Helix
    圈数 = 3.0000    扭曲=CCW
    指定底面的中心点:                         //在绘图区拾取点
    指定底面半径或 [直径(D)] <53.0000>:       //45 Enter
    指定顶面半径或 [直径(D)] <45.0000>:       //45 Enter
    指定螺旋高度或 [轴端点(A)/圈数(T)/圈高(H)/扭曲(W)] <130.33>: //T Enter
    输入圈数 <3.0000>:                        //5 Enter
    指定螺旋高度或 [轴端点(A)/圈数(T)/圈高(H)/扭曲(W)] <130.33>:
                                              //120 Enter, 结果如图10-55所示
```

4 单击【建模】工具栏中的按钮，激活【扫掠】命令，创建扫掠实体。命令行操作如下。

```
命令: _sweep
    当前线框密度: ISOLINES=12
    选择要扫掠的对象:                         //选择刚绘制的圆图形。
    选择要扫掠的对象:                         // Enter
    选择扫掠路径或 [对齐(A)/基点(B)/比例(S)/扭曲(T)]: //选择螺旋作为路径, 结果如图10-56所示
```

5 执行【视觉样式】命令，对模型进行着色显示，效果如图10-57所示。

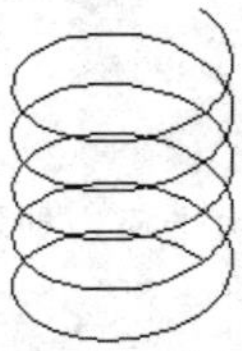

图10-55 绘制螺旋

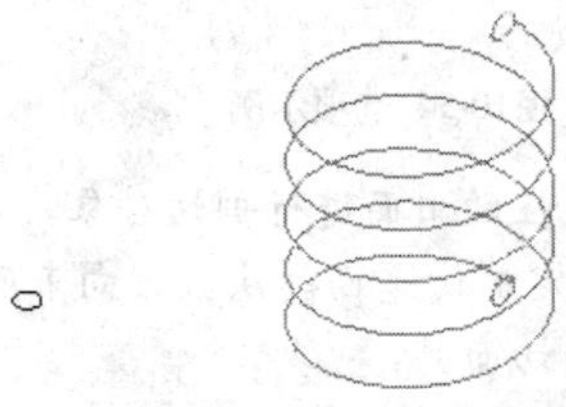

图10-56 扫掠结果

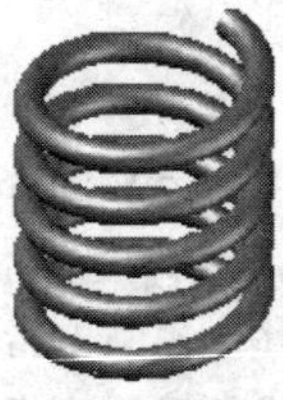

图10-57 着色效果

10.3.5 抽壳

【抽壳】命令用于将三维实心体按照指定的厚度，创建为一个空心的薄壳体，或将实体的某些面删除，形成薄壳体的开口，如图10-58所示。

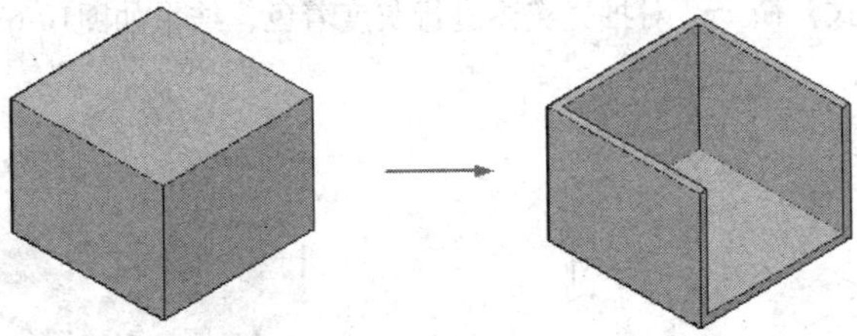

图10-58 抽壳示例

执行【抽壳】命令主要有以下几种方法：

- 执行菜单栏中的【修改】/【实体编辑】/【抽壳】命令。
- 单击【实体编辑】工具栏中的按钮。
- 在命令行输入Solidedit按Enter键。

• 【抽壳】命令的应用

下面通过典型的实例，主要学习【抽壳】命令的使用方法和技巧。具体操作步骤如下：

1 新建文件并将视图切换为西南视图。

2 执行【长方体】命令，创建长宽都为200、高度为150的长方体，如图10-59所示。

3 单击【实体编辑】工具栏中的按钮，激活【抽壳】命令，对长方体进行抽壳。命令行操作如下。

```
命令: _solidedit
    实体编辑自动检查: SOLIDCHECK=1
    输入实体编辑选项 [面(F)/边(E)/体(B)/放弃(U)/退出(X)] <退出>: _body
    输入体编辑选项[压印(I)/分割实体(P)/抽壳(S)/清除(L)/检查(C)/放弃(U)/退出(X)] <退出>: _shell
    选择三维实体:                                   //选择长方体
    删除面或 [放弃(U)/添加(A)/全部(ALL)]:            //在如图10-60所示的位置单击
    删除面或 [放弃(U)/添加(A)/全部(ALL)]:            //在如图10-61所示的位置单击
```

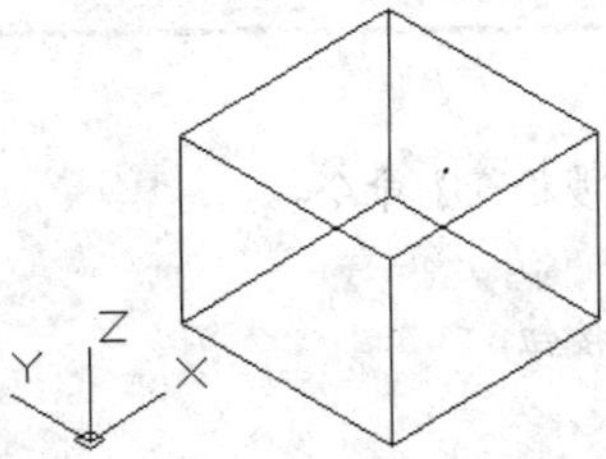

图10-59 创建长方体

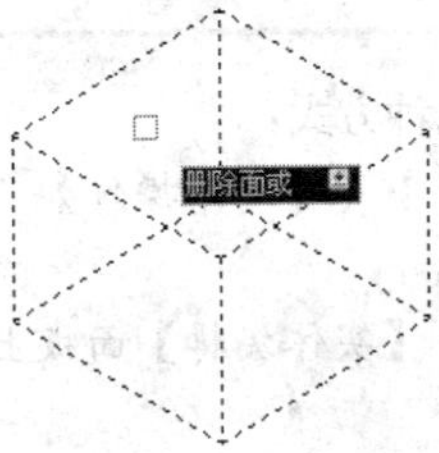

图10-60 指定单击位置

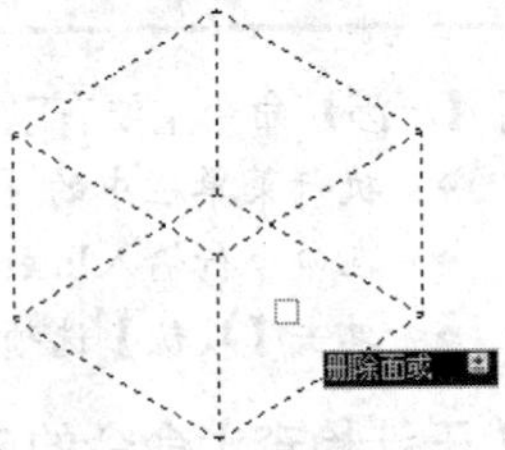

图10-61 指定单击位置

```
    删除面或 [放弃(U)/添加(A)/全部(ALL)]:            // Enter，结束面的选择
    输入抽壳偏移距离:                               //10 Enter，设置抽壳距离
    已开始实体校验。
    已完成实体校验。
    输入体编辑选项[压印(I)/分割实体(P)/抽壳(S)/清除(L)/检查(C)/放弃(U)/退出(X)] <退出>:
                                                    // XEnter，退出实体编辑模式
    输入实体编辑选项 [面(F)/边(E)/体(B)/放弃(U)/退出(X)] <退出>:
                                  // XEnter，结束命令，抽壳后的效果如图10-62所示
```

4 执行【视觉样式】命令，对抽壳实体进行灰度着色，结果如图10-63所示。

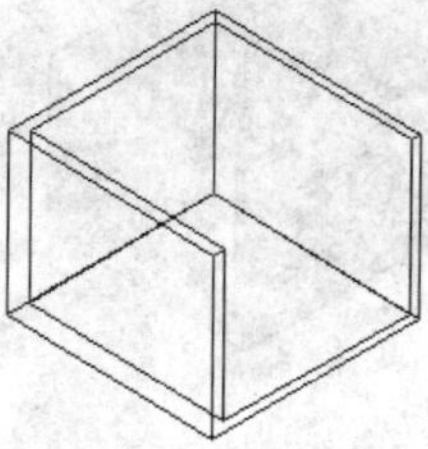

图10-62 抽壳结果

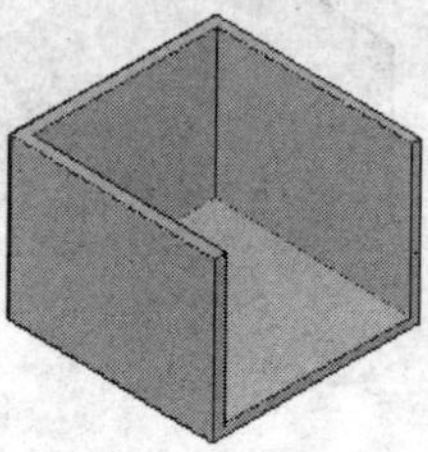

图10-63 灰度着色

10.3.6 干涉检查

【干涉检查】命令用于检测各实体之间是否存在干涉现象，如果所选择的实体之间存在有相互干涉（即相交）的情况，可以将干涉部分提取出来，创建成新的实体，而源实体依然存在，如图10-64所示。

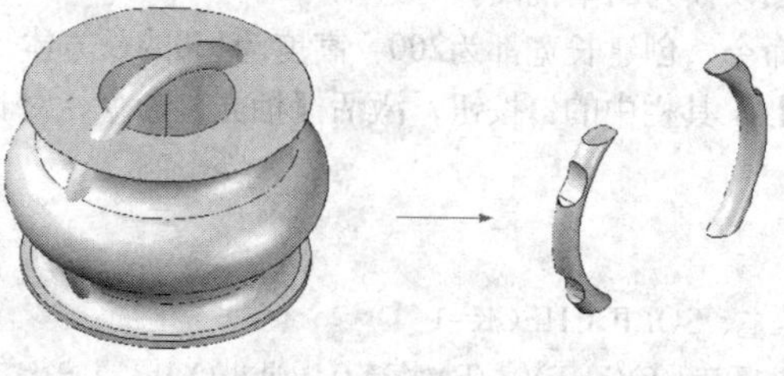

图10-64 干涉实体

TIP

使用【干涉检查】命令有两种用法：其一，仅选择一组实体，AutoCAD将确定该选择集中有几对实体发生干涉；其二，先选择第一组实体，然后再选择第二组实体，AutoCAD将确定这两个选择集之间有几对实体发生干涉。

执行【干涉】命令主要有以下几种方式：

- 执行菜单栏中的【修改】/【三维操作】/【干涉检查】命令。
- 在命令行输入Interfere。
- 单击【默认】选项卡/【实体编辑】面板上的按钮。

• 【干涉检查】命令的应用

下面通过典型的实例，主要学习【干涉检查】命令的使用方法和技巧。具体操作步骤如下：

1 打开随快书光盘中的“素材文件/干涉示例.dwg”文件，如图10-65所示。

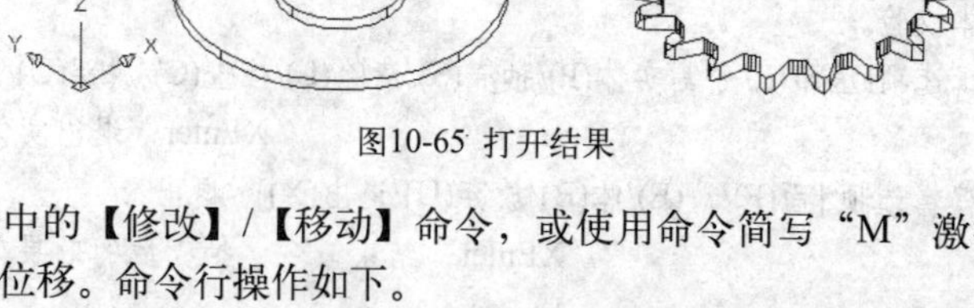

图10-65 打开结果

2 执行菜单栏中的【修改】/【移动】命令，或使用命令简写“M”激活【移动】命令，对两图形进行位移。命令行操作如下。

命令: _move

选择对象: //选择如图10-66所示的对象

选择对象: // Enter，结束选择

指定基点或 [位移(D)] <位移>: //捕捉如图10-67所示的圆心

指定第二个点或 <使用第一个点作为位移>:

//捕捉如图10-68所示的圆心，移动结果如图10-69所示

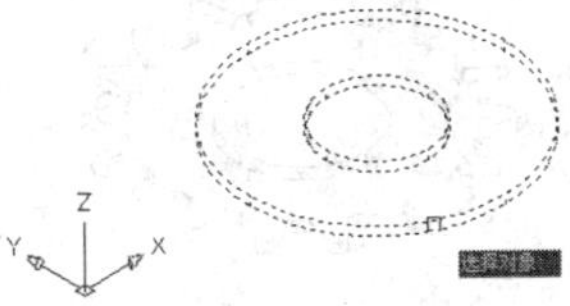

图10-66 定位基点

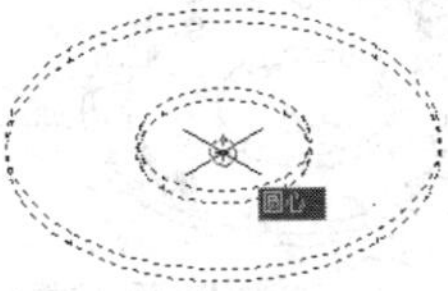

图10-67 定位目标点

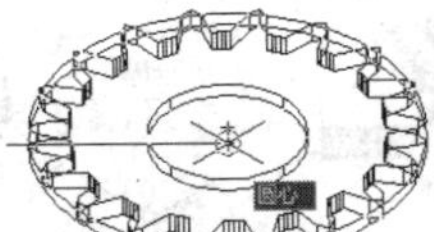

图10-68 选择对象

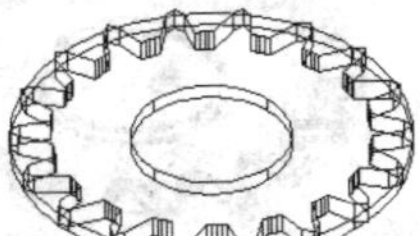

图10-69 移动结果

3 执行菜单栏中的【修改】/【三维操作】/【干涉检查】命令，对位移后两个实体模型进行干涉。命令行操作如下。

命令: _interfere

选择第一组对象或 [嵌套选择(N)/设置(S)]: //选择如图10-70所示的实体模选择选择第一组对象或 [嵌套选择(N)/设置(S)]: // Enter，结束选择

选择第二组对象或 [嵌套选择(N)/检查第一组(K)] <检查>:

//选择如图10-71所示的实体模型

选择第二组对象或 [嵌套选择(N)/检查第一组(K)] <检查>: //Enter，此时系统亮显干涉实体，如图10-72所示，同时打开如图10-73所示的【干涉检查】对话框。

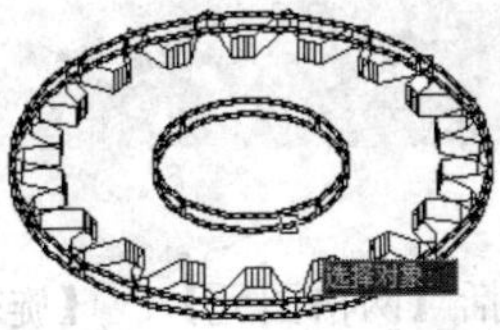

图10-70 选择对象

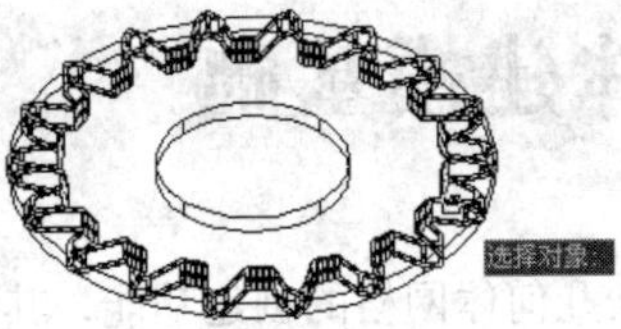

图10-71 选择对象

图10-72 亮显干涉实体

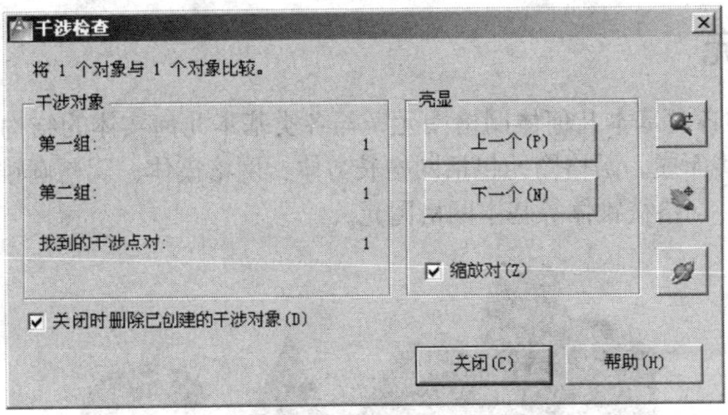

图10-73 【干涉检查】对话框

4 在【干涉检查】对话框中取消【关闭时删除已创建的干涉对象】复选项，然后单击 关闭(C) 按钮，结束命令。

5 执行菜单栏中的【修改】/【移动】命令，将干涉后产生的实体进行位移。命令行操作如下。

```
命令: _move
选择对象:                                  //选择如图10-74所示的干涉实体
选择对象:                                  // Enter
指定基点或 [位移(D)] <位移>:               //捕捉圆心作为基点
指定第二个点或 <使用第一个点作为位移>:
                                           //在适当位置指定目标点，位移结果如图10-75所示
```

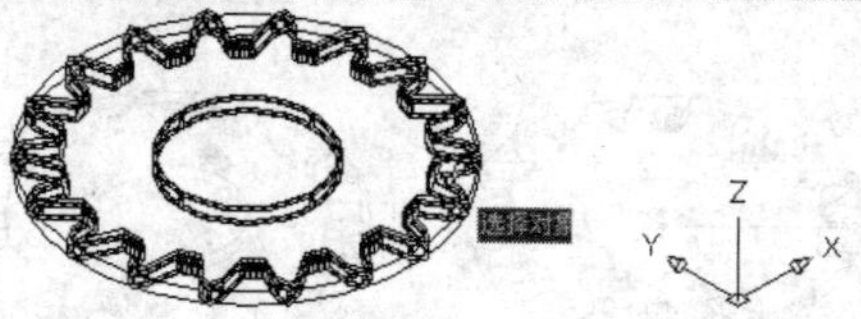

图10-74 选择对象

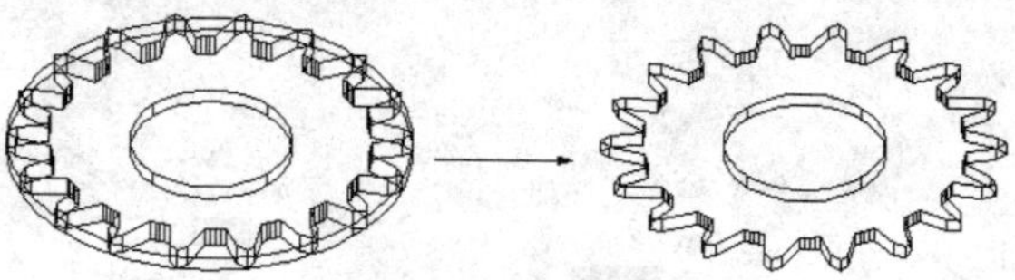

图10-75 位移结果

6 执行菜单栏中的【视图】/【消隐】命令，将干涉后的实体进行消隐，结果如图10-76所示。

7 执行菜单栏中的【视图】/【视觉样式】/【着色】命令，结果如图10-77所示。

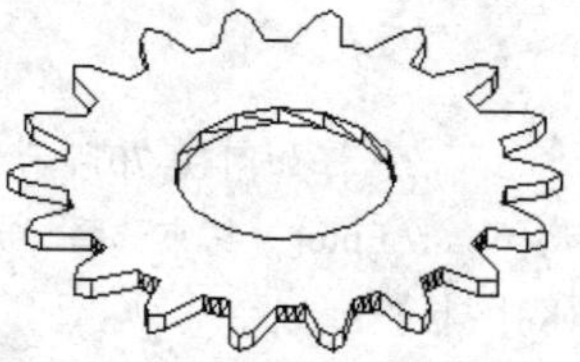

图10-76 消隐着色

图10-77 着色效果

10.4 网格几何体建模基础

本节学习基本几何体网格和复杂几何体网格的创建功能，其中包括【网格图元】、【旋转网格】、【平移网格】、【直纹网格】和【边界网格】等。

10.4.1 网格图元

如图10-78所示的各类基本几何体网格图元，与各类基本几何实体的结构一样，只不过网格图元是由网状格子线连接而成。网格图元包括网格长方体、网格楔体、网格圆锥体、网格球体、网格圆柱体、网格圆环体、网格棱锥体等基本网格图元。

图10-78 基本网格图元

执行【网格图元】命令主要有以下几种方式：

- 执行菜单栏中的【绘图】/【建模】/【网格】/【图元】级联菜单中的各命令选项，如图10-79所示。
- 单击【平滑网格图元】工具栏中的各按钮，如图10-80所示。
- 在命令行输入Mesh后按Enter键。
- 单击【网格建模】选项卡/【图元】面板上的各按钮。

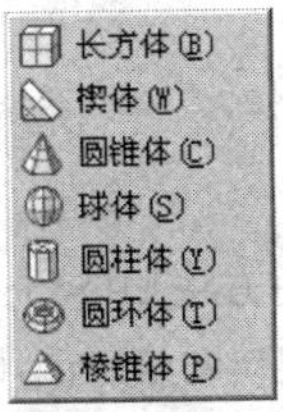

图10-79 【网格图元】级联菜单

图10-80 【平滑网格图元】工具栏

基本几何体网格的创建方法与创建基本几何实体方法相同，在此不再细述。默认情况下，可以创建无平滑度的网格图元，然后再根据需要应用平滑度，如图10-81所示。平滑度 0 表示最低平滑度，不同对象之间可能会有所差别，平滑度 4 表示高圆度。

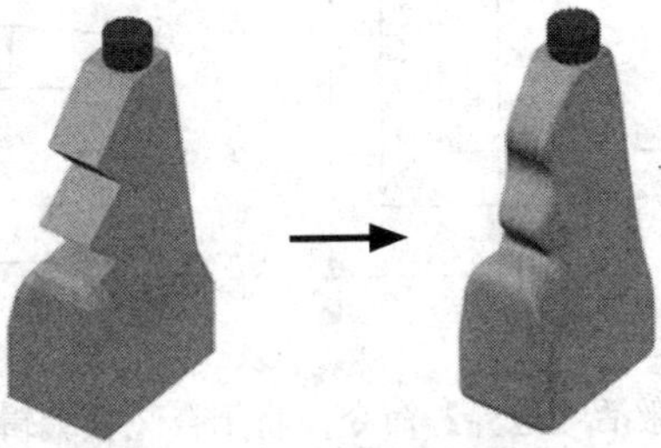

图10-81 应用平滑度示例

TIP 使用【绘图】菜单中的【建模】/【平滑网格】命令，可以将现有对象直接转化为平滑网格。用于转化为平滑风格的对象有三维实体、三维曲面、三维面、多边形网格、多面网格、面域、闭合多段线等。

10.4.2 旋转网格

【旋转网格】命令用于将轨迹线绕一指定的轴进行空间旋转，生成回转体空间网格，如图10-82所示。此命令常用于创建具有回转体特征的空间形体，如酒杯、茶壶、花瓶、灯罩、轮、环等三维模型。

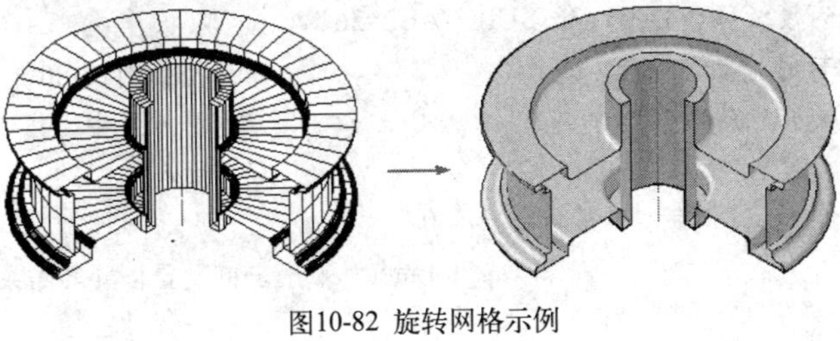

图10-82 旋转网格示例

TIP 用于旋转的轨迹线可以是直线、圆、圆弧、样条曲线、二维或三维多段线，旋转轴则可以是直线或非封闭的多段线。

执行【旋转网格】命令主要有以下几种方式：

- 执行菜单栏中的【绘图】/【建模】/【网格】/【旋转网格】命令。
- 在命令行输入Revsurf后按Enter键。
- 单击【常用】选项卡/【图元】面板上的按钮。

•【旋转网格】命令的应用

下面通过典型的实例，主要学习【旋转网格】命令的使用方法和技巧。具体操作步骤如下：

1 执行【打开】命令，打开随书光盘中的“素材文件/旋转网格示例.dwg”，如图10-83所示。

2 综合【修剪】和【删除】命令将图形编辑为图10-84所示的结构。

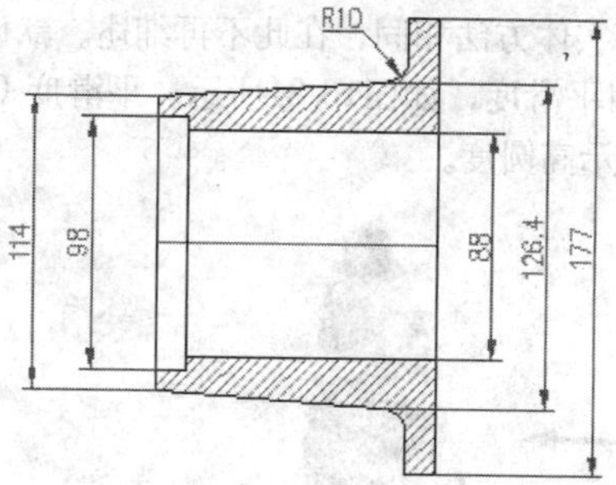

图10-83 打开结果

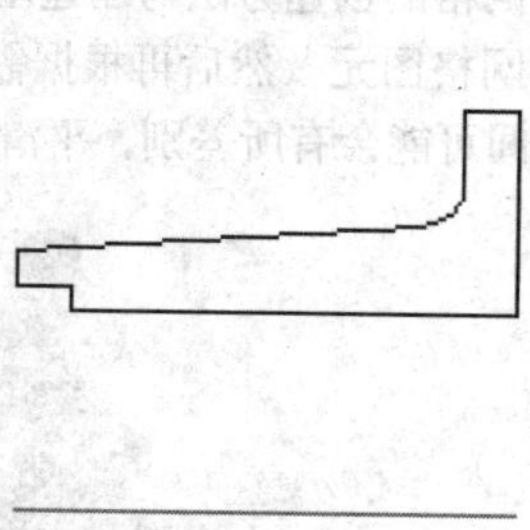

图10-84 编辑结果

3 使用命令简写“BO”激活【边界】命令，将闭合区域编辑成一条多段线边界。

4 执行菜单栏中的【编辑】/【剪切】命令，选择图10-84所示的边界及中心线剪切粘贴到前视图。

5 执行【西南等轴测】命令，将当前视图切换到西南视图，如图10-85所示。

6 分别使用系统变量SURFTAB1和SURFTAB2，设置网格的线框密度。命令行操作如下。

```
命令: surftab1                                  // Enter
    输入 SURFTAB1 的新值 <6>:                   //36 Enter
    命令: surftab2                              // Enter
    输入 SURFTAB2 的新值 <6>:                   //36 Enter
```

7 执行菜单栏中的【绘图】/【建模】/【网格】/【旋转网格】命令，将边界旋转为网格。命令行操作如下。

```
命令: _revsurf
    当前线框密度: SURFTAB1=36  SURFTAB2=36
    选择要旋转的对象:                           //选择如图10-86所示的边界
    选择定义旋转轴的对象:                       //选择水平中心线
    指定起点角度 <0>:                           // Enter
    指定包含角 (+=逆时针，-=顺时针) <360>:
                        //270 Enter，采用当前设置，旋转结果如图10-87所示
```

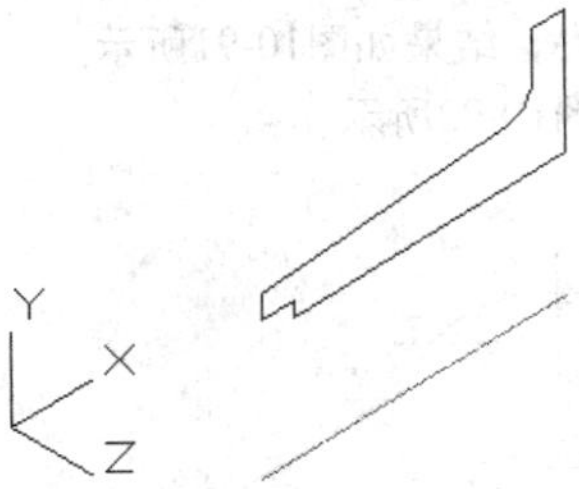

图10-85　切换视图

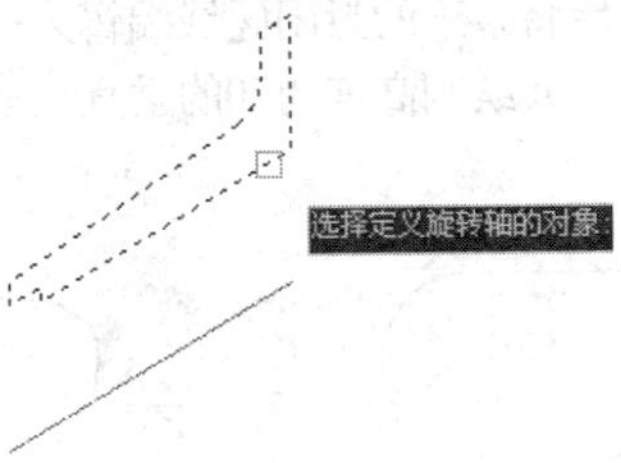

图10-86 选择边界

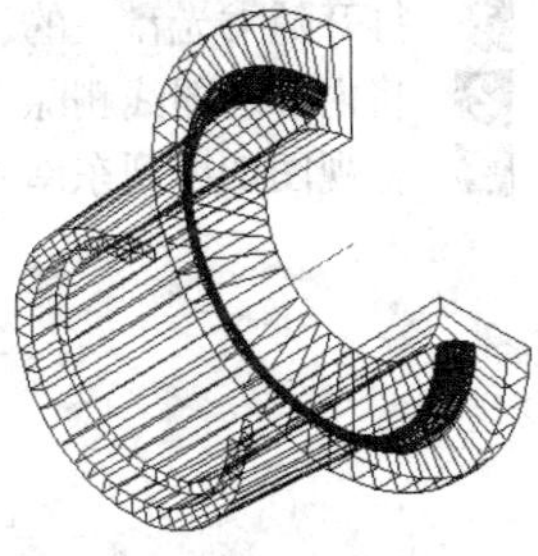

图10-87 旋转结果

8 使用命令简写“HI”激活【消隐】命令，效果如图10-88所示。

9 使用命令简写“VS”激活【视觉样式】命令，对网格进行灰度着色，结果如图10-89所示。

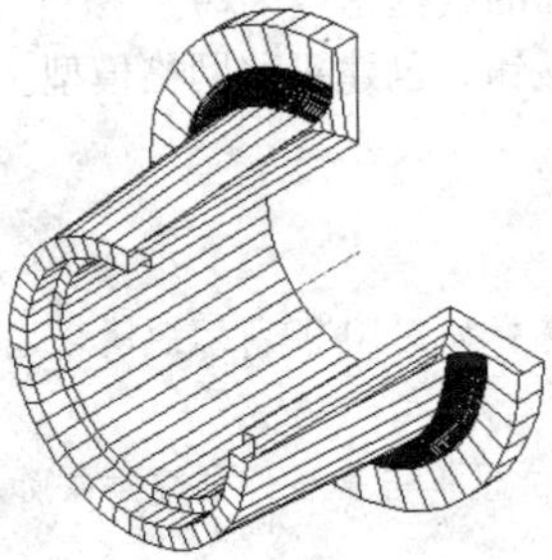

图10-88　消隐效果

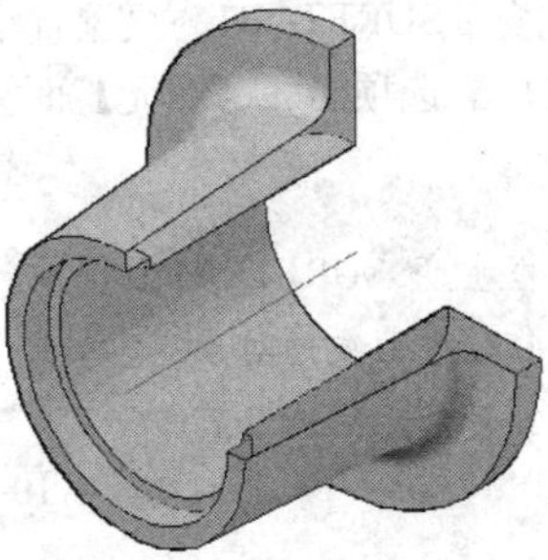

图10-89 灰度着色

TIP

在系统以逆时针方向为选择角度测量方向的情况下，如果输入的角度为正，则按逆时针方向旋转构造旋转曲面，否则按顺时针方向构造旋转曲面。

10.4.3　平移网格

【平移网格】命令用于将轨迹线沿着指定方向矢量平移延伸而形成的三维网格，如图10-90所示。

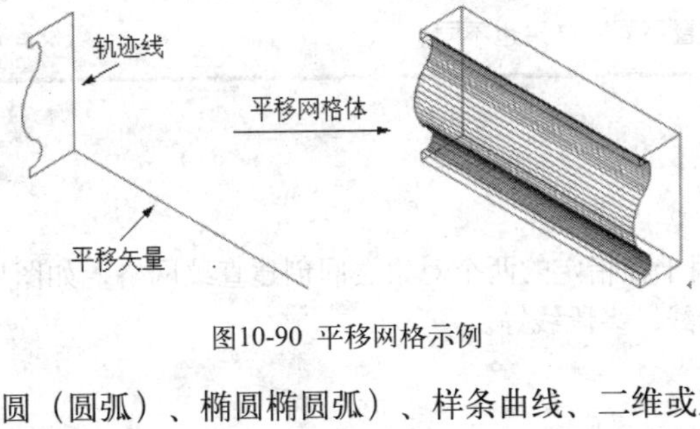

图10-90 平移网格示例

轨迹线可以是直线、圆（圆弧）、椭圆椭圆弧）、样条曲线、二维或三维多段线；方向矢量用于指明拉伸方向和长度，可以是直线或非封闭多段线，不能使用圆或圆弧来指定位伸的方向。

执行【平移网格】命令主要有以下几种方式：

- 执行菜单栏中的【绘图】/【建模】/【网格】/【平移网格】命令。
- 在命令行输入Tabsurf后按Enter键。
- 单击【常用】选项卡/【图元】面板上的按钮。

下面通过典型的实例，主要学习【平移网格】命令的使用方法和技巧。具体操作步骤如下：

1 打开随书光盘中的“素材文件 / 扳手.dwg.dwg”文件。

2 将内部的图线删除，然后将余下的封闭区域编辑为一条边界，结果如图10-91所示。

3 将视图切换到东南视图，并绘制高度为70的垂直线段，如图10-92所示。

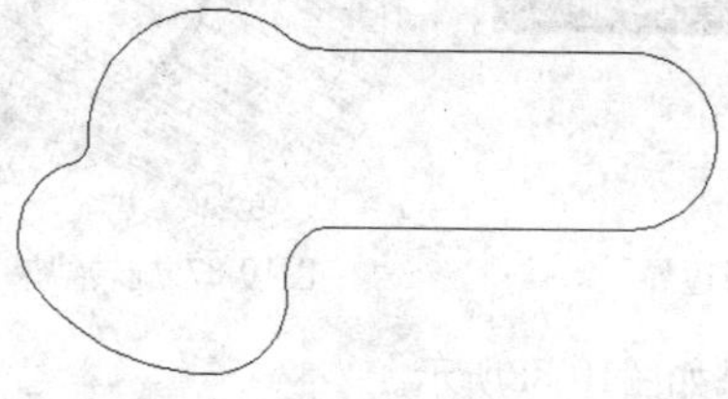

图10-91 编辑结果

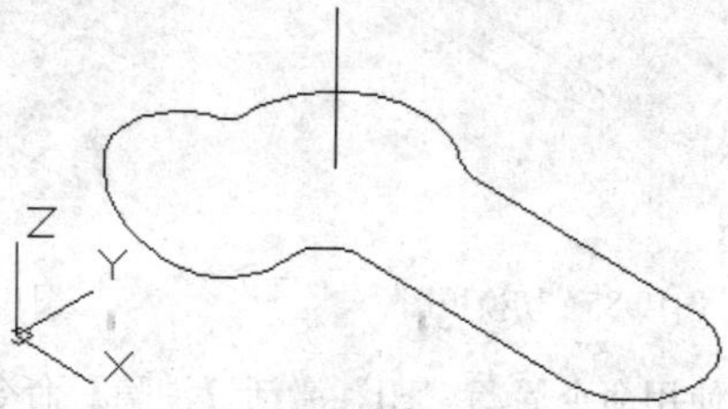

图10-92 绘制直线

4 使用系统变量SURFTAB1，设置直纹曲面表面的线框密度为24。

5 单击【常用】选项卡 / 【图元】面板上的按钮，创建平移网格模型。命令行操作如下。

```
命令: _tabsurf
    当前线框密度: SURFTAB1=24
    选择用作轮廓曲线的对象:              //选择如图10-92所示的闭合边界
    选择用作方向矢量的对象:
                    //在如图10-93所示的位置单击直线，创建结果如图10-94所示
```

6 执行【视觉样式】命令，对平移网格进行灰度着色，结果如图10-95所示。

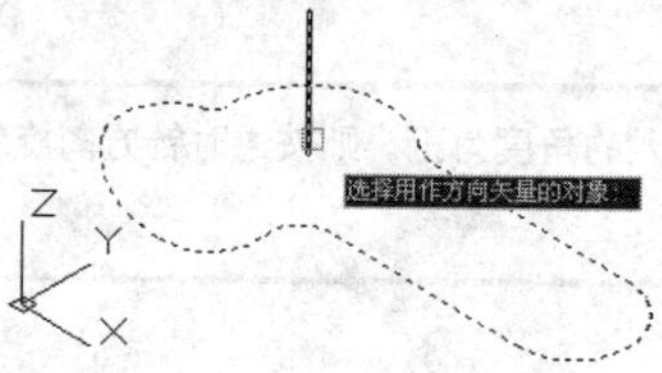

图10-93 选择方向矢量

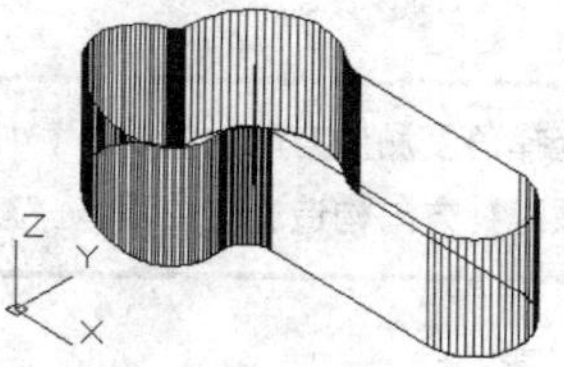

图10-94 创建平移网格

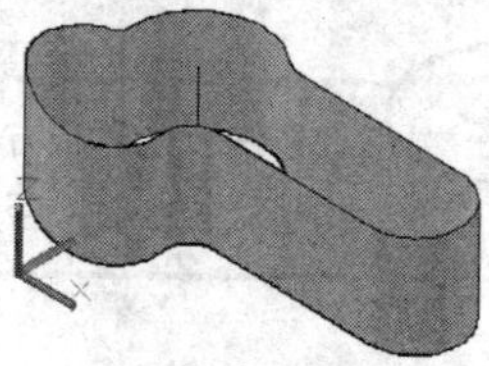

图10-95 灰度着色

TIP 创建平移网格时，用于拉伸的轨迹线和方向矢量不能位于同一平面内，在指定位伸的方向矢量时，选择点的位置不同，结果也不同。

10.4.4 直纹网格

【直纹网格】命令用于在指定的两个对象之间创建直纹网格，如图10-96所示。所指定的两条边界可以是直线、样条曲线、多段线等。

图10-96 直纹网格示例

TIP
如果一条边界闭合的，那么另一条边界也必须是闭合的。

执行【直纹网格】命令主要有以下几种方式：

- 执行菜单栏中的【绘图】/【建模】/【网格】/【直纹网格】命令。
- 在命令行输入Rulesurf后按Enter键。
- 单击【常用】选项卡/【图元】面板上的按钮。

• 【直纹网格】命令的应用

下面通过典型的实例，主要学习【直纹网格】命令的使用方法和技巧。具体操作步骤如下：

1. 打开随书光盘中的“素材文件／扳手.dwg”，并使用执行【边界】命令，将图形编辑成四条闭合边界。
2. 切换到东南视图，然后对四条闭合边界沿Z轴正方向复制45个单位，如图10-97所示。
3. 在命令行设置系统变量SURFTAB1的值为36。
4. 执行菜单栏中的【绘图】/【建模】/【网格】/【直纹网格】命令，创建直纹网格模型。命令行操作如下。

```
命令: _rulesurf
    当前线框密度: SURFTAB1=36
    选择第一条定义曲线:                    //选择图10-98所示的圆C
    选择第二条定义曲线:                    //选择圆C，如图生成如图10-99所示的直纹网格
```

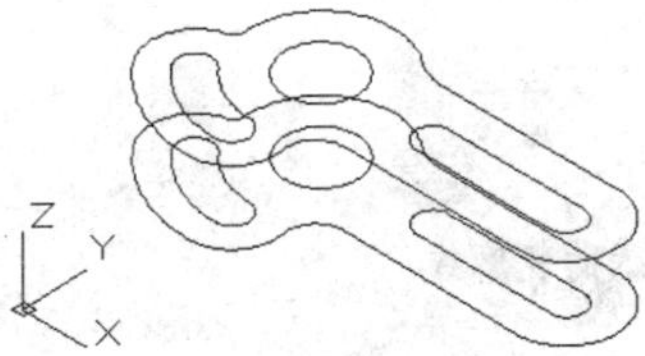

图10-97 复制结果

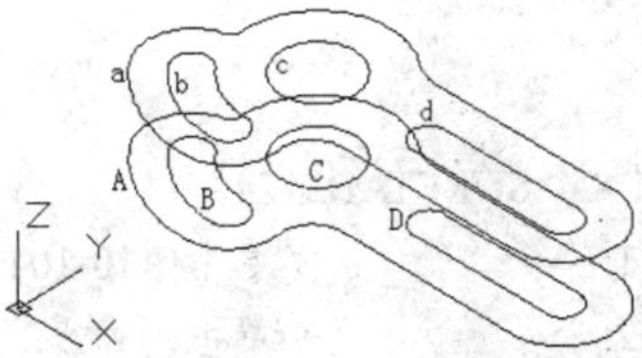

图10-98 定位边界

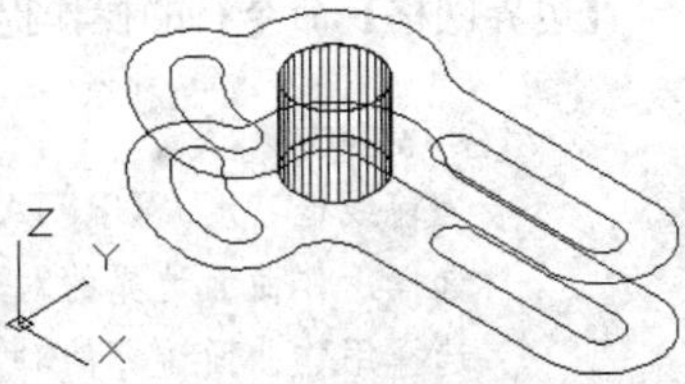

图10-99 创建直纹网格

```
命令: _rulesurf
    当前线框密度: SURFTAB1=36
    选择第一条定义曲线:                    //选择边界B
    选择第二条定义曲线:                    //选择边界b
    命令: _rulesurf
    当前线框密度: SURFTAB1=36
    选择第一条定义曲线:                    //选择边界D
    选择第二条定义曲线:              //选择边界d，结果生成如图10-100所示的直纹网格
```

5. 将变量SURFTAB1设置为100，然后执行【直纹网格】命令，创建外侧的网格模型。命令行操作如下。

```
命令: _rulesurf
    当前线框密度: SURFTAB1=100
    选择第一条定义曲线:                    //选择图10-98所示的边界A
    选择第二条定义曲线:                    //选择边界A，结果生成如图10-101所示的直纹网格
```

6 使用命令简写“VS”激活【视觉样式】命令，对网格进行边缘着色，效果如图10-102所示。

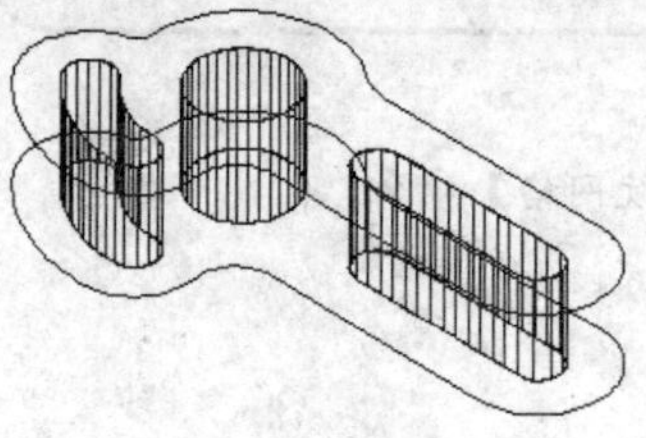
图10-100 创建直纹网格

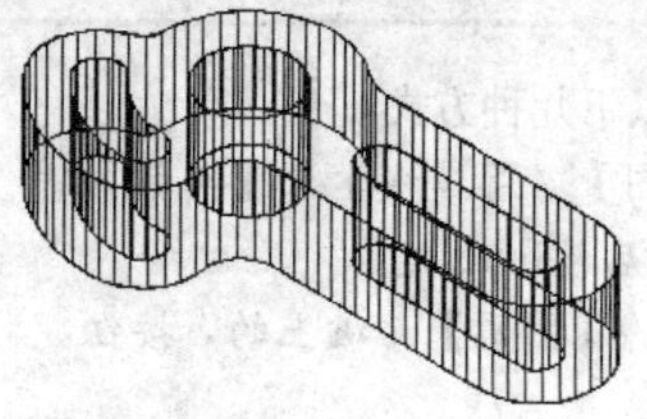
图10-101 创建直纹网格

图10-102 着色效果

10.4.5 边界网格

【边界网格】命令用于将四条首尾相连的空间直线或曲线作为边界，创建成空间曲面模型，如图10-103所示。另外，四条边界必须首尾相连形成一个封闭图形。

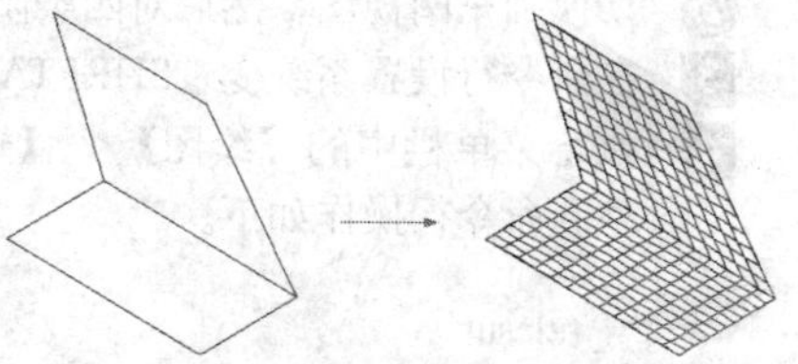
图10-103 边界网格示例

执行【边界网格】命令主要有以下几种方式：

- 执行菜单栏中的【绘图】/【建模】/【网格】/【边界网格】命令。
- 在命令行输入Edgesurf后按Enter键。
- 单击【常用】选项卡/【图元】面板上的按钮。

【边界网格】命令行的操作提示如下。

```
命令: _edgesurf
    当前线框密度: SURFTAB1=24  SURFTAB2=24
    选择用作曲面边界的对象 1:          //单击图10-104所示的轮廓线1
    选择用作曲面边界的对象 2:          //单击轮廓线2
    选择用作曲面边界的对象 3:          //单击轮廓线3
    选择用作曲面边界的对象 4:          //单击轮廓线4，创建结果如图10-105所示
```

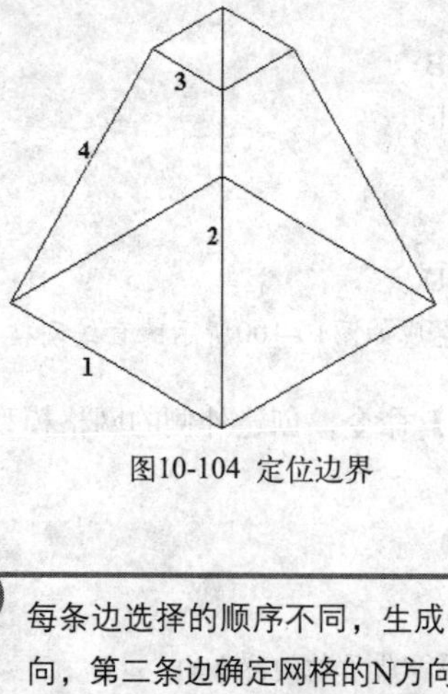

图10-104 定位边界

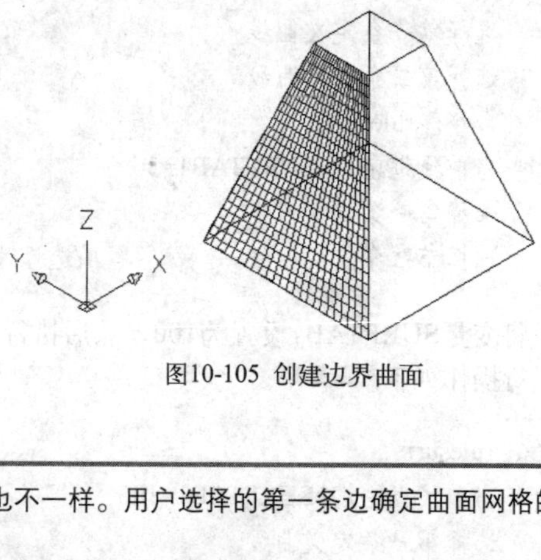

图10-105 创建边界曲面

TIP 每条边选择的顺序不同，生成的曲面形状也不一样。用户选择的第一条边确定曲面网格的M方向，第二条边确定网格的N方向。

10.5 组合体基本建模

本节主要学习【并集】、【差集】和【交集】三个命令，以快速创建并集、差集和交集组合体等。

10.5.1 并集

【并集】命令用于将多个实体、面域或曲面组合成一个实体、面域或曲面，如图10-106所示。

执行【并集】命令主要有以下几种方式：

- 执行菜单栏中的【修改】/【实体编辑】/【并集】命令。
- 单击【建模】工具栏或【实体编辑】面板的按钮。
- 在命令行输入Union后按Enter键。
- 使用命令简写UNI

执行【并集】命令，将图10-106（左）所示拉伸实体创建为一个组合实体，命令行操作如下：

```
命令: _union
    选择对象:                          //选择前端的拉伸实体
    选择对象:                          //选择后端的拉伸实体
    选择对象:                          // Enter，结果如图10-106（右）所示
```

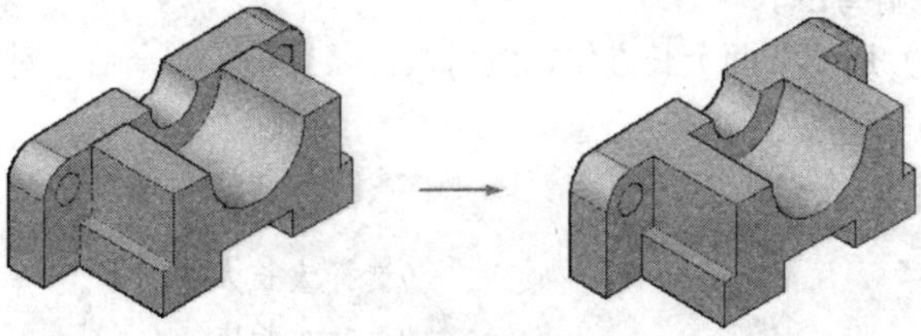

图10-106 并集示例

10.5.2 差集

【差集】命令用于从一个实体（或面域）中移去与其相交的实体（或面域），从而生成新的实体（或面域、曲面），如图10-107所示。

执行【差集】命令主要有以下几种方式：

- 执行菜单栏中的【修改】/【实体编辑】/【差集】命令。
- 单击【建模】工具栏或【实体编辑】面板上的按钮。
- 在命令行输入Subtract后按Enter键。
- 使用命令简写SU。

执行【差集】命令，将图10-107（右）所示圆柱孔，命令行操作如下。

```
命令: _subtract
    选择要从中减去的实体、曲面和面域...
    选择对象:                              //选择左侧的并集实体
    选择对象:                          // Enter，结束选择
```

```
选择要减去的实体、曲面和面域...
选择对象:                                  //选择两个小圆柱体
选择对象:                                  // Enter，差集结果如图10-107（右）所示
```

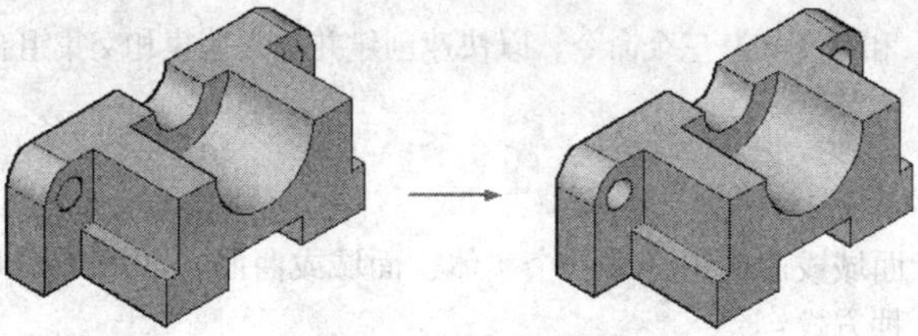

图10-107 差集示例

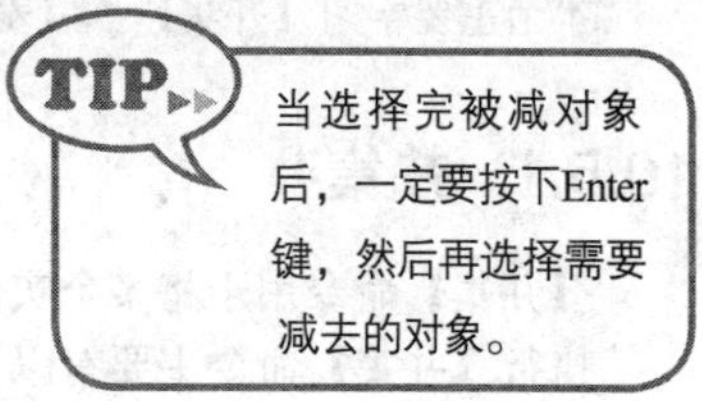

10.5.3 交集

【交集】命令用于将多个实体（或面域、曲面）的公有部分，提取出来形成一个新的实体（或面域、曲面），同时删除公共部分以外的部分，如图10-108所示。

执行【交集】命令主要有以下几种方式：

- 执行菜单栏中的【修改】/【实体编辑】/【交集】命令。
- 单击【建模】工具栏或【实体编辑】面板上的按钮。
- 在命令行输入Intersect后按Enter键。
- 使用命令简写IN。

创建图10-108（左）所示的两个长方体，然后执行【交集】命令后，对两个长方体进行交集。命令行操作如下。

```
命令: _intersect
    选择对象:                              //选择大长方体
    选择对象:                              //选择小长方体
    选择对象:                              // Enter，交集结果如图10-108所示
```

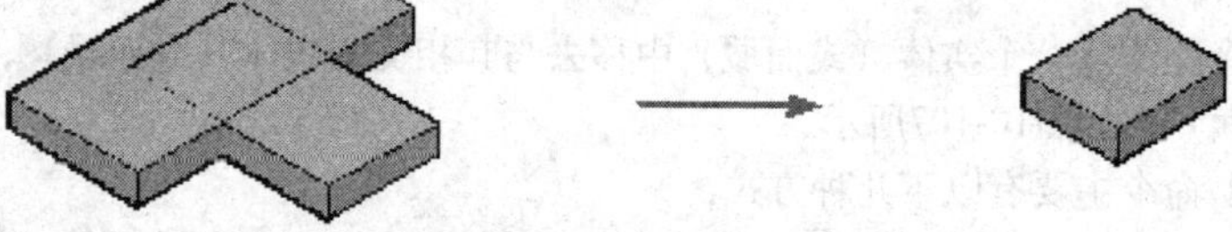

图10-108 交集示例

10.6 上机指导（一）——制作齿轮立体造型

本例通过制作齿轮零件的立体造型，对所学知识进行综合练习和巩固应用。齿轮零件立体造型的最终制作效果，如图10-109所示。

图10-109 实例效果

操作步骤

1 快速新建空白文件，并设置捕捉模式为圆心捕捉和象限点捕捉。

2 执行菜单栏中的【视图】/【三维视图】/【前视】命令，将当前视图切换为前视图。

3 单击【绘图】工具栏中的⊙按钮，配合圆心捕捉功能绘制半径为25、30、40、65、70的同心圆，如图10-110所示。

4 配合象限点捕捉功能绘制小圆的垂直直径，并将垂直直径对称偏移4个单位，结果如图10-111所示。

5 删除小圆的直径，然后对偏移出的两条垂直图线进行延伸，结果如图10-112所示。

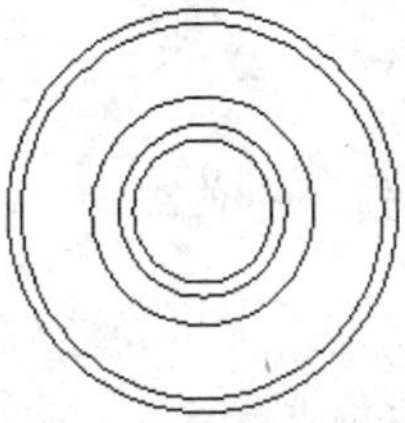

图10-110 绘制同心圆

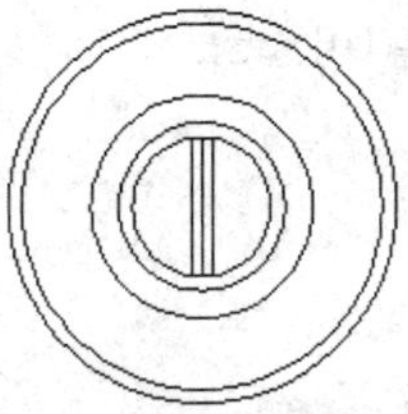

图10-111 绘制并偏移直径

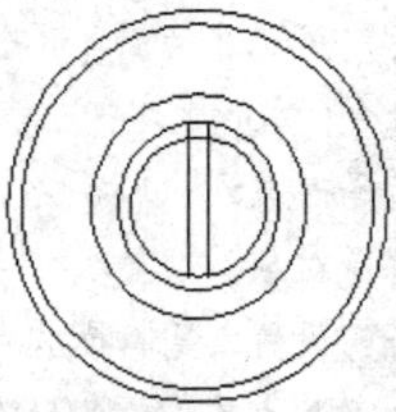

图10-112 延伸结果

6 单击【修改】工具栏中的按钮，对内部的圆及垂直图线进行修剪，结果如图10-113所示。

7 执行菜单栏中的【修改】/【对象】/【多段线】命令，将内部的圆弧及修剪后的线段编辑为一条闭合的多线段。

8 将视图切换为西南等轴测图，然后单击【建模】工具栏中的按钮，激活【拉伸】命令，对同心圆进行拉伸。命令行操作如下。

```
命令: _extrude
    当前线框密度: ISOLINES=24，闭合轮廓创建模式 = 实体
    选择要拉伸的对象或 [模式(MO)]: _MO
    闭合轮廓创建模式 [实体(SO)/曲面(SU)] <实体>: _SO
    选择要拉伸的对象或 [模式(MO)]:                          //选择半径为70的圆
    选择要拉伸的对象或 [模式(MO)]:                          // Enter
    指定拉伸的高度或 [方向(D)/路径(P)/倾斜角(T)/表达式(E)]:   //49 Enter
    命令: _extrude
    当前线框密度: ISOLINES=24，闭合轮廓创建模式 = 实体
    选择要拉伸的对象或 [模式(MO)]: _MO
    闭合轮廓创建模式 [实体(SO)/曲面(SU)] <实体>: _SO
    选择要拉伸的对象或 [模式(MO)]:                          //选择半径为65的圆
    选择要拉伸的对象或 [模式(MO)]:                          // Enter
```

指定拉伸的高度或 [方向(D)/路径(P)/倾斜角(T)/表达式(E)]:
//9.5 Enter，结果如图10-114所示

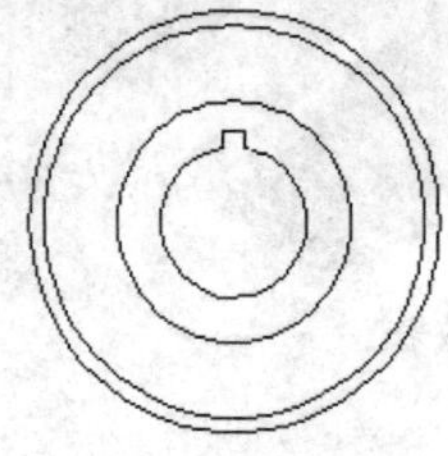

图10-113 修剪结果

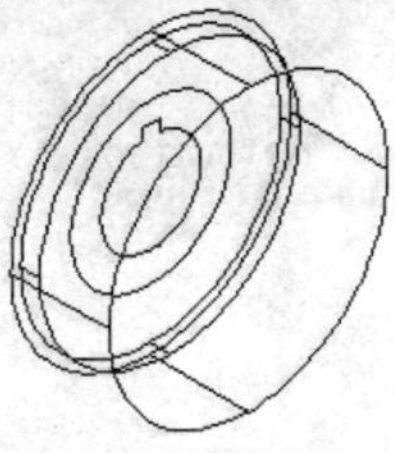

图10-114 拉伸实体

9 单击【修改】工具栏中的按钮，对拉伸的实体和圆进行复制。命令行操作如下。

命令: _copy
选择对象: //选择高度为9.5的拉伸实体
选择对象: // Enter
当前设置: 复制模式 = 多个
指定基点或 [位移(D)/模式(O)] <位移>: //拾取任一点
指定第二个点或 <使用第一个点作为位移>: //@0,0,39.5 Enter
指定第二个点或 [退出(E)/放弃(U)] <退出>: // Enter
命令: _copy
选择对象: //选择半径为40的圆
选择对象: // Enter
当前设置: 复制模式 = 多个
指定基点或 [位移(D)/模式(O)] <位移>: //拾取任一点
指定第二个点或 <使用第一个点作为位移>: //@0,0,49 Enter
指定第二个点或 [退出(E)/放弃(U)] <退出>: // Enter，复制结果如图10-115所示

10 单击【建模】工具栏中的按钮，激活【拉伸】命令，对两个半径为40的圆进行拉伸。命令行操作如下。

命令: _extrude
当前线框密度: ISOLINES=4，闭合轮廓创建模式 = 实体
选择要拉伸的对象或 [模式(MO)]: _MO 闭合轮廓创建模式 [实体(SO)/曲面(SU)] <实体>: _SO
选择要拉伸的对象或 [模式(MO)]: //选择复制出的圆
选择要拉伸的对象或 [模式(MO)]: // Enter
指定拉伸的高度或 [方向(D)/路径(P)/倾斜角(T)/表达式(E)] <70.0>: //T Enter
指定拉伸的倾斜角度或 [表达式(E)] <0>: //-30 Enter
指定拉伸的高度或 [方向(D)/路径(P)/倾斜角(T)/表达式(E)] <70.0>: //-9.5 Enter
命令: _extrude
当前线框密度: ISOLINES=4，闭合轮廓创建模式 = 实体
选择要拉伸的对象或 [模式(MO)]: _MO 闭合轮廓创建模式 [实体(SO)/曲面(SU)] <实体>: _SO
选择要拉伸的对象或 [模式(MO)]: //选择另一侧半径为40的圆
选择要拉伸的对象或 [模式(MO)]: // Enter

```
指定拉伸的高度或 [方向(D)/路径(P)/倾斜角(T)/表达式(E)] <-9.5>:        //T Enter
指定拉伸的倾斜角度或 [表达式(E)] <-30>:                                //-30 Enter
指定拉伸的高度或 [方向(D)/路径(P)/倾斜角(T)/表达式(E)] <-9.5>:
                                        //9.5 Enter，拉伸结果如图10-116所示
```

11 重复执行【拉伸】命令，将轴承孔正向拉伸49个单位，结果如图10-117所示。

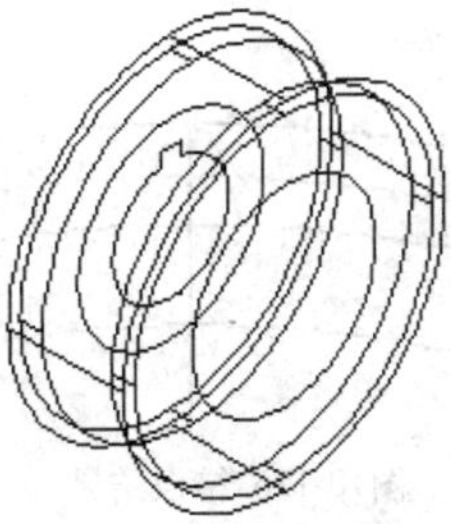
图10-115 复制结果

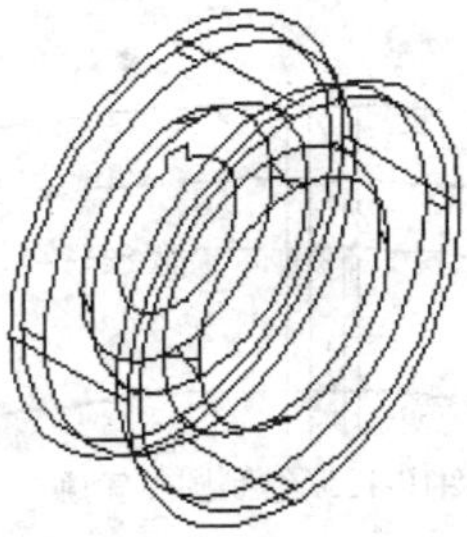
图10-116 拉伸实体

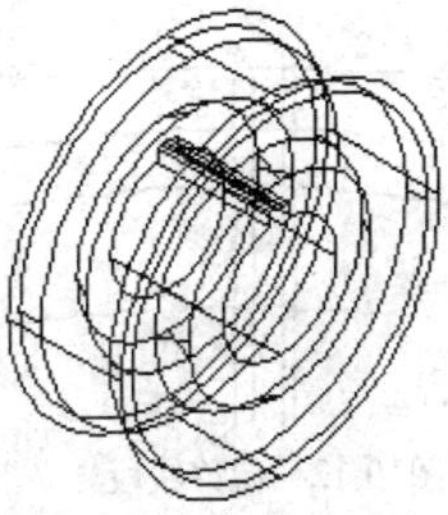
图10-117 拉伸结果

12 在命令行设置系统变量FACETRES的值为10。

13 单击【修改】/【实体编辑】/【差集】命令，从实体中减去半径为65的圆柱形拉伸实体和中间的轴承拉伸实体，然后对其进行概念着色，结果如图10-118所示。

14 将当前视图切换为主视图，然后执行【视觉样式】命令，将着色方式恢复为线框着色。

15 用最外侧圆的左右象点作为圆心，绘制半径为10的圆，如图10-119所示。

16 执行菜单栏中的【绘图】/【建模】/【拉伸】命令，将两个半径为10的圆拉伸49个单位，并将拉伸实体，向内侧移动15个绘图单位，结果如图10-120所示。

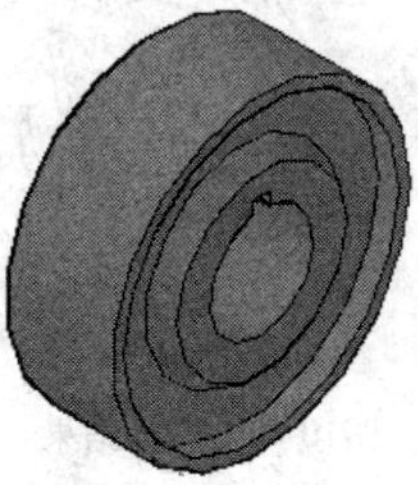
图10-118 差集结果

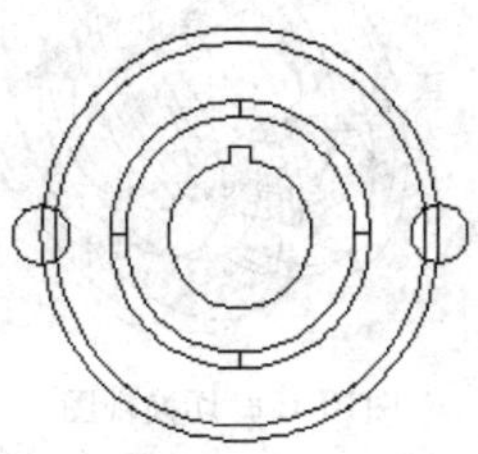
图10-119 绘制圆

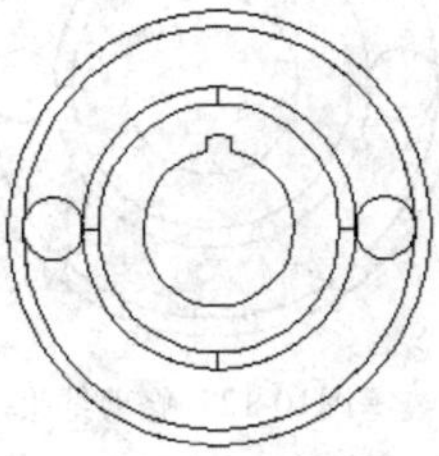
图10-120 拉伸并移动

17 将视图切换为西南等轴测图，然后执行【差集】命令，从齿轮实体中减去两个半径为10的拉伸实体，概念着色后的效果如图10-121所示。

18 将视图切换为主视图，然后执行【圆】命令，以齿轮中心为圆心绘制半径为70、72.4和75的同心圆，结果如图10-122所示。

19 单击【绘图】工具栏中的按钮，配合圆心捕捉功能绘制如图10-123所示的垂直中心线。

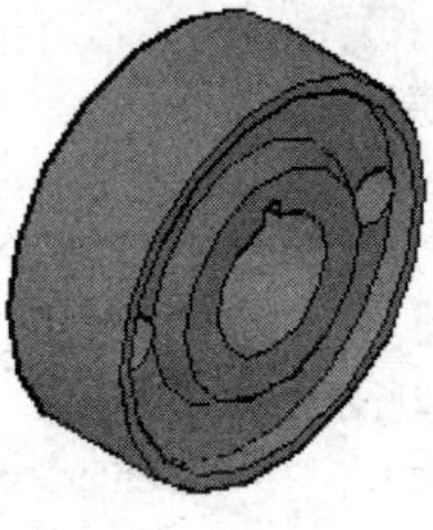
图10-121 概念着色

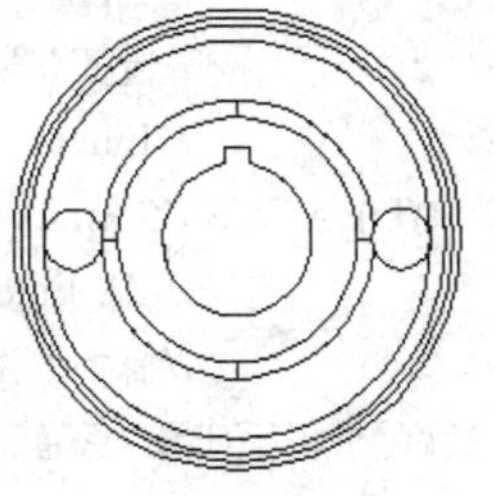
图10-122 绘制同心圆

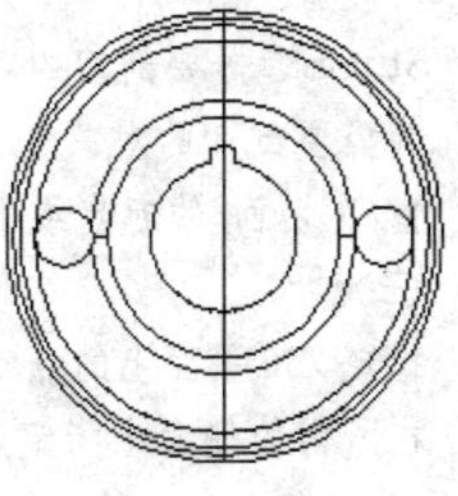
图10-123 绘制结果

20 单击【修改】工具栏中的按钮，将垂直中心线向左偏移0.75、2.0和2.5个单位，结果如图10-124所示。

21 单击【绘图】工具栏中的按钮，激活【圆弧】命令，过1、2、3三点绘制圆弧，结果如图10-125所示。

22 删除多余的垂直线，然后单击【修改】工具栏中的按钮，对刚绘制的圆弧进行镜像，结果如图10-126所示。

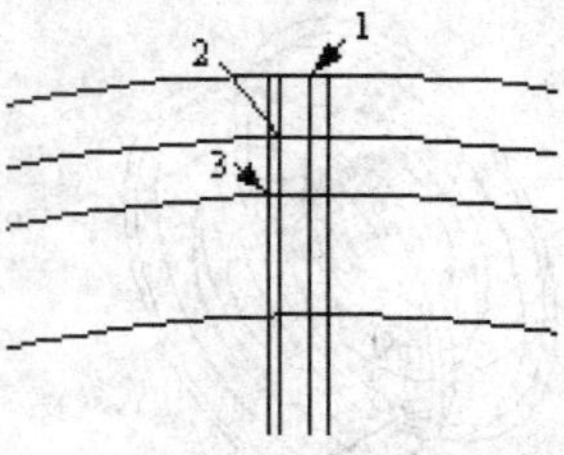

图10-124 偏移线段

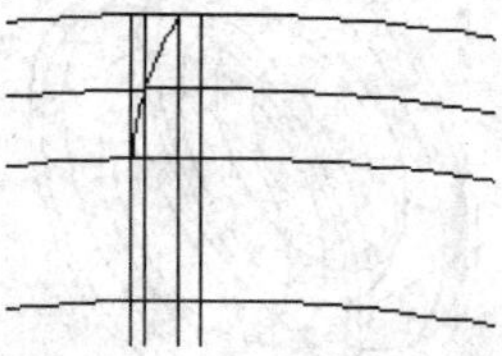
图10-125 绘制圆弧轮廓

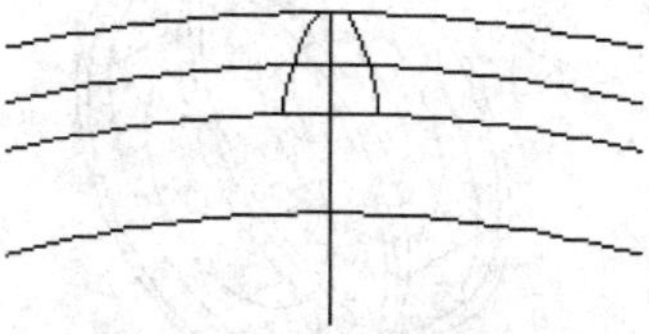
图10-126 镜像结果

23 删除半径为72.4的圆和过圆心的垂直中心线，然后执行【修剪】命令，对图线进行修剪，结果如图10-127所示。

24 将修剪后所得的轮廓编辑为一条闭合的多线段，然后将视图切换为西南等轴测图，结果如图10-128所示。

25 单击【绘图】菜单中的【建模】/【拉伸】命令，将多线段拉伸49个绘图单位，结果如图10-129所示。

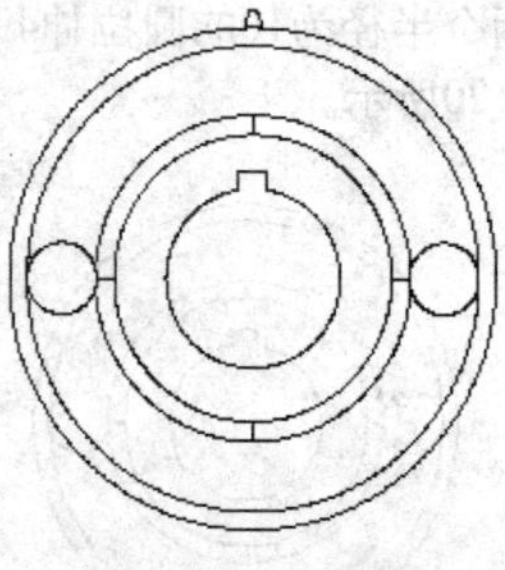
图10-127 修剪结果

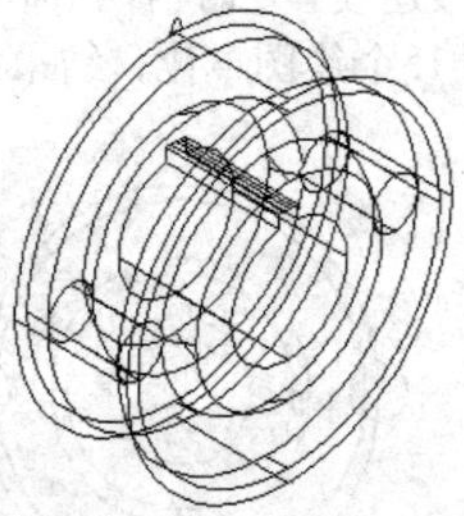
图10-128 切换视图

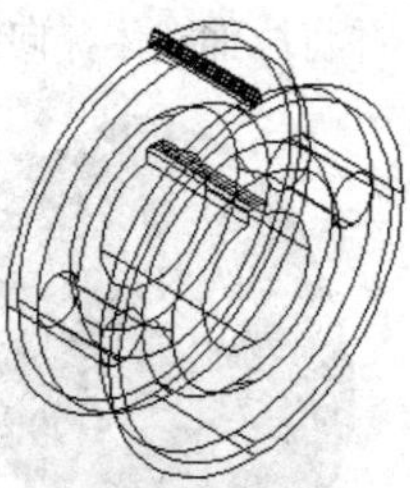
图10-129 拉伸结果

26 将视图切换到前视图，使用命令简写"A"的激活【环形阵列】命令，将轮齿拉伸实体环形阵列45份，然后切换到东南视图，结果如图10-130所示。

27 使用命令简写"UNI"激活【并集】命令，将所有模型进行并集，然后对模型进行消隐，效果如图10-131所示。

28 执行菜单栏中的【修改】/【复制】命令，将齿轮造型复制一份。

29 使用命令简写"SL"激活【剖切】命令，对复制出的造型进行剖切，命令行操作如下。

```
命令: sl                                          // Enter
    SLICE选择要剖切的对象:                        //选择复制出的模型
    选择要剖切的对象:                              // Enter
    指定 切面 的起点或 [平面对象(O)/曲面(S)/Z 轴(Z)/视图(V)/XY(XY)/YZ(YZ)/ZX(ZX)/三点(3)] <三点>:   // ZX Enter
    指定 ZX 平面上的点 <0,0,0>:                   //捕捉如图10-132所示的圆心
    在所需的侧面上指定点或 [保留两个侧面(B)] <保留两个侧面>:   // Enter，结束命令
```

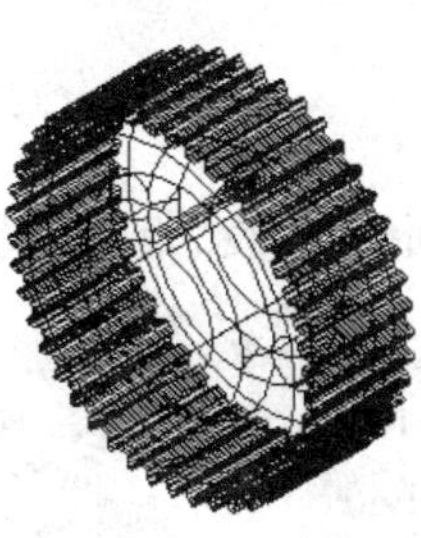
图10-130 阵列结果

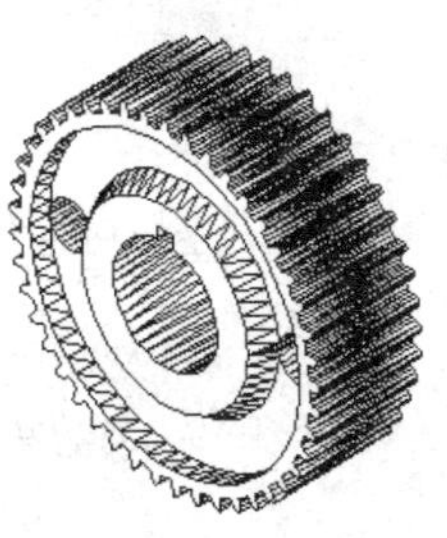
图10-131 消隐效果

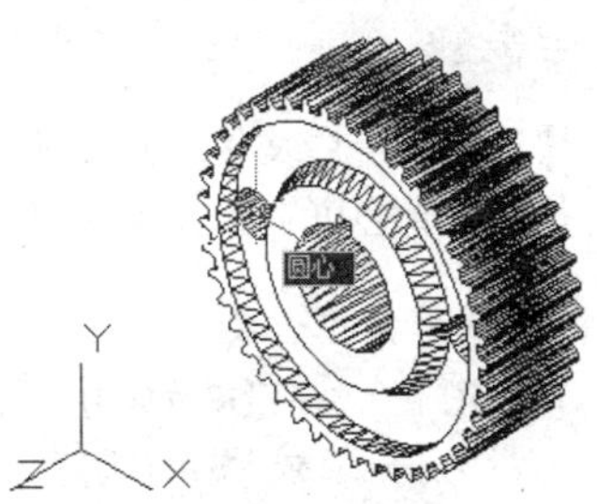

图10-132 捕捉圆心

30 使用命令简写“M”激活【移动】命令，将上侧的剖切体进行外移，然后对模型进行灰度着色，效果如图10-133所示。

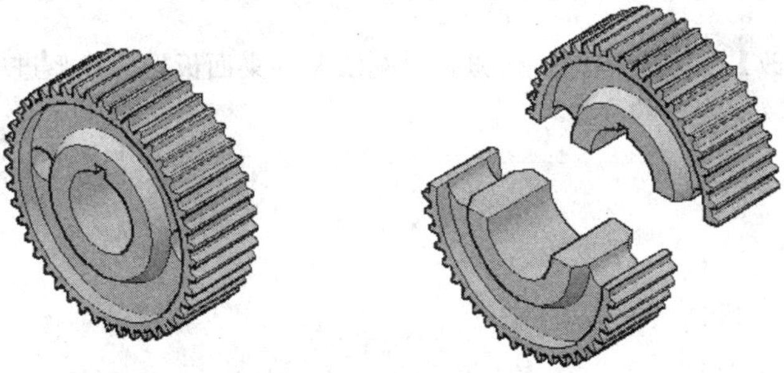
图10-133 着色效果

31 使用命令简写“VS”激活【视觉样式】命令，对三维造型及剖切体进行平滑着色，最终结果如图10-109所示。

32 最后执行【保存】命令，将图形命名存储为“上机指导（一）.dwg”

10.7 上机指导（二）——制作职员桌椅立体造型

本例通过制作职员桌椅立体造型，对所学知识进行综合练习和巩固应用。职员桌椅立体造型的最终制作效果，如图10-134所示。

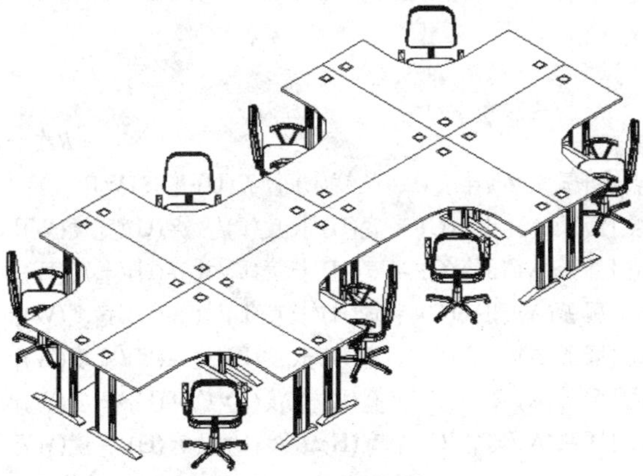
图10-134 实例效果

操作步骤

1 快速新建空白文件，并打开对象捕捉功能。

2 执行菜单栏中的【绘图】/【直线】命令，配合坐标功能绘制桌面板轮廓线，命令行操作如下。

```
命令: _line 指定第一点:                         //在绘图区下侧拾取一点
    指定下一点或 [放弃(U)]:                      //@1500,0 Enter
    指定下一点或 [放弃(U)]:                      //@0,-700 Enter
    指定下一点或 [闭合(C)/放弃(U)]:              //@-1000,0 Enter
    指定下一点或 [闭合(C)/放弃(U)]:              //@0,-800 Enter
    指定下一点或 [闭合(C)/放弃(U)]:              //@-500,0 Enter
    指定下一点或 [闭合(C)/放弃(U)]:              // C Enter，绘制结果如图10-135所示
```

3 单击【修改】工具栏中的按钮，对刚绘制的桌面板轮廓线形进行圆角，圆角半径为400，结果如图10-136所示。

图10-135 绘制桌面板

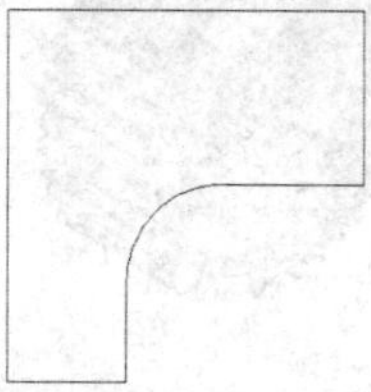

图10-136 圆角结果

4 使用命令简写“REG”激活【面域】命令，将圆角后的桌面板轮廓线定义成面域。

5 单击【建模】工具栏中的按钮，激活【拉伸】命令，创建桌面板立体造型。命令行操作如下。

```
命令: _extrude
    当前线框密度: ISOLINES=4，闭合轮廓创建模式 = 实体
    选择要拉伸的对象或 [模式(MO)]: _MO 闭合轮廓创建模式 [实体(SO)/曲面(SU)] <实体>: _SO
    选择要拉伸的对象或 [模式(MO)]:                                  //选择桌面板面域
    选择要拉伸的对象或 [模式(MO)]:                                  //Enter
    指定拉伸的高度或 [方向(D)/路径(P)/倾斜角(T)/表达式(E)] <0.0>:   //@0,0,25 Enter
```

6 将当前视图切换为左视图，然后执行【多段线】命令，配合坐标功能绘制桌脚轮廓线，命令行操作如下。

```
命令: _pline
    指定起点:                                                           //在绘图区下侧拾取一点
    指定下一个点或 [圆弧(A)/半宽(H)/长度(L)/放弃(U)/宽度(W)]:            // @0,-10 Enter
    指定下一点或 [圆弧(A)/闭合(C)/半宽(H)/长度(L)/放弃(U)/宽度(W)]:     //@600,0 Enter
    指定下一点或 [圆弧(A)/闭合(C)/半宽(H)/长度(L)/放弃(U)/宽度(W)]:     //@10<81 Enter
    指定下一点或 [圆弧(A)/闭合(C)/半宽(H)/长度(L)/放弃(U)/宽度(W)]:     //@125<171 Enter
    指定下一点或 [圆弧(A)/闭合(C)/半宽(H)/长度(L)/放弃(U)/宽度(W)]:     //@166<175 Enter
    指定下一点或 [圆弧(A)/闭合(C)/半宽(H)/长度(L)/放弃(U)/宽度(W)]:     //@-240,0 Enter
    指定下一点或 [圆弧(A)/闭合(C)/半宽(H)/长度(L)/放弃(U)/宽度(W)]:
                                        //C Enter，闭合图形，绘制结果如图10-137所示
```

图10-137 绘制结果

7 使用命令简写“EXT”激活【拉伸】命令，将刚绘制的闭合多段线拉伸为三维实体，拉伸高度为60个单位。

8 将当前视图切换为俯视图，然后使用命令简写“C”激活【圆】命令，绘制半径为110的两个圆，圆心距为170，如图10-138所示。

9 重复执行【圆】命令，绘制半径为10的相切圆，如图10-139所示。

10 使用命令简写“L”激活【直线】命令，配合象限点捕捉功能，绘制如图10-140所示的直线。

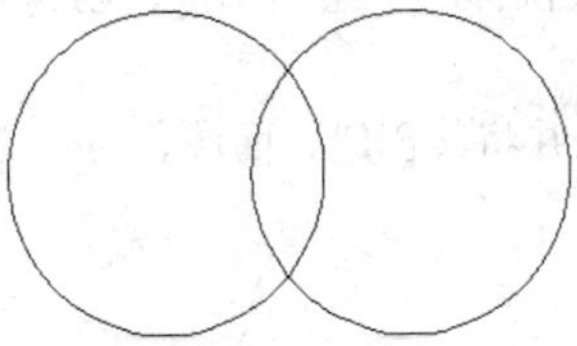

图10-138 绘制圆

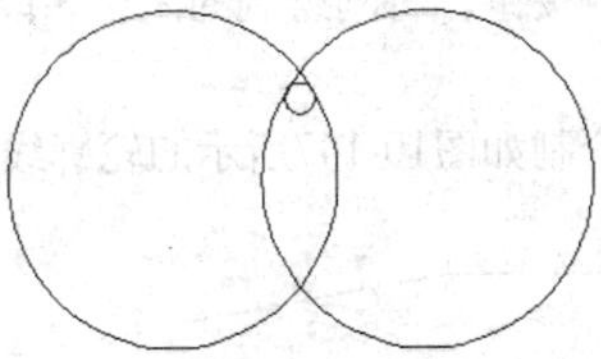

图10-139 绘制相切圆

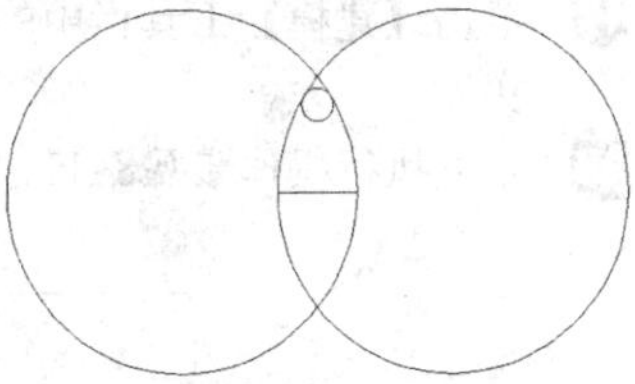

图10-140 绘制结果

11 使用命令简写“TR”激活【修剪】命令，对图形进行修剪，结果如图10-141所示。

12 将图10-141所示的闭合图形转化成面域，然后绘制长度为50、宽度为120的矩形，如图10-142所示。

13 使用命令简写“MI”激活【镜像】命令，选择矩形上侧的闭合面域进行镜像，结果如图10-143所示。

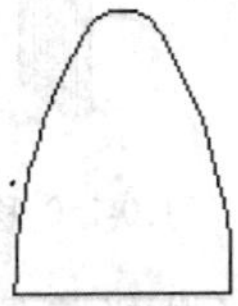

图10-141 修剪结果

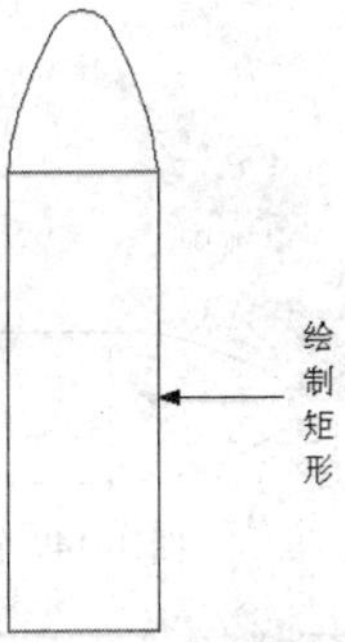

图10-142 绘制矩形

图10-143 镜像结果

14 单击【建模】工具栏中的按钮，将图10-143所示的三个闭合图形拉伸700个单位，然后切换到西南视图，结果如图10-144所示。

15 使用命令简写“M”激活【移动】命令，将创建的桌腿模型进行组合，结果如图10-145所示。

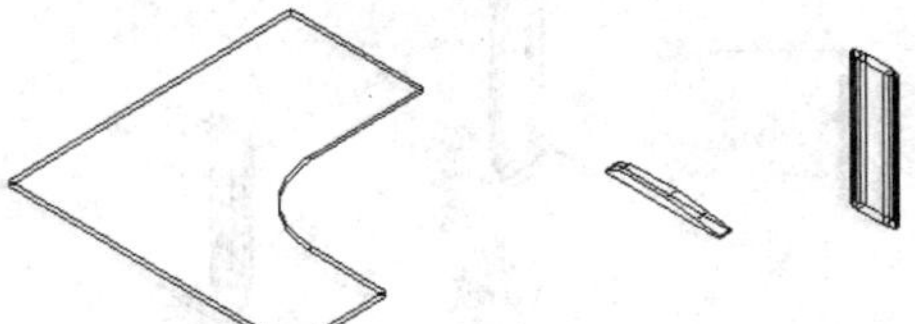

图10-144 切换为西南视图

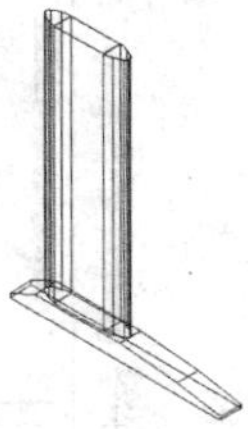

图10-145 移动结果

16 将当前视图切换为左视图，然后配合坐标功能绘制闭合多段线，命令行操作如下。

```
命令: _pline
    指定起点:                                                         //在绘图区下侧拾取一点
    指定下一个点或 [圆弧(A)/半宽(H)/长度(L)/放弃(U)/宽度(W)]:              // @0,-10Enter
    指定下一点或 [圆弧(A)/闭合(C)/半宽(H)/长度(L)/放弃(U)/宽度(W)]: //@450,0 Enter
    指定下一点或 [圆弧(A)/闭合(C)/半宽(H)/长度(L)/放弃(U)/宽度(W)]: //@9<81 Enter
    指定下一点或 [圆弧(A)/闭合(C)/半宽(H)/长度(L)/放弃(U)/宽度(W)]: //@201<170 Enter
    指定下一点或 [圆弧(A)/闭合(C)/半宽(H)/长度(L)/放弃(U)/宽度(W)]: //@-180,0 Enter
    指定下一点或 [圆弧(A)/闭合(C)/半宽(H)/长度(L)/放弃(U)/宽度(W)]:
                                          //C Enter, 闭合图形, 绘制结果如图10-146所示
```

17 单击【建模】工具栏中的按钮，将刚绘制的闭合多段线拉伸60个绘图单位，创建为三维实体。

18 重复执行操作步骤8~11，绘制如图10-147所示的轮廓线，并将其创建为面域。

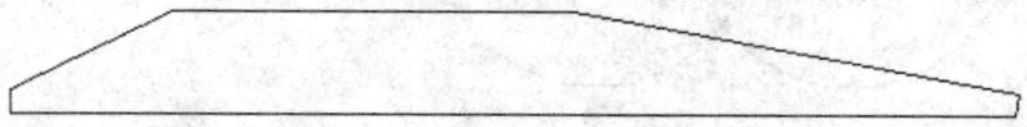

图10-146 二维多段线

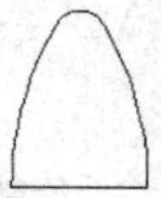

图10-147 绘制结果

19 将刚创建的面域图形旋转90度，然后绘制长度为60、宽度为50的矩形，如图10-148所示。

20 使用命令简写“MI”激活【镜像】命令，对面域进行镜像复制，结果如图10-149所示。

21 使用命令简写“EXT”激活【拉伸】命令，三个面域拉伸700个单位，创建为三维实体。

22 将当前视图切换为西南视图，使用【移动】命令将刚创建的桌腿模型进行组合，结果如图10-150所示。

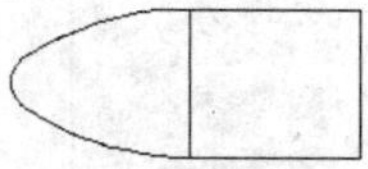

图10-148 绘制矩形

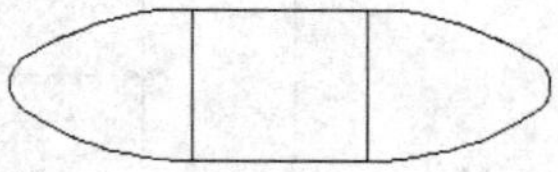

图10-149 镜像结果

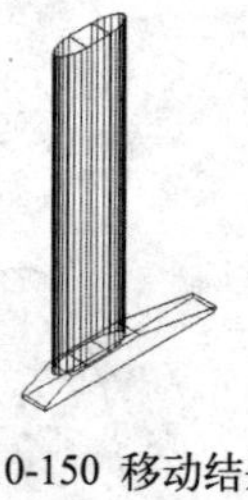

图10-150 移动结果

23 使用命令简写“M”激活【移动】命令，分别将桌腿与桌面板拼装在一起，结果如图10-151所示。

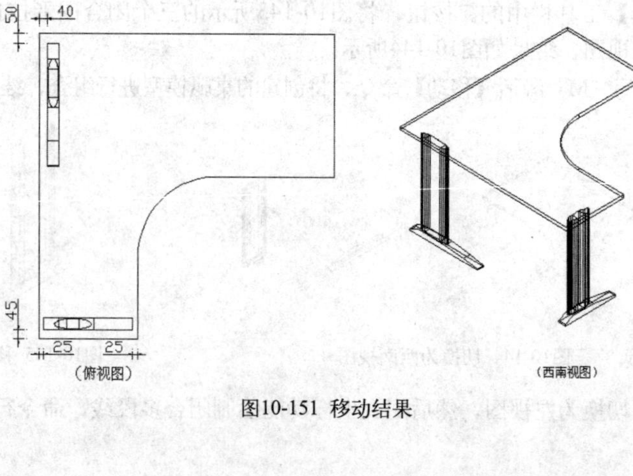

图10-151 移动结果

24 确保当前视图为俯视图，选择顶部的桌腿模型进行镜像复制，镜像结果如图10-152所示。

TIP 在具体的拼装过程中，需要配合多个视图，才能将各模型正确组合在一块。

25 执行菜单栏中的【视图】/【三维视图】/【东南等轴测】命令，将当前视图切换为东南视图，结果如图10-153所示。

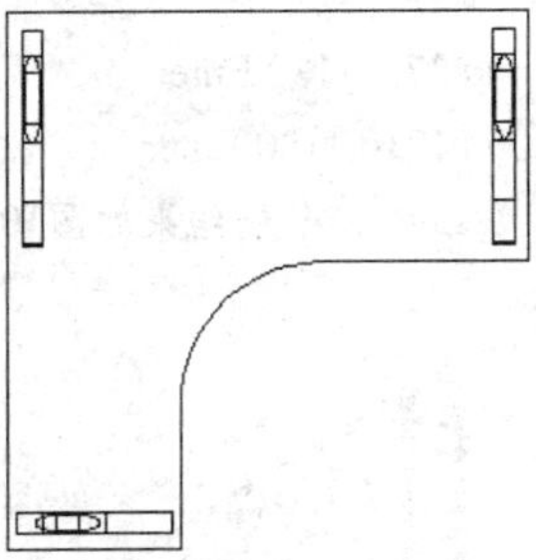
图10-152 镜像结果

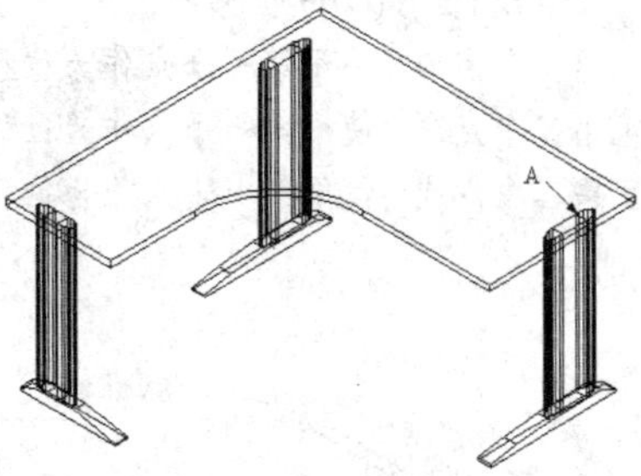

图10-153 东南视图

26 执行菜单栏中的【绘图】/【建模】/【长方体】命令，绘制办公桌的前档板模型，命令行操作如下。

```
命令: _box
    指定第一个角点或 [中心(C)]:                //捕捉图10-153所示的A点
    指定其他角点或 [立方体(C)/长度(L)]:        //l Enter，激活【长度】选项
    指定长度:                                  //-1310 Enter
    指定宽度:                                  //18 Enter
    指定高度或 [两点(2P)]:                     //-500 Enter，创建结果如图10-154所示
```

27 使用命令简写“C”激活【圆】命令，配合【捕捉自】功能，以图10-154所示的Q点作为偏移基点，以“@120,170”作为圆心点，绘制半径为40的圆，如图10-155所示。

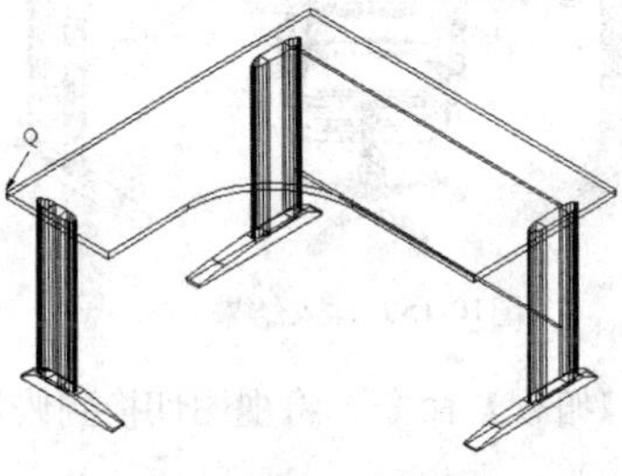

图10-154 创建前档板模型

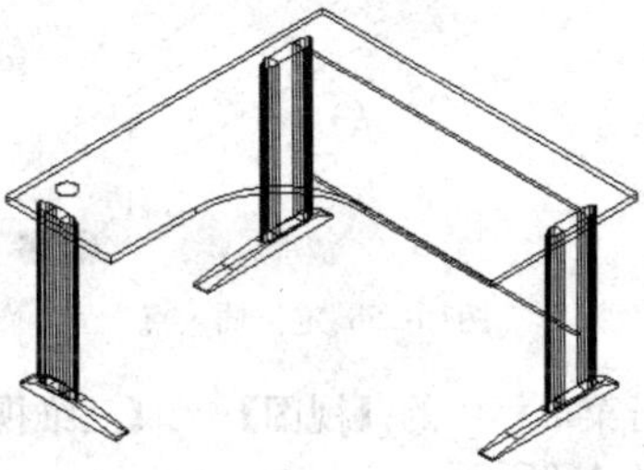
图10-155 绘制结果

28 执行菜单栏中的【绘图】/【正多边形】命令，以圆的圆心作为中心点，绘制边长为90的正方形，命令行操作如下。

```
命令: _polygon
    输入边的数目 <4>:                          // Enter，采用默认边数
    指定正多边形的中心点或 [边(E)]:            //捕捉圆的圆心
    输入选项 [内接于圆(I)/外切于圆(C)] <I>:    //C Enter
    指定圆的半径:                              //45 Enter，绘制结果如图10-156所示
```

29 使用命令简写“CO”激活【复制】命令，选择刚绘制的走线孔轮廓线进行复制，命令行操作如下。

命令: co	// Enter，激活命令
COPY选择对象:	//选择走线孔轮廓图
选择对象:	// Enter，结束选择
当前设置: 复制模式 = 多个	
指定基点或 [位移(D)] <位移>:	//捕捉走线孔的中心点
指定第二个点或 <使用第一个点作为位移>:	//@37.5,1180 Enter
指定第二个点或 <使用第一个点作为位移>:	//@1210,1180 Enter
指定第二个点或 <使用第一个点作为位移>:	// Enter，复制结果如图10-157所示

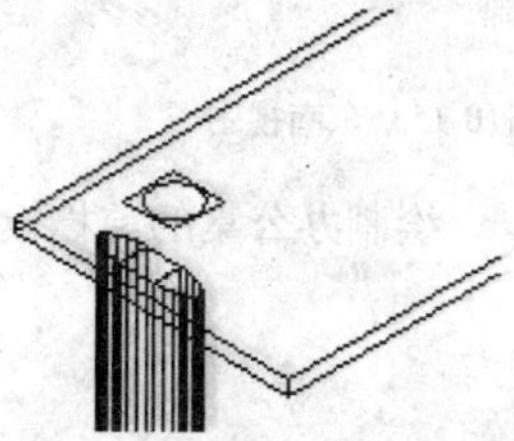

图10-156 绘制结果

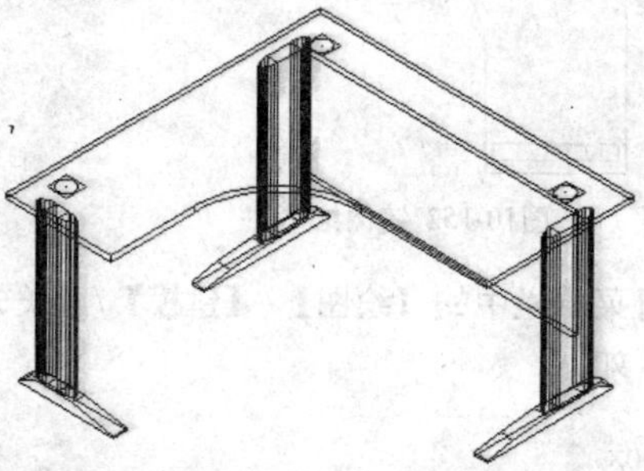

图10-157 复制结果

30 使用命令简写“I”激活【插入块】命令，默认参数，插入光盘中的“图块文件／办公椅.dwg”，插入点为图10-158所示的端点，插入结果如图10-159所示。

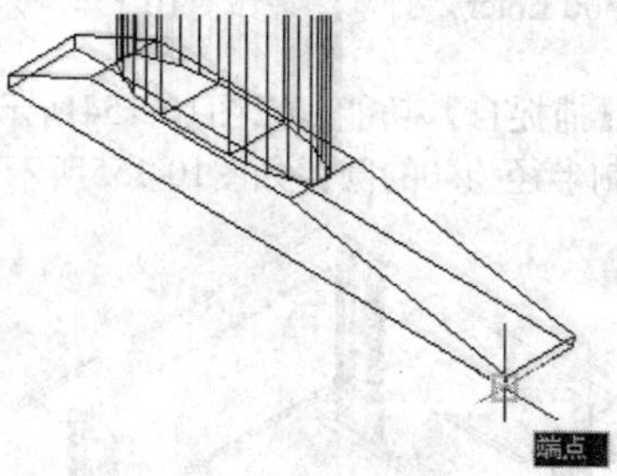

图10-158 定位插入点

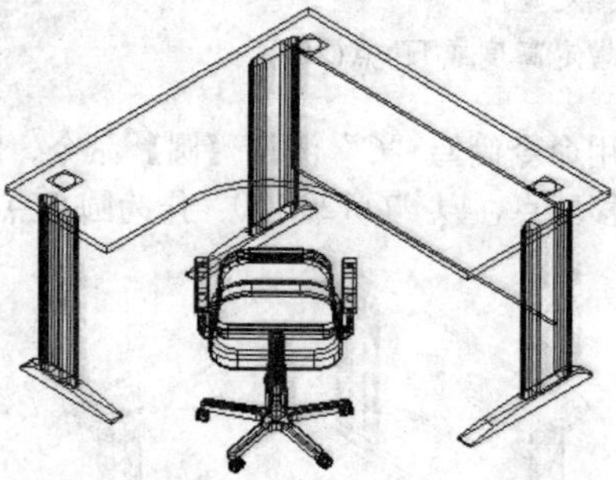

图10-159 插入结果

31 执行菜单栏中的【视图】／【三维视图】／【俯视】命令，将视图切换到俯视图，结果如图10-160所示。

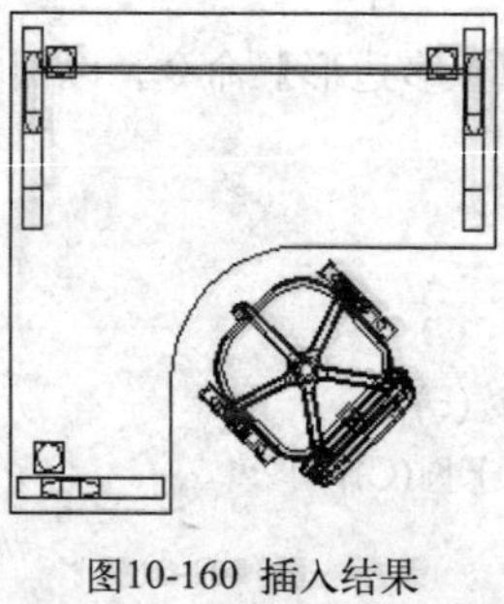

图10-160 插入结果

32 多次执行【镜像】命令，对职员桌椅进行多次镜像，结果如图10-161所示。

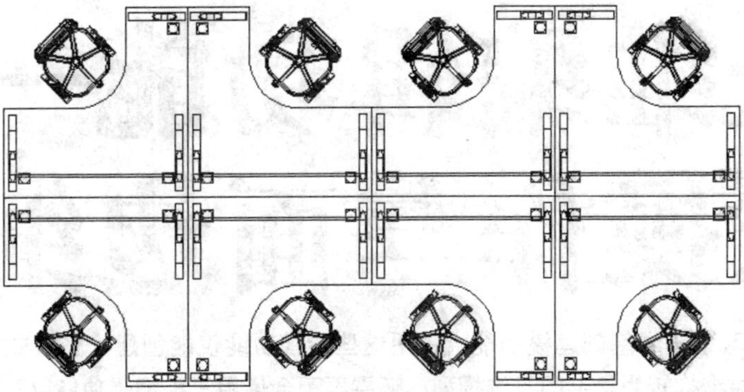

图10-161 镜像结果

33 执行菜单栏中的【视图】/【三维视图】/【西南等轴测】命令，将视图切换到西南视图，结果如图10-162所示。

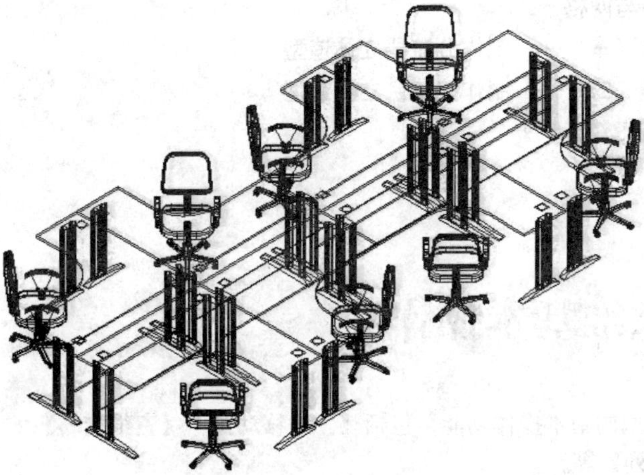

图10-162 切换视图

34 使用命令简写“HI”激活【消隐】命令，最终效果如图10-134所示。

35 最后执行【保存】命令，将图形命名存储为“上机指导（二）.dwg”。

第11章

三维编辑功能——三维操作与面边细化

第10章学习了三维基础建模功能，使用这些建模功能仅能创建一些形式简单的三维模型，如果要创建结构较为复杂的三维模型，还需要配合使用三维编辑功能以及模型的面边细化等功能。本章学习内容如下：

✓ 三维基本操作
✓ 编辑实体边与面
✓ 编辑曲面与网格
✓ 上机指导（一）——制作分流器立体造型
✓ 上机指导（二）——制作接待台立体造型

11.1 三维基本操作

本节学习三维模型的基本操作功能，包括【三维移动】、【三维旋转】、【三维对齐】、【三维镜像】和【三维阵列】等。

11.1.1 三维移动

【三维移动】命令用于在三维视图中将选择的三维对象在操作空间内进行位移，如图11-1所示。

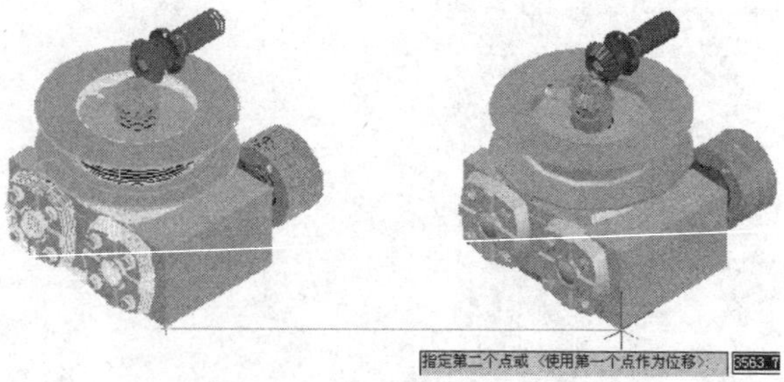

图11-1 三维移动示例

执行【三维移动】命令主要有以下几种方式：

◆ 单击菜单【修改】/【三维操作】/【三维移动】命令。

- 单击【建模】工具栏或【修改】面板上的按钮。
- 在命令行输入3dmove后按Enter键。。
- 使用命令简写3m。

执行【三维移动】命令后，其命令行操作提示如下：

```
命令: _3dmove
    选择对象:                              //选择移动对象
    选择对象:                              // Enter，结束选择
    指定基点或 [位移(D)] <位移>:            //定位基点
    指定第二个点或 <使用第一个点作为位移>:    //定位目标点
    正在重生成模型。
```

11.1.2 三维旋转

【三维旋转】命令用于在三维空间内按照指定的坐标轴，围绕基点旋转三维模型，如图11-2所示。

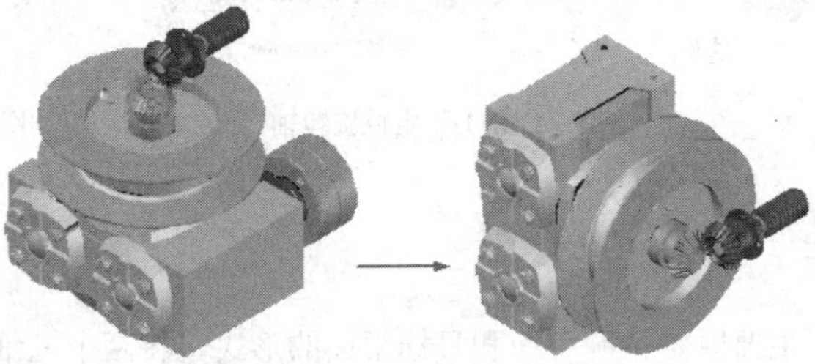

图11-2 三维旋转示例

执行【三维旋转】命令主要有以下几种方式：

- 单击菜单【修改】/【三维操作】/【三维旋转】命令。
- 单击【建模】工具栏或上【修改】面板上的按钮。
- 在命令行输入3drotate后按Enter键。

• 【三维旋转】命令的应用

下面通过典型的实例学习【三维旋转】命令的使用方法和操作技巧。具体操作步骤如下：

1. 打开随书光盘中的“素材文件 / 三维旋转示例.dwg”，如图11-3所示。
2. 使用命令简写“VS”激活【视觉样式】命令，对模型进行着色显示，效果如图11-4所示。
3. 单击【建模】工具栏中的按钮，激活【三维旋转】命令，将模型进行旋转。命令行操作如下。

```
命令: _3drotate
    UCS 当前的正角方向: ANGDIR=逆时针 ANGBASE=0
    选择对象:                  //选择如图11-5所示的模型
    选择对象:                  // Enter，结束选择
    指定基点:                  //捕捉如图11-6所示的端点作为基点旋
    拾取旋转轴:                //在图11-7所示轴方向上单击左键，定位旋转轴
    指定角的起点或键入角度:     //90 Enter，结束命令。
```

4. 旋转结果如图11-8所示。

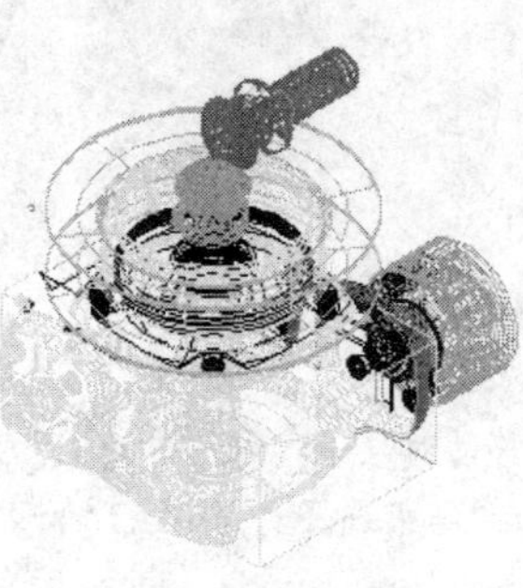

图11-3 打开结果

图11-4 切换视图

图11-5 选择对象

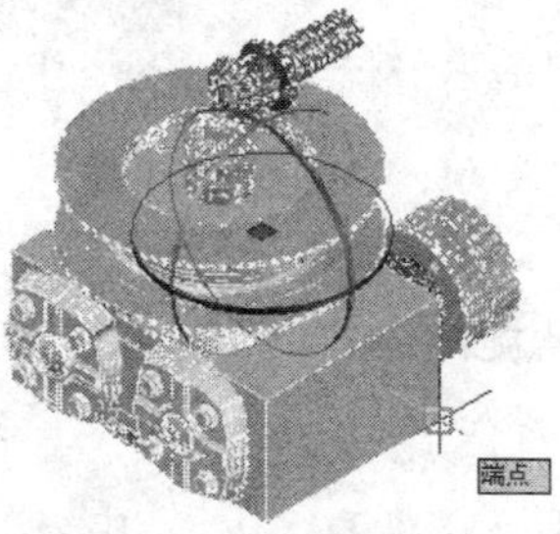

图11-6 定位其点

图11-7 定位旋转轴

图11-8 旋转结果

11.1.3 三维对齐

【三维对齐】命令主要以定位源平面和目标平面的形式，将两个三维对象在三维操作空间中对齐。

执行【三维对齐】命令主要有以下几种方式：

- 单击菜单【修改】/【三维操作】/【三维对齐】命令。
- 单击【建模】工具栏或【修改】面板上的按钮。
- 在命令行输入3dalign后按Enter键。

• 【三维对齐】命令的应用

下面通过典型的实例学习【三维对齐】命令的使用方法和操作技巧。具体操作步骤如下：

1 打开随书光盘中的“素材文件/三维对齐示例.dwg”，如图11-9所示。

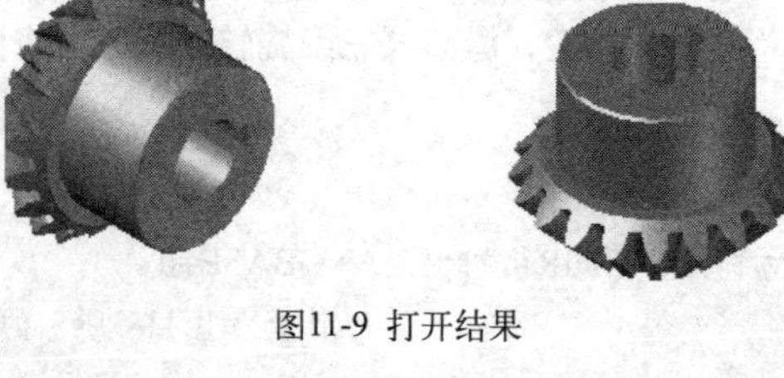

图11-9 打开结果

2 单击【建模】工具栏中的按钮，激活【三维对齐】命令，对模型进行空间对齐，命令行操作如下。

```
命令: _3dalign
    选择对象:                              //选择左侧的三维模型
    选择对象:                              // Enter，结束选择
```

指定源平面和方向 ...
指定基点或 [复制(C)]: //捕捉如图11-10所示的圆心
指定第二个点或 [继续(C)] <C>: //捕捉如图11-11所示的中点
指定第三个点或 [继续(C)] <C>: //捕捉如图11-12所示的端点

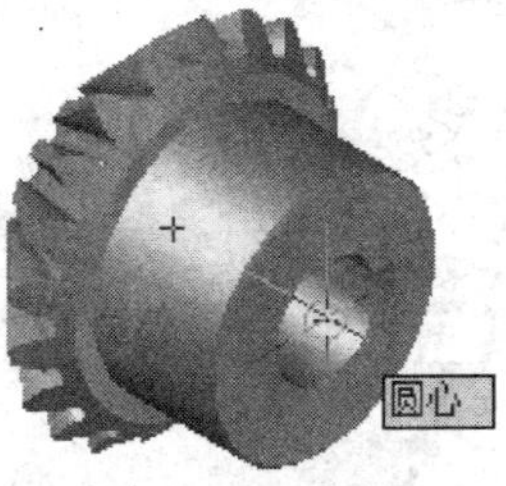

图11-10 捕捉圆心

图11-11 捕捉中点

图11-12 捕捉端点

指定目标平面和方向 ...
指定第一个目标点: //捕捉如图11-13所示的圆心
指定第二个目标点或 [退出(X)] <X>: //捕捉如图11-14所示的中点

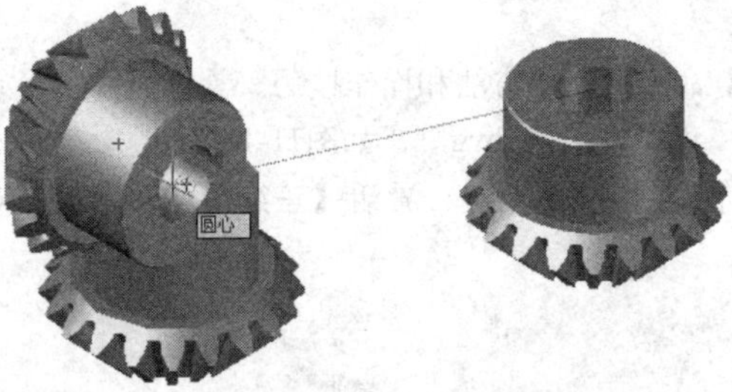

图11-13 捕捉圆心

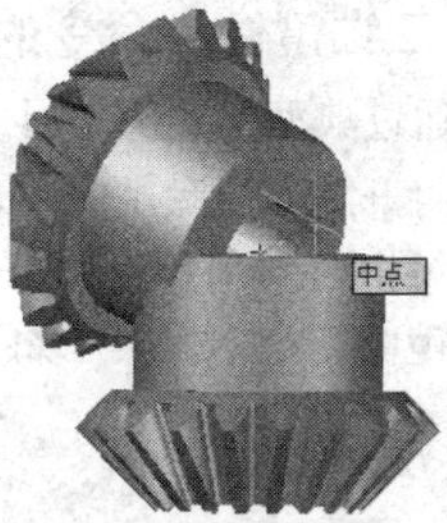

图11-14 捕捉中点

指定第三个目标点或 [退出(X)] <X>: //捕捉如图11-15所示的端点

TIP ▸▸ 【复制】选项用于复制源对象，然后再与目标对象对齐，而源对象保持不变。

3 对齐结果如图11-16所示。

图11-15 捕捉端点

图11-16 对齐结果

11.1.4 三维镜像

【三维镜像】命令用于在三维空间内将选定的三维模型按照指定的镜像平面进行镜像，以创建结构对称的三维模型，如图11-17所示。

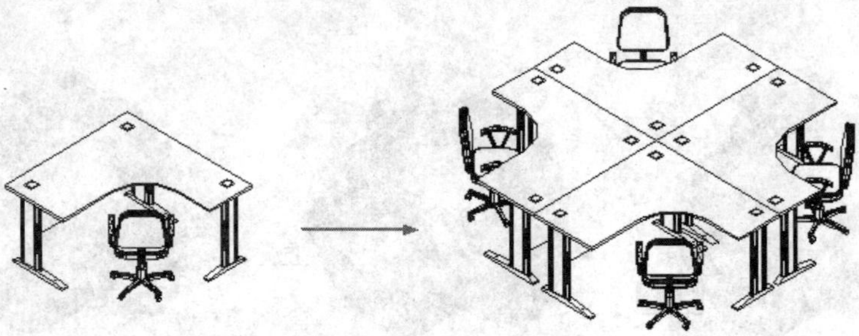

图11-17 三维镜像示例

执行【三维镜像】命令主要有以下几种方式：

- 单击菜单【修改】/【三维操作】/【三维镜像】命令。
- 在命令行输入Mirror3D后按Enter键。
- 单击【常用】选项卡/【修改】面板上的%按钮。

●【三维镜像】命令的应用

下面通过典型的实例学习【三维镜像】命令的使用方法和操作技巧。具体操作步骤如下：

1 打开随书光盘中的“素材文件/三维镜像示例.dwg”，如图11-18所示。

2 单击【常用】选项卡/【修改】面板上的%按钮，激活【三维镜像】命令，对模型进行镜像。命令行操作如下。

```
命令: _mirror3d
    选择对象:                                   //选择所有的模型对外
    选择对象:                                   // Enter
    指定镜像平面 (三点) 的第一个点或 [对象(O)/最近的(L)/Z 轴(Z)/视图(V)/XY 平面(XY)/YZ
  平面(YZ)/ZX 平面(ZX)/三点(3)] <三点>:          //XYEnter，激活【YZ平面】选项
    指定 YZ 平面上的点 <0,0,0>:                  //捕捉如图11-19所示的中点
    是否删除源对象？[是(Y)/否(N)] <否>:          // Enter，镜像结果如图11-20所示
```

3 重复执行【三维镜像】命令，配合端点捕捉功能继续对模型继续镜像。命令行操作如下。

```
命令: _mirror3d
    选择对象:                                   //选择所有的模型对象
    选择对象:                                   // Enter
    指定镜像平面 (三点) 的第一个点或 [对象(O)/最近的(L)/Z 轴(Z)/视图(V)/XY 平面(XY)/YZ
  平面(YZ)/ZX 平面(ZX)/三点(3)] <三点>:                 //ZX Enter
    指定 ZX 平面上的点 <0,0,0>:                         //捕捉如图11-21所示的端点
    是否删除源对象？[是(Y)/否(N)] <否>:                 // Enter，镜像结果如图11-22所示
```

4 使用命令简写“VS”激活【视觉样式】命令，对模型进行灰度着色，结果如图11-23所示。

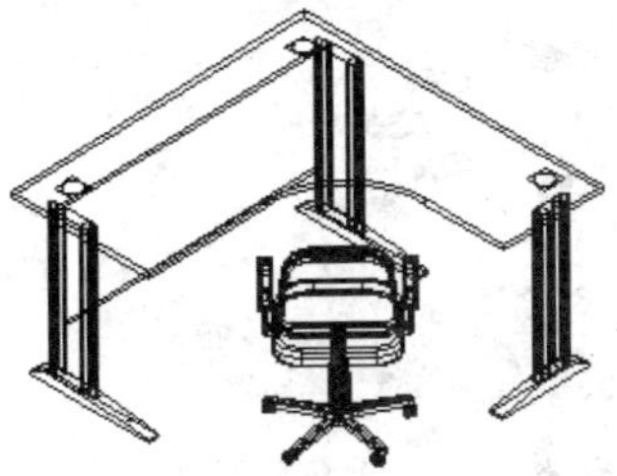

图11-18 打开结果

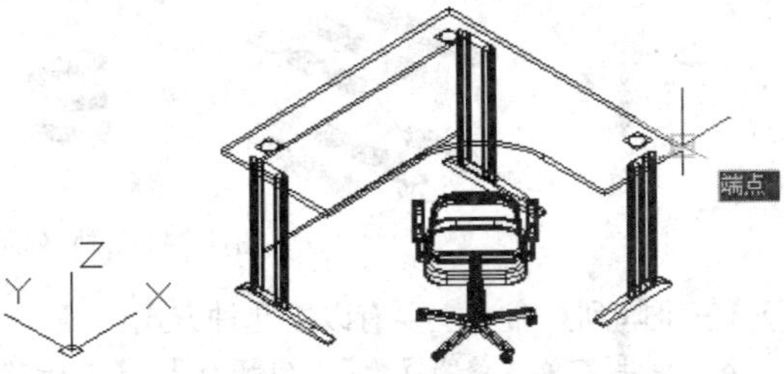

图11-19 捕捉中点

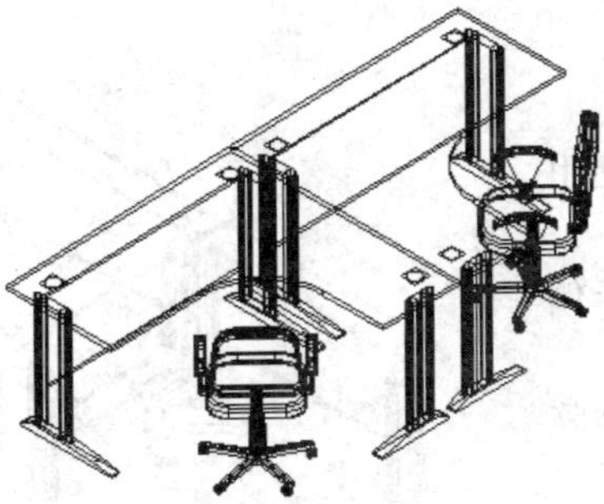

图11-20 镜像结果

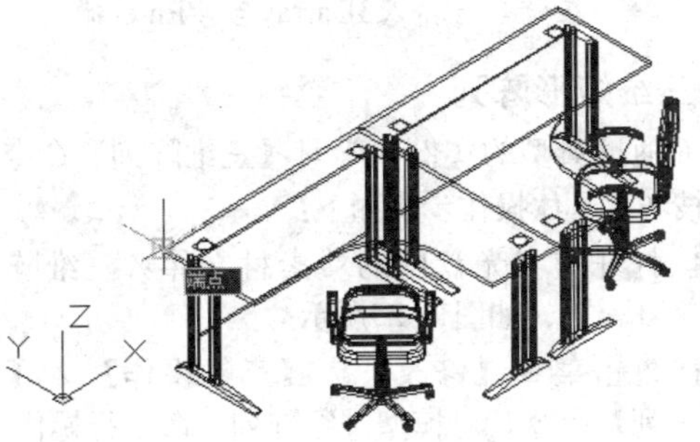

图11-21 捕捉端点

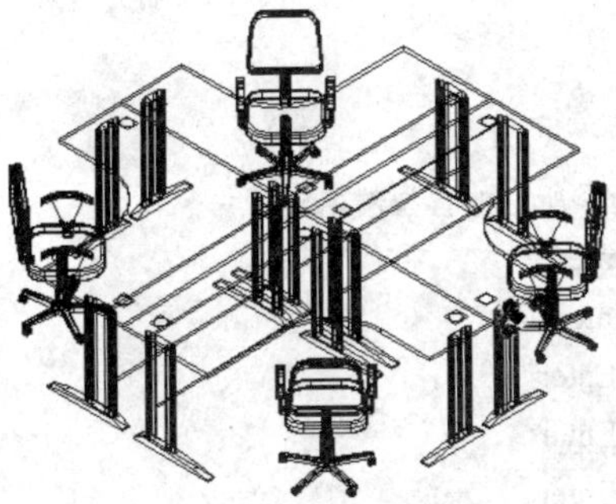

图11-22 镜像结果

图11-23 灰度着色

选项解析

- 【对象】选项:用于选定某一对象所在的平面作为镜像平面，该对象可以是圆弧或二维多段线。
- 【最近的】选项:用于以上次镜像使用的镜像平面作为当前镜像平面。
- 【Z轴】选项：用于在镜像平面及镜像平面的Z轴法线指定位点。
- 【视图】选项：用于在视图平面上指定点，进行空间镜像。
- 【XY平面】选项：用于以当前坐标系的XY平面作为镜像平面。
- 【YZ平面】选项：用于以当前坐标系的YZ平面作为镜像平面。
- 【ZX平面】选项：用于以当前坐标系的ZX平面作为镜像平面。
- 【三点】选项：用于指定三个点，以定位镜像平面。

11.1.5　三维阵列

【三维阵列】命令用于将三维模型按照矩形的方式，在三维空间中进行规则排列，如图11-24所示。

图11-24 三维阵列示例

执行【三维阵列】命令主要有以下几种方式：

- 单击菜单【修改】/【三维操作】/【三维阵列】命令。
- 单击【建模】工具栏中或【修改】面板上的按钮。
- 在命令行输入3Darray后按Enter键。

• 三维矩形阵列

下面通过典型的实例，学习【三维阵列】命令的使用方法和技巧。具体操作步骤如下：

1. 打开随书光盘中的“素材文件/三维阵列示例.dwg”，如图11-25所示。
2. 单击菜单【修改】/【三维操作】/【三维阵列】命令，对模型进行阵列。命令行操作如下。

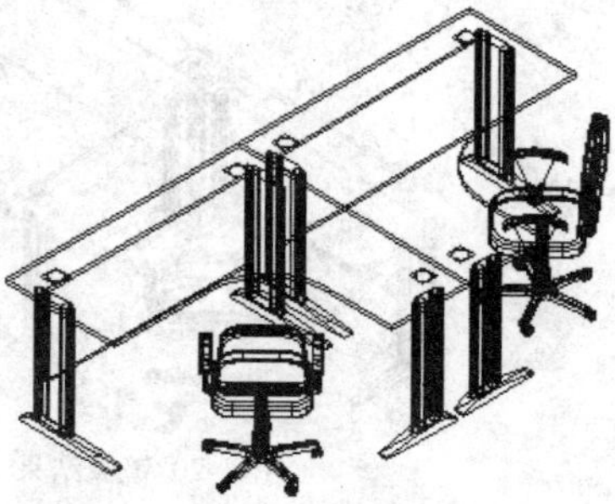

图11-25 打开结果

```
命令: _3darray
    选择对象:                                   //选择所有的模型对象
    选择对象:                                   // Enter
    输入阵列类型 [矩形(R)/环形(P)] <矩形>:      // Enter
    输入行数 (---) <1>:                         //6 Enter
    输入列数 (|||) <1>:                         //3 Enter
    输入层数 (...) <1>:                         //1 Enter
    指定行间距 (---):                           //1500 Enter
    指定列间距 (|||):                           //4500 Enter，阵列结果如图11-26所示
```

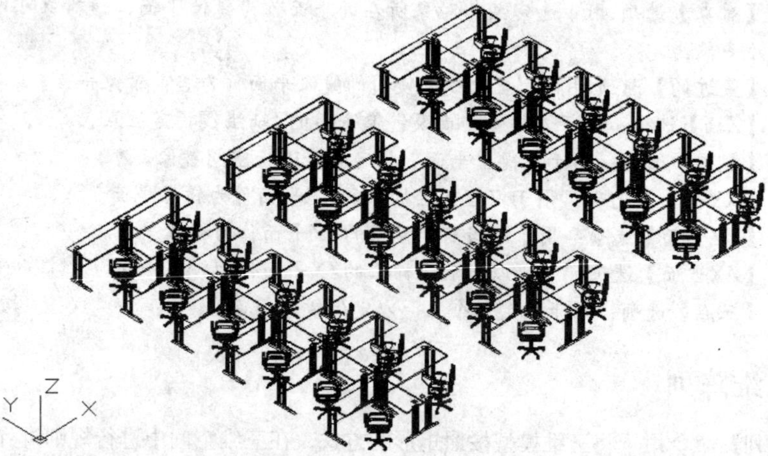

图11-26 阵列结果

3 使用命令简写“HI”激活【消隐】命令，对镜像后的模型进行消隐显示，结果如图11-27所示。

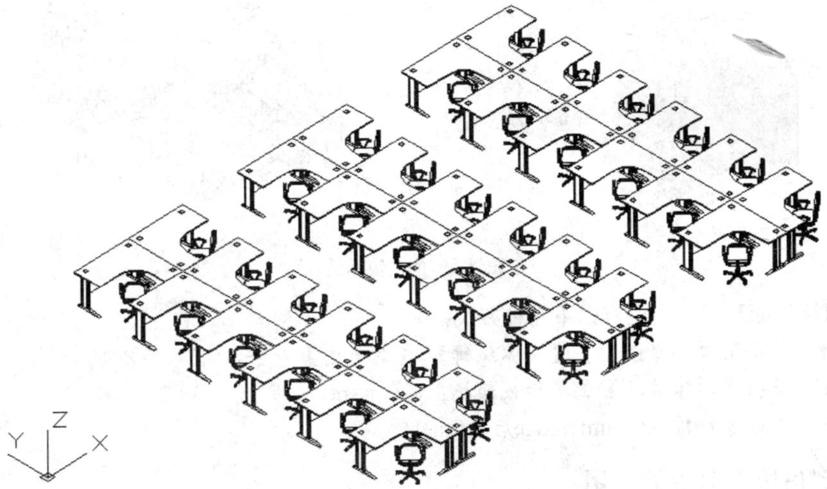

图11-27 消隐效果

TIP 【环形】选项用于将选择的三维模型在三维空间内进行环形阵列，如图11-28所示。

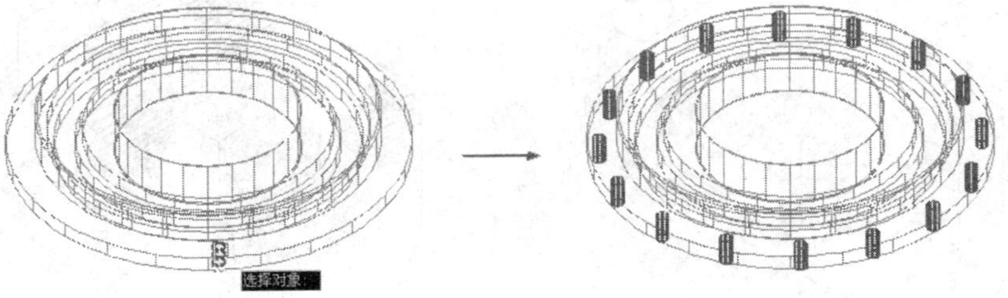

图11-28 三维环形阵列

11.2 编辑实体边与面

AutoCAD为用户提供了较为完善的实体面边的编辑功能，这些功能位于菜单【修改】/【实体编辑】菜单栏上，其工具按钮位于【实体编辑】工具栏或面板上。本节主要学习实体边与面的常用编辑功能。

11.2.1 倒角边

【倒角边】命令主要用于将实体的棱边按照指定的距离进行倒角编辑，如图11-29所示。

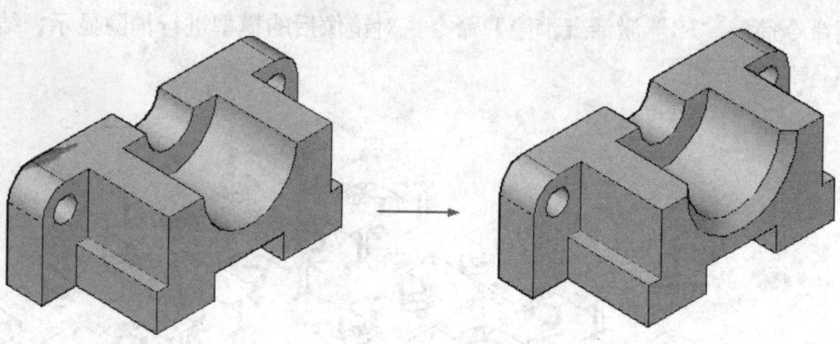

图11-29 倒角边示例

执行【拉伸面】命令主要有以下几种方式：

- 单击菜单【修改】/【实体编辑】/【倒角边】命令。
- 单击【实体编辑】工具栏或面板上的按钮。
- 在命令行输入Chamferedge后按Enter键。

• 【倒角边】命令的应用

下面通过典型实例，主要学习【倒角边】命令的使用方法和技巧。具体操作步骤如下：

1 执行【打开】命令，打开随书光盘中的“素材文件／倒角边示例.dwg”，如图11-30所示。

2 使用命令简写“HI”激活【消隐】命令，对模型进行消隐显示，结果如图11-31所示。

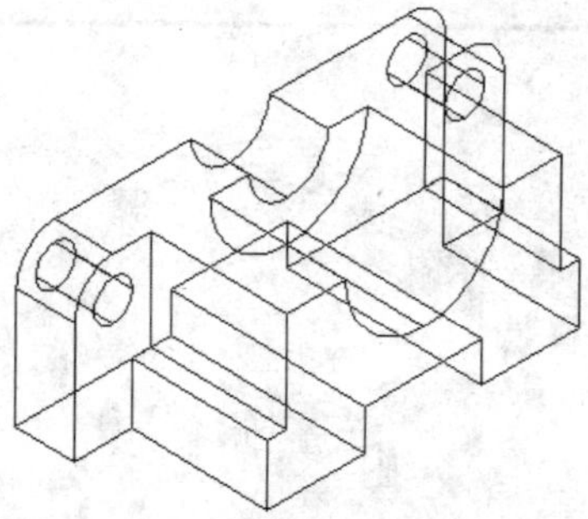

图11-30 打开结果

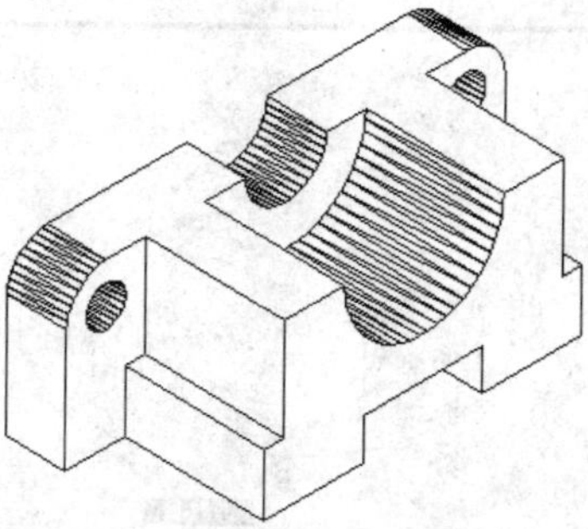

图11-31 消隐效果

3 单击【实体编辑】工具栏中的按钮，激活【倒角边】命令，对实体边进行倒角编辑。命令行操作如下。

```
命令: _CHAMFEREDGE 距离 1 = 1.0000，距离 2 = 1.0000
    选择一条边或 [环(L)/距离(D)]:                      //选择如图11-32所示的边
    选择属于同一个面的边或 [环(L)/距离(D)]:            //D Enter
    指定距离 1 或 [表达式(E)] <1.0000>:                //4 Enter
    指定距离 2 或 [表达式(E)] <1.0000>:                //4 Enter
    选择属于同一个面的边或 [环(L)/距离(D)]:            // Enter
    按 Enter 键接受倒角或 [距离(D)]:                   // Enter，结束命令
```

4 倒角后的结果如图11-33所示。

5 使用命令简写“HI”激活【消隐】命令，对模型进行消隐显示，结果如图11-34所示。

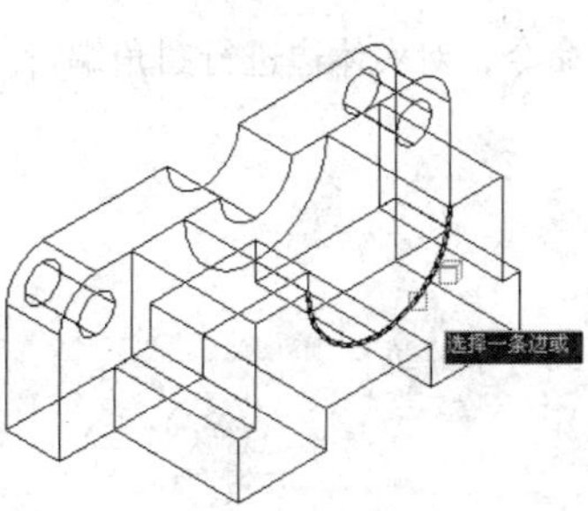

图11-32 选择倒角边

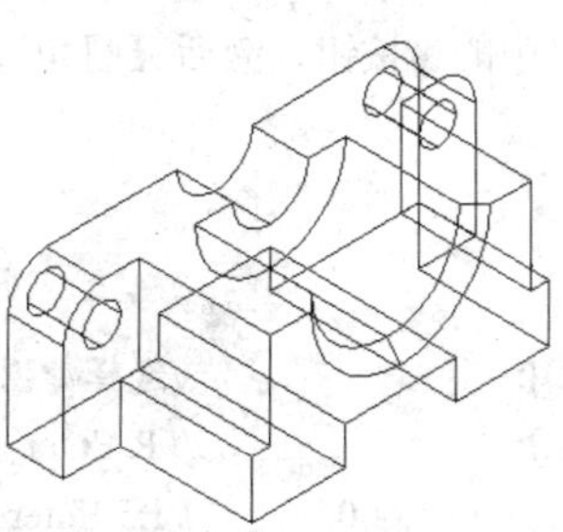
图11-33 倒角结果

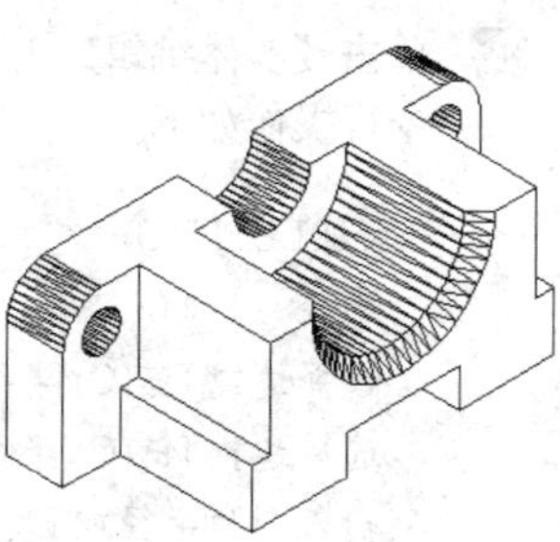
图11-34 消隐效果

第11章 第12章 第13章 第14章 第15章

选项解析

- 【环】选项用于一次选中倒角基面内的所有棱边。
- 【距离】选项用于设置倒角边的倒角距离。
- 【表达式】选项用于输入倒角距离的表达式，系统会自动计算出倒角距离值。

11.2.2 圆角边

【圆角边】命令主要用于将实体的棱边按照指定的半径进行圆角编辑，如图11-35所示。

图11-35 圆角边示例

执行【圆角边】命令主要有以下几种方式：

- 单击菜单【修改】/【实体编辑】/【圆角边】命令。
- 单击【实体编辑】工具栏或面板上的按钮。
- 在命令行输入Filletedge后按Enter键。

• 【倒角边】命令的应用

下面通过典型实例，主要学习【圆角边】命令的使用方法和技巧。具体操作步骤如下：

1 打开随书光盘中的“素材文件 / 圆角边示例.dwg”文件，如图11-36所示。

2 使用命令简写“HI”激活【消隐】命令，对模型进行消隐显示，结果如图11-37所示。

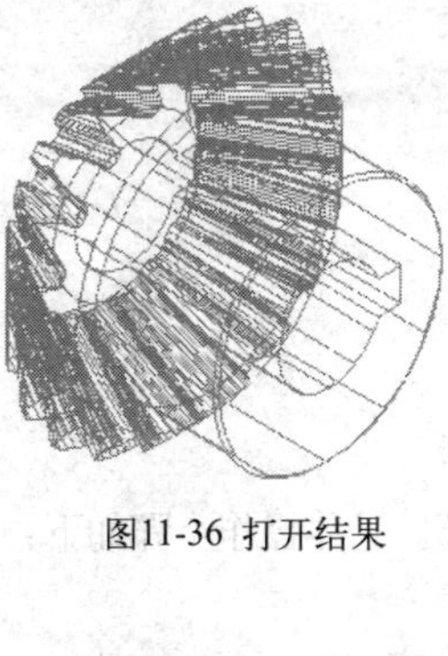
图11-36 打开结果

图11-37 消隐效果

图11-38 选择倒角边

3 单击【实体编辑】工具栏中的按钮，激活【圆角边】命令，对实体边进行圆角编辑。命令行操作如下。

```
命令: _FILLETEDGE
    半径 = 1.0000
    选择边或 [链(C)/半径(R)]:                    //选择如图11-38所示的边
    选择边或 [链(C)/半径(R)]:                    // R Enter
    输入圆角半径或 [表达式(E)] <1.0000>:          //1.5 Enter
    选择边或 [链(C)/半径(R)]:                    // Enter，效果如图11-39所示
    已选定 1 个边用于圆角。
    按 Enter 键接受圆角或 [半径(R)]:              // Enter，结束命令，圆角结果如图11-40所示
```

4 使用命令简写“HI”激活【消隐】命令，对模型进行消隐，结果如图11-41所示。

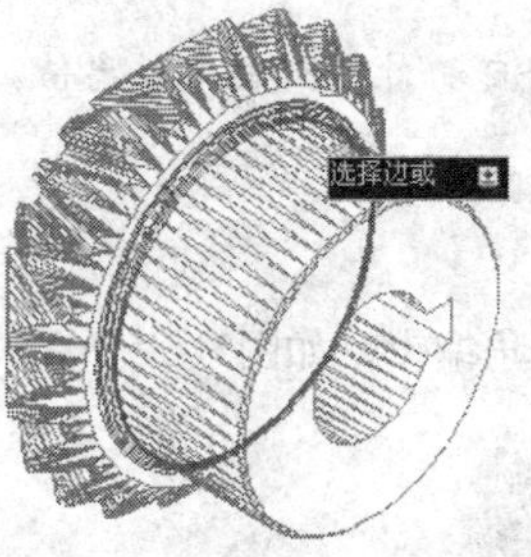

图11-39 圆角边倒角预览效果

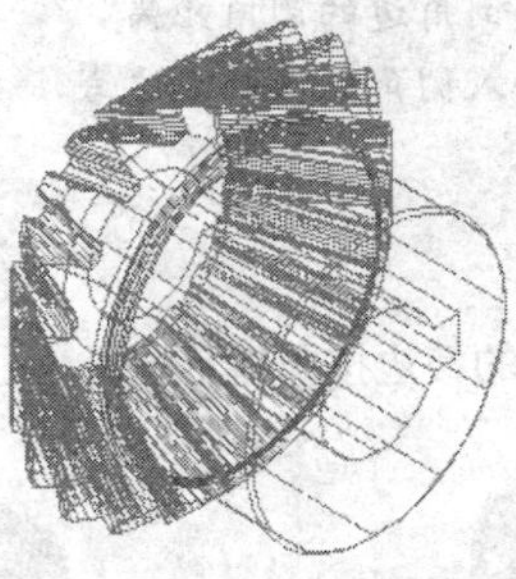

图11-40 圆角结果

图11-41 消隐结果

选项解析

- 【链】选项：如果各棱边是相切的关系，选择其中的一个边，则所有棱边都将被选中，同时进行圆角。
- 【半径】选项：用于为随后选择的棱边重新设定圆角半径。
- 【表达式】选项：用于输入圆角半径的表达式，系统会自动计算出圆角半径。

11.2.3 压印边

【压印边】命令用于将圆、圆弧、直线、多段线、样条曲线或实体等对象，压印到三维实体上，使其成为实体的一部分，如图11-42所示。

图11-42 压印边示例

执行【压印边】命令主要有以下几种方式：

- 单击菜单【修改】/【实体编辑】/【压印边】命令。
- 单击【实体编辑】工具栏或面板上的按钮。
- 在命令行输入Imprint后按Enter键。

• 【压印边】命令的应用

下面通过典型实例，主要学习【压印边】命令的使用方法和技巧。具体操作步骤如下：

1 打开随书光盘中的“素材文件 / 压印边示例.dwg”文件，如图11-43所示。

图11-43 打开结果

2 使用命令简写“M”激活【移动】命令，配合中点捕捉功能，选择右侧的三个二维闭合图形进行位移，结果如图11-44所示，消隐效果如图11-45所示。

图11-44 位移效果

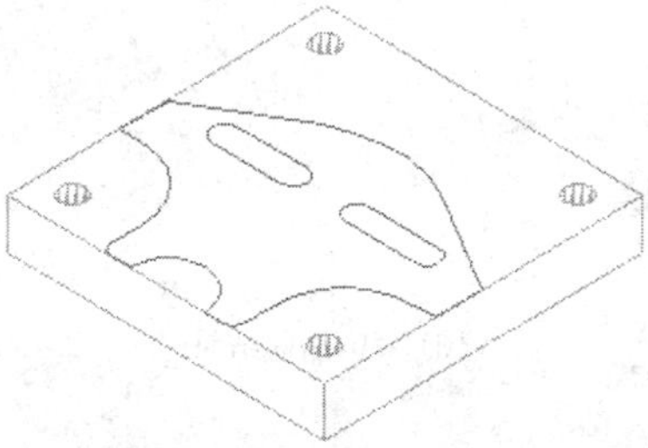

图11-45 消隐效果

3 单击【实体编辑】工具栏中的按钮，激活【压印边】命令，将右侧的三个闭合边界压印到左侧方体模型的上表面。命令行操作如下。

```
命令: _imprint
    选择三维实体或曲面:                    //选择如图11-46所示的模型
    选择要压印的对象:                      //选择如图11-47所示的二维边界
```

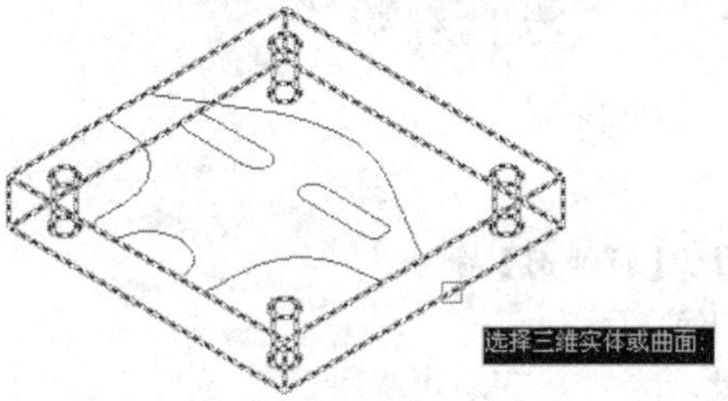

图11-46 选择三维实体

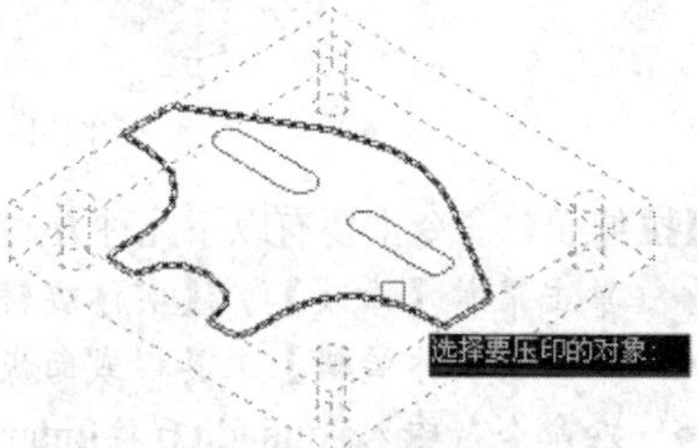

图11-47 选择压印对象

```
    是否删除源对象 [是(Y)/否(N)] <N>:          //Y Enter
    选择要压印的对象:                          //选择如图11-48所示的二维边界
    是否删除源对象 [是(Y)/否(N)] <N>:          //Y Enter
    选择要压印的对象:                          //选择如图11-49所示的二维边界
    是否删除源对象 [是(Y)/否(N)] <N>:          //Y Enter
    选择要压印的对象:                          // Enter，结束命令
```

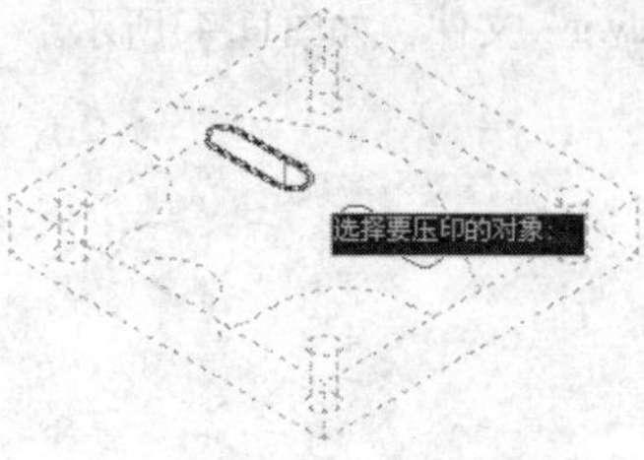

图11-48 选择压印对象

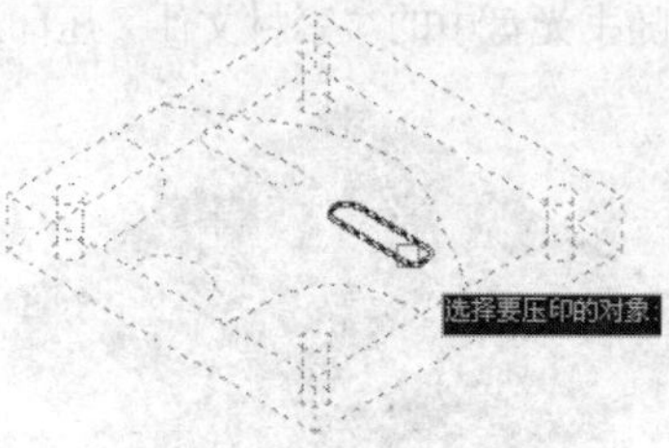

图11-49 选择压印对象

4 压印结果如图11-50所示。

5 单击【实体编辑】工具栏或面板上的按钮，对压印后产生的表面进行拉伸4个单位，其着色效果如图11-51所示。

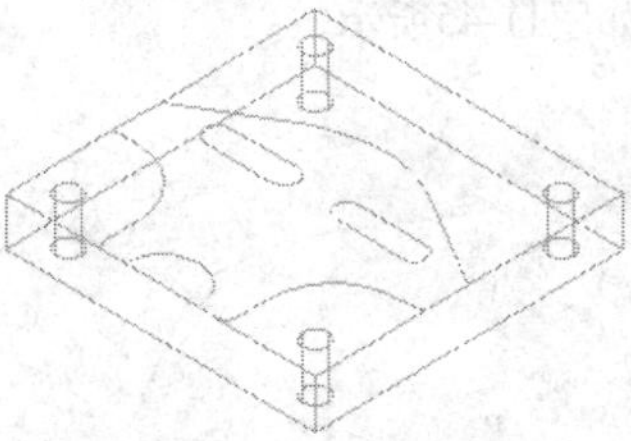

图11-50 压印结果

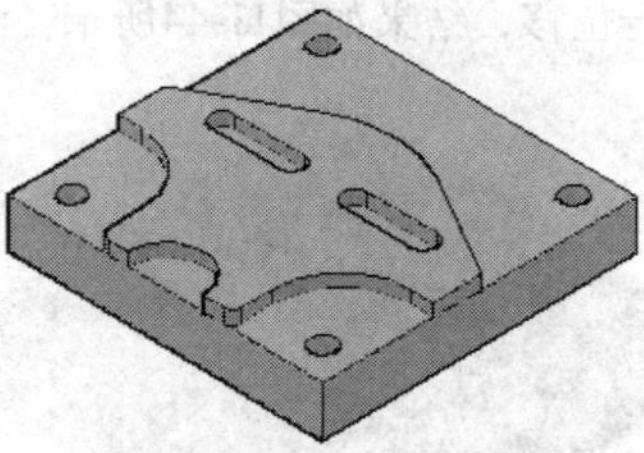

图11-51 面拉伸效果

11.2.4 拉伸面

【拉伸面】命令用于对实心体的表面进行编辑，将实体面按照指定的高度或路径进行拉伸，创建出新的形体，如图11-52所示。

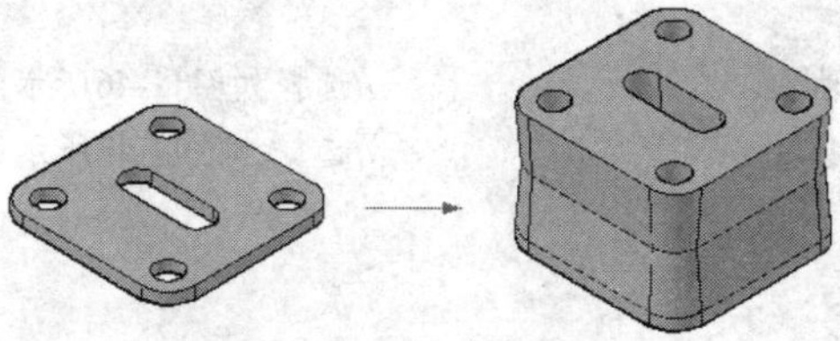

图11-52 拉伸面示例

执行【拉伸面】命令主要有以下几种方式：

- 单击菜单【修改】/【实体编辑】/【拉伸面】命令。
- 单击【实体编辑】工具栏或面板上的按钮。
- 在命令行输入Solidedit后按Enter键。

• 【拉伸面】命令的应用

下面通过典型实例，主要学习【拉伸面】命令的使用方法和技巧。具体操作步骤如下：

1 打开随书光盘中的“素材文件/拉伸面示例.dwg”，如图11-52（左）所示。

2 单击【实体编辑】工具栏中的按钮，激活【拉伸面】功能，对实体的上表面向内锥化。锥化高度为10、角度为5°，命令行操作如下。

```
命令: _solidedit
    实体编辑自动检查: SOLIDCHECK=1
    输入实体编辑选项 [面(F)/边(E)/体(B)/放弃(U)/退出(X)] <退出>: _face
```

输入面编辑选项[拉伸(E)/移动(M)/旋转(R)/偏移(O)/倾斜(T)/删除(D)/复制(C)/颜色(L)/材质(A)/放弃(U)/退出(X)] <退出>:

_extrude

选择面或 [放弃(U)/删除(R)]: //在实体的上表面单击，选择如图11-53所示的实体面

选择面或 [放弃(U)/删除(R)/全部(ALL)]: //Enter，结束选择

指定拉伸高度或 [路径(P)]: //10 Enter，输入拉伸高度

指定拉伸的倾斜角度 <0>: //5 Enter，输入角度

已开始实体校验。

已完成实体校验。

输入面编辑选项[拉伸(E)/移动(M)/旋转(R)/偏移(O)/倾斜(T)/删除(D)/复制(C)/颜色(L)/材质(A)/放弃(U)/退出(X)] <退出>: //X Enter，退出编辑过程

实体编辑自动检查: SOLIDCHECK=1

输入实体编辑选项 [面(F)/边(E)/体(B)/放弃(U)/退出(X)] <退出>:

//X Enter，结束命令，拉伸结果如图11-54所示

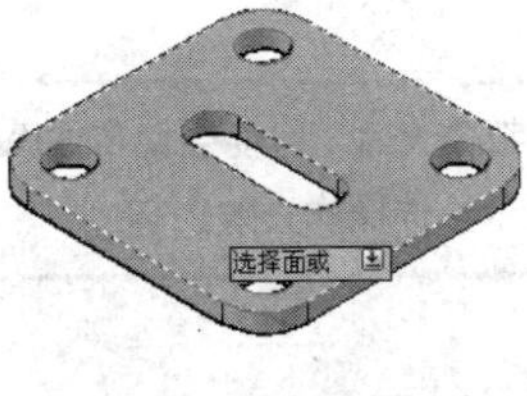

图11-53 选择实体上表面

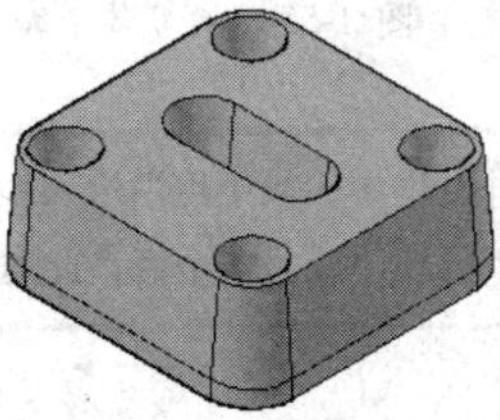

图11-54 向内锥化

TIP 在选择实体表面时，如果不慎选择了多余的面，可以按住Shift键单击，即可将多余的面从选择集中删除。

3 重复执行【拉伸面】命令，继续对实体的上表面进行锥化，锥化高度为10、角度为-5°，命令行操作如下。

命令: _solidedit

实体编辑自动检查: SOLIDCHECK=1

输入实体编辑选项 [面(F)/边(E)/体(B)/放弃(U)/退出(X)] <退出>: _face

输入面编辑选项[拉伸(E)/移动(M)/旋转(R)/偏移(O)/倾斜(T)/删除(D)/复制(C)/颜色(L)/材质(A)/放弃(U)/退出(X)] <退出>:

_extrude

选择面或 [放弃(U)/删除(R)]: //在实体的上表面单击，选择如图11-55所示的实体面

选择面或 [放弃(U)/删除(R)/全部(ALL)]: //Enter，结束选择

指定拉伸高度或 [路径(P)]: //10 Enter，输入拉伸高度

指定拉伸的倾斜角度 <0>: //-5 Enter，输入角度

TIP 如果输入的角度值为正值时，实体面将实体的内部倾斜（锥化）；如果输入的角度为负值时，实体面将向实体的外部倾斜（锥化）。

已开始实体校验。

已完成实体校验。

输入面编辑选项[拉伸(E)/移动(M)/旋转(R)/偏移(O)/倾斜(T)/删除(D)/复制(C)/颜色(L)/材质(A)/放弃(U)/退出(X)] <退出>: //X Enter，退出编辑过程

实体编辑自动检查: SOLIDCHECK=1

输入实体编辑选项 [面(F)/边(E)/体(B)/放弃(U)/退出(X)] <退出>:

//X Enter，结束命令，操作结果如图11-56所示

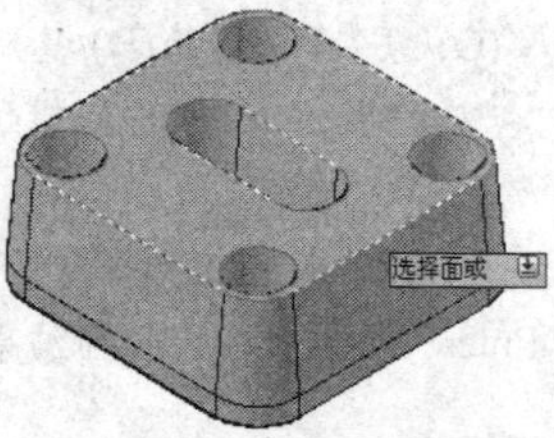

图11-55 选择实体上表面

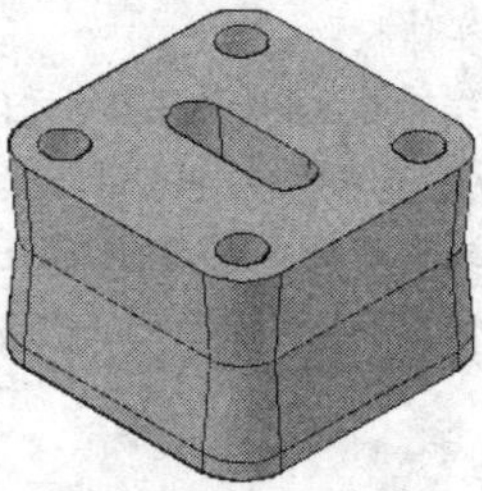

图11-56 锥化结果

TIP 在面拉伸过程中，如果用户输入的高度值和锥度值都较大时，可能会使实体面到达所指定的高度之前，就已缩小成为一个点，此时AutoCAD将会提示拉伸操作失败。

11.2.5 移动面

【移动面】命令是通过移动实体的表面，进行修改实体的尺寸或改变孔或槽的位置等，如图11-57所示。

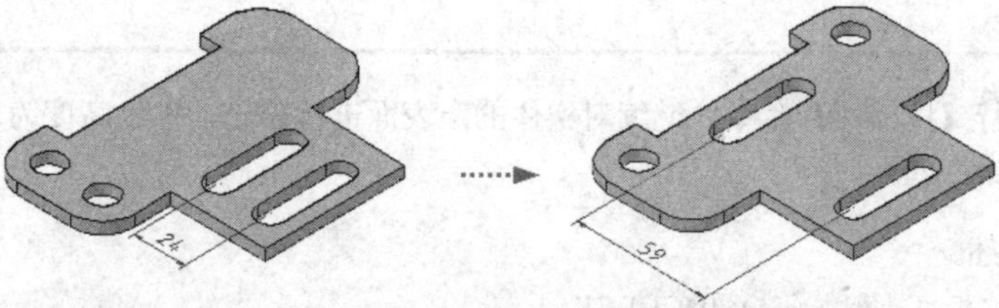

图11-57 移动面示例

执行【移动面】命令主要有以下几种方式：

- 单击菜单【修改】/【实体编辑】/【移动面】命令。
- 单击【实体编辑】工具栏或面板上的按钮。
- 在命令行输入Solidedit后按Enter键。

11.2.6 偏移面

【偏移面】命令主要通过偏移实体的表面来改变实体及孔、槽等特征的大小，如图11-58所示。

TIP 在偏置实体面时，当输入的偏移距离为正值时，AutoCAD将使表面向其外法线方向偏移；若输入的距离为负值时，被编辑的表面将向相反的方向偏移。

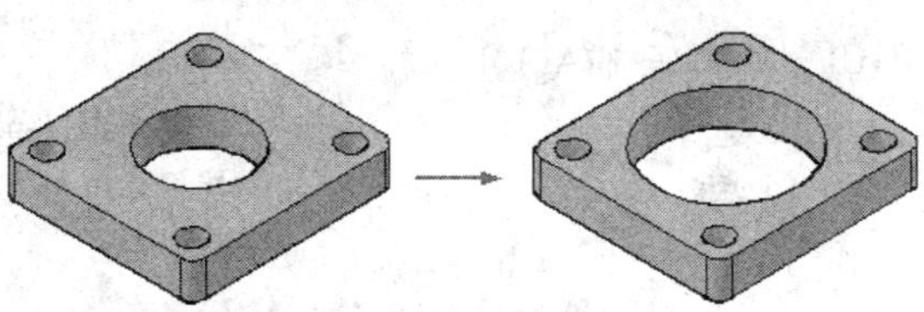

图11-58 偏移面

执行【偏移面】命令主要有以下几种方式：

- 单击菜单【修改】/【实体编辑】/【偏移面】命令。
- 单击【实体编辑】工具栏或面板上的按钮。
- 在命令行输入Solidedit后按Enter键。

11.2.7 倾斜面

【倾斜面】命令主要用于通过倾斜实体的表面，使实体表面产生一定的锥度，如图11-59所示。

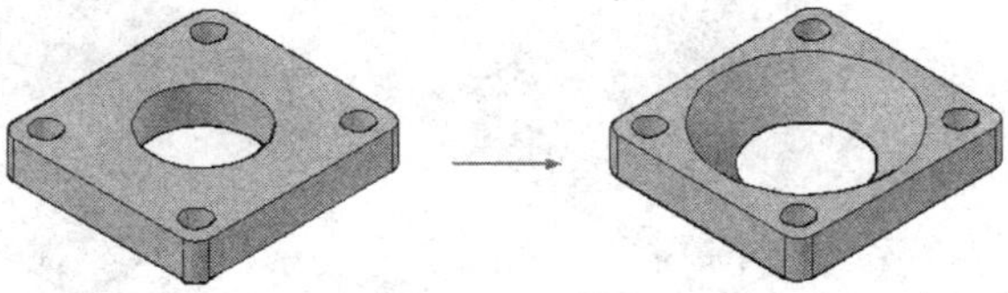

图11-59 倾斜面示例

执行【倾斜面】命令主要有以下几种方式：

- 单击菜单【修改】/【实体编辑】/【倾斜面】命令。
- 单击【实体编辑】工具栏或面板上的按钮。
- 在命令行输入Solidedit后按Enter键。

●【倾斜面】命令的应用

下面通过典型实例，主要学习【倾斜面】命令的使用方法和技巧。具体操作步骤如下：

1 打开随书光盘中的“素材文件/8-94.dwg”，如图11-59（左）所示。

2 单击【实体编辑】工具栏中的按钮，激活【倾斜面】命令，对实体面进行倾斜。命令行操作如下。

命令: _solidedit

实体编辑自动检查: SOLIDCHECK=1

输入实体编辑选项 [面(F)/边(E)/体(B)/放弃(U)/退出(X)] <退出>: _face

输入面编辑选项[拉伸(E)/移动(M)/旋转(R)/偏移(O)/倾斜(T)/删除(D)/复制(C)/颜色(L)/材质(A)/放弃(U)/退出(X)] <退出>: _taper

选择面或 [放弃(U)/删除(R)]: 　　//将光标放在圆孔边沿上单击，如图11-60所示

选择面或 [放弃(U)/删除(R)/全部(ALL)]: 找到 2 个面，已删除 1 个

　　//按住Shfit键在大面的边沿上单击左键，将此面排除在选择集之外，如图11-61所示

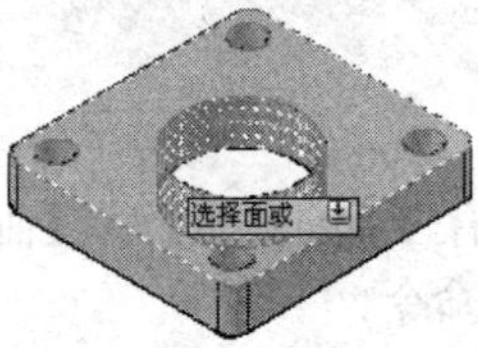

图11-60 选择面

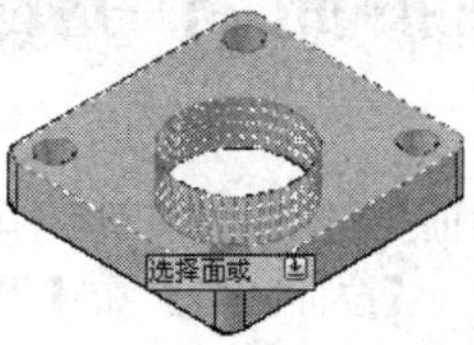

图11-61 删除面

选择面或 [放弃(U)/删除(R)/全部(ALL)]: // Enter
指定基点: //捕捉如图11-62所示的圆心
指定沿倾斜轴的另一个点: //捕捉如图11-63所示的圆心
指定倾斜角度: //45 Enter
已开始实体校验。
已完成实体校验。
输入面编辑选项[拉伸(E)/移动(M)/旋转(R)/偏移(O)/倾斜(T)/删除(D)/复制(C)/颜色(L)/材质(A)/放弃(U)/退出(X)] <退出>: //X Enter
实体编辑自动检查: SOLIDCHECK=1
输入实体编辑选项 [面(F)/边(E)/体(B)/放弃(U)/退出(X)] <退出>: //X Enter

3 结束命令，倾斜结果如图11-64所示。

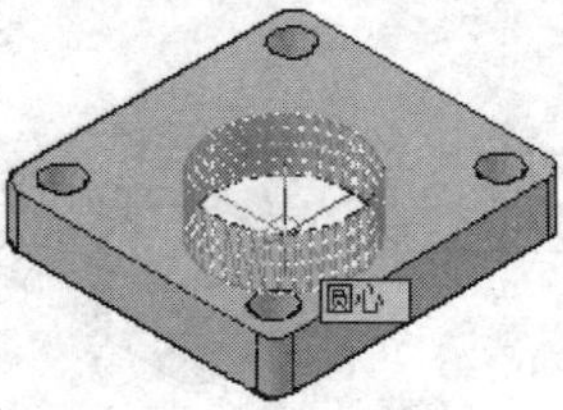

图11-62 捕捉圆心

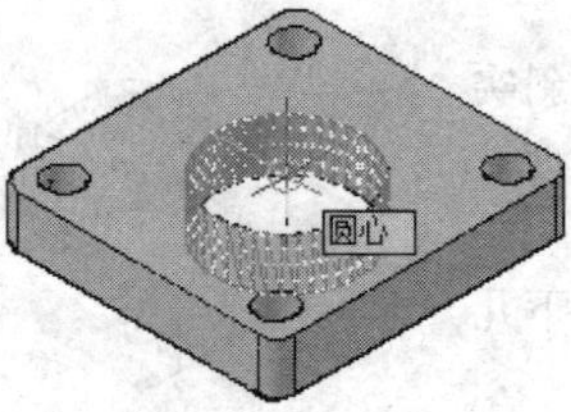

图11-63 捕捉圆心

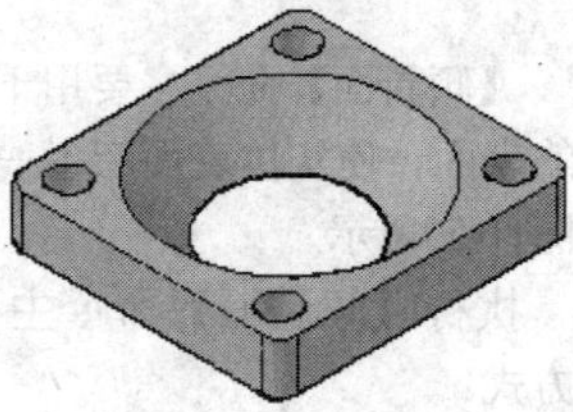
图11-64 倾斜结果

TIP 在倾斜面时，倾斜的方向是由锥角的正负号及定义矢量时的基点决定的。如果输入的倾角为正值，则AutoCAD将已定义的矢量绕基点向实体内部倾斜面，否则向实体外部倾斜。

11.2.8 删除面

【删除面】命令主要用于在实体表面上删除某些特征面，如倒圆角和倒斜角时形成的面，如图11-65所示。

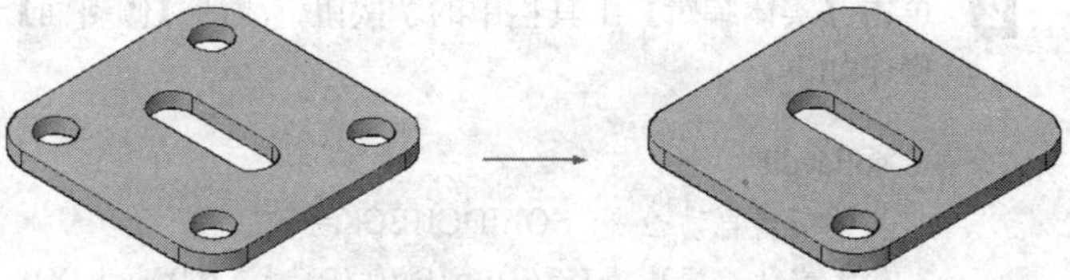
图11-65 删除面示列

执行【删除面】命令主要有以下几种方式：

- 单击菜单【修改】/【实体编辑】/【删除面】命令。
- 单击【实体编辑】工具栏或面板上的按钮。
- 在命令行输入Solidedit后按Enter键。

11.3 编辑曲面与网格

本节主要学习曲面与网格的编辑优化功能，具体有【曲面圆角】、【曲面修剪】、【曲面修补】、【曲面偏移】、【拉伸网格】和【优化网格】等命令。

11.3.1 曲面圆角

【曲面圆角】命令用于为空间曲面进行圆角，以创建新的圆角曲面，如图11-66所示。

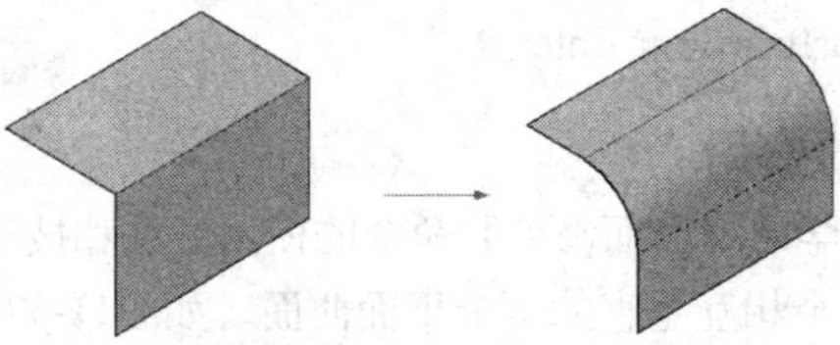

图11-66 曲面圆角示例

- 【曲面圆角】命令的执行方式主要有以下几种：
  - ◆ 单击菜单【绘图】/【建模】/【曲面】/【圆角】命令。
  - ◆ 单击【曲面创建】工具栏或【创建】面板上的按钮。
  - ◆ 在命令行输入Surffillet后按Enter键。

【曲面圆角】命令的命令行操作如下。

```
命令: _SURFFILLET
    半径 = 25.0，修剪曲面 = 是
    选择要圆角化的第一个曲面或面域或者 [半径(R)/修剪曲面(T)]:        //选择曲面
    选择要圆角化的第二个曲面或面域或者 [半径(R)/修剪曲面(T)]:        //选择曲面
    按 Enter 键接受圆角曲面或 [半径(R)/修剪曲面(T)]:                //结束命令
```

TIP 其中【半径】选项用于设置圆角曲面的圆角半径，【修剪曲面】选项用于设置曲面的修剪模式，非修剪模式下的圆角效果如图11-67所示。

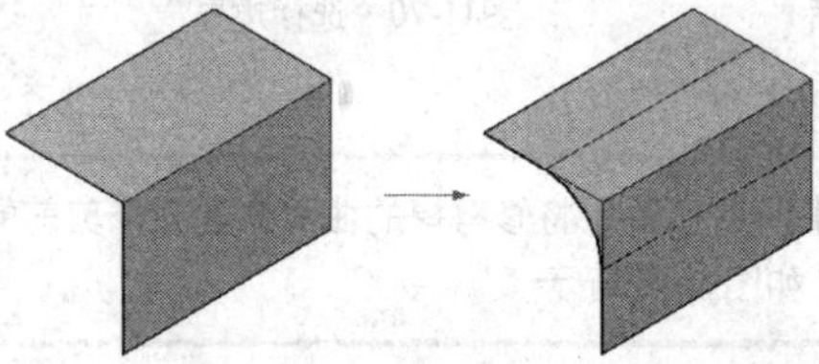

图11-67 非修剪模式下的圆角

11.3.2 曲面修剪

【曲面修剪】命令用于修剪与其他曲面、面域、曲线等相交的曲面部分，如图11-68所示。

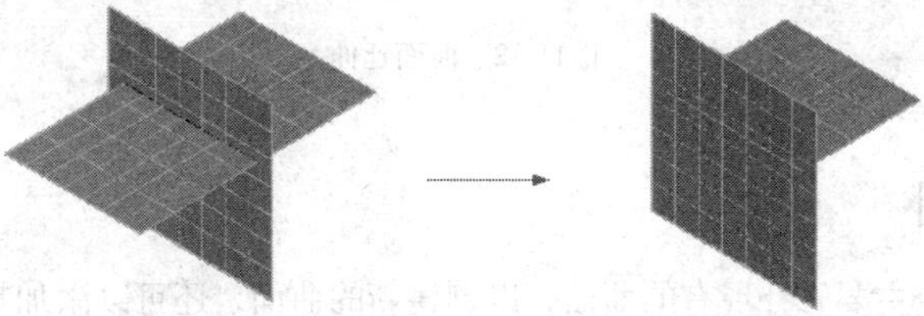

图11-68 曲面修剪示例

- 【曲面修剪】命令的执行方式：
  - 单击菜单【修改】/【曲面编辑】/【修剪】命令。
  - 单击【曲面编辑】工具栏或面板上的按钮。
  - 在命令行输入Surftrim后按Enter键。

- 【曲面修剪】命令的应用

下面通过典型实例，主要学习【曲面修剪】命令的使用方法和技巧。具体操作步骤如下：

1 在西南视图内绘制两个相互垂直的两个平面曲面，如图11-69所示。

2 单击【曲面编辑】工具栏中的按钮，激活【曲面修剪】命令，对水平曲面进行修剪。命令行操作如下。

```
命令: _SURFTRIM
    延伸曲面 = 是, 投影 = 自动
    选择要修剪的曲面或面域或者 [延伸(E)/投影方向(PRO)]:      //选择水平的曲面
    选择要修剪的曲面或面域或者 [延伸(E)/投影方向(PRO)]:      // Enter
    选择剪切曲线、曲面或面域:                              //选择图11-70所示的曲面作为边界
    选择剪切曲线、曲面或面域:                              // Enter
    选择要修剪的区域 [放弃(U)]:                            //在需要修剪掉的曲面上单击
    选择要修剪的区域 [放弃(U)]:                            // Enter，结束命令
```

3 修剪结果如图11-71所示。

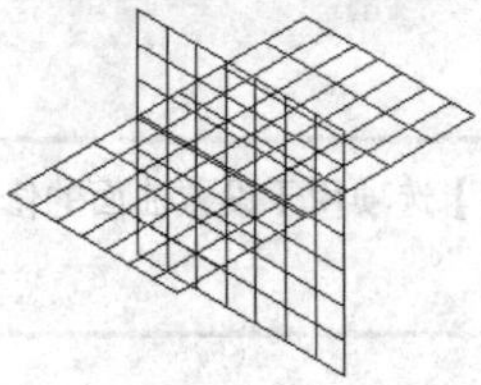

图11-69　绘制曲面

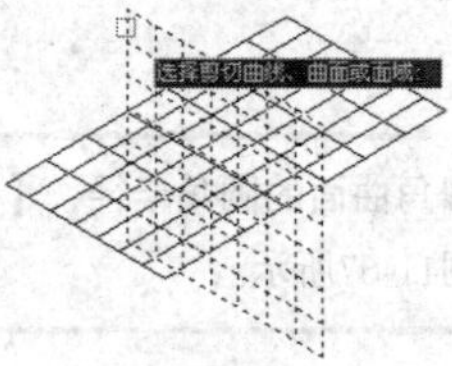

图11-70　选择边界

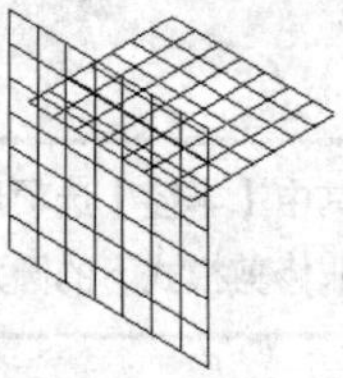

图11-71　修剪结果

TIP 使用【曲面取消修剪】命令可以将修剪掉的曲面恢复到修剪前的状态，使用【曲面延伸】命令可以将曲面延伸，如图11-72所示。

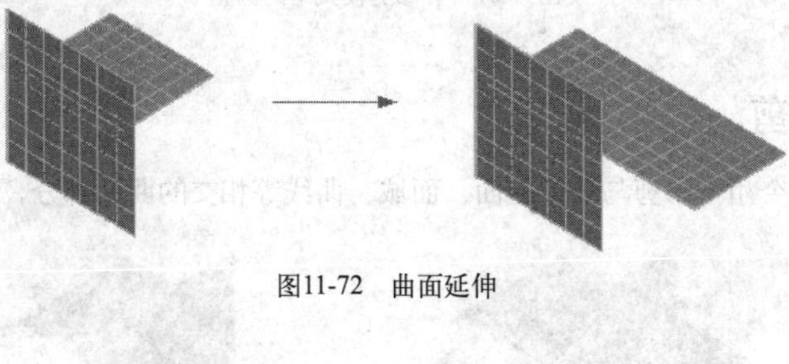

图11-72　曲面延伸

11.3.3　曲面修补

【曲面修补】命令主要修补现有的曲面，以创建新的曲面，还可以添加其他曲线以约束和引导修补曲面。

- 【曲面修补】命令的执行方式
  - ◆ 单击菜单【绘图】/【建模】/【曲面】/【修补】命令。
  - ◆ 单击【曲面创建】工具栏或【创建】面板上的按钮。
  - ◆ 在命令行输入Surfpatch后按Enter键。

- 【曲面修补】命令的应用

下面通过典型实例，主要学习【曲面修补】命令的使用方法和技巧。具体操作步骤如下：

1 在东南视图内随意绘制闭合的样条曲线，如图11-73所示。

2 使用命令简写“EXT”激活【拉伸】命令，将闭合样条曲线拉伸为曲面，灰度着色后的效果如图11-74所示。

3 单击【曲面创建】工具栏或【创建】面板上的按钮，激活【曲面修补】命令，对拉伸曲面的边进行修补。命令行操作如下。

```
命令: _SURFPATCH
    连续性 = G0 - 位置，凸度幅值 = 0.5
    选择要修补的曲面边或 <选择曲线>:          //选择曲面边
    选择要修补的曲面边或 <选择曲线>:          // Enter
    按 Enter 键接受修补曲面或 [连续性(CON)/凸度幅值(B)/约束几何图形(CONS)]:
                                              // Enter，结束命令，修补结果如图11-75所示
```

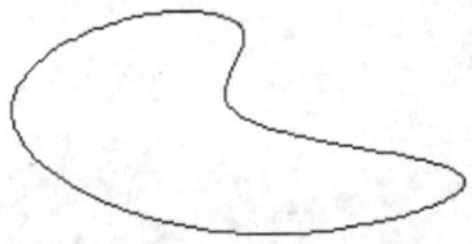

图11-73　绘制样条曲线

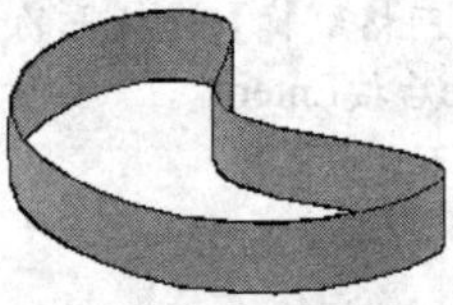

图11-74　拉伸曲面

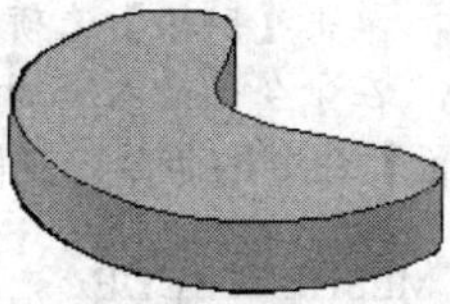

图11-75　修补曲面

11.3.4　曲面偏移

【曲面偏移】命令用于按照指定的距离偏移选择的曲面，以创建相互平行的曲面。另外，在偏移曲面时也可以反转偏移的方向。

- 【曲面偏移】命令的执行方式
  - ◆ 单击菜单【绘图】/【建模】/【曲面】/【偏移】命令。
  - ◆ 单击【曲面创建】工具栏或【创建】面板上的按钮。
  - ◆ 在命令行输入Surfoffset后按Enter键。

激活【曲面偏移】命令，命令行操作如下：

```
命令: _SURFOFFSET
    连接相邻边 = 否
    选择要偏移的曲面或面域:                    //选择如图11-76所示的曲面
    选择要偏移的曲面或面域:                    // Enter
    指定偏移距离或 [翻转方向(F)/两侧(B)/实体(S)/连接(C)/表达式(E)] <0.0>:
                                              //40 Enter，偏移结果如图11-77所示
```

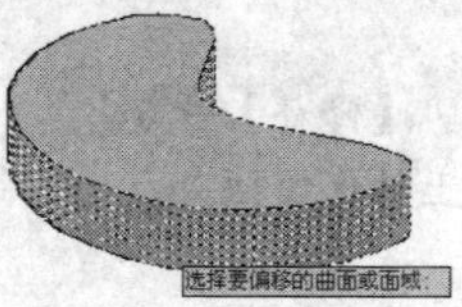

图11-76　选择曲面

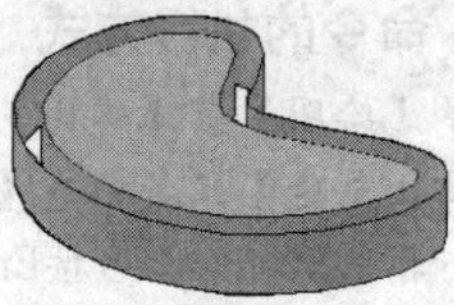

图11-77　偏移结果

11.3.5　拉伸网格

【拉伸面】命令用于将网格模型上的网格面按照指定的距离或路径进行拉伸，如图11-78所示。

图11-78　拉伸网格示例

- 【拉伸面】命令的执行方式
  - 单击菜单【修改】/【网格编辑】/【拉伸面】命令。
  - 单击【网格】选项卡/【网格编辑】面板上的按钮。
  - 在命令行输入Meshextrude后按Enter键。

【拉伸面】命令的命令行操作提示下。

命令: _MESHEXTRUDE
相邻拉伸面设置为: 合并
选择要拉伸的网格面或 [设置(S)]:　　//选择需要拉伸的网格面
选择要拉伸的网格面或 [设置(S)]:　　// Enter
指定拉伸的高度或 [方向(D)/路径(P)/倾斜角(T)] <-0.0>:　　//指定拉伸高度

其中【方向】选项用于指定方向的起点和端点，以定位伸的距离和方向；【路径】选项用于按照选择的路径进行拉伸；【倾斜角】选项用于按照指定的角度进行拉伸。

11.3.6　优化网格

【优化网格】命令用于对网格进行优化，以成倍的增加网格模型或网格面中的面数，如图11-79所示。单击菜单【修改】/【网格编辑】/【优化网格】命令，或单击【平滑网格】工具栏中的按钮，都可激活【优化网格】命令。

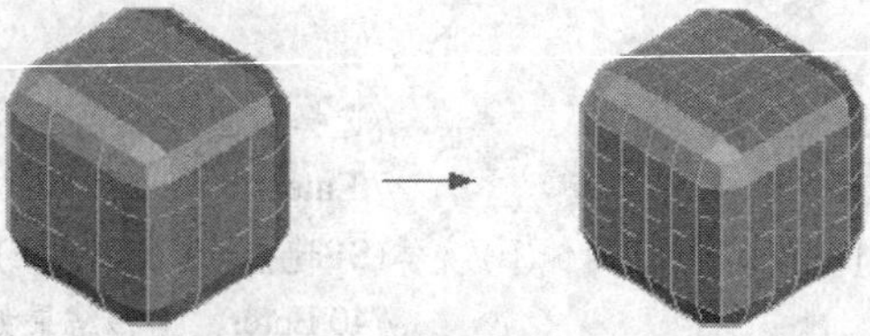

图11-79　优化网格示例

TIP

【提高平滑度】命令用于将网格对象的平滑度提高一个级别，如图11-80所示。单击菜单【修改】/【网格编辑】/【提高平滑度】命令或单击【平滑网格】工具栏中的按钮，都可以激活【提高平滑度】命令。

图11-80 提高网格平滑度

11.4 上机指导（一）——制作分流器立体造型

本例通过制作如图分流器零件的立体造型，对所学知识进行综合练习和巩固应用。分流器零件立体造型的最终制作效果，如图11-81所示。

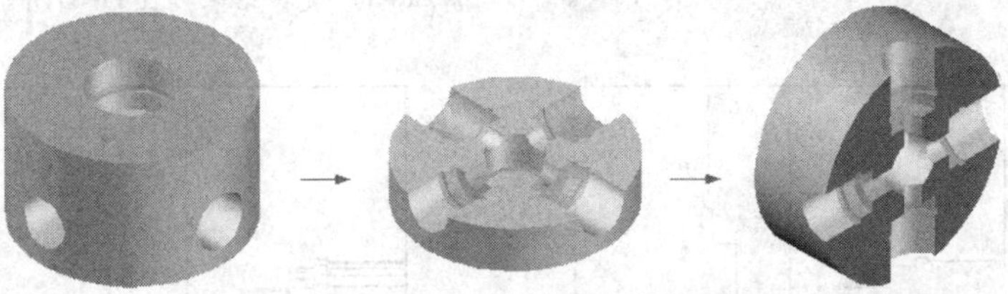

图11-81 实例效果

操作步骤

1 执行【打开】命令，打开随书光盘中的“素材文件/分流器零件.dwg”，如图11-82所示。

2 设置系统变量ISOINES的值为24、设置系统变量FACETRES的值为10。

3 使用命令简写“TR”激活【修剪】命令，修剪并删除不需要的图线，结果如图11-83所示。

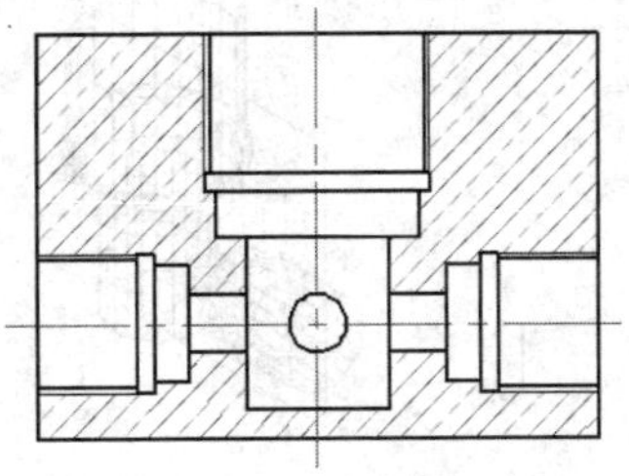

图11-82 打开结果

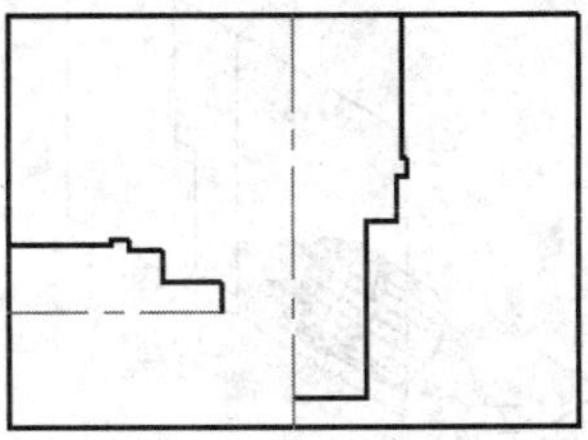

图11-83 编辑结果

4 关闭状态栏上的线宽显示功能，然后将编辑后的轮廓图剪切、粘贴到前视图内。

5 使用命令简写“BO”激活【边界】命令，在图11-84所示的*A*、*B*区域单击右键，创建两条闭合的多段线边界。

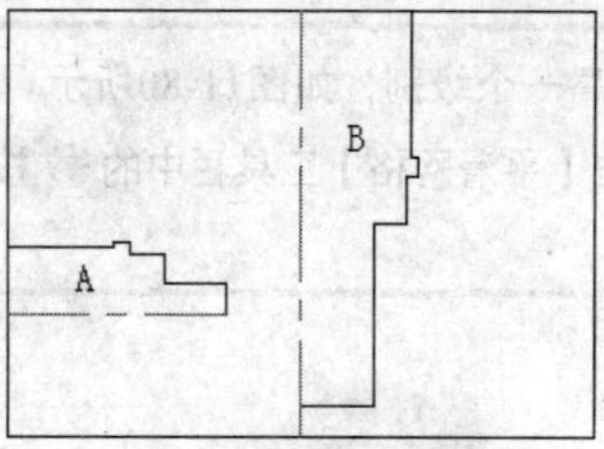

图11-84　指定单击位置

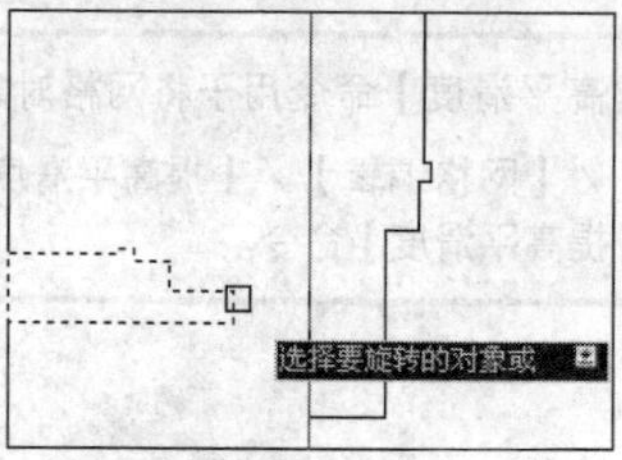

图11-85　选择边界

6 单击【建模】工具栏中的按钮，激活【旋转】命令，将边界创建为三维实心体。命令行操作如下。

```
命令: _cylinder
    当前线框密度: ISOLINES=24，闭合轮廓创建模式 = 实体
    选择要旋转的对象或 [模式(MO)]: _MO 闭合轮廓创建模式 [实体(SO)/曲面(SU)] <实体>: _SO
    选择要旋转的对象或 [模式(MO)]:              //选择如图11-85所示的边界
    选择要旋转的对象或 [模式(MO)]:              // Enter
    指定轴起点或根据以下选项之一定义轴 [对象(O)/X/Y/Z] <对象>:
                                                //捕捉如图11-86所示的端点
    指定轴端点:                                 //@1,0 Enter
    指定旋转角度或 [起点角度(ST)/反转(R)/表达式(EX)] <360>:
                                                // Enter，旋转结果如图11-87所示
```

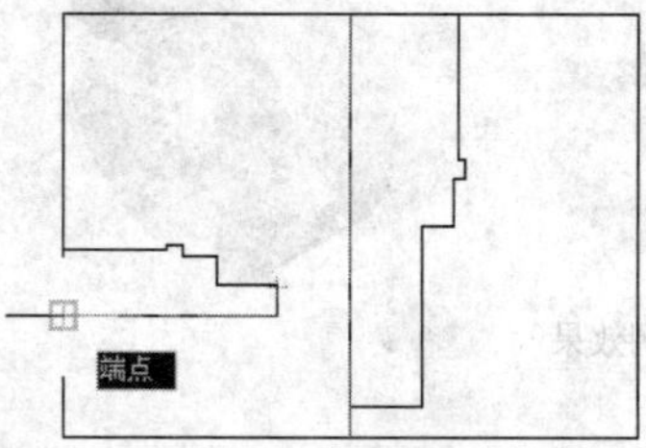

图11-86　捕捉端点

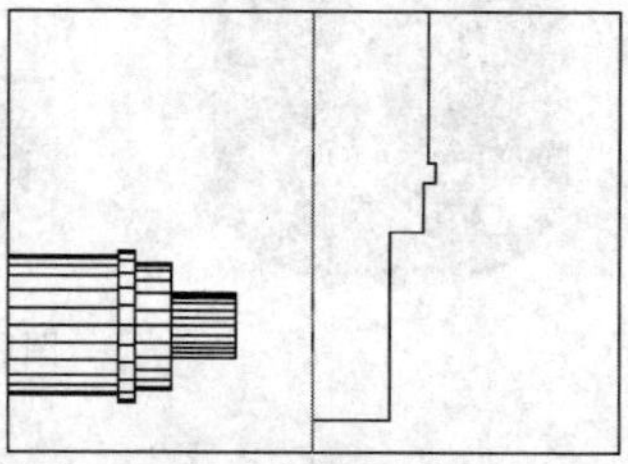

图11-87　旋转结果

7 单击【视图】工具栏中的按钮，将当前视图切换到西南等轴测视图，结果如图11-88所示。

8 重复执行【旋转】命令，将另一侧的边界创建为三维实心体，结果如图11-89所示。

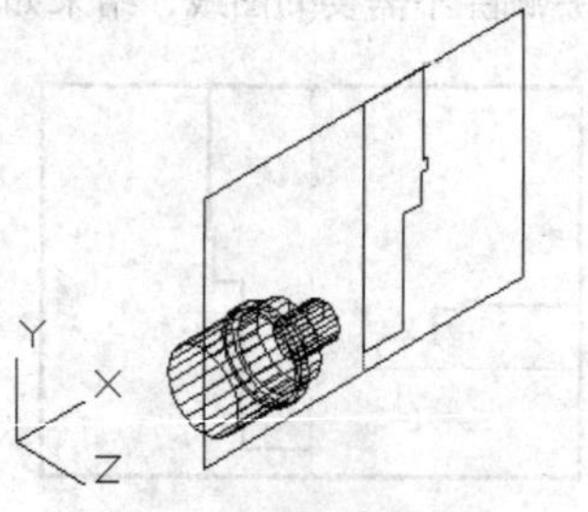

图11-88　切换视图

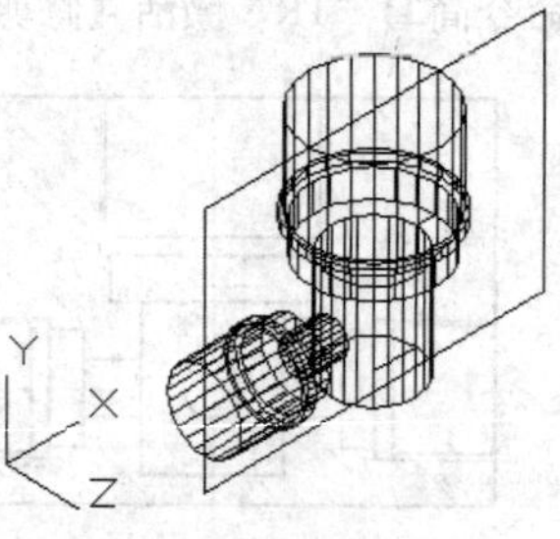

图11-89　旋转结果

9 执行菜单栏中的【工具】/【新建UCS】/【世界】命令，将坐标系恢复为世界坐标系。

10 单击【建模】工具栏中的按钮，激活【圆柱体】命令，创建圆柱体。命令行操作如下。

```
命令: _cylinder
    指定底面的中心点或 [三点(3P)/两点(2P)/切点、切点、半径(T)/椭圆(E)]:
                                            //捕捉如图11-90所示的圆心
    指定底面半径或 [直径(D)]:               //捕捉如图11-90所示的端点1
    指定高度或 [两点(2P)/轴端点(A)]:        //捕捉端点2，结果如图11-91所示
```

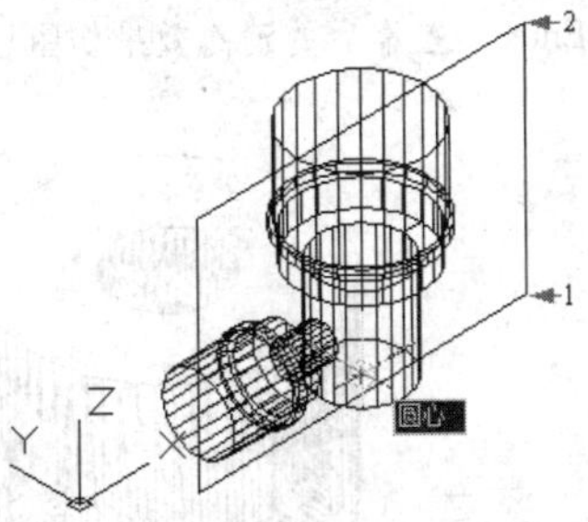

图11-90　捕捉圆心

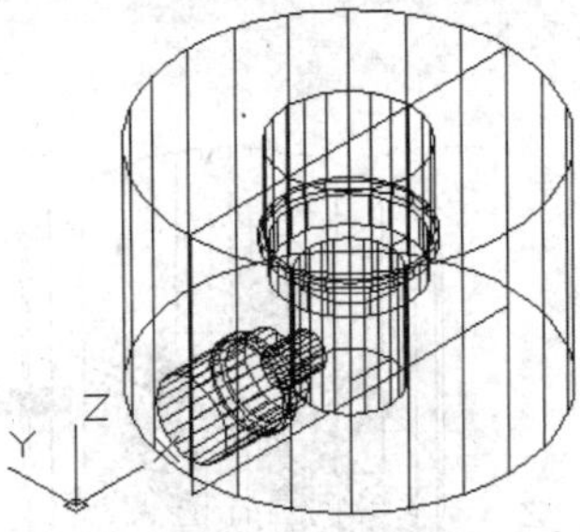

图11-91　创建结果

11 使用命令简写“E”激活【删除】命令，删除二维图线，结果如图11-92所示。

12 单击【建模】工具栏中的按钮，激活【三维阵列】命令，对内部的旋转实体进行阵列。命令行操作如下。

```
命令: _3darray
    正在初始化... 已加载 3DARRAY。
    选择对象:                                   //选择下侧的旋转实体
    选择对象:                                   // Enter
    输入阵列类型 [矩形(R)/环形(P)] <矩形>:      //P Enter
    输入阵列中的项目数目:                       //4 Enter
    指定要填充的角度 (+=逆时针, -=顺时针) <360>: // Enter
    旋转阵列对象？ [是(Y)/否(N)] <Y>:           // Enter
    指定阵列的中心点:                           //捕捉如图11-93圆心
    指定旋转轴上的第二点:                       //@0,0,1Enter，旋转结果如图11-94所示
```

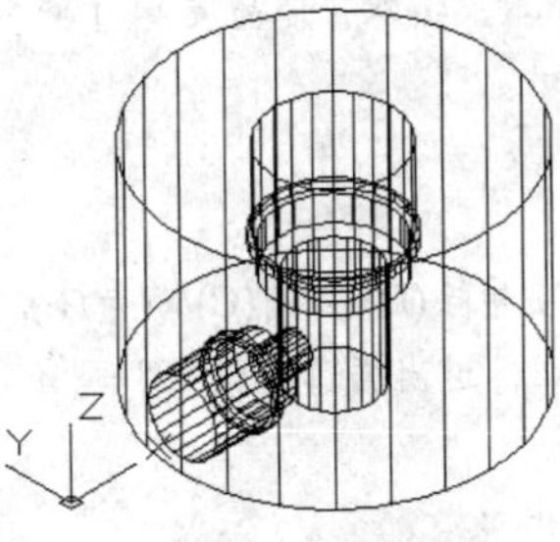

图11-92　删除结果

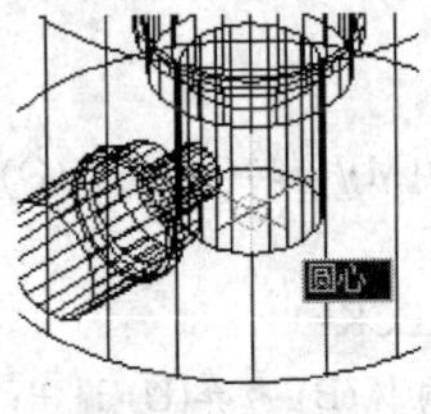

图11-93　捕捉圆心

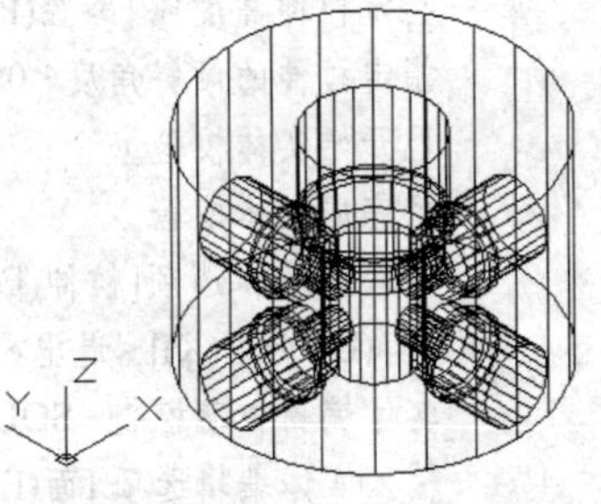

图11-94　阵列结果

13 单击【实体编辑】工具栏中的按钮，激活【并集】命令，选择如图11-95所示的实体进行并集。

14 单击【实体编辑】工具栏中的按钮，激活【差集】命令，对实体进行差集。命令行操作如下。

```
命令: _subtract
    选择要从中减去的实体、曲面和面域...
    选择对象:                                    //选择外侧的圆柱体
    选择对象:                                    // Enter
    选择要减去的实体、曲面和面域...
    选择对象:                                    //选择内侧的并集实体
    选择对象:                                    // Enter，差集后的消隐效果如图11-96所示
```

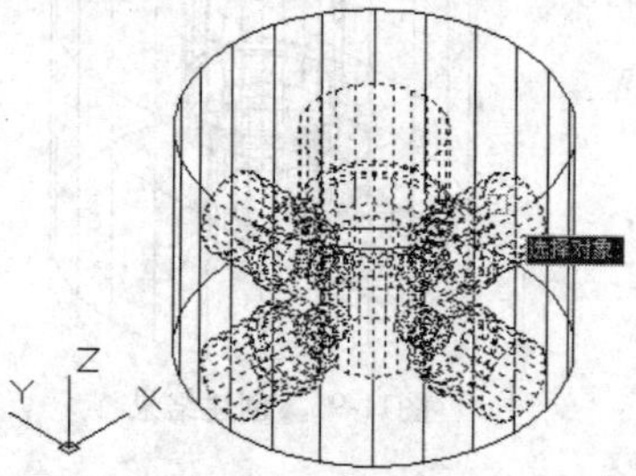

图11-95 选择结果

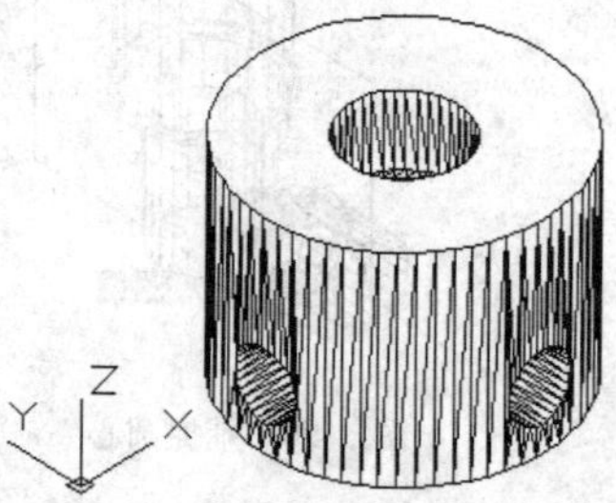

图11-96 消隐效果

15 更改模型的颜色为青色，然后使用【视觉样式】命令对其进行着色显示，结果如图11-97所示。

16 单击【实体编辑】工具栏中的按钮，激活【拉伸面】功能，对实体的上表面进行拉伸。命令行操作如下。

```
命令: _solidedit
    实体编辑自动检查: SOLIDCHECK=1
    输入实体编辑选项 [面(F)/边(E)/体(B)/放弃(U)/退出(X)] <退出>: _face
    输入面编辑选项[拉伸(E)/移动(M)/旋转(R)/偏移(O)/倾斜(T)/删除(D)/复制(C)/颜色(L)/材质
(A)/放弃(U)/退出(X)] <退出>:
    _extrude
    选择面或 [放弃(U)/删除(R)]: //在实体的上表面单击，选择如图11-98所示的实体面
    选择面或 [放弃(U)/删除(R)/全部(ALL)]:              //Enter，结束选择
    指定拉伸高度或 [路径(P)]:                          //-12 Enter，输入拉伸高度
    指定拉伸的倾斜角度 <0>:                            //0 Enter
    已开始实体校验。
    已完成实体校验。
    输入面编辑选项[拉伸(E)/移动(M)/旋转(R)/偏移(O)/倾斜(T)/删除(D)/复制(C)/颜色(L)/材质
(A)/放弃(U)/退出(X)] <退出>:                          //X Enter，退出编辑过程
    实体编辑自动检查: SOLIDCHECK=1
    输入实体编辑选项 [面(F)/边(E)/体(B)/放弃(U)/退出(X)] <退出>:
                                          //X Enter，结束命令，拉伸结果如图11-99所示
```

17 执行菜单栏中的【修改】/【实体编辑】/【面着色】命令，选择如图11-100所示的内孔表面进行着色，颜色为黄色，着色结果如图11-101所示。

18 将图11-101所示的模型复制一份，并将当前颜色设置为黄色。

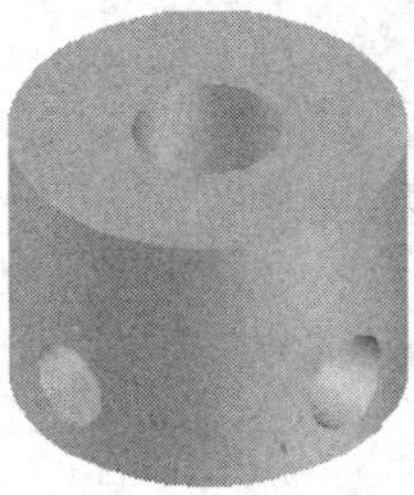

图11-97 着色效果

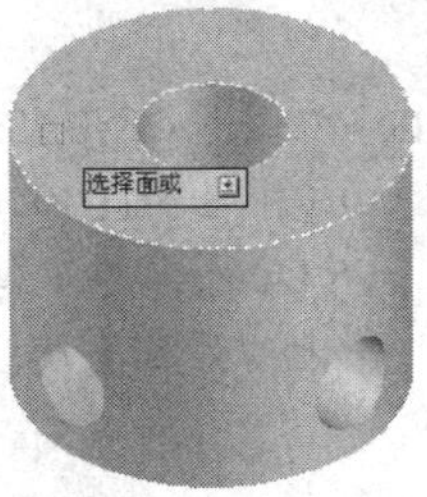

图11-98 选择拉伸面

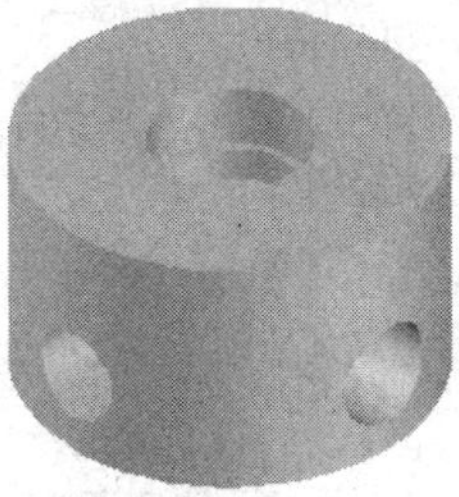

图11-99 拉伸结果

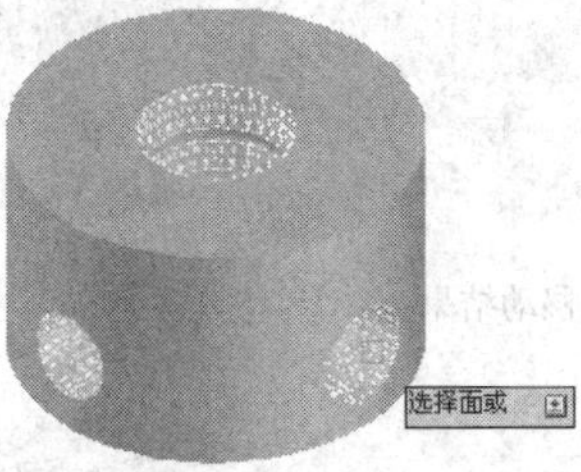

图11-100 选择面

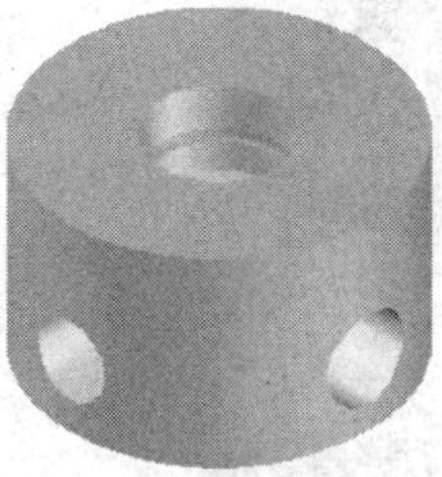

图11-101 着色结果

19 使用命令简写“SL”激活【剖切】命令，对复制出的模型进行剖切。命令行操作如下。

```
命令: sl                                              // Enter
    SLICE选择要剖切的对象:                            //选择复制出的模型
    选择要剖切的对象:                                 // Enter
    指定 切面 的起点或 [平面对象(O)/曲面(S)/Z 轴(Z)/视图(V)/XY(XY)/YZ(YZ)/ZX(ZX)/三点
  (3)] <三点>:                                        //XY Enter
    指定 XY 平面上的点 <0,0,0>:                       //激活【捕捉自】功能
    _from 基点:                                       //捕捉如图11-102所示的圆心
    <偏移>:                                           //@0,0,20 Enter
    在所需的侧面上指定点或 [保留两个侧面(B)] <保留两个侧面>:
                                                      // Enter，剖切后的边缘着色效果如图11-103所示
```

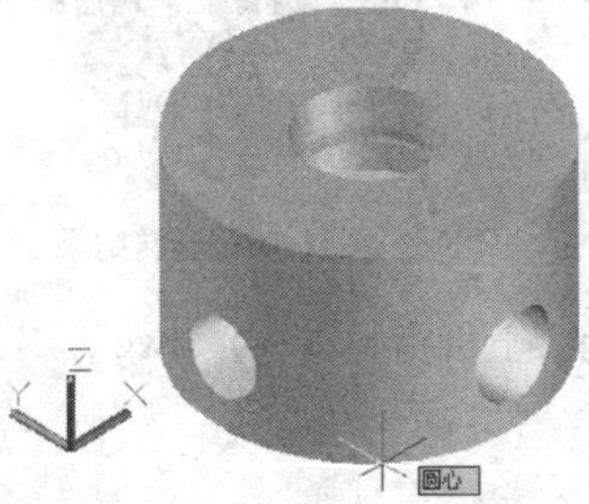

图11-102 捕捉圆心

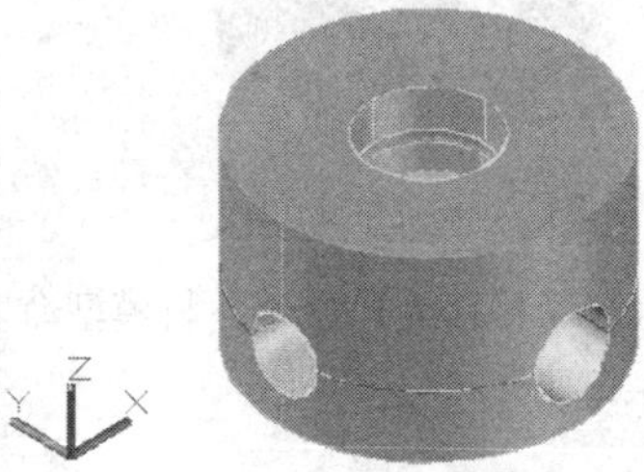

图11-103 剖切结果

20 单击【建模】工具栏或【修改】面板上的按钮，激活【三维移动】命令，将剖切后的实体进行外移，结果如图11-104所示。

21 单击【建模】工具栏中的按钮，激活【三维旋转】命令，将剖切后的模型进行旋转。命令行操作如下。

```
命令: _3drotate
    UCS 当前的正角方向: ANGDIR=逆时针 ANGBASE=0
    选择对象:                      //选择如图11-105所示的模型
    选择对象:                      // Enter，结束选择
    指定基点:                      //捕捉如图11-106所示的端点作为基点旋
```

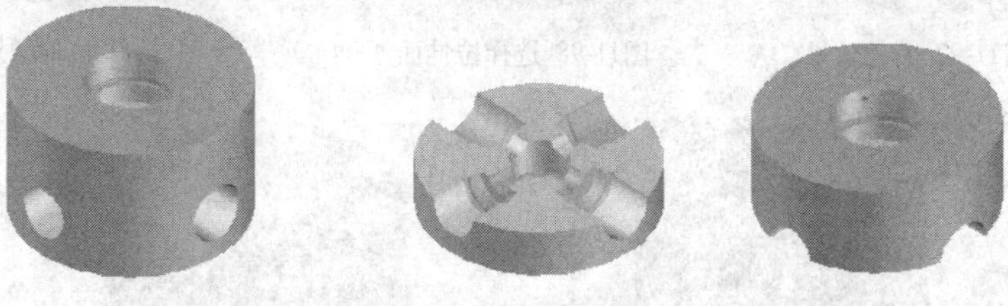

图11-104 移动结果

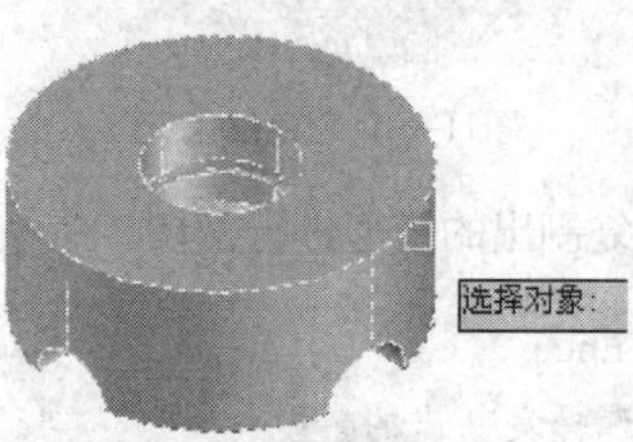

图11-105 选择剖切体

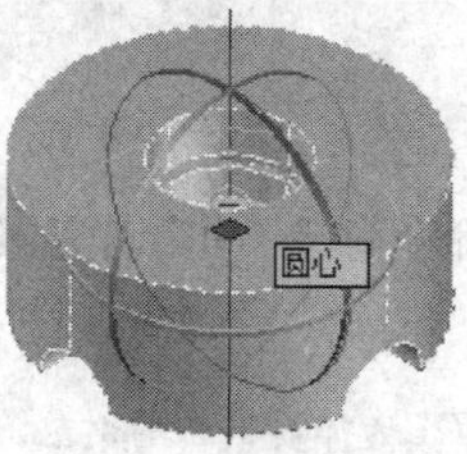

图11-106 定位基点

```
    拾取旋转轴:                    //在图11-107所示轴方向上单击左键，定位旋转轴
    指定角的起点或键入角度:        //-90 Enter，结束命令
```

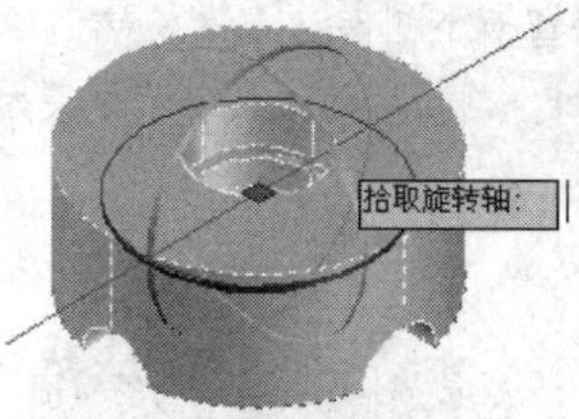

图11-107 定位旋转轴

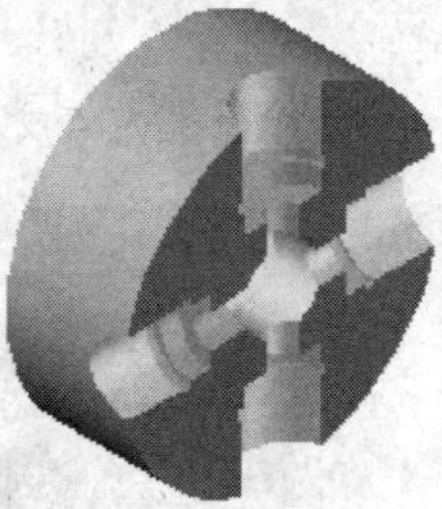

图11-108 旋转结果

22 最后执行【另存为】命令，将模型命名存储为“上机指导（一）.dwg”

11.5 上机指导（二）——制作接待台立体造型

本例通过制作大厅接待台的立体造型，主要对AutoCAD的三维建模功能和编辑功能进行综合练习和巩固应用。大厅接待台立体造型的最终创建效果，如图11-109所示。

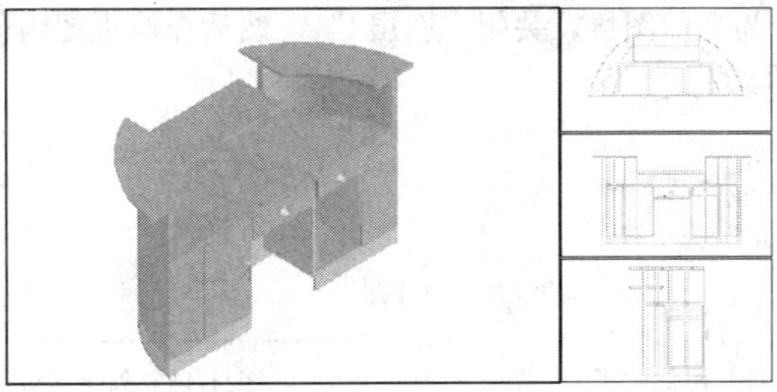

图11-109 实例效果

操作步骤

1. 快速新建空白文件并打开【对象捕捉】功能。
2. 设置系统变量FACETRES的值为10。
3. 使用命令简写“LA”激活【图层】命令，创建名为“图层1”的图层，并将其设置为当前图层。
4. 使用命令简写“C”激活【圆】命令，以原点为圆心，绘制半径为750、900、1050的三个同心圆和水平直径。
5. 使用【直线】命令，配合象限点捕捉功能绘制半径为1050的圆的水平直径。使用命令简写“O”激活【偏移】命令，将水平直径向上偏移150、660个绘图单位，并对圆进行修剪，结果如图11-110所示。
6. 重复执行【偏移】命令，将中间圆弧对称偏移20个单位，结果如图11-111所示。

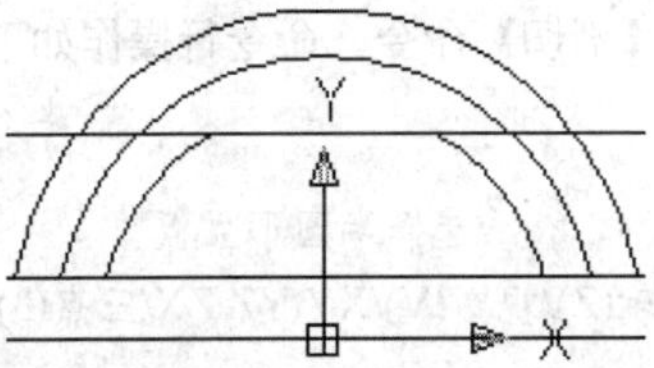

图11-110 操作结果

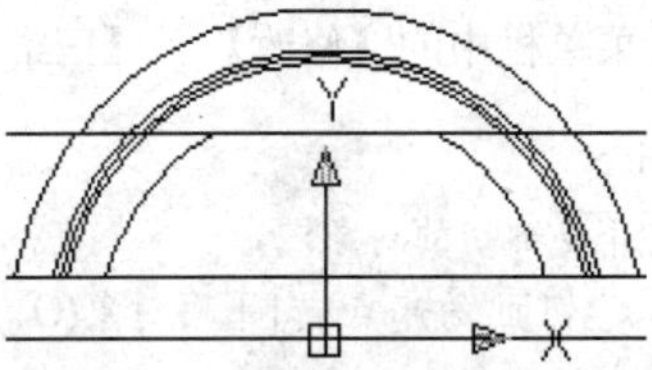

图11-111 偏移圆弧

7. 删除中间圆弧，然后使用命令简写“L”激活【直线】命令，绘制如图11-112所示的垂直直线。
8. 接下来综合使用【修剪】、【直线】、【删除】等命令，将图形编辑成图11-113所示的状态。

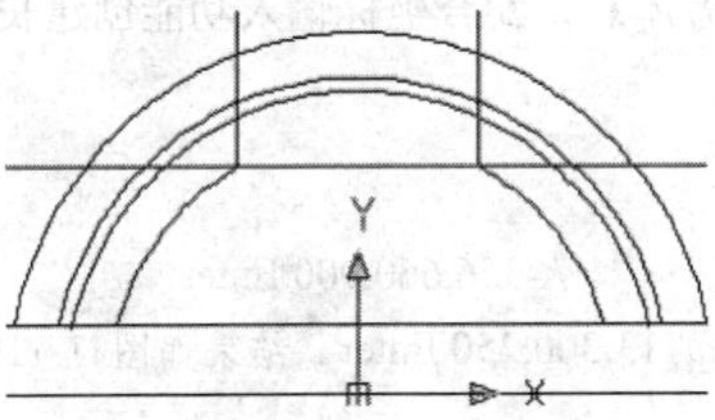

图11-112 绘制垂直线

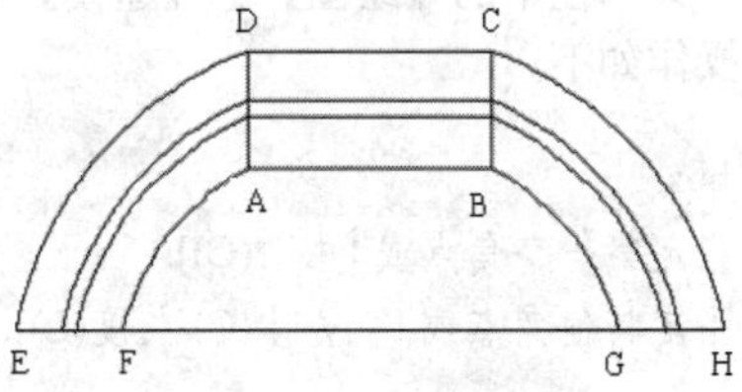

图11-113 编辑结果

9. 使用命令简写“REG”激活【面域】命令，创建*ABCD*、*ADEF*、*BCHG*三个面域。
10. 使用命令简写“VS”激活【视觉样式】命令，将着色方式设置为三维隐藏，并将视图切换为西南视图。
11. 使用命令简写“3M”激活【三维移动】】命令，将两侧的两个面域沿Z轴正方向移动1100个单位，将上侧的面域沿Z轴正方向移动900个单位。
12. 新建名为“图层2”的新图层，然后在新图层内将三个面域沿Z轴正方向拉伸25个单位，结果如图11-114所示。

13 将“图层1”设为当前图层，关闭“图层2”，然后在俯视图内创建两个面域*A*和*B*，结果如图11-115所示。

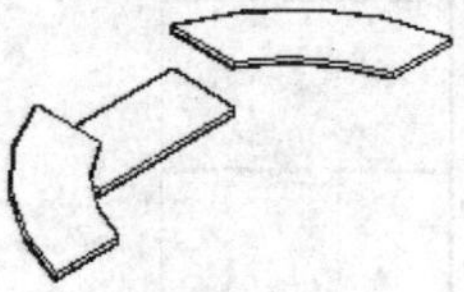

图11-114 拉伸结果

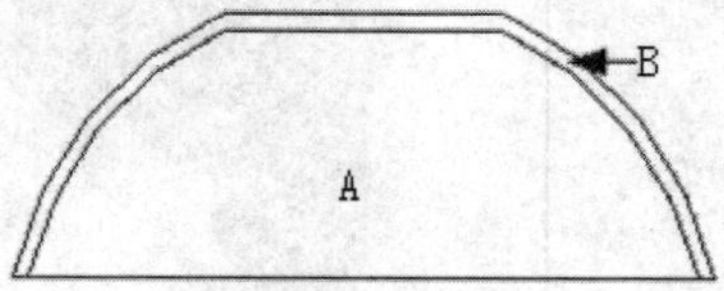

图11-115 创建面域

14 将视图切换到西南视图，然后使用命令简写“EXT”激活【拉伸】命令，将面域B沿Z轴正方向拉伸1100个单位，结果如图11-116所示。

15 使用命令简写“3M”激活【三维移动】命令，将面域A沿Z轴正方向移动740个单位，并将位移后的面域沿Z轴正方向拉伸25个单位，结果如图11-117所示。

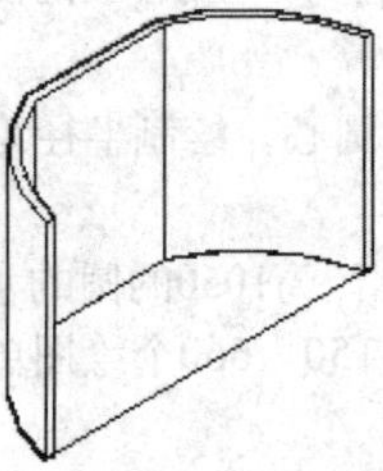

图11-116 拉伸图形

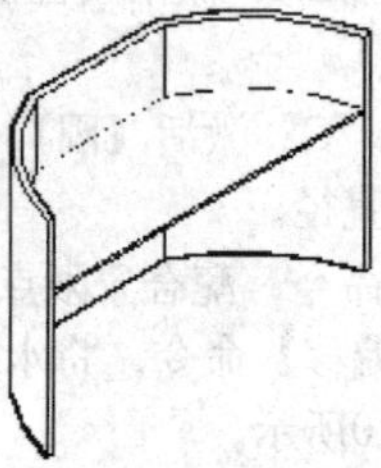

图11-117 移动并拉伸

16 执行菜单栏中的【修改】/【三维操作】/【剖切】命令，命令行操作如下。

```
命令: _slice
    选择要剖切的对象:                                   //选择半圆形立板
    指定 切面 的起点或 [平面对象(O)/曲面(S)/Z 轴(Z)/视图(V)/XY/YZ/ZX/三点(3)] <三点>:
                                                        //XYEnter
    指定 XY 平面上的点 <0,0,0>:                         //0,0,100 Enter
    在所需的侧面上指定点或 [保留两个侧面(B)] <保留两个侧面>:
                                                        //Enter，结果如图11-118所示
```

17 执行菜单栏中的【绘图】/【建模】/【长方体】，配合坐标输入功能创建长方体。命令行操作如下。

```
命令: _box
    指定第一个角点或 [中心(C)]:                 //-356,660,900 Enter
    指定其他角点或 [立方体(C)/长度(L)]:        //@713,300,250 Enter，结果如图11-119所示
```

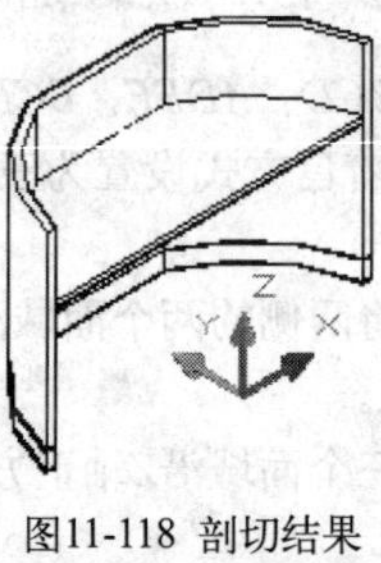

图11-118 剖切结果

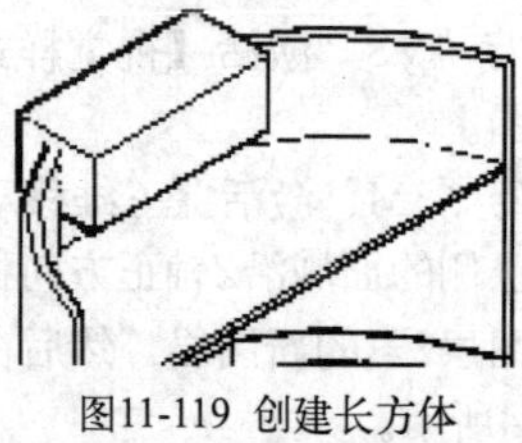

图11-119 创建长方体

18 使用命令简写“SU”激活【差集】命令，对长方体进行差集，结果如图11-120所示。

19 创建名为“图层3”的新图层，关闭“图层1”，然后在新图层内创建三个长方体，命令行操作如下。

```
命令: _box
    指定第一个角点或 [中心(C)]:                           //-650,563,0 Enter
    指定其他角点或 [立方体(C)/长度(L)]:                    //@1300,20,740 Enter
    命令: _box
    指定第一个角点或 [中心(C)]:                           //-866,150,0 Enter
    指定其他角点或 [立方体(C)/长度(L)]:                    //@616,20,100 Enter
    命令: _box
    指定第一个角点或 [中心(C)]:                           //-866,150,100 Enter
    指定其他角点或 [立方体(C)/长度(L)]:       //@236,20,640 Enter，结果如图11-121所示
```

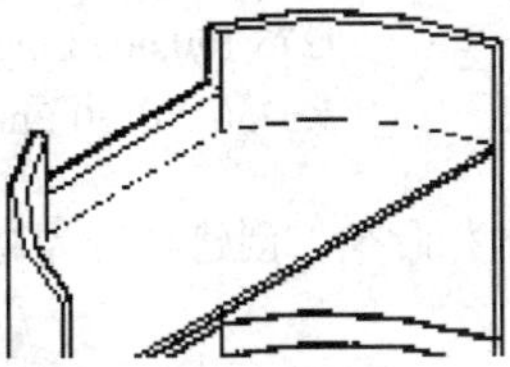
图11-120 差集结果

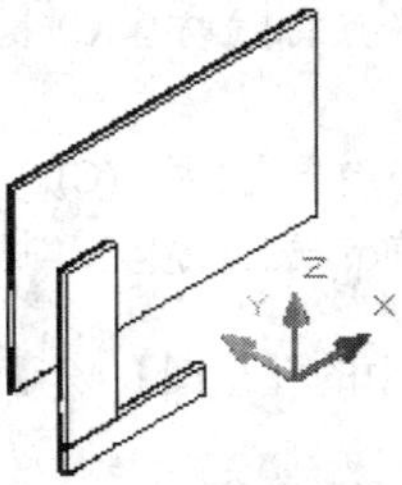

图11-121 创建长方体

20 分别以点“-650,170,80”和“@400,393,660”作为对角点，创建长方体，然后对创建的长方体进行抽壳，删除前立面、后立面和上顶面，抽壳距离为20，结果如图11-122所示。

21 执行菜单栏中的【修改】/【三维操作】/【三维镜像】命令，选择抽壳体和两个长方体进行镜像，镜像平面为当前坐标系的YZ平面，结果如图11-123所示。

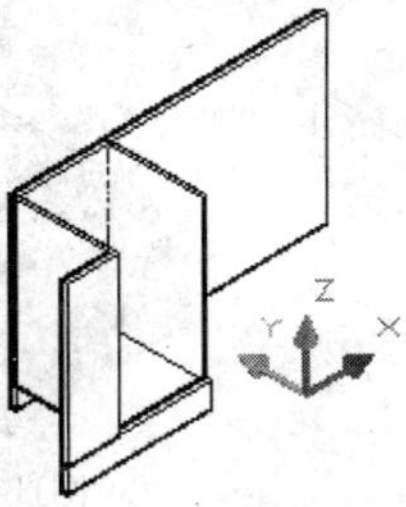

图11-122 创建和抽壳长方体

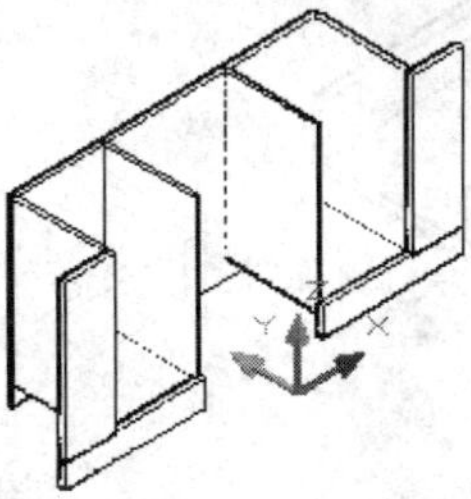

图11-123 三维镜像

22 执行菜单栏中的【绘图】/【建模】/【长方体】命令，配合坐标输入功能创建长方体。命令行操作如下。

```
命令: _box
    指定第一个角点或 [中心(C)]:                           //-625,150,105 Enter
    指定其他角点或 [立方体(C)/长度(L)]:                    //@375,20,630 Enter
```

23 新建名为“图层4”的新图层，将该层置为当前图层，并关闭“图层3”。

24 执行菜单栏中的【绘图】/【建模】/【长方体】命令，配合坐标输入功能创建长方体。命令行操作如下。

```
命令: _box
    指定第一个角点或[中心(C)]:                  //-240,170,590 Enter
    指定其他角点或[立方体(C)/长度(L)]:            //@480,383,140 Enter
    命令: _box
    指定第一个角点或[中心(C)]:                  //280,170,610 Enter
    指定其他角点或[立方体(C)/长度(L)]:            //@340,383,120 Enter
```

25 执行菜单栏中的【修改】/【实体编辑】/【抽壳】命令，对上步绘制的长方体进行抽壳，并删除实体前立面和上顶面，设置抽壳距离为20，结果如图11-124所示。

26 执行菜单栏中的【绘图】/【建模】/【长方体】命令，配合坐标输入功能创建长方体。命令行操作如下。

```
命令: _box
    指定第一个角点或[中心(C)]:                  //-245,150,585 Enter
    指定其他角点或[立方体(C)/长度(L)]:            //@490,20,150 Enter
    命令: _box
    指定第一个角点或[中心(C)]:                  //275,150,605 Enter
    指定其他角点或[立方体(C)/长度(L)]:            //@350,20,130 Enter
```

27 执行菜单栏中的【绘图】/【建模】/球体】命令，创建半径为35的球体，命令行操作如下。

```
命令: _sphere
    指定中心点或[三点(3P)/两点(2P)/切点、切点、半径(T)]:   //0,150,650 Enter
    指定半径或[直径(D)]:                    //35 Enter，创建后的线框着色效果如图11-125所
                                            示，灰度着色效果如图11-126所示
```

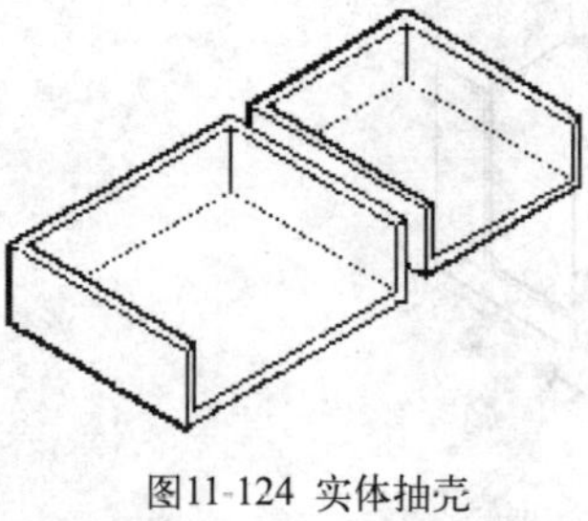

图11-124 实体抽壳

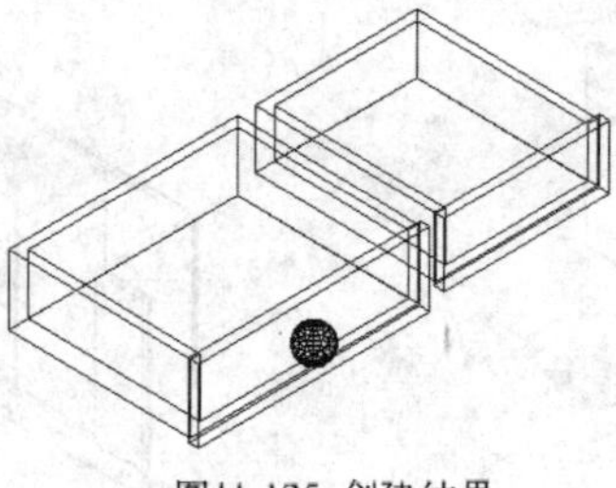

图11-125 创建结果

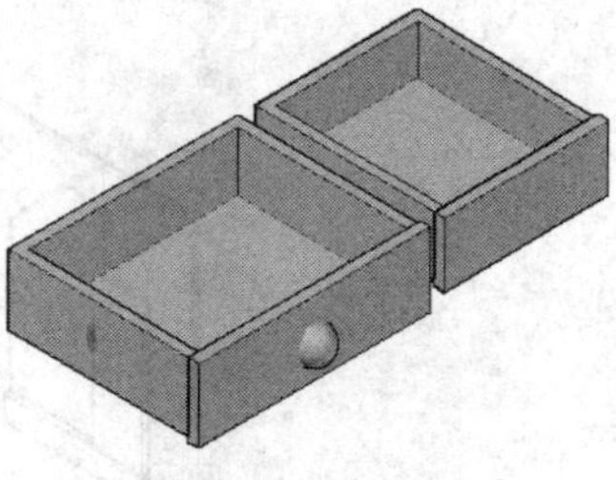

图11-126 灰度着色

28 执行菜单栏中的【修改】/【实体编辑】/【抽壳】命令，对球体进行抽壳，命令行操作如下。

```
命令: _solidedit
    实体编辑自动检查: SOLIDCHECK=1
    输入实体编辑选项[面(F)/边(E)/体(B)/放弃(U)/退出(X)]<退出>: _body
    输入体编辑选项[压印(I)/分割实体(P)/抽壳(S)/清除(L)/检查(C)/放弃(U)/退出(X)]<退出>: _shell
    选择三维实体:                          //选择刚创建的球体
    删除面或[放弃(U)/添加(A)/全部(ALL)]:      // Enter
    输入抽壳偏移距离:                        //5 Enter
```

```
已开始实体校验。
已完成实体校验。
输入体编辑选项[压印(I)/分割实体(P)/抽壳(S)/清除(L)/检查(C)/放弃(U)/退出(X)] <退出>: // Enter
实体编辑自动检查: SOLIDCHECK=1
输入实体编辑选项 [面(F)/边(E)/体(B)/放弃(U)/退出(X)] <退出>:            // Enter
```

29 使用命令简写“SL”激活【剖切】命令，对抽壳后的球体进行剖切，命令行如下。

```
命令: sl                                    // Enter
SLICE选择要剖切的对象:                       //选择抽壳后的球体，如图11-127所示
选择要剖切的对象:                            // Enter
指定 切面 的起点或 [平面对象(O)/曲面(S)/Z 轴(Z)/视图(V)/XY(XY)/YZ(YZ)/ZX(ZX)/三点
(3)] <三点>:                                //XY Enter
指定 XY 平面上的点 <0,0,0>:                  //0,0,650 Enter
在所需的侧面上指定点或 [保留两个侧面(B)] <保留两个侧面>:  //0,0,660 Enter
命令:
SLICE选择要剖切的对象:                       //选择剖切后的半球体
选择要剖切的对象:                            // Enter
指定 切面 的起点或 [平面对象(O)/曲面(S)/Z 轴(Z)/视图(V)/XY(XY)/YZ(YZ)/ZX(ZX)/三点
(3)] <三点>:                                //ZX Enter
指定 ZX 平面上的点 <0,0,0>:                  //0,150,0 Enter
在所需的侧面上指定点或 [保留两个侧面(B)] <保留两个侧面>:
                                            //捕捉如图11-128所示的象限点
```

图11-127 选择对象

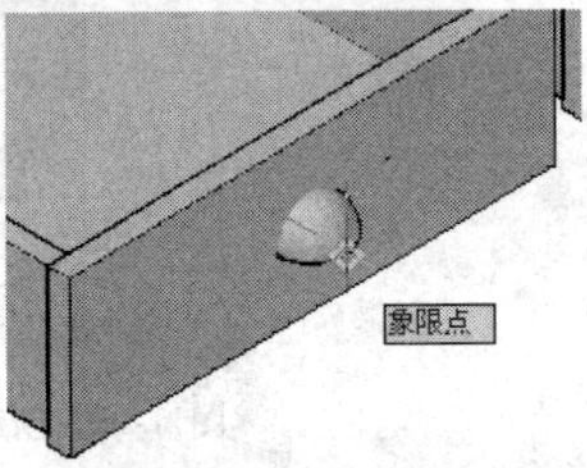

图11-128 捕捉象限点

30 使用命令简写“CO”激活【复制】命令，将剖切体沿X轴正方向复制450个单位，结果如图11-129所示。

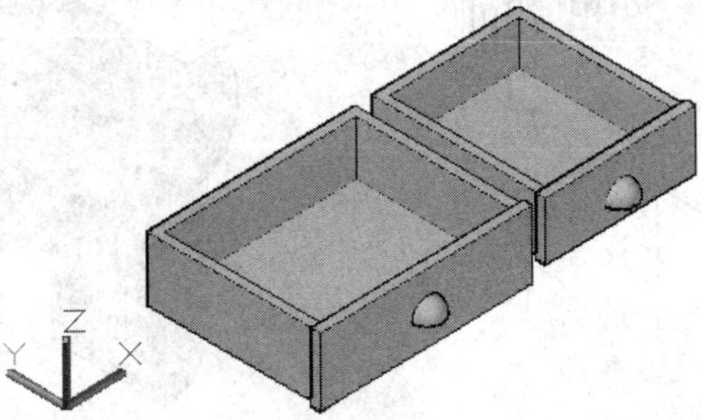

图11-129 复制结果

31 执行菜单栏中的【绘图】/【建模】/【圆柱体】命令，创建半径为10、高度为115的柱体把手。命令行操作如下。

```
命令: _cylinder
    指定底面的中心点或 [三点(3P)/两点(2P)/切点、切点、半径(T)/椭圆(E)]:
                                                //-300,115,375 Enter
    指定底面半径或 [直径(D)] <35.0000>:            //10 Enter
    指定高度或 [两点(2P)/轴端点(A)] <250.0000>:    //115 Enter
```

32 执行菜单栏中的【工具】/【新建UCS】/【X】命令，将坐标系沿X轴旋转90°。

33 执行菜单栏中的【绘图】/【建模】/【圆柱体】命令，继续创建柱体把手。命令行操作如下。

```
命令: _cylinder
    指定底面的中心点或 [三点(3P)/两点(2P)/切点、切点、半径(T)/椭圆(E)]: //-300,395,-150 Enter
    指定底面半径或 [直径(D)] <10.0000>:                    //5 Enter
    指定高度或 [两点(2P)/轴端点(A)] <115.0000>:            //30 Enter
    命令: _cylinder
    指定底面的中心点或 [三点(3P)/两点(2P)/切点、切点、半径(T)/椭圆(E)]:
                                                          //-300,470,-150 Enter
    指定底面半径或 [直径(D)] <5.0000>:                     //Enter
    指定高度或 [两点(2P)/轴端点(A)] <30.0000>:     // Enter，结果如图11-130所示
```

34 执行【圆角边】命令，设置半径为10，对圆柱体两端的边进行圆角处理，结果如图11-131所示。

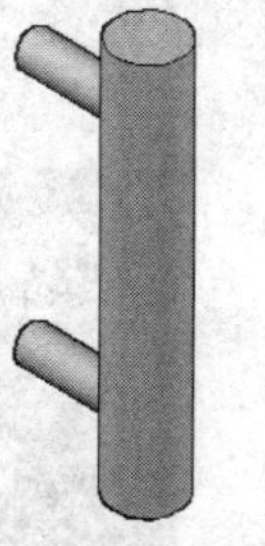

图11-130 创建结果

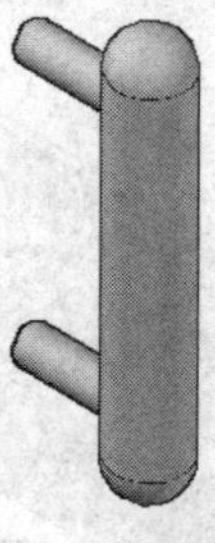

图11-131 圆角结果

35 使用命令简写"LA"激活【打开】命令，打开被关闭的图层，模型的消隐效果如图11-132所示的，灰度着色效果如图11-133所示。

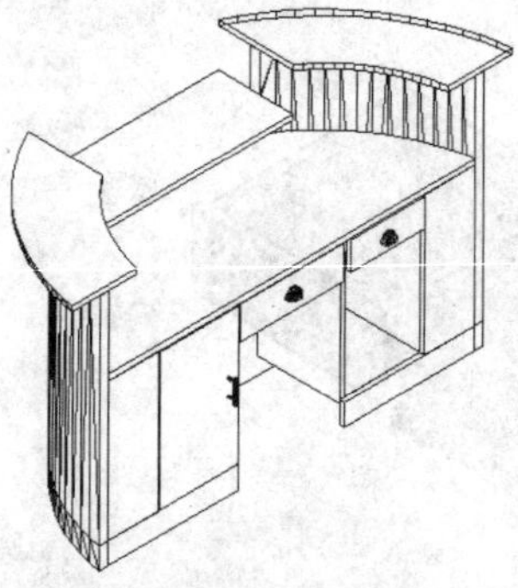

图11-132 打开图层后的消隐效果

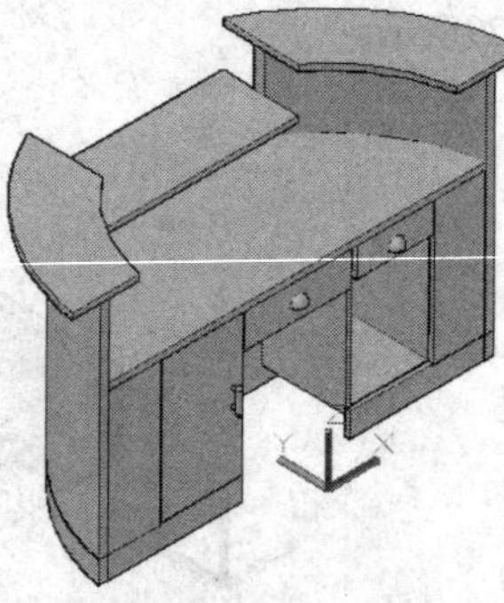

图11-133 灰度着色效果

36 执行菜单栏中的【修改】／【实体编辑】／【面着色】命令，对模型的表面进行着色，然后对着色后的模型进行平滑着色，效果如图11-134所示。

37 执行菜单栏中的【视图】／【视口】／【新建视口】命令，选择如图11-135所示的视口模式，将当前视口分割为四个视口，结果如图11-136所示。

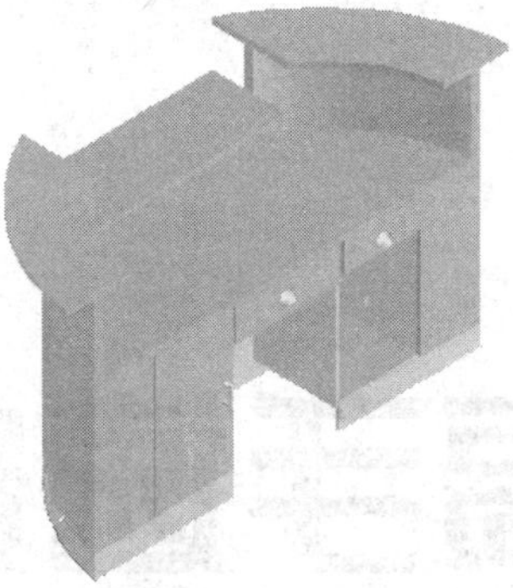

图11-134 着色效果

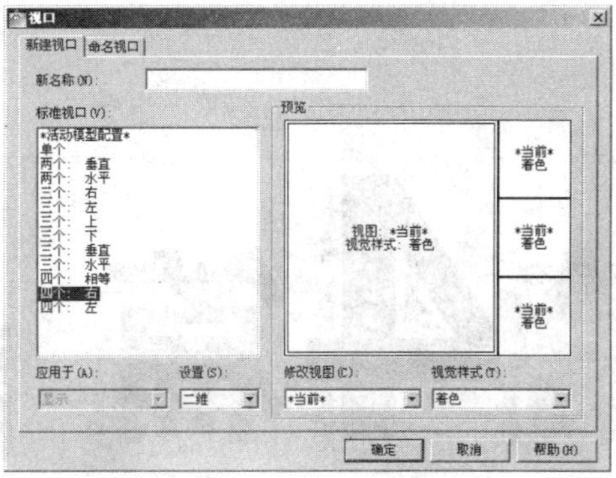

图11-135 【视口】对话框

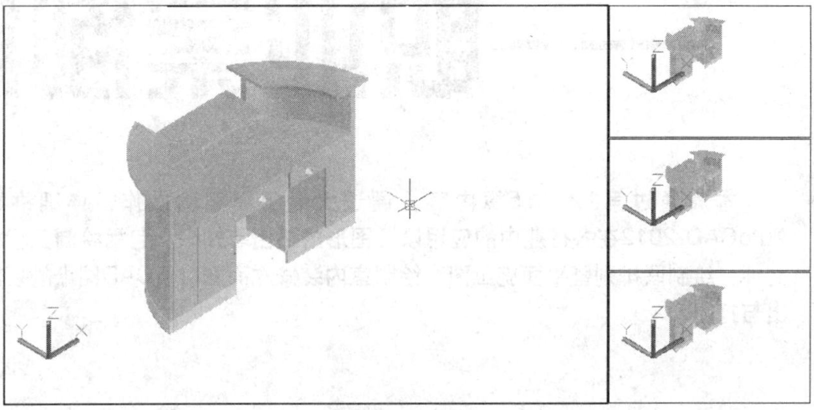

图11-136 分割视口

38 接下来分别使用视图的切换功能和缩放调整功能，调整每个视口内的视图及图形位置，结果如图11-137所示。

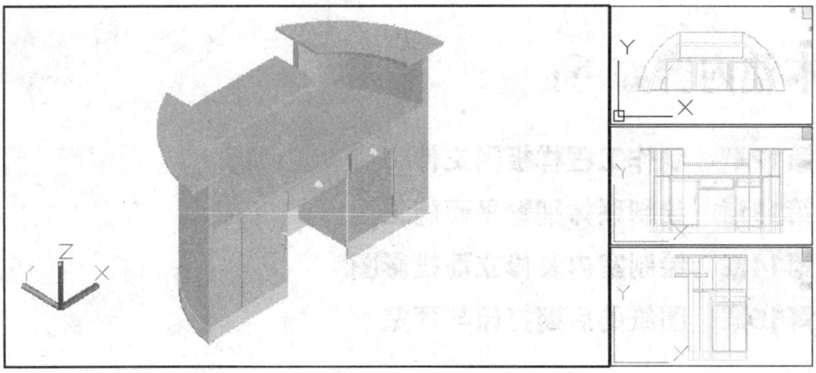

图11-137 调整结果

39 隐藏坐标系图标及其他视口控件，最终效果如图11-109所示。

40 最后执行【保存】命令，将图形命名存储为“上机指导（二）.dwg”。

第4篇 高手速成——职业案例篇

本篇通过第12～15章内容，通过大量工程案例操作，详细讲解了AutoCAD 2012在各行业中的应用以及图形的输出等知识，包括绘制工程样板文件、绘制联排别墅平面施工图、绘制室内装修立面图以及CAD图纸的后期输出与打印。

本篇内容如下：

第12章

制作工程样板图文件

本章在了解样板文件概念、功能及制作流程等内容的前提下，通过制作A2幅面的建筑制图样板文件，主要学习工程样板图文件的具体制作过程和技巧。本章学习内容如下：

- ✓ 什么是工程样板图文件
- ✓ 工程样板图文件的用途
- ✓ 工程样板文件的制作流程
- ✓ 上机指导（一）——设置工程样板绘图环境
- ✓ 上机指导（二）——设置工程样板层与特性
- ✓ 上机指导（三）——设置工程样板绘图样式

12.1 什么是工程样板图文件

在AutoCAD制图中，“样板文件”也称“绘图样板”，此类文件指的就是包含一定的绘图环境、参数变量、绘图样式、页面设置等内容，但并未绘制图形的空白文件，当将此空白文件保存为“.dwt”格式后，就成为了样板文件。

用户一旦定制了绘图样板文件，此样板文件则会自动被保存在AutoCAD安装目录下的“Template”文件夹中。

12.2 工程样板图文件的用途

用户在样板文件的基础上绘图，可以避免许多参数的重复性设置，大大节省绘图时间，不但提高绘图效率，还可以使绘制的图形更符合规范、更标准，保证图面、质量的完整统一。

那么如何在此类样板文件的基础上绘图呢？操作非常简单，只需要执行【新建】命令，在打开的【选择样板】对话框中选择并打开事先定制的样板文件即可，如图12-1所示。

图12-1 【选择样板】对话框

12.3 工程样板图文件的制作流程

绘图样板文件的制作流程体如下：

(1) 根据绘图需要，设置相应单位的空白文件。

(2) 设置样板文件的绘图环境，包括绘图单位、单位精度、绘图区域、捕捉模数、追踪模式以及常用系统变量等。

(3) 设置样板文件的系列图层以及图层的颜色、线型、线宽、打印等特性，以便规划管理各类图形资源。

(4) 设置样板文件的系列作图样式，具体包括各类文字样式、标注样式、墙线样式、窗线样式等。

(5) 为绘图样板配置并填充标准图框。

(6) 为绘图样板配置打印设备、设置打印页面等。

(7) 最后将包含上述内容的文件存储为绘图样板文件。

12.4 上机指导（一）——设置工程样板绘图环境

本例主要学习工程样板绘图环境的制作过程和制作技巧。具体内容包括绘图单位、图形界限、捕捉模数、追踪功能以及各种常用变量的设置等。

12.4.1 设置公制文件与绘图单位

1 单击【快速访问】工具栏或【标准】工具栏中的□按钮，打开【选择样板】对话框。

2 在【选择样板】对话框中选择“acadISO -Named Plot Styles”作为基础样板，新建空白文件，如图12-2所示。

TIP “acadISO -Named Plot Styles”是一个命令打印样式样板文件，如果用户需要使用“颜色相关打印样式”作为样板文件的打印样式，可以选择“acadiso”基础样式文件。

3 执行菜单栏中的【格式】/【单位】命令，或使用命令简写“UN”激活【单位】命令，打开【图形单位】对话框。

4 在【图形单位】对话框中设置长度类型、角度类型以及单位、精度等参数，如图12-3所示。

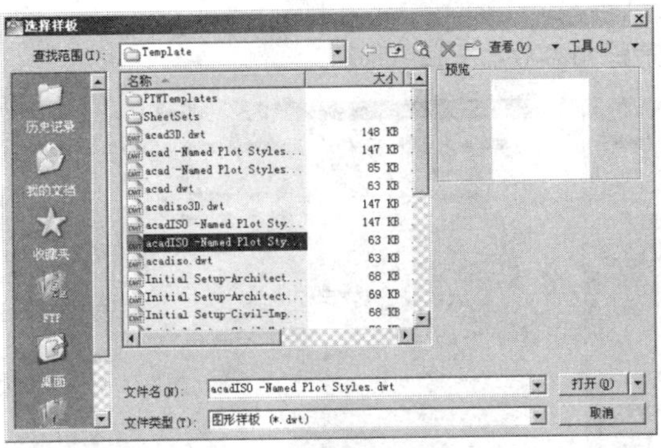

图12-2 【选择样板】对话框

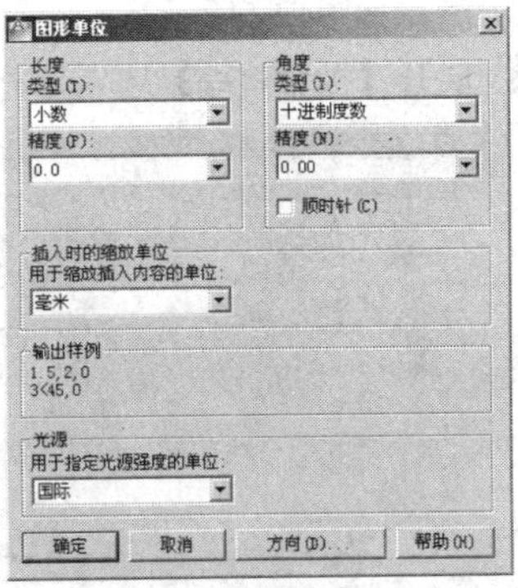

图12-3 设置单位与精度

> **TIP** 在系统默认设置下，是以逆时针作为角的旋转方向，其基准角度为“东”，也就是以坐标系X轴正方向作为起始方向。

12.4.2 设置工程样板图形界限

1 继续上节操作。

2 执行菜单栏中的【格式】/【图形界限】命令，设置默认作图区域为59400×42000。命令行操作如下。

```
命令: '_limits
    重新设置模型空间界限:
    指定左下角点或 [开(ON)/关(OFF)] <0.0,0.0>:        //Enter
    指定右上角点 <420.0,297.0>:                      //59400,42000Enter
```

3 执行菜单栏中的【视图】/【缩放】/【全部】命令，将设置的图形界限最大化显示。

4 如果用户想直观地观察到设置的图形界限，可按下按功能键F7，打开【栅格】功能，通过坐标的栅格点，直观形象地显示出图形界限，如图12-4所示。

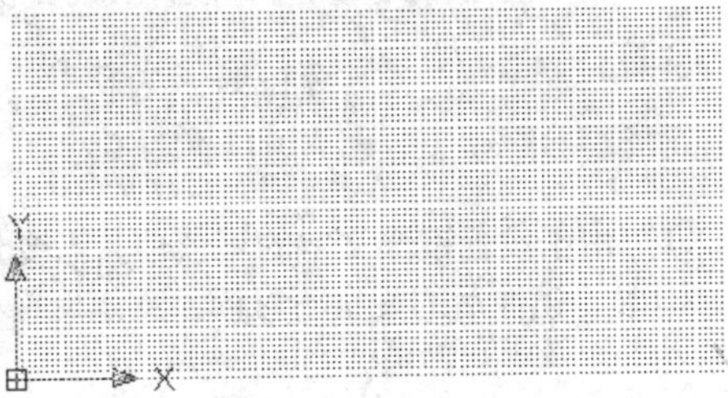

图12-4 栅格显示界限

12.4.3 设置工程样板捕捉追踪

1 继续上节操作。

2 执行菜单栏中的【工具】/【草图设置】命令，或使用命令简写“DS”激活【草图设置】命令，打开【草图设置】对话框。

3 在【草图设置】对话框中激活【对象捕捉】选项卡，启用和设置一些常用的对象捕捉功能，如图12-5所示。

4 展开【极轴追踪】选项卡，设置追踪角参数如图12-6所示。

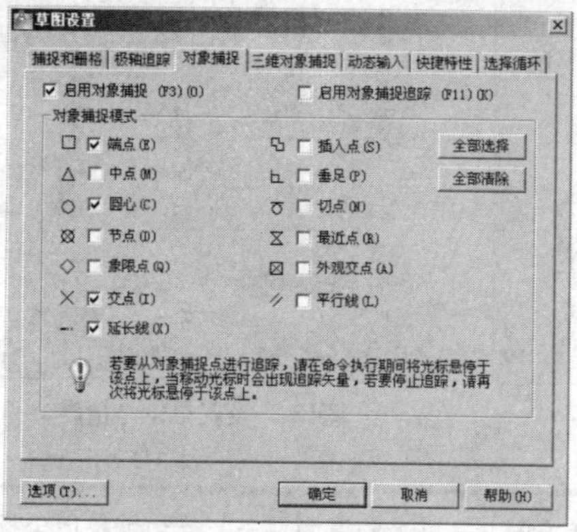

图12-5 设置捕捉参数

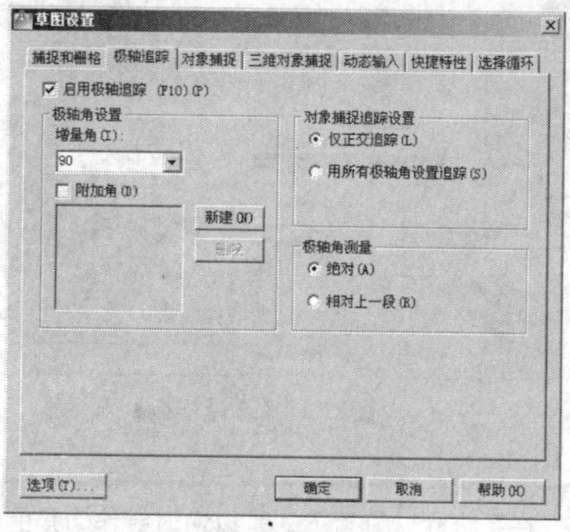

图12-6 设置追踪参数

TIP 在此设置的捕捉和追踪参数，并不是绝对的，用户可以在实际操作过程中随时进行更改。

5 单击 确定 按钮，关闭【草图设置】对话框。

6 按下功能键12，打开状态栏上的【动态输入】功能。

12.4.4 设置工程样板系统变量

1 继续上节操作。

2 在命令行输入系统变量“LTSCALE”，以调整线型的显示比例。命令行操作如下。

```
命令: LTSCALE                               // Enter
    输入新线型比例因子 <1.0000>:            // 100 Enter
    正在重生成模型。
```

3 使用系统变量“DIMSCALE”设置和调整尺寸标注样式的比例。具体操作如下。

```
命令: DIMSCALE                              // Enter
    输入 DIMSCALE 的新值 <1>:               //100 Enter
```

4 系统变量“MIRRTEXT”用于设置镜像文字的可读性。当变量值为0时，镜像后的文字具有可读性；当变量值为1时，镜像后的文字不可读。具体设置如下。

```
命令: MIRRTEXT                              // Enter
    输入 MIRRTEXT 的新值 <1>:               // 0 Enter
```

5 由于属性块的引用一般有“对话框”和“命令行”两式，可以使用系统变量“ATTDIA”，进行控制属性值的输入方式。具体操作如下。

```
命令: ATTDIA                         // Enter
    输入 ATTDIA 的新值 <1>:           //0 Enter
```

TIP 当变量ATTDIA=0时，系统将以“命令行”形式提示输入属性值；当变量ATTDIA=1时，以“对话框”形式提示输入属性值。

6 最后执行【保存】命令，将当前文件命名存储为“上机指导（一）.dwg”

12.5 上机指导（二）——设置工程样板层与特性

下面通过为样板文件设置常用的图层及图层特性，学习图层及图层特性的设置方法和技巧，以方便用户对各类图形资源进行组织和管理。

12.5.1 设置工程样板常用图层

1 执行【打开】命令，打开随书光盘中的“实例效果文件／第12章／上机指导（一）.dwg”文件。

2 单击【图层】工具栏中的按钮，执行【图层】命令，打开如图12-7所示的【图层特性管理器】对话框。

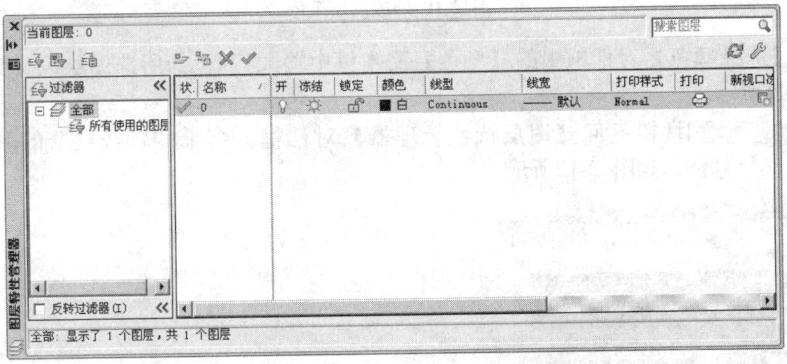

图12-7 【图层特性管理器】对话框

3 单击【新建图层】按钮，在如图12-8所示的“图层”位置上输入“轴线层”，创建一个名为“轴线层”的新图层。

图12-8 新建图层

4 连续按Enter键，分别创建“墙线层、门窗层、楼梯层、文本层、尺寸层、其他层”等10个图层，如图12-9所示。

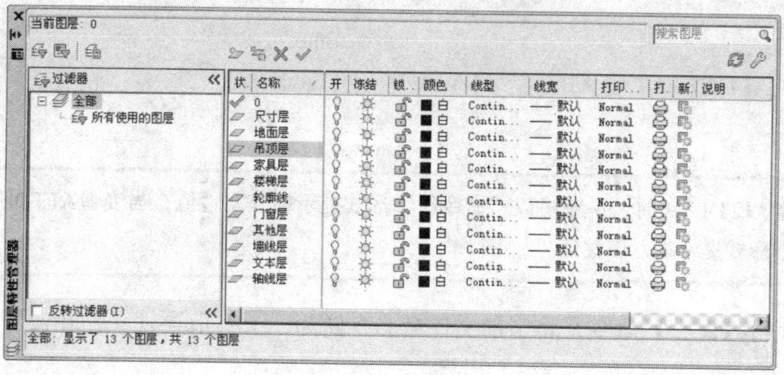

图12-9 设置图层

TIP 连续两次敲击键盘上的Enter键，也可以创建多个图层。在创建新图层时，所创建出的新图层将继承先前图层的一切特性（如颜色、线型等）。

12.5.2 设置工程样板颜色特性

1 继续上节操作。

2 选择“轴线层”，在如图12-10所示的颜色图标上单击，打开【选择颜色】对话框。

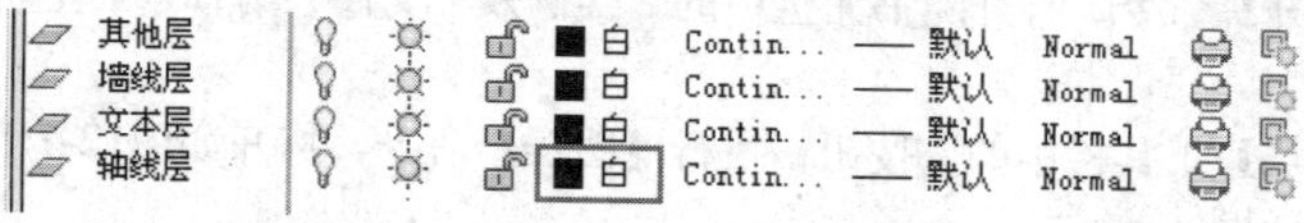

图12-10 修改图层颜色

3 在【选择颜色】对话框中的【颜色】文本框中输入124，为所选图层设置颜色值，如图12-11所示。

4 单击 确定 按钮返回【图层特性管理器】对话框，结果“轴线层”的颜色被设置为“126”号色，如图12-12所示。

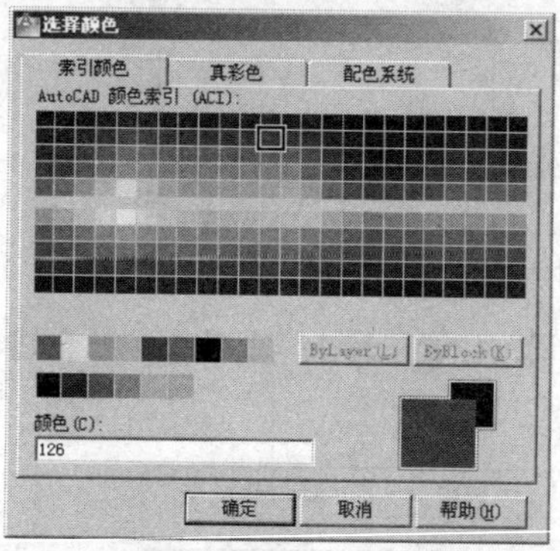

图12-11 【选择颜色】对话框

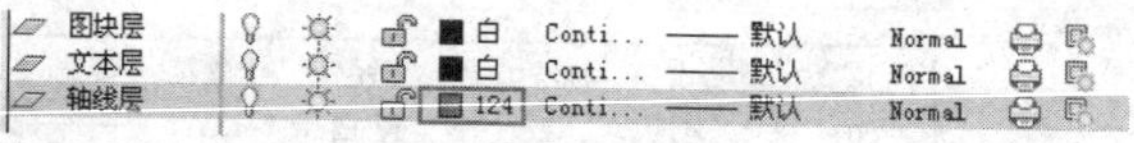

图12-12 设置结果

5 另外，用户也可以单击对话框中的【真彩色】和【颜色库】两个选项卡，如图12-13和图12-14所示，定义自己需要的色彩。

6 参照第5~7操作步骤，分别为其他图层设置颜色特性，设置结果如图12-15所示。

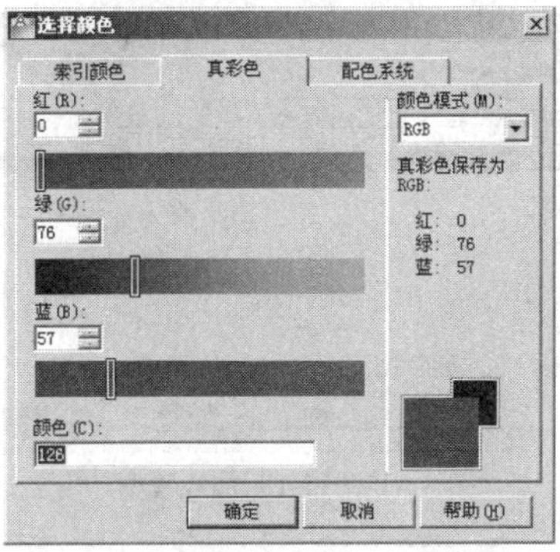

图12-13 【真彩色】选项卡

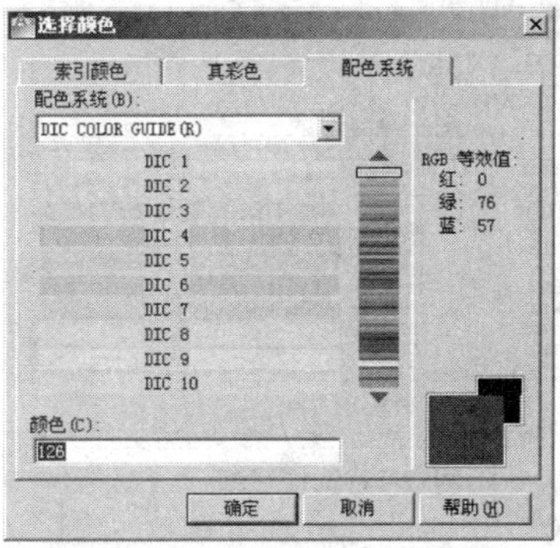

图12-14 【颜色库】选项卡

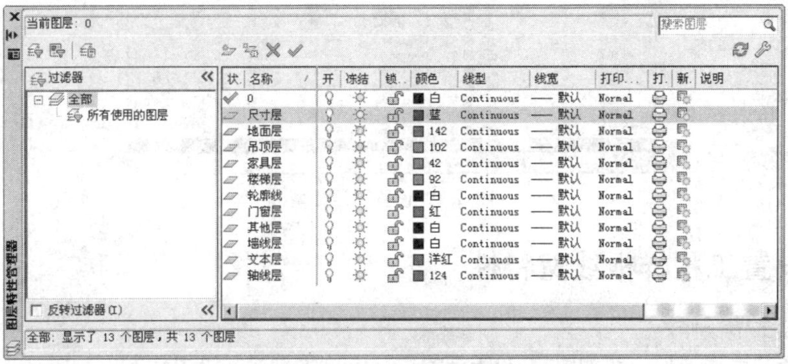

图12-15 设置颜色特性

12.5.3 设置工程样板线型特性

1 继续上节操作。

2 选择“轴线层”，在如图12-16所示的“Continuous”位置上单击，打开【选择线型】对话框。

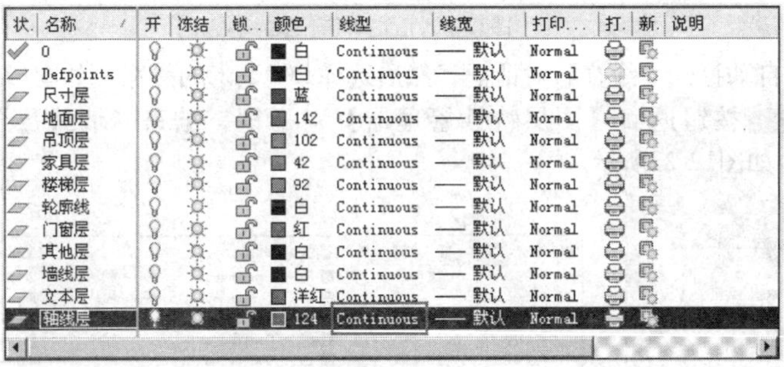

图12-16 指定位置

3 在【选择线型】对话框中单击 加载... 按钮，从打开的【加载或重载线型】对话框中选择如图12-17所示的“ACAD_ISO04W100”线型。

4 单击 确定 按钮，结果选择的线型被加载到【选择线型】对话框中，如图12-18所示。

5 选择刚加载的线型单击 确定 按钮，将加载的线型附加给当前被选择的“轴线层”，结果如图12-19所示。

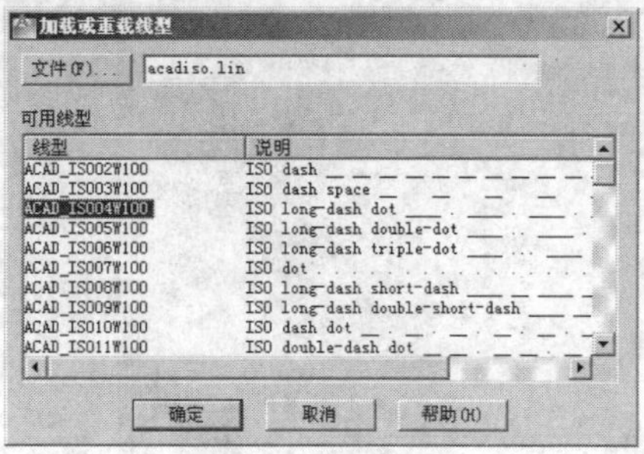

图12-17 选择线型

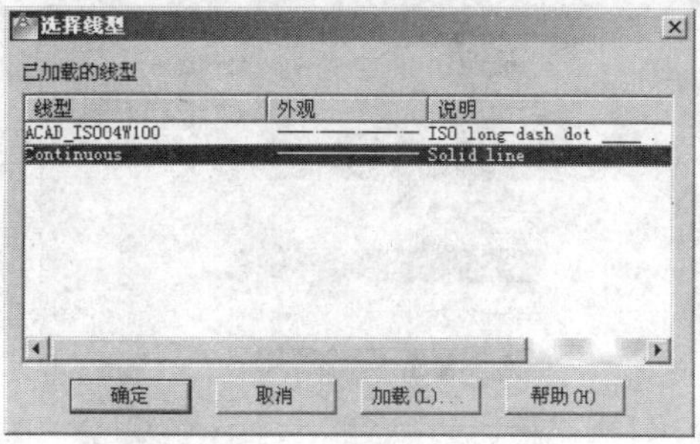

图12-18 加载线型

图12-19 设置图层线型

12.5.4 设置工程样板线宽特性

1 继续上节操作。

2 选择“墙线层”，在如图12-20所示的位置上单击，对其设置线宽。

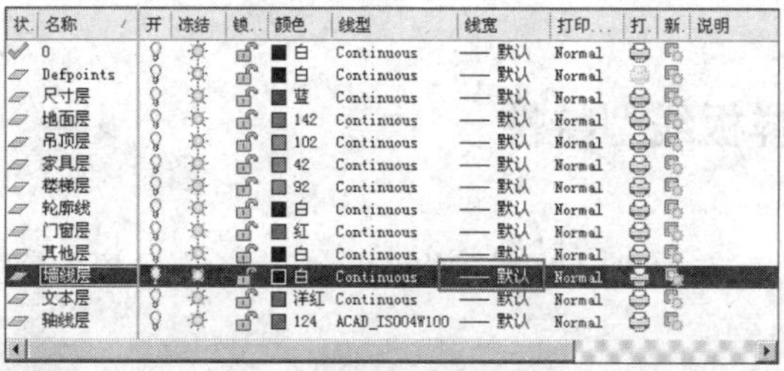

图12-20 指定单击位置

3 此时系统自动打开【线宽】对话框，然后选择1.00毫米的线宽，如图12-21所示。

4 单击 确定 按钮返回【图层特性管理器】对话框，结果“墙线层”的线宽被设置为1.00mm，如图12-22所示。

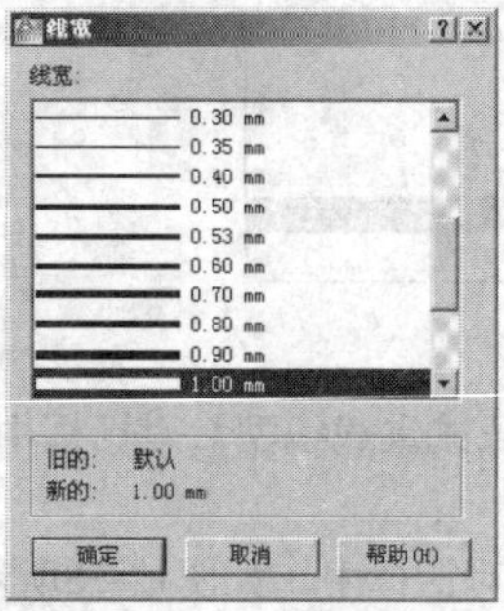

图12-21 选择线宽

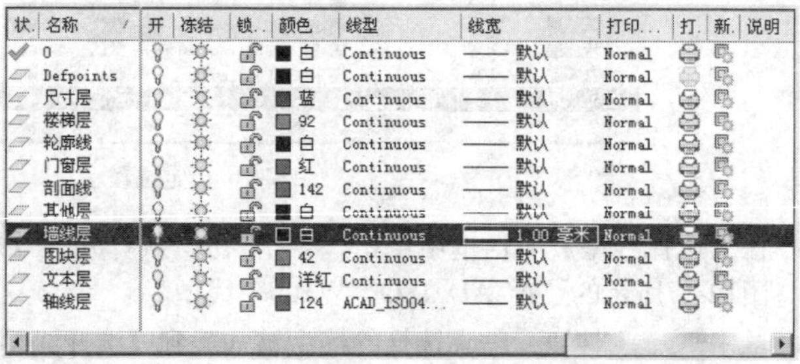

图12-22 设置线宽

5 在【图层特性管理器】对话框中单击×按钮，关闭对话框。

6 最后执行【另存为】命令，将文件另名存储为“上机指导（二）.dwg”。

12.6 上机指导（三）——设置工程样板绘图样式

本节主要学习样板图中各种常用样式的具体设置过程和设置技巧，如文字样式、标注样式、墙线样式、窗线样式等。

12.6.1 设置工程样板墙线样式

1 执行【打开】命令，打开随书光盘中的“实例效果文件 / 第12章 / 上机指导（二）.dwg”文件。

2 执行菜单栏中的【格式】/【多线样式】命令，打开【多线样式】对话框。

3 单击 新建(N)... 按钮，打开【创建新的多线样式】对话框，为新样式赋名，如图12-23所示。

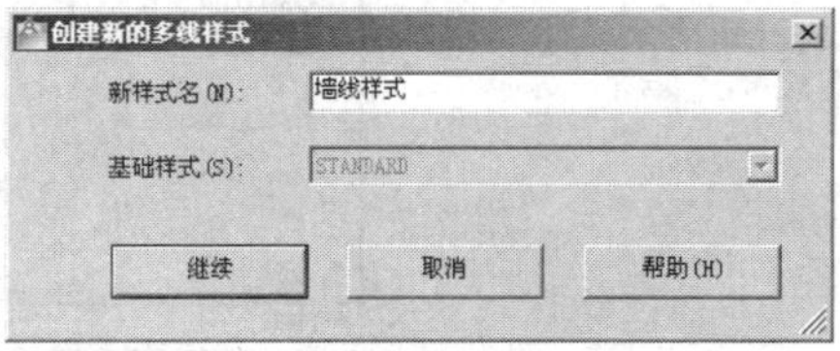

图12-23 为新样式赋名

4 单击 继续 按钮，打开【新建多线样式：墙线样式】对话框，设置多线样式的形口形式，如图12-24所示。

5 单击 确定 按钮返回【多线样式】对话框，结果设置的新样式显示在预览框内，如图12-25所示。

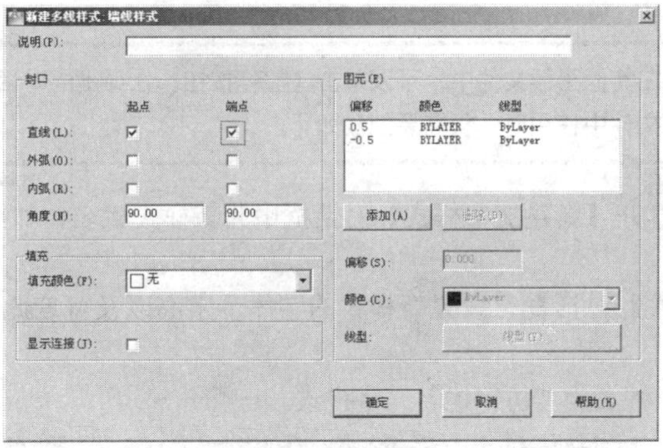

图12-24 设置封口形式

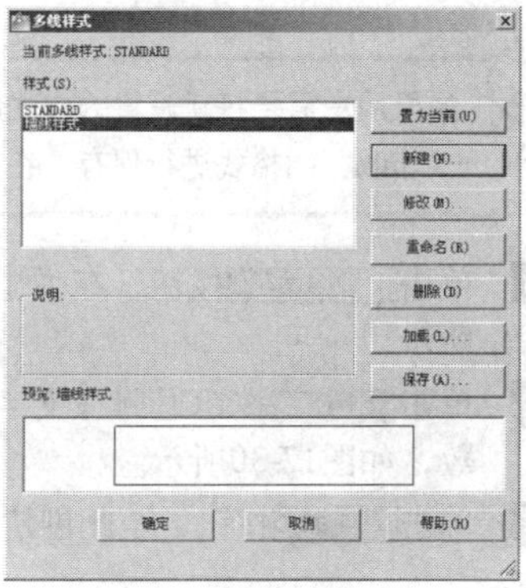

图12-25 设置墙线样式

6 参照上述操作步骤，设置“窗线样式”样式，其参数设置和效果预览分别如图12-26和图12-27所示。

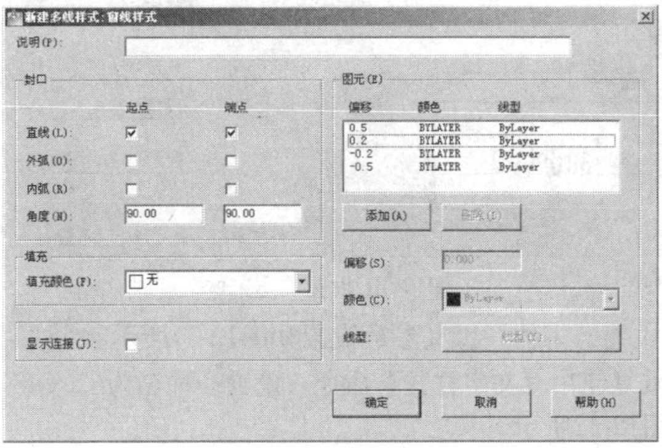

图12-26 设置参数

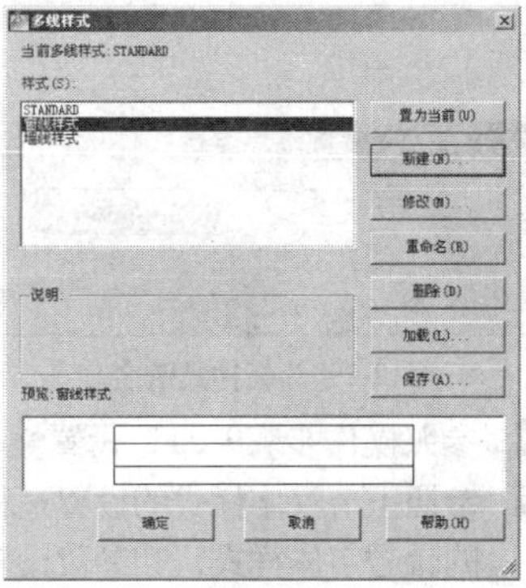

图12-27 窗线样式预览

7 选择“墙线样式”单击 置为当前(U) 按钮，将其设为当前样式，并关闭对话框。

12.6.2 设置工程样板文字样式

1 继续上节操作。

2 单击【样式】工具栏 按钮，激活【文字样式】命令，打开图12-28所示的【文字样式】对话框。

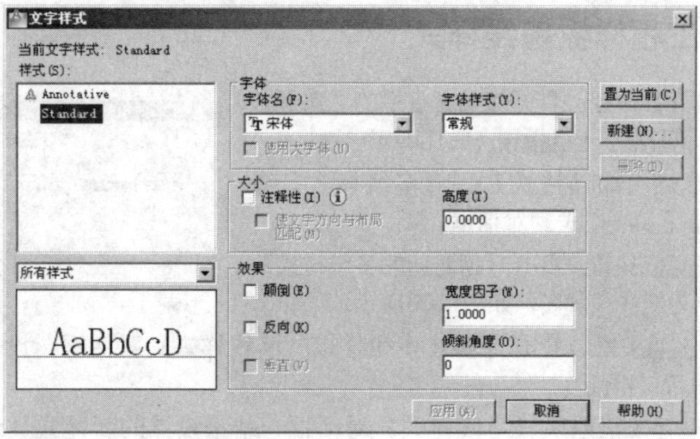

图12-28 【文字样式】对话框

TIP 如果用户需要将新设置的样式应用在其他图形文件中，可以单击 保存... 按钮，在弹出的对话框以“*mln”的格式进行保存，在其他文件中使用时，仅需要加载即可。

3 单击 新建(N) 按钮，在弹出的打开【新建文字样式】对话框中为新样式赋名，如图12-29所示。

4 单击 确定 按钮返回【文字样式】对话框，设置新样式的字体、字高以及宽度比例等参数，如图12-30所示。

5 单击 应用(A) 按钮，至此创建了一种名为“仿宋体”文字样式。

图12-29 为新样式赋名

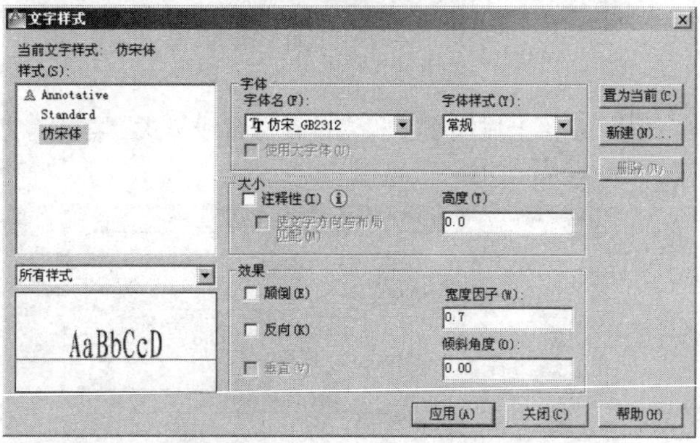

图12-30 设置“仿宋体”样式

6 参照操作步骤9~11，设置文字样式为“宋体”，其参数设置如图12-31所示。

7 参照上节汉字样式的设置过程，重复使用【文字样式】命令，设置一种名为“COMPLEX”的轴号字体样式，其参数设置如图12-32所示。

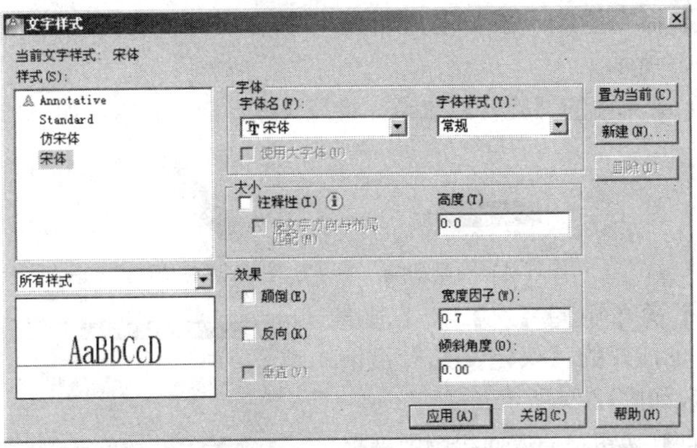

图12-31 设置“宋体”样式

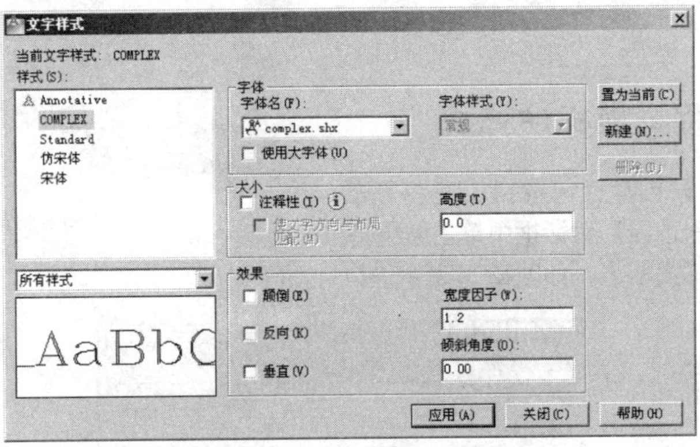

图12-32 设置“COMPLEX”样式

8 单击应用(A)按钮，结束文字样式的设置过程。

9 参照上小节中汉字样式的设置过程，重复使用【文字样式】命令，设置一种名为“SIMPLEX”的文字样式，其参数设置如图12-33所示。

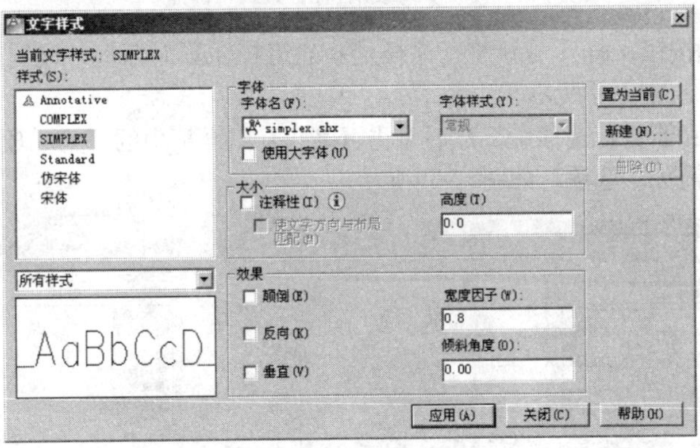

图12-33 设置“SIMPLEX”样式

12.6.3 绘制工程样板尺寸箭头

1 继续上节操作。

2 单击【绘图】工具栏按钮，绘制宽度为0.5、长度为2的多段线，作为尺寸箭尖，并使用【窗口缩放】功能将绘制的多段线放大显示。

3 使用【直线】命令绘制一条长度为3的水平线段，并使直线段的中点与多段线的中点对齐，如图12-34所示。

4 单击【修改】菜单中的【旋转】命令，将箭头进行旋转45°，如图12-35所示。

图12-34 绘制细线

图12-35 旋转结果

5 单击【绘图】菜单中的【块】/【创建块】命令，在打开的【块定义】对话框中设置块参数如图12-36所示，

6 单击【拾取点】按钮，返回绘图区捕捉多段线中点作为块的基点，然后将其创建为图块。

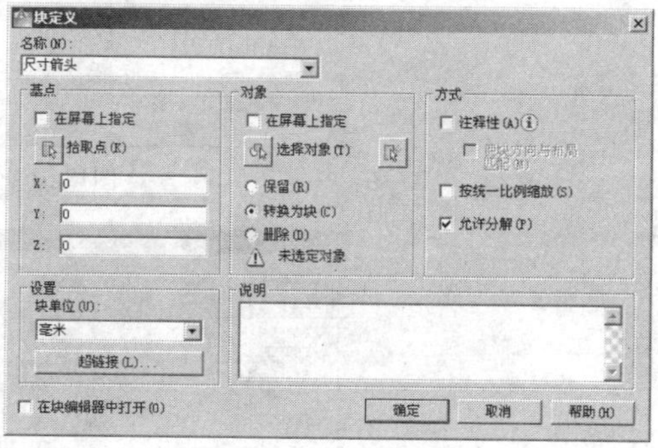

图12-36 设置块参数

12.6.4 设置工程样板标注样式

1 单击【样式】工具栏按钮，在打开的【标注样式管理器】对话框中单击新建(N)...按钮，为新样式赋名，如图12-37所示。

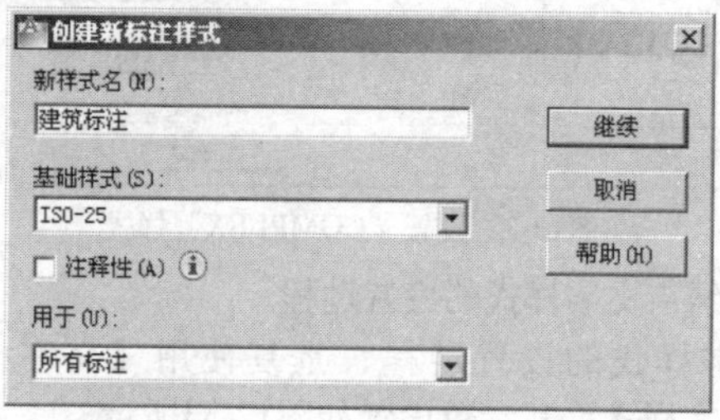

图12-37 【创建新标注样式】对话框

2 单击继续按钮，打开【新建标注样式：建筑标注】对话框，设置基线间距、起点偏移量等参数，如图12-38所示。

3 展开【符号和箭头】选项卡，然后单击【箭头】组合框中的【第一项】列表框，选择列表中的“用户箭头”选项，如图12-39所示。

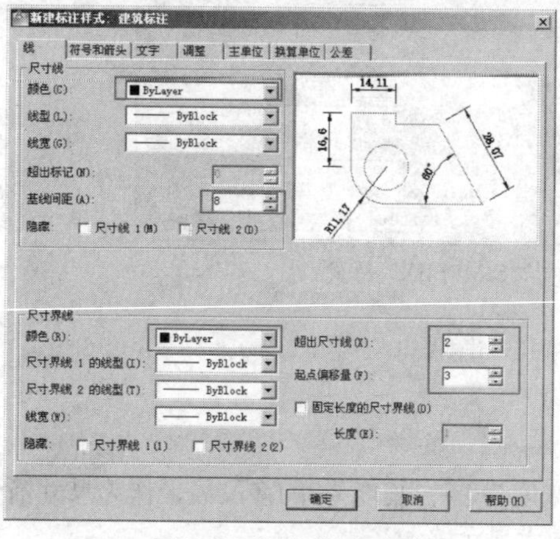

图12-38 设置“线”参数

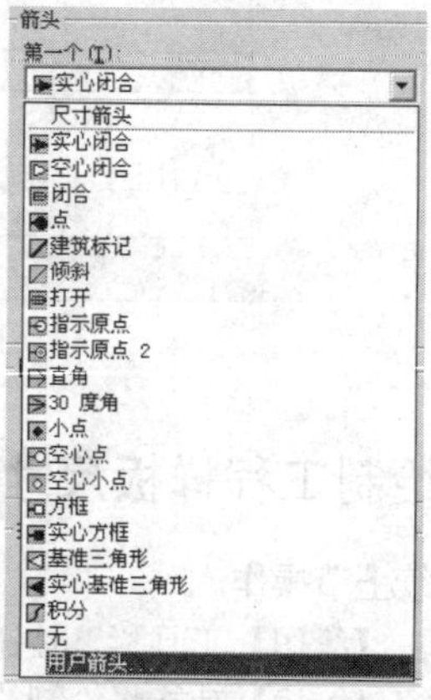

图12-39 箭头下拉列表框

4 此时系统弹出【选择自定义箭头块】对话框，然后选择“尺寸箭头”块作为尺寸箭头，如图12-40所示。

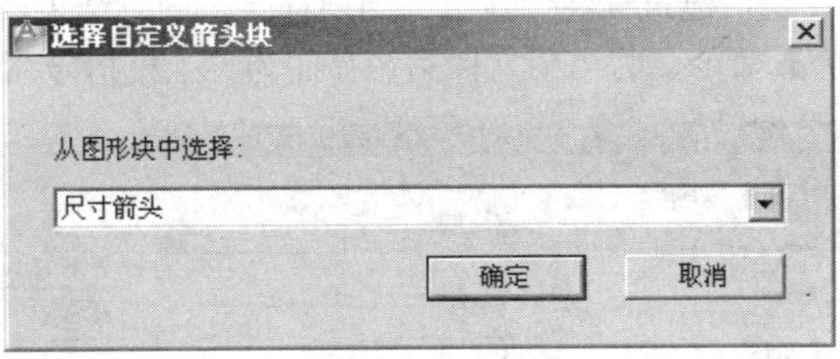

图12-40 设置尺寸箭头

5 单击 确定 按钮返回【符号和箭头】选项卡，然后设置参数如图12-41所示。

6 在对话框中展开【文字】选项卡，设置尺寸字本的样式、颜色、大小等参数，如图12-42所示。

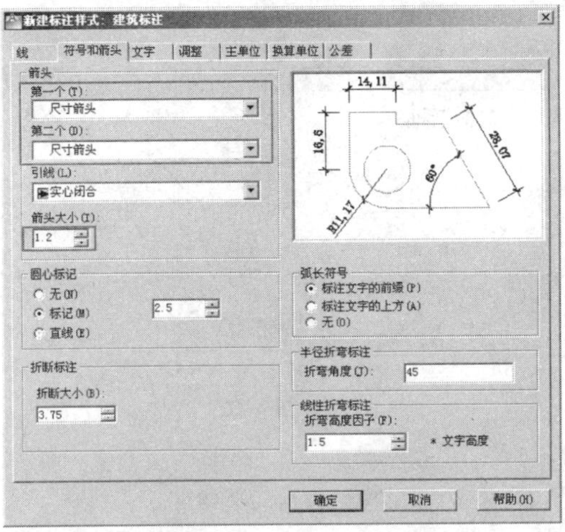

图12-41 设置直线和箭头参数

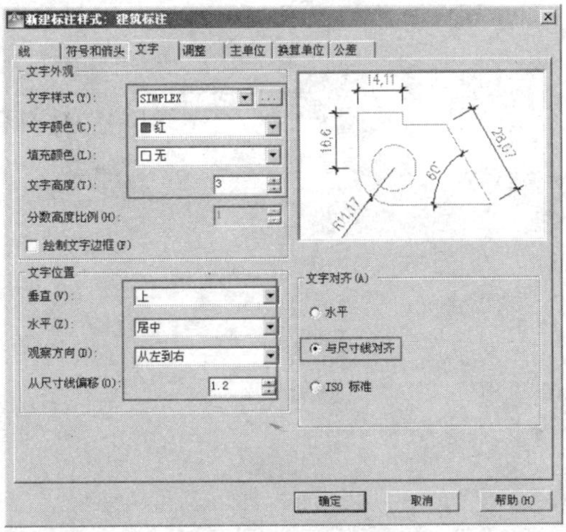

图12-42 设置文字参数

7 展开【调整】选项卡，调整文字、箭头与尺寸线等的位置如图12-43所示。

8 展开【主单位】选项卡，设置线型参数和角度标注参数如图12-44所示。

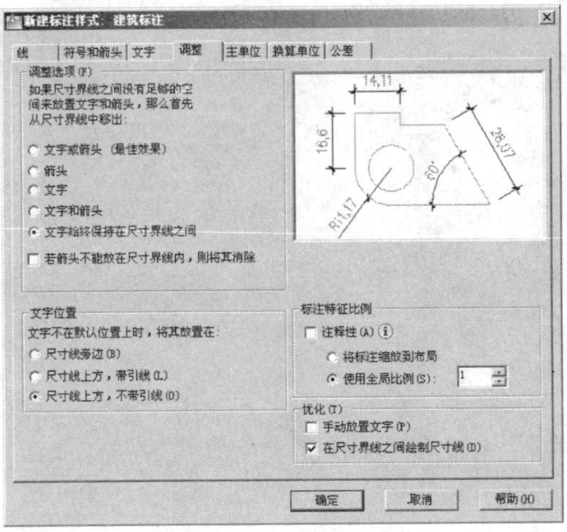

图12-43 【调整】选项卡

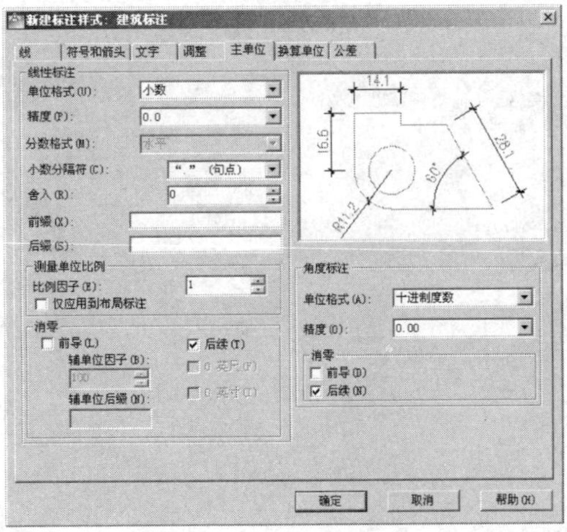

图12-44 【主单位】选项卡

9 单击 确定 按钮返回【标注样式管理器】对话框，结果新设置的尺寸样式出现在此对话框中，如图12-45所示。

10 单击 置为当前(U) 按钮，将“建筑标注”设置为当前样式，同时结束命令。

11 最后执行【另存为】命令，将当前文件另名存储为“上机指导（三）.dwg”。

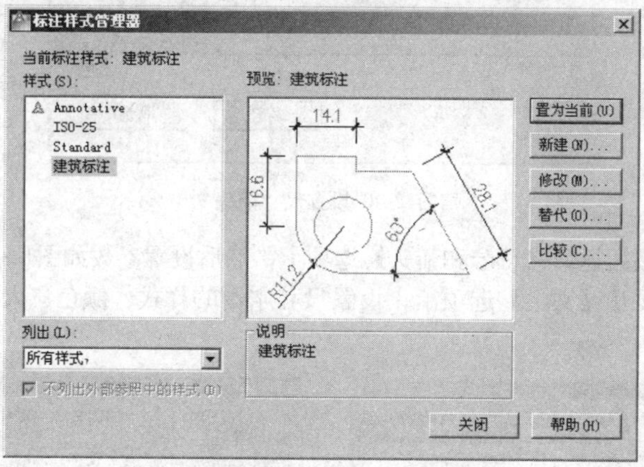

图12-45 【标注样式管理器】对话框

第13章

绘制联体别墅平面施工图

本章在概述建筑施工图纸的形成、用途以及表达内容等知识的前提下，通过绘制某联体别墅的首层平面施工图，主要学习AutoCAD在建筑制图方面的具体应用技能。本章学习内容如下：

✓ 平面图纸形成及用途
✓ 平面图纸的表达内容
✓ 上机指导（一）——绘制联体别墅底层轴线图
✓ 上机指导（二）——绘制联体别墅底层墙体图
✓ 上机指导（三）——绘制联体别墅门窗构件图

13.1 建筑平面图的纸形成与用途

建筑施工图纸一般分为平面图、立面图、剖面图、详图等，而平面图是其中最重要、最基础的一种图纸，它是假设用一个水平的剖切平面，沿房屋门、窗洞口处把整幢房屋剖开，然后移去剖切平面以上的部分，向下投影所形成的一种水平剖面图，此种水平剖面图被称为建筑平面图，简称平面图。

建筑平面图主要用于表达房屋建筑的平面形状、房间布置、内外交通联系，以及墙、柱、门窗构配件的位置、尺寸、材料和做法等，是施工过程中房屋的定位放线、砌墙、设备安装、装修以及编制概预算、备料等的重要依据。

13.2 建筑平面图纸的一般表达内容

一般在平面图上需要表达出如下内容：

• 轴线与编号

定位轴线网是用来控制建筑物尺寸和模数的基本手段，是墙体定位的主要依据，它能表达出建筑物纵向和横向墙体的位置关系。

定位轴线有“纵向定位轴线”与“横向定位轴线”之分。“纵向定位轴线”自下而上用大写拉丁字母A、B、C…表示（I、O、Z三个拉丁字母不能使用，避免与数字1、0、2相混），“横向定位轴线”由左向右使用阿拉伯数字1、2、3…顺序编号，如图13-1和图13-2所示。

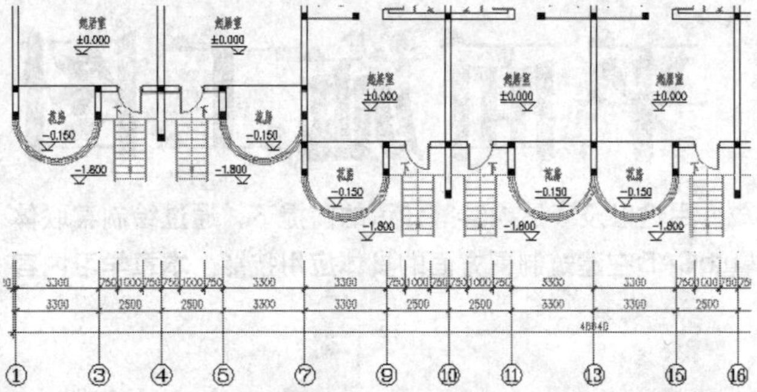

图13-1 纵向编号

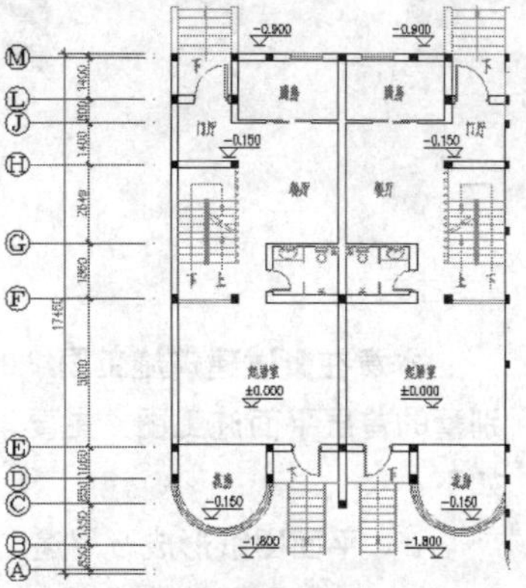

图13-2 横向编号

• 内部结构和朝向

平面图的内部布置和朝向应包括各种房间的分布及结构间的相互关系、入口、走道、楼梯的位置等。一般平面图均注明房间的名称或编号，层平面图还需要表明建筑的朝向。在平面图中应表明各层楼梯的形状、走向和级数。在楼梯段中部，使用带箭头的细实线表示楼梯的走向，并注明“上”或“下”字样。

• 施工尺寸

建筑尺寸主要用于反映建筑物的长、宽及内部各结构的相互位置关系，是施工的依据。它主要包括外部尺寸和内部尺寸两种，其中，“内部尺寸”就是在施工平面图内部标注的尺寸，主要表现外部尺寸无法表明的内部结构的尺寸，比如门洞及门洞两侧的墙体尺寸等。

“外部尺寸”就是在施工平面图的外围所标注的尺寸，它在水平方向和垂直方向上各有三道尺寸，由里向外依次为细部尺寸、轴线尺寸和外包尺寸。

- 细部尺寸：也叫定形尺寸，它表示平面图内的门窗距离、窗、间墙、墙体等细部的详细尺寸，如图13-3所示。
- 轴线尺寸：表示平面图的开间和进深，如图13-3所示。一般情况下两横墙之间的距离称为“开间”，两纵墙之间的距离为“进深”。
- 总尺寸：也叫外包尺寸，它表示平面图的总宽和总长，通常标在平面图的最外部，如图13-3所示。

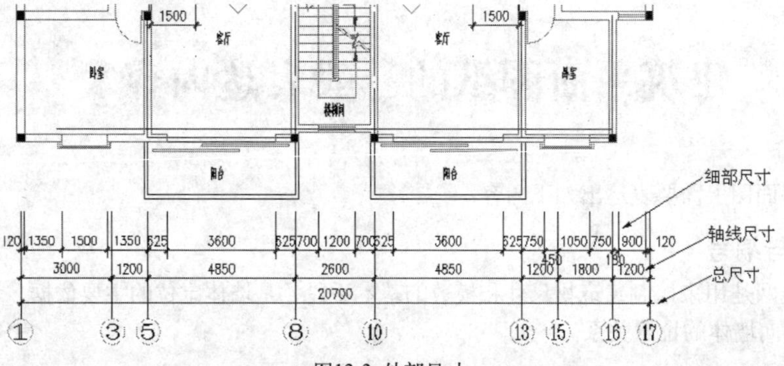

图13-3 外部尺寸

- **文本注释**

在平面图中应注明必要的文字性说明。例如标注出各房间的名称以及各房间的有效使用面积，平面图的名称、比例以及各门窗的编号等文本对象。

- **标高尺寸**

在平面图中应标注不同楼地面标高，表示各层楼地面距离相对标高零点的高差，除此之外还应标注各房间及室外地坪、台阶等的标高。

- **剖切位置**

在首层平面图上应标注有剖切符号，以表明剖面图的剖切位置和剖视方向。

- **详图的位置及编号**

当某些构造细部或构件另画有详图表示时，要在平面图中的相应位置注明索引符号，表明详图的位置和编号，以便与详图对照查阅。

对于平面较大的建筑物，可以进行分区绘制，但每张平面图均应绘制出组合示意图。各区需要使用大写拉丁字母编号。在组合示意图上要提示的分区，应采用阴影或填充的方式表示。

- **层次、图名及比例**

在平面图中，不仅要注明该平面图表达的建筑的层次，还要表明建筑物的图名和比例，以便查找、计算和施工等。

13.3 上机指导（一）——绘制联体别墅底层轴线图

在建筑制图中，轴线图是建筑物墙体定位的主要依据，是控制建筑物尺寸和模数的基本手段，本例通过绘制如图13-4所示的联体别墅的轴线图，在综合巩固所学知识的前提下，主要学习墙体轴线图的具体绘制过程和技巧。

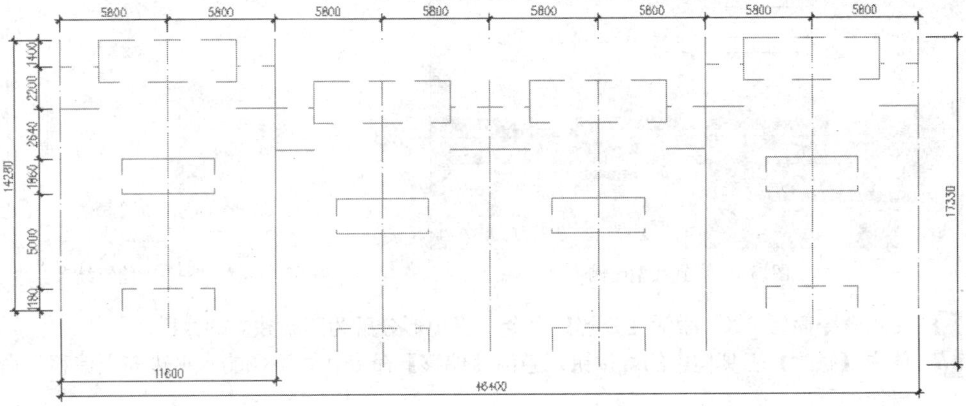

图13-4 实例效果

操作步骤

1 执行【新建】命令，打开【选择样板】对话框，选择随书光盘中的“样板文件／建筑样板.dwg”作为基础样板，如图13-5所示。

2 在【选择样板】对话框中单击 打开(O) 按钮，新建绘图文件。

TIP 另外，读者也可以直接将随书光盘“样板文件 / ”目录下的样板文件，拷至AutoCAD 2011安装目录下的“Template”文件夹下，以方便随时调用。

3 展开【图层】工具栏中的【图层控制】下拉列表，将“轴线层”设置为当前图层，如图13-6所示。

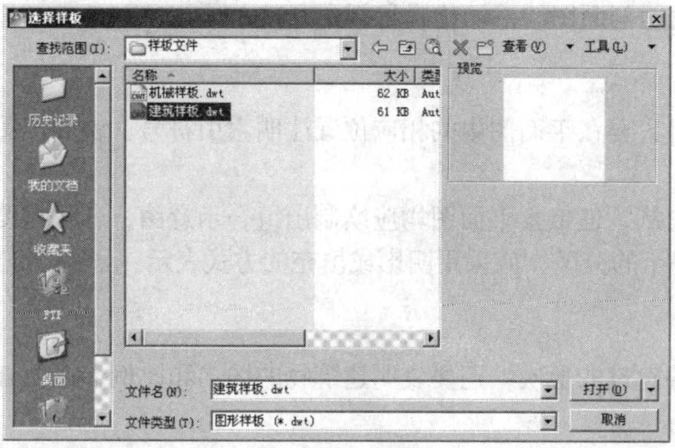

图13-5 选择样板

图13-6 【图层控制】下拉列表

4 使用命令简写“LT”激活【线型】命令，在打开的【线型管理器】对话框中设置线型比例如图13-7所示。

5 使用命令简写“REG”激活【矩形】命令，绘制长度为5800、宽度为14280的矩形，作为基准轴线，如图13-8所示。

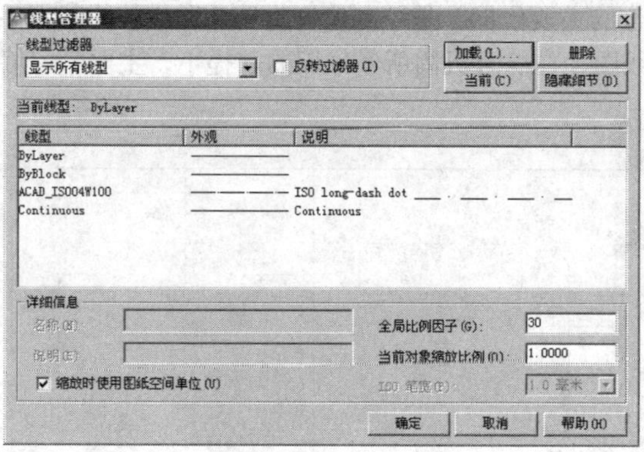

图13-7 设置线型比例

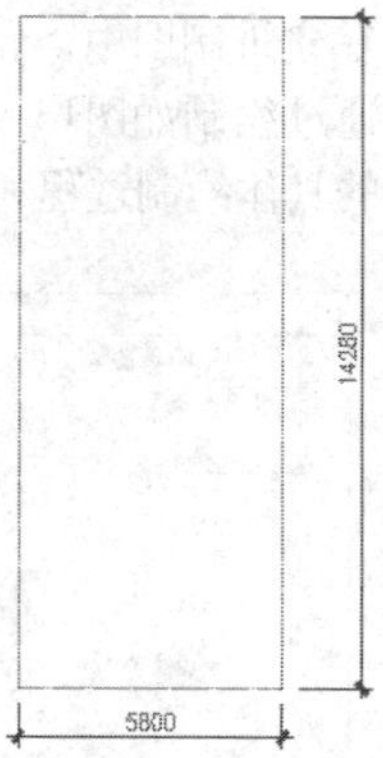

图13-8 绘制结果

6 使用命令简写“X”激活【分解】命令，将矩形分解为四条独立的线段。

7 单击【修改】工具栏中的按钮，激活【偏移】命令，将下侧的水平边向上偏移，命令行操作如下。

```
命令: _offset
    当前设置: 删除源=否  图层=当前  OFFSETGAPTYPE=0
    指定偏移距离或 [通过(T)/删除(E)/图层(L)]:                    //1180 Enter
```

```
选择要偏移的对象，或 [退出(E)/放弃(U)] <退出>:                //选择下侧的水平轴线
指定要偏移的那一侧上的点，或 [退出(E)/多个(M)/放弃(U)] <退出>:
                                                              //在所选轴线的上侧拾取点
选择要偏移的对象，或 [退出(E)/放弃(U)] <退出>:                // Enter
命令:                                                         // Enter
OFFSET
当前设置: 删除源=否  图层=当前  OFFSETGAPTYPE=0
指定偏移距离或 [通过(T)/删除(E)/图层(L)] <1180.0>:             //9500 Enter
选择要偏移的对象，或 [退出(E)/放弃(U)] <退出>:                //选择刚偏移出的轴线
指定要偏移的那一侧上的点，或 [退出(E)/多个(M)/放弃(U)] <退出>:
                                                              //在所选轴线的上侧拾取点
选择要偏移的对象，或 [退出(E)/放弃(U)] <退出>:                // Enter
命令:                                                         // Enter
OFFSET
当前设置: 删除源=否  图层=当前  OFFSETGAPTYPE=0
指定偏移距离或 [通过(T)/删除(E)/图层(L)] <9500.0>:             //2200 Enter
选择要偏移的对象，或 [退出(E)/放弃(U)] <退出>:                //选择刚偏称出的水平轴线
指定要偏移的那一侧上的点，或 [退出(E)/多个(M)/放弃(U)] <退出>:
                                                              //在所选轴线的上侧拾取点
选择要偏移的对象，或 [退出(E)/放弃(U)] <退出>:                //Enter，偏移结果如图13-9所示
```

8 重复执行【偏移】命令，将上侧的水平轴线向下偏移，偏移间距分别为2200、4040、1860，结果如图13-10所示。

9 重复执行【偏移】命令，将最左侧的垂直轴线向右偏移2100个单位，将最右侧的垂直轴线向左偏移2500，并删除最下侧的水平轴线，结果如图13-11所示。

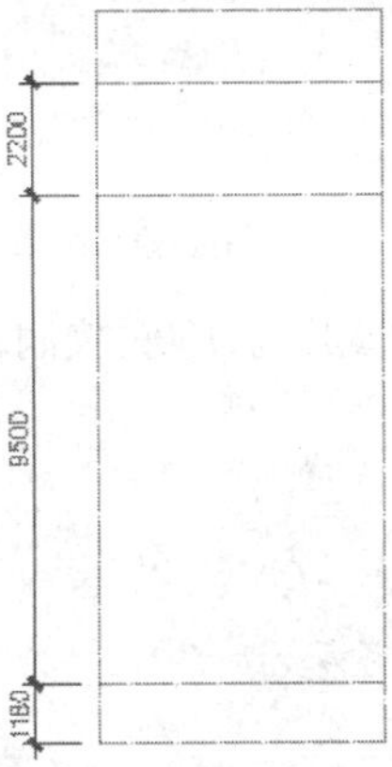

图13-9　偏移结果

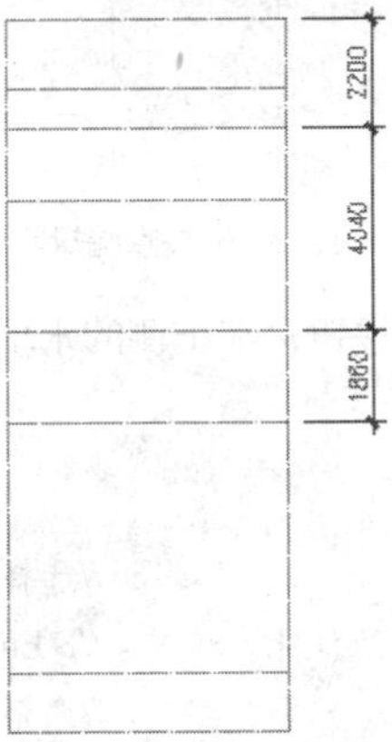

图13-10　偏移水平轴线

图13-11　偏移垂直轴线

10 在无命令执行的前提下，选择最上侧的水平轴线，使其呈现夹点显示状态，如图13-12所示。

11 在左侧的夹点上单击，使其变为夹基点（也称热点），然后在命令行“** 拉伸 ** 指定拉伸点或在 [基点(B)/复制(C)/放弃(U)/退出(X)]提示下捕捉如图13-13所示的端点作为拉伸的目标点，结果如图13-14所示。

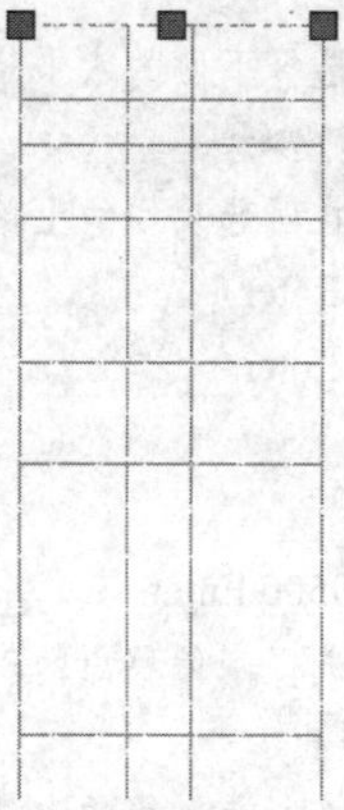

图13-12 夹点显示

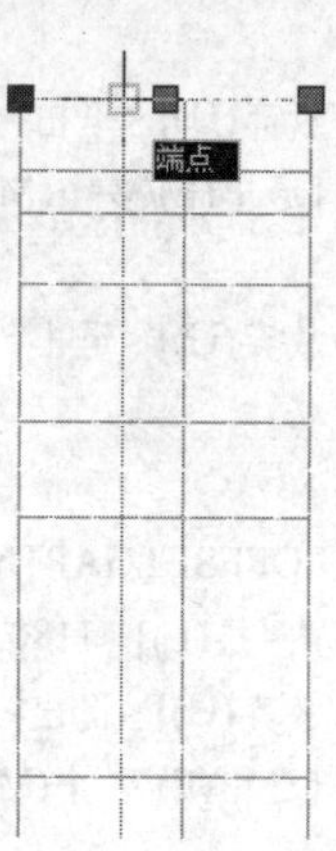

图13-13 捕捉端点

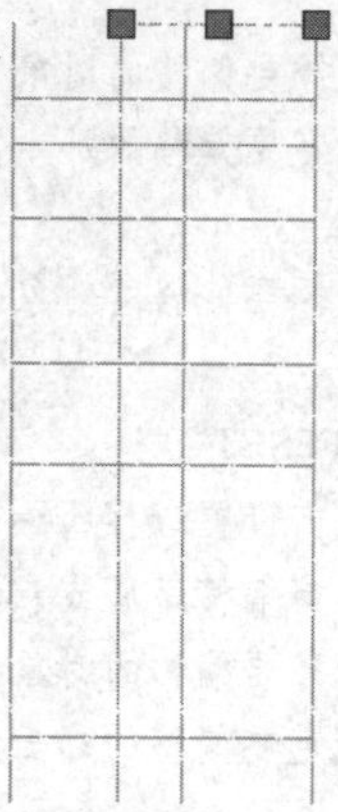

图13-14 拉伸结果

12 按下键盘上的Esc键，取消水平轴线的夹点显示状态，拉伸后的结果如图13-15所示。

13 参照上述步骤，分别对其他水平轴线和垂直轴线进行拉伸，编辑结果如图13-16所示。

14 执行菜单栏中的【修改】/【修剪】命令，以图13-16所示的水平轴线1和2作为边界，对垂直轴线3进行修剪，结果如图13-17所示。

图13-15 取消夹点后的效果

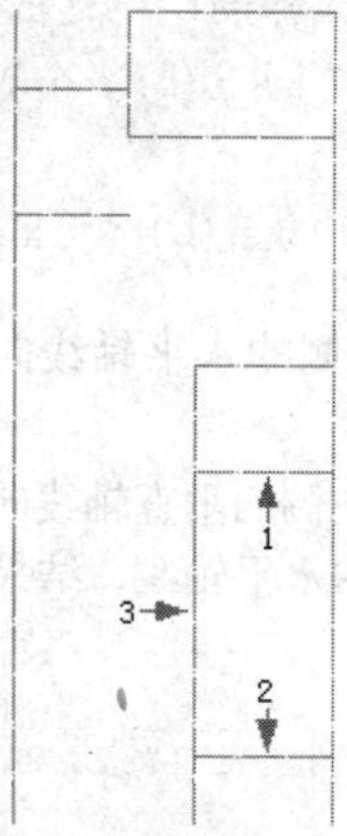

图13-16 夹点编辑其他轴线

图13-17 修剪结果

15 单击【修改】工具栏中的按钮，在上侧的水平轴线上创建宽度为1100的窗洞。命令行操作如下。

```
命令: _break
    选择对象:                              //选择最上侧的水平轴线
    指定第二个打断点 或 [第一点(F)]:        //F Enter，重新指定第一断点
    指定第一个打断点:                      //激活【捕捉自】功能
    _from 基点:                            //捕捉如图13-18所示的端点
    <偏移>:                                //@1900,0 Enter
    指定第二个打断点:                      //@1100,0 Enter，结果如图13-19所示
```

16 使用命令简写“O”激活【偏移】命令，将最右侧的垂直轴线向左偏移750和1750个绘图单位，结果如图13-20所示。

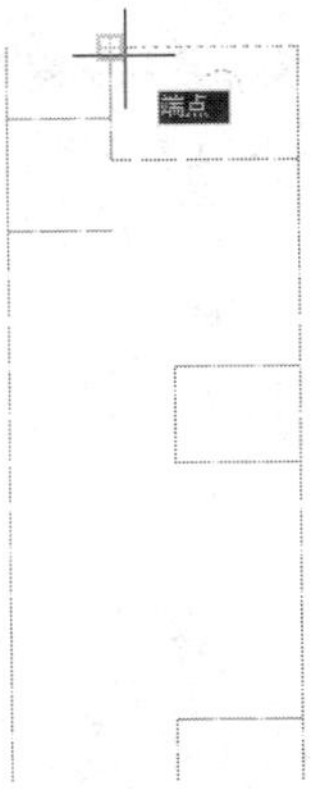

图13-18 捕捉端点

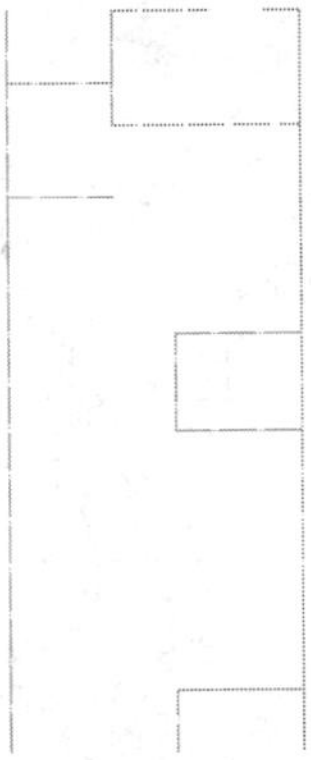

图13-19 打断结果

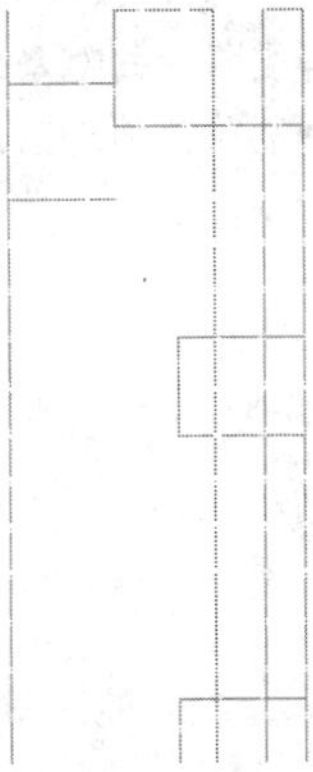

图13-20 偏移结果

17 使用命令简写“TR”激活【修剪】命令，以偏移出的两条轴线作为边界，对最下侧的水平轴线进行修剪，创建宽度为1000的门洞，命令行操作如下。

命令: tr　　　　　　　　　　　　　　　　　　// Enter
　　TRIM当前设置:投影=UCS，边=延伸
　　选择剪切边...
　　选择对象或 <全部选择>:　　　　　　　　　　//选择如图13-21所示的两条轴线
　　选择对象:　　　　　　　　　　　　　　　　// Enter
　　选择要修剪的对象，或按住 Shift 键选择要延伸的对象，或[栏选(F)/窗交(C)/投影(P)/边(E)/删除(R)/放弃(U)]:　　　　　　　　　　//在如图13-22所示的位置单击
　　选择要修剪的对象，或按住 Shift 键选择要延伸的对象，或[栏选(F)/窗交(C)/投影(P)/边(E)/删除(R)/放弃(U)]:　　　　　　　　　　// Enter，修剪结果如图13-23所示

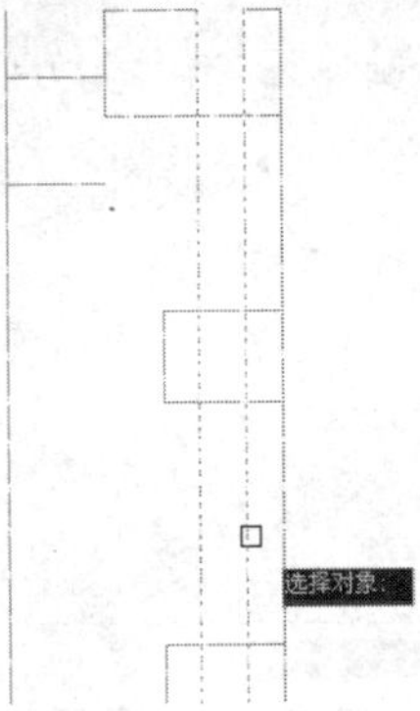

图13-21 选择边界

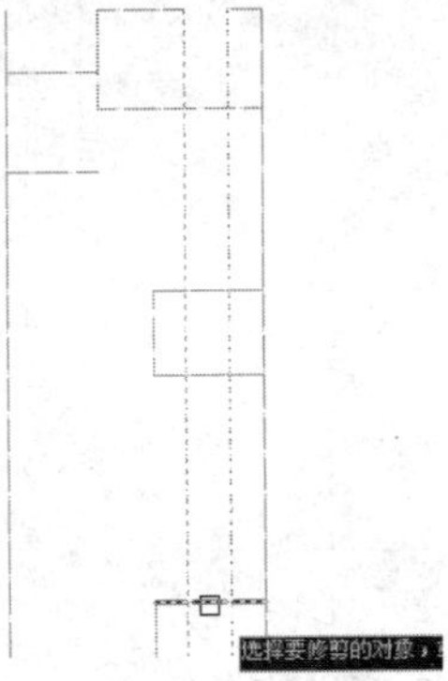

图13-22 指定修剪位置

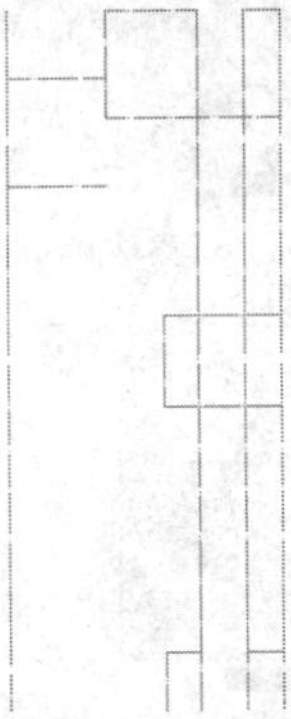

图13-23 修剪结果

18 使用命令简写“E”激活【删除】命令，将刚偏移出的两条轴线删除，结果如图13-24所示。

19 综合运用以上各种方法，分别创建其他位置的门洞，结果如图13-25所示。

20 执行菜单栏中的【修改】/【拉长】命令，将最右侧的垂直轴线拉长850个单位。命令行操作如下。

命令: _lengthen
　　选择对象或 [增量(DE)/百分数(P)/全部(T)/动态(DY)]:　　　　//DE Enter
　　输入长度增量或 [角度(A)] <0>:　　　　　　　　　　　　//850 Enter

```
选择要修改的对象或 [放弃(U)]:                //在右侧垂直轴线的下端单击
选择要修改的对象或 [放弃(U)]:                // Enter，拉长结果如图13-26所示
```

图13-24 删除结果

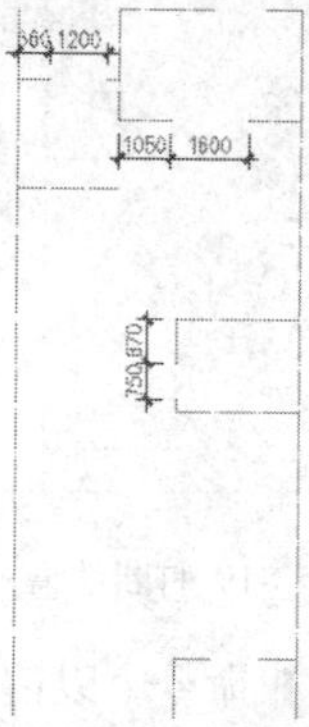

图13-25 打断结果

图13-26 拉长结果

21 单击【修改】工具栏中的按钮，激活【镜像】命令，对编辑后的轴线图进行镜像。命令行操作如下。

```
命令: _mirror
    选择对象:                                //窗交选择如图13-27所示的对象
    选择对象:                                // Enter
    指定镜像线的第一点:                      //捕捉最右侧垂直轴线的上端点
    指定镜像线的第二点:                      //捕捉最右侧垂直轴线的下端点
    要删除源对象吗? [是(Y)/否(N)] <N>:       // Enter，镜像结果如图13-28所示
```

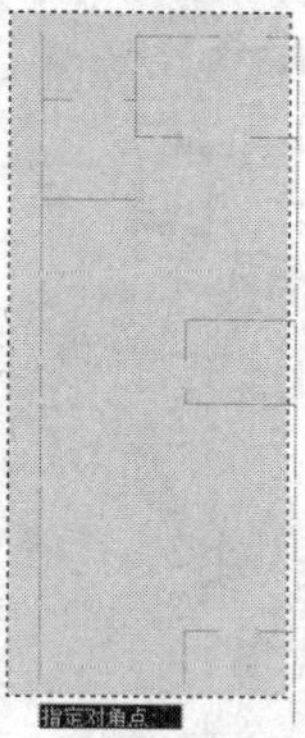

图13-27 窗交选择

图13-28 镜像结果

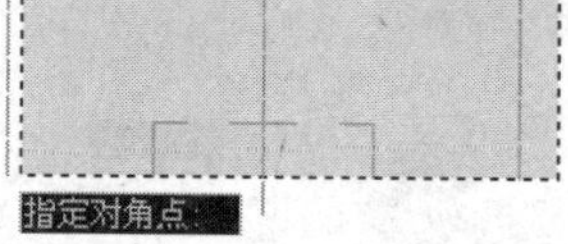

图13-29 窗交选择

21 执行菜单栏中的【修改】/【复制】命令，选择图13-29所示的轴线进行复制。命令行操作如下。

```
命令: _copy
    选择对象:                                //窗交选择如图13-29所示的轴线
    选择对象:                                // Enter
    当前设置: 复制模式 = 多个
    指定基点或 [位移(D)/模式(O)] <位移>:     // Enter
```

```
指定第二个点或 [阵列(A)] <使用第一个点作为位移>: //@11600,-2200 Enter
指定第二个点或 [阵列(A)/退出(E)/放弃(U)] <退出>:    // Enter，复制结果如图13-30所示
```

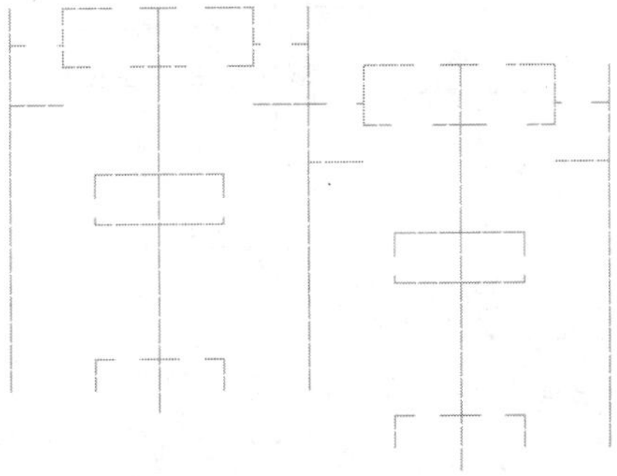

图13-30　复制结果

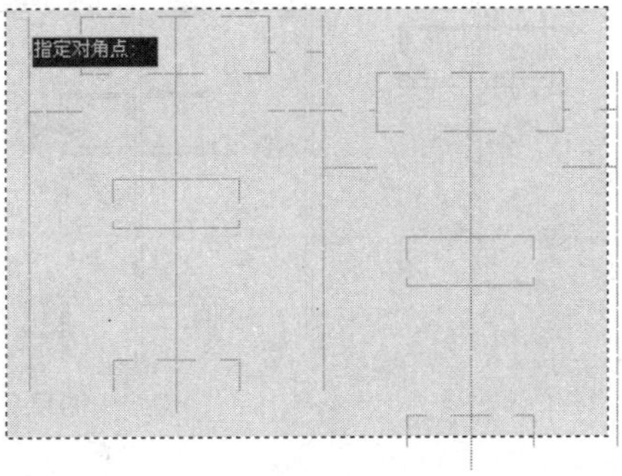

图13-31　窗交选择

22 单击【修改】工具栏中的按钮，激活【镜像】命令，对复制后的轴线图进行镜像。命令行操作如下。

```
命令: _mirror
    选择对象:                              //窗交选择如图13-31所示的对象
    选择对象:                              // Enter
    指定镜像线的第一点:                     //捕捉最右侧垂直轴线的上端点
    指定镜像线的第二点:                     //捕捉最右侧垂直轴线的下端点
    要删除源对象吗？[是(Y)/否(N)] <N>:       // Enter，镜像结果如图13-32所示
```

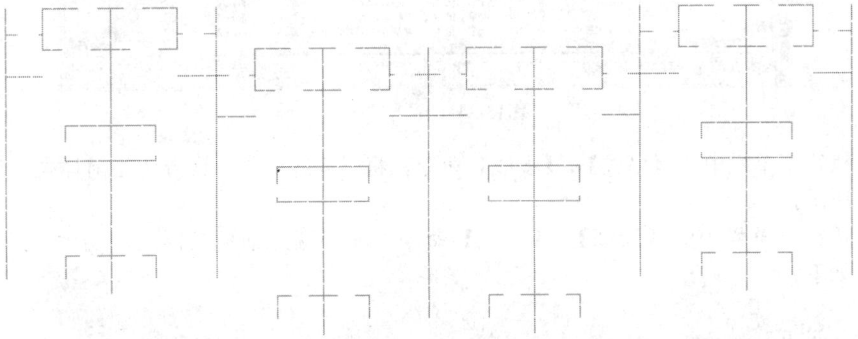

图13-32　镜像结果

23 执行菜单栏中的【格式】／【线型】命令，修改线型比例为100，结果如图13-4所示。

24 执行【保存】命令，将图形命名存储为“上机指导（一）.dwg”。

13.4　上机指导（二）——绘制联体别墅底层墙体图

本例通过绘制如图13-33所示的平面图纵横墙线，在综合巩固所学知识的前提下，主要学习联体别墅墙体结构图的绘制过程和技巧。

图13-33 实例效果

操作步骤

1 打开随书光盘中的“实例实例效果文件／第13章／上机指导（一）.dwg”文件。

2 执行菜单栏中的【格式】／【图层】命令，在打开的对话框中双击“墙线层”，将其设置为当前图层，如图13-34所示。

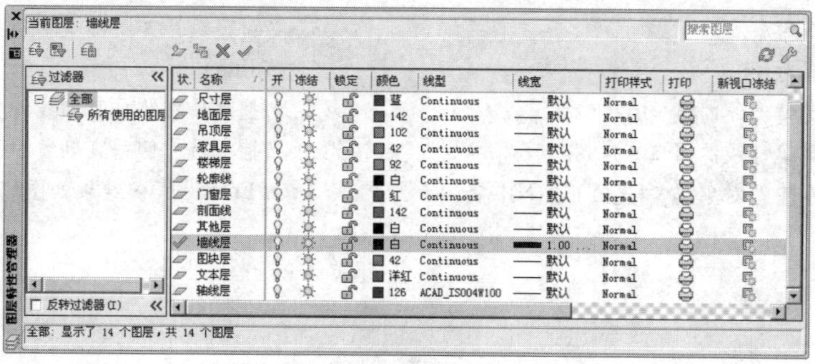

图13-34 设置当前图层

3 执行菜单栏中的【格式】／【多线】命令，将“墙线样式”设置为当前样式，如图13-35所示。

4 执行菜单栏中的【绘图】／【多线】命令，配合端点捕捉功能绘制墙线。命令行操作如下。

```
命令: _mline
    当前设置: 对正 = 上，比例 = 20.00，样式 = 墙线样式
    指定起点或 [对正(J)/比例(S)/样式(ST)]:          //S Enter，激活比例功能
    输入多线比例 <20.00>:                          //240 Enter，设置多线比例
    当前设置: 对正 = 上，比例 = 240.00，样式 = 墙线
    指定起点或 [对正(J)/比例(S)/样式(ST)]:          //J Enter，激活对正功能
    输入对正类型 [上(T)/无(Z)/下(B)] <上>:          //Z Enter，设置对正方式
    当前设置: 对正 = 无，比例 = 240.00，样式 = 墙线
    指定起点或 [对正(J)/比例(S)/样式(ST)]:          //捕捉最左侧垂直轴线的上端点
    指定下一点:                                    //捕捉最左侧垂直轴线的下端点
    指定下一点或 [闭合(C)/放弃(U)]:                 // Enter，绘制结果如图13-36所示
```

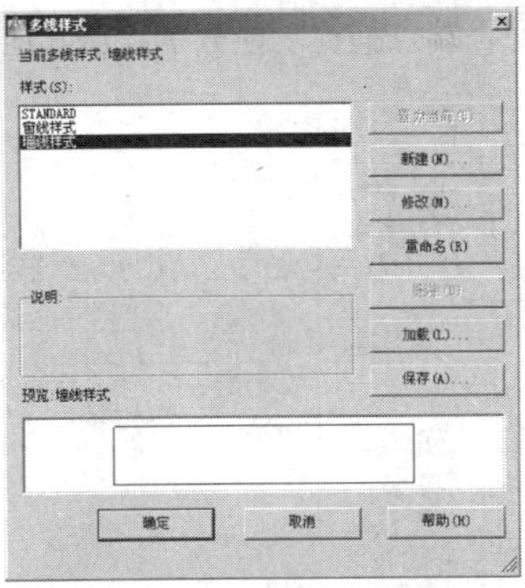

图13-35 设置当前多线样式

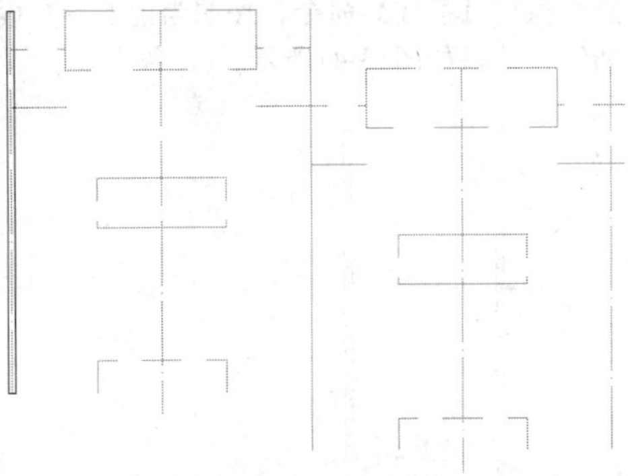

图13-36 绘制结果

5 重复上一操作步骤，设置多线比例和对正方式不变，配合端点捕捉和交点捕捉功能分别绘制其他位置的主墙线，结果如图13-37所示。

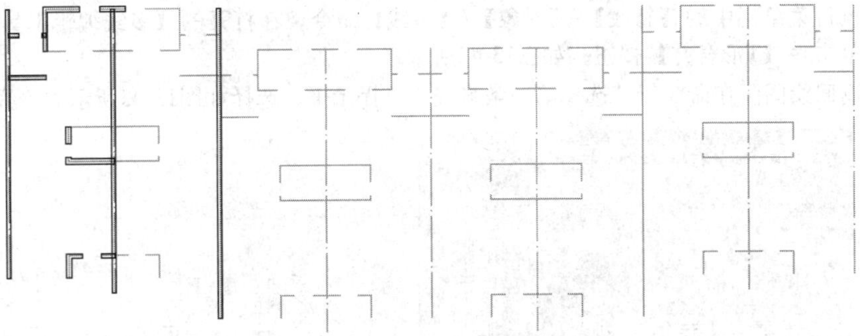

图13-37 绘制其他主墙体

6 使用命令简写“ML”激活【多线】命令，配合端点捕捉或交点捕捉功能绘制宽度为120的次墙体。命令行操作如下。

```
命令: ml                                                  // Enter
    MLINE当前设置: 对正 = 无, 比例 = 240.00, 样式 = 墙线样式
    指定起点或 [对正(J)/比例(S)/样式(ST)]:                  //S Enter
    输入多线比例 <240.00>:                                  //120 Enter
    当前设置: 对正 = 无, 比例 = 120.00, 样式 = 墙线样式
    指定起点或 [对正(J)/比例(S)/样式(ST)]:                  //J Enter
    输入对正类型 [上(T)/无(Z)/下(B)] <无>:                  //T Enter
    当前设置: 对正 = 上, 比例 = 120.00, 样式 = 墙线样式
    指定起点或 [对正(J)/比例(S)/样式(ST)]:                  //捕捉如图13-38所示的端点
    指定下一点:                                            //捕捉如图13-39所示的端点
    指定下一点或 [放弃(U)]:                                // Enter, 绘制结果如图13-40所示
```

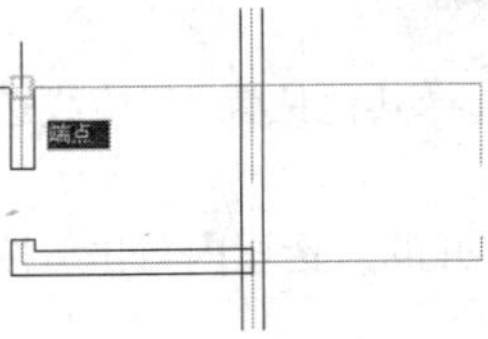

图13-38 捕捉端点

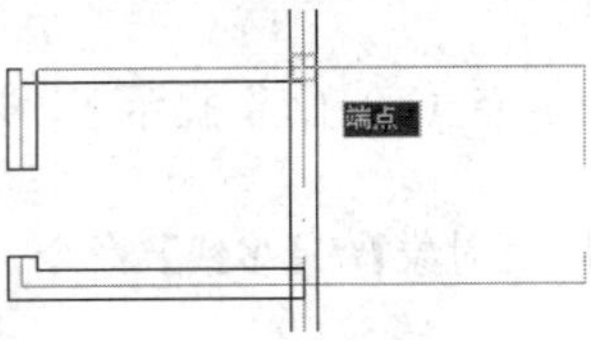

图13-39 捕捉端点

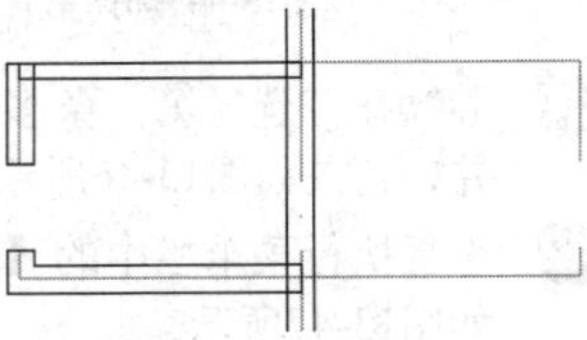

图13-40 绘制结果

7 重复执行【多线】命令，按照当前的参数设置，配合端点捕捉功能分别绘制其他位置的次墙线，结果如图13-41所示。

图13-41 绘制其他次墙线

8 执行菜单栏中的【修改】/【对象】/【多线】命令，在打开的【多线编辑工具】对话框中单击【T形合并】按钮，如图13-42所示。

9 返回绘图区在命令行“选择第一条多线：”提示下，选择如图13-43所示的墙线。

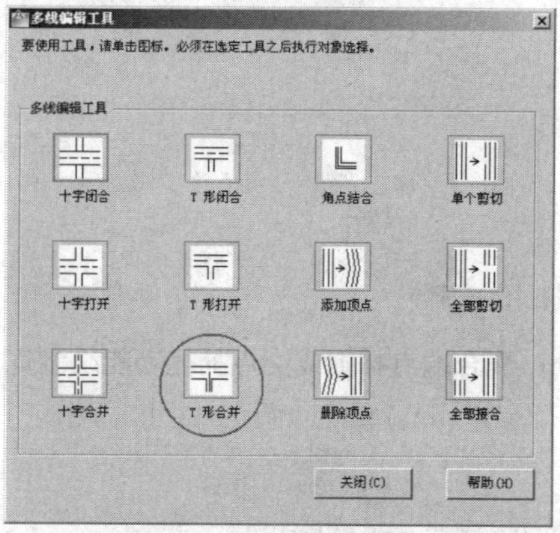

图13-42 【多线编辑工具】对话框

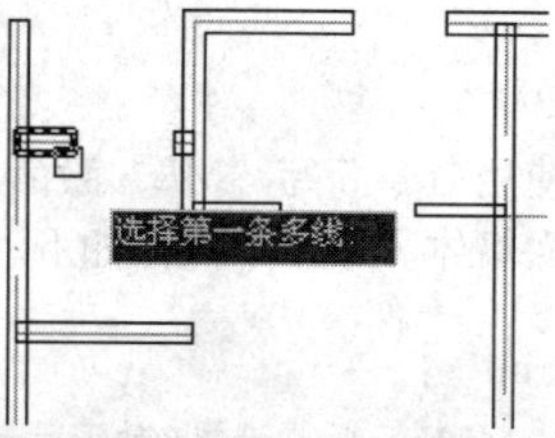

图13-43 选择第一条多线

10 在“选择第二条多线：”提示下，选择如图13-44所示的墙线，结果这两条T形相交的多线被合并，如图13-45所示。

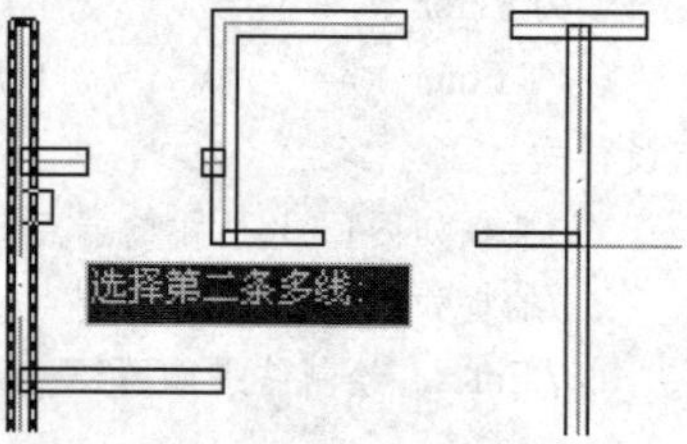

图13-44 选择第二条多线

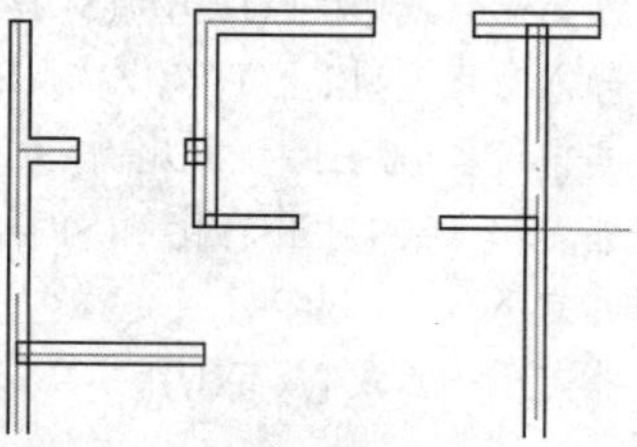

图13-45 T形合并

11 继续在“选择第一条多线或 [放弃（U）]：”提示下，分别选择其他位置T形墙线进行合并，结果如图13-46所示。

12 重复执行菜单栏中的【修改】/【对象】/【多线】命令，在打开的对话框内单击按钮，如图13-47所示。

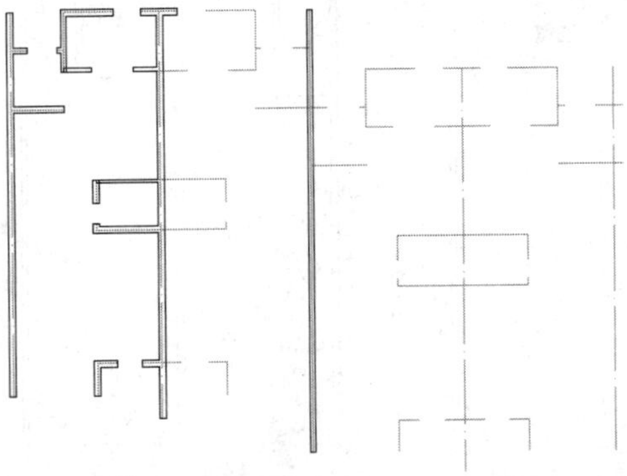

图13-46 合并结果

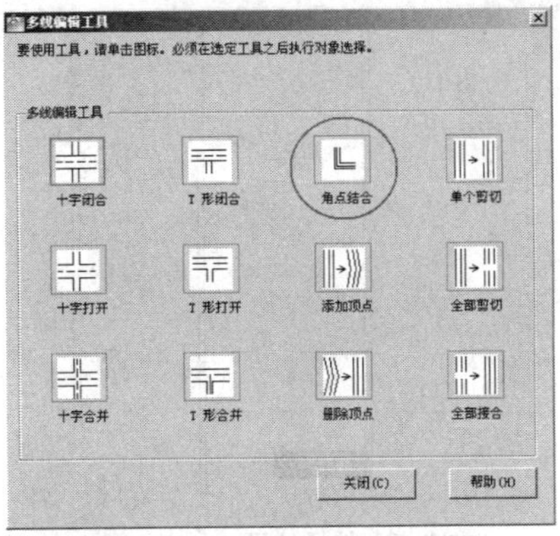

图13-47 【多线编辑工具】对话框

13 在命令行“选择第一条多线：”提示下，选择如图13-48所示的墙线。

14 在“选择第二条多线：”提示下，选择图13-49所示的墙线，对两条墙线进行合并，结果如图13-50所示。

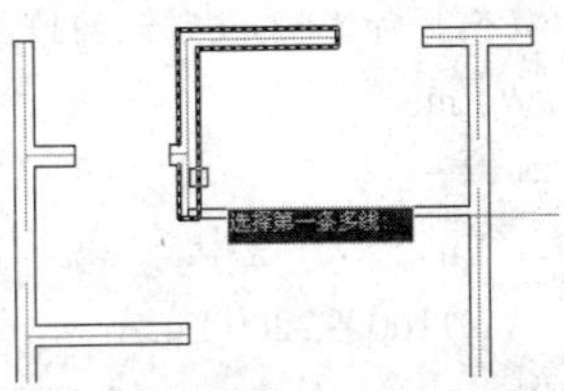

图13-48 选择第一条多线

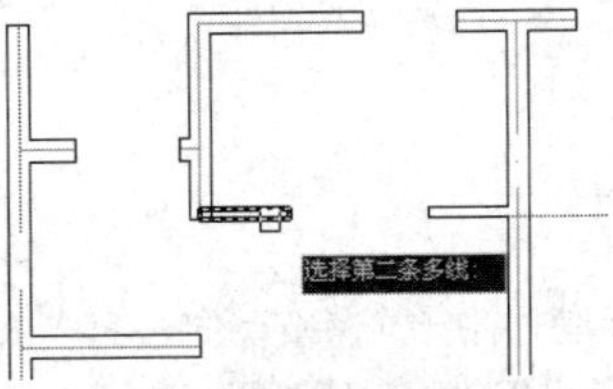

图13-49 选择第二条多线

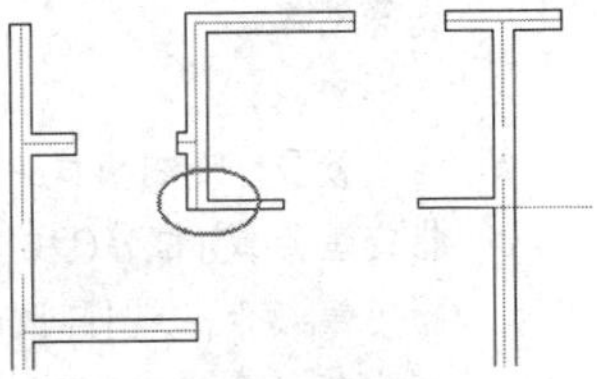

图13-50 合并结果

15 继续根据命令行的提示，对其他位置的拐角墙线进行编辑，结果如图13-51所示。

16 展开【图层控制】下拉列表，关闭“轴线层”，此时图形的显示结果如图13-52所示。

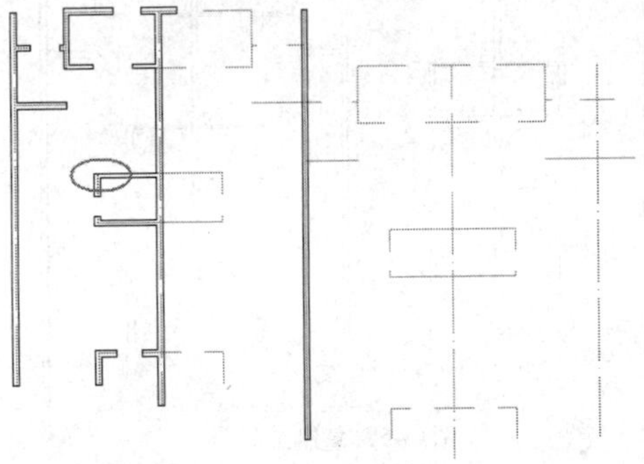

图13-51 编辑结果

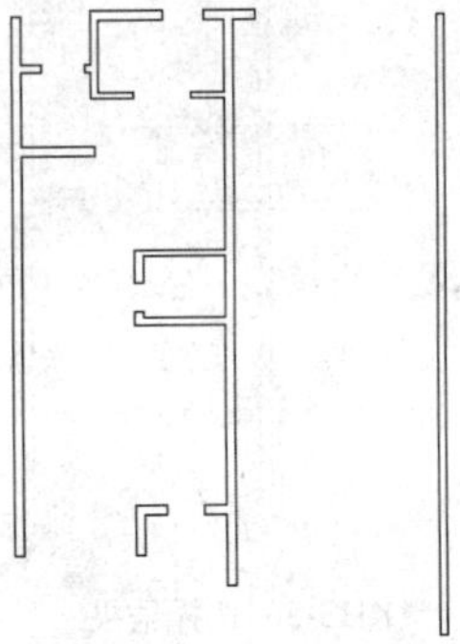

图13-52 关闭轴线后的效果

17 单击【修改】工具栏中的按钮，激活【镜像】命令，对编辑后的墙线图进行镜像。命令行操作如下。

```
命令: _mirror
    选择对象:                              //选择如图13-53所示的对象
    选择对象:                              // Enter
    指定镜像线的第一点:                    //捕捉如图13-54所示的中点
    指定镜像线的第二点:                    // @0,1 Enter
    要删除源对象吗？[是(Y)/否(N)] <N>:     // Enter，镜像结果如图13-55所示
```

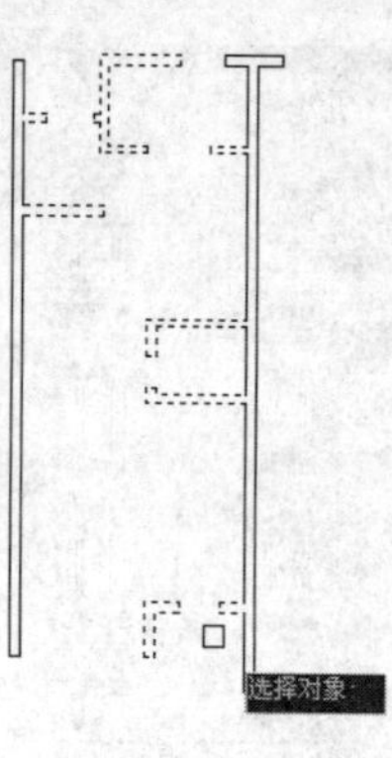

图13-53 选择结果

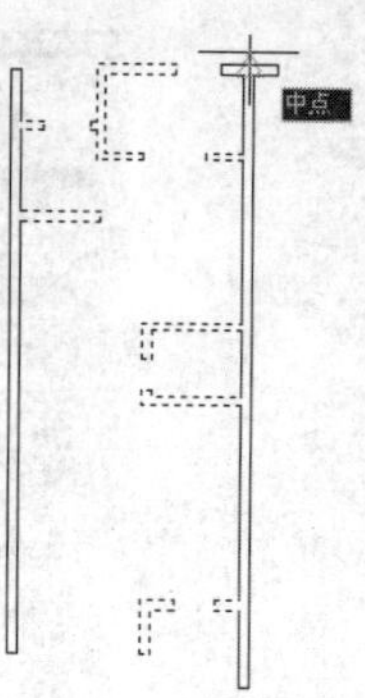

图13-54 捕捉中点

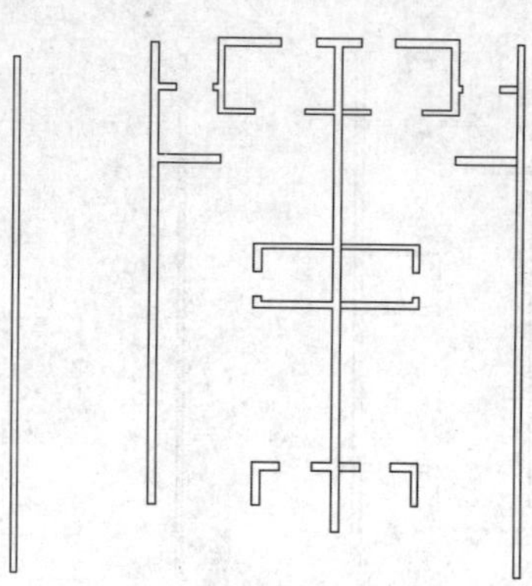

图13-55 镜像结果

18 执行菜单栏中的【修改】/【复制】命令，选择图13-56所示的墙线进行复制。命令行操作如下。

```
命令: _copy
    选择对象:                                              //选择如图13-56所示的墙线
    选择对象:                                              // Enter
    当前设置: 复制模式 = 多个
    指定基点或 [位移(D)/模式(O)] <位移>:                   // Enter
    指定第二个点或 [阵列(A)] <使用第一个点作为位移>:       //@11600,-2200 Enter
    指定第二个点或 [阵列(A)/退出(E)/放弃(U)] <退出>:       // Enter，复制结果如图13-57所示
```

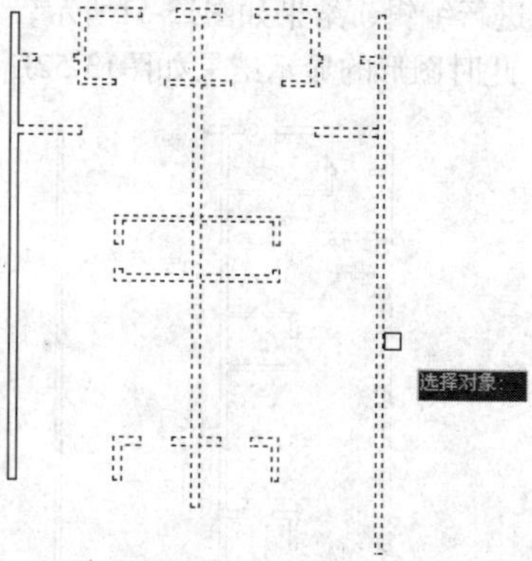

图13-56 选择结果

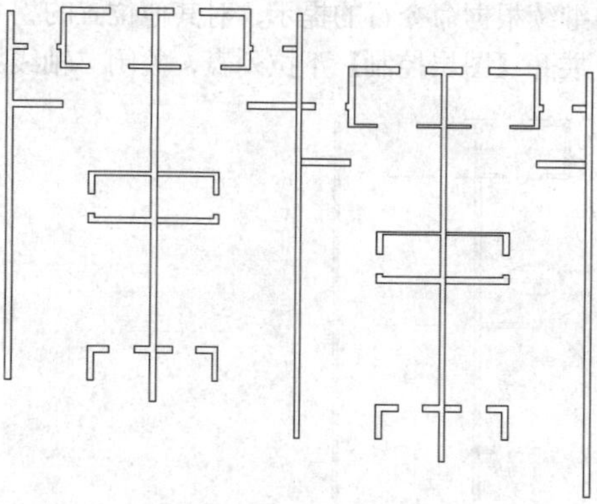

图13-57 复制结果

19 单击【修改】工具栏中的按钮，激活【镜像】命令，对复制后的墙线进行镜像。命令行操作如下。

```
命令: _mirror
    选择对象:                                  //窗口选择如图13-58所示的对象
    选择对象:                                  // Enter
    指定镜像线的第一点:                        //捕捉如图13-59所示的中点
    指定镜像线的第二点:                        //@0,1 Enter
    要删除源对象吗? [是(Y)/否(N)] <N>:         // Enter，镜像结果如图13-60所示
```

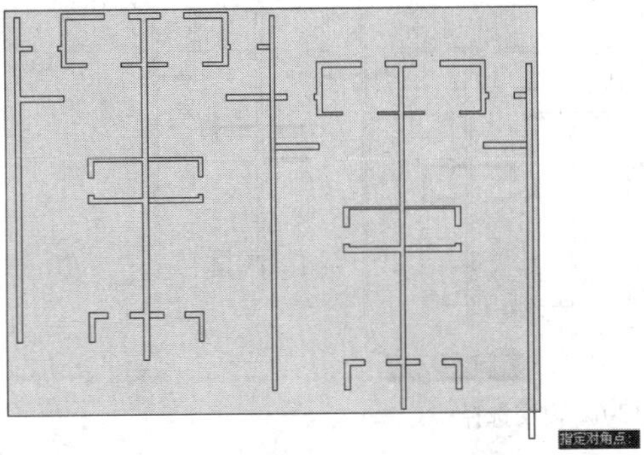

图13-58 窗口选择

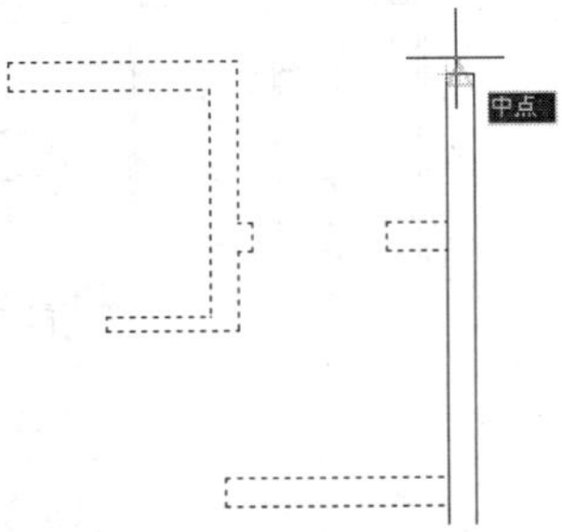

图13-59 捕捉中点

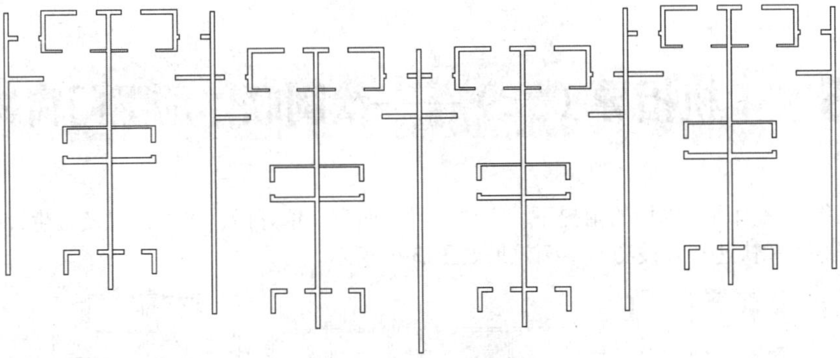

图13-60 镜像结果

20 使用【多线编辑工具】中的“T形合并”功能对镜像后的墙线进行编辑，结果如图13-61所示。

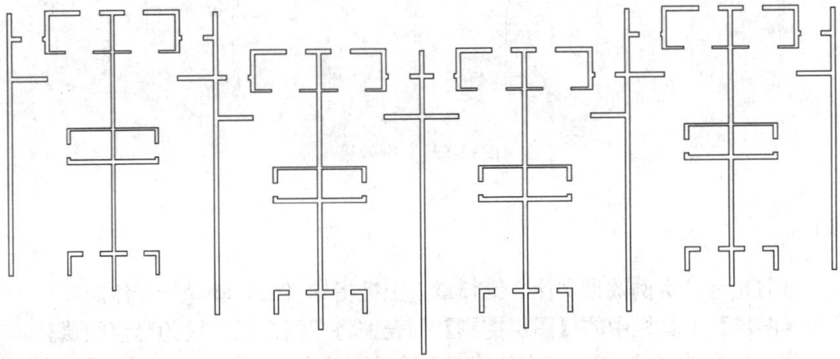

图13-61 合并结果

21 执行菜单栏中的【修改】/【拉伸】命令，对中间的垂直墙线进行编辑完善。命令行操作如下。

```
命令: _stretch
    以交叉窗口或交叉多边形选择要拉伸的对象...
    选择对象:                              //窗交选择如图13-62所示的墙线
    选择对象:                              // Enter
    指定基点或 [位移(D)] <位移>:             //拾取任一点
    指定第二个点或 <使用第一个点作为位移>:    //@0,2200 Enter，拉伸结果如图13-33所示
```

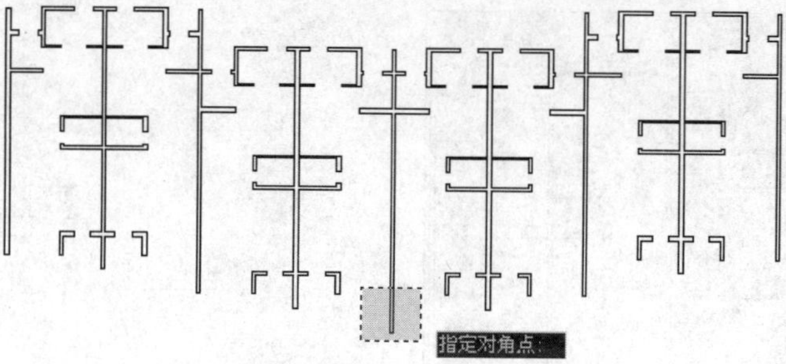

图13-62 窗交选择

22 执行【另存为】命令，将图形另名存储为“上机指导（二）.dwg”。

13.5 上机指导（三）——绘制联体别墅门窗构件图

本例在综合巩固所学知识的前提下，主要学习平面窗、单开门、推拉门以及卫生设施等建筑构件图的绘制过程和快速布置技巧。本例效果如图13-63所示。

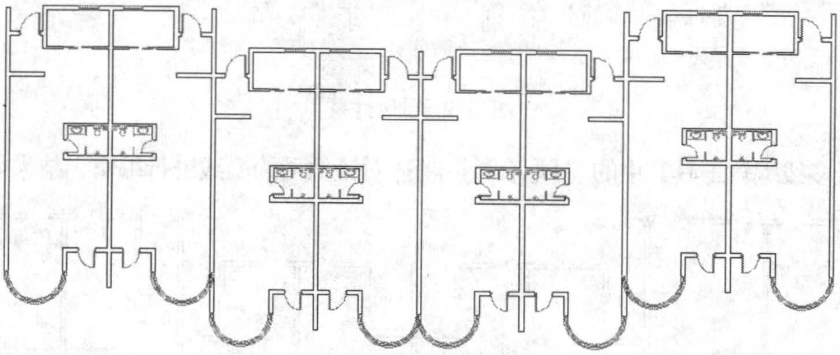
图13-63 实例效果

操作步骤

1 打开随书光盘“实例效果文件／第13章／上机指导（二）.dwg”文件。
2 展开【图层】工具栏中的【图层控制】列表，将“门窗层”设为当前图层。
3 执行菜单栏中的【格式】/【多线样式】命令，在打开的对话框中设置“窗线样式”为当前样式，如图13-64所示。
4 执行菜单栏中的【绘图】/【多线】命令，配合中点捕捉功能绘制平面窗。命令行操作如下。

```
命令: _mline
    当前设置: 对正 = 上，比例 = 120.00，样式 = 窗线样式
    指定起点或 [对正(J)/比例(S)/样式(ST)]:              // S Enter
    输入多线比例 <120.00>:                              //240 Enter
    当前设置: 对正 = 上，比例 = 240.00，样式 = 窗线样式
    指定起点或 [对正(J)/比例(S)/样式(ST)]:              /J Enter
    输入对正类型 [上(T)/无(Z)/下(B)] <上>:              //Z Enter
```

```
当前设置: 对正 = 无, 比例 = 240.00, 样式 = 窗线样式
指定起点或 [对正(J)/比例(S)/样式(ST)]:            //捕捉图13-65所示的中点
指定下一点:                                      //捕捉图13-66所示的中点
指定下一点或 [闭合(C)/放弃(U)]:                   // Enter, 绘制结果如图13-67所示
```

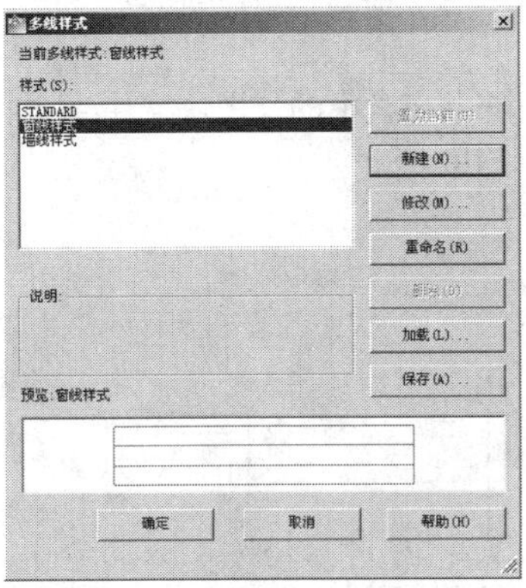

图13-64 设置当前样式

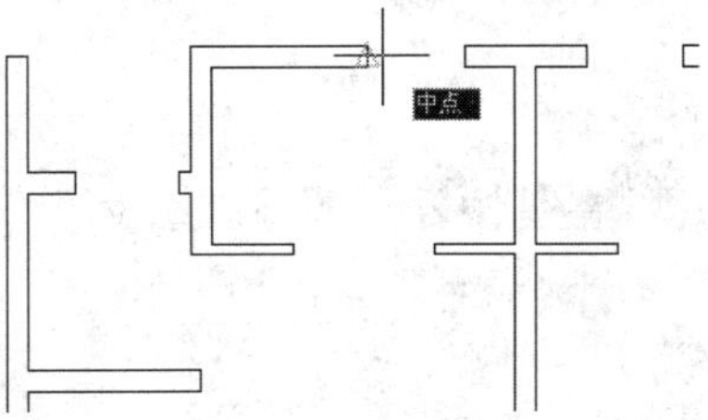

图13-65 捕捉中点

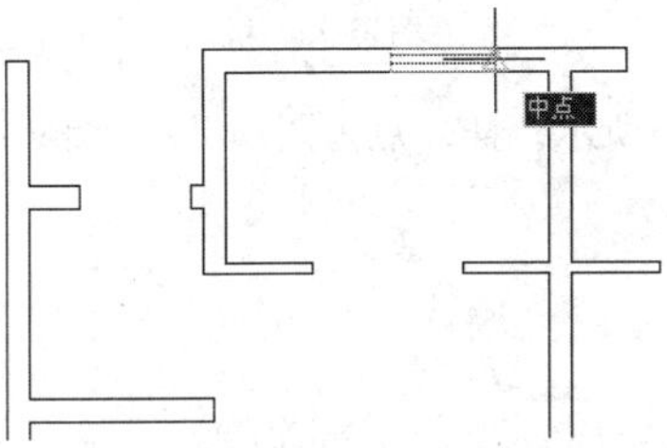

图13-66 捕捉中点

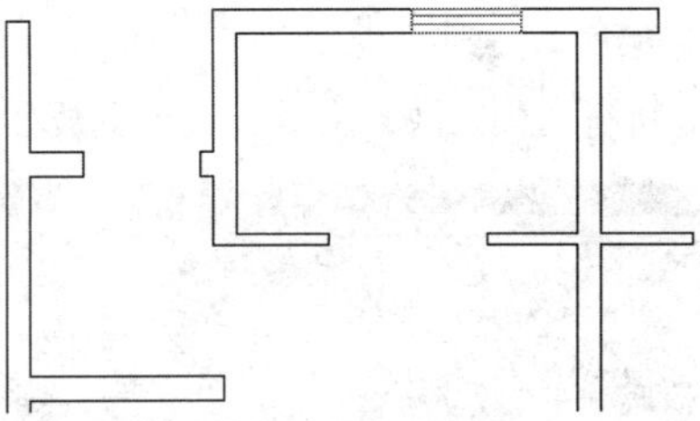
图13-67 绘制结果

5 执行菜单栏中的【绘图】/【圆弧】/【起点、端点、角度】命令，配合端点捕捉功能绘制弧形窗线。命令行操作如下。

```
命令: _arc
    指定圆弧的起点或 [圆心(C)]:                   //捕捉如图13-68所示的端点
    指定圆弧的第二个点或 [圆心(C)/端点(E)]: _e
    指定圆弧的端点:                              //捕捉如图13-69所示的端点
    指定圆弧的圆心或 [角度(A)/方向(D)/半径(R)]: _a 指定包含角:
                                               //180 Enter, 绘制结果如图13-70所示
```

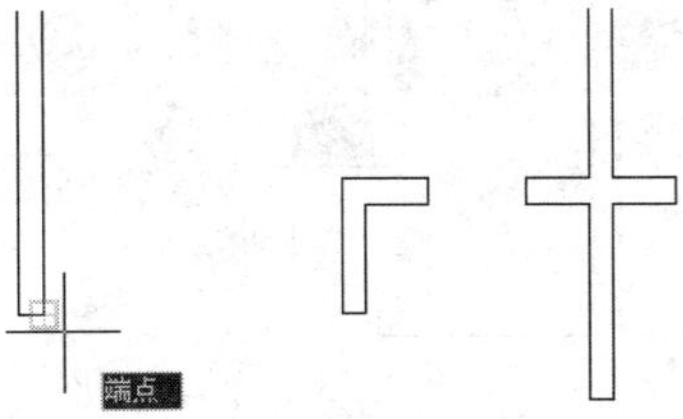

图13-68 捕捉端点

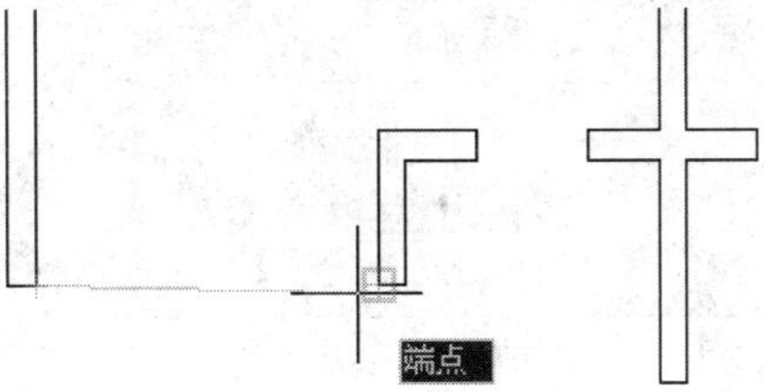

图13-69 捕捉端点

6 执行菜单栏中的【修改】/【偏移】命令，将绘制的圆弧向下偏移80、160和240个单位，结果如图13-71所示。

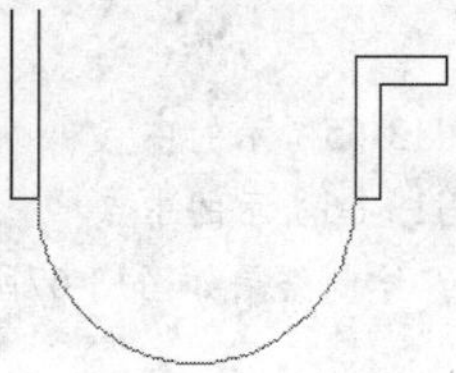

图13-70 绘制结果

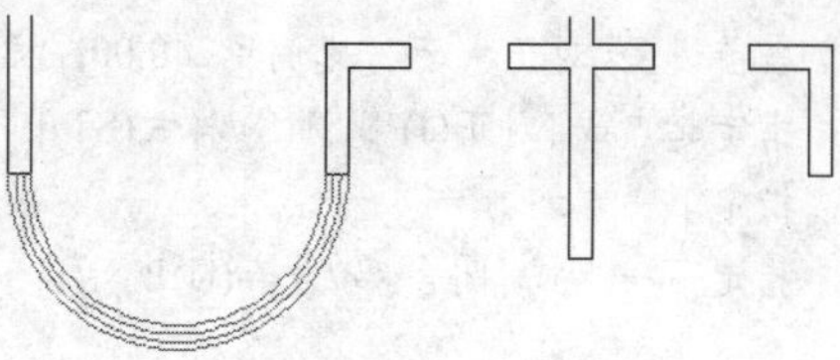

图13-71 偏移结果

7 使用命令简写“I”激活【插入块】命令，插入随书光盘中的“图块文件/单开门.dwg”，参数设置如图13-72所示，插入点为图13-73所示的中点。

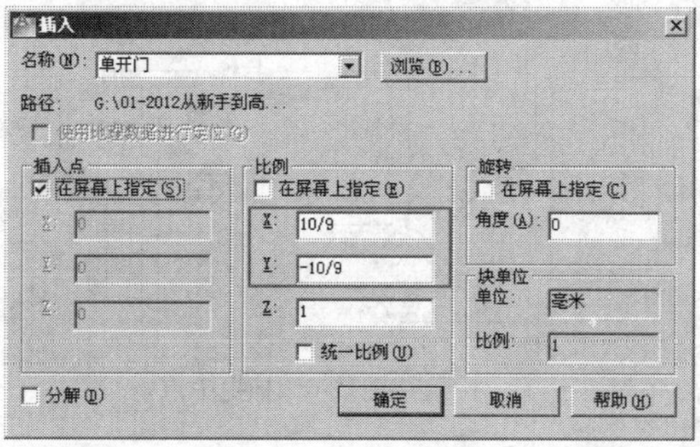

图13-72 捕捉中点

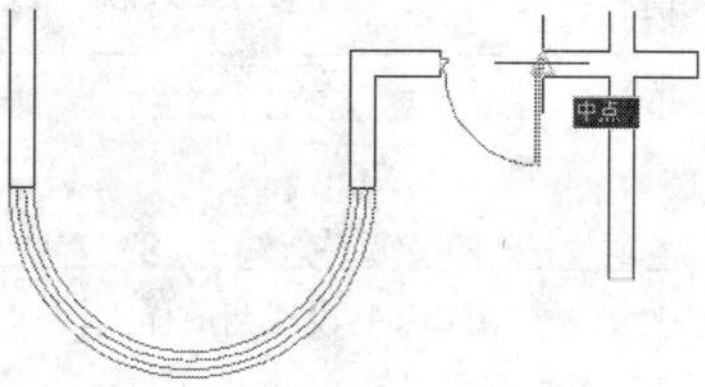

图13-73 插入结果

8 重复执行【插入块】命令，设置参数如图13-74所示，插入点为图13-75所示的中点。

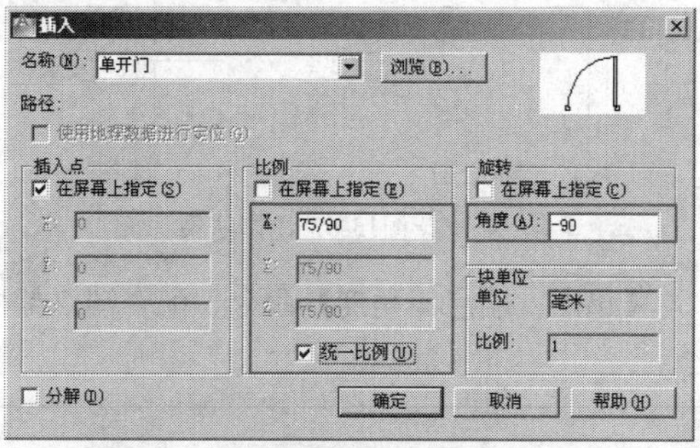

图13-74 设置参数

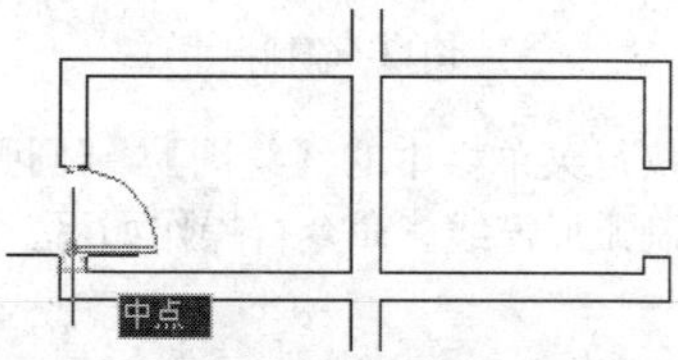

图13-75 捕捉中点

9 重复执行【插入块】命令，设置参数如图13-76所示，插入点为图13-77所示的中点。

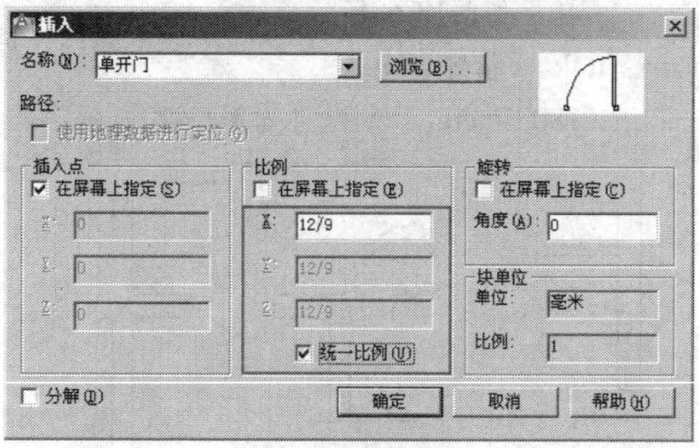

图13-76 设置参数

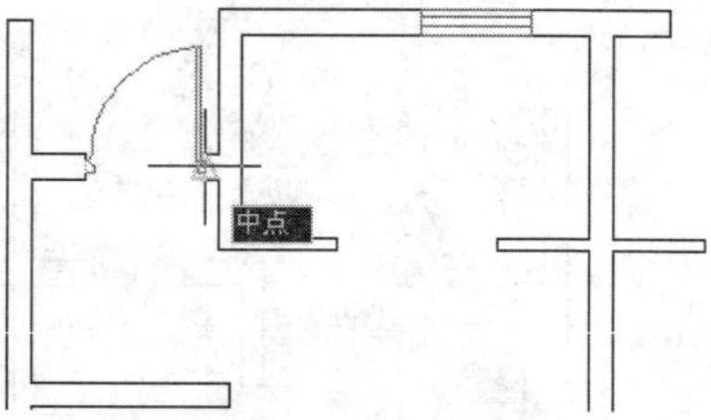

图13-77 捕捉中点

10 执行菜单栏中的【绘图】/【矩形】命令，配合【捕捉自】功能绘制卫生间隔断。命令行操作如下。

```
命令: _rectang
    指定第一个角点或 [倒角(C)/标高(E)/圆角(F)/厚度(T)/宽度(W)]:  //激活【捕捉自】功能
    _from 基点:                                           //捕捉如图13-78所示的端点
    <偏移>:                                               //@1020,0 Enter
    指定另一个角点或 [面积(A)/尺寸(D)/旋转(R)]:              //@40,450 Enter
    命令:                                                 // Enter
    RECTANG
    指定第一个角点或 [倒角(C)/标高(E)/圆角(F)/厚度(T)/宽度(W)]:  //激活【捕捉自】功能
    _from 基点:                                           //捕捉刚绘制的矩形左上角点
    <偏移>:                                               //@0,620 Enter
    指定另一个角点或 [面积(A)/尺寸(D)/旋转(R)]:              //@40,550 Enter，绘制结果如图13-79所示
```

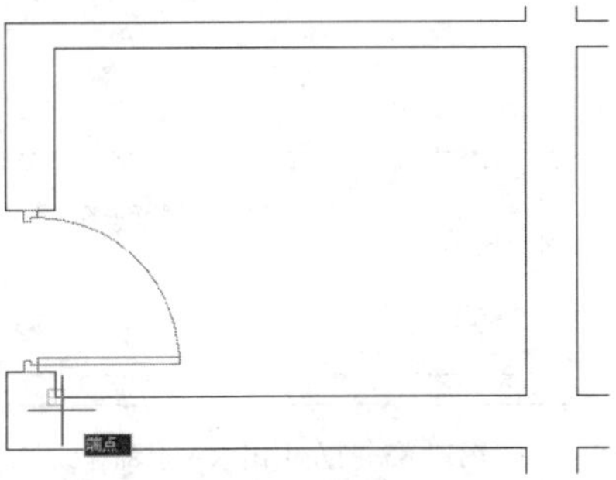

图13-78 捕捉端点

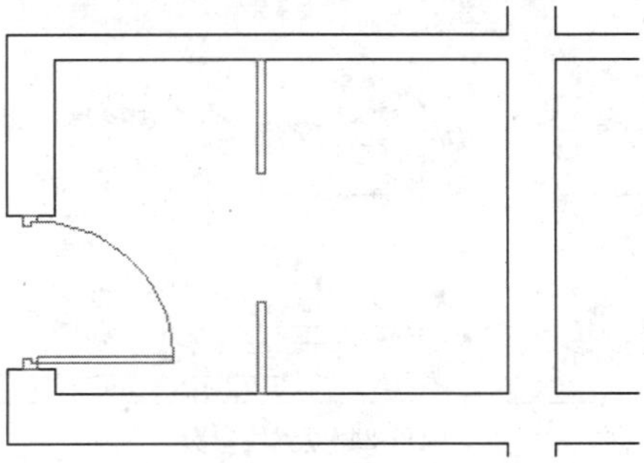

图13-79 绘制结果

11 执行菜单栏中的【绘图】/【矩形】命令，配合【捕捉自】功能绘制推拉门。命令行操作如下。

```
命令: _rectang
    指定第一个角点或 [倒角(C)/标高(E)/圆角(F)/厚度(T)/宽度(W)]:
                                                          //捕捉如图13-80所示的中点
    指定另一个角点或 [面积(A)/尺寸(D)/旋转(R)]:              //@550,40 Enter
    命令:
    RECTANG指定第一个角点或 [倒角(C)/标高(E)/圆角(F)/厚度(T)/宽度(W)]:
                                                          //捕捉刚绘制的矩形下侧水平边的中点
    指定另一个角点或 [面积(A)/尺寸(D)/旋转(R)]:
                                                          //@550,-40 Enter，绘制结果如图13-81所示
```

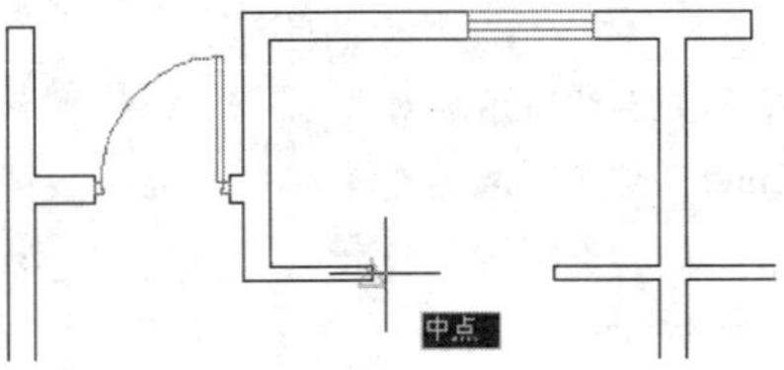

图13-80 捕捉中点

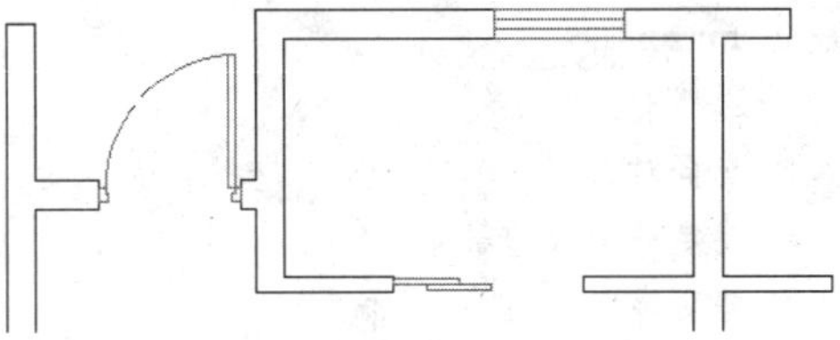

图13-81 绘制结果

12 执行菜单栏中的【修改】/【镜像】命令，配合【两点之间的中点】捕捉功能对图13-82所示的矩形进行镜像，结果如图13-83所示。

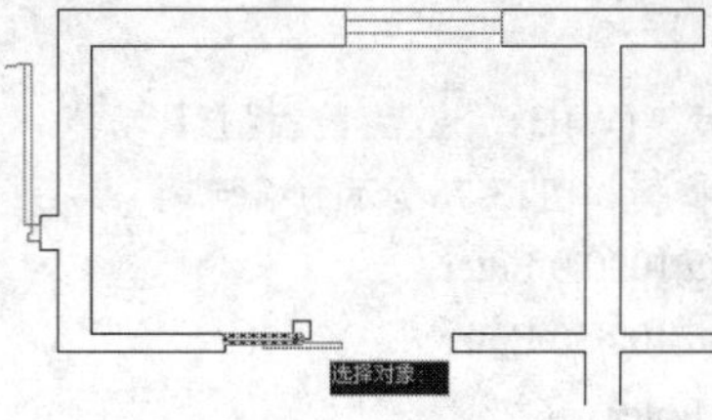

图13-82 选择矩形

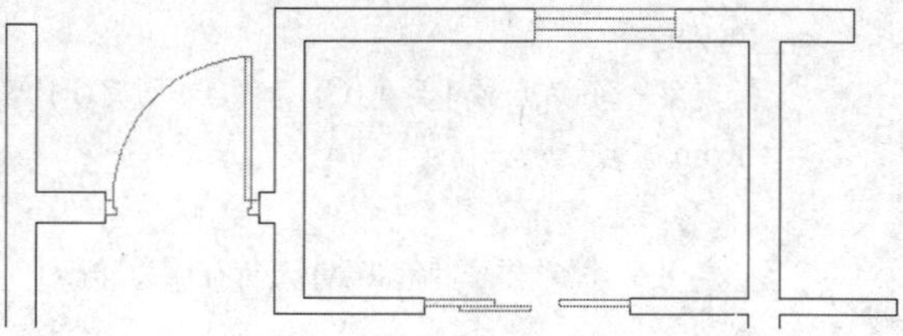

图13-83 镜像结果

13 展开【图层控制】下拉列表，将“图块层”设置为当前图层。

14 使用命令简写“I”激活【插入块】命令，插入随书光盘中的“图块文件／马桶03.dwg”，块参数设置如图13-84所示。

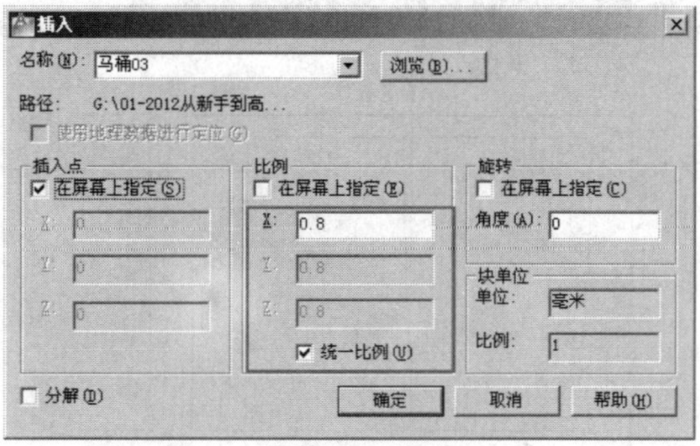

图13-84 设置块参数

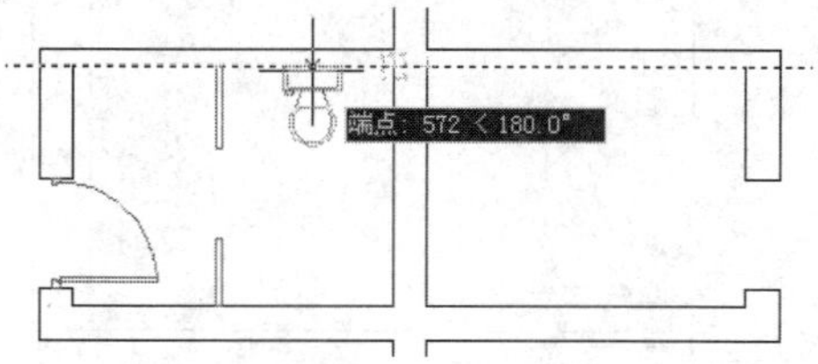

图13-85 向左引出水平追踪虚线

15 在命令行“指定插入点或 [基点(B)/比例(S)/X/Y/Z/旋转(R)]: ”提示下，向左引出如图13-85所示的对象追踪虚线，然后输入600后按Enter键，插入结果如图13-86所示。

16 重复执行【插入块】命令，使用默认参数，分别插入随书光盘中的“图块文件／”目录下的“排气扇.dwg、淋浴器.dwg和洗手盆.dwg”，结果如图13-87所示。

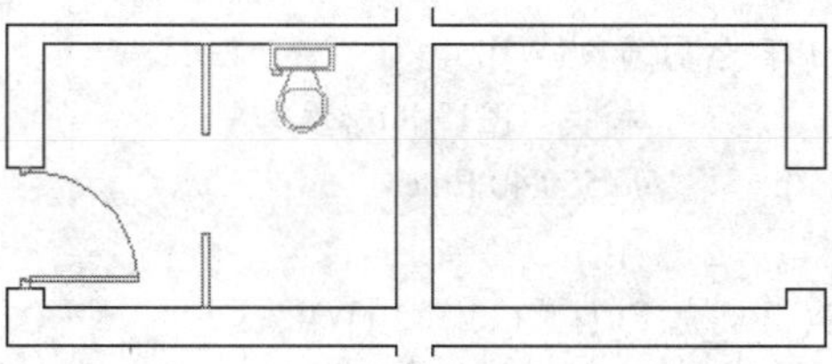

图13-86 插入结果

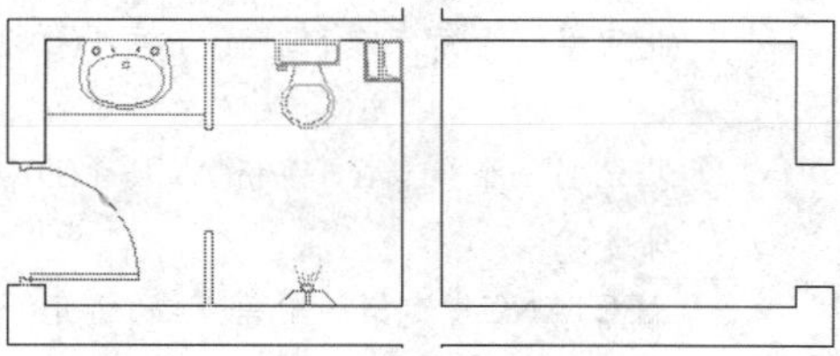

图13-87 插入结果

17 单击【修改】工具栏中的按钮，激活【镜像】命令，选择平面图各位置的窗、门等建筑构件进行镜像。命令行操作如下。

```
命令: _mirror
    选择对象:                                //选择图13-88所示的对象
    选择对象:                                // Enter，结束对象的选择
    指定镜像线的第一点:                      //捕捉如图13-89所示的中点
    指定镜像线的第二点:                      //@0,1 Enter
    要删除源对象吗？[是(Y)/否(N)] <N>:       //Enter，镜像结果如图13-90所示
```

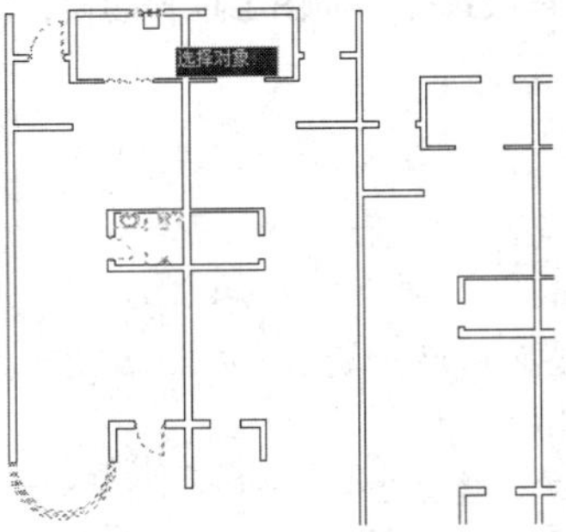

图13-88 选择结果

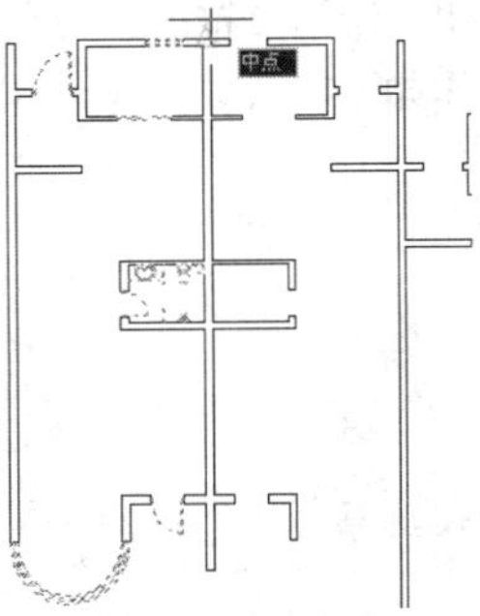

图13-89 捕捉中点

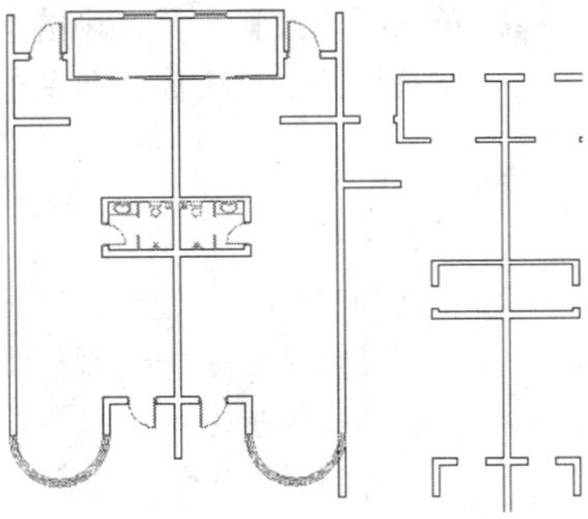

图13-90 镜像结果

18 展开【图层控制】下拉列表，暂时关闭“墙线层”，此时平面图的显示效果如图13-91所示。

19 执行菜单栏中的【修改】/【复制】命令，选择所有位置的建筑构件进行复制。命令行操作如下。

```
命令: _copy
    选择对象:                                          //选择图13-91所示的所有构件
    选择对象:                                          // Enter
    当前设置: 复制模式 = 多个
    指定基点或 [位移(D)/模式(O)] <位移>:                 //在绘图区拾取一点
    指定第二个点或 [阵列(A)] <使用第一个点作为位移>:     //@11600,-2200 Enter
    指定第二个点或 [阵列(A)/退出(E)/放弃(U)] <退出>:     // Enter，复制结果如图13-92所示
```

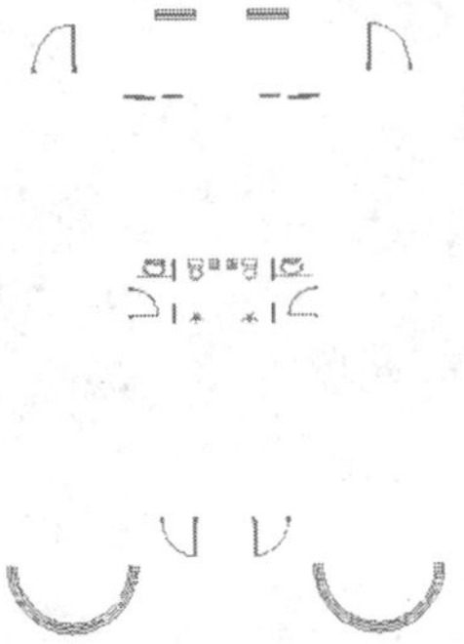

图13-91 关闭墙线后的效果

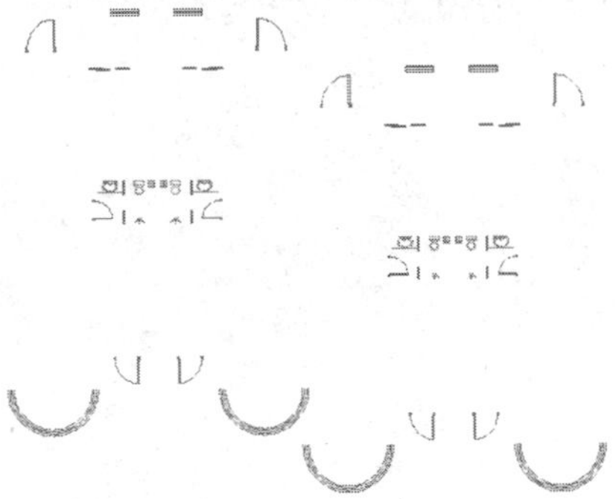

图13-92 复制结果

20 展开【图层控制】下拉列表，打开“墙线层”，平面图的显示效果如图13-93所示。

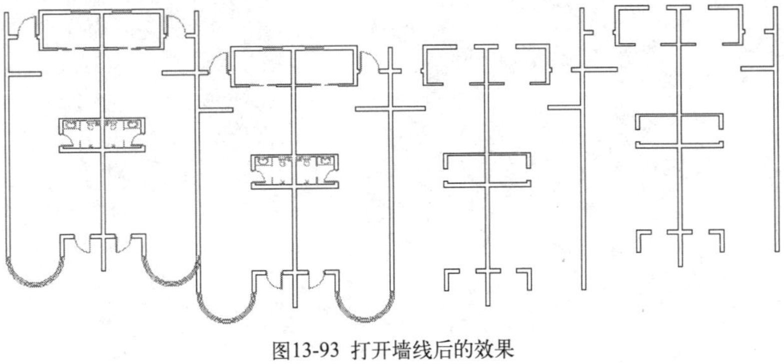

图13-93 打开墙线后的效果

21 单击【修改】工具栏中的按钮，激活【镜像】命令，再次选择平面图各位置的窗、门等建筑构件进行镜像。命令行操作如下。

```
命令: _mirror
    选择对象:                                    //选择图13-94所示的对象
    选择对象:                                    // Enter，结束对象的选择
    指定镜像线的第一点:                          //捕捉如图13-94所示的中点
    指定镜像线的第二点:                          //@0,1 Enter
    要删除源对象吗？[是(Y)/否(N)] <N>:           //Enter，镜像结果如图13-63所示
```

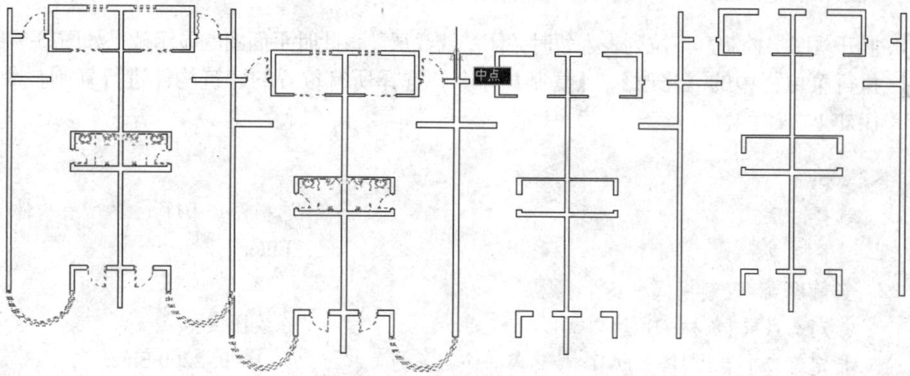

图13-94 选择对象并捕捉中点

22 执行【另存为】命令，将图形另名存储为“上机指导（三）.dwg”。

第14章

绘制室内装修立面投影图

本章在概述室内装修立面图表达内容及形成特点等知识的前提下，通过绘制客厅、餐厅、卧室、厨房和卫生间等室内装修立面投影图等，主要学习AutoCAD在家装立面图方面的具体应用技能和相关技巧。

14.1 室内立面图的表达

立面装饰详图主要用于表明建筑内部某一装修空间的立面形式、尺寸及室内配套布置等内容，其图示内容如下：

- 在装饰立面图中，具体需要表现出室内立面上各种装饰品，如壁画、壁挂、金属等的式样、位置和大小尺寸。
- 在装饰立面图上还需要体现出门窗、花格、装修隔断等构件的高度尺寸、安装尺寸以及家具和室内配套产品的安放位置和尺寸等内容。
- 如果是采用剖面图形表示的装饰立面图，还要表明顶棚的选级变化以及相关的尺寸。
- 最后有必要时，需配合文字说明其饰面材料的品名、规格、色彩和工艺要求等。

14.2 室内立面图的形成特点

立面装饰图的形成，规纳起来主要有以下三种方式：

（1）假设将室内空间垂直剖开，移去剖切平面前的部分，对余下的部分做正投影而成。这种立面图实质上是带有立面图示的剖面图。它所示图像的进深感比较强，并能同时反映顶棚的选级变化。但此种形式的缺点是剖切位置不明确（在平面布置上没有剖切符号，仅用投影符号表明视向），其剖面图示安排较难与平面布置图和顶棚平面图应。

（2）假设将室内各墙面沿面与面相交处拆开，移去暂时不予图示的墙面，将剩下的墙面及其装饰布置，向铅直投影面作投影而成。这种立面图不出现剖面图像，只出现相邻墙面及其上装饰构件与该墙面的表面交线。

（3）假设想将室内各墙面沿某轴阴角拆开，依次展开，直至都平等于同一铅直投影面，形成立面展开图。这种立面图能将室内各墙面的装饰效果连贯地展示在人们眼前，以便人们研究各墙面之间的统一与反差，对室内装饰设计与施工有着重要作用。

14.3 上机指导（一）——绘制主卧室装修立面图

本例在综合巩固所学知识的前提下，主要学习套三厅主卧室装修立面图的具体绘制过程和绘制技巧。本例最终绘制效果如图14-1所示。

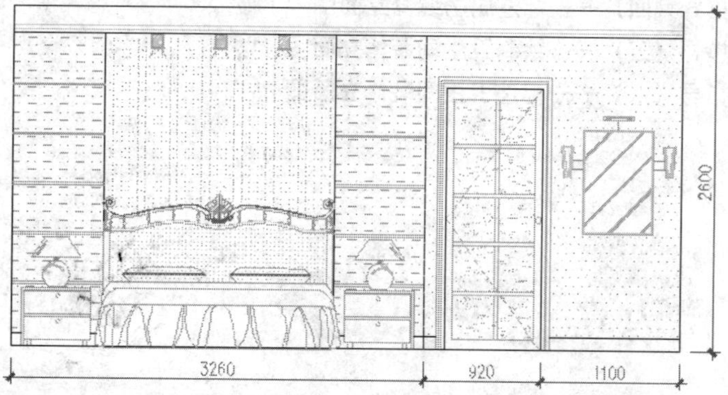

图14-1 实例效果

操作步骤

1. 执行【新建】命令，以随书光盘中的“样板文件／建筑样板.dwt”作为基础样板，新建文件。
2. 使用命令简写“LA”激活【图层】命令，在打开的【图层特性管理器】对话框中双击“轮廓线”，将其设置为当前图层。
3. 执行菜单栏中的【绘图】／【矩形】命令，绘制长度为5280、宽度为2600的矩形作为立面外轮廓线，如图14-2所示。

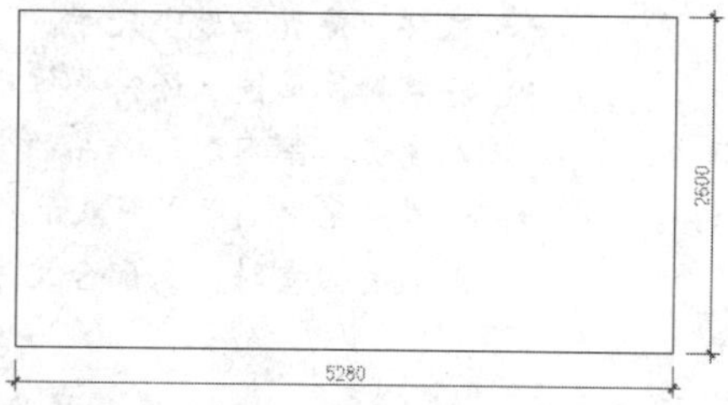

图14-2 绘制结果

4. 执行菜单栏中的【修改】／【分解】命令，将刚绘制的矩形分解为四条独立的段线。
5. 执行菜单栏中的【修改】／【偏移】命令，将矩形左侧的垂直边向右偏移，命令行操作如下。

```
命令: _offset
    当前设置: 删除源=否  图层=源  OFFSETGAPTYPE=0
    指定偏移距离或 [通过(T)/删除(E)/图层(L)] <通过>:              //720 Enter
    选择要偏移的对象或 [退出(E)/放弃(U)] <退出>:                 //单击矩形左侧垂直边
    指定要偏移的那一侧上的点, 或 [退出(E)/多个(M)/放弃(U)] <退出>:
                                                    //在左侧垂直边的右侧单击
    选择要偏移的对象, 或 [退出(E)/放弃(U)] <退出>:        // Enter
    命令:                                           // Enter
    OFFSET当前设置: 删除源=否  图层=源  OFFSETGAPTYPE=0
    指定偏移距离或 [通过(T)/删除(E)/图层(L)] <720>:       //1820 Enter
    选择要偏移的对象或 [退出(E)/放弃(U)] <退出>:          //单击刚偏移出的线段
    指定要偏移的那一侧上的点, 或 [退出(E)/多个(M)/放弃(U)] <退出>:
                                                    //在所选线段的右侧单击
    选择要偏移的对象, 或 [退出(E)/放弃(U)] <退出>:        // Enter
    命令:                                           // Enter
    OFFSET当前设置: 删除源=否  图层=源  OFFSETGAPTYPE=0
    指定偏移距离或 [通过(T)/删除(E)/图层(L)] <1820>:      //720 Enter
    选择要偏移的对象或 [退出(E)/放弃(U)] <退出>:          //单击刚偏移出的线段
    指定要偏移的那一侧上的点, 或 [退出(E)/多个(M)/放弃(U)] <退出>:
                                                    //在所选轮廓线的上侧单击
    选择要偏移的对象, 或 [退出(E)/放弃(U)] <退出>:        // Enter, 偏移结果如图14-3所示
```

6 重复执行【偏移】命令，将最右侧的垂直边向左偏移1100和1850；将最上侧的水平边向下偏移140、170和200；将最下侧的水平边向上偏移100、940和2000，结果如图14-4所示。

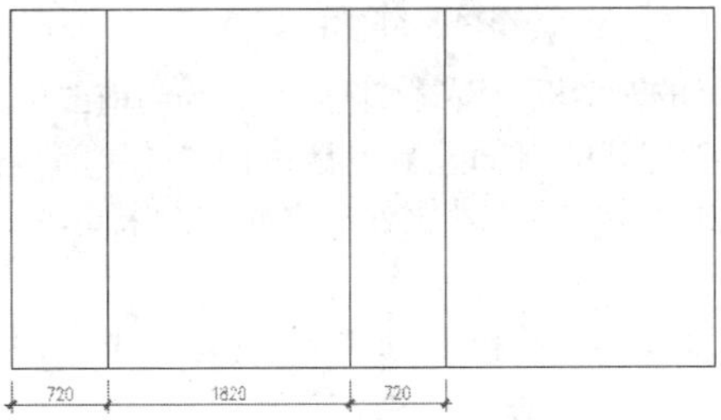

图14-3 偏移结果

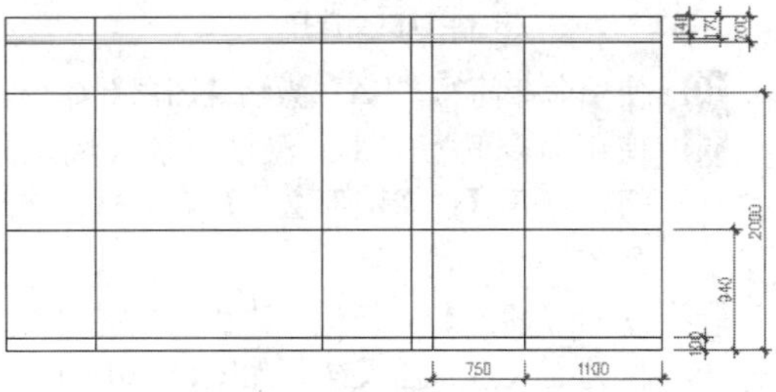

图14-4 偏移结果

7 使用命令简写“TR”激活【修剪】命令，对偏移出的图线进行修剪，结果如图14-5所示。

8 使用命令简写“O”激活【偏移】命令，将图14-5所示的水平轮廓线*S*向上偏移380和396个单位，结果如图14-6所示。

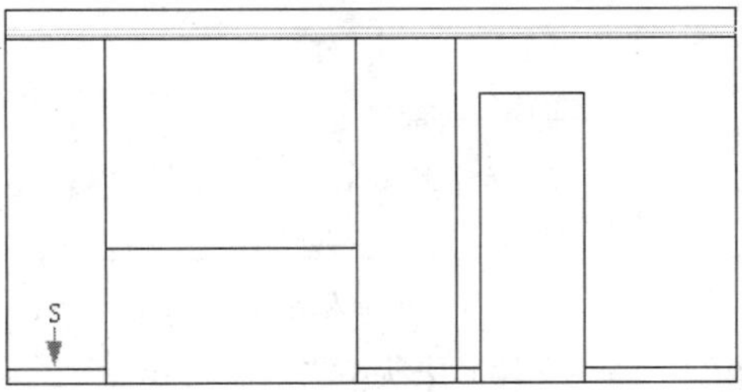

图14-5 修剪结果

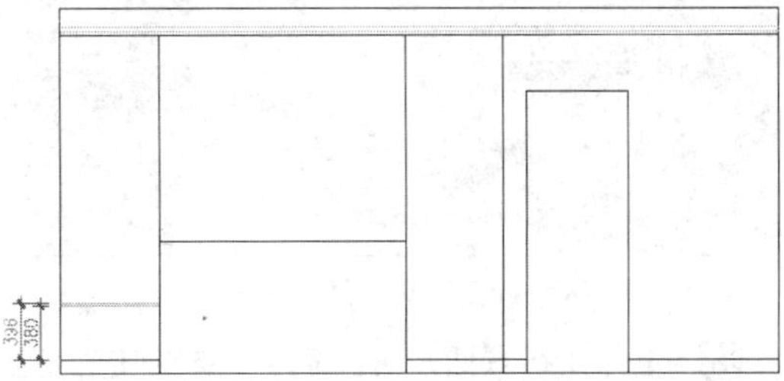

图14-6 偏移结果

9 执行菜单栏中的【修改】/【阵列】命令，对偏移出的两条水平轮廓线进行阵列。命令行操作如下。

```
命令: _arrayrect
    选择对象:                                                   //窗选如图14-7所示的对象
    选择对象:                                                   // Enter
    类型 = 矩形  关联 = 是
    为项目数指定对角点或 [基点(B)/角度(A)/计数(C)] <计数>:        // Enter
    输入行数或 [表达式(E)] <4>:                                  //5Enter
    输入列数或 [表达式(E)] <4>:                                  //2 Enter
    指定对角点以间隔项目或 [间距(S)] <间距>:                     // Enter
    指定行之间的距离或 [表达式(E)] <24>:                         //380 Enter
    指定列之间的距离或 [表达式(E)] <577.5>:                      // 2540 Enter
    按 Enter 键接受或 [关联(AS)/基点(B)/行(R)/列(C)/层(L)/退出(X)] <退出>: AS创建关联阵列
[是(Y)/否(N)] <是>:                                             //N Enter
    按 Enter 键接受或 [关联(AS)/基点(B)/行(R)/列(C)/层(L)/退出(X)] <退出>:
                                                    // Enter，阵列结果如图14-8所示
```

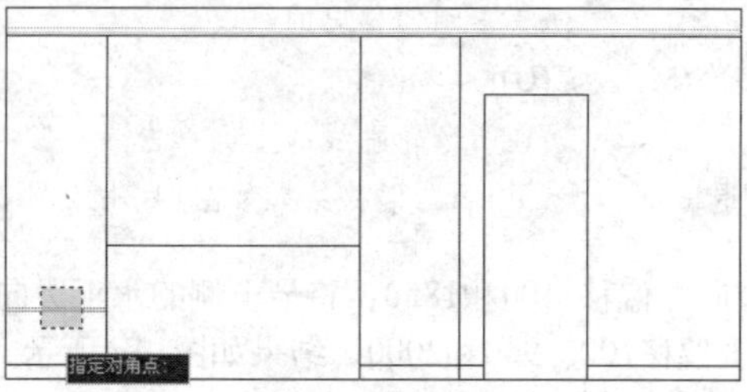

图14-7 窗交选择

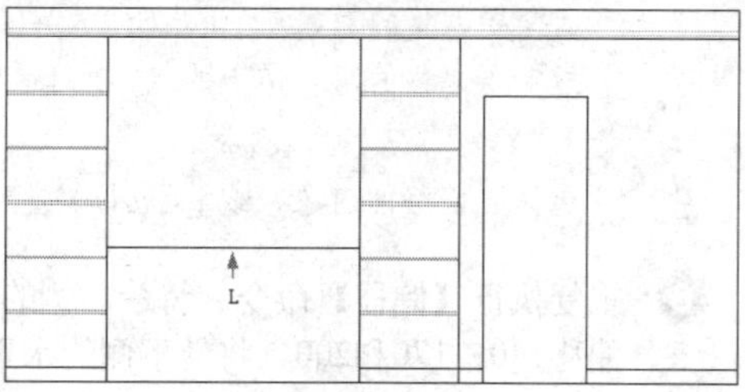

图14-8 阵列结果

10 使用命令简写“LA”激活【图层】命令，在打开的对话框中设置“图块层”为当前图层。

11 使用命令简写“I”激活【插入块】命令，在打开的【插入】对话框中单击 浏览(B)... 按钮，打开【选择图形文件】对话框，选择随书光盘中的“图块文件/立面双人床.dwg”，如图14-9所示。

12 返回【插入】对话框，以默认的参数插入到立面图中，选择图14-8所示的轮廓线*L*的中点作为插入点，插入结果如图14-10所示。

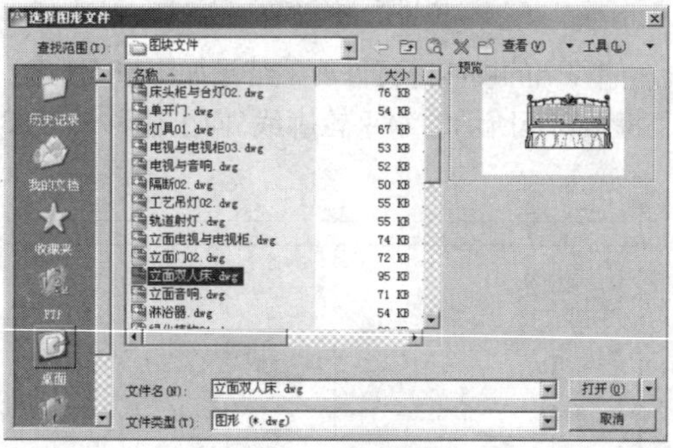

图14-9 选择文件

图14-10 插入结果

13 重复执行【插入块】命令，选择随书光盘中的“图块文件/床头柜与台灯02.dwg”，如图14-11所示。

14 在命令行“指定插入点或 [基点(B)/比例(S)/X/Y/Z/旋转(R)]: ”提示下，引出如图14-12所示的对象追踪虚线，然后输入75后按Enter键，插入结果如图14-13所示。

15 使用命令简写“MI”激知【镜像】命令，将刚插入的床头柜与台灯图块进行镜像，结果如图14-14所示。

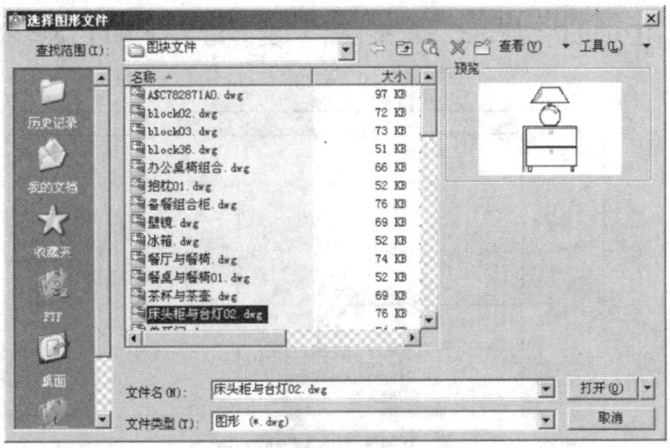

图14-11 选择文件

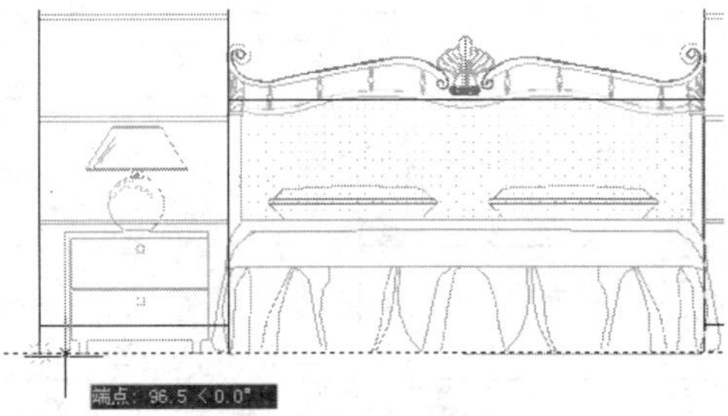

图14-12 引出对象追踪虚线

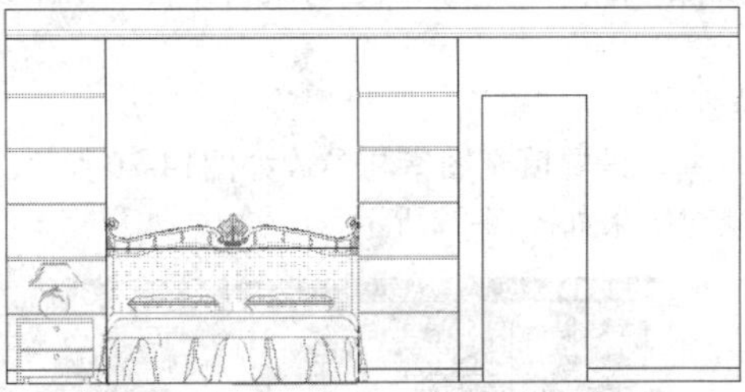

图14-13 插入结果

图14-14 镜像结果

16 重复执行【插入块】命令，图14-14所示的端点A作为插入点，插入随书光盘中的“图块文件／立面门02.dwg”，插入设置如图14-15所示，插入结果如图14-16所示。

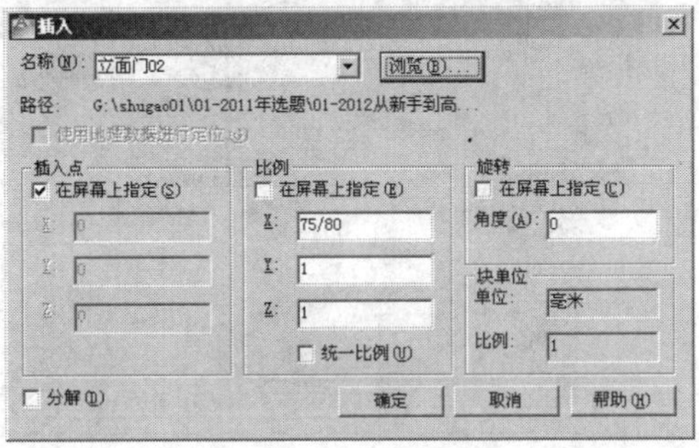

图14-15 设置参数

图14-16 插入结果

17 重复执行【插入块】命令，配合【捕捉自】和【对象捕捉】功能，以默认参数插入光盘中的“图块文件／”目录下的“射灯01.dwg和壁镜.dwg”两个图块，插入结果如图14-17所示。

18 执行菜单栏中的【修改】／【复制】命令，配合坐标输入功能，将射灯图块进行复制。命令行操作如下。

```
命令: _copy
    选择对象:                    //选择刚插入的射灯图块
    选择对象:                    // Enter
```

当前设置：复制模式 = 多个
指定基点或 [位移(D)/模式(O)] <位移>: // Enter
指定第二个点或 [阵列(A)] <使用第一个点作为位移>: //@500,0 Enter
指定第二个点或 [阵列(A)/退出(E)/放弃(U)] <退出>: //@1000,0 Enter
指定第二个点或 [阵列(A)/退出(E)/放弃(U)] <退出>: //Enter，结束命令，复制结果如图14-18所示

图14-17 插入结果

图14-18 复制结果

19 接下来综合使用【分解】、【修剪】和【删除】命令，对立面图进行编辑完善，删除被遮挡住的图线，结果如图14-19所示。

20 展开【图层】工具栏中的【图层控制】下拉列表，将“剖面线”设置为当前图层。

21 执行菜单栏中的【绘图】/【图案填充】命令，设置填充图案与参数如图14-20所示，返回绘图区拾取如图14-21所示的填充区域，填充结果如图14-22所示。

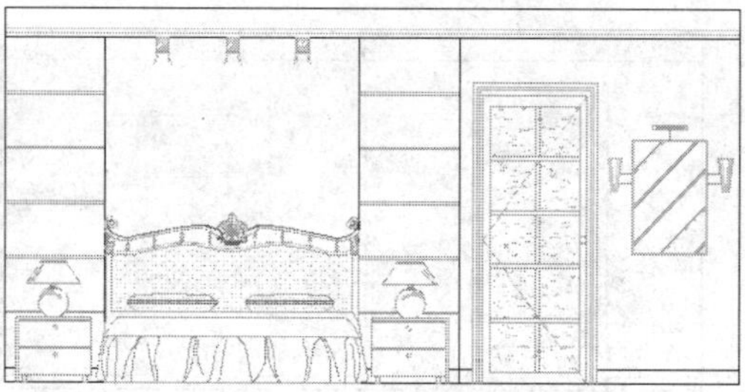

图14-19 修整结果

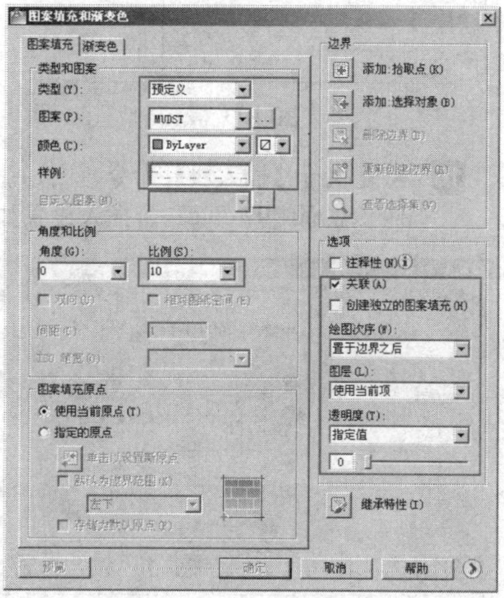

图14-20 设置填充图案与参数

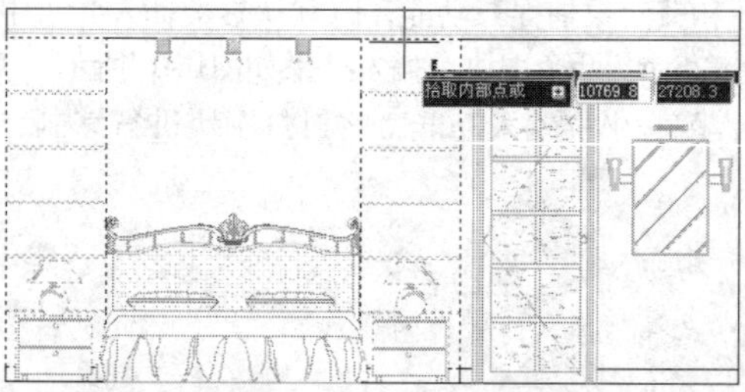

图14-21 拾取填充区域

图14-22 填充结果

22 重复执行【图案填充】命令，设置填充图案和填充参数如图14-23所示，返回绘图区拾取如图14-24所示的填充区域，为立面图填充如图14-25所示的图案。

23 使用命令简写“LT”激活【线型】命令，选择如图14-26所示线型进行加载，然后在【线型管理器】对话框中设置线型比例为1，如图14-27所示。

24 在无命令执行的前提下夹点显示刚填充的图案，如图14-28所示。

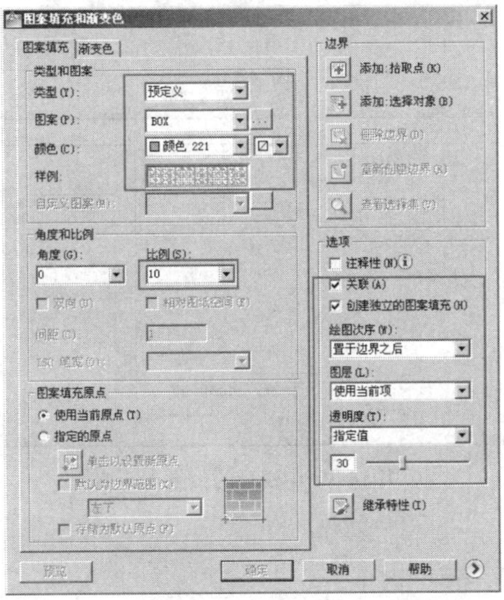

图14-23　设置填充参数

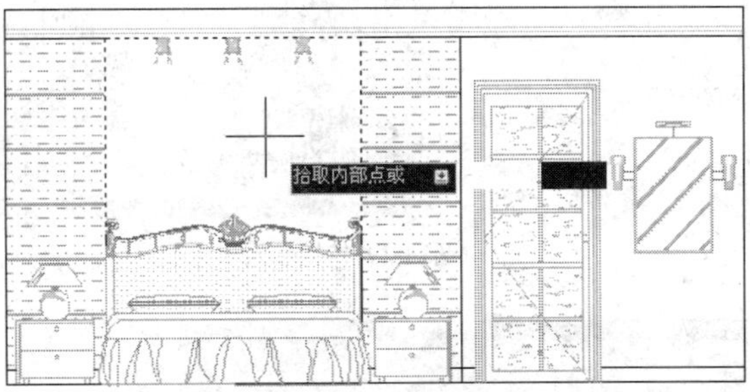

图14-24　拾取填充区域

图14-25 填充结果

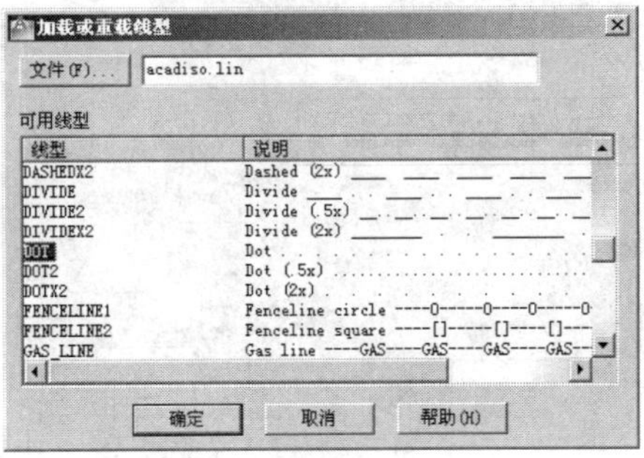

图14-26 选择线型

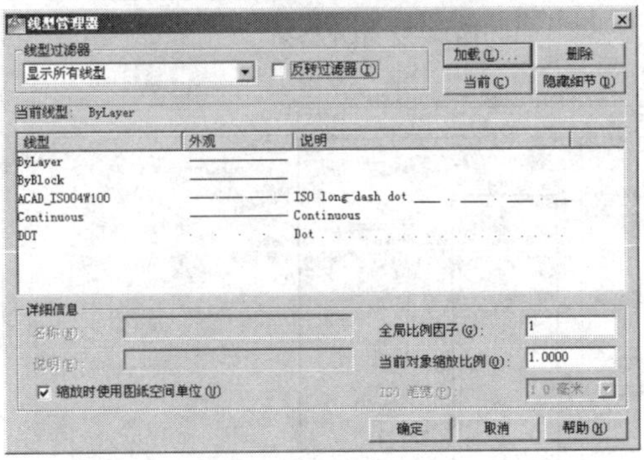

图14-27 设置线型比例

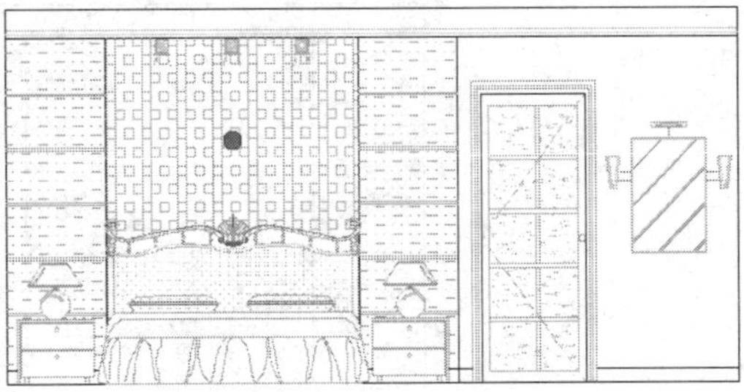

图14-28 图案的夹点效果

25 使用命令简写“PR”激活【特性】命令，在打开的【特性】窗口中修改其线型和线型比例如图14-29所示。

26 关闭【特性】窗口，然后按Esc键取消图案的夹点效果，特性修改后的效果如图14-30所示。

27 使用命令简写“H”激活【图案填充】命令，设置填充图案和填充参数如图14-31所示，返回绘图区拾取如图14-32所示的填充区域，填充结果如图14-33所示。

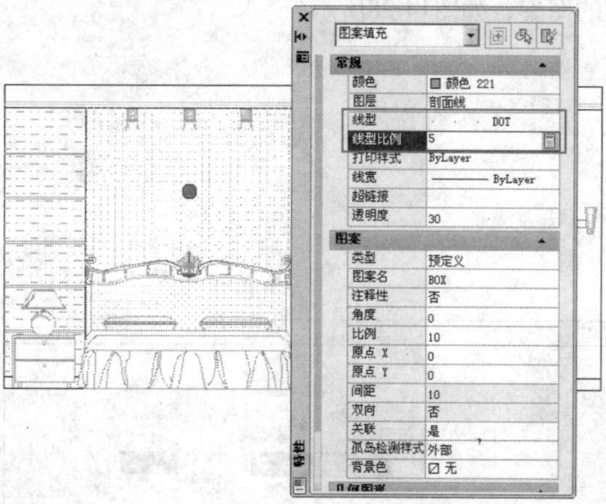

图14-29 特性编辑

图14-30 编辑后的效果

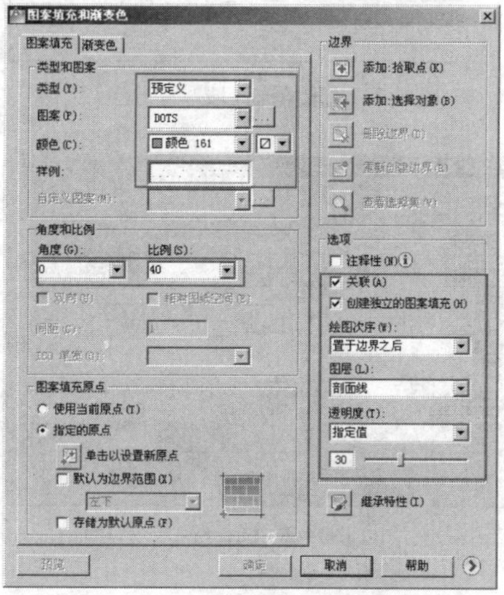

图14-31　设置填充参数

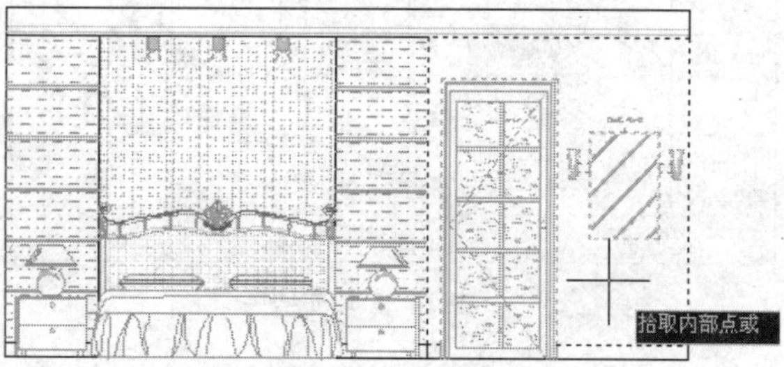

图14-32 填充结果

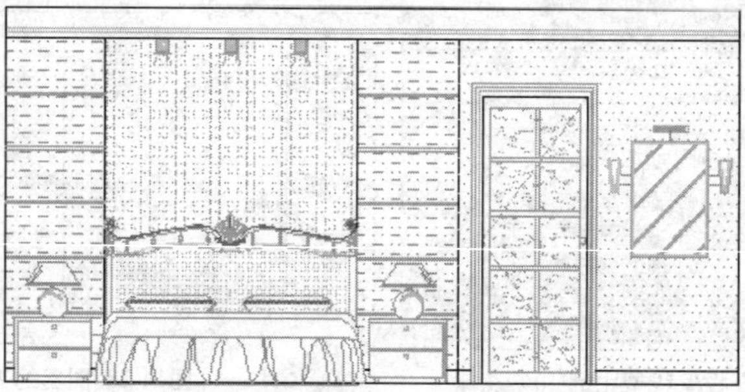

图14-33 填充结果

28 最后执行【保存】命令，将图形命名存储为“上机指导（一）.dwg”。

14.4 上机指导（二）——标注主卧室装修立面图

本例在综合巩固所学知识的前提下，主要学习套三厅主卧室装修立面图的具体标注过程和标注技巧。本例最终绘制效果如图14-34所示。

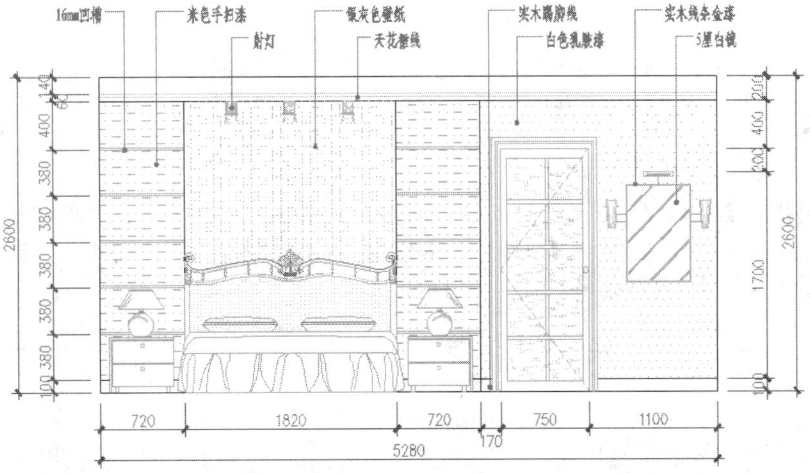

图14-34 实例效果

操作步骤

1 执行【打开】命令，打开随书光盘中的“效果文件/第14章/上机指导（一）.dwg”。

2 展开【图层】工具栏中的【图层控制】下拉列表，将“尺寸层”设置为当前图层。

3 使用命令简写“D”激活【标注样式】命令，设置“建筑标注”为当前尺寸样式，并调整尺寸比例如图14-35所示。

4 执行菜单栏中的【标注】/【线性】命令，配合端点捕捉功能，标注如图14-36所示的线性尺寸作为基准尺寸。

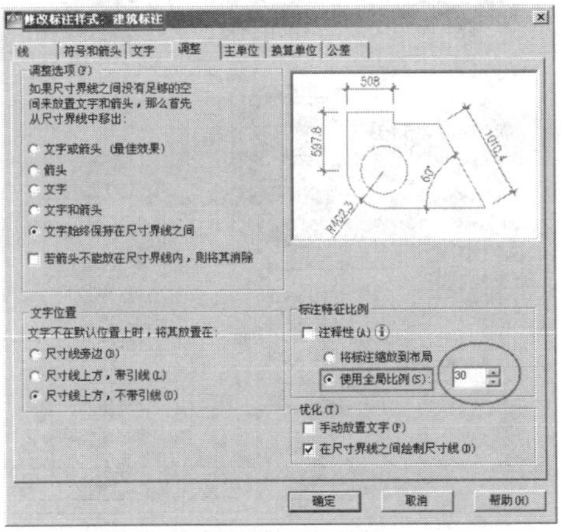

图14-35 设置当前样式与比例

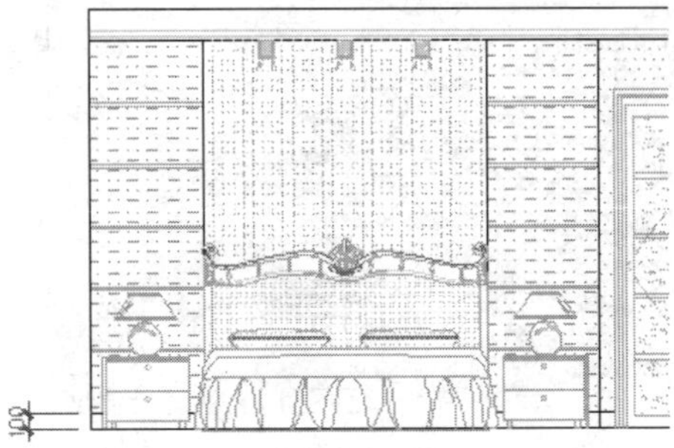

图14-36 标注结果

5 执行菜单栏中的【标注】/【连续】命令，配合端点或交点捕捉功能标注如图14-37所示的细部尺寸。

6 单击【标注】工具栏中的 按钮，激活【编辑标注文字】命令，对重叠尺寸进行编辑，结果如图14-38所示。

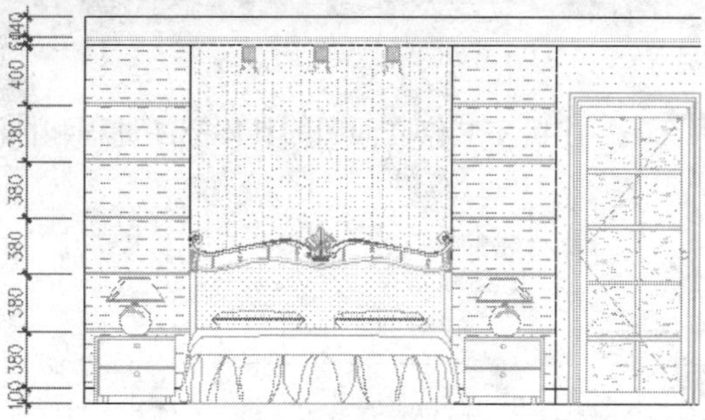

图14-37 标注细部尺寸

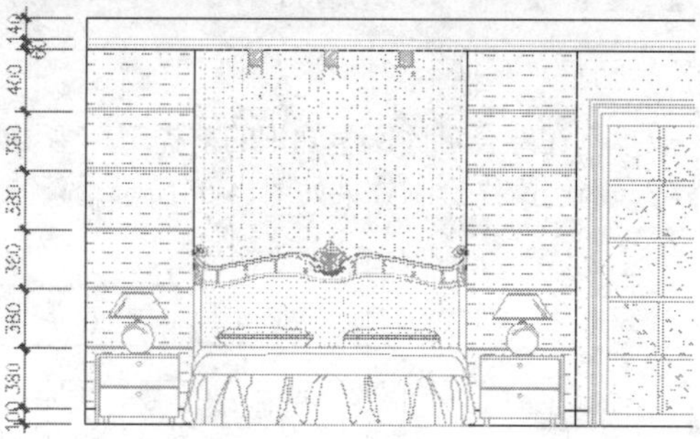

图14-38 编辑尺寸

7 重复执行【线性】命令，配合端点捕捉功能标注立面图左侧的总尺寸，结果如图14-39所示。

8 参照上述操作，综合使用【线性】、【连续】和【编辑标注文字】命令，分别标注立面图其他侧的尺寸，标注结果如图14-40所示。

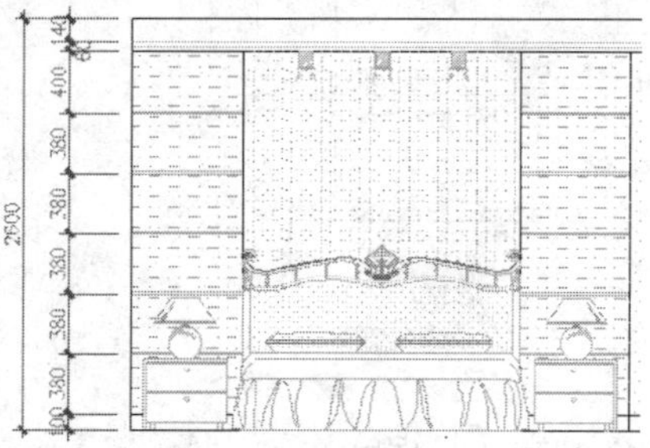

图14-39 标注总尺寸

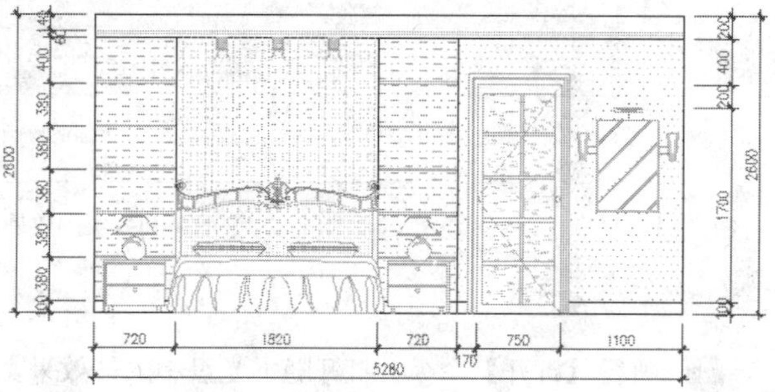

图14-40 标注其他尺寸

9 展开【图层】工具栏中的【图层控制】下拉列表，将“文本层”设置为当前图层。

10 使用命令简写“D”激活【标注样式】命令，对当前尺寸样式进行替代，参数设置如图14-41和图14-42所示。

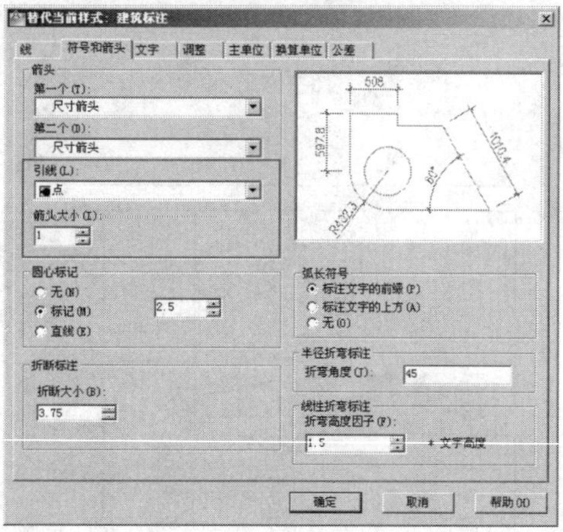

图14-41 【符号和箭头】选项卡

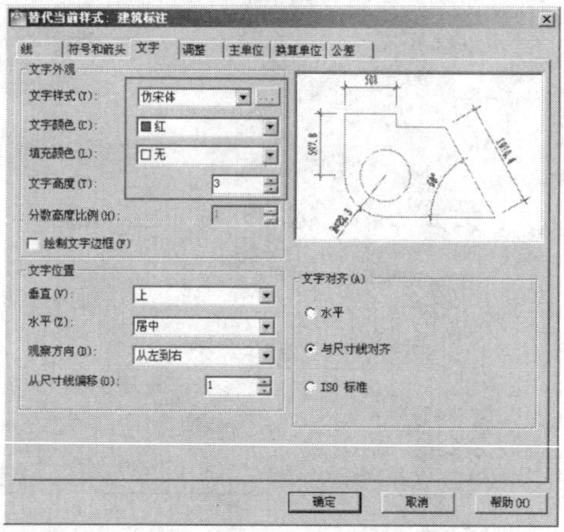

图14-42 【文字】选项卡

11 在【替代当前标注样式：建筑标注】对话框中展开【调整】选项卡，设置标注比例如图14-43所示。

12 使用命令简写“LE”激知【快速引线】命令，设置引线参数如图14-44、图14-45所示。

13 返回绘图区，根据命令行的提示绘制引线并标注如图14-46所示的引线注释。

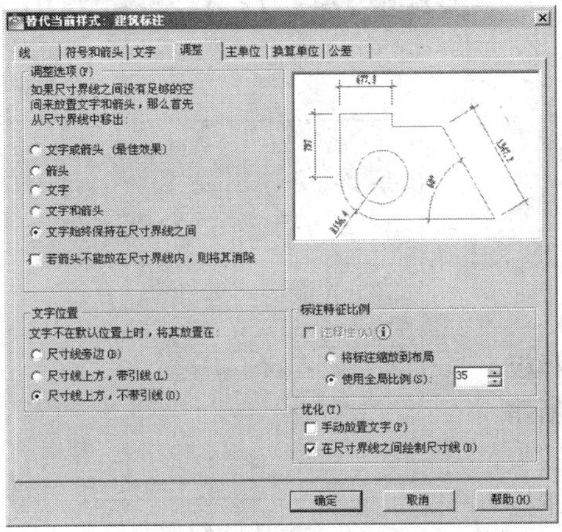

图14-43 【调整】选项卡

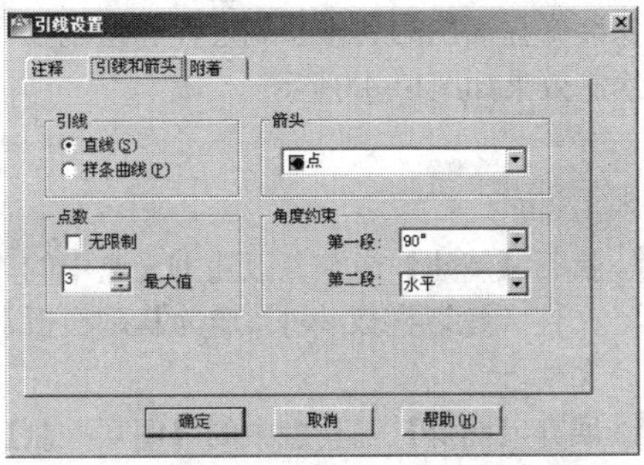

图14-44 设置引线参数

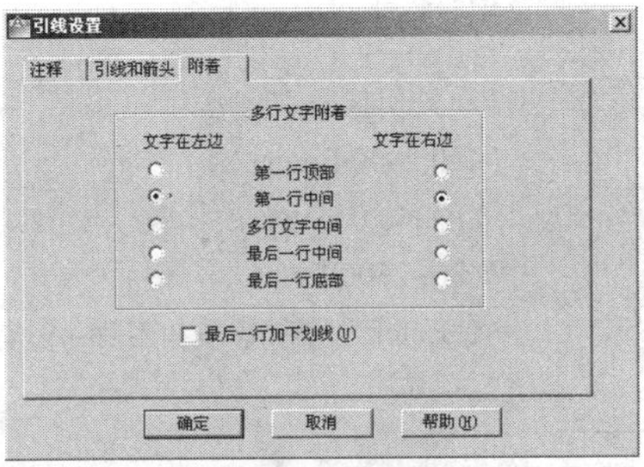

图14-45 设置引线参数

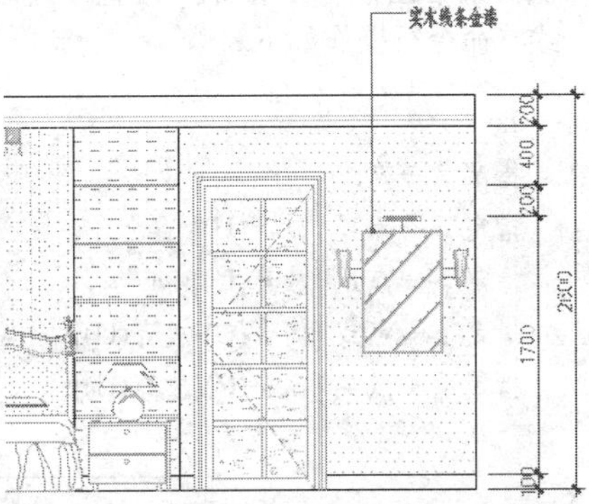

图14-46 标注引线注释

14 重复执行【快速引线】命令，按照当前的引线参数设置，分别标注其他位置的文字注释，标注结果如图14-47所示。

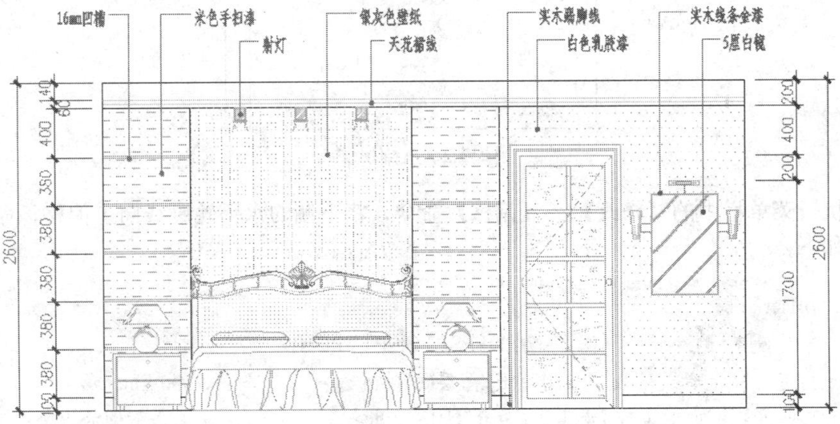

图14-47 标注引线注释

15 调整视图，使立面图完全显示，最终效果如图14-34所示。

16 最后执行【另存为】命令，将图形另名存储为“上机指导（二）.dwg”。

14.5 上机指导（三）——绘制厨房装修立面图

本例在综合巩固所学知识的前提下，主要学习套三厅厨房装修立面图的具体绘制过程和绘制技巧。本例最终绘制效果如图14-48所示。

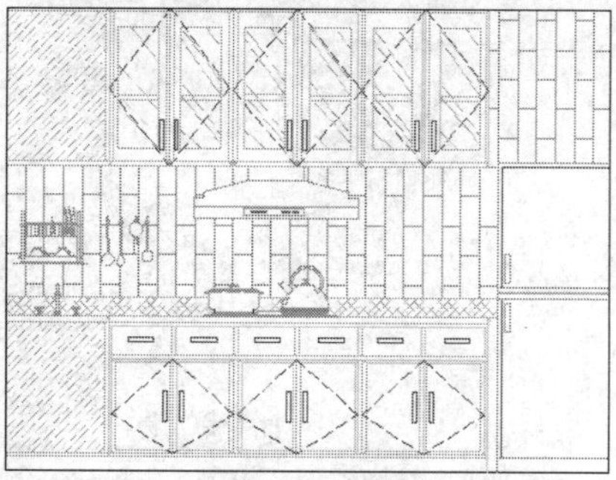

图14-48 实例效果

操作步骤

1 执行【新建】命令，以随书光盘中的“样板文件 / 建筑样板.dwt”作为基础样板，新建文件。

2 展开【图层】工具栏中的【图层控制】下拉列表，设置“轮廓线”为当前图层。

3 执行菜单栏中的【绘图】/【直线】命令，配合点的坐标输入功能，绘制厨房立面外轮廓线。命令行操作如下。

```
命令: _line
    指定第一点:                                    //在绘图区拾取一点
    指定下一点或 [放弃(U)]:                        //@0,2400 Enter
    指定下一点或 [放弃(U)]:                        //@3240,0 Enter
    指定下一点或 [闭合(C)/放弃(U)]:                //@0,-2600 Enter
    指定下一点或 [闭合(C)/放弃(U)]:                //C Enter，绘制结果如图14-49所示
```

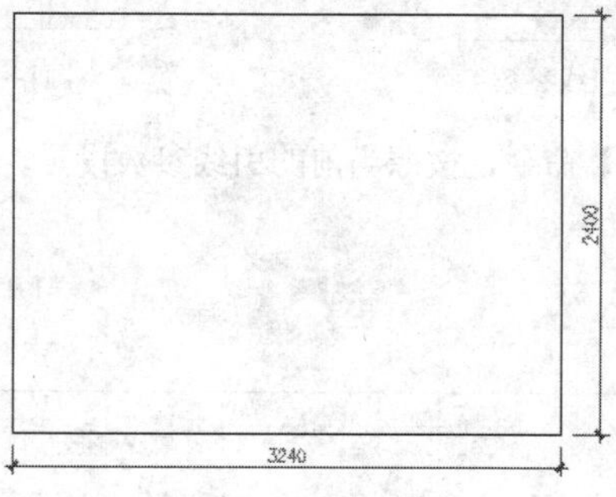

图14-49 绘制结果

4 执行菜单栏中的【修改】/【偏移】命令，将下侧的水平轮廓线向上偏移，命令行操作如下。

```
命令: _offset
    当前设置: 删除源=否  图层=源  OFFSETGAPTYPE=0
    指定偏移距离或 [通过(T)/删除(E)/图层(L)] <通过>:          //800 Enter
    选择要偏移的对象或 [退出(E)/放弃(U)] <退出>:              //单击下侧的水平轮廓线
    指定要偏移的那一侧上的点，或 [退出(E)/多个(M)/放弃(U)] <退出>:
                                                              //在所选轮廓线的上侧单击
    选择要偏移的对象，或 [退出(E)/放弃(U)] <退出>:            // Enter
```

```
命令:                                                        // Enter
OFFSET当前设置: 删除源=否  图层=源  OFFSETGAPTYPE=0
指定偏移距离或 [通过(T)/删除(E)/图层(L)] <800>:                //100 Enter
选择要偏移的对象或 [退出(E)/放弃(U)] <退出>:                   //单击刚偏移出的线段
指定要偏移的那一侧上的点，或 [退出(E)/多个(M)/放弃(U)] <退出>:
                                                             //在所选轮廓线的上侧单击
选择要偏移的对象，或 [退出(E)/放弃(U)] <退出>:                 // Enter
命令:                                                        // Enter
OFFSET当前设置: 删除源=否  图层=源  OFFSETGAPTYPE=0
指定偏移距离或 [通过(T)/删除(E)/图层(L)] <100>:                //680 Enter
选择要偏移的对象或 [退出(E)/放弃(U)] <退出>:                   //单击刚偏移出的线段
指定要偏移的那一侧上的点，或 [退出(E)/多个(M)/放弃(U)] <退出>:
                                                             //在所选轮廓线的上侧单击
选择要偏移的对象，或 [退出(E)/放弃(U)] <退出>:
                                          // Enter，偏移结果如图14-50所示
```

5 重复执行【偏移】命令，将最左侧的垂直边向右偏移2590个单位，结果如图14-51所示。

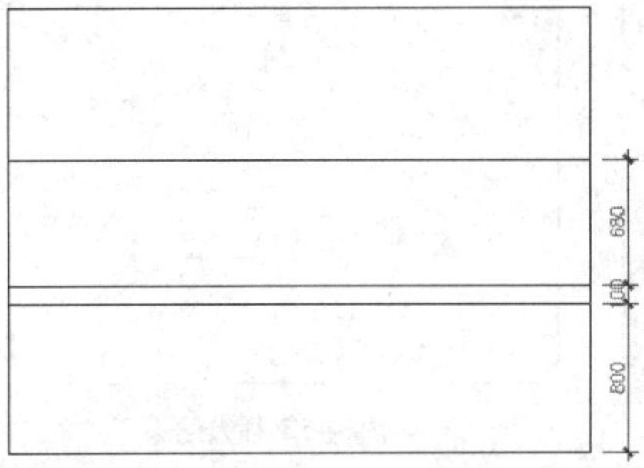

图14-50 偏移水平边

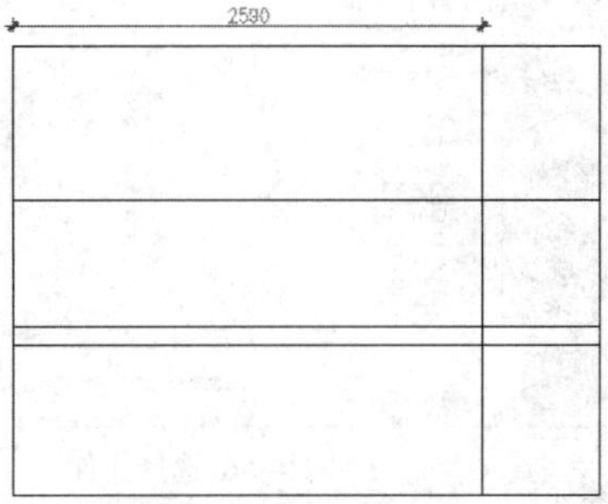

图14-51 偏移结果

6 使用命令简写“TR”激活【修剪】命令，对偏移出的轮廓线进行修剪，结果如图14-52所示。

7 展开【图层】工具栏中的【图层控制】下拉列表，将“图块层”设置为当前图层。

8 使用命令简写“I”激活【插入块】命令，在打开的【插入】对话框中单击 浏览(B)... 按钮，打开【选择图形文件】对话框，选择随书光盘中的“图块文件／橱柜.dwg”，如图14-53所示。

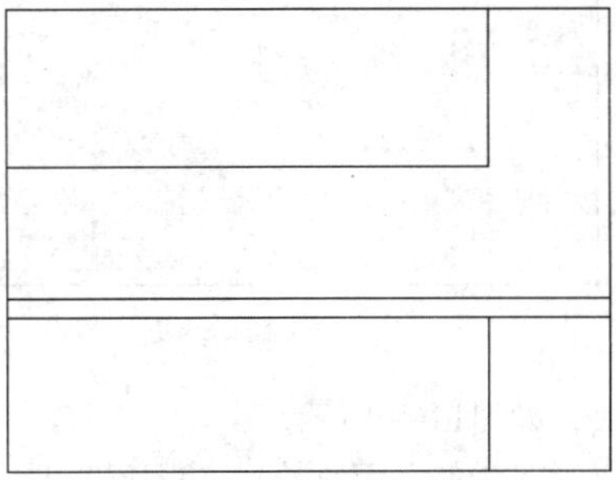

图14-52 修剪结果

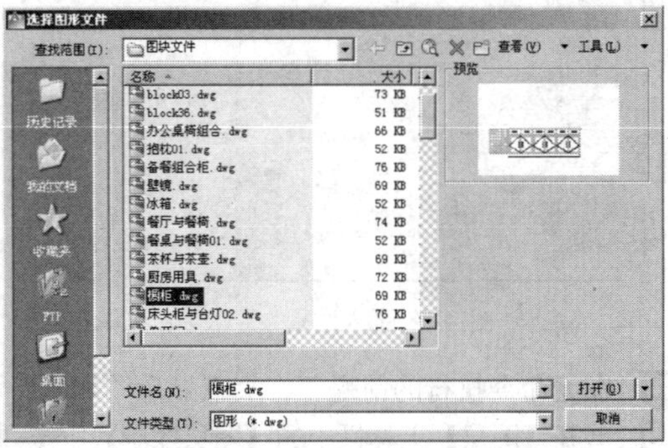

图14-53 选择文件

9 返回【插入】对话框，以默认的参数插入到立面图中，插入点为图14-54所示的端点，插入结果如图14-55所示。

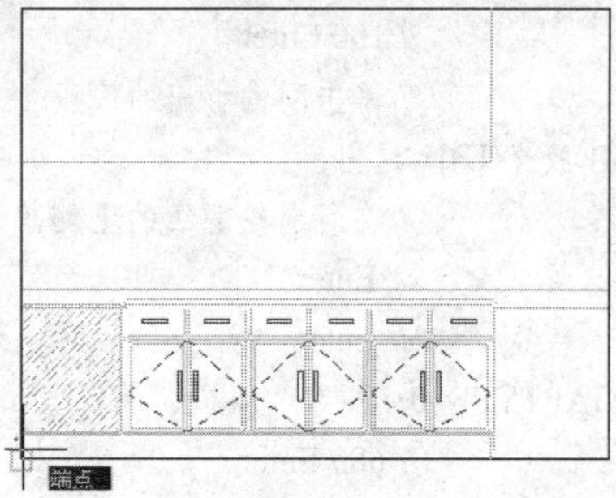

图14-54 插入结果

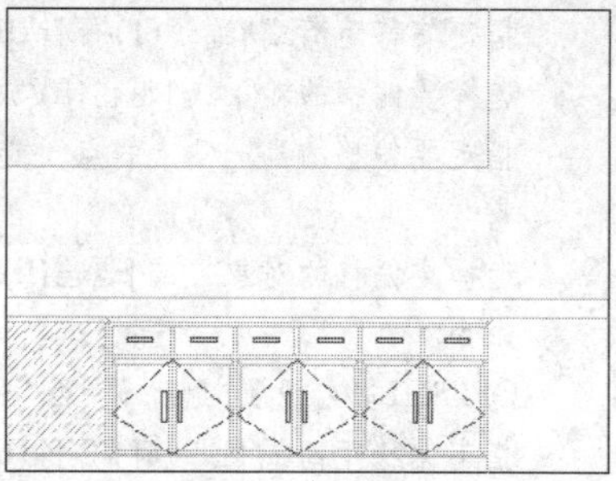

图14-55 捕捉端点

10 重复执行【插入块】命令，选择随书光盘中的“图块文件／吊柜.dwg”，如图14-56所示。

11 返回绘图区，在命令行“指定插入点或 [基点(B)/比例(S)/X/Y/Z/旋转(R)]: ”提示下，捕捉左侧垂直轮廓边的上端点，将此图块以默认参数插入到立面图中，插入结果如图14-57所示。

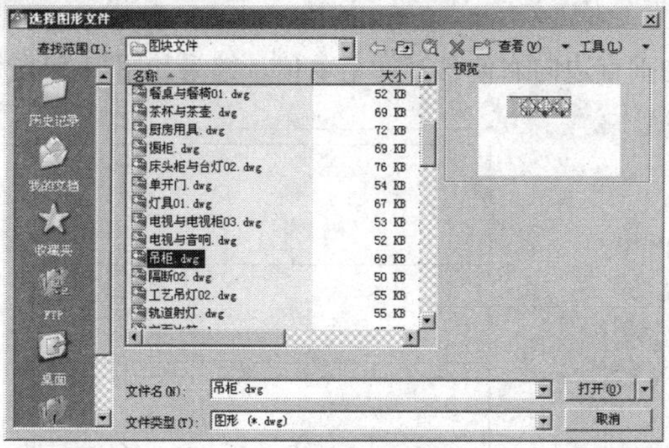

图14-56 选择文件

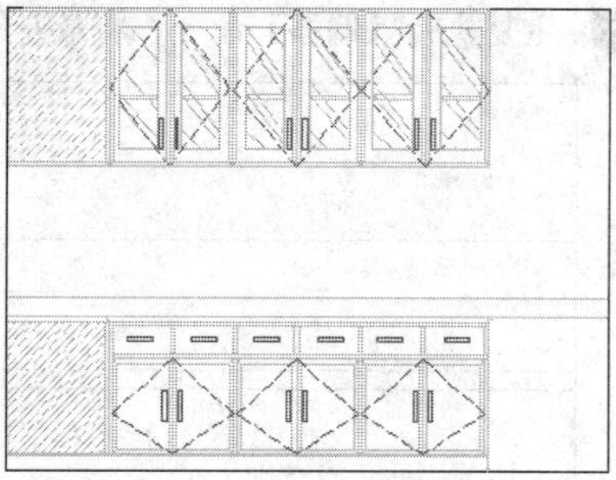

图14-57 插入结果

12 重复执行【插入块】命令，采用默认参数，分别插入随书光盘“／图块文件／”目录下的“立面冰箱.dwg、油烟机.dwg、灶具组合.dwg、厨房用具.dwg和水笼头.dwg”等图块，插入结果如图14-58所示。

13 使用命令简写“TR”激活【修剪】命令，对立面图线进行修整和完善，删除被遮挡住的图线，结果如图14-59所示。

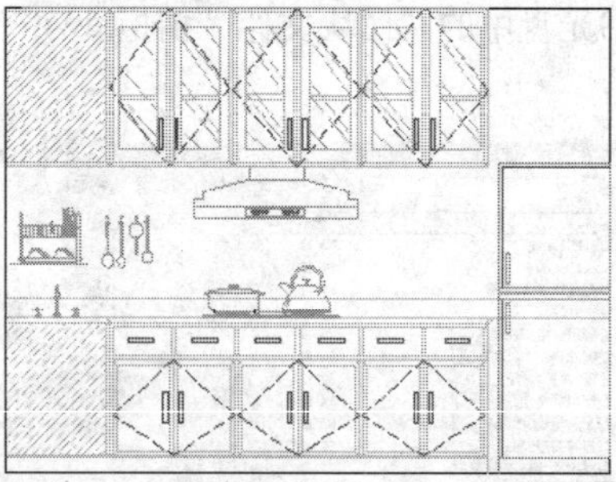

图14-58 插入结果

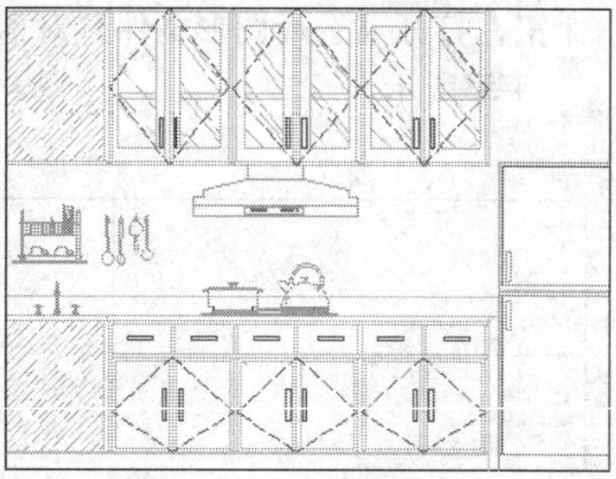

图14-59 修剪结果

14 在无命令执行的前提下，夹点显示“冰箱”图块，如图14-60所示。

15 展开【图层】工具栏中的【图层控制】下拉列表，将“冰箱”图块放到“0图层”上，然后冻结“图块层”，并将“剖面线”设置为当前图层，此时立面图的显示效果如图14-61所示。

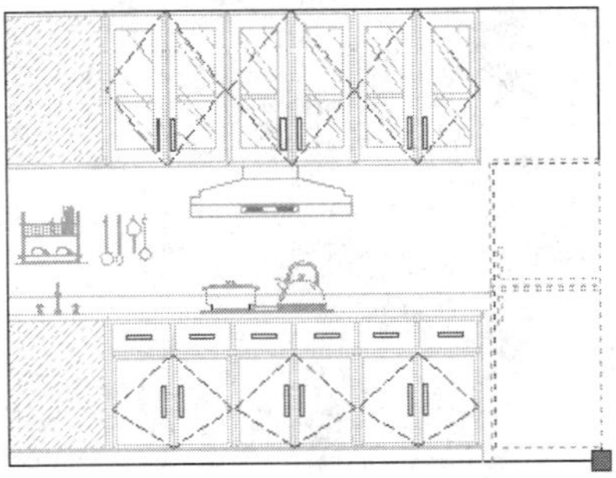

图14-60 夹点效果

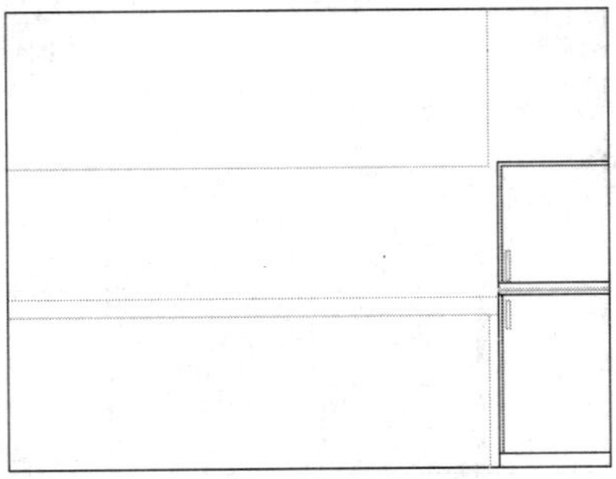

图14-61 立面图的效果

16 使用命令简写“H”激活【图案填充】命令，设置填充图案及填充参数如图14-62所示，填充如图14-63所示的图案。

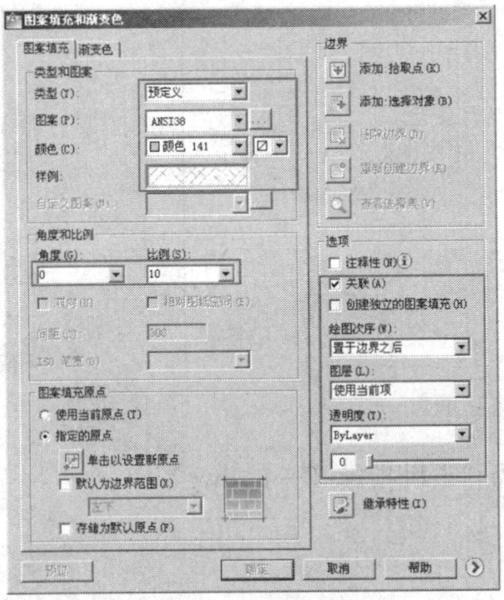

图14-62 设置填充图案及参数

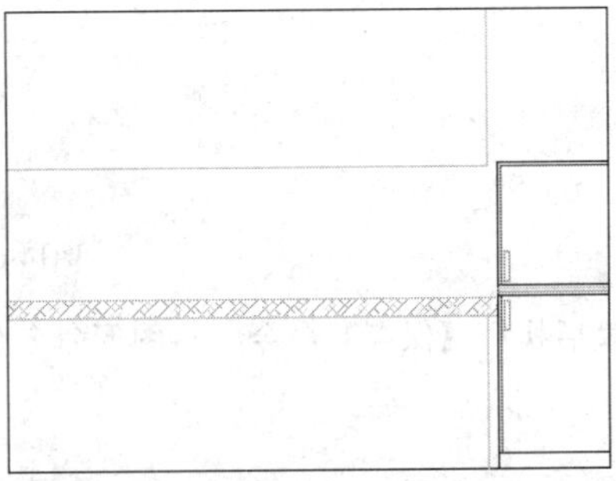

图14-63 填充结果

17 重复执行【图案填充】命令，设置填充图案与参数如图14-64所示，返回绘图区拾取如图14-65所示的区域进行填充，填充结果如图14-66所示。

18 将“冰箱”图块放到“图块层”上，然后解冻该图层，此时立面图的显示效果如图14-67所示。

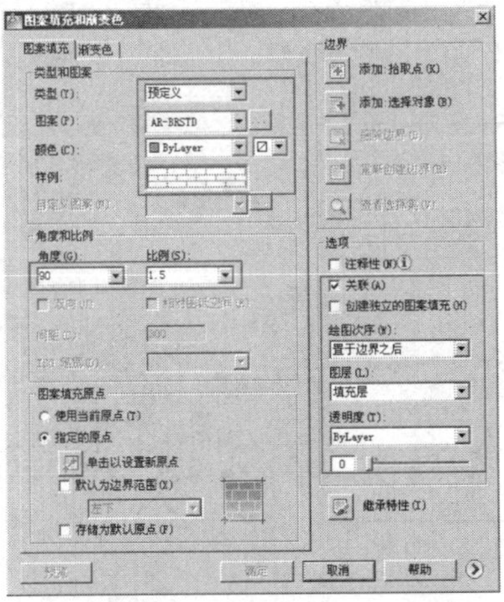

图14-64 设置填充图案及参数

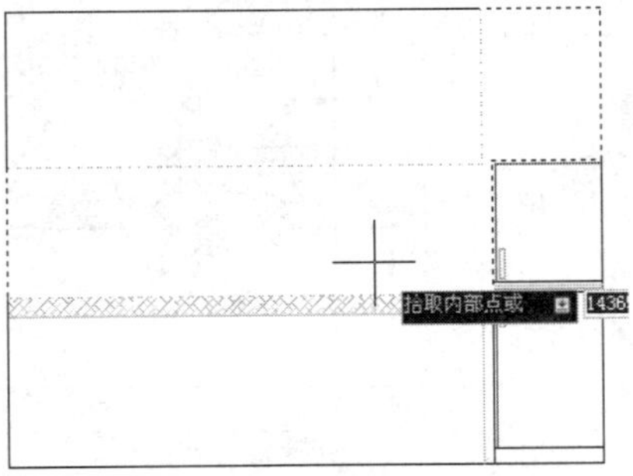

图14-65 填充结果

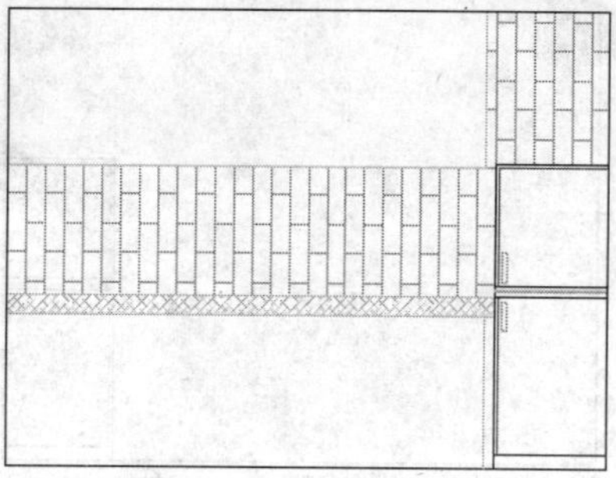

图14-66 填充结果

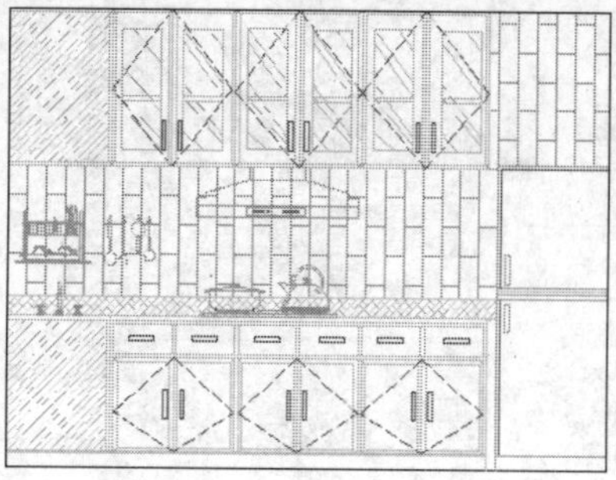

图14-67 显示效果

19 接下来综合使用【分解】、【修剪】和【删除】命令，对立面图进行完善，删除被遮挡住的填充线，结果如图14-68所示。

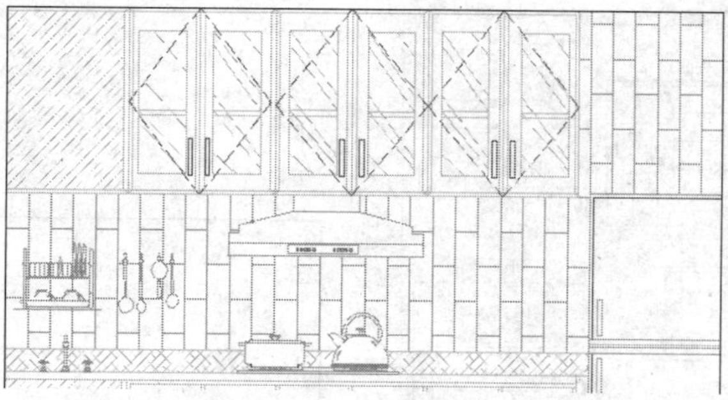

图14-68 修整结果

20 最后执行【保存】命令，将图形命名存储为“上机指导（三）.dwg”。

14.6 上机指导（四）——标注厨房装修立面图

本例在综合巩固所学知识的前提下，主要学习厨房装修立面图的具体标注过程和标注技巧。本例最终绘制效果如图14-69所示。

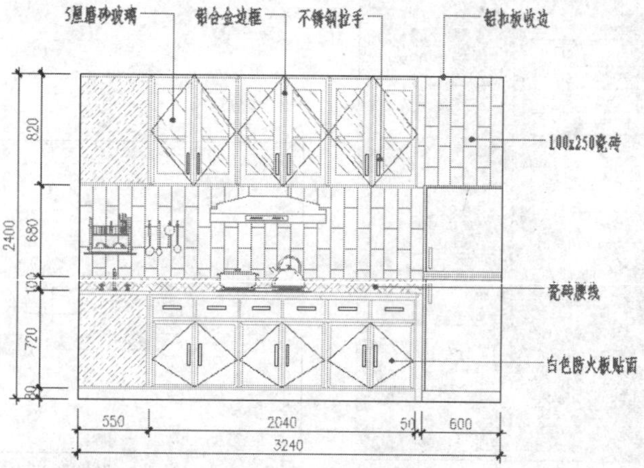

图14-69 实例效果

操作步骤

1 执行【打开】命令，打开随书光盘中的“效果文件\第14章\上机指导（三）.dwg”。

2 展开【图层】工具栏中的【图层控制】下拉列表，将“尺寸层”设置为当前图层。

3 使用命令简写“D”激活【标注样式】命令，在打开的对话框中设置“建筑标注”为当前样式，同时修改标注比例如图14-70所示。

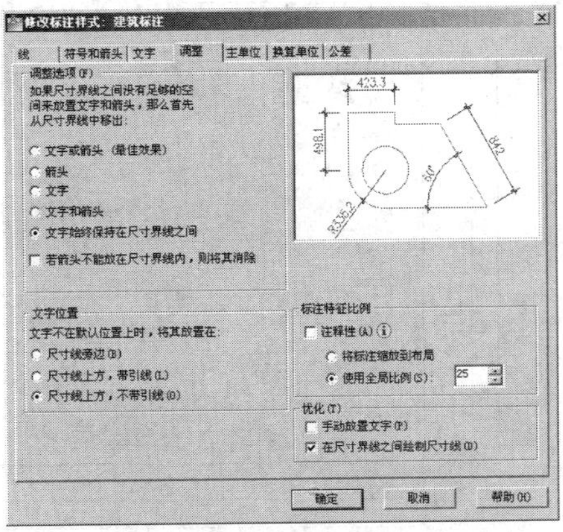

图14-70 设置标注样式和比例

4 执行菜单栏中的【标注】/【线性】命令，配合【对象捕捉】功能标注如图14-71所示的线性尺寸作为基准尺寸。

5 执行菜单栏中的【标注】/【连续】命令，以刚标注的线性尺寸作为基准尺寸，标注如图14-72所示的细部尺寸。

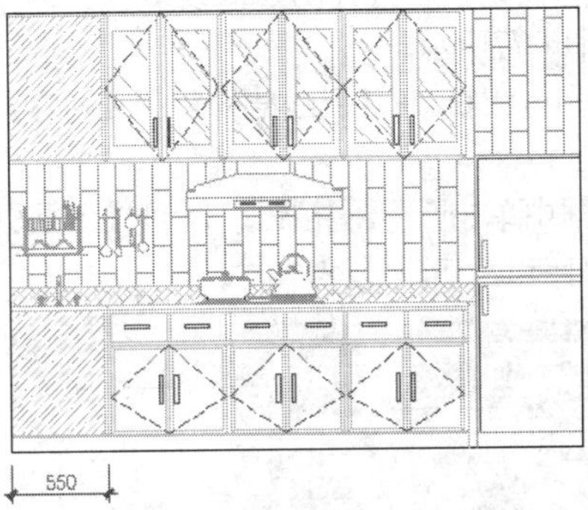

图14-71 标注线性尺寸

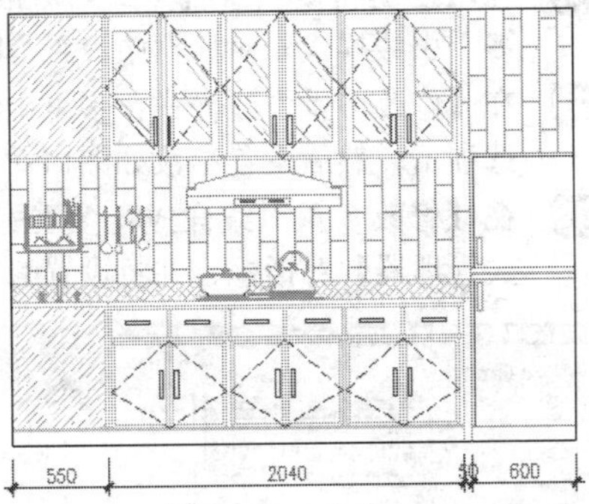

图14-72 标注细部尺寸

6 单击【标注】工具栏中的按钮，激活【编辑标注文字】命令，对重叠尺寸进行编辑，结果如图14-73所示。

7 单击【标注】工具栏中的按钮，激活【线性】命令，标注立面图下侧的总体尺寸，结果如图14-74所示。

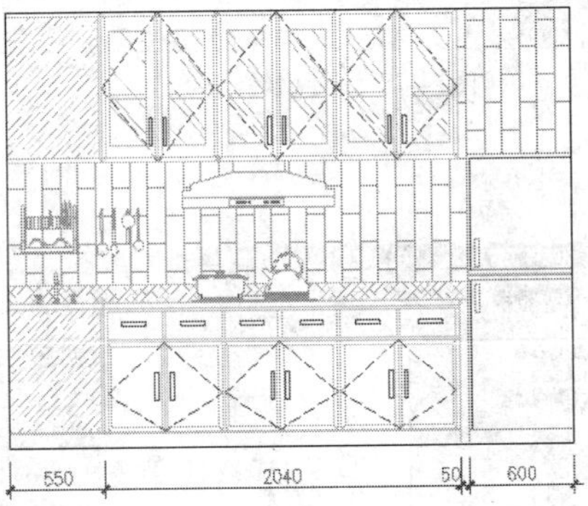

图14-73 协调尺寸文字的位置

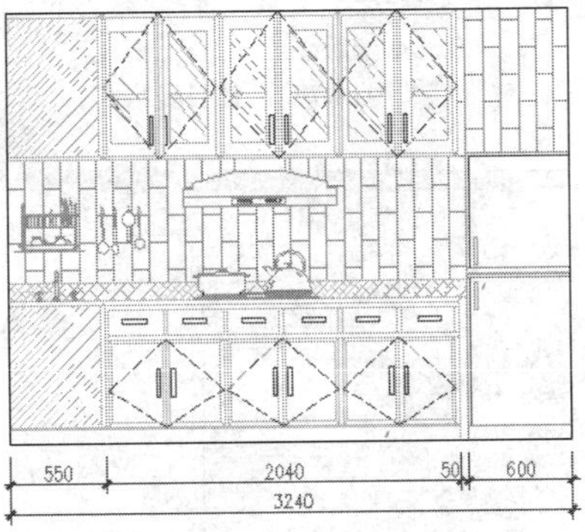

图14-74 标注总尺寸

8 参照上述操作，综合使用【线性】和【连续】命令，标注立面图左侧的尺寸，结果如图14-75所示。

9 展开【图层】工具栏中的【图层控制】下拉列表，将“文本层”设置为当前图层。

10 执行菜单栏中的【格式】/【多重引线样式】命令，在打开的【多重引线样式管理器】对话框中单击 新建(N)... 按钮，为新样式命名，如图14-76所示。

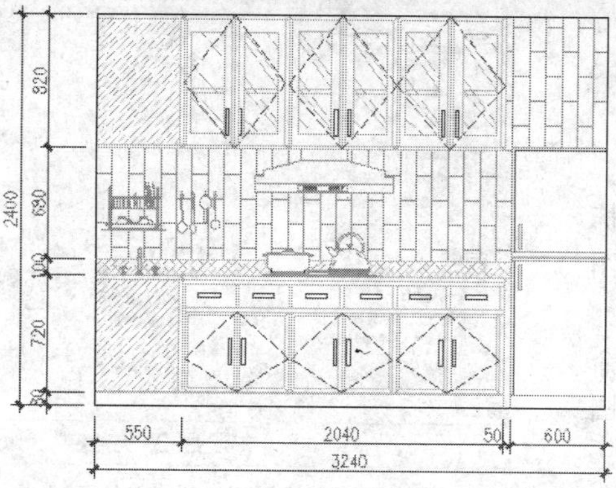

图14-75 标注结果

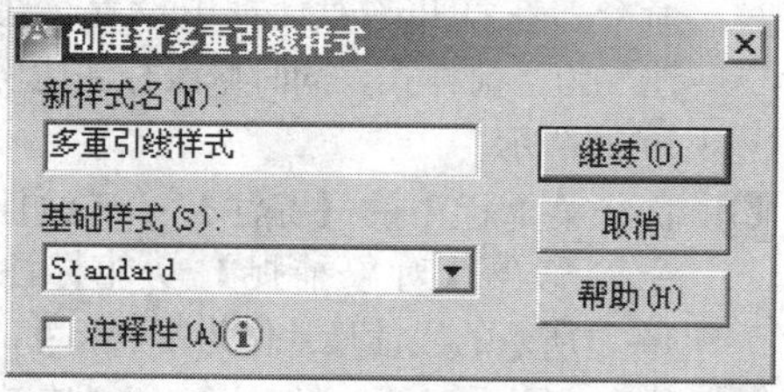

图14-76 为新样式命名

11 在【创建新多重引线样式】对话框中单击 继续(O) 按钮，在打开的【修改多重引线样式：多重引线样式】对话框中设置引线格式参数如图14-77所示。

12 在【修改多重引线样式：多重引线样式】对话框中分别展开【引线结构】和【内容】两个选项卡，然后设置参数如图14-78、图14-79所示。

13 在【修改多重引线样式：多重引线样式】对话框中单击 确定 按钮，返回【多重引线样式管理器】对话框，并将设置的新样式作为当前样式，如图14-80所示。

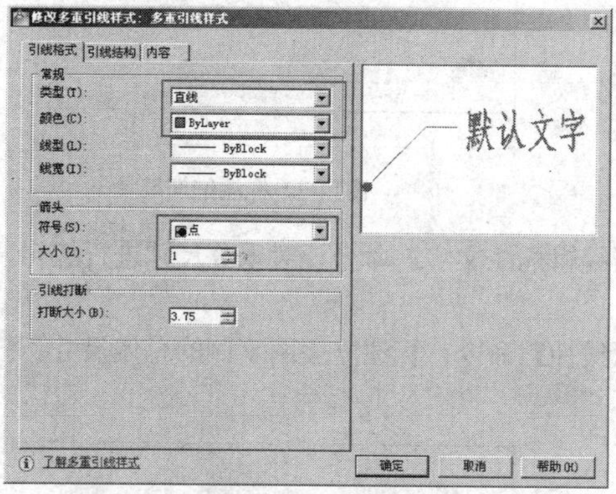

图14-77 设置引线格式

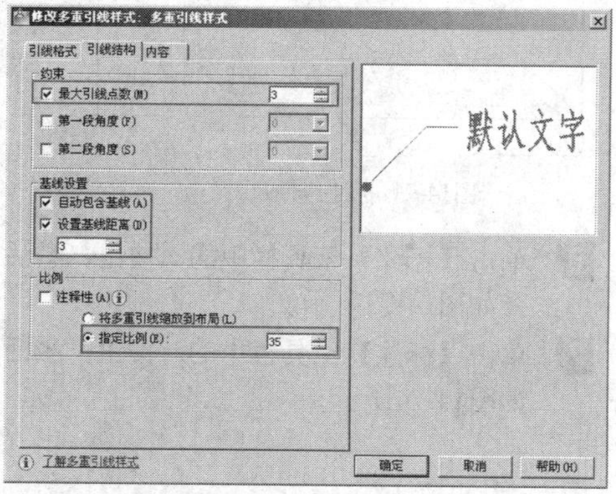

图14-78 设置引线结构

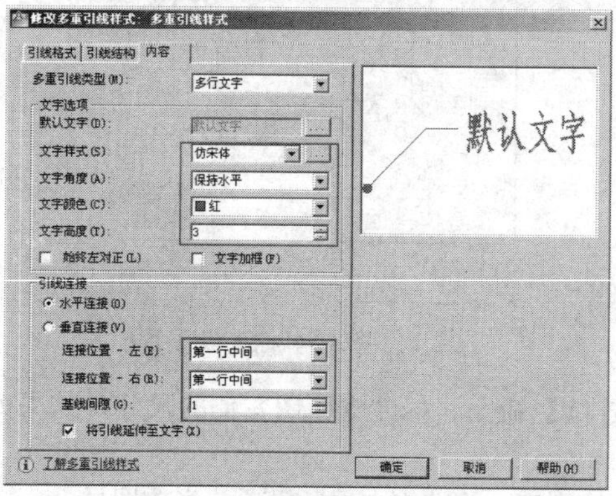

图14-79 设置内容参数

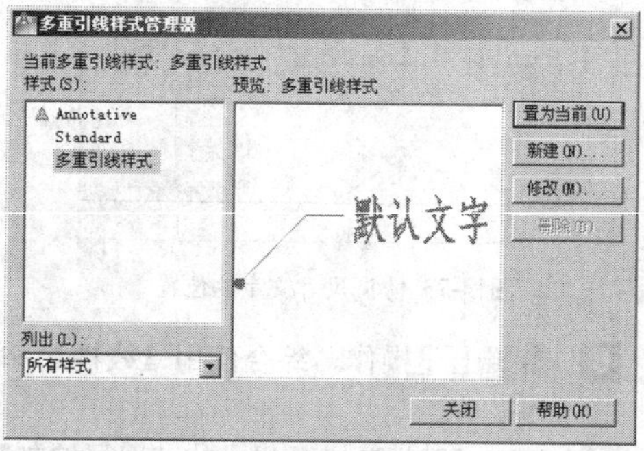

图14-80 设置当前样式

14 执行菜单栏中的【标注】/【多重引线】命令，根据命令行的提示绘制引线，然后在打开的【文字格式】编辑器中输入“5厘磨砂玻璃”，如图14-81所示。

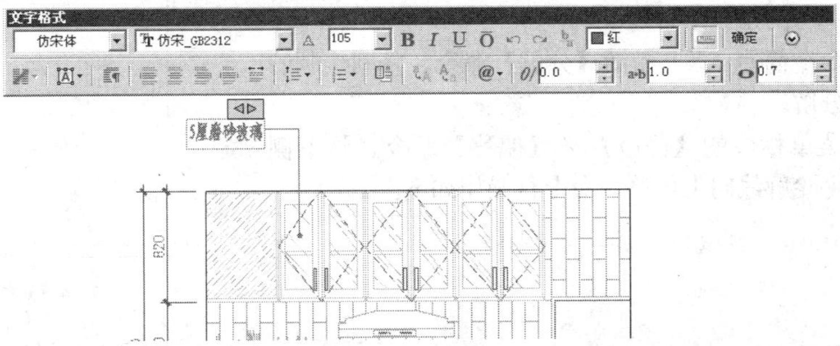

图14-81 输入文字

15 单击确定按钮，关闭【文字格式】编辑器，标注结果如图14-82所示。

16 重复执行【多重引线】命令，按照当前的引线参数设置，分别标注立面图其他位置的引线注释，结果如图14-83所示。

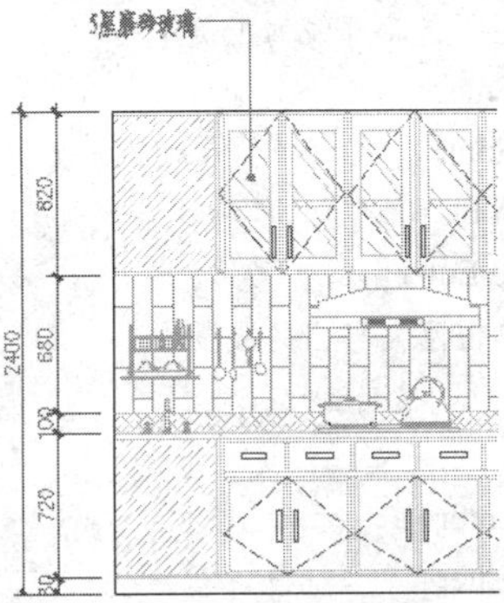

图14-82 标注结果

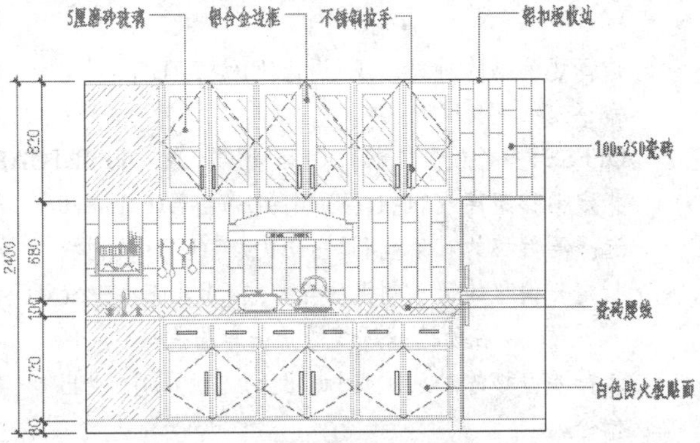

图14-83 标注其他注释

17 最后执行【另存为】命令，将图形另名存储为“上机指导（四）.dwg”。

14.7 上机指导（五）——绘制卫生间装修立面图

本例在综合巩固所学知识的前提下，主要学习卫生间装修立面图的具体绘制过程和绘制技巧。本例最终绘制效果如图14-84所示。

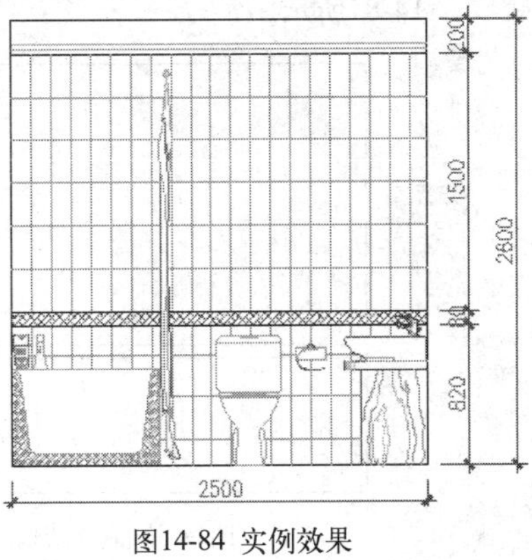

图14-84 实例效果

操作步骤

1 执行【新建】命令，以随书光盘中的“样板文件/建筑样板.dwt”作为基础样板，新建文件。

2 展开【图层】工具栏中的【图层控制】下拉列表，设置“轮廓线”为当前图层。

3 使用命令简写“REC”激活【矩形】命令，绘制长度为2500、宽度为2600的矩形作为主体轮廓线，如图14-85所示。

4 使用命令简写“X”激活【分解】命令，将刚绘制的矩形分解。

5 执行菜单栏中的【修改】/【偏移】命令，将下侧的水平轮廓线向上偏移，命令行操作如下。

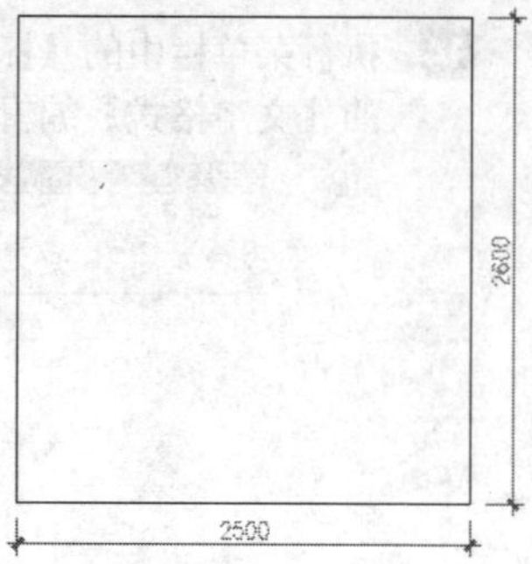

图14-85 绘制结果

```
命令: _offset
    当前设置: 删除源=否  图层=源  OFFSETGAPTYPE=0
    指定偏移距离或 [通过(T)/删除(E)/图层(L)] <通过>: //820 Enter
    选择要偏移的对象或 [退出(E)/放弃(U)] <退出>:      //单击下侧的水平轮廓线
    指定要偏移的那一侧上的点，或 [退出(E)/多个(M)/放弃(U)] <退出>:
                                                   //在所选轮廓线的上侧单击
    选择要偏移的对象，或 [退出(E)/放弃(U)] <退出>:  // Enter
    命令:                                          // Enter
    OFFSET当前设置: 删除源=否  图层=源  OFFSETGAPTYPE=0
    指定偏移距离或 [通过(T)/删除(E)/图层(L)] <820>:  //80 Enter
    选择要偏移的对象或 [退出(E)/放弃(U)] <退出>:      //单击刚偏移出的线段
    指定要偏移的那一侧上的点，或 [退出(E)/多个(M)/放弃(U)] <退出>:
              //在所选轮廓线的上侧单击左键
    选择要偏移的对象，或 [退出(E)/放弃(U)] <退出>:  // Enter
    命令:                                          // Enter
    OFFSET当前设置: 删除源=否  图层=源  OFFSETGAPTYPE=0
    指定偏移距离或 [通过(T)/删除(E)/图层(L)] <80>:   //1500 Enter
    选择要偏移的对象或 [退出(E)/放弃(U)] <退出>:      //单击刚偏移出的线段
    指定要偏移的那一侧上的点，或 [退出(E)/多个(M)/放弃(U)] <退出>:
                                                   //在所选轮廓线的上侧单击
    选择要偏移的对象，或 [退出(E)/放弃(U)] <退出>:  // Enter，偏移结果如图14-86所示
```

6 重复执行【偏移】命令，将最上侧的水平边向下偏移140和170个绘图单位，结果如图14-87所示。

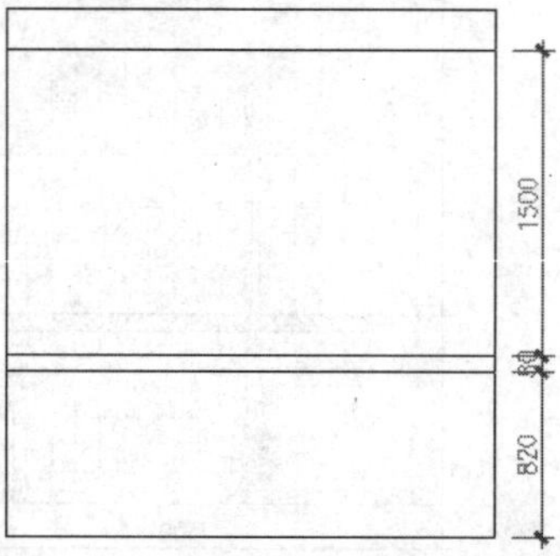

图14-86 偏移结果

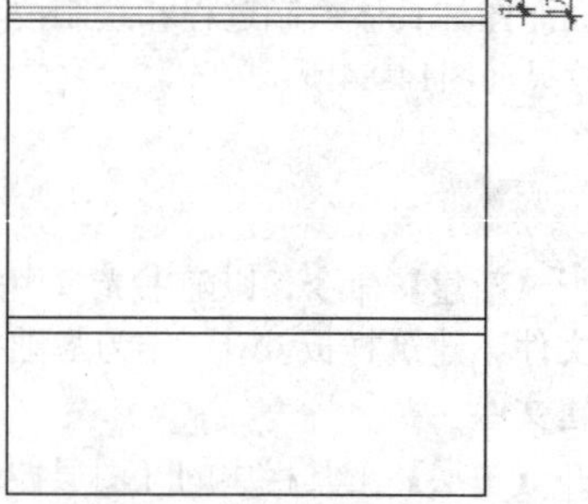

图14-87 偏移结果

7 展开【图层】工具栏中的【图层控制】下拉列表，将“图块层”设置为当前图层。

8 使用命令简写“I”激活【插入块】命令，在打开的【插入】对话框中单击 浏览(B)... 按钮，打开【选择图形文件】对话框，选择随书光盘中的“图块文件／浴盆02.dwg”，如图14-88所示。

9 返回【插入】对话框，设置参数如图14-89所示，然后以左侧垂直轮廓边的下端点作为插入点，将此图块插入到立面图中，插入结果如图14-90所示。

10 重复执行【插入块】命令，选择随书光盘中的“图块文件／立面马桶01.dwg”，如图14-91所示。

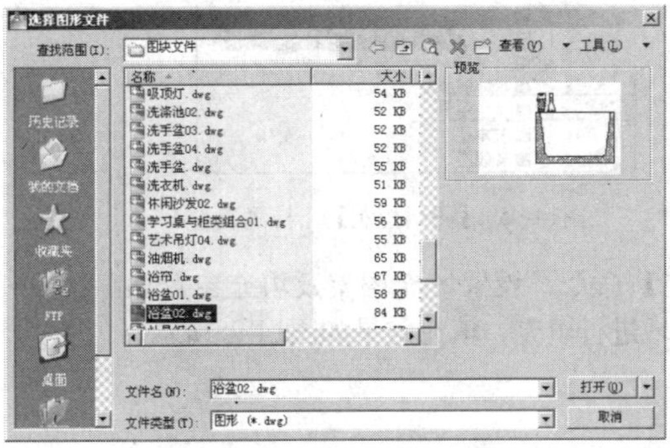

图14-88 选择文件

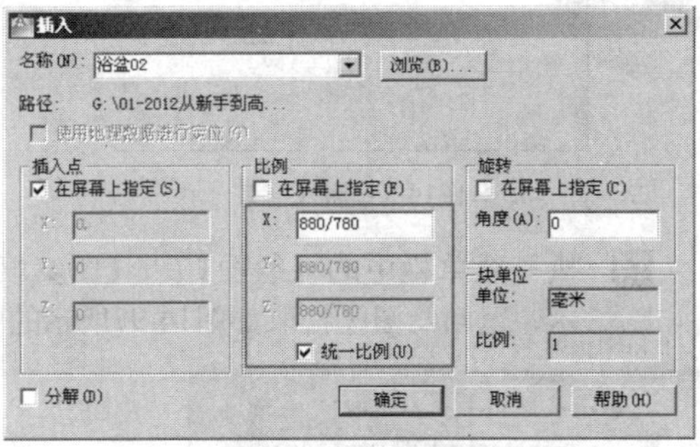

图14-89 设置块参数

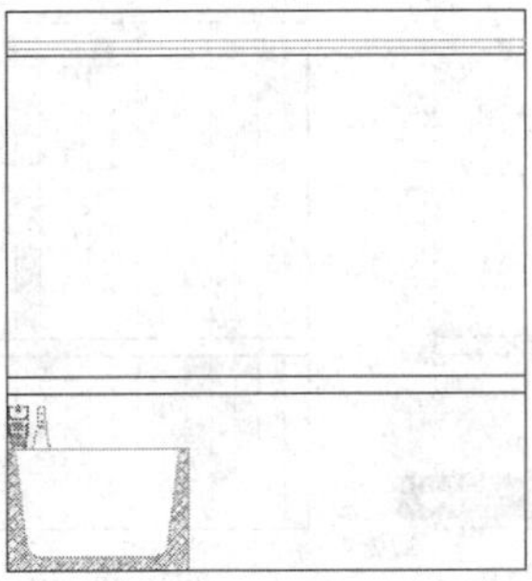

图14-90 捕捉端点

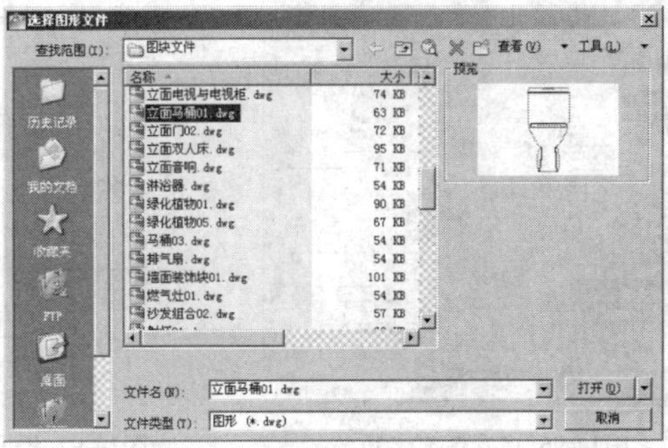

图14-91 插入结果

11 返回绘图区，以默认参数将图块插入到立面图中。在命令行“指定插入点或 [基点(B)/比例(S)/旋转(R)]:”提示下，水平向右引出如图14-92所示的对象追踪虚线，输入1400并按Enter键，定位插入点，插入结果如图14-93所示。

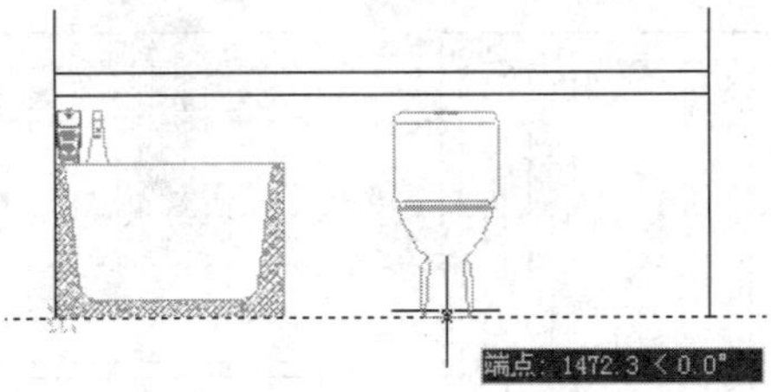

图14-92 引出对象追踪虚线

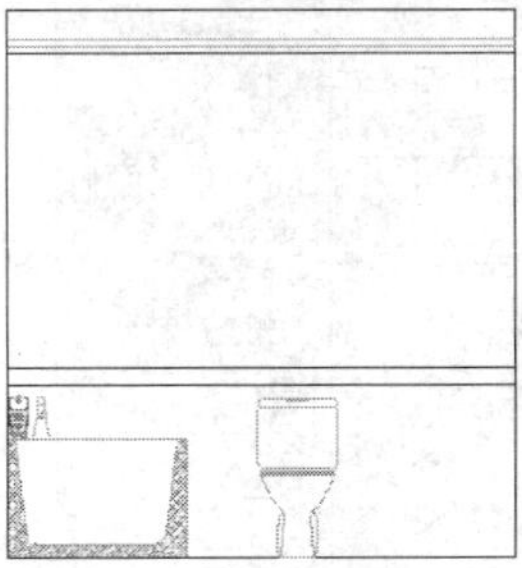

图14-93 插入结果

12 重复执行【插入块】命令，配合捕捉和追踪功能，插入“图块文件”目录下的“浴帘.dwg、手纸盒.dwg、和侧面洗手盆.dwg”，插入结果如图14-94所示。

13 展开【图层】工具栏中的【图层控制】下拉列表，将“图块层”冻结，并设置“剖面线”为当前层，如图14-95所示。

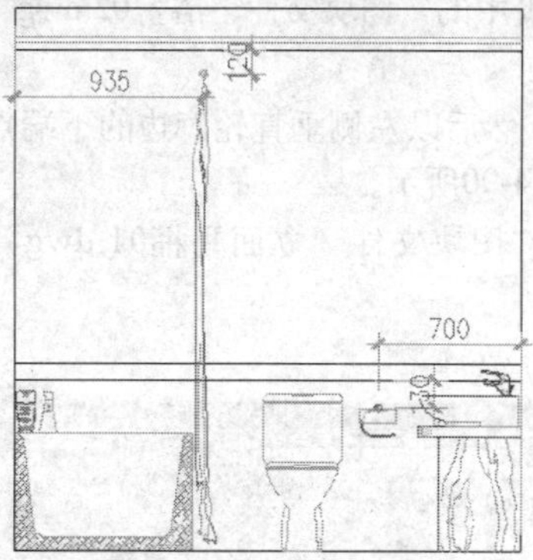

图14-94 插入结果

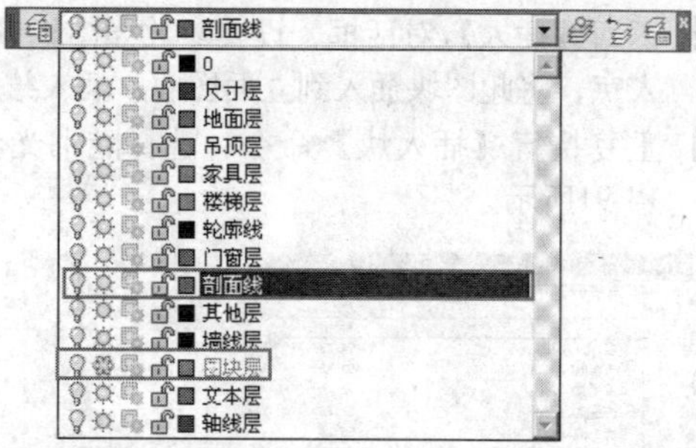

图14-95 【图层控制】下拉列表

14 执行菜单栏中的【绘图】/【图案填充】命令，设置填充图案及填充参数如图14-96所示，返回绘图区拾取如图14-97所示的区域进行填充，填充结果如图14-98所示。

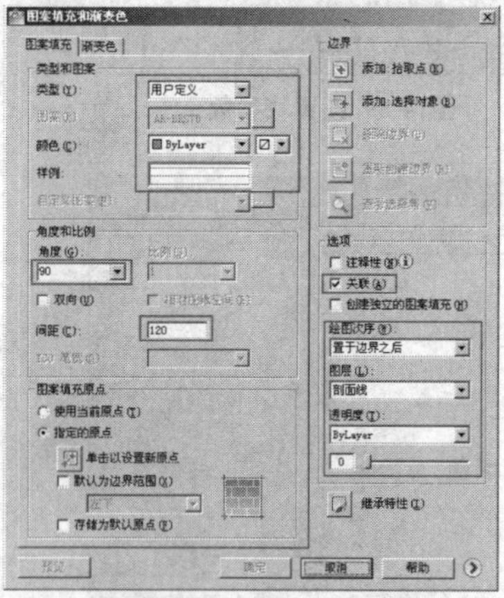

图14-96 设置填充参数

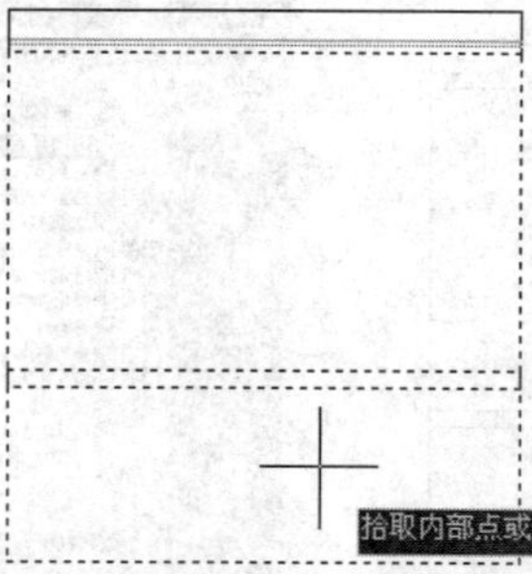

图14-97 拾取填充区域

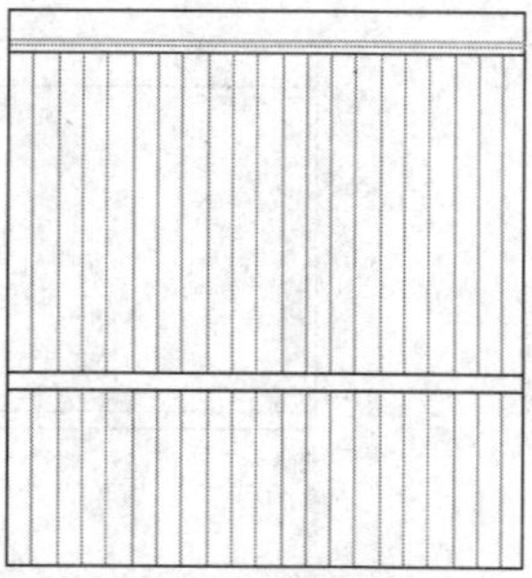

图14-98 填充结果

15 重复执行【图案填充】命令，设置填充图案及填充参数如图14-99所示，返回绘图区拾取如图14-100所示的区域进行填充，填充结果如图14-101所示。

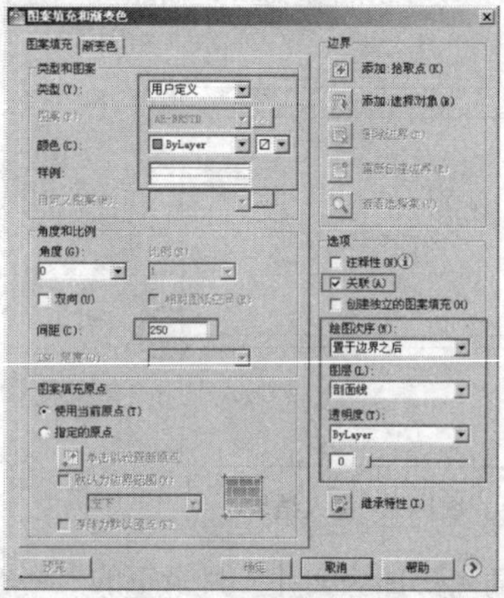

图14-99 设置填充参数

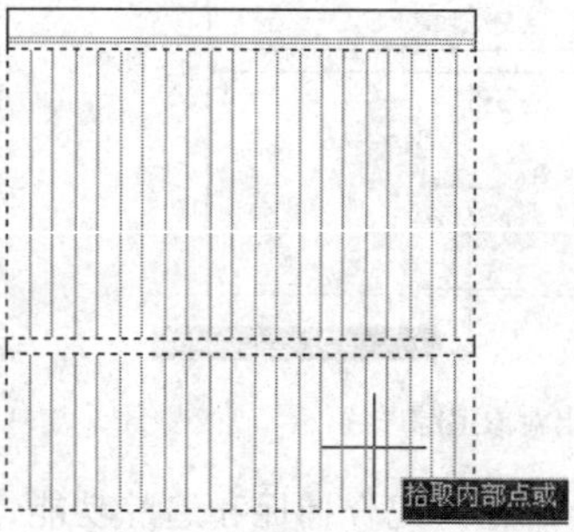

图14-100 拾取填充区域

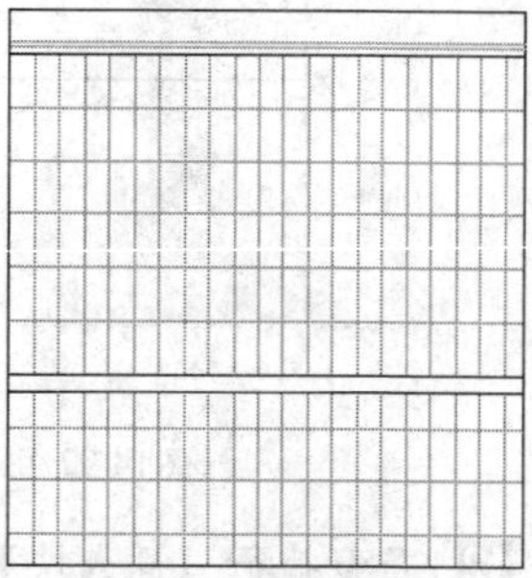

图14-101 填充结果

16 重复执行【图案填充】命令，设置填充图案及填充参数如图14-102所示，返回绘图区拾取如图14-103所示的区域进行填充，填充结果如图14-104所示。

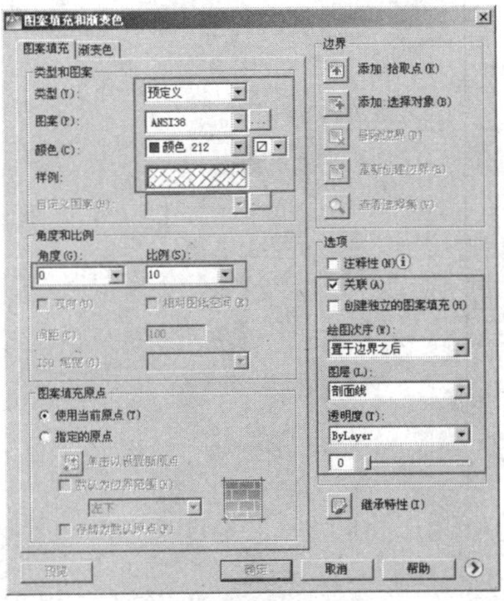

图14-102 设置填充参数

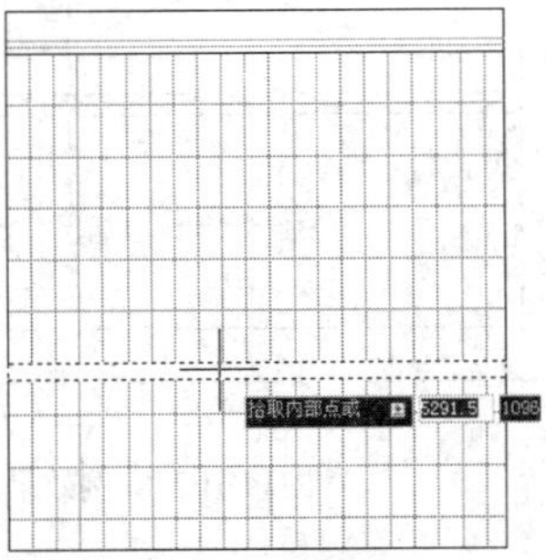

图14-103 拾取填充区域

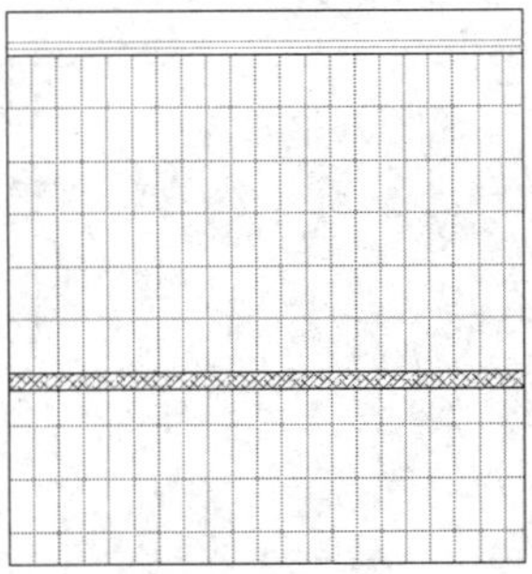

图14-104 填充结果

17 展开【图层】工具栏中的【图层控制】下拉列表，解冻“图块层”，并设置“尺寸层”为当前层，此时立面图的显示效果如图14-105所示。

18 使用命令简写“X”激活【分解】命令，将填充的图案分解。

19 接下来综合使用【修剪】和【删除】命令，对立面图进行修整完善，删除被遮挡住的图线，结果如图14-106所示。

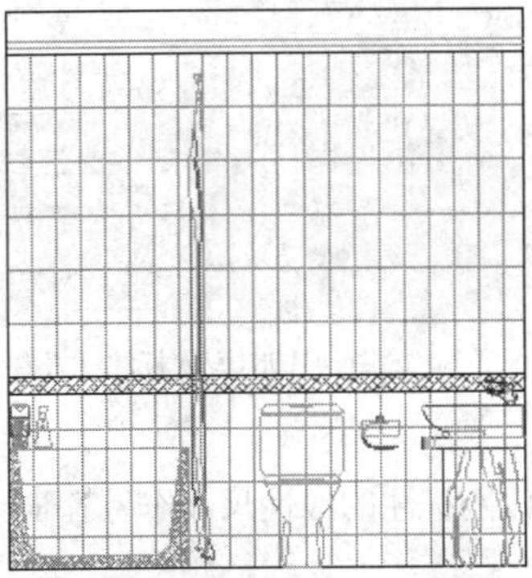

图14-105 立面图的显示效果

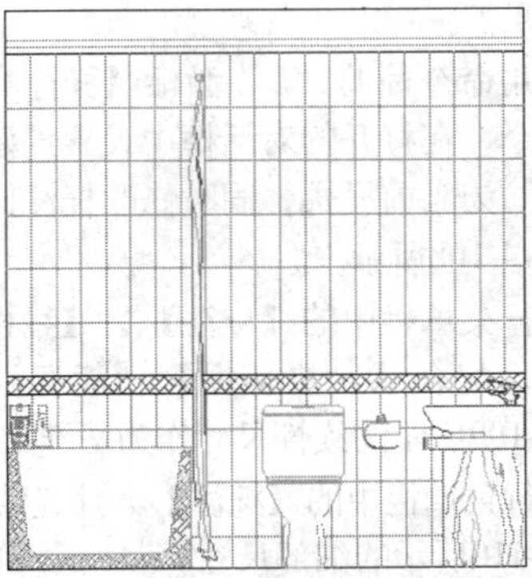

图14-106 修整结果

20 最后执行【保存】命令，将图形命名存储为“上机指导（五）.dwg”。

14.8 上机指导（六）——标注卫生间装修立面图

本例在综合巩固所学知识的前提下，主要学习卫生间装修立面图的具体标注过程和标注技巧。本例最终绘制效果如图14-107所示。

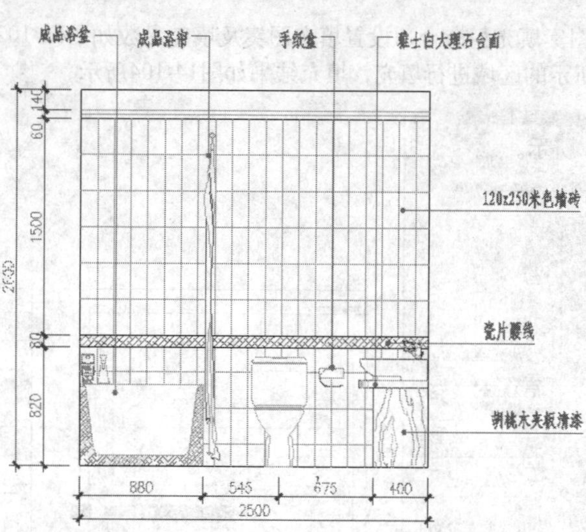

图14-107 实例效果

操作步骤

1 执行【打开】命令，打开随书光盘中的“效果文件/第14章/上机指导（五）.dwg”。

2 展开【图层】工具栏中的【图层控制】下拉列表，将“尺寸层”设置为当前图层。

3 使用命令简写“D”激活【标注样式】命令，在打开的对话框中设置“建筑标注”为当前样式，同时修改标注比例如图14-108所示。

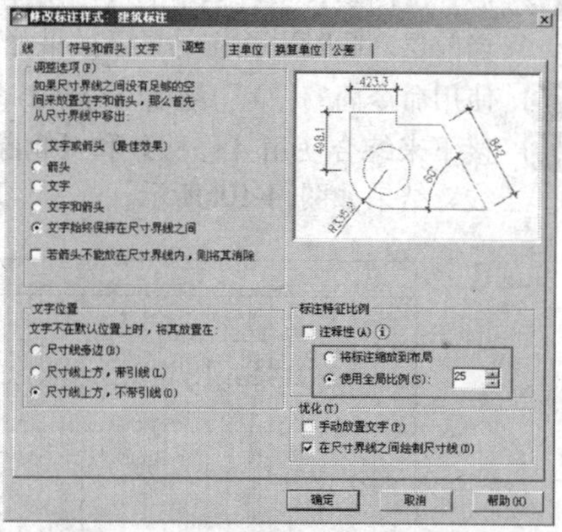

图14-108 设置标注样式和比例

4 执行菜单栏中的【标注】/【线性】命令，配合【对象捕捉】功能标注如图14-109所示的线性尺寸作为基准尺寸。

5 执行菜单栏中的【标注】/【连续】命令，以刚标注的线性尺寸作为基准尺寸，标注如图14-110所示的细部尺寸。

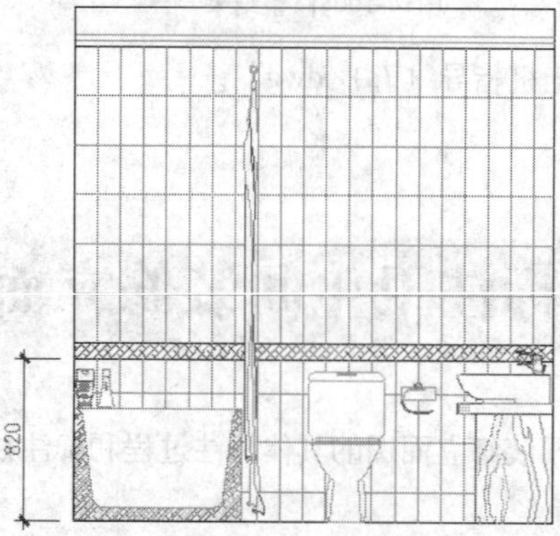

图14-109 标注线性尺寸

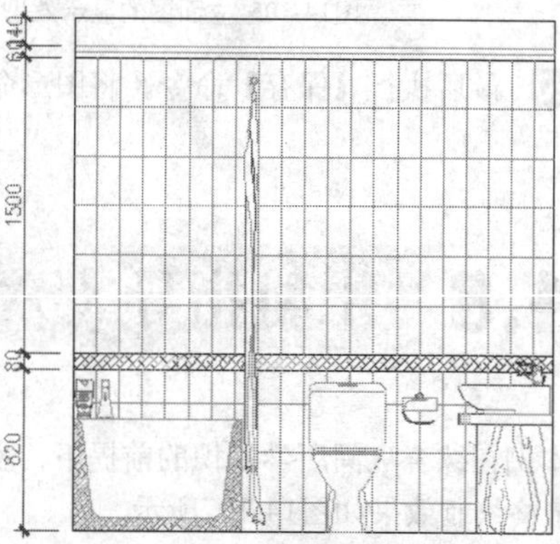

图14-110 标注细部尺寸

6 单击【标注】工具栏中的按钮，激活【编辑标注文字】命令，对重叠尺寸进行编辑，结果如图14-111所示。

7 单击【标注】工具栏中的按钮，激活【线性】命令，标注立面图左侧的总体尺寸，结果如图14-112所示。

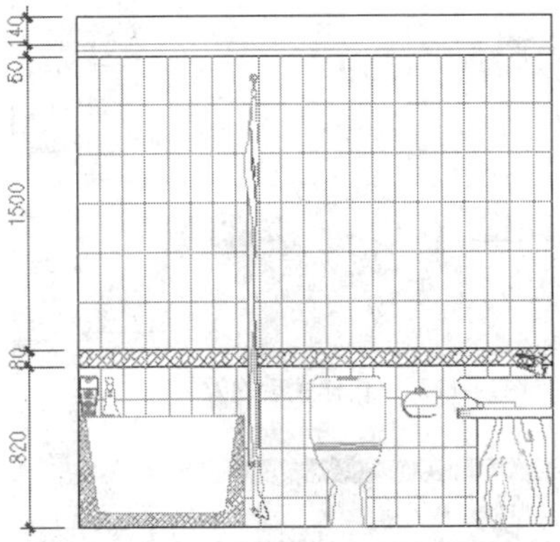

图14-111 协调尺寸文字的位置

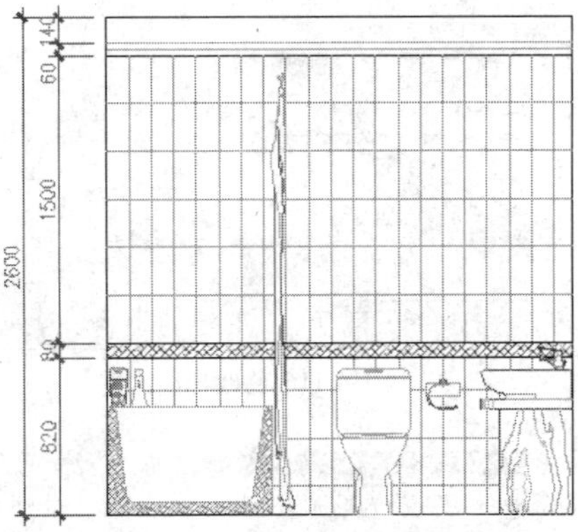

图14-112 标注总尺寸

8 参照上述操作，综合使用【线性】和【连续】命令，标注立面图下侧的细部尺寸和总尺寸，结果如图14-113所示。

9 展开【图层】工具栏中的【图层控制】下拉列表，将“文本层”设置为当前图层。

10 使用命令简写“D”激活【标注样式】命令，在打开的对话框中单击替代(O)...按钮，打开【替代当前样式：建筑标注】对话框。

11 展开【符号和箭头】选项卡，设置引线箭头和大小参数，如图14-114所示。

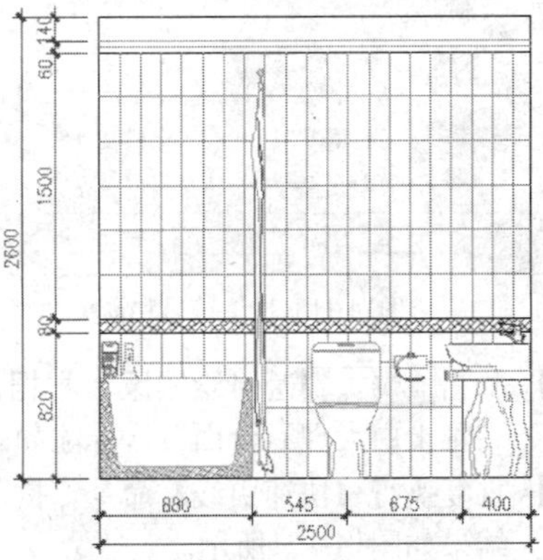

图14-113 标注结果

12 在【替代当前样式：建筑标注】对话框中展开【文字】选项卡，修改文字样式如图14-115所示。

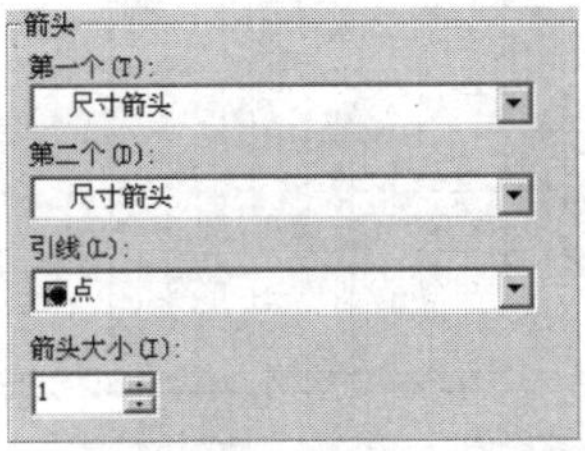

图14-114 修改尺寸箭头

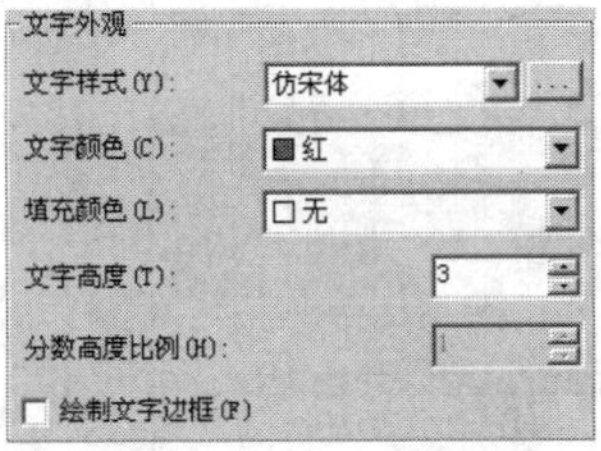

图14-115 修改文字参数

13 在【替代当前样式：建筑标注】对话框内激活【调整】选项卡，修改尺寸样式的全局比例如图14-116所示。

14 返回【标注样式管理器】对话框，结果当前标注样式被替代，替代后的预览效果如图14-117所示。

15 使用命令简写“LE”激活【快速引线】命令，在命令行“指定第一个引线点或 [设置(S)] <设置>：”提示下，输入“S”打开【引线设置】对话框，分别设置引线参数如图14-118和图14-119所示。

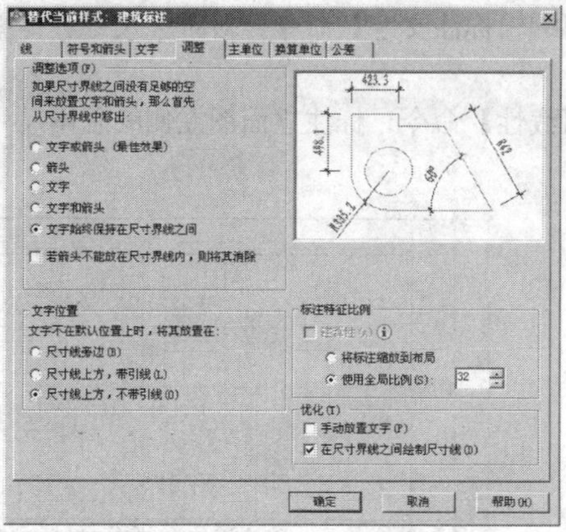

图14-116 修改标注比例

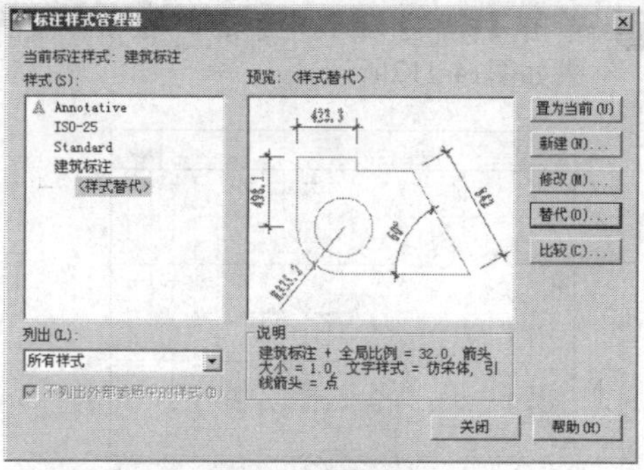

图14-117 替代样式后的效果

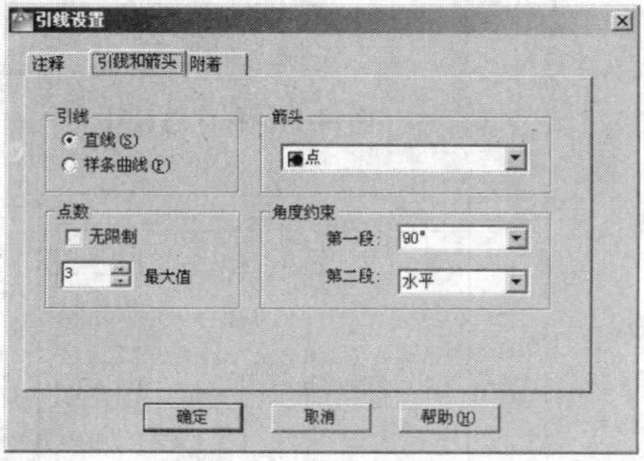

图14-118 设置符号和箭头

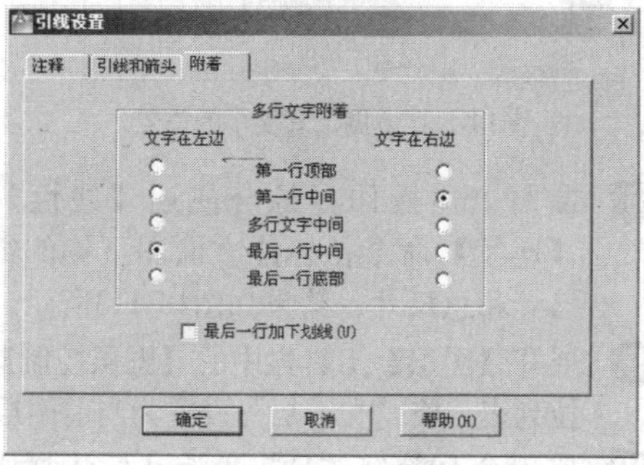

图14-119 设置文字附着位置

16 单击 确定 返回绘图区，根据命令行的提示分别在绘图区指定三个引线点，然后输入“雅士白大理石台面”，标注如图14-120所示的引线注释。

17 重复执行【快速引线】命令，按照上述的参数设置，分别标注其他位置的引线文本，标注结果如图14-121所示。

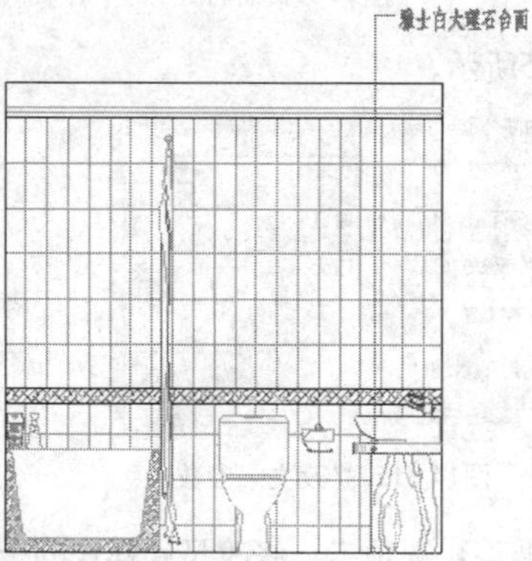

图14-120 标注引线注释

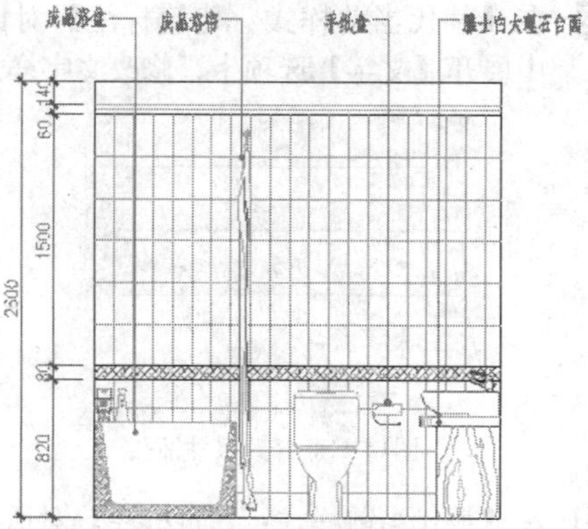

图14-121 标注其他注释

18 重复执行【快速引线】命令，修改引线参数和引线注释的附着位置，如图14-122、图14-123所示。

19 返回绘图区，根据命令行的提示绘制引线并标注如图14-124所示的引线注释。

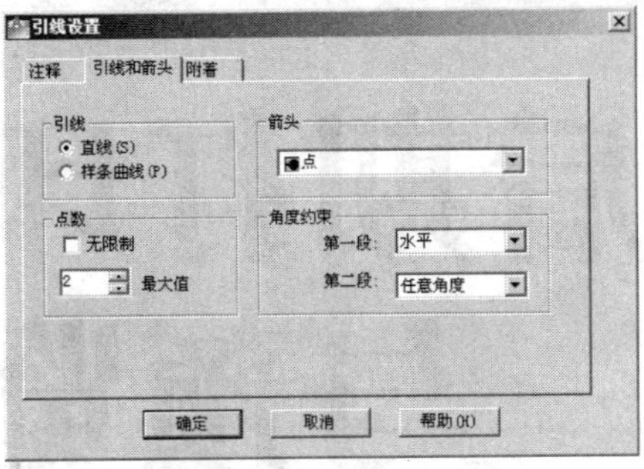

图14-122 设置引线参数

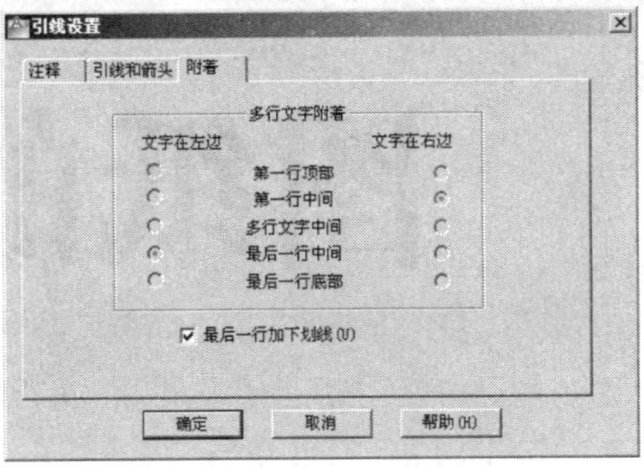

图14-123 设置附着位置

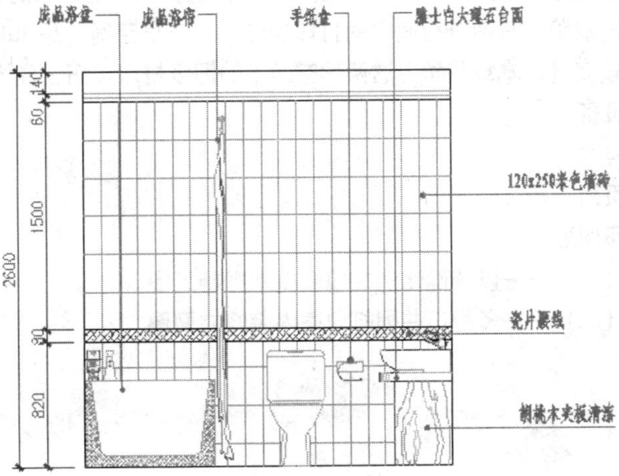

图14-124 标注结果

20 调整视图，将图形全部显示，最终效果如图14-107所示。

21 最后使用【保存】命令，将图形命名存储为“上机指导（六）.dwg”。

第15章

图纸的后期打印与预览

AutoCAD为用户提供了模型和布局两种空间，“模型空间”是图形的主要设计空间，它在打印方面有一定的缺陷，只能进行简单的打印操作；“布局空间”是AutoCAD的主要打印空间，打印功能比较完善。本章将学习这两种空间下的图纸打印技巧，具体内容如下：

✓ 配置打印设备
✓ 配置打印样式
✓ 设置打印页面
✓ 预览与打印图形
✓ 上机指导（一）——以精确比例打印联排别墅施工图
✓ 上机指导（二）——多视口并列打印室内装修立面图

15.1 配置打印设备

本节主要学习绘图仪和打印样式的配置功能，具体有【绘图仪管理器】和【打印样式管理器】两个命令。

15.1.1 配置打印设备

在打印图形之前，首先需要配置打印设备，使用【绘图仪管理器】命令，则可以配置绘图仪设备、定义和修改图纸尺寸等。

执行【绘图仪管理器】命令主要有以下几种方式：

- 执行菜单栏中的【文件】/【绘图仪管理器】命令。
- 在命令行输入Plottermanager后按Enter键。
- 单击【输出】选项卡/【打印】面板上的按钮。

下面通过添加光栅格式的绘图仪打印设备，学习【绘图仪管理器】命令的使用方法和技巧，具体操作步骤如下：

1 执行【绘图仪管理器】命令，打开如图15-1所示的【Plotters】窗口。

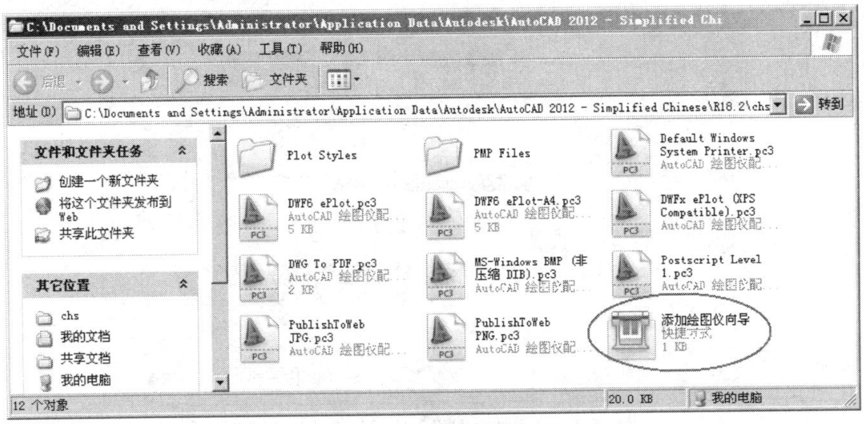

图15-1　【Plotters】窗口

2 双击【添加绘图仪向导】图标，打开如图15-2所示的【添加绘图仪-简介】对话框。

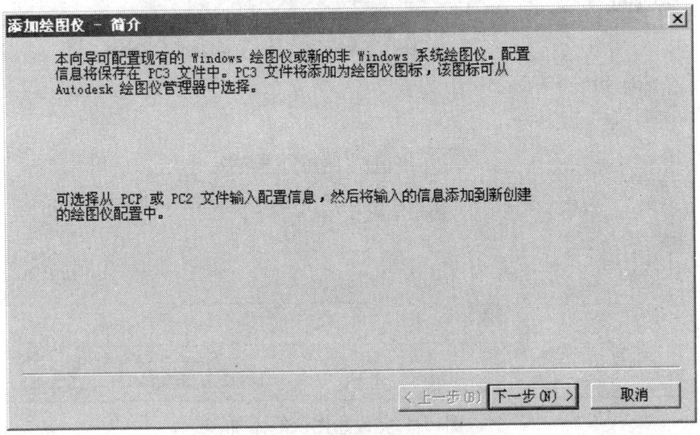

图15-2　【添加绘图仪-简介】对话框

3 依次单击按钮，打开【添加绘图仪－绘图仪型号】对话框，设置绘图仪型号及其生产商，如图15-3所示。

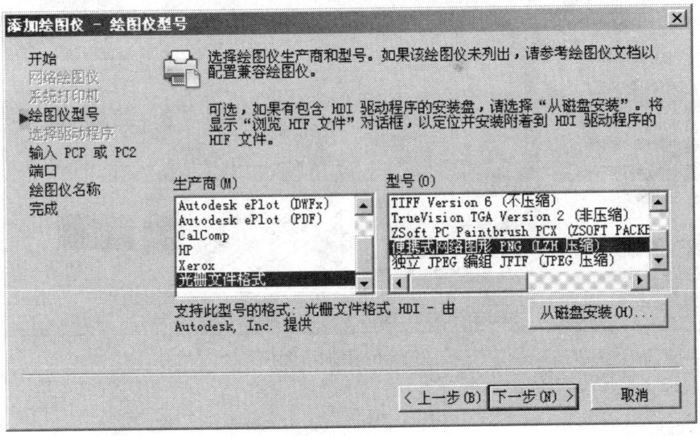

图15-3 绘图仪型号

4 依次单击按钮，打开如图15-4所示的【添加绘图仪－绘图仪名称】对话框，用于为添加的绘图仪命名，在此采用默认设置。

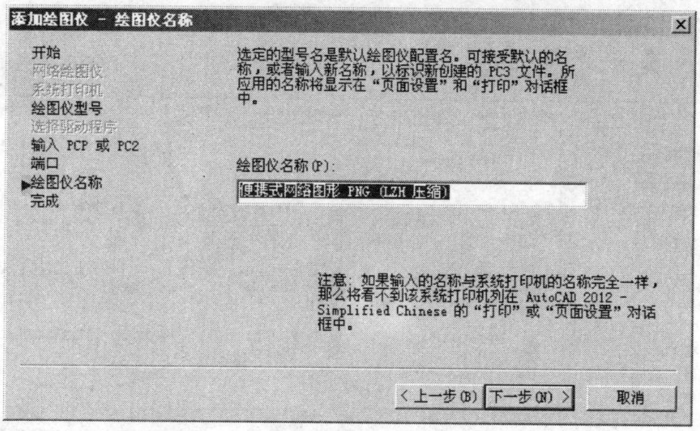

图15-4 【添加绘图仪－绘图仪名称】对话框

5 单击 下一步(N) > 按钮，打开如图15-5所示的【添加绘图仪－完成】对话框。

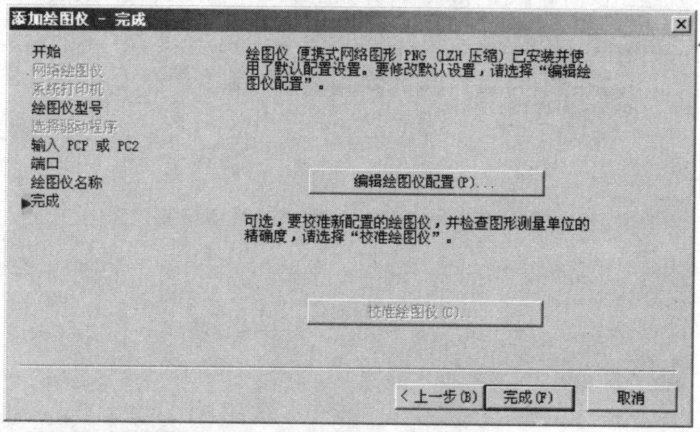

图15-5 完成绘图仪的添加

6 单击 完成(F) 按钮，添加的绘图仪会自动出现在【Plotters】窗口内，如图15-6所示。

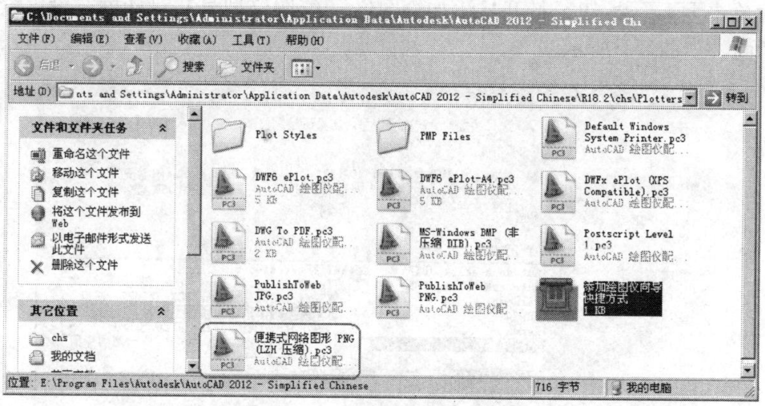

图15-6 添加绘图仪

15.1.2 配置图纸尺寸

每一款型号的绘图仪，都自配有相应规格的图纸尺寸，但有时这些图纸尺寸与打印图形很难相匹配，需要用户重新定义图纸尺寸。下面通过具体的实例，学习图纸尺寸的定义过程。

1. 继续上例操作。
2. 在【Plotters】对话框中，双击图15-6所示的打印机，打开【绘图仪配置编辑器】对话框。
3. 在【绘图仪配置编辑器】对话框中展开【设备和文档设置】选项卡，如图15-7所示。
4. 单击【自定义图纸尺寸】选项，打开【自定义图纸尺寸】选项组，如图15-8所示。

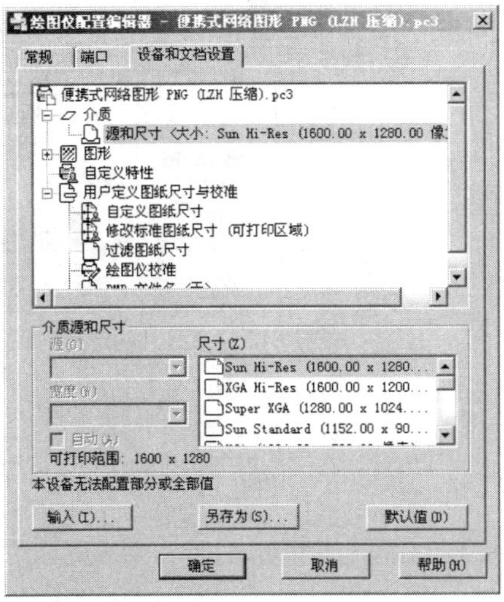

图15-7 【设备和文档设置】选项卡

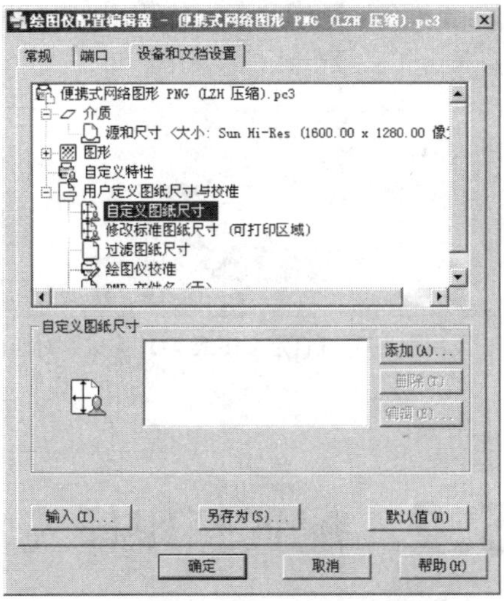

图15-8 打开【自定义图纸尺寸】选项组

5. 单击 添加(A)... 按钮，此时系统打开如图15-9所示的【自定义图纸尺寸 – 开始】对话框，开始自定义图纸的尺寸。
6. 单击 下一步(N)> 按钮，打开【自定义图纸尺寸 – 介质边界】对话框，然后分别设置图纸的宽度、高度以及单位，如图15-10所示。

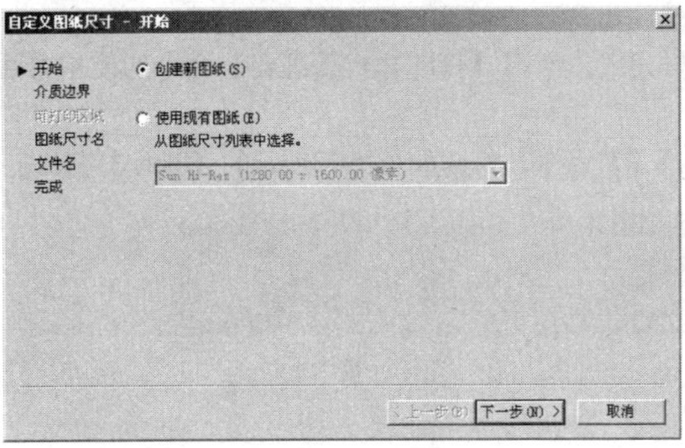

图15-9 自定义图纸尺寸

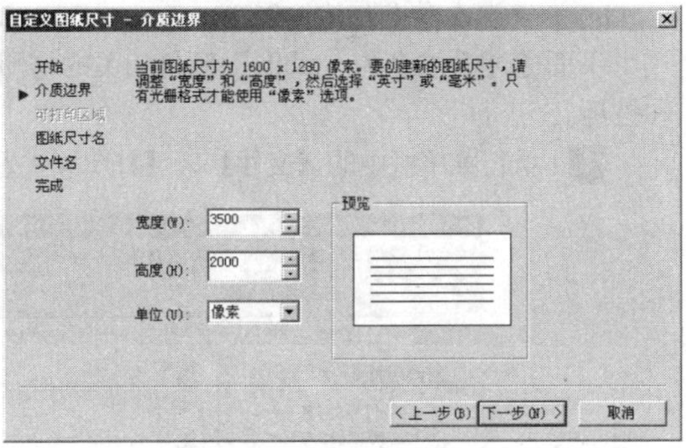

图15-10 设置图纸尺寸

7. 依次单击 下一步(N)> 按钮，直至打开如图15-11所示的【自定义图纸尺寸–完成】对话框，完成图纸尺寸的自定义过程。
8. 单击 完成(F) 按钮，结果新定义的图纸尺寸自动出现在图纸尺寸选项组中，如图15-12所示。
9. 如果用户需要将此图纸尺寸进行保存，可以单击 另存为(S)... 按钮；如果用户仅在当前使用一次，可以单击 确定 按钮即可。

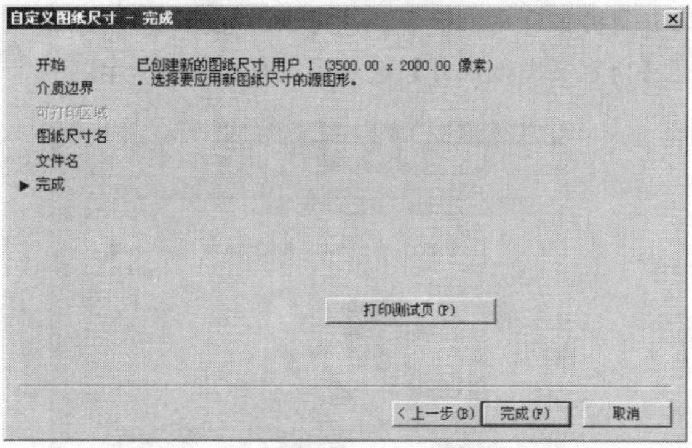

图15-11 【自定义图纸尺寸-完成】对话框

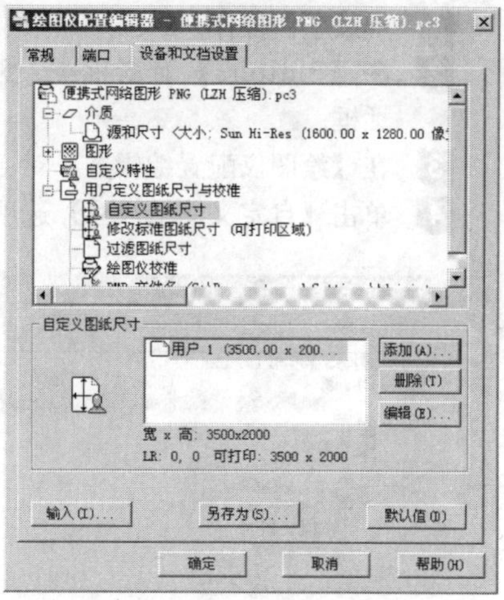

图15-12 图纸尺寸的定义结果

15.2 配置打印样式

打印样式主要用于控制图形的打印效果，修改打印图形的外观。通常一种打印样式只控制输出图形某一方面的打印效果，要让打印样式控制一张图纸的打印效果，就需要有一组打印样式，这些打印样式集合在一块称为打印样式表，而【打印样式管理器】命令就是用于创建和管理打印样式表的工具。

执行【打印样式管理器】命令主要有以下几种方式：

- 单击菜单栏中的【文件】/【打印样式管理器】命令。
- 在命令行输入Stylesmanager按Enter键。

下面通过添加名为“stb01”颜色相关的打印样式表，学习【打印样式管理器】命令的使用方法和技巧。

1 执行菜单栏中的【文件】/【打印样式管理器】命令，打开如图15-13所示的【Plotte】窗口。

图15-13 【Plotte】窗口

2 双击窗口中的【添加打印样式表向导】图标，打开如图15-14所示的【添加打印样式表】对话框。

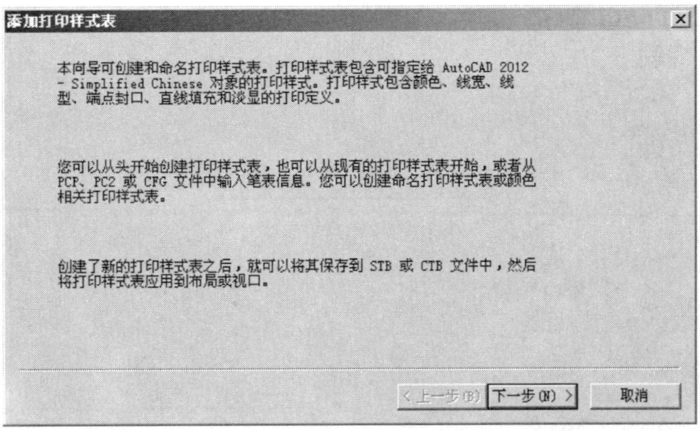

图15-14 【添加打印样式表】对话框

3 单击下一步(N) >按钮，打开如图15-15所示的【添加打印样式表-开始】对话框，开始配置打印样式表的操作。

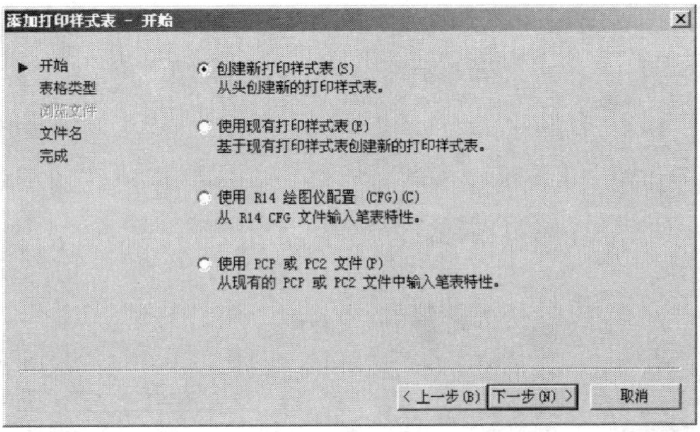

图15-15 【添加打印样式表－开始】对话框

4 单击下一步(N) >按钮，打开【添加打印样式表－选择打印样式表】对话框，选择打印样表的类型，如图15-16所示。

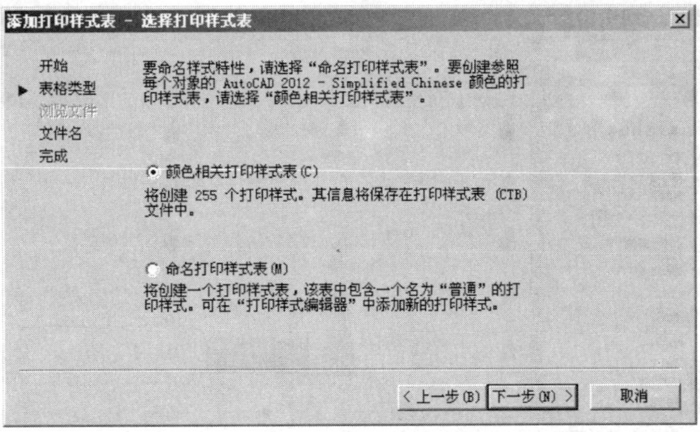

图15-16 【添加打印样式表－选择打印样式表】对话框

5 单击[下一步(N)>]按钮，打开【添加打印样式表-文件名】对话框，为打印样式表命名，如图15-17所示。

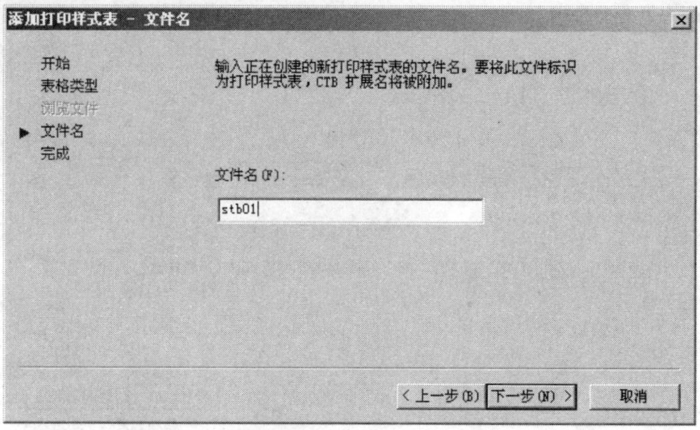

图15-17 【添加打印样式表－文件名】对话框

6 单击[下一步(N)>]按钮，打开如图15-18示的【添加打印样式表-完成】对话框，完成打印样式表各参数的设置。

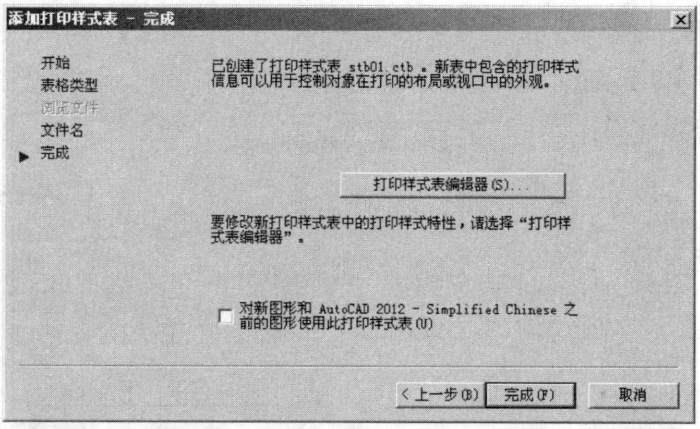

图15-18 【添加打印样式表－完成】对话框

7 单击[完成]按钮，即可添加设置的打印样式表，新建的打印样式表文件图标显示在【Plot Styles】窗口中，如图15-19所示。

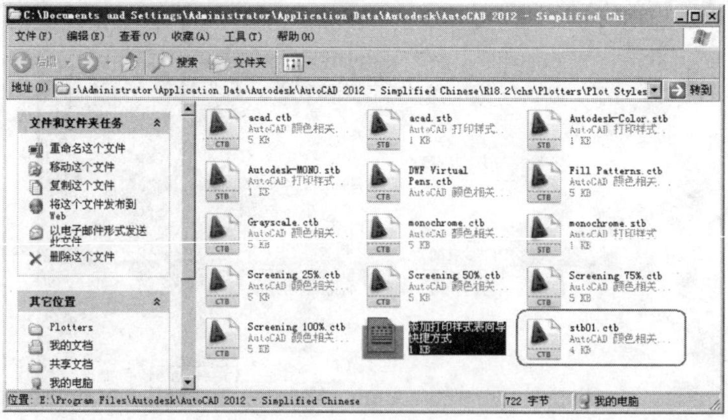

图15-19 【Plot Styles】窗口

15.3 设置打印页面

在配置好打印设备后，下一步就是设置图形的打印页面。使用AutoCAD提供【页面设置管理器】命令，用户可以很容易地设置和管理图形的打印页面参数。

执行【页面设置管理器】命令主要有以下几种方式：

- 执行菜单栏中的【文件】/【页面设置管理器】命令。
- 在模型或布局标签上单击右键，选择【页面设置管理器】命令。
- 在命令行输入Pagesetup后按Enter键。
- 单击【输出】选项卡/【打印】面板上的按钮。

执行【页面设置管理器】命令后，系统打开如图15-20所示的【页面设置管理器】对话框，此对话框主要用于设置、修改和管理当前的页面设置。

在此对话框中单击新建(N)...按钮，可弹出如图15-21【新建页面设置】对话框，用于为新页面命名。

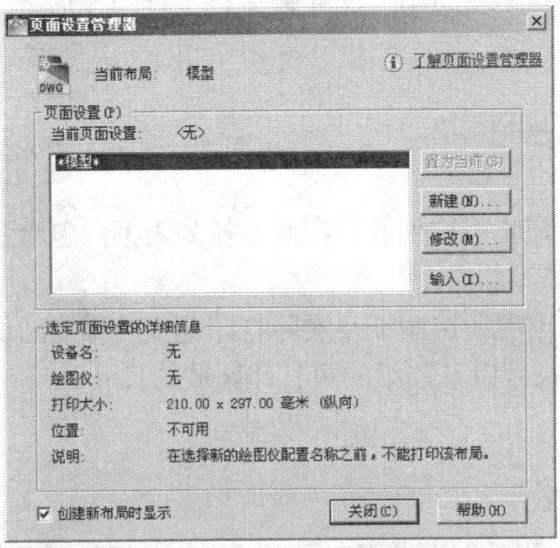

图15-20 【页面设置管理器】对话框

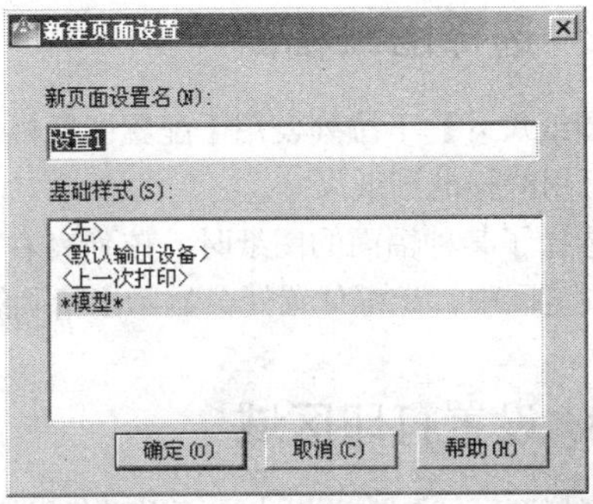

图15-21 【新建页面设置】对话框

单击确定(O)按钮，打开如图15-22所示【页面设置】对话框，在此对话框内可以进行打印设备的配置、图纸尺寸的匹配、打印区域的选择以及打印比例的调整等操作。

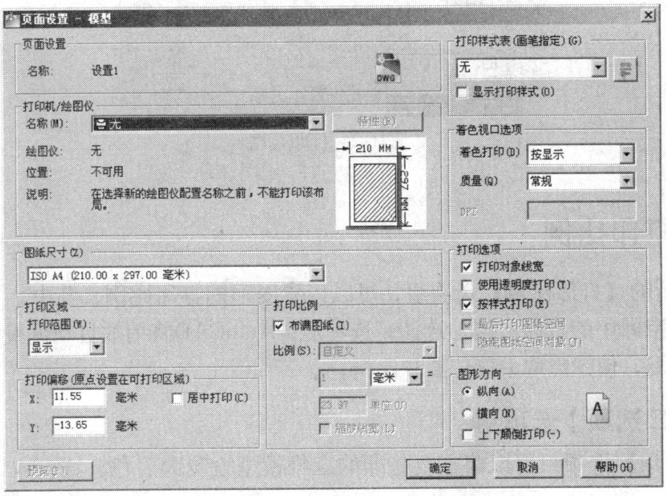

图15-22 【页面设置】对话框

15.3.1 选择打印设备

【打印机/绘图仪】选项组主要用于配置绘图仪设备，单击【名称】下拉列表，在展开的下拉列表框中进行选择Windows系统打印机或AutoCAD内部打印机（“.Pc3”文件）作为输出设备，如图15-23所示。

图15-23 【打印机/绘图仪】选项组

如果用户在此选择了“.pc3”文件打印设备，AutoCAD则会创建出电子图纸，即将图形输出并存储为Web上可用的“.dwf”格式的文件。AutoCAD提供了两类用于创建“.dwf”文件的“.pc3”文件，分别是“ePlot.pc3”和“eView.pc3”。前者生成的“.dwf”文件较适合于打印，后者生成的文件则适合于观察。

15.3.2 选择图纸幅面

【图纸尺寸】下拉列表用于配置图纸幅面，展开此下拉列表，在此下拉列表框内包含了选定打印设备可用的标准图纸尺寸。

当选择了某种幅面的图纸时，该列表右上角则出现所选图纸及实际打印范围的预览图像，将光标移到预览区中，光标位置处会显示出精确的图纸尺寸以及图纸的可打印区域的尺寸。

15.3.3 设置打印区域

在【打开区域】选项组中，可以进行设置需要输出的图形范围。展开【打印范围】下列表框，如图15-24所示，此下拉列表中包含三种打印区域的设置方式，具体有显示、窗口、图形界限等。

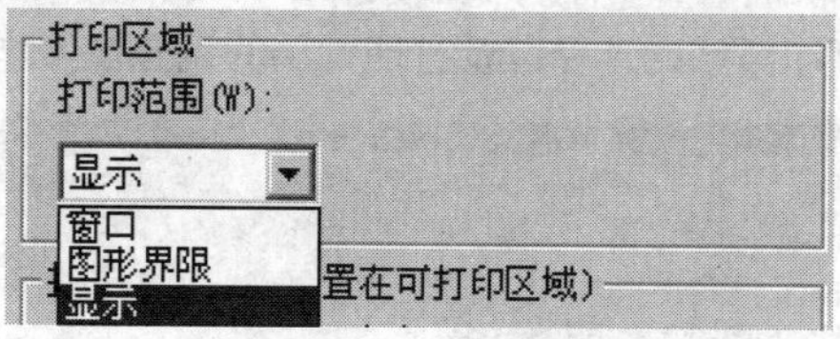

图15-24 打印范围

15.3.4 设置打印比例

如图15-25所示的【打印比例】选项组，可以设置图形的打印比例。其中，【布满图纸】复选项仅能适用于模型空间中的打印，当勾选该复选项后，AutoCAD将缩放自动调整图形，与打印区域和选定的图纸相匹配，使图形取最佳位置和比例。

- **【着色视口选项】选项组**

【着色视口选项】选项组可以将需要打印的三维模型设置为着色、线框或以渲染图的方式输出，如图15-26所示。

图15-25 【打印比例】选项组

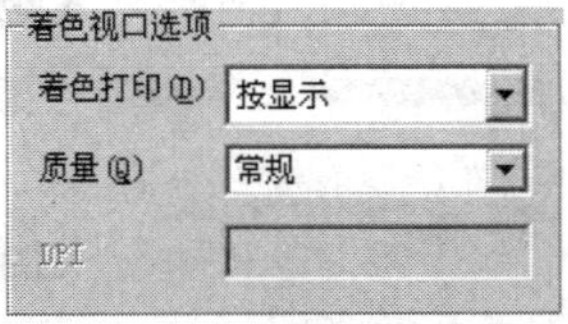

图15-26 着色视口选项

15.3.5 调整出图方向与位置

如图15-27所示的【图形方向】选项组可以调整图形在图纸上的打印方向。在右侧的图纸图标中，图标代表图纸的放置方向，图标中的字母A代表图形在图纸上的打印方向。图形在图纸上的打印方向共有“纵向、横向和上下颠倒打印”三种。

图15-27 调整出图方向

如图15-28所示的选项组可以设置图形在图纸上的打印位置。默认设置下，AutoCAD从图纸左下角打印图形。打印原点处在图纸左下角，坐标是（0,0），用户可以在此选项组中，重新设定新的打印原点，这样图形在图纸上将沿x轴和y轴移动。

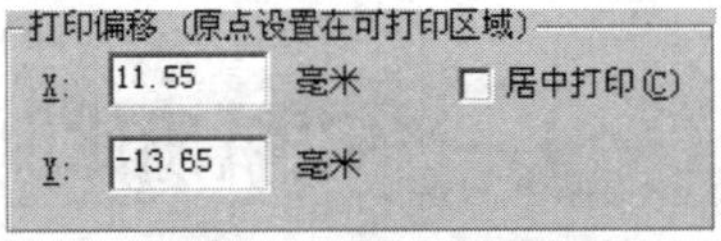

图15-28 打印偏移

15.4 预览与打印图形

【打印】命令主要用于打印或预览当前已设置好的页面布局，也可直接使用此命令设置图形的打印布局。

执行【打印】命令主要有以下几种方式：

- 执行菜单栏中的【文件】/【打印】命令。
- 单击【标准】工具栏或【打印】面板上的按钮。
- 在命令行输入Plot后按Enter键。
- 按组合键Ctrl+P。
- 在【模型】选项卡或【布局】选项卡上单击右键，选择【打印】选项。

激活【打印】命令后，可打开如图15-29所示的【打印】对话框。此对话框具备【页面设置管理器】对话框中的参数设置功能，用户不仅可以按照已设置好的打印页面进行预览和打印图形，还可以在对话框中重新设置、修改图形的打印参数。

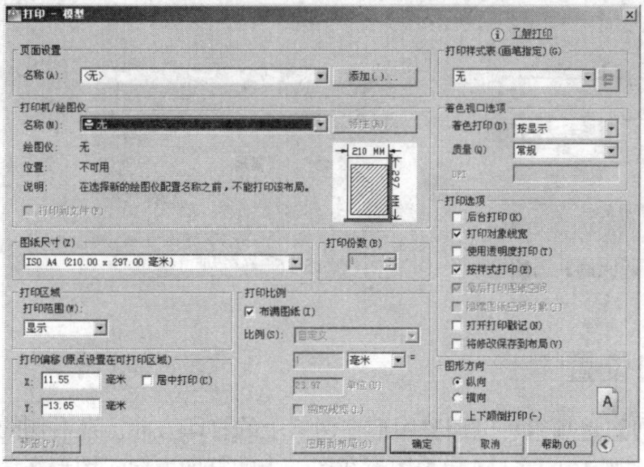

图15-29 【打印】对话框

TIP

单击对话框右侧的【扩展/收缩】按钮，可以展开或隐藏右侧的部分选项。

单击 预览(P)... 按钮，可以提前预览图形的打印结果，单击 确定 按钮，即可对当前的页面设置进行打印。

- 【打印预览】命令的执行方式

【打印预览】命令主要用于对设置好的打印页面进行预览和打印，执行此命令主要有以下几种方式：

- 执行菜单栏中的【文件】/【打印预览】命令。
- 单击【标准】工具栏或【打印】面板上的按钮。
- 在命令行输入Preview后按Enter键。

15.5 上机指导（一）——以精确比例打印联排别墅施工图

本例将在布局空间内按照1:110的出图比例精确打印某联排别墅的首层施工图，主要学习布局空间的精确打印技能。本例打印效果如图15-30所示。

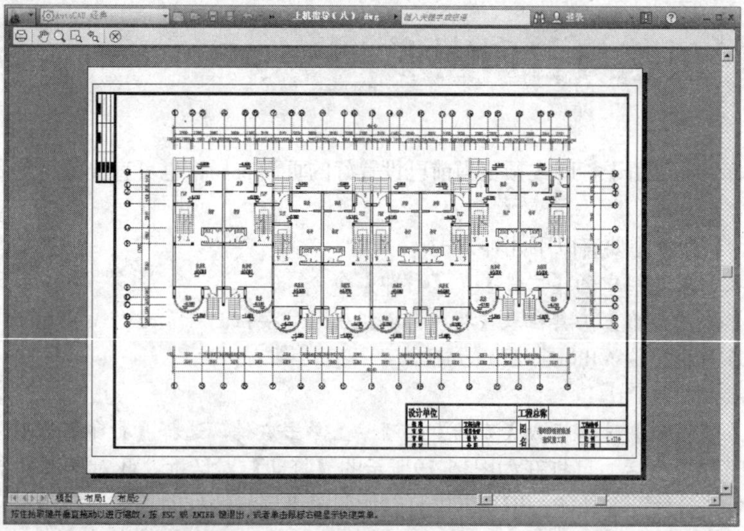

图15-30 打印效果

操作步骤

1 打开随书光盘“实例效果文件/第13章／上机指导（三）.dwg”，如图15-31所示。

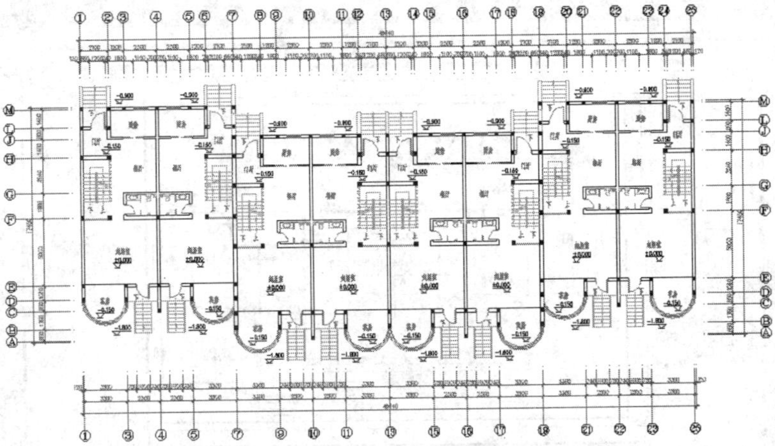

图15-31 打开结果

2 单击绘图区下方的“布局1”标签，进入“布局1”空间，如图15-32所示。

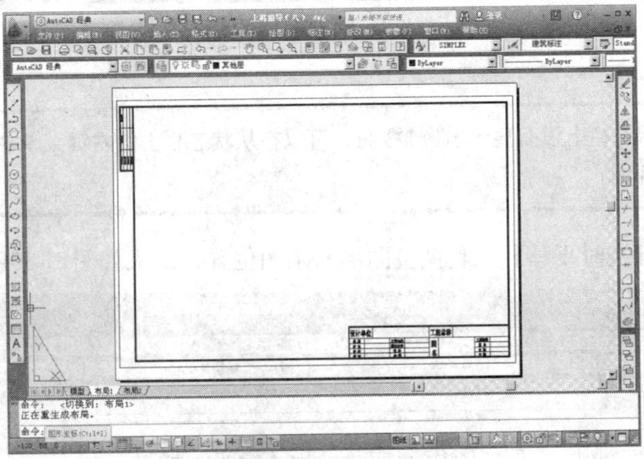

图15-32 进入布局空间

3 执行菜单栏中的【视图】/【视口】/【多边形视口】命令，分别捕捉图框内边框的角点，创建多边形视口，将平面图从模型空间添加到布局空间，如图15-33所示。

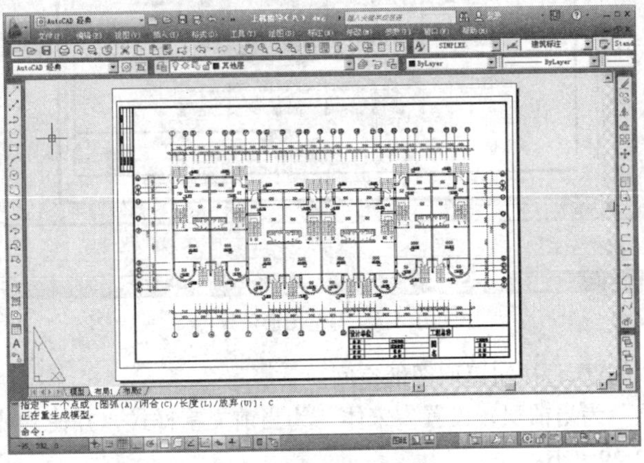

图15-33 创建多边形视口

4 单击状态栏中的图纸按钮，激活刚创建的视口，然后打开【视口】工具栏，调整比例如图15-34所示。

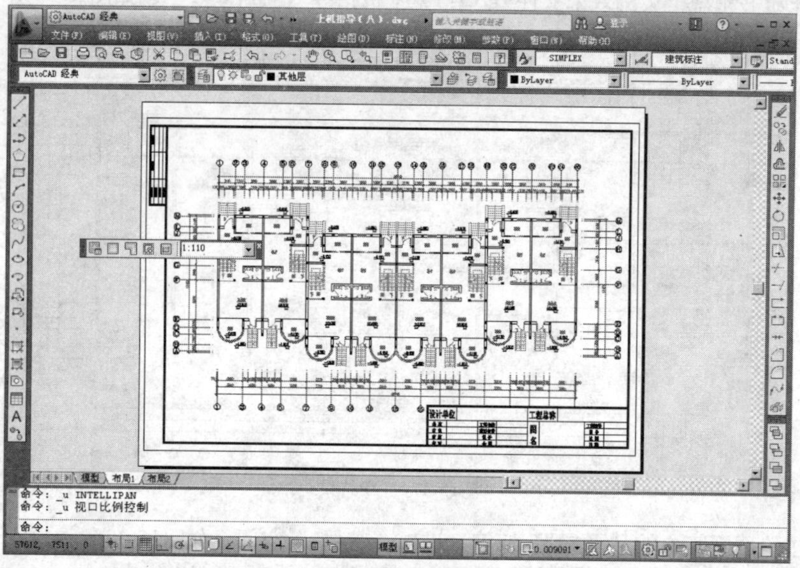

图15-34 调整比例

TIP 提示：如果状态栏上没有显示出图纸按钮，可以在从状态栏上的右键菜单中选择【图纸】/【模型】选项即可。

5 接下来使用【实时平移】工具调整图形的出图位置，结果如图15-35所示。

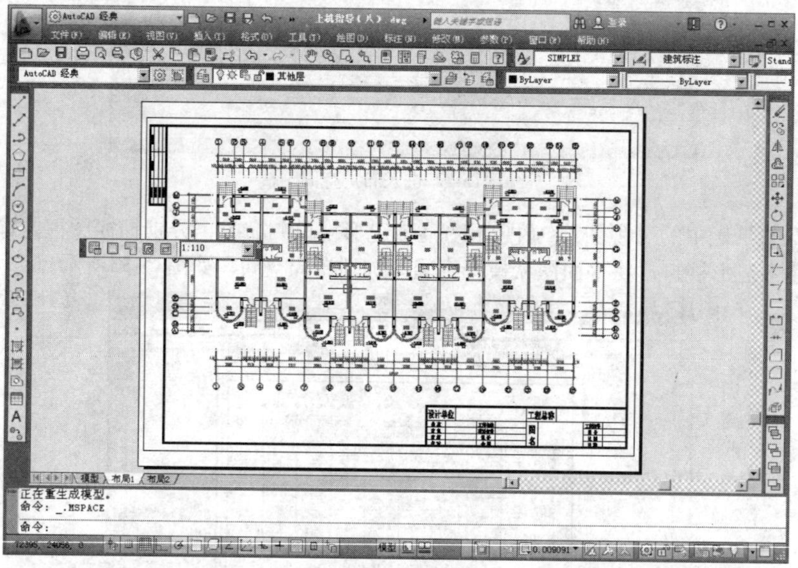

图15-35 调整图形位置

6 单击状态栏中的模型按钮返回图纸空间。

7 设置"文本层"为当前层，设置"宋体"为当前文字样式，并使用【窗口缩放】工具调整视图，如图15-36所示。

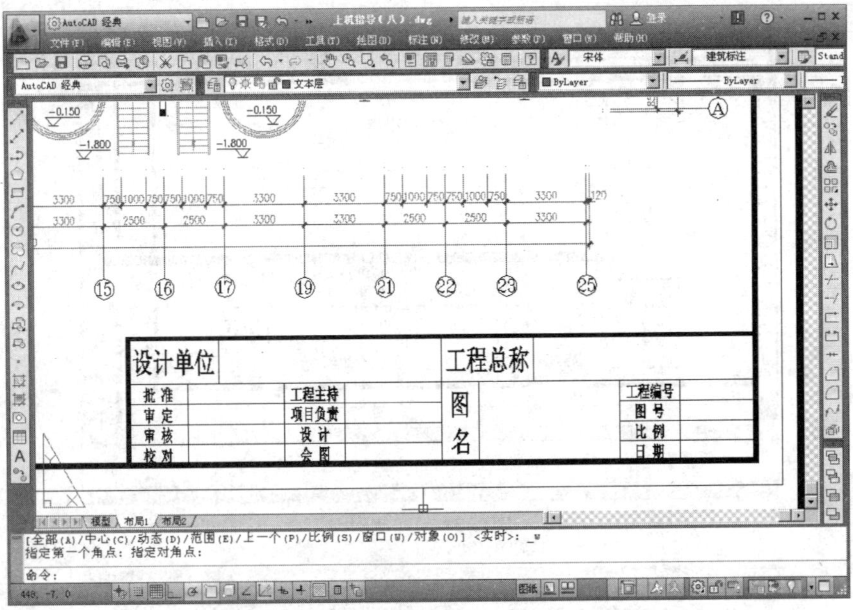

图15-36 调整视图

8 使用命令简写“T”激活【多行文字】命令，设置字高为5、对正方式为正中对正，为标题栏填充图名，如图15-37示。

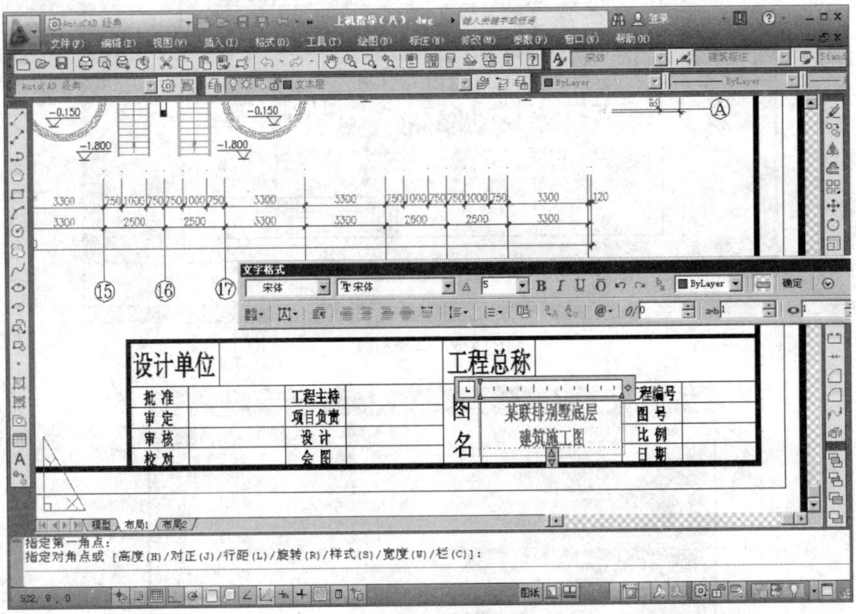

图15-37 填充图名

9 重复执行【多行文字】命令，设置文字样式和对正方式不变，为标题栏填充出图比例，如图15-38所示。

10 关闭【文字格式】编辑器，然后使用【全部缩放】工具调整视图，结果如图15-39所示。

11 执行【打印】命令，对联排别墅施工图进行打印预览，效果如图15-30所示。

12 返回【打印-布局1】对话框单击 确定 按钮，在【浏览打印文件】对话框内设置打印文件的保存路径及文件名，如图15-40所示。

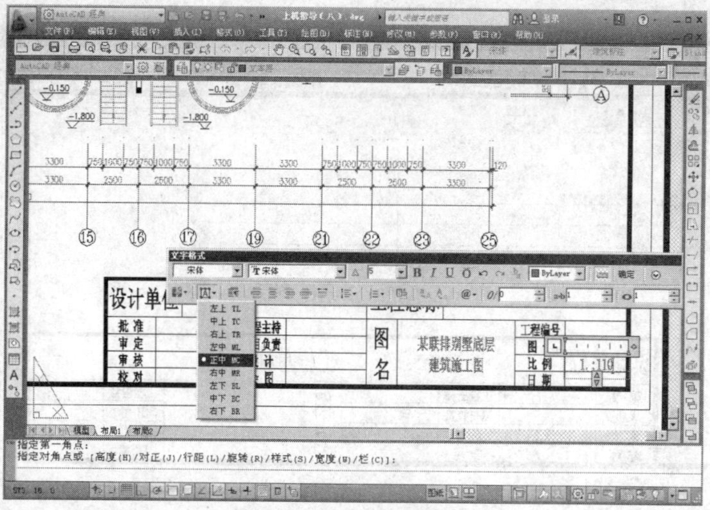

图15-38 填充比例

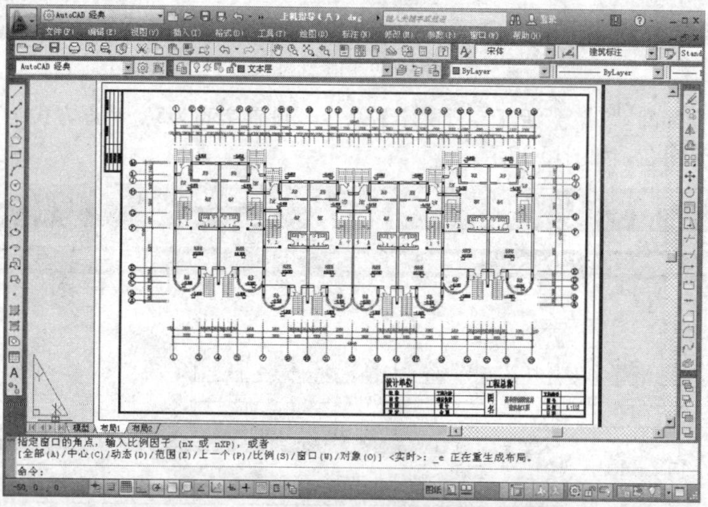

图15-39 调整视图

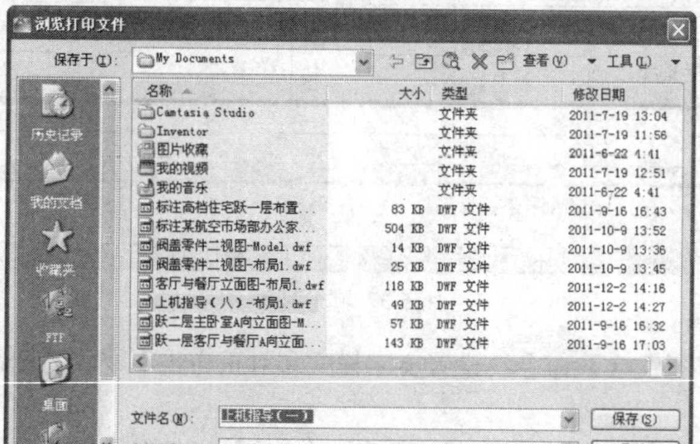

图15-40 设置文件名及路径

13 单击 保存 按钮，可将此平面图输出到相应图纸上。

14 最后执行【另存为】命令，将图形另名存储为“上机指导（一）.dwg”。

15.6 上机指导（二）——多视口并列打印室内装修立面图

本例通过将某普通住宅的客厅、餐厅、卧室、厨房等室内装修立面图等打印输出到同一张图纸上，主要学习多视口并列打印的操作方法和操作技巧。本例打印预览效果如图15-41所示。

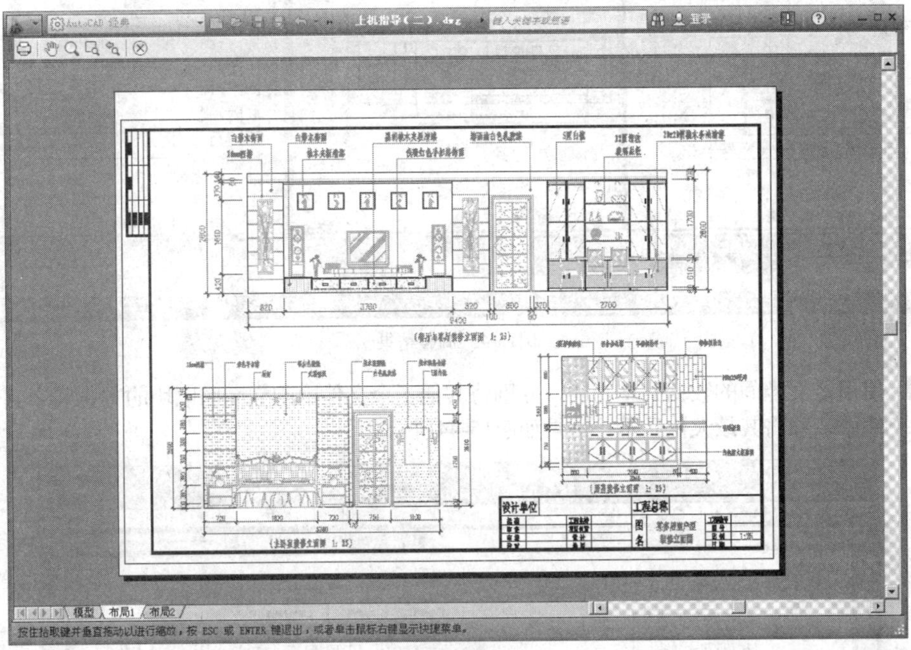

图15-41 打印效果

操作步骤

1 执行【打开】命令，在随书光盘中的“实例效果文件/第14章”目录下，打开如图15-42所示的三个文件。

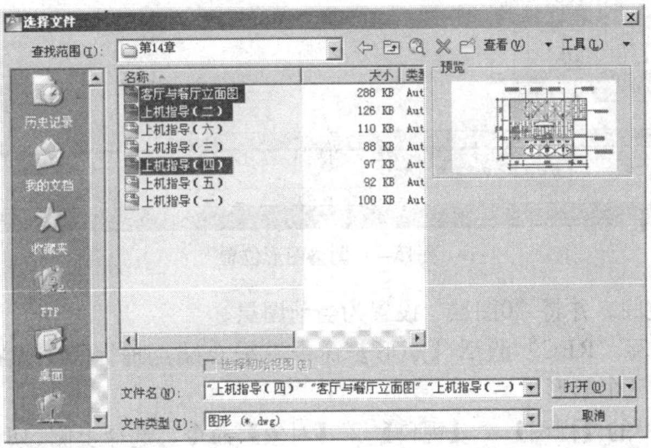

图15-42 选择文件

2 执行菜单栏中的【窗口】/【垂直平铺】命令，将各文件进行垂直平铺，并使用视图调整工具调整各文件，使文件内的图形完全显示，结果如图15-43所示。

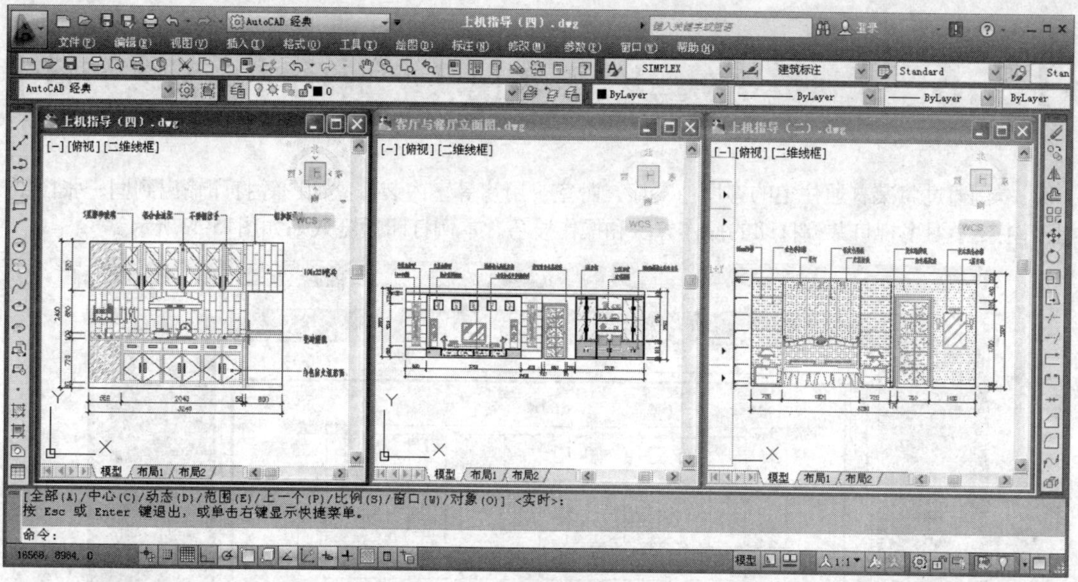

图15-43 调整结果

3 使用多文档间的数据共享功能，分别将其他三个文件中的立面图以块的方式共享到一个文件中，并将其最大化显示，结果如图15-44所示。

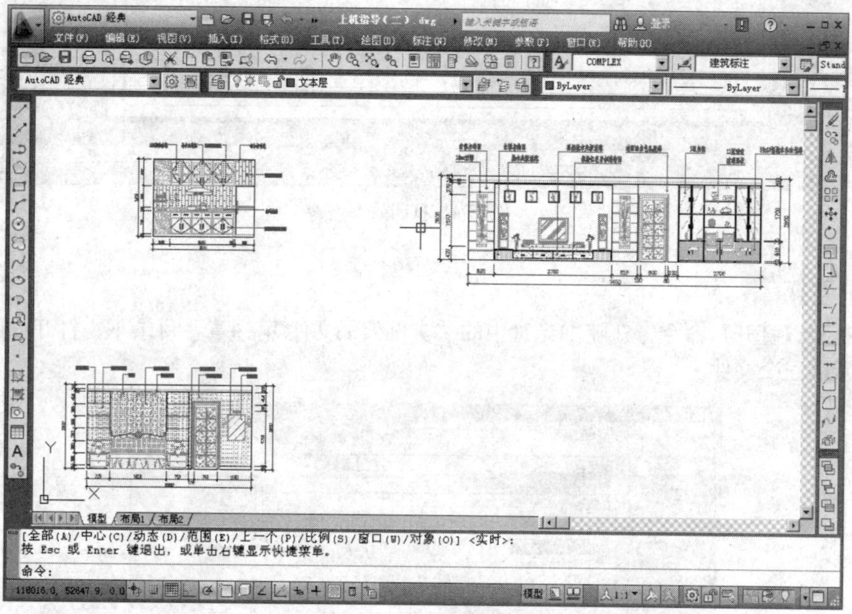

图15-44 调整图形位置

4 进入布局1空间，并将“0图层”设置为当前图层。

5 使用命令简写“REC”激活【矩形】命令，配合端点捕捉和中点捕捉功能，绘制如图15-45所示的三个矩形。

6 执行菜单栏中的【视图】/【视口】/【对象】命令，选择上侧的矩形，将其转化为矩形视口，结果如图15-46所示。

7 重复执行【对象视口】命令，分别将另外两个矩形转化为矩形视口，结果如图15-47所示。

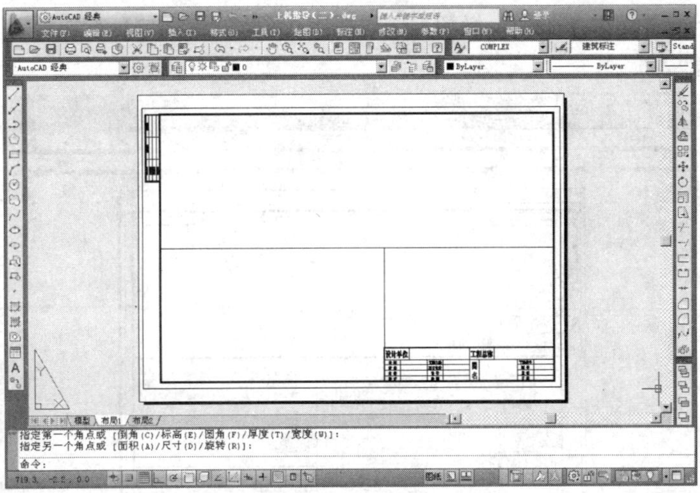

图15-45 绘制矩形

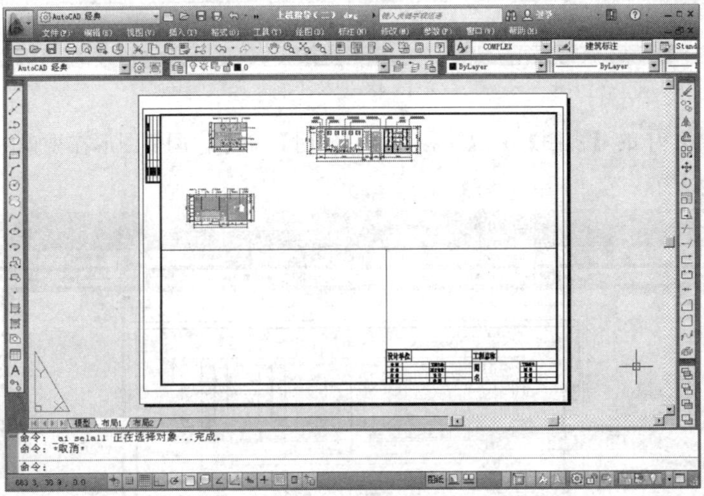

图15-46 创建对象视口

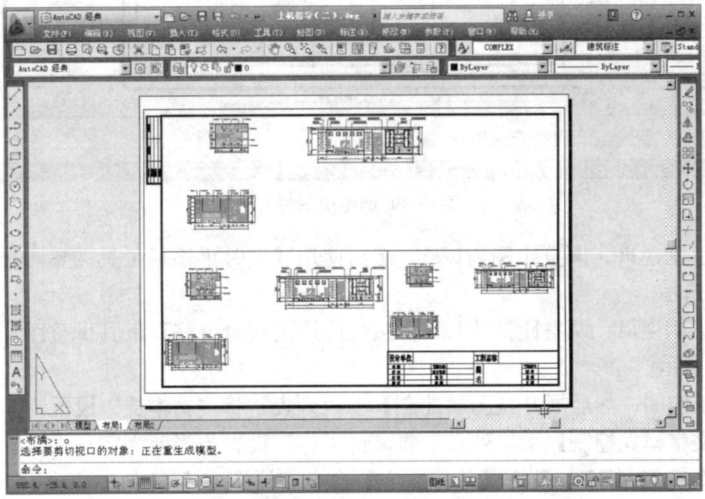

图15-47 创建矩形视口

8 单击状态栏中的图纸按钮，激活上侧的视口，然后在【视口】工具栏内调整比例为1:25，如图15-48所示。

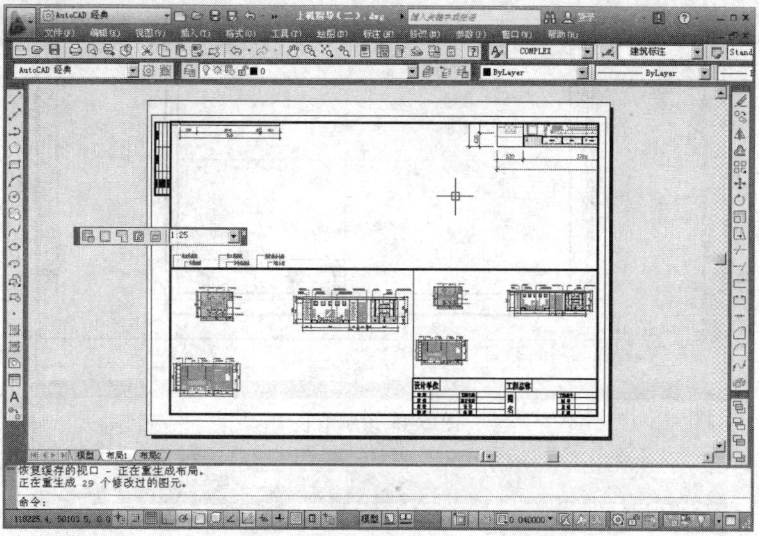

图15-48 调整比例

9 执行菜单栏中的【视图】/【平移】/【实时】命令，调整图形在视口内的位置，结果如图15-49所示。

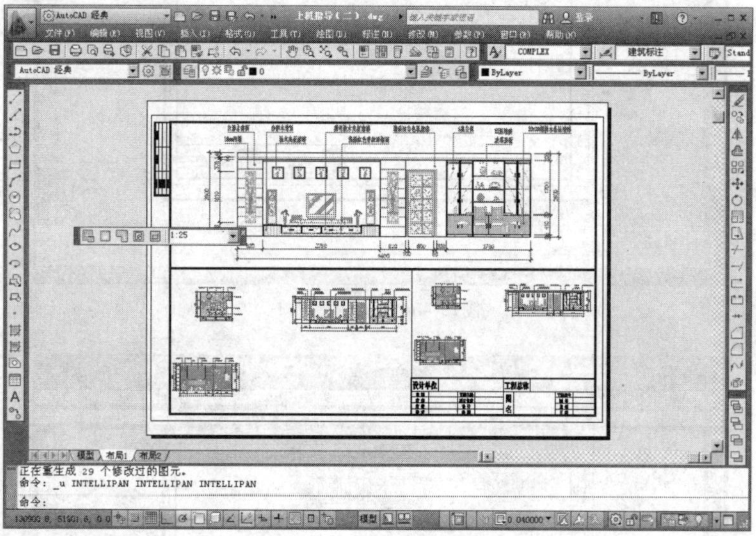

图15-49 调整出图位置

10 激活左下侧视口，调整比例为1:25，然后使用【实时平移】工具调整图形的出图位置，如图15-50所示。

11 激活右下侧视口，调整比例为1:25，然后使用【实时平移】工具调整图形的出图位置，如图15-51所示。

12 返回图纸空间，然后展开【图层控制】下拉列表，将“文本层”设置为当前图层。

13 展开【文字样式控制】下拉列表，将“仿宋体”设置为当前文字样式。

14 使用命令简写“DT”激活【单行文字】命令，设置文字高度为6，标注图15-52所示的图名及比例。

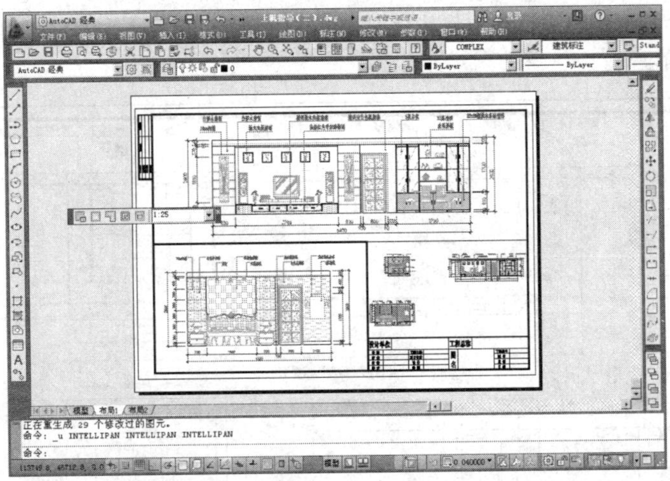

图15-50 调整结果

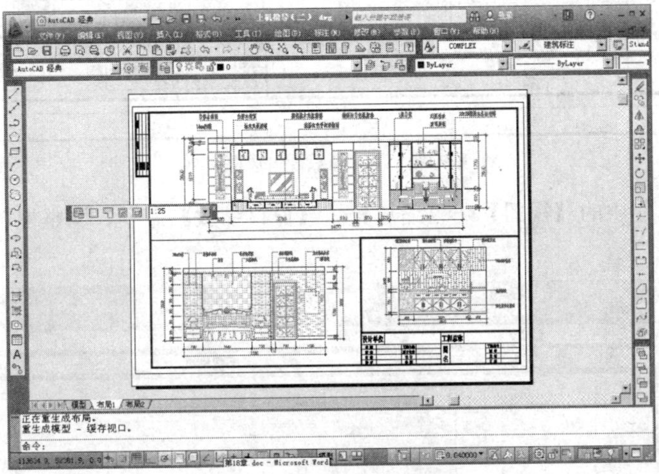

图15-51 调整比例及位置

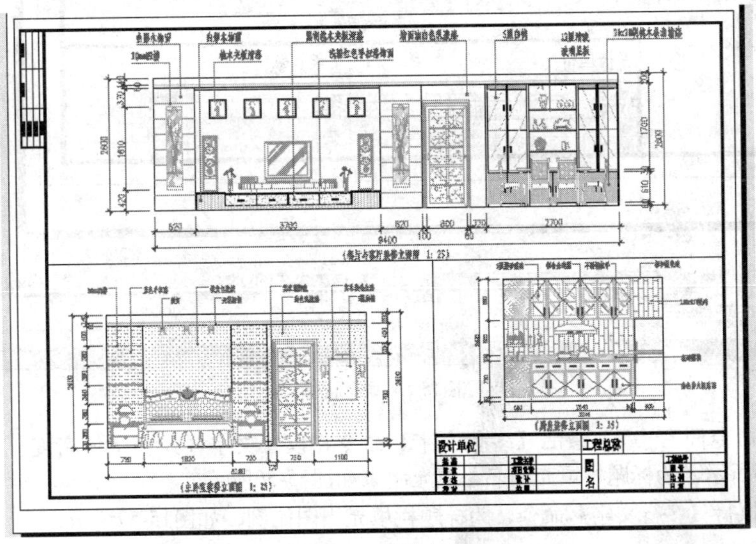

图15-52 标注文字

15 选择四个矩形视口边框线，将其放到其他的Defpoints图层上，并将此图层关闭，结果如图15-68所示。

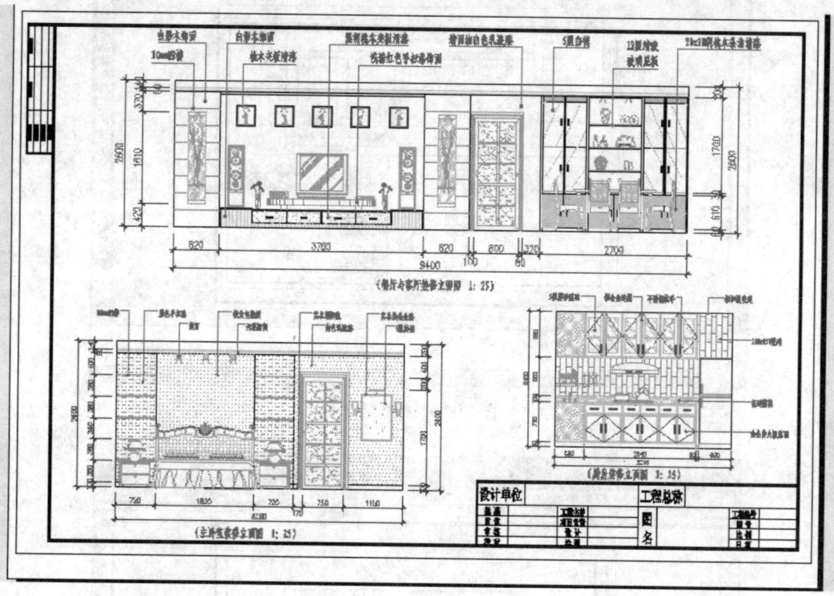

图15-53 隐藏视口边框

16 执行菜单栏中的【视图】/【缩放】/【窗口缩放】命令，调整视图，结果如图15-54所示。

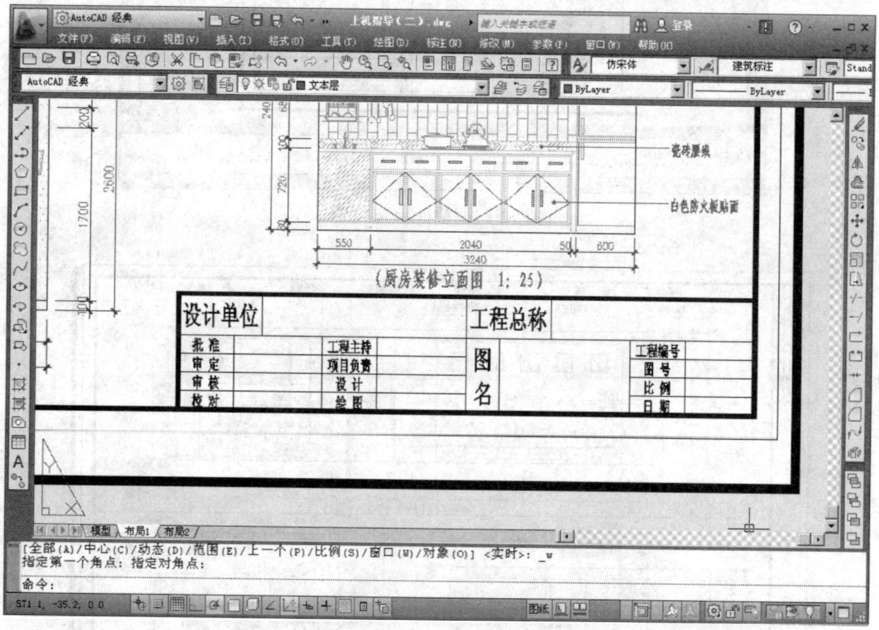

图15-54 调整视图

17 使用命令简写“T”激活【多行文字】命令，设置文字样式、字体高度、对正方式如图15-55所示，为标题栏填充图名，填充结果如图15-56所示 。

18 重复执行【多行文字】命令，为标题栏填充出图比例，如图15-57所示。

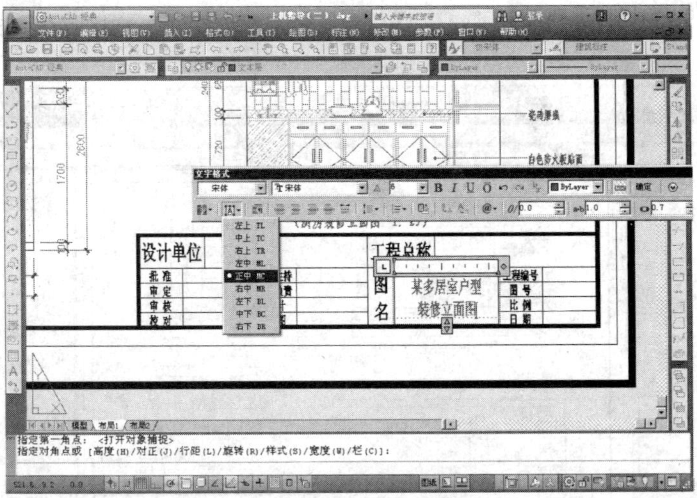

图15-55 设置文字参数

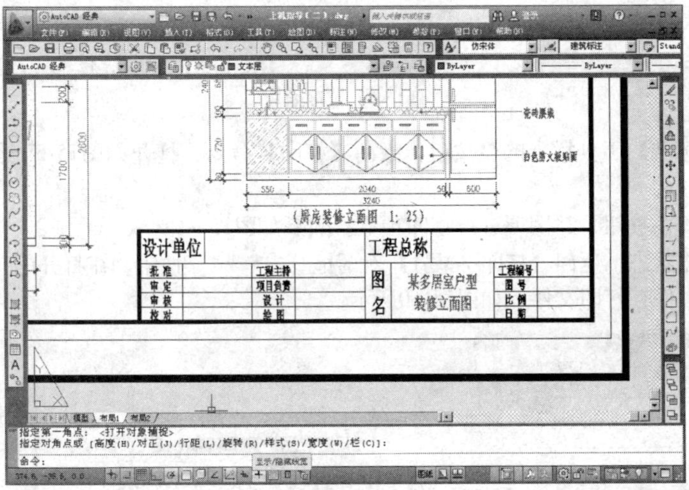

图15-56 填充结果

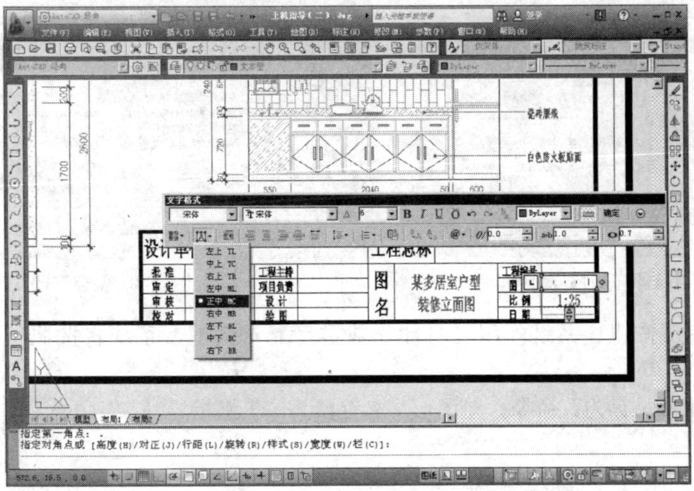

图15-57 填充比例

19 执行菜单栏中的【视图】/【缩放】/【范围缩放】命令，调整视图，结果如图15-58所示。

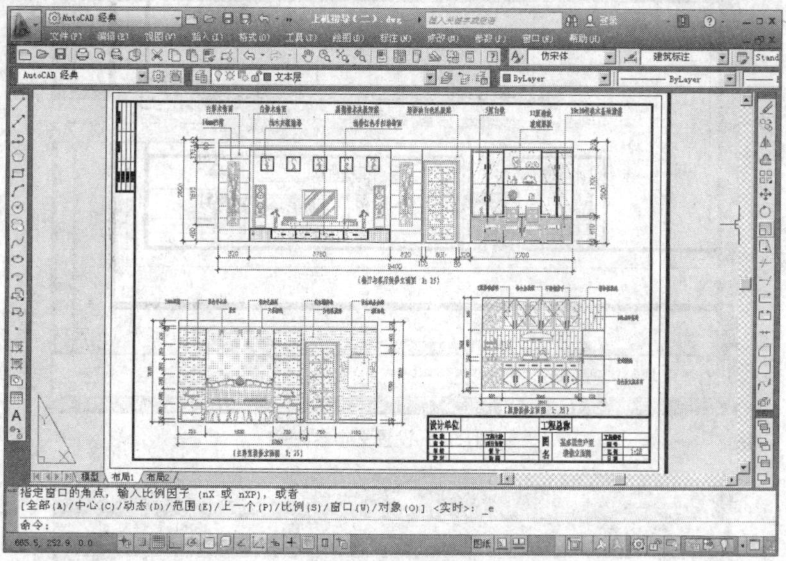

图15-58 范围缩放

20 单击【标准】工具栏上的⊖按钮，激活【打印】命令，打开如图15-59所示的【打印-布局1】对话框。

21 单击 预览(P)... 按钮，对图形进行打印预览，效果如图15-41所示。

22 退出预览状态，返回【打印-布局1】对话框单击 确定 按钮，在打开的【浏览打印文件】对话框中保存打印文件，如图15-60所示。

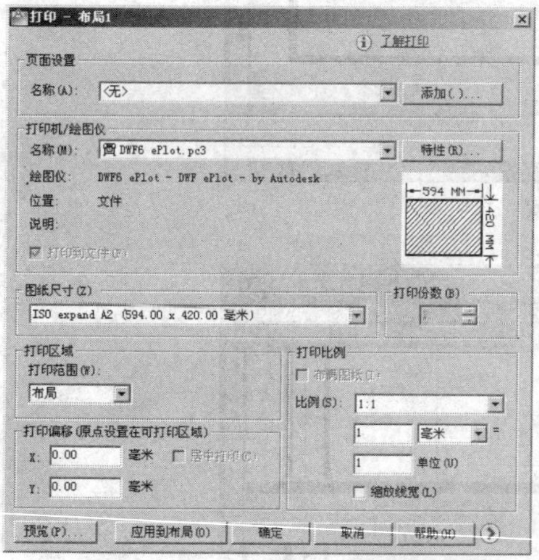

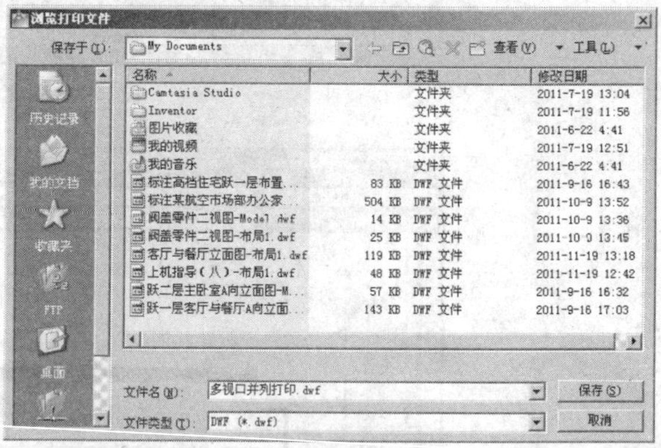

图15-59 【打印布局1】对话框

图15-60 保存打印文件

23 单击 保存 按钮，系统弹出【打印作业进度】对话框，系统将按照所设置的参数进行打印。

24 最后使用【另存为】命令，将图形另名存储为“上机指导（二）.dwg”。

05548